THE SHORTER SCIENCE &
CIVILISATION IN CHINA

中华科学文明史

上

【英】李约瑟 原著

【英】柯林·罗南 改编

江晓原 主持

上海交通大学科学史系 译

上海人民出版社

西方人应当认识，在中国人看来，科学并不是出于基督教传教士的慷慨恩赐，并不是在中国自己的文化里毫无根基的。相反地，科学在中国文化中有光辉灿烂而深厚的根基。如果中国中古世纪的社会当真像有些人宣传的那样是一个绝对专制、毫无自由的社会，我们就无法解释几千年来怎么会产生那么多的创造和发明，也无法理解为什么在那样漫长的岁月里中国总是处于比欧洲领先的地位。

——英国皇家学会会员　李约瑟

我们要正视中华民族给李约瑟的帮助，没有中华民族的支持，也不会有李约瑟的巨著。假如他还在世，我相信他也不会否认这个事实。从一定程度上来讲，《中国科学技术史》可以说是中华民族努力的成果。

——剑桥大学李约瑟研究所前所长　何丙郁

对李约瑟及其著作的赞誉节选

李约瑟力图以西方的术语诠释中国的理念,而他可能也是当今学者中唯一拥有完成这一艰巨任务所必备之各种条件的人。其著作在实践上和在知识上可以说同等重要。这是远高于外交层面的一个西方认知行动。

——英国历史学家 阿诺德·汤因比

李约瑟博士是一位学识渊博、研究成绩卓著的科学家。他有很高的西方文化素养,又对东方文化有相当深刻的体验和理解。因而他能充分地认识到,世界上各个国家与民族之间在科学技术方面是通过交流而互相渗透、互相促进的,整个科学技术的进步又是汇合了各个国家与民族科学技术精华而加以发展和创新的结果。

——中国科学院前院长 卢嘉锡

李约瑟写中国古代科技史,在国际上的影响比我们自己人要大。一是因为他的学术地位,他当时已是英国皇家学会会员,是著名的生化学家;二是因为他的书是剑桥大学出版社推出的,这个出版社牌子很硬。我们国家的领导人看到外国人对中国古代的科技成就研究得那么深入,而我们自己没有做,就很重视。李约瑟功不可没。

——中国科学院院士 席泽宗

李约瑟博士十分关心我国青少年科学工作者,对他们将来在 21 世纪的地位而寄予无限的希望。

——国际科学史研究院院士　胡道静

李约瑟教授编著的《中国科学技术史》乃是 20 世纪的划时代巨著,《中华科学文明史》是在该书的基础上改编而成的普及读物,同样具有重要价值。李约瑟身为英国学者,愿意摒弃西方历来对中国科技傲慢的立场,以实事求是的态度,彻底研究我国二千多年来科技与文明的发展,这种高尚的精神实在难能可贵。由于跨越和覆盖的范围很广泛,书中的有些结论还不能算是定案,但无论如何,本书对科技史普及的贡献是无可置疑的。

——数学家　丘成桐

李约瑟在他的不朽巨著中发掘出无数中国科技史上的重要成就。本书作为李约瑟巨著的缩写本,承原著之精要,以简明流畅的历史叙事,达到了深入浅出、举重若轻的境界,勾勒出中华几千年来辉煌的科学技术与文明史。书中以数理科学即数学、天文学、物理学等可以量化的科学为主,还涉及了医学、气象学、地理学、工程学等领域。同时,作为中国科学史的精神背景,儒、墨、道、法、释各家思想也得到了系统的论述。这是一部最可信赖的中国古代科学文化的通史读本。

——历史学家　余英时

由李约瑟的巨著《中国科学技术史》浓缩的这套《中华科学文明史》,钩玄提要,旁征博引。从中我们可以窥见原书气魄之大、包容之广:从理论性的哲学、天文、数学、物理,以至技术性的地理、水利、航行、建筑、道路、桥梁、冶炼等,都为其全盘网罗,蔚为大观。由是,读者可以对中国传统科技得一概观,或以之为深入研究的门径,这是它的划时代贡献。

——香港中文大学教授　陈方正

将"科学"(S)纳入最有影响的国际学术组织(UNESCO),将"文明"(C)纳入宏大的中国科技史研究计划(SCC),这是李约瑟博士的过人之处,其意义远远超越了"中国古代科学"这一特定的论域。

——国际科学技术史学会主席　刘　钝

我们今天的"科学"概念来自西方,所以根据李约瑟的难题,中国自然没有,也不可能发生欧洲那样的近代科学。中国有自己的文明发展历程,李约瑟以欧洲的科学概念来研究中华文明,提出其著名的难题,显示出他思虑过人之处,因此这部《中华科学文明史》无论对我们或者对西方人而言,就都带有明显的启发性的意义。

——复旦大学教授　周振鹤

李约瑟经典著作的经典浓缩,中国科技通史的权威版本。

——北京大学教授　吴国盛

这是到目前为止面向公众普及中国科学史最好的读物之一。

——清华大学教授　刘　兵

李约瑟改变了世界看待中国的方式,也改变了中国人看待自己的方式。

——北京大学教授　张维迎

总目录

新版前言

江晓原

关于李约瑟《中国科学技术史》

在中国大众心目中,李约瑟已成"中国科学史"的同义语。他的巨著《中国科学技术史》,原名 *Science and Civilisation in China*,直译应该是《中国的科学与文明》,这个书名,既切合其内容,立意也好;但是他请冀朝鼎题署的中文书名却作《中国科学技术史》,结果国内就通用后一书名。其实后一书名并不能完全反映书中的内容,因为李约瑟在他的研究中,虽以中国古代的科学技术为主要对象,但他确实能保持对中国古代整个文明的观照。然而这个不确切的中译名沿用已经很久,也就只好约定俗成了。

关于这个书名,还有别的故事,说法各不相同。有趣的是这样取名背后的观念,我们之所以欢迎这个大大偏离了原意的书名,最初很可能是一种潜意识在起作用——希望将可能涉及意识形态的含义"过滤"掉。

李约瑟最初撰写《中国科学技术史》(我们如今也只好约定俗成,继续沿用此名)时,他曾认为只需要写一卷即可,但真的动手才发现这是远远不够的。此后计划不断扩大,变成总共七卷,前三卷皆只一册,从第四卷起出现分册。剑桥大学出版社自1954年出版第一卷起,迄今已出齐前四卷,以及此后各卷中的若干分册。由于写作计划不断扩大,分册繁多,完稿时间不断被推迟,李约瑟终于未能看到全书出齐的盛况。

李约瑟未完成的巨著,很容易让人联想到号称"科学史之父"的乔治·萨顿(George A. L. Sarton)。大约20世纪20年代,萨顿大发宏愿,要撰写《科学史导论》,从荷马时代的科学开始论述,第一卷出版于1927年。这部书他写了三卷(第三卷1947出版),论述到14世纪。随后萨顿的宏愿又进一步扩大——他决定写"1900年之前的全部科学史",全书计划中共有九卷,可惜到他1956年去世时,仅完成头两卷:《希腊黄金时代的古代科学》(1952年出版)、《希腊化时期的科学和文化》(1959年出版)。他去世后,此书的写作计划就无疾而终。

要说这两部巨著的工作条件,李约瑟的似乎好一点。特别是他先后得到大批来自各国的学者的协助——其中最重要的当然是鲁桂珍。由于鲁桂珍和李约瑟的特殊关系,来自鲁桂珍的帮助就不仅仅是事功上的,而且还是心灵上的、精神上的。这一条件恐怕是萨顿所不具备的。李约瑟固然学识渊博,用力又勤,但如此广泛的主题,终究不是他一人之力所能包办。事实上,《中国科学技术史》全书的撰写,得到大批学者的协助。其中最主要的协助者是王铃和鲁桂珍二人,此外据已公布的名单,至少还有罗宾逊、何丙郁、席文、钱存训、叶山、石施道、麦克尤恩、库恩、Peter J. Golas、白馥兰、黄兴宗、丹尼尔斯、孟席斯、哈布斯迈耶、R. 堪内斯、罗祥朋、汉那-利胥太、柯灵娜、Y. 罗宾、K. 提太、钱崇训、李廉生、朱济仁、佛兰林、郭籟士、梅太黎、欧翰思、黄简裕、鲍迪克、祁米留斯基、勃鲁、卜正民、麦岱慕等人。

对于《中国科学技术史》,曾经长期担任李约瑟研究所所长的何丙郁,发表过一个非常值得重视的看法:"长期以来,李老都是靠他的合作者们翻阅《二十五史》、类书、方志等文献搜寻有关资料,或把资料译成英文,或替他起稿,或代他处理别人向他请教的学术问题。他的合作者中有些是完全义务劳动。……我只是请大家正视一件事情,那就是请大家认清楚李老的合作者之中大部分都是华裔学者,没有他们的合作,也不会有李老的中国科技史巨著。李老在他巨著的序言中也承认这点。"①

说李约瑟的《中国科学技术史》是集体的贡献,并不是仅从有许多华裔科学家协助他这一方面上来立论,还有另一方面。何丙郁说:"我还要提及另一个常被忘记的事情,那就是李老长期获得中国政府以及海内外华人精神上和经济上的大力支持,连他晚年生活的一部分经费都是来自一位中国朋友。换句话来说,我们要正视中华民族给李约瑟的帮助,没有中华民族的支持,也不会有李约瑟的巨著。假如他还在世,我相信他也不会否认这个事实。从一定程度上来讲,《中国科学技术史》可以说是中华民族努力的成果。"②

翻译李约瑟《中国科学技术史》的工作,一直在国内受到特殊的重视。在"文革"后期,曾由科学出版社出版了原著的少数几卷,并另行分为七册,不与原著对应。不过在当时这已算罕见的"殊荣"了。到20世纪80年代末,重新翻译此书的工作隆重展开,专门成立了"李约瑟《中国科学技术史》翻译出版委员会",卢嘉锡为主任,大批学术名流担任委员,并有专职人员组成的办公室长期办公。所译之书由科学出版社与上海古籍出版社联合出版,十六开精装,远非"文革"中的平装小本可比了。

关于"李约瑟难题"

这些年来,国内喜欢求解"李约瑟难题"的人,多如过江之鲫,看得我们实在已经严重审美疲劳了。

2009年三联书店出版了陈方正的《继承与叛逆——现代科学为何出现于西方》,它以副标题"现代科学为什么出现在西方"作为纲领,对西方科学史做了通史性质的论述。这样的尝试在中文著作中是不多见的。

陈方正这部书,与以研究中国科学史著称的美国教授席文(Nathan Sivin)的一个想法十分相合,席文认为,"与其追究现代科学为何未出现在

---

① 何丙郁:《李约瑟的成功与他的特殊机缘》,载《中华读书报》2000年8月9日。
② 同上。

中国,不如去研究现代科学为何出现在西方"。席文还认为,"李约瑟难题"是没有意义的——因为在他看来讨论一件历史上未发生过的事情"为何没有发生"是没有意义的,所以"李约瑟难题"被他尖刻地比喻为"类似于为什么你的名字没有在今天报纸的第三版出现"。

席文的这个比喻,其实是有问题的。一个平常人,名字没有出现在报纸第三版上,当然很正常;但如果是一个名人,或一个此刻正处在某种风口浪尖上的问题人物,比如某个正闹绯闻的女明星,比如该报纸的第三版恰好是娱乐版,那她的名字没出现在上面,人们是可以问问为什么的。我的意思是说,席文的这个比喻,没有抓住问题的要点。

那么问题的要点在哪里呢?其实每个对中国近几十年来的相关语境不太陌生的人都知道,就在"李约瑟难题"的前一句。

"李约瑟难题"的表述有许多版本,意思都大同小异(当然没有必要在这里做版本考据),基本意思就是:"中国古代科学技术曾长期比西方遥遥领先,为何近代科学却没有在中国出现?"这里前一句是前提,是被当作已经获得认定的一种历史事实,"李约瑟难题"要在这前一句的基础上,来问后一句所表达的问题。

于是,问题的要点立刻就浮现了——那些热衷于解答"李约瑟难题"的论著,几乎从来不尝试给出任何有效的证据,来证明那个前提,即中国古代科技究竟是如何"遥遥领先"于西方的。他们的逻辑显然是"李约瑟已经这么说了,那就肯定是真的"。而他们显然喜欢这样的前提,于是反反复复去"解答"。许多这样的"解答"其实是某种变相的意淫——因为每次"解答"都是对"中国古代遥遥领先"这个前提的一次认定,而每次对这个前提的认定都能带来一次心理上的自慰。

至少二十年前,我就主张"李约瑟难题"是一个伪问题。在 2001 年 5 月 24 日接受《南方周末》专访时,又做过比较全面的论述。

如果我们站在客观的立场观照近现代科学的来龙去脉,就不难发现"李约瑟难题"确实是一个伪问题——当然伪问题也可以有启发意义。因为那种认为中国科学技术在很长时间里领先于世界的图景,相当大程度上是中国人自己虚构出来的。古代中国人在科学和技术方面,所走的发展路径和西方大不相同。事实上,古代几个主要文明在这方面走的发展路径都是互不相同的。而在后面并没有人跟着走的情况下,"领先"又从何说起呢?这就好比一个人向东走,一个人向南走,你不能说向南走的人是落后还是领先于向东走的人——只有两个人在同一条路上,并且向同一个方向走,才会有领先和落后之分。

比如在唐朝时,中国可能是世界上最强盛的国家,但在世界历史长河中,国力最强盛的国家并不一定就是科学最先进的国家。国力强盛有共同的、相对简单的衡量标准,科学文化先进与否的衡量标准却要复杂得多。而且,科学史意义上的科学先进同我们现在通常意义上的科技发达,考量标准也不一样。

陈方正《继承与叛逆》书前,有余英时写的长序,阐发陈著的价值和意义,是一篇非常重要的文章。在余英时的序中,也将"李约瑟难题"称为伪问题,余英时采用了另一个比喻:不可能说"某一围棋手的棋艺曾长期领先某一象棋手"。这和我上面的比喻倒是堪称异曲同工。

本书的意义与价值

今天的人们,物质生活越来越富裕,窗外有百丈红尘,其诱惑越来越剧烈,许多人被名缰利锁越缠越紧,每日的步履越来越匆忙,在物欲深渊中越陷越深,离精神家园越来越远。我们可以看到,随着时间的流逝,宏大主题的鸿篇巨制是越来越少了。作者懒得写,读者也懒得读了。

李约瑟的《中国科学技术史》卷帙浩繁,从1954年起出版,已出数十巨册,至今仍远未出齐,而李氏已归道山。剑桥大学出版社在李氏生前,考虑到公众很难去阅读上述巨著,所以请科林·罗南(Colin A. Ronan)将李氏巨著改编成一种简编本,共得五卷。现在罗氏也早已谢世多年了。

这部五卷本《中华科学文明史》,原名 *The Shorter Science and Civilisation in China*,就是李氏上面那部巨著的简编本之意。我们当然不应该将错就错,再继续沿用先前不确切的书名。所以《中华科学文明史》这个书名,既符合作者原意,顺便也是一次正名——尽管是已经迟到的正名。

由于是简编本,这部书的读者对象,自然要比李氏计划中有七十余册的皇皇巨著广泛得多。书中略去了大量繁琐的考证,阅读起来也比较流畅。

李约瑟给中国人民、给中国科学史带来的最宝贵的礼物,是他的著作中宽广的视野。这部简编本虽然经过了科林·罗南的改编,但这一特点仍然得到保持。书中论述中国古代科学文化时,经常能够展现出东西方文明广阔的历史背景,而历史上中国与欧洲之间科学与文化的交流及比较,则是贯穿全书的一条主线,李约瑟对此倾注了巨大的注意力。

例如,在谈到中国古代水运仪象之类天文观测—演示仪器时,就介绍了起源于拜占庭的"阿拉伯自鸣水钟",而以前国内的读物大谈中国的水运仪象台时,从来不提西方历史上的同类仪器,好像它们从来就没有存在过一样。又如,即使是在论述中国历史上的伪科学时,李约瑟也不忘记进行中西方比较,在谈到中国十四世纪时的一幅算命用的星命图时,李约瑟立即将它与公元初几个世纪西方"系统化的古希腊占星术中的十二宫或十二所"联系起来,认为两者的实质内容是一样的。

这样的做法对于中国读者来说是极为有益的——因为我们以前有太多的读物向我们描绘过一幅又一幅夜郎自大的虚幻图景,好像古代只有中国的科学技术独步全球,别人都在蛮荒世界。虽然李氏有时不免有点拔高中国古代成就,但他主要也只是在比较抽象的概念上拔高,具体论述时则都是实事求是的。

这部简编本的论述基本上是实事求是的——而实事求是的论述是不会误导读者的。如今媒体或书刊上,特别能误导读者的,是一种"真实的谎言"。这是一种高明的说谎技巧,其中每一个成分都是真实的,但是合起来就构成谎言。比如,向儿童谈科学史,说我们今天讲两个科学家的故事,一个是爱因斯坦,一个是黄道婆;即使所讲的事都是真实的,但小孩子听过后就获得这样的印象:中国古代有一个像爱因斯坦那么伟大的科学家黄道婆,而这个印象却是一个谎言。因为黄道婆即使历史上真有其人,也无法和爱因斯坦相提并论。

李约瑟的工作和李约瑟的精神,都有永远的价值。事实上,他已经成为一个象征。但这不是"我们先前阔多了"的象征,而是中西方文化沟通、交流的象征。

关于本书中译本

本书中译本是集体合作的成果。参与本书译、校者，主要是上海交通大学科学史系的教师及研究生，也有若干其他单位的人士。各卷具体分工名单如下（未注明单位者皆为当时上海交通大学科学史系师生）：

第一卷　1～6 章：　段爱爱译，王　媛、江晓原校

　　　　　7～8 章：　李　丽译（华东师范大学古籍研究所）

　　　　　9～11 章：　邢兆良译

　　　　　12～16 章：李　丽译

第二卷　1～3 章：　钮卫星译

　　　　　4～5 章：　郑　燕译（浙江科学技术出版社对外合作编辑室）

　　　　　6 章：　　商伟明译（杭州市农业银行国际业务部），关增建校

第三卷　1 章：　　付桂梅译（上海交通大学学报编辑部），关增建校

　　　　　2～7 章：　辛元欧译

第一～三卷索引：　王国忠译（浦东华夏社会发展研究院李约瑟文献中心），孙毅霖、钮卫星、关增建、江晓原校

江晓原、关增建、纪志刚、辛元欧四人共同审阅了前三卷的校样。

第四卷　全部：　　梁耀添译，陆敬严校（同济大学机械系）

第五卷　全部：　　王　媛译

策划、组织、统稿：江晓原

还有几个问题需要向读者说明：

■　英文原版中的错误问题。科林·罗南简编本中有一些错误，这些错误可分为两类：

甲、硬伤，比如将年代、地名之类写错，我们对这类错误的处理办法是正文依据原文，然后在错误之处加上"应作某某——译者注"字样，放在括

号内。

乙、并非简单的硬伤，但是属于明显不妥的论断，我们对这类错误的处理办法是正文依据原文，然后在页末注中加以说明。

■ 对其他中译本的参考。我们在翻译中主要参考了如下两种译本——这里谨向诸译者及出版社深表谢意：

甲、《中国科学技术史》翻译小组：《中国科学技术史》，科学出版社，1975 年。此中译本包括"总论"两册、"数学"一册、"天学"两册、"地学"两册，系另分卷册，不与李约瑟英文原版对应。

乙、由科学出版社和上海古籍出版社联合出版的中译本，完全按照李约瑟英文原版的卷册，到 2002 年本书初版时为止仅出版了如下四册（此后当然又已出版了若干册，但已不及为本书翻译时所参考）：

袁翰青等译：第一卷"导论"，1990 年；

何兆武等译：第二卷"科学思想史"，1990 年；

刘祖慰译：第五卷第一分册"纸和印刷"，1990 年；

鲍国宝等译：第四卷第二分册"机械工程"，1999 年。

■ 在本书中译本索引中，我们删除了少数专为西方读者而设、对中国读者来说纯属起码常识的义项。

此次新版，重新统一调整了全书目录，并对初版文本中的错误作了修订。

最后，我要在这里感谢所有参加本书工作的人。特别感谢、怀念本书初版的责任编辑、已故的胡小静先生，以及上海人民出版社的其他有关编辑，他们已经并还将继续为本书付出极为艰巨的劳动。

江晓原

2013 年 11 月 16 日

于上海交通大学科学史系

目 录

第 二 卷

第 一 卷

前　言

李约瑟教授所撰写的《中国科学技术史》是学界一 部不朽的著作，它开创了一片新的天地，为西方读者详尽而连贯地介绍了中国从远古时代起到 17 世纪晚期科学技术的发展。比起一般读者，这部巨著更适合于学者和研究人员使用。书中有一些内容迄今为止还没有被西方世界所了解，而这些内容又如此重要，使得现在明显地需要有一套缩写本，让有无科学素养的人都能看懂。李约瑟先生和剑桥大学出版社都意识到了这一点，我被邀请接受这项任务，这使我充满感激和兴奋，感激的是我由此成为这项伟大研究与更多读者的连接纽带上的一环，兴奋则由于这项不轻松的任务意味着我将在以前未涉足过的海洋中展开一段探索旅程。

在这套缩写本的编写中，许多人都曾给予过我帮助和鼓励，其中李约瑟本人对我帮助最大。向他的请教，常常是在喝过茶后，他总能使我受到教育，同时又得到一段愉快的经历，就这样他帮助我解决了如何把如此多的信息缩写进文章里的难题。对李约瑟先生的感谢，除了在于他为我准备的参考文献，还在于他从始至终与我一起关心整部文稿。我们一起阅读稿件,他加以赞赏,虽然由于《中国科学技术史》一书正文的编写压力使他未能系统地介绍新材料,但我们还是借此机会增加了一些新的内容并借助从已出版的几卷书中获得的知识做了些重点的修改,包括一些更正。另外,我们改变了章节标题和题目顺序,使它与原版的第一、二卷不尽相同。然而,无论如何,它不是《中国科学技术史》的再次编辑,它不能不结合过去二十年的新发现,比如在中国文化的史前部分或考古学方面的新进展。正如现在展现给大家的,它只是基本上是那部著作的缩写本。

　　这里在分析语音的罗马化时保留了韦德·霍理斯的做法,即将送气音符号用 h 代替。

　　我还要感谢剑桥大学出版社的安东尼·巴特先生,感谢他介绍我做缩写本的编写者;感谢出版社编辑艾伦·温特,如果没有他的耐心帮助,书中会比现在多出许多不足之处。另外,我还衷心地感谢桑德拉夫人与黛安娜夫人,尽管不时有改动,她们还是成功地为我打出了手稿;还要感谢我的妻子佩妮,她认真地通读了作品,并提出了一些有益的见解。

柯林·罗南
写于小山酒吧
1976年11月23日

第一章 序 言

现在,人们越来越认识到科学史是人类文明史的一个重要组成部分,是人类文化发展的一个基本成分。探寻科学史的发展时,许多学者无一例外地从今天科学技术的思想和实践追溯到它产生的摇篮——古代地中海地区。他们发现,始于苏美尔人、巴比伦人和古代埃及人的进化给古希腊乃至罗马帝国带来了科学思想以及对自然观察的发展。通过伊斯兰世界,它们又传播到中世纪的欧洲,在欧洲的文艺复兴运动兴起时,它们引发了具有革命性的变革。

在很大程度上,所有这些都是新事物。例如,在一个半世纪以前,苏美尔人和巴比伦人对科学的贡献还不为人知。1837年,当威廉·厄尔撰写他的巨著《归纳科学史》时不自觉地忽视了其他文明对现代西方科学文化的贡献,并且没有受到任何批评。而现在情况有些不同了,不仅巴比伦人和苏美尔人的成就被认识,还有以前我们了解得不够的印度文化遗产。与之相似,在我们的认识中仍然对来自亚洲文明的贡献有着巨大的隔膜,尤其是它的两个最古老的文明中处于北方的中国。中国的科学史迹就是本书讲述的主题。

确切地说,中国人对于科学技术和科学思想的贡献随不同的历史时期而不同,这一点将变得很明显。在远古和中古时代,中国的科学技术极其重要,但它的角色在17世纪早期耶稣会传教士到北京出访后发生了变化,渐渐地融进了过去300多年连续发展的一般科学中。在耶稣会传教士来到之前,中国的科学处于依靠观察与实验的阶段,理论相对落后。即使如此,中国人还是成功地在希腊人之前做出了许多科学技术上的发现,与掌握了古希腊科学知识的阿拉伯人并驾齐驱,在公元 1 世纪到 13 世纪之间达到了一个西方世界无法企及的科学知识水平。

对以西方古典艺术为基础的文化背景下长大的人来说,中国人的成就令人吃惊。当然,16 世纪的中国没有像欧洲那样从这时开始产生现代科学,理论素养的薄弱和希腊科学中精确性的基础——推理几何学的缺乏,对中国人产生了负面影响。尽管如此,在中国古代社会,比起在希腊、罗马甚至欧洲中古社会,科学更容易得到应用;此外在中国发展了一种有机的自然观,这种自然观和近代科学经过机械唯物论统治三个世纪之后被迫采纳的自然观非常相似。它的产生是本书将要讨论的问题之一。

即使今天,对中国人的发明与科学发展的偏见仍然存在,要评估中国人的成就也是件困难的事。老的(17 世纪)耶稣会传教士所传来的不确切的编年史至今仍然在起作用,它导致人们要么过分夸大,要么过分减损东亚人祖先的成就,同时,中国人与西方学者也忽视了中国的早期成就,或只是给了一些表面的关注。传说本身也常常未被应有地认识,而造成许多有价值的材料被忽略了。然而,大多数欧洲人都隐约地意识到了远在欧亚大陆的另一端有一个浩瀚繁荣的文明,和他们自己的文明一样的错综复杂和丰富多彩。欧洲人在对中国文明,特别是对中国科学技术进行了解的过程中,有一道几乎无法逾越的鸿沟,这便是中国人所使用的象形文字。大多数汉学家都必然具有文学方面的爱好和修养,然而还是有很多零星的文学样式几乎从未被涉及过,更遑论仔细研究了。

从某种意义上来说,这本书是一种探讨,一种精要的探讨,它的详细资料力图与李约瑟先生及他的合作者们所发掘的文献相一致。作为一名合格的研究科学与科学史的人员所具有的素质,必须对这个国家及其语言非常熟悉,并能和许多科学家、学者接触,他还必须能够研究中文原著,包括已有了译本的和从没有被翻译过的著作。这样就能使他纠正那些错误的翻译或错误的概念。举个例子:在公元前 4 世纪的《墨子》(《墨子》是墨翟的作品)一书唯一完整的译本中,有一段讲到纺织。西方译本的译文是:"妇女们从事各种刺绣,男人们则用穿插的方式编织织物。"这段译文的字面意义似乎是指提花织机,只有对文章进行仔细的研究后,才知道其中根本没有提到花纹的编织,作者实际是指"刻丝",也就是将各种彩色丝线编入已经织就的织物而成一种锦。因此这里实际上没有涉及提花织机,人们也不可能以此为证据宣称中国在公元前 4 世纪发明了提花织机。除了这个,还有不少其他例子可以说明对语言或其所涉及的技术不熟悉所面临的错误危险。

　　这里应该指出,尽管出版的这部著作有 90% 是李约瑟先生亲笔写的,正如他所说,若没有他的同事们的合作,这项工程是绝对不能完成的。从 1948 年到 1958 年,他的主要合作者是王静宁(王铃)先生,现在是澳大利亚堪培拉市的教授,他是一名历史学家和数学家;1958 年,李先生的一位更老的朋友鲁桂珍,一名医药与生物史专家开始与他合作;几名其他的中国学者也给予了积极的合作,特别是布里斯班的天文、炼金术与早期化学史专家何丙郁,还有加利福尼亚的罗荣邦,他在制盐工业及深井挖掘技术那一章提出了不少见解;另外,芝加哥的世界纸张及印刷史权威之一钱存训先生,研究传统化学工业的李励生先生都提供了帮助。随着时间的推移,要感谢的人越来越多,比如纺织技术现在由东京的奥达义作先生负责,陶瓷部分由香港的屈志仁先生编写。西方学者也加入了这项研究,比如肯尼斯·罗宾逊先生,他草拟了物理声学部分;德克·伯得先生,正在研究传统中国文人的世界观,还有简洛兹·开米柳斯基先生,他正在撰写对中国逻辑的重要研究。上面列出的这些绝不是全体合作与参与者的名单,只是使人们对这项团队工作所涉及的规模有一个大概了解。

　　李约瑟先生及他的同伴们所编写的那七卷本,大约分为二十个独立部分,其中的十个部分已经出版,像它们一样,希望这一缩写本对于增进国际了解能够作出一些贡献。中国人的天分,普遍由于早期的农业与艺术成就而被呈现在西方人面前:而我们的纪元中前 13 世纪在技术发明方面从中国接受的影响几乎完全被忽视了。它们对 17 世纪西方的科学革命有多大的影响也尚未被全面地评判。即使这样,也必须承认我们电磁铁学知识的所有根基都在中国,而处于转折期的欧洲则受到了中国人所信服的宇宙无限思想的极大影响。无论最后的答案是什么,了解并鉴赏其他文化中学者和技术工匠们的成就,都可以促进彼此的相互理解。一些人认为,整个现代文明是从 16 世纪和 17 世纪欧洲的文艺复兴人物,例如伽利略和维萨留斯开始的,从而得出欧洲人得天独厚的结论,我们对此一定要坚决反对。在人类了解和控制自然方面,中国人有过伟大的贡献。没有一个人或一个民族曾经垄断过对科学发展的贡献。如果我们要走向一个人类团结友爱的未来,那么所有的成就都应被承认,被赞美。

4

第二章　中国语言

　　在介绍中国科学技术的成就之前，很有必要了解一下其产生的社会文化背景。为之后各卷中所包含的科学细节提供一种背景是本卷编写的目的。要建立这个背景，最好先让我们简要地论述一下：首先是中国的地理，之后是其历史，然后是使东亚与西方文化发生交往的机会。在此之后，我们就可以研究中国哲学中科学思想的产生和发展问题了，如果我们想了解中国人的创造才智，科学思想是需要知道的必不可少的一部分。

　　在这一卷中，我们肯定会运用中国人的名字，会参考中国语汇，因此在对背景进行研究之前，很有必要在这里对中国的语言本身作一说明。首先，我们要能够把中国文字转化为拉丁化的写法，以便书写方便，并对它的发音有一些了解。汉字是有音调的，音调的不同可以使一个字有不同的含义，我们所采用的任何一种体系（拉丁化）最多只能是接近汉语，而且对于如何拉丁化长期以来一直有争议。现在已经产生了许多竞相媲美的方法，有些是根据一度曾被中国邮政采用的那种广州语进行拉丁化，其他的方法则来自语音和语言学家们的研究。1867年托马斯·韦德先生意欲建立一套国际通用的体系，但是法国和德国的汉学家们根据他们自己对拉丁表的发音方式发展出另外的方法。1890年，韦德系统被霍理斯修改并加以采用，称为韦德·霍理斯体系，这个体系成为当今西方世界最广泛使用的系统。该系统最强大的对手是中国政府在1962年由官方提出的拼音系统。在前面的表中两种系统均被列出，另外还列了李约瑟先生及其合著者们在这几卷中所采用的方案。本书中没有像韦德与霍理斯那样使用很多撇号来指明送气辅音，而是加上一个字母

"h"来表示,这样就可以直接和印度文字中的语音相比较。例如,"Buddha"和
"Buddhism"是一般的拉丁化语音。

作为一种语言,汉语是统一的:中国文字是一直保留着象形写法的唯一一种文字。出现这种情况的原因还不是很确定,它没有转化为拼音写法的原因可能是从一开始它便是严格的单音节的。无论是由何种原因所致,它一直保留了象形写法,而不像埃及文字和苏美尔文字,这两种文字后来都产生出了拼音字母。

表1　汉语的拉丁拼音

威妥玛翟理斯系统	加德纳系统	本书采用系统	发音
ch-	zh-或 j-	ch-	介于 chair 与 jar 之间
ch-	ch-或 ts-	chh-	如在 much、harm 中,强送气音
f-	f-	f-	如在 farm 中
h-	h-	h-	如盖尔人的-ch 音,如在 loch 中
hs-	x-	hs-	轻送气音变咝音,愈后愈强,试将 hissing 中第一个 i 去掉读之
j-	r-	j-	如法语 je 或 jaune 中的 j-,用嘴的前部发音的 j-,听起来像 r-(参考波兰语的 rz-)
k-	g-	k-	k 与 g 之间
k'-	k-	kh-	k 作强送气音,如在 kick hard 中
l-	l-	l-	如英语
m-	m-	m-	如英语
n-	n-	n-	如英语
p-	b-	p-	如 lobster 中的 b,或在法语 peu 中
p'-	p-	ph-	如 party 或 parliament 中的爱尔兰地方音,送气音比法语、德语和英语都强
s-	s-	s-	如英语
sh-	sh-	sh-	如英语
t-	d-	t-	近似英语中的 d-,但又不完全是 d-,略带t-音
ss-	s-	ss-	只和 -ŭ 连在一起(参见-ŭ)
T-	t-	th-	t 作强送气音,如在 torment 的爱尔兰方言中

（续表）

威妥玛翟理斯系统	加德纳系统	本书采用系统	发音
ts-	*c-*	*ts-*	如在 *jetsam*、*catsup* 中
ts'-	*z-*	*tz-*	*ts* 作强送气音，如在 *bets hard* 中
tz-	*c-*	*tz-*	只和 *-ŭ* 连在一起（参见 *-ŭ*）近似发音 *ts'*
tz'-	*z-*	*tzh*	
w-	*w-*	*w-*	如英语，较弱
y-	*y-*	*y-*	如英语，稍弱

42 个元音、双元音和字尾辅音

-*a* 或 *a*　　如 *father*，宽 *a* 音

-*ai*　　如在 *aye* 中，更像意大利语的 *hai*、*amai*，英语中的 *why*

-*an*　　有些像英国人读荷兰语的 *Arnhem*；*r* 不发音，或如德语的 *ahnung*

-*ang*　　*-nug* 对元音有半鼻音、半喉音的影响，有点像德语的 *angst*

-*ao*　　如在意大利语 *Aosta*、*Aorno* 中，没有英语 *how* 中那么融合

7　-*ê*　　最接受 *earth*、*perch* 或 *lurk* 中的英语元音

-*êi*　　威妥玛说，发音如前一个音和 *-y* 自然接合，像英语的 *money* 去掉 *on-*，一般发音如 *-ei* 或 *-ui*（参看下面）

-*ei*　　一般和英语的 *may*、*play*、*grey*、*whey* 无法分辨

-*en*　　如在英语 *yet*、*lens*、*ten* 中

-*ên*　　如在英语 *bun* 中

-*êng*　　如在英语 *unctuons*、*flung* 中

-*erh*　　如在英语 *burr*、*purr* 中

-*I*　　如在英语 *east*、*tree* 中的元音

-*ia*　　不像 *yah*，两个元音较清楚地分开，可是也不像意大利语 *Maria*、*piazza* 中的元音那么清楚，并且不单独地重读

-*iai*　　如在意大利语 *vecchiaja* 中

-*iang*　　如上面 *-ang* 加上一个元音

-*iao*　　如上面的 *-ao* 加上一个元音

-*ieh*　　如在法语中 *estropié* 中

-*ien*　　元音很清楚，如在意大利语 *niente* 中

-*ih*　　短元音，如在 *cheroot* 中

-*in*　　短元音，如在英语 *chin* 中

-*ing*　　短元音，如在英语 *thing* 中

-*io*　　短元音，如在法语 *pioche* 中

-*iu*　　较英语词尾 *-ew* 为长，如 *chyew*，而不像 *chew*，如作猫叫 *mew* 的拟声发音

-*iung*　　如上面的 *-ung* 加一元音

-o	有点像介于英语 *awe*、*paw* 和 *roll*、*toll* 的元音之间
-ong	如在英语 *dong* 中,较短
-ou	正像-*eo*,英语的 *Joe*
-u	如在英语 *too* 中
-ü	如在法语 *eût*、*tu* 中
-ŭ	在英语 *bit* 中的 *i* 和 *shut* 中的 *u* 之间。只和 *ss*-、*tz* 及 *tzh*-连在一起,威妥玛说: "它从喉部发出一,有点像说话的人轻微打嗝似的。"
-ua	如在西班牙 *Juan* 中,可缩短成 *wa*
-uai	如在意大利语 *guai* 中
-uan	如上面的-*an* 加上一个元音
-üan	*ü* 与上面相同,-*an* 如在英语 *antic* 中
-uang	如上面的-*ang* 加上一个元音
-üeh	如在法语 *tues* 中
-uei	-*u* 如上,-*ei* 如上,参考法语的 *jouer*
-ui	如在意大利(不是法语)*lui* 中
-un	如在意大利语 *punto*、*lungo* 中
-ün	如在德语 *münchen* 中
-ung	如在英语兰开夏地方音 *bung*、*sung* 中的发音,没有 *cong* 那么宽
-uo	*o* 音如在英语 *lone* 中的发音,整个音如在意大利语 *frori* 中的发音

　　注:如上面所指出,威妥玛—翟理斯系统采用北京"官话"作为标准。可是今天的普通话发音和官话不尽相同,因此本书略作修改,以便和普通话相符合。例如在 pên(本)和 chêng(郑)中必须有长音符号"^",但在 jen(人)、chen(真)或 chhen(陈)中,便无需应用。同样,在 hsüan 中我们保留分音符号"¨",介 yuan 中便不写出。反长音符 ŭ 表示的音可以从总是和它连用的辅音来辨认,因此我们略去了"ˇ"这一符号。

　　中国文字最原始的形式大体上是象形,即将图画减略到必不可少的程度,使之通俗化,后来就成为字。当然,具体的事物,例如天体、动植物、工具和器具,都很容易画出来,很多在表 2 中列出。汉字的古代形式从科学技术史的观点来看,有时是非常有意义的,在以后的有关章节中将不时地提到这一点。后来,随着语言的进步,又产生了其他一些书写形式。文字的范围也扩充到包括由各种代用体形成的间接符号,例如以姿态代行动、以果代因等。又如,"陟"字有向上登高之义,起源是两只向上脚印的图画;而"鬲"字,意指充满,是从古代坛的图画中引申出来的。文字后来也有联想组合,例如,"父"字包括手和杖的古代符号;"妇"表示女人和扫帚,而"男"字则有力(耕种)和田两个部首,含有"在田间用力耕作者"的意思。

　　一些汉学家认为,除了间接符号与联想组合外,还有可称为互解符号的一小类文字。在互解符号中,其中一个符号源于另一个,它们起始意义相同,而后来彼此被区别开来。例如,"考"字据说是从"老"字而来,因为很自然,总是老年人考年轻人。可是实际上,这两个字原来是完全同义的(即"年长"的意思)。

10 到现在中文字中属于象形文字、间接符号、联想组合和互解符号的字,还有两千个左右。它们不会对中国现在所使用的文字产生重大影响,但是由于中国的同音字(如英语中的 sow、sew、so)非常多,因此自古以来便有一种趋势,即借用一个义不同音同的字,严格说来是同音异形的另一个字来代替某字。这种很强烈的双关语趋向使得已失去原来意义的一些字接受了完全新的词义。例如,古代的缀字法清楚地表明,"来"字原来表示一种谷物(𣎴),而"萬"字原来则表示蝎(𧋒)。这种转移是由于不同字的同音引起的,这样的语音字称为假借字。

在中国文字的演变中,最大的发明是限定语音字,一个限定部首加到语音部首上去,这样便指出了字义所在的范畴,一系列具有同样(或几乎同样)发音的字就可以毫不混淆地书写出来。现让我们举例说明这一点。例如,"同"和各种不同的部首组合下列各字:

$$金 + 同 = 铜 \quad 竹 + 同 = 筒 \quad 行 + 同 = 衕$$

相反,"水"字却几乎总是作为限定部首与其他字组合,表示该字与水有关。如:

$$水 + 末 = 沫 \quad 水 + 叉 = 汊 \quad 水 + 每 = 海$$

这样的组合字究竟有多少是在公元前 10 世纪到前 7 世纪的周代早期所造的我们并不知道,其中有许多看来确实是合适的,有时甚至颇有诗意,可以看到思想的前因后果。有些字既可以用作语音部首,也可以用作限定部首,视情况而定,如"耳"和"立",见表 2。

9

表 2　中国文字的演变

象 形 文 字				
古　代　字　体	小　篆	现代字体	各种书写方式	部首号码
		人		9
		虎		141
		羊		123
		象		—
		鸟		196
		鱼		195
		壶		—
		车		159
		月		74
		山		46

蒙许可,据 G. 哈隆,"中国文字",*World Review* (Sept. 1942)复制,有所修订。

　　前面各类中,任何一个象形文字和符号都可以用作语音部首,也就是说,可以使构成的字具有和它原来表示的字相同或类似的音。可是限定部首的数目是有限的,因为在原始文明的各个阶段所需表达意义的范畴比较小,因此,部首限定字便逐渐成为汉字分类的便利工具。公元前 9 世纪时,部首方法已经得到充分使用,并在公元前 213 年前后被整理出来。公元 121 年完成了第一部大辞典,共有 541 个部首,这个数目一直被用了 1 200 年,之后被减到360 个,然后又减至 214 个,直到今天还保持这个数目。

　　对于研究中国文字的自然科学家来说,把这些部首比成化学中的"分子"与"原子",可能是有帮助的——汉字可以大致看作分子,它们是由一套 214 个原子用各种排列组合方法构成的,在一个"分子"中所包括的"原子"可以多至七个,并且"原子"可以重复(像形成晶体一样),在一个字中可以有三个同样的要素,如在"森"字中,"木"这一要素便重复了三次。一种晚期的人为的方法把语音字拆分成基本的字根,许多字原来和各个部首没有任何关系,但约定俗成使它们归属于某些部首以便查找。有些汉字实在难以查找,结果一些辞典后面只得加上一个特殊的表,将这些"部首不明"的字列入表中。另外,也有一些字形很复杂的字,由于它们是定型了的古代象形文字,如"龜"字,字形复杂,笔画有十七划,无法进行详细研究,于是排在部首表末尾。"分子"、"原子"的类比对于研究许多文字是有用的,而对文字符号的分析的重要性将在以后研究中国科学术语时详细地加以讨论。

　　汉字的六种分类最初是由汉代的刘歆和许慎在公元 1、2 世纪划分的,从此以后,便一直成为中国学者们经常讨论的问题,它们被称为"六书"。这六类字的名称是:

　　(1) 象形——描写形状(象形文字)

　　(2) 指事——指示状况(间接符号)

　　(3) 会意——观念会合(联想组合)

　　(4) 转注——意义转移(互解符号)

　　(5) 假借——借用(语音借用)

　　(6) 形声——形与声(限定语音)

　　其中,形声字包括了大部分汉字。在 1716 年出版的《康熙字典》中有47 000 个字,其中象形和符号类字不超过百分之五,其余都属于第六类。

　　中国文字在中国整个历史中,经历了不断的删减和简化。中国的古代文字具有比中古代和近代中国文字更多的音。在亚洲的其他语言中发音也有变化,对这些问题的研究在科学技术史上是很重要的,因为它们影响到关于自然产物、思想和技术传播的一切结论。例如,到公元 11 世纪时,发音不知不觉地改变了,司马光发表了一套通常所称的"韵表",这个图表系统被更多地使用并迅速传开(如图 1)。由于这些韵表像在地图或数学模型中一样使用了坐标,可能建立了坐标几何学的发展基础(关于这点将在下卷讨论)。

疑	羣	溪	見	泥孃	定澄	透徹	端知	明微	並奉	滂敷	幫非	內轉第二
		角			徵			羽				平
顒	蛩	銎	恭	醲	重	蹱			逢	峯	封	
				纕	統	湩	鳩					
	柒	恐	拱		重	寵	冢		奉	捧	琫	上
				癑	統	歱	霿					
	共	恐	供	械	重		湩	艨	俸		葑	去
		酷	梏	褥	毒	價	篤	瑁	僕	菶	襮	
玉	局	曲	輂	溽	躅	梀	瑑	媢				入

图 1　采自郑樵《通志略》的语音表(约 1150 年)[字被置于坐标系统中,横轴(从右至左读)以字首辅音"分度",而纵轴(从上至下读)以元音和韵母"分度"。横轴也可用来按乐符分类(从上算起第三行),而纵轴上各字的位置按四声排列]

汉语中所使用的语音的缺乏大大削减了语言的用途，至少影响了科学专业术语的发展。从表3可以看出，中文语音少到什么程度(空白点表示缺少了许多可能的语音组合)，一半以上的可能语音组合都空着。在实际应用中，汉语口语的四个音调增加了可能运用的语音数目，但问题还很严重。在《康熙字典》中共有字47 000个，但使用的音只有412个或可以说由于使用四声增加到1 648个左右的语音。因此，平均算来，每一个语音大约有30个含义。

表3　中国文字的语音组合 13

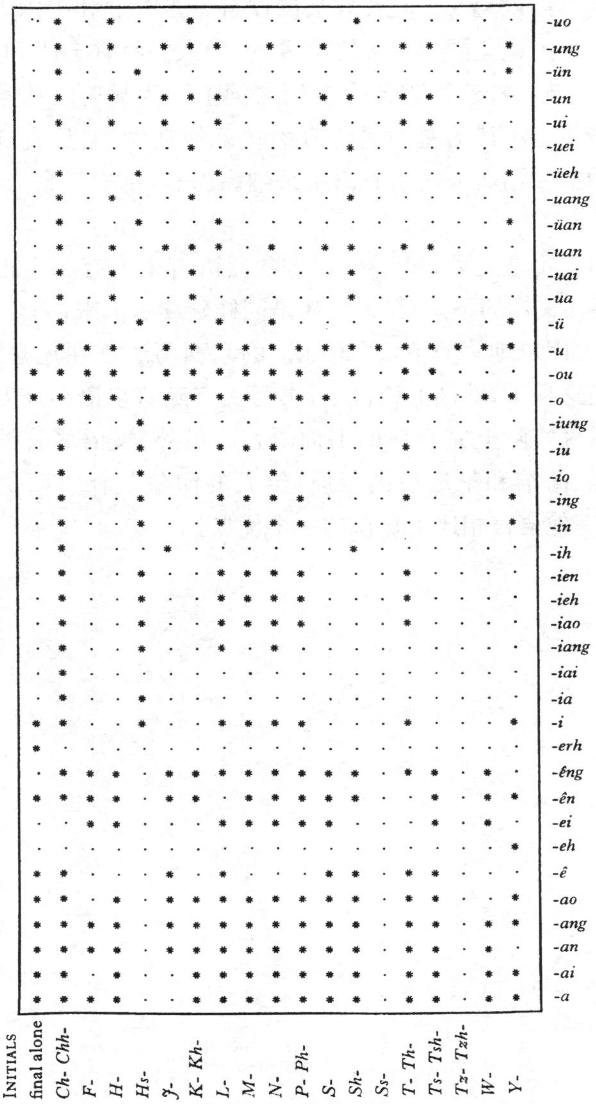
-uo
-ung
-ün
-un
-ui
-uei
-üeh
-uang
-üan
-uan
-uai
-ua
-ü
-u
-ou
-o
-iung
-iu
-io
-ing
-in
-ih
-ien
-ieh
-iao
-iang
-iai
-ia
-i
-erh
-êng
-ên
-ei
-eh
-ê
-ao
-ang
-an
-ai
-a
INITIALS
final alone
Ch- Chh-
F-
H-
Hs-
J-
K- Kh-
L-
M-
N-
P- Ph-
S-
Sh-
Ss-
T- Th-
Ts- Tsh-
Tz- Tzh-
W-
Y-

情况没有看上去那么严重，因为这其中很大一部分字是废弃的字、诗词用字或高度专门化的字，但在发展新的科学术语的过程中，中文的确很不方便创造出新字。在创造科学名词的时候，西欧不仅可以用希腊文和拉丁文的词根，而且还可以用阿拉伯文词根，中文则没有这样的资源可供利用。但最近有人将语音与部首结合形成了新的视觉组合字，以求解决这个困难。

前面说中文是一种严格的单音节语言，这句话需要斟酌，因为在口语中已产生了一种趋向，即把两个同义字连在一起，成为同源异体重叠词，例如"看见"、"感谢"等，以免发生同音异义的误解。当人们和中国人谈话时，马上就会感到他们尽力避免同音异义的混淆，因为人们经常会听到像"火车的火"等等这样的一些解释，这种现象在专用名词上更为显著。从某种程度上，同源异体词的产生也可认为是对语音日益贫乏的补偿，但是直到公元13世纪，它只在口语中被使用而未被书面语所采纳。当然，历史学家必须考虑研究这一现象。

尽管有很多不足之处，汉语相对于欧洲语言来说有一个很大的优点，这便是：虽然存在文体的不同，汉语文还是同样延续了下来，一个人一旦能读懂它，他便会毫无困难地理解它，无论他读的东西写于现在还是两千年前。欧洲语言就不是这样了，欧洲的语言中，书写文字随着口语而演变，在几个世纪以后就形成一种实际上完全新的书面语言。另外，汉语尽管词义不明确，它却有一种精练、简洁和玉琢般的特质，给人的印象是朴素而优雅、简洁而有力，这也是与其他语言相比下显现的一个优点。

第三章 中国地理

中国的地理背景——出演中国文明发展这一戏剧的舞台,是造成中国和欧洲的文化差异的重要因素,这点在讨论结束后将会看到。

从地图上看,一眼就可发现中国被其主要的两条河流——黄河和长江所分划。这只是一个过于简单的陈述,但是对于一个多山、有平原、还有大面积的沙漠和肥沃地区的国家来说,河流可以作为有用的结构,帮助人们描述简要的概念。我们先看东北地区和渤海湾,辽河向南流入渤海湾的东北部,而在渤海湾的西南面则是黄河入海口。顺着黄河溯流而上,左边耸立着圣山之一——泰山,这座圣山曾由于与降雨龙王有关而备受尊崇,还有多山的山东半岛,华北平原在河的右边,然后这条河流开始穿越多山地区。我们先沿河逆流北上,再沿戈壁沙漠西行,溯河而上,我们向西南行经一座大城市——兰州,在这里,黄河离青海湖附近的发源地不远了。在黄河大弯曲以内区域,多半与鄂尔多斯沙漠之间隔着一系列长城边陲小镇,如榆林——一个充满传奇色彩的城市,在那里沙土被风吹起,形成像墙壁或牌楼那么高的土堆。

黄河并不是自成一体的,其他河流也注入其中。如沁河、流经中国古都之一——洛阳的洛河、另外一条也叫做洛河的河流以及渭河。渭河河谷的整个南坡是陡峭的山崖,其北坡由于古代岩层被从北部沙漠吹来的黄土覆盖了十多英尺厚,因而比较平缓。顺河谷上行时,可以看到沿北坡有许多古代皇帝的陵墓,整个地区呈现着历史的足迹。在那里有中国最早的文明,有秦朝封建制度的兴起和汉唐两代首都长安(今天的西安)的辉煌。甘肃东部、宁夏东南部和陕西中部形成一个明显的自然区,虽然有山脉穿过它的西部、南部和东南部,这个地区还形成了自给自足的特点,这是只有在中国地理上才极常见的一种布局。

长江的通航条件和航程远胜黄河,它流入位于上海东南方向的太平洋。假如我们溯江西航,不久我们将到达一个较平坦的地区,该地区有三个湖泊:太湖、鄱阳湖和洞庭湖,湖南和湖北两省即因在洞庭湖的南北而得名,如同河南和河北两省因在黄河的南北而得名一样。长江在更西面的大湖之间,与向南流的大河汉水汇合,之后长江沿着四川省流出时切削出许多雄伟的峡谷,它们可与美洲大峡谷及非洲大裂谷并列为世界有名的地理奇景。四川的砖红沙壤是它的土壤特征,青藏高原挡在其西部。到达这儿的时候,我们又遇到了另一个自然区域,在第二次世界大战期间,它为中国军队提供了一个日本人难以攻陷的堡垒,这一地区过去一直与从杭州到中印边界的东南及南海岸一带隔绝,直到近代它们之间才建立了友好交往关系。

中国国土上的山岳看起来错综复杂,但实际上可将它们分为三类:东北——西南向褶皱山脉、东西向山脉以及其他褶皱山脉。东北——西南向山脉就像通向青藏高原的一系列巨大的台阶,包括了"东北部"和"中东部"基本经济区的大部分。就东西向山脉而言,四座重要山脉将中国划为四个自然区:陕西盆地(洛阳西部)、四川红壤高原盆地、贵州高原和南方沿海半圆形区域,特别是环广东一带。其他褶皱山脉包括所谓"云南弧",长江上游从青藏高原冲下后便顺着它的弓形地区奔流。

基本上,中国和中亚的构造与其他多数地区的不同之处在于,它有一种复杂的高山山脉网把许多比较平坦的地区分开。十分明显,与欧洲相比,中国不是被内海甚至简单的道路而是被山脉分割成一个个独立区域,因而中国文化与语言能够成功地达到统一的确是异常艰难的。

不但中国的地理有很大的不同,而且不同地区的气候条件也有很大的差异。在西部,青藏高原大部分是荒凉的封冻的高寒沙漠,居民极少,大部分人以游牧为生,常年把牦牛和山羊从一个个高山草地赶到另一个高山草地。塔里木盆地和蒙古草原是大片干燥的草地和真正的沙漠,风景优美但人口稀少,住在这里的人也过着传统的游牧生活,他们自己的文化直到现在才与作为主流的汉族文明相结合。东北平原上,尽管气候严寒,每年无霜期只有五个月,但其农业已得到极大的发展,尽管以历史的观点来看,这个地区重要性不大。

到了东部的山东一带,我们便进入了历史上有名的地区,它是古代诸侯国——齐的一部分。这个地区虽然冬季严寒,也还有一些主要的农作物长得

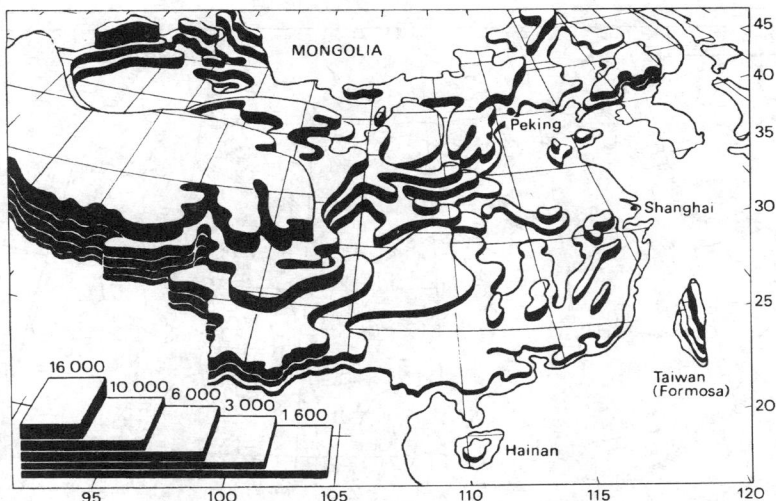

图2　中国大陆的东向海拔梯度

不错。另外,它还出产一种以栎树叶而不是桑叶为食粮的野蚕丝。临近西南部的华北平原的土壤是冲积黄土,只要大量施肥(包括人粪),就会是很肥沃的。平原大部分是黄河带来的淤泥冲积而成的,尽管黄河有周期性的泛滥,但仍耕种许多农作物:最主要的一种是小麦,也生产小米、豆类、棉花和大麻等。

18

　　在北方与东北,山西、陕西和甘肃几省呈现出另外一幅完全不同的景象:这里为黄土所覆盖,这种黄土是非常肥沃的未经淋滤的土壤,栽植作物可以多年不施肥,它的保墒能力使得能在雨水很少的条件下获得丰收。在这个特别适宜于农作物生长的地区,形成了古代中国农业的最古老的中心地区。现在回到东面的长江下游流域,那里有无数的运河和河流,是种植水稻的中心,没有土地被闲置。在山东、河南和陕西省西南部省界以南的东南沿海省份,人们也种植水稻,而主要的还是从事木材工业与渔业,中国的航海者一向大多数是福建人和广东人。这些省份气候温暖潮湿,人民讲许多种彼此听不懂的方言——这是因为这个地区历史上同内地隔离所造成的后果。

　　四川红色盆地位于西部,是中国人口最多、最引人注意和富饶的地区之一。水稻是该地区的主要作物,也种植很多其他作物,包括棉花、甘蔗、橘子、烟草,还有冬季作物。一些农民一年可以种三茬作物。四川的南面是云南、贵州的高原和山地,群山环绕。四川的平地很少,大约只占5%—10%,气候像所有热带或亚热带的高山地区一样温暖舒适,因此所有可以利用的平地,都被精耕细作。

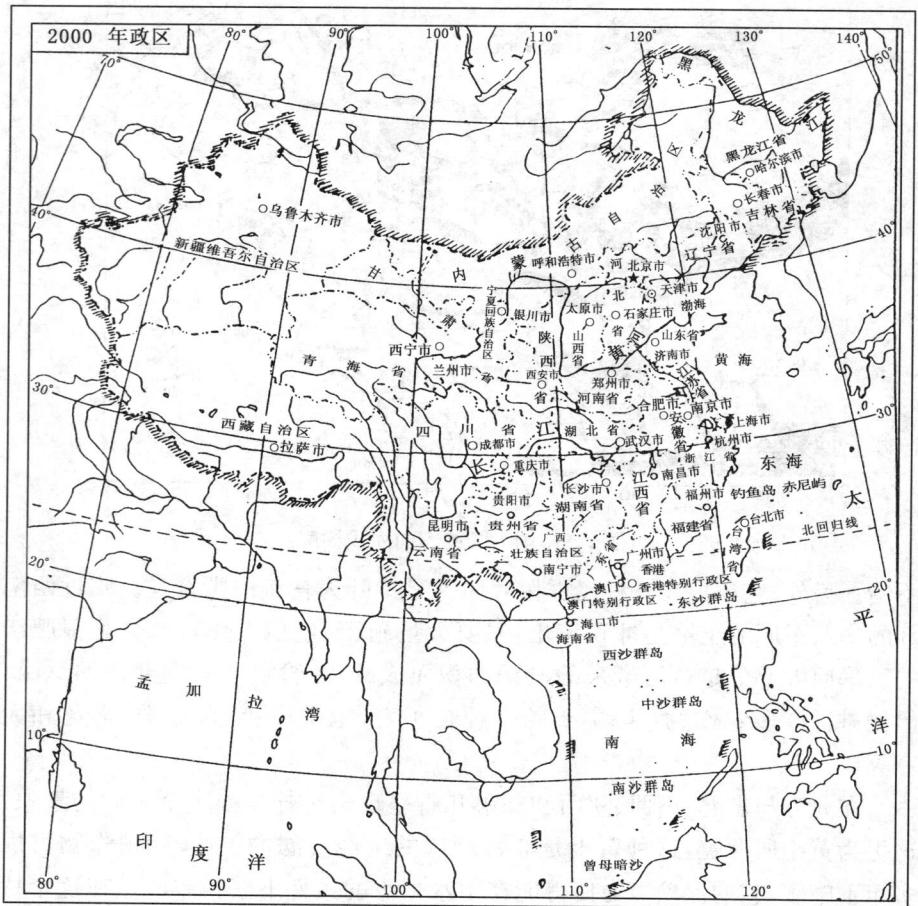

图3　中国全图

最后,我们来到广东地区的河谷,作为对中国广阔地理条件简单介绍的最后一站。两广地区的气候是热带气候,夏季湿度大、时间长而炎热,冬季则相当干燥而微冷,然后有两个月雾季。农业和四川一样主要是种植水稻,也种植甘蔗、烟草和柑橘。这里一年三熟是很普遍的,还有许多蚕丝出产。

第四章　中国历史——先秦时代

　　中国所能提供的古代原始资料比任何其他东方国家、也确实比大多数西方国家都要丰富。譬如印度，它的历史年表至今还是很不确切的，而关于某一事件的发生时间，中国往往不仅可以确定它的年份，它的月份，甚至日期。很多官方历史与编年史均被保留了下来，这些史书表现的客观性和不偏不倚的态度很值得赞扬。但令人遗憾的是，其中只有一小部分被译为欧洲文字。从经济、政治和社会的观点看，这部分文字很有价值，但总的来说，它对科学史用处很小。它们的确为我们提供了许多关于天文与气象的材料，因为在古代，天文是计算历法及预测事件的最基础的依据，另外，天象被用以预卜未来。中国过去的文化偏重文字而轻视科学，所以历史学家不得不在别的地方找到所需要的证据。这类资料倒是可以在儒家称为"杂书"一类的文献中找到，虽然它们几乎未被翻译过，却为李约瑟先生与其合著者们提供了广泛研究依据。

　　当然，我们需要有一个科学发明所属的历史时代结构，由于中国的年代像中世纪的欧洲一样，是从各个帝王登位算起的，要做到这一点就要作出一个朝代列表。我们知道，中国的朝代并不是完全连续的，表4可以引导我们去了解这近四千年的漫长过程，一般认为，记载中公元前841年以前的历史有一些不准确性，而那之后的历史事实则无甚异议，幸运的是，科学史主要与后一阶段关系较大。

表 4　中国的朝代

夏（传说中的？）		约公元前 2070—前 1600
商（殷）		约公元前 1600—前 1046
	周代早期	约公元前 1046—前 771
周（分封制时期）春秋		公元前 770—前 477
战国		公元前 476—前 221
秦（第一次统一）		公元前 221—前 206
	前汉	公元前 206—公元 8
汉　新莽		公元 9—23
	后汉（或东汉）	25—220
三国（第一次分裂）		220—265
	蜀（汉）	221—263
	魏	220—266
	吴	222—280
晋（第二次统一）		
	西晋	265—317
	东晋	317—420
（刘）宋		420—479
南北朝（第二次分裂）		
	齐	479—502
	梁	502—557
	陈	557—589
	北魏（拓跋）	386—534
魏	西魏（拓跋）	535—556
	东魏（拓跋）	534—550
	北齐	550—577
	北周	557—581
隋（第三次统一）		581—618
唐		618—907
五代（第三次分裂）		
后梁、后唐（突厥）、后晋（突厥）、后汉（突厥）、后周		907—960
辽（契丹、鞑靼）		907—1125
西辽（哈剌契丹）		1124—1211
西夏（唐古特吐蕃）		1032—1227
宋（第四次统一）		
北宋		960—1127
南宋		1127—1279
金（女真、鞑靼）		1115—1234
元（蒙古族）		1206—1368
明		1368—1644
清（满族）		1616—1911
中华民国		1912—1949
中华人民共和国		1949

注：表中凡没有在括弧中加注的，都是汉族人当皇帝的朝代。在东晋时，北方至少有 18 个独立国（匈奴、吐蕃、鲜卑、突厥等）。文献史家还常常用"六朝"这个词，这是指从 3 世纪到 6 世纪末南方的六个朝代，包括（三国的）吴、晋、（刘）宋、齐、梁和陈。（原著年表错误较多，今据上海辞书出版社 2000 年版《辞海》修订。——译者注）

中国的史前时期与商朝　　　　　　　　　　　　　　　　　　21

　　在中国土地上,我们已经知道其遗迹的最早居民是"北京人"所属的那个人种。"北京人"生活在更新世的初期或中期,即大约公元前40000年左右,比欧洲和地中海的尼安德特人要早。也有确实的证据表明,大约公元前12000年左右在中国居住着新石器人类。在这之后,是一个空白时期,无法知晓史前期的这个阶段的情况。公元前2500年左右,这片显然无人居住的土地突然开始出现了巨大而又忙碌的居民群落(如表5所示)。有证据表明,那里有数百以至数千个村落,居住着从事畜牧业以及农业的居民,他们熟悉纺织木工和陶器制造。很显然,华北地区这种奇怪的旧石器时代与新石器晚期之间的间断,只能期待进一步的考古发现,才能加以证明。

表5　若干历史年代　　　　　　　　　　　22

年代	地中海	埃及	巴勒斯坦	美索不达米亚	印度	中国
BC(公元前)						
3500	早期米诺斯约2600BC	旧王国2600BC 造金字塔2700—2500BC		乌尔城市之开始	印度河谷文明	仰韶文明
2500		中王国2100BC		拉迦什的古提人2100BC		
2000	中期米诺斯约1800BC		亚伯拉罕?			龙山文明1600BC
1500		新王国	摩西约1300BC			商代 周征服商1027BC
1000			大卫王约1000BC 所罗门约950BC			

23

年代	地中海	埃及	巴勒斯坦	美索不达米亚	印度	中国
			毁坏耶路撒冷圣殿	琐罗亚斯德（今伊朗）约600BC 尼尼微陷落约600BC 居鲁士攻陷巴比伦538BC	佛教约560BC 耆那教约560BC 大流士入侵旁遮普512BC	孔子约550BC
500						战国480BC
	雅典帕台农神庙修成450BC 柏拉图428—348BC					
400	亚里士多德384—322BC	亚历山大征服约327BC				
300					阿育王在位300—274BC	
	布匿战争250—150BC					秦始皇统一221BC 汉朝202BC（应为206BC——译者注）
100	罗马帝国31BC	克娄巴特拉女王69—30BC	罗马征服耶路撒冷63BC			

（续表）

年代	地中海	埃及	巴勒斯坦	美索不达米亚	印度	中国
AD（公元）						
0			耶路撒冷城毁灭 AD70			
200						汉朝结束 AD220

最初的重要文化被定名为仰韶文化,是以沿西向东包括今天的甘肃、陕西、山西、河南和山东这一狭长地带的发掘所揭示的。仰韶时期人民的主要食粮几乎可以确定是稷,而到该时期末,则以稻米为主食。既然这两种庄稼都被认为不是中国本土所固有的,那么就一定是从东南亚传入的。在仰韶文化遗址中已辨认出狗和猪的骨头,以及后来的羊和牛的骨头,可是我们不能确定它们是否已经被驯养,因为直到现在或不久之前,在蒙古还有真正的野马。仰韶文化最显著的特征是彩陶,这种彩陶大概是在公元前 2500 年左右用"泥条叠筑法"而不是"轮转法"制成的。

值得一提的是,已有某些迹象表明,在这一发展阶段,在北亚和北美已经存在有广大的文化聚集区。例如,人们在这些广大地区发现了典型工具是长方形或半月形的石刀,它与在欧洲或中东所见的石刀完全不同,可是在爱斯基摩人、美洲印第安人、中国人和西伯利亚人那里,却都可以找到。另一方面,那时的中国人自己还发展了一些特色发明,其中最值得注意的是两种类型的陶器,因为它们与任何其他地方所已知的不大相同,而且引发了古代的烹饪方法和最早时期化学之间的关联(将在以后卷中研究)。其中一种陶器名为鬲,是一种三只空心脚的大锅,空心脚可以提高表面加热的速度从而取得更高的效率(见图 4);另一种陶器叫做甑,其底部穿有孔眼且可将之置于鬲的上边,从而组合成为一种有效的用来蒸东西的容器,它有能同时烹调多种食物的优点。若将这两种容器合成一体,常常带有可移动的隔栅,它便成了甗,当青铜器代替了陶器以后,它变得更加占优势了。现在我们知道,它直接导致了后来东亚特色的蒸馏装置的产生。

在河南、山西一带,仰韶时期之后的另一新石器文化,名为城子崖或龙山文化。这里的居民仍未使用金属,而是用一种质地细致、加工良好的光滑的

26

黑陶器皿。龙山居民已将仰韶居民所驯化的动物完全驯化,还有可能饲养了马。龙山人也可能知道利用带轮的乘具,尽管证据不算确凿。在这个时候出现了不同种类的发现,如陶轮以及用夯土筑成建筑或房屋,这些技术在中东早已熟知,可是在中国它们还是新的。

24

25

图4 商朝陶器,名为鬲(这种器皿可以追溯到公元前17世纪到前16世纪,其高度为16.5厘米。经 Robert Harding Associates 许可,照片采自 Times Newspapers Ltd.)

图5 商朝陶器,名为甗(它是一种将蒸东西与烹调置于一体的陶器,1953年发掘于河南郑州。它高40厘米,与图4中的鬲产生的时代基本相同)

讲完龙山文化,我们谈一下公元前1600年左右的情况,在这个时期的最初100年内,突然出现了成熟的青铜文化,在中国历史上,这就是商代了(见图6)。在这方面我们所知道的情况大部分来自对商代首都(今河南安阳)的发掘,发现商代的存在是现代考古学中最富有传奇性的事件之一。19世纪末期的数十年间,安阳附近的农民在耕地时常常见到奇异的骨头碎片,村中有一人将这些骨头碎片当作"龙骨"卖给药店作药用。1899年,中国学者们看到这些骨头并惊奇地证实了骨片上刻有极古的文字;1902年,人们充分认识到了它们的重要性,它们是刻有文字的卜骨,并成为汉初以来从没有掌握过的宝贵材料。一下子它们使中国的哲学、语言学和历史学往古代回溯了将近1 000年之多,并证明了中国很多传奇性的历史——黄帝的统治、大禹治水,还有许多,是当时历史上真实事件与实践的反映。在这方面存在一个问题:什么样的文字先于卜骨上高度发展过的文字出现？近来人们从新石器时代的铜器上发现了记录的许多标记，这些标记或许就是后来发展成为中国文字的最早文字形式。

27

图6 一件华丽的商代宗教仪式中盛酒的青铜器皿(1957年出土于安徽阜南，它有47厘米高，始见于公元前14世纪到前11世纪)

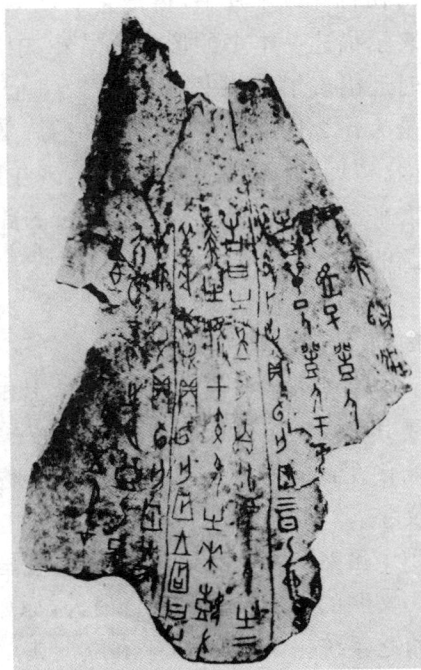

图7 商代卜骨[字样由罗振玉所描述，从 L. C. Hopkins "阳光月光"(《皇家亚洲学会杂志》1942年4月)复制]

卜骨用以占卜，方法是用烧红的木炭或火红的青铜棒来炙烤哺乳动物的肩胛骨或龟骨，然后根据甲骨上所呈现的裂缝形状或方向来猜度神的答复。在安阳地区似乎还有一种特殊的方法，略早于公元前1520年商朝时。商朝，占卜技术得到了发展，而占卜组织机构严密，因而保存了这种记录，在当时可 28
能是作为秘密记载而保存起来的。

在商代，青铜器得到了广泛的应用，用于祭祀、战争和奢侈品等一切用途，但有趣的是，很少用于工具和器具。商朝祭祀上精巧的工艺令人敬畏，甚至超过以后的一切作品。然而，商代统治的区域很小，也许只是从安阳向任何方向伸展至多不超过300公里。这个时代里，母系制度似乎已为父系社会所代替，家庭制度和崇拜祖先的风气重，用人献祭的事的确存在，至少在贵族的葬礼中是以奴隶殉葬的,这一习俗持续很久,直到周代。

商朝还有两个特征很值一提。一点是竹子的广泛应用,其中一种用途就是用作书简,这些书简大致和保存至今的汉初书简相同,一行一行的文字写在竹片或木片上,再把它们用两根绳子编缀在一起,因而有册这个字,册表示描述一本书的形状。另外,中国写字用的毛笔也是在商代出现的,商代时还出现了中国书写文字;第二个特征是应用贝壳作为交易的媒介。这便是为什么许许多多具有"价值"意义的字都用原意指贝壳的"贝"作偏旁的原因。"贝"究竟是从哪里来的,现在还不能确定,它有可能来自长江口以南的太平洋沿岸,它们经过那么长的路途来到商代文化中心这一点是值得注意的。

周朝、战国和第一次统一

周朝人来自西部地区(大体上相当于现在的甘肃和陕西),它的文化较之受其称羡的商代人低劣。大约在公元前 1027 年,周征服了商,周朝人继承了商代在青铜器制作、制陶和纺织业等方面的传统,并且进一步发展了书写文字。

虽然早先可能是游牧民族,可是周代人很快就吸取了当时正发展中的中国文明的全部农耕特点。另外,原始封建社会在商代已粗具轮廓,在周代则将之系统化,得到了几乎和欧洲典型的封建时期同样的充分发展。周朝的整个封建制度建立在农民的农业生产劳动的基础上,其中最显著的特点是农民在贵族领地上被强制徭役。帝国(那时已在形成中)被分成许多采邑,掌握在新的贵族阶级手中,很多商朝人被驱逐到鲁国和齐国。

29　　尽管看起来周朝统治确立,但它的不安定最后完全显示出来了。公元前 8 世纪,封建帝国似乎很牢固的假象终于破灭了。公元前 771 年,周幽王被一个与野蛮民族结成联盟的小王国的军队杀掉,他的继承者不得不从现今西安附近的首都向东迁至洛阳。在其后的几个世纪中,大约二十五个半独立的封建诸侯国只在表面上承认洛阳的领导权,而他们之间则又互相争当霸王。第一个争得这种霸主地位从而能在帝国左右各诸侯的是山东的齐国。齐国本身有两个特殊条件:它是食盐的主要产地;在炼铁方面,齐国也居领先地位。大约在公元前 500 年左右,中国人就已经知道铁了,齐国掌握了一套周朝没有的制铁技术,这似乎是齐国称霸的重要原因。紧接着,宋、秦、晋和楚等诸侯国也相继获得霸主地位。

到公元前 6 世纪,不仅政治上发生了重大改变,而且中国古代文化也确实进入了全盛时期。哲学思想中的"诸子百家"在公元前500年到250年间达到了登峰造极的境界；由于各诸侯国之间的相互冲突，人民中间不断增长的不安情绪，以及因铁的出现而引起的技术革命，促使大量哲学家涌现出来。这些哲学家带着弟子从一个首邑到另一个首邑，准备在受到聘请的时候担任朝廷顾问。这个时代，书院开始创始，其中最有名的是齐国都城的稷下书院，它在大约公元前318年由齐宣王创建，书院中邀请了除秦以外其他诸侯国的著名学者，提供给他们住宿和生活费用。这一书院和柏拉图在雅典所创建学园 30
时期相近，吸引了许多最有才华的人士，有些我们会在后面提到。

　　与这些知识上的重大发展同时并进的，还有许多文化上的进展。它们是如此之多，以致这一时期经常被看作中国的"古典"时代。在这个时期，手工技巧和生产方法都有了进步：出现了畜力牵引的犁；集市增多，货币经济加强

32

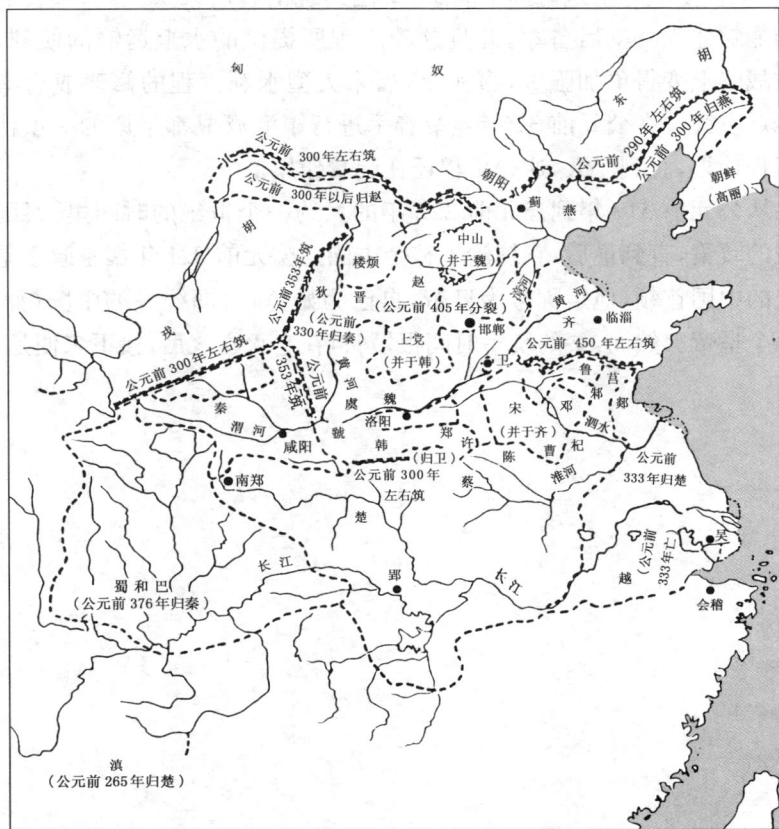

图8　公元前3世纪初各诸侯国边界略图

（经许可，采自 A. Werrmann, *Atlas of China*. Harvard University Press, 1935）

了,并逐渐取代土地和劳役的占有而成为财富和权势的来源。在军事上铁被广泛使用,为了使国境更加安全,弓弩被发明出来,中国是世界上最早发明弓弩的。

31 　在战国时期,工业的集中和水利工程系统的控制在各国相互兼并过程中扮演了重要的角色。这个时期,弱国不断被强国兼并,在秦国的封建制被封建官僚制代替之后,其他诸侯国也如法行之。这个时期,秦国全国人民军事化,并采用了什伍连坐制度,依靠严刑峻法的高压统治变成了当时的新秩序。秦国的力量迅速增长,使其他诸侯国感到很惊骇,他们采用结盟以及其他权宜之计来保护自己。尽管这样,他们还是失败了。例如,他们联合起来诱使秦国修筑那条把现今西安和渭河北边的泾、洛两河连接起来的郑国渠,目的是使国人不能逃离自己的领地同时削弱秦的军事威胁。可是,结果则正好相反,这一工程使大片土地得到了灌溉,秦国的统治者后来认识到,粮食的增产使他们能够建立一支后备军,并且这项工程所提供的水上运输的便利,也使他们在战略上变得更加强大,事实上,后来大型水利工程的修建成为秦国的一个既定政策。在公元前 316 年,秦着手进行了灌溉成都平原的一项伟大的水利工程计划,直到今天,这一工程还在起着作用。

　在从公元前 318 年到公元前 222 年的大约一个世纪的时间里,秦国实行了征服的政策,直到最后,它统治了整个中国。公元前 221 年秦王政于是成了大一统的中国首领,他定称号为皇帝,自己为始皇帝,即统一的中国(如图 8)的第一个皇帝。然而,秦的统治时间很短暂,在它灭亡之后,接下来便是汉朝。

第五章 中国历史——统一的帝国

秦朝

统一的新帝国建立以后,马上建立起官僚制的政府,这种政治制度成了其后整个中国历史的特征。大的封建领主遭到废黜,他们的领地改由高级官吏来治理,世袭贵族制当时虽然还继续存在,但其代表人物则被迫在京城居留。农民在土地方面得到了较多的权利,可是必须缴纳各种赋税。行政上,全国分为很多个郡,每个郡都设有军事长官和行政管理长官。从度量衡直到马车和战车的尺寸,一切都标准化了。开始在一些郡修筑两旁植树的道路网,并将各封建诸侯不同时期在北方建造的长城连接起来,形成一条后防线,这就是万里长城。有人认为修造长城是为了阻挡游牧民族的侵犯,要达到这个目的,或者建防御门,或者修筑坡道使城墙自身成滑坡形,无论使用哪种方式,都能延缓外族统治者的到来。然而,修造长城不仅仅是为了防御北方的野蛮人,也是为了阻止长城内的汉民集团跑去参加游牧生活,建立混合农业田园经济。

秦始皇既然已经组织了庞大的军队,势必要进一步寻找更多的用武之地。于是,秦便向南扩张到前人所没有到达过的地方。这些战役极不平常,他们征服了沿海的福建、两广,甚至到达现在越南北部的东京。在一次扩张领土的战役中,有大约 3 000 多名年轻男子、工匠,还有非常能干的女子都卷入了其中,这次战役由徐福率领,他的坟墓至今仍能在日本本州南部的新宫市被我们见到。事实上,他们已经到达日本并在那里定居下来,最近的牙齿考古学已表明这一点。可以说这些人对那里的人口与艺术作出了很大的贡献。

34

图 9 北京北部南口附近的长城(庞廷摄于 1910 年左右)

很大程度上,日本人的牙齿很像中国人商代的骨架,然而早期日本居民则是很像现住在北海道和该国其他北部地区的现代虾夷人。但是,秦始皇不仅仅对军事征服感兴趣,在大臣李斯的倡导下,他实行了文字的统一。另外,秦始皇对方术和炼丹术也很感兴趣。据说,他不倦地工作,每月处理的奏章重达1.5 吨,并且不时到各地巡行。

公元前 220 年(应为公元前 210 年——译者注),秦始皇这位伟大的统一者去世,他的儿子继位,但那是一个十分无能的统治者。几乎马上便发生了叛乱。开始时,一些以前的封建诸侯国为了建立他们自己的小邦,提出了"恢复领地"的口号,接着又爆发了陈胜吴广的起义,刘邦在众多的起义军中的威望颇高。最后刘邦抓住了到来的机会,于公元前 202 年控制了局势并建立了汉朝,即皇帝位,史称汉高祖。汉代在历史上是一个稳定的朝代,一直持续了四百多年。

汉朝

尽管在某些地区,人们想恢复纯粹封建割据的愿望非常强烈,可是人们很快便明白了,这是不可能的。刘邦登位后,最初采用了一种调和的方法。

很多小的封建特权是被承认了,可是,在大的方面,则是沿用了秦代的,而不是周代的国家制度,并在继承制度方面建立了一个严格的法规。为了削弱封建王侯的领土范围,汉朝规定当王侯们死亡的时候或他们有任何一点过错时,便削减他们的一部分封地,而且,关内侯必须居留京城。其结果是使每个诸侯国的权力逐渐缩小直到中国再度成为一个中央集权统治下的国家。

　　刘邦建都长安(现在的西安),并在全国建立了十三个郡(其界线实际上与现今省界相同)。为满足统治需要而建立的竞争性考试的挑选程序,便为此后儒家(将在第七章讨论)长期把持中国社会的局面创造了条件。儒家之所以能有这样的地位,部分理由是因为法家的主张被看作是过分残暴的,而儒家则合乎人情地采纳了一些简单的原则,降低了惩罚的严格程度。实际上,在汉代时期,儒家思想成为在新的官僚体制中高度发展的具有正统地位的思想。汉代还举行过一些闻名后世的学者集会,以确定一种具有国家根本大法性质的惯例,并按古籍中的先例决定某些问题。公元前51年,在皇宫内的石渠阁中举行了第一次集会,其重要性足以和西方的尼西亚会议(公元325年)相比(罗马帝国统治者君士坦丁在尼西亚召集全罗马帝国基督教主教会议,制定了著名的《尼西亚信条》——译者注)。

　　在汉代时期,宦官在政治上权力增大,起着重要的作用。尽管他们经常受到士大夫阶层的谴责,可是在每一次受到挫折以后,往往又重新得势,这种情况部分是基于统治者认为不必担心宦官能建立自己的国家的事实,官职世袭制度合乎风俗与习惯。在这样的官僚制度下,每次出现皇权变动,就常会导致流血事件发生,这样宦官制成为一种有价值的体制。宦官的权力在汉武帝时代达到了一个极盛阶段,因为,汉武帝不像以前的皇帝那样,他不愿让他的官员分享统治权,而是将政权完全置于自己手中。结果,丞相便不再是皇帝与人们之间的中介,只有宦官替皇帝执行权力,因为他们可以在内廷接近皇帝,充当皇帝的耳目。

　　汉武帝在位期间(公元前140—前87年)是中国历史上最重要的时期之一,因为这一时期社会稳定、治理得法,并建立了开明的外交政策。然而开始存在经济困难,以前的反商业法令商人感到惶惑,他们竞相投机并抬高物价,以致货币不敷应用。汉武帝的反击措施简单而有效:他起用最有才能的商人进入行政机构,试行了通货制度,其中包括首次使用纸币,即采用仅能在皇帝御苑内猎获的白鹿的皮制成的货币,强制作巨额购买之用。作为一种另加的稳定措施,"常平仓"的办法也已采用:在谷类价格低廉时,国家进行收购;在价格上涨时,国家再出售出去。在长城以北,抵抗匈奴的战争一直持续不断。

36

37　　汉朝与其他国家的交往使罗马和罗马叙利亚"使者"出现了几次访问中国的高峰,其中以张骞的著名的外交使团为最好的例证。张骞奉命西行约5 000公里,前往已在大夏(今阿富汗斯坦北部及塔吉克斯坦和乌兹别克斯坦之一部)的大月氏,该代表团的目的是联合大月氏,反击匈奴。由于匈奴杀死了大月氏的国王,他们还用月氏国王的脑壳当作饮酒容器,汉武帝认为这是一次成功的大好机会。张骞在出使过程中,出色地管理了该使团。不幸的是,途中张骞曾被匈奴两次捉拿并扣留长达十年之久。令人感到惊讶的是他两次带领该使团沿着自己逃离敌地的路线,安全返回汉朝,还带回了多种多样的植物和其他土产。张骞出使西域的重要性远远超过了值得颂扬的冒险意义,因为它导致了中华帝国的向西扩张,并奠定了连接中国文化区与伊朗文化区之间以丝绸之路著称的贸易路线的基础。更为重要的是,它标志着中国人发现了欧洲,因为从亚历山大时代起西域就属希腊管理。

　　汉朝的皇帝,特别是汉武帝,都酷爱黄老之术,常被史家所批评。汉武帝扩大了皇帝的祭祀和正式的方术礼仪,并且花了许多时间试图和超自然的神灵沟通。汉武帝很聪敏,不易受骗,可是他始终感到方士们有些做法可能并不完全是骗人的。事实上,这些方士也并非完全骗人,因为他们或许理解到(如同我们现在理解的那样),在早期方术和科学之间有着密切的关系。无疑,汉代的方士们曾经揭开了真实的而有价值的自然观察中的一部分,例如,在炼丹术、磁学、药用植物学等方面。事实上这个时期,公元前2世纪,正是中国最伟大的传统药方收集的时期,特别是《黄帝内经》,这与希腊的诡辩家之间有某些相似之处,它已经成为随后2 000年中国医药学的基础。

　　汉武帝追随以前皇帝的做法,派海军远征队到东海,目的在于与据说住在太平洋诸岛上的神仙交往。他与他的继承者以更近于战争的方式,深入朝鲜半岛的大部分地区,并在那里建立了包括四个郡的殖民政府。这一文明中

38　心对于当时正在缓慢发展的日本文化影响很大。

　　公元9—23年,汉朝由于王莽篡位而中断。王莽是新朝的第一个也是末一个皇帝,统治很短暂,但他以一系列以加强官僚体制为目的、影响深远的改革著称。他的农业改革政策宣布将全国土地收归国有,把大量占有的土地再分给自耕农,并对不耕种的土地课税。最初解放了男性奴隶,可是因为难以实施,于是对奴隶主课以重税。以铜币兑换金币的结果是,国家财富极大增加,并积聚了比中世纪欧洲的全部供应量还多的黄金。"常平仓"的制度(政府在谷物跌价时收购,涨价时出售的制度)被再试行了一次,但像其他改革一样未奏效。如果有积极而忠实的行政机构,该新体系很可能就会成功,可是

王莽统治下的官吏们只会自肥,商人和金融业者陷于绝望境地,人民大众日益不安。最后爆发了"赤眉"军的起义。赤眉是王莽时代的一个秘密会社——在中国历史上,秘密会社的活动是曾起过很大作用的一种因素。结局是统治崩溃了,王莽被刺杀。

王莽的统治并不都是失败,因为他对当时的科学和技术很感兴趣,假如可以称之为科学技术的话。以后卷中我们也将涉及,王莽还可能和磁罗盘的起源有关。正是在王莽的倡议下,在公元4年召开了中国历史上第一次科学会议。遗憾的是,他们商议的记录没有留传下来。在15年之后,由于匈奴入侵,在全国每三十人中征募一人入伍时,王莽召集专家开会,他们自称能给军队提供帮助。王莽对这些说法都进行了试验,结果发现它们没有一样是能实现的。

王莽死后,西汉宗室刘秀在短期混乱后胜利地崛起,公元25年,他建立了后汉(即东汉)。由长安迁都洛阳,他的施政本质上是巩固前汉的做法和政策。和匈奴的战争又继续进行,著名的将军班超曾任西域都护。他镇压了塔里木盆地(现新疆省)匈奴的叛乱,并将中国的影响力发展到西部的波斯湾,中国和罗马帝国两大势力之间就只隔着这一地域。此外,约在公元120年之后,商业上有了更多的来往,主要是经由波斯湾航线与阿拉伯和叙利亚的商业来往。

从中国科学史的角度来看,汉代(特别是后汉)是比较重要的时期之一。汉代在天文科学和历法改革方面取得了很大的进展,在地学方面曾有一项卓越的发明,开始奠定动植物分类学的基础,炼金术很盛行,并于公元142年出现了第一部以它为主题的著作。当时广泛地流传着一种明确的怀疑论和理论性的思潮,特别是王充在公元80年的表述(详见第一卷第203页。指原书页码,下同。——译者注),有两位王子参加了第一部炼丹术书籍的编写活动。河间献王刘德是一位学者和藏学家,就是他为我们保存了在技术上很重要的《考工记》——《周礼》的一部分。更为著名的、甚至带有传奇色彩的人物是淮南王刘安,他将中国古代科学思想上最重要的不朽著作之一题上他的名字,名为《淮南子》。事实上,总的来说,目录学在当时受到刺激而发展,因为汉代标志了书目的第一次系统发展,专家搜集并编辑了关于天文、医药、军事科学、历史、磁学和占卜方面的资料,这些与汉代历史相结合,列出了写在木简、竹简或丝绢上的大约700种著作。汉代末年,佛教传入中国,在洛阳第一部佛经被译成了中文。

在技术方面,这一时期的标志是纸的发明、推广和制陶技术的多方面发

39

41

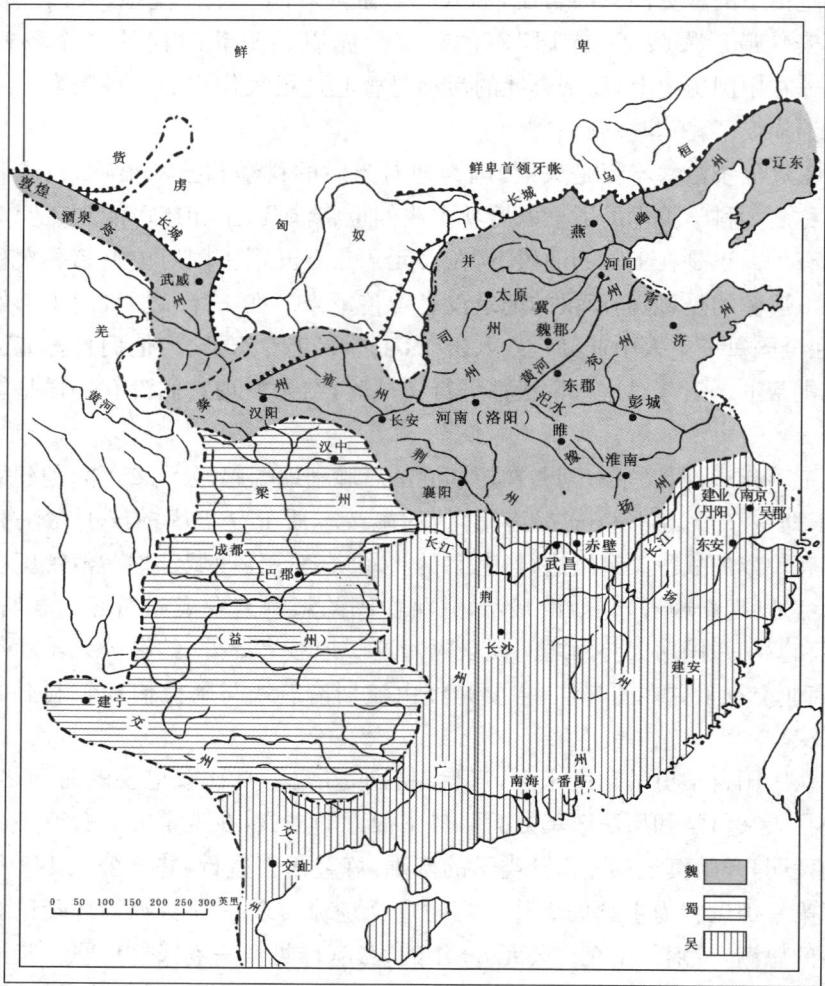

图 10 三国时代(公元 220—265 年)的中国(据 Herrmann，*Atlas of China*)

展,例如上釉和初级瓷器的肇始,以及波斯和欧洲要到数世纪后才能达到的纺织技术水平。许多为中国人所不知的天然物产这时也输入了,例如改良的马种,西方来的紫花苜蓿,从南方和西南方来的柑橘、柠檬、槟榔和荔枝。此外,还有大量的来自和阗以及可能来自缅甸的翠玉。或许汉代人在航海技术上最伟大的成就就是最晚在公元 1 世纪发明了舵。

到汉朝末期,宫廷政变和骚动日益频繁,公元 184 年的一次农业危机导致了农民的暴动。这次事件是由一个秘密会社"黄巾"引导的。虽然暴动被镇
40 压了下去,但一些部队的统帅却谋取了职位并获得了大权,而到了公元 220

图 11 约公元440年时的中国（据 Herrmann, *Atlas of China*）

年,中央政权无法再维持下去了。在以后的半个世纪中,中国分裂为三个独立王国,这三个王国同时并存,处于长期敌对状态。

三国时代

三国是指魏、蜀、吴。魏拥有北部和西北部,地盘主要在黄河流域,建都洛阳;吴占有南部和东南部,包括长江流域以及两广地区;西蜀以四川盆地为其地盘,同时控制着贵州的山区和云南的一部分。

　　三国相争中的许多战役和谋略后来成为传奇式的故事,并被写成中国最著名的一部小说以及许多戏剧。魏国的奠基者曹操成为勇敢而冷酷狡诈的统治者的典型。但是,三国分裂的意义,对我们来说,远较当时的军事事件更为重要。它更是一个经济的划分,各国均有一个重要的经济区。这是非常重要的,因为中国的文明是建立在精耕细作的农业以及向权力中心缴纳谷物贡赋的基础上的。而在3世纪的中国,必须重视水利工程,无论用之灌溉还是运输,因此,治水从一开始本质上就是中央政府的一项职能。地区地理也起着较为关键的作用,但由于这三个经济区的自然资源不相上下,于是,水利工程就成为权力斗争的主要因素。三国期间,吴国完成了一条重要的运河,并开凿了人工湖以灌溉离南京不远的丹阳。蜀国则在渭河上游兴修水利。而魏国人对水利工作则给予最大的重视。在204—233年间,魏建成三个大水库、两条运河干线和六条重要的运河,魏的最后胜利,部分原因应归于他们发展军事农业,部分应归于饿敌而不是与敌军对抗的政策,但很大一部分原因是它有发达的水利工程。

　　在三国这个分裂战乱的时期,人们自然地要转向宣扬来世的宗教以求逃避现实,而这时传入的佛教正好能满足这种需要。但此时,道教也发生了巨大的变革,道教把古代道家学说同围绕原始萨满教这个核心而形成的大量方术性科学知识结合起来。然而,佛教在当时很流行,特别是在后半世纪,到4、5世纪时,社会比较安定,出现了一大批宗教艺术,具体包括东部著名的云冈石窟和敦煌千佛洞中的壁画。

　　三国战争的不朽可以从下面一个故事中看出。李约瑟先生告诉我,1943年,他在四川一家茶馆与当地农民谈论这场战争时,他们说:"你将看到,和以前一样,北方仍会获胜的。"日本人与汪精卫勾结在南京建立"政权",正像三国时吴国的孙权一样;蒋介石在古都的重庆独守一方,正像蜀国时的诸葛亮一样;而在北方,毛泽东为领袖,如同魏国的曹操。听到这里,李约瑟先生和其同行者感到有些震惊,因为这些农民们谈论公元3世纪的事却像在讨论几年前发生的事一样。

晋朝和它的后继者

　　虽然魏国在265年获得了对三国的控制权,但还是魏国一个将领司马炎建立了新的统一的晋朝。然而这并不表明中国以后将进入和平阶段,因为北方经济区马上面临着北方各种落后民族入侵的巨大压力,其中一些民族已经通过被招请入关帮助打仗而在汉族产生了一定的影响力。大约在半个世纪后,晋室被迫迁到长江以南,建都南京。在北方,各民族间也彼此作战,从 304 年到 535 年间的两个世纪中,相互争雄的"王朝"有十七个之多。魏是存在时间最长的王朝,最后,它控制了除去东北部山东之外的整个北方。虽然北方一直处于战乱状态,它却影响了其入侵者。事实上,中国文明具有异常大的聚合力和吸收力,这种能力使近代之前的任何入侵者都无法抵制。

在 3 世纪后半期晋国建国的时候,日益增加的各国交往便刺激了地理学的发展,特别突出的是伟大的地图学家裴秀。并有一些新的风俗习惯出现,其中包括喝茶。另一方面,人口减少,源于战乱冲突在这个时期连续不断,或许是由于人口减少的原因,人们开始使用一些节约劳动力的工具,如独轮车和水磨,后来到 4、5 世纪时,又着力发展军事技术。这种技术发展的结果是,当时需要的是军事才能,而不是行政才能,那些在军事方面稍有欠缺的人倾向了观察,于是引起了理论科学研究的发展。4 世纪早期,道家中产生了最伟大的博物学家兼炼丹术士抱朴子(葛洪)。数学研究在当时也比较盛行,当时还出现了一种新的写作文体和地名索引(地方志),与当地的地形学和记录表面上相关联,常璩所著的《华阳国志》,描述了陕西南部和四川北部地区,记载了蜀国都城成都的建筑,还有地方著名人士的传记。这只是其中一部分内容,它还描述了地方的碑铭、风俗习惯、植物、鸟类和其他动物以及铜、铁、盐、蜂蜜、药材、竹等等物品。这时方志很广泛地流行,现在知道的有 6 500 种以上,可是很少是在 7 世纪以前的。

在 6 世纪时,政治又开始不稳定,北魏分裂东西两部分,550 年以后,分别被汉族人的王朝北齐和北周所灭。南方的晋在前一世纪被刘宋所灭,而刘宋又被三个王朝所代替,这三个王朝的寿命又很短。最后,杨坚在 6 世纪 80 年代再度统一南北方,建立隋朝。到公元 610 年,新的隋朝皇帝(指杨坚之子杨广,史称隋炀帝——译者注)统一了整个大陆,从南方的安南和台湾到中亚细亚的塔什干和哈密。

隋朝

中国处于分裂动乱的状态共有 330 年,三国的 60 年,南北朝的 270 年。可以预料到,再次统一中国的强大统治集团的首要工作,应当是采取措施来改善北方和南方之间的联系。隋朝的第一位皇帝取得了一些成就,而他的继任者隋炀帝全面检查了长江、黄河之间从前零散断续的水道运输系统,并第一次以大运河的形式修筑了作为连接干线的重要水道。这条新的水道正好通过南北之间的传统战场,成为替后世开万代之利的宏伟工程,只是它将很多人的生命都耗费于其中。当时征集的劳工约 550 万人,包括某些地区 15—50 岁的全部平民在内,他们在 5 万名监工的监督下,进行劳动。此外,每五户必须出一人去参加供应及准备食粮的工作,凡不能或不愿完成任务的人要受"枷项笞背"的处罚。最后,在这样的施工中发生上面所说的残暴,使损失的人数在 200 万以上。

隋朝的统治时期很短,因而在文化方面没有很大影响。由于公共工程上的劳民伤财,征讨中亚、特别是对高丽的穷兵黩武,以及由于其他引起民愤的原因,而引起了全国性的骚动,隋炀帝本人被突厥族围困在雁门时,起义爆发了。公元 617 年,李渊和他的次子李世民攻下长安,夺取政权。第二年,唐朝开国皇帝便即位了。

唐朝

唐朝建立在隋朝所奠定的基础上,其统治延续了几乎 300 年,这个时期,中国的疆界和势力范围扩展到汉以来未曾达到的程度。早年,唐朝的军队成功地击败了突厥部族,而且一直打到了游牧地区。30 年后,突厥族承认了唐朝"大汗"的统治权。当时,唐的势力也进入了西藏,藏王娶唐朝公主为妻,并因而获得了许多开化的影响:水磨和铁索吊桥等发明开始在西藏应用。到 660 年,实际上整个朝鲜都处于唐朝统治之下。750 年左右,唐朝的领土扩张达到了最高峰,以后逐渐地衰落和缩小。唐朝和塔什干王子的不幸外交事件导致了伊斯兰人的反击,在 751 年的塔拉斯河战役(即怛逻斯之战),中国军队全军覆没。这一战役是世界历史上决定性的战役之一,结果,中国丧失了大片领地,这也标志着伊斯兰教向东方扩张的结束。

唐的失败直接导致了大唐下几个小国寻求独立的活动,蒙古宣布独立,西南方傣族地区占有云南,也叛离了唐朝,成为独立的王国(南诏),东北方的鞑靼人开始建立强大的根据地,而朝鲜半岛上新罗国并吞了唐朝的保护国。和藏族的良好关系也未能继续下去,最后,西藏成了对唐朝统治的一大威胁,以致哈伦·拉施德与唐朝皇帝谋求阿拉伯—中国结盟,以便对付他们。之后的一段时间内,社会比较稳定,唐朝的统一又延续了一个多世纪。

在以迎外与仇外两种态度反复交替的中国(这点与英国历史有些相似),历史上,唐代确实是任何人都受到欢迎的一个时期。首都长安成为国际著名人物荟萃之地。阿拉伯人、波斯人和叙利亚人来到长安与许多其他种族的人相会,并且同中国学者在渭河之滨那座古城的壮丽亭台中一起讨论各种问

46

题,中国的富人也相当普遍地雇佣中亚人作马夫和驼夫,印度人作魔术师,巴克特里亚人和叙利亚人作歌手和戏子。一些外国的宗教在这个时期传入中国,6世纪早期传入祆教;公元600年左右景教从叙利亚传入;在7世纪末叶又从波斯传入了摩尼教。正像汉代一样,中国人自己也作远途旅行,最典型的例子是唐代求法高僧玄奘,他去印度16年,求取佛经。佛教在唐代是大扩展时期,并由于和当时最出色的艺术家们有密切关系而更加兴盛。敦煌千佛洞建于这个时期,其壁画反映出当时的国际主义,画上的僧人等有欧洲人的特征:棕色甚至红色的头发,蓝色或绿色的眼睛。最后,佛教膨胀,庙宇以及其中僧尼数量不断增多,一个国中之国正在兴起,最后它可能会向中国社会的公认基础挑战。政府对之逐渐警觉起来,公元845年,捣毁了庙宇4600所,拆除了神龛4万座,使僧尼26万人还俗,并解放了奴隶15万人,没收了数百万亩耕地。

可是,在另一方面,唐代佛教对印刷术的发明起了推动作用。由于这种或那种原因,佛教徒经常需要绣绘菩萨神像,抄写佛名等,这种活动在当时最好的方式便是木板印刷。当时还有另外一种需要——科举制度建立后,成千上万的人需要教科书,他们还要进行公务员考试,于是,时代很明显在召唤印刷术的改进。第一次试验木板印刷的时代大约是在6世纪。

47

图12　敦煌千佛洞(约8世纪)——佛窟全景
(主要色彩:淡红、淡绿,顶部为深蓝、绿和棕色)

48

49

图 13 敦煌千佛洞唐代(约 8 世纪)佛窟中的护法神像(后面壁画为诸善神与众恶鬼大战图;侧面壁画为西方极乐世界。神像由混合灰泥塑成,大小与人体略同)

在唐代,中国法典开始编纂,并有新的犯罪法律得以发展,但在这个时期的特殊光荣是文学艺术和创建于 754 年的皇家书院(翰林院)。科学成就却相对较少:道家热衷于炼丹术;少数佛教学者由于他们的科学著述而名垂后世,著名的天文学家和数学家僧一行,曾相当精确地计算了恒星年尾数的数值,并发明了机械钟表齿轮的擒纵器。唐代文化气氛是人文主义的,而不是太注意科学技术方面。除了首次发明印刷术外,在技术上唐代还是有一些新成就的:当时中国人掌握了制瓷技艺,因而他们可以根据自己艺术品位去真正制造瓷器。另外磨粉厂厂主们还掌握了线状与旋转运动的相互转变的标准方法,在 659 年还产生了第一部官方药典。

在经济方面,唐代继续了传统的做法。农民的赋税还是很重,可是对商人的课税更重,虽然新的对外贸易使他们变得很富裕,由于没有独立的银行出现,商人们大受限制。然而,政府对商人积聚的大量资金仍很担心,自然不会在这方面对他们有帮助,还宣布了茶叶出口必须官营;另一方面,官员们还渴望通过放贷取利来补足他们的薪水,然而,财富的积聚却使商人更加有钱。

到 9 世纪末 10 世纪初时,无数世袭统治者的半封建、半自治的政府兴起于边地,官僚统治的中央政府已无力约束。到 907 年,中国再次转为分裂状态,五代时期开始了。

五代十国时期

在唐朝之后发生了严重的分裂,我们并不知道为什么瓦解现象竟如此彻底。而且,中国已进行了几近 1 000 年的水利建设工作。至少,在理论上讲,

50 需要有一个中央政府。或许,在 750 年之后唐朝政府几乎没有进行水利工程这一事实与经济区的分裂有一些关系。但是,或许新的军事技术的发展也是其中一个因素,对于这一方面的发现的记载以及火药的应用可以追溯到分裂开始(公元 850 年或者是 880 年)。火药在公元 919 年的战争中第一次投入战

场使用。尽管唐朝之后中国陷入了分裂局面,一些生活方面的东西还是有一定的发展,其中特别是印刷术有了长足的进步。

宋朝

960年,赵匡胤被武将拥上皇位,建立了宋朝,统一局面再次形成。宋太祖——赵匡胤立即采取措施巩固统治,防止拥立他为帝的武将夺权。为了达到这个目的,他使用了聪明而简洁的战略。皇帝召集全体武将赴宴,暗示若他们放弃军权可以提供给大量的土地。第二天,军队将领们均提出辞呈,退役还乡了。

当时,辽国仍旧占据着东北、蒙古和华北平原北部的地区,尽管如此,宋朝还是用黄金、丝绸等财物以保证与其保持友好关系。这种把一向由邻邦向朝廷进贡的惯例倒转过来的"纳贡",开创了一个向番邦定期交付财物的先例。从960年直至1126年,和平状态一直持续。可是到了后来,尽管每年仍要贡送礼物,金军还是大举进犯,结果宋朝皇帝和几乎全部官员都被掳去,其余的人则逃到南方,建都杭州,被称为南宋。

然而这些灾难并没有使宋朝人生活的方式发生改变。交通继续得到改进,并且至少有496项水利工程收到了效果,而唐代只有91项。另外,宋朝时艺术与科学也发展到了很高的程度。散文代替了诗歌,而每当人们研究中国科学史或技术史的任何特定问题时,总会发现宋代是主要关键所在(见图14)。闸门与新的测量仪器得到改进和应用。沉箱(即一种工人在水面下工作时乘之不漏水的装置)以及横向抗剪壁在桥梁建造中被巧妙引进。这个时期还编纂了中国建筑工程的经典著作《营造法式》。造船业有了很大的进步,出现了相当大的航海帆船,指南针也开始用于航海业。化学在宋代也取得了重要进步,出现了第一本科学著作(印刷的)。火药成为有用的武器,首次使用是用投石机投掷"手榴弹"与炸弹的形式进行的,之后便以很多武器特别是火箭为载体的,宋金之战便是它的第一个试验场。中国人从未运用过古希腊与罗马时代的那种弹弩方式,但却提高了投石机技术。他们将一根杠杆装置在一个支点上,并将之弯曲使弹丸在短臂被压时抛射出去。宋朝人另外还发展了强有力的喷火器,即将许多箭放在马车上同时射击。

如果说化学在当时就是这样被用来从事破坏性战争的话,那么与此同时蓬勃发展起来的生物科学却被用来造福人类。宋代出现了许多著名的医生,制药学和针灸法等一类古老的医术,也被重新加以整理得到提高,新发现——种痘术(现代种牛痘的前驱)也得到了推广。1111年左右,当时十二位最著名的医师共同编纂了一部御医百科全书《圣济总录》,有关药用植物学的

52

图 14 敦煌千佛洞宋代（约 12 世纪）佛窟中的佛或菩萨像
（主要色彩：绿、黑、蓝、白、金）

著作达到了空前未有的高水平。13 世纪这些草本描述，要比 15 和 16 世纪早期欧洲的植物学著作高明得多，从 1406 年印行的第一版《救荒本草》可以看得出来。宋朝颇具特色的是众多的关于植物学—动物学的专著以及包含有如此多的科学发现的各式各样的注解与记录。

　　11 世纪时的宋朝是中国整部科学史中最有特色的人物——沈括生活和工作的时代。沈括生于 1030 年，具有政府机构中学者的通常经历，曾当过军事指挥官，主持过水利工程建设，担任过翰林学士。在他的许多次旅行途中，无论走到哪里，不论公务多么繁忙，他从不忘记录下任何科学与技术上有意义的事物。他在大约 1086 年完成的《梦溪笔谈》是最早描述磁罗盘的著作之一，其中还包括有许多天文学、数学以及化石方面的记载，制作模型地图和有关制图学方面的许多事项，冶金方法的描述，以及占很大篇幅的生物学观察。科学内容占全书篇幅的一半以上。

　　对于数学有浓厚兴趣的不仅仅是沈括一个，宋代出现了一些中国各朝代中最伟大的数学家，特别是秦九韶、李冶与杨辉等。他们使中国的代数学达到了当时世界的最高峰。人文科学的研究也不落后。983 年，一部编年百科全书《太平御览》出版，将中国古代和中古代作家的名言系统地分门别类；紧

53

接着,一部地理百科全书《太平寰宇记》出现,而于1084年,司马光完成了前所未有的第一部完整的中国通史《资治通鉴》。这些不朽的著作,不仅仅是宋代学术的产物,而且令人满意的教育环境也对之起到了很大作用。在这种作用下,新儒家学派也兴起。它与思想科学进展的关系,我们将在后面再加讨论。

宋代还产生了中国历史上两大改革家中的第二人——王安石。他和王莽不同的是,他不曾得到,也不想得到王位。可是他和王莽一样,对实际事务、科学和技术很感兴趣。他曾研究过植物学、医药、农业和纺织方面的著作。1069年他当宰相后,提出了一系列改革方案,这些改革方案有一部分是由于它们所引起的反对浪潮而变得著称于世。他的改革方法主要是财政上的,他首先改组了财政机构,并由于行政管理的合理化、朝廷的节约措施而节省国家预算40%之多。他又建议取消古代把纳税的谷物运入京都的制度,代之以在各大城市设置官仓,这样,谷物便可以就地出售了。而税金则可以依照新的土地调查,以现金的方式送交中央政府。同时,他建立了国家贷款制度,农民可以用生长着的谷物作抵押而获得贷款,而利息则低于市场。他制定了抑商的法令,对商品囤积课以重税,并限制奢侈品的生产。除了这些措施之外,十户为一保,其中任何一人犯罪,全保负责。每一保必须出若干人去当兵,富家豪门还必须提供马匹。 **51**

这场改革引起了异乎寻常的强烈反对。广大农民群众虽然因为免除徭役而高兴,却不满于保甲制。保的责任方法在施行时带来了麻烦:富人反对废除农民劳动力;政府官员不同意对已成为其合法财物的清点;而二者均对通货纸币持有不可靠的观点。简而言之,虽然变法与其原始想法达到了惊人的一致程度,它与传统的封建官僚机构相距太远。王安石被击败退职,并死于1086年。可是,他的变法未曾被遗忘,其中一些在其他人的努力下实行了。 **54**

元朝

在13世纪,发生了亚洲历史上游牧民族的草原文化与精耕细作的农业文化之间的一次最大的冲撞。1204年,成吉思汗宣称他是北方所有游牧的蒙古族的大汗并制定了扩张的政策。首先进攻女真族的金朝,并于1215年攻下了北京,12年之后征服了西夏,1233年占领开封。在后来的45年中,蒙古人同宋朝连年作战,他们发现宋朝军队不但拥有最优良的技术设备,而且也善于作战,直到1279年,南宋末帝死于海战,蒙古人便统治了整个中国。

元朝持续了整整一个世纪。铁木真大帝本人并没有统治过中国,因为他早期死于西夏战役。当他们最后统治了中国后,蒙古人看到中国的农业时,表现出极大的惊奇。初始成吉思汗本想把汉人杀死并把土地变成牧场，但是一位辽国贵族的后裔叫耶律楚材的人建议并说服蒙古人，在这样的一种良好的税收系统已建成的基础上，制定税是更好的选择。汉族人郭守敬也成为其行政机构中的一名工作人员。这二位有才能的科学家在北京建立了一座当时最重要的天文台。

中国在元代比在以前和以后的任何时候都更著称于欧洲。这是因为蒙古人统治下的疆土一直扩展到欧洲、喜马拉雅山以北的全部地区，从北京到布达佩斯，从广州到巴士拉，全都在一个政权统治之下。通过中亚细亚的交通线在当时比在以前和以后的任何时候都更繁忙和安全。在大汗的朝廷中充满了许多有各种技能的欧洲人和穆斯林。虽然蒙古人招请了大批汉族学者参加他们的官僚统治，可是最高的职位一般是让外族人来担任的，假使蒙古人不能胜任，皇帝会指派一位非中国籍的人来担任。因此，马可·波罗在元朝担任职务达 16 年之久。元朝时中国对外的交流增多；道路建设有了改进，沿途并设立了官办的驿站；大运河还被挖掘了一些新的河段；一些探险家被派去寻找确定黄河的真正发源地，地理学兴盛，1311—1320 年，朱思本编制了大地图集《舆图》。

55 　　元朝时基督教第二次传入中国，可是结果并不比早些时候景教的传入有更大的成功。道教遭到严重摧残，它的经典遭到焚毁，被迫转为地下活动，它很快便成了带有反抗外族统治的民族信仰性质的组织。时间一年年地过去，随着汉族士大夫愈来愈多地进入官僚政治，儒教又获得尊重。大约到 14 世纪中叶，元朝已接近末日。由于它一直未能组织起一个对它忠心耿耿的行政机构，财政制度非常紊乱。秘密会社活动活跃起来了。到 1356 年，民族运动变得十分强大，占领了南京。10 年后，明军占领了北京，最后于 1382 年，最终征服了云南，推翻了蒙古人的统治。

明朝和清朝

明朝建国时（1368 年——译者注）定都中东部经济区的南京。建国后，颁布了新法，兴修了一些灌溉工程。然而南北之间仍有战争，明与蒙古人作战，蒙古人定都哈拉和林，明军追击逃敌直到雅布洛诺夫山脉，这是中国军队过去没有到过的最北部。满洲也稳固地并入明朝版图，可是在明朝首任皇帝洪武皇帝死后，其继承者们为了争夺皇位而发生了内战。最后，1403 年，这场斗争结束，首都又一次迁到北京，在第三位皇帝朱棣的统治下，国家进入了永乐年代。

虽然中亚的领土日渐缩小，但明代是中国历史上最伟大的航海探险时代。1405 年,宦官、提督郑和率领由 63 艘远洋帆船组成的舰队,访问了南洋许多地方,并把巴邻旁和锡兰的国王带到中国朝见皇帝表示效忠。在以后的 30 年中,这样的远征共进行了 7 次,每次都带回关于地理和海路的丰富资料以及大量物产。在中国第一次看到了像鸵鸟、斑马和长颈鹿等一类动物。进行这几次远征的原因,至今仍不明了,也许如正史所载,是为了寻找皇帝的侄子——被赶下台的前任皇帝,事实上他已隐藏起来做了和尚。无论如何,这种远征的停止也像它的开始那样突然,其结果是对印度洋的控制权落入了阿拉伯人与葡萄牙人之手。之后中国沿海屡遭日本海盗的严重劫掠,安南则宣布独立。从郑和第一次远征 110 年后的 1514 年开始,欧洲人开始频繁地进入中国沿海,英国人于 1637 年到达。俄罗斯人试图从西伯利亚与明朝建立关系,可是没有成功。西班牙人则于 1565 年占领了菲律宾,和中国的贸易额大为增加,这是墨西哥银元进入中国的开始。

　　明代中国内政的历史是恢复中国国有文化的历史。城堡、公路、假山花园、桥梁、庙宇和神殿、陵墓和牌楼等大量地建造起来。约有 500 个城市的城墙全部重建。官僚机构又迅速膨胀,1496 年整个帝国有文官 10 万人以上,武官 8 万人以上。然而,由于内部宦官和儒家学者士人之间的尖锐的权力斗争,这种官僚制度迅速走向崩溃。而斗争的结果是宦官占据了上风。一些士大夫被清理出官僚政治机构后,便组织了半书院半政党性质的团体。在 15 世纪和 16 世纪完成了大量的学术著作,百科全书的编纂兴盛起来。最有代表性的著作是《永乐大典》,该书 1403 年开始编纂,达 11 000 多册,可是编纂工作组织得很好,只花了四年时间便完成了,参加工作的学者有两千人以上。为了编这本书,从全国各地收集了各种珍本,但是因篇幅太大,无法印刷,只抄写了两部,而主要的那一部于 1901 年(应为 1900 年——译者注)义和团运动期间(事实上是八国联军进占北京——译者注)在圆明园被焚毁。残存的大约 370 册分散收藏在世界各地的图书馆中。在哲学方面,明代最盛行的王阳明的学说,他从新儒学的科学人文主义转向比较反科学的唯心主义。

　　我们必须注意到,在明代并没有真正的科学。地理学的研究盛行起来,王子与平民们却对植物学显出了极大的兴趣,1406 年撰写的名为《救荒本草》一书描述了精细的植物木刻画。但无疑地,明代最伟大的科学成就是李时珍的《本草纲目》。该书 1596 年出版,详细叙述了约 1 000 种植物和 1 000 种动物,根据其生态特征将其分为 62 篇逐一介绍,附录中还附有 8 000 多个药方。在该书中,李时珍还非常出色地讨论了蒸馏法及其历史、预防天花的牛痘接种,水银、碘、高岭土和其他物质在治疗中的用途等等。当时还有很重要的两部技术著作,一部描述了各种各样的制造工艺(宋应星《天工开物》——译者注);另一部则全面讨论了军事技术(茅元仪《武备志》——译者注)。

到了17世纪初期,明室日趋昏庸腐败,赋税繁重,弊端百出。1644年,一位起义首领进入京城,明朝末代皇帝自杀。努尔哈赤在明朝一位将领(吴三桂——译者注)的应允下入关助战,可是满人一旦大批入关,就再也不能把他们赶出去了。从那时起,清朝的统治就开始了。

现在我们将结束对中国历史的概述。1582年,意大利耶稣会士利玛窦到达澳门,并于1601年到达北京,9年后在北京逝世。他不仅是一位杰出的精通中国语言的语言学家,也是一位科学家、地理学家和数学家,他使自己和耶稣会同事们适应中国社会的风俗习惯,终于获得了朝廷的宠幸。他帮助朝廷改革历法,并引起朝廷对科学技术各个方面的广泛兴趣。利玛窦与几位博学的中国教徒,特别是作为农业家的官员徐光启,一起翻译了数学、天文学和水力学方面的著作,并鼓励其他学者编纂书籍。例如,徐光启本人曾著有农业方面的卓越巨著(《农政全书》——译者注)。于是,希腊与欧洲文艺复兴的科学就这样传到了中国。在18世纪和19世纪,因为受到一些因素的影响,中国科学与全世界科学的融合进行得很慢,可是当时就已不易分辨出中国思想家和观察家所作贡献的特殊风格了。对于为什么我们要结束这段关于中国科学发展与其他文明发展联系的回顾,原因就在此。当时,中国就已作为全世界科学大家庭的一员而占有它自己的位置了。

第六章　中国和欧洲之间的科学传播

中国文化的独创性

　　尽管有大量的文献讨论到中国和欧洲之间的交往,可是我们还是没有足够的事实对之作出总结。例如,认为在中国人的思想和实践中,有一大部分特殊的发展来源于西方,这种成见很难消除;还有对于中国早期的天文学、π值、水压机均源于西方这些观念也依然存在。当然我们知道这些都是错误的。

　　另外,认为每一件事物只有一个来源是错误的,我们不能排除在大不同地方出现完全独立而相似的思路,特别是在有关科学发现方面。我们可用一个实例来说明。现在看来,关于生物学中的"灵魂阶梯"学说很可能在西方与东方是独立出现的。在西方,亚里士多德认为,植物有生长的灵魂,而动物则有生长与感觉的灵魂,而人则具有生长、感觉与理性的灵魂。这个理论出现在公元前4世纪。不到一个世纪,荀卿在中国宣讲过很相似的学说。假若这种概念是经过传播的,那就必须传播得十分迅速,从当时的旅行条件来看,进行如此迅速的传播是极不可能的。我们宁可相信这种概念是各自独立产生的,因为它终究明显地反映了自然界的阶梯性,认识到一些生物比另外一些要复杂的事实。

　　毫无疑问,就知识的传播而言,中国是处在传播圈的,事实上,中国和它的西方及南方邻国之间的交往与反应,要比一向所认为的多得多。另外,在科学革命之前,中国的发明与发现持续从东方向西方传播,经历了20个世纪。而且技术程度越高,传播起来便越发容易。或许是由于中国人的自然哲学与西方人对此的概念不相容的原因,中国人的特殊的科学思想没有传播出去。尽管有些不同文化的传播,却丝毫未曾影响到中国人的思想与文化模式的特殊性。虽然有交流存在,这种模式建立保证了可贵的独立性。由于存在有联系,观念与技术上彼此的交流无疑存在,但是这些却从未影响到中国文明的特征与模式,还有其科学。就这方面说来,可以毫不夸张地说,中国是"与世隔绝"的。从文化意义上来讲,这点非常正确。

有许多中国在实用科学领域影响欧洲的例子,我们有很好的理由相信,对于从中国向西方的传播,我们所知的比实际发生的要少得多。但这里有一个李约瑟与他的合作者非常珍视的原则在起作用,即:毫无疑问,主张完全独立发明或发现的人有义务提供证据,在两个或以上文明中相继出现的诸如新装置、新发展之间的时间间隔越长,通常举证的责任也越重。随着若干世纪时间的流逝,技术当然经常会被它的接受者改进,但是谁知道在欧亚大陆上,传播的毛细血管,不是连接着最初的发明或发现者与他在不同文明中的后继者呢?

60

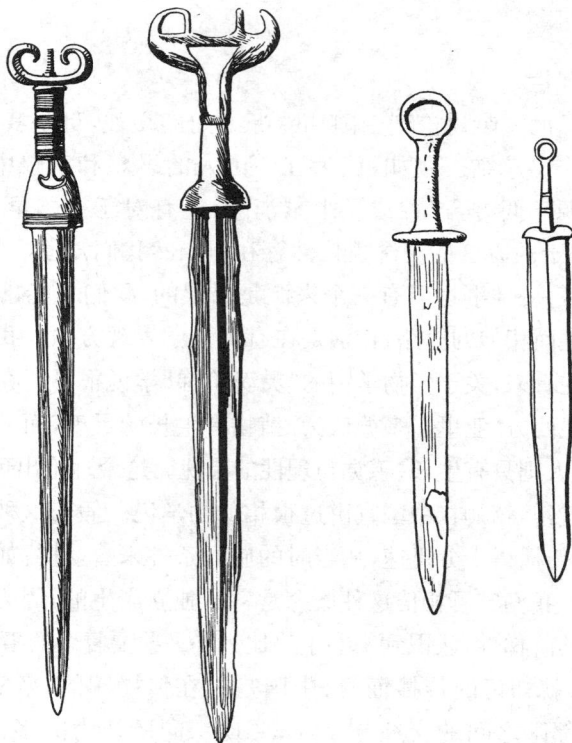

图15 具有鲁角柄头和环形柄头的青铜双刃剑(从这里可以看出商朝、周朝时的中国和哈尔希塔特文化时代的欧洲在技术方面的联系。从左到右:丹麦、中国、俄罗斯的库班、中国。经许可,采自 O. Janse, "Notes Sur que ques Epées Anciennes Trouvées en Chine", *Bulletin of the Museum of Far Eastern Antiquities.* Stockholm, 1930)

61

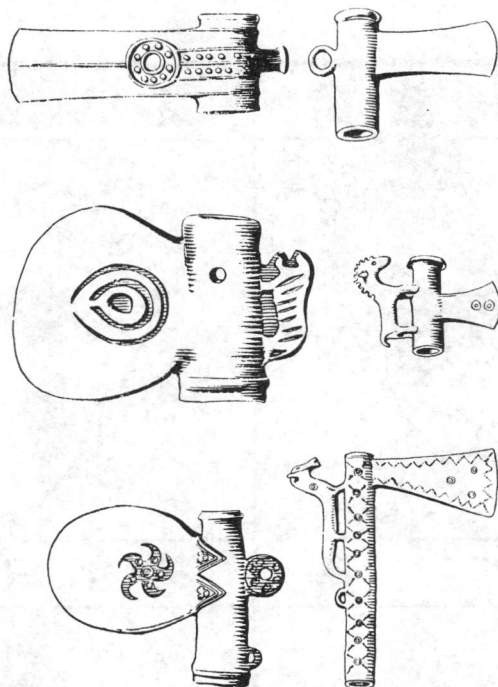

图 16　青铜器时代的礼仪斧钺(在非实用刃部的另一端是兽形浮雕或圆环。左面三种是中国斧,右面三种是哈尔希塔特文化的斧。经许可,采用 O. Janses, "Quelques Antiquités Chinoises d'un caractère Hallstattien", *Bulletin of the Museum of Far Eastern Antiquities*. Stockholm,1930)

62

图 17　公元 2 世纪的武梁祠画像石[表现被神话了的太初英雄伏羲及其姐妹(或配偶)女娲。他们都是独足神,手持木匠用的矩和绳(拟人化了),作为建设和治理的象征。铭文的内容是,龙身的伏羲,首创帝王的统治,画八卦,结绳记事,以管理四海之内所有的人("伏羲仓精,初造王业,画卦结绳,以理海内")]

63

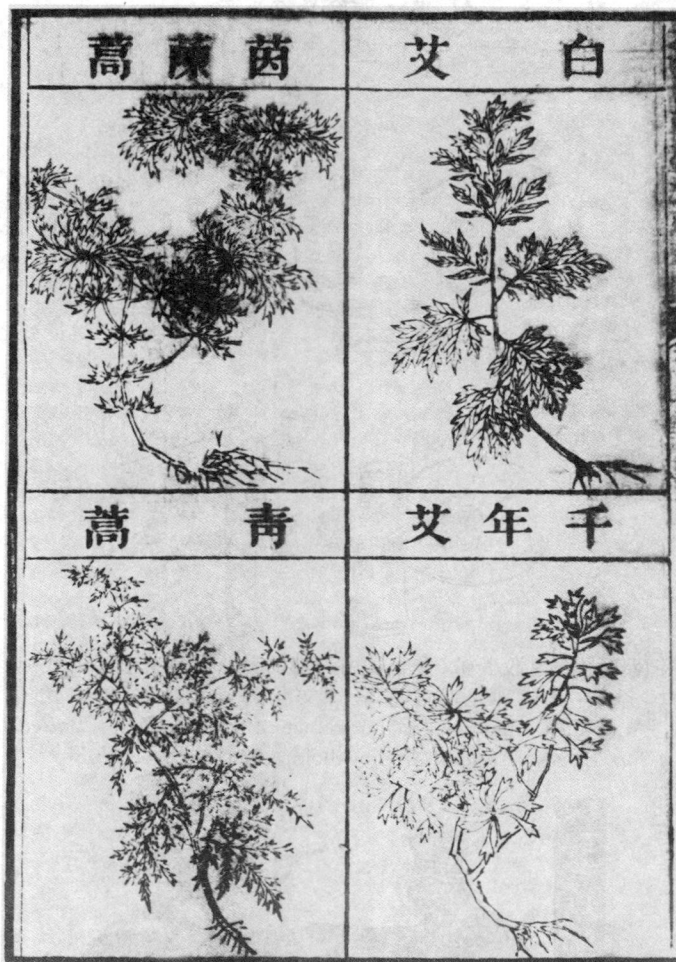

图 18 图中右上方是采自《本草纲目》的白艾图(李时珍的伟大的药物学著作详细叙述了艾及其同科植物在中药中的许多用途。它们作为肠道驱虫药是很有名的。这一品种的确是治线虫类寄生虫迄今最有效的一种生物碱——山道年——的来源。艾叶干燥粉碎后,可作为古代中国医学中常用的艾灸的火绒)

中西文化的联系

中国保持了其文化模式的独创性并不是由于与西方文化交流发展得晚,相反,早在商朝以前的青铜器时代这种接触就已存在,到周朝有一定的发展。在这些时代也许是因为国与国之间的界线争得不厉害,但无论是什么原因,交流继续下去了,有许多记载可作证据。例如,中国与西方存在相似形状的青铜制的剑，一些祭祀用的斧头也在样式上相近，还有马具饰扣及其他青铜制品均有相似的形状物。另一个较为奇特的是关于"鸠车"的普遍存在。"鸠车"是一个青铜制的或陶制的鸟像放在三个轮子上。不仅在中国有这种物品，埃及与欧洲许多遗址也发现过这种"鸠车"。"鸠车"是一种玩具，还是一种宗教崇拜物？这些问题仍没有答案。然后，也有不同文化下均发现的动植物像的遗址，如"独足神"（带有鱼尾的神人），在中国与高卢都可以找到许多这种神像。此外，还有和草药艾有关的巫术。尽管艾这种植物并没有引人注意之处，但它却不仅在中国，而且在古代和中古代的欧洲以至于墨西哥都被广泛采用，作为制线香或绳香的原料和驱邪的灵药。神话和宗教仪式方面，中西也有一些相似处，这表明它们也曾通过某种方式有过交流。

中西的商路

在叙述正题之前，似乎有必要简单谈谈西方人所知道的关于中国的几个名称，其中最有名的便是 Seres、Sina 与 Cathay。Seres（丝国）这个字起源于"丝"，传到欧洲成为希腊字 Ser，很明显，这个名称暗示了它大约始于丝绸贸易开始的时期（约公元前 220 年）。Sina 属拉丁丁文，从它又演变出了现代英语中的 China。但它并非来自罗马，而是来自公元前 2 世纪的印度，因为它是由中国历史上的秦朝的梵文形式演变而来。之后的一些王朝也有了西方名字，10 世纪出现的契丹辽部落由陆路传入西方，产生了俄文中 Китай，以后它便成了欧洲人很熟悉的 Cathay。在欧洲中古时期，对于 China 和 Cathay 这两个名称是否指同一个国家还不能辨别，就像在早期对于 Sina 和 Seres 的情形一样。理由是相同的，因为上述两组名称中的前者是由海路而来，后者则由陆路而来。

然而，西方对中国的称呼的历史，却可以追溯到远远早于关于 Seres 记录的时代。早在公元前 5 世纪的时候，希罗多德就有过关于锡西厄人（生活在古代欧洲东南部以黑海北岸为中心的一地区——编者注）及其习俗的详细记载。他是根据旅行者的记录写成的，其中他提到了一个名叫 Hyperboreans（即北国人——译者注）的部落，有研究表明，Hyperboreans 不是别种人，而正是居住在关中地区和黄河下游一带的汉族人，这种观点开始听起来较荒唐，直到希罗多德世界地图表明，汉族人确是居住在"北风之外"，即他们居住在中亚严冬所达不到的地方，享有比较温暖的气候。

接下来的一位关心中国的希腊学者是天文学家、地理学家、亚历山大时代的托勒密。在 2 世纪时，托勒密依据从丝绸商迈厄斯·提提阿努斯的代理

64

人那里获得的信息,对里海和中国之间的国家作出了清楚的描述,因为从公元前 5 世纪到公元 2 世纪,希腊人对中国的了解逐渐增多。公元前 2 世纪,张骞出使西域。他发现,在四川与印度之间,取道云南和缅甸或阿萨姆有一条商路。这条商路到印度的路程,相当于从印度到中东地区的两倍,于是我们便可想象他是怎样从如波斯一样远的国家收集回信息的。张骞出使西域是发展丝绸贸易的开端。它不仅是中国丝绸销往西方的通路,还是中国进口物品的必由之路。这些物品多是植物,例如葡萄、紫花苜蓿、胡葱、胡荽、胡瓜、无花果、红花、胡麻、石榴和胡桃等,半数带有"胡"字,意思是指从中亚或者波斯来的。当然,也有从中国传出去的植物和树木,例如柑橘、梨和桃等,这些树木在大约 2 世纪时传入印度。许多世纪以后,中国西部山区花卉品种之多,实在令人惊奇,那时已有了现在西方人花园中栽植的那些玫瑰、芍药、杜鹃花、山茶花、菊花等等了。

陆路只是中西旅行的一种方式,现在我们来谈一下海路,在这里便涉及希腊、罗马同印度的关系,而不是它们同中亚的关系了。希腊人关于印度的最早的知识,是由尼多斯的提西亚斯医生带回来的,他在公元前 5 世纪时在波斯宫廷中工作。可惜他的描述有过多的幻想和奇异的成分,如他的著作中载有关于"金液泉"(由矿石炼金)、"树衣"(棉花)的资料。公元前 302 年—前 288 年间出使月护王孔雀王朝的麦加斯梯尼的记载的真实性曾被长期怀疑过,但后来得到证实。他描述了婆罗门与沙门的活动与信仰,但他仍相信"掘金汉"的妙处。

叙述印度与西方各国之间往来的一本主要著作是一部天文学著作《厄立特里亚海周航记》。该书约于公元 70 年写成,作者是一位希腊—埃及航海商人。他不仅描述了航海与港口,还讲到了那里货物的买卖,可以看出他是一名终身从事航海的商人。我们可以看出,那个时候至少是商业接触发展到了很高的程度了。

从 1 世纪到 3 世纪中叶,海上贸易发展较慢、但很稳定。西方的船舶(名义上是罗马的,实际上是希腊—埃及的)曾到过印度的所有港口;在这个时期的后半叶,有一些船只甚至远航到喀的加拉,这个地方可能在印度支那或甚至在广东的某个地方。印度人和僧伽罗人的船只也曾到达过同一海路的各部分,一些罗马人还在印度建立了货栈。中国的远洋航行直到 3 世纪以后才开始,到 8 世纪时一些情况发生了改变。阿拉伯人变为这些海域的主人,9 世纪时他们与中国人取得了直接的联系,以后他们经常来到中国南部,并在广州和杭州等地亲自建立"侨居区"或"货栈"。但是阿拉伯人的统治并没有一直延续下来,12世纪末以后,他们在太平洋的航运事业逐渐让位给中国人。到15世纪中国明代时,在一段很短的时间内,中国人曾在海上称雄,这一时期的中国远洋航船又抵达婆罗洲、菲律宾岛、锡兰、马拉巴尔,甚至东非的桑给巴尔等地,后来到16世纪时,葡萄牙的探险家才开始了新的航海时代。

古代丝绸之路

　　海上贸易发展的同时,陆上商路也随之兴盛起来。大约在公元前106年,横越亚洲的丝绸贸易开始经常化,很多路线均为人所用(如图19)。可是到了400年,由于干旱日益严重,楼兰城成为废墟,那条通过它的路也就被废弃了。这些路线要经过很多独立国家和众多城市,因而就有很多中间商人作为去西方贸易的中间人而获利。因而,人们经常想开辟一条海路来代替中间的几段陆路。除丝绸以外,经过著名的商路的其他商品还有罗马百科全书学家普利尼所提到的"中国铁",再有就是毛皮、肉桂和大黄等。大黄似乎另有它自己的特殊商路。从西方运往东方的物品有玻璃制品、羊毛、亚麻织物和人造宝石等,但不是很多;罗马在对中国的国外贸易中,出现金融枯竭,可是黄金并没有到达中国,而是被中间经手的一些国家收走了。

　　罗马帝国解体后,横越亚洲的联系路线方向出现了很重要的历史变化。尽管海路受到一些干扰,主要的陆路却未发生变化,这个现象主要源于阿克苏姆王国的兴起,阿比西尼亚依靠它在红海南部的港口阿杜利斯,获得了像波斯一样重要的中间人的地位。早在4世纪的时候,由于拜占庭的建立,新的商路发展起来,直接从梅尔夫通过亚美尼亚,而不必经由美索不达米亚。事实上,丝绸工业当已成为拜占庭财富的基础之一。然而拜占庭当时的处境很困难,因为一些其他情况迫使他们和波斯人作战,而波斯人又正是从拜占庭赖以获得丝绸供应的。

　　552年,查士丁尼皇帝突然宣布丝绸工业由国家专营后十年,蚕种被引入欧洲,局势得以改变。关于此事有各种不同的记载。拜占庭作家普科匹乌斯说,它是某些印度僧人受雇从"赛林达"带来的,而泰奥法内斯则说,是一些波斯僧人从产丝之国将蚕蛾的卵放在中空的手杖里偷运出来的。这两种说法可以调和,即认为前者所说的僧人指以前曾到过印度的波斯景教徒,他们是从柬埔寨或新疆移植丝绸工业的。这只是故事的一部分,因为移植丝绸工业不仅仅需要蚕卵,还需要对这个工业中的各种技术具有充分知识的人,对于这个问题则无人提及。

68

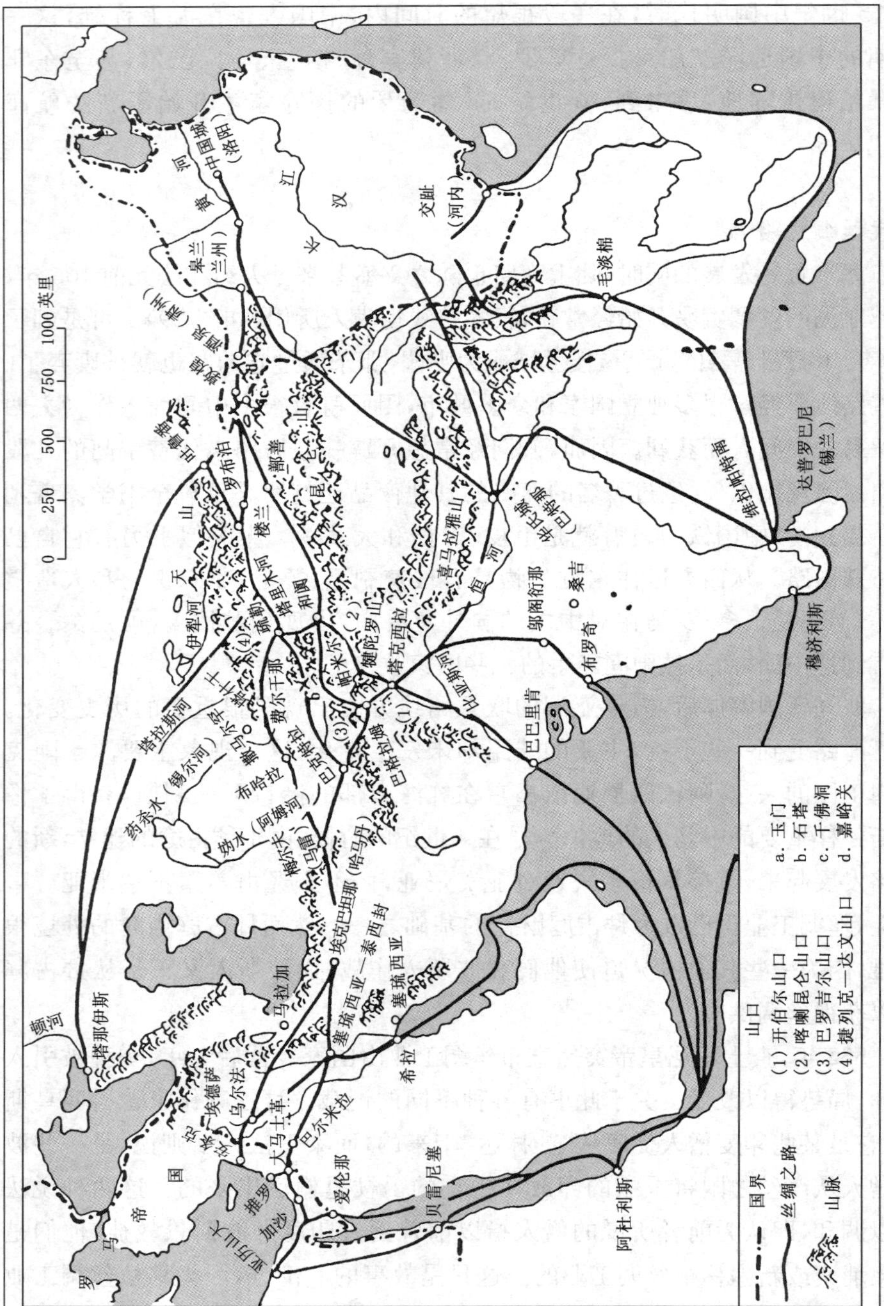

图 19　公元1、2世纪以后中国与西方之间的贸易路线（经许可，据 G. F. Hudson, *Europe and China*. Arnold, 1931）

　　到了6世纪,土耳其统治了中亚,商路继续起着作用,而到7、8世纪时他们让拜占庭人在中国建了使馆,但是751年发生的塔拉斯河战役使陆路交通中断,陆上交通中断所造成的损失却从海上贸易中得到了补偿。在整个唐代,都有波斯商人来中国经商。他们在陆路交通中断时,大概是经海路而来的。第一批波斯使节在456年到达中国,携有宝石、地毯和香料,唐代的波斯商人普遍地被看成是魔术师、炼丹术士和拥有法术宝石的富商。他们的最大集中地是长安的西市,在那里,他们往往出高价收买宝石或矿石,而这些物品的中国主人却不知道它们很有价值。

　　在11和12世纪,陆上交通本已减少,而在蒙古人的统治下,它却又获得了梦想不到的重要性。这是由于蒙古人的统治一直延伸到巴格达与布达佩斯,这便意味着中西交通变得便利了许多。14世纪时,一位商人的笔记本上记录着:"据来往商旅所说,从(顿河口的)塔那去中国的旅途,不论日夜,都非常安全。"塔那位于顿河口。

　　在13、14世纪时,蒙古大汗的宫廷里曾经有过大批欧洲技师,但是,能确实指出的任何机械技术或自然原理的传播,却仍是寥寥无几。另一方面,在14、15世纪时,曾出现过中西之间关于鞑靼奴隶的交易,有些鞑靼人被卖给意大利家庭作仆人。例如,在1366—1397年间,有259个鞑靼人,他们中大部分是年轻的妇女,在佛罗伦萨的奴隶市场上被出售。奴隶的流入大约开始于1328年,当时马可·波罗自己的奴仆鞑靼人彼得,被批准为威尼斯市民。随着1453年拜占庭的灭亡,贩卖奴隶才结束。事实证明,其间不同的民族在很多方面进行了融合,而这种融合毫无疑问地促进了几个部门技术的推广与进步,特别是纺织业。

中西文化与科学的接触

　　东西方商路的发展促进了中国与其他西方国家外交方面的交流,虽然这种交流并不平等——因为来到中国都城的外国使节,比中国派遣出去的人数多得多。实际上,中国人看起来没有西方人所具的冒险精神,对外国文化也没有太多的兴趣。例如,在汉朝的时候,中国就总是迎接使者,而中国人则明显地不愿到他们觉得是天然的地理范围以外的远方去旅行,以免有高山症的不适。即使他们的确旅行过,他们也曾试图找借口结束旅行。这里有一个典型的例子便是甘英。公元前1世纪时,甘英被派遣出使罗马叙利亚,在到达巴比伦的时候,帕亚水手劝他们说,从巴比伦开始的海上旅行有着很大的危险性,不宜再继续下去。毫无疑问,安息人为了避免中国人和罗马人发生任何

69

70

图 20 自鸣水钟的图例[采用加扎里的关于机械装置的论文手稿(1206年)。上部是黄道十二宫的符号。然后是依次出现的人像和依次燃亮的灯盏;在这下面,从铜鹰嘴中有金球落入铜杯,击钟使之鸣响;最后是五个乐量组成的自动乐队。中国史学家在 10 世纪曾描述过这种阿拉伯自鸣水钟(起源于拜占庭),而中国人自 7 世纪起也曾经自行制造过]

直接交往,他们夸大了危险性。一旦两者直接交往,他们就无法得到中国人的好处了。事实上,似乎这只是一个策略,它施行得很成功,以至于中国人确未曾亲自去过罗马。

在众多的来中国访问的人中,不全是与使者或商队有关的人,也有魔术师与杂技演员,虽然这两类人与技术的传播看起来不应有任何关系,然而事实恰好相反。我们知道,当时许多早期的巧匠,例如提西比乌斯(公元前2世纪)和赫伦(公元1世纪),以及他们的中国同行如丁缓和马钧,都曾为宫廷娱乐制作过机械玩具、魔术道具、舞台游戏机械等。他们所使用的方法通常便含有了技术的成分,我们确信正是以这种巧妙的娱乐才使波斯使节团第一次出现在中国。事实上,5个世纪之后,也有关于流浪魔术师和巫师的记载。这以后,从唐代开始,官方也记录了一些奇妙事实的出现,特别是从西方来的水钟。自远古以来,中国人对漏壶的构造便已熟悉,水钟所能引起兴趣的部分是能自鸣的机械装置。这种构造可使其中的金球一个一个地落入下面的容器中,借以表明经过的时间,这种图案似乎与原始的传统相吻合。

在出现于中国的其他奇迹中,有来自叙利亚的"夜光璧"。尽管它很有可能是从萤矿石中提炼出来的石头,但我们还是无法精确说明它过去曾是什么。萤石有许多品种,经过加力或摩擦会发光。同样当时也有进口的红海的珊瑚和珍珠以及波罗的海或西西里岛的琥珀。可是中国人善于从某些叙利亚宝石中鉴别出人造赝品。当然,尽管这个时候财富积累很多,如古罗马宫廷的大量黄金珠宝却多半是镀金的铜制品和彩色玻璃,因而我们没有理由为此时出现仿造珠宝而兴奋。叙利亚位于制造宝石地区的中心,因此在那儿很容易就可以得到仿造的原型。鉴于中国人对早期欧洲的原始化学中模仿工艺的特殊兴趣,从科学史的观点看,中国人鉴别真伪的能力很强。

除了存有对技术种类的引进的记载外,唐代对其中的一个种类进行了独立事项的记录,这便是:对西方医学的兴趣。曾有资料说罗马叙利亚有很高明的医生,能打开脑取出虫,治愈目眚(一种盲症)。穿颅术很早以前便闻名于世,但中国人对此的记录很有意思。中国在同时代也懂得了同样的手术。西方人一直想要制作一种万能的解毒药,因而将600多种药材成分拿来配方制药,这种药也企图在中国得到销路,但中国人很快便意识到,这只是一个神话而已。

中国与印度之间文化和科学的接触

关于中国与印度之间的接触,很早便有了记载。张骞曾认为,四川的物产经由云南—印度的交通线到达了大夏。从4世纪中叶开始,出现了佛教徒交往的伟大时期。386年,印度高僧鸠摩罗什来到中国,竭力宣扬大乘佛教。但他实际上只是无数继起的传教者之一。实际上,这个时期也有许多中国的

73

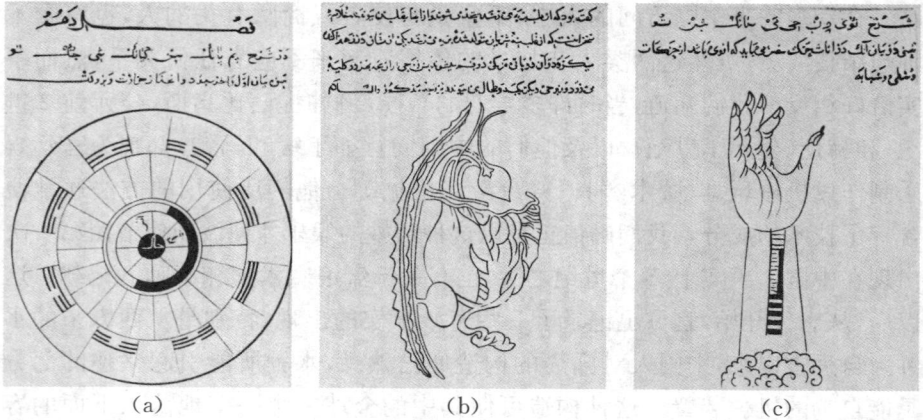

(a)　　　　　　　　　　(b)　　　　　　　　　　(c)

图 21　1313 年左右拉施德丁·哈姆达尼所编《伊儿汗的中国科学宝藏》一书中有关医学的三幅插图［图(a)将八卦和昼夜相配，以说明患者体温的升降；图(b)为内脏解剖图(可以辨认出心脏、横膈膜、肝脏和肾脏)；图(c)为脉经图。原书虽是用波斯文写的，但这些图来源于中国，还是十分明显的。采自 Süheyl Ünver, *Tanksuknamei Ilhan der Fünenu Ulumu Hatai Mukaddimesi* (Turkish tr). Istanbul, 1939］

佛教学者，忍受着艰难与困苦，到印度去取经，回国后又写他们的旅行。这是一种很有意义的双向交流活动。7、8 世纪的文章描述了婆罗门的天文学与数学，还有关于矿物酸的最早记录，这些都为这种接触提供了依据。

可是，尽管这样，我们却很难拿出印度科学影响中国科学的确凿证明。只有中国数学对印度数学的影响却是无可怀疑的。中国的天文学中赤道系统和医药中气功生理学的一般理论，很可能都是从古代美索不达米亚的最基本的概念中产生，然后由印度人、中国人和希腊人以完全不同的方式加以发展的。就印度技术而言，所处地位很相似：即对中国产生了影响，但是这种影响很小。除了和棉花有关的机器之外，这种机械出现很晚，印度人没有什么大的贡献。

印度的文法与语言学的伟大成就无疑曾促进了 5、6 世纪中国的语言学研究，而印度的绘画与音乐也对中国人产生了一定影响。但是，中国与印度的接触在科学技术上的影响却微乎其微。

中国与阿拉伯之间的文化和科学的接触

公元 625 年，也就是先知穆罕默德从麦加出走到麦地那后的第三年，阿拉伯人完全征服伊朗，他们的统治范围很快就到达了中国势力的前沿。中国和伊斯兰的第一次直接的接触产生了许多传说，这些传说的真伪是很难辨别的。虽然伊斯兰一度想征服中国,但无论如何并无阿拉伯军队插足于其间。从 7 世纪以后,中国和阿拉伯之间在知识上接触的机会很多。8 世纪末,即公元 798 年,哈伦·拉施德派遣使者来商议抵抗吐蕃人骚扰双方的联合战略。以后的 300 年中,双方的贸易关系以及与之相关的产业都保持了良好的状态,直至 11 世纪。

　　13 世纪末,蒙古人征服各地带来了整个东西方的统一,当时旧大陆两端的科学家个人之间的交往要比以前频繁得多。我们发现了 13 世纪阿拉伯人在阿塞拜疆的马拉盖所建的天文台以及藏书超过 40 万卷的图书馆,那时中国天文学家还被聘请协助进行这项工作。阿拉伯的医药学也得到了中国人的协助,其中 14 世纪早期的波斯医生拉施德丁·哈姆达尼,曾写过一本书,书中不仅提到许多中国医药上的论题,特别值得注意的是,他认为中国的象形文字比拼音文字优越,更适用于科学,因为中国文字中一个字的意义和它的发音无关,不会造成模糊不清。文化反过来向另一个方向传播的事实,可以从对伟大的医师与炼丹术士拉齐进行访问的一段动人的描述中得到证明。有一位不知姓名的中国学者与拉齐接触了一年左右,他学会了阿拉伯文,当他决定回国时,提前一个月告诉拉齐,他很愿意笔录盖伦的 16 卷著作。这位学者如愿以偿地作了笔录,速度之快令拉齐与一名学生难以置信。他使用了"草书"形式,以至于写得比拉齐朗诵得还要快。不过,在他回家途中肯定发生了意外事件,因为关于希腊医药对中国医药的影响,一点痕迹都找不到。

　　尽管伊斯兰与中国接触甚多,学者们在把阿拉伯文的作品译成拉丁文时,所选择的经常是古希腊和古罗马著名作家的著作,而从不选择伊斯兰学者们有关印度或中国科学的著作。在 16 种重要的阿拉伯和波斯著作中,只有一种在 1700 年以前被译成欧洲文字,有 6 种至今仍未翻译。因此,西方科学的发展未受到中国和印度的大的影响。而另一方面,在公元后整整 14 个世纪的时间内,技术上的发明创造尽管缓慢地、但却大量地从东方传到西方,其中包括了造纸、印刷术、火药、磁罗盘传入欧洲,这些内容可在 17 世纪弗兰西斯·培根的记录中找到。

总的观察

　　中国位置很独特,这使它同古代各大河流域文化隔绝开来。尽管在这种情况下,接触别的文化较为困难,我们还是看到了不断有技术,如果不能称为科学的话,传入西方。这种传播对欧洲的发展起了至关重要的作用。

因为当时其复杂性远不及现在,独立发明的可能性便显得很小,而传播则变得更为重要。记里鼓车上所需的简单的齿轮组,被认为是公元前 3 世纪时的伟大发明,而当今世界上任何青年技工都会把它装配出来。

传播虽然有着重要的作用,但要赢得这种发明权却常常很困难。让我们举一个极端的例子来说明。1824 年,约瑟夫·夫琅和费,一位德国天文学家,发明了天文望远镜的时计驱动装置,使得观察变得很方便。他确实不知道一个事实:早在 8 个世纪以前,尽管没有望远镜,中国人已用他们的天文仪器制造出了类似装置。这种发展是否真的是再发明?有时则会出现其他的情况。有时虽然我们没有证据,可是我们确信该两个事件是由传播而至。举例来说,第一座大型石拱桥是在公元 600 年后不久在中国建造的,而直到 18 世纪欧洲才出现了这种桥。欧洲的吊顶是独立的发明还是间隔时间较长的传播?在很多情况下,如果不是不可能的话,传播的时间(具体日期)也很难被找到,虽然我们知道欧洲工程师在建造该桥之前已经知道中国的石拱桥,我们却不能确证。然而,很清楚,也有许多技术装置在中国很早就为人们所知,在西方它们也很久之前就被人们知道,如独轮车、活塞风箱、弓弩等,还有深钻技术、铸铁术等。另一方面,也有一些发明从西方传入中国,但这往往要花费很长的时间,举两个实例,如螺旋和水泵。对于另一些技术,中古代后期的西方人虽然知道中国人曾应用过,可是他们并没有采用。纸币、煤的使用和船舶建造中的防水隔舱就是这方面的典型事例。发明与技术的传播有许多面,如表6、表7所示。

76

表 6 中国传到西方的机械和其他技术

名　　　称	西方落后于中国的大致时间(以世纪计算)	名　　　称	西方落后于中国的大致时间(以世纪计算)
(a) 龙骨车	15	(h) 独轮车	9—10
(b) 石碾	13	(i) 加帆手推车	11
用水力驱动的石碾	9	(j) 磨车	12
(c) 水排	11	(k) 挽畜用的两种有效	
(d) 风扇车和簸所机	14	马具:	
(e) 活塞风箱	约 14	胸带式	8
(f) 提花	4	颈带式	6
(g) 缫丝机(锭翼式,以便把丝线均匀地绕在卷线车上,11 世纪出现,14 世纪时应用水力纺车)	3—13	(l) 弓弩(作为个人的武器)	13
		(m) 风筝	约 12
		(n) 竹蜻蜓(用线拉)	14
		走马灯(由上升的热气流驱动)	约 10

（续表）

名　　称	西方落后于中国的大致时间（以世纪计算）	名　　称	西方落后于中国的大致时间（以世纪计算）
（o）深钻技术	11	作为战争技术而使用的火药	4
（p）铸铁	10—12	（x）磁罗盘（天然磁石制成的匙）	11
（q）常平悬架	8—9	磁罗盘针	4
（r）弓形拱桥	7	航海用磁罗盘	2
（s）铁索吊桥	10—13	（y）纸	10
（t）河渠闸门	7—17	印刷术（木版）	6
（u）造船和航运的许多原理	多于10	印刷术（活字版）	4
（v）船尾舵	约4	印刷术（金属活字版）	1
（w）火药	5—6	（z）瓷器	11—13

表7　西方传到中国的机械技术　　　　　　　　　　77

名　　称	中国落后于西方的大致时间（以世纪计算）
（a）螺旋	14
（b）液体的压力唧筒	18
（c）曲轴	3

最后，还有一个被称为"激发性传播"的问题，所谓激发性传播，是没有技术的渗入，而一种思想得到传播。风车就是这样的一个例子。风车是波斯人在8世纪时发明的，当时它是水平架设的，它在5世纪后传入中国时，仍然保持这样的架设方法。可是欧洲的风车从一开始就是垂直架设的，我们可以从14世纪的最早图画中看到这种风车。这一事实似乎告诉我们，所传播的仅仅是利用风车的思想，别无其他。这种概念传到欧洲后，水车制造者采用了他们自己的技术即垂直架设的方法，将之付诸实践。事实上，可能是一个从黎凡特返回的人，告诉别人说萨拉森人利用风力碾磨玉米，仅此而已。技术上必须从那里开始，为了达到目的，他们便使用了一种不同的途径。而风车不是一种单独的例子，我们还可举出很多其他例子。

在东西方的文化交流中，其方式有很多，正如上所述，包括直接的和间接的方式，商人与使团的旅行方式，抓囚犯的方式，沙漠居民的移民方式等。从最近的研究来看，这种交流往往比以前我们设想的要多得多。

第七章　儒家与儒家思想

准备工作就绪之后，现在我们可以开始探讨中国哲学对科学思想的发展所起的作用了。从一开始我们就必须强调中国人的思想与我们自己的思想的显著差别以及西方传统的观察自然界的方法与中国传统方法之间的明显差异。这些差异的具体内容将在本章及以后各章中详加阐述，但要而言之，便是欧洲哲学倾向于在物质中发现真实，而中国哲学倾向于在关系中发现真实。中国哲学的这一特性对中国的科学产生了深刻的影响。

一开始我们应简要地研究儒家，因为儒家思想在后来一直支配着整个中国的思想，然后转向儒家的劲敌道家，道家对自然界的思索是整个中国科学的基础。我们还应探讨的有法家，他们倡导一种几近于法西斯的极权主义，但提倡法律面前人人平等；再后便是墨家，墨家重视科学方法和从军事技术中发展而来的科学实验，他们是一些富于侠义精神的军事和平主义者；然后是名家，他们沉心于逻辑悖论和事物的定义；最后是阴阳家（自然主义学派），他们发展了一种哲学，赋予中国的原始科学思想以特有的基本理论。此外我们还应予以简要论述的有怀疑派的兴起、佛教思想的冲击和新儒家（宋代理学）的出现。但最先予以讨论的还是孔夫子本人。

儒家思想最早出现于公元前 6 世纪，儒家学派是根据它的创立者的名字命名的。有许多关于孔子的生平的传说，但并不都是真实可信的。为人们所确知的情况是：他姓孔名丘，字仲尼，但后人都尊称他为孔夫子，即孔老师，西方把这一称呼用拉丁文写成 Confucius。公元前 522 年（应为 551 年，此有误——译者注）孔子出生于鲁国（今山东省境内），他具有商王室后裔的血统。

他毕生致力于发展和传播一种关于公正与和谐的社会关系的哲学。大约在公元前495年他被迫离开鲁国,之后的数年间他率弟子周游列国,在诸侯间进行游说,希望能获得一个机会把他的思想付诸实践。在他生命的最后三年,他回到鲁国从事写作与教学。孔子死于公元前479年。他的一生在当时看来显然是失败的,但他对后世所产生的影响是如此的深远,以至于他经常被称作中国的"无冕之王"(素王)。

儒家思想是一种重视现世、关心社会的学术思想,试图在一个封建官僚式的社会里争取实现尽可能多的社会公正。孔子认为要想实现社会公正,应恢复古代的圣王之道。孔子经常运用这一传说的历史权威,同时他更喜欢称自己为继承者,而不是革新者。在一个因诸侯混战而动荡不安的封建社会中,孔子寻求着社会秩序。在孔子所处的社会中,人命不值钱,法纪荡然,人们依靠个人的力量、武装的随从与阴谋诡计自行其是,而孔子宣扬着和平以及对个人的尊重。

> 出门如见大宾,使民如承大祭。己所不欲,勿施于人。在邦无怨,在家无怨。(《论语·颜渊》第二章)

孔子提倡不考虑阶级差别的普遍教育,认为外交、行政职位应该被授予那些学业优秀的人,而不是那些出身于较高社会等级的人,这一思想是具有革命性的。孔子教导说,政府的真正目标应是全体人民的福利与幸福,而这一目标的实现不应依赖推行严厉的专断的法律,而是要善于运用公认为良好的而又合乎自然法的风俗习惯。因此,在早期的儒家思想中,伦理和政治是没有区别的,政府是家长式的政府。

从上述可以得出一个结论,这个结论曾有可能对科学有重大意义,即儒家学派提倡知识上的民主。如果像孔子所相信的那样人人都是可教的,那么 80 每个正常人从潜能上来说就都能和其他人一样判别真理。其次,孔子时常告诫人们在有疑问时不要妄作判断,在沿用旧籍时应遵循良好的旧范例,宁可阙疑,也不要杜撰不实之词。但儒家思想并不是科学性的:儒家学派认为宇宙有道德秩序,研究人类的适当对象应该是人,反对对自然进行科学的探索。儒家思想无疑是一个理性主义体系,但它把注意力倾注于社会问题,拒绝研究一切非人类的现象。因此儒家思想中的理性因素本有可能对科学观的发展起促进作用,但事实上没能起到这样的作用。

孔子最伟大且最有影响的传人是孟轲,孟轲是中国的"亚圣",有时也被尊称为孟子。孟子出生于孔子去世后一百多年的公元前374年,他一生中大部分时间是在梁国和齐国作君主的顾问。孟子的学说中并无多少新意,他强调了孔子的民主思想,宣称在一个国家中人民是最重要的,礼仪习俗本来是为人而制定的,而不是相反,礼仪如果堕落为空洞的俗套就不好了。

人性学说

从科学思想史的角度来看,孟子最令人感兴趣的是他的人性学说。他说:"每个人都有一种不忍看到别人受苦的心情。"从这个基本观点出发,他试图论证恻隐之心是人的本性,且由此得出人性在总体上是向善的结论。然而与孟子同时代的一些思想家并不同意这种性善论,一些思想家主张人在道德上是中性的,还有的则主张人性是恶的。这些对立的观点显示出中国早在公元前4世纪便有了整个欧洲历史和中国历史上所进行的广泛论战的萌芽形式,直到现代之前,这些论战都是在对有机进化学说缺乏明确了解的情况下进行的。孟子的观点并不为后世所有的儒家学者所接受:例如一个世纪之后,荀子(名况,时人尊而号为卿)主张人的本性是向恶的,任何好事都决定于广义的教育,然而荀子同时承认每个人都有向善发展的无限能力。到了孟子之后400年的汉代,荀子关于人性的二重论得到进一步发展,怀疑派思想家王充主张人生来就兼有善恶两种禀赋,否认人性有向善或向恶的任何一种倾向。

81　　此后,中国儒家学者逐渐地摆脱武断,以一种更科学的方式来探讨人性。13世纪一种新的综合的观点形成了。1235年戴埴在他的著作《鼠璞》中写道:

> 世之论性者二,恶、善而已。人往往取孟而辟荀。予合二书观之。孟子自天性见,所谓善,必指其正大者,欲加持养之功,《大学》诚其意之谓也。荀卿自气性见,所谓恶,必指其谬戾者,欲加修治之功,《中庸》强哉矫之谓也。……然则孟子之学,澄其清而滓自去;荀子之学,去其滓而水自清。有补于后觉则一。(《鼠璞·性善恶》)

随着这样的言论的出现,看来只需给予充分的时间,中国人便能在人性问题上达到一种只能由生物进化的知识来提供的正确的认识,然而中国文化却从未能独自发展到这一程度。

灵魂阶梯论

在西方,公元前4世纪时亚里士多德采用了psyche(心灵)这个词来作为区别生物与非生物的准则。亚里士多德所作的更深入的研究使他得出这样的结论:灵魂是有不同的类别和等级的。正像我们已经知道的那样,他相信植物只有一个生长性的灵魂，动物有生长性和感受性的灵魂，而人有三种——生长性的、感受性的和理性的灵魂。用这个方法来描述生物的行为方式是机敏且有效的，亚里士多德的这一学说统治了生物学界达数百年之久。

儒家也有一套自己固有的等级系统。因为我们发现荀子在亚里士多德之后一个世纪里说道：

> 水火有气而无生，草木有生而无知，禽兽有知而无义，人有气、有生、有知、亦且有义，故最为天下贵也。（《荀子·王制篇》）

荀子活动的时间比亚里士多德晚一个世纪，人们可能会从这一事实推测 82 中国人的有关"灵魂阶梯"的思想源出于西方，但是正像我们已经指出的，事实并非如此，因为荀子活动的时间比丝绸之路的开辟早一个半世纪。重要的是中国人的思维方式与西方人的不同之处：西方人以理性思维为人的特征，而儒家学者关注的是人的正义感——一种社会属性。

中国人使"灵魂阶梯"学说发展得更为详尽。6—14世纪，儒家与宋代理学家对这一问题作了深入的探讨——除了构成万物的物质——能量（气）和普遍组织原则（理）之外，植物还有生气，动物与人还有血气和血气知觉，最后动物与人还有知和良能。明代生物学家王逵在14世纪构建了一个包括生物与非生物的"灵魂阶梯"学说。他主张天有气，雨、露、霜、雪也是有气的；地有气和形，有形的物质可能有性，因此草、木和某些矿物有气、形和性。天和地相交泰使气与形相结合，所有的动物都有气、形、性和情，人类除上述之外还有意。王逵还指出了动物的分泌液、排泄物及羽毛鳞甲的属性。王逵的学说相当完备，似乎不只是荀子思想的发挥，但仍合乎中国人一贯的思维方式，以人的正义感而非其理性思维能力为人区别于其他生物及非生物的特性。

荀子的人文主义

在讨论了有关人性学说及"灵魂阶梯"学说的儒家思想的形成和发展之后，我们必须再一次回过头来看公元前3世纪的荀子，因为荀子的思想很好地例证了一个重要的问题——儒家对于科学的矛盾态度。

荀子一方面宣传一种不可知论的唯理主义，甚至否定神灵的存在；另一方面反对如墨家和名家所试图建立的科学逻辑体系。他了解技术是有用的，因为技术有实际的功效，但否认理论研究的重要性。荀子的怀疑主义倾向是 83 很明显的，在鬼神迷信四处传播的时代他写道：

> 冥冥而行者，见寝石以为伏虎也，见植林以为立人也，冥冥蔽其明

也……

夏首之南有人焉，曰涓蜀梁。其为人也，愚而善畏。明月而宵行，俯见其影，以为伏鬼也；仰视其发，以为立魅也；背而走，比至其家，失气而死。岂不哀哉！凡人之有鬼也，必以其感忽之间、疑玄之时定之。此人之所以无有而有无之时也。（《荀子·解蔽篇》）

荀子还攻击了当时的相面术——根据一个人的外貌特征来判断吉凶祸福。从表面上看来荀子的怀疑主义精神应该对早期科学起促进作用，但事实上荀子过分偏重于人文主义，阻碍了他的学说对科学发展的促进。他深受道家影响，乃至有时用"道"字来表示大自然的秩序，然而他又把表示礼仪、良好风俗、传统习惯的"礼"推崇到宇宙原则的位置。他拒绝承认细致而单调的科学逻辑思维的重要性。道家也许对探索事物的原因感兴趣，而荀子道：

愿于物之所以生，孰与有物之所以成？（《荀子·天论篇》）

他确信忽视人事而致力于思索自然是对整个宇宙的误解。结果是他过于重视社会人事，打击了科学的发展。

作为一种宗教的儒学

在汉代，儒家学说成为封建官僚国家的官方教条。公元前195年汉高祖在孔氏家庙为纪念孔子而隆重地设过祭。公元59年汉明帝诏令全国每一所学校祭祀孔子。这一举措使得对孔子的崇拜走出孔氏家庙，并把孔夫子从学者们的先师变成为官吏们的至圣。儒学演变为一种礼拜，一种宗教，以一种英雄崇拜为基础，兼有敬神和祭祖双重性质。由于儒家思想中没有专职祭司这个概念，因而这种新宗教的执事和主祭由地方上的学者与高官担任。

从帝王时代之初便发展起来的中国的国教与儒教颇有不同。在中国国教里皇帝代表百姓充当最高祭司，每年在天坛、日坛和农庙中设祭。在帝王时代之前各诸侯也在自己的封地内设坛祭祀社稷之神，但封建统一帝国的皇帝所举行的祭祀仪式远比以前诸侯们所举行的更为庄严壮观。儒家学者们赞同这种国教，且肯定参与担任了祭祀的执事和参祭者，但这种国教并非儒教。这种国教只是在理论上存在，而与中国民众也没有多大关系。

儒教与科学史几乎是毫不相关。儒教中没有神学家，因而没有能力抗拒科学的世界观渗入它的禁区。然而儒家学者一直继承了儒学创建者的态度，避而不谈自然界和对自然界的研究，一千多年来一直集中注意力于人类社会，而且仅仅是人类社会。

84

第八章　道家与道家思想

　　现在让我们以道家的眼光来观察世界。道家被他们公开的反对者——儒家称作"逍遥隐者"。直至今天道家思想体系仍在中国人的思想背景中占有至少和儒家同等重要的地位。在一定程度上了解道家思想对于理解全部中国科学技术是至关重要的。

　　道家思想体系是一种独特的哲学与宗教的混合体,还包含了原始的科学和方技,是世界上唯一并不极度反科学的神秘主义体系。道家的命名并不是像儒家那样根据它的某个创立者的名字,而是来源于道家学者追寻一种道路的思想。古汉字中"道"是由一个表示"头"的符号(首)和一个表示"行走"的符号(辶)构成的。逐渐地这个词演变成一个专门术语,被赋予哲学的和宗教的意义。"道"一词是难以翻译的,"道路"仅是它真正含意的一种反映,人们可以称它作"自然的秩序",也可以称它作"宇宙内部及宇宙背后的固有的力量"。但为了避免任何误解,我们还是保留原样称它作"道",它的含意将在后文中逐渐变得明朗。

　　道家思想有两个来源。首先是战国时期的哲学家,他们遵奉的是大自然之道,而不是人类社会之道。他们不求用于封建诸侯,而是隐居在乡野沉思冥想,探索自然。虽然这些哲学家们的想法从未能完整地表达,但看来他们深深地感到如果缺乏对自然界更深刻得多的理解,想要把人类社会带入如儒家所期望的那种和谐状态是永远不可能的。道家思想的另一根源是一批古代萨满和术士们,他们很早就从北方进入中国文化,他们作为一种原始宗教和方术的代表在中国古代文化中起过重要作用。萨满是一种崇拜自然界中

86 次要的神的宗教,相信通过迷乱的动作和幻想的空中旅行,祭祀者能够指挥神灵,接触到看不见的力量,从而治愈人身体上和精神上的疾病,并能保证在狩猎与农业生产中获得丰收。

　　人们可能难以理解如此不同的两种因素竟能结合起来形成道教,但只要想到在人类文明的初期,科学与方术是不可分的,便能在很大程度上解决这一问题。到了很久以后,当人们拥有了充分的试验证据和足够的怀疑主义精神,科学和方术才有可能被区分开来。在科学与方术尚未被区分的时候,炼金术士在进行炼金术试验时把一些化学物仔细地混合、加热的行为与巫婆用符咒镇住别人而在一口大锅里捣腾的动作看起来是没有什么不同的。在西方科学与方术的区别直到17世纪才实现,而在传统的中国从未真正实现。然而这并不重要,重要的是道家学派的哲学家为了探求自然规律自己动手做实验,无论他们的目的是什么,他们像相信自己的头脑一样相信自己的双手,正是因为这个原因,在中国研究炼金术的人主要是道家学者。道家学派的思想家为了探索自然而亲自进行体力劳动这一事实清楚地表明了儒家学派与道家学派之间的另一个根本的差别。没有一个儒家学者会屈尊从事任何的体力劳动,而对道家学者来说这是他求道的一部分。道家学者从事体力劳动的行为有效地使得他们跳出了封建贵族哲学以及后来的官僚学者的狭窄的文化圈子。

　　不幸的是道家思想在西方翻译家和作家那里即使不是被完全忽视,也是在很大程度上被误解了。道家的宗教被忽视,道家的方术被视为迷信而被一笔勾销,道家的哲学则被说成是纯粹的宗教神秘主义和诗歌。道家思想中的科学性在很大程度上被忽视了,而道家学者所采取的政治立场完全被误解了。诚然在早期的道家思想中确实有宗教神秘主义的成分,道家学派中最重要的思想家也确实跻身于历史上最出色的诗人和作家的行列。但认为道家学者仅仅是为了避免参与儒家人文主义与法家专制主义之间的论战而退出了封建诸侯的宫廷是不对的,相反道家学者对整个封建制度展开的尖锐而激烈的抨击这个事实,被大部分中国的和西方的道家思想注释家所忽略了。总之,虽然道家思想中确实有宗教的和诗意的成分,但它至少同样强烈地是方术的、科学的、民主的,并且在政治上是革命的。

87

道家的道的观念

　　道不是指人类社会内部的生活方式,而是指宇宙的运行方式,换言之,即大自然的秩序。约成书于公元前300年的《道德经》中清楚地阐述了道家的道的观念,此书几乎可称得上中国语言中最深奥、最优美的著作,传统上人们认为该书的作者是老子(姓李名耳,字伯阳,或聃)——中国历史上最隐晦的人物之一。老子约生活于公元前 4 世纪(应为公元前 8 世纪,正值春秋时代——译者注),他曾对天地万物作过这样的描述:

> 道生之,德畜之,物形之,势成之。是以万物莫不尊道而贵德。道之尊,德之贵,夫莫之命而常自然。故,道生之,德畜之,长之育之,亭之毒之,养之覆之。生而不有,为而不恃,长而不宰,是谓玄德。(《道德经》第五十一章)

我们应该反复地聆听老子的这些教导。作为大自然的秩序的道使万物发生并支配万物的一切活动,这种对万物的孕育和支配不是靠强制力,而是靠一种空间和时间的自然曲率。人只要放弃强加于自然的先入之见,顺应道,便能察觉、理解事物的本来状态,并从而支配和控制。著名道家学者庄子(名周)在一本约与《道德经》成书于同一时代(应为战国时代——译者注)的重要的道家学派著作《庄子》中这样说:

> 天其运乎? 地其处乎? 日月其争于所乎? 孰主张是? 孰维纲是? 孰居无事推而行是? 意者其有机缄而不得已耶?(《庄子·天运第十四》)

88

庄子的自然主义思想强调自然运行的统一性和自发性,庄子在他的著作中叙述了一席想象中的老子和孔子间的谈话,这席谈话清楚地表明在道家学者看来生物界与无机界一样都是受道的支配的。

在后文中还将经常述及的另一内容便是修道者所取得的身体上和精神上的益处。后来这具体化为对长生不死的追求,使身体得以保存和净化并进而成"仙"——拥有不死的灵魂和不老的躯体,在乡野间永久地生活着。为了实现这个目标,道教的方士们采用了药物和炼丹,以至于瑜伽的吐纳、房中术和导引术,这些我们将在后文中述及。

在探索自然的活动中,道家学者们显然意识到变化、作用与反作用以及更广泛的哲学上的暗示,从而逐渐形成了他们的自然观与世界观。因此我们在《庄子》中看到:

> 阴阳相照,相盖相治,四时相代,相生相杀。欲恶去就,于是桥起。雌雄片合,于是庸有。安危相易,祸福相生,缓急相摩,聚散以成……观道之人,不随其所废,不原其所起,此议之所止。(《庄子·则阳第二十五》)

庄子的这段话显得特别有意义,首先它宣称极始和极终都是道的秘密,人所能做的只是描述和研究自然界,这段话不亚于一纸信仰自然科学的宣言书,并表明了对形而上学的厌恶,对宇宙生成论和世界末日论的反感,在道家的著作中我们时常能发现类似的观点。

89　　其次这段话表明中国人认识到了浓缩和稀释的物理过程——换言之认识到了密度的差别。诚然在 300 年之前古希腊人便认识到了这一点,但在公元前 1 世纪之前要传播这类思想几乎是不可能的,所以《庄子》中的这段话使我们有充分的理由相信这是中国人独立的思想。对道家著作的进一步研究使我们清楚地看到《庄子》中的这段话并不是述及聚散论的特例,在别的几处道家学者们都独立地得出了与古希腊人相当近似的结论。我们在约成书于公元前 330 年的《管子》中发现哲学家管仲与古希腊人一样认为水是宇宙的原始元素,他说:

> 地者,万物之本原,诸生之根菀也……水者,地之血气,如筋脉之通流者也。

自然界的统一性与自发性

假如有一种观念是道家最为强调的话,那便是自然界的统一性,以及道的自发性和永恒性。"是以圣人抱一而为天下式。"(《道德经》第二十二章)在《管子》中我们又发现这样的话:

> 惟执一之君子能为此乎?执一不失,能君万物。君子使物,不为物使,得一之理。

无疑这句引言中有宗教神秘主义的因素,其他类似的文章中也有这一因素,但这只是因为我们尚处于中国思想史的早期阶段,宗教和科学尚未分化。然而撇开神秘主义因素不谈,从我们对道家已有的了解中我们清楚地知道这一论述是对自然界的统一性的肯定,今天我们已经知道,正像万有引力一样,自然界的统一性是牛顿之后的现代自然科学的根本前提。此外我们还知道道家的政治理想是原始未分化的社会形态。

道的统一性贯穿着万物。《庄子》说:

90　　
> 夫子曰:夫道,于大不终,于小不遗,故万物备。广广乎其无不容也,渊渊乎其不可测也。(《庄子·天道第十三》)

而更富有想象力的是:

> 东郭子问于庄子曰："所谓道,恶乎在?"庄子曰:"无所不在。"东郭
> 子曰:"期而后可。"庄子曰:"在蝼蚁。"曰:"何其下耶?"曰:"在稊稗。"
> 曰:"何其愈下耶?"曰:"在瓦甓。"曰:"何其愈甚耶?"曰:"在屎溺。"东
> 郭子不应。(《庄子·知北游第二十二》)

这样,没有任何事物是在科学探索领域之外的,不论它是多么使人厌恶、多么使人不愉快或多么琐碎。这的确是一条非常重要的原则,因为道家在走向最后有可能导致现代科学的方向中,他们必将对一切为儒家所鄙视的事物都发生兴趣——诸如那些似乎毫无价值的矿物、野生动植物,人体各部分及其排泄物等。正如《管子》中所说:"圣人像天那样没有偏私地覆盖一切;像地那样没有偏私地承载一切。"

不偏私,以同样的态度对待一切事物而拒绝予以区别,不对自然界及人类社会中的事物作道德判断,这样的思维方式是儒家所绝对不能接受的,但却是自然科学的精髓所在。科学必须在伦理上是中性的,虽然道家学者也生活在须作道德评判的社会中,但他们却看到了这一点,这是值得赞扬的。人类的标准不应该像儒家学者所教导的那样成为自然界的准则。

道家学者不仅认识到自然界是统一的,不由人的标准评判的,还认识到自然界是自足的,而非创造出来的。他们的关键用语是"自然"——自发的、自己起源的,自然的。老子说:"人法地,地法天,天法道,道法自然。"这是对科学自然主义的基本肯定。庄子有一次在描述风穿过树枝、空穴而发出的声音时强调了老子的这一观点:

> 子游曰:"地籁则众窍是已,人籁则比竹是已。敢问天籁。"
> 子綦曰:"夫吹万不同,而使其自已也。咸其自取,怒者其谁耶?"
> (《庄子·齐物论第二》)

当这些现象普遍地被解释作精灵、水神、林神的声音的时代,庄子的这种自然主义的思想是很可贵的。后来,当谈论到自然现象时,"自然"一词便被普遍地采用了。公元前2世纪《淮南子》一书中说:"自然之势也。"这明确地表示至少到那个时候,道家学者已懂得了因果关系原则,虽然他们没有像希腊人那样正式地表述出来。

然而道家学者对自然的理解不仅仅是简单的、机械的。例如,在公元前4世纪庄周阐述了一种非机械的因果关系理论。在《庄子》中有一篇给人以深刻印象的描述动物或人体内不受意识控制的自然活动过程的文章这样说道:

> 若有真宰,而特不得其朕。可行己信,而不见其形,有情而无形。百

91

骸、九窍、六藏,赅而存焉。吾谁与为亲? 汝皆说之乎? 其有私焉。如是皆有为臣妾乎? 其臣妾不足以相治乎? 其递相为君臣乎? 其有真君存焉?(《庄子·齐物论第二》)

当我们想到现在已知的关于有机体中刺激物与反应器官的复杂相互关系或内分泌系统腺体的相互影响时,就会感到这些话确实是很惊人的。在道家学者看来人体和宇宙都无需一个有意识的操纵者,他们把自然界看作一个无需神来安排的有机体。

自相矛盾的是道家著作中有一些寓言描述发明家制作了一种人体模样的自动装置,把这些装置打开后显露出来的只是机械结构而已。表面上这似乎是告诉我们道家对于自然持一种纯粹的机械主义观点,但下面这个故事将告诉我们事实并非如此,这个故事出于《列子》,作者是列御寇,是所有同类故事中最惊人的:

王荐之曰:"若与偕来者何人邪?"对曰:"臣之所造能倡者。"穆王惊视之,趋步俯仰,信人也。巧夫领其颐,则歌合律;捧其手,则舞应节。千变万化,惟意所适。王以为实人也,与盛姬内御并观之。技将终,倡者瞬其目而招王之左右侍妾。王大怒,立欲诛偃师。偃师大慑,立剖散倡者以示王,皆傅会革、木、胶、漆、白、黑、丹、青之所为。王谛料之,内则肝、胆、心、肺、脾、肾、肠、胃,外则筋骨、支节、皮毛、齿发,皆假物也,而无不毕具者。合会,复如初见。王试废其心,则口不能言;废其肝,则目不能视;废其肾,则足不能步。穆王始悦……(《列子·汤问第五》)

这个故事约创作于公元前 3 世纪,它毫无疑问是宣布其作者信仰对包括人类行为在内的一切现象的自然主义解释。似乎是为了起强调作用,《列子》中还记载了另一个有趣的故事,说的是神医扁鹊做了一次置换两个人的心脏的手术,手术交换了两个人的心思,但使他们的外貌保持不变。

这类故事属于一种古老的机械主义—自然主义传统,这个传统约在同一时期在中国和希腊都有所表现。还有一个有趣的故事说的是墨翟制造的木鸢,这个故事不仅表明了道家有关飞行的机械主义观点,而且古希腊哲学家塔兰托的阿契塔恰好也有同样的故事。阿契塔公元前 380 年时在世,而这一年恰好是墨翟去世的年份,这个巧合再次证明了在东西两种文明中思想家们正在发展着同样的科学世界观。

道家的口号变成为"察其所以"。历经秦始皇帝国大一统时期由封建官僚制取代封建制所引起的社会动荡,道家学者一直在追求这一目标。然而生活是艰辛的,儒家伦理文化的势力变得不可抵挡的强大,迫使道家或者与它融合,或者转入地下。结果是如我们在《吕氏春秋》(其中第一部分完成于公元前239年)一书中所能看到的那样,道家确实在一定程度上被儒家所同化。在《吕氏春秋》一书中虽然也有许多科学论证,但它一般总是以应用于人类社会为归趋。例如它说:

> 凡物之然也必有故。而不知其故,虽当与不知同,其卒必困。……
> 水出于山而走于海,水非恶山而欲海也,高下使之然也……
>
> 国之存也,国之亡也,身之贤也,身之不肖也,亦皆有以。圣人不察存亡贤不肖,而察其所以也。(《吕氏春秋·审己》)

尽管在这里作的装腔作势的言论是儒家的口吻,但道家仍表示了对科技的否定,并且在这本书中还能找到别处有力地支持这种观点,比如有一个故事说的是在一次宴会上,一位长者自鸣得意的讲话被一个十二岁的"坏小孩"打断,小孩说:人不过是世界上各种动物中的一种,鱼和野味并不是为人创造的,正像人不是为老虎创造的一样。这本书也许是和儒家学者合作而写的,但道家的基本观点仍保持不变。

94

对自然的态度:科学观察的心理

公元3世纪道家思想演变为一种宗教,人们盖起了道教的建筑。有意思的是道家的建筑一直被称作"观":其他宗教建筑通常采用的名称如"寺"、"庙"等从来不用于道教的建筑。"观"的意思是"观看":组成"观"字的两部分,一个是表示看见,另一个最初是表示一只鸟。因此"观"字最初的含意很可能是观察鸟的飞行,并从观察所得的朕兆中作出预言。但随着时间的流逝,"观"字的含意起了变化,在公元前430年到公元前250年,"观"字被用来表示瞭望塔,并被正式用来表示为占卜而对自然现象进行的观察。"观"字被用来称呼道教建筑是对道家对待生活的基本态度的承认,这种态度中也许有方术和占卜的含意,但是以观察自然世界为基础的。

道家对待自然界的态度与管理社会所需的态度相差甚远。观察自然应是感受式的,被动的,而不是命令式的,主动的。真实的观察要求人们放弃成见,不要坚持一套社会信念。儒道两家的分歧是本质性的,道家关于"水"和"阴性"的象征是产生分歧的典型例证。于是"水"和"阴性"的象征迷惑、误导了许多西方道家思想的注释家,但早在公元前4世纪的《道德经》中便清楚地说道:

> 上善若水,水善利万物而不争,处众人之所恶。故几于道。(《道德经》第八章)

水是柔顺的,容器是什么形状,它就成为什么形状,它能渗入小得看不见的缝隙,它镜子般的表面可反映自然界的一切。大河与海洋由于处在低处,溪流都流入它的怀抱,才会显得很强大,同样圣人对百姓说话时应采取低姿态才能取得君临天下的地位。道家的领导原则是由内及外的:

95

> 知其雄,守其雌,为天下溪。为天下溪,常德不离,复归于婴儿。(《道德经》第二十八章)

我们还可以列举很多章节来说明道家对阴性原则的赞赏,并能从中看到接纳的被动的科学态度。

道家学者凭借着这样的根本的态度直观地达到了科学和民主二者的根源。儒法两家的伦理思想是阳性的、强硬的、管理的、统治的,甚至于是侵略性的,而道家强调一种截然相反的态度——阴性的、宽容的、柔顺的、忍耐的、神秘的和承受的。道家学者反对封建社会,同时诗意地描述他们理想中的集体主义社会,这种社会形态在青铜时代社会分化之前的原始村社内曾一度存在过。根据中国人的思维方式要把阴和阳分开来是不可思议的,现在假设阴阳是可分的话我们很愿意把道家思想称作一个阴性的体系,把儒家思想称作一个阳性的体系。然而中国的每一个哲学家——无论他属道家与否——都认识到阴阳的不可分,于是中国人想出了一个新的概念——"让"。"让"字在字典中的解释是谦让、让予,放弃较好的位置,并引申为邀请。"让"字可以表示一种原始的"馈赠"风俗。按照这种风俗,一个首领的威望取决于他在定期的聚会上所能分赠给全体部族的食物或其他物品的数量。在中国,由谦让而得来的不可思议的美德、社会声望及"面子"已成为一种统治因素,并且这种现象不局限于道家学者的圈子里。确如李约瑟所指出的,凡在中国居住过,并亲身经历过和一群人一起走过一个门道时的那种困难,或亲眼见过学者们、官员们在宴会上积极争相推让上座的人,都对中国人谦让的习惯留有深刻印象。尽管并不为道家所独有,但谦让精神在道家哲学中发展到其顶峰,以至于道家学者拒绝官职的事情是屡见不鲜的。

了解了道家观察自然的态度之后,我们现在可以开始探讨道家学者观察自然的动机了。答案仍然在道家著作中,我们只要翻翻《列子》便能找到一个很有意思的寓言:杞国有个人整天担心天会塌下来变成碎片而使得他没有栖身之地,这种忧虑使得他吃不下睡不着。但列子并不主张同情这个杞人的痛苦,而主张告诉他自然的真相,只有这样才能给予他心灵的平静。这个寓言并不像许多人认为的那样只是一个笑话,而是强调指出人类在面对自然力的骇人的展示时,需要对自然现象作理性的解释。地震、火山爆发、洪水、传染病等都能引起人类的恐慌,但只要人们一开始对各种大灾难进行研究、分类,只要一开始以科学的眼光来看待这些灾难性事件,人类立刻就觉得自己更强大、更自信了。探索自然灾难的成因、研究其性质、预测其未来的发生率、指定其名称,这些行为都能给予人类以任何其他方式都难以得到的心灵的平静。道家学者不满足于像儒家学者那样把注意力局限于人类社会中的事务,他们希望能对自然界有把握,而实现希望的途径便是观察自然。

观察、思索自然界并从而获得自信与心灵的平静,中国人称这个过程为"静心",而希腊的德谟克利特和伊壁鸠鲁的原子论派则称之为 atataxy,即宁静,我们确切无疑地知道东西方哲学在这一点上是十分近似的。《庄子》说:

> 古之治道者,以恬养知。知生而无以知为也,谓之以知养恬。(《庄子·缮性第十六》)

与此相应的是伊壁鸠鲁的原子论派哲学的传人卢克莱修(约公元前 65 年)在他的著作《物性论》中说:

> 能驱散这些恐怖,这心灵中黑暗的,
>
> 不是初升太阳炫目的光芒,
>
> 也不是早晨闪亮的箭头,
>
> 而只是自然的面貌和它的法则。

庄周动情地阐述这个题目,类似的词句我们还能找到很多。他时常谈到"乘天地之正"或乘"自然之无穷";他描述那些摆脱了人类社会无价值的纠纷而与大自然合一的人所能得到的解脱感。庄子的思想在后世道家学者的著作中被一再地阐述。"静心"赋予圣人以不可超越的地位,而静心观确实是贯穿全部道家思想的。我们在成书于公元 8 世纪的《关尹子》一书中仍然能看到这样的词句:

> 心蔽吉凶者,灵鬼摄之。心蔽男女者,淫鬼摄之。……心蔽药饵者,物鬼摄之。……惟圣人能神神而不神于神,役万物而执其机。可以会之,可以散之,可以御之。日应万物,其心寂然。(《关尹子·五鉴篇》)

道家的沉思能带来心灵的平静,那么道家的行动又如何呢?《庄子》中曾说古时遵循"道"的人,用心灵的恬静来培养他们的知识,不会用他们的知识来做违反自然的事。至少李约瑟认为"无为"一词应译作"不做违反自然的事",反对按通常的译法把"无为"译作"无所作为"。道家提倡不违反事物的本性,不强使物质材料完成它们所不适合的功能,在人事方面不勉强去做在有识之士看来必归于失败的事。后世的道家学者也支持庄子的观点,例如在成书于公元前120年的《淮南子》中,刘安曾这样说:

> 或曰:无为者,寂然无声,漠然不动。引之不来,推之不往。如此者乃得道之像。吾以为不然。尝试问之矣。……若吾所谓无为者,私志不得入公道,嗜欲不得枉正术,循理而举事,因资而立权自然之势。(《淮南子·脩务训》)

大约在公元300年时,郭象在其《庄子注》中说道:"无为者,非拱默之谓也。直各任其自为,则性命要点。"假如道家著作中有关"无为"的篇章都被按李约瑟的意思翻译,它们和这一学派的原始科学的一般特性是很符合的。公元前4世纪的《道德经》以它那珠玉般的简洁语气说道:"无为,则无不治。"

在后文中我们将知道,这种"无为"概念的最深沉的根源可能在于原始农民生活的无政府性:植物没有人干涉就生长得最好,人没有政府的干预就生活得最昌盛。要点不在于无所作为而在于与自然相和谐。汉代的儒家学者不喜欢道家的"无为"思想,因为这一思想与儒家的教义是完全相反的。因此他们强调"无为"中不作出努力的性质,后来又受到汉末佛教坐禅方式的影响,"无为"确实变得含有避免一切活动的方式。最终"无为"一词被逐渐地误解、滥用,并玷污了道家的声誉。

道家的经验主义

要想实行"无为",先得观察自然以学习自然之道,这样便有一种科学的态度。道家的"无为"思想与对自然的观察引导他们重视实验,而这一点对整个中国科技发展史是最重要的。在成书于公元前3世纪的《吕氏春秋》中我们找到一篇有关经验主义的出色论述:

> 知不知,上矣。过者之患,不知而自以为知。物多类,然而不然……
> 漆淖水淖,合两淖则为蹇,湿之则为干。金柔锡柔,合两柔则为刚,燔之则为淖,或湿而干,或燔而淖,类固不必可推知也……
> 鲁人有公孙绰者,告人曰:"我能起死人。"人问其故,对曰:"我固能治偏枯,今吾信所以为偏枯之药,则可以起死人矣。"物固有可以为小,不可以为大,可以为半,不可以为全者也。(《吕氏春秋·似顺论·别类》)

以上引文清楚地告诉我们实践的重要性,下文还将告诉我们工匠有时候比学 99
者知道得更多:

> 高阳应将为室,家匠对曰:"未可也。木尚生。加涂其上,必将挠。
> 以生为室,今虽善,后将必败。"高阳应曰:"缘子之言,则室不败也。木益
> 枯则劲,涂益干则轻,以益劲任益轻,则不败。"匠人无辞而对,受令而为
> 之。室之始成也善,其后果败。
>
> 高阳应为小察,而不通乎大理也。(《吕氏春秋·似顺论·别类》)

这个故事里的家匠比他好诡辩的主人知道得多,因为实践经验教他认识了他
所使用的材料的真实的性质。无论逻辑推理主义者的辩术多么高明,最终总
是自然规律获胜,自然将使一味依赖逻辑推理的人陷于迷惑,并证明道家的
实践经验主义的态度是正确的。人类的这种本能的实践的观点是长存的,我
们所知道的例子还有在 8 世纪,当唐代最杰出的画马大家韩幹还是一个青年
时,皇帝请了当时最好的画家来教他,但他宁愿整天呆在御马厩里观察御马。
无论对于一个工匠还是对于一个圣人,实践经验都是很重要的,道家的这一
主题一直荡漾在多少世纪以来的中国思想之中。

变、化和相对性

道家学者是如此地关注自然,以至于他们一定会非常关心变化的问题。
道家并非唯一关心变化问题的学派,阴阳家与名家也同样在思索这一问题。
道家把变化分成不同的类型:由以前的行为引起的变化、使万物都回复到本
来状态的循环运动中的变化、逐渐发生的变化以及突然发生的变化。道家还
特别指出了内在的变化和外在的变化。甚至道家所称的圣人也经历变化,圣
人根据他对世界的感觉的改变而改变自己的态度与行为,使自己更接近于自 100
然,但圣人对世界基本的观点还是保持不变的。道家学者全心关注自然界中
的变化,但使他们特别着迷的是循环过程中的变化,这种变化不仅表现在四
季的迁移转换中,也明显地表现在全部宇宙与生物过程中。在这个问题上道
家学者的思想轨迹再次与古希腊原子论派学者的相近似。

当述及生与死的问题时,道家对这一自然现象表示出理解与顺从。《庄
子》中这样说:

> 若死生为徒,吾又何患?……是其所美者为神奇,其恶者为臭腐,臭
> 腐复化为神奇,神奇复化为臭腐。(《庄子·知北游第二十二》)

我们在道家著作中时常能找到道家学者由于把握了自然之道而表现出的对

变化的理解与顺从,而这正是道家所以能获得心灵平静的根源所在。除《庄子》之外,其他一些道家著作也表达了一个过程的终结是另一个过程的开始的观点。

一方面道家在哲学上对不可避免的变化、腐朽、死亡表示了顺从,另一方面道家在宗教和科学上同样强烈地表达了寻求肉体上的永生的愿望,这两方面看起来是互相矛盾的,但事实上并不矛盾,因为道家所追求的长生不老正是以一种特殊的方式达到的,即以顺应自然的方式生活,而不是违背自然,人们唯一要做的便是找到真正顺应自然的生活方式。道家还有一个重要的观点认为真理广泛地存在于各种不同的观点中,人们所持的观点不可能完全正确,也不可能完全谬误,而只能以"道"为检验的标准。互相冲突的观点只能以天道的无形的力量来调和,而这力量便体现在历史事实与自然现象之中。《庄子》中有一则关于猴子的有名的寓言生动地说明了这个问题:

> 劳神明为一,而不知其同也,谓之"朝三"。何谓"朝三"?曰:狙公赋芧,曰:"朝三而暮四。"众狙皆怒。曰:"然则朝四而暮三。"众狙皆悦。名实未亏,而喜怒为用,亦因是也。是以圣人和之以是非,而休乎天均,是之谓两行。(《庄子·齐物论第二》)

庄周的思想具有真正的辩证性质,在他看来,变化是永恒的,现实只是一种过程。庄子的辩证思想在很大程度上与 19 世纪欧洲哲学家黑格尔及后来的马克思主义者的思想是相通的。整个的道家思想都是富于辩证性的。我们从科学的观点出发觉得道家的辩证思想很有趣,因为这使得道家否认物种的固定不变性,从而得出一种与进化论非常类似的理论。认识了这一点我们便能理解《庄子》中的一篇文章,这篇文章曾使得许多西方的翻译家感到头痛,文章的开始是这样的:

> 种有几,得水则为㡭。得水土之际则为蛙蠙之衣。生于陵屯,则为陵舄。(《庄子·至乐第十八》)

这一物种变化的过程从植物到昆虫的幼虫,从昆虫的幼虫到蝴蝶和螃蟹,然后又变作鸟、变作马,最后变成人。很显然在这篇文章中庄周是在描述道家所观察到的昆虫蜕变的过程,并把这一过程伸展以涵盖整个生物进化史。

中国人从认识到物种的变化,即进化论出发,进而认识到不同的环境会相应地培养出具有不同能力与资质的物种,这样的认识便接近于物竞天择的理论了。确实道家对不同物种在形式和功能上存在的巨大差异有深刻印象:对某个物种是好的形态换到另一物种上会很糟。事实上他们甚至认为一个

101

生物的有用或无用可能是他们得以生存的原因,《庄子》中有一些篇章阐述了
"无用"的价值,比如说一些大树正是由于对任何人都是无用的,才免遭砍伐,
得以长寿健壮。在这些篇章中我们可以隐约地看出道家避世守静的愿望,但 102
无可否认的是这些篇章也表明道家对物竞天择的道理有一定的了解。

　　道家思想中另一个重要的具科学性的方面是对相对性有一定的了解。
人类社会中的判断标准当被应用到人类社会之外时显得很荒谬,比如动植物
的时间尺度与人类的时间尺度肯定是极为不同的。《庄子》中说:

> 小知不及大知,小年不及大年。奚以知其然也? 朝菌不知晦朔,蟪
> 蛄不知春秋,此小年也。楚之南有冥灵者,以五百岁为春,五百岁为秋。
> 上古有大椿者,以八千岁为春,八千岁为秋。而彭祖乃今以久特闻,众人
> 匹之,不亦悲乎!(《庄子·逍遥游第一》)

从上文及其他一些篇章中可以看出道家不愿意做大与小的判别。道家的这
种态度也许有一些政治上的寓意,但其科学上的价值并不因此而受到削弱,
道家在处理大与小的问题时清楚地知道形状的相对性,也知道视错觉现象的
存在。《吕氏春秋》中说:

> 夫登山而视牛若羊,视羊若豚。牛之性不若羊,羊之性不若豚。所
> 自视之势过也。(《吕氏春秋·壅塞篇》)

值得注意的是道家在重视变化与相对性的同时,拒绝把人作为万物的中心,
而以人为中心,重视人事却正是儒家理论的根基所在。

　　道家对变化的兴趣并不单纯是科学性的,他们的某些思想明显带有方术
的性质,但我们只要想到在远古时代科学与方术的关系是如此地紧密,这也
就在意料之中了。然而尽管道家重视变化的思想中带有方术的性质,尽管道
家从未自创一套系统的关于自然的哲学,但他们很擅长于将他们观察自然的
成果发展为实践中的应用。《庄子》中说:

> 其分也,成也;其成也,毁也。凡物无成与毁,复通为一。唯达者知 103
> 道为一,为是不用而寓诸庸。庸也者,用也;用也者,通也;通也者,得也。
> 适得而几矣。因是已。已而不知其然,谓之道。(《庄子·齐物论第二》)

虽然缺乏理论背景,或者说是系统的理论背景,但一种尊崇科技的精神已明
显地被表达了。有了这样的精神,在科学领域取得大进展便是情理之中的事
了。道家学者显然没有错误地认为任何技术上的进步都必须以系统完整的
理论知识的获取为前提,他们意识到只要以实践经验为依托,技术人员便能

设法在一定的情形下做出正确的事,即便有时候他所持有的理论知识是错误的。

道家对知识和社会的态度

现在我们必须公正地探讨道家的政治立场这一问题,西方学者在这方面曾发生了严重的误解,而这正像西方学者不了解我们在上文已讨论过的道家思想的原始科学性和观察性一样。要言之,道家持有一种与儒法两家差别很大的对待知识的态度,并试图遨游于尘世之外。儒家的社会知识被庄子蔑称为"君牧之分",并被认为是无稽之谈,在道家看来真正的知识是对于道和自然的了解,而不是人为的关于社会等级的教条。为了获取真知,道家提倡"虚心",即从心里除去一切错误的儒家式的知识,抛弃歪曲的记忆、偏见和成见。道家提倡经验主义,尊重工匠的技术,这种态度在以后的中国科技史中有深远而实际的作用,因为它鼓舞了古代中国伟大的发明家们。道家对知识所持的这种态度显然与儒家的观点是截然相反的,而这一观点的对立形成了政治上与道德伦理上的不同教派。

道家的政治立场代表了他们解决实际问题的态度,同时道家的政治立场决定了他们对知识的态度与道家的神秘主义之间有着紧密的联系,这种情况在思想史上并不是偶见的。当我们回顾西方文艺复兴时期现代科学方兴未艾之时,我们会发现有类似的情况。现代科学的兴起不仅是因为人们在实践活动中发现了旧思想的种种欠缺之处,也是因为人们不喜欢旧思想以当权者为靠山而仗势欺人的态度。基督教神学拉古代的科学思想,尤其是亚里士多德的学说为紧密的盟友,这种做法使得初生的现代科学不得不与已建立威望的教条而成为强有力的庞然大物作斗争。新生的科学组织以确凿的实验结果及探讨问题的新角度来推翻旧的过时的思想体系,然而这意味着攻击整个已建立威望的思想体系。然而新兴的实验主义者并不是孤军奋战,出人意料的是他们在基督教神秘主义者中发现了盟友。在现在看来这是难以使人置信的,但我们应该记得在当时的西方社会中基督教统治了所有人的思想,占据了所有人的根本的文化背景,无论是当权派还是它的反对者。在这场现代科学与旧思想的论战中,基督教教义注定在两方面都会有所表现。基督教神秘主义之所以会与新兴的科学运动结成盟友,是因为其自身也包含了一定的经验主义成分,而理性主义神学家不注重实践经验,他们自然而然地便站在了旧秩序这一边。

发生在西方的这场论战与东方儒道之间的冲突一样都有一些政治寓意。

在科学革命进展得最成功的北欧,大多数新兴的科学实践者都站在基督教新教的清教徒一边,拥护他们所有的争取社会新秩序的政治主张。杰出的神秘自然主义者帕拉采尔苏斯(1493—1541年)以极端的形式向我们展示了这种早期的革命精神。帕拉采尔苏斯提倡把炼丹术应用于医学,在他第一次观察了矿工的职业病后,便不顾一切地反对使用矿物药品,他既是一个实验主义者,又是一个理论家,在政治上他是一个平等主义者。他本人是一个强烈的个人主义者,但他看到以某种集体主义的方式能使社会得到拯救。他与庄周不谋而合地说贵族和平民的存在并不是神的旨意,神的旨意是要求人人都是兄弟。帕拉采尔苏斯的思想与道家有许多相通之处。人们可以发现他的炼金术中的药物来源于中国人关于长生不老药的观念,并混杂了一些阿拉伯和拜占庭的文化。

东西方文化史中的这种相似现象并不是独一无二的,我们还可以举出一些别的例子。在10世纪的伊斯兰神秘主义神学与波斯及美索不达米亚的科学的发展是密切相关的:一个半秘密的平等主义会社——精诚兄弟会——在其政治思想及对科学的兴趣上都与道家十分近似。与道家一样,当精诚兄弟会发现将他们的社会目标付诸实践为不可能时,他们的思想遂发展成为宗教神秘主义。

道家所追求的理想社会是一种农业集体主义社会,其中没有封建制度,也没有商人,实际上他们是鼓吹返回到一种简单的生活方式。这是对儒家和法家控制社会的一种反运动,儒家与法家思想中的权威势力把民众作为工具对待,以某些人为尊贵,以其他人为低贱。道家强烈反对儒家与法家的政治态度,然而他们认为攫取自然以造福社会是正当的行为,被他们认为错误的行为是剥削大众以积累私人的财富。道家向往一个平等的社会,并以远古时代的原始公有制为指南,他们喜欢的原始种族社会也许本来是母权制的,这也许是道家推崇阴性符号的原因之一。在某段时间里他们或许甚至相信返回到原始社会是可能的,并努力寻求愿意将他们的思想付诸实践的统治者,然而像以往的改良者一样他们没能取得成功。

鉴于道家的目标是返回到一种更原始、更淳朴的社会状态,他们不能被称作通常意义上的革命者。但在这一点上他们的政治态度很大程度上被误解了,这主要是由于我们西方学者对他们所使用的某些术语不理解,很明显的例子比如汉语中的"朴"(未经雕刻的砖)和"浑沌"(混乱)。在我们审视并重译《庄子》、《淮南子》及一些更古老的书籍之后,我们清楚地知道无论"朴"在后世具有什么含意,在公元前2、3世纪"朴"字是有政治含意的,在那时"朴"

105

字意味着社会中的每个成员与他的邻居们团结一致。"浑沌"一词或"浑"、"沌"二字是"未分化"和"同性质"的意思,意味着道家理想社会中的无阶级状态。道家典籍中记载有一些特殊人物,即"传说中的叛逆者",这些特殊人物的名称强调并肯定了上述对于"朴"、"浑沌"等术语的解释。据说这些特殊人物曾被远古传说中的帝王所征服,他们的名称中的政治喻义明显地表示出他们中的一些人正是某种政治思想的人格化体现。一些人的名称与刚才述及的政治术语有明显的联系。传说中的叛逆者骓兜便被认为与被黄帝放逐的怪物浑沌是同一的,而骓兜这个名称本身在字面上的意思是"和平的风箱",而这个传说中的怪物据说是冶金术和金属武器的发明者。另一个怪物叫梼杌,意思是"未加整饰的木桩、柱、梁或原木",另一个怪物叫共工,即工匠的首领,字义是"共同劳动"。这些名称和劳动人民有着明显的联系,很可能这些传说中的叛逆者是前封建集体主义社会中的首领,他们的被放逐象征社会形态向封建主义社会转化。这样的解释也适用于其他传说人物,如三苗和九黎可能是代表存在于封建社会之前的从事金属加工的部族团体。

如果对道家政治观点作这样的解释是正确的——这样的解释使得道家著作中许多原先晦涩难懂的内容显得有意义了——那么我们应该能够在道家学者与劳动群众之间发现紧密的联系。这样的联系确实存在。孟子在公元前3世纪描述合作农业单位时曾提到过早于他一个世纪的道家哲学家许行和陈相。似乎是为了证实哲学家对于体力劳动的关注,道家著作中经常述及体力劳动的技巧,并特别关心诀窍和"天才"。在任何技术初生之时,"天才"都是事关重要的,而在道家看来"天才"是不能被传授的,要想获得这种"天才"只有依靠仔细观察大道在自然万物中的运行。身为哲学家却对体力劳动的技巧感兴趣,这种事在儒家看来完全是闻所未闻的,却很适合道家的平等观念。

虽然道家尊重体力劳动的技巧,采纳了经验主义的观点,信赖并欣赏技工和发明家的机敏灵巧,但有时候他们却矛盾地表示了对科技创新的反对。初看起来这一现象十分奇怪,并且与道家的自然主义哲学和我们已知的道家思想与科学技术的联系是直接抵触的,再加上道家对知识的否定态度,这一现象把许多注释者引上一条错误的道路。然而在仔细审察了他们的论述之后,我们发现道家反对的是技术的误用,而不是技术本身。道家反对的是封建地主以技术为手段对民众实施奴役。《庄子》中的一则故事形象地说明了这一点,故事说的是子贡看到一个农夫正在用水桶从井里打水,子贡告诉他有一种很简单的节省劳力的器械——桔槔可以被用来干这种活,但那个农夫笑着回答道：

> 吾闻之吾师,有机械者必有机事,有机事者必有机心。机心存于胸
> 中,则纯白不备。纯白不备,则神生不定。神生不定者,道之所不载也。　107
> 吾非不知,羞而不为也。(《庄子·天地第十二》)

道家之所以持这样的观点的原因是不难发现的。封建势力在一定程度上正
是依靠掌握了炼铜、灌溉工程等技艺而实施他们的统治,因此技术创新导致
了阶级的分化。由此得出的结论是技术创新本身的价值也才为可疑的,并不
是因为创新本身有什么错,而是因为它们很容易被利用来达到不正当的目
的。例如任何工具或机器都能被封建地主用来作为刑具,难怪同情民众的道
家会对它们侧目而视。

　　这样我们可以说道家渴望原始社会,想回到"黄金时代"。在西方文化中
类似的思潮时常出现——希腊的犬儒学派和斯多噶学派对文明生活的摒弃,
基督教有关人的堕落的学说,18 世纪对"高贵的野蛮人"的赞美。然而虽说西
方出现了几个学派具有这类思想,他们是不能与道家相提并论的,道家比斯
多噶学派和犬儒学派有更完善的组织,道家在政治上的反封建立场与科学上
启蒙的结合胜于任何西方学派。

萨满、巫和方士

　　在阐述道家的思想时我们不应忽视道家和北部亚洲人的原始宗教与巫
术之间的联系,特别是和萨满这种人神之间的行医者和魔法师,在中国萨满
被称作"巫"。巫这个名称很有意思,因为这个字与舞蹈有关,在甲骨上发现
的这个字便是描绘一个正在作法的萨满法师手里拿着羽毛在舞蹈的样子,有
时候女人也能成为萨满法师。道家不仅是一种承认萨满的魔法作用的神秘
主义哲学,也重视起源于原始母系社会的阴性符号。另一个词"方士"也很重
要,这个词曾被译作"一位拥有魔药的绅士",这显然与萨满的行医有关。考
虑到萨满、法术和早期医药之间密切的关系,便能够理解在道家中有方士这
类人,但事实上关系更密切,因为道家确定无疑地知道巫、医药与他们对炼金
术的研究有关联。

　　巫并非一直能取得官方的好感,这一点与道家的政治及方术思想的境遇　108
有相似之处。事实上在宋代巫受到官方严厉的迫害,直到清末刑法中仍有禁
止巫术的条文。但考虑到巫有时会做出人祭之类残忍的事,人们从人道主义
立场出发在一定程度上是会同情儒家对巫的反对。无论如何官方的压制使

得道家中巫术这一方面转入地下,并在一定的时候在民间形成了秘密的组织,这些组织日后在中国人民生活中起了重大的作用。

道家的个人目标

我们在本章开始处便已简要地提到过道家从很早便痴迷于有可能实现肉体上的不朽的想法,他们想要的是在现世中的不死,而不是在另一个世界中。因为人有灵魂,中国人相信即使肉体腐朽了,灵魂仍能独立地继续存在。事实上道家相信有一批神仙存在。由于对年轻的状态十分痴迷,他们相信一定能找到阻止衰老的方法。到中世纪导致衰老的因素被"人格化"为"三虫"或"三尸",而修炼技术便被认为是从体内逐出这些因素,只有这样人才能变为"真人",以轻妙的青春之躯永久地生活下去。为了达到这种美好的状态,必须为死去的修炼者举行特殊的入葬仪式,这修炼者应终生实行下列几种修炼炼术——炼气术、日疗术、导引术和房中术。

气功锻炼在中国可上溯至远古。炼气术的目的是使得修炼者回复到在母亲子宫内的呼吸状态,但由于道家对母体与胎儿之间的气体循环一无所知,他们认为正确的方法便是呼吸得越安静越好,憋气憋得时间越久越好。憋气导致了各种后果——耳鸣、眩晕、出汗——而这些都被认为是达到永生的很好的训练。第二种修炼术——日疗术或称作使用日光浴(其价值在欧洲直到现代才被认识),其修炼方法是使人体暴露于日光之下,手持一个字(加围框的日字),用红色笔写在绿纸上。然而只有男性才应这么做;女性修炼者则应暴露于月光之下,也是手持一个字(加围框的月字),用黑色笔写在黄纸上,但这样练法很难使妇女增加维生素 D。

第三种修炼术是体操锻炼,被称作"导引",即身体的伸缩,或许是从求雨的萨满的舞蹈变来的,印度的瑜伽术也对此产生过重大影响。后来也称为"功夫"和"内功"。这些都来源于古老的中国医学的观念,即身体的毛孔容易阻塞,从而引起体液的壅滞和疾病。同时也采用了按摩。

第四种修炼术——房中术,遇到了儒家和佛教的强烈反对,但在今天看来却相当有意思。由于阴阳理论已被普遍接受,认为人类的两性关系与整个宇宙机制具有密切关系是十分自然的,道家认为两性关系对长生不老能起到重要的帮助作用。一些有关房中术的古代典籍中确实提到了一些以长寿闻名的性学专家。私下练习的这种技术被称为"阴阳养生之道"。其基本目的是尽可能地保存精液,并利用两个个体中的巨大力量作为互相的不可缺少的滋养。道家的修炼术与世俗普遍的行为方式之间并无绝对的差别,不同的是道家出于坚持自己一贯的思维方式特别强调了房中术中女性的重要性。房中术的某些技巧可能来源于拥有大量姬妾的贵族家庭中的性行为,我们有理由这样推测,因为在一夫多妻的家庭中如何组织健康的性生活确实是一个重要的问题。

道家的房中术中包含了两个相对立的方面——一方面为了增加精液的数量而进行性刺激,另一方面采取方法避免精液的流失。节欲被认为是违背自然的规律的,被佛教大力宣扬的独身被认为只能导致神经官能症,于是为了避免精液的损耗便经常采用交而不泄的方法,即与一连串的对方交接但只射精一次。在今天看来进行一连串的交接却不射精是有损心理健康的,但对道家而言情况有所不同,因为两者的目的不同。修炼道家的房中术并不是为了一个负面的目的——避免怀孕——而是为了一个正面的目的——促进阴阳二体之间的互相滋养,特别是阳。道家所采取的另一种方法是在射精时刻压迫阴囊和肛门之间的会阴,从而使精液转入膀胱,道家认为这样能把精液输送到身体上部而滋养大脑,即还精补脑。他们不知道在这一过程中精液最终和尿一起被排出体外。印度人有时也采取类似的做法。

道家特别强调一连串的对象,并有许多(互相矛盾的)选择方法,但由于存在着季节、气候、月相、星占状况等一套严格的禁忌,所以道家修炼者很少能碰上适当的吉日。然而在房中术这种道家的生理—宗教修炼中最使人感觉惊异的是修炼者除了进行通常的婚姻生活及私人修炼之外,还要举行公开的性交仪式。这些仪式起源于2世纪,在公元400年前成为通行,举行这种仪式时先是跳舞,随后或者是两个领祭者当着会众的面进行交合,或者是会众们各自在庙宇场院四周的房间内进行交合。

道家作为一种宗教

1943年李约瑟与几位优秀的科学家结伴从云南省省会昆明出发到西山作一次远足,在西山他们参观了三座寺院,两座是佛教的,一座是道教的。由于知道道家对科学有兴趣,所有的同行者都特别热衷于参观道家的"三清观"。这是一座劈岩而成的圣祠,建立在一个几乎是绝壁的半山上。然而李约瑟发现同行者对"三清"指何人都一无所知,他认为这说明对于整个比较宗教学中最有兴味的现象之一——当时的科学家一般都还缺乏研究。就我们而言,当我们研究道家思想时,不能忽略道家作为一种宗教这一课题,因为我们至少要能够解释在远古及中世纪早期的道家思想如此明显的科学思想的萌芽何以会消失,以及道家思想何以会全然转化为一种有组织有仪式的有神

110

111

112

图 22 位于辽宁沈阳附近鞍山东南面的道教寺观

论宗教。

首先,作为宗教的道家无疑是对古代中国封建社会的崇拜社稷之神的集体主义宗教的一种反动。国家变大了,国教发展了,人民中的大部分都参与祭祀仪式变得不可能,因而道教就成了中国本土的寻求个人解脱的宗教。道教形成于汉代,很大程度上归因于公元 1 世纪一个有名的张氏家族。相传这个张氏家族是张良的后代,张良在公元前 1 世纪辅佐刘邦击败了秦王朝及为道家所厌恶的效力于秦王朝的法家,并建立了政权。这个家族在一切事务上都显得强有力,他们把道家发展成道教的行为可能被看作是可供效仿的榜样。一个世纪之后,张姓家族的另一个成员,既是道士又是炼丹师的张道陵将初生的宗教进一步发展,他的追随者是如此之众,以至于他能在川陕边界建立一个半独立王国。张道陵被认为具有魔力,他死后不久,道教的声威大振,于是在 165 年首次对道家崇奉的祖师——老子举行了正式的皇家祭祀。

张道陵的活动和教义可能曾受到某些外来宗教的影响,但无论是由于什么原因,一座真正的道观在公元 2 世纪建立了,并在此后的许多个世纪中一直保持着兴旺。423 年在北魏的朝廷中寇谦之取得了"天师"的称号,并建立了所谓的道教的"教廷",从此一直未间断。然而随着时代的推移,道教本身也遭受了巨变,最著名的便是道佛之间长期的争论,结果是两败俱伤。道家的影响因而减弱,在宋代(公元 11、12 世纪)新理学获得了思想界的威望。当少数民族王朝如蒙古人和满族人掌权的时候,他们的官员对道教都采取疑惧的态度,不仅因为道教是具有颠覆性的政治力量,很容易形成反异族的骚乱组织,还因为道教的占卜方法能够很容易地用于预言朝代的更迭,受到官方的强烈反对,道教便进一步衰败下去。

在道教兴盛的岁月里,教主们拥有许多神圣的封号。这种情况开始于公元 3 世纪,并在此后一直延续,到 5 世纪确立了道教的三位一体,即三清。三清分别被称作天宝君,即元始天尊,主宰过去;灵宝君,即太上玉皇天尊,主宰现在;神宝君,即金关玉晨天尊,主宰未来。道教的三清的形成可能受到基督教三位一体思想的影响,但三清形成的年代却是相当早的。三清更可能起源于早在公元前 4 世纪(应为公元前 8 世纪——译者注)便已形成了的道家关于宇宙起源进化的观念,即"道生一,一生二,二生三,三生万物"。

113

从整体上看,我们不可避免地得出这样的结论:道家思想发展成为一种中国本土的宗教,与佛教的僧侣组织相并立。然而道教的形成并未使得道家的哲学思想、集体主义的政治观点、神秘主义思想及科学态度全然湮没无闻。事实上,在道教与佛教并立的局面中,道家思想与儒家思想仍然构成中国人的思想背景,在未来很长一段时间中仍将如此。事实上道家的基本思想至今仍具蓬勃的生命力。当李约瑟一行经过陈列着各式各样神像的佛教庙宇,到达位于最上方的处在优美园景中的道教的殿宇时,他们看到一间空空的厅堂,厅堂中只立着一块大石碑,上刻四字:"万物之母",这块碑形象地表明了道家思想万古长青。

第九章　墨家与名家

　　有两支中国学派都在努力试图建立基本的科学逻辑体系。墨家带有强烈的政治倾向，并形成了一定的规模，名家则相对逊色得多。墨家在战国末年就已经完全被各种社会事件所湮没了。事实上，我们甚至于不知道墨家的创始人墨翟的生卒年代。目前所能确定的是在公元前 479 年至公元前 381 年之间。他去世的时间应该比后来著述反对他的孟子出生的时间稍微早一些。墨子出生于鲁国，可能曾经在宋国做过大臣，并且为那些希望成为封建国王的政府官员的人办学授课。他最重要的学说是"兼爱"与"非攻"。这些学说使他成为中国历史上最杰出的人物之一。

　　墨家被认为是中国封建社会时期具有"骑士风度"的代表。因为尽管他们反对战争，但他们的和平主义是有限度的。实际上，他们在军事技术上进行自我训练以便能够很快地帮助被强国袭击的弱者。相比之下，墨家更注意有关筑城和防御性的技术，这些技术引起了他们对基本的科学方法的兴趣。他们对机械和光学的研究成果记载于现存最早的有关中国科学的历史文献中。如果说道家对于生物学上的变化有特殊的兴趣的话，那么墨家可以说主要被机械和物理所吸引。难以令人满意的是：以往的学者都将注意力集中在《墨子》这部墨家学说的有关伦理方面的章节上，却忽略了其中的科学命题。

墨翟的宗教经验主义

　　正如我们看到的一样，道家宣扬反对封建主义。认为社会的演变是一个错误的开始。他们希望重新回到原始的社会安定团结的国家之中。墨家一方面批判了原始社会,他们说:每个人都按自己的意愿行事会导致永不停息的争论。"人世间的混乱"就像"动物之间"一样都是因为"成为统治者的愿望"。另一方面,墨家也不赞成儒家的观点。儒家认为:一旦世界成为一统,就会有伙伴之间的和谐与爱,而与他们有关的优良行为就会盛行起来,友善与同情成为通常,形成了一种基本的集体主义。墨家认为:当帝国成为"家族继承"的形式,当人们忽略了集体而专注于自己的家庭时,事实上,当彻底的儒家道德观高于其他任何学说时,所有这些优点都会失去的。

墨家告诫道:要解决儒家学说所造成的问题就应该回到古代大公无私的贤君统治时期的观念,因为只有在那个时代才能实现"大同",才意味着真正实践了"兼爱"或者说博爱。他们的目的是维护封建制度的运行,从这个角度来说,墨家的观点与儒家是相同的。但是,这一观点又被其严谨的对剥削弱者的行为进行谴责的伦理学非常深刻地调和了。墨家认为上天的意志"憎恶攻击小国的大国,大家族骚扰小家族,强者掠夺弱者,聪明的人欺骗愚蠢的人,出身高贵的人蔑视出身低贱的人。"

墨家非常重视不可见的世界。他们相信鬼和灵魂的存在,认为鬼魂是人类的道德观察者。非常奇怪的是,他们是通过科学的经验主义得出了这一观点。

> 子墨子曰:
>
> 天下之所以察知有与无之道者,必以众之耳目之实知有与无为仪者也。请惑闻之见之则必以为有,莫闻莫见则必以为无。……自古以及今,生民以来者亦有尝见鬼神之物,闻鬼神之声,则鬼神何谓无乎?(《明鬼下》)

墨子的这种看法并非不科学;诉诸大众的观察原是自然科学结构的一部分。他得出了错误的结论是因为他低估了人们的鉴别能力的作用。5个世纪后,王充在一次有关墨家的讨论中指出了这一点。王充的观点记载在成书于公元83年的《论衡·薄葬篇》中: 116

> 是故是非者不(只)徒耳目,必开心意。墨议不以心而原物。苟信闻见,则虽效验章明,犹为失实。

墨经中的科学思想

墨翟早在公元前4世纪就开始实践他所宣扬的"兼爱"学说。这种学说与西方最好的一神教教义相类似,但与科学史却没有多少直接的联系。当我们研究《墨子》一书中的墨经与经说时，我们才会意识到后期墨家付出巨大的努力去建立其经验科学所依据的思想体系。下面挑选出的一些例证可以使我们看得更清楚：

> 经云：偏去莫加少，说在故。
>
> 经说云：偏，俱一无变。

这句话是关于主观性的判断。如：一朵"美丽的"花。不论你是否认为它美丽，都是同一朵花。

> 经云：火，热，说在顿。
>
> 经说云：火，谓火热也。非以火之热我（与俄通）有，若视日。

墨家大量地讨论了关于精神在对人的感觉和知觉进行分类、整理的工作。知觉是以可以用五路感觉器官（五路知）理解的世界作为其客体的。"五路知"的资料是通过反应得来的，而反应是经由知识的概念及其解释（恕）来达到的。有趣的是"恕"这个字显然是墨家作为专业术语创造出来的，早已经从字典消失了。

> 经云：一法者之相与也尽类，若方之相合也，说在方。
>
> 经说云：一方尽类，俱有法而异，或木或石，不害其方之相合也。尽类犹方也。物俱然。

117

下一段是讲因果关系的：

> 经云：故，所得而后成也。
>
> 经说云：小故有之不必然，无之必不然。体也，若有端。大故有之必然（无之必不然）。若见之成见也。

在上一段中，小故与其说是一个原因不如说是必要条件。毫无疑问，在看到这段文字时，我们好像置身于科学思维的殿堂。随后，由更多的问题构成了知识：

> 经云：知、闻、说、亲；名、实、合、为。
>
> 经说云：知，传受之，闻也。方不瘴，说也。身观焉，亲也。所以谓，名也。所谓，实也。名实耦，合也。志行，为也。

这里没有对行动（为）的任何偏见，道家也有相似的特征：

> 经云：闻所不知若所知，则两知之。

经说云：闻在外者所知也。"或曰在室者之色，若是其色（在外）。是所不知若所知也。……名以所明，正所不知。不以所不知疑所明。若以尺度所不知长。"

下面有一段关于"知和行"的重要段落：

经云：意未可知。……

经说云：段、椎、锥俱事于履；可用也。成绘履过椎，于成（或）椎过绘履，同"过"仵也。

只有通过实践才能区分本质和非本质的事物。理性的辩论则被建议：

经云：以言为尽诗。诗，说在其言。

经说云：（以）诗，不可也。之人之言可，是不诗；则是有可也。之人之言不可；以当，必不审。

我们可以看出，这段文字不是一种建议，而是对道家不信任可理解的辩论的攻击。但是，并不是所有的道家的观点都与墨子的教诲相抵触。例如：墨家赞同道家的关于从对自然的研究中可以获得宁静以及从恐惧中解脱的观点。

经云：平，知无欲恶也。

经说云：平，淡然。

上述引文说明：除了一些近似的观点以外，我们来到了一个与道家不同的世界。在这个世界里既没有道家的诗歌和幻象，也不像道家那样对现实生活不感兴趣。尽管墨家意识到了事物的变化，但仅限于生物的变化。我们固然不得不通过错误百出的版本和巧妙的校订来理解他们的著作，但重要的是理解他们的大概的描述，他们概括的方法可以说是科学方法的全部理论，这些方法是通过被扭曲的记载来传递的。他们讨论感觉和知觉、因果与分类、 一致与差异以及部分与整体的关系等。他们意识到了社会因素在确定名词术语时的作用，并区别对待第一手材料和第二手材料。令人遗憾的是墨家没有提出一个比"五行说"（我们将在下一章进行讨论）更合理的更全面的自然观理论。墨家详尽地批判了"五行说"理论，但也仅仅做到了这一步。

墨家试图定义各种科学推理，尽管从他们的著作中还不能完全确认，但我们有理由相信他们已经确定了两个最重要也是最基本的概念：演绎和归纳。例如：在谈到关于运用思维"模式"的一段文章中可以看出演绎的雏形：

> 仿(效)在于取(法)
>
> 凡为所仿效者,即是取以为法者也。
>
> 故若适于仿效,则(所推之理)为正确。
>
> 若不适于仿效,则(所推之理)不正确,是乃仿效。

换句话说,如果一个人正确地认识到原因(通过系统地提出一个"模式"),那么这个人就可以得出正确的答案。但由于在自然界中这些原因远远少于被考虑的结果,找出这些原因只能通过演绎的过程来实现。

另外,对于归纳这样一个从特殊到一般的推理过程,下面一段文章是很有价值的:

> 推也者以其所未取之同于其已取者,予之也。

实际上,在这里我们已经很明显地通过有限的例子得到了一个总的概括。

墨家通过其概念化的模式得到了他们自己的演绎和归纳,和同时期的古希腊一样,达到了非常高的科学理论水准。有一种想法是很诱人的:如果墨家的逻辑和道家的自然主义相融合,中国可能早已越过了科学的门槛。中国科学的悲剧就在于这一切并没有发生。

120 公孙龙的哲学

名家(名学或名学派)作为一个学派与道家、墨家并没有非常清晰的区别。该学派最早是在公元前 2 世纪到公元 1 世纪由天文学家和历史学家司马迁和历史学家班固将其单独列为一个学派。名家有两个最著名的代表人物:一个是惠施,生活于公元前 4 世纪;另一个是公孙龙,其生平主要活跃在公元前 3 世纪上半叶。二人均与道家代表人物庄周同时期。惠施死后,庄周曾感叹道:"无可纵谈之人。"公孙龙与惠施同战国时期的其他学者一样,都曾经为封建帝王做过顾问,都曾经教过一些对他们的逻辑运用感兴趣的学生。但看起来同样都没有取得很大的成功。他们的所有著述除了部分保存下来的《公孙龙子》一书以及散见于《庄子》及其他学者的著作中外,绝大部分都散失了。

《公孙龙子》一书被认为达到了古代中国哲学的最高境界。这部著作的问答对话形式很像柏拉图的著作体裁。现存的部分著述中存有关于现在我们讨论的"共相"(universals)(如:"白"、"马"、"坚"等)与具体事物的区别的论述。下面我们举一个典型而又简明的关于"共相"(指)的讨论(见《公孙龙子·指物论》):

> (天下之)物莫非指,而指非指(即指不可再为分析或分裂为他指)。

（倘使）天下无指，物无可以谓物（因其无可以表明属性）。

倘使非指者，天下无物，可谓指乎？指也者天下之所无也；物也者天下之所有也，以天下之所有，为（即系或相当于）天下之所无，未可。天下（在物质上）无指，而物不可谓指也。不可谓指者（其本身）非指也。

下面是一段经过删校的对话（见《公孙龙子·白马论》）：

白马非马……。"马"者所以命形也；"白"者所以命色也；命色者非命形也。故曰白马非马（等等）……求马（等等）黄黑马皆可致；求白马黄马黑马不可致……。故黄黑马一也，而可以应有马，而不可以应有白马，是白马之非马（等等；或马的本质）审矣……。

"白马非马"这个显而易见的荒谬之辞是名家最著名的辩辞。其主要用意在于吸引未来的思考者。从自然科学的观点来看，名家最令人感兴趣的是其有关变化方面的讨论，其中心问题是探索自然，见《公孙龙子·通变论》：

问：二有一乎？

答：二无一。

问：二有右乎？

答：二无右。

问：二有左乎？

答：二无左。

问：右可谓二乎？

答：不可。

问：左可谓二乎？

答：不可。

问：左与右可谓二乎？

答：可。

二的共相仅仅是二的本身而不是其他任何事物。但是，右加上左是两个数，因此他们也可以被称为二。

问：谓变而不变，可乎？

答：可。

问：变奚？

答：右。

换句话说,这就是真正的共相显示自己在两个事物中然后又消失了。

> 问:右苟变,安可谓右?苟不变,安可谓变?
>
> 答:二苟无左,又无右,二者左与右,奈何?羊合牛非马,牛合羊
> 非鸡。

122

在这段文字中,公孙龙的目的是表明共相是很少变化的,而具体事物则总是在不断变化的。

惠施的辩辞

名家的学者总是在其著作中提出令人震惊的言论。例如:"四足动物都有五条腿。"尽管他们的主要目的在于使人们注意到"四足"之类的不变的共相。然而惠施的著作中却不再有诡辩——他对于科学和逻辑更感兴趣。惠施在辩辞中总是设想引出一个特定的逻辑观点。名家的辩辞与古希腊哲学家芝诺的著名的辩辞极为相似。芝诺比惠施早大约一个世纪。但由于当时交通的阻碍,似乎应该说:古希腊和中国的哲学家各自独立地找到了辩论的方法。

惠施的一些辩辞认为自然界充满了变化和相关,见《庄子·天下》,如:

> 天与地卑;山与泽平。

指出:天与地之间一定有一个边界。事实是,从宇宙的角度看,地球不规则的表面是完全可以忽略的。另外,

> 南方有穷而无穷。

这个辩辞很明显地说明:在已知的地理范围之外还有广大的区域。同时,证实地球是球形。

另外还有:

> 我知天下之中央,燕之北、越之南是也。

除了有关空间相对性的辩辞之外,一些辩辞也显示出有关时间相对性等方面的内容。

> 日方中方睨;物方生方死。

这也同样适用于天文学和生物学。从天文学的角度看:中午短暂的时光似乎是空幻的。太阳光总是倾斜地从不同的地点照射到地球表面。从生物
123 学的角度看,按照现代科学的观点,这个辩辞可以作为研究衰老的参考。因

为,较年轻的组织老化的速度也较快。难道惠施比他自己所知道的更接近目标? 然后,又有:

> 今日适越而昔来。

这个辩辞竟然像是爱因斯坦相对论教科书中的一段。确切地显示出承认不同的地区有不同的"时间尺度"。当然,以上的解释并不是唯一的。正如一位 20 世纪早期的儒家学者所声称的:这些辩辞是为了证明所有空间的区别都是不真实的和虚幻的。但从反映论的角度看,他们的目的更类似于芝诺。试图去证实在自然界中的基本的连续性而反对间断性。

时空的相对性和变化并不能完全涵盖惠施的所有观点。他还有大量的辩辞是关于原子论、分类与共相、意识的作用、可能性与现实性以及似是而非的自然奇观等。下面我们首先举例:

> 至大无外,谓之大一,至小无内,谓之小一。

"至大"似乎是前述宇宙的时空,"至小"实质上是原子。因为原子不可再分。原子论这个由芝诺提出的概念,在不久之后受到了墨家与名家的攻击。

下面的一个辩辞:

> 犬可以为羊。

这是一个典型的分类与共相的例子。其含义为:可推测的狗和羊都是四足动物。

> 火不热。
> 目不见。

使我们正面理解是什么和怎么样:火本身并不热,热是由意识来说明的;眼本身并不能看见东西,仅仅是服务于意识的感觉器官。下面是一个讲有关可能性的另一种形式的辩辞:

> 卵有毛

强调可能孵化的小鸡。而像:

> 山出口

是一种典型的关于自然奇观的辩辞,可能与火山爆发有关。还有一些辩辞涉及数学、机械以及动物生殖等方面。

124

形式逻辑还是辩证逻辑?

名家惯用的辩辞形式时常见诸通常被认为属于道家的著作中。例如：在《列子·汤问》中记载了一位哲人——夏革（我们暂且不管是否确有其人）与商朝的国君商汤的讨论。

> 殷汤问于夏革曰："古初有物乎?"夏革曰："古初无物，今恶得物?后之人将谓今之无物可乎?"殷汤曰："然则物无先后乎?"夏革曰："物之终始，初无极已。始或为始，恶知其纪? 然自物之外，自事之先，朕所不知也。"

> 殷汤曰："然则上下八方，有尽乎?"革曰："不知也。"汤固问，革曰："无则无极，有则有尽。朕何以知之? 然无极之外，复无无极。无尽之中，复无无尽。（因此）无极复无极，无尽复无尽。朕以是知其无极无尽也，而不知其有极有尽也。"

这两个问题相当于康德的第一和第二矛盾律。其对无限的强调显然属于道家的观点，但处理问题的方法则类似于名家。对我们而言，最重要的是后来墨家与名家的著作对研究中国科学思想发展起到的重要作用。

墨家与名家试图为自然科学世界的建立打下一定的基础。在为之而努力的过程中——主要表现在辩辞和矛盾论中——他们明显趋向于辩证法而不是形式逻辑。典型的中国式思想总是考虑事物之间的联系而不是引起问题的实质。当西方人的思想在问："什么是这个事物的本质（主要）意义?"时，中国人的思想却在问："这一事物的起源、作用及结束是怎样与其他事物相联系的? 我们应该怎样对付它?"

在17世纪科学启蒙的欧洲，这种形式的辩证逻辑和形式逻辑根本不值一提。形式逻辑受到了猛烈的攻击。三段论推理在经由亚里士多德整理之后成为欧洲中古时期唯一的理论体系。英格兰新科学活动中的历史学家托马斯·斯帕特在17世纪60年代末期指出：

> 这种辩论方法本身只是从一个单独的事物推断出另一事物，根本不适合知识的传播。……简单地说：辩论是磨炼人的智慧的非常好的工具。可以使人全方位地、谨慎地陈述已知的原则，但是永远不能探索科学本身切实的本质。

后来的科学家们重复或者反驳这种观点。指出：形式逻辑已经严重地妨碍了独立思考。换句话说：正像道家已经意识到了世界的变化性那样：形式逻辑在处理自然界最大的问题方面并不是一种合适的工具。这一点也正是当我们在此考察科学的发展过程时,为什么对古代中国的辩证法和动态的逻辑方面的例子非常感兴趣的原因。

有人说:形式逻辑是欧洲科学发展所必须经过的一个阶段。但是无人能确认此事。我们也不知道,如果中国的社会条件适合科学的发展,墨家或者其他学派是否会建立这样一种逻辑体系。现在,只有一件事可以确定:战国时期的哲学家们在他们的作品中使用了所有的被古希腊人所分类的思维方法。只不过他们没有使用精练的语言来命名和描述形式逻辑。在此,还有另外一个可能的原因——一些数理逻辑学家今天仍持这样的观点,即:中国的单音节表意文字比印欧拼音文字更能恰当地表达诡辩的逻辑原理的含义。因此,中国人从没有感到有整理思维方式的必要。 126

迄今为止,我们并不知道,在秦朝统一中国的动乱时期墨家和名家逐渐衰微的确切原因——或许是社会条件使人们的思想更趋向于儒、道两个极端吧!儒家具有的明确的社会目标阻碍了人们对逻辑问题的关注。正如儒家学者荀子指出:"君子不讨论这些问题。只限于有益的讨论。"但毫无疑问,墨子兼爱的思想在汉朝以后已经被吸收到儒家的思想中,改变了孟子的做作而又等级分明的爱的原则。墨家所热衷的科学和技术虽然被儒家舍弃,却和传统的道家逐渐合而为一。

墨家学派就这样分裂消失了。那么名家呢?有人说,到中古时期的中国已经完全没有人知道他们的工作了,但是这种说法似乎有些夸大其词。在3至4世纪,晋朝的名理学派声称:他们的辩论继承了名家的风格。6世纪,在纪念道家学者张志和的碑文上记载着他曾经写过一本书《冲虚白马非马证》(论坚、白、马的意义)。如果这个情况属实的话,这个最早由墨翟研究的课题在12个世纪后仍然是道家学者的一个研究课题。考虑到中国古代学者的著述与现存典籍之间的巨大差距,在比较道家、墨家、名家与同时期古希腊学者的成就时,我们可以得出如下结论:就有关的科学思想的基础而言,古代欧洲与古代中国的哲学之间并没有根本差别。

第十章 中国科学的基本观点

我们现在探讨一个对于中国科学思想史有着致命的重要性的领域：基础概念和学说是由中国的阴阳家在很久以前提出的。这个主题可以方便地分为三个方面：一、五行学说；二、阴阳学说；三、那精巧的符号结构的科学运用，或者说得更准确些，原始科学运用，《易经》（1. 秦）。根据现代研究，我们的讨论将与早期西方汉学家的不带批判性地承袭的中国传统有相当大的不同，我们不妨先来看一下一些对科学思想有重要意义的中国词汇的起源和发展。

一些最重要的中国科学词汇的起源

在任何科学发展以前，必须存在一批合适的词汇，现在，由于安阳甲骨文的发现（第 4 章），和刻在商和周的青铜器上的字符的发现，一个丰富的书写词汇宝库需要研究。不是所有的字符都已被识别，虽然如此，却有足够的表意文字供我们选择来了解中国科学术语的起源。的确，古代文字或许对秦汉时期的原始科学的解释思想几乎没有影响，可是对于我们来说，这些早期的表意文字本身是有趣的，因为它们帮助我们去理解通往科学的古代中国途径。一些重要词汇的选择可在附随的表格中找到（表 8），首先是中文字，然后是它的古体形式，最后是它的古代意义的简要解释。

对这张表格的研究表明科学起始阶段所必需的基本术语的构造，按表意文字的原理，是正如我们所料的，只有两个（第 20 和 21）能被看作纯粹的几何学的符号；剩下的 78 个是一种或另一种图案。人们仍然藐视分析，至少 8 个是从发音相像的词（同音字）那儿假借过来的，三个或四个涉及抽象的概念，

表 8　与科学思想有重要关系的表意文字的字源　　　　　　　　

编号	今字字形	古字（采自甲骨文、金文或篆文）	高本汉"汉文典"编号	字　形　说　明
1a	也		4	a) 这个字的形体像一种眼镜蛇之类的蛇。从语意上看,原来是从蛇的意念上演化出"危险的确定"这种意义。"蛇"字当然跟"也"字有关系。不过这种解说不如下一个说法那样广泛地为人所接受。
			4	b) 这个写法的形体是女阴的外阴部,阴门。因此,可能先引申为生命之门,进而为"生命或存在之确定",随后被用作一个肯定词,涵括了所有次要的表示性质及属性的肯定词。这一说,即使在儒家道学气氛笼罩的时代里,也没有受到反驳。
1b	是		866c	这个字的上半部是个圆形的太阳的样子,下半部,可能是"正"字。"正"的意思是"正确"、"正直"、"公平"、"方正";"确实存在的"。如此,就是"存在于太阳底下的那个东西"。这就表示,眼睛的视觉代表一切的感觉器官,说明"存在"这个观念。
2a	不		999	这个字的形体,像是在一根茎上长着的花萼,下垂的两笔是叶子;从意义上看,这个字作为否定词用,无非就是声音的假借。传统的说法(许慎)是把这个字看成一个抽象观念的象征,那就是说,像一只鸟飞上天去,以使它"不"被捕捉。
2b	非			传统的解释以为这个字是"飞"字的下半部,"飞"字本是一只鸟的样子;因此,"非"字像鸟的两翼(或者就是两只鸟),背对背而"不"是相向。所以(如果许慎的说法不错)这个字是一个抽象观念的象征。当然,表示肯定与否定观念的字还很多,形义方面都是大同小异的。
3	異(简化字为"异")		954	这个字像一个人正面直立的样子,两手上举护头,或者是表示尊敬的一种姿势。后一种意义见于金文;也许这个字的形体是表现着一位正在对策的大臣昂然的样子。此字从它的意义上看,如果不是同音假借,那么它就是内涵着一种社会地位——贵族与平民——之间的差别而言。如此,从这一方面引申出来的意思也就是:"差异"、"怪异"、"差别"等。这个字形在表示头的部分上是非常夸张的,也可能是代表一张面具。

（续表）

编号	今字字形	古字（采自甲骨文、金文或篆文）	高本汉"汉文典"编号	字 形 说 明
4	如		94g	这个字从女从口。是一个来源很早的同音假借字。上古时代的原义不得而知。
5	若		777	这个字像人跪形，或许是正在拾集一些植物之类。有的人就认为这个字有臣服、顺从的含义，所以它的意思是"和顺"、"同意"、"和蔼"、"安顺"，再引申之，就是"姑且承认"、"准许那样，如果……"。但更较可能的，是说完全是声音的假借。
6	易		850	字体像蜥蜴之形，而字的意义是源自"颜色变易"（参考变色龙，或变色蜥蜴），或位置的快速变更、移动。
7	變（简化字为"变"）		1780	这个字很显然未见于甲骨文或金文，必然是一个晚出的字。从字的形体上看，意义是不很明显的。不过悬在左右两方的丝绞，据许慎的讲法，是从纺车捻线的事态上引申出来"使成秩序"的意思，下面的那个部首，像手执杖棒之形，表示"运动"、"动作"。从字义上看，如果这个字不是假借字，那么它所指谓的，可能就是"从紊乱变为秩序"这种意思。
8	化		19	这个字像两把刀形，就是那种刀形货币。货币的兑换情形，就引起了人想到用它来表示一般的"变化"这类的意思。
9	元		257	这是一幅人的侧面图像，特别注重于表现头部，所以有"第一"、"开始"的意思，头部又是人体的最重要的部位。因为古人无疑知道，头部是脊椎动物在胚胎时期生长得最快的部位，而且从体积的比率上看也比后期的发展要快。所以，这无非表示了，造字的人，对于初级生物学，已经有些知识了。
10	因		370	字形像一张席子，其上有编织纹。席子是一种可以使人靠着的东西，或是基础之物。这种意义是由"因"字的静止义引申到时间性的意义。还有一点是我们应该注意的，就是在"宿"字的小篆体里，也包含有这个"因"字。"宿"的本义是"晚间息止之处"，又是一个常用的天文学术语。

130

编号	今字字形	古字（采自甲骨文、金文或篆文）	高本汉"汉文典"编号	字　形　说　明
11	故		49i	这个字采自金文，左边的部分，是"古"，有"古老"、"古代"的意思，它在整个字结构上的含义不很明显，但是从字形上看，"古"字像是一面盾牌放置在一个开放的架子上。右边的部分，像是一只手握着一根杖，表示动作。所以，广义地说，"故"的意思显然就是"往事"、"前例"、"早先的行动"。
12	为（简化字为"为"）		27	这个字像一个人的手放在一只象的鼻子上。这是表示抓握与手脚熟练。
13	始		976p，e'，g'，h'	像是一个头朝下的胎儿，右边作女人形。这个字与"胎"字的关系极为密切。如此，字的意义可能是表示一个女性的怀孕，也就是"起始的起始"、"太始"、"太初"。
14	行		748	这个字就是一幅十字路口的图画。
15	去		642	这个字像一个盖了盖子的米筐。从它现行的意义上看，它只是一个同音的假借字。
16	至		413	像箭击中目标或地面。
17	止		961	像人的足形。
18	盡（简化字为"尽"）		381	像一只手拿着一把刷子，去清除一件容器。
19	真		375	这个字从它的篆体上看不出所代表的意思，可是（我们就所有从它的字上看）几乎可以确定它有"满盈"、"填满"、"坚实的"等意义。所以，引申有"实情"、"真实"的意思，与"空虚"为反义。这里所列出的字形，像是一个饱满的袋子，立在一个凳子上，如其果真如此，那么这个字就象征着一种抽象的观念。
20	上		726	就是一个几何图形的字，表示这个观念。
21	下		35	构造方式同上。
22	中		1007	这个字像一根旗杆，中间有一个斗形物（现在中国式的船桅上，还有此物），是用来俯视或瞭望的，上下两曲线，是两条带形的旗帜。

132

（续表）

编号	今字字形	古字（采自甲骨文、金文或篆文）	高本汉"汉文典"编号	字　形　说　明
23	方		740	这个像是一具犁或耙。引申之后,就是"耕耘了的地方"。
24	入		695	字形像是一个蹼鞡形物或箭镞。
25	出		496	这个字的上半部像人的足形。下半部像是一处关闭的空间,如洞穴或房屋之类。两部分合起来表示离去的意思。
26	南		650	这个字像是某种乐器,也许就是一口钟。但是它何以会有目前的意义,颇为费解。
27	北		909	像两个人互相背对着的样子,大概是一个同音的假借字。或许跟"化"字是同类的。
28	西		594	学者们都认为这个字的形体像是一个鸟巢或是一张捕鸟的网(丁山)。大概也是一个同音的假借字。然而字形看来倒很像是一个包裹的样子。
29	東(简化字为"东")		1175	传统的解释是说,隔着一棵树,看见旭日上升(许慎)。这个说法,不很恰当。其实这个字很像是一个囊袋或包裹之类,还有的写法作人背负囊袋的样子。照字的意义看,除非它纯粹是同音假借字,否则以包裹来表示方位,殊觉怪异。徐中舒以为"东"字就是"囊"与"橐"的古文。这很能启发我们想到后来的道家称"天"(而后称宇宙)为"青囊"。或许他们想,捆住这个"囊"的绳索就是赤道与黄道。"橐",又是冶金的鼓风箱,老子即用"橐"来比附"天"。此外,徐中舒说现在的通行话仍然还保存着"东西"(指某一物品)一语,其中就包含了这个"东"字。"东"(古文"橐"),表示天、地以及其中所有的一切。丁山颇赞同这个说法,吴世昌亦然,虽然他对这个字在宇宙论这方面的用法上抱有怀疑的态度,不过吴氏却提出了几个关于"东"字在这一方面的古代异体,这些异体仍然在某些省份的通行语中使用着。这是很耐人寻味的。
30	天		361	这个字像人形,头部特大,许慎说"至高无上",表示原始神人同形同性的神。许多现代学者都得此结论。
31	日		404	字形像太阳的样子。

133

（续表）

编号	今字字形	古字（采自甲骨文、金文或篆文）	高本汉"汉文典"编号	字　形　说　明
32	月		306	字形像月亮的样子。
33	明		760	就是把日与月两者合成一个字。
34	光		706	字形像一个人跪的样子，头上有火光之形，也许是一个握持火炬的人。
35	歲（简化字为"岁"）		346	字形原来是一种特别的祭祀的象征，可能这种祭祀是每年举行一次的。
36	春		463	这个字像是植物在春天萌芽的样子。细小的枝子，看来还不能够支持它们本身的重量。
37	夏		36	从字形上看，意义甚为晦涩。右上方的那一部分，当是"豕"。
38	秋		1092	这个字像一只龟形。字形经过多次的衍变，到后来只作从禾从火了。
39	冬		1002	许慎以为这个字像两支下垂的冰柱，此说恐怕有问题。比较另一种写法可以断定是两根下落的树枝，枝头上各有一个果实或叶子。
40	風（简化字为"风"）		625	从字义上看，这个字是一个同音假借字。字形上，像是一只凤，或者说得确实些，就是一只孔雀，开着屏。此处所举出的第一个古文，采自甲骨文，字右边的是声旁，当是"凡"，古"帆"。
41	雨		100	字形像是下雨的样子。
42	雪		297	字形像是雪花的样子。
43	電（简化字为"电"）		385	许慎以为这个所要表示的，是一种伴着雨而来的可以伸展之物。许氏解释十二地支之一的"申"字，就以为它是"引申"这种观念的象征。但是在别处，他又把"申"字讲成为电之形，这一说现在已被学者们接受。所以，整个字，从结构上看，就是"Z"字形的闪电，其上覆以雨滴。"神"字，也从申，申又是这个字的声旁。这表示古代的中国人，对于闪电的畏惧，并不亚于古希腊人对宙斯神，北欧人对托尔神（雷神），印度人对因陀罗（司雷电）的程度。由此，更可注意的，就是司管雷电的神（如果原来就已经完全人性化了），并没有把他的个性长久地存留在中国人的心中。

134

（续表）

编号	今字字形	古字（采自甲骨文、金文或篆文）	高本汉"汉文典"编号	字 形 说 明
44	雷		577	字形中间部分是闪电的形状，周围加圆形的图案，是表示雷在闪电中的声响。有人以为这些圆形图案是鼓，恐怕不很可靠。
45	虹		1172j	字形像是一条两头蛇的动物在天空中。这种形象（莫非是表示"雨龙"这种意义）保留到现在，在这个字的字形里就是左边的"虫"字。
46	生		812	这个字像是一棵植物从土地里长出来的样子；这就是植物生长的象征。
47	同		1176	字形像是一个有盖子的器物。有些金文的这个字，在盖子上还加上一把柄。如此，器物与它的盖子，当然是表示一种相属的概念。
48	類（简化字为"类"）		529	在小篆之前的字体里没有这个字。它的意义，就其形体看是不很清楚的，在有些古典文献里（如《诗经》），"类"字可以训为"善"。许氏以为此字从犬。传统的解释说，虽然有些狗的血统不一，外形不相似，但是，狗总是狗，究竟还是一类。
49	少		1149	这个字像是四颗谷粒，这是表示少量的谷物这个概念。如此，就有少量的意思，引申后，就是"年少"、"年轻"了。
50	老		1055	字形像是一老人拄着手杖的样子。
51	死		558	这个字的形体像是一个人跪在一堆骨头或骸骨的旁边。
52	人		388	这个字就是一个男人的样子。
53	男		649	这个字像是一块田地与一具耕具。意思就是一位男性的耕者。
54	女		94	这个字就是一个妇人的样子。
55	身		386	这个字像是一个怀孕妇女的体形。
56	血		410	字形像是一个装了祭物的祭器。
57	己		953	这个字从它的意义上看，本身必然是一个同音假借字。在形体上看，它像是弋弓上的箭矢的绳索。

（续表）

编号	今字字形	古字（采自甲骨文、金文或篆文）	高本汉"汉文典"编号	字　形　说　明
58	祖		46	像阳具之形，如此也可以当作是一个阳具形的祖先牌位来讲。这个字本来只作"且"。与"且"相关而义同的一个"牡"字，现在只用来说动物。
59	妣		566n	像女性的外阴部。另一个异体作"牝"，现在只用来说动物。
60	公		1173	仍然是男性生殖器的形状，特别着重在阴茎部位。传统的解释（许慎）说这个字从八，从厶。所谓：八犹背也，又说：背厶（私）为公。这是不能令人相信的。
61	文		475	这个字像是一个正面的人形，显出文身的花纹或画在身上的图案。
62	陽（简化字为"阳"）		720	传统的解释（许慎），以为这个字上半部像太阳之形，下半部是斜阳的光线（吴世昌）。另外有一个异文，像是一个人手中捧着一只有孔的璧。璧，不仅是礼器，同时（我们在下文会知道）也是中国人远古时代所用的一种天文仪器。
63	陰（简化字为"阴"）		460 651x，x'，z	这个字从云（象形）从阜，今声。阜字，有山丘的意思。
64	金		652	从字形上看，也许是像一处矿坑，上面有掩盖物或是山丘。旁边的点，表示是矿砂堆。
65	木		1212	这个字就像一棵树的样子。
66	水		576	字形就像是一条流动的水流。
67	火		353	字形就像是火焰的样子。
68	土		62	字形像是土地之神的男性生殖器形的祭坛。
69	氣（简化字为"气"）		517c	这个字像是一股上升的气体。"米"部是后来加的。
70	道		1048	这个字像是一个人头（象征是人），朝向一条路的某处，所以有道路的意思，引申后，就是"正道"。
71	理		978d	此字不见于甲骨文及金文之中。本处所举出来的古文，只是臆测的。"里"（从田从土）字自然是它的声旁，"玉"则是部首。这个字应该出现在较晚的时代。

137

138

139

（续表）

编号	今字字形	古字(采自甲骨文、金文或篆文)	高本汉"汉文典"编号	字形说明
72	則(简化字为"则")		906 906	a) 字形可能是表示一把刀用于镂刻一组图案，或者是把一套法则镂刻在青铜质的鼎上。 b) 从另一个方面看，这个字也可能是表示贵族上流社会中所通用的一种进膳礼节，而这个礼节或规矩也是别人应该遵守的。如果这样讲，那么这个字所从的"刀"，便是一种餐刀，所从的鼎类物，就是盛食品的器物。
73	度		801	这个字不见于甲骨文与金文中。字的首要部分，是下方的"又"，像是"手"形。"手"（与臂）在古代是度量上最重要的标准之一。
74	灋(简化字为"法")		642k, 1, m	这个字的写法从"水"，从"去"，从"廌"。"廌"是一种传说中的独角兽或独角的牛。据说，古时在土神的祭坛之前设有神意的裁判法庭，这种兽类被人牵至该地，如人有罪，则此兽便会以角触之。大概此种兽类与犯人搏斗之后，如犯人依然活着，便算是把邪恶消除了；到了汉代，还常有犯人被放在一种像竞技场的地方，与猛兽搏斗。从"水"，大概其着眼处并不如许慎所说的"平之如水，从水"，可能是取义于清净（指心理方面），浇洒，奠洒，或滴，这些都是伴着古代的典礼仪式而来的。也说不定是表示把犯人放在河中，任其沉浮，作为惩治之法，所以才会从"水"。
75	律		502	这个字的左边是"行"字的一半，也表示道路。如此，这个字的意思就是政府公布的规章法律——因为右边从聿，像是一只手握着一支笔，所以就有"标准化"、"统一化"这样的意思。这个字到了后来，又转成为"音阶的音调"。此字不见于甲骨文与金文中。
76	德		919k	这个字的左边是"行"的一半，意义与"行"同。右边则是代表从原始解剖学的眼光所观察的眼睛与心脏的形状。眼与心，当然是分别地表示"观察"与"思考"的。从十则表示是社会的原体。如此，这个字最初意义可能近似于"神奇力"、"勇武之气"；而一位能够见事思考而又能孚众望的领袖无论是教士、先知、勇士或国王——就具有那种神奇的力量。拉丁语Virtus一词，其意义原来也与"人"有关。如此，引申来说，也就是某种无生命的物体所具有的神奇（超乎自然）的性质。后来，又成为药石之德（神奇性质），或"道"之"德"。

140

（续表）

编号	今字字形	古字(采自甲骨文、金文或篆文)	高本汉"汉文典"编号	字　形　说　明
77	禮(简化字为"礼")		597	这个字的右边,像是两块玉盛在一个礼器中。在甲骨文及金文之后,此字写为从示。"示",意思是:标示、告示、表示、通告、神、神威、宗教。有些学者以为"示"字的形体像是拿出来预备要使用的长短各一的神杖。但是还有些学者(郭沫若),说得非常信实,他们以为"示"是变了形象的一种生殖器象征。
78	數(简化字为"数")		123r	甲骨文与金文中尚未发现有此字。这个字部首"攴"所处的位置在右边,而且又是表示动作的,这是反常的情形。左边的"婁",是一个声旁,样子像一个女人头上戴着一套奇怪的头饰。无论其意义如何,与其整个字的意义无关。整个字原来应是表示"经常"、"时常"、"屡次"、"频繁"的意思,从此加以引申,就进而作表示数目,以及数目依次的总和。所以,成为数目抽象概念的一个符号或象征。
79	術(简化字为"术")		497d	这个字的中间部分像是一种黏性的植物,但是它的作用只是标明这个字的声旁而已。字的部首是"行",像十字路口之形。我们从汉代以及更早的文献中可以知道,这个字最早的意思本是"路"或"街",而这个用法一直延续到 5 世纪。这正如英语所说的 Ways and means,故"术"字便渐渐地涵括了"正确方法"这样的特定含义,所以也可以说是"正确的技术"的意思。"道"字从它的本来具体的意义到它的后来比喻的意义,其所经过的衍变也是这样的。
80	算		174	此字不见于甲骨文与金文之中。虽然有些字体中的写法,像是一个算盘的样子,不过这可能是汉代的字体了。时代比较早的一个写法,是从"王"的。"王"的形状并不是(如许慎所想的那样)一块玉石。我们几乎可以肯定它所表示的是一个竹制的"计算器"。所以这个字从"竹"。

141

142

　　另外这些字符描绘了自然事物、人类躯体和它的部分以及人类的行为。这也许已被想到,可是值得注意的是这些字符中数量最多的是那些涉及科学技术和交流沟通的字。如果我们分析一个较大的样本,这样的倾向可能会改变,虽然如此,我们能发现表意文字是怎样从日常生活中发展从而随后获得抽象的含义。它们同时演示了日常思考和实验中的科技术语实际上是怎样出现的。

阴阳家,驺衍和五行学说的起源与发展

五行学说可追溯到公元前 350 年到公元前 270 年间,是驺衍——真正的中国科学思想的创立者的时代。虽然驺衍可能不是这个学说的独创者,可是无疑是他把流传了超过一个世纪的思想体系化及稳固起来。一些关于驺衍的性格和声望的事迹可以从《史记·孟子荀卿列传》(公元前 1 世纪)中得知:

> 驺衍睹有国者益淫侈,不能尚德若大雅……乃深观阴阳消息,而作怪迂之变,《终始》《太圣》之篇,十余万言。其语宏大不经,必先验小物,推而大之,至于无垠。先序今,以上至黄帝,学者所共术……
>
> 先列中国名山、大川、通谷、禽兽;水土所殖,物类所珍,因而推之,及海外人之所不能睹。称引分天地剖判以来,五德转移,治各有宜,而符应若兹。以为儒者所谓中国者,于天下乃八十一分居其一分耳……
>
> 王公大人,初见其术,惧然顾化,其后不能行之。是以驺子重于齐。适梁,梁惠王郊迎,执宾主之礼。适赵,平原君侧行襒席。如燕,昭王拥彗先驱,请列弟子之座而受业。筑碣石宫,身亲往师之……其游诸侯见尊礼如此。岂与仲尼菜色陈、蔡,孟轲困于齐、梁同乎哉!
>
> 驺奭者,齐诸驺子。亦颇采驺衍之术以纪文。于是齐王嘉之,自如淳于髡以下,皆命曰列大夫。为开第康庄之衢,高门大屋,尊宠之。览天下诸侯宾客,言齐能致天下贤士也。

以上所引用的事迹是有启发性的。驺衍对封建王国的访问是有史书记载的,而且他似乎是齐宣王时代那个坐落在齐国都城城门外的"稷下"学院的资格最老的成员。可是,值得注意的是,驺衍和他的阴阳家徒众不同于道家,并不回避宫廷与君主的生活方式。此外,很明显地,所有的原始科学的哲人喜欢社会上的重要地位和声望,可是如果阴阳家的"术"仅仅是空话的话,这一切就很难实现。所以,那一定不仅仅是口头空谈。

通过对《史记》的进一步研究得到了线索:阴阳家的思想中携带着一种政治轰动因素,这种因素封建统治者是不会视而不见的。这用驺衍自己的话来解释最好:

> 五行相次,转用事,随方面为服。(《史记·封禅书》"集解")
>
> 五德从所不胜。虞土、夏木、殷金、周火。(《文选·齐故安陆昭王碑文》)
>
> 凡帝王之将兴也,天必先见祥乎下民。黄帝之时,天先见大蝼大蝼。黄帝曰:"土气胜。土气胜,故其色尚黄,其事则土。"及禹之时,天先见草

木，秋冬不杀。禹曰："木气胜。木气胜，故其色尚青，其事则木。"及汤之时，天先见金，刃生于水。汤曰："金气胜。金气胜，故其色尚白，其事则金。"及文王之时，天先见火，赤鸟衔丹书集于周社。文王曰："火气胜。火气胜，故其色尚赤，其事则火。代火者必将水；天先见水气胜。水气胜，故其色尚黑，其事则水。水气至而不知，数备，将徙于土。"（《吕氏春秋·应同》）

所以即使五行（金、木、水、火、土）的基本概念在本质上是自然的、科学的这一点不久将被弄清楚，阴阳家们拥有一个用来恐吓他们的封建君主的半科学、半政治的论调。可以肯定，是驺衍把这种理论推展到宫廷世界中去了。他认为每一个统治者和他的宗室只是凭借五行之一来统治他的国家。他提出，实际上，宗室的兴衰理论，把人事与历史和非人类的大自然现象，并列于同样的"法则"之下。人事与自然两者都是遵守不变的相互作用的法则的，这就是"相克"。人类历史上的一切变更，都是这种"相克"的基层表象。尽管封建君主们将要面对十分严重的问题，他们似乎开始相信这种论调的真理。一方面，探察五行背后的规律以采取防范措施很困难；另一方面，自然的周期变化是无情的，所以没有一个宗室能期望永远存在下去。很明显，他们需要专家的意见，而且他们愿意为此付出很大的代价。

尽管阴阳家的学说毫无疑问是一个很大的学说，尚不止以上所说的，还涉及了天文、历算以及早期炼金术的学问。我们已经看到，驺衍曾列了一张自然产物的清单，其中可能包括了矿物、化学物质与植物，不过他的弟子们做得更好：

> 宋毋忌、郑伯侨、充尚、羡门高，最后皆燕人。为方仙道，形解销化，依于鬼神之事。

由此我们可以看出，阴阳家与炼金术是有一定关系的，并不是各自独立的。而且，与那些沿海国家中后来成为汉武帝专政的重要力量的方士也有密切的关系。秘密书信的传递，也可能是传说，也提供了这方面的证据。在《汉书·楚元王传》中，我们可以读到：

> （刘向）上复兴神仙方术之事。而淮南有枕中鸿宝苑秘书。书言神仙使鬼物为金之术，及驺衍重道延命方。世人莫见。而更生父——德——武帝时，治淮南狱，得其书……

当然，尽管公元前 2 世纪的炼金术著作不是驺衍写的，炼金术是源于驺衍

145

146

的——炼金术士们总是习惯于这样说——不过比世界上任何地方的炼金术产生得都早的中国炼金术很可能是由阴阳家倡导而产生的。

《尚书》也述说了五行学说。《尚书》是各个时期作品的凑合物。其中所提到的五行问题出现在秦时(大约公元前3世纪)添入的词句中,当然不比驺衍的时代早。文章的开头就说"五行"是"九畴"之一,"九畴"中其余的除了一个是天文方面的事情外,其他所有的都是关于人与社会的特性和关系的。这些部分被称为"彝伦"。"彝"字在这里是个特别有趣的字,因为它的原始表意文字的外形看上去像一个礼器中盛着猪肉和米,器物本身则被丝装饰并被两只手捧着。所以这个字可能与礼拜有关,然而在这里却是表示一种自然科学规律的含义。

这些叙述五行的部分是极有用的。因为它使我们得到了一些洞察阴阳家们理解五行的门路。《尚书·洪范》云:

> 五行:一曰水,二曰火,三曰木,四曰金,五曰土。水曰润下,火曰炎上,木曰曲直,金曰从革,土爰稼穑。

> 润下作咸,炎上作苦,曲直作酸,从革作辛,稼穑作甘。

以上这些让我们明白了,五行的概念不是五种基本的物质,而是五种基本的程序。中国思想注重关系而不是物质本身。我们可以列一张表。先是五行之一,再是它引起阴阳家注意的自然性质或程序,然后是它的现代同义词,最后是阴阳家联想的它对应的味道。

147

水	湿润、滴落、下降、(溶解?)	液体流质溶液	咸味
火	炎热、焚如、上升	热力、燃烧	苦味
木	以切割与镌刻的工具,可使成所欲之形	得以加工之固体	酸味
金	在其呈液态之时,以铸造之法而使其成形。又可以重熔、重铸之方法而再变更其形	可以凝固(铸造),熔而重凝之固体	辣味
土	出产可食的植物	营养	甜味

由这个观点上看,五行学说是一种把自然界物质的基本性质分类的尝试。性质,只会在事物经历变化时显示出来。"五行"事实上是在永远流动循环的运动中的五种强有力的力量,并不是消极静止的基础物质。在西方,古希腊人有的"行"通常被认为是物质。公元前7世纪时只有三"行",到了公元前560年有了五"行"。它们是"土"、"气"、"火"、"水",以及一个充当以上四种的基层的被称为"本质"的物质。不过即使这有一些与中国理论相似的地方,

例如希腊人说这些"行"一个与另一个敌对——一个与中国相克理论显著相似的地方——以及把"行"与特定的神联系在一起，直到比驺衍略早些的亚里士多德时期，希腊的"行"才开始与性质联系起来。尽管有不少相似之处，中国与希腊观点的不同之处远比相似处醒目，所以我们似乎不必作东西思想传递的假设。

阴阳家们，尤其是在汉代的传播过程中，似乎是带着一种化学偏见来看待"五行"的，虽然他们的科学方法是随着时间而改变的。这里的一个关键任务是伏胜，一个旧齐国的学者。他很可能出生在驺衍逝世之后不久。他的主要工作大约在公元前 250 年到公元前 175 年之间。他是一个研究书经的专家。传说他能靠记忆把《尚书》的绝大部分背出来。这些说法可能是伪造的，它可能只说明他和他周围的那群人重新编订了《尚书》。不过无论事实是怎样的，似乎从这时开始，"五行"学说结合入了《尚书》之中。然后的几年中，后来的学者使"五行"学说渐渐偏入政治方面而不是科学方面。到了公元 75 年，这个学说的本质已经开始被巨大的所有时机征兆所包围。"现象论"在这时达到了顶峰。人们相信政治上和社会上的变乱将会导致地上的"五行"现象的位置混乱和天上正确事情的异常。至此，阴阳家们的原始科学变成了我们将在下一章讨论的伪科学。

148

这是一次由文本出入造成的巨大的严重变质。到公元 1 世纪，中国文化分为了两大思想体系——"今文学派"和"古文学派"，后者包括了大部分的科学和伪科学思想家。分裂是由于一些与先前被接受的东西有区别中国古典作品版本的发现而产生的。在一本古代手稿中写道，公元前 92 年，鲁恭王在扩大他的宫殿时拆除了一所孔子的家宅。可是后来的讨论使我们清楚地认识到"古代的文章"是伪造的。可是，情况是复杂的，因为虽然"今文学派"在文章的立场上较为稳固，他们却接受了所有伪科学的夸大之词。当"古文学派"在相信假的文献的时候，他们却更具理性。一般来说，"今文学派"在西汉占有优势，"古文学派"则在东汉占有优势。

由于逐渐与预言和占卜联系起来，有关"五行"学说的文献在汉以前和汉代产生了很多。这些文献都是冗长而又怪诞的。比如，在讨论每一"行"在特定的季节的优势时，《管子·五行》说：

> 睹丙子，火行御。天子敬行急政，旱札苗死，民历。七十二日而毕。
> 睹戊子，土行御。天子修官室，筑台榭，君危。外筑城郭，臣死。七十二日而毕。

149

儒家学派的重要自然哲学家董仲舒在公元前 135 年左右所写的《春秋繁露·五行之义》中也说道：

> 天有五行。一曰木,二曰火,三曰土,四曰金,五曰水。木,五行之始也;水,五行之终也。土,五行之中也。此其天次之序也。木生火,火生土,土生金,金生水,水生木。……诸授之者,皆其父也;受之者,皆其子也。常因其父以使其子。天之道也。
>
> 是故以得辞也,圣人知之,故多其爱而少严,厚养生而谨送终,就天之制也。以子而迎成。养,如火之乐木也;丧父,如水之克金也……
>
> 是故木居东方而主春气。火居南方而主夏气。金居西方而主秋气。水居北方而主冬气。是故木主生,而金主杀,火主暑,而水主寒。使人必以其序;官人必以其能。天之数也。

在以后的几个世纪里,"五行"的循环再现越来越成风格,到了一定的时候,一年中的十二个月有十二个由"五行"轮流产生的事物相配。这些精心配上的事物在命相方面被广泛运用。

150　　"五行"学说就此并入了汉代的政治思想,但是驺衍的原始科学思想被传统的正统的儒家学派强力驳斥。我们可以从桓宽在公元前 80 年所写的《盐铁论》中了解驳斥有多强烈。按照推测,《盐铁论》是前一年政府官员与儒家学者之间举行的一次讨论会的一份详尽的报告。《盐铁论》中说:

> 大夫曰:驺子疾晚世之儒墨,不知天地之弘,昭旷之道。将一曲而欲道九折,守一隅而欲知万方。犹无准平而欲知高下,无规矩而欲知方圆也。于是推大圣终始之运,以喻王公列士。中国名山通谷以至海外……
>
> 文学曰:尧使禹为司空,平水土。随山刊木,定高下,而序九州。驺衍非圣人;作怪误惑六国之君以纳其说。此春秋所谓匹夫荧惑诸侯者也。孔子曰:未能事人,焉能事鬼神……故无补于用者,君子不为。无益于治者,君子不由。

这一段很重要不仅因为它说明了儒家学者的反科学观点,还因为它揭示了秦朝统治阶级受到了阴阳家们的强烈影响。幸运的是,炼金术与药学方面的成分并没有因为儒家的驳斥而消失,因为它们已被道家的思想体系所吸收。

151　**稳定的"五行"学说**

我们现在能够把"五行"学说看作是在汉代定稿,然后传给了所有以后的朝代。有两个方面是值得特别注意的:"五行"的排列次序和符号的相互关系。

　　排列次序是指"五行"在各种古代和中世纪的主题介绍中被命名的次序。它们完全不同。以下举出四种最重要的次序：

（1）宇宙起源序　　　　　　　水、火、木、金、土
（2）相生序　　　　　　　　　木、火、土、金、水
（3）相克序　　　　　　　　　木、金、火、水、土
（4）"现代"序　　　　　　　　金、木、水、火、土

　　宇宙起源序应该是"五行"产生的次序。它由水开始，因此在中国文章中重复循环出现"水"是最原始的元素。相生序应该是"五行"一个使另一个产生的次序。它与四季的次序相对应。以"木"代表春为开始，"水"代表冬结束（土对应位于夏秋之间的一个月份）。

　　相克序描述了每一个"行"克其前一个"行"的次序。在某种意义上，它是四种次序中最值得尊敬的一种，因为它是与驺衍本身的学说联系起来的一种次序。它是基于一种根据每日的科学事实形成的概念的逻辑次序产生的一个序。例如："木"克"土"大概是由于一种木铲可以挖土。"金"克"木"是由于金属能够切割木头。"火"克"金"是由于火能使金属熔化甚至使其汽化。"水"克"火"是由于水能够灭火。最后，"土"克"水"是由于土能筑坝挡水还能掩盖水——这个很自然的隐喻对研究水力灌溉和水力工程学的人有很重要的意义。这个次序也对政治观点有重要意义。它被作为历史现象的解释提出来，而且被暗示会运用于将来，因此对预言很有用。最后，是"现代"序，是最难理解的。可是，这个次序是流传到现代中国人的口语中的。每个人仍在学"金、木、水、火、土"，即使在托儿所的诗歌里也是。

　　在排列次序中还包含了两个有趣的二级原理，有关变化程度的原理。它 152 们是控制原理和隐蔽原理。控制原理是单独从相克序中导出的，同时，根据这个原理，克的过程被认为是受征服着征服者的那个"行"的控制的。例如，"金"克"木"但"火"控制这个过程；"火"克"金"但"水"控制这个过程等等。这个原理在命相学中被运用，不过虽然如此，中国人在运用这一原理时完全遵循了逻辑思维途径，在我们看来，这种思维方式可适用于经验科学的许多领域。例如，在动物种类的生态平衡方面，丰富的掠夺他人的形式，其次序是根据动物的形体大小和生活习性的；比如一种特殊的鸟的数量的增长会间接地对一种蚜虫的数量增加有益，因为鸟的数量增长对瓢虫有细微的影响（相克），这种吃蚜虫的瓢虫本身是鸟的食物。

　　中国的控制原理当然会被批评，因为作为一个循环的过程，任何事情都

不会发生,因为每一个"行"总是抑制着另一个。可是,中国人从来没有以为"五行"会在同一时刻任何地方有效地出现,所以这种批评只是形式上的。控制原理既然与相生序和相克序有关,所以结果必然是控制的那个"行"永远是由被克的那个"行"所生的,而且这一系统一直延续。例如,"木"克"土"而受制于"金",但"土"生"金",所以就有了有义务的反馈。当儒家接纳了这个概念以证明父仇子报时,这个概念产生了社会影响。可是它的基本含义是具有科学性的。正如我们在古代炼金术中所知,某种物质对另一种物质产生破坏作用的同时,自身也受到了变化或破坏。这个概念与我们现代的化学很相似。反应的积聚造成化学反应的停止便是一个例子。生物化学告诉我们更多。人类肌肉中的收缩性蛋白质之一,肌浆球蛋白,就是它本身的含磷酵素结晶物分解了能提供给它能量的物质。

第二个原理,隐蔽原理,是以相生序和相克序为基础的。它提到了一个变化过程被一个产生比原过程毁掉的物质更多物质或是比原过程更快的过程隐蔽、掩盖的情况。因此,"木"毁(克)"土",而"火"隐蔽了这个过程,因为"火"毁了"木"使"土"(灰)远比被"木"毁了的"土"迅速地增长。与控制原理一样,有现代的生物学和生态学的例子证明:大型食肉动物吞食挪威旅鼠的行为被其他因素导致旅鼠数量急剧增加的现象所掩盖。

注意到在这些原理中潜藏着一个量化的因素是很重要的:结论与数量、速度和率(速率、比率)有关。这可能是由因排列次序本身轻易引出的问题引起的,因为我们应该意识到早期的中国思想家对它们并不满意。例如从《墨经》中保存的一小段后来的墨家学者对阴阳家的批评我们可以看出这一点:

> 经云:"五行毋常胜。"
>
> 经说云:"五:金、水、土、木、火。离然火铄金,火多也。金靡炭,金多也。金之府水(但不生水)。火离木(但非生自木)。"

这些对驺衍的相克理论进行的抨击也许是对他对墨家学派逻辑研究的傲慢态度的反击,但是也同样作为墨家科学思想中有关"量"的示威途径。

符号的相互关系

"五行"逐渐变成与宇宙中被分为五类的任何可想象的事物有联系。表9列出其中的一些,不过应该了解这里只是一些精选品。

153

表9　符号的相互关系　　　　　　　　　　　　　　　　　　　　　154

行	时	方	味	臭	天干	地支,及其相属之生肖	数
木	春	东	酸	膻	甲　乙	寅(虎),卯(兔)	8
火	夏	南	苦	焦	丙　丁	午(马),巳(蛇)	7
土	一	中	甘	香	戊　己	戌(狗),丑(牛) 未(羊),辰(龙)	5
金	秋	西	辛	腥	庚　辛	酉(鸡),申(猴)	9
水	冬	北	咸	朽	壬　癸	亥(猪),子(鼠)	6

行	音	宿	宫	辰	星	气	国
木	角	1—7	苍　龙	星　日	木　星	风	齐
火	徵	22—28	朱　雀	地球	火　星	暑	楚
土	宫	——	黄　龙	宿	土　星	雷	周
金	商	15—21	白　虎	月	金　星	寒	秦
水	羽	8—14	玄　武		水　星	雨	汉

155

行	帝	阴　阳	事	政	部	色	器
木	大　禹	阴在阳或少阳	貌	宽　明	司　农	青	规
火	文　王	阳或太阳	视	明	司　马	赤	衡
土	黄　帝	阴阳中平	思	恭　力	君之宫	黄	绳
金	成　汤	阳在阴或少阴	言	静	司　徒	白	矩
水	秦始皇	阴或太阴	听		司　空	黑	权

行	虫	牲	谷	祀	脏	体	官	志
木	鳞(鱼类)	羊	麦	户	脾	筋	眼	怒
火	羽(鸟类)	禽	菽	炉	肺	脉	舌	乐 喜
土	裸(人类)	牛	稷	中庭	心	肉	口	喜
金	毛(哺乳类)	犬	麻	门	肾	毛　皮	鼻	哀
水	介(无脊椎类)	猪	黍	行	肝	骨	耳	惧

如果有人把相互之间的关系分成几组,就像表中列出的那样,仔细地分析可能使它看上去像是不同的组是由不同的学者组编写的。例如,尽管天文学组可能是早在公元前9世纪的,但它有一些确定的迹象说明是出自公元前4世纪的伟大天文学家甘德之手,也很可能是在甘德三个世纪后的本家占星家甘忠可所为。其次,还有与驺衍有联系的阴阳家组编写的阴阳组和关于心理和生理机能的组别。最后是两组特别具有科学趣味的组别。一组是关于　　156原始农业,一组主要关于医学。有关农业组的令人惊讶的一点是在其中关于

谷类的列表上没有包含稻米的内容,可是"米"出现在了医学组中(在此没有列出医学组),由此推测农业组学派发源于中国的北部,或是发源时间比较早。实际上,医学方面的哲学家们从很早开始就提出用一个六序列补充或是代替科学思想家的五序列。因此,人体中有六个而不是五个内在的"阳"和六个"阴",而且许多别的在分类时的例子也能在医学中找到。也许,这起源于六进制计算而非十进制的巴比伦尼亚;也许,五重规则只是中国固有的。

正如我们可能想象的,这些相互关系遇到了批评,有时是严厉的,因为它们导致了许多荒谬的事,就像公元1世纪的王充在《论衡·物势篇》所指出的:

> 寅,木也,其禽虎也。戌,土也,其禽犬也,丑、未亦土也。丑禽牛,未禽羊也。木胜土,故犬与牛、羊为虎所服也。亥,水也,其禽豕也。巳,火也,其禽蛇也。子亦水也,其禽鼠也。午亦火也,其禽马也。水胜火,故豕食蛇。火为水所害,故马食鼠屎而腹胀。

> 审如论者之言,含血之虫亦有不相胜之效。午(案:属火)马也;子(案:属水)鼠也;酉(案:属金)鸡也;卯(案:属木)兔也。水胜火,鼠何不逐马?金胜木,鸡何不啄兔?

王充的抨击只是中国的怀疑传统的一部分,这一点将在下一章中讨论,不过在这里引述是因为这是对相互关系以及整个"五行"学说的典型责难。

157 尽管有这样的批评,这些相互关系似乎在开始时对中国的科学思想有帮助。它们必定不比在欧洲中世纪思想中占优势的希腊的"行"的理论差,只有当它们变得过于精密和怪诞、过于远离了自然观察时,它们才确实是有害的。作为它们起积极作用的一个例子,这段出自沈括的《梦溪笔谈》(公元1086年)卷二十五的话是值得引述的。沈括,是中国历史上兴趣最广博的思想家之一,因此他对这个学说的运用是很有趣的。文中说:

> 信州铅山县有苦泉,流以为涧。挹其水熬之,则成胆矾。烹胆矾则成铜。熬胆矾铁釜,久之,亦化为铜。水能为铜。物之变化,固不可测。

> 按黄帝素问,有天五行,地五行。土之气在天为湿。土能生金、石,湿亦能生金、石。此其验也。

当然沈括对化学变化有明确的理解,因为同其他人一样,当时他完全接受了"五行"学说。同样的时期以及以后一直到17世纪,在欧洲,沈括所描述的化学反应被认为是变质的迹象。实际上,他的描述说明了他是一个很好的观察者,而且他的描述很可能是任何语种中有关由铁置换金属铜使其沉淀并有硫酸铁生成的最早记录。

数目学和科学思想

在我们结束对"五行"系统的讨论前,有两个中国阴阳思想的重要例子必须提及。它们都是记录在《大戴礼记》中的。《大戴礼记》是产生于公元85—105年间的一本汇编物,尽管引文所注的日期是公元前2世纪。头一篇写道:

> 单居离问于曾子曰:"天圆而地方者,诚有之乎?"曾子曰:"离,而闻之云乎?"单居离曰:"弟子不察此,以敢问也。"
>
> 曾子曰:"天之所生上者,地之所生下者。上首之谓圆,下首之谓方。如诚天圆而地方,则是四角之不掩也。且来,吾语汝。参尝闻之夫子曰:天道曰圆,地道曰方。方曰幽,而圆曰明。明者吐气者也,是故外景。幽者,含气者也,是故内景。故火、日外景,而金、水内景。吐气者施,而含气者化。是以阳施而阴化也。"
>
> 阴阳之气各静其所,则静矣……
>
> 毛虫,毛而后生;羽虫,羽而后生。毛、羽之虫,阳气之所生也。介虫,介而后生;鳞虫,鳞而后生。介、鳞之虫,阴气之所生也。唯人为倮匈而后生也;阴阳之精也。
>
> 毛虫之精者曰麟,羽虫之精者曰凤;介虫之精者曰龟,鳞虫之精者曰龙。倮虫之精者曰圣人。

158

这一段文字作为下一段的一个介绍是很有意义的,尤其是提到了圣人是"倮虫之精"。这确实最好地证明了中国思想是拒绝把人从自然中分离出来或是把个人与社会人分开来的。其中也包含了一个即使是现代进化论者也无法说得更好的观点,这就是在低级生物活动中看到的基础力量和在较高层次中能发展人类社会道德生活的最高表现的那些基础力量是一样的。第二段文字几乎全是关于生物学:

159

> 子曰:"夫易之生人、禽、兽、万物、昆虫,各有以生。或寄,或偶,或飞,或行,而莫知其情。惟达道德者,能原本之矣。"
>
> 天一、地二、人三。三三而九。九九八十一。一主日。日数十。故人十月而生。
>
> 八九七十二。偶以承奇。奇主辰。辰主月。月主马。故马十二月而生。
>
> 七九六十三。三主斗。斗主狗,狗三月而生。……
>
> 鸟、鱼,皆生于阴而属阳。故鸟、鱼皆卵。鱼游于水,鸟飞于云。故冬,燕、雀于海,化而为蛤。万物之性各异类。故蚕食而不饮,蝉饮而不

食。蜉蝣不饮不食。介鳞,夏食冬蛰。龁吞者,八窍而卵生。咀嚼者,九窍而胎生。

这里,可见阴阳家,或者是这段话的作者,都不仅对自然的观察很仔细,而且他们的观察结果局限于数字神秘主义的结构中。这些神秘主义的影响已经很明显地出现在符号关联的表中(表9),而且它似乎在很长一段时间里产生了一种吸引力,尽管它产生于公元前3世纪,或是更早一点,它在12世纪这么迟的年代中还是很活跃。这些在我们对中国科学观念的评价中必须予以重视。

160 阴阳学说

迄今为止,比起阴、阳这两个基础力量,我们更多地在谈论关于"五行"和它们的符号关联。这仅仅是因为我们对"五行"的了解比对阴阳的了解多。尽管驺衍的学派被称为阴阳家而且后来的书中讨论时也把这归为他的成果,阴阳这个概念并没有出现在他现存的文章中。不过,我们基本可以确定阴阳的哲学用途始于公元前4世纪,而在更早的文章中出现的有关篇章则是后来插入的。

一些有关阴和阳的事实是清楚的。我们知道,例如中国文字中的阴和阳与黑暗和光明有关。"阴"字图解为山(山影)和云,"阳"字的形象有阳光或在阳光中飘动的旗帜的意思(尽管后面的也许是代表一个人手执一只象征天的穿孔的玉璧,这个玉璧也可能是最古老的天文仪器)。这些是与《诗经》这本古代民间诗歌集中的字的用法相适应的。在这里,"阴"引出了冷、云、雨、女性、如储存夏天用的冰的地窖中的黑暗等概念。相反,"阳"则引出了阳光、温暖、春夏、男性以及明亮等概念。"阴"和"阳"也有实际的意义:"阴"是山或谷有阴影的一面,"阳"则是有日光的一面。

它们被明确使用为哲学术语出现在公元前3世纪的《易经》中(《易经》我们后面将作详细讨论)。在这里,似乎是宇宙中只有两种基本力量或作用,有时一个占有优势,有时另一个占有优势,作波浪式的交替。除了《易经》别的书中也有提及。例如,公元前4世纪,《墨子》中有两处提到,一处说"凡回于天地之间,包于四海之内,天壤之情,阴阳之和,莫不有也",另一处说"(圣王)节四时调阴阳而露也"。《道德经》中说:"万物负阴而抱阳,冲气以为和。"

当我们前进到公元前2世纪汉儒时期,我们可以发现一些特殊的评论。董仲舒在《春秋繁露》中说:

161   天有阴阳,人亦有阴阳。天地之阴气起,而人之阴气应之而起。人之阴气起,而天之阴气亦宜应之而起。其道一也。明于此者,欲致雨则动阴以起阴,欲止雨则动阳以起阳。

我们不久将会发现《易经》中包含了一些极为重要的材料,这些材料赋予了我们对于中国科学思想更深刻的认识,可是由于阴和阳是这个课题最基础的部分且它们有着数目众多的附属物,我们最好还是在这里对阴阳这个方面予以重视。《易经》中包含了一系列总共64个由或断或连的六条线组成的符号,这些符号与阴、阳相关联。每一个六线形符号主阴或是阳,经适当的排列,由此推出共64个阴阳交互的卦。图23对此作了个例子来说明阳是如何一分为二,再为四,再为八然后一直到六十四个阴阳交互存在的。当然,这个过程并不会就在那儿停止了,六十四可以延伸到一百二十八,然后一直到无限。阴和阳从来不会完全地分离开来,但是在每一个程度、任何一个小断片中,只有一个会明显地显现出来。现在这个理论具有相当多的科学趣味,因为这一次又一次地分开两个因素、使一个占优势而另一个成为隐性的理论与现代科学思想有着相似之处,例如在遗传学中。所以我们再次有了与假定的五行相互关系的对等物——它们和只在我们的时代里能看到的对自然的有效运用的想法是一样的。简单扼要地说,现代科学所看到的一些构成世界的元素是中国早期哲学家的预想预言到的。

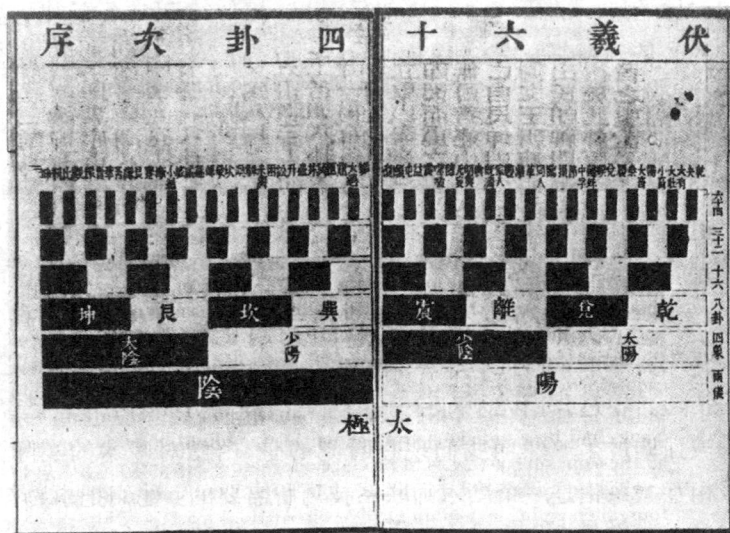

162

图23 《易经》的卦("伏羲六十四卦次序")的分离表［采自朱熹的《周易本义图说》(12世纪),曾在胡渭的《易图明辨》卷七和别处被翻印。阴和阳是分开的,但正如第二次分开时所出现的那样,每一个都含有其处于"隐性"状态中的对立面的一半。这个过程没有逻辑终点,但此处只继续到六十四卦的阶段为止］

"联想"思考及其重要性

我们现在到达了我们能够看到中国的有关两个基础原理——阴阳和"五行"——的科学观念的程度。基本地,阴阳是由人类本身性经验的正负投影推出的,而"五行"则被认为是为每个物质和每个过程的理由而产生的。受五元系统影响的宇宙中的每一个事物都是与"五行"相联系的,但是,由于不是每一个事物都能被纳入五元的系统的,有的只能被纳入其他数目的系统(如四元、九元、二十八元等)。这广阔的研究门径产生了中国思想的另一个方面——神秘数目论。它的主要目的是找出繁多的用数字表示的门类之间的关系。

大部分欧洲学者把神秘数目论看作是纯粹的迷信,并且声称它阻碍了中国真正的科学思想的发展。一些现代的中国科学家也倾向于类似的观点,不过至少他们还有必须面对数千个未受任何现代科学观点训练、却仍认为中国古代思想系统仍是有可取之处和生存能力的中国传统学者的借口。可是我们并不关心这个最后的问题以及有能力进行自我现代化的中国社会的现代化,我们必须发现古代传统的思想体系是否单单只是迷信或只是一种原始的思想,它是否可能包含了一些中国文明的独特产物,如果有,它是否对别的文明产生了一些积极的影响。

一项对原始魔术的研究显示这似乎是以"相似律"和"蔓延律"这两项定律为基础的。依照"相似律",相似可产生相似,而"蔓延律"是指曾经接触过的事物分开后仍然继续互相影响。而中国的五元符号相互关系正是建立在这两项定律上的,而且与这两项定律完全吻合。我们立即得出这样一个有关它们巨大的相互关系列表的主题的提示,它是魔术的。这些我们现在不需要详细地讨论,因为我们早已经注意到开始是魔术孕育了科学而且最早的科学家很可能是魔术师。毕竟,尽管魔术产生于神秘生活的种种裂缝并在生活中获取力量,然后它结合入了常人的生活并为其服务。魔术倾向于真实具体,它与真实有关。的确,魔术与技术、化学和工业有着同样的功效,它是一门"做事"的技巧。不过我们无须对这一点作更详细的分析,因为它已经在道教的章节中被强调过了。然而我们现在看到的是,由于对魔术的实际强调,中国的符号相互关系正是一个魔术师联系技巧所需要的:他们把事物排入一个顺序并在没人知道什么将会带来成功、什么不会出现在任何魔术或实验过程中。一定是有什么指南在引导魔术师选择正确的条件而且是符号间的相互关系提供了这个指南。如果一个人在利用水做实验或是变魔术,他自然就不会穿红色的衣服,因为红色是火的颜色。这样的关联可能只是直觉而并非其他什么东西,可是除此之外在当时他们又能怎样呢?

　　现代学者把这类心理上的研究门径称为"联想思考"或是"同等思考"。这是一个直觉联想系统,它有自己的逻辑和因果规律。它不是迷信,而是一个有它自己的标准的完全合理的思想系统,不过当然,它与强调外在原因的现代科学思想特征的类型是不同的。它不把自己的思想分为一系列的等级而是平等地排列在一个"图案"中。其中事物并不是通过机械原因相互影响而是通过一种感应效应。

　　在我们讨论的中国思想中,"次序"和"图案"是两个关键词,或者你也可以说只有一个关键词"有机体",因为符号间的相互关系、联系,《易经》中的六线形都是一个巨大整体的一部分。事物以一种独特的方式进行活动并不一定是因为别的事物先前的行动如何,而是主要因为它们在千变万化的循环的宇宙中所处的位置被赋予了内在的性质,使其行动身不由己。如果它们没有按照那独特的方式进行活动,它们就会失去自己所处的位置而与其他事物的联系(那些造就了它们的要素)将会改变并会把它们变为另一种东西。它们的存在依赖于整个世界有机体,它们通过一种神秘的共鸣进行相互作用。

164

　　没有什么地方比董仲舒对这方面的解释还要好的了。在公元前 2 世纪的《春秋繁露》中的"同类相动篇"中我们看到:

> 今平地注水,去燥就湿。均薪施火,去湿就燥。百物去其所与异,而从其所与同。故气同则会;声比则应。其验皦然也。试调琴瑟而错之。鼓其宫则他宫应之,鼓其商而他商应之。五音比而自鸣,非有神,其数然也。
>
> 美事召美类;恶事召恶类。类之相应而起也。如马鸣则马应之。
>
> 帝王之将兴也,其美祥亦先见;其将亡也,妖孽亦先见。物故以类相召也。故以龙致雨,以扇逐暑……
>
> 非独阴阳之气,可以类进退也。虽不祥,祸福所从生,亦由是也。无非己先起之,而物以类应之。

165

　　董仲舒所用的分类包容了宇宙中各种可适应于五元系统或其他的数字系统的事物。有趣的是,他用弦乐器的听觉共鸣来使那些对声波一无所知的人信服,并证明了他所说的宇宙中同类的事物共鸣或相互作用、活动的观点。当然,他提出的并非是最原始的、认为任何事物都能影响任何别的事物的观点,而是主张万物通过可选择的相互作用紧密地结合而成为宇宙的一部分。的确,对于董仲舒和他的继承者来说,事物间的因果关系是十分特别的,因为它是一种层状结构而并非是随意偶然的。任何事物都不是独立的，可是任何事物也都不是由机械原因造成的。宇宙中的有机体都有自己适合的位置并且按照一个永恒的、戏剧性的循环进行活动。如果一个事物掉了队，那么它将终止存在。但事实上，从来没有一个事物掉队。在此，就如在中国思想的其他地方一样，文章说明了这种自然过程的规律性被猜想为团体生活的一种相互适应而不是像政府的法律那样的东西。不仅在人类的关系中，在整个自然界中都存在着"给予"和"接受"，以礼相待而不是在单调的力及其程序中相互争斗。在妥协中找到解决。

假如所有这些真实深刻地表明了中国的世界画面中的一些东西——有许多事让我们相信它们确实表明了——那么五元关系就是思想系统的一个理论图解，而且汉代以及以后的学者并没有深陷于"原始思想"的泥沼中。在真正的原始思想中任何事物都能是其他事物的"因"：任何事都是可信的；没有一件事是不可能的或是荒诞的。假如一艘汽船比一个小港通常的船多了一个烟囱并且随后出现了传染病，那么这艘汽船的出现将会和其他事物一样被认为是传染病发生的原因。而当事物被分类后，由于它们在一个五元系统中，那么事物就不会被随便认为是任何事物的"因"了。

脑中有了这样的思想，我们就得出了原始真理发展有两条途径这样一个结论。一条希腊人选择的途径是以对宇宙的机械解释的方法对因果关系的概念加以精炼的，就如德谟克利特（Democritus）的原子论。另一个途径是把宇宙万物万事系统化、结构化，以协调各个部分之间的相互作用与影响。以希腊人的世界观来看，如果一种物质在某一时间占据了某一地方，那是因为另一种物质将它推向那儿。而后一种观点则认为，这种物质的行为是由它与周围其他物质的共同作用力所主宰，即物质行为的动因不是单一的反应力，而是环境的共力。

希腊德谟克利特学派的方法可能是现代科学所必需的前奏，但那并不意味着将中国人的观点批评为纯粹的迷信是正确的。属于同一类的事物会相互感应或相互作用这个思想，在希腊也有呼应者。例如，亚里士多德声言，宇宙有三种运动：空间运动为同类相吸；生长运动为同类相互营养；质的变化则是同类相互影响。这种思想以及与之相同的思想，反映了希腊最古老哲学家的自然现象中的"爱"与"恨"的思想。但这儿必须强调的是，当希腊思想作为一个整体来说后来偏离上述观点而走向机械的因果观念之时，中国的思想却发展为一种有机的观念。认为中国人对于宇宙的看法是原始的，这实在是一个错误,而且是严重的错误。我们的宇宙是一个精确有序的宇宙,既不受某个至高无上的造物主的法令所主宰,也不由原子的无情的碰撞所左右,它是各种意愿的有机的协调统一,自发而又有序,颇像乡村舞蹈者,他们谁都不受法则约束,谁都不被别人所推动,而是自愿地相互合作。如果月亮在某一时间存在于某一星系,这不是因为任何人命令它这么做,也不是因为它在服从某个可以用数学来表达的规则或孤立的动因。月亮在那儿出现是整个宇宙有机体的自然模式使然,而不是任何其他原因。回顾整个时间长河,我们在德谟克利特观点的结尾处看到的是牛顿的世界,但我们却没有发现中国思想感情有类似的断层。继之而来的是现代的"有机哲学",它源自 20 世纪的数学家和哲学家怀特海(A. N. Whitehead),对此"有机哲学"我们将在稍后再作论述。

　　传统中国思想与被普遍接受的现代科学之间的对立,在彼此对于数字的使用方面表现得非常明显。正如我们所应看见的,大量值得赞扬的数学成就当然是产生于中国,但我们在此讨论的问题是中国的数字神秘主义或与他们的关联式思考相联系的数字论。这种数字论正如埃及的金字塔所代表的 19 世纪的联想一样——那里通道的交叉及长度都被视作未来事件的日期——为现代科学思想所不取,它在中国似乎也没有多少科学价值,但同等重要的是,它似乎也并没有产生什么负面影响;事实上,我们可以断言,甚至最夸张的五行与数字的联系也以其自己的方式存在过。显然他们在中国科学思想感情的发展中起过作用,正如欧洲曾出现使用法律程序审判动物这样的过分情形是"自然法则"观念的前奏。

167

　　东西方的时空观也是不同的。对于古代中国而言,时间不是一个纯粹抽象的量,而是被分成不同的季节,每个季节又有各自的节气。不过,延续性也是有的,因为时间只以一个方向流动,而且在中国从未有任何倾向采用印度哲学家的时间循环说,即使印度的信仰在中国是有所知的。空间并不是一种向全方位延伸的抽象统一体,而被分成了东、西、南、北、中各个不同的领域,各自又与时间和五行相关联。东方永远与春天和木有关联,南方与夏天和火,等等。这种分隔的世界与伽利略及牛顿将几何空间和宇宙重力延伸到整个宇宙之前的中世纪欧洲十分相像。

　　对于古代中国而言,事物之间主要是互相联系的关系而不是因果关系。正如董仲舒在公元前 2 世纪所说:

　　　　天之常道,相反之物也不得两起。(阴与阳)并行而不同路,交会而各代理。此其文。

宇宙是一个庞大的有机体,有时这个分子占主导,有时那个分子占主导,各个部分都以完全的自由互相合作互相服务。

在这样的一个系统中,因果关系不是各个事件之间的关联,而颇像现代生物学家所称的哺乳动物的"内分泌乐队",在这个"乐队"里,虽然所有的内分泌腺都在工作,却不容易发现哪一种因素在起领导作用。我们应该清楚,当考虑哺乳动物,甚至人类本身的高级神经中枢方面的问题时,现代科学需要这种"内分泌乐队"观念。但若撇开现代科学,很清楚,这样一种因果观念,即承上启下的观念依附于互相依赖的观念,统治了中国思想。

中国与西欧的元素理论及实验科学

中国的观念对西方科学的直接影响可能超过人们的估计。20世纪以来对宇宙的更好理解,即是视宇宙为自然的有机体来修正牛顿的机械的宇宙观。这是一场运动,它代表了这样一种倾向,即开始使用在自然科学及世界观研究中所用的各种现代的调查研究之方法。在生物学方面,它已终结了一场有关有机体究竟是由机械力所驱动还是从其他生物遗传而来的无谓的争论。然而,如果追溯这场运动的起源,可以发现,它不是开始于20世纪而是17世纪,发起者应该是哲学家及数学家莱布尼兹(G. Leibniz)。作为牛顿的无穷小微积分的共同发现者、现代象征主义逻辑的创始人,他想要设计一种将物质与形式相结合的运动科学。这最终导致他提出这样一种思想——宇宙中最最终极的存在是单原子元素,一种心理物理元素。单原子元素是不可摧毁的,与其他单原子元素没有因果联系,而是在它们自身的内部变化着。在宇宙初创之时,所有单原子元素是在一种预先建立的互相协调中完全同步生成的,之后各个元素自发地映现出所有变化着的存在,而不受一种反映中国自然观的哲学,尤其是当我们发现莱布尼兹在写给他的同时代人的一封信中提到,在植物的生长过程中,它现在的状况一定与它将来及过去的状况有关。因此有必要认识到莱布尼兹确实研究过12世纪朱熹的新儒家学派的翻译作品中的中国思想。事实上,这种引进的中国思想很可能对莱布尼兹制定他的哲学计划有现实的帮助。既然生物体的现代西方哲学观以莱布尼兹为主要奠基人,那么它也应承认中国科学思想所作的贡献。

然而,欧洲的有机宇宙观有一个方面可以追溯到莱布尼兹之前,那就是微观宇宙和宏观宇宙的思想,它包括许多与中国关于宇宙形态的思想相同的观点,但它从来没有在同等程度上主宰过这种思想。西方观点有两个方面:一方面宇宙与人体之间在各个部分都存在具体的对应;另一方面人体与其存在的状态相对应。这个思想最初似乎在公元前4世纪由柏拉图和亚里士多德提出,后者是第一个使用"微观宇宙"一词的人。在他的《物理学》书中,他写道:

> 如果这能在生物身上发生,什么会阻止它也在宇宙中发生?因为如果它能在微小的世界中发生,它也会在宏大的世界中发生。

希腊的斯多葛学派继承了柏拉图之所创,他们论争道,世界是一个有生命的理性的存在,其中当然有人与自然的具体的对应,到公元1世纪,罗马哲学家与政治家塞涅卡已明白地指出,大自然就像人的身体,河流与静脉相对应,地质物质与肌肉相对应,地震对应于人体的痉挛,等等。

这个观点一直持续到上古及中世纪的欧洲,虽曾有基督教神职人员反对它。它还渗透到伊斯兰教,出现在10世纪巴士拉城的"精诚兄弟会"的百科全书中,甚至在文艺复兴及现代科学来临以后,某些16及17世纪的自然哲学家仍然持有这种观点。例如帕拉采尔苏斯学派的医生及神秘主义者罗伯特·弗卢德,设立了如下的对立:

热——运动——光明——扩张——稀薄
冷——惰性——黑暗——收缩——浓厚

这个例子在中国阴阳学说中则比比皆是。著名的教士布鲁诺(他在1600年被焚死),也将宇宙视为一个有机体,并说太阳与地球的性交产生了所有的生物。但这些观点似乎是源自毕达哥拉斯,希腊公元前5世纪神秘主义者及数学家,而不是源自柏拉图,不论中国思想可能带来什么样的影响。

在犹太思想中也发现了这种观点,事实上,这种观点已传播得非常广以致人们想要寻找它的共同来源,追溯到毕达哥拉斯以及中国自然主义者之前的同时带有东、西方文明的思想源头。这样的源头或许可能在巴比伦幼发拉底河与底格里斯河流域的文明中找到。如果说在巴比伦的焙陶经文里找不到证据,那么这种思想可能不在经文里而在实践中,尤其是在占卜所用的方法中。巴比伦有一种广为传播的习俗,用部分或整个祭祀的牲畜来预告未来;在中国商朝,正如我们已知的,是用乌龟壳或牛和鹿的肩胛骨;伊特拉斯坎人及罗马人是用肝脏,而那正是巴比伦人更早使用的。在这个习俗的后面隐藏的是这样一种理论,即天和牲畜的各个部分可以分成各个区

170

域,而未来的命运可以在这些区域的迹象中发现:事实上牲畜就是一个微型宇宙。空间和时间被分成独立的成分,预示着之后空间和时间的所有科学分隔,而在空间领域,小和大——小宇宙和大宇宙——互相反映、互相对应。

欧洲和中国的观点可能有各自的起源,但它们肯定呈现出某些相同点,然而也有一些根本性的不同。在欧洲,原始的有机自然主义伴随着一个次要的相似观点,"状态小宇宙—大宇宙类比",而两者都显示了欧洲"精神分裂"的特性——既要思考物质世界又要思考宗教精神。造物主上帝永远必须是机器后面的至高推动力:动物的有机体可以被对应到宇宙,但对神的信仰意味着永远要有一个"指导原则"。这是一条中国人显然不愿走的路。对于他们来说,之所以可用生物或宇宙的各部分来解释观察到的现象,是因为有一种"意愿":各个部分是自发地互相合作,甚至是无意识的,而仅这一点就足够了。因此,有机宇宙说有两个传统,两者走着各自不同的路。直到 17 世纪,当莱布尼兹欧洲小宇宙—大宇宙观念的继承人,在北京与耶稣会士交流时,中国味道的观点才传入西欧并开始发挥影响。

我们现在该问五行学说是不是自然科学在中国发展的障碍?当然,正如我们已知的,五行学说可能导致荒谬,但这并不比欧洲的占星术与西方元素171 理论相结合的身体幽默更荒谬。回顾历史,我们可以看到阴阳五行说并不总是不科学的。例如,五行之元素很好地对应了我们今天所称的物质的五种基本状态。我们可以把水视为所有液态,火为气态,同样,金可以包括所有的金属及半金属,土为所有的土地元素,而木则可代表所有的碳元素复合物,即有机化合物。无论如何,我们应该永远记住"元素"这个词作为"行"的翻译从来就是不能令人满意的,因为"元素"的含义太物质化,而"行"在一开始就清楚表达了它具有运动的意思。但"过程"或"状态"也不是"行"的确切译词,因为"行"并不是没有物质的含义。如果任何人企图嘲笑中国人这些思想的执著,他们不要忘了在 17 世纪的欧洲,新科学的拥护者不得不艰苦地与那些想要紧紧抱住在亚里士多德的著作中被认为神圣的古希腊宇宙观。不过,在那个时代,亚里士多德的思想是先进思想的先驱;只是因为时间的推移,它才显得落后,最后不得不被宗教改革和文艺复兴所驱逐。中国的思想也是一样的:阴阳五行学说总的来说有助于科学思想的发展;唯一的问题是它们持续得太久:中国没有宗教改革,没有文艺复兴。

但当一切都讨论过后,可以很好地证明,至少小宇宙—大宇宙观念对西欧的新科学是有所贡献的。威廉·哈维的血液循环的发现并不完全建立在

表10 《易经》中八卦的意义

	1	2	3	4a	4b	5	6	7	8	9	10	11	12	13	14	15	16
1	☰	Chhien	乾	♂	父阳	龙、马	天	金	南	西北	季秋	上半夜	君主	深红	头	存在、力量、武力、扩张性	施与者
2	☷	Khun	坤	♀	母阴	牝马、牛	地	土	北	西南	季夏 孟秋	下午	人民	黑色	腹	驯良、生活营养、方、形状、固结	接受者
3	☳	Chen	震	♂	长子	奔马与飞龙	雷	木	东北	东	春	早晨	青年	深黄	足	运动、速度、道路、竹笋	鼓励、刺激
4	☵	Khan	坎	♂	次子	猪	月和淡水(湖)	水	西	北	仲冬	午夜	盗贼	血红	耳	危险、险峻、弯曲物、轮子、精神异常、深渊	流动(特别指水)
5	☶	Kên	艮	♂	少子	狗、鼠和大嘴鸟	山	木	西北	东北	孟春	黎明	看门人	—	手和指	关隘、大门、果实、种子	保持固定地位
6	☴	Sun	巽	♀	长女	母鸡	风	木	西南	东南	季春 孟夏	早晨	商人	白色	大腿	缓慢稳定的工作、树木的生长、生长力、经商才能	渗透、温和、连续操作
7	☲	Li	离	♀	次女	雉、蟹、蜗牛、龟	闪电(和太阳)	火	东	南	夏	正午	女战士	—	眼	武器、枯树干、旱、明亮、紧靠着火和光	爆燃、依附

173

（续表）

1	2	3	4a	4b	5	6	7	8	9	10	11	12	13	14	15	16
8 ☱	Tui	兑	♀	幼女（妾）	绵羊	海和海水	水和金	东南	西	仲秋	黄昏	女巫	—	口和舌	反影和镜像、消失	静穆、快乐

说明：

第1栏：构成为卦的爻的组合。

第2栏：卦名的罗马拼音。

第3栏：卦名。

第4a、4b栏：卦的"性别"。

第5栏："亲族"中的相关地位（摘自《说卦》第十节）。

第6栏：相关的自然物体或"徽号"（摘自《说卦》第十一节）。这个表很重要，因为表11中的六十四卦通常是以这些名词来描述的。例如，第三十九卦"蹇"是由（八卦的第四卦）"坎"在（八卦的第五卦）"艮"之上组成的，即

淡水（湖）
山

第7栏：相关的元素（五行在这里必须包括八卦）；L＝闪电（lightning）；WW＝风（wind）；M＝山（mountain）；T＝雷（thunder）；E＝地（earth）；H＝天（heaven）；Sw＝海水（海）[sea-water(sea)]；Fw＝淡水（湖）[fresh-water(lake)]。这个表显示了大部分附录与自然主义学派的关联。摘自《说卦》第十一节。

第8栏：根据"更古的"先天或先天系统的相关罗盘方位。

第9栏：根据"较晚的"后天和文王系统的相关罗盘方位，系《说卦》第五节所给出。

第10栏：相关的季节。

第11栏：相关的日夜时间。

第12栏：相关的人物类型（摘自《说卦》第十一节）。

第13栏：相关的颜色（摘自《说卦》第九节）。

第14栏：相关的人体部分（摘自《说卦》第七节）。

第15栏：卦的主要概念或"效能"（大部分摘自《说卦》第十一节）。

第16栏：卦的次要抽象概念。

在表11中，这些自然物（体）是用下列缩写字来表示的：H＝天（heaven）；E＝地（earth）；T＝雷（thunder）；Fw＝淡水（湖）[fresh-water(lake)]；M＝山（mountain）；WW＝风（wind）；L＝闪电（lightning）；Sw＝海水（海）[sea-water(sea)]。

表11 《易经》中六十四重卦的意义

	1	2	3	4	5	6	7	8 Legge	9 H.W	10 R.W
1	䷀	Chhien	乾	H/H	天、父系的、干燥的、男的	天、君主、父亲、等等、命令、控制	施与者	57	—	1
2	䷁	Khun	坤	E/E	地、母系的	地、人民、母亲、等等、支持、包含、温顺的、附属的	接受者	59	—	6
3	䷂	Chun	屯	Fw/T	萌芽	开始的困难、"反起动"[1]	减慢一个进程开始的因素	62	—	10
4	䷃	Mêng	蒙	M/Fw	覆盖	年幼无经验[2]	发展的初期	64	—	14
5	䷄	Hsü	需	Fw/H	需要、增长	拖延政策[3]	停止、等待	67	—	17
6	䷅	Sung	讼	H/Fw	诉讼	斗争、打官司[4]	程序的对立	69	—	20
7	䷆	Shih	师	E/Fw	军队、将军、教师	军事[5]	有组织的行动	71	—	23
8	䷇	Pi	比	Fw/E	集合	联合、一致	凝聚	73	—	26
9	䷈	Hsiao Hsü	小畜	WW/H	饲养	用温和的手段调整创造力、驯养	较轻的抑制	76	—	29
10	䷉	Li	履	H/Sw	鞋、踩踏	用谨慎的行动得到冒险的成功、纤弱的步伐	缓慢的前进	78	—	32
11	䷊	Thai	泰	E/H	兴旺的	春天的温暖、太平(在未来代替进而指进步的社会时期之一)	向上的历程	81	—	34

175

（续表）

1	2	3	4	5	6	7	8 Legge	9 H.W	10 R.W
12 ䷋	Phi	否	H/E	不好	秋天的开始（在宋代进而指衰退的社会时期之一）	停滞或倒退	83	—	38
13 ䷌	Thung Fen	同人	H/L	词义是在一起的人	联合、社团	集合的状态	86	—	40
14 ䷍	Ta Yu	大有	L/H	词义是富有很多	财产丰富、富裕	更大的丰富	88	—	43
15 ䷎	Chhien	谦	E/M	谦恭	隐藏的财富、谦虚	卑下中的高尚	89	100	46
16 ䷏	Yü	豫	T/E	愉快	和谐的兴奋、热情、满意	鼓舞	91	—	49
17 ䷐	Sui	随	Sw/T	跟随	随从	继续	94	—	52
18 ䷑	Ku	蛊	M/WW	毒物	腐败社会中的麻烦工作[6]	腐化	95	—	55
19 ䷒	Lin	临	E/Sw	接近	权力的来临	接近	97	—	58
20 ䷓	Kuan	观	WW/E	观看	思考、寻找征兆[7]、让影响扩散	视界、视觉	99	—	60
21 ䷔	Shih Ho	噬嗑	L/T	咬[8]；话声	群众、市场、法院、刑法	咬和烧透	101	—	63
22 ䷕	Pi	贲	M/L	光明	装饰的	装饰、式样	103	—	66
23 ䷖	Po	剥	M/E	剥皮、剥夺	坠落、倾覆、瓦解，像是一座房屋仅由屋顶维持着（卦的象形表达）	不聚合、散开	105	—	69
24 ䷗	Fu	复	E/T	回复	一年的转折点	回复	107	—	71

（续表）

1	2	3	4	5	6	7	8 Legge	9 H.W	10 R.W
25 ䷘	Wu Wang	无妄	H/T	不鲁莽,不虚伪[9]	不鲁莽,诚实不欺,无罪但有困难	意想不到的事	109	—	74
26 ䷙	Ta Hsü	大畜	M/H	饲养	被固定的和沉重的东西所压抑的创造力	较大的抑制	112	—	76
27 ䷚	I	颐	M/T	下颚	口(由此卦以以象形字体来表示)	营养	114	—	79
28 ䷛	Ta Kuo	大过	Sw/WW	超越	大大超过,奇怪但不一定不利[10]	较严重的不稳状态	116	5,118	82
29 ䷜	Khan	坎	Fw/Fw	坑[11]	峡谷的边沿,危险和对它的反应、下边,急流	流动	118	—	84
30 ䷝	Li	离	L/L	分离,离开	网眼(卦的象形表达)、附着于水火和光	爆燃,附着	120	112	87
31 ䷞	Hsien	咸	Sw/M	一切(但在此处当"感"用)[12]	相互影响,交织,追求	反应	123	—	91
32 ䷟	Hêng	恒	T/WW	永恒不变[13]	坚持	持续	125	—	93
33 ䷠	Thun	遯	H/M	隐身,隐蔽[14]	缩回,隐退	倒退(比第十二卦更甚)	127	—	96

（续表）

1	2	3	4	5	6	7	8 Legge	9 H.W	10 R.W
34 ䷡	Ta Chuang	大壮	T/H	巨大的力量[15]	巨大的力量	巨大的权力	129	—	99
35 ䷢	Chin	晋	L/E	上升、提升[16]	封建等级的提升	迅速的提升	131	—	101
36 ䷣	Ming I	明夷	E/L	被压抑的智慧[17]	对一个良吏的功绩缺乏鉴赏	变为黑暗、光的熄灭	134	4	104
37 ䷤	Chia Fen	家人	WW/L	家庭成员	一家或一户的成员	亲属	136	—	106
38 ䷥	Khuei	睽	L/Sw	分离	分裂和疏远	反对	139	—	110
39 ䷦	Chien	蹇	Fw/M	跛[18]	跛、制止	迟滞	141	—	112
40 ䷧	Chieh	解	T/Fw	解剖、解析	解开	解散、解放	141	108	115
41 ䷨	Sun	损	M/Sw	损坏、伤损、减损	免除过分、付税	减少	146	—	118
42 ䷩	I	益	WW/T	利益	资源的增加、增益	增加、附加	149	—	121
43 ䷪	Kuai	夬	Sw/H	叉子、解决、决定	突破、解除紧张、缓和	爆发	151	—	124
44 ䷫	Kou	姤	H/WW	交媾	向着邂逅、相遇、交媾前进	反应、熔化	154	—	127
45 ䷬	Tshui	萃	Sw/E	丛林、聚集	收集过程、人民团结在贤明统治者的周围	凝结、凝聚	156	—	130

（续表）

1	2	3	4	5	6	7	8 Legge	9 H.W	10 R.W
46	Shêng	升	E/WW	高升	一位好官的功业	上升	159	—	133
47	Khun	困	Sw/Fw	被围、苦恼	着迫、苦恼、惶惑	包围、疲惫	161	—	135
48	Ching	井	Fw/WW	一口水井	可靠性	源头	164	—	138
49	Ko	革	Sw/L	皮革	脱皮，因而是变化	革命	167	—	141
50	Ting	鼎	L/WW	三脚锅	（人才的）培养（据说是卦的象形表达）	器皿	169	—	144
51	Chen	震	T/T	震动、摇动、雷	运动着的刺激力量	激动	172	—	148
52	Kên	艮	M/M	限制[19]	稳定如山	不动性、保持固定位置	175	5	151
53	Chien	渐	WW/M	逐渐浸染[20]	缓慢而稳定的进展（如用浸泡和染透的方法引起的化学变化）	发展、缓慢而稳定的前进	178	—	154
54	Kuei Mei	归妹	T/Sw	词义为"归来"，"妹妹"	结婚[21]	结合	180	—	157
55	Fêng	丰	T/L	丰富（丰收）	繁荣	较小的丰富	183	—	160
56	Lü	旅	L/M	旅行、旅客	异乡人、商旅	游历	187	—	163

179

（续表）

1	2	3	4	5	6	7	8 Legge	9 H.W	10 R.W
57 ䷸	Sun	巽	WW/WW	温雅的	风的侵入	温和,透入	189	—	165
58 ䷹	Tui	兑	Sw/Sw	兑换	海,愉快	静穆	192	—	168
59 ䷺	Huan	涣	WW/Fw	广阔的,膨胀,不规则	涣散,与好事疏远	解散	194	—	170
60 ䷻	Chieh	节	Fw/Sw	竹节	期限、章节、有规则的划分、节制(对一般现象的)沉思,禁闭,沉默	有条理的限制	197	107	173
61 ䷼	Chung Fu	中孚	WW/Sw	词义为"中央",信任	衷心的诚意,国国王的权势	真理	199	105	176
62 ䷽	Hsiao Kuo	小过	T/M	稍微超过	少量过剩	较小的不稳状态	201	—	180
63 ䷾	Chi Chi	既济	Fw/L	词义为"完成","达到目标"	完满,成功的完成	完备、完美的秩序	204	—	183
64 ䷿	Wei Chi	未济	L/Fw	词义为"不完全",没有完全达到目标[22]	当一切尚未完成或没有成功地完成时的形势	紊乱,潜在的可能达到完成、完善和秩序	207	—	187

说明:

第1栏：构成为卦的爻的组合。

第2栏：卦名的罗马拼音。

第3栏：卦名。据认为，所有卦名都是从最常出现在卦的征兆中的那些字派生的。

第4栏：卦的特性表征，系依据组成该卦的两个与其相关的自然物体或"徽号"而命名的八卦，例如，第七卦，E/F_w，土在淡水之上；或第二十一卦，L/T，闪电在雷之上。

第5栏：构成为卦名的字的一两个比较常用的词义。

第6栏：卦的具体意义或社会意义。这些意义大部分是从《易经》本文和《象传》注释得出的。

第7栏：卦的抽象意义。这些意义表示卦从汉代以来就一直代表着的东西，并且表明经过中古时代直到这种传统的终结，具有原始科学的和科学的头脑的人对它们所采取的概念用法。

第8栏：表示参考理雅各[Legge (9)]的书的页码。

第9栏：表示参考卫德明[H. Wilhelm (4)]书中的解释的页码。

第10栏：表示参考卫礼贤[R. Wilhelm (2). vol. 1(德文版)]书中的解释的页码。

1) 此卦的经文包含着一种"开头难"的事情。结婚是一种"开头难"的事情。

2) 一切解释都与此卦的原义不同。此卦关系到《金枝》(163)的古老别名。它是一种类似于藤寄生的寄生植物。它的较普通名称是"女萝"和"兔丝子"。菟丝子(Cuscuta sinensis；见 B II，131，181，450，451；III，163)没有根是中国早期自然主义者很感兴趣的一件事，这在古文关于超距作用(和磁学)问题相关部分将要谈及。在更早期的时期，它无疑的是一种重要的神奇物体。寄生植物一向被广泛认为是神圣的[Frazer (1)]，韦利[Waley (8)]指出，经文一开头的"匪我求童蒙，童蒙求我"那"句话，不过是为了避免损害圣草的恶果的一句咒语。"年幼无经验"的观念起源于把这种植物当作是童子的一种自然就离题更远了。

3) 由于古代抄录者的疏忽，这个字未加上发音的偏旁，因此这里根据的是一种误解。在后文我们还将举出更多的例子。此卦不应该是"嵩"，而应该是"螭"，意指某种爬行昆虫("螭"这个字从未当作种属名或种名的使用过。关于这个字，经文中有五个农民的征兆。

4) 这种争执被认为是与战利品的分配有关，因为经文中有一个关于战俘嗤笑的征兆。

5) 经文中有一禽征，表示谈判将获成功。

6) 此处所有征兆的意义似乎都多少引起误解。古代典籍中所说的是从观察祖祭牺的肺中感悟后所有所感受到退却或进或儿童的啮咬中的动作而取其征兆。

7) 这种根据"盛"事而确立的性畜前进或退 和对儿童的观察，和后来受启蒙，童至甚至提出，"童"字的原义是该字的人"，他的论证根据是该字的——韦利[Waley (8)]经文说的是对祭牺童义似乎都多少引起解，见《论衡》，Forke (4), vol. 1, pp. 232,237,246; vol. 2, pp. 2,3,126,162]。

137

古代形体。当利玛窦报告 1600 年左右中国的习俗时,人们仍在倾听着"古怪的童谣"[见 Trigault (1); Gallagher (1), p.84]。

8) 此处经文是根据吃饭时所发现的物体的征兆,意义大概是广泛的派生。

9) 这完全是一种误解。"无妄"是一个单词,意义大概是:把一个人形捆在公牛身上,从村中赶走,作为一个替罪羊。这是韦利最美妙的鉴定之一。

10) 经文中包含着一个柳树征兆。

11) "坑"是对的;其余的解释都是后来学者的异想天开。所指的古代木土礼仪是在一个坑里向月亮祭祀(参见《礼记》第三十四篇)。

12) 从上文可知,"感"遗漏了它的部首"心",本应为"感"。

13) 此处持久的概念就是韦利指[Waley (8)]所谓的古代木土的"稳定程序"。由于"恒"字的古体包括月处在两条横线之间,那意思是:它原来是在新月初现时举行的一种仪式,为的是使有有利的事态在整个那个月中持续下去。两条横线也许代表在该征兆周围划的巫术未线,就像是新居住区周围的界线。这样一种观点是对(论语·子路第十三)第二十二章中孔子说过的名言:"南人有言曰:'人而无恒,不可以作巫医。善夫!'不恒其德,或承之羞。'"这一切都归结为一种对持久性而得的概念。

14) 此处"遯"是"豚"的讹误,与隐藏毫无关系。它是由猪仔活动而得的征兆。

15) 这源出于公羊被缓缓举住的征兆。

16) "晋",应为"搢",即插入。因此,经文大概是关于家畜的繁殖力有关,插入系指雄雌的交配。

17) 这又是一个完全的误解。李镜池指出,"明夷"是一种鸟的古名,这些征兆与它有关。

18) 我们已经看到,这起源于有关倒倒的征兆。当然,对后来的科学思想家来说,像迟滞游这样的想象是很有用的。

19) 这完全是一种误解。"艮"应该是"眼",这个征兆是关于老鼠对于溶液在缓慢中溶液的化学作用用的牺牲品的根露躯体的方式。

20) 正如我们在上文中看到的,虽然中国古代思想家对于溶液的化学作用有着深刻印象,但是这个征兆用岩架和岩树木之类的天然物体的方式。李镜池也表明,它指的是野鸭掠过诸如岩架和岩树木之类的天然物体的征兆。

21) 结婚征兆是本卦的基础。

22) 尽管对这最后一卦有很高明而富哲理的解释,可是对经文的分析表明,它曾一度与得自动物过河的征兆有关。韦利这样说:"如果小狐狸在快要渡过河时,沾湿了它的尾巴,你的事业就要完全失败。"

心脏是一个泵这样的机械类比理论上,它也建立在太阳与地球上的水循环的气象过程之间的合作的类比:布鲁诺视大宇宙中的太阳就像小宇宙中人的心脏。这个观点与中国的非常接近,因为,与宇宙的类比一起,心脏就像一个泵的观点也与哈维同时期在中国出现。总而言之,中国的相关思想和宇宙类比说并不能使其在西方"新的、实验的哲学"中生存下来;用实验、综合推理以及数学方法来解释所有的自然现象超过了所有早期的科学理论形式。"不同空间的宇宙"这个古老的思想已被希腊几何学的"宇宙是一个统一的空间"理论的应用所驱逐。然而,随着对生物学的研究进入一个新时期,以及对生物本质的认识的不断发展,莱布尼兹和中国的相关理论和方法正在起一定的作用,虽然形式有所变化。 182

《易经》的体系

前文已详述了中国关于事物互相共振的思想——我们应称之为"距间作用"(action at a distance)的世界观。并且我们也已论述了阴阳五行学说有助于中国文明进程中科学思想的发展而不是一种妨碍。但是在中国自然哲学中还有第三个组成部分——《易经》的体系——对于这个体系,要形成一个非常一致的观点是不可能的。

最初可能是源自农民占卜的书文以及用于占卜的方法的不断积累,《易经》最终发展成由符号和这些符号的解释所组成的复杂而精密的体系,在任何其他国家的文明中都找不到与之相对应的书文。这些符号被认为是反映大自然一切发展进程的镜子,因此,中国中世纪科学家一直试图通过将自然现象简单地与相关的符号联系起来来解释自然现象。这些符号渐渐发展成抽象的意义并且开始削弱进一步思考的必要性,因为这种抽象提供了误导人的深奥意义。

如今我们见到的《易经》已是一本复杂的书。这些符号由一系列线条所组成(见表 10 与表 11),像前面在"阴阳"的讲座中提到的一样。这些线条可能与数东西的棒或占卜的长短棍有关。线条所有可能的排列组合形成八个三条线的组合(表 10),64 个 6 条线的组合(表 11),都称作"卦":在这本书里它们非常有序地排列着,每一卦都有一段说明,传统上被认为是古代周朝(约公元前 1050 年)的文王;然后有一段评语,一般有六句句子,被认为是周公所写(约公元前 1020 年)。但这只是正文,还有更复杂的评语和附文,有些被认为是孔子写的(虽然并不是他写的)。

有关这本书的情况其实至今还不清楚。现在没有人相信周文王或是周

公与它有关,不过有些人认为它可能出于公元前6世纪,而另一些人认为它出
自于战国时期公元前3世纪。就我们而言,可能最好采用如下观点:《易经》
的基本内容源自公元前7、8世纪的卦文,但到周朝末年(公元前3世纪)才形
成现在的版本。而评论及附录是在公元前1世纪至公元1世纪间,由秦、汉的
儒家学者编写而成。

　　古代中国农民的占卦与所有其他文明社会的原始文化一样,他们关心的
是一种模糊的感觉及在动植物身上观察到的不同寻常的现象。这些都与卦
作联系,并以此来解释。例如,第39卦"蹇",源自"绊",意"跛",而且我们发现
它有现实及社会的意义:跛行及阻止,并且还有抽象的意义:迟滞。对第39
卦的评语是:"蹇",西南为吉,东北为凶。此卦也利于遇到伟人。若坚定且端
正,就会有好运。对第39卦的评语还有:第一行是中分线,意味着前进会遇
到困难,而原地不动能承受赞扬。第五行是连线,意味着要与最大的困难斗
争,而朋友们会来帮助。在第二个评语中隐含着的古代农民的卜文本应是这
样的:在前进中的绊跌者应受到赞扬,一个大跌绊意味着朋友将临。

　　如果《易经》只不过是一种卜文,那它仅仅只是取代许多类似的卜文。但
它的详细的附文给予它更高的伦理和宇宙论的地位,而且其解释越抽象,其
整个体系越是要将自然界的每一个具体事实都赋予一种假定的观念,将每一
个事件都作一番假定的解释。此外,符号的抽象性的发展是与出于早期魔术
的早期科学的发展同步的。

　　对那些真的想要用自然主义的态度来解释诸如磁力或潮水问题的汉朝
学者来说,这似乎是显然要做的事。但不幸的是,这都是在作误导,或许在
《易经》的颈子上绑上一块磨石,将它扔进海里倒是更明智的。

　　注意到在64卦中,总共有45卦都与时间或空间方面有关,只有19卦,例
如有关神灵、真理、幻象或意外的卦,与时空无关,我们可以对《易经》中所蕴
含的观念有所理解。这么多的卦都具有时空关系这个事实表明汉朝以后的
中国思想家尽力设法使"卦"与它们曾经具有的极端的人性意义相脱离。当
然,"卦"也可以被归入其他范畴,不过,其他范畴只是指出那些在自然界之中
没有对应物的卦之间的关系。不幸的是,中国的中世纪学者对它们的重视要
胜过任何可以在自然界观察到的东西。

　　要真正了解《易经》对中国科学的意义,还有两个相关问题我们必须提
出:根据附文,自然主义学派及汉朝学者认为《易经》究竟说些什么? 在随后
的年代中科学作者们是如何利用"卦"的重要意义的? 正如我们已经说过的,
对于第一个问题的答案似乎是,他们将《易经》看作是各种观念的聚集,并试

图从这些长短线条中得出一个包含所有自然现象的基本法则的综合性的符号象征。像道家学派一样,他们想通过分类寻找一种思想的平静,他们在《易经》里找到了这样的分类。

对于第二个问题可以这样回答:"卦"的重要意义被广泛地利用。例如,《易经》的体系被系统地与天体运动相联系,以及与时间的流逝相联系。事实上,与八卦和日月的运行,每月的日及天干有关的一套完整的体系在 2 世纪末及 3 世纪初已经绘成,这个系统被称为"纳甲"的方法,并进一步与炼丹术有关联,认为化学过程的功效依赖于整个过程所发生的时间。再后来,卦的体系延伸到包括声学及生物和医学方面的推测。

"卦"在炼丹术方面的使用可以在最早期的炼丹术的书——《周易参同契》中见到,该书于公元 142 年由魏伯阳所著,也可以在一千年以后新儒学家朱熹对该书的评语中见到。

表 12　《易经》中所提到的发明

发　明	传说中的圣人	归　属		注　释
		卦名	卦次	
网(和织品)	伏羲	离	30	此卦据说是象形的
耒耜	神农	益	42	风/雷,二者都与木(木犁)有关
市场	神农	噬嗑	21	闪电(即太阳)/道路上的活动
船		涣	59	木/水
车		随	17	活泼/道路上的行动
门		豫	16	此卦或许是象形的;运动/土(墙)
杵臼	黄帝、尧、舜	小过	62	木/山(即石)
弧矢		暌	38	闪电(即日光如箭)/消逝
宫室		大壮	34	雷(即恶劣天气)/天(即空间)
棺材		大过	28	静穆/木
结绳记事		夬	43	言语/坚实性(即保留所说的事物)

朱熹说魏伯阳利用"纳甲"的方法作指导,在适当的时间添加试剂及提取成丹冷却式设置。他进一步解释道,有两卦是与仪器有关,还有两卦指化学物质,剩下的 60 卦都与"火候"——即决定进行化学操作的正确时刻(或许指使用的火力)——有关。某一对于魏伯阳著文及朱熹评语的研究阐明,《易经》中的各种相关联系蕴含了辩证因素——任何事物的状态都不是永恒的,否极泰来,盛极必衰。朱熹还在他的另一评语中提供证据,说明"卦"在 5 世纪及更早就被炼丹士所用。

表 13 《参同契》中卦与太阴循环和周日循环的联系

太阴月的循环,《参同契》第十和四十一章

	卦次	
(A)复	24	复回点(即起点)
(B)震	51	激动
(C)(兑)	58	静穆(即平静地在作用着的过程)
(D)乾	1	施与者(即阳之极,无月)
(E)(巽)	57	温和的渗入
(F)艮	52	静止不动
(G)坤	2	接受者(即阴之极)
(A)复	24	复回点……

循环复始

周日的循环,《参同契》第四十一章

	卦次	
(A)复	24	复回点(即起点)
(B)泰	11	行进
(C)(大壮)	34	强大的威力(即过程的加速)
(D)(夬)	43	决定性的突破
(E)乾	1	施与者(即阳之极,正午)
(F)(姤)	44	反应
(G)随	17	接续
(H)否	12	停滞
(I)(观)	20	视觉(?)
(J)(剥)	23	分散
(K)坤	2	接受者(即阴之极,午夜)
(A)复	24	复回点……

循环复始

《易经》在生物领域中的使用也绝不少见。在王逵写于 14 世纪末期的《蠡海集》("甲壳虫与海"——以甲壳虫的视野不能看到整个海洋之寓言为题)中,我们发现下面有关血的一段:

> 人与畜,凡动物血皆赤者,血为阴,属水,坎为水。中含阳。血色赤,所含者阳也。离中之交生,气之动也。去体久,即黑,熟之,亦黑,返本之义也。

这是典型的王逵的研究方法,他善于看到别人未看到的许多与生物化学有关的新奇现象,但这段文字也足以显示出卦的谬妄性。"血红色"在早期先被武断地认为与"坎"有关,而王逵又似乎将"坎卦控制了血"作为血为红色的完满解释。

《易经》与行政管理方式的关系

李约瑟指出《易经》至今仍然对中国人的思想具有那种强有力的影响,对任何在中国生活过的人来说只是一种普通的知识。事实上,一个世纪之前学者们还在声称所有有关电、光、热或欧洲任何其他物理学分支的理论都包含在八卦之中。当然现在看来这并不正确;然而时过境迁,钟摆已经偏向另一个极端,以致亚洲的科学史因大多数中国学者和科学家对《易经》的忽视而遭受损失,他们都将它视为中世纪中国的愚昧。当然,必须承认虽然阴阳五行学说对中国科学思想的发展有好的作用,但《易经》的精细的符号体系几乎从一开始就是一种障碍。一种新奇的分类法,然后什么也不再做,它只是一种巨大的"归类系统",将所有的非常容易地分门别类"归档",几乎类似某些时代的艺术形式妨碍了艺术家观察自然。

然而,有一个问题不能不讨论。为什么关于《易经》的有关的论述,在欧洲找不出相应物,且能如此经久不衰?答案能在"它是一个巨大的归类系统"中找到吗?它在中国文明中所具有的巨大影响力是由于它所解释的世界基本上与中国的官僚主义的社会秩序相一致?抑或它之受欢迎是因为它是一种对于自然世界的"行政管理方式"?稍加注意,我们就会发现答案即在此。当中国人说某卦"控制"了某一时间或某一现象,当某个自然物体或事件被说成是在某一卦的庇护下,人们自然就会想起那些在政府部门工作的人都熟悉的字眼——"贵部之事","转交贵部作适当处理",等等。

表 14　易卦与《周礼》中行政体制的联系　　188

部	相关的概念	卦名	八卦序号	六十四卦序号
(1) 治官(冢宰)	天	乾	1	1
(2) 教官(司徒)	地	坤	2	2
(3) 礼官(宗伯)	春	震	3	51
(4) 政官(司马)	夏	艮	5	52
		巽	6	57
		离	7	30
(5) 刑官(司寇)	秋	兑	8	58
(6) 考工(司空)	冬	坎	4	29

事实上,《易经》几乎可以被描绘成从合适的渠道通向合适的部门的一种

组织机构,几乎是人世间的官僚体制的"天"的对应物,是人类文明所产生的独特的社会秩序在自然世界中的反映。并且这种联系在中国思想中并不是不自觉的。在理想化的被汉朝学者精密设计,并且在《周礼》中传下来的官制中,每个官名实际上都与一个季节有关,因而也就直接与卦有关。

基于上述,我们可将本章告一段落。可能我们所谓的"关联组织"思想的整个体系在某种意义上是中国官僚社会的一面镜子。不仅《易经》的庞大的"归类体系",而且它的"符号关联",其间万物都通过联系,或许能最好地描绘成对自然世界的"行政管理方式"。这样,我们或许应该理解道家将宇宙看作一个有机体的教义,以及希腊人的将宇宙看作原子的不同环境的反映的"原子世界",因为道家处在一个官僚占统治地位的高度组织化的社会,而原子论者处在一个省城联邦和个体经商者的社会。

希腊的原子论和推理几何是 17 世纪欧洲新科学基础的组成部分,正如现代资本主义社会的温床在 19 世纪孕育出现代科学的始祖,产生了彻底的机械和物质的宇宙观。但自从那个时代以来,科学在向着更加现代化前进,一方面它要解释更加无比广大的宏观世界,另一方面它又要研究极其微小的微观世界,科学的范围已远远超过牛顿创立的宇宙图。这一切,加上生物学方面日益加深的知识,使我们有必要重新注视许多科学观念,在这些观念中有机体都起了重要作用。我们现在发现某些有机体哲学是必须的,而这种哲学,用莱布尼兹的观点来看,起源于古代及中世纪中国的官僚社会。当然,这样一种现代科学的新形式并不能取代传统的原子——牛顿论体系,只是因为现代科学必须研究传统的牛顿理论体系所没有涉及的宇宙领域,这个事实才使新的科学形式显得必要。于是,我们的结论是,中国的官僚体系和他们的有机世界观最终可能证明是自然科学世界观形成的必要因素。然而,即使这个结论是正确的,《易经》对中国科学思想的坏影响仍然存在,因此也就仍然存在着巨大的历史矛盾,即,虽然中国文明本身不能产生现代自然科学,但离开了中国文明的特殊哲学,自然科学就是不完善的。

此处还得加上一点:17 世纪时,莱布尼兹在写给在北京的耶稣会士的信中,尤其是在给白晋(Joachim Bouvet)神父的信中,多次谈及《易经》,当他研究八卦中的长短线条时,他明白了这个令人惊奇的事实——这些线条与数的二进制是一致的(二进制是用于计算机及电子计算器的计算方法),这个方法是他本人在写信的前几年发明以代替十进制的。中国人似乎在许多世纪之前就发现了这个系统。然而,莱布尼兹的观点并不是十分有根据:发明八卦的人们只不过是把他们的两个基本元素即长、短划,作出任何可能的排列组

合而已,在他们的思想中并不存在二进制算术,甚至根本没有意识到有这样
的计算方式存在。然而,莱布尼兹相信中国人有这个知识,这激励了他去发
展他自己的体系,并设计出最早的计算机。

　　由此,我们就有了进一步的观点:二进制现在被认为在所有电子计算机　　190
电路中作为基本的运算方法起着巨大的作用,并且对生物学家分析哺乳类动
物的中枢神经系统也有帮助。因此,在《易经》的八卦中无意识巧合碰上的东
西,被莱布尼兹有意识地发现,证明在现代科学技术中具有极其重要的作用。

第十一章　伪科学与怀疑主义传统

迷信在中国的盛行,如同在其他古老的文明中一样。通过占卜,占星术,相术,预测未来,选择某一天的凶吉,以及关于鬼神的传说,是上古和中世纪中国思想的背景的一部分。如果我们想得到古代中国科学的公允评价,作为古代世界文明的一部分,那么,它自然不能被忽视。对于自然界的重要发现和实际的调查,在一些迷信的引导下,它们是如此的难以觉察。毕竟,巫术与科学都包含着人的操作,所以即便是在中国的迷信与怀疑主义那里,以经验为根据的基本元素也没有被丢弃。像对所有的自然知识一样,怀疑的态度是中国思想的要素之一。这两点是现代科学的发展所必须具备的主要要素,但现代科学的发展还需要第三个要素:可以通过实验方法检验的理论系统。这是古代的中国所缺乏的,因为他们从未超出过相对原始的难以确量的五行和阴阳学说。

本章的大部分将放在中国的怀疑论的传统上,并主要讲述它的主要倡导者——王充,一位1世纪时的孔教徒,他同时又受道家自然观的影响。为了检验他的工作,我们先转向那些产生过怀疑论的重要问题:伪科学下的迷信。

用胛骨的方式占卜

术数是一种通过多种方法预言宿命的技术,但它是建立在相信未来可预言的基石之上,至少可以预言国家和王室所关心的事。它被尽可能设计成毫不模棱两可的"是"或"否"的判断方式。最古老的方式是龟卜,用烧红的金属灼烧龟甲,或牛、鹿的肩胛骨,以出现的裂纹来解释将要发生的事。事实上,这一古老的技术的词源可能就是来自肩胛骨裂纹的象形文字。最早被采用的可能是牛或鹿的肩胛骨,而龟骨则在其后。对于当时采用的是什么龟似乎还存在一些歧义,中国传统上认为是海龟壳。但通过对现存的一些较大的龟甲残片的检验表明很可能是一种现在已经绝迹了的陆地龟。所有这些,不管是肩胛骨还是龟甲,看上去像来自中国文化的发源地之外的遥远南方。

甲骨的裂片一般总会给予占卜者不容置疑的"凶","吉"的答案。对于古代中国人而言,这种以甲骨释疑的行为可能是他们解决精神上犹豫不决的事情的方式。但对我们而言,这种行为的最大价值在于它可以帮助我们了解上古中国的社会以及中国文字的古老的书写方式。

始于公元前 1000 年的周朝,另一种占卜方式开始风行,即"筮仪"。它用一种西伯利亚的名为"蓍草"的干茎,"蓍"与"占"

图24 晚清时一幅关于传说中的帝舜及其诸臣(包括大禹)的画像,画中正在用龟蓍卜问(采自《钦定书经图说·大禹谟》)

一词的语义相通,它具有"巫"的部分特征,意指巫术。诚如前面章节所讲,这种蓍草茎可能就是《易经》里长短线组合符号的来源。

一般而言,"巫"被用于不是特别重要的事,而胛骨或龟骨则用于意义重大的事件,但有时二者通用。在这种情况下,事情面临两难。由古老的典籍《尚书·洪范》里记载了一种在不同可能之间的联系体系,占卜者用以摆脱这种两难境地。《尚书》成书于公元 4 世纪,其中保留了取自可上溯到公元前 10世纪的资料。这种体系可以以表 15 的方式表示出来。

表15　占卜的方式

赞　同		反　对	
龟、蓍	或	龟、蓍	这种情况肯定为吉或不吉。
蓍或龟		蓍或龟	蓍适用于近期的未来,龟适用于远期的未来。
龟、蓍、王	或	龟、蓍、王	这种情况不管大臣和人民的意见如何,都属于吉或不吉。
龟、蓍、臣	或	龟、蓍、臣	这种情况不管君主和人民的意见如何,都属于吉或不吉。
龟、蓍、民	或	龟、蓍、民	这种情况不管君主和大臣的意见如何,都属于吉或不吉。

最终的结论是否符合占卜者的占卜结果我们无法知道,但是如果最终的结果与之相符,那它有时必然意味着一种奇特的民主与迷信的结合。

到汉朝及其以后,那种通行的甲骨占卜方式逐渐减少了,但是用草茎占卜的方式保留了下来并被经常使用,事实上,它几乎一直延续到现在。在道观里,普通群众从道士提供的签筒里抽出一支,并从与签上的数字对应的纸符上得知"凶吉"。在今天日本的庙宇里存在着一种用占卜机的更简单的方式,如果纸上显示不吉的信息,你必须把它系在庙里花园中的树上,以此来使其影响失效。

在公元前4世纪到前3世纪的战国时代,另一种预言方式开始出现,即任意选择《易经》里八卦的组合。因为每一卦多少都有特定的抽象定义和自然过程,那么得出这一偶然性排列的预兆的结果并不困难。这种草茎占卜方式应用于一般的情况,它是被预言之事在被混乱之后的一种不可预测的顺序排列,它的潜台词就是相信有种看不到的力量影响着最终的顺序结果。为了选到更好的条件,占卜者必须集中注意力于已知,只有这样,精神影响才会控制和掌握混乱的顺序。在用《易经》占卜之前,卜者往往焚香祷告,而在占卜过程中,心理意识可能对事情的抉择起决定作用。

195 **星象学**

对中国的星象学的研究一直较少,它采用了与美索不达米亚人和欧洲人的不同的方式。后者更关心星群在日出和日落之际的隐没与出现,以及对于日月运动和日月蚀等。单中国古代所注意的是环绕北极的星群(北斗七星)以及穿过赤道一带的星群。尽管前者只能在夜间看到,但它永不沉没,也不会升起,因为它总在地平线上。根据赤道星群,天空被分为二十八宿,就像一个橘子分成的各个部分。中国的星象学家对于某一时刻在某一星位出现的行星的注意不如他们的西方同行们,对他们而言,更重要的是某一行星或月亮恰好出现在它们周围的特殊星群。同时他们也对于星体合点,日月蚀,彗星,新星,及其他反常的天体现象和奇怪的气候现象都表现出浓厚的兴趣。

古代中国的占星学与古代西方的一样,都很少关注对个人命运的预测,除非是王室成员。对未来的预测主要是用于国事,如战争的选择,庄稼的收成等。在美索不达米亚人那里,对个人命运的占卜,直到公元前280年才由一位占星学家贝洛索斯(Berossus)介绍进来,随后的一个世纪,一种"民主"的占星术出现了,而在这种变化发生前,很难将它与中国的占星学区分开,正如很难将公元前7世纪的亚述巴尼拔王的图书馆里用黏土烤制的记事形碎片与(公元前90年前后)汉代司马迁所著的《史记·天官书》加以区分一样。

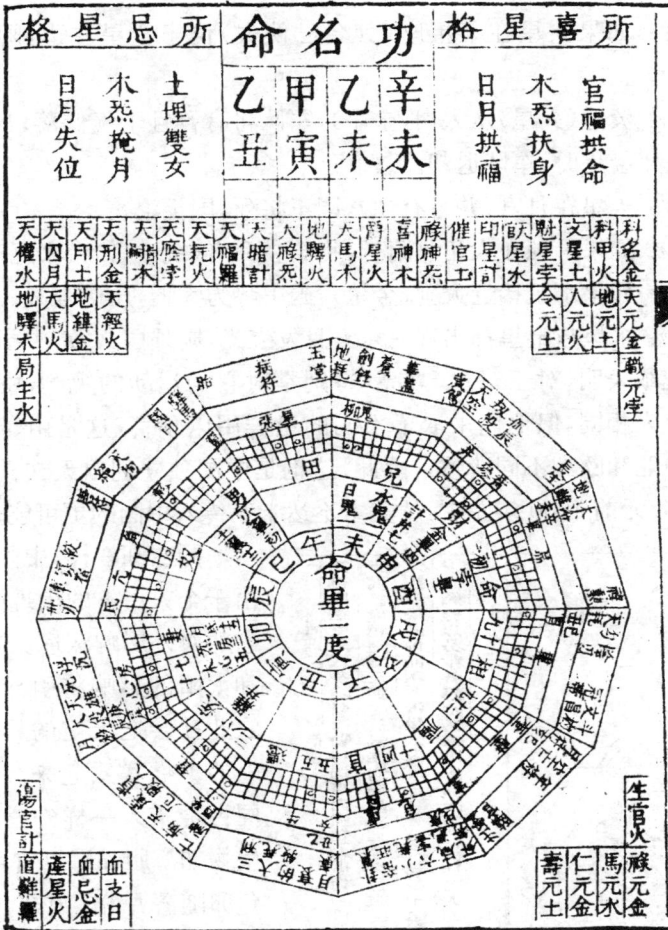

图 25　中国14世纪的一幅星命天宫图［它是表示一系列各种吉运的 39 幅星命天宫图中的第 19 幅；这里表示的是一个人注定要成名。这套天宫图是《郑氏星案》的一部分，该书附于托名唐代(8 世纪)张果的《星宗》一书之后作为其第十八、十九两篇。取自《图书集成·艺术典》卷五八四"汇考"二○第十九页。星占的吉运要点载于右上角方框内，不吉要点载于左边相应的方框内。方框之下与底角，表示天体对于生命和健康的四十二个不同方面所产生的影响。其中除日月五星(五星以其五行的名称代表)外，还包括罗睺、计都(黄道与白道的两个交点)、彗星和气。中间圆盘最外圈是星官名称，第三圈是二十八宿名，第七圈是十二支。各扇形区的意义由第五圈加以说明。从右自二时半处按逆时针方向数起，它们涉及寿命、钱财、兄弟、田产、子女、奴仆、夫妻、疾病、旅行、官职、福运和体相。从这十二区的次序和性质立刻就可看出，它们无非就是在恩皮里库斯(Sextus Empiricus, 公元 170 年前后)和马特努斯(Firmicus Maternus, 公元 335 年前后)这些人的时代得到了系统化的古希腊占星术中的十二宫或十二所(loci, topoi)，十二宫是天球上固定不变的分区，星命天宫图就是按照一个人出生时黄道星座、行星和某些恒星所占的位置来进行占卜(见 Bouché-Leclercq, 1, pp. 280ff. ; Eisler, 1, p. 39)。horoscope(天宫图)这个词本身起源于用来确定时间的星辰，古代埃及和巴比伦的天文学家们已习惯于观察这些星辰的升起。我们可以看到，中国的占星术至少包含古代世界各民族所共有的许多内容。在这里所示的特殊情况中，有两个宫(第六和第十二)是互相颠倒的。但如根据于阿尔和迪朗(Huard & Durand, 1, p. 67)所著录的一幅安南图来判断，东亚与希腊天宫图各宫次序的不同之处，可能比这里还要大得多。］

(1) 楔形片：如果火星在某星座（其名已佚失）位于金星左边，阿卡德将有灾难。

《史记》：荧惑（火星）从太白（金星），军队将有警且士气低落；当火星离开金星时，军队退却。

(2) 楔形片：火星在月宫（并且有蚀），国王将死，国土沦丧。

《史记》：如果月蚀在大角座附近，将给主命者（统治者）带来厄运。

(3) 楔形片：如果水星接近大狗（金星），国王势力大增，压倒强敌。

《史记》：水星与金星都出现在东方且发红光，则外国必败，中国必胜。

这些记载表明，对于行星、月亮，特别是对它的运动的观测，中国人与美索不达米亚人相同，但他们采取了不同的星群用以预言，这是由于中国的星象位置与中亚和欧洲不同所致。因此，这也是中国独立创出天文学的有力证据。看来，公元前 1000 年左右，从美索不达米亚传入中国的更可能是星占学。

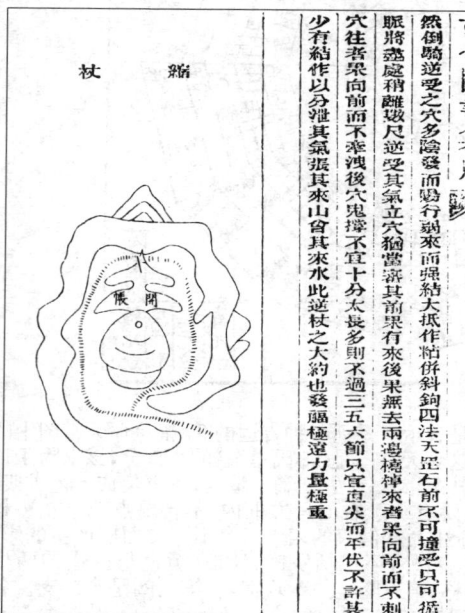

图 26　一部论"风水"的著作《十二杖法》中的插图〔该书传为唐代（公元 880 年前后）杨筠松撰。采自《图书集成·艺术典》卷六六六"汇考"一六。图示一特殊的墓址，朝向一条小山脉的峰巅，小山分隔开两个溪谷，而整个墓地为另外两条较远的丘山山脉所环抱。据说后边这种丘山山脉越高越好，并且决不能有"舌"或联结内部小丘与主要山岭的高脊（如同图的顶部所示）〕

同欧洲一样，中国的星占学由于个人占卜的出现而没落，但它的对外影响深远。当然，月亮和太阳的影响将引导任何一个农业社会把天空的异象与大地上的事件联系起来。但中国人同古希腊人一样知道海洋里的生物如海胆和海贝有生殖周期；鱼卵随着月相（圆缺）的改变而或肥或瘦，所以把千年以前仅仅用于国事的星占术用来预测个人的祸福也并非毫无逻辑可言。

与中国星占紧密相关的是另一套相信"凶吉"日期的占卜体系，可以用日历来预测未来。对于"凶吉"黄道的信仰可以追溯到古老的美索不达米亚人和埃及人那里，它似乎与月相的改变有关。中国建立在历法基础上的"算命"对此有更精确的描述，它把周期性的改变分为"十二地支"与"十天干",根据年、月、日、时得出所测之事。这四点是四个主要因素,每个因素又与"五行"相关。

堪舆

中国的占卜之术中,不仅问卜于天,而且也有问卜于地的方法,即"风水",或"堪舆"。其基本观点是生者的住宅或死者的墓地处在不适当的位置,那各种灾祸将会降临到住房子的人或死者的子孙后代身上;相反,所处吉地将会降福禄于他们。因为每一地都有自己独特的地势,它们可以局部性的改变自然之气。因此,依照地势作相应的调整,可以得到所求的和谐。山岳的形状,水流的走向,是"风水"构成的最主要因素,但建筑的高低,街道与桥梁的方向,也被看作主要因素。那种不可知的自然力,随着天体的运动而时刻改变,所以它们的所处位置必须被认真考虑。所处的位置是至关重要的,但并非无可补救,对于"凶地"可以通过挖沟渠,开隧道等措施加以调整,改变它的风水。

这种信仰非常久远,根据有关记载,至少可以追溯到公元前 4 世纪。到 2世纪以后,"风水"说已广为流传,以至于《史记》中为这些占卜者专设一栏称为"堪域家"。然而风水说真正得以巩固是在一个世纪以后的"三国"时代。 200管辂的《管氏地理启蒙》是这方面的代表(尽管我们还不能确认是否为他的著作)。在三国时代,大地上的阴阳地势被认为是天空中青龙(春天出现在东方)与白虎(秋天出现在西方)的象征。这就要求房屋与墓室的构造符合地势,青龙居左,白虎居右,以此护佑。然而这仅仅是一个简单的开端,高耸的峭壁被认为是"阳",圆形凸起的高地被称为"阴",由此影响,在选择地址时,尽可能平衡,五分之三选阳,五分之二选阴。更复杂的是八卦,天干,地支,五行交织在一起被占卜者考虑。由此,一般都强烈偏好弯曲的道路,曲折的墙壁与建筑,更讲求符合地势的要求而不改变它;直线型或几何学的布局则被摒弃。风水在某些方面很有好处,如它提倡种树或竹作为屏障,住宅要靠近水流。尽管在另一方面它发展成为完全的迷信,但它也含有美学成分,因为在中国美丽的山谷,村庄,农田,房舍比比皆是。

现在看来,罗盘的发明主要是为了用于风水,在风水家那里,它衍生为"式"。这种盘有上下两个,上面的圆盘对应天,下面的方盘对应地,北极星刻于上盘上,指明方向。这种罗盘可以追溯到公元前 3 世纪。它非常精确,即便是在阴雨天气里也一样可以精确地指明方向,但是关于它是如何被发现的还有待继续考证。风水家的罗盘与象棋有关,它早期应用于占卜之时卜者于其上掷骰子的占卜方式。

201

图 27　晚清时的一幅选择宅址的图画（画中堪舆家正在察看磁罗盘。采自《钦定书经图说·召诰》。使用磁罗盘事被绘入周代文字的插图中，是年代学上的错误）

其他种类的占卜

在诸多的占卜中，有许多其他种类的，如相术。它相信人的命运可以凭借人的面相、体貌等特征来预言。看相者既看脸又看手，二者皆用。此类相术在中国遍及各处，但中国的相术有一独有特点，它把指纹作为一种辨别方式的创新早于世界上其他任何民族。

解梦，由梦来预言将来，是另一种中国古代常用的占卜方式之一。至于它在多大程度上与弗洛伊德的心理分析学相近，则有待研究。拆字，对名字的字间结构加以拆解,分析预测将来。这是一种特殊的中国占卜方式,只能存在于象形文字语言环境中,它有点像西方的"自动书写"式的占卜方式,而这是在13世纪的宋代以后才传入中国。

周与前汉之前的怀疑论趋势

尽管中国历史上的迷信与命运之说产生得很早,但理性主义传统一直与之紧密伴随。《左传》庄公十四年有一段关于公元前7世纪的记载:

> 初,内蛇与外蛇关于郑南门中,内蛇死。六年而厉公入。公闻之,问于申儒曰:"犹有妖乎?"对曰:"人之所忌,其气焰以取之,妖由人也。人无忧焉,妖不自作。人弃常则妖兴,故有妖。"

尽管这段文字述及古老的教义,即道德上的过失引起自然灾害,它同时也表达了鬼与妖皆为主观现象,它是人的心理投影。这段文字的引用并非断章取义,它仅仅是许多类似观点的表述之一。例如,在公元前6世纪,有一种观点认为国君的身体健康状况依靠于他的工作,出行,饮食,喜怒哀乐,而非山川河流及星辰之神。确实,当我们进入诸子时代,我们发现,其中许多人都表示了怀疑主义和理性主义的观点。例如荀卿(公元前3世纪)就说过:

> 雩而雨,何也? 曰:无何也,犹不雩而雨也。日月蚀而救之,天旱而雩,卜筮然后决大事,非以为得求也,以文之也。故君子以为文,百姓以为神。以为文则吉,以为神则凶也。

并非所有的儒者都是怀疑论者,而且,汉代儒者分裂为两个尖锐对立的学派。一派于公元前2世纪儒学被定为国家宗教之后兴起,而在约三个世纪之后道教兴起后,这派儒者整合了邹衍学派大部分原始科学和半巫术内容——阴阳五行和神秘预言。伴之以旧儒家的道德观念,这派传统导致了"现象主义"——相信伦理和礼仪的异常是与宇宙的异常相联系的。另一派则继承了怀疑论的传统,这在一则发生在公元46年的故事中得到很好的记载:

> 刘昆……除为江陵令,时县连年火灾,昆辄向火叩头,多能降雨止风。征拜议郎,稍迁侍中、弘农太守。先是,崤、黾驿道多虎灾,行旅不通。昆为政三年,仁化大行,虎皆负子渡河。帝闻而异之,二十二年,征代杜林为光禄勋。诏问昆曰:前在江陵,反风灭火,后守弘农,虎北渡河,行何德政而致是事? 昆对曰:偶然耳。左右皆笑其质讷。帝叹曰:此乃

203

153

长者之言也。顾命书诸策。

正如本章开头所提到的,王充是怀疑论的最主要代表,并且是中国古代 **204** 最伟大的思想家之一。他的《论衡》完成于公元 83 年。他的论述充满理性并且以一种彻底的批判态度对待他的研究。尽管他的自然观建立在阴阳、五行的基础上,但他否认天意,持一种自然主义世界观。在他看来,男女本原处于自然的核心;而天即是阳,地即是阴,阴阳调和如同波浪一样此消彼长。

王充接受了凝解的观念(the idea of condensation and rarefaction),并深化了它们——生命起源于阴阳聚合:

> 水凝为冰,气凝为人,冰凝为水,人死复神。其名为神也,犹冰释更名水也。人见名异,则谓有知,能为形而害人,无据以论之也。

另外,王充谈到了那些修炼仙术的人,认为他们追求不死之身如同追寻镜中月,水中花。

王充接下来说明了阳气是指精神,阴气是指骨肉,阴阳调和赋予人生命,而阳气独现,则会有鬼神之事:

> 夫人所以生者,阴阳气也。阴气生为骨肉,阳气主为精神。人之生也,阴阳气具,故骨肉坚,精气盛;精气为知,骨肉为强。故精神言谈,形体固守,骨肉精神,合错相持,故能常见而不减灭也。

205 在《论衡》中的许多地方,王充描述了太阳的辐射具有毒性,并认为所有的伤害事件,都是由太阳辐射导致。为此,他举了孵卵的例子。

> 鸡卵之未孵也,浑溶于觳中,溃而视之,若水之形,良雌逡伏,体方就成,就成之后,能啄蹶之。夫人之死,犹浑溶之时,浑溶之气,安能害人?

与他的自然主义相呼应,王充注意到了自然界中的机遇,竞争和定数。因此,他用自然界中的事例来强调机遇,驳斥那种坚持认为人身上发生的任何事情都与他认定的道德观念有关的观点:

> 蝼蚁行于地,人举足而涉之,足所履蝼蚁乍死,足所不蹈,全活不伤。火燔野草,车辙所致,火所不燔,俗或喜之,名曰"幸草"。夫足所不蹈,火所不及,未必善也,举火行有适然也。

> 由是以论,痈疽之发,亦一实也。气结于积,聚为痈,溃为疽创,流血出脓,岂痈疽所发身之善穴哉?营卫之行,遇不通也。

王充同时认为宇宙也并不是专为人而创造出来的:

如天故生万物,当令其相亲爱,不当令之相残害。五行之气,天生万物,以万物含五行之气,更相残害。天自当以一行之气生万物,令之相亲爱,不当令五行之气,反使相残害也。

我们现在可以看到,王充对宇宙的形成有其自己的观点,认为地球是由一块旋转的物质固化形成。但这一看法并非他首创。在公元前 1 世纪以前,最初的模糊概念似乎来源于水井。在公元前 120 年的《淮南子·天文训》中,我们可以看到:

> 天地未形,冯冯翼翼,洞洞漏漏,故曰太昭(始)。道始于虚廓,虚廓生宇宙,宇宙生气,气有涯垠。清阳者薄靡而为天,重浊者凝滞而为地。清妙之合专易,重浊之凝竭难,故天先成而地后定。天地之聚精为阴阳,阴阳之专精为四时,四时之散精为万物。

这里所提出的观点与道教有一定关系(见第八章),但它可能不是最早提出的。如果《列子·天瑞》中的记载确有其事,那这一观点最早可追溯到公元前 4 世纪。

> 故曰,有太易,有太初,有太始,有太素。太易者,未见气也。太初者,气之始也。太始者,形之始也。太素者,质之始也。气形质具而未相离,故曰浑沦。浑沦者,言万物相浑沦而未相离也。清轻者上为天,浊重者下为地。

王充《论衡·谈天》中的观点与之非常相似:

> 说易者,元气未分混沌为一。儒书又言,溟涬濛澒,气未分之类也。及其分离,清者为天,浊者为地。

正如上文,究竟是何物上升又是何物下降这个问题依然是模糊不清。因为中国文字历来不讲究精确。"者"字的意思可以是事物,也可以是人,这也就很自然地被作者想到了。如果原子论在其他领域也能被接受的话,这将非常重要。因此在 12 世纪,新儒学家朱熹在《朱子全书》卷四十九中的论述已非常接近于一种实际可行的理论:

> 天地初开,只是阴阳之气。这一股气运行,磨来磨去,磨得急了,便栖许多渣滓,里面无处出,便结成个地在中央。气之清,便为天,为日月,为星辰,只在外常周环运转。地便在中央不动,不是在下。
> 天运不息,昼夜辊转,故地榷在中间,使天有一息之停,则地须陷下。

唯天运转之急，故凝结得许多渣滓在中间。地者，气之渣滓也。所以道轻清者为天，重浊者为地。

尽管没有切中要害，但这段文字肯定动摇了那种认为沉淀物是由粒子形成，并因相互摩擦而变小的说法。

在这里，我们还得审视一下王充的另一种观点，关于人在宇宙中的地位。首先，他以毫不妥协的精神来攻击中国的宗教。正如他对人类本原说的态度一样，该学说的传统在于人是万物的中心。虽然他也承认人是所有生物中最出色的，但他仍指出，生活在地球上的人类就如同寄生在长袍上的虱子一样。如果虱子想了解人的想法，不断发出声响，人也不会听见；那么就可以想象那种上天会明白人的语言并帮助人实现愿望的说法是多么荒谬。王充一旦有机会，就全力抨击迷信说法。天是虚，地无生气，无论如何它们不能说不能动，自然也不会被人的种种行为所影响，也就是说，它们既听不见祈祷，也不会回复。这样尽管占卜的方法各异，其基础已完全不复存在。

王充一方面用统计学的观点来证明某种信仰的荒谬，另一方面说明这些迷信不合乎情理，从而达到自己抨击迷信活动的目的。例如，历阳城在一个平常的夜晚被洪水淹没，沉于湖底，历阳城监狱中的数千犯人或是居民都不会选择这么不幸的一天；而换作那些高官们也没有能力选择多么辉煌的日子。至于给鬼神的祭祀品，王充更视之为无稽之谈，《论衡·解除》云：

> 世信祭祀，谓祭祀必有福；又然解除，谓解除必去凶。解除初礼，先设祭祀，比夫祭祀，若生人相宾客矣；先为宾客设膳，食已驱以刃杖。鬼神如有知，必止战，不肯径去，若怀恨反而为祸。如无所知，不能为凶，解之无益，不解无损。

> 且人谓鬼神何如状哉？如谓鬼有形象，形象生人，生人怀恨，必将害人。如无形象，与烟云同，驱逐烟云，亦不能除。

> 形既不可知，心亦不可图，鬼神集止人宅，欲何求乎？如执欲杀人，当驱逐之时，避人隐匿，驱逐之止，则复还立故处。如不欲杀人，寄托人家，虽不驱逐，亦不为害。

> 衰世好信鬼，愚人好求福。周之季世，信鬼修祀，以求福助。愚主心惑，不顾自行，功犹不立，治犹不定。故在人不在鬼，在德不在祀。

王充的热情使人联想到以赛亚的预言能力，这可能正是中国文化的特点。如果我们要寻找与希伯来预言相媲美的东西，在儒家唯理论者和不可知论者中便可以找到。

王充所攻击的另一种思想是道教认为通过身体和心灵的修炼可达到物质不灭。王充的观点非常有意思。首先，他将道教的宗旨和为长寿所进行的修炼同生物的蜕变相比较。例如，他说当鹌鹑和螃蟹蜕变时，也有可能被吃掉；同时，与不会蜕变的动物相比，会蜕变的昆虫的生命更为短暂。王充的动物学非常的原始，因为他所谓的"蜕变"包括各种各样的变化，当时一些似真实假的东西得到承认，然而他的观点并不因此而缺少影响力。其次，他指出当心境平和被道教视为有益于长寿时，那草木却又如何呢？尽管它们从无激情澎湃，但心境平和并未使它们长寿，至多有一年多的寿命。而且，过多的呼吸对存活的生物体构成伤害，那么什么是呼吸的目的呢？如果人注视河流，看到河水汹涌穿过大地，为何不试着用运动来增加血液的流量呢？很明显，未被阻碍的血液是最健康的。最后，王充又用技术观点来驳斥炼金术，更进一步加深了他的观点的正确性。

总而言之，王充作为一位严谨的儒学家，尽管同意道教的自然主义，却反对他们的试验性的技术，虽然这些在他年老时有所改变。王充一贯反对任何精神信仰，并以极大的热情驳斥一些传说，这些传说多伴随有超自然的生育，与龙的交流等等，这些传说在当时仍为大多数人相信。

王充和现象论者

王充赞同道教关于存在一个更美好的原始时代的观点，他以此为基础对现象论者进行抨击，《论衡·自然》云：

> 礼者，忠信之薄，乱之首也。相识以礼，故相谴告。三皇之时，坐者于于，行者居居，乍自以为马，乍自以为牛。纯德行而民童蒙，晓惠之心，未形生也。当时亦无灾异，如有灾异，不名曰谴告。何者？时人愚，不知相绳责之也。末世衰微，上下相非，灾异时至，则造谴告之言矣。夫人天也，非古之天厚，而今之天薄也。天谴告之言生于今者，人以心准况之也。

这是对根深蒂固的思想和一些有势力的人的抨击。名义上这些人是发展了自然主义学派观点的汉儒学家，他们的观点产生了任何道德不规则性所有的自然影响的一种系统。根据他们的观点，如果皇帝和他的臣子没有适当地举行典礼仪式，飓风就会来临，树木也不能正常的生长；如果皇帝不能言之有据，民众就不会降顺等等；而且，这不仅适用皇帝，也适用于整个官僚制度，地方官员的过失导致一系列的当地自然界的不规律。

现象论实质上是一种反占卜学，它使文学的长河更增光彩，致力于探索

209

210

和解释天地间所有不正常的现象和灾难。中国各个朝代都有现象论的影子。实际上，在王充的时代，甚至于经典著作也被用作素材收集以与理论相符，但当这种方式变得无效时，新的文献出现了。在适当的时期，这些新文献被视为权威，在1—2世纪被赋予极高的地位，许多国家事务都参照它们来决定。对于这些，王充都提出种种他收集到的反面观点来予以强烈抨击；诸如季节性的冷热取决于统治者的喜怒，虎虫之害则归咎于官员的不力等；王充断然否定了自然灾害和不幸是上天发怒造成的或是由于严冬时的苛政和反抗。他认为所有这些都是统治者的过失。

> 寒温之至，殆非政治所致，然而寒温之至，遭与赏罚同，变复之家，因缘名之矣。

这里我们可看到预先建立的和谐的信任。现象论者认为自己发现了不变的现象，王充则确信他们一事无成。

王充对现象论的否定使他卷入了另一个严肃的问题"遥相作用"。如果人的行为和上天的回应不存在，如果本质上人不是万事万物的中心，那么在宇宙的生物体和谐的前提下，什么样的行为作用于两者之间呢？于是出现了一个纯粹的原因和结果的物质顺序。王充不得不承认存在某种遥相作用，尽管他所做的限制了其影响。龙能呼风唤雨，但只在100里的范围内能做到；也许有心灵感应，但不能超过一定的距离。王充还发现来源于星宿的力量构成了人类个体一种重要才能。当然，自然能影响人类，但他声称人类的一些细微行为也能影响自然。不幸的是，现象论继续广为传播，当它最后逐渐消失时，其原因并非由于王充的抨击，而主要是由于统治者对一次又一次的反叛从现象论的著作中找到理由的不满。

王充和人类的命运

王充在当时是一位苛刻的批评家，但他对中国文化有着值得肯定的地方，特别是关于人类事务和命运问题。他认为命运并非是上天降临于各人的不可违抗的法令，而是三个独立的因素：一，人类法律所赋予个人的精神精髓；二，星宿所产生的特别影响；三，机遇的作用。

对于关系到各人的精神精髓，王充认为不仅是精神上被赋予，还有生理上所固有的。他写道"个人的命运是身体所与生俱来的，正如鸟不同与鸡，而鸡又总是生活在鸡舍里"。在不同于环境影响的遗传基因方面，这是一个不变和有趣的例子。这使他接受了相术的观点。第二个因素即占星术也是非常重要的。当王充提出他的观点时,占星术正从宫廷流入民间,似乎他的科学自然论使他有了对占星术新范畴的信仰。这种新范畴是个人的占星术。这是一种逃避的方法,从而从某种假设的鬼神或其他超自然的影响下脱离出来。当然,王充不与一些关于传统天体行为的论述打交道,他认为该论述简直是荒谬绝伦,还有战争后太阳后移 40 度,火星在君主说话时向前少许移动等。不管怎样,这在中国科学史上成为一个悖论,即由伪科学的怀疑论者建立的个人占星术。 212

最后一个因素就是机遇,王充曾试图将它分析得更透彻一些。他将时间的影响同使人类灭亡的灾难发生的偶然区分开,也同幸运区分开。正如一个囚犯遇上大赦,或是一个人凭天资再加上机遇当上了大官等。王充没有真正准确定义过机遇,但他的观点在当时独树一帜,其他人都认为有几种区分——自然命运,鬼神之间互为影响;鬼神对命运的影响或是命运不同于鬼神的愿望。他也相信一种严格的先决条件,在这个先决条件中个人的愿望毫无作用。

从科学思想史的角度来看,王充是一位公认的杰出人物。正如他自己在《论衡》中写道:

> 论衡篇以十数,亦一言也,曰,疾虚妄。虚妄显于真实,诚乱于伪,岂吾心所能忍哉？世间书传,多若等类,浮妄虚伪,没夺正是,心喷涌笔手忧,安能不论？论则考之以心,效之以事,浮虚之事,辄立证验。

遗憾的是,王充的作品的主要内容是消极的,毁灭性的。如果他能提出一些阴阳,五行等因素对科学技术更有影响的假设,他对中国思想的贡献将会更大。

汉以后的怀疑论传统

王充所强调的怀疑论的教义贯穿于中国的历史。实际上当将它同宗教影响,神学以及其他文明的经典作品比较时,它代表了中国诸多文化成就。因为怀疑论的存在,儒学家采取嘲讽鬼神信仰的态度。随着佛教影响力的增长,逐渐成为迷信的一支生力军。儒学家开始驳斥佛教。例如,在 484 年,在 213 竟陵王座前展开了一场大辩论。怀疑论学者范缜抨击王充的因果报应理论。他说道:"神之于形,犹利之于刃,未闻刃没而利存。"后来,他的观点体现在《神灭论》一书中,该书有 70 多处驳斥佛教的地方。

其他的文录却告诉我们怀疑论的教义在行动上有进一步的体现。632

年,吕才奉皇帝的命令编撰当时所存的有关阴阳五行的书籍,他在每章分别冠以表示怀疑的序言。在这以后,用于反对迷信的各种文章越来越多,大约在 700 年后,天文学家,占卜家刘基仍在用纯自然的因素来解释自然现象。与他同时代的谢应芳在 1348 年,在他的著作中搜集了大量反迷信的素材。在明初,也能找到众多的怀疑论的例子。到了明末,道教的经验主义的伪科学与儒家的怀疑论的传统的区分已经非常明显。而当时西方的新实验主义哲学传入中国后,这两派已走到了尽头。

作为怀疑论传统成就的中国人文主义研究

作为一种对我们所说的怀疑论传统的补充,我们看到了这种补充对人文主义研究,校勘和考古发展的作用。这些都是怀疑论传统的拥护者所能发现出成果的领域,由于证据充分,用数学方法来处理科学理论从而深入问题的本质是可行的。

尽管在公元前 2 世纪,西方的亚历山大图书馆有着重要的古文献,但根据文献进行研究的工作直到 17 世纪才得到发展。中国成为人文科学的发源地,语言学的研究可追溯到汉朝,当学者们运用王充的怀疑论精神来评判古文献时,当时的统治者考虑到经典著作的汇集而对这次研究表示支持。但在 13—14 世纪,中国的人文主义迎来了它的成熟期,同时,中国在科技方面也达到了巅峰;而且新儒学的兴起,也在这方面取得了伟大的哲学成就。所有这些成就在当时的欧洲完全无法与之相比。

也许促进运动发展的因素之一是对所出现的支持现象论的文章的不满。一旦这些文章经过审查发现缺乏真实性,学者们的注意力都集中过来,以真实的古文献和传统的评论来抨击它们。其中最好的一部古文献的大纲是 1175 年晁公武的《郡斋读书志》,一直到 6 个世纪以后的《四库全书》,它仍被作为依据。

在经过了蒙古的衰落以及明朝之后,这一运动基本上已停止,可能是因为爱国主义的兴起,对被视为神圣的国家文献的抨击受到了影响,但在 16 世纪末,历史分析再次开始,其产生的影响不亚于 100 年后出现于西方的英国批判主义学派。

重要的传统总是伴随着饶有趣味的考古学,考古学是追溯过去的一种最早的尝试,以便在 10 世纪对这项学科的研究上升到科学的水平。到了 11 世纪,有了对铭文的研究,出现了有关的书籍。12 世纪的成果更是惊人,徽宗即位后,立即开始建造考古学博物馆,随之出现了考古学目录。1149 年,出版了

《泉志》,这是世界上第一部关于钱币的书籍。此外,还有其他处于时代前列的研究。尽管明朝不再兴盛,但由于 17 世纪的开放,考古学再度兴起,成为中国学术成果中一颗璀璨的明珠。

由此,我们明白了中国的怀疑论传统并非仅仅是空洞和理论化的,也不仅是泛泛的和破坏性的。儒家没有像道家那样有兴趣于非人文的自然界,但在人类生活及思想中,开辟了用非实验性的科学方法来解决问题的空间,这是他们独创的。其中表现出的不仅是改变自然界的惊人力量,更像是一座前人历史构成的知识大厦,这座大厦在欧洲还得在 200 年后才能建立起来。

215

第十二章　晋朝、唐朝的道家和宋代的新儒家

魏晋时代的道家思想

　　看来道家哲学家的原始科学教义,似乎由于无人赏识而最先消失了。其他的道家思想虽然还在继续被讨论,被评注,但其最首要的科学性已被忽略了。到了魏晋年间(3—4 世纪),儒家忙于鼓励一种支持其宗教的神秘的解释,可以称之为彻底的修正主义的东西,因为其他任何东西都将威胁他们自身的至高无上的地位以及官僚主义社会秩序的稳定。道家的科学观察和极为民主化的理想都使他们感到震惊,因此开始了对道家哲学的大肆歪曲。在道家著作新注疏家的倡导下,兴起了玄学派。实质上他们全都是儒家,因为他们认为儒家的圣人们胜过任何道家人物。当然,他们当中也有一二位从事技艺修炼,如炼丹的。"道"在这时被理解为"无",而孔子则受到称赞,因为他不试图去说那些不可说的东西。庄周的话虽然也受到了称赞,但却被认为对于人类社会活动是无用的,同时道家通过冥思,自然获取宁静的理论被完全曲解了。道家原有的理论被试图转化为可被儒家传统占统治地位的环境接受的哲学。

　　重新定位的结果是,儒道合一的学派诞生了。在这些哲学机智或"清谈"派里,他们只标榜名言隽语,而对世俗事物则避而不谈。然而,这些学派吸引了当时最出色的学者。不久,他们中有一些开始反对官方论调,首先强调道教观点中激进主义。其中一个人物就是诗人嵇康。他曾以铁匠的手艺诋毁过儒家。然而,他和其他一些人拒绝接受传统道德和社会制度的约束,这是

万万不许的，因为这样几乎使人们认为要不要道德制约是无所谓的，最重要的是个人信念。也许嵇康他们是这么说的，但我们没有几本他们自己的著作作参考来提出我们的看法。必须记住，我们读到的一些文字实际上来自他们的敌人。

在这段时期，修正派并没有完全如愿以偿。除出现了像嵇康这样的反叛者以外，甚至一些早期的评注家自己依然欣赏古代道家的许多政治主张。然后在 3 世纪末及 4 世纪初，出现了一个特立独行的人物——鲍敬言，他是中国整个中世纪中最激进的思想家。关于他的生平，我们一无所知，因为他只出现在 4 世纪时出版的《抱朴子》中很长的一篇（《外篇》卷四十八中），那一篇涉及他与炼丹术士葛洪的对话。尽管当时的封建官僚体制已稍有改变，但在鲍敬言的言论中，旧时道家对封建主义反感的势头却丝毫没有减弱。

> 儒者曰："天生烝民，而树之君。"岂其皇天谆谆之言？亦将欲之者为辞哉！夫强者凌弱而弱者服之矣；智者诈愚则愚者事之矣。服之，故君臣之道起焉；事之，故力寡之民制焉。……彼苍天果无事也。
>
> 曩古之世，无君无臣。穿井而饮，耕田而食，日出而作，日入而息。汎然不系，恢尔自得，不竞不营，不荣不辱……

鲍敬言又进一步以传统道家的风格描述了纯朴与诚实的减弱和矫揉造作的生长。他还将现实情况与道家的理想国作了对比：君主的欲望是无法满足的；他们在内宫霸占妇女，对取之于人民辛苦劳动的钱财挥霍无度。君主、官吏的仓库里衣丰食足，而人民却饥寒交迫。只要这种社会不平等继续存在，一切法律和法令，无论是多么的公正，也将毫无价值。显而易见，不管鲍敬言是什么人，他清楚地洞察了社会压迫和战争的起源，并再一次充分鼓吹了早期道家的政治论调。但他几乎是如此做的最后一人。

与道家的政治学说和哲学学说的衰亡命运相比之下，早期道家的实验传统却不仅继续存在，而且越来越兴旺。从三国时代到晋朝（大约 200 年）再到隋代的整个历史时期，炼丹术被培养到了以前梦想不到的境地。中国最伟大的炼丹家就生活、工作在这个时期。但不幸的是，对于这段时间我们知之甚少，因为汉代发明纸张后，绝大部分是写在不耐久的材料上面，因而没有能保存下来。尽管如此，我们还是幸运的，因为我们有葛洪的《抱朴子》，其中头几篇包含着某些高水平的科学思想。这里我们看到人的心灵在探索着要掌握自然界的复杂性，而现象的多样化给人们的印象比现象的概括统一化要深得多。这本书是以优美的散文体写成的，因此没有引起儒家们的注意。让我们

218

从其《内篇》卷二、卷三中关于长生不老可能性的争论篇章中作为例证：

> 或问曰："夫班、狄不能削瓦石为芒针，欧治不能铸铅锡为干将。故不可为者，虽鬼神不能为也；不可成者，虽天地不能成也。世间亦安得奇方，能使当老者复少，而应死者反生哉？而吾子乃欲延蟪蛄之命，令有历纪之寿，养朝菌之荣，使累晦朔之积，吾子不亦谬乎？"

> 抱朴子答曰："夫存亡终始，诚是大体。其异同参差，或然或否，变化万品，奇怪无方，物是事非，本钧末乖，未可一也。夫言始者必有终者多矣。混而齐之，非道理矣。谓夏必长，而荠麦枯焉。谓冬必凋，而松竹柏茂焉。谓始必终，而天地无穷焉。谓生必死，而龟鹤长存焉。盛阳宜暑，而夏天未必无凉日也。极阴宜寒，而严冬未必无暂温也。百川东注，而有北流之浩浩。坤道宁静，而或震动而崩驰。水性纯冷，而有温谷之汤泉。火体宜炽，而有萧丘之寒焰。重类应沉，而南海有浮石之山。轻物当浮，而牂牁有沉羽之流。万殊之类，不可以一概断之，正如此也……何独怪仙者之异，不与凡人皆死乎！"

> 或人难曰："人中之有老彭，犹木中之有松柏，禀之自然，何可学得乎？"

> "且夫松柏枝叶，与众木则别。龟鹤体貌，与众虫则殊。至于老彭，犹是人耳。非异类而寿独长者，由于得道，非自然也。"

除了像引文所说的那样，葛洪也许在讨论天然气的火焰，轻汽油的渗透及漂浮的群岛。可以承认的是，在《抱朴子》一书中有许多荒诞的、幻想的和迷信的东西，正如几个世纪后出现在帕拉切尔苏斯文中的一样。但其论证却是有逻辑的、视野也是开阔的。它大大胜于同时代西方希腊早期化学家所提出的任何东西。另一节引文则很好地表现葛洪和其他道家炼丹士们把奇异的信念同真实的事实混在一起的特点：

> 夫变化之术，何所不为。盖人身本见，而有隐之之法，鬼神本隐，而有见之之方。能为之者，往往多焉。

> 水火在天，而取之以诸燧；铅性白也，而赤之以为丹；丹性赤也，而白之而为铅。云雨霜雪，皆天地之气也，而从药作之，与真无异也。

> 至于飞走之属，蠕动之类，禀形造化，即有定矣。及其倏忽而易旧体，改更而为异物者，千端万品，不可胜论。

> 人之为物，贵性最灵。而男女易形，为鹤为石，为虎为猿，为沙为鼋，又不少焉。至于高山为渊，深谷为陵，此亦大物之变化。变化者，乃天地

之自然,何为嫌金银之不可从异物作乎?

　　狭观近识,桎梏巢穴,揣渊妙于不测,推神化于虚诞。从周孔不说,坟籍不载,一切谓为不然。不亦陋哉!

(《抱朴子·内篇》卷十六)

当然,葛洪生长在一个十分支持他的观念的时代,即使在他去世后,炼丹术仍备受推崇。在389—404年,北魏皇帝在其首都创设了一个道家头衔和一家专门调制各种丹药的作坊。确实,西山被指定为丹炉的木柴供应区,那些犯死罪的人被叫去尝试长生不老药。尽管御医曾试图停止这个制药实验室的活动,可却未能成功。

在这几个世纪之中,正如儒家重新解释道家哲学著作一样,道家借用了《易经》并对它进行加工,试图得出一种普遍的科学理论。这个运动似乎始于东汉时代,因为142年是它的最早著作成书时期。这本书由魏伯阳署名的《周易参同契》,一般称其为《参同契》。如本书第十章中所述的那样,在《参同契》中,我们发现在八卦和"天干"周期之间有周密的关联,用以象征日月运动各个不同的阶段,因而世界上有了阴阳二气的盈虚增长。炼丹家认为这本书及其包含的体系对于他选择恰当的时机进行加热和其他实验操作是有重大意义的。

唐宋时代的道家思想:陈抟和谭峭

《参同契》中包含的那种思想似乎在陈抟的身上达到了它的顶峰。在唐宋之间那几个短促的时代中,陈抟是位非常杰出但却有些朦胧的人物。他在后唐时期(932年)取得了功名,在954年后周时期第一次被召入朝,在976—984年间,宋代第二位皇帝对他十分礼遇。在这段时期将近结束时,他一定年纪很大了,便推说自己无知,极力要求引退,去过孤独的隐居生活,并于5年后逝世。胡渭于1706年所撰的《易图明辨》一书对他及其著作多有论述。尽管这本书成书较晚,它仍有不可小看的重要性,因为它把与《易经》相连的炼丹术的哲学历史置于一个健全的批判基础之上。《易图明辨》破除了传统的见解,即这一切都要上溯到远古。它是研究中国思想发展所必不可少的。

据胡渭称,对《易经》中八卦的特定排序始于陈抟。而且很清楚,魏伯阳及其《参同契》是陈抟学说的重要来源。但在我们看来,因为我们的时代已不再炼丹了,所以目前重要的是弄清楚《易经》八卦怎样被设想为如此之深刻地"嵌入"自然界之中的。这是中国中古时期科学思想的特征,而且如前所述,这也是被认为妨碍了对自然界的真正科学解释的因素之一。然而,这并不代

221

表它没有重要性;它为宋代理学的综合工作铺平了道路。其之所以如此,不仅因为道家对图像的喜爱刺激了宋代思想家也制作出他们自己的图像,而且因为它强调了这个世界彻头彻尾的自然本性,因为这对中古代后期的道家来说,只要掌握了正当的技术,自然界中就没有人所不能控制的力量。如果确实有"超自然主义"的话,这并不是说这种东西如此强大以致人只能拜倒在它面前;而是说自然秩序中有些低级的精灵,人们可以使之为自己服务。

222

在唐代时,真正的道家哲学出现了第二次繁荣。在 6 世纪和 10 世纪之间,出现很多书籍;它们以道家的实验研究所取得的新知识作为背景,复活并扩大了很多旧教义。其中典型的有《关尹子》,又名《文始真经》,作者是晚唐时期或唐朝以后某代的一个不知名的道家。该书由自称为"抱一子"的陈显微于 1254 年编纂并加以评注。我们可以读到:

> 人之力,有可以夺天地造化者。如冬起雷,夏造冰,死尸能行,枯木能华,豆中摄鬼,杯中钓鱼,画门可开,土鬼可语。皆纯气所为,故能化万物,⋯⋯有合者生,有散者死。彼未尝合未尝散者,无生无死。客有去来,邮亭自若。

(《关尹子·七签篇》)

最后的这种说法十分科学,特别是其关于唯物主义的近乎经典的定义,即一切变化都是表面的,都是出于基本粒子的组合与再组合,而基本粒子本身则是不变的。

> 万物变迁,虽五隐气见,一而已。惟圣人知一而不化。

(《关尹子·七签篇》)

我们几乎要把这样一种说法称为 19 世纪热力学第一定律的先兆了。

这些唐代作家一概都赞赏人与自然之间相互影响的微妙反应。有时这种做法仍然采用古代现象论者的形式,但往往达到更大的深度。然后,他们讨论了关于潜在与现实的问题。《关尹子》一书说道:

223

> 有时者气。彼非气者,未尝有昼夜。有方者形。彼非形者,未尝有南北。何谓非气?气之所自生者。如摇箑得风。彼未摇时,非风之气。彼已摇时,即名为气。何谓非形?形之所自生者。如钻木得火。彼未钻时,非火之形。彼已钻时,即名为形。

(《关尹子·三极篇》)

这段文字颇有趣味,因为它表示了唐代道家在探索宇宙比气或形更为基本的东西。他们的先辈对"道"这一名词想必已感到满意了，但现在却需要某种更加精确的东西来作诠释。

正如我们将看到的，理学家甚至在此之前的道家都欣赏这样一种事实：现实化的过程、出生或生长的过程，要比衰弱的过程漫长得多，而且显然要困难得多。正如关尹子所说的：

> 从事建物则难，以道弃物则易。天下之物，无不成之难而坏之易。
>
> 《关尹子·一字篇》

这段话使我们联想到威廉·哈维对胚胎学的一段评论：

> 对生物的构造和成长要比对他们的解体和拆散，需要有更多而且更为熟练的操作；那些轻易灭亡的东西，它们的形成和发展都是缓慢的。

在有些道家著作里也可以找到一些对归纳法和演绎法的赞赏，让我们再看一段《关尹子》的引文：

> 均一物也，众人惑其名，见物不见道。贤人析其理，见道不见物；圣人合其天，不见道，不见物；一道皆道，不执之即道，执之即物。
>
> 《关尹子·八筹篇》

在这里，关尹子似乎想说，普通人对概括不感兴趣，而儒家却兴趣颇深；224
但是即便不刻意寻求概括也不在乎个别现象的道家，事实上却把两方面都看到了，只不过他们有时着眼于特殊的，有时着眼于一般的。他又说：

> 是以善吾道者，即一物中知天、尽神、致命、造玄。……得之契同实，忘异名。
>
> 《关尹子·一字篇》

然而，道家一向对逻辑与推理的不信任仍然在羁绊着他们的步伐：

> 智之极者，知智果不足以周物，故愚。辨之极者，知辨果不足以喻物，故讷。勇之极者，知勇果不足以胜物，故怯。
>
> 《关尹子·九药篇》

并且关于圣人不偏不倚这一老话题又被提了出来：

> 圣人师蜂立君臣，师蜘蛛立网罟，师拱鼠制礼，师战蚁置兵。众人师贤人，贤人师圣人，圣人师万物。惟圣人同物，所以无我。
>
> 《关尹子·三极篇》

尽管在科学理论上仍无多大进展,但对宇宙的原有的科学观点并未丧失殆尽。8世纪时李筌所撰的《阴符经》中有这样一段话:

> 225　自然之道静,故天地万物生。天地之道浸,故阴阳胜。阴阳相推而变化顺矣。是故圣人知自然之道不可违,因而制之。至静之道,律历所不能契。爰有奇器,是生万象、八卦、甲子、神机鬼藏、阴阳相胜之术,昭昭乎进乎象矣。

古代合作性的政治学说多少尚未被完全遗忘,但从科学的角度出发,更有趣的是记下方术、实验、养身和延年益寿四者的混合物,及坚持这样一个老话题,即以技术应用来理解自然,而不是为人类社会造福。如《关尹子》中两段话:

> 方术之在天下多矣,或尚晦,或尚明,或尚强,或尚弱,执之皆事,不执之皆道。

> 道本至无。以事归道者,得之一息,事本至有。以道运事者,周之百为。得道之尊者,可以辅世。得道之独者,可以立我。知道非时之所能拘者,能以一日为百年,能以百年为一日。知道非方之所能碍者,能以一里为百里,能以百里为一里。知道无气能运有气者,可以召风雨。知道无形能变有形者,可以易鸟兽。得道之清者,物莫能累,身轻矣,可以骑凤鹤。得道之浑者,物莫能溺,身冥矣,可以席蛟鲸。

> 226　知气由心生,以此吸神,可以成炉冶。……

> 以此同物,水火可入。惟有道之士能为之,亦能战之而不为之。

(《关尹子·七签篇》)

最后几句话对如今的高科技是多么地适用,对于人类来说既是危险的,又是充满希望的。

在所有的这些典籍中,从科学哲学的观点来看,最有独创性的大概就是《化书》了,普遍认为该书由谭峭于公元10世纪著成。该书包含了一种特殊的主观唯实论,它认为虽然世界是真实的,但我们对世界的认识却取决于我们如何观察它,所以我们不能完全掌握世界的全部真实面貌。例如,对猫头鹰来说,黑夜是明亮的,而白昼是黑暗的;对母鸡来说,就像对我们自己一样,事实却正好相反。于是,谭峭以典型的道家口气问道:这两者之中,应当认为哪个是正常的,哪个是"反常的"? 他说,事实上我们不能假定白天就是明亮的,并适合于官能感觉,而夜间则相反。在这里,推论是这样的:我们看到的颜色和听到的声音都不是真实存在的,而是我们自己感觉器官的构造物;这个观点几乎可以看作是8世纪后欧洲哲学家约翰·洛克的第一性的质和第二性的质的区分的先行。接着,谭峭提到视错觉和对所见事物的注意或不注意的现象。他说,一个人也许会射击一块有条纹的石头,因为他的印象,那是一只老虎;或者射击水面上的波纹,因为他的印象,那是一条鳄鱼。况且,如果那里真的有这些动物存在的话,他的注意力也可能完全集中在它们身上,以致简直看不见它们旁边的石头或波纹。这使谭峭推论道:"没有一种事物是真正真实的,一切事物都是假想的,仅仅是我们从周围环境中挑出某些因素来构成我们的世界图像。"他说,这可以引申到生和死本身上。只有道(所有人的一切感官——印象的基础)才是真正真实的,一切事物都是相对的,因此我们的感官本身并不给我们提供一幅外在世界的绝对图像。

至于自然界的因果关系,谭峭明确表示必须找出各种决定性的因素,这些因素可能是难以察觉的。

> 转万斛之舟者,由一寻之木;发千钧之弩者,由一寸之机;一目可以观大天;一人可以君兆民。太虚茫茫而有涯,太上浩浩而有家。得天地之纲,知阴阳之房,见精神之藏,则数可以夺,命可以活,天地可以反复。 227
>
> (《化书》)

理学及宋代理学家的起源

在唐代,道教确实很繁盛,但决不能想象道家是万事如意的,因为他们不仅必须同佛教竞争,而且另外还有一切儒学家也是强劲的对手。这些儒学家们重新思考事物,他们的观点对建立新的哲学学派——理学起了重要的作用,而在宋代,理学成为极为强大的学术力量。在哲学上更为重要的人物似乎是李翱,他在《复性书》中使用了一些后来在理学中变得颇为重要的术语。这本书中有段话对理学的起源颇有启示:

> 性命之书虽存,学者莫能明,是故皆入于庄列老释。不知者谓夫子之徒不足以穷性命之道,信之者皆是也。

这段话有力地提示,在唐代,儒家开始深深感到缺少一种宇宙论来对抗道家的宇宙论,也缺少一种形而上学来和佛教的形而上学相竞争。宋代理学从佛道两家思想中汲取了各种因素,从而满足了这种需要。这样,理学把经典的伦理学教义与推理的宇宙理论密切联系起来,从而把它从被湮没的危险之中挽救出来。

道家的精华在于它的自然主义;它的缺点是对人类社会不太关心。它认 228
为伦理的考虑与科学观察和科学思考并不相干,并且,对于在社会中表现出来的人类最高价值如何才能够与非人类世界发生联系,道家也未作任何解释。荀卿说过:"他们见天而不见人。"另一方面则是佛教形而上学的唯心主义。这个阶段就更糟了,因为它既不关心人类社会,也不关心自然界。正如其名,它在乎的是自然界万物的内在本质。它认为社会和自然都是构成一个大幻术把戏的成分,一切众生都应该从中得到援助从而解脱。但是,把世界看作一个大幻术并不会导致科学研究或鼓舞公共正义。然而,再回到古代的儒教也于事无补,因为它完全缺乏宇宙论和哲学,所以不再能满足一个更成熟的时代的需要。事实上,只有一条出路,那就是理学家们走的路,即通过哲学的洞察和想象的惊人努力,把人类的最高伦理理想放在以非人类的自然界为背景的或放在自然界整体的宏大结构的适当位置上。根据这一观点,宇宙的本质从某种意义上说,乃是道德的,并不是因为在空间和时间之外的某处还存在着一个指导一切的道德人格神,而是因为当达到了某种合适的组织水平时,宇宙具有产生道德价值和道德行为的特性。近代的进化论哲学家把这种思想看成一个漫长延续的过程;理学家则认为有许多相继的发展,出现在每个世界浩劫之后,但其基本概念基本保持未变。

　　研究理学的西方学者们也经常感到困惑,这主要归咎于他们自己无法欣赏这个观点。到北京的耶稣教传教士感到受了冒犯,因为理学否认一个人格化上帝的存在,而后来的新教神学家们则宣称在理学思想中探出了某种泛神论,即把自然看作上帝。的确,有人甚至认为理学家朱熹的唯物主义(在本卷第十四章,我们将谈到他对佛教的攻击)与西方唯物主义的唯一区别在于:后者认为物质服从于它本身的规律,那种规律是非伦理的,而对中国的理学家来说,物质则是服从于伦理的规律的。然而,除却理学的唯物主义不是机械的之外(对于它来说,原子的弹子球因果观点是陌生的),它仍旧是错误的观点。理学家认为道德基本上是植根于自然界的,并且(就像我们应该说的)在具备合适的条件下,它就由于一次突现进化而从自然界中呈现。这样,理学家十分密切地接近进化唯物主义和有机主义哲学的世界观。就这种观点而言,理学所得之于佛教的似乎少于得之于道教的,它实际上同后者是联手的。我们将会更详细地谈到这一点。

理学家朱熹和他的先行者

　　在唐代的道家和宋代理学家之间有一些过渡人物。这并非是他们在年代上早于理学家,而是他们同道教传统颇有渊源。但是,他们并非是孤立的学派,至少其中一位名叫邵雍的就是理学主要领袖人物的朋友。

邵雍是位有创见或者说富于想象力的思想家,他以道家特有的方式拒绝了一切官职。他所著的《皇极经世书》中有一部分包含着复杂的图式,其中把宇宙论的和伦理的观点混在一起,但这些东西很难理解,以至于它们被邵雍的儿子和另一位哲学家所写的叙述取而代之。邵雍还写过一篇有趣的哲学对话《渔樵问对》,其中论述了自然现象的一致性和其他的一些看法。他保留了"道"作为自然界普遍原理的名称,还以半神秘的方式解释了"数"并给它以很高的地位。道先造数,再造形,最后再用物质来充满它们。他认为道的两种表现形式是动和静。动产生阴、阳;静则产生柔、刚(这是邵雍自己提出的两种实体)。地就是柔和刚的混合体,而天则是阴和阳的混合体。这四象又存在两种属性:强和弱。从这八种成分中,邵雍推导出了一切现象。确实,他似乎有着浓烈的形而上学唯心主义倾向,并且他的方法在风格上偏于老式并富有想象力,但此方法却是一幅详细的物质世界图像。动和静,以及在较小程度上的柔和刚,都是重要的观念,并都被理学家作为基本概念而接受。

邵雍深信随着佛教而传来的印度思想,即有着周期性的世界浩劫,在每次浩劫中世界化为混沌,然后又重新被创造出来。他的思想中有一种十分清 ₂₃₀ 楚的中世纪观念,即小宇宙和大宇宙的观念;但似乎没有理由把它归之于中国本土以外的来源。也许,从科学史的观点来看,邵雍思想中最有趣的观念体现在他的"反观"(或"客观观察")一词中。他说在科学中常有一些我们所不能理解的事物,我们不可以试图强迫它们,把它们纳入某一体制,因为这样做会掺入自我或个人的偏见,这样极容易陷入人为构造的错误之中。可惜的是,邵雍在构造他自己的理论体系时,就不再把这一名言记在心中了。他也相信观察者的普遍共同性。他说,我们并不局限于个人的观察,我们可以利用一切人的眼睛作为我们自己的眼睛,利用一切人的耳朵作为我们自己的耳朵;这样,我们对于自然界的理解就能形成一个有联系的整体了。

另一位哲学家程本也是过渡人物,他写《子华子》一书时隐去了真实身份,而托名为一个周代的哲学家。此书很短,而且不十分明确,但对当时道家正在进行的讨论却有某些见地;它谈到了"空洞"和"虚",其间不存在阻碍物体运动的"阂"和"忤";还谈到了"平",其间没有使物体朝着任何方向运动的倾向。程本还屡次提到基本力量,律动或冲力,尽管解释得很不清楚。作者赋予五行以几何形状:水是直的,火是尖的,土是圆的,金是方的。这与六个世纪后卡卜勒的观点相同:卡氏用立体几何的五种形状来表示地球的球面,这种观点在如今中国和日本的佛教寺庙中小塔和窗的特征中留下了印迹。公认的是,书中没有迹象显示程本这里考虑到了"粒子"问题,但如果他没有的话,就很难想象他心目之中想的是些什么了。他的体系还包括五行与人体器官的认同,还有其他理学和生理学方面的暗示。

现在我们需要考察一下宋代理学家的主要学派了。它的五个领袖人物差不多都正好生活在11—12世纪的各个交叠时期。为了从某种历史背景的角度来考虑他们,我们应当记住前四个人与著名的阿拉伯诗人、哲学家和科学家欧麦尔・海亚姆及内科专家西那(即阿维森纳)生活在同一时代,而第五位也是最伟大的理学家则与阿拉伯内科哲学家伊本・路西德和意大利学者、翻译家克雷莫纳的杰拉德同时。所以理学家们的活动大约和欧洲引入古典希腊文化的翻译和评论活动的高潮是同时的。他们恰好在集希腊和基督哲学于一体的欧洲最伟大的集成者托马斯・阿奎那开始他的事业之前,完成了对儒、道、佛三教要素的伟大综合工作。如果这两桩综合事业的同期性只不过是一种偶合,那也是颇堪注目的一次偶合。

这五位宋代理学的领袖人物首先从周敦颐开始,他是一位宁愿从事哲学研究而不愿跻身高官阶层的学者;还包括另二位较年轻的学者:程颢和程颐,他们是周敦颐朋友的儿子,都享有哲学家的盛誉。五人中的第四位是程氏兄弟的表叔张载,他可能是把道教和佛教中可接受的因素引入理学思想中最起作用的人。最后一位是朱熹,中国历史上地位最高的综合思想家。他对道教和佛教的研究与实际运用究竟达到什么地步,我们不知道,但可以肯定,他对这两种体系深有造诣,经常引用它们学说中的成分,并把其中的一些融会到他所建立的哲学范畴里去。他在仕途上屡经波折,时而得宠,时而辞官隐退并被剥夺了荣禄。他本人有大量的著作,行文异常清晰流畅,坚定不移地忠实于一种明白确切的世界观,并善于编纂别人的研究和写作——这一切无疑使他成为整个中国思想发展史中最伟大的人物之一。曾有人把朱熹同亚里士多德、托马斯・阿奎那、斯宾诺莎、莱布尼茨和斯宾塞等人作过对比,这种比较并无荒唐之处,它是对朱熹的赞扬。也许托马斯・阿奎那和伟大的维多利亚哲学家赫伯特・斯宾塞两人同朱熹最为相当。这两人均在科学和社会现象的基础上起过综合知识的作用。朱熹与托马斯相似,主要因为他毕竟是中世纪的人,对于有着漫长历史的种种信念进行了系统化的工作,而不是进行激烈的改革或取而代之;朱熹与斯宾塞相似,主要因为他毫不妥协地确认一种彻底的自然主义宇宙观,尽管他缺少像斯宾塞拥有的确定的实验和观察证据作为其广阔的学术背景。中国文明中最引人注目的特征之一,就是它的伟大的哲学家们如果具有斯宾塞式的世界观的话,都会变成阿奎那。

1. 太极

周敦颐与其说是一位作家,倒不如说是一位老师,他没有留下什么著作。他的名望主要来自一篇极短的宇宙图解《太极图说》,朱熹在一个世纪后把它当作了自己思想的基础,以类似的题目写了好几篇述评。图 28 就是周敦颐的图解,他的说明如下:

(1) 无极而太极。

(2) 太极动而生阳。动极而静。静而生阴。静极复动。一动一静,互为其根。分阴分阳,两仪立焉。

(3) 阳变阴合,而生水火木金土,五气顺布,四时行焉。

(4) 五行一阴阳也;阴阳一太极也;太极本无极也。五行之生也,各一其性。

(5) 无极之真,二五之精,妙合而凝。乾道成男,坤道成女。二气交感,化生万物,万物生生,而变化无穷焉。

(6) 唯人也,得其秀而最灵。形既生矣,神发知矣,五性感动,而善恶分,万事出矣。

(7) "圣人定之以中正仁义而主静,立人极焉,故圣人与天地合其德, 日月合其明,四时合其序,鬼神合其吉凶。"(引自《易经》)

(8) 君子修之,吉;小人悖之;凶。

(9) 故曰:"立天之道,曰阴与阳;立地之道,曰柔与刚;立人之道,曰仁与义。"又曰:"原始反终,故知死生之说。"

(10) 大哉易也,斯其至矣。

朱熹解释道:

(a) 此所谓无极而太极也,所以动而阳,静而阴之本体也。

然非有以离乎阴阳也,即阴阳而指其本体,不杂乎阴阳而为言耳。

(b) 同心圆此"〇"之动而阳,静而阴也。中"〇"者其本体也。左半圆者,阳之动也,"〇"之用所以行也。右半圆者,阴之静也,"〇"之体所以立也。右半圆者左半圆之根也,左半圆者右半圆之根也。

(c) 第三图此阳变阴合而生水火木金土也。"∽"者阴之变也,"S"者阴之合也。

水,阴盛,故居右。火,阳盛,故居左。木,阳稚,故次火。金,阴稚, 故次水。土,冲气,故居中。而水火之✕交系乎上,阴根阳,阳根阴也。水而木,木而火,火而土,土而金,金而复水,如环无端。五气布而四时

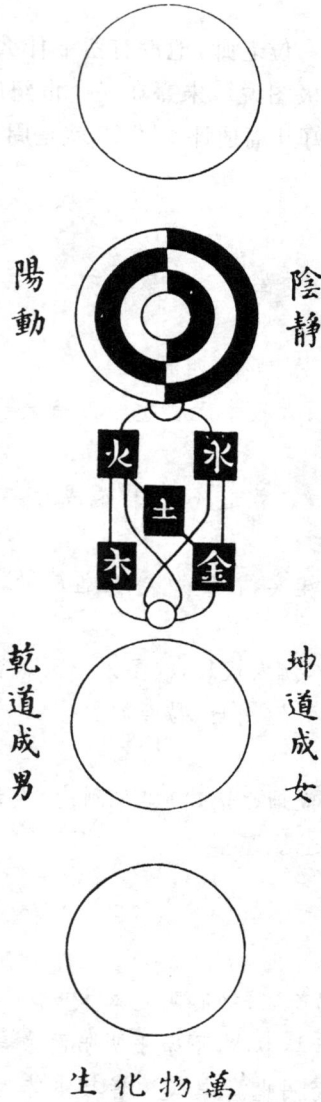

陽動　陰静

火　水

土

木　金

乾道成男　坤道成女

生化物萬

图 28　周敦颐（1017—1073 年）的《太极图》（从上往下数第二个圆的左边写着"阳动"，右边写着"阴静"；下面是五行。倒数第二个圆的左边写着"乾道成男"，右边写着"坤道成女"。最后一个圆的下方写着"万物化生"）

行也。

（d）第一、二、三图，五行一阴阳，五殊二实无余欠也。阴阳—太极，精粗本末无彼此也。

太极本无极。上天之载，无声臭也。五行之生，各一其性。气殊质异，各一其"○"，无假借也。

此无极，二五所以妙合而无间也。

（e）"○"，乾男坤女，以气化者言也，各一其性，而男女一太极也。

（f）"○"，万物化生，以形化者言也，各一其性，而万物一太极也。

周敦颐的信条中最引人注意的陈述是其中的第一段。这实质上是结合道家思潮和儒家思潮的一种综合陈述。朱熹本人肯定了这一点。周敦颐文中出现的"极"自古以来就是一个术语，指天文上的极。所以实际上有这样一种说法即整个人类宇宙是绕着北极星旋转的。像周敦颐和朱熹那样，把整个宇宙当作单一的有机体时，"极"被认为是有机体的中心，是世界中轴线本身。但这儿有两种对立的观点需要调和：一方面，道家的"无极"肯定真正的全部的世界并不有赖于这种基点，因为有机体的每一部分都轮流地处于主导地位；而另一方面，儒家的"太极"则是对赋予宇宙整体并无处不在的内在力量的认同。这样周敦颐和朱熹关于世界的观点就是：世界确实是一个单一的有机体，任何一个特定的部分都不能被认为居于控制地位。

现代人的头脑已习惯于用这类术语进行思维（或者有意识地不进行思维）；世界充满了极、中心、磁场、细胞与细胞核、战争或和平活动的社会控制中心。但是，它们都从属于它们所构成的有机体，而不凌驾于其上。世界对于理学家来说并不比对我们更加未经分化：它表现为一系列综合性的组织层次，一个层次的整体乃是再一个层次的一部分。一个层次的化学组合在另一个层次上则变为单个的元素，（对我们来说）在又一个层次上则成了独立的原子粒。尽管人类的最高价值完全是自然的，但只有在人类范畴上它们才能被接受。在这一点上，朱熹的见解是独到的，而在理学家的著作中，我们甚至可以找到表示"组织层次"的术语。总之，"太极"和"无极"的同一性是承认两件事情：第一是存在着决定物质能量的一切状态和转化的普遍模式或者场；第二是这个模式（理）无所不在。动力不可能局限于空间和时间的任何一个特定的点，组织的中心和有机体的本身是同一的。

当我们进一步观察这一精心表达的自然体系时，我们不能不承认宋代哲学家们所研究的概念与近代科学上所用的某些概念并无不同。无疑地，两种基本的力这一观念是从古代由许多物种均有两性的观点中归纳而得出的结论。学者们包括宋代思想家不过是把它的逻辑结论绘成图表而已。但是我们越是阅读他们的著作，就越发觉得他们已洞察到物质有着根深蒂固的两个方面，后来在西方则表现为正电和负电；质子和电子；及所有物质微粒的组成成分。这当然是宋代哲学家所无法表达的事，然而，他们却具有一种真正的洞察力。这里，中国人又射出一箭，落在后来原子物理学家玻尔和卢瑟福的

236

237

立足点附近,但却从未到达过牛顿的位置。

另一种深刻的信念鲜明地出现在理学家著作里的是,自然界是以波浪的方式运作。两种力轮流上升至顶点,然后消退,让位给另一种力。另外,它们相互生成,那公式使人联想到近代哲学家喜欢用的词:"对立物的相互渗透。"他们经常提到动和静在交替的周期内出现,动上升到最高程度后又回到零点;这表示我们必须考虑对波浪状现象的一种十分合法的科学抽象。

此外,在上述引文中,有一种由于(我们可称之为)化学反应而产生新事物的相当清楚的概念,其中有一处确实是用上炼丹术的象征主义。尽管人们常说在理学之前,中国没有严格意义上的形而上学;但我们可以声称,如果是理学家介绍了形而上学的话,它会与现代科学意义上的物理学在很大程度上相一致。

周敦颐的另一著作《易通书》乍看起来完全是远离自然科学而涉及伦理问题的著作,包括圣人及其在社会中的作用、他的智慧、礼、乐等等。该书的论证围绕着术语"诚"展开论证,此字通常意指"真诚"。然而,在周朝写成的《中庸》里,我们发现一个双关语:"诚者,自成也。"这也暗示着"诚"不仅仅是"真诚";它是个人天生的一种品质,而且不只是由于个人间的关系而产生的。因此,倒不如说,"诚"是"正直"而不是"真诚"。"真诚"是对己真诚,既不自欺,也不逆自己的本性而动。《中庸》还说:"诚者,天之道也;诚之者,人之道也。"(《中庸》,第二十章)这表明它已超越了人的范围。天有"诚",因为它忠实地遵循着自己真正的本性,而不做任何违背"道"的事情。这样,我们就意识到,当它的每个机体以绝对的精确性完成了它对自身所属的更高一级的机体应尽的功能时,也就达到了"诚",我们在这里又有一种现代有机论哲学家非常熟悉的事物状态。

238　　《中庸》中"诚"的宇宙论意义在 15 个世纪后,在《易通书》的许多地方得到了发展。正如《易经》中的第一卦象征着万物的开始,它也是"诚"的起源,"诚"是随着万物而出现的。它是纯洁、完美的,从不施加任何力量;它会产生一切善与恶;它像道一样具有一种美德,可以把私爱转变为博爱;把正直转化为正义;把自然的人类模式转化为社会秩序。它向外扩张,从而引起了开始和发展。收缩时,它又留下了永久的收获。静止时,它仿佛并不存在;行动时,它的存在就显示出来。正像使自身适应诚的影响的个别模式一样,诚属于宇宙中不可见的事物的范畴。再一次,我们有了一种可以融合在含蓄的进化论体系中的概念,它是融会了哲学的自然主义和自然科学的体系。

在其他几位理学人物中,程颢倾向于形而上学;他的弟弟程颐则有一些值得注意的科学观点,但他俩的观点对宋代哲学中与我们所感兴趣的那些方面并无甚关联。然而,他们的叔叔张载特别重视我们经常遇到的一个概念,即一切事物和生物都是一个离散的过程。1 000 年前,怀疑论者王充(见本卷第十一章)曾使用过同一个字眼,但对张载来说,同其他理学家一样,他认为世界上没有超自然的东西。

朱熹完全接受了万物由普遍的"物质—能量"——即"气"——凝聚而成的这一概念。他认为"气积为质"。但朱熹思想的新颖之处在于,他把凝聚过程与阴相联系,把离散过程与阳相联系。在宋代自他起始,这些扩散与凝聚的学说就成了中国思想的普遍背景的一部分。

2. 对普遍模式的研究

现在我们必须回过头来对朱熹的自然主义哲学作进一步的探讨。朱熹主要研究两个基本概念:"气"和"理"。他认为这两个术语代表了基本自然世界中物质和非物质的因素。然而朱熹"气"的重要意义不是一个英语单词就能表达的:它可能是固体或气体或液体,但它的影响在现代人的头脑中就像是"以太波"或"力场"一样微妙。汉学家普遍地把朱熹的"气"简单地翻为"物质";而朱熹本人用另一个字"质"来表示固体、坚硬和可感知状态的物质。尽管质是气的一种形式,气却不一定就是质,因为物质可以以各种不可捉摸的形式存在。如果非要把"气"翻译出来的话,也许"物质—能量"是最好的译法。

关于"理"字的解释则众说纷纭。最早倾向于把它译作"形式",但这与本不相干的亚里士多德和希腊哲学扯上了联系。也不能把"理"翻译成(科学的)"法则",这就过早判断了中国人是否在任何时期发展过自然法则的观念这一整个问题了。另外还有其他一些译法同样无法被接受,但从科学家的角度来看,不管怎么样,最好把"理"看成有机体,因为世界可被描述为不同的组织层面。例如,有机体的一个层面会给出原子的构成,另外一个(较高的或较粗糙的)的层面则给出分子的构成,还有一个是活细胞,当然该细胞由许多相互包含的较低层的螺旋状组织构成。这并不是说朱熹和他的理学同事们是如此认为的,他们也没详细地这样暗示过,所以在翻译时使用"有机体层面"这样的词眼是危险的。但是既然在他们使用"理"字时蕴含着这一概念,最满意的办法也许是将"理"译成"形式",或因此直接用"有机体"这一词,因为朱熹本人曾有意识地把"理"运用到人类所熟知的最充满活力的形式上去,并且理学家思想深处确实存在着"有机体"观念的某些东西。所以,我们可以将"气"翻译成"物质能量",而把"理"翻成"有机体"或"有机体原则"。这些术语告诉我们,在某种意义上,理学家们离近似于近代自然科学家和有机哲学家

239

关于世界的观点相距不远。在这一点上,朱熹(他使"理"从佛教的背景中脱了身并恢复其古代自然主义的意义)比他的任何解释者都更超前。而且包括中国和欧洲的翻译家们都曾赞扬过他。

现在,我们该听听朱熹本人怎么说,在他的一卷书中,我们可以读到:

240

> 天地之间,有理有气。理也者,形而上之道也,生物之本也;气也者,形而下之器也,生物之具也。是以人物之生,必禀此理,然后有性;必禀此气,然后有形。

> (《朱子全书》卷四十九)

至此,引文清楚地证明,把"气"解释为"物质—能量",把"理"解释为宇宙的组织原理是有道理的。然而,气和理之间存不存在着哪个居先的问题? 朱熹有点犹豫,他说:

> 有是理后生是气,自一阴一阳之谓道推来,此性自有仁义。先有个天理了,才有气,气积为质,而性具焉。

> 问:"先有理,抑先有气?"曰:"理未尝离乎气。然理形而上者,气形而下者,自形而上下言,岂无先后? 理无形,气更粗,有渣滓。"

> 理气本无先后之可言,然必欲推其所从来,则须说先有是理。然理又非别为一物,即存乎是气之中,无是气,则是理亦无挂搭处。气则为金木水火,理则为仁义礼智。……

> 问:"有是理便有是气,似不可分先后。"曰:"要之也先有理。只不可说是今日有是理,明日却有是气。也须有先后。"

> 或问:"理在先、气在后?"曰:"理与气本无先后之可言,但推上去时却如理在先,气在后相似。"

> (《朱子全书》卷四十九)

很明显,朱熹试图不陷入唯心主义,但他也不愿意被看作一个唯物主义者。他急于避免被逼得说是物质—能量产生于组织或反之,虽然他倾向于前一种观点,部分地因为很难认为有机体是独立于心灵之外的一个范畴;同时也很难摆脱这样一种观念,即一个计划意味着一个计划者必定是在时间上先于并在地位上高于被计划的东西。在根本上,朱熹在以下这种意义上仍不失为一个二元论者,即他认为物质—能量和组织在宇宙中是同时和同等重要的,二者"本无先后",虽然"理"略为优先这种信念的残余极难舍弃。理由大概主要是无意识地具有社会性的,因为在理学家所能设想的一切社会形式之中,进行计划、组织、安排和调整的管理人,其社会地位要优先于农民和从事

241

"气"即从事物质和体力劳动的工匠。如果朱熹能摆脱这种偏见的话,他就会提前 800 年预见有机唯物主义的观点。

这一切都必定会反映在朱熹关于知识本质的理论中。他认为认识(或领悟)是心灵存在的根本模型,但心灵能做到这一点,则证明了我们称之为"物质所固有的精神性"这一点。换句话说,心灵的作用是完全自然的,是物质之具有生产潜能的某种东西,只要它使自己与程度够高的理配置在一起。对组织原理本身来说,正是"理"防止了自然过程陷入混乱:

> 如阴阳五行错综不失条绪,便是理。
>
> (《朱子全书》卷四十九)

"理"也被认为与"太极"是同一的。万事万物都分享着太极,没有它,就不会存在任何事物。它与动和静的特性有关,其中动和静是现代能量和惯性理论中的概念;"理"还同阳动阴静及对宇宙运行的领悟相对应:

> 自有天地,便是这物事在这里流转。一日有一日之运;一月有一月之运;一岁有一岁之运……
>
> (《朱子全书》卷四十九)

> 天运不息,昼夜辗转,故地榷在中间。使天有一息之停,则地须陷下……
>
> (《朱子全书》卷四十九)

242

对于朱熹来讲,理与数之间的关系也很有意思:

> 问理与数。曰:"有是理便有是气,有是气便有是数。盖数乃是分界限处。"
>
> (《朱子全书》卷四十九)

这里是某种东西的萌芽,它本来可以使中国科学革命化的,可它缺少从数学的角度考虑自然假说,所以它只是昙花一现,就再也没有下文了。这里提到的"数",恐怕指的是无用的毕达哥拉斯式的像数学的符号,而不是有助于自然科学的任何一种数学。

朱熹和其他理学家认为"理"和"道"之间颇有关系。道是世界万物的模式,而理则是任何自然物体中都蕴含着的模式,朱熹认为:"道"这个字指广阔和伟大,"理"这个字则包括"道"中所包括的无数脉络般的模式。因此,道用来表示整个宇宙有机体的模式;而理还可以用作小的个别有机体的细微的模式。但按照理学家所不能背弃的儒家传统,"道"这个字往往更多地用于表示人类社会中的人之道,而较少地用于表示非人类的自然之道。但是朱熹在他关于"理"和"气"的学说中试图将古代儒道两家的"道"融入一个框架里,即人类社会的道被看作是宇宙之道的一部分,宇宙之道本身就在人类社会的有机层次上显示出来。这样中国思想中的两大学派就真正在这种方式中得到了融合。

3. 进化自然主义

所有的理学家都持有这样一种共同的基本观点:宇宙经历了创建和毁灭的交替循环。它似乎被邵雍加以系统化的考虑,他开始把十二时辰和中国罗盘的十二指数应用到了它的各个相位,其他理学家也跟着邵雍如法炮制。例如元代的吴临川写道:

> 一元凡十二万九千六百岁,分为十二会。一会计一万八百岁。天地之运,至戌会之中,为闲物,两间人物俱无矣。如是又五千四百年,而戌会终。自亥会始五千四百年,当亥会之中,而地之重浊凝结者,悉皆融散,与轻清之天混合为一,故曰浑沌、清浊之混,逐渐转甚。又五千四百年,而亥会终,昏暗极矣,是天地之一终也。

> 贞下起元,又肇一初。为子会之始,仍是浑沌。是谓太始,言一元之始也。是谓太一,言清浊之气,混合为一而未分也。自此逐渐开明。又五千四百年,当子会之中,轻清之气腾上,有日,有月,有星,有辰。……

> 又五千四百年,当丑会之中。重浊之气凝结者,始坚实而成土石。湿润之气为水,……燥烈之气为火……

> 又自寅会之始,五千四百年,当寅会之中,两间人物始生。……

(《性理大全》卷二十六)

在诸如此类的描述中,我们不可忽视中国人对"波浪形"的偏好,例如阴和阳的(波浪状的)交替统治。在某种意义上讲,这种说法是毫无根据的推测,但说它们对中国科学毫无贡献,也未免过甚。因为除了它们所包含的自然主义而外,它们还帮助中国科学在地质学方面达到了先进的观念,而且确实比欧洲更早得多地认识到化石的真正性质。朱熹本人清楚地说明了这一点,在《朱子全书》中可以找到涉及宇宙周期的确切时间长度的反复讨论。但对于深层岩石的固化和一些水中岩石的形成仍未有定论。

对于生命的起源,朱熹也有自己的见解。他认为,"自生"(即从无生命的物质中产生有生命的有机体)在产生生命的过程中一度起过很大作用,并且在某种程度上仍在进行着:

生物之初,阴阳之精自凝结成两个,盖是气化而生。如虱子,自然爆出来。即有此两个,一牝一牡。后来却从种子渐渐生去,便是形化,万物皆然。

244

(《朱子全书》卷四十九)

至于低级动物的本性,他显然承认,适用于人类社会的范畴和价值并不适用于低级动物。社会性的昆虫诸如蚂蚁和蜜蜂,它们的行为表现出"一点义",而哺乳动物和它们的后代的行为表现出"一点仁"。但是动物有着一种粗糙浑浊的物质构造——现在我们称其为低级的神经组织——这使它们不必实现自然的全部责任。一切动物所表现的行为都不是发自选择,而是由于它们所必须遵循的"道"或"理"。因此,当意识显现在人类这一层次时,它不是与人的生理构造完全无关的某种东西。

从现代科学的角度来看,这些观点是无可非议的,必须记住,这些观点来自 12 世纪中叶。对于朱熹来说,就像对于我们一样,最高的人类美德是极其自然的,而不是超自然的;是进化过程的最高表现,朱熹有时也把"仁"(宇宙的凝聚原理)当作万物的动力来谈论。禀赋着"气"的人接受着这一天地之心,从此接受生命;因此恻隐之心和仁是他生命中最本质的部分。另外,正如从低级动物过渡到高级动物是有赖于其气的相对纯净性那样;人性善恶的差别也是由于他们所得"气"的不均衡性造成的。但朱熹没有像王充那样,用宿命论的方式来解释这个问题,而是主张一个人凭借自身中的"理"就可以完善自主。这些观点都很有趣,因为在很多方面它们都预见了近代遗传学。

朱熹关于广义上的"有机体"的观点,在他几乎所有的有关人与其他关系的著作中均有体现。有一点很清楚,朱熹在讨论社会组织的本性时与佛教相对照:

天下只有这道理,终是走不得。如佛、老虽是灭人伦,然自是逃不得。如无父子,却拜其师,以其弟子为子。……

(《朱子语类》卷百二十六)

朱熹还讨论了生和死的问题,他很肯定个人的精神是不会存活的。佛教的观点是人的灵魂可作为鬼继续存在下去,并借别人的躯壳再次转化为人;这是荒谬绝伦的。宇宙中唯一不变的东西就是"理"。在这个问题上,朱熹伙同其他理学家将孔子时代关于鬼神的古代术语加以合理化,赋予它们以专门的含义。我们可通过表 16 来观察词义的变化。人的灵魂由两部分组成,一部分上升,另一部分在死亡时下降,这种观念并不新鲜;理学家们的创新是用这

181 |

些术语来表示相当清楚的物理概念,并把它们应用于描述自然现象。因此,朱熹在《朱子全书》卷五十一中说道:

> 如风雨雷电初发时,神也。乃至风止雨过,雷住电息,则鬼也。

245

表 16　理学家对儒家术语的合理化

与阳有关者		与阴有关者	
气	用于它的古意,即生命的气息。	精	精髓。
魂	精神或灵魂中的"温暖"部分,死后上升与天之气混合。	魄	精神或灵魂中的"寒冷"部分,死后下降与地之气混合。
神	古意为神,现在用来表示以下概念。	鬼	古意为妖怪,现在用来表示以下概念。
伸	伸张,散开	屈	收缩,聚合
散	消散,离散	聚	聚集,凝结

当然,可以有两种方式来理解这段叙述:一种是人民群众的迷信方式,他们在民间宗教里用到了鬼;另一种是学者们采用的自然主义方式。但是,必须把这个矛盾放在中国官僚社会的背景下考虑,在这个社会里仍然存在着祈雨等形式,尽管开明的人并不相信它们会起任何作用。但是,也许回顾一下历史,我们将看到,这种仅仅对古字及其全部的宗教含意加以合理化而未能246创制出新术语的严重缺陷,乃是社会环境的最不幸的方面之一,而中国科学就是在这种环境中诞生的。

最后,让我们来谈谈理学观念中有神论的问题。朱熹的立场是毫不含糊的:

> 苍苍之谓天,运转周流不已,便是那个。而今说天有个人在那里批判罪恶,固不可。说道全无主之者,又不可。

(《朱子全书》卷四十九)

他的观点确定了儒家的正统思想,这种观点究竟对中国的科学世界观的发展作出了多大的贡献,我们将在后面(本卷第十六章)讨论这个问题。

宋代理学和自然科学的黄金时代

在以上各页中,把理学哲学解释为有机哲学不啻为一种颇为合理的尝试,但是,在这里值得再一次强调宋代确实是中国本土的科学最为繁荣昌盛的时期。正如前所见,道教被认为同实验科学有某些联系,而事实上它也确实是如此。炼丹术、药用植物学、动物分类学和物理学等,全是受到道教的启发。所以如果我们对理学哲学的观点是对的,这也会显示出这种联系,并且事实上确实如此。大量的证据都可证明这一点。

如果我们要检阅这个时代的伟大的科学家,首先遇到的就是沈括。他首次详细地描述了罗盘针,提到了立体地图,并首次研究化石,确认它们的性质。在数学方面,有许多名家,这里只举几个:刘益、李冶、秦九韶和杨辉。这些人研究出了宋代代数学,这组成了当时全世界最先进的数学技能。在天文学方面有苏颂,我们至今保存有他于 1086 年精心写成的有关浑天仪的著作。在他之后的一个半世纪后,著名的苏州星图或天象图表刻在了石碑上。在地理学和数量地图学方面,一个新时代自贾耽开始到朱思本结束,他们两位都属于世界上最伟大的地理学家之列。宋代还有许多炼金术方面的著作,植物学和动物学方面的著述也非常多。在五代和宋朝,本草类的重要著作刊行了九种,还包括植物学方面的许多专题著作。医学方面也是硕果累累,宋慈不仅是中国的,也是全世界的法医学的奠基人。建筑和军事技术方面的著作也在这个时期写成了。

247

宋代的理学哲学本质上是科学性的,伴随而来的是纯粹科学和应用科学的各种活动的史无前例的繁盛。然而,这一切成就并没有把中国的科学提到伽利略、哈维和牛顿的水平。经过元、明两代的停滞不前,在清王朝时期出现了人文主义学习的高潮。十分明显的是,当我们回过头看时,会发现除了一系列意想不到的事外,中国文明是不会产生近代自然主义科学的。相反,最后一幕戏也在一场毫无结果的形而上学论战中上演完了。直到 17 世纪初,当文艺复兴后第一批西方现代文明的使者来到中国首都时,中国学者们才被邀请加入这种"新的或者试验性的哲学",这种哲学会从根本上来改造世界。

耶稣会传教士从欧洲带来现代数学、科学和技术,这对中国贡献巨大。但是认为由理学所总结的中国思想对世界科学未作任何贡献的想法也是错误的,它的贡献可能要比迄今所认识的大得多。这种新评估的原因很简单:欧洲科学是在一个数学的、机械的世界及笛卡儿和牛顿的世界图像的旗帜下前进的。这种进程在此之前已充分发展了,但它所信奉的自然观不能永久地满足科学的需要;需要把物理学看作研究较小有机体的科学,而把生物学看作研究较大有机体的科学,这个时代一定会到来。如果发生了这种事的话,科学所采取的思维模式将会是非常古老,非常明智的,而决不是典型的欧洲式思维。

中国人所贡献的就是这一点。朱熹及其他理学家的世界观刺激了思维中有机论性质的发展,这种性质通过耶稣教传教士传入欧洲又传给了莱布尼茨,它的重要性毫不夸张地讲是非常大的。在这次中西文化交流中,莱布尼茨是个关键人物。他对中国思想极感兴趣,并与居住在北京的耶稣会传教士长期通信甚至保持着某些私人交往。在某种意义上讲,他被认为是个桥梁建筑师,将神学的唯心主义与欧洲科学的唯物主义联结了起来,本来这是两种欧洲思想从未能成功解决的相对立的二律背反。很难精确地估计莱布尼茨本人究竟接受了多少中国哲学的刺激,因为他不是一个有系统的作家,他所做的事情仅能从信件或断简零篇中印证;不过还是有些事可说的。

莱布尼茨想要的是一种实在论,但不是一种机械实在论。与把世界看成一个庞大的机器相反,莱布尼茨主张(另一种)世界观,即把世界看成一个庞大的有机体,它的每一部分也是有机体。这是在 1714 年他的生命行将结束时,在《单子论》这篇他死后才出版的简短而光辉的论文中提出的观点。他的"单子"是不可分解的有机体,是更高级有机体的组成部分,有着各种不同的层次:单子的等级制及其"前定和谐"有似于理学家的理的无数个个别表现。莱布尼茨希望借助于这个等级制的宇宙来克服唯心主义和西方唯物论之间的二律背反。在他的哲学里很容易发现中国思想的因素。在《单子论》中,他写道:"物质的每一部分都可设想为一个充满植物的花园或一个充满鱼类的池塘。"在这里,透过理学的镜子我们能看到佛教的思辨,而且这还与列文虎克和斯瓦默丹等人透过当时新奇的显微镜所看到的实验证明相符合,这些人都是莱布尼茨赞赏地引用过的。

当莱布尼茨提到机器和有机体的区别在于,组成有机体的每个单子总是有生命的并且在意志和谐之中相合作的时候,我们不禁联想到中国通体相关的思维体系所特有的"意志和谐"。莱布尼茨的"前定和谐"是致力于解决 17 世纪身—心问题的学说,尽管它本身并没有维持多久。这种学说与引证过的董仲舒(公元前 2 世纪)的一段话很相近,两者都用了声波的类比。然而,莱布尼茨的另一段话可使我们再次听到中国思想的回声:"在灵魂和肉体相分离的精确意义上说,并没有绝对的生,也没有完全的死。我们所称为生的,就是发展和展开;我们所称为死的,就是闭合和收缩。"在这里,我们仿佛听到道家们在谈论他们的密集和稀疏。

莱布尼茨自己关于中国哲学的论点至今仍有着生命力,他明确地称这种哲学为"近代"中国的理学。他写道:

> 当近代中国的诠释家们把上天的统治归之于自然的原因时,当他们

不同意那些总是在寻求超自然(或者不如说超形体)的奇迹和意外救星般的神灵的无知群氓时,我们应该称赞他们。同时在这些问题上,我们也能把那些对于自然界的许多伟大奇迹提供了几乎是数学的解释并使人们懂得大宇宙和小宇宙的真实体系的欧洲的新发现告诉他们,并以此来进一步地启迪他们。

[kootholt(1),P. 447]

当然,这并不是说,中国的有机哲学是导致莱布尼茨走向他的新哲学的唯一刺激。他发现自己的立场同 17 世纪由本杰明、惠奇科特、亨利、莫尔及库德沃斯等人领导的一个神学家和哲学家的派别,即剑桥柏拉图派的立场之间有一些接触点。他们同生物学界的朋友,诸如约翰·雷和格鲁等人一起发展了一种科学哲学,认为自然界是"生机勃勃的"、"精力旺盛的",并"有创造性的",而不是机械的。剑桥柏拉图派思想家想了解和思考自然界,而不是想控制它,他们寻求的是综合而不是分析。但这种观点在极大程度上依赖于柏拉图,因此它不可能取得很大进展。它的支持者们回到了一个支持"活的灵魂的"数学化的世界。然而在 17 世纪,引向越出笛卡儿和牛顿的唯一途径并不是绕过数学,而是直接从中穿过去;这就是莱布尼茨所采取的道路。但从有机主义看来,这是唯一的途径;在有机论中,每一点泛灵论的残余,每一个把灵魂看作有机发展的活的原则的痕迹都已消失。也许理学家的"理"为这种净化指明了道路。也许如今在当代科学的这个阶段,世界应当归功于庄周、周敦颐和朱熹等人,这要比世人迄今所认识的要多。

第十三章 宋明时代的理学家与中国自然主义的后期重要人物

本土自然主义的最后几位杰出人物

1200 年朱熹死后，理学几乎止步不前。有的弟子和同僚试图将朱熹的理论应用到专门的领域；有的详尽阐述了关于宇宙灾变的专论；还有的则忙于搜集并刊行朱熹的遗稿。但是，理学并未因此而有真正的进展。另一方面，14—16 世纪杰出的思想家们确实致力于理和气的研究，并试图达到理气之间某种最终的合一。如杨东明（1548—1624）曾写道：

> 今谓义理之性出于气质则可，谓气质之性出于义理则不可。

确实，杨东明及其志同道合者都极力反对传统的形而上学唯心主义。传统的形而上学唯心主义断定现实并不存在于外部世界而存在于人的思想中。这种观念在 1500 年王阳明时期达到了顶峰；同时这也是我们首先要研究的情形。但我不打算占用太多篇幅，因为不论何种形式的唯心主义在中国或在其他任何文明中都没有更有助于自然科学的发展。但它流行起来了，并在天平上不利于中国科学的那一端又添了些许砝码。

唯心主义观的盛行责任似乎在于佛教。中国古代思想中并没有形而上学唯心主义存在的证据。并且它的最初的真正成长，出现在唐代佛教大师如卢慧能（638—713）和何宗密（779—841）的著作中。事实上，中国的形而上学唯心主义本质上是印度"幻境"哲学（即外在世界的基本不真实性）的一种发展,其最伟大的代表人物毫无疑问首推陆九渊(1138—1191)。他与朱熹同时代并是朱熹的死对头。陆九渊比他的任何前辈都更着重、更精确地阐述了这一哲学学说,其中有这样一段话: 251

> 宇宙便是吾心,吾心即是宇宙。

(《象山全集》卷二十二)

> 万物森然于方寸之间,满心而发,充塞宇宙。

(《象山全集》卷三十四)

这种观点预先肯定了时(间)空(间)的主观性论,被认为比康德早 6 个世纪。

陆九渊把新儒学的组织理论"理"完全置于心灵之中。在与朱熹争论了多年之后,两人不得不保留着分歧,因为他们俩的观点确实是格格不入,难以调和的。由于他的哲学观点,陆九渊很自然地被指责为偏爱佛教,他也确实如同许多其他的后期儒家一样采用了佛教冥思的各种手段。但是,有一点是肯定的,陆九渊和他的同代儒家们是始终肯定人在世事中的责任,并否定佛教假借遁世以求被拯救的教义的。确实,依照陆九渊学术圈中流行的一种说法,"佛教的冥思导致寂灭,而儒家的冥思导致行动"(为戴遂良[wieger(2),P.225 所引用])。

陆九渊的影响由弟子们代代相传一直持续到 16 世纪,并由此影响了中国理学的主要代表人物王阳明(1472—1528)。尽管王阳明一直自称为陆九渊的追随者,他却并不沿用前辈们的语言来表述他的唯心主义。在《阳明先生集要》这本选集中,我们可以读到:

> 身之主宰便是心,心之所发便是意,意之本体便是知,意之所在便是物。

(《阳明先生集要》卷一)

对王阳明来说,外在世界并不比想象的世界更不实在,但是一切物质存在毫无疑问都是"世界精神"的产物,所有个人的思想均在这方面或那方面与这个"世界精神"是同一的。因此,他十分强调天生的"直觉",在他看来,除此之外就不存在知识。这种直觉常常以一种非常伦理的方式被认为是道德直觉。对于这一点,王阳明作为一个真正的儒家,认为他颇有得于圣人孟子。所以,在某些意义上讲,他大约早 200 年就预见到了贝克莱的唯心主义,并且以更早的时间预见了康德的绝对命令(即道德法则的存在独立于任何隐性的 252动机或目的之外)。

王阳明不仅是个哲学家,还是位很不错的诗人。他的一些诗作在中国妇孺皆知,现在几乎已成为世界文学的一部分了。例如:

> 个个人心有仲尼,自将闻见苦遮迷。
> 而今指与真头面,只是良知更莫疑。

(《阳明先生集要》卷二)

对我们来说,这也许是"内在灵光",是使徒约翰那"指引每个世人的灵光"。不幸的是,不论这一切有多崇高,它们却不利于自然科学的发展。此外,王阳明也不可能了解科学方法的基本原理。曾被朱熹多次使用的"格物"一词最初出现于公元前 260 年的《大学》之中。几个世纪以来,"格物"已成为中国科学家们的口号。但王阳明是如此写到它的:

> 初年,与钱友同论做圣贤,要格天下之物。如今安得这等大的力量?因指亭前竹子,令去格看。钱子早夜去穷格竹子的道理,竭其心思,至于三日,便致劳神成疾。当初说他这是精力不足。某因自去穷格,早夜不得其理。到七日,亦以劳思致疾。遂相与叹圣贤是做不得的,无他大力量去格物了。及在夷中三年,颇见得此意思。乃知天下之物本无可格者。其格物之功,只在身心上做。决然与圣人为人人可到,便自有担当了。

(《阳明先生集要》卷二)

253　　这种传统在整个 16—17 世纪得到了继续发展,但它同科学却无甚关联。唯心主义学说到了那时已不再兴旺。一个巨大的反向运动——新自然主义运动——正在进行。这个运动来势汹汹,它甚至批评朱熹的观点不够唯物。

唯物主义的再肯定

这场新运动最早、最出类拔萃的代表之一是王夫之(1619—1692)。这位杰出的学者尽忠效力于明朝,直至其所有的残余政权垮台。然后,他又拒绝出任清朝的官职,隐居在衡阳附近的一座山里,以读书和写作了却余生。他似乎和某些耶稣教传教士接触过,但尽管如此,他的作品中几乎觉察不出有任何西方的影响。在哲学上,王夫之是个唯物主义者和怀疑论者。他不仅强烈反对王阳明及其他唯心主义者的论调,而且还猛烈抨击各种形式的迷信活动。他还反对占星术和观象论。尽管王夫之至少在理论上支持新儒学,他却不愿接受世界灾变论。确实,王夫之拒绝探讨任何有关宇宙的话题,他认为那已经超出了可观察或可进行有效讨论的范围。所以在某种意义上,他又折回了更为古老的儒家立场,尽管可以说他处在更成熟的水平上。王夫之的著作大都包含在对《易经》的评注及其他几部较小的书中,特别是在 1670 年的《俟解》和《思问录》中。

对王夫之来说,现实是由不断运动着的物质组成的。他强调对朱熹的哲学加以唯物主义的解释,理和气应当并重。王夫之写道:"象外无道。"但他对中国科学思想最有意思的贡献是对如今生物学家称之为"动态平衡"的关注。动态平衡意指通过反馈机制控制某个复杂的有机体。无论处在什么样的环境中,反馈机制总是要使系统的每个部分保持不变并与其他部分和谐一致。王夫之认为,在一定时期内,"形"是保持不变的,尽管"质"(形的物质组成)是处于不断变化的过程中的,就像喷泉或火焰一样。由于他毫不迟疑地把这一观点运用到了所有的生命形式上,所以可以说他已经领会到了一个生命体中物质和化学变化——事实上就是新陈代谢——的存在。当然王夫之并没有用"新陈代谢"这个 19 世纪晚期的词汇或其他对等词,但这个观点蕴藏在了他的作品中。

在王夫之看来,五行只是自然界已知的各种物质的基础("材"),而千变万化的物质形式并没有"不变的物质底层"("定质");相反地,只要它们继续存在,质就处于不断的变化中。关于生成和消逝,他认为:"散而归于太虚,复其絪缊之本体,非消灭也。"(《正蒙注》卷一)"生非创有,而死非消灭。"这些我们可称之为部件的"集合"及其随后"入库"的想法,尽管很可能来自公元前 4 世纪关于"聚"、"散"的概念,却在 17 世纪的思想家如王夫之那里获得了精确性,这最终把他们提高到可以领会物质守恒规律的水平。如果王夫之知道这条规律的西方表达方式的话,他准会认为那正是自己的想法。

尽管王夫之在自然主义和唯物主义上作出了杰出贡献,他的大部分时间却是花在历史问题上的。即使在这方面,王夫之也表现出了唯物性,连同他那炽热的爱国主义一起,他反对清王朝入主中原,支持明朝大业直到最后一刻。他希望在自己的墓碑上仅刻"明遗臣"三个字。王夫之真正的历史著作区分了古代封建主义和封建官僚主义,详细阐述了社会进化的理论。他颂扬民族英雄,痛斥卖国贼,并剖析了官僚社会的弊端,最后这一点占去他大部分的注意力。他抨击了官僚制度的腐败,并承认了商人阶级潜在的重要性。他认为尽管商业的发展有利于国家,官僚主义却阻碍了它的进步。总的来说,王夫之的经济观念有的十分先进。许多中国的马克思主义者把他看作马克思和恩格斯的一位本土先驱者,这也许是不足为奇的。

254

汉代思想的再发现

和王夫之同时代在唯物主义运动中有两位举足轻重的学者：颜元和李塨。这两位之所以重要是在于他们创立了颜李学派或"汉学派"（复古运动）。他们抨击宋代理学，力图恢复1 800年前汉代学者的思想。颜李学派反对宋代理学的主要理论基础是他们认为理学中充斥着道教和佛教的因子。但他们最大的贡献在于为王夫之18世纪的传人戴震的哲学发展铺平了道路。戴震很早就对科学感兴趣，刚20岁时就写了一本名为《考工记图注》的小书。他一生的后期积极参与古籍中有关数学的整理工作，著书评论计算尺，并成为皇家书馆中知识渊博的编纂者之一。据他的弟子李庭凯介绍，戴震除了对科学之外，对技术也抱有浓厚的兴趣。他也是清代所出现的少数哲学思想家中最伟大的人物。

从以佛教道教作基础对理学的影响入手，戴震开始着手摒弃这些外在因素并创立自己的彻底唯物主义论。他大胆地抛弃了把"理"当作存在于心中的天赐实体这一概念，并假设单单一个"气"就足以解释包括人性最高表现在内的所有一切。这样，戴震又回到了对"道"的古老的概念上，把它理解为自然秩序，正如在用阴阳五行加以解释的现象中所显示的那样。他也十分强调重新发现"理"这一词中"模式"的意义，这一意义由于大量诗意和道德释义的增多已逐步丧失了。于是，戴震把它重新回复到了气（物质—能量）的内在性这一地位上。此外，戴震还抨击了把理学的模式原则同某种普遍法则等同，并用它为政府的行为和法律正名的观点。

戴震提到，事物的原理不能由冥思和内省来揭示，也不可能在顿悟的一闪之间得到，而只能通过"博学、审问、慎思、明辨、笃行"而为人知。他还认为理性并不是由上天加之于人的生理本性上的东西；他在人的存在的各种表现中都可以得到例证、甚至在所谓的低级感情上也可以。这里戴震的观点是很现代的，他直接把矛头指向了被广泛接受的理学。当时的理学已被佛化到了如此程度，以致认为人的自然欲望本质上是邪恶的，应加以限制。另一方面，对戴震来说，理想的社会是一个在其中这些欲望和感情都能够自由地表达而又不伤害他人的社会。他坚决主张，甚至仁、义、礼、智等伟大品质也只不过是食色的本能和保命延年的自然要求的衍生物，不能离开这些要求去寻求那些品质。所以美德并不是没有欲望或压抑欲望，而是这些欲望的有秩序的表达和满足。

戴震还认为，把"理"看作天赐的对个人本性的启蒙原理，其社会后果曾给中国社会造成很大的危害。当然，有人会认为承认"理"的思想即使在最卑贱的人的身上也有，会提高他的尊严并赋予他一种当遭遇不公时可向之申诉的更高的"法"。但是戴震指出，当所向之申诉的"法"为长官的主观判断辩护时，它是不起什么作用的。戴震极力主张，任何个人意见都不能叫做"理"。他完全明白了何以科学证明是公有的，而不是私有的；是普遍接受的，而不是个人给予的。

颜李学派对理学所感到的诸多不满中，包括它突出的注重书本的特征。颜元在重新发现古人时，发现有充分的理由认为古人的教育方法要实际得多。因此，当他在学医和行医一段时日后于1694年受聘主持一所新办学院时，他引进了技艺的和实际的科目，这可能成为中国教育的一场革命。他看到那个被称为"漳南书院"的学校不但有一个健身房，还有几个摆满了表演和操练用的战争器械的大厅，有几间供教数学和地理用的专门的房屋，一个观象台，以及供学习水利工程、建筑、农业、应用化学和烟火制造术用的设备。不幸的是，仅几年后一场严重的水灾毁掉了整个学校，在颜元去世之前也没有来得及修缮重建。虽然颜元的事业很可能受到耶稣会传教士的影响，但应当记住这种性质的学校就是在17世纪的最后几年对欧洲来说也是异常先进的。但这不是中国第一次试图把教育朝着实际事务定向；宋代的王安石就把有关水利工程、医学、植物学和地理学的文章引入科举制度中，但这是在他生前就告失败的改革方案之一。

我们现在已经进入的是，由耶稣会传教士引进的后文艺复兴时期的西方 257
科学正在使人们感受到它本身的充分重要性的时代。有趣的是，鉴于这条渠道的神学性质，中国本土的自然主义传统仍是如此强大，以致出现了戴震这样的思想家。他的世界观更加符合现代科学而不是耶稣教传教士的世界观。在公元第一个千年期间，发明和技术主要是从东方传到西方的。但在17、18世纪期间，这个进程颠倒了过来。戴震利用了这一点。我们得知，正是戴震广泛地推荐一种阿基米德螺旋式水车作为汲水装置。这很有意义，因为在中国技术中，螺旋原理是不为人所知的。当"西人龙尾车法"出现后，整个事物需要一个明白的解释。戴震写了一篇《嬴族车记》讨论了这一问题。

新哲学或实验哲学

我们现在所讨论的时代已超出了这本书的计划之外，但我们最好对耶稣会传教士到来之后中国出现的科学技术氛围看上一眼——当时的科技硕果累累。例如，在17世纪上半叶，江苏省出现了两位杰出的光学实践家——璞玉和孙蕴秋。他们使人联想起在产生现代科学的欧洲起着重大作用的"高级工艺者"。这两位制作了望远镜及其他许多种光学仪器,包括简单的显微镜、放大镜、探照灯等等。其中璞玉同荷兰的利普奇、英国的里奥纳多·犹格斯、意大利的黛勒·鲍特及其他某些人一样,是少数几位独立制作出某种望远镜的发明家之一。但他似乎领先于其他人的地方在于 1635 年他把望远镜应用到了重炮射击上。

此外,1638 年戴榕写了一本名为《奇器目略》的书,记载了他的朋友黄履庄所制造的奇器和用具。黄履庄制造并描述了(或仅仅描述了)气压计、温度计、一种带有可转动指针的温度计、虹吸管、镜子、望远镜及放大镜、各种自动机械:如某种画片放映装置、一种可能是曲柄车或脚踏车或自行车的装置、该车部分由弹簧驱动,并能日行八十里,还有自动风扇,水管及改进了的汲水装置等。戴榕说:

258
来广陵,与予同居,因闻泰西几何比例轮掖机轴之学,而其巧因以益进。……所作之奇俱如此,不能悉载。有怪其奇者,疑必有其异书,或有异传。而予与处者最久且狎,绝不见其书。叩其所从来,亦竟无师传。但曰:"予何足奇?天地人物,皆奇器也。动者如天,静者如地,灵明者如人,颐者如万物,何莫非奇?然皆不能自奇,必有一至奇而不自奇者以为之源,而且为之主宰。如画之有师,土木之有匠氏也。夫是之为至奇。"予惊其言之大。

这难道不是亚里士多德和机灵的 17 世纪化学家罗伯特·波义耳在通过一个 17 世纪的中国人之口说话吗?然而看来庄子和沈括也并非不在场的。

也许,这可以作为中国科学思想发展史概论结束的标志;它最早开始于诸子百家,直到 17 世纪又在世界范围的统一体内与近代科学融为一体了。

第十四章 佛家思想

在讨论理学时,我们曾有几次提到过佛教。作为中国古代的"三大宗教"之一,只有佛教不是土生土长的。现在,我们最终必须得更仔细地看一下它。任何一个不属于西方文化而想要描述欧洲科学的兴起和繁荣的人,都必然要专设一章的篇幅来叙述基督教的观念对于这一发展所产生的影响。我们仅能推测作者有可能说些什么:比如,他可能论及一个人格化的创世主这一概念的重要性,或者论及时间过程的真实性(因为道成肉身出现在某一特定时刻),或是论述那些具有"民主"特征的观念,这些观念赋予每个灵魂以价值,因而也许使每个人对于自然的观察获得了价值。这样,在讨论中国的科学技术时,我们面临着一个相似的问题:即判定佛教在传入中国后对科学产生了怎样的影响。即使这些影响主要是负面的,我们还是要像考虑推进发展的因素一样,认真考虑那些阻碍发展的因素。所以,我们不能把佛教问题撇开不谈。

一般特点

科学家和汉学家一样,往往不能对佛教的研究感到满意,因为就原始教义究竟是什么这一问题,双方没有达成完全共识。重要典籍的年代如此模糊不清,连同所有印度文献一起,仍使得许多观念的一般历史带有很大的不确定性。常常是没有明确界定的正统观念,关于大乘佛教(这是在中国流行的形式)如何区别于较早的小乘佛教,出现过形形色色而又往往自相矛盾的观点。一个极端是认为原始佛教完全出于结合了催眠术的魔法和幻术;另一个极端则认为佛陀乃是一种早先哲学体系的信从者。能够确定的是:确实产生了佛教哲学体系,其中包含有关个人的本性和个人的遭遇依因果规律而定的理论,以及关于个人最终命运的学说。然后随着大乘佛教运动的进展,所有这些问题都通过一种"觉悟者"的新理论而产生了变化,这个理论使得"佛"成为众多"救世主"之一。

因为有上述这些困难,以一个简表的形式把有关的主要年代概述一下,或许是有帮助的(见表17)。关于这个年表最显著的事实之一,就是流传至今最早的笔录传说,其年代不早于公元4世纪,正是《岛史》(Dipavamsa,锡兰岛的历史)写作的时期,以后一个世纪又编写了《大史》(Mahavamsa)。因此,无论如何没有一种著述相当于《春秋》,或者甚至相当于《史记》。所以,尽管晚了约一个世纪,我们关于佛教创始时期的情况,远不如对孔子的生平和时代所知的那样确凿。

260
表 17　佛教兴起年表

公元前	
563—483 年	佛教创始人,北印度一个小国迦毗罗(Kapilavsthu)的王子乔达摩·悉达多(Gautama Siddhārtha)的生活时期(但是某些权威把它推后一个世纪)。
483 年	在王舍城(Rājagaha)举行第一次结集大会。
338 年	在吠舍离(Vesālī)举行第二次结集大会。
321 年	旃陀罗笈多(Candragupta)建立孔雀王朝(Maurya)。
269—237 年	阿育王(Aśoka)统治时期。这是最早关于佛教存在的铭文证据的时期。
247 年	在华氏城(Pātaliputra)举行第三次结集大会。
246 年	摩哂陀(Mahindra)至锡兰传教。
2 世纪	大乘教义开始,并在公元前 1 世纪贵霜(Kushāna)诸王时期继续发展。
公元	
65 年	这是我们所能确定中国出现佛教僧人和居士的最早时代。他们在彭城(现在的江苏徐州)在汉朝亲王刘英的保护之下,形成了一个社团;刘英也是道教的赞助人。皇帝给他的一封信中提到了这些人。众所周知,汉明帝因为一场梦而派遣使节出访,后来他们带回佛经、佛像和僧人——这一故事只不过是 3 世纪初期编造的敬佛传说而已。
78 年	迦腻色伽王(Kaniska)即位。
100 年	由迦腻色伽王召集,举行一切有部结集大会。
2 世纪	龙树(Nāgārjuna)辩证的中观学派(Mādhyamika School)兴起。
148 年	安息(Parthian)佛教徒安清到达中国。在 2 世纪后期来华的其他传教者当中,还可以提到印度人竺佛朔和月支人支谶。从这时起,开始了翻译大量佛经的工作。
5 世纪	世亲(Vasubandhu)和无著(Asanga)唯心论的瑜伽行派(Yogācāra School)兴起。
6 世纪	陈那(Dignāga's)的因明学派兴起。
7 世纪	寂天(Śāntideva)、法称(Dharmakirti)以及密宗(Tantric School)兴起。

　　另外一个重要的事实是,佛教徒在有文字记载以前早就分裂成为两派。然而所有派别在某些基本原则上都是保持一致的,其中最中心的一条就是羯魔或灵魂轮回的概念。"羯魔"用前世的善与恶来解释今生的善与恶,并认为人死时,灵魂会附到另一个人身上。它是"前佛教"的观点。佛陀的洞见在于:遭遇的幸福或苦难仅是以前世的道德和伦理来解释,而不是以是否举行了仪式或祭祀为依据的。耆那教徒和印度其他的教士认为通过苦行的方法(往往是些极端的方法)可以减轻或改善个人的业报。但是关于佛陀生平的一切传说都一致认为,他是断然否定这种观点的。他的"羯魔"教义仅体现在"四谛"之中,即:(1)有苦存在;(2)苦的原因是贪或欲;(3)解脱苦难是可能的;(4)可通过依照"八正道"来禁欲或自我修炼的方法解脱苦难。这是包括除极端苦行以外的各种心理和禁欲方面的修炼。

　　佛教思想总是被认为是因果报应教义的一种。"轮回"思想中包含着确信有不可避免的"果"这一点经常通过宇宙法则来表达。这与一种人们必须躲避的恶性循环——十二因缘相关联。这些构成了命题的"圆圈",因为它们不仅一环扣一环,而且最后一环总是回到第一环:一个在佛教的一切说教和画像中都用车轮作为象征的无止无休的"轮回"。佛教的目的就是要使人摆脱这个邪恶的循环,小乘佛教强调个人通过自身努力的解脱;而大乘佛教则强调个人能促使他人解脱的行为。但两者的中心宗旨都是从世俗中解脱出来,这就入了涅槃中"无"的境界。

表18　十二因缘的轮回　262

无明(avidyā,即无知)	引起	行(saṃskāra 它们被认为是意志的表现)
行	引起	识(vijñāna,即意识)
识	引起	名色(nāmarūpa,即心与身)
名色	引起	六入(saḍāyatana,即六种感觉器官)
六入	引起	触(sparśa,即接触)
触	引起	受(vedanā,即感受)
受	引起	爱(tṛṣnā,即贪欲)
爱	引起	取(upādāna,即执着)
取	引起	有(bhava,即存在)
有	引起	生(jāti,即出生)
生	引起	老死(jarāmaraṇa,即老、病、死等等苦难)
老死和一切苦难	引起	无明(avidyā,即无知)

　　可以说,十二因缘的大部分都表明对人体中央神经系统的知觉和运动诸

263 方面均已有某种程度的体会,尽管循环的开端和结尾均没有按逻辑相衔接,并且它需要宗教信仰的眼力才可被接受。佛教徒将身体、心灵以及灵魂分析为五蕴,即五个元素的"束",这些元素在生时附着在一处,死时分散。这其中有四种是非物质的,它们包括行、识、触、受,为意志集中的表现。五蕴之一是"物质的",即"体"(身体吸引及自豪)。"体"中包含"四大",即土(坚);水(流);火(暖);风(动)。这一分法与中国的五行不尽相同,而且似乎并没有对中国的科学思想产生任何显著的影响。

在佛教以前的神圣的印度吠陀经和奥义书的时代,就已经有了对个体灵魂存在的比较朴素的认识。后来,发展为认为个体灵魂和宇宙或神合而为一。然而佛教徒坚决否认个人灵魂的存在,尽管他们主张个人的组成部分("蕴")在来世继续存在,直到个人修得罗汉的地位时才最终消散。另一方面,佛教徒也攻击认为个人死后归于消灭的唯物主义理论。同样,某些佛教徒确实提出了诸如"个人本身"的补伽罗(pudgala)范畴,但这从来没有变为正统。但个人确是带着自己过去行为的业报而轮回,并从乾达婆(gandharva,即将要再生之物)的形式而投胎(garbha),这个观点被接受了并最终引起了佛教徒对胚胎学的兴趣。关于再生的结果,根据前世所积的功德或所要赎的罪会有一系列的"趣"(gati):人可以再生为天神,为人,为饿鬼,为畜生或堕入地狱。

为了完整地描述佛教在传入中国以前的景象,我必须记住,佛教的原始形式乃是为那些集体居住并温驯地维持苦行的僧人们制定的教义,戒律也是专为他们而规定的。只是到了后来,宗教才在普通人之间流传开来。也许这正是为什么佛教在印度比较轻易地就消失了:一旦有教养的僧人和他们的团体消失后,就没有什么可以区别佛教外行人和印度教徒了。因为尽管佛教否定划分社会等级的印度种姓制度,俗家人却从来没有谴责反对过它。在寺院里,佛教徒们接受了瑜伽的修炼方法如冥思和自我催眠,以此作为产生深刻

264 洞识的手段。当时也普遍相信通过这些方法可以获得超自然的力量:如在不同地方显形,飘浮飞行,传心术,隐身等,以及控制通常是自主的其他人体机能。但这些只是僧人的专门功课,而不是在家人的。至于别的神,佛教是容许崇拜它们的,但并不认为它们是幸福的赐予者或是道德的基础。后来佛教发现明智的做法是把它所征服的一切地区的原有的神合并起来,大规模地录用它们作为佛教信仰的护法神,其结果有时十分成功,如在西藏,几乎掩盖了原有教义的真面目。

但是无论何时,佛教的基本态度均未改变。它拒绝回答一切涉及不可知事物的问题。这些问题包括:宇宙是否永恒;宇宙是否有限;生命原则是否就

是有形的身体；如来死后是否存在。也许拒绝做这种推测正是佛教敌视科学研究的又一特征。

大乘和小乘

现在我们可以看一下佛教具体化过程的两种形式：大乘和小乘。小乘是原始的和朴素的(僧人的形式)；大乘则非常宗教仪式化并涉及通过佛教解脱来赎罪。本质上，小乘提倡个人进修，天人合一，其反对者称之为"戒律乘"。另外，小乘认为个人的目标应是达到"独觉"，即成为不说法讲道的佛陀。这被称为"小乘"。另一方面，大乘的先辈们强调圆满佛性，否定小乘的自私理想：现在解脱应成为僧俗人等共同的目标。据称佛陀曾为所有人的解脱而努力，所以他的信徒也应该这样做，必要时应该忍受多次的再生，从而推迟个人证得涅槃的时间。这就是"大乘"。关于大乘观念的起源，我们几乎一无所知。所能确定的是，这些观念在2世纪时已经有了高度的进展，也就在这个时候，大乘佛教传入了中国。它是佛教中最"现代的"和吸引人的表现，根据这种新见解，世界上充满了菩萨(bodhisattvas)，即神化人物及其化身；他们从事救度世人，并应当像如来本人一样接受膜拜。涅槃，甚至天人合一的思想均被低调处理了，也许有这样一种健全的观念，即仅是自我修炼是永远不能获得自我解脱的，只有努力救度他人，才能使自己得救。最终持了这种观点后，佛教展示了一个现成的而又十分合乎道家口味的悖论，后来他们毫不困难地盗用了这一点。

这个新体系的伟大文献是大约2世纪写于印度并于5世纪译成中文的《妙法莲华经》。此经颂赞菩萨，允诺人人成佛，并包括很多人的预言，要发生周期性的世界灾难等等。然而到了后来，在家的佛教信徒除了崇拜菩萨，几乎一无所知；而四谛的道理则只传授给僧侣们。但是，尽管在一段时间里新观念被当作旧观念的发挥，但当一种新的教义出现时，发挥变得不可能了。新的观念教给人们"无"的概念，并认为经验世界是不真实的。但在此之前，生死轮回被认为是在一个真实的宇宙中进行着的；但现在一切都被描述为一场虚假的皮影戏。入涅槃而得解脱也被描述为从不得不看这场皮影戏的必需中解脱。这就是中观学派("无相空教")的工作。这个学派大概始创于公元前1世纪，但直至公元2世纪才由它的最伟大的人物龙树系统化起来。龙树生活在佛教传入中国以后不久。

佛教教义现在认为一切事物都处在永远变化之中，没有一刻相同，因而不存在永恒不变的实体。色、受等体现个体身心存在的五蕴不过都是幻觉。

265

这种观念是完全否定却又十分强大的,强大到关于"幻"的学说在中国佛教中的重要性,无论怎么说都不算估计过高。也正是这一点使得它同中国的道家和儒家不能相容并可悲地阻碍了中国科学的发展。

佛教在中国的传布

266

  第一批佛教徒大约是公元 1 世纪中叶抵达中国的,自从 2 世纪中叶以来,佛教典籍开始源源不断地流入,并在 300 年后达到了最高潮。但早在 2 世纪末,出现一本很小但很重要的书《理惑论》,它是由一个姓牟的人写的。此人曾在印度支那住过一段时间,并在那里熟悉了佛教。这本书与科学没什么关联,但它的重要性在于对儒家和道家极为有礼,他力图引用中国本土的经典著作来为佛教辩护。同时,许多印度僧人漂洋过海来到中国,他们穷毕生之力将流入的佛教典籍译成中文。当然,中国人完全不可能识别这些作品(包括大乘和小乘佛法)的编年顺序,结果只能作出纯粹是人为的分类。于是就出现了乔达摩的说教分为五个时期的理论。另一个中国佛教的特征产物是禅法,这是最纯粹的神秘主义,据说是由印度人菩提达摩(达摩)所创立的;他卒于 475 年前后。禅法摒弃一切哲理,完全依赖神秘的顿悟以及长期专心的沉思默念。禅常被看作是为道所影响的佛教的一种。它有着莫大的文化和艺术的影响,是科学世界观的又一大敌对因素。

  需要提到的最后一种中国佛教的类型,是所谓净土宗。它相信通过虔诚的祷念菩萨之一的阿弥陀佛,个人有可能在遥远西方某处的极乐世界得到再生,在那里可以听到关于涅槃的极有灵验的说教。尽管最后涅槃的概念消失了,剩下来的只有净土。这一宗派在中国和日本大为盛行,直到今天许多佛教徒仍祷念能进入净土。像禅一样,净土的观念可能有相当一部分来源于道家想象中的仙境。

  除这些派别之外,一些其他的哲学派别也开始出现,著名的如识色宗,它区分了不可触物体的精细物质及一般物体的粗糙物质。这同把印度的原子论引入中国是相关联的。佛教思想对于物理学的思忖,常常抱有偏见。但他们对中国思想的影响相对不大。中国思想与佛教观点的基本差别很明了,正如 5 世纪的萧子显简明扼要地评论那样:"孔老治世为本,释氏出世为宗。"(《南齐书·顾欢传》)

中国自然主义的反应

  佛教与中国本土各派哲学之间关系紧张,主要原因之一在于无论怎样试图摆脱个人灵魂观念的困扰,佛教徒们不得不承认确实有某种个体东西的存在,它们存在于连续不断的转世之中。正是在这一点上,佛教与儒家的怀疑主义和道家的无我思想发生了冲突。此外,佛教教义认为可视的世界仅是幻觉,这也是与儒教和道教观点背道而驰的。所以毫不奇怪的,对佛教观点的直接攻击开始了。并出现了佛教的中国式变通——理学。理学结合了儒家和道家哲学,但这种融合直到宋朝才实现。因为直到那时,许多具体问题才明了起来。确实,理学是反对佛教的主要力量,因为道家说话极少。部分原因是他们忙于把佛教的用途和礼拜仪式全盘吸收到自己那种颇为人工组织起来的宗教中来,部分原因也许是他们经历了炼丹和其他实用技艺兴起的第二次高潮,而这些技艺受佛教影响极小。

佛教徒与中国哲学家们的水火不容由 12 世纪的胡寅很传神地表达为:冰和炽热的炭能够比儒教和佛教融合得更好。但最伟大的理学家是朱熹,他时刻反对佛教。关于他的重要观点我们在前一章曾讨论过。本质上,朱熹强调有机的宇宙观而反对自然界是幻觉这一佛家论调。廖子晦写信给朱熹这样说:

> 问天人无二理,本末无二致,尽人道即天道亦尽,得于末则本亦未离。虽谓之圣人,亦曰人伦之至而已。
>
> 佛氏离人而言天,歧本末而有所择。······
>
> 夫天下无二理,岂有天人本末,辄生取舍,而可以为道乎? 夫其所见如此,则亦偏小而不全矣! 岂所谓彻上彻下一以贯之学哉!
>
> (《朱子全书》卷四十六)

最后一个问题与另一位理学家程颢的不朽名言完全呼应。关于佛教徒,程颢曾这样说:"当佛教徒只费力去理解上天,而不去研究世人时,他们对天的理解怎么可能是正确的?"

朱熹的学生陈淳也曾提出过有力有理有据的论证。陈淳同样不喜欢佛教对来世的理想化,他感到那与任何一种科学的自然观都是敌对的。佛教从存在中解脱的目的并不是人对自然所应做的适当反应。陈淳还争辩道,轮回即无法表现出它的无穷创造力,也没有任何新颖之处。简单地说,他的理学对抗佛学,实质上就是科学世界观与否定世界的神学信仰之间的对峙。

佛教对中国科学和科学思想的影响

尽管佛教认为世界只是幻觉,我们不得不承认,有某些与佛教有联系的特定理论或许对中国人的思想有过开拓作用,而且也许还使他们倾向于科学。其中之一就是相信空间和时间的无限性及除地球之外还存在着其他的世界;还有关于世界周期性灾变的学说。佛教徒认为,在这些灾难之中海洋与陆地颠倒了过来,一切事物都回复到混乱状态,然后再度分化为正常的世界。这种观点确实有借鉴作用,因为或许正是这一概念,中国才认识了化石的真正本质。

然而,佛教与中国科学思想相接触的另一点就是关于生物变化过程的问题。化身或转世的学说自然激起了人们对中国人早就开始研究的那些引人注目的动物形态变化的兴趣。例如,如果鸟能像人们一般认为的那样变成贝,那么人如果他们恶业够重的话,也如此就不足为奇了,要是恶业再重一些,他们甚至会变成饿鬼。然而这只是轮回学说的其中一个影响而已——关于生命终结。那么新生命的开始又是怎样的呢?对这个问题的兴趣曾引起过很多讨论。最终,兴趣的焦点聚集在了胚胎学上,尽管佛教中阻碍中国科学发展的因素使得人们几乎没做什么有用的研究。有趣的是,我们可以从佛教观念在这方面对中国的影响与基督教神学理论如原罪遗传、灵魂入胎等对欧洲 17 和 18 世纪的胚胎学所产生的强烈影响之间,找出某种类似之处。

269

但是,让我们回到中国,一个佛教的例子会告诉我们生物是如何变化的。12 世纪时,郑景望写了《蒙斋笔谈》一书,在那里,我们能读到这样一段话:

> 庄周言:"万物出于机,入于机。"……此言兼载《列子》……不若《列子》之全也。余居山间,默观物变固多矣。然取其灿然者,如蚯蚓为百合,麦之坏为蛾,则每见之。物理固不可以尽解,业识流转,要须有知,然后有所向。

> 若蚯蚓为百合,乃自有知为无知。麦之为蛾,乃自无知为有知。……
> 以佛氏论之,当须自其一意念,真精之极,因缘而有。即其近者,鸡之孵卵,固自出此。今鸡孵鸭,乃如庄周所谓鸡孵鹄者,此何道哉?

在佛教的画像和雕塑中也可以发现生物学的因素,如图 29 显示甘肃省肃州(今酒泉)卧佛寺的一尊塑像,这个僧人正在经历一次精神上的蜕化,把"旧人"蜕去——他正在用自己的手剥掉以前的皮肤。

但是,在佛教观念与人们对于自然科学逐步发展起来的兴趣两者之间所有的这些试探性接触,还有这样一个事实:即佛教向中国传来了大量高度精妙的有关逻辑和认识论的论述。佛教和其他的印度理论体系往往至少是和欧洲的那些伟大的哲学一样精致,而且其中一些,特别是关于辩证逻辑的理

图 29　蜕化在佛像中的表现。甘肃肃州（今酒泉）卧佛寺中的塑像，其中一尊表示"正在脱去旧人"，就像蛇或昆虫蜕皮那样（原照摄于 1943 年）

论，大大加强了本已在道家和墨家存在的辩证思潮。但不幸的是，似乎没有　271
证据表明这些高度发达的思维模式大大影响过中国的科学思维或科学研究。

密教及其与道教的关系

　　然而，关于佛教与科学之间的关系另有一点必须提到。因为佛教也有它的另一面，这一面和我们迄今所讨论的苦行实践和唯心哲学有着惊人的不同。佛教之中的这个"道家部门"就是密教。

　　怛特罗（Tantras）是处于印度教和佛教边缘的后期圣典，在不早于 6 世纪时创作于印度。伴随它们的各种实践有时候是公开的，有时候是秘传的。乍看之下，实在是非常古怪。对人格神的崇拜是突出的，但是更有特色的是强烈的魔幻因素，包括有威力的文字符咒、护身符、手势以及其他咒文，所有这一切在圣典里都有提及。密教采纳了我们也许可以称为"电的心象"作为其象征形式，其术语为"金刚乘"。我们立刻可以看出，这是一种非常类似古代道教中的萨满教和魔术方面的思想体系。因此，按照密教中魔术和科学在单一的未分化的手工操作综合体中曾经结合在一起的原则，如果说佛教曾在任何地方对科学作过贡献的话，那就在这里了。

正如早期和中世纪的道教常对性的现象感兴趣一样,密宗也是如此。例如,金刚杵已被证明是男性外生殖器,而作为佛教偶像特征的莲花,则被证明是女性生殖器。这一神学教义从本质上是说,一个神的神秘的或神圣的活力存在于他的女性对手之中,他就在和对手的永恒拥抱中获得这种活力。随之而来的逻辑结论就是:早期的瑜伽行者(yogi)为了寻求圆满,也必须专门举行特殊典礼和仪式在性交中和他的女瑜伽行者拥抱。随之还有对妇女的崇拜,以作为性交的准备步骤。整个情况确实和道教早期的各种修炼有着令人瞩目的雷同。我们对于这些观念毕竟不能用两千年来由基督先辈们传入的具有保罗式的和反对性行为的经典来加以判断,但我们不妨把它们作为不同文化的态度来心平气和地思考一下,这样我们也许能学到些东西。如果我们确实这样做的话,我们将不得不同意,整个观点同魔幻的科学世界观是联系在一起的,因为性的象征在炼丹术的语言和思维中起着无与伦比的重要作用。化学反应这一概念不也正是从人类两性的会合中得出的吗?

印度佛教的密宗似乎是在 8 世纪时传入中国的,而实际上咒语的经典早在 500 年以前已经传入了。中国最著名的密教徒之一是当时的僧一行。他是当时最杰出的天文学家和数学家,计时器的设计者。这个事实也许能很好地说明这种形式的佛教对各种观测和实验科学可能具有的意义。实际上,人们不禁怀疑密宗是印度传来的舶来品。更细致的考察似乎表明整个事情至少很有可能是属于道教的。道教和密宗有许多相似之处,于是我们考虑到道家关于性的理论和实践在 2 世纪至 6 世纪期间已经盛行于中国,但这种观点的可信性并不大。确实,密宗很有可能是部分地从中国传入阿萨姆(Assam)的道教中发展起来,几个世纪后又重新传回中国的。如果真是如此的话,密宗可能又是一个这样的事例,说明外国人把中国人已经十分熟习的事情又亲切地传授给中国人。另一方面,性的因素自古以来在印度宗教中如此显著,以致佛教的密宗也很可以被认为是佛教与印度教的一种混合物。

总的说来,佛教似乎并未有助于中国科学的发展。本质上,它同任何一种深深否定世界的哲学一样,注定会敌视科学。如果羯魔教义的种族性不是那么强的话,可以想象佛教关于法则的思想也许会刺激自然法则概念的发展。但是命中注定赋予了佛教那广博的宗教信仰以神的庇护。确实,佛教在中亚细亚是个伟大的文明力量,但对于已具有高度文明的中国来说,情况就有点不同了。佛教把普遍慈悲的要素输入了中国,那是植根于受家族支配的中国社会中的道家和儒家所不能产生的。佛教可能是令人悲观失望的,对科学家来说可能是反常的,但是它后来的实践则常常是兼爱的、清晰可辨的实践。

第十五章 法 家

在前几页讨论戴震的思想时,我们已看到法的概念离科学与社会思想相距不远。在余下的书里,我们会主要谈到法,包括人类社会的法和自然界的法。首先,让我们回到公元前 4 世纪,回顾一下被称为"法家"的哲学派别。

如果有人对儒家不断的陈词说教感到厌烦,那么他只要读一读法家的著作,就会回过头来对儒家表示热烈欢迎,并体会到儒家抗拒法家所谓暴政的深刻的人道主义了。但是从中国科学的角度讲,法家又是重要的,因为它以尖锐的形式提出了实在法与自然法的关系问题。

人们常说,中国法律的殊荣就在于这样一个事实,即在它的整个历史中(在法家失败后),法律始终是与基于被认为易于证明的伦理原则的那种习俗不可分地结合在一起的;这被称为自然法,与它相对的是由王公贵族或议会制定的,虽不一定与道德有联系却对每个人都有用的法律。例如,禁止儿子弑父是自然法,而规定所有车辆必须靠街道左边(或右边)行驶则是实在法。在中国,成文法和法典的制定被减至绝对最低程度。然而这种态度使得中国的思想气氛不利于发展有系统的科学思想,因此我们必须最低限度地浏览一下法家和他们的思想。

中国第一部刑法的制定可以追溯到公元前 6 世纪,但是法家学派本身是在两个世纪以后才兴起的。直至公元前 3 世纪,他们才真正获得统治地位。在那时,他们的政策使得秦国的最后一个君主成为大一统中国的第一个皇帝。但是,我们已经看到,他们残暴的政策引起了人们的反感,并导致了约二十年后汉朝较为温和的统治。法家的基本观念很简单,即"礼"是风俗、习惯、礼仪、谦让的复合体,它按照儒家理想的家长制加以实施,但并没有强大到适宜于权威式的政府。他们的口号是法,即成法,特别是"先定法"(事先规定的法律)。对于这种法,一国之内上自统治者本人,下至最卑贱的奴隶都必须服从,否则处以最严厉的制裁。这里有一个强大的民主因素可以解释近来法家到达中国的原因。但是,他们说立法的君主必须有尊严,有权势。

立法的君主所执行的法不必顾及公认的道德或人们的善意。各种法令条款制定后在各地张贴,明确规定人们的行为应是怎样的。"法令者,民之命也,为治之本也,所以备民也。"(《商君书·定分》)商鞅曾如此说过。他是位法家,曾重新组织过秦国并因此为秦朝的发展铺平了道路。法令强则国强,刑罚应成为最高度的威慑。即使最轻的罪行也要严惩,因为如果不发生小犯罪,大罪行就不会随之而来。应该使人民感到,与其落入本国的警察之手,倒不如到疆场去和敌军作战。胆怯者应该以他们所最痛恨的方式被处死刑。另外,还有周密的举报和控告制度,即使是家庭成员之间也不得隐匿不报。

法家意识到了在理论上制定的成文法,与伦理、公正、甚至于可以称之为人类常识之间的冲突。国家所需要的是服从而不是美德。因而法家提出了所谓的六种寄生虫的功能的学说(即"六虱官"——岁、食、美、好、志、行)。这些会削弱权威式国家的功能,后来又壮大了队伍。还有一种足以毁灭国家的名单——"五蠹",即:(1)儒生称颂先王,论说仁义;(2)善辩者(或是对逻辑学家的攻击);(3)行险侥幸的军人拥兵自重;(4)商贾工匠蓄积财富;(5)官吏只顾个人私利。不用说,法家与儒家之间起过许多冲突,因为法家认为儿子不应隐匿父亲的罪行,且官吏的选择应看他们的残酷性。自然,法家美化战争,但他们也强调农耕,因为好的收成对国家的强大贡献巨大。

275

法家有一个特点是科学史研究者所感兴趣的,即他们对数量的爱好倾向;他们经常用数目来表达事物。这也解释了为什么秦始皇引入令人瞩目的统一标准,包括统一文字,统一度量衡,甚至统一车的轨距。刑罚也分等级;所有一切都有精确的数量、重量及精确的衡量来评估。没有任何事物不是被充分详细的数据规定的。标准是"法"的最早含义。最近,中国考古学家在坟墓里发现了成千上万的竹简和木简,上面清晰地记载了这件事。所以,理学家们热衷于把复杂的人际关系简化为单纯的数学公式,这最终使他们自己成了机械唯物主义的代表。如果法家做到这一点的话,他们将会建立一个抽象的人际关系系统,就像罗马法典的伟大结构一样。但他们失败了,因为他们有些天真地认为人类情感和人类行为可以像一担盐或一匹布一样,在数量上加以度衡。

　　然而,法家们清楚,他们所量度的一切,从某种程度上讲是新的事情,并且这种态度似乎有一部分是由新科技的发展如冶金术引起的。这些新技术会丰富法家新的社会理论,并且也许如此专制的秦国的动力正是来自它的兵库。但这也是要留到下一章讨论的问题。现在我们关心的只是这样一个问题:是否量化的成文法能够产生自然科学的自然法规。它并没成功,这不仅因为法家系统在政治上的失败,而且因为随后的立法君主削弱了建立强权法规的想法。除此之外,还缺乏对造物主——上帝的概念。造物主为上天立法,正如世上的立法者制定实在法一样;造物主可以预先规定自然法。然而法家们的社会学与自然界中的新生科学之间没有什么联系。

第十六章　人间法律和自然法则

　　现代自然科学最基本背景中的一种观念体现在人们常说的一句口语中，即"自然的法则"。大多数人把这句话本能地看作只是一个比喻，但这句话表述了我们身处于其中的世界上的事物运行的规则，如重物总是不可避免地要下落，水总是从高处往低处流，太阳总是日复一日地东升西落。在前文中我们已两次述及法，第一次是佛教的道德法，第二次是法家的成文法，而且我们知道在这两个事件中法的概念都有充分的原因未被施用于自然现象。让我们以作出如下询问来结束此章：在古代中国是否曾经产生过任何有关"自然法则"的观念，即科学意义上的描述自然界中有规律的运动的"法"的观念。

　　我们是否能在中国哲学与科学著作中找到一些只能被译作"自然法则"而不能被译作其他任何形式的语句呢？无疑这是一个重要的问题，如果我们想真正理解中国科学的话就必须要回答这个问题。在西方，在欧洲，自然法的观念与对自然界中反复发生的运动的认识之间总是有紧密的联系的。法学意义上的自然法，即自然地为所有人所遵守的法在西方人的头脑中总是与创造自然界的上帝所施行的法则紧密相关，两者有着共同的根源。但中国人的想法又是怎样的呢？这个问题的答案既不浅显易懂，又不容易找到。

　　在西方文明中有一个最古老的不容置疑的观念，即正如人世中的立法者颁布成文法的条件而要求人们遵守一样，最高的造物主天神也设置了一系列的法规而要求矿物、晶体、植物、动物及运行在它们的轨道上的星辰遵守。很难确切地说出在欧洲及伊斯兰历史上的什么时候"自然法则"一词在科学意义上被首次使用，但有足够的证据表明至 18 世纪时它已是交谈中的常用词。

大多数欧洲人都熟悉 1796 年的这类牛顿式的句子：

> 赞美主，因为他开了口，
>
> 各界都听从他的有力的声音；
>
> 法则永远也颠扑不破，
>
> 那是他为了指引世上一切而制定的。

然而中国学者在任何时候都绝不可能说出这类话，中国学者成长、生活于中国文化的思想氛围中，而中国文化中的思想观念与西方文化中的有着根本的区别。而我们所试图发现的是为什么会出现这样的情况。

要回答这个问题我们需考虑以下四点：第一，对基本概念的描述；第二，中国法律和法理学发展史的简明叙述；第三，概述欧洲自然法观念与自然法则观念的分化史；第四，中国和西方有关这些问题的思想的发展过程的比较。其中一个目的就是要看看，这里有没有什么东西是可以恰当地归之于在中国文明中阻碍了近代科学技术在本土上成长的因素的。

自然法和自然法则的共同根源

原始社会中最早的法律乃是不成文的习惯判例法。他们的习俗并不是命令，而且如果有人犯了法，除了社会的道义谴责而外，并没有多少制裁，但在社会分化为阶级以后，就逐渐产生了一套审判制度。随着国家权力的增长，这套审判制度变得比社会以往所遵循的更宽泛，事实上立法者产生了。现在法律在国家所颁布的法规章程中体现，法律不仅以无从记忆的民俗为基础，而且还有在立法者看来是有利于社会的福利而在伦理上并无根据的法律。于是"成文法"出现了，这种"成文法"带有一种人间统治者的命令的性质，服从乃是公民的义务，犯了法就要受到明确规定的制裁。

在中国人的思想中表现为"法"这一名词，正如同以伦理或古代的禁忌为依据的社会习惯表现为"礼"一样，然而"礼"另外还包括一切种类的礼仪和祭祀的规矩。然而中国人似乎丝毫不偏好法，尤其是成文法；在公元前 3 世纪末，法家受到挫败之后，成文法已经被减到最低限度，而习惯却又恢复到它以前的统治地位。儒家的法理学者惯于抬高仲裁、调解和古代的习俗惯例的地位，把成文法的应用限于纯刑事犯罪的案件上。

在西方，罗马法包含两个部分，一方面是某一特殊民族或国家的民法法典，即 Lex Legale（成文法），另一方面则是万民法（jus gentium），多少相当于自然法（jus naturale）。在不出现相悖的情况下，可以认为万民法是跟从自然法而来的。

278

罗马法假定了它们的同一性,虽则并不十分稳当,因为有些习惯对于自然的理性来说不一定是自明的,有些法则(例如奴隶制的不可取性),虽然应得到全人类的公认,事实上却不如此。对这种"自然法"的起源的传统的解释,乃是由于居留在罗马的商人和其他外国人不断增加,他们不是罗马公民,所以不必服从罗马法,他们愿意受他们自己的法律的裁判。罗马法学家所能做到的最好的事,就是从一切已知的各国人民的习惯中采取一个最低的共同标准,从而试图制定对最大多数的人来说是最近于公正的法典。于是便产生了自然法的观念——至少这是各种解释中的一种,但是对我们的目的来说,这就已经够了。自然法就这样成为所有地方的一切人都觉得是自然正当的折衷之道。

成文法与自然法之间的区别也可以在亚里士多德的著作中找到。他说:

> 政治上的正义有两种:一种是自然的,另一种是约定的。一条正义的规则,如果到处都同样有效,不以我们是否接受它为转移,那么它就是自然的。一条正义的规则,如果从一开始就可以是这样安排,也可以是无所谓地那样安排——虽则一经安排之后就不是无所谓的了,那么它就是约定的。例如,一名囚犯的赎金为一米纳,或者一次祭祀应该用一头山羊而不是用两头绵羊,等等……有人认为一切正义的规则都只不过是约定的,因为虽然自然(法则)是不变的,而且是到处都同样有效的,就像火不管在这里或是在波斯都要燃烧,但是我们可以看到,正义的规则却是在改变的。正义的规则在改变,并不是绝对正确的,而只能是有条件的。……但无论如何,既有着自然的正义这种东西,也有着不为自然所规定的正义。很容易看出,哪些正义的规则虽不是绝对的,但却是自然的;以及哪些并不是自然的,但却是法定的和约定的,而这两者同样都是可变的。

这段话是很有趣的,因为亚里士多德不仅宣称与数量有关而与伦理无关的事情——例如赎金的多少——只能是用成文法来安排,而且在以科学的意义来谈论自然法则的边缘上摇摆着。然而在中国情况是完全相反的:由于中国文明"与世隔绝",当时并没有别的部族可以从他们的实践中推演出来一部普遍性的万民法,所以也就几乎不可能有一种万民法。但中国肯定有一种自然法,即圣王和百姓所一贯接受的那套习俗,也就是儒家所说的"礼"。

中国法理学中的自然法和成文法

西方文明的各个民族始终生活在希腊—罗马的法律观之下。希腊—罗

279

马法律体系也曾刺激了伊斯兰的大部分的法律。在西方,法律总是被尊崇为
多少是某种神圣不可侵犯的东西,加之于每个人身上,无论他是伟人还是凡
人,规定成了调节着各种社会活动形式的条件。但是当我们转视东方时,景
象变化了,在中国已建立起精神价值和道德价值的强大有力的体系,并已传
播到邻国文化中,于是只能给予法律和法理学以一个卑下的位置。中国只承
认自然法,并且只推崇道德的原则,中国的成文法为一切行政人员所遵奉。
相应的事实是中国虽是一个学者辈出的国家,却较少产生著名的法官,所产
生的法律评论家和理论家则更少,至于著名的律师是从未有过。

　　《书经》中的《吕刑》篇可以算是对中国最古老的法典的论述。它的年代
虽然属于周代,但并不很确定。因此,最早有年代可考的中国法律的法典化
是公元前535年《左传》中记录的那次,从这段历史的一开头,就表现出贯穿着
整个中国历史的代表着儒家思想特点的那种对于法典化毫不妥协的反对态
度。这段叙述如下:

　　　　三月,郑人铸刑书,叔向使诒子产书曰:"始吾有虞于子,今则已矣。
　　昔先王议事以制,不为刑辟,惧民之有争心也。犹不可禁御,是故闲之以
　　义,纠之以政,行之以礼,守之以信,奉之以仁……民知有辟,则不忌于
　　上,并有争心,以征于书,而徼幸以成之,弗可为矣。……肸闻之,国将
　　亡,必多制,其此之谓乎。"

　　　　　　　　　　　　　　　　　　　　　　　　　　　　　(《左传》昭公六年)

这样,从一开始,"礼"的柔性的和个人的关系就被感到比"法"的刚性更为可
取。《左传》中另外有这样一段记载:

　　　　冬,晋赵鞅、荀寅帅师城汝宾。遂赋晋国一鼓铁,以铸刑鼎,著范宣
　　子所为刑书焉。仲尼曰:"晋其亡乎! 失其度矣。夫晋国将守唐叔之所
　　受法度,以经纬其民。……民在鼎矣,何以尊贵?"

　　　　　　　　　　　　　　　　　　　　　　　　　　　　(《左传》昭公二十九年)

这经典的儒家思想许多世纪以来一直流传,这种思想也包蕴在谚语"立一法,
生一弊"里面。在近代科学技术(比如测量比重,发现个体指数各异等)能把
欺诈和辱骂控制在有组织的社会范围之前,要实现这种控制简直是不可能
的。中国人虽然不喜欢条文过于具体细碎的法律,但中国人自己又于13世纪
奠定了法医学。指纹术的发现者又恰是中国人而非欧洲人。但他们那句谚
语中包含的智慧也许仍不失为一种智慧。

　　对于中国早期的法典条款现在人们还一无所知,但我们确实知道的,被

证明成为中国后代法律体系鼻祖的是李悝的体系。约公元前 400 年,李悝为
281   魏国相,他著的法典叫《法经》。尽管《法经》早已散佚,但《法经》的内容编目
却一直被保存了下来。《法经》篇目涉及盗法、贼法、囚法、捕法以及杂法和具
法。在后来所有的法典中都能找到的正是这些类项。后来又增补了有关户
籍、家庭、婚姻、封臣和兵役的规定以及有关皇家事务的规定,这些全部由叔
孙通和其他法学家汇编为汉代的大法典。尽管汉代大法典在隋以前已散佚,
但仍可通过阅读《汉书》获得对汉代法律实施的一个很好的概念。

晋、齐和其他朝代都有法典,但都在隋以前散佚,鲜为后人所知。从所掌
握的有关资料中发现那些法典似乎都继承了李悝的《法经》和汉代的大法典,
几乎全都是有关刑事和赋税的法令,民法仍然极不发达,但与中国早期法典
相比,其严厉性有所削弱,特别在刖刑和株连等方面。汉代有一些儒家学者
著述法规,在 3 世纪有数十位法学者都受过儒家学者的教导,这样为法的广泛
应用提供了诠释。

在某些方面中国人的法律心态走在欧洲人的前面。正像我们已看到的,
法医学在中国出现得惊人地早。按照我们已描述过的中国人典型的思维模
式,这种发展并非不自然,因为“礼”的规定是应竭力避免给无辜的人定罪。
的确,在这方面应采纳这种谨慎的态度。大约 10 世纪后前往中国的欧洲人对
这种态度作了令人钦佩的评论。那段时期在欧洲的监狱里普遍地采用拷问
和鞭笞,气氛极为恐怖,但关于中国法律的实施尤其令 16 世纪的那些观察者
震惊的是:在所有检阅过的案例体系中,都有人被判为死刑,而葡萄牙人相反
的证词能独立地从 15 世纪的一位穆斯林作家的语录中得到支持。这种态度,
这种试图竭尽一切办法使地方官吏判定刑事案件的决意,与中国人对自然界
282   的研究经验主义独占上风的特点得以吻合。即使科学鉴定的水平还没有高
得能把健全的检验和单纯以迷信为依据的检验区别开来,中国的法律手段远
比 18 世纪的欧洲人文明。

法律和现象主义

对中国法律史的这一仓促的概述,证实了本书第十五章各法家学派和本
章开始时所提出的各种结论:在中国,体系化法律和那种审判每一桩案件都
按照案情本身的得失依“礼”行使的法律之间始终存在着斗争,“礼”背后的力
量奥妙无穷,它与风俗、习惯、礼仪相融。“礼”的深刻内涵并不单纯是我们已
经发现的为中国人感受到的对与正义的本能感觉一致的那些东西,它们还
被确信是与“上帝的意志”、整个宇宙的结构相一致的东西。因而,犯罪甚至

争执都会在中国人的心中引起重大不安。因为他们觉得这样就扰乱了自然界的秩序。

在《书经》那样古老的经书中我们找到了依据。比如，《书经》中提到：霪雨是君主不公正的征兆，久旱表示他犯了严重错误，而酷热谴责他的疏忽职责，苦寒谴责他的失察，台风(真够奇怪的)表明他麻木不仁。在《周礼》和许多其他的经书中又增加了一种观念，刑罚只能在万物肃杀的秋天执行，如在春天处决犯人将会对农作物的生长带来不利的后果。似乎中国人的确发现天和地的现象序列在沿着两条时间上平行的缆索而行进，一条受到干扰，好像有一种感应影响到另一条。

前面我们讨论王充，怀疑论者(本书第十一章)和中国科学的基础思想(本书第十章)时，我们已经遇到过这种"现象主义者"图景的许多例子。记得王充主张季节的过分炎热和过分寒冷并不取决于统治者的喜怒，虎患和虫害并不是因为大小官员的邪恶。尽管有这种怀疑主义的存在，那个古老的观念还是普遍地被接受着，甚至出现在像《左传》那样早的作品中。帝王在他自己身上并推及他的官僚机构体现了被认为存在于人与宇宙之间的半魔幻关系的体系，在原始时代，民间的节庆和民间仪式的作用正是要维持这种关系的良好秩序。

这种现象主义观点并非中国独有，在古希腊人中有着相似的但不那么细致的信念，这种信念与微观世界和宏观世界的各种理论有着明显的联系。它把原始部落群体的内在关系投射到外面的自然界上，后来(公元2世纪)希腊物理学家在阐释他的人体解剖时就运用过"正义"这个概念，人身体各部分大小不同，是因为大自然根据他们各自不同的用途来加以安排分配，这不是很公正吗？身体的某些部分比另外部分要少一些神经，是因为这些部分不需要那么多的敏感。大自然在万物之中是最最公正的。

这里出现在我们面前的是关于宇宙、人类社会和人体三个层次上的彻底的平行性。但西方人的这个概念与中国人极不相同。西方人看到在所有层次上正义与法则的制定并执行法则的人格化了的神灵紧密地联系着。中国人只看到体现良好习俗的正当性表现社会机体存在与功能所必需的和谐。他们也承认诸天的和谐，如果再深入下去，他们还会默认人体自身的和谐。但这些和谐是自发的，非天命规定的，一处出现不和谐，就会在另外各处引起不和谐的反响。在中国这种现象主义者的信念并没有对自然法则带来什么刺激，而在西方，希腊人的这种观念在形成自然法则的普遍性和斯多噶哲学流派的思想潮流方面是一个很重要的因素。在中国，王充极力反对现象主义的基本信仰及其荒诞,抨击现象主义人类中心说,认为无助于产生科学自然主义法则的概念。在西方,对这种人类中心说的否定要来得晚些,但到了那时候,很可能排除的同时,又接受了太阳中心说,保留了自然界普遍规律这一概念。

如果像中国古代那样,所有犯罪和争执首先并不被看作是对纯粹人类法律的破坏,而是对人与自然和谐关系的不祥的干扰,那么,也许正是这种复杂的因果关系的微妙之处,使得成文法似乎不能令人满意。在公元7世纪的《唐律》里也明确提到,脱离"礼"而致力于法定的"刑罚"是危险而不祥的。这种观点并没有在拉丁文意义上法律一词的地位。个人的权利甚至得不到法律的保障;而只有在秩序、责任、等级制与和谐这些观念支配下的义务和相互的妥协。君子的最高理想是始终显示出公正和礼貌的得体。利用个人的地位,谋求个人私利,在中国始终被侧目相视。最高明的艺术是某一些点上的退让。这样积累一笔无形的资金,从而在以后其他方面获得好处。到今天,中国人的办法是固定责任,其措辞方面,不说"谁做了事情",而是说"发生了什么事",也只有在发生了什么并得到验定才能指定责任。

法律的社会方面:中国人与希腊人

只有领会了礼和法对社会各阶级的关系,才能理解礼和法相互关系的全部意义。在封建社会,封建主不认为他们自己应服从他们颁布的成文法,这是相当自然的事。礼因此成了统治集团的荣誉法规,而法则成了普通老百姓应服从的法令。在《礼记》中有"礼不下庶人,刑不上大夫"这句名言,这更说明法典化早就遭到叔向和孔子的反对。他们反对法典化不仅因为法典化导致平民的好讼甚至推行政令的障碍,而且因为确定的法律会给整个贵族统治阶层带来不利。这种引申在法学家为官僚主义铺平道路的过程中得到实现。因为儒家后来操纵着官僚机器,他们同时也成了成文法的法学家。许多世纪以来,礼的易适应性使得它保留了许多原来的社会特权,由于礼与中国哲学的关系远比法来得密切,以致在官僚主义长期确立后礼仍然凌驾于法之上。这一切又揭示了《唐律》中"出礼入刑"这个短语的另一含义,即一个人的行为如不遵循被认为伦理上正当的礼俗,他将发现自己已落在刑事的法网中。礼的弹性和微妙灵活性照例有利于享有特权的官僚统治阶级,根据官衔制定出刑罚等级差一直保持到19世纪清代的法典中。

我们完全可以从不止一个社会网络来看待"礼"和法:中国社会的集中和离心这两种倾向在上古和中古时期被很微妙地平衡着:法适合于官僚制的

水利官员,道适合于自给自足的农业社会,也许"礼"是社会机体中心与边缘的彻底的妥协。

古希腊法律与古罗马不一样,它们在相当程度上分享了中国古代的平衡与调解,而反对抽象的公式。罗马人着眼于寻求无法实现的法的确定性;中国人和希腊人则着眼于案件的个别性。罗马人在反映把父权推向极致的社会中看到了某种男性要素;而中国人偏向于带有更多女性要素的宽大与柔韧,中国的道家思想正是强调了这种对立。确实可以毫不夸张地说,汉代的新儒学家战胜过于男性化的秦代法学家,其部分原因是由于接受了道家的那种反对寻找早已确定的法规的态度,同时又允许地方法官遵循平衡、调解和"自然"法的原则而得到更广泛的自由。与成文法相对立的平衡法则与案情个别化的相对作用的问题始终没有定论,我们今天仍存在这个问题:重点应放在审讯法庭的判决上,还是放在高级上诉法院上。前者能考虑陪审员和被告的心理及证人的表现,后者只能按条文和解释进行工作。

美索不达米亚——欧洲自然法和自然法则的分化阶段

现在我们该移到论证的第三部分——西方文明中的自然法和自然法则观念的几个发展阶段。

毋庸置疑,天上的立法者为非人类的自然现象立法的概念首先起源于古巴比伦人。公元前 2000 年,太阳神马尔杜克(Marduk)被描绘成一位为星神制定法律并固定他们运行范围的天上立法者。是他通过给予命令与敕令维持星神运行的正常轨迹。后来我们发现公元前 6 世纪前苏格拉底希腊哲学家没有谈到法则的特殊性,但谈到了不少有关法则的必然性。阿那克西曼德(约公元前 560 年)也讲过,自然界的各种力量是相互制约的。赫拉克利特(约公元前 500 年)说:"太阳不可能逾越他的限度;否则(正义女神)狄刻的守护神厄里倪厄斯会发现他。"这里规则性被认为是明显的经验事实,因为提及了遵守的原因,所以,至少法的观念是存在的。的确,赫拉克利特提到过一种培育了人类一切法律的"神律",这种"神律"包括人类社会和非人类的自然界,因为神律"对于万物是共同的",全能和全足的。但是,宙斯,在更古老的希腊诗人那里,被描绘成一位给予上帝和人类而不是给予自然界以法的神,因为他本身不是造物主。后苏格拉底哲学家德摩斯忒涅斯(生活于公元前 4 世纪墨翟和孟轲的时代),的确以其最一般的意义使用过"法"这个词。他说:"如果我们相信我们自己所看到的,那么,整个的世界、神圣的事物以及我们称为的季节都是被法和秩序所制约着的。"

286

　　亚里士多德从来不使用法的比喻,尽管他偶尔也非常接近于这样做;而柏拉图只采用过一次。整个世界被法统治着,这一观念似乎是斯多噶派(建立于公元前300年)所特有的,因为这个流派的许多思想家无疑会认为宙斯也不过是"普遍律"而已。这个观念可能蕴藏在被毕达哥拉斯流派、柏拉图流派和亚里士多德跟随者都使用过的宇宙一词"cosmos"中,因为"cosmos"一词含有统治和秩序的意思。但对斯多噶派这个概念的明白而有力的支持则可能来自巴比伦那些占星家和星相术士,他们在大约公元前300年开始散布于地中海世界。由于斯多噶派在罗马有很强的影响力,这些范畴较为宽泛的概念对发展人类共同的自然法则的观念,不管是在文化上还是地方习俗上都产生了一定的影响。西塞罗在公元前2世纪讲述了这一种观点,他说:"宇宙服从上帝,大海与陆地服从宇宙,人类的生命服从最高法规。"奇怪的是,在公元前1世纪《奥维德》的诗篇里,我们找到了关于非人类世界法律的最清晰的陈述。他毫不犹豫地把 Lex(法)这个词运用到天体运动中:"qua sidera Lege mearent"(行星根据法则运行),这句话是在评论毕达哥拉斯的说教时写的;另外,当他抱怨朋友的不忠时,他说:"(朋友的不忠如同)让西落的太阳回升,让江河由低处向高处流淌,让万物逆自然法则而行,这是足以令人感到恐怖的。"

　　希腊时代最重要的科学流派是伊壁鸠鲁学派,而不是德谟克利特和卢克莱修学派,他们两位都有力地主张自然和因果解说,也曾谈及过自然法则。287 在卢克莱修的《物性论》(De Rerum Natura)一书中只有一处使用了这个词的后来意义,就是在他否定凯米拉的存在时(凯米拉:"把各种来自不同物体的"一些器官或肢体连接在一个身体上,比如半人半马的怪物),卢克莱修说,这些是不可能的,因为身体各部分只有相互适应才可能连接起来,所有的动物都"受到法的制约"(teneris Legibus hisce)。由于伊壁鸠鲁的神学从严格意义上说是不允许存在自然法则这一概念的,这令人惊讶的忽略是因为伊壁鸠鲁认为,上帝没有创造世界,也不会有兴趣于这个世界;由此,这很可能就是伊壁鸠鲁学派的哲学家总是讲"原则"而不谈"法"的主要原因。

　　另一条有贡献的思想线索来自希伯来人,或从巴比伦又通过希伯来人传播的一种观念,即他们认为人体法则是由万能的上帝来规定的,并制约着人类和自然界其他生命体的行为。不难发现"神圣立法者"的概念是以色列人的焦点论题,对所有思考过基督时代的西方人来说,其影响力是很难估计的,如"永不能违抗他的戒律"(《旧约·诗篇》第104篇)、"主制定的律法是永恒坚固的"、"主颁布的律法是决不能违犯的"(《旧约·诗篇》第148篇),像这类经文是每天思考的一部分。犹太人还发展了一种适用于全人类的自然法则。

在可能与犹太教塔木德(Talmudic)法典相冲突的"柳亚后裔七戒"中我们发现了有些类似于罗马法律的"万民法"。

基督教神学家和哲学家继承了希伯来人有一个神圣立法者的观点。基督教早期要找到蕴涵非人类自然法的陈述并不困难。作家阿诺比乌斯说,基督不是什么邪恶的东西。他还说,那种原来建立的法律的规则并没有改变。(希腊人的)这些思想因素没有改变他们所拥有的一切特性,宇宙机器的结构(天体系统)并没有解体,宇宙的轨迹没有改变,太阳没有变冷,月亮的圆缺、季节的轮替、昼夜的交换既没有停止也没有破坏;天还是下雨,种子依然发芽,等等。这里我们提到的是人类自然法则与非人类自然法则尚未发生分化的阶段。在早期的基督世纪有许多文章对此作了非常明晰的表述。375 年在 288
狄奥多西(Theodosius)、阿卡狄乌斯(Arcadius)和霍诺里乌斯(Honorius)的宪法有一条例是禁止任何人从事占卜,违者处以叛逆罪:"擅自改动那条神秘的自然法律不得为人眼所见的原则,就是亵渎神明。"第二种说法是罗马法学家乌尔比安(Ulpian)提出的,出现在 6 世纪查士丁尼(Justinan)的《民法大全》(*Corpus Juris Civilis*)。他说:

> 自然法则是自然界教给一切动物的法:这法不为人类所专有,而是为产于陆地或海洋的一切动物和天上的飞禽所共有。从法中,我们人类便有了男人和女人的结合,被我们称之为婚姻;于是又有了孩子的生育和抚养。其实我们发现一切动物甚至最野蛮的兽类,都有着知道这法的标志。

法学史家极力解说这对后来的法学思想没有任何影响的说法,但即使这样,它仍然被中世纪的作家和评论家们所接受。而且他们还明确地表达了这一观点:动物作为准法律个体应服从由上帝制定的法典。在这一点上,很接近于把自然法则作为万物(包括生物)应服从的神圣法律的观点。

随着基督世纪的流逝,自然法则不可避免地与基督教道德逐渐合一,圣·保罗清楚地认识到这一点。5 世纪初圣克里索斯托在"十诫"中已看到了自然法则的法典化,随着格拉蒂亚于 1148 年编纂的著名《教令》(*Decretum*)的出现,自然法则与基督教道德的合一就完成了。中世纪普遍的信念认为,君王的命令如违背自然法则将对庶民不再有约束力而遭到反对。这种学说在新教出现时期以及近代欧洲民主政治的开端产生不小的效果,它与东方孟子的关于臣民有权推翻不按礼行事的统治者的儒家学说是很一致的。这一点,阅读过由耶稣会传教士翻译成拉丁文的中国经书的欧洲社会思想家是不会放过的。

这一切的体系化,自然反映在 13 世纪托马斯・阿奎那的著作中。他描述了四种法律体系:即永恒法(Lex aeterna),统治着万物;自然法(Lex naturalis),统治着人类;成文法(Lex positiv)由人类立法者制订,阿奎那又把它分成两部分:受神灵感召通过教会的教令是神授法(divina),由君主和立法机关颁布的是人间法(humana)。他还说:

> 每一种被人所制订的法,只有它在从自然法则中推导出来的范围内才具有法的性质,但如果有哪怕一点与自然法则相冲突,它立刻就不成其为法;它仅只是法的腐化。

这与儒家(以不同语言)责难立法者是很类似的,如果"法"不合乎"礼",它必定是伪法。

当阿奎那的综合工作被宗教改革所摧毁时,自然法则就开始经历它最伟大的发展,人类普遍的理性基础被先前的神意基础所代替。1 500 年后随着民族主义的上升,自然法也走向了世俗化,它依靠多种形式由教会走向文明王国。正因为它被认为是起源于罗马商人中间的,于是在 17 世纪它又回到了商业环境中。据说外国商人把它带入国王的法权内,这就产生一种把它引申到国际法原则中去的态度。

文艺复兴时期自然科学对法的认可

但是,科学家和他们的自然科学又怎样呢? 17 世纪,是杰出的化学家罗伯特・波义耳(Robert Boyle)和天才伊萨克・牛顿(Isaac Newton)的时代。人们认为,化学物质和行星应服从自然法则的概念得到了充分的发展。然而,这个概念怎么发生的? 怎样达到如此充分的成熟? 有哪些特征不同于经院学派的综合? 当然,第一次在科学意义上使用"自然法则"这个词似乎是出现在 1665 年伦敦皇家学会《哲学会报》第一卷上。三十年后,它就成了常用语,甚至出现在艺术作品和科学专著中,如由德莱顿(Dryden)翻译的维吉尔(Virgil)的《田园诗》(Georgic)等著作。

调查表明,这种观念依然存在于 17 世纪初的那些哲学家和科学思想家中间,那时,以人类理性为基础的世俗化了的自然法则和以数字表达的自然界的经验法则似乎平行发展,而从阿奎那的"永恒法"引出非人类自然法则的第一位思想家很可能是乔尔丹诺・布鲁诺(Giordano Bruno,1548—1600)。他把宇宙构想成一个有机组织,认为那里无机体和有机体都是有生命的。他还说，上帝唯有在"不容亵渎和破坏的自然法则"中才能找到，这尽管是他的思想，但更接近中国古典思想特征。当然，从科学的角度充分认识这个概念，布鲁诺不是第一位。毫无疑问，转折点出现在哥白尼（Copernicus，1473—1543）和开普勒（Kepler，1571—1630）。哥白尼在讨论行星的运行时，讲到了对称、和谐和运动；但他从未提及"法则"。有趣的是，伽利略（Galileo，1564—1642）也从没有使用过"自然法则"。在 1638 年出版的成为近代力学和数理开端的《关于两种新科学的对话和数学证明》（*Discorsi e Dimostrazioni Matematiche intorno à due nuovo scienze*）一书中，除了开普勒，都与他是同时代人。尽管开普勒发现了有关行星运行的三大经验定律，令人感到奇怪的是，这与他使用过的"法则"一词并没有联系。虽然他在论述杠杆原理时提到过，也使用过，但似乎仅把它当作尺度和比例的同义语。1546 年冶金学、地质学家乔吉斯·阿格里科拉（Georgius Agricola）在他的《论地下现象的起源和成因》（*De Ortu et Causis Subterraneorum*）一书中写道：

> 在构成金属的每一种液体中"土"占多大比例，没有人知道，或很少有解释，但上帝知道，他给予自然界以确定、固定的法，把各种物质混合，融合起来。

这是来自化学而非天文学的最终的明确陈述。

这个概念迅速传播，哲学家和科学家笛卡儿（René Descartes，1596—1650），对自然界法则的观念同后来在波义耳和牛顿的著作里一样，得到了充分的发展。在他 1637 年的《方法论》（*Discours de La Methode*）里，笛卡儿谈到"上帝赋予自然界的法则"，在 7 年后的《哲学原理》（*Principia Philosophiae*）一书的结论里，他说，这本书讨论了"物体的相互碰撞根据机械法则所产生的必然结果，并且被确定的日常实验所证实"。哲学家斯宾诺莎（Spinoza，1632—1677）在《神学政治论》（*Tractatus Theologico-Politicus*）一书中对那些"依存于自然界的必然性"的法则和那些"由人的命令而产生"的那些法律作了区别。

最基本的问题是，为什么自然法则的观念在欧洲的神学中默无声息地存 291 在了这么多世纪以后，在 16 和 17 世纪又获得了如此重要的地位。在近代，上帝统御世界的观念从自然界的例外事件（彗星、怪物诸如此类）转移到成为规则，这是怎么回事呢？答案似乎是这样的：因为统御世界的观念起源于人们把地上的统治者实体化到神圣领域中。所以我们应察看相伴随的社会发展以达到对这种变化的理解。如果我们这样做了，我们立刻会发现，封建主义的衰落和消逝,资本主义国家的兴起,引起了封建贵族的权力瓦解和中央集权的王权大大地增强,我们都熟悉都铎王朝时期的英国和18世纪的法国所发生的这一过程;当笛卡儿从事著作的时候,英国的共和政体正把这个过程进一步向前推动,朝着一种中央集权的但不再属于王室的权威推进。如果我们有理由把斯多噶派的普遍律学说的产生和亚历山大大帝以后各个君主国的兴起时期联系起来,我们同样有理由把文艺复兴时代自然法则概念的兴起和封建制度末期与资本主义初期王权绝对专制的出现联系起来。笛卡儿把上帝看作是宇宙的立法者这一思想,在博丹(Jean Bodin)的王权论仅仅四十年之后就发展起来,这决不是纯属偶然。但是,这使我们面临着一个悖论:在中国,"王权专制主义"为期更长,我们却几乎根本没有遇到过这一观念。接下来我们便要讨论这一问题。

中国思想和自然法则

在西方以盖伦(Galen)、乌尔比安(Ulpian)与狄奥多西宪法为一方和以开普勒与波义耳为另一方的这两个时代之间,为一切人所共有的自然概念和为一切非人类事物所共有的一套自然法则的概念,已经完全分化了。然而在中国有关自然法与自然法则的思想的发展状况与欧洲的情况是明显不同的。

我们已经知道在中国阴阳五行的理论持续了很长一段时间。道教思想家虽然是深沉而又富于灵感的,但从未能发展出任何类似于自然法则观念的东西,这或许是由于他们极度不信任理性和逻辑的力量的缘故。他们确实认识到并欣赏一切事物的相对性质以及宇宙的博大精微,但在他们探索一种西方的爱因斯坦式的世界图景时未能正确地奠定下牛顿主义的基础。沿着这条道路科学是不能发展的。这并不是"道"这一万物中的宇宙秩序不按一定的体系和规则在运行,而是道家倾向于把"道"看作是理性思维所难以把握的。这就是为什么若干世纪以来,交给道家看护的中国科学就只能停留在纯经验水平上的一个原因——这样说大概并不过分。还有,与此并非无关的是,道家的社会理想比其他任何学派的都更不需用成文法。他们希望回到原始部落的集体主义,对任何立法者的抽象法律都不感兴趣。

在另一方面,后期的墨家同名家一起极力争取使逻辑过程臻于完善,并首先把它们应用于动物学的分类以及力学和光学的基本原理上,但这个科学运动失败了。我们不知道失败的原因是什么,或许是因为墨家对自然界的兴趣与他们在军事技术方面的实用目的结合得太紧密了。无论如何,在中华帝国第一次统一的剧变以后,这两个学派的幸存者已经寥寥无几了。他们也使

292

用"法"这一术语,但墨家使用这个术语来指"成为原因的因素",和亚里士多德的用语有些类似("正式的"、"有效的"、"物质的"以及"最终的"),墨家似乎并不比道家更接近于自然法则的观念。

当我们谈到法家和儒家时,我们就置身于纯社会的兴趣的领域之内了,因为这两家对于人身以外的自然界都是毫无兴趣的。法家把他们的全部重点都放在"成文法"上,它纯粹是立法者的意志,全然不考虑道德因素,如果国计所需,还很有可能与道德背道而驰。法家的法律乃是精确地而又抽象地制订的。儒家则与此相反,他们坚守一套古代的风俗、习惯和礼仪,其中包括为无数代的中国人本能地觉得是正当的那一切行为,例如孝道,这就是"礼",我们可以把它等同于自然法。换句话说,"礼"是社会习俗的总和,伦理上对它们的认可已经上升为自觉的意识。而且,这种正当的行为必须由家长式的地方官吏来加以教导,而不是加以强制。道义上的说服要比法律上的强制更好。孔子说过:"道之以政,齐之以刑,民免而无耻;道之以德,齐之以礼,有耻且格。"——如果对人民加之以法律,齐之以刑罚,他们就会设法避免刑罚,但却会没有羞耻心,如果是"道之以德",他们就会自发地避免争执和犯罪。好风俗比固定的法律更灵活,并且能在动乱发生之前加以预防,相反法律只能在动乱发生之后才实施。《礼记》借用了水利工程上的一个比喻,把良好的习俗比喻为防洪堤以阻挡洪水的冲击。这样人们就可以理解儒家战胜法家以后统治中国的如下观点了:遵循礼的正确行为总是依情况而定,事先颁布法律是件荒唐的事,因为不能充分估计到具体情况的复杂性。这就是成文法典被限制在纯属刑事的规定上的原因。

293

虽然在"法"与"礼"之间进行对比是很方便的,但这个区别的最早形式实际上是存在于"法"和"义"之间的,"义"这一术语通常译为"正义",它的原意是指对于自然人来说是公正的一切东西。汉代《文子》说:"法生于义,义生于众,适合乎人心。"——法(应该)从义中产生,义从普通人民中产生,而且必须与人心里的东西相适应。这就是儒家的观点,即法没有得到道义上的认可就不能存在。法家则持相反的立场。

在整个中国的历史过程中,"义"与"法"的区别始终被人牢记着。我们可以说,"义"是"礼"背后的根据,以及"礼"的内在的和精神上的美德。在唐代(7—10世纪),案件的判决,一是根据"律",二是根据"礼",亦即参照儒家经典中论述伦理上与习俗上的正当行为的文字,三是根据"义"。在诗人白居易的著作中有这样一个例子:某甲娶妻三年而无子,他的父母要他休妻。依据汉代早期的《礼记》,父母的要求是正当的,但妻子申诉说她无家可归。其判决是：虽然"礼"允许这种离婚，但根据人道为重的理由，"义"又使之成为不可能。这说明在被称作低一级的与高一级的自然法观念之间可能会发生明显的冲突。然而在唐代，主要冲突发生在"律"与"礼"二者之间，特别是血族复仇的案件中，这种行为是被"礼"所责成，而被"律"所禁止的。在宋代情况变化成为主要冲突发生在"律"与"诏"之间，因为诏书经常批准比法典所规定的更重的刑罚。但对我们而言重要的是"义"比"礼"与人情的联系要更加密切，而这二者都不能被容易地引申到非人类的世界中去。

我们知道"法"这个词能够在自然法则这一意义上被应用，但具有重大意义的事实是直到很晚近的时期，"法"才在这一意义上被应用——至少它在这方面的使用情况是惊人地少。事实上我们所知的，在全部远古和中古时代的中国文献中，唯一能完全肯定的例子是在成书于公元前 3 世纪的《庄子·知北游》中，庄周赞美宇宙的沉寂，说道：

> 天地有大美而不言，
>
> 四时有明法而不议，
>
> 万物有成理而不说。

但"法"一词在这里是否确定无疑地指法则呢？答案有可能是否定的，自远古以来，"法"一词也包含"法式"和"方法"的意思，这在此处或许是一个较好的译法。

"天法"和"命"

关于"天法"一词中的"法"字的含意并没有疑问，它肯定是指法理学上的自然法，相当于"礼"字的意思。事实上早在公元前 515 年就有一个封建领主说："如果你们是我的血亲和姻亲，请顺从天法而团结在我的周围。"但是，这并非科学意义上的自然法则，它是在说人事和人类社会。与此相似的一个希腊例子是在柏拉图的著作中"自然法则"一词也是说人事，指"强者的天然权利"。

在这个思想领域内，有可能找到许多上天降命的说法——"天命"一词几乎成了口头禅，尤其是见之于董仲舒这样一些作家的书中，董仲舒要比大多数学者更加倾向于使上天"人格化"。"命"字只不过是古代象形文字的一个口、一个帐篷和一个跪着的人（命），被用来表示加给人的上天的指令。董仲舒说："天之为人性命，使行仁义。"这还是指人事，但是我们所试图窥见的，则是上天在命令非人的自然界事物按它们那个样子行事，例如命令星辰夜间在天空中旋转，但显然"天命"未曾如此做过，并且"天法"和"礼"一样并不适用于人类社会之外。

在某些个别的情况中"礼"的原则被无例外地推广到宇宙间一切事物的行为上去，但这主要是诗意的用法。关于"礼"本于天的最典型的阐述载于公元前1或2世纪的《礼记》中：　　　　　　　　　　　　　　　　　　　　295

> 是故夫礼必本于太一，分而为天地，转而为阴阳，变而为四时，列而为鬼神。其降曰命，其官于天也。

（《礼记·礼运》）

作者还补充说："夫礼必本于天，动而之地。"——"礼"扎根在天上，它的运动达到地上。这一切等于说，人类的道德秩序以某种方式而具有超人类（但不必定是超自然）的权威。这样一种信念并没有提出非人类的自然界的内在控制这个问题。

有时候"法"字似乎是用来表示数字的或自然的规则性，但更仔细的观察表明，它所指的仅仅是用成文法来规定计量的标准。在约成书于汉代的《尹文子》中这样说道：

> 法有四呈，一曰不变之法，君臣上下是也。二曰齐俗之法，能鄙同异是也。三曰治众之法，庆赏刑罚是也。四曰平准之法，律度权量是也。

这里第一种法肯定是法学上的自然法，第二种法情况类似，并与人们赖以依照各自的能力在社会上找到合适的地位的自然过程有关。第三种法既包含自然法又包含成文法。第四种法已十分接近真正自然法则的边缘，例如如果要用行星的运行来决定日历，那么行星的运行就肯定是有规律的，钟和律管如果要发出准确的音调就必须具备规定的尺寸。但作者的用意似乎并不在此，作者所想的可能是统治者参考他的建议，任用他来颁布有关重量、长度、　296节日、日历等的法律。

《尹文子》中接着说圣人以天地为自己的模范，君主也应该这样做。显而易见的结论是，我们有着对人间法律的一种诗意的、隐喻的引申，人间法律被认为是非人类的自然界中的某些值得期望的特性的反映。但是悖论依然存在着："法"居然能得自一个并不存在着法的地方，而对此竟从来没有一个人感到过奇怪。显然在中国思想中对于人类层次上新奇事物的出现有着一种极其强烈的直觉观念。

"理"和"则"

到目前为止，我们在中国思想中尚未发现任何确凿的证据以表示严格的自然科学意义上的法则观念。但在宋代理学家的更先进的思想中情况又是怎样的呢？

　　我们已知道朱熹及其集团的其他思想家曾很努力地试图把整个自然界和人类都纳入一个哲学体系。他们所研究的主要概念是理和气。"气"相当于物质和能量，"理"虽在技术意义上被使用，实则与道家认作"大自然的秩序"的"道"相去不远。"理"字最古老的意义是表示事物的纹理——玉的斑纹或肌肉的纤维；用作动词时指按照事物的自然纹理或界线来切割它们。"理"字由此获得了通常字典中的意义，即"原理"。朱熹说：

> 理和一把线相似，有条理。和这竹篮子相似。指其上行篾曰：一条子恁地去。又别指一条曰：一条恁地去。又和竹木之文理相似；直是一般理，横是一般理。有心，便存得许多理。

（《朱子全书》卷四十六）

因此"理"更接近于大自然的秩序和模式，而不是固定的法。它不是镶嵌品那样僵死的东西，它是动态的模式，体现在生命体及人类关系之中。这种动态的模式，只能用"有机主义"一词来表示。然而在《朱子全书》的一个重要章节中我们发现"理"与另一个同样重要的词"则"联系在一起。《朱子全书》卷四十二中说：

297

> 问：天与命，性与理，四者之别。
> 天，则就其自然者言之，命，则就其流行而赋于物者言之。性，则就其全体而万物所得以为生者言之。理，则就其事事物物各有其则者言之。到得合而言之，则天即理也，命即性也，性即理也。是如此否？
> 曰：然。

这里，起作用的词是"则"字，它曾被翻译为"存在的规则"。无疑朱熹的对话者心中所想的是《诗经》中的有名的一节：

> 天生烝民，有物有则。
> 民之秉彝，好是懿德。

（《诗经·大雅·烝民》）

孟子引用过这段诗，朱熹本人也再次引用过它，借以提出自己的意见，犹如雅理各的"功能"和"关系"就是人的好恶；好善，恶恶就是"存在的规则"，即雅理各的"法"。换句话说，我们必须一方面研究中性的自然性质，另一方面又要研究它们以某种具体的方式而表现为行为的经常倾向。

　　无疑地我们又一次处于科学定律与法律意义上的自然法之间的无人地带,我们又回到了那两种概念处于高度尚未分化状态的阴影地带。但是当我们考察"则"字的词源时,我们有一个很有趣的发现:"则"()字在甲骨文和金文中的写法是表示一只鼎和一把刀,也就是用刀把法律刻在典礼用的鼎上这一行为。然而这个词的词义在历史长河中遭几度变迁,被讹为从贝,被当作连接词用,表示"所以"、"因此"、"于是"等,还有一些次要的用法,它们是与法则和规章相联系着的,例如"常则"、"税则"。如果这些就是已知的全部材料,那么把朱熹的"理"等同于《诗经》("有物有则")的"则"就不大能令人信服了,但还有更多的材料可以被找到。例如在屈原的论天文学的长诗《天问》中"则"似乎可以被译成法则("圜则九重,孰营度之"),虽然并不很肯定。我们还找到一些别的例证以说明"则"字有这种用法,但使我们产生疑惑的是另一些典籍却断然否定把"则"字应用于自然现象。公元前2世纪《淮南子·主术训》中说:

> 天道玄默,无容无则。大不可极,深不可测。

八个世纪之后,柳宗元在《天对》中又说:

> 无青无黄,无赤无黑,无中无旁,乌际乎天则?

另有一些例证中断然否定大自然是按"则"行事的,例如在公元3世纪王弼注《易经》说:

> 统说观之为道,不以刑制使物,而以观感化物者也。神则无形者也;不见天之使四时,而四时不忒……

　　这也许是最有启发性的一段话了。它断然否定有一个上天的立法者在发号施令这一概念。这种思想是极端中国式的:宇宙间普遍的和谐是来自万物自发的合作,不是来自上天发布的命令,是由于万物遵循其自身本性的内在必然性。这种中国式的有机主义的教条深深植根于宋代理学。11世纪张载在谈到天体时说:"凡圜转之物,动必有机。既谓之机,则动非自外也。"由此,如果我们认为"则"意味着某种有似于牛顿所说的自然法则,那是非常谬误的。

中国人之否定有一个上天立法者

　　我们有必要在讨论中国人否定有上天立法者这一问题上更深入一些,因为中国人宣称上天并没有命令万物按其规则行事是基于中国的一种基本思

298

299 想,即"无为"。由某个立法者来立法是"为",即强迫事物服从。要找出几段话来证实上天在按照"无为"而行事的这一概念,是一点也不困难的,成书于公元前4世纪的《道德经》全书中都贯穿着这个观点,其中我们发现一段重要的阐述,即虽然"道"产生、滋养和覆盖万物,但它并不主宰它们,对它们也毫无所求。——"大道泛兮其可左右。万物恃之而生而不辞,功成不名有,衣养万物而不为主。"这种观念实际上在道家是习以为常的,在11世纪被程颢重复道:"天则不言而信,神则不怒而威。"这种观点是崇高的,然而与上天有一个立法者的概念是明显不相容的。

理学中的"理"和"则"

把研究集中在"天则"一词的其他出处上,这对中国科学思想史会是很有价值的。但就我们的观察所及,此词并不常见。"则"本身似乎代表一种边缘的概念。它确实一直有法律性的含意,也有人文性的含意,但虽然也偶尔用在科学的意义上,这样的用法似乎并不流行。朱熹对含有"则"字的经文一定反复思索过,知道"则"字在著述中偶尔被用来表示科学法则。但他对"理"的观念在多大程度上包含有自然法则的概念,这是很难估计的,尚须等到我们能更多地了解到他心目中的经文的重点。不过,在这段讨论的开端我们曾引用过一段重要的对话,其中有一点向我提示:他所指的并不是科学的概括那种意义上的自然法则,那就是这句加了着重号的话:"一切事物都有其自身存在的规则。"它并没有说,每件事物都服从对许多其他类似事物也都有效的普遍法则或规则。所以,这种思想就更多的是适用于作为有机体的个体事物。这里没有绝对的矛盾,只是重点不同,它也和王弼的一段有关道的大意的说法是一致的。

查看一下朱熹的弟子陈淳约在朱熹去世时所写的《北溪字义》一书,我们就可以对什么是理学家所说的"理"与"则"获得更进一步的看法。他说与"理"相比,"道"较宽而"理"较深。"理"是无形的,只是事物的一种自然的、无300 可逃避的法则,"理"渗透于非人类的物,它是天、地、一切人和一切物所共同的普遍"道理"。"理"是组成实体的东西,"义"是构成功能的东西。"理"渗透万物是自然的、无可逃避的,"义"则是怎样处理、指引或执行它。

本质上,"理"是我们在讨论理学时称作"组织原则"的东西。这里面隐含着"法",但这个"法"是整体的各个部分由于它们是作为整体中的各个部分而存在的缘故所必须遵从的法。无论它们是物质部分还是非物质部分,这都是正确的。这种"法"不是由宇宙统治者的命令而产生的,而是直接产生于宇宙的本性。"理"不是原子服从其自身的统计定律而发生的偶然会合,它与机遇模式是丝毫无关的。宇宙秩序是完整而不变的,它是一个大的模式,包含着较小的模式,而它所包含的"法"乃是这些模式所固有的,是这些模式所不可缺少的部分,不是外来的,也不是像人类社会的法律约束着个人一样地支配着它们。理学家的有机主义哲学的"法"因而就内在于各个层次的个体机体之中,正如后来在西方文明中人们所感到的一个理想国的法律不应该是写在板上,而应该是刻在公民的心中。

我们由此得出结论说理学家们是以一种"有机的"意义来理解"法"的:牛顿式的用来描述数学化的宇宙的"法"在理学家们的"理"的定义中是完全不存在的,至少它起的作用很小。主要的成分乃是"模式",在最高限度上则包括活的和动态的模式,换言之即"有机主义"。这种有机主义的哲学中包括了宇宙间一切事物,天、地、人具有同一个理。

上述内容确切地意味着什么,对于我们的论证是很重要的,朱熹曾对此作了长篇的阐述。朱熹正像距他 1 400 年之前的庄周一样,主张"理"周流于宇宙万物之中,宇宙是有秩序的,并且在某种意义上是有理性的,但并不因此就在与哲学相对的科学意义上是可理解的,也不必然地遵守能为人们以准确和抽象的方式总结出来的规则。朱熹用组织层次的术语表达了相当于伦理的概念。在总体模式中"无机"物处于相对较低的位置,而所谓伦理道德现象只有在达到充分高级的有机组织时才开始出现。开始是在动物中不完全地、片面地出现,然后则是在人类中充分地体现。事实上朱熹认为道德概念对无机物而言是不适用的,然而像他之前的道家一样,当他想要描述化学物质的性质时很难找到除了"自然禀赋"及"意识"之外的其他词了。无疑他试图找到一种方法以对化学物的性质进行分类,他确实在通往现代无机及有机化学的漫长道路上前进了几步,然而必要的概念性术语仍待被创造。

于是,在 12 世纪后半叶,我们就似乎面临着一种观点,这种观点很像乌尔比安大约在 1 000 年以前在欧洲曾表述过的,然而两者之间有一个深刻的区别:乌尔比安毫不妥协地使用"法"一词,而朱熹主要是依靠一个基本含意为"模式"的术语。对乌尔比安而言万物都是服从普遍律的"公民",而对朱熹而言万物都是宇宙模式中的"舞蹈者"。因此我们可以说在中国最大的一个哲学学派——宋代理学学派中,关于自然法则的概念,除了某些迹象而外还不能找到更多的东西。

把法排除在外的秩序

在我们即将结束这项研究时,我们无法不得出结论说:在中国远古和中

301

古时期的著作中,所有曾使我们企图翻译为"自然法则"的字句中没有一个是使我们有权可以这样翻译的。中国人的思想观点是沿着全然不同的路线发展的:中国人关于秩序的观念肯定是把法的观念排除在外的。然而对欧洲人而言自然法则的观念是如此理所当然而不自觉,因此许多西方的汉学家毫不怀疑地从文献里读出"法"这个词,而事实上并没有一个汉字能证明这一点。例如一位汉学家在翻译《盐铁论》时写道:"道把它的法悬在天上,把它的生成物散布在地上。"但事实上原文说的是"道悬于天",类似的例子还有很多。当然意译总比直译更为吸引人,但意译很容易由于译者不自觉的知识背景而曲解原文,并且在有些场合下这一点还关系重大。

对动物的法律审判:对比欧洲人与中国人的态度

在下结论之前我们不妨看一下中国和欧洲在法及自然这个问题上的观点之不同的一个显著的例证。读者们也许清楚地知道,欧洲中世纪时法庭上曾有相当数量的对动物的审判和刑事起诉,且往往判处极刑。这种审判从 9 世纪一直延续到 19 世纪,在 16 世纪达到高峰,高峰时期正符合有名的捉巫的狂潮。这些审判分属三种类型:一是对家畜伤人的审判和处决(例如猪吞吃婴儿);二是因飞禽或昆虫造成疫疠而加以驱逐或诅咒;三是对自然界反常现象(如雄鸡产卵等)的处罚。对我们当前的论题来说后两类最有意味,有一个例子很能说明问题:1474 年在瑞士巴塞尔,一只公鸡被判应活活烧死,因为它犯了产卵这一"十恶不赦,有悖自然"的罪刑。这一事件的真相也许是性别的误认,一只母鸡的羽毛十分近似于公鸡的以至于被认为是一只公鸡,那时候人们还不懂得性器官的解剖及辨认。这类事件之所以骇人听闻的原因之一,或许是认为公鸡生的蛋是巫师药膏中的一种成分,更糟的是公鸡的蛋有可能孵出传说中使人一见便死的恐怖的怪蛇。

对我们而言这个故事的有趣之处在于这种审判在中国是绝不可能发生的。中国人不会如此狂妄地假定自己很懂得非人类所须遵守的法律并可以因动物的行为违背规则而对其进行控诉。相反,中国人的反应无疑地会是把这类罕见而骇人听闻的事件当作是"上天的谴责",于是所危及的将是皇帝或州郡官员的地位,而不是那只公鸡。让我们具体地加以引证。在冗长的《汉书·五行志》中可以发现几处提到鸡或人的性逆变。这些都被列入"青祥"一类,并被认为与五行中木的活动有关。它们预示着它们所出现的那个领地上的统治者将有严重的灾难。

因此,在中国和西方文明的主导态度中有根本的区别。在一些不很重要

302

的事件中也出现过为另一种态度所特有的行为。在后来的中国民间传说中也有把动物送到官府法庭受审的故事,但重要的是中国人叙述这类故事的意图与西方人不同,这些故事一般都是用来表示老虎吃人后悔罪的心情。它们显然是受到佛家的启发,属于上述三种类型的起诉中的第一种,但对当前讨论而言重要的当然是属于第三种类型的事例,即对人并未造成伤害的情况,我们已经知道中国人对此类事件的态度基本上是对于天惩的顺从。然而有时候中国人对此类事件也试图采取积极的措施。716 年唐代有名的宰相姚崇曾表奏皇帝,强调此类事件是完全自然的,而不是"现象论者"的上天报应的结果。他组织了全国范围的反抗措施。又据记载,此前约 100 年,唐太宗公开吃了一盘炸蝗虫,以表明它们并不是上天派遣来惩罚人类的某种神物。但是,这些都是人们的实际反应,而非法律上的诉讼。 303

统治心理和过度抽象化

在思考东西方之间有关生物世界的法的不同概念的时候,读者也许会想到:根据人主要地必须是与动物界还是与植物界打交道的问题,着重点可能就会有差别。毕竟对立的态度来源于不同的环境。在原野上牧羊人和放牛人鞭打他们的牲口,对羊群和牛群采取一种积极的命令态度,甚至上帝也被想象作一个"善良的牧羊人",把他的羊群带领到美满的牧场上去。但是牧羊人与立法者相去不远,原野上支配动物的行为与法律对事物和人的支配是一致的。海事惯例对这种命令心理也是一种强有力的支持,因为船上所有人的安全都依赖于水手们对有经验的船长的毫无疑问的服从。因此自然界中的法则很可能是——也确实是——从服从于牧羊人、船长及君主的统治的态度中产生的。

但是当人们主要的是和植物打交道时,就像在以农业为主的文明中那样,心理状况就大不相同了。往往是他对于他的作物的生长干涉得越少,作物就生长得越好;直到收获时农夫才去碰他的作物,任由作物遵循它们的"道",到适当时机就会给农夫带来利益。因此"无为"这一观念,即不违反自然而作为与农业生活是深刻地相一致的。《孟子》中有一段闻名于世的故事:

> 宋人有悯其苗之不长而揠之者。茫茫然归,谓其人曰:"今日病矣。予助苗长矣。"其子趋而往视之,苗则槁矣。
>
> 　　　　　　　　　　　　　　　　　　(《孟子·公孙丑章句上》)

所以,不应该指望农业文明会表现出统治心理以及也许与之有关的神圣立法 304

者的想法。如果这种想法的确是开始于巴比伦的,那无疑是因为巴比伦新月沃土带的古代经济是一种(农牧)混合经济,而古巴比伦文化的传播大部分应归因于那个以游牧为主的民族——希伯来人。

中国和欧洲之间关于法的观念的另一个不同之处所涉及的并不是生物学,而是数学。与希腊人的几何学天才相对应,中国人在算术和代数方面具有天赋。在几何学的抽象性和罗马法的抽象性之间有着一种启人疑窦的相似之处。在罗马法中两个人之间的协议被认为对任何第三者没有任何可能的关系。但对中国法律来说,这种抽象性是不可思议的,如考虑一项协议不可能脱离相伴的具体情况、有关人等在社会中的地位和义务以及它可能对其他人产生的影响。正如希腊几何学研究的对象是单纯的抽象的图形,只要公理一经接受,图形的大小是无关紧要的,罗马法涉及的是被法典化了的抽象内容。但中国人宁愿只考虑抽象的数字(虽然在代数中它们可能不是任何特定的数字),在事关法律时中国人也同样倾向于考虑具体的社会情况。

中国的和欧洲的法之比较哲学

我们已经知道在中国有关阴阳五行的理论所占的地位与早期的科学理论在希腊所占的地位是一样的。中国科学发生了故障是在于最终未能从阴阳五行的理论中发展出更适宜于实践知识增长的模式,特别是未能用数学方式来描述在自然界中发现的规律性。但是,对这种局面,社会经济体制的特殊性质要负主要的责任,看起来对自然的理解的差异并不能解释中国和欧洲之间"法"的概念的不同。

在欧洲可以说自然法帮助了自然科学的成长,因为自然法具有十分强大的普遍性。但是在中国"自然法"从不被认为是法,而被冠之以一个十分社会化的名字——"礼"。因此,虽说相对而言,"礼"对社会的重要性远胜于欧洲的自然法,我们很难想象任何一种适用于人类社会之外的法。当秩序和模式被看作是周行于整个自然界之中的时候,它们通常并不是作为"礼",而是作为道家的"道"或理学家的"理",事实上这两个概念都不具有法学内容。

同样,在欧洲可以说成文法帮助了自然科学的成长,因为成文法具有精确的模式。它之所以是令人鼓舞的,是由于这样一个观念,即与地上的立法者相对应,天上也有一个立法者,他的命令通行于凡是有物质存在的任何地方。为了相信自然界是有理性而可理解的,西方人的头脑发现假定有一个至高无上者的存在是很适宜的,这个至高无上者本身是有理性的,并把这种可理解性安排在那里。中国人的头脑中根本不用这些概念去思想。在中国,皇帝陛下并不相当于一个立法的创世主,而是相当于一颗北极星,是宇宙间永远运动着的模式与和谐的焦点——那不是用手制造的,甚至也不是用上帝的手制造的。而模式是在理性上可以理解的,因为它体现在人类自身。

中国人对于神的观念

在这儿不适宜于研究中国人对于神的观念,然而有两点却必须说清,因为它们与我们所讨论的问题有关。其一,在中国古代思想中,上帝的"非人格化"出现得这样早,而且走得这样远,以至于有一个神圣的天上立法者把法令强加于非人类的自然界这一观念从来就没有发展过。其二,中国人所曾知道的和崇拜的最高神灵,从来都不是希伯来人和希腊人那种意义上的创世主。

并不是说在中国人看来自然界是无序的,而是自然界的秩序不是由一个有理性的人格神所规定的,因而中国人也不认为有理性的人格神会用非世俗的语言说出他们预先规定的神圣法典。道家学者确实会藐视这种想法,因为这种想法与道家所观察到的宇宙的微妙性和复杂性比起来是太幼稚了。正如我们已经知道的,中国人有另一种信仰:人类之所以能理解宇宙的秩序是因为人类自身也是由宇宙间的普遍秩序所产生的。人类是宇宙间秩序的最高组成模式。

极其有趣的是,现代科学发现有可能,甚至更应该完全不需要上帝这一假设来作为自然法则的基础,并在某种意义上回到了道家的观点。这就解释了道家这一伟大的学派为什么有如此之多的著作都带有一种奇怪的近代的腔调。然而历史地看,自然科学如果不经过一个"神学"的阶段,是否能达到目前的发展水平,仍然是个问题。

结论

306

总之,自然法则的概念未能从中国法学理论和实践中发展起来。其原因是:首先,中国人对于精确制定的抽象的法典化的法律有着强烈的反感,这种反感来源于中国社会从封建主义向官僚主义转型时期的法家统治下的不愉快的经历。其次,官僚主义体制一旦稳固地确立之后,旧有的"礼"的观念被证明比任何其他观念更适合于中国社会,因而自然法的因素在中国社会要比在欧洲社会相对地变得更为重要。但是自然法在中国极少被用正式的法学术语表述,而同时自然法观念又带有压倒性的社会性质和伦理性质,这一事实使得它的影响范围不可能扩展到非人类的自然界。第三,虽然中国从最古的时代起就的确有过有关上帝的观念,但他不久就失去了所有的人格性和创造性。所以,本来由于有一个有理性的自然界的创造者而能够加以诠释和重述的那种精确制定的抽象的理性的法律概念的发展过程在中国未能出现。

中国人的世界观依赖于另一条全然不同的思想路线。万物之所以能够和谐地共存合作是因为他们都是一个构成了宇宙模式的体系的一部分。他们服从于自身本性的诚命,而不是听从(自身之外的)上级权威的指示。现代科学和有机主义哲学已返回到这一(古老的)智慧,并被对宇宙和生物进化的新理解所加强。

最后总不能不谈到从封建主义直接进入官僚主义的中国社会和经济生活背景,这一背景注定在每一步都影响着中国的科学和哲学。假如这些背景条件对科学更有利一些的话,那么本书中所提及的那些对立的智力因素很有可能会被克服。所有关于那种曾有可能发展起来的自然科学,我们所能说的只是它应该是深刻的、有机的,并且是非机械的。至于古代和中世纪中国各门科学学科的实际情况是怎样的,将在这一简写本的下一卷及以后各卷中被述及。

第 二 卷

前　言

　　在李约瑟博士的《中国的科学与文明》(*Science and Civilization in China*)简编本的第二卷中,我们开始来详细考察中国人对各门学科作出的贡献。该卷从数学开始写起,写的过程中一直照顾了非数学专业的读者,接着是天学——天文学和气象学(气象学在古代一直被当作天学研究的对象)。接下来的是地学——地理学和制图学,还有地质学及其相关问题、地震学和矿物学。最后是对中国——但不是全部——物理学的一些描述,包括中国人对波动理论的偏爱和对微粒的反对,中国人在测量学方面的工作,他们对静力学和流体静力学、运动学、翼面现象(?)(surface phenomena)、热、光和声的研究,并且还提到了螺旋标尺(?)(tempered scale)这项几乎与欧洲人同步的发明。因此,这一卷包含了《中国的科学与文明》第三卷和第四卷第一部分的一半内容。

　　我再一次得到李约瑟博士的鼓励和帮助,他总是非常热心地提供建议,并且慷慨地用他那宝贵的时间来仔细阅读这些章节。对于这一切我感激万分。正如前一卷,这不是新的版本,而是原书的节写本。尽管如此,我们还是在一些地方作了小小改动,因为随着时间推移,对一些问题已经有了更深的认识。对于幻方,我们发现没有太大必要修改,尽管斯凯勒·卡门(Schuyler Cammann)提出了批评。但是,希望进一步了解事情经过的读者当然应该去读他的有关文章。吉尼维·贵黛(Geneviève Guitel)关于商代数码系统的讨论也没有要求对我们的观点作出大的改动,当然,感兴趣的读者应该很希望参阅她对数码系统的详尽论述。我们也没有改动墨家经典原来的翻译,而专家们肯定会需要去参考安古斯·格莱姆(Angus Graham)的新译本。最后,有必要向读者提到薮内清(Yabuuchi Kiyoshi)在中国历法和天文学方面的工作,以及席文(Nathan Sivin)在中国数理天文学方面的工作。关于所有这些著作的注解见于主要由李约瑟和席文编制的参考书目。

本卷采用的拉丁转写法与第一卷相同,即采用 Wade-Giles 系统,用 h 代替呼吸符号(参阅本书卷一表1)。

我还衷心感谢出版社编辑西蒙·弥顿(Simon Mitton)博士的极大耐心,和他们复制编辑的悉心照料。我还要感谢雪莱·芭蕾(Shirley Barry)女士,她如此灵巧地打印了手稿;还有我的太太佩妮(Penny),她仔细阅读了全文,并提出了非常有益的建议。我最后还要感谢阅读校样的斯托姆·顿洛普(Storm Dunlop)先生,和编制索引的穆蕾儿·莫伊尔(Muriel Moyle)小姐。

柯林·罗南

剑 桥

1980 年 2 月 2 日

第一章 数 学

　　从这一卷开始我们进入对早期中国科学与文明研究的第二部分。因为数学和各种理论的数学表述已经成为现代科学的中枢，所以在对中国的任何其他科学和技术进行描述之前先来处理这门学科是合适的。西方学者对中国数学的观点经常在两个极端之间摇摆——既有夸张的赞美，也有过分的诋毁，说中国人在数学方面从来没有做什么有价值的事情，他们拥有的这种数学知识是从希腊人那里传的。然而，正如即将要证明的，第二种观点当然远远背离了真相。

第一节　记数法、位值制和零

　　表 19 展示了中国人采用的或过去曾经采用的记数法。其中，在汉代（公元前 1 世纪）和汉代以后被逐渐使用的"会计体"，被认为是比较优美的并且较难篡改。第一列中较小的数字是象形字，但是从 4 往后的数字似乎是植物和动物名称的同音假借字。第三、第四列给出的甲骨文上的数字（公元前 14—前 11 世纪），以及钱币和青铜器铭文中的数字（公元前 10—前 3 世纪），在某种程度上与第六、第七列的"算筹"数字有一定的关系，这些算筹数字据信起源于真实的算筹在平板上的排列形状。所有晚出的数字符号都遵循筹算系统。

　　据说最早出现筹算数字的书是《五曹算经》，写于公元 5 世纪，或许 4 世纪，但是在我们看到的该书的任何一个版本中都没有出现筹算数字，其中的

2

表 19　古代和中古时期的中国数字

	一 标准近代体	二 会计体	三 商代甲骨文体（前14到前11世纪）	四 青铜铭文和货币体（前10到前3世纪）	五 周代货币上发现的别体（前6到前3世纪）	六 筹算体（前4世纪后2到世纪） 个位	十位	七（后期筹算体）（13世纪） 个位	十位	八 商业体（始于16世纪）
1	一	壹（或壹）	一	一	一	一	一	一	一	〡
2	二	贰（或贰）	二	二	二	二	二	二	二	〢
3	三	叁	三	三	三	三	三	三	三	〣
4	四	肆	☰	☰	三 双 亖 ∞ ㄨ	亖	亖	≣ㄨ	亖ㄨ	×
5	五	伍	ㄨ ↑	ㄨ	ㄨ ㄨ ㄨ	亖	亖	≣〇	亖〇	ɣ
6	六	陆	∧ ↑	↑	↑ ↑ ⊥ 丅	⊥	⊤	⊤	⊥	⊥
7	七	柒	+	+	↑ 丅 ⊥ 丄	⊥	⊤	⊤	⊤	亠
8	八	捌	ㄨ	ㄨ	ㄨ 亖	亖	亖	亖	亖	亖
9	九	玖	𠂤	𡰪	ㄅ 亖 亖	亖	亖	亖ㄨ	亖ㄨ	夂
10	十	拾	丨	╉	十 φ					+
100	佰	佰	见表20	见表20	ㄨㄨ					ƎⱭ
1 000	仟	仟			ʔ					千
10 000	萬	萬			萬					万
0	零	零			用空位表示 0—8 世纪	用位置表示①		用位置表示		〇

① 原著的个位与十位两栏数字排倒了，今予以指出。——译者

计算只是用通用的文字写出来的。但是这个问题变得不那么重要了，因为既然数学著作的印刷开始于 11 世纪，而且有充分的证据证明筹算数字早在一千多年以前已经使用，所以印不印筹算数字想必由各个编印者自己决定的。此外，汉代数学著作中所用的表达式暗示了筹算的使用。

另外一方面，《左传》公元前 542 年(鲁襄公三十年)条下有一个猜字画谜，常被引用来表明筹算数字的历史可追溯到周代中期。这段文字显然表明了对位值法①的掌握，但是考虑到《左传》经后人改编，以此为证据把筹算数字的历史推到战国以前的某个时期就不够妥当了，至于到战国时期，那无论如何是有货币可以为证的。如果，也是合理的推测，汉字描述计算的字"筹"如果真是古代算筹的象形字，那么数字(连同算板)的历史可以追溯到公元前 1000 年。一些甲骨文数字(C 列)，特别是 5、6、7 和 10，看起来特别像排列好的算筹。

秦汉例如 𝍫 和 𝍭 这两种数字的功能已经固定下来了，前者用于个位、百位，等等；后者用于十位、千位等等。最晚在 3 世纪以前，它们已经专门被称作纵数码和横数码。该时期的《孙子算经》载：

> 凡算之法，先识其位。一纵十横，百立千僵，千十相望，万百相当。……六不积五不只。

这个记数系统确立如下：

这样，数字例如 4716 可表示为 ☰ 𝍫 一 丅。由于相邻各位的数码用纵横不同的字体相互区分，计算者就可以使用不分行的筹算板了。但是值得提到一桩十分惊人的事实，在远至公元前 13 世纪的甲骨文数字中，1 和 10 的符号都是一条直线，前者横，后者纵。这正好与《孙子》所记载的成规相反，但是两者的原则是相同的。

---

① 如果不管这个术语而仅仅从经验上来说，位值法对每一位读者来说都是熟悉的。像 1 就是一，10(就是说数字 1 向左边移动了一个位置)表示十，100(1 向左移动了两个位置)就是一百，依次类推。小数，当然是向右方使用位值制：0.1 表示十分之一，0.01 表示百分之一，等等。

《孙子》引文中的"位"字,主要指算筹在筹算板各行中的位置,换一句话说,就是指位值。"位"另外又叫"等"。在 8 世纪以前,在数字等于零的地方常常留下空位,例如在敦煌石窟的唐代手抄本中,有一卷包含了一些乘法表,结果用筹算数码表示,像 405 表示为 ☰ ‖‖[①]。

零的圆圈符号的印刷体最早见于 1247 年秦九韶的《数书九章》,但很多人相信这个符号至少在前一个世纪就已经开始使用了。一般认为零起源于印度,在印度它最早出现在 870 年瓜略尔(Gwalior)的波阇提婆(Bhojadeva)碑文上。但是这个从印度到中国的传递缺乏确切的证据。这种形式很可能是从 12 世纪的理学家们所钟爱的哲学图像中假借而来的。无论如何,宋代数学家手中已经有了一种运用自如、发展完善的记号法,就如这个引自秦九韶著作的例子,减法

$$1\ 405\ 536 = 1\ 470\ 000 - 64\ 464$$

被表示为:

三〇三‖‖三丅　三π〇〇〇〇
丅ㄨ‖‖‖⊥ㄨ

然而,在印度,零的最早碑文证据出现在 9 世纪后期,而在印度支那和东南亚其他地区零的使用比印度要早两百年。这个事实可能有重大意义。在印度关于位值的文献和碑文证据是相互矛盾的。利用一切证据,最早的年代也似乎只能定到 8 世纪。但是印度支那的碑文中位值的应用要早得多——印度东部的占婆在 609 年,柬埔寨在 605 年。此后不久的 683 年,在柬埔寨和苏门答腊同时出现了第一批有零的碑文。在印度数字中,10 和它的倍数有独立的记号,所以与希腊和希伯来的字母记数法相比,不能算是一次革命性的进步。尽管如此,零的书写符号以及它带来的更加可靠的计算法,那有可能起源于印度文化圈的东部,那里与中国文化圈的南部接壤。

在这个交接地带会造成什么样的结果呢?那里的文化会不会把中国筹算板上给零留的空位换成一个空圆圈呢?关键在于,中国远在《孙子算经》(3 世纪末)以前就有了一个基本上是十进制的位值体系。因此道家神秘主义"虚"的概念对发明零符号的贡献,可能并不亚于印度哲学的"空"。零符号最早出现在中印文化交界带有确知年代的碑文中,似乎很难说是一种巧合。

就位值制而言,中国人似乎一直在使用它。对此我们所拥有的最早证据

---

① 按照"纵横相间"的法则,应改正为 ‖‖‖ ‖‖‖‖ 。——译者

是商代的数字系统,它们的符号在表 20 中给出,位值的含义是明显的。它也明显比同时期巴比伦和埃及的字体更为先进。不可否认,三种系统都是从 10 开始一个新的循环,在 10 之上累加,每一种都含有位值的成分,但是只有中国商代能够用不超过 9 个数字在算板上表示出无论多大的数字。另外,他们从不用那种麻烦的罗马式的减法位值系统来构成数字(例如,9 在罗马数字中写成Ⅸ)。中国商代的数字系统似乎是西方接受我们通常称为的阿拉伯数字之前两千年最简洁的系统。

我们必须关注的另外一个问题是中国"零"字的起源和它的历史。零字的古义是暴风雨末了的小雨滴,或暴风雨过后留在物体上的雨滴。后来它被用来指各种剩余部分,特别是当与别的字连用的时候,例如"一百零五"这样的用法。这样在利用零字来表示"105"中的"0"就不难理解了。然而这种用法出现得较晚,要精确断定它出现的时间,还需要专门的研究,在明代(14 世纪)以前的数学著作中,我们从来没有遇见过零字当作"0"使用的。另外一方面,正如我们已经见到的,宋代(13 世纪)代数学家广泛地使用符号○来表示零,并且很容易找到一些本来用得着零的数字。因此在确定时间上有一点困难。不过,我们推测,也许零符号从它最初在宋代通用时就已经读作"零"了,而且之所以起用零这个旧字,不仅因为它有零头的意思,也还因为符号○就像球状的雨滴。

表 20 商代甲骨文与周代青铜器铭文中大于 10 的数字记法   6

	甲 骨 文 体	货币体	青铜器体
11	「 11月	冋 或 ㄱ	
12	𠂤	ㄱ	
13		ㄱ	
14	大概相似,但找不到例子		
15	Ⴟ		
20	∪	╪	╪ ∀ ∀
30	⫲	╪	⫲ ⫲
40	⫲⫲	╪	⫲⫲ ⫲⫲
50	⿱		⿱
56	⿱⫲介 (即五十又六;五十加六)		

（续表）

	甲骨文体	货币体	青铜器体
60			
88	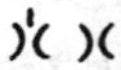		
90			
100			
162	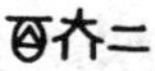		
200			
209	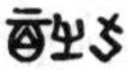 （即二百又九，二百和九）		
300			
500			
600			
656	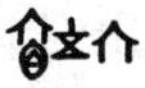 （即六百五十六；六百，五十，六）这是以后三千年始终不变的形式		
1000			
3000			
4000			
5000			

7

第二节　中国数学文献中的主要成就一览

在此我们对古代数学文献中最重要的著作作一简单概述，也包括那些对古代著作的注释，其中往往包含原始资料。

从上古到三国（公元 3 世纪）

尽管人们通常认为《周髀算经》是最古的数学经典著作，但是我们所能给出的该书确切的最早年代却比《九章算术》晚两百年左右。然而这是一个比较复杂的问题,如果我们在这里接受通常的观点是比较方便的,尤其是有一些著作是如此的古老,不由得人不信它们的年代可以追溯到战国时代。

《周髀》提到了关于直角三角形的毕达哥拉斯定理(直角三角形斜边的平方等于另两条直角边的平方和的定理),该定理的得出至少在公元前6世纪,但是没有提供后来欧几里得(公元前3世纪)给出的证明。书中提到了表,一根竖直的杆子投射日影的长度和方向,从而给出太阳高度的信息,它在早期天文学和历法编制中被广泛使用。书中还有北极星附近的恒星图和一些其他资料。然而,尽管与天文学密切相关,该书还是在数学方面引起人们的注意,因为其中有分数的应用、关于分数乘除的讨论以及寻找公分母的方法。而即使开方的过程没有给出,书中的文字表明平方根显然已经被应用了。

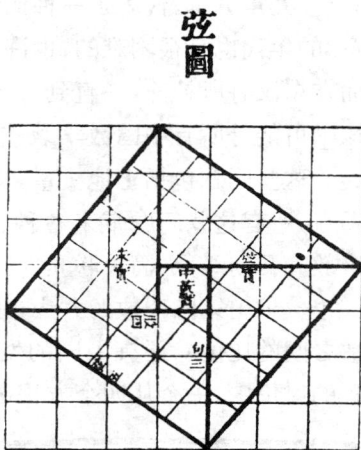

图30 《周髀算经》中对毕达哥拉斯定理的证明

出现在书中开头的对直角三角形(图30)的讨论,是该书中最古老的部分。这一段如下所述:

(1)昔者,周公问于商高曰:"窃闻乎大夫善数也,请问古者包牺立周天历度。夫天不可阶而升,地不可得尺寸而度,请问数安从出?"

(2)商高曰:"数之法出自圆方,圆出于方,方出于矩。"

(3)矩出于九九八十一。

(4)"故折矩以为勾广三,股修四,径隅五。既方其外,半之一矩,环而共盘。得成三四五,两矩共长二十有五,是谓积矩。" 8

(5)故禹之所以治天下者,此数之所生也。

应该记住的是,传说中的大禹是水利工程师和一切与堤防、灌溉、河工等人员的守护神。东汉(当时《周髀》获得现存的形式)的碑铭证据表明,在武梁祠壁的浮雕(公元140年)上,传说中的文化英雄伏羲和女娲手中拿着规和矩(参见第一卷第62页图17)。此处提到大禹,无疑是要指出古代已经需要测量术和应用数学了。

无须作进一步解释了,但是值得强调一个似乎具有深远意义的论点,这就是第三段所说的几何学产生于计量的观点。这似乎表明中国人从远古开 9

始就具有算术和代数头脑;他们对那种与具体数字无关的、单从某些假设出发得以证明的定理和命题组成的抽象几何学不感兴趣。精确的数字可以是未知的,但必须有数。值得提醒的是,尽管该书写作于占星术和卜筮大行其道的年代,但书中提到天和地的现象时却不掺和一丁点迷信色彩。

《九章算术》代表了一种比《周髀算经》更为先进的数学知识。要确定《九章》的年代也是很困难的,也许最安全的做法是把它当作秦代和西汉的作品,而在东汉有所补充,一直到 2 世纪和 3 世纪初的某个时候获得现存的形式。该书可能是所有中国数学著作中影响最大的一部,它包含九章,共 246 个问题。这些问题包括土地丈量(方田)、工程(商功)、公平征税(均输)以及其他项目,所有这些问题带来各种各样的数学方法的应用。其中涉及分数、算术级数和几何级数、简单联立方程的解算,书中还介绍了三率法(一种从已知的三个数求出第四个数的方法,其中两个数的比值等于第三个数与第四个未知数之间的比值),还有中国的发明,解算简单方程的假设法。另外,在联立方程的讨论中,一个从四个方程中求算五个未知数的问题得到了讨论——不定方程的预演。除了其中的代数问题,《九章》还处理了几何问题——各种图形的面积和各种容器的体积,还有直角三角形问题以及与此有关的著名问题,其中的一个图示在图 31。其中的一些问题后来通过印度被带到了欧洲。

除了已经描述过的两种著作,还有许多流行于汉代的其他数学著作;事实上它们中的一些书名还知道。不幸的是所有这些书后来都失传了。然而,汉代徐岳的《数术记遗》是一部相当重要的著作,徐岳活动于公元 190 年前后。我们通过大约四个世纪后甄鸾所作的注释而了解该书,这本书显然与上述提到的书不同,更接近

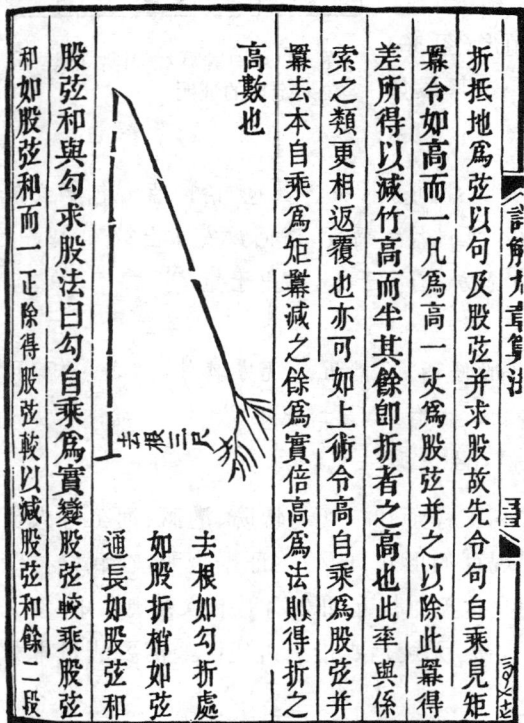

图 31 折竹问题(采自杨辉的《详解九章算法》, 1261 年)

10

于道教和占卜术。然而它包含着有关幻方的最早文献记载之一——一个数论方面的发现,我们将在第三节讨论它——以及最早提到了算盘。

从三国到宋初(10 世纪)

11

在接下来的几个世纪里,出现了十二部有声望的著作。最早的一部是《孙子算经》,该书的主要成就在于给出了一个不定分析的算例。这个时期最重要的一部书也许该首推祖冲之(公元 430—501 年)的《缀术》。这本书声名卓著,应该比其他数学书作更深入的研究;很少有人能读懂它。这可能与祖冲之对 π 值的极为精确的确定(图 32),以及有限差分法的使用有关。有限差分法就是确定一个量或方程在一些未知位置处的数值,这是在天文学和历法理论中用到的重要手段。

祖冲之这部书似乎是突破《九章算术》之后中国数学著作进展缓慢的一部主要著作。从 3 世纪到 6 世纪的大部分数学书只是重复了《九章算术》的错误,而在《九章算术》取得的坚实成就基础上鲜有创新。然而,在几乎每一部书里,每一位作者都作出了他自己的贡献。这对张丘建来说尤其如此,他活动于公元 560 年到 580 年,在他的《张丘建算经》中首次处

图 32 戴震《九章算术》图示之一,解释刘徽求 π 近似值的方法

12

理了真正的不定方程、设计了二次方程(就是说方程中包含了 x^2)的新用途,还用代数式表示了这样的方程,而不是用数字。

三次方程(就是说方程中包含了 x^3)首次出现在公元 625 年的唐代(公元 618—906 年),此时数学在上述一个静态过程之后又有进步。方程应工程、建筑和测量人员的实际需要而产生(图 33)。这也是李淳风(7 世纪晚期)的时代,他也许是中国历史数学著作最伟大的注释家。

13

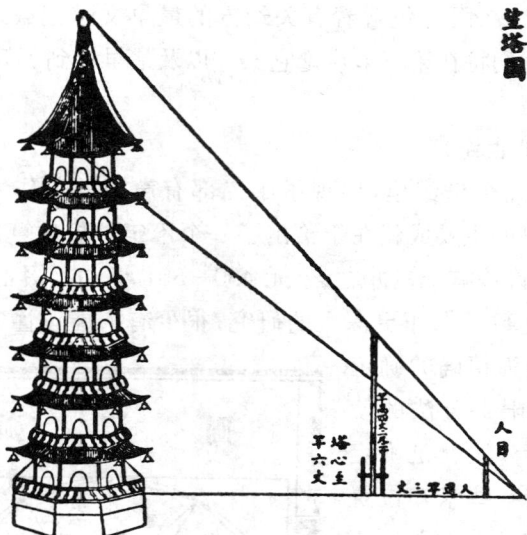

图 33 实测几何学，3 世纪刘徽著作《海岛算经》中介绍的塔高测量法（采自秦九韶《数书九章》的算例）

宋、元(蒙古)、明时期

宋、元两代代数学的辉煌时期处在 13 世纪和 14 世纪，但是在李淳风时代到该时期之间出现了几位重要的数学家。最令人感兴趣的人物是沈括，关于他的多方面的才能，在本书的第一卷中已经提到过了。他在 1086 年完成的《梦溪笔谈》不是一本正式的数学论著，因为它几乎包含了所有当时已知的科学，但在书中可以发现许多具有代数学和几何学意义的内容。他对测量的需求让他处理几何学问题，特别是要确定圆弧的长度，他发明了一种方法，后来成为 13 世纪郭守敬球面三角学(应用于球面上的而不是平面上的三角学)的基础。为了求出一些垒成棱台形状的酒桶的数目，他的书还给出了中国数学史上第一个级数求和的例子。也是在 11 世纪，我们发现了第一本印刷而成的数学著作，尽管这类印刷作品似乎可能再早二百年出现。我们所知的最早印刷品数学著作是刘徽的《海岛算经》。

在宋代科学的晚期(即 1200 年以后)，主要是在 13 世纪的后半叶，取得了重大的数学成就。这些成就分别归功于秦九韶(13 世纪)、李冶(1178—1265年)、杨辉(13 世纪)、朱世杰(13 世纪)等，但是他们似乎是各自独立地工作的——至少我们所掌握的关于这群中古时代中国数学家的资料太零碎，而无法把他们联系起来。从社会地位来讲，13 世纪数学家和唐代数学家有不同之处,在唐代他们都身居高官,而在宋代大部分是低级官吏,他们的注意力放在平民和技术人员都感兴趣的问题上。就像在秦九韶《数书九章》的第一部分讨论了不定分析,余下的是关于复杂的面积和体积问题的计算——诸如从城外一点确定城墙的直径和周长的问题(图 34),或者涉及堤坝建造的问题(图 35)、灌溉水的分配问题和财政事务的问题,等等。

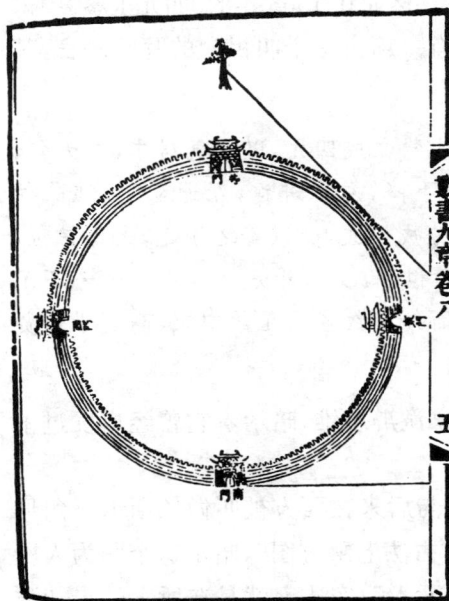

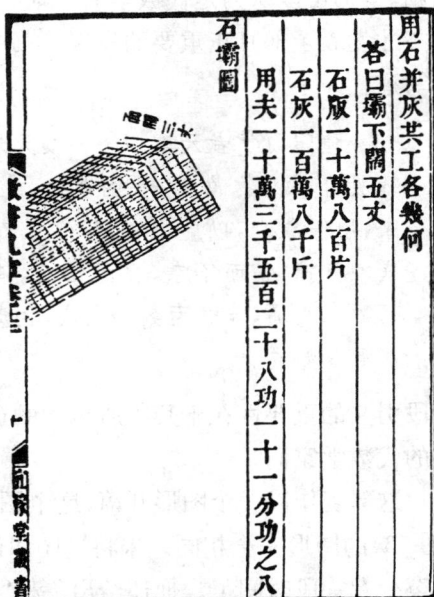

图 34　遥测周径(《数书九章》,1247 年)　　**图 35**　堤坝建筑问题(《数书九章》,1247 年)

然而尽管偏向实用,秦九韶的书中也引入了一些新颖的东西。正是在这里出现了一个著名的中国术语天元(一),在不定分析的最重要一步开始前,要先把单位符号(丨)置于算板的左上角,同时零符号也出现在全书中。负数和正数用黑筹和红筹来区别,秦九韶以及他以后的宋、元代数学家总是把常数项(即不含 x 的项)排成负项,这等同于直接让一个方程等于零,这种方法直到 17 世纪初才传到欧洲。

现在轮到李冶和杨辉,我们发现他们两人之间有着很大的不同。李冶的《测圆海镜》处理三角形的内切圆,主要是出于解算方程的考虑。他的处理是纯代数学的,在他的《益古演段》中也是如此,在该书中他采用一条横穿过一个数字的斜线来表示这个数字是负数。杨辉与李冶稍有不同,事实上跟这一群数学家中的其他人都有所不同,他对等差级数特别感兴趣,还处理了"复比例问题"(对涉及不同质或量的混合项问题的解算)。杨辉还是小数

245

方面的专家,他使用了相当于小数点的符号。也是在杨辉的书中我们首次发现了二次方程的一次项 x 系数为负数,尽管他说刘益在他之前已经考虑了这个问题。

到了第四位宋代数学家朱世杰,中国的代数学达到了很高的水平。在他的第一部著作,1299 年的《算学启蒙》中,已经提出了代数加法和乘法的符号法则,全书可以认为是代数学的一则导论。然而在 1303 年的《四元玉鉴》中朱世杰才发表了他真正重要的发现。书中有一篇由一个叫祖颐的写的序言,其中写道:

> 踵门而学者云集。……按天地人物立成四元,以元气居中,立天勾、地股、人弦、物黄方,考图明之,上升下降,左右进退,互通变化,乘除往来,用假象真,以虚问实,错综正负,分成四式,必以寄之剔之,余筹易位,横冲直撞,精而不杂,自然而然,消而和会,以成开方之式也。……不用而用以之通,非数而数以之成,由是而知有数皆从无数中来,高迈于前贤能尽其妙矣。

这段引文的重要性在于其中所包含的道家诡辩思维,暗示着它曾经启发过中国的代数学家们。

这部著作以一个图形开篇,这个图形与后来在西方被叫做帕斯卡三角形(图 53)的图形完全相同。朱将这图叫做"古法七乘方图",暗示这个图为人所知至少有一段时间了。他还给出一种"四元术",实质上就是在所求的未知数外,再取几个辅助的未知数,然后从问题给出的已知条件出发,消去这些未知数。这正是上面祖颐这些话的由来。这样,朱世杰解少于五个变量的联立方程组的办法,实际上与西方 19 世纪数学家詹姆斯·西尔维斯特的方法完全相同,只是朱世杰没有使用行列式而已。

在唐代,高深的数学知识被僧人一行应用到历法编制当中去,在元代,由造历的需要而导致了数学家和天文学家郭守敬的一项非常著名的成果。尽管他的原始著作没有一部被保存下来,但是他的方法可以通过其他著作加以研究。

出于历法的考虑,郭守敬必须处理天球上由黄道(太阳视轨迹)、天赤道和月球轨道构成的球面图形。这促使他对球面上的几何图形进行讨论,由此而奠定了中国球面三角形的基础,尽管我们这样说的时候也必须明白他似乎对比如正弦和余弦这样的基本三角几何量还不知道。所以这不是一种正如我们现在掌握的那种全面发展的球面三角几何学。郭守敬还运用了四次方程和唐代李淳风发明的解法①,这相当于我们的有限差分法,这是一种计算太阳在天空中的视运动速度的有效方法。

阿拉伯人对郭守敬和他的同时代人的影响一直还是个未知数。元代的阿拉伯人(主要是波斯人和中亚人)就像唐代的印度人一样,在中国科学技术中显然扮演了相当重要的角色,毫无疑问,来自马拉盖和撒马尔罕天文台的阿拉伯和波斯数学影响有充分的机会进入中国传统数学之中。但是是否产生了重大影响,我们不得而知。

在明代开始的一个半世纪,数学上几乎没有什么令人注目的东西,但是公元 1500 年以后,事情有所改观。军事工程师兼数学家唐顺之(1507—1560年)因为圆弧方面的计量工作而获得盛名,他同时代的数学家云南巡抚顾应祥系统地发展了当时处理圆弧和弓形的公式。顾应祥还给出了一个方程。但是这两个明代数学家没有一个通晓宋、元代数学,宋、元代数学完全废弃不用了。即使是明代最引人注目的数学家程大位,也没有摘引宋、元的代数学。程大位 1593 年的《算法统宗》基本上是一本实用性的著作,涉及了各种特殊形状的面积和合金成分的确定,另外也包含了相当数量的幻方。此书还是第一部给出中国珠算盘图说的书,并图示了珠算盘的用法。

随着 17 世纪初耶稣会士来到北京,我们可以称之为"本土数学"的时代即告结束。中国学者和耶稣会数学家开始合作,耶稣会士把代数学从欧洲传入,中国人对此有很高的热情。直到梅瑴成(1681—1763 年)在他的《赤水遗珍》中指出,中国自己的数学在 17 世纪以前早已有很大发展,由此中国代数学开始复苏。

第三节 算术和组合分析

18

初等数论

在古代,算术一词不是我们今天所谓的算术的简单计算,而是数论的初步。在古希腊和中国共同出现的数字神秘主义和数字学(参见本书第一卷)的氛围中,已经开始认识到素数②、合数、垛积数、亲和数以及类似的数的存在(表 21)。在希腊,欧几里得《几何原本》(公元前 3 世纪)的若干卷中已经把这

---

① 即二次内插法,该算法由刘焯在《皇极历》(约公元 600 年)中首创。——译者
② 应当指出中国古代并没有素数的概念。——译者

些知识系统化,其中同时期的"埃拉托色尼网格"是很著名的例子。这种方法通过从自然数 1、2、3、4、5、……等等中筛去合数的方法来求得素数。

19

表 21　数的类型

亲和数	互相等于对方的所有整除因子之和的一对数,就是说,亲和数除以这些数不会有余数。例如,284 和 220 是一对亲和数,因为 284 能被 1、2、4、71 和 142 整除,而 1 + 2 + 4 + 71 + 142 = 220;220 则能被 1,2,4,5,10,11,20,22,44,55 和 110 整除,这些数字之和是 284。
复数	由实数部分和虚数部分组成的数。
合数	有两个或两个以上的因子组成的数。
斐波那契数	数列中的每一个数(除了第一个和第二个)等于前两个数的和。这个数列为 1、1、2、3、5、8、13、21、……
垛积数	所谓垛积数就是这些数,从 1 开始,可以垛积成一些几何图形。例如 ·∴∷ ⸪或 1、3、6、10,等等,是三角形数。 ⸫ ⸬ ⸭ ⸮或 1、4、9、16,等等,是正方形数。
标杆数	标杆数简单地说就是奇数。之所以得到这个名称是从垂直于地面的一根竿子而来,这样的竿子就是日晷,后来希腊人把它抽象成两条互相垂直的直线,进而演变成一种仪器,类似于木工用的曲尺,「。从这中间自然过渡到一种具有这种形状的几何数,就是说,一个大的正方形被切去一个较小的正方形后留下的数。将这个应用到正方形数上,我们得到 ⸫ ⸬ ⸭,这里标杆外面的数字每一个都比前一个大 2。这样,从 1 开始,我们有 1、3、5、7、……,或者一列包括所有奇数的数列。对代数学家来说,每一个数可以表示成 $(2n + 1)$。
虚数	实数乘以虚数单位 $\sqrt{-1}$。
无理数	不能表示成两个整数之比的数,例如 $\sqrt{2}$ 和 π。
完美数	数本身等于它的整除因子之和。像 6 就是一个完美数,它的整除因子是 1、2 和 3,而 1 + 2 + 3 = 6。28 是另一个完美数。
素数	除了 1 和它本身,不能被别的数整除的数。
有理数	可以表示成两个整数之比的数,例如:$\frac{1}{4}$、$\frac{1}{2}$、$\frac{3}{4}$ 等。
实数	能用十进制表示成有限或无限序列的数。
正方形数	见上面垛积数。
三角形数	见上面垛积数。

但是奇数和偶数的差别想必首先引起人们的兴趣。在西方,奇数又被叫做标杆数(原因在表 21 中给出)。用这种方法确定数字势必涉及点阵或方阵行数的计算,同样的方法在同时代的中国也用到了,只不过目的不同而已,而这带来这样一个事实:1、3、5、……、n 这 n 个奇数的和等于 n 的平方。人们还把

奇数和偶数同阴阳联系起来也是很自然的,这既可以在中国古代的议论中找到,也可以在古希腊毕达哥拉斯的言论中找到。中国人之间也广泛流传着奇数代表吉、偶数代表凶的迷信。

希腊人对以上各处数都感兴趣,还对另外一些数如完全数和堆积数感兴趣;9世纪阿拉伯数学家们也被它们激发起兴趣。然而所有这一切对中国数学家们来说都是陌生的,中国数学家们优先考虑的是具体的数,而不是这样的数。他们事实上知道堆积数;秦九韶在1247年曾经讨论过堆积数,而它的源头可以追溯到世纪初《九章算术》中级数的表达方式——"锥行衰"。

幻方

中国人感兴趣的另一个方面是组合分析——幻图的构造,即在各种几何形状的表上排列数字,使得在对这些数字进行简单的运算,例如加法,不论从哪一条路线,相加所得的和总相等(图36)。由于西方学者采纳了很不可靠的中国古代文献的年代,过去一直把组合分析这一数学分支的年代定得比实际年代早得多。但是即使对它的起源采取恰如其分的保守看法,它的发明权似乎仍然应属于中国。既然被叫做"年代不明的中国传统"可以追溯到历史上

20

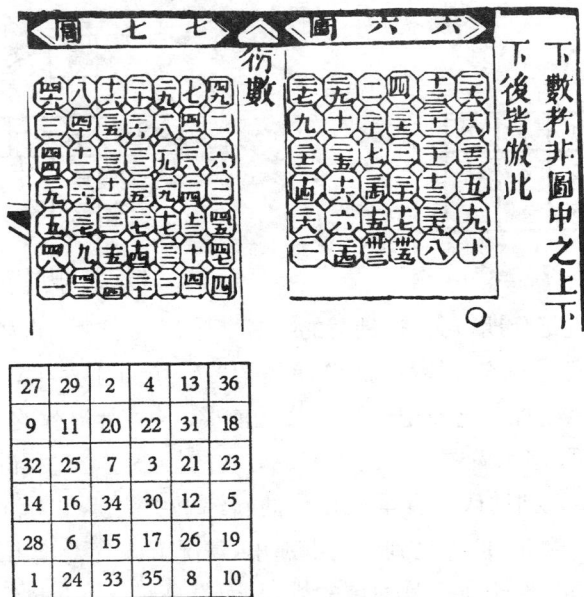

27	29	2	4	13	36
9	11	20	22	31	18
32	25	7	3	21	23
14	16	34	30	12	5
28	6	15	17	26	19
1	24	33	35	8	10

图36 程大位《算法统宗》(1593年)中的两个幻方(右边一个已由李俨改成阿拉伯数字示于上图)

的神话时期,事实就很难加以肯定了,但是大致情况可以概述如下。

　　传说中有这样一个故事:为了帮助治水"工程师"大禹治理天下,从只有他才能治理的水中跃出几头神兽,献给他两张图。其中洛书(图37)是来自洛水神龟的礼物,河图(图38)是来自黄河龙马的礼物。毫无疑问这个故事是非常古老的,内在证据表明它不会晚于公元前5世纪。在公元前4世纪的著作中对这个故事有所征引,但直到公元前2世纪,这个图才开始真正有所发展。在《易经·系辞传》中有重要的两个段落。其中一段用通常的方式提到从河中出现的图,但在另一段中提到它们时是作为前十个基数的排列——至少这是由宋代注释家作出的传统解释。

21

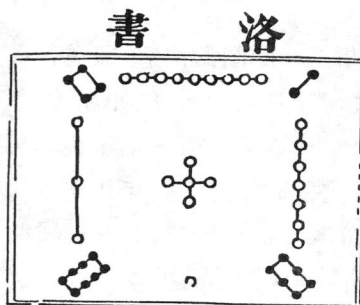

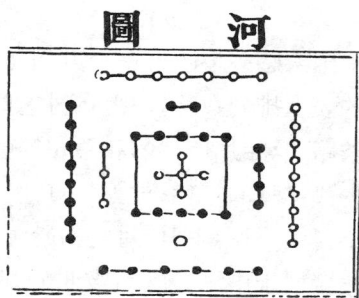

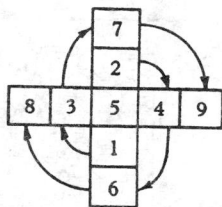

4	9	2
3	5	7
8	1	6

图 37　洛书图　　　　　　　图 38　河图图

　　公元前1世纪晚期,司马迁撰写的《史记》中记载了一个奇妙的故事,很可能与河图、洛书有关,这个故事说,秦始皇帝的一个方士卢生,把录图写的含有预言的书呈献给他。这段记载写于公元前100年,所记载的事件发生在公元前230年前后,暗示着古代的图转变成方术的核心这个过程的开始,到公元1、2世纪它又混入到被认为有重大权威的新纬书中去。在1世纪以前,所有线索表明只涉及数字,但一旦到了伪书那里,情况就改变了。比如,公元80年左右的《大戴礼记》给出了一种简单的排列,而也是属于1、2世纪的《易纬乾凿度》,记载更为明确,值得摘引如下:

　　　　阳动而进,变七之九,象其气之息也;阴动而退,变八之六,象其气之消也。故太乙取其数以行九宫，四正四维，皆合于十五。

这里提到的九宫是幻方的九个格子；后代的中国学者对此没有疑问。他们认识到洛书事实上是一个幻方，从它的行、列、对角线相加都等于 15，而河图是这样排列的，抛开中间的 5 和 10（图 38 的上面部分），奇数和偶数相加都等于 20。从此以后，提及河图、洛书的书不断出现，但也出现了一些专门的叙述，明确了幻方的存在。事实上，现在可以明确了，幻方的真正发明，远远早于 940 年出现的关于幻方的明确证据。

然而在 13 世纪以前，幻方的发展明显地与数学思想的主流相分离。直到 1275 年中国人称为“纵横图”的知识，首先由杨辉在他的《续古摘奇算法》中作为一个数学问题来加以研究。他的一些幻方非常复杂（图 39），尽管如此，他总能给出构造这些幻方的方法。例如，一个简单的幻方可以这样构成：把数字一到十六排列在四行四列的方阵上[图 40 (*a*) 和 (*c*)]，并且分别把内方和外方的对角数字对换[图 40 (*b*) 和 (*d*)]，即得到一个行、列、对角线都等于 34 的幻方。 22

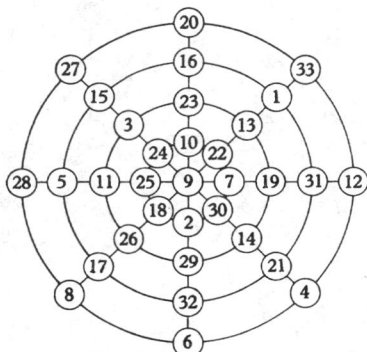

图 39 杨辉《续古摘奇算法》（1275 年）中的一个幻方（根据李俨的考证）

1	2	3	4
5	6	7	8
9	10	11	12
13	14	15	16

(*a*)

16	2	3	13
5	11	10	8
9	7	6	12
4	14	15	1

(*b*)

1	5	9	13
2	6	10	14
3	7	11	15
4	8	12	16

(*c*)

16	5	9	4
2	11	7	14
3	10	6	15
13	8	12	1

(*d*)

图 40 一种幻方的构造

程大位在 1593 年的《算法统宗》中继承了杨辉的工作，书中给出了十四个图，其中一个见于图 36，1661 年方中通增添了几个，1670 年张潮又添了更多的图。这个时期的数学家对这方面的数学特别感兴趣，以致在 19 世纪下半叶 23
出现了像保其寿那样的天才爱好者，在他出版的一本《碧奈山房集》中包含有一些立体幻方（见图 41）。

这段关于幻方的叙述至少表明，一些西方科学史家的信念是没有根据的，

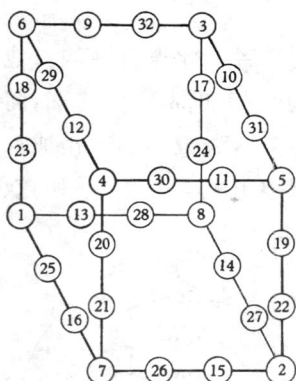

图 41 保其寿《碧奈山房集》中的一个立体幻方

他们认为幻方是传说中的黄帝发明的,他生活在公元前 27 世纪。但是这段叙述也是重要的,因为我们确定的年代使我们能够跟晚期的发展作一比较。在公元 9 世纪,三阶幻方洛书在阿拉伯炼丹术中变得很有名,这在下一卷中将详细讨论;事实上塔皮特·伊本·库拉(Thabit ibn Qurrah,死于 901 年)是第一个讨论它的。然后因曼纽尔·莫斯霍普洛斯(Manuel Moschopoulos,活动于 1295 年到 1316 年)的工作经拜占庭传到欧洲。在欧洲似乎没有这方面的早期工作,大约公元 130 年士麦那(Smyrna)的西奥恩(Theon)把最前面的九个数字写成一个方的表格,但是这不是一个先前曾认为的幻方。

第四节　自然数的运算

24　　算术计算中的基本运算并不始终被认为只有四种(加、减、乘、除)。在不同的历史时期其中还包括有其他运算,例如二倍法、减半法和开方等。但是,中国人似乎只承认近代的四种。

四则运算

关于加法("并",分数的加法叫"合";求和有时称为"都数")没有多少可说的。公元前 3 世纪以前的著作常常把各个数详细地写出,但是很明显,从战国时代开始,加法是用算筹在算板上按照位值制进行的,而在我们应该使用零号的地方留下空格。虽然中国的书法总是一列列从上写到下的,但是数字似乎是从左到右横写的。加得的和数单独写在下面。进位法肯定是很古老的,它是算盘运算的自然结果。

减法("减")也是用筹算按同样的方法进行的。减得的余数也是像和数一样单独放置的,但是放在上面。

正如加法是代替较为繁重的数数求答案的办法一样,乘法是加法的简化,它把许多加数"叠在一起"。"乘"这个字的应用似乎正是出于这样的想法,这个字的一般意义是骑马或在什么东西上面,在这里各个加数可以设想25　为马车夫控制下的一群马。事实上,乘数确实是放在最上面的位置(上位)上

的。乘法是除法的逆过程,它们的图式如下:

位	乘法	除法
上位	乘数	商数
中位	积	被除数
下位	被乘数	除数

附图给出了乘法的过程,以 81 乘 32 为例:

十万	万位	千位	百位	十位	个位	
				8	1	上位
		2	4			
			1			
				6		中位
				3		
					2	
		2	5	9	2	
				3	2	下位

首先 8"呼"3,得到 24,写在左边的两格里,表示 2 400。然后 8"呼"下 2,得 16 写在中间位置,表示 160。1"呼"3 写在十位这列里,然后 1"呼"2 得 2 写在个位列里。相加得到积为 2 592。这个方法在欧洲是不常见的,但在 1478 年意大利算术中被发现。现代通用的近代方法,在中世纪被称为"棋盘法",或许就起源于这种计算。

因为算板和算筹的关系,乘法表在中国自然是很古老的。与巴比伦人按列排列数字不同,出现在中国古代著作中的表是用文字写出来的。其中最早的大约是公元前 4 世纪的《管子》中的一些片段。当然还有在内蒙古居延发掘出来的公元前 100 年左右竹简上的乘法表,这些乘法表的其中一部分直到宋代的书中还有出现。所谓的毕达哥拉斯式乘法表,即把数字排列在两个坐标上的表(就像驾驶员手册上给出的城市之间的距离表),似乎在 8 世纪前后出现在中国,但是排成了三角阵的形式。

对一个数的平方有不同的名称。在汉代称为"方",宋代称为"乘方",在现代称为"自乘"。另一个现代术语是"平方",在古代和现代都是与"立方"相对而言的。

除法与上面所描述的乘法相似,也应用算筹在竖栏里进行。"除"这个字

26

始终是这种运算的专用名词。在耶稣会传教士来华之前,中国从未使用过"帆船法"——一种为大多数读者熟悉的长除法,除数称为"法",除得的结果叫做"商"。除法表(用文字表达的)从宋代以来很普遍。

根

古代开平方("开方"和"开方除之"是用到的两个术语),与现代的方法基本上相同。阿拉伯数学家曾经设想一个平方数是从它的根生长起来的,而拉丁学者认为根是几何正方形的一边。现在我们的根($radix$)这个术语出自阿拉伯语。在古代中国开方的方法也是从几何上的考虑提出来的,汉代数学家精炼了这些方法,从而为宋代的大代数学家解决数字方程打下了坚实的基础。

27

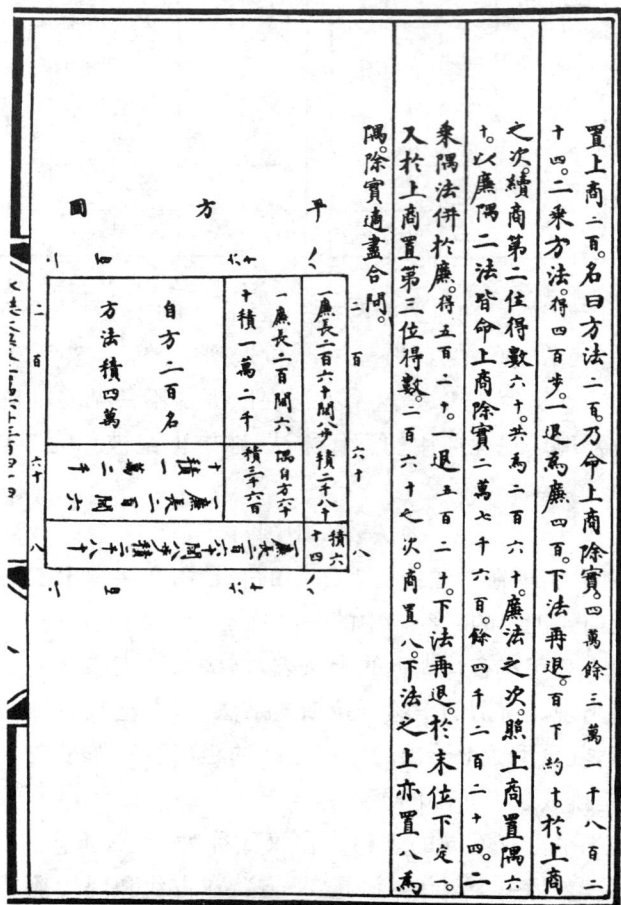

图 42 说明开方过程的图,出自杨辉的《详解九章算法纂类》[1261 年,采自《永乐大典》手抄本(1407 年)卷 16344(剑桥大学图书馆)]

求平方根方法的几何基础大致可以肯定是刘徽在编辑《九章算术》时图示出来的,尽管现存最早的图是在杨辉的《详解九章算法纂类》(1261 年)中(图 42)。汉代人所用的图与稍早由欧几里得在公元前 300 年左右给出的图相似。欧洲开平方和开立方的近代方法是在 1340 年和 1494 年之间提出来的,与《九章算术》中给出的方法相似,根的数字按位置一位一位地分别求出的。它们似乎途经撒马尔罕而来,但是它们怎么到达那里还不清楚。中国代数学家的影响是可能的。

28

计算工具

如果手指计算法可以说是计算工具的话,那么,它无疑是最早的一种。在这方面,中国古代没有多少明确的资料,但是我们知道中国人有几种用手指记数的方法,其中一种只是数摊开的手掌上的手指,更复杂的一种是用手指的不同关节来表示不同的数字。另一种简单的方法就是结绳法,这是用来记数而不是计算的。读者可能都熟悉秘鲁的结绳法,它有一条主绳索,附着打着结的各色小绳索。早在公元前 3 世纪的中国古代文献中,就包含着有关结绳的记载,在东亚和美洲印第安文化之间有许多令人奇怪的共同点,结绳法就是其中的一个。

在历史上,除了算板本身外(图 43),中国数学家们使用了三种主要的计算工具:(1)简单的算筹;(2)标有数字的算筹,类似于纳皮尔(Napier)的骨筹(1617 年被介绍到西方的可重复排列的象牙或骨质的算筹);和(3)珠算盘。我们将依次介绍这三种计算工具,然后处理西方在这个问题上的进展这个难题。

筹算

筹算数字从战国时代(公元前4—前 3 世纪)开始出现在铸币上,同时期的文献资料也提供了证据。也许最著名的例子在《道德经》里,

29

图 43　"师生问难"中的算板(《算法统宗》的卷首插图,1593 年)

30

老子在书中别有意味地说:"优秀的数学家是不使用算筹的。"(善数不用筹策)汉以后的文献中提到算筹更加频繁。例如,《汉书》说算筹是直径 2.5 毫米、长 15 厘米的细竹棍,271 根可以装满一个六角形的筒,成为一握。另外,在《史记》中司马迁叙述了公元前 206 年汉朝第一位皇帝跟王陵之间的一次谈话,在谈话中这位皇帝说他的一项才能是"运筹策于帷帐之中"。还有一个关于秦始皇帝的大臣赵佗的传说,他后来以一个独立王国的身份统治南方,据说赵佗在带兵去南方之前,已经制成几种不同的算筹。这些算筹后来保存在晋朝安帝(公元 397—419 年)的武库中,每根有 30 厘米长,其中白色筹是骨制的,其他的黑色筹是角制的。

31

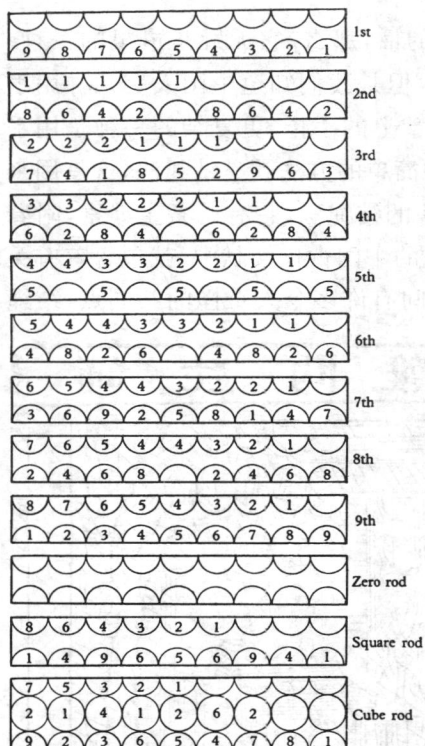

图 44 中国式的纳皮尔骨筹(根据郑金德)

引证更多的资料太烦琐了,但是我们可以再只说一下王戎(公元 235—306 年)的故事,作为晋朝的一名官员,他很支持水碓工程,"常常拿着象牙做的算筹,通宵进行计算,简直无法让他停下来"(每自执牙筹,昼夜计算,恒若不足)。在 9 世纪,算筹是用铸铁做成的,唐代的行政官吏和工程师的腰带上常系着一个装算筹的囊,而 11 世纪沈括描述他同时代的天文学家卫朴时说他"运筹如飞,人眼不能逐"。这种说法使人联想到使用珠算盘时所达到的速度。晚明之后,很少见到算筹的记载了,毫无疑问,因为算筹被珠算盘取代了。

在上面的所有叙述中,都设想在进行计算时,是用算筹在算盘上构成筹码数字来实现的。这种方法比书算方便之处,是它比较容易除去那些不再需要的数。算筹在文字学上也留下了它们的踪迹,因为大多数计算术语都是竹字头,并且像"推算"、"持筹"等许多词语都作为计算上的术语沿用下来了。

刻有数字的算筹

带有数字标志的算筹在中国数学中可能是晚期的发展。这些算筹与纳皮尔(Napier)骨筹实际上似乎是相同的,用它来做乘法是通过一根算筹相对于另一根算筹的滑动来完成的。这种滑动算筹整个 17 世纪一直在西方得到使用,并且很快传到中国和日本,并在那里引起了很大的兴趣。描述它的最有名的一本书是著名学者兼数学家戴震写的《策算》,图 43 展示了这种算筹的东亚形式。中国所用的一套算筹还包括零筹、平方筹、立方筹,但是他们保留了古代简易算筹的相同名称,这有时会引起混淆。如果对数计算尺和加法器这两种计算工具——它们都传到了中国——不是如此迅速地按照纳皮尔(Napier)方法发明出来,那么这种算筹系统的用途可能会更大一点。

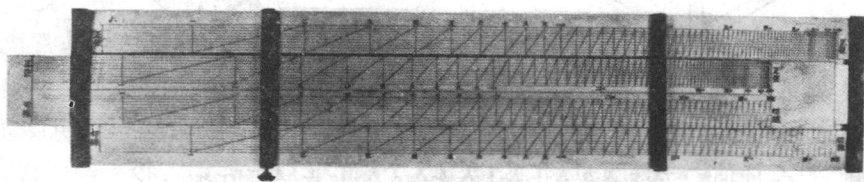

图 45　1660 年的中国计算尺(米歇尔摄影)

32

珠算盘

　　关于中国的珠算盘,已经有大量的文献了,我们最好先对此作一个简单的描述。珠算盘又叫做算盘,今天的算盘由一系列相互平行的柱子构成。每一根柱子都穿着七个略呈扁形的圆珠。算盘上有一根横梁把它分成不相等的两部分,梁上有两颗珠,梁下有五颗珠,这些珠子可以拨近或拨离横梁(图46)。每一个算盘通常有 12 根柱子,但也可能多到 30 根。在同一根柱子上,梁以上的一颗珠相当于梁以下的五颗珠,每一根柱子的数值相差 10 倍,因此

33

图 46　中国的算盘(原物照片)

任何一根柱子上的一颗珠相当于其右面那根柱子上同一位置上的十颗珠。每一根柱子所代表的位值可以由计算者随意选定。图 46 中的算盘所拨定的

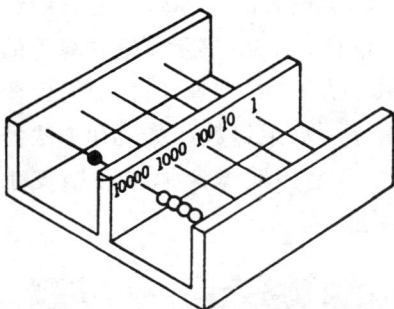

数字是 123456789[①]。横梁以上的两颗珠当中,只用一颗就可以进行加、减、乘这三种基本运算,但是对于除法,每一根柱子如果能表示出大于 10 的数,运算时是比较方便的,因此,横梁以上的两颗珠和以下的五颗珠都有用,给出的总数有 15。从小就接受使用算盘训练的中国人和日本人,可以达到非常快的运算速度。

现在来考察一下算盘的历史。在程大位的《算法统宗》(1593 年,见图 47)以前,没有任何关于珠算盘的完整叙述,这一事实使得许多人得出结论说,中国直到 15 世纪末才知道它。然而有关珠算的最早图说出在 1436 年的《新编对象四言》中,这是世界上最古老的一本带插图的儿童读物。似乎没有人注意到 1513 年的《麓堂诗话》把珠算清楚地描述为"珠之走盘",它是按照固定的规则来运算的。另外,东汉末年(约公元 190 年)徐岳的《数术记遗》,尽管可能是它的注释者甄鸾写的,不管怎样,这是提到珠算的最早著作。其中部分文字如下:

（正文）珠算:控带四时,经纬三才。

（注释）刻板为三分,其上下二分以停游珠,中间一分以定算位,位各五珠,上一

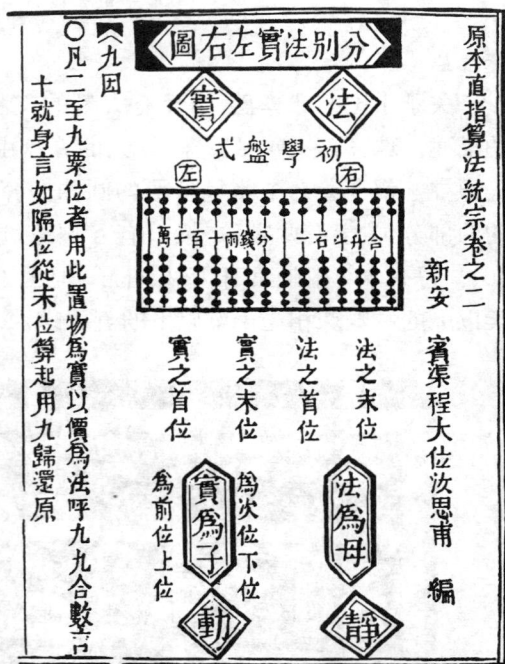

图 47　早期的一张珠算盘印刷图(采自 1593 年的《算法统宗》)

---

① 原文为 123346.789,误。——译者

珠与下四珠色别,其上别色之珠当五,其下四珠,珠各当一,至下四珠所
领,故云控带四时。其珠游于三方之中,故云经纬三才也。

必须承认,这是某种关于珠算盘的非常清楚的描述,显然,这种算盘上每一根
柱子上全部可利用的单位数是9。如果没有那个明显地代表金属线的"带"
字,那么它可以画成一个木槽和珠子构成的工具。

在另外三个方法的注释中也提到"珠"的使用:其一似乎在每根柱子上有
一颗珠在线或槽上上下移动;另一种使用两种不同颜色的珠,使用方法差不
多,两者都使用一种像绘图时使用的线格,或者数学家们现在所称的笛卡儿
坐标。还有一种方法使用三种不同颜色的珠,但只有一系列水平的线。毫无
疑问,它们表明当时人们对坐标关系有了一定的认识。

另一种6世纪的资料提到算筹或算盘,在1078年到1162年之间有四部
著作,从书名判断,它们与算盘有关,但是没有一本保留下来。然而,正如所
见,在一本谢察微的失传的书中,有确凿的证据表明11世纪用到了珠算,如果
《数术记遗》确实是徐岳的著作,那么珠算的历史可以上溯到2世纪。

世界上其他文明的珠算情况怎样?"算盘"这个词的拉丁语可能来源于
闪族语的"土"(abq)字,这使我们联想到算盘最早的前身可能是土盘或沙盘。
接着就是在表面画线条,再在上面放置小石子(calculi)或算子。有一些证据
表明这种工具在古印度被最早使用。在西方发现了一些金属盘的实物,带有
可以在槽中活动的小球;另外在萨拉米斯①有一种大理石的算盘,但是无法确
定这些算盘的确切年代。如果我们把这些实物的年代定在公元3、4世纪,并
且承认徐岳著作的年代是在2世纪末,那么中国人应用珠算比欧洲人略早。
但是有太多的不确定因素,无论如何也不能认为这个问题已经解决了。也许
最好的临时结论是:算盘是各文明各自独立的发明。

第五节　非　自　然　数

分数

最初,世界各地都有一种避免分数的倾向,他们制定越来越小的重量和度
量单位。只不过在这些单位之间关系的合理程度上,各地之间有所不同。罗马
人采用十二进制和十六进制,巴比伦用六十进制,而在中国一般用十进制。

① Salamis 希腊拉阿蒂卡州岛屿和城镇。——译者

从我们能够加以考察的年代起,中国数学就已经惯于运用分数了。《周髀算经》中已经涉及 $247\frac{933}{1460}$ 这样的数字问题,虽然这些数字是用文字而不是用符号表达出来的。例如,用 $182\frac{5}{8}$ 除 119 000 时,首先是两个数都用 8 乘,而且一切近代法则当时的确都用到了。分数划杠的做法似乎是阿拉伯人的发展,在 17 世纪以前的中国还不流行。另一方面,汉代数学家运用的最小公倍数和最大公约数的技巧似乎非常先进,正如我们所知,欧洲直到 15、16 世纪才应用它们。

苏美尔人和巴比伦人的算术实质上是六十进位制的,并且毫无疑问,希腊人和亚历山大里亚人的六十进分数和圆周的 360° 划分是从他们那里来的。常常有人猜测,中国人那种古老的六十干支系统也有相同的起源,这种猜测没有有力的证据。中国古代圆周的度数是 $365\frac{1}{4}$,等于一回归年的天数,而不是 360。因此,六十进分数在中国人的计算中从未起过什么作用。汉语也没有一个专门的词来表示 $\frac{2}{3}$ 的,而这个分数在美索不达米亚却是如此重要。

小数、度量衡和大数记法

当我们进而讨论中国十进小数的发展史时,我们发现我们卷入到中国度量衡制的发展史中去了。因为从非常早的时期开始,长度计量系统就按照 10 的幂次分档。也许,我们所能引用的、表明对十进位值制有所了解的最早文字,要数公元前 330 年前后《墨经》中的一个命题了。我们将之翻译如下:

　　　[经]一少于二而多于五,说在建位。
　　　[经说]五有一焉,一有五焉,十,二焉。

从这里以及从前面说过的证据可以清楚地看到,虽然十进位的概念曾一度失传或不经常流行,但早在这种概念见于《孙子算经》以前一千五百年,中国人对位值制已经有了体会。

正如已经说到过的,在殷商甲骨卜辞和周代青铜铭文中所见到的数字,从 50 开始,就和近代一样,是用数字与表示位值的字结合起来表示的。所用到的专门符号如下:

　　　100 或 10^2　　　百

　　　　1 000 或 10^3　　　千

　　　　10 000 或 10^4　　　万

这些符号不会妨碍计算,因为这些符号与其他文明古国例如埃及、希腊和印度所用的表示 18、19、30、40、500 等的符号根本不同,这些中国符号只是表示特殊位值的简单术语。

　　在周代(从公元前 1000—前 221 年)长度计量单位变化不定,不总是采用十进制。最初的单位是以人体各个部位为根据,如手指、女人的手、男人的手、前臂等等。秦始皇帝统一中国(公元前 221)后,他选择六作为他的标志,并且以此为根据实行他那著名的度量衡标准。虽然他规定六尺为步,但皇帝的法家顾问们却把墨家的十进制记数法用到尺以下的主要长度单位上,并且以后一直是十进制。其规定如下:

　　　　1 尺 = 10 寸
　　　　1 寸 = 10 分
　　　　1 分 = 10 厘
　　　　1 厘 = 10 发
　　　　1 发 = 10 毫

正如贾谊在公元前 170 年左右的《新书》中指出,共有六种单位,与"先王"的制度是一致的。实际上,还有等于 10 尺的"丈"和等于 10 丈的"引"。这种度量衡制度在整个汉代都通行,在汉以后只是稍有改变。

　　用度量衡单位的名称来表示十进分数,始终贯穿于整个中国数学之中。3 世纪的刘徽在他的《九章算术》中,把 1.355 尺的直径表示为 1 尺 3 寸 5 分 5 厘。在开平方时,《九章算术》曾经提到在平方根不是整数的情况下,就会有余数留下,刘徽曾经关心过这些无名微数。他说首先以 10 为分母,接着以 100 为分母,这样继续下去,可以给出一系列十进制的位。

　　自此以后,所用的方法就没有什么改变,但是值得一提的是,我们今天写成 10^{-1}、10^{-2} 等的表达方式,《九章算术》、公元 3 世纪的《时务论》和公元 5 世纪数学著作的作者夏侯阳都早就熟悉了,只不过在《九章算术》中表达得含蓄,而《时务论》和夏侯阳则表达得很明确罢了。另外,唐代的韩延(活动于 780—804 年)似乎采取了一种革新,他用现代的小数记法来记录数字,用量词来标志最末一位整数。但是,采用统一的体系和术语并用之于一般运算,却是到公元 13 世纪才出现的事情。

　　中国人关心十进制的另一个方面就是他们对大数表示法的兴趣。一些

38

像"巨万"这样的术语已经出现在周代的著作中了,但是它似乎没有固定的含义。然而在《数术记遗》(190 年前后)中,徐岳对此有一段很有趣的记述。他的意思可以表达如下:

	上	中	下
万	10^4	10^4	10^4
亿	10^8	10^8	10^5
兆	10^{16}	10^{12}	10^6
京	10^{32}	10^{16}	10^7
垓	—	10^{20}	10^8
秭	—	10^{24}	10^9
壤	—	10^{28}	
沟	—	10^{32}	
涧	—	10^{36}	
正	—	10^{40}	
载	—	10^{44}	

古代著作的所有注释者的解释表明,他们所根据的都无非是上述几种十进制命名法中的这一种或那一种。

印度人,尤其是佛教徒,对大数表示法的特殊兴趣众所周知,不过这对数学的进步有什么意义值得怀疑。古代中国的记数法不可能来源于印度,因为即使《数术记遗》是著于 6 世纪而不是 2 世纪,但经籍的注释者如郑玄或毛亨的年代还是太早了,不可能受到佛教的影响。事实上,中国人的实用精神强烈地反对印度人把数学与神秘主义结合起来的做法。12 世纪前后,沈作喆在《寓简》中写过一段至今尚未受人注意的有趣的话:

39

> 童子修学书算数,印以《菩萨算法》,算无量沙聚,悉知颗粒多少。……然则非有本因定数,佛亦何以自而知之? 一涉于数,无有隐显多寡巨细,则皆得而知之矣。盖象数之外不可测也。夫孰有出于象数之外者乎?

总之,十进制记数法的使用在中国是极古老的,可上溯到公元前 14 世纪。在把十进制用到度量衡中去这一方面,他们尤其先进,欧洲一直要等到法国大革命时才这样做。在把十进制用到制图方面,中国人比阿拉伯人和欧洲人早大约一千年。不过,唯一足以使一切数学计算产生变革的小小符号——小数点——却有待于西方的文艺复兴。

不尽根和负数

在西方,不尽根(源于拉丁词根 *surdus*,"愚蠢的")是不可通约的数。它们是像 $\sqrt{2}$ 或 $\sqrt{3}$ 这样的数,是不能表示成两个整数之比的数。这里 $\sqrt{2}$ 等于 1.4142136……,尽管它大约等于 $\frac{7}{5}$,但不是严格相等的。对希腊人来说,这不是"无理",而是"不可比"。由于中国数学家很早就用十进制小数表示方根,所以,即使他们确实了解到有不尽根的存在,他们对根的无理性显然就既不会感兴趣,也不会感到困惑。

中国人同样毫不费力地获得了负数的概念。前面已经提到过,大约在公元前 2 世纪,正数用红筹表示,负数用黑筹表示。另一种变化是用三角形截面的算筹表示正数,矩形截面的算筹表示负数。宋代的数学家已经熟悉了这种正负号的法则(诸如负负得正等等),在 1299 年的《算学启蒙》中就有表述。在印度,负数直到 630 年才被提到,在欧洲则要到 1545 年才知道负数。

第六节　几　何　学

墨家的定义

常常有人说,所有古代的几何学,除了希腊的以外,都是只探讨与测量有关的事实,而不打算用演绎推理的方法去证明任何几何定律。毫无疑问,演绎几何学是希腊数学的主要特征,同样肯定的是,中国数学的天赋表现在代数学方向上。但是就像希腊数学不是完全没有代数学一样,中国古代的数学也不是没有某种理论几何学。包含这些理论几何学的命题见于《墨经》(参见本书第一卷),然而这些命题至今几乎还未被西方学者知晓。这部古代著作,年代可以确定在公元前 330 年左右,因此与欧几里得同时代,它中间包含了一些有趣的命题;我们节选如下:

(a) 几何点的原子定义

[经]端,体之无厚而最前者也。

[经说]端,是无间也。

(b) 等长的直线

[经]同长,以正相尽也。

[经说]同,捷与狂之同长也。

40

（c）空间

［经］宇，弥异所也。

［经说］宇，东西家南北。

（d）矩形

［经］方，柱隅四交也。

［经说］方，矩见交也。

（e）堆积

41

［经］次，无间而不相撄也。

［经说］次，无厚而后可。

（f）圆心和圆周

［经］圜，一中同长也。

［经说］圜，规写交也。

所有上述所引的命题在欧几里得《几何原本》中都有对应的命题。这表明，墨家所遵循的路线如果继续发展下去的话，可能已经产生欧几里得式的几何学体系了。由于《墨经》只有非常凌乱而残缺的版本留传下来，我们确实不能肯定说他们从未超出这些命题或定义的范围。但是，即使他们曾经超出这个范围，他们的演绎几何学只是一个特殊学派的秘密，几乎或完全没有影响到中国数学的主流。

毕达哥拉斯定理

没有人能够说明，对于直角三角形在测量和求积中的了解，在中国可以追溯到什么年代。正如我们已经见到的，这种三角形出现在《周髀算经》中，而且有关的这段文字几乎可以肯定是在墨家学派出现之前就已经写下了的。中国人的这些知识或许可以追溯到公元前 6 世纪。事实是，我们无法考察许多战国以前的中国数学。

在 3 世纪，刘徽把直角三角形图（图 30）叫做"勾股差、勾股并与弦互求之图"。在刘徽时代，这个图是彩色的，中间的小正方形是黄色，周围的矩形是红色，并且有用文字写出的表示勾、股、弦三者一般关系的代数式。关系式的证明与欧几里得的证法完全不同。现在已经知道，毕达哥拉斯定理的一种代数式，也为与商代（公元前 14 到前 11 世纪）同时的古巴比伦数学家所熟悉。随着时间的推移，中国人建立起一套代数公式，用给定的数据来求未知的边或角。然而，在整个中国历史上，对直角三角形的兴趣主要是在测量的应用方面。

平面面积和立体图形的处理

到西汉末年(即公元纪元初①),中国人已经建立了一些正确的或近似正确的公式来确定各种平面图形的面积和各种立体图形的体积,但都没有演绎的几何论证来证明这些公式是如何得来的。可能他们曾经利用过模型,并把较复杂的图形经过实验化为较为简单的图形。这些知识体现在《九章算术》中(图48)。公元3世纪,《九章算术》的注释者刘徽是这种"经验"立体几何学最伟大的解释者之一。他擅长把复杂的图形分解成简单的图形,从而很轻易地确定其体积。

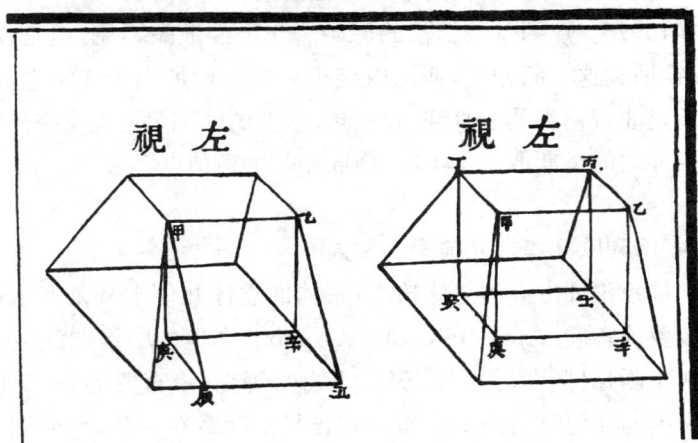

图 48 经验的立体几何学:《九章算术》中的棱台截面   42

π(圆周率)的值

尽管有证据表明,在古埃及和古巴比伦,圆的周长与直径的比值分别为3.1604 和 3.125,但各古代文明最普遍的做法是将这个比值取作3。我们现在得到的这个比值是 3.1415926536。在中国,在两部伟大的汉代算书中这个比值也取作3,此后的另外两部有名的书中仍旧取这个值,并作为一个近似值沿用了几个世纪。

追求较为精确的圆周率数值的最初迹象出现在公元1世纪头十年里,刘歆为王莽制造标准量器的时候。他使用 3.154 这个值,但是没有关于他如何得到这个结果的记载。大约在公元130年,张衡得到一个 3.1622(即 $\sqrt{10}$)的   43

---

① 原文作公元 220 年,误。公元 9 年王莽建国,西汉亡。——译者

值;公元3世纪,王蕃重算后得到$\frac{142}{45}$或3.1555,但是远在北方魏国的刘徽,通过一个内接于圆的192边形,并且计算这个多边形的周长,得到$\frac{157}{50}$或3.14。刘徽另外还得到了两个更精确的值。他用一个3072边形,得到了他最好的圆周率数值3.14159。到大约3世纪中期,中国人赶上了希腊人,后者没有得到过这样精确的圆周率数值。

然后在公元5世纪祖冲之和他的儿子祖暅之的计算中又出现了飞跃,从而使他们领先了一千年。他们的最后数值给出一个"盈数"3.1415927和一个"朒数"3.1415926。这两位数学家的原始著作已经散失不见,但是在1300年左右,赵友钦回到这个问题上,他把内接正多边形增加到16384边,证实了祖冲之的数值是非常精密的。直到1600年,欧洲的阿德里亚人安东尼宗才得到一个仅与祖冲之的早期值3.1415929203相等的数值[1]。

圆锥曲线、杨辉和欧几里得几何学的传入

由于在抽象论证方面的总体缺乏,中国的立体几何学从未产生过像佩尔加蒙的阿波罗尼乌斯(Apollonius of Pergamon)和他的圆锥曲线巨著那样的人和书。在中国,对椭圆、抛物线和双曲线的研究,一直要等到17世纪才开始。尽管中国的几何学与测量的实用需要紧密联系在一起,然而到13世纪,一些数学家对一些测量所依据的基本上是经验的方法不满意起来。杨辉强烈地批评了这种方法,他说:"古人以题易名,若非释名,则无以知其源。"这是一种非常具有现代意思的态度。杨辉接着进一步给出了一个关于平行四边形的证明,与欧几里得给出的相似。假如这种证明能够得到推广的话,中国人也许就已经发展起他们自己的演绎几何学了。而可以明确的是,类似于杨辉所拥有的思想为接受欧几里得体系做好了准备。这是一个很引人入胜的题目,因为也许在这个时候,由于中国与阿拉伯之间的接触,欧几里得的《几何原本》被翻译到中国。

坐标几何学

坐标几何学或解析几何学(这种几何学通过用数即坐标来表示点、直线和曲线)的发展包括三个主要步骤:(1)坐标系统的发明;(2)对几何学与代

---

[1] 即$\frac{355}{113}$,史称密率。——译者

数学之间一一对应的认识(就是给几何学中的元素找到一个代数学上的对应 44
者);(3)用代数式表示几何图形的能力(例如像 $y = x + 4$ 或者 $x^2 + y^2 = 6$ 的
方程)。中国已经迈出了前两步。

　　在土地利用问题上运用坐标的思想一定是非常古老的。埃及人表示区
域的象形文字是一个方格,中文用"井"字表示井周围的田,后来只表示井。
在公元前 3 世纪的希腊,坐标系被运用到作图中去,但在公元 130 年左右
这种方法失传了,与此同时它在中国繁荣起来,网格子作图法在中国从未失
传。除了制图法之外坐标系还有另外一种用途,科学史家们很少注意这
一点,这就是表格系统的发展。公元 120 年前后,班固和他的妹妹班昭为
《汉书》提供了八个编年表。在其中最值得注意的一个表里,他们把大约
2 000 个传说人物和历史人物的名字,按照他们自己规定的九个品德等级排
列在网格中。这就是一个比棋盘更古老的一个表,而棋盘常被称为最早的
坐标系。汉语的韵表是坐标系统的另一个例子(见本书第一卷图 2),当然
中国也有便览性的数字表。至于算盘,它本身就是一个坐标系统。中国人
自从有了数学以来,就一直用代数形式来表示几何命题,当用到几何图形
时,处理的方式完全是代数式的。在欧洲,这种认识出现得相对较晚,直到
1630 年左右,西方解析几何的基本概念才由费玛(Pierre de Fermat)和笛卡
儿(René Descartes)确立。

三角学

　　关于古代中国数学中的三角学并没有多少可谈的,因为近代三角函数的
理论是西方文艺复兴之后发展起来的。然而,所有的古代文明都研究了直角
三角形定律。中国人给直角三角形的各边以专门的名称后,似乎觉得没有必
要专门命名或计算它们的比率,就像我们在三角学中用的三角比率正弦、余
弦等等。但是到了 13 世纪,中国人急于改进他们的天文和历法计算,这导致
产生了郭守敬和他的"三角学"。尽管他的原始著作没有一种保存下来,但可
以通过别的书来复原他的方法。图 49 是他作的最重要的一幅图——四棱球
锥,图 50 是他在计算中肯定用过的一幅图。

　　在中国朝廷里郭守敬谅必认识一些波斯天文学家,他们掌握了完备的平
面三角学知识,但是他们对郭守敬的影响有多大,则很难说。可能 11 世纪沈
括关于弧和弦的著作已经提供了郭守敬所需要的一切。当然,在郭守敬之
后,中国人在三角学方面没有做出什么重要的工作,直到 1607 年耶稣会士才
把近代三角学带入中国。

AB equator
CD ecliptic

45　图49　某些球面三角问题的图解（采自邢云路《古今律历考》，1600年）

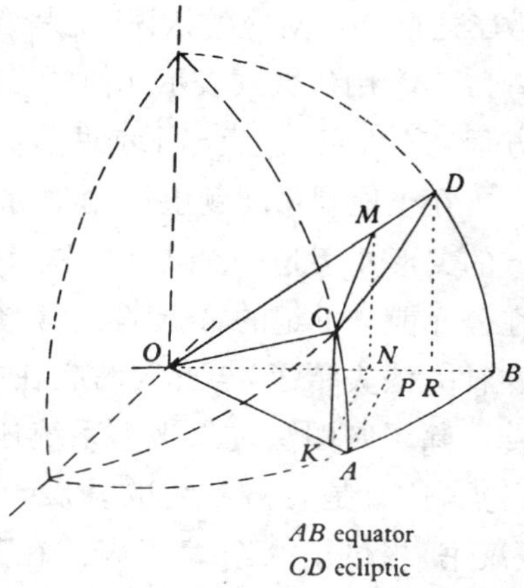

图50　郭守敬（1276年）的球面三角形图解

难题和玩具

由于没有更合适的地方，我们就在这里把其他数学问题和玩具略微提一下。很久以来，欧洲人一直倾向于把许多这类玩具叫做"中国玩具"，但其中真正来源于东亚的究竟有多少，他们并不清楚。也许，欧洲人倾向于把他们难以理解的国家名字加在难于解释的事物之上。

有许多这类智力玩具都牵涉多个数学分支，并且与各种各样的具体事物发生关系。例如，拓扑学上的"中国九连环之谜"（它可能从算盘演变出来，见图51）最早在1550年见于欧洲，在1685年由约翰·沃利斯作了详细的数学说明。本世纪初，这种玩具在中国一般称为"连环圈"，但它的起源不是十分清楚。另一种几何玩具是一套有多种排列的木板（一块方形、一块菱形和五块大小不同的三角形），据说它是"东方最古老的消遣品"之一（中国人称为"七巧图"，欧洲人则称为"唐人图"）。它与多少世纪以来中国建筑师用在窗格子上的丰富几何图形有关。另一个像连环圈一样与拓扑学有关而广泛流传的技巧是折纸术，8世纪的诗人杜甫有一首诗中提到过它。

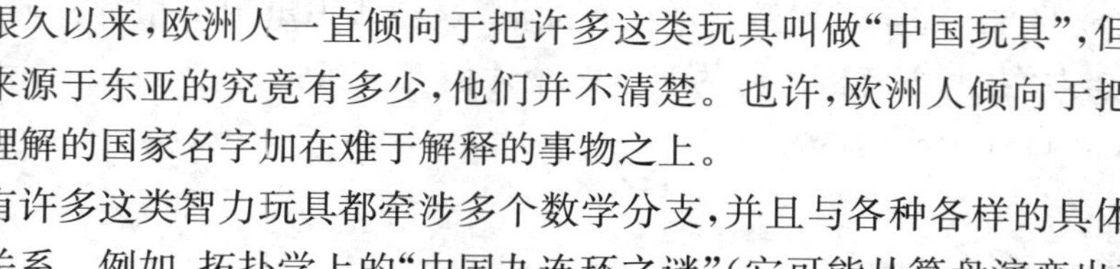

46　图51　九连环之谜［布赖恩·哈兰（Brian Harland）先生在兰州得到的样品图］

第七节 代 数

正如前面已经说过的,在讨论早期代数学史之前,必须先弄清楚代数学这个术语的含义。如果我们所指的是解如$ax^2 + bx + c = 0$这类用符号表示的方程的技巧(这里a、b、c表示常数,x是未知数),那么代数学是16世纪才发展起来的。如果我们允许其他稍稍不够简练的符号,那么代数学可以上溯到公元3世纪;如果纯几何的解法也算数,那么它始于公元前3世纪。如果我们把现在可用代数方法求解的问题统统归入代数学,那么它在公元前第二个千年就已经产生了。而从我们能够追溯的年代(约公元前2世纪)起,代数学在中国数学中一直是占优势的,但它并不属于任何一个上面所说的范畴。实际上,它是一种"修辞的"和位置的代数学,符号的使用是比较少也比较迟的。 47
换句话说,这种代数学用大量抽象的单音字来表示一般化的量(而不是特殊的数字)和数学运算。如果说这些字还不能算是数学符号,那么它们也不是通常意义上的文字了。在演算过程中,算板上的数字按照它们所代表的量的类别(未知数、幂等)而占有一定的位置。这样,一种稳固的、划一的数学图式体系就建立起来了。但是这种方程的形式总是受到具体问题的牵制,因而无法发展出一般的方程理论来。然而,这种用数学图式进行思考的倾向,最终从筹算盘发展出一种完备的位置记法,因而就不需要使用我们的大多数基本符号。不幸的是,尽管这成就是如此辉煌,它却带来了不可能进一步发展的后果。

希腊人用纯几何方法解决了许多比较困难的代数问题。欧几里得在解算与方程$x^2 + ax = b^2$等价的问题时,实质上用的是几何上把方形补足的办法,而忽略了负根。直到五个半世纪以后,西方代数学才认识到某种形式的符号。然而最近的研究表明,巴比伦代数学比以前所了解的更先进,它包含了三次方程和四次方程的问题。由于巴比伦代数学非常古老,人们不禁要问:巴比伦代数学是否曾经像种子一样散播开去,一方面为印度和中国的代数学,另一方面为希腊的发展奠定了基础?

在中世纪初期西方科学衰退的时候,希腊的代数学被遗忘了,因此,当伟大的阿拉伯科学兴起时,阿拉伯代数学无疑受惠于印度。或许在较小程度上也受惠于中国。阿拉伯代数学家最著名的是穆罕默德·伊本·缪沙·花拉子米(约780—850年),我们现在的Algebra(代数)这个名称就是从他的著作《归位和抵消的计算》(*Hisāb al-Jabr w'al-Muqābalah*)中得来。书名中的两个词是"归位"（一桩奇怪的事情是,西班牙摩尔族语的动词 *jabara* 演变为西班牙语 *algebrista*,意思是接骨）和"抵消"的意思。例如,给出

$$bx + 2q = x^2 + bx - q$$

经过"归位"（*al-jabr*）后为

$$bx + 2q + q = x^2 + bx$$

然后经过"抵消"（*al-muqābalah*）后得

$$3q = x^2$$

可见, *al-jabr* 具有负量（$-q$）移项的意思,而 *al-muqābalah* 则有正量相消以及方程两边各自简化的意思。在中国数学中,没有严格与这些过程相对应的术语,因为他们的代数运算是在完全不用等号（＝）的情况下进行的,各项被排列成表格化的行列。但是在方程两边消去 bx,可以说是相当于《九章算术》所提到的"同名相除"。同样,把 $-q$ 移项成为 $+q$ 相当于"异名相益"。李冶（12 世纪）把这个简化的过程称为"并入"和"相消"。还必须记得,代数符号体系在欧洲是发展得很缓慢的,直到佛朗索瓦·韦达（1580 年）才达到一种近代水平。直到明代晚期代数学的符号系统才在中国扎根。

联立一次方程组

在汉代的《九章算术》中这些是明明白白的:算筹被放在表格上不同的方格中,以表示不同未知数的系数。这是一个排列系数、交叉相乘,以及相加或相减的问题。例如:

$x + 2y + 3z = 26$				上禾秉数
	1	2	3	
$2x + 3y + z = 34$	2	3	2	中禾秉数
$3x + 2y + z = 39$	3	1	1	下禾秉数
	26	34	39	

上一行表示 x 项（上禾秉数）,第二行表示 y 项（中禾秉数）,第三行表示 z 项（下禾秉数）,第四行表示常数项。

在汉代和三国时期,这些方程的解法从未脱离具体的问题;一直到 13 世纪的杨辉,才对一般解法作出说明。

矩阵、行列式和假设法

中国人用筹算板中的算筹表示联立一次方程未知项系数的方法,自然导

致了简单的消去法的发现。算筹的排列方式正好是数字在我们今天叫做矩阵里的排列方式——系数按照特定的规则作矩形排列。因此,中国数学在早期就已经发展了像简化行列式时所用的那种各行各列相减的概念。在日本学者于 17 世纪把这种思想吸收过去以前,行列式概念一直未曾取得独立的形式。奇怪的是,它没有更早地由宋代的代数学家所阐明。

然而,需要明白的是,在数学符号系统出现之前,即使是最简单的方程也是个麻烦。老的代数学家不得不用一种累赘的方法来解方程,后来这种方法在欧洲叫做假设法。这种方法的主要形式就是所谓的“两次假设”。例如,在方程 $ax + b = 0$ 中,对 x 可能是多少作出两次猜测。这就给出两个假设结果(就是 $ag_1 + b = f_1$ 和 $ag_2 + b = f_2$,这里 g 是猜测,f 是误差)。从这些猜测和误差得到的一对方程现在可以当作两个一次联立方程来处理,从中能够求出 b/a 的值,从而也得到 x 的值(因为在最初的方程中 $x = -b/a$)。

这种方法经过阿拉伯人传到欧洲,但它可能起源于中国。因为这个方法就是中国的“盈不足”术,这实际上就是公元前 1 世纪《九章算术》第七章的章名。

不定分析和不定方程

在介绍中国数学文献的时候,我们已经几次提到了不定分析的问题。当方程组包含的未知数多于方程数时,那么就会有无限多组解答。当然,在某些场合下,问题的性质可以是只需要求这些解当中的正整数解。不定分析一直是中国人在数学上的一大兴趣,至少在公元 4 世纪,当时的《孙子算经》已有如下的算题:

> 今有物不知其数。三三数之剩二,五五数之剩三,七七数之剩二。问物几何?

孙子确定了“用数”70、21 和 15;它们分别是 5×7、3×7 和 3×5 的倍数。当它们分别用 3、5 和 7 除时,余数都是 1。总和 $2 \times 70 + 3 \times 21 + 2 \times 15 = 233$ 就是问题的一个解答,从中减去可以减的 $3 \times 5 \times 7$ 的最大倍数(在这里是两倍),得到最小的答案是 23。

50

公元 8 世纪唐朝僧人一行在他的历法中使用了这种不定分析的方法,五个世纪后,秦九韶对这种方法作出了完整的解释。但是在中国数学中,不定问题的最普通形式是“百鸡问题”,这个问题最早出现在 475 年。11 世纪的谢察微是这样叙述的:“今有鸡翁一,值钱五;鸡母一,值钱三;鸡雏三,值钱一。凡百钱买鸡百只。问鸡翁、母、雏各几何?”在 5 世纪,张丘建用表达得不完整的不定分析方法解算了这个问题,但其他学者发现可以用较简单的方法找到答案,并也这样做了。在清代以前,始终没有对这个问题做过分析。

二次方程和有限差分法

在中国数学中很早就使用二次方程(带 x^2 的方程)了。《九章算术》中有一个问题就是通过求二次方程的正根来解答的,有时二次方程被化作一次方程(就是只含 x 而不含 x^2 的方程)来求解,然后求解相关的平方根,这是古巴比伦数学家早就使用过的一种方法。

在与二次方程有关的方法当中,最有趣的一个是求天体运动公式中的任意常数法。它与现在所谓的有限差分法是相同的。这种方法能追溯到多早还不清楚,但在 665 年时肯定已经使用了这种方法,也许它在 5 世纪晚期就已经出现。这里,在李淳风的著作中,他为了找到描述太阳视运动不均匀性的表达式,使用了二次方程。用现代术语写出来就是:$Ax + Bx^2 = C$,问题就是要求出常数 A 和 B,因为 x 已知(对太阳的两次连续观测之间的时间间隔),C 也是已知量(每一个对应时间间隔内太阳移动的度数)。从各次观测到的数据,他得到:

$$Ax_1 + Bx_1^2 = C_1$$
$$Ax_2 + Bx_2^2 = C_2 \text{ 等等。}$$

然后相减得到差:

$$A(x_2 - x_1) + B(x_2^2 - x_1^2) = C_2 - C_1$$

或者,$A + B(x_2 + x_1) = \dfrac{C_2 - C_1}{x_2 - x_1}$

类似地有:

$$A + B(x_3 + x_2) = \frac{C_3 - C_2}{x_3 - x_2}$$

以上两式相减,有:

$$B(x_3 - x_1) = \frac{C_3 - C_2}{x_3 - x_2} - \frac{C_2 - C_1}{x_2 - x_1}$$

这样就给出了 B 的一个数值解。用类似的办法可以得到 A 的数值解。通过 x 的更高次项和第三个任意常数,可以获得更高的精度,在 1281 年郭守敬引用了这种方法。郭守敬的方法跟朱世杰在 1303 年为了对某种级数求和而使用的方法有关,中国的这种方法似乎是显著地领先的,因为欧洲直到 17、18 世纪才采用并充分掌握这种方法。

三次方程和高次方程

虽然郭守敬在 13 世纪末期①使用过三次方程（就是含有 x^3 项的方程），但是早在郭守敬以前六百年中国人就考虑过了三次方程，尽管大部分情况不仅限于正的数值解。从四次到九次方程（就是含有 $x^4, x^5, \cdots, x^9$ 的方程）在中国宋代得到处理，它们是以数字的形式给出的。事实上，就我们所知，高次数字方程的近似解法开始于中国。这被认为是中国数学最具代表性的贡献。

一直以来人们认为高次数字方程的近似解法到宋代才发展完备，但是如果汉代的《九章算术》被理解透彻的话，就有可能说明这种方法的精髓在公元前 1 世纪就已经存在了。即使是这种方法的最初形式，也已经类似于欧洲 19 世纪初期的方法了。早期希腊和印度数学对高次数字方程的解法似乎作出了很少或者没有作出什么贡献。在欧洲，关于这个问题最早值得注意的工作是斐波那契（Leonardo Fibonacci）在 13 世纪初进行的。他在 1225 年给出了一个方程的解，这些方程正是中国唐代（7 世纪）王孝通所解决的那些具有代表性的方程，因为斐波那契没有给出他如何得到他的结果的细节，所以事情可能会是这样：当时跟东方的交流是可能的，他在欧洲、阿尔及利亚、埃及和叙利亚所作的大范围旅行期间，学到了这种解法。

天元术

52

我们现在进而来讨论宋代代数学家常用的表示数字方程的一般记号系统。这个记号系统具有方形的或矩阵的特征。中央位置被绝对项占据，它被叫做"太"。"人"（z 和 z 的幂）写在"太"的右边；"地"（y 和 y 的幂）写在"太"的左边；"天"（x 和 x 的幂）写在"太"的下面；"物"（u 和 u 的幂）写在"太"的上面。

	物	
地	太	人
	天	

从"太"沿任何一条直线向外延伸，第一个格用来记一次项（例如 $10x$）；向外第二格是二次项，第三格是三次项，第四格是四次项，等等。从"太"向外沿对角线延伸，第一格用来记乘积项，如 xy 或 xz。但是由于有四个未知数，这样的乘积项就有六种，因此有必要在中格"太"的旁边插入小号数码。下面的左图

---

① 原文作 3 世纪末期，误。——译者

说明 $x+y+z+u$ 的记法,中图是更为复杂的代数式 $x^2+y^2+z^2+u^2+2xy+2xz+2xu+2yu+2yz+2zu$ 的记法。右图是 $zy^3-8y^2-xy^2+28y+6yx-2x-x^2$ 的记法。应该记住,负号是通过在算筹数码上加一条斜线来表示的。

	1	
1	太	1
	1	

		1		
	2	0	2	
1	0	₂太²	0	1
	2	0	2	
		1		

2	-8	28	太
0	-1	6	-2
0	0	0	-1

零总意味着,它所占据的格子所对应的项在代数式中不出现。

在宋代代数学家的著作中,正像其中一些留存至今的书所显示的那样,在正文中从来没有这样的图形,只有一些是近代编者插入的(图 52 就有一些),而它们当然按照原有的叙述绘出。

然而我们确实找到了只考虑一个未知数的较简单的天元术代数学计算过程,数字排列在印刷页竖写的行中,并且通常只写出一个"太"字或"元"字,因为只要其中一列被确定下来,就能立即看出其他列表示什么。因此方程 $x^3+15x^2+66x-360=0$ 表示成如右的图形。

二项式定理和"帕斯卡三角形"

宋代代数学家在解高次方程时,需要用到二项式定理。二项式就是包含两个数目(x 和其他一个整数)的表达式,当一个二项式在一定次幂下展开时,二项式定理就是给出一个寻找展开式中间项系数的方法。例如:

$$(x+1)^2=x^2+2x+1$$
$$(x+1)^3=x^3+3x^2+3x+1$$

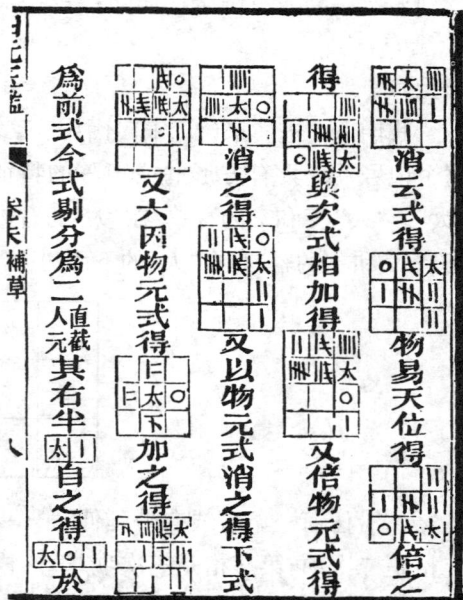

图 52　朱世杰《四元玉鉴》(1303 年)丁取忠校刊本的一页,其中有一些天元术代数表示法的"矩阵"(它所表示的是代数式 $xy^2-120y-2xy+2x^2+2x$)

$$(x+1)^4 = x^4 + 4x^3 + 6x^2 + 4x + 1$$

等等

从中我们不难看出,当一个二项式表达式$(x+a)$被展开时,我们能够有一个由系数构成的表。这样一个表的开头部分是这样的:

幂					
2	1	2	1		
3	1	3	3		
4	1	4	6	4	1
5	1	5	10	10	5	1

等等

由于帕斯卡的《算术三角形专论》(*Traité du Triangle Arithmetique*)是在他死后于 1665 年出版的,因此,欧洲人从 17 世纪以来把这一个排列称为"帕斯卡三角形"。事实上,这种排列第一次出现在阿皮亚努斯(Apianus)的《算术》(*Arithmetic*,1575 年)一书的封面上,比帕斯卡要早一个多世纪,而在 16 世纪它已经广为人知了。但是如果阿皮亚努斯、帕斯卡和许多其他人能够看到朱世杰的《四元玉鉴》(1303 年,参见图 53),他们肯定会大吃一惊。

朱世杰说这个三角形是古法,这一事实说明,二项式定理最晚在 12 世纪初期就已经为人们所知。在中国,这个三角形现存的最早复制图是在杨辉的《详解九章算法》中,但是从该书中可以知道它早就存在

55

56

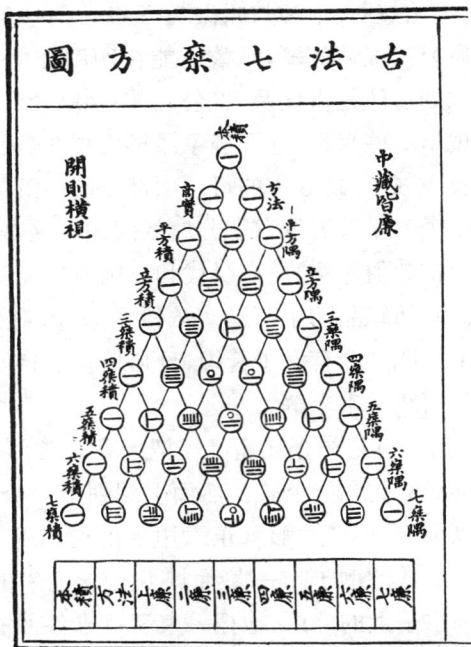

图 53 1303 年载于朱世杰《四元玉鉴》卷首的"帕斯卡三角形"(它被命名为"古法七乘方图",图中的二项式系数一直排列到六次幂[①])

---

① 原文为"六次幂",误,应为八次幂。——译者

了。贾宪在 1100 年前后就曾用"立成释锁"解释过它。而这种方法可能是另一位数学家刘汝锴在《如积释锁》一书（已失传）中最先叙述的。刘汝锴和贾宪似乎是同时代的人。

在图 52 中有一个很有趣的现象,算筹数字是横过来排列的,因此可以想到三角形的底边原先是竖立在左边的。这样,未知数的幂就应该放在算板中的各横列上,正如我们已经知道的（从《九章算术》）,这是古代（汉代）开平方和开立方的惯例。这里我们再次看到在古代算板和宋代代数记法中间的连续性。网格是从古代的横列自然地发展而来的。因此,系数三角形很可能起源于中国。

级数

二项式定理与叫做数学级数的一般性数学问题密切相关。希腊数学家研究过级数问题,级数也能在印度和阿拉伯的著作中找到,但是最早讨论级数的可能是古埃及人（公元前 1700 年）。中国数学从一开始就对级数问题表现出一些兴趣,这个迹象最早出现在《周髀》中。汉代的《九章》有许多问题涉及级数（一列数中的每一项都以同一的规律与前一项发生联系）,例如其中的一个就是按五等官职分鹿的问题。这是一个算术级数问题（就是每一项按一个常数值递增）。在汉代和三国时期,有几个关于女织工的产量问题,可见当时对纺织品的生产已有浓厚的兴趣。《九章算术》和《孙子算经》都有这样一个问题:"今有女子善织,日自倍,五日织五尺,问日织几何?"这里要引入一个几何级数来求解。

57   5 世纪的张丘建已经把解算这类问题的过程一般化了,给出了一个求各类级数的和的公式。然而上溯到第一个世纪,人们就已经知道 271 根算筹可以配成一个"六觚"（正六边形的筒）,这不仅是一个形数的例子,也是一个算术级数的例子。一直到 13 世纪末的朱世杰,在他的《四元玉鉴》里对级数作了高水平上的分析,他把一束箭束成各种横截面,例如圆的和方的;他把球垛成各种形状的垛,例如三角垛、菱形垛、圆锥垛等。然而这似乎标注了中国级数发展的终结,直到耶稣会士来华以前,中国在级数方面没有什么进步。

排列和组合

鉴于中国数学记法具有一般矩阵的性质,人们会想到棋盘问题是从中国传到欧洲的。当然,也有人认为是从印度传去的,因为现代军用形式的棋子在印度被创造出来。有些棋盘问题牵涉到级数问题,另一些则牵涉到排列和组合(就是一次对一组对象中的大量组元进行挑选和排序的问题),甚至概率问题。其中一个著名问题与 8 世纪唐代僧人一行有关,11 世纪沈括在《梦溪笔谈》中写道:

> 小说:唐僧一行曾算棋局都数,凡若干局尽之。予尝思之,此固易耳。但数多,非世间名数可能言之。今略举大数。凡方二路,用四子,可变八十一局。方三路,用九子,可变一万九千六百八十三局。……方五路,用二十五子,可变八千四百七十二亿八千八百六十万九千四百四十三局。……方七路以上,数多无名可记。尽三百六十一路,大约连书万字五十二。

沈括接着又列举了所有一行的方法,说它们能够说明棋盘上所有的变化和移动。

一提到中国对排列和组合的研究,人们立即就会想到八卦和六十四卦(参见第一卷第 182 页)。可以设想它曾引导人们去对一切可能的排列进行数学研究,并且有理由认为,这些研究结果被某些教派(大概是道教)当作秘密的教义保藏起来了。这里,公元 190 年的《数术记遗》和它的道教背景是令人感兴趣的。这本书里提到了与占卜有关的卦的排列和可能的骰子的投掷。正如我们前面已经看到的,它还涉及了把不同颜色的珠子放在记数的或刻度的坐标上。考虑到数学家们在应用算筹方面已经十分熟练,因此,如果这些工具仅仅是为了记数,那么它们的价值就不太大了,除非它们的真正用途是研究排列和组合。珠算法的一种更具体的研究表明它能更容易地解决诸如"从 9183 能组合出多少个不同的数来?"或"八个人围着一张圆桌共有多少种不同坐法?"等问题。六十四卦明显也是一个组合问题:这也是 17 世纪欧洲数学家莱布尼兹(Gottfried Leibniz)所认识到的。他认为这种排列是把从 1 到 64 这些数字用二进位法写了出来(第一卷第 189 页)。我们知道,13 世纪中国的一些数学学派与占卜和算命有关,所以,中国的排列和组合的应用也许正是为了这个特别的目的发展起来的。

58

微积分

通常所说的微积分,大致经历了四个发展阶段。第一步,包括用穷竭法从可度量的量过渡到不可度量的量,这可以在公元前 5 世纪的希腊和公元 3 世纪的中国发现。例如,早期探求 π 真值的人在用多边形内接于圆时,总是力图穷竭多边形之外和圆之内的剩余面积。第二个步骤是无穷小的方法,这个方法在 17 世纪开始受到重视,并在牛顿和莱布尼兹的著作中得到应用。第三步是牛顿的流数法。第四步是极限法,这也归功于牛顿。

在希腊人当中最接近积分的是阿基米德在公元前 225 年求抛物线弓形面积的工作。已知三角形面积,他用以下方法来求抛物线弓形的面积:在抛物线里内接一个最大的三角形,然后在抛物线和其内接三角形之间的每一空间中,又内接一个新的三角形,这个新三角形和剩余空间同底同高,这个过程一直重复下去,直到最后的三角形变得非常——或者可以说是无限——小。在中国,这方面也有值得一提的东西。沈括在《梦溪笔谈》中提到了"造微之术",由此看来,他肯定已有一些几乎同无穷小求和相当的思想。这是 600 年后的1653 年由卡瓦列里在欧洲发展起来的。在面积方面,沈括讲到"割会之术",在体积方面他讲到"隙积",也就是需要用穷竭法去精确估计的剩余空间。他一定已经知道,分割成的单元越小,就越能穷竭任何给定的面积和体积。这也是刘徽用来求 π 的方法。此外,从中国哲学的萌芽时代起,累点成线和累线成面的思想在墨子的定义中已经出现。连续的概念和无限分割的概念也已由名家——惠施(公元前 4 世纪早期)的朋友们——清楚地表达出来(参见第一卷第九章)。但是这些议论被尘封了千百年,直到我们这个时代才又得到重视。

关于在给定体积内将许多小单元累积起来的问题,直到 16 世纪仍继续引起中国数学家的注意。周述学在他 1558 年的《神道大编历宗算会》中给出了在角锥内把球累成十层的图解说明。在 17 世纪,日本数学家写了大量同卡瓦列里的著作十分相似的著作(图 54)。

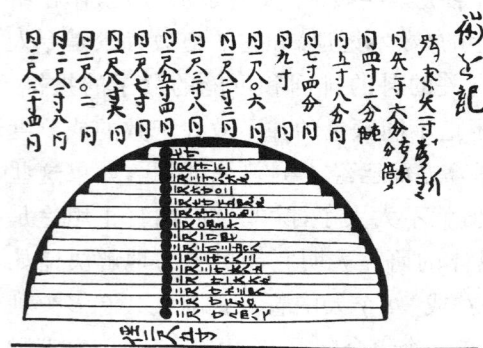

图 54　通过对薄矩形积分来测定圆面积的方法[采自持永丰次(Michinaga Toyotsugu)和大桥宅清(ōhashi Takusei)的《改算记纲目》(1687 年)]

虽然有人曾经认为,这种穷竭法起源于中国,但到目前为止,还不可能在中国数学著作中指出这种方法的任何实例。不过,可以复制出宋代(可能是11 世纪)一部归为萧道存的道家著作《修真太极混元图》中的一幅图(图 55),图中显示了几个矩形内接于一个圆。十分可能,呈现在我们面前的就是道家和理学家所发展的、用内接矩形求圆面积的穷竭法的一个思想萌芽。沈括的问题实质上与现代物理学家和结晶学家所谓的"堆积"有关,从 17 世纪开始,堆积问题已成为日本数学家热心探讨的问题之一。在 17、18 世纪，日本人比中国人更少地受到欧洲的影响，但是他们的工作达到多大程度上的原创性，则是一个很难回答的问题。实质上，所有土生土长的中国著作和日本著作都停留在静态分析的水平上，只有牛顿和莱布尼兹的研究才发展了动态分析的方法。

第八节 影响和交流

在此我们可以停下来看一下，在中国数学与旧大陆其他重要文化区的数学之间发生过的接触，而我们收集到的有关资料是如此之少。首先，正如我们在前面已经指出的，来自美索不达米亚的具体影响很有限，这个判断同样也适用于埃及。

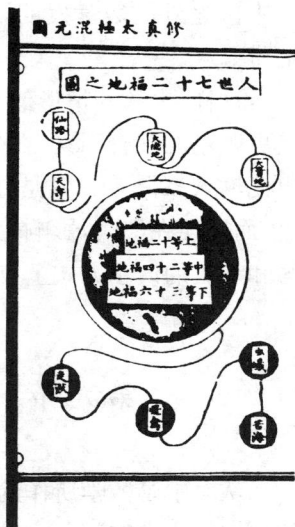

图 55 内接于圆的矩形（采自萧道存的《修真太极混元图》，约 11 世纪）

在埃及对分数的处理是根本不同的。然而，当问到有什么数学概念似乎曾从中国向南方和西方传播出去的时候，我们却发现一张可观的清单，它包含如下内容：

(1) 开平方和开立方；

(2) 用竖行表示分数；

(3) 负数的应用；

(4) "毕达哥拉斯定理"的独立证明；

(5) 诸如圆面积和一些立体图形的几何问题；

(6) 确定比例关系的三率法；

(7) 假设法求解方程，三次和高次方程的求解；

(8) 不定分析；

(9) 帕斯卡三角形。

还有位值记数法的完善和零符号的书写这些问题。就其年代之早而言，它们似乎是完全独立地在中国成长起来的，中国数学并没有从古巴比伦数学家常用的形式中汲取什么，除了抽象的位值概念可能来到中国，而这也仅仅是可能。尽管证据还不确凿，似乎印度接受位值法不仅较晚，而且是从中国而不是从美索不达米亚得来的。零的书写符号是我们提到的一个发生在中国之外的数学发明,然而就这项发明而言,也是出现在中印文化交错的地带。

这样,大致的情形似乎就是,不管中国的(地理)"隔离"和各种各样使传播更困难的社会因素,在公元前 250 年到公元 1250 年之间,中国数学向外输出比输入多得多。只是在相当晚的时期,从南方和西方来的影响才变得显著,而即使在那时,影响也很少是根本性的。传入了一些三角学,在数字的书写和乘法的演示方式上有一点小改变,仅此而已。

第九节　中国与西方的数学和科学

从对中国数学所作的考察得出的结论,为我们提出了一些可以称为本书计划中的焦点的问题。在中国的古代和中古代,数学与科学的关系究竟是怎样的?在欧洲的文艺复兴时期,当数学与科学有了全新的结合,数学发生了什么变化?为什么这些变化不在世界上的其他地方发生呢?

首先我们必须使我们的观点公正。文艺复兴以前的数学著作,在成就上是几乎无法同后来取得的丰富而有效的发展相比的。因此,用现代数学的尺度去衡量中国古代数学的贡献就毫无意义了。我们应该假设自己置身于迈出最初几步的那些人的位置上,并努力了解这对于他们是何等的困难。从人类的体力劳动和脑力劳动来判断,我们很难说,《九章算术》的作者或为解方程而引入天元术的宋代代数学家,为他们的成就所付出的精力,不如 19 世纪开辟新的数学领域的学者。唯一可行的是在古代中国数学与其他古代民族,古巴比伦人、古埃及人、印度人和阿拉伯人的数学之间进行比较。

从已经给出的叙述可以明确知道,中国的数学也可以和旧大陆其他中世纪民族在文艺复兴前的成就相比。希腊的数学如果仅就它具有较大的抽象性和系统性——正如在欧几里得著作中所见到的——而论,它的水平无疑是高的;然而希腊数学的薄弱处也正是印度和中国数学的强处,即代数学。但是,科学史家现在已开始怀疑,希腊科学和数学偏爱抽象、演绎和超越具体、经验和应用的纯粹理性,这是不是一种进步。当然,在从实践到纯知识领域的飞跃中,中国数学未曾参与。

中国数学,就它的本土性而言,暴露出一种弱点。中国数学缺少一种严格求证的思想,这一点可能是一种思维风格的结果,这种思维风格也导致了形式逻辑不能在中国发展起来,它对事物以联想的和有机的思考为主(本书

62

第一卷）。天元术具有美妙的对称性,但也具有很大的束缚性;宋代代数学在初期一度突飞猛进后,并没有迅速扩大成长起来。

社会因素也要考虑进来,令人惊奇的是,在整个中国历史上,数学的重要性主要是在它与历法的关系中体现出来。由于历法与古代主要的宇宙信仰有关,所以它的制订是帝王的一个神圣不可侵犯的特权,各诸侯国领受历法意味着对皇帝的忠诚。当叛乱和饥荒发生时,一般就认为历法中某些方面出错了,从而要求数学家们重修历法。可能正是这种当务之急使得他们不可避免地面向具体的数字,并且阻碍他们去考虑抽象的概念;不管怎样,中国人重视实践和经验的性格总是使他们倾向于向这方面发展。但是有理由认为,历法领域中的数学也与非正统的道家有关。公元 2 世纪的徐岳肯定受到过道家的影响;5 世纪时出现的萧道存的那张奇怪的图也受此影响;在 11 世纪它启发了李冶。最后,中国人对待"自然法则"(第一卷第十六章)的态度是一个很重要的因素。需要重申的是,他们没有造物主的观念,因而也没有最高法则制定者的观念;加以他们坚定地认为整个宇宙是一个自给自足的有机组织,这一切导致产生一种无所不包的宇宙组织的概念,自然规律以及在现实的天球上要用到抽象数学才有效的几条规律,在宇宙组织中并没有地位。

所以,中国数学是功利主义的,从它的社会根源来看,它与官僚政府组织有密切关系,并且专门致力于统治官员所要解决的问题。为数学而数学的情形极为稀罕。这并不意味着中国计算人员对真理不感兴趣,他们感兴趣的不是希腊人所追求的那种抽象的、系统化的学院式真理。在那个年代,大众没有受到教育,他们没有机会接触到政府交办、抄录和分发到各个环节的手稿。工匠们无论有多么了不起的才能,却总是有一座无形的墙把他们和有学术素养的学者分割开来,他们只能在墙的另一边自生自灭。当道教徒和佛教徒启发了印刷术的发明后,这毫无疑问助长了中国数学在宋代的第二次兴盛,但是这个高潮持续不长。伴随着明代民族主义逆流,儒学又一次掌权,这时,数学再次被幽禁在政府衙门的后院。

那么在欧洲文艺复兴时代究竟发生了什么,从而使得数学化的自然科学得以兴起? 为什么这又不发生在中国? 如果说,要找出现代科学在某一种文明中发展起来的原因是相当困难的,那么,要找出它在另一种文明中为什么没有发展起来的原因就更困难了。但是,研究不发生的原因,有助于了解发生的原因。如果我们拿伽利略(1564—1642 年),这个把自然科学数学化的中心人物,同达·芬奇(Leonardo da Vinci, 1452—1519 年)进行对比,我们看到,尽管达·芬奇对自然界有那么深邃的洞察力,并且在实验中大放异彩,但

63

是由于他缺乏数学知识,因而没有带来理论上的进步。达·芬奇不是一个孤立无援的天才,他是 15、16 世纪一群从事实际工作的人当中最突出的一个,这些人忙于从事对自然界的研究,而他们用的数学是纯功利性的:他们是测量和尺子的主人。对他们所研究的问题他们无意提出一种数学方法。

尽管没有人能够明白 16、17 世纪自然科学数学化的内在机制,但人们知道,代数学和几何学在过去是独立发展的,而伽利略和他的先行者们所做的是把代数方法应用到几何领域中去。这是带来所有改变的一大步。当然中国人一直在用代数学方法思考几何学问题,但是,当我们来剖析一下伽利略的方法,就知道这是一件不同的事情。我们发现对自然界的新实验方法由以下几步组成:

(1)选择那些可以用数量来表示的特殊现象。

(2)在观测量之间建立数学联系,在此基础上构成假说。

(3)从这个假说推出某些能够实际验证的结果。

(4)观察,然后改变条件,然后再观察,也就是进行实验;尽可能把测量结果用数值表示出来。

(5)接受或否定事先作的假说。

(6)一旦接受了假说,便以此为起点构建新假说,并让新假说接受考验。

这就是"新哲学"或"实验哲学"。量的世界取代了质的世界。

然而,在抽象化方面的提高还更进一步,比如对运动的考虑,脱离了任何具体的运动物体。运动被认为在宇宙中处处都是一样的。空间被几何化了,它是抽象的,可用数字表达的。宇宙不再被认为是一个有层次的由不同部分组成的有机整体;现在它只是一个由简单的基本规律的普遍适用性所支撑起来的一个整体。例如,一旦形成了引力的概念,宇宙间就没有任何地方是引力定律不起作用的。这是真真实实的根本性改变。

这一对宇宙有机体的打破,驱除了任何事物都有它自然的位置和功能的想法。物体的本质,它们的形状、重量、颜色和运动等固有性质,这些曾经似乎那么显然地构成一个整体,现在不再有效。但是这需要一种具有高度创造力的思想,经历了若干世纪的挫败的刺激后,才来否定这种统一体,并且主张一个木球和一个不知道由什么物质组成的行星之间的共同之处,要比同一个球的不同性质(颜色、质地和气味等等)之间的共同之处要多得多。这种假说必须是数学上的假说,这点极其重要。正如伽利略所述:

> 哲学是写在这部永远摆在我们面前的大书中的——我这里指的是宇宙。但是,如果我们不首先学习用来写它的语言和掌握其中的符号,

我们就无法了解它。这部著作是用数学的语言写成的,其中的符号就是 65
三角形、圆和其他几何图形。没有这些数学语言和数学符号的帮助,人
们就不能了解它的片言只语;没有它们的帮助,人们就会在黑暗的迷宫
里徒劳地徘徊。

因为应用数学早已为技师们熟悉,所以,也许最好把伽利略的革新描述成工艺
实践与学院理论的结合。这种结合在以前曾经发生过,只是在较低的水平上而
已:例如在中国,自然之道的隐士哲学与萨满教术士的联合(第一卷第 107 页)。

如果我们对时间和空间给予适当的关注,在所达到的熟练程度方面,中国
和欧洲没有多大差别。没有任何西方人能够超过商、周两代的青铜器铸造者,
或比得上唐、宋时代的瓷器制造者。阻碍近代科学进步的因素在作出假设这一
步。例如,当达·芬奇能够勾画出像直升机或离心泵这样的先进机械时,他还
在说什么事物具有它自然的位置和本质。达·芬奇,还有其他人,他们能够取
得显著的技术成就,但是没有获得足够的科学理论。这也有助于了解中国的情
况,并且可以断定中国科学所达到的境界是达·芬奇式的,而不是伽利略式的。

如果我们更广泛地来看,我们发现 16、17 世纪欧洲近代科学的发展不是孤
立地发生的。它一步一步地伴随着文艺复兴、宗教改革和商业资本主义兴起带
来的工业机器生产而产生。大概正是这些在欧洲同时发生的社会变化和经济
变化,才造成了一种环境,使得自然科学终于能够兴起,并超过那些高明工匠,
半数学家的技术家所达到的水平。把所有的质约化为量,认定在一切现象后面
都存在数学的现实性,宣称整个宇宙中空间和时间都是统一的:所有的这一切,
是不是和商人的价值标准有某些类似的地方呢? 如果不是可以用数目、数量和
度量来进行计算和交换的话,货物和商品、珠宝和金钱就没有什么意义了。

在欧洲的数学家中,留有许多这方面的痕迹。关于复式簿记技术的最早
书面说明,出现在 16 世纪初的最好的数学教科书中;最先把复式簿记用到公
共财政问题和管理上去的,则是在 17 世纪早期一位工程数学家写的书中。甚
至连哥白尼也发表过货币改革的言论。这些都不是孤立的例子:商业和工业
是史无前例地风行。

另一方面,我们可以说,中国过去没有出现过来自自然科学方面的富有激 66
励作用的需求。对大自然的兴趣不够充分,受控的实验做得不够充分,对经验
的归纳法不够充分,对日月食的预测和历法的计算也不够充分。所有这些"不
充分"中国都有。显然,正是商业文化能够单独完成农业封建文化所做不到的
事情——把以前彼此分割开的各个数学分支学科和自然知识融合在一起。

第二章 天 学

第一节 天 文 学

67　　　对中国人来说,天文学曾经是一门很重要的科学,因为它是从敬天的"宗教"中产生出来的,是从那种把宇宙看作是一个统一体、甚至是一个"伦理上的统一体"的观点中产生出来的,这些看法曾使宋代的哲学家们产生出他们那些伟大的有机论思想。更有甚者,在这个以农业人口为主的国度里,历法由他们的统治者颁布,并由效忠于他的臣民加以奉行,这是从最早时期开始就已贯穿在中国历史中的一条连续的主线。与此相应,天文和历法一直是"正统"的儒家之学,它们和炼丹术这类东西不同,后者被看作是典型的道家的和"异端的"东西。有人说得好,希腊的天文学家是隐士、哲人和热爱真理的人,他们和本地的祭司一般没有固定的关系;在中国,情况相反,他们和至尊的天子有着密切的关系,他们是官方政府机构不可或缺的人员,有时按照礼仪还被供养在宫廷之内。

　　这并不是说,中国古代和中古代的天文学家不是热爱真理的人;只不过在他们看来,用高度理论的和几何的形式来表现——这正是希腊人的特色——是不必要的。除了巴比伦的天象记录外,中国人的天象记录表明他们是在阿拉伯人以前全世界最持久最精确的天象观测者。甚至在今天(以后将会看到),那些要寻找过去天象信息的人,也不得不求助于中国的记录,因为在很长一段历史时期内几乎只有中国的天象记录可供利用。或者如果中国

284

的记录不是唯一,那也是最多最好的。这不仅归因于中国观测者的谨慎记录,也还因为他们有规律地记录像太阳黑子这样的天象。而欧洲人不仅不知道太阳黑子的存在,而且由于他们宇宙学上的成见——即认为天体是完美无缺、没有变化的,也不能承认太阳黑子的存在。中国观测记录的重要性也并不因为早期的观测常起因于相信天象与国家大事有关这一事实而稍有减弱。毕竟,占星术在欧洲也是长期存在的,并以小范围的、个人的形式一直延续到17 世纪开普勒(Johannes Kepler)的时代;事实上在当今欧洲这也还是一种流行的迷信。 68

　　如果我们接受这样一个总的论断,即中国天文学同中国所有其他科学一样,具有经验主义的特点,那么,对于诸如行星的运行规律这类问题,我们就不必苛求了。当利玛窦与中国学者讨论天文学问题时,那些 16 世纪后期来到中国的耶稣会士们的思想,都保存在他自己作的谈话记录中。中国天文学家的思想,今天从各方面来看,都比利玛窦自己的思想——行星绕着不动的地球转动,它们又都被限定在不变的恒星天中——更接近现代一点。

　　在西方文献中,关于中国天文学方面的著述比中国数学方面的丰富得多。不幸的是这些文献内容混乱,带有争论性质,而且大多是重复的。从一开始,欧洲人了解中国天文学就是被一种利益所驱使,耶稣会传教士们看出,他们可以凭借欧洲文艺复兴带来的科学进步和中国人打交道,可以靠他们较高明的历法推算和交食预报把自己引入官场,从而得到种种便利。因此,他们一方面力图用贬低中国本土天文学知识的方法,来打动中国人的心,争取他们皈依基督教;另一方面,他们又在许多西方出版物上赞扬中国天文学,为了更好地巩固他们自己在教会中的地位。不仅如此,耶稣会士对中国天文学的了解,尽管是老老实实地去了解的,但是从一开始就因为根本的误解而损害了这种了解。误解主要来自下文将要说明的一项事实,即中国天文学非常依赖于对极星附近和赤道附近的恒星的观测,而希腊和欧洲天文学主要靠观测天体在黄道坐标系中的运动——黄道就是太阳穿行于黄道带星座中的路径。耶稣会士们自然完全没有想到,竟会有另一套完整的天文学体系存在,而这套体系在规模和效用上不亚于希腊天文学体系,但是用不同的方法。这导致了一系列误解,这种误解直到 19 世纪末才得到澄清。

　　绝不要低估当时耶稣会士先驱者们所面临的巨大困难。他们在明末清初中国本土科学衰落时期来到中国。当时具有充分学识、能把中国传统天文学解释清楚、能从古书中找出主要章节并加以翻译的学者,可谓少之又少。 69
我们在讲中国数学的时候说到过,其中的一些古籍已经散佚,直到 18 世纪才被重新发现。还存在着语言障碍,西方还没有汉学这门学问,好的字典还没有编成。令人惊奇的是,这些耶稣会士们所做的已经是尽可能地好了。

当我们来看较近的年代,在 19 世纪中叶我们发现(西方对中国天文学)有了一种较好的把握;而在 20 世纪初则有一种提高。然而对黄道带星座的研究使得学者们采取了太过自信的立场,他们对在中国、印度和阿拉伯世界之间是否存在思想交流的通道问题上作出了武断的陈述,尽管他们当中的学者一般只懂其中的一种语言。简单来说,我们可以把西方人对待中国天文学的兴趣分成两种类型:第一类,把中国天文学史看成是整个科学史的一部分;另一类,利用中国的天文观测资料,求解过去几个世纪各个不同的天文量发生了怎样的变化。当历史记录是可靠的,像西汉以来的记载,那么结果也是有价值的;但是,如果过多的关注放在了年代难以确定的半传说时代的古籍上,或根据相传为公元前 1000 年左右周公所作的观测,计算结果只会使人对中国的文献资料产生怀疑。中国天文学的基础事实不难分解明白,对此现在也没有什么争论,当然,还有许多留待解决的问题,尤其是那些与中国历法的历史变迁有关的问题。

名词术语

在继续讨论下去之前,我们必须清楚怎样描述天空中所有天体的位置,所以,如果我们定义一些基本的名词术语是比较合适的。因为天空看起来像一个以观测者为中心的圆顶屋,所以从描述的角度来讲,方便的做法是,把整个天穹设想成安置在一个巨大的球里面,地球是那个球的球心。然后,我们可以像在地球表面确定位置那样,在天球上画出坐标系,通过在球面上画出的圆(专业地说是"大圆",就是直径通过球心也就是地球的圆),我们可以来描述像太阳、月亮这样的天体的视运动。因为我们所假想的天球非常巨大,我们可以凭我们所好,认为观测者固定在球心,而不必考虑地球的大小)。

图 56 演示了天球的样子。顶上是北天极 P:这一点正好在地球的北极上面——换句话说,这是地球的北极在天球上的投影。底下,在 P 的正下方,是南天极 P'[①];这是地球南极在天球上的投影。对一个地球上的观测者来说,地球的周日自转使得整个天球看起来绕着 P 和 P'(的连线)转动。到两个极的距离都相等的大圆是天赤道;这是地球的赤道在天球上的投影。第二个大圆

---

① 原图没有标出 P' 点的位置。——译者

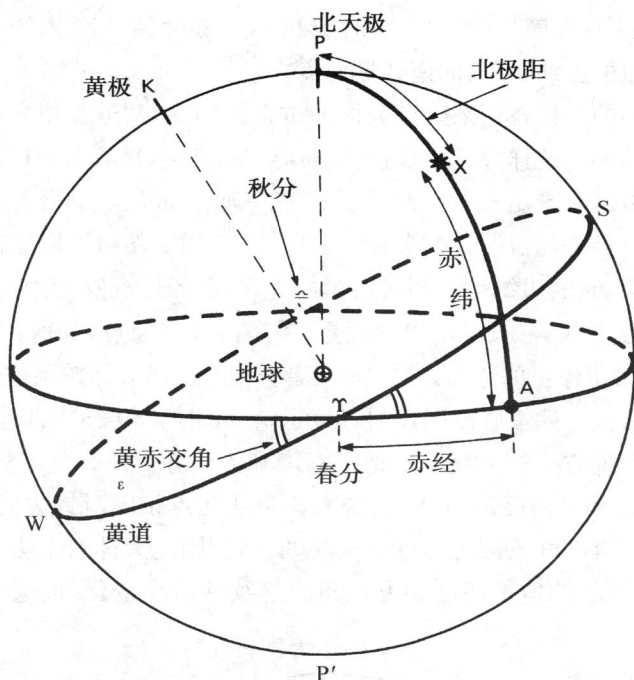

图 56　天球各大圆的图解

是黄道,对地球上的观测者来说,黄道是太阳在一年中移动的路径。黄道和天赤道相交的两个点叫做昼夜平分点,因为当太阳运动到这两个点时,地球上白天和黑夜的长度一样长。太阳从南向北穿过天赤道的那个昼夜平分点被定义为白羊宫的起点,常常记作符号♈;这一点也叫做春分点,太阳在 3 月 21 日或左右到达这一点。与春分点相对应的是秋分点,是天称宫的起点。点 S 是太阳在天赤道以北达到的最高点,叫做夏至点[1]。与夏至点相对的 W 是太阳到达天赤道以下最南端的地方,叫做冬至点[2]。(当然这些春、夏等等的形容词只对生活在北半球的观测者而言是有效的。在南半球季节是反过来的。)

　　星星在天空的位置可以用类似于地球上的坐标系来度量,但是这些天体坐标有专门的名字:它们是赤经和赤纬。赤经(对应于地理经度)从♈向东度量;度量单位一般用时、分、秒,因为 24 小时等于 360°,所以一小时等于 15°。赤纬(对应于地理纬度)是向南或向北离开天赤道的角度。这样,图 56 中的恒

---

① 原图没有标出 S 的位置。——译者
② 原图没有标出 W 点的位置。——译者

星 X 的赤经沿 ♈ A 度量(约为 6 小时或 90°①),赤纬为 AX(大约 45°)。向天赤道以北计量的赤纬为正,向南计量为负。

　　还有其他的坐标系用来确定天体的位置。例如,黄道被用来代替天赤道作为度量的基准。这样,从 ♈ 开始度量而得的叫黄经,离开黄道以南或以北的角度叫黄纬。这是希腊式的坐标系。还有一种坐标系与观测者在地球上的位置有关。这就是阿拉伯式的坐标系。图 57 给出了图解。阴影部分是观测者所在的平面,它的边缘是观测者所见的地平线,Z 是观测者的天顶,底下的那点 N 是天底。X 是图 56 给出的恒星,♈ 是白羊宫起点,如前:♈ A 量出 X 的赤经;AX 量出恒星的赤纬。② 以观测者平面给出的天体精确位置与观测者的地理纬度有关。这里画出了观测者位于南京(北纬 39°55′)的情形。③ 观测者可以用一套地方坐标系——地平高度和方位角——来度量恒星 X 的位置。恒星 X 的地平高度是 A_ZX,它的方位角从北点按顺时针方向度量,在这个例子里大约有 230°。因为地球绕它的轴自转,因此天体看上去也是在绕它们的轴旋转,天体的地平高度和方位角会连续地发生变化,而天体的赤经和

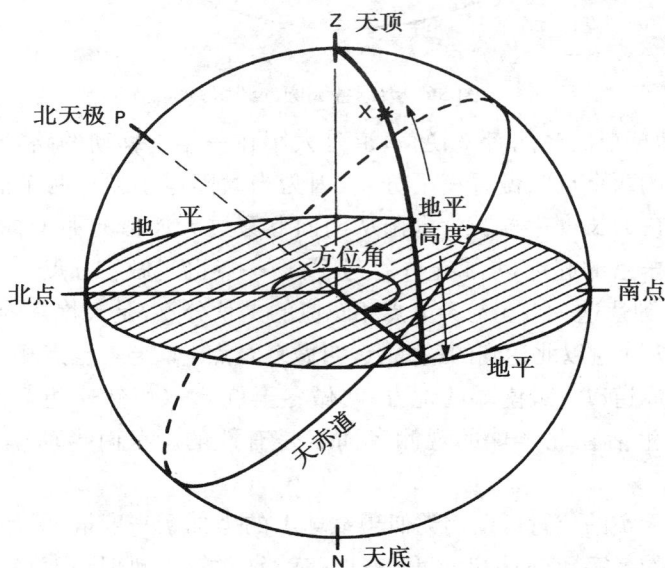

图 57 阿拉伯式天球坐标系图解

---

① 这个数字与图 56 所示并不符合。——译者
② 图 57 没有标明 ♈ 和 A 的位置。——译者
③ 这里原书作者给出的地理纬度应该是北京的纬度,南京的纬度为北纬32°03′。——译者

赤纬原则上是不变的,只是受到天赤道与黄道的交点的缓慢西移的影响。这一叫做"岁差"的运动,与地球自转轴的长期运动有关,它的大小只有每世纪 1.4°。

　　天极离开地面的高度与观测者的地理纬度有关。对一个正好位于北极(地理纬度为 90°)的观测者来说,北极的出地高度为 90°:它正好在天顶。对一个位于赤道(地理纬度为 0°)上的观测者来说,北极的出地高度是 0°:它将位于观测者的地平线上。因为整个天球每 24 小时绕着天极转动一圈,北极离地的高度将导致一些恒星永远不会升起和落下。观测者所处的地理纬度越高,天极的出地高度也越高,就会有越多的拱极星。准确地说,对任何一个给定的地理纬度,拱极星的赤纬将大于该地理纬度的余角的度数[也就是说它们的赤纬将大于等于(90°－地理纬度);图 58]。

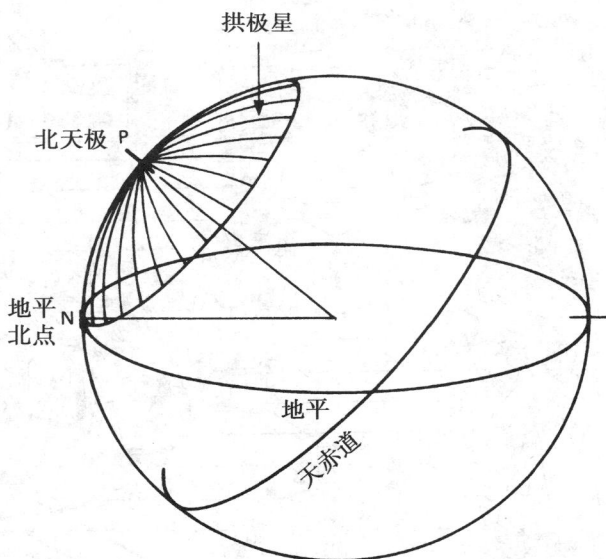

图 58 南京地方所见的拱极星图解　　　　　　　73

天文学文献

　　1. 西文文献

　　对中国天文学史最早进行研究并作出全面解释的是宋君荣(Antonie Gaubil)。他生于 1689 年,在巴黎天文台受到过良好的天文学训练,从 1723 年起到 1759 年止,一直是耶稣会派驻中国的传教士。他的中文非常出色,经常受皇帝之召担任接见外国使节时的通译。宋君荣非常博学,但是他的著作编排得比较杂乱,好比构成了一个宝藏,必须懂得如何发掘它。第一位认识到中国天文学某些真正本质性问题的是多面手法国天文学家和化学家让·巴蒂斯特·比约(Jean-Baptiste Biot,1774—1862年),在这个世纪里接着比约的还有几位学者,但是在他们的关于中国天文学史或中国科学史的著作中对中国天文学的描述,很少有让人完全满意的。

2. 主要的中国文献

在考虑可能得到的主要中文原始文献时,不得不再次提到,在中国古代和中古代,天文学与朝廷和官府有紧密的关系。说明其官办性质的常用典故是传说中的帝王尧对天文官羲、和的任命(图59)。这个故事出自《书经》第一

74

图59 晚清《钦定书经图说》插图:羲、和兄弟奉尧之命,"钦若昊天,历象日月星辰,敬授人时"的传说

卷,涉及两位(或者六位)天文学家。对这件事情发生的年代只能作非常模糊的猜测,它很可能发生在公元前 8 世纪到公元前 7 世纪。书中这样写道:

乃命羲、和,钦若昊天,历象日月星辰,敬授人时。

分命羲仲,宅嵎夷,曰旸谷。寅宾出日,平秩东作。

申命羲叔,宅南交。平秩南为,敬致。日永星火,以正仲夏。

分命和仲,宅西,曰昧谷。寅饯纳日,平秩西成。

申命和叔,宅朔方,曰幽都。平在朔易。

这段话作为中国官方天文学的基本章节,已经流传了将近三千年了,但是近来的研究对这段话的神话基础有全新的见解。现在知道,在汉以前的任何文献中,"羲和"两个字不是两个人或六个人的名字,事实上这是一个神话人物的双名,这个人物有时被说成太阳的母亲,有时被说成太阳的驭者。后来这个名字被分裂开来,用到四个术士或法师的身上,他们受传说中某帝王之命,奔向世界的"四极",使太阳在冬、夏二至点停止前进,重返旧路,而在春、秋二分点继续行进,完成它的历程。这种传说很可能自然地源于以下一种恐惧:初民的头脑里很可能有这样的想法,冬季会无限延长,变得越来越冷,或者夏季会热得要死。类似的恐惧在其他古代文明中也有发现,例如,阿兹特克人(Aztecs)认为,为了防止太阳停滞不前或毁灭,必须使用大量的人作牺牲。

在中国,神话中的巫师除了关心太阳的运行之外,还负责阻止日、月食的发生。《书经》中较晚的章节涉及了这样一个详细的例子,记载了一次因为巫师未能阻止日食而由天子下令进行的讨伐。故事的真相可能是,古时对那些驻守在四极的半神化的巫师所执行的一种惩罚,因为这些巫师们被认为玩忽职守。

总之,中国古代国教所具有的天文学性质,从上述故事中可以明显地看出。天文台从一开始便是明堂(祭天地的庙宇,也是皇帝礼仪上的居所)中的不可缺少的一部分。对农业经济来说,作为历法准则的天文学知识具有首要的意义。谁能把历法授予人民,谁就有可能成为人民的领袖。这一点对于很大程度上依赖人工灌溉的农业经济来说,尤为千真万确。冰雪的消融、江河及其支流的涨落,以及多雨的季风季节的开始等等,都需要预先发出警告。

所有这一切可以从天文学在《周礼》一书中所占的重要地位可以看出,天文部分肯定是公元前 2 世纪左右西汉时期收编进去的。此书一开头就说,周

75

76

王由于辨正四个方位（靠观测极星和太阳），被拥戴为天子。关于皇家天文学家（冯相氏）我们读到：

> 冯相氏，掌一有二岁、十有二月、十有二辰、十日、二十有八星之位。辨其叙事，以会天位。冬夏致日，春秋致月，以辨四时之序。

这个职位很重要，而且是世袭的。从官名来看，居此位的人夜间必须守候在天文台上。关于皇家占星家（保章氏），我们也看到如下记载：

> 掌天星以志星辰、日、月之变动，以观天下之迁，辨其吉凶。……所封封域，皆有分星，以观妖祥。以十有二岁之相，观天下之妖祥。以五云之物，辨吉凶、水旱、降丰荒之祲象。以十有二风察天地之和……

这个职位也很重要，而且也是世袭的。官名与保管记录有关。这两位官员都有（或想来有）相当多的助手。第三种官职，眡祲，负责大致以气象为主的观测任务，不过日月交食也可能包括在内。最后是掌管漏壶的官员挈壶氏，在后面描述中国天文仪器时我们会再次提到他。

77　　　两千多年来，这些官员被组织到政府特设的机构钦天监（或司天监）中。这个机构自始至终保持着高度权威，即使是主持官员的科学能力不足时也是如此，譬如在耶稣会传教士管理时期。天文官员享受着种种特权，类似于西方的"神职的特权"。直到上一个世纪，按照清朝律例，钦天监的官员犯罪还是从轻处罚的。他们的长官最古老的官名大概是"太史令"。虽然我们十分了解太史令负有占星任务，但是我们认为，他的工作有不少确实属于天文学和历法方面，对于 Astronomer-Royal（皇家天文学家）这一译名，他始终可以当之无愧。

　　　当然，历代皇家天文台及其设备都处于太史令的管理之下。尤其值得注意（但知道的人很少）的是，在某些时期，首都设有两个天文台，都配备有漏壶和其他天文仪器。沈括的一个同时代人彭乘，告诉我们北宋（11世纪）有两个天文台的情况。其中一个是翰林院的天文院，设在禁中；另一个是司天监，由太史令主持，设在皇宫外。我们推测，这两个天文台的记录，特别是有关异常现象的记录，每夜都要互相对勘，同时上奏，以防作伪和误报。这是中古时代中国儒家官僚制度对一切都抱怀疑态度和真正的科学态度的一个突出的例子。彭乘还告诉我们，11世纪中叶天文学工作的情形是很糟的。当他本人在1070年任太史令时，他发现这两个机构的观测人员只是互相抄袭几年前的观测报告，没有什么新的发现。他们对天文台的设备也从未加以利用，只满足于进呈那种计算很不精确的天文历表（天体的位置表）。彭乘惩处了六名官

员,但是未能做到彻底革新。继他之后任太史令的沈括做得比较成功,他对前人忽视天文学的批评也不少。他写道:

> 皇祐中,礼部试《玑衡正天文之器赋》,举人皆杂用浑象事,试官也自不晓,第为高等。

但是沈括他自己是天文学新繁盛时期的代表。

在首都的观象台不是唯一的天文观测机构;在许多世纪中,在边远地区也同样进行天文观测,观测结果都送到天文局。另外,天文学和数学在国子监中也各自有一席之地。在隋代(公元 581—618 年)所设的明经两科之外,唐代(公元 618—906 年)又增设了另外四科,包括算学一科。但是没有人愿意学,因为学这一科不能飞黄腾达。

知道了这一背景,读者应该开始明白,像数学那一章开头那样,对中国天文学文献重要史实作一番论述是很困难的。现存中国天文学文献的很大一部分出于历代官修史书中关于天文、历法以及祥瑞灾异部分,它们的作者并未全部搞清楚。此外,除了一小部分断简残篇,有关天文学的古书多已散佚。出现这种情况的原因大概是,数学书籍的应用很普遍,而天文书籍则被认为技术性比较强,只有与钦天监有关的少数人才对它感兴趣。这类书籍传抄较少,被集中在禁中和朝廷的图书室中。而在那种地方,只要遇到一两次改朝换代时的大破坏,藏书便荡然无存了。印刷术发明后,情形有些改变,但不能彻底改观。

不仅如此,由于历法与政权有密切的关系,所以每一王朝的官吏似乎都以警惕的眼光,注视着那些对星象进行的独立研究,因为这可以用来编制历法,并可能被密谋建立新朝的反叛者利用。事实上,一直有叫天文官员注意保密的告诫。例如,在 9 世纪,

> 开成五年十二月:"司天台占候灾祥,理应秘密。如闻近日监司官吏及所由等,多与朝官并杂色人等交游,既乖慎守,须明制约。自今以后,监司官吏不得更与朝官及诸色人等交通往来。仍委御史台察访。"

作为一种社会学现象,洛斯·阿拉莫斯(Los Alamos)或哈威尔(Harwell)的保密就不是什么新鲜事了。但是,最好、最伟大的科学成就是否会在这样的条件下产生,则是另外一个问题了。从很早以来,中国天文学便得到国家的支持,但它的半秘密状态却是不利的。中国的一些历史学家们自己也感觉到了这一点。在 7 世纪的《晋书》中我们读到:

78

79

　　　此则仪象之设,其来远矣。……绵代相传,史官禁密,学者不睹,故宣、盖沸腾。

虽然如此,如果作太远推论也是不对的。在宋代,无论如何,有一些明确的迹象表明,同官府有联系的读书人家研究天文学大有可能。不过,这种传统也足以说明,为什么利玛窦于 1600 年赴京师途中,他的数学书籍竟会遭到没收。然而,尽管天文学不像数学那样,有许多保存完好的、前后相承的著作,然而这并不意味着中国天文学文献不丰富。

第二节　古代历书

　　在保存到现在的两部最古老的历书中包含了许多天文学资料。其中的一部《夏小正》,与夏朝无关。它实质上是一部农历。不过其中有许多关于气候、星象以及物候方面的叙述,按一年十二个太阴月的顺序排列。它的成书年代不确定,但是公元前 5 世纪也许是一个合理的估计。另一部《月令》要长得多,公元前 1 世纪并入《小戴礼记》。它给出每个月的天象特点,以及对应的乐律、祭祀等详细描述,大半是关于天子所应举行的仪式的描写,最后是不可做某些事的禁令,并提出警告,如果不奉行这一套特定的仪式,将发生某种灾祸云云。这些每月的仪式,可能形成于公元前 3 世纪,或者早到公元前 5 世纪。

　　接下来我们应该更多地谈论历法科学。但是此处也许合适提到,在公元前 370 年到公元 1851 年之间,中国编制和颁行了不少于 102 部历法,它们一般在一个朝代或政权开始时颁布。人们并没有充分认识到,这些历法是有效的历表,有点像我们的"航海年鉴",它们给出许多天体的预期位置;所以它们构成了无可比拟的天文学资料。从中可以清楚地看到各种天文学常数在精度上逐渐和连续的提高,而它们真正地被用来展示古代和中古时期中国天文学家对真实世界的准确描述中的一种循序渐进的提高。

80　周代至南北朝(公元 6 世纪)的天文学著作

　　在孟子(孟轲,孔子的信徒)时代,生活着两位最早、最伟大的天文学家——齐国的甘德和魏国的石申。最早的星表编制者,就是他们两个和另外第三位天文学家,他的名字已经不知道了,他的著作被归到传说中的商朝大臣巫咸的名下。这就是《星经》。围绕从中发现的大量数据的实际年代,现在还有很多争论,最近的一种观点认为这些测量属于公元前70年左右,而其中的原始著作写于两个世纪以前,这大可与希腊天文学家喜帕恰斯(Hipparchus)的著作(公元前134年)相媲美。

在晚周的初步观测工作之后,汉代把更多的兴趣放在了宇宙论方面。然而,关于宇宙的提问并不新鲜;类似的问题已经由公元前4世纪北方的自然主义学派和南方的著名诗人屈原提出过。因为汉代宇宙论繁盛,可以指望在伪经中找到一些宇宙论的说法,在讲到与幻方的联系时我们提到过伪经。在辑于明代的《古微书》中保留下来的两种伪书的相关章节中,我们看到的情形确实如此。完成于公元前90年的司马迁的《史记》中也有非常重要的一章。作者本人担任了国家最高的天文和星占方面的官员。他首先考察了天空中"五宫"的恒星和星座,然后讨论了行星的运动,接着按占星术关于天上各宿同地上各州对应的说法,来解释日月的异常及彗星、流星、云、气(包括北极光)、地震和丰歉预兆等异常现象。结尾部分是作者作为一位历史学家的感想,全篇对于中国古代天文学具有高度重要的意义。

第一部官修史书《汉书》也有几卷涉及天文学,作者大概是公元100年左右的马续。这里我们发现了如何计算会合周期(即在地球上观测行星相对于太阳到达天空中同一个视位置所花的时间)和如何预报交食出现的细节。在第一个世纪以前,黄道在中国天文学中并不占重要的位置,不过公元85年左右,当贾逵发起历法改革时,已经制造了有关的仪器来确定它的位置。这一新知识,连同对黄赤交角(就是黄道和天赤道之间的交角,见图50)的测量,出现在178年刘洪和蔡邕所作的《律历志》中。随着虞喜对岁差的发现,在4世纪出现一个新的进步。虞喜主要活动在307年到338年,在他的《安天论》中宣布了他对岁差的发现。

81

南北朝至宋初(公元10世纪)的天文学著作

在6世纪末的隋代,有武密编撰的著作和王希明一首重要的天文诗。该诗对当时已经认识的大星座作了很好的描述,它的名字《步天歌》是名副其实的。到了唐代,在7世纪,史书正在编撰中,其中蕴藏了大量天文学信息;在8世纪,出现了《开元占经》,尽管它总体上是一部星占学著作,但其中保存了大量古代天文学文献。这也是密教僧人一行活动的时期,以及一些印度天文学家居留在中国的时期。尽管他们的大部分著作没有保存下来,但是一行的重要著作《大衍历》最近被全文翻译了过来。他们关于行星运动方面的工作似乎有点价值,但是它们对中国天文学的进程几乎没有产生什么影响。不过似乎还有其他方面的影响。波斯天文学家也来到中国,由于他们的出现,在8、9世纪中,中国出现了大量星占—天文文献,它们是巴比伦数学和天文学、特别是计算交食的方法和行星位置预测表,传入中国的众多通道之一。

宋、元、明的天文学著作

从宋代自然科学兴盛这种情况来看,应该可以指望天文学也会很兴盛,而且这一点可以在天文学文献的增加上反映出来。确实如此,当时似乎有大量的文献出现,宋朝的第二个皇帝有一个大的天文学图书馆。然而,其中很少的一部分书籍被保存下来,不过我们总算十分幸运,现在还有一种最重要的宋代天文学著作,即由苏颂从1088年开始7年后写成的《新仪象法要》。书中关于钟的描述在计时历史上非常重要,但是对它的详细叙述必须等到有关中国机械工程的讨论中(本书第三卷)。还有一种重要的天文和历法著作,即王应麟的《六经天文编》,它似乎没有引起现代学者的注意。

在元代,非常自然地,是中国天文学家和穆斯林天文学家(波斯人和阿拉伯人)密切合作的时期,并且把新的天文仪器带到了中国。此后,直到耶稣会传教士来到中国为止,文献比较少。不幸的是,除了1281年完成的《授时历》之外,元代大天文学家郭守敬的著作竟然一部也没有流传下来。《授时历》现在已经翻译成了英文。可以提到,在他去世后三年的1319年,出现了马端临的《文献通考》,该书收集了彗星、新星、流星等详细记录表。

在明代天文学也与其他自然科学一样遭受着全面的衰退。只有王祎的著作(约1445年)和稍后王可大的著作可以一提。在耶稣会传教士来华之后,天文学被重新唤醒,书籍有大量出版,所有这些是对西方新观念刺激的回应。

第三节　古代和中古时代的宇宙观念

正如我们已经看到的,战国末期和前后汉时期,在天文学和宇宙论——把宇宙作为整体来研究——方面有过热烈的思索。公元180年前后,蔡邕——他本人也是一个训练有素的天文学家——在上皇帝书中提到当时已形成的各个主要学派:

> 言天体者有三家：一曰周髀，二曰宣夜，三曰浑天。宣夜之学绝，无
> 师法。周髀数术具存，验天然多违失，故史官不用。惟浑天者，近得其情。

5世纪的天文学家和数学家祖暅之也谈到了同样的事情，不过他给周髀学派
取了另一个名字，叫做盖天说。周髀一词跟最古老的天算著作的名字相同，
意思大概是"周天和表股"。"宣夜"一词后来被解释成"明亮与黑暗"，而现代
学者认为是"无所不在的夜"。至于"浑天"一词，毫无疑问是指天球而言。

盖天说（半球式的圆顶）[①]

从内在的证据来看，盖天说是最古老的宇宙学说。天空被想象成一只倒
扣在地上的碗，而大地本身也是另一只倒扣着的碗（图60）。天地之间的距离
是80 000里，或46 000公里（1中国里大约等于0.576公里）。大熊座在天空
的中央[那个时代在杭州（Hangchow）地理纬度上它看上去在头顶]，人类居
住在大地的中央。雨水落到地上向低洼处流注，形成边缘的海洋；地是方的。
天是圆的，带着太阳和月亮像车轮一样从右向左旋转，而日月有一种从左向
右的运动，但比它们所附着的大圆顶的运动慢得多。天体的出没只是人们的
想象，事实上它们从来没有在地下穿行过。大约公元265年，虞耸——他是发
现岁差的虞喜的先人，可能是族祖——在他的《穹天论》中说：

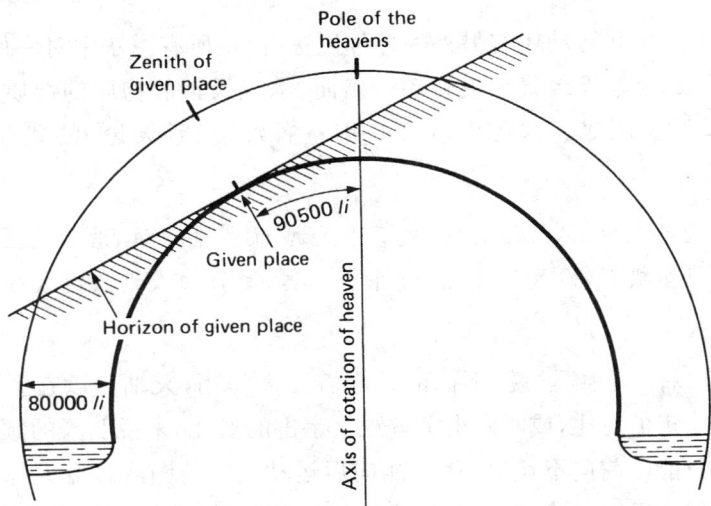

图60　盖天说世界图式复原图（根据赫伯特·恰特莱的图）　83

[①]　近年的研究表明，这是一个错误的认识。关于盖天宇宙模型的正确形状，请见江晓原：《周髀
算经》盖天宇宙结构，《自然科学史研究》15卷3期（1996）。——译者

84

> 天形穹窿如鸡子,幕其际,周接四海之表,浮于元气之上。譬如覆盂以抑水,而不没者,气充其中故也。……天之有极,犹盖之有斗也。天北下地三十度,极之倾在地卯酉之北亦三十度。人在卯酉之南十余万里,故斗极之下不为地中,当对天地卯酉之位耳。日行黄道绕极。……

根据《周髀》的说法,太阳只能照亮直径为 167 000 里(96 000 公里)的范围;在这范围之外的人们会说太阳还没有升起,在这之内的人们则处在白天。太阳实际上被看作了一颗拱极星,像探照灯一样依次照亮地上的这一部分或那一部分。但是它离开北极的距离随着季节而改变。

中国自古以来的说法证明盖天说是十分古老的。由于巴比伦曾有类似的双重穹窿说,使人觉得这一学说更加古老。这可能是巴比伦的文化特征之一,它向西传到希腊,向东传到中国,然后在东西两大文明中分别发展,成为各自的天球学说。可是,天圆地方的概念是很具有中国特色的,它可能是一方面从天球的圆圈;另一方面从地面的四方位点自然产生出来的一种想法。而天极的倾斜度必定包含在最早的天文观测中了。所以在一个中国神话中提到天的倾斜,并不奇怪:

> 昔者共工与颛顼争为帝,怒而触不周之山。天柱折,地维绝。天倾西北,故日、月、星辰移焉。地不满东南。

后来,关于天极和转动还有另外的种种说法,但是所有说法中对一件事情都搞清楚了,那就是天绕着天极转动。然而,承载天轴的物质的性质问题,显然曾引起不少困难。这可以从 250 年左右姚信《昕天论》的残存部分看出来:

85

> 又冬至极低,天运近南,故日去人远,而斗去人近,北天气至,故寒冰也。夏至极起,而天运近北,故斗去人远,而日去人近。南天气至,故蒸热也。

他介绍了一种"两地"学说,下面的地起着支撑作用,天轴可以在上面旋转。他用人跟宇宙的对比,或叫做小宇宙跟大宇宙的对比,来说明天的倾斜,即人头的下颚只能向前向下运动,而不能向后运动。他的图式最令人惊奇之处,是天穹不仅在极轴上旋转,而且还沿着轴上下滑动,北极和地的距离一到夏季便比冬季远得多。这种北极的沉降理论在公元 1 世纪很流行。

如果一些翻译家注释得不错的话,与该理论非常相近的一种说法曾经出现在公元前 4 世纪柏拉图的《蒂迈欧篇》(*Timaeus*)中。按照这种说法,大地以一点为中心,在极轴上不断地上下滑动。不过这段文字是出了名的晦涩难解。

浑天说(天球)

天球学说(浑天说)相当于以地球为中心的球面运动概念。这种概念也曾在希腊人中间慢慢地发展起来,特别要归功于克尼都的欧多克斯(Eudoxus of Cnidus)。而在中国这种概念至迟在公元前4世纪石申编制他的星表时就已经出现了。浑天说最早的阐述者是落下闳(公元前140年到前104年间著称)。对浑天说最早、最完整的叙述出自公元1世纪天文学家张衡的笔下。张衡在《灵宪》和《浑仪注》中,特别是在后者中对浑天说描述得很清楚:

> 浑天如鸡子,天体圆如弹丸,地如鸡子中黄,孤居于内。天大而地小。天表里有水,天之包地,犹壳之裹黄。天地各乘气而立,载水而浮。周天三百六十五度又四分之一;又中分之,则一百八十二度八分度之五覆地上,一百八十二度八分度之五统地下。故二十八宿半见半隐。其两端谓之南北极。北极乃天之中也,在正北出地三十六度。然则北极上规经七十二度,常见不隐。南极天之中也,在正南入地三十六度。南极下规七十二度,常伏不见。两极相去一百八十二度半强。天转如车毂之运也。

我们有种种理由认为张衡的这段话是非常宝贵的。把他的自然哲学同自然法概念的起源联系起来看是很有意义的。在天文学上,他把这种关于天球的臆想出现的年代定为远远早于他自己所处的年代,很清楚地显示了,球形大地包括对极的概念是如何从天球概念中自然产生出来的。最初的天文仪器浑环和浑仪也可能是这样产生的。此外,张衡认识到空间必定是无限的,那么可以说,他能够通过日月这可知觉的运行机制而透视遥远的未知世界。

后世关于浑天说的阐释很多,也有一些争议。公元1世纪末,王充虽然对盖天说大发议论,但是当他发现浑天说认为太阳,这炽热的阳精,必须通过水下,就觉得这种学说难于接受。炼金术士葛洪赞同浑天说,极力要证明太阳经过水下这一点并非不可能,因为龙是属阳的,但却能生活在水中。但是不久之后,这"地中之水"的古老概念被人们丢开了。

宣夜说(无限虚空)

历史上第一个和宣夜说联系在一起的人,是年代较晚的郗萌。他成名于

86

后汉，虽然他的生卒年和其他情况都不详，但他很可能与张衡同时而年纪较小。一百多年后，葛洪写道：

> 宣夜之书亡，而郄萌记先师相传宣夜说云：天无质，仰而瞻之，高远无极，眼瞀精绝，苍苍然也。譬旁望远道黄山而皆青，俯察千仞之谷而黝黑；夫青非真色，黑非有体也。
>
> 日、月、星象浮空中，行止皆积气焉。故七曜或住或游，逆顺伏见无常，进退不同，由无所根系，故各异也。故辰极常居其所，北斗不与众星西没焉。

这种宇宙观念的开明进步，同希腊的任何说法相比，也毫不逊色。这种在无限的宇宙中漂浮着稀疏的天体的看法，远比亚里士多德和托勒密僵硬的同心水晶球概念先进得多，而这一点是值得强调的。同心水晶球体系曾经束缚了欧洲人的思想长达一千多年。宣夜学说渗透入中国天文学思想中去的程度比表面上看起来要大。例如，张衡在介绍浑天说时写道："过此而往者，未之或知也；未之或知者，宇宙之谓也。"这便是宣夜说的一种反映。所以，甚至在天球上的大圆背后，也孕育着一种无限空间的概念。

中国天文学由于偏重观测而时常受到非难，但是缺少理论是缺少演绎几何学不可避免的结果。人们也可以说，希腊人太偏重于几何学了。下文将会看到，宣夜说直到耶稣会传教士来华还存在着，据说，当时中国学者认为，在宣夜说和耶稣会传教士之后欧洲传来中国的天文学说之间，存在着密切的相似性。他们的看法没有太大错误。

宣夜说的理论具有明显的道家气质，这可以说明此说最古老的著作何以会隐而不见。人们可以觉察到这一学说与《老子》的"虚无"和《列子》的"积气"是有关系的。宣夜说与佛教教义也不无关系。佛教有时空无限、大千世界的概念。晋代（3世纪）以后，宣夜说肯定从印度经典中得到过许多支持。然而，是12世纪理学家朱熹给这些观点提供了哲学论据，他宣称："天无体。"

要证实宣夜说的世界图式和浑天说的天球运动终于成了中国天文学思想的基础这样一个重要结论，我们必须很简要地来看一看中国后来的宇宙论发展历史。盖天说直到6世纪还存在。人们还试图调和盖天说和球形宇宙这两种概念，但是这种努力并没有成功。并且从那个时候起官方历史学家认为浑天说是唯一正确的学说。但是另外一种曾流行若干世纪的概念，即"刚气"的概念，使中国人想到恒星和行星可以依赖刚气而不需要任何东西的支持（当时他们无法知道天体的外层空间不存在大气）。这种观念一般认为出自道家,并且大概可以追溯到冶金方面使用风箱之初,当时的工匠们已经注意到强大气流的阻力。这是道家而不是儒家应该可以获得的知识。

理学家当中,张载给予宇宙理论特别的关注。他所说的"太虚无体",是按照宣夜说的传统讲的。他说,地是纯阴所成,凝聚于宇宙的中央;天是浮动的阳气,循周天而左转(向北极看去)。星辰随着奔驰前进的阳气而运转不息。为了解释日、月、五星反方向的周年运动,他应用了一种有趣的黏滞制动原理;他认为,这些天体离地太近,所以地气阻碍它们向前运动。直到耶稣会传教士来华之后中国传统科学和近代科学合流之前,张载和其他类似于他的那些宇宙观念一直还保持着活力。

总之,欧洲希腊化时代和中世纪的正统学说都把天体想象成固定在以地球为中心的一套有形质的同心球上,中国天文学却没有这个紧箍咒。而这种有形质的同心球实质上只是把球面几何学不恰当地具体化了。这确实有点悖论,常常被指责为过分唯物、过分具体的中国人,却给我们留下了相对来说如此自由的对宇宙的解释。他们虽然没有演绎几何学,但是他们也没有水晶球。

如果天体靠罡风驱动,那么地球也许同样在运动吧? 有不少古代中国人确实这样认为的,虽然最初他们设想地动是一种摆动而不是转动。张载和其他理学家把地沿着极轴周期性的升降运动同地中阴阳二力的盛衰结合起来,来解释季节性的寒暑变化。他们还把它同潮汐现象联系起来。不过在我们看来,有趣之处主要在于,人和不动的地球居于宇宙的中央这一极端的论调,曾经那样束缚欧洲人的思想,在中国人的思想中却没有留下什么痕迹。

其他学说 89

除了刚刚描述过的几种宇宙学说外,中国还有其他的关于宇宙的理论。公元前 120 年左右,出现一种理论,文字很晦涩,但是似乎建立在一系列圭表的观测数据基础上的。该理论认为,太阳在中天时和地的距离较日出、日没时远五倍;这种想法涉及一个非常扁的椭圆形外壳。

我们还在汉代的伪书(公元前 1 世纪)中发现一些测量天体距离和地球大小的尝试,这些在公元 3 世纪王蕃的著作中有更详细的阐述。中国人和希腊人大概是同时进行这些测量的。不过,我们还要讲一个古代流传下来的有趣故事,它说明在中国有一种希腊所没有的社会因素,即儒家对科学问题的漠视。故事出自《列子》,年代约为公元前 4 世纪到公元前 1 世纪:

> 孔子东游,见两小儿辩斗,问其故。一儿曰:"我以日始出时去人近,
> 而日中时远也。"一儿以日初出远,而日中时近也。一儿曰:"日初出大如
> 车盖,及日中则如盘盂。此不为远者小而近者大乎!"一儿曰:"日初出,
> 沧沧凉凉;及其日中,如探汤。此不为近者热而远者凉乎?"孔子不能决
> 也。两小儿笑曰:"孰为汝多知乎!"

这是一整套民间故事中的一个,以一个类道教的主题——一个成熟的脑袋长在一个小孩的肩膀上——为中心,在这些故事中,项橐和其他小孩总在争论和辩驳中击败孔子。但是,尽管道家和自然主义者嘲笑儒家,儒家却越来越成为主流的社会团体,而社会对自然哲学的漠视随着他们的统治而增长。

90 关于此类问题的讨论的真实记录,一直延续到公元 1 世纪,而当靠近地平线和处在高空时,太阳和月亮视大小的变化是不容易解释的。从现代的观点来看,它涉及心理学和物理学的因素。另外还有一些关于天体自身性质的讨论。日属阳(雄)、火;月属阴(雌)、水——这是中国科学从萌芽状态便有的口头禅。也是从很古时候起,日被叫做太阳,恒星被叫做少阳。而月(太阴)与行星(少阴)相匹配。这样在自行发光和反射发光的天体之间便有了十分恰当的区别。但是,这也许纯属巧合,我们不知道古代或中古代有哪一种文献,曾清楚地说到恒星就是遥远的太阳。在希腊人中,第一个明确说到月光完全来自反射的人,显然是艾莱亚的帕梅尼德斯(Parmenides of Elea,公元前 475 年前后著称,与孔子同时而略晚),到亚里士多德时(公元前 4 世纪),这已经被当作理所当然的事情接受了。中国文献最早叙述这件事的大概是《周髀》:"日兆月,月光乃出,故成明月。"这段话不会晚于西汉,如果没有公元前 6 世纪那样早,也很可能是公元前 4 世纪的。公元前 1 世纪后半叶,京房把这一说法应用到了行星。6 世纪时,一些错误的理论随着一部印度经典的翻译传入中国,但是没有影响人们普遍接受这些被一遍又一遍陈述的正确见解。

另外一个随佛教一同传入中国的错误印度理论是两颗假想的看不见的行星,这两颗"星"把月球白道与黄道的两个交点人格化了,[①]它们无疑是为了解释月食而设想出来的。然而,中国人自己自古就已经想象出一个运行方向正好与木星相反的"太岁"星;希腊也有类似的"反地球"的理论(公元前 5 世

---

① 作者这里是指汉译佛经《七曜攘灾诀》中的罗睺、计都两"隐曜"。简单地把它们叫做错误的理论是不妥的。而且在《七曜攘灾诀》中罗睺固是白道跟黄道的升交点,但计都是月球轨道的远地点,并非如作者所说的是白道与黄道的另一个交点。——译者

纪),该说法的提出如果不是为了把行星数目凑成完美的 10,便是为了解释月食。也许这两种概念都起源于一种更古老的巴比伦学说。

第四节 中国天文学的天极和赤道特征

现在可以毫无疑问地确认,中国天文学在逻辑性和实用性方面毫不逊色于埃及、希腊以及较晚的欧洲天文学,但是它是以完全不同的思想体系为基础的。第一批耶稣会传教士并不了解这一点,而对此也需要作一些说明。

早期天文学家面临着一项巨大困难,用来确定季节的恒星(太阳)太明 91
亮,使得其他恒星黯然失色,无法被看见,因此太阳在恒星中的位置不容易确定。可行的方法只有两种:其一是找出哪些恒星是在太阳附近(偕日法)——通过观测日出前或日落后的恒星做到这一点;其二是找出天空中跟太阳相对的恒星(冲日法)。埃及人和希腊人采用第一种方法,在黎明和黄昏时分观测恒星的偕日升和偕日没。古代最有名的科学观测之一就是古埃及人对天狼星偕日升的观测,它警告古埃及人尼罗河的泛滥即将来临。进行这样的观测不需要天极、子午线或天赤道等知识,它们只要求熟识位于黄道带上的星座。所以,埃及和希腊天文学的注意力全部集中在地平线和黄道上。

中国人则采用冲日法,寻找位于太阳相对位置上的恒星。他们把注意力集中于永远在地平上不升不落的极星和围绕极星的那些恒星——拱极星上。因此,这个系统与子午线(通过天极和观测者天顶,也就是通过南点和北点的大圆)有密切的联系。他们对拱极星作系统的观测,记录下它们上中天(达到在天空中的最高点)和下中天(处在天极正下方的位置)的时刻。

希腊人当然也是知道拱极星的——荷马就提到过——甚至还有一个希腊故事说特洛伊城被围时,哨兵按照大熊座尾巴的纵横指向换岗。反过来,有迹象表明,古代中国人也注意到了偕日升和偕日没的现象。不过中国人注重的跟希腊人大大不同。天极是中国天文学的根本性基础,与把人跟宇宙做对应的小宇宙和大宇宙的思想背景相联系。天极对应于地上的帝王,一个官僚农业国家的庞大体系在自然地、自动地围绕帝王运转。

很容易理解,子午圈是从圭表中产生出来的,圭表是一根树立在地上的棍子,用来测量日影的长度,这很可能是最古老的天文仪器。观测者白天向南看,测量太阳的投影;夜间向北看,测量拱极星上下中天通过子午圈的时 92

间。《周礼·考工记》这样说：

> 昼参诸日中之景，夜考之极星，以正朝夕。

在测量天体上中天时刻时，需要用到时圈的概念。时圈是些间隔相等的大圆，它们从北极出发，通过天体，到达天赤道，然后到地平。这些也包含着有中国特色的小宇宙—大宇宙的意义，象征着皇帝——这上天在地上的儿子——的权力向各个方向施加影响。所以，从天极向四周辐射的时圈"像伞的桁梁一样"——1086年沈括这么说。在公元前的第一个一千年里，中国人建立起了完善的按天赤道分区的体系，按时圈与赤道相交的点来分划，这就是二十八宿体系。人们可以把这些"宿"设想成天球的弧瓣（像橘子瓣），以时圈为界，名称采用位于时圈上的恒星所在星座的名称，每一宿的度数不等，从这一颗恒星开始度量。

"宿"的边界一旦划定，距星在赤道南北和远近如何都不重要了——中国人总能够知道它们的确切位置，甚至当它们在地平以下看不见的时候，只要观测和它们拴在一起的拱极星的上中天就能知道它们的位置。这就是他们求太阳在恒星间位置的方法，因为他们知道满月在天空中总与太阳处在相对的位置上。这就是前面讨论的浑天说的精华所在。天球的周日运动一旦弄清楚之后，就能够根据拱极星的上中天和下中天定出赤道上每一点的位置。太阳的和恒星的坐标也能够建立起来。

93 拱极星和赤道上的标准点

中国古代的确用拱极星的上中天来指示不可见之宿的方位，这一点在公元前1世纪《史记·天官书》中有一段话说得很清楚。司马迁说：

> 杓携龙角，衡殷南斗，魁枕参首。
>
> 用昏建者，杓。……夜半建者，衡。……平旦建者，魁。……

只要我们知道大熊座各星名称和其他几个星座的名称，这些话就可立刻明白了。众所周知，天文学家现在用希腊字母来指称星座中肉眼可见的恒星，较暗的用数字或罗马字母指称。一些比较明亮的恒星还有专门的名字，这些名字一般都有阿拉伯起源。用这个命名系统，和中国的恒星名称，我们来画出一张大熊座的亮星表，也就是被叫做北斗七星的那七颗亮星。中国人把北斗七星分成两个部分，我们叫做犁刃部分或勺口部分，中国人叫做魁；犁或勺的柄部分，中国人叫做杓。图61所图示的恒星如下：

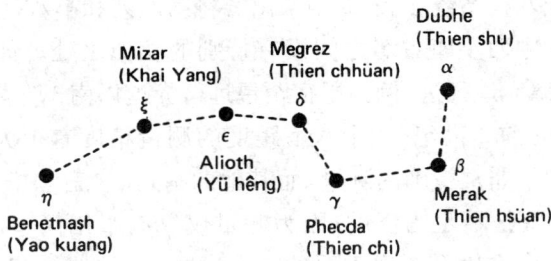

图 61 大熊座诸星

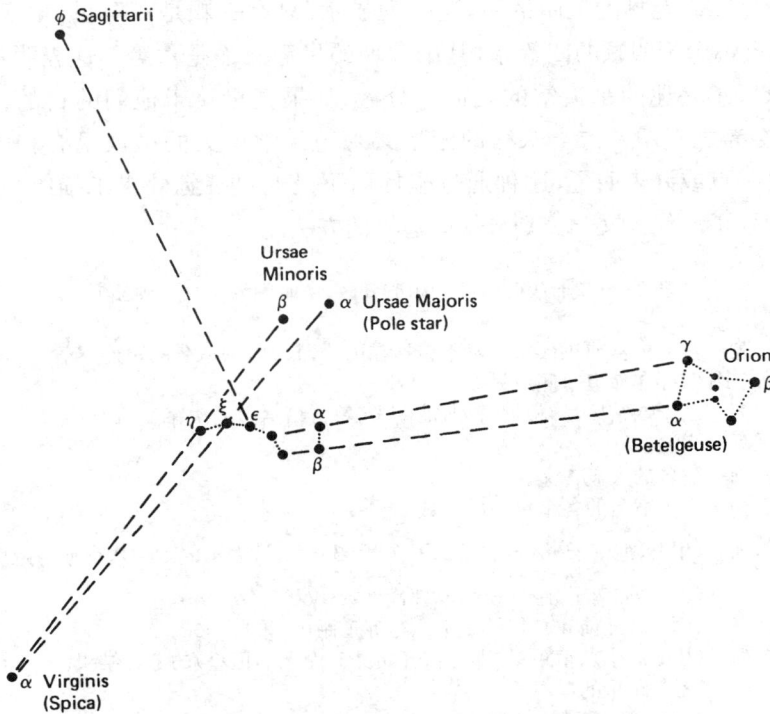

图 62 拱极星与其他恒星"牵制"关系的图示

根据这些信息,利用图 62,我们就能够解释那一段话了。第一句话解释了角星(室女 α)可以通过柄上的最后两颗星找到。实际上要做的是画两条直线,一条通过北极星(小熊座 α,中国人叫做天皇大帝或天极)和开阳(大熊座 ξ),另一条通过天帝星(小熊座 β)和摇光(大熊座 η),这两条直线相交于角星。第二句话陈述了从玉衡(大熊座 ε)引一条平行于天玑(大熊座 γ)和天权(大熊座 δ)连线的直线,将指示南斗(人马座 φ)的位置。斗口和斗底(就是大熊座 γ、β 和大熊座 δ、α)的延长线正好碰上参宿(猎户座)。

完整的二十八宿系统在表 22 中给出。将第四列和第八(甲)列作一比较,可以发现对应的中西星座古名之间没有特别的相似之处。如第七(丁)列所示,有些距星距离赤道很远,例如尾宿距星远至赤道以南 37°,昴宿距星远至赤道以北 23°。公元前 2 世纪,二十八宿距度的测量精度有很大的差异。有的宿,如牛宿,得到了非常精确的测量,而其他的宿,如参宿和毕宿,测量误差在 1°以上。这些误差是不足为怪的,因为测量仅靠肉眼用简单的仪器来完成。从第七(乙)列可以看出一个很重要的一点,即距星的选取范围很宽,与星等(即视亮度)没有依赖关系。读者该记得星等数越大,星越暗,六等星是在晴朗的夜晚肉眼能见的最暗的星,这一列显示,只有一颗是一等星(角宿一,室女 α),有不少于四颗的四等星,其中一颗的星等几乎是六等。这表明古代天文学家所感兴趣的是天空的几何学分区,如果亮星对于他们的目的没有用处,便会弃之不用。二十八宿的距星必须与经常可见的拱极星有相同的赤经。这一点或许表明了,这种通过坐标而不是通过视觉效果来描绘星群,明确地预示了现代天文学家划分星座边界的方法。

表 22   二十八宿(月站、赤道分区、由时圈界定天球弧瓣)

说明

第一列   宫。中宫或拱极宫自然不包括在内。因为提供宿名的星座尽管可以离开赤道 35 度之多,但都在赤道一侧或另一侧。

第二列   二十八宿序号,根据譬如《淮南子》等古籍给出的次序。

第三列   宿名。

第四列   宿名的大概古义。

第五列   提供宿名的各个星座的星数。

第六列   (甲)《淮南子》给出的以中国古度$\left(365\frac{1}{4}°\right)$表示的二十八宿赤道距度。

(乙)《淮南子》距度换算成现代度数(360°)。

(丙)公元前 450 年的二十八宿赤道距度,采自 Nōda。

第七列   (甲)二十八宿距星(即各宿开始处时圈上的恒星)的考证结果。

(乙)距星的星等。

(丙)1900 年的距星赤经。

(丁)1900 年的距星赤纬。

第八列   有关的拱极现象。本表列有某些拱极星(大部分在大熊座、小熊座和天龙座)的上中天和下中天,完全与地平线下各宿不可见的中天对应。应该指出,这是毕奥(J. B. Biot)按地理纬度 34 度到 40 度之间的地区对公元前 2357 年进行计算而得到的。同样的表如时间不同,例如公元前 4 世纪,则应该作修正,但一般原则不变。这些拱极星的中国名称见后面的表 23。

① 这是南半球的星,并非拱极星,见《夏小正》。

② 严格地说,牵牛本是天鹰座 α。

③ 不要与织女相混淆(见表 23)。

④ 关于天极附近相当于天乙的一个或几个小星,考证有疑问。

97

一 宫	二 序号	三 宿名	四 宿名古义	五 星数	六 赤道距度 甲 古度	乙 今度	丙 计算值	甲 考证结果	乙 星等	七 距星 丙 1900年赤经 时	分	秒	丁 1900年赤纬 度	分	秒	八 相关的拱极现象
东宫	1	角	角	2	12°	11.83°	11.70°	室女 α	1.2	13	19	55	−10°	38'	22"	小熊 α（天皇大帝）、小熊 3233（庶子）下中天、天龙 i（天乙）上中天
	2	亢	颈	4	9°	8.87°	8.81°	室女 κ	4.3	14	07	34	−09°	48'	30"	半人马 α，β（南门）① 上中天
	3	氐	根	4	15°	14.78°	14.46°	天秤 α²	2.9	14	45	21	−15°	37'	35"	无
	4	房	心	4	5°	4.93°	5.25°	天蝎 π	3.0	15	52	48	−25°	49'	35"	天龙 α（右枢）上中天
	5	心	心	3	5°	4.93°	4.14°	天蝎 σ	3.1	16	15	07	−25°	21'	10"	无
	6	尾	尾	9	18°	17.74°	18.95°	天蝎 μ¹	3.1	16	45	06	−37°	52'	33"	无
	7	箕	箕	4	11 1/4°	11.00°	10.22°	人马 γ	3.1	17	59	23	−30°	25'	31"	天龙 κ 下中天、北斗斗柄垂直向上
北宫	8	南斗	南斗	6	26°	25.80°	26.54°	人马 φ	3.3	18	39	25	−27°	05'	37"	天龙 ι（左枢）上中天
	9	牛 牵牛②	牛 牵牛	6	8°	7.89°	7.90°	摩羯 β	3.3	20	15	24	−15°	05'	50"	大熊 α（天枢）、大熊 β（天璇）下中天、天琴 α（织女）、天琴 β（渐台）上中天

（续表）

一 宫	二 序号	三 宿名	四 宿名古义	五 星数	六 赤道距度			甲 考证结果	乙 星等	七 距星						八 相关的拱极现象
					甲 古度	乙 今度	丙 计算值			丙 1900年赤经			丁 1900年赤纬			
										时	分	秒	度	分	秒	
	10	女（须女③）	女使女	4	12°	11.83°	11.82°	宝瓶 ε	3.6	20	42	16	−09°	51′	43″	无
	11	虚	空虚	2	10°	9.86°	9.56°	宝瓶 β	3.1	21	26	18	−06°	00′	40″	大熊 γ（天玑）、大熊 δ（天权）下中天
	12	危	屋顶	3	17°	16.76°	16.64°	宝瓶 α	3.2	22	00	39	−00°	48′	21″	大熊 δ 至 ε（玉衡）、天龙 42 及 184（天乙）④下中天
	13	室（营室）	室野营	2	16°	15.77°	16.52°	飞马 α	2.6	22	59	47	+14°	40′	02″	大熊 ε（玉衡）、天龙 42 及 184（天乙）下中天
	14	壁（东壁）	壁东壁	2	9°	8.87°	8.44°	飞马 γ	2.9	00	08	05	+14°	37′	39″	小熊 β（天帝星）上中天、大熊 ζ（开阳）下中天
西宫	15	奎	胯	16	16°	15.77°	15.66°	仙女 η	4.2	00	42	02	+23°	42′	23″	小熊 3233（庶子）上中天
	16	娄	镶铸	3	12°	11.83°	10.83°	白羊 β	2.7	01	49	07	+20°	19′	09″	大熊 η（摇光）、天龙 i（天乙）下中天
	17	胃	胃	3	14°	13.80°	15.20°	白羊 41	3.7	02	44	06	+26°	50′	54″	无

（续表）

一 宫	二 序号	三 宿名	四 宿名古义	五 星数	六 赤道距度 甲古度	乙今度	丙计算值	甲考证结果	乙星等	七 距星 丙1900年赤经 时 分 秒	丁1900年赤纬 度 分 秒	八 相关的拱极现象
	18	昴	昴星团图形	7	11°	10.84°	10.44°	金牛 η	3.0	03 41 32	+23° 47′ 45″	天龙α（右枢）下中天
	19	毕	网（毕星团）	8	16°	15.77°	17.86°	金牛 ε	3.6	04 22 47	+18° 57′ 31″	无
	20	觜 觜觿	龟	3	2°	1.97°	1.47°	猎户 λ¹	3.4	05 29 38	+09° 52′ 02″	天龙κ上中天
	21	参	三星图形	10	9°	8.87°	6.93°	猎户 ζ	1.9	05 35 43	−01° 59′ 44″	北斗（大熊座）斗柄（熊尾）垂直向下
南宫	22	井 东井	井	8	33°	32.53°	32.60°	双子 μ	3.2	06 16 55	+22° 33′ 54″	大熊α（天枢）上中天，大熊β（天璇）上中天；该宿很宽，两星为其末端
	23	鬼 舆鬼	鬼车	4	4°	3.94°	4.46°	巨蟹 θ	5.8	08 25 54	+18° 25′ 57″	同上
	24	柳	柳	8	15°	14.78°	15.16°	长蛇 δ	4.2	08 32 22	+06° 03′ 09″	大熊β（天璇）上中天，同前船尾α（老人）①上中天
	25	星 七星	星七星	7	7°	6.90°	6.86°	长蛇 α	2.1	09 22 40	−08° 13′ 30″	大熊γ（天玑）、大熊δ（天权）上中天

99

（续表）

一 宫	二 序号	三 宿名	四 宿名古义	五 星数	六 赤道距度			七 距星				八 相关的拱极现象
					甲 古度	乙 今度	丙 计算值	甲 考证结果	乙 星等	丙 1900年赤经 时 分 秒	丁 1900年赤纬 度 分 秒	
	26	张	张开的网	6	18°	17.74°	17.13°	长蛇 μ	3.9	10 21 15	−16° 19′ 33″	无
	27	翼	翼	22	18°	17.74°	17.81°	巨爵 α	4.2	10 54 54	−17° 45′ 59″	小熊 γ（太子）下中天，天龙 42 及 184（天乙）和大熊 ε（玉衡）上中天
	28	轸	战车踏板	4	17°	16.76°	16.64°	乌鸦 γ	2.4	12 10 40	−16° 59′ 12″	小熊 β（天帝星）下中天，大熊 ζ（开阳）上中天

⑤ 人们认为这颗星在公元前第三千纪时,在中国刚刚可在地平线上看到它,但是否因其上中天与柳的位置有关而被注意到,则无任何确证。它像南半球的星,自然也不是拱极星。

表 23 表 22 第八列所指的恒星

中国星名	星 名 释 义	陈遵妫 1956 年的证认
渐台	漏壶底座	天琴座 β
织女	织女	天琴座 α
开阳	热或阳的传播者	大熊座 ζ
老人	老人	船底座 α
南门	南门	半人马座 α² 和 ε
北斗	北斗七星,大熊座	大熊座
庶子	皇帝的庶子	小熊座 5
太一	大一,伟大的第一星	——
太子	太子	小熊座 γ²
天权	天上的天平	大熊座 δ
天玑	天上的浑环(见下文 159 页)	大熊座 γ
天璇	天上的样板(见下文 163 页)	大熊座 β
天皇大帝	天皇大帝	仙王座 η
天乙	天上的单位,或天上第一星	天龙座 i
天枢	天的枢轴	大熊座 α
天帝星	天帝星	小熊座 β
左枢	左侧的枢轴	天龙座 ι
摇光	闪烁的光	大熊座 η
玉衡	天上的窥管	大熊座 ε
右枢	右侧的枢轴	天龙座 α

为什么星宿的数目正好是 28 个? 这个问题并不像它看起来那么简单。"宿"的最古老字形像用席子搭成的小棚。这些天空的区间就像地上散布在路边的茶棚一样,应当是日、月、五星的临时休息站;尤其是为月亮,这个夜间最亮的发光体准备的。这样二十八宿成了量度月亮运动的刻度标尺,而它的数目 28 则可能是古代两种基本月球运动周期的折中值。月球的月相变化一周需要

$29\frac{1}{2}$天(朔望月),但月球回到同一个恒星背景下只要 $27\frac{1}{3}$天(恒星月),因此 28 天这个平均数使用起来比较方便,尽管这两种周期总是无法调和的。

    在表 22 中,二十八宿按四宫分为四组,每组七宿。与四季相对应的四宫的象征性名称在下文将给出。这里,方向相反的原则产生了一个奇怪的结果,即春宫和秋宫的位置对调了。心宿在秋天接待太阳来访,但却划在春宫;参宿在春季迎接太阳,但它属于秋宫。这是因为所寻求的答案不是聚合——就如偕日升或偕日没的情形——而是冲日。春季的望月,却是出现在"春"季的宿,而秋季的望月也出现在"秋"季的宿。当地面上的四方点延伸到天赤道上的时候,这样的困难就会出现。增设一个第五宫(中宫、拱极宫)是中国宇宙学的鲜明特点,这在和其他文化(例如波斯文化)有相互影响的所有问题上都非常重要,并且把天上的分区带入到了所有其他的"五分"法中——如我们已经讨论过的五行说(原著第一卷153页及以后)。从极星与帝王之间的明显对比和拱极星座在中国天文学体系中所受到的特殊敬仰来看,把拱极星座看作帝王统治机构中主要成员的宅邸或官署是很自然的。图 63 采自东汉武梁祠石刻,表明他们中的一员坐在北斗七星的斗里。

101

102   **图 63**   大熊载着一位天官;一幅采自武梁祠石刻(147 年)的浮雕[在原来的石刻上,手持孤星的小妖与斗柄排成一线,但不包括斗柄最后一颗星。所以这颗孤星必定是招摇(牧夫座 γ)]①

---

    ①   这颗孤星不是招摇,而是开阳的伴星"辅"。——译者

二十八宿体系的发展

这里提出的第一个问题是,二十八宿究竟古老到什么程度? 最近在安阳发现的卜骨使这个问题得到解决。这些卜骨的年代在商代(约公元前 1500 以后),所以我们可以确定,二十八宿体系是从商代中期开始逐渐发展起来的,因为它的核心部分在公元前 14 世纪已经出现了。这是武丁(公元前 1339—1281 年[①])在位时期,在武丁即位的卜辞(事实上与前后诸王的卜辞一样)中提到了恒星的名称。最重要的恒星是鸟星,鸟星(或星座)据考证就是朱雀,也就是居南宫(朱雀宫)中央的第二十五星宿(长蛇座 α)。而火星是心宿二(天蝎座 α)和居东宫中央的第四、第五宿——房和心。这些名字意味着沿着天赤道把天划分为四个主要的宫(东宫苍龙,南宫朱雀,西宫白虎,北宫玄武)。

除了上面已经提到的两星之外,甲骨卜辞中还提到一颗重要的星,叫做鹤,这颗星还有待考证。另一颗星叫"大星"。也许这四颗星组成了与四方对应的四宿。图 64 展示了一块记载鸟星的甲骨。可以进一步看到,星宿体系的核心部分由《诗经》中提到的星组成,《诗经》是一部民歌集子,其中的民歌传唱到公元前 8、9 世纪。其中的一首民歌讲到"定"星(飞马座的古名,第十三、十四宿)的上中天;还有一首提到昴(昴星团,第十八宿)的古名"罶"和参(猎户座,第二十一宿):

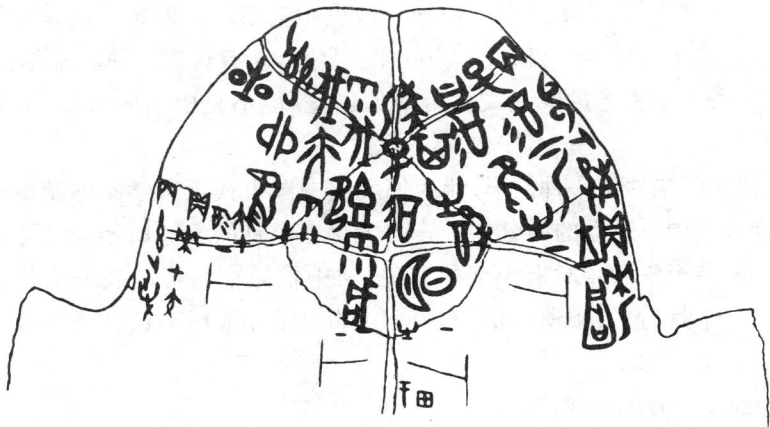

图 64　提到鸟星(长蛇座 α)的卜辞(象形的"鸟"字见左端倒数第二行下面,星字在其后,自成一行。卜辞的年代在公元前 1339—前 1281 年)　　103

> 牂羊坟首，
> 三星在罶。
> 人可以食，
> 鲜可以饱。①

总之，二十八宿中至少有八宿出现在了《诗经》中。

我们在叙述羲、和的天文学传说时，提到了《书经》。这段任命的文字跟"星辰四季"的文字穿插在一起，这段文字还应该跟另外两项资料——《夏小正》和《月令》——结合起来考虑。原文如下：

> 日中星鸟，以殷仲春。……日永星火，以正仲夏。……宵中星虚，以殷仲秋。……日短星昴，以正仲冬。……期三百有六旬有六日，以闰月定四时成岁。

说一年有三百六十六天不是一个有启发性的见解，因为我们知道公元前13世纪商代的人们就知道一年大约有 $365\frac{1}{4}$ 天。但是366天这个数字也许就是仅仅表示365天多一点的意思。更值得注意的是，这里提到了第二十五、五、十一和十八宿，每一宿都处在它所在宫的中央。初看起来，与它们所配的季节似乎错了，但是考虑到公元前2000年的情形时，就知道这里没有错，岁差会将星座的位置调整到文献中所说的位置上。然而，即使凭我们对中国天文学所作的全部了解，所引文字的精确年代也还是不容易确定。就是作最宽泛的估计，它也不可能早于公元前1500年。但是，还有这样一种可能，这段文字确实是一种非常古老的天文观测传统的遗迹，但不是中国固有的，而是属于巴比伦。

这段文献描述了一种情形，让我们明白中国古代天文学家的基本观测之一是，把天空周日运动的四分之一等同于每三个月的天球周年运动即一个象限。例如，冬至午后六时上中天的宿（引文中是昴宿），可以被证明是下一个春分日（三个月后）太阳所在的宿，并且年年如此，循环不息。通过可见天体

---

① 按原文，该诗翻译如下：
> 母羊难得长出公羊头，
> 昴星也不会到猎户座，
> 就算吃的能找到，
> 也很少能够吃一饱。

前两句解释有误："牂羊坟首"是说母羊有很大的头，形容羊瘦；"三星在罶"中的"罶"不是"昴"的古写，而是一种捕鱼用具，该句说水面平静、倒映着星光，"罶"里没有鱼。"三星"是不是猎户座腰带的三星也值得商讨，更有可能是虚写，泛指天上的星。全诗描写了一种饥馑的状态。——译者

的位置来推断不可见天体的位置，用这一方法来解决太阳在恒星中的位置这一问题，这一过程充分体现中国古代天文学的特点，所有步骤都是在由天极和天赤道构成的网状坐标系中完成的。

另外在《夏小正》和《月令》中提到了宿。在前者中提到了六个宿名，其中两个是第一次出现，天文学上的证据显示该书的年代在公元前 4 世纪。在记载较全的《月令》中除了五宿没有出现之外，出现了其他所有的宿名，年代可能也与《夏小正》相同。然而这两本书收录在秦、汉时代（公元前 3—前 1 世纪）的《礼记》和《吕氏春秋》中，如果把这两本书的其他记载也考虑在内，那么当时二十八宿是完整的。然而，几乎可以肯定，在公元前 4 世纪中叶石申和甘德从事天文活动的年代，整个二十八宿体系已经建立起来了。因此，星宿系统的一个连续发展可以追溯到公元前 14 世纪开始，一直到公元前 4 世纪，之后没有发生进一步的改变（比如参见图 65）。

104

铭文开始处，
顺时针方向
宿图开始处，
逆时针方向

图 65　唐代（618—907）铜镜，镜上有二十八宿（自外数第二圈）、八卦（第三圈）、十二兽（第四圈）和代表四个天宫的神兽图（最里面的一圈）。此镜现藏美国自然史博物馆。外圈刻着一首诗，从右侧花形记号处（相当于下午三点时针所指方向）开始为：

105

> 长庚之英，白虎之精。阴阳相资，山川效灵。宪天之则，法地之宁。分列八卦，顺考五行。百灵无以逃其状，万物不能遁其形。得而宝之，福禄来成。

完整的一圈二十八宿时角瓣见于图66,其中各宿的距星用空心小圆圈表示,宿里的其他各星用黑点表示。二十八宿距星的分布初看起来似乎让人奇怪,它们的赤纬分布范围很广,以致许多距星处在远离天赤道的这一边或那一边。但是,如果我们考虑到岁差,并画出公元前2400年的天赤道(图66中的虚线),那么就会有更多的星宿落在这条赤道上面。这个年代远在商代以前。另外,昴宿和房宿很接近于当时的二分点,星宿和虚宿很接近当时的二至点。在中国最古老的天文学文献——公元前1300年的甲骨文中,明确地提到了星和房。商代人们既然已经知道了两个分、至点,他们当然也必定知道另外两个分、至点。《书经》提到了所有四个分至点。重要的是这四个点在赤道上各相距90度,而大多数宿的距星之间也满足这个关系。

在二十八宿建立的年代问题上,人们被引回到公元前3000年,但是很大的困难在于中国所有的考古学和文献学的证据都不支持这样一个年代。它可能起源于巴比伦。一颗恒星被选为一宿的距星与它的赤纬无关,这个事实使得事情更加复杂化,事实上有几宿的位置不会落到任何一条可能的天赤道上。赤经是重要的因素,而不是赤纬。是赤经决定了这些距星是否会和一颗

107

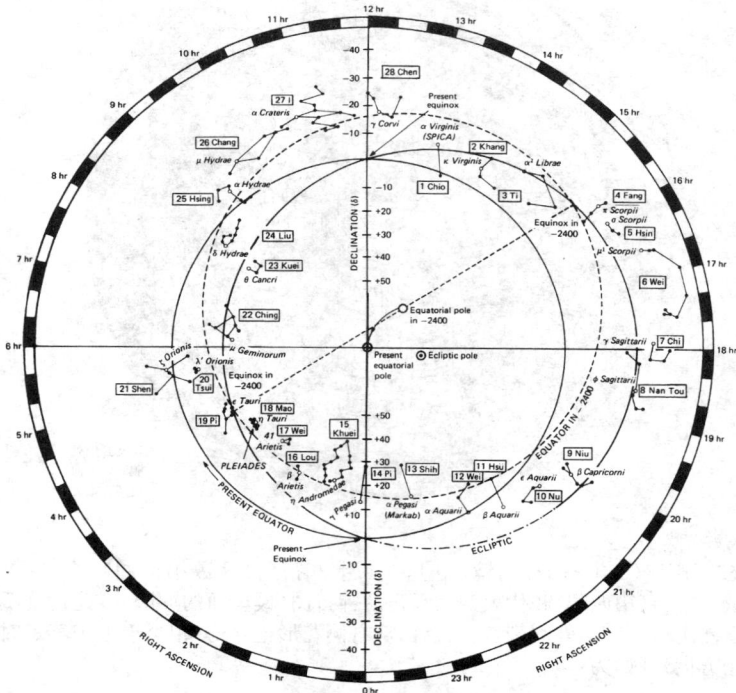

图66 二十八宿图(宿的中国名称写在长方形里。
对每一宿的距星给出了西方的星名,每颗距星用空心小圆圈表示)

拱极星拴在一起,这些例外的几宿大多数满足这一点。其他各宿似乎和商代的天赤道符合得很好,也许只是种巧合。选定这些星的年代可能晚得多,而且可能是为了其他目的。

然而,出现了另外一个问题。昴宿和房宿这一对分点,到了另一个时期应该被参宿(猎户座)和心宿(天蝎座)所取代,这就产生了"辰"这一重要名词的含义问题。这个词在古代文献中是常见的。在较晚的用法中"辰"有许多含义;除了作为十二地支——在算命系统中用到,与历法有关——中的一支外,它还被用作十二时辰中的一辰、天体聚合的凶兆或吉兆、吉星或凶星,以及特定的时期等等。有时人们说到三辰,有时又说到十二辰。人们已经指出,这个字最古老的写法像蝎尾或龙尾(图),这个图形应该被看作是天蝎座的一部分。由此可以解释在对《春秋》的一种古代注释中,大辰被解释成大火(天蝎 α、心宿中央星)、伐(参星、猎户座的剑)和北极星。所以"辰"的古义就是天空中的"定标点"。这里我们发现,这些古代文献、甚至字的形状,都和公元前 2000 年的星象有关。

岁差对整个星宿系统有很大的影响。由于天赤道和天极的移动,曾经是拱极星的恒星后来不再是了。北斗斗柄的指向被当作季节的指示,整个北斗由七颗星组成,而《星经》中有种古老的说法,北斗原来有九颗星,其中的两颗现在已经看不见。但是如果斗柄被延伸出去,就可以碰到牧夫座的一些恒星,这些恒星可以被认为原来是属于北斗的。《淮南子》有一整卷全部叙述每个月的社交仪式,按照招摇所指的方位分别叙述。因为招摇大概就是现在的牧夫座 γ,在公元前 1500 年就不再是拱极星了,所以,从这可以看出这部书所指的是一种非常古老的传统。这是另外一个证据,要求我们在接受中国天文学起源很晚的说法时应当慎重。

随着时间的推移,岁差也会引起恒星赤经的变动。这会影响到二十八宿距星与拱极星之间的"捆绑"关系,而似乎有证据表明这的的确确发生过。例如,明亮的牵牛星(天鹰座 α)后来被较暗的女(宝瓶座 ε)代替了;同样织女(天琴座 α)也让位给了微弱的牛(摩羯座 β)。大角(牧夫座 α)是牧夫座中的一颗恒星,早期曾经可能组成北斗斗柄的一部分,后来似乎被角(室女座 α)取代了。跟大角有关的是,在它的两侧各有一个包括三颗恒星的小星群,称为"左摄提"和"右摄提",而这种"摄提格"与木星的周期有关(见下文)。这是中国人注意偕日升的少数实例之一。在这一关系中,有人指出"胧"字——本义是月出——来源于这样一个事实:即在汉代一年开始时,月亮从青龙的两只角之间升起。"胧"字由"月"和"龙"两个部首组成;所以美术方面最常用的题材"龙戏珠"(珠即月)就是从这里产生的(图 67)。

108

109

110

图67 龙和月的象征性图案［北海公园九龙壁的一部分（摄影），A. Nawrath，《印度和中国》；*Meister werke der Baukunst und Plastik*（摄影集），Schroll，Vienna，1938］

二十八宿的起源

织女一、河鼓二（天鹰座 α 星，俗称"牛郎星"）以及其他作为距星的亮星在比较紧要的地方被较暗的星取代的情况，在其他文明没有发生过。尤其在印度没有发生过，这也正是我们涉及的一个曾经引起许多争论的问题，即印度和阿拉伯的月站体系与中国二十八宿的关系。

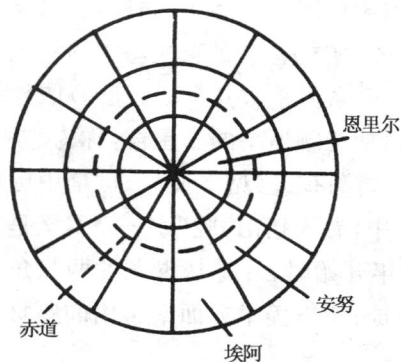

在中国和印度的星宿体系中有一些相似之处。中国二十八宿系统和印度月站系统中有九颗距星是相同的，另有十一颗距星在同一个星座中。中印星宿系统中只有八宿的距星处在完全不同的星座中，其中包括了织女一和河鼓二，它们可

能是早期中国星宿系统中的距星。中国和印度的新年都从角宿开始,在中印两种天文学中,昴宿都是四个90度点(即两分点和两至点)上的星座。

然而,中国是唯一一个能追溯星宿系统逐渐发展过程(正如已经做的)的古代文明。在中国星宿体系中我们发现沿着赤道分布较宽的星宿与赤道上相对位置上分布较窄的星宿有一种"偶合"(图66),而印度的月站系统中则不是这样的。印度月站与拱极星也不是"拴"在一起的,而这正是中国星宿系统的精华所在,印度月站的位置在公元前2400年时离开天赤道更远。最后考虑到文献证据,印度人给不出很多。根据这些情况,有人推测在古代中印两种系统是独立发展的,但是后来当中印文化交流加强时,两种体系发生了某种程度的联系。

有一种说法认为,中印两种系统都源于巴比伦的一种"月宫"系统,该系统被亚洲各古代民族所普遍接受。在尼尼微的亚述国王亚述巴尼拔(Assurbanipal,公元前668—前612年)的图书馆中确实藏有一批楔形文泥板,它们的内容可以确定为属于公元前第二个千年。这些泥板上展示了三个同心圆,分成12个扇形。这样在总共36块区域的每一块内,我们得到一些星座名称和数字(图68)。也许这些是最初展示了拱极星以及和它们对应的"月站"的平面球形星图(天球的平面图形)。这样的平面球形星图已经获得解

111

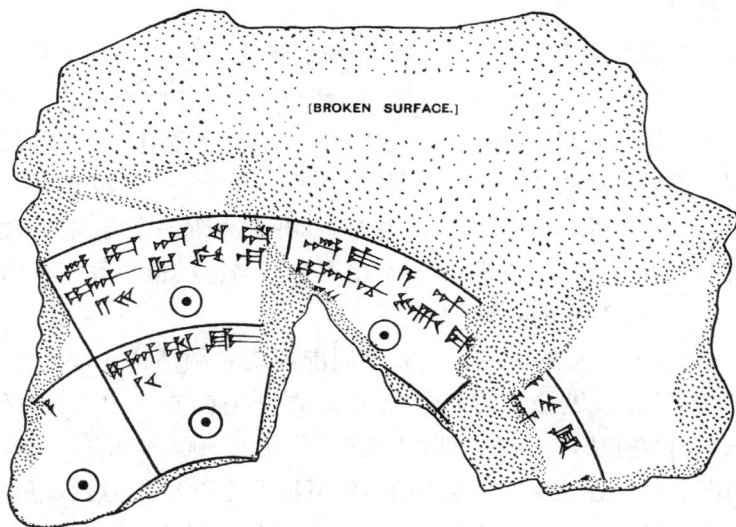

图68 巴比伦的平面球形星图(约公元前1200年)的一部分[采自 E. A. 沃利斯·勃奇(Wallis Budge)编著,《不列颠博物馆藏巴比伦泥板楔形文书》,41卷,1896—1931]

读,它们是由七千条星占卜辞组成的系列中的一部分,编成的年代与商代(约公元前1400—前1000年)同期,共有三圈,每圈十二颗星,根据其偕日出没的时间每月配有一星。中间一圈(赤道带)星叫阿努(Anu)星;外圈(天赤道以南)星叫艾亚(Ea)星;内圈是天赤道以北和拱极区的星,叫恩利尔(Enlil)星。大约在公元前700年,平面球形星图被著名的穆尔·阿宾(Mul Apin)星表取代。这些文书资料中从来没有提到过黄道和黄道带星座,直到两个世纪后它们才出现。

人们完全可以猜测,东亚的赤道月站系统起源于公元前第一个千年中叶或更早的古巴比伦。在这方面有一项很有意义的事实(尽管迄今还无人注意),这就是《周髀算经》有一张图很像巴比伦的平面球形星图,附带的文字说明与古巴比伦希尔普莱西特泥板(Hilprecht tablet,公元前1400年)中的有关内容也完全对应。当我们回想起《周髀》所描述的是一种最古老的宇宙学说,我们知道这件事情的意义是十分明显的。另外,北京的天坛和祈年殿至今还保存着三层圆台,似乎象征着艾亚—阿努—恩利尔的三环。这里主祭的皇帝自然占据着中央天极的位子。假如中国的赤道天文学确实是(即使部分是)从古巴比伦赤道天文学发展而来的,那么这种线索正是我们希望找到的。

天极和天极星

天极在中国天文学中的重要意义现在已经弄清楚了。但是岁差对天极位置的影响是显著的。天极绕着黄极(图56中的K)作圆周运动。现在天极正在现代天文学上的北极星附近(小熊座α),但是大约在11 000年以前,天极处在它围绕黄极运动的圆周轨道的另一端,靠近织女一(天琴座α)。在公元前3000年,天极靠近右枢(天龙座α)。因此,我们发现一个有趣的事实,即沿着自那时起天极所走过的路线,所有给出了中国名称的恒星都在不同时期充当过极星,但后来又都不再是天极星了。

研究显示,中国人在现在的北极星周围环绕着两堵由恒星组成的"藩"墙,围成紫微垣(一个与皇宫的类比)有意义的一点是,在每边的空白处,一边末端的恒星叫"左枢",另一边的叫"右枢"。公元前3000年左右,天极的位置恰好在两枢之间。近处还有天龙座的两颗恒星天乙和太乙,这两颗星在13世纪的平面球形星图(图77)上都能看到。它们都是暗弱的恒星,可能在公元前第二个千年的早期和晚期分别被作为极星。它们虽然离天极的轨迹不是很近,但也不比天帝星(小熊座β)远。天帝星大概在公元前1000年被当作北极星。中国人并不把小熊座当作一个星座看待。他们只用了其中两颗比较明亮的和一些较暗的恒星,其中一颗(鹿豹座 4 339,图 69)来自毗邻的星座鹿豹座。这鹿豹座的恒星是汉代的北极星。

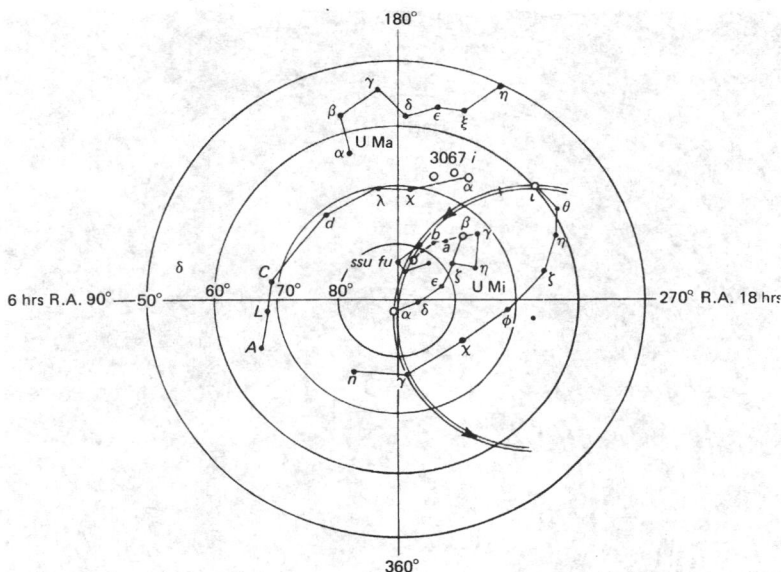

图 69 北天极路径投影图,以及古代的极星 113

因为这些恒星中没有一颗正好处在天极运动的轨迹上,我们应该指望能找到一些古人为了精确确定北极位置的努力。最早提出的解决这个问题的建议出现在《周髀算经》里,其中讲到了北极星的"四游"。当时很可能通过一根叫做"窥管"的仪器来观测"北极中大星"。随着时间的推移,汉代的极星移动了;到 5 世纪人们发现极星离开真正的天极有 1 度之多;到 11 世纪沈括描述了他对北极位移的测量。在西方,一个世纪后这种位移也得到了描述。接着我们现在的北极星被采用了,在中国这发生在明代末年。图 70 展示了一幅现在情形下的照片。

恒星的命名、星表和星图

1. 星表和恒星坐标系

公元前 4 世纪有三位天文学家绘制了星表,他们的名字——石申、甘德和巫咸——在前面讲述中国天文学文献时已经提到过。这些星表一千年以后还一直在使用,但在公元 4 世纪最后由陈卓把他们汇编在一起了。然后在 5 世纪,另一位天文学家钱乐之绘制了一种改进了的平面球形星图,他用不同的颜色来标注三位古代天文学家测定的恒星,以便区分他们使用的不同星占

114

图 70　拱极星的长时间曝光照片［摄影，彼得 · 吉尔（Peter Gill）］

表 24 古代星表中恒星数目统计

	星官数	恒星数	星官数	恒星数
石申				
中，即赤道以北	64	270	—	—
外，即赤道以南	30	257	—	—
二十八宿	28	282	—	—
"赤星"总数	—	—	122	809
甘德				
中	76	281	—	—
外	42	230	—	—
"黑星"总数	—	—	118	511
巫咸				
中、外；"白星"或"黄星"总数	—	—	44	144
			284	1464

体系。至少这些星图中的第二种在公元 715 年编制《开元占经》的时候还留存于世。《开元占经》收集了唐代以前周、汉的星表，为我们提供了公元前 4 世纪以来天文观测最完整的资料。

表 25 各星表中恒星的可能观测年代

	可能观测年代
二十八宿	
六宿（角、心、房、箕、张，可能有斗）	公元前 350 年
其他十七宿	公元 200 年
二宿（亢、参）缺北极距数据	—
三宿（氐、柳、星）异常	—
北天球六十二星	
二十七星	公元前 350 年
十三星	公元 180 年
六星（缺北极距数据）	
四星	公元 150 年
不确定	
南天球三十星	
十星	公元前 350 年
十六星	公元前 200 年
四星异常	—

中国星图制作的传统显然既久远又连续(表 25)。古代星表中的恒星总数有 1 464 颗,分成 284 个星官或星座。所有的星表采用类似的布局,给出同样的信息:先给出星官的名称,然后是包含的星数,再给出主要大星或距星位置的度量。度量总是包括(甲)恒星的时角,从该星所在宿的起点处开始度量;和(乙)北极距,见图 71 的图示;然而,与众不同的是《开元占经》另外给出了(丙)天体纬度。这是一个典型的希腊度量,可能通过瞿昙悉达的编撰传入中国。瞿昙悉达即使不是出生在印度,也跟印度有密切联系,因为印度使用一种希腊形式的坐标系统。然而中国天文学的根基是建立在赤道基础上的坐标系统,西方在文艺复兴时期才采用同样的坐标系统,特别是在 16 世纪后半叶丹麦天文学家第谷(Tycho Brahe)的精确天文测量之后。这就是赤经、赤纬体系,尽管中国人所指的是恒星的北极距而不是赤纬。正如我们已经看到的,还有基于地平和天顶的第三种坐标系统;这个坐标系利用天体的地平高度和方位角,带点阿拉伯天文学的特征。这种坐标有很不利的一面,它只适用于地球表面上某一特定的位置;这种方法在中国从来没有出现过。地平坐标系与星盘有密切的关系,而在中国还没有找到星盘这种仪器。

117

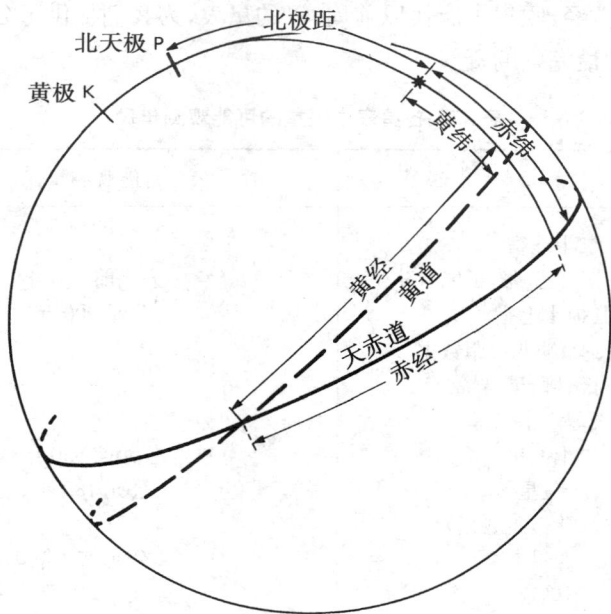

图 71 天球坐标系图

利用北极距确定星表本身的年代是可能的,因为这个距离(以及赤纬)依赖于当时的北极星。正式的年代确定估计在公元前 350 年到公元 200 年之

间,最新的估计可能是在公元前 70 年。这也说明了人们再三强调的一个陈述 118
是多么错误:由希腊天文学家托勒密在《至大论》中给出的星表是直到第谷时
期世界上所拥有的关于恒星位置的惟一资料。但是,把中国星表和托勒密和
他公元前 2 世纪的先行者喜帕恰斯的星表作一番比较是有趣的。希腊星表不
仅更晚,而且只有中国星表的三分之一大小。很明显,周代和汉代的天文学
家在方位天文学方面得到的赞誉应该比他们已经得到的更多。

天赤道为现代天文学所使用,中国人使用基于天赤道的坐标系统,然而
这在当时似乎也有不利的一面:这可能就是为什么中国人这么晚才发现岁差
的原因。在希腊这一发现由喜帕恰斯在公元前 2 世纪作出,他在编撰星表时,
比较了一些 150 年前作出的观测。他的比较显示一些恒星相对于春分点的位
置看起来改变了,然而如果他沿着赤道而不是沿着黄道度量这些恒星的位
置,这些改变也许就不那么明显。中国人与赤经对应的度量是某一单独宿中
的位置,而不是从分点开始度量的距离,这一事实尤其将掩盖位置改变的效
应。公元 4 世纪前半叶使虞喜作出等同发现的只是二分点和二至点的缓慢移
动而已。

但是当中国天文学家对黄道上及其附近恒星位置予以注意时,他们发现
了一些新奇有趣的事情。大约公元 725 年,僧人一行——他接触过印度和希
腊天文学——和工匠梁令瓒制造了测天仪器,测出了恒星的位置,与古代星
表、星图给出的位置不同。在十多次这样的事例中,一行发现恒星相对于黄
道有一种南北向的运动,并对这个现象作了讨论。然而他观测到的这种南北
运动不可能归因于岁差,后来这是为众所周知的,这意味着有一些恒星本身
就是有真实的运动。在西方,恒星的这种自身运动直到 1718 年由哈雷发现,
他也是通过比较古代观测记录和他本人作出的观测记录而发现。这个一行
似乎比哈雷的发现早了将近一千年。然而,恒星的自行量非常小,现在人们
认为一行的结果可能与仪器误差有关,而不是真实的效应。然而,很明显的
是,在一行的头脑中,恒星完全有可能作这样的运动。

2. 恒星的识别 119

接下来的问题是,中国和欧洲对星群和星座的识别有多大程度的相似?
后面将会看到,答案是:相似处非常之少。同一群星被看成不同的图形,一个
欧洲的星座时常以几个小星群或星座出现在中国平面球形星图中。例如,长
蛇座包括了张、星、柳三宿,以及其他八个跟这个欧洲星座没有丝毫类似之处
的星群。如果我们把西方星座和中国星图(表 26)作一比较,我们发现只有三
个黄道带星座和七个黄道带以外的星座,显示出一点点相似之处。表 27 列出

了比较结果,很明显这种对应给人的印象是不深刻的,这强烈地暗示着,中国对星座的辨认和命名是完全独立于西方而成长起来。事实上,中国的天空中完全缺少海洋的名称;与鲸鱼、海豚、巨蟹等对应的名称一个也没有。在另外一方面,由于农业和官僚性质在中国古代文明中占压倒优势,因而产生了一整套以人间的统治等级制度为蓝本的恒星名称。不仅中国恒星的命名独立于西方,而且它还代表了一种在相对隔绝和独立环境下成长起来的社会。这一陈述仍旧是成立的,即使在公元前 6 世纪以前有一部分巴比伦星占学知识可能传入了中国。这也不会妨碍另一些想法,即某些基本概念,例如导致产生二十八宿的平面球形星图上的"环"、圭表的使用、对天极和二分点的认识等等,早在一千年前已经传入中国。

120　　　　　　　　　　　　表 26　　西方星座和中国星群的关系

西方星座总数	包括宿的星座数	仅包括若干中国恒星或星群（二十八宿以外）的星座数	所包括的宿数	所包括的其他中国重要恒星及星群数	星座名称在象征意义上的相似性				
					无	很可疑	可疑	星座的区域如酌量扩大或缩小则可以认为有	有
2 世纪托勒密:									
黄道星座 12	11	1	$17\frac{1}{2}$	146	5	1	3	0	3
黄道外星座 36	7	29	$10\frac{1}{2}$ 28	290	21	1	3	4	7
5 世纪 1	0	1	0	6 442	1	—	—	—	—
17 世纪 23	0	23	0	50	23	—	—	—	—
18 世纪 14	0	7	0	7	14	—	—	—	—

表 26 中最后两行记录的星座直到 17、18 世纪才被欧洲人认识和命名。这些星座都在南半球,包括南天拱极星在内。人们往往假定,在耶稣会传教士来华之前,中国人不知道这些南半球星座。但是中国关于南半球星座的知识有一个悠久的增长历史。例如,10 世纪的《旧唐书》中说:

121

表 27 一些西方星座和中国星群

	西方的	中 国 的
黄道带的	摩羯座	牛宿
	狮子座	轩辕(龙骨——与提水车有关)
	天蝎座	房(房间)
		心(心脏)
		尾(尾巴)
非黄道带的	御夫座	五车
	牧夫座	玄戈(邻近星的名称也属于军事方面)
	大犬座	天狼星
	南冕座	鳖
	北冕座	贯索
	猎户座	参(星座图形相似)
	大熊座	北斗

　　开元十二年……以八月,自海中南望老人星(船底座 α),殊高。老人星下,环星灿然,其明大者甚众,图所不载,莫辨其名。大率去南(天)极二十度以上,其星皆见。乃古浑天家以为常没地中,伏而不见之所也。

据说考察结果已经失传,但是这仍然是当时值得注意的一次远征考察,并且的确是中古时代早期唯一的一次。

　　3. 星图

　　尽管中国早在公元 3 世纪,甚至可能还在汉代,就已经制成星图,但其中没有一张流传到今天。然而公元前 2 世纪的天文手稿最近被发现和印刷出来。我们从汉代的石刻和浮雕可以知道,用直线连接小圆圈或黑点来表示星群的办法至少可上溯到汉代(图 72)。后来这种方法传播到阿拉伯手稿中,甚

图 72 汉代的石刻(左边是织女星座,织女的头部上方是天琴座 α、β、γ;中间是太阳,上面标着它的象征——乌鸦;右边是另一星座,可能是"鸟"星的一宿:房、心或尾。这些星群均以标准的点线方式绘制而成。全图描述了太阳处在时角约 260 度的地方。根据 S. W. 布谢尔:《西藏的早期历史》,载《皇家亚洲学会学报》,1880,N. S.,12 卷,435)

至翻译成拉丁语文献。在我们这个时代，这种描绘星群的方法可见于道观外的旗帜上（图73）。

在中国和日本都发现了唐代（7—9世纪）墓室顶上的粗糙星图。敦煌星图（图74和75）的年代为940年左右，如果把摹仿性很强的古代石刻、壁画（如图63）不计算在内，那么敦煌星图是所有古代文明中流传至今的最古老的星图。而编入苏颂《新仪象法要》的星图是我们拥有的最古老的印刷星图。书中的星图从1088年开始编制，结束于1092年，在多方面值得注意。两张星图用"麦卡托式"投影法绘制（图76），这种画法在当时之前一个多

图73 重庆南岸老君堂道观外所悬旗帜上的星座[1946年拍摄，主要星群似乎是天囷（鲸鱼座）]

123

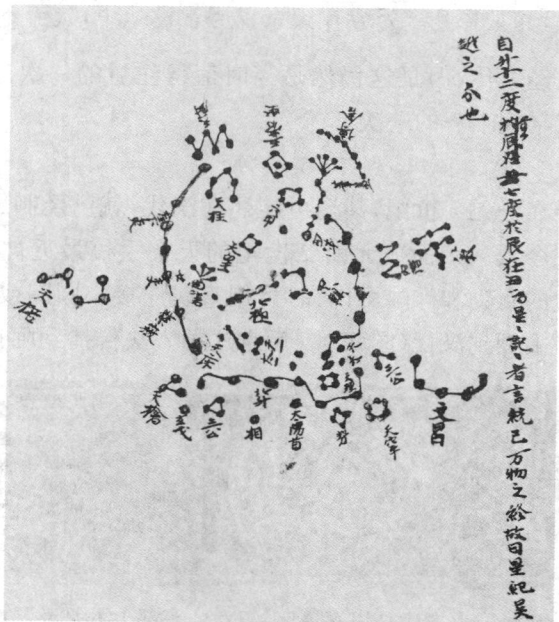

图74 敦煌星图手抄本（约940年，大英博物馆斯坦因收藏品第3326号。左边是紫微垣和大熊座的极投影。右边是麦卡托式投影图，自斗宿十二度至女宿七度，包括人马座和摩羯座中的中国星座。图中的星按照古代方位天文学三学派的传统，分别绘成白、黑、黄三色）

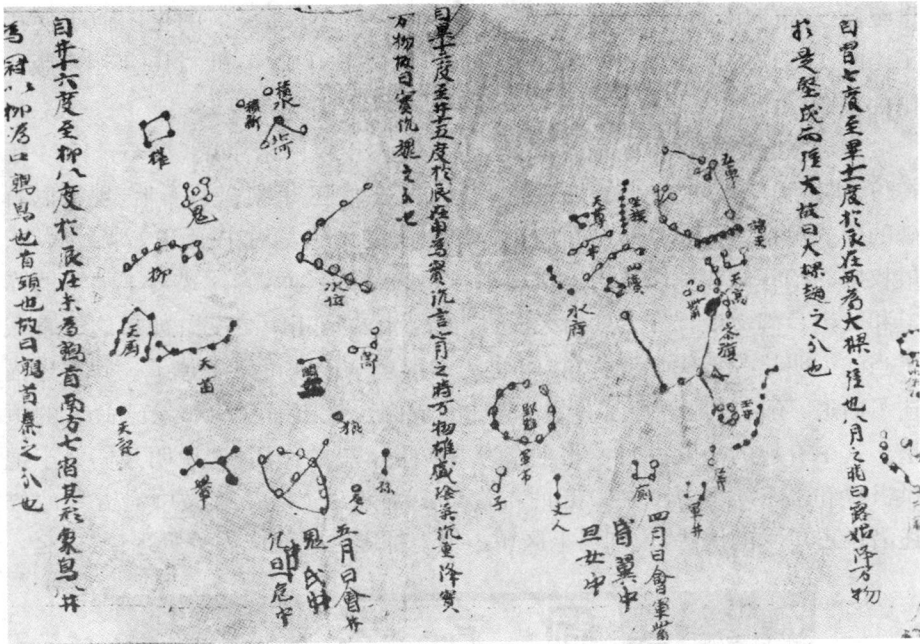

图 75　图 74 中的敦煌星图给出的用麦卡托投影法绘制的二个小时时角片段（右边自毕宿十二度至井宿十五度，包括猎户座、大犬座、天兔座；左边自井宿十六度至柳宿八度，包括小犬座、巨蟹座和长蛇座）

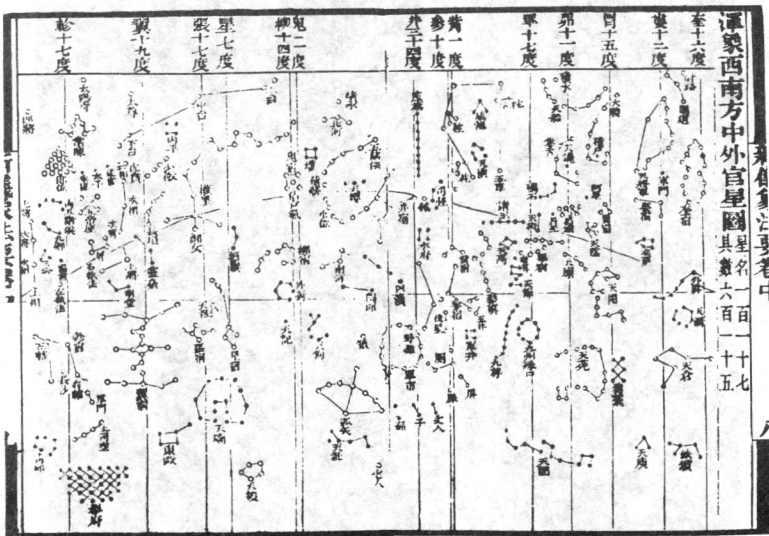

125

图 76　《新仪象法要》（1092 年）的浑象星图（图中有用麦卡托投影法画出的十四宿。赤道是中间的水平线；上面的弧线是黄道。注意各宿的宽度不等）

世纪就已经应用,尽管当时没有那么精确;其中一张北极区的星图似乎使用了当时沈括作的最新观测结果。另外最近发现了1005年和1116年用木版印刷的星图。

中国最有名的球形平面星图是1193年为年轻的宋宁宗(1195—1224年在位)讲解天文学而绘制的(图77)。这张图在1247年刻在石头上,现在以石碑的形式保存在江苏苏州的孔庙里。星图附的碑铭是对中国天文学最简明、最权威的阐释。在一段基于宋代理学思想的绪论后面,碑铭描写了天球的赤道和黄道。碑文说,赤道"横络天股,以纪二十八宿相距之度";如果这一直截了当的说明早为近代学者所知,19世纪的很多争论就可以省掉了。碑文还描述了白道,还正确地解释了月食、日食的成因。指出有1 565颗已命名的恒星。其中有趣的一段说明了北斗作为季节指示星的作用,这说明人们对于把拱极星和二十八宿"拴"在一起的古代天文学并未遗忘。碑文中对五星的描述沿用占星术的说法,说到天上区域与地上郡国之间对应的分野理论。

126

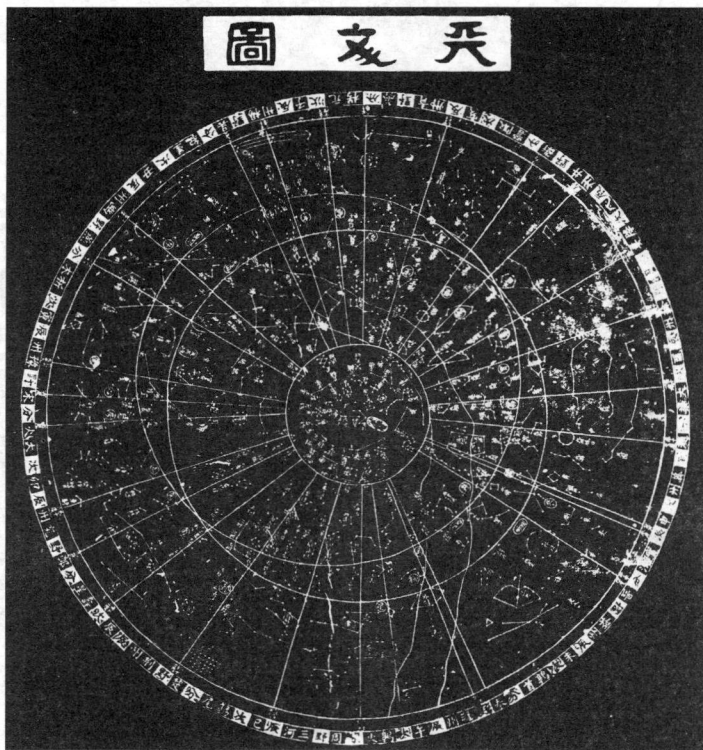

图77 苏州石刻天文图(1193年),留意偏心的黄道和弯曲的银河(此图及其说明文字由地理学家、礼部侍郎兼侍读黄裳完成,1247年王致远刻石)

还有其他的平面球形星图。刻于 1395 年的一张朝鲜星座一览表，银河画得非常突出，并试图用圆点的大小来表示不同亮度或星等的恒星。星图附的碑文是关于中国古代宇宙学说的评述和二十四节气昏旦中星表。另一幅星图是一只直径 34 厘米的铜碗，碗底有一些隆起的圆点来表示恒星；尽管这幅星图的年代可能比较晚，不可能早于 17 世纪，但是它完全属于中国传统。

这些平面球形星图都以天枢作为极星，保存了公元前 350 年的天文体系。在二分点的位置上它们与苏颂最好的星图不一样，这个位置可能与公元200年左右的情况符合。这种倒退跟当时社会上和政治上的趋势有关。苏颂和沈括研究天文学的时候正是卓越的宰相王安石进行革新的年代。而一百年后的苏州天文图则完成于守旧思想又一次占上风的时候。在我们了解了世界上其他各地绘制星图的情况后，我们就会知道，决不可轻视中国星图从汉到元、明这一完整的传统。欧洲在文艺复兴以前可以和中国星图制作传统相提并论的东西，可以说很少，甚至简直就没有。

127

星辰传奇和民间传说

可想而知，中国有自己的星座传奇，其中有很多跟唐代佛教天文学家一行有关的传说。有一个载于公元 855 年的《明皇杂录》，是一个离奇、迷人的故事。故事说：

> 一行幼时家贫。邻有王姥者，家甚殷富，奇一行，不惜金帛，前后济之约数十万，一行常思报之。至开元中，一行承玄宗敬遇，言无不可。未几，会王姥儿犯杀人，狱未具，姥诣一行求救。一行曰："姥要金帛，当十倍酬也，君上执法，难以情求。如何？"王姥戟手大骂曰："何用识此僧！"一行从而谢之，终不顾。

> 一行心计浑天寺中工役数百，乃命空其室内，徙一大瓮于中央，密选常住奴二人，授以布囊。谓曰："某坊某角有废园。汝向中潜伺，从午至昏，当有物入来，其数七者，可尽掩之。失一则杖汝！"如言而往。至酉后，果有群豕至，悉获而归。一行大喜，令置瓮中，覆以木盖，封以六一泥，朱题梵字数十，其徒莫测。

> 诘朝，中使叩门急召，至便殿，玄宗迎谓曰："太史奏昨夜北斗不见，是何祥也？师有以禳之乎？"一行曰："后魏时失荧惑，至今帝车不见，古所无者，天将大警于陛下也！夫匹夫匹妇不得其所，则殒霜赤旱。盛德所感，乃能退舍。感之切者，其在葬枯出系乎！释门以瞋心坏一切喜，慈

128

心降一切魔。如臣曲见，莫若大赦天下！"玄宗从之。

又其夕，太史奏北斗一星见，凡七日而复。

一行的确有一些讲述北斗七星的星占学和天文学含义的论著，想到这点，我们就容易理解上面这个控制北斗七星的故事了。

第五节 天文仪器的发展

表和圭

在所有的天文仪器中，最古老的是一种简单地树立于地上的竿子，至少在中国是如此。用这种竿子白天可以来测太阳投影的长度，以确定冬至和夏至，正午影长最长的时候是冬至，最短的时候是夏至。夜晚可以用它来观测恒星天球的缓慢公转，以确定恒星年的长度。它被叫做"碑"或"表"。碑从骨可以写成"髀"；或从木写成"椑"，意思是杆子或木柄。声旁"卑"在甲骨文中作手持杆状物状、有太阳在上方后面(𝌆)，尽管这声旁本身现在单独的含义是"低下"的意思，但其原始含义可能就是指表本身。与太阳相比，这毕竟是放在地上的低矮的东西；同时也表示冬至日太阳投射出长长的影子。中国人一向以冬至日为一回归年的开始(回归年就是太阳每年通过同一个二分点或二至点的时间间隔)。

殷商人注意到物体投影的另一个证据，也许可从现在的纯书面文字"昃"字推断出来。昃的意思是日落时分的下午。这个字的甲骨文写法(𝌆和𝌆)，是一个太阳加上一个从不同角度投出的人影。

现存关于二至点观测的古代文字记载，大概以《左传》公元前654年的一段记载为最早，因此值得引述。

129

僖公五年，春王正月辛亥朔，日南至。公既视朔，遂登观台以望而书，礼也。

从这段话来看，鲁僖公参与天文学家的行列时究竟在做什么，史书的记载是不够清楚的。但这是冬至日，他们在测量影长，这点是毫无疑问的。这种数据是如此重要，因此国家统治者亲身参加测量并不令人感到奇怪。

虽然《淮南子》保存了古时表长一丈的传说(在中国数学中有讲周代度量衡用十进位制的可靠证据，此处与之符合)，但这早已经废止，大概是因为不便于简易地计算直角三角形的边长。在古代和中古时代的文献中提到的表长都是八尺。就是到了元代，当更高的精度要求需要更大圭表，用的也是八尺的倍数四丈。

　　最早测量影长用的当然是当时的尺,但是由于尺的大小随官方规定和地方习惯而有不同,因此特制了一种可称之为"表影样板"的标准玉板,只用于测量影长。《周礼》中提到过这种样板,有一个公元164年用赤土制的实物还留存于世。二至点的日期可以这样来确定:在预期的日子前后几天将标准样板放在表杆底部的正北,找出正午影长与它最相合的日期。实际上,冬至通过观测夏至间接确定,原因之一可能是这样就只需要一个短得多的样板了。另一个原因是在那个时候很容易找到恒星标志点,在公元前450年前后的几个世纪中,牛宿的距星(摩羯座 β)正好在夏至的时候冲日。

　　采用标准样板系统的目的是为了克服原始度量衡制度的混乱,但没有一直贯彻下去。在某种意义上说,它就是诸如现代的铂制米原器的先声。公元500年,祖暅之制成一种青铜仪器,把表杆和水平量尺结合在了一起。大约在此五十年以前,何承天对冬至日影长度进行了细致的测量。只有在进行了这

130

131

图78　清末刊印的《夏至致日图》,展示上古传说时代羲叔(羲氏兄弟最小的一位)在夏至日用表杆(竿)和土圭测量日影(采自《书经图说》)

样的测量之后,四季的不均匀性才有可能被发现。

对二至点影长的研究提供了准确的黄赤交角(图 56)数值。公元前 4 世纪石申和甘德开始测量天体的赤经和赤纬时,可能已经知道黄赤交角了。在《后汉书》所载公元 89 年贾逵给出明确数值之前,关于太阳在二至点的赤纬还没有精确的数字可用。在接下来的几百年中中国天文学家一直在测定二至日的影长。图 79 比较了中国和其他地方测定的不同黄赤交角(ε)数值,考虑了这一数值随时间的缓慢变化。此图给出了这一数值早期的精度信息,但是

132

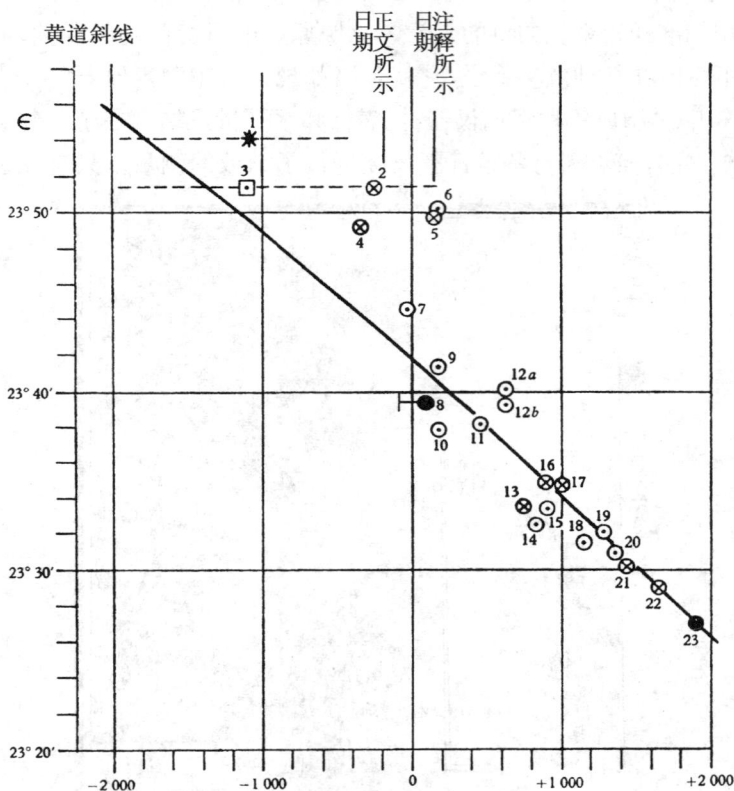

图 79 古代和中古代的黄道倾角测定值

1.《周礼》观测值。其观测地点、长度单位和表高均不详。2—3(虚线)经哈特纳重新核算过的《周礼》观测值,地点假定在阳城。 2. 埃拉托色尼(Eratosthenes)。 3. 拉普拉斯的理论值。 4. 皮西亚斯(Pytheas)。 5. 托勒密(Ptolemy)。 6. 刘洪和蔡邕(仅取中国古度 67 $\frac{1}{8}$ 度一值,根据哈特纳)。 7. 刘向。 8. 贾逵,年代上溯至落下闳,也是《周髀算经》所列诸值的期间。 9. 刘洪和蔡邕。 10. 刘洪和蔡邕(冬夏二至,《后汉书》的值)。 11. 祖冲之。 12. *a*,*b* 李淳风。 13. 马蒙(al-Ma'mūn)观象台的值[根据 Sindi bn'Ali 和 Yahya ibn abi Mansūr]。 14. 徐昂。 15. 边冈。 16. 巴塔尼(al-Battānī)。 17. 伊本·尤努斯(ibn-Yunus)。 18. 刘孝荣。 19. 郭守敬。 20. 沙梯尔('Ali ibn al-shātir)。 21. 兀鲁伯(Ulūgh Beg)。 22. 卡西尼(Cassini)。 23. 现代值。

133

有太多的不定因素——日期、地点、表高和长度测量单位——刘洪和蔡邕的准确数值很可能是碰巧得到的。不管怎样，我们很难完全否定《周礼》提供的数字。也许最好的解决办法是把它们看作周代某地的测量，后来经外行人之手传了下来。误差的范围大到足够使我们可以根据完全不同的历史背景，在公元前 9 世纪到公元前 3 世纪之间，为这项观测选定一个观测日期。尽管如此，还是值得强调，中国的一系列观测值，以郭守敬极精确的数值为顶峰，曾为 18 世纪天文学家在关于黄道倾角渐变的讨论中提供了证据。

另一个在基本运算中曾经长期存在的一个错误是，认为从古阳城的"地中"开始，向北每一千里影长增长一寸，向南每一千里影长缩短一寸。然而许多著名的实测结果反对这一说法。445 年，何承天在印度支那的交州（今河内，在阳城之南 5 000 里）和林邑同时进行实地测量，所得到的结果是每千里影长差 3.56 寸。在 508 年和 600 年还进行了同样的测量。最完整的一套数值是 721 至 725 年间南宫说和僧一行所率领的考察队测得的，在 7 973 里长（超过 3 500 公里）的子午线上分布了九个站点，用标准的八尺表同时进行了冬、夏至影长的测量。得到了日影每隔千里差 4 寸左右的结果。世界各地在中古代初期所进行的有组织的野外测量，显然以这一次最值得注意。

与此类测量有关，还值得提到一次更早的记录。这是由一个军队指挥官灌邃作出的观测。公元 349 年，灌邃领导了一次成功的远征，深入越南追击一支败军。在那里他树起表杆，但发现"日在表北，影在表南……故（该地居民）开北户以向日"。这样，中国人知道，在北回归线（正好在广州北面）以南，一年中有一部分时间正午的阳光向南投影，这是亚历山大时代的希腊人也已经知道了的。

当所测得的影长能为天文计算服务时——由于缺乏其他知识，例如地球表面弯曲等，一些测量肯定不是精确的——所有测量中最重要的是对零点的观测，即影长达到它的最大值和最小值的时刻。它们对于制定历法来说是至关重要的。对卜辞中的天文历法进行研究后得知，一条卜辞提到了 548 这个数字；这块卜骨的年代可以准确地定为公元前 1210 年。[1] 这一数字很有意义，因为 365.25 的 1.5 倍是 547.825；所以它的含义是，从冬至经过 548 日后又回到夏至。因此，毫无疑问，公元前 13、14 世纪的商代人制历时使用了表杆来测定二至，这种历法已经作为《古四分历》流传后世。显然，当时已经进行了有规律的连续的观测活动，连续观测的时间至少有四个回归年，这是能凑

───────

① 这个年代只是一家之说，学术界尚无定论，并不如作者所说的那样肯定。——译者

成整日数的最短时间。对回归年日数奇零部分精确值的追求一直贯穿整个中国历史；表28给出了一些很接近精确值的数据，其中有些数据是很早的。

134

表 28　回归年和恒星年岁余数值的演进

	回归年岁余（天）	恒星年岁余（天）
真值	—	0.256 37
真值（经计算）		
汉（公元 200 年）	0.242 305	—
唐（公元 750 年）	0.242 270	—
元（公元 1250 年）	0.242 240	
由卜辞（公元前 13 世纪）推得		0.25
刘歆（《三统历》，公元前 7 年）	0.250 612	
祖冲之（《大明历》，公元 463 年）	0.242 815	
郭守敬（《授时历》，公元 1281 年）	0.242 500	
韩翊（《黄初历》，公元 220 年）		0.255 989
刘焯（《皇极历》，公元 604 年）		0.257 610
一行（《大衍历》，公元 724 年）		0.256 250
郭守敬（《授时历》，公元 1281 年）		0.257 500

大型石制仪器

人们为了追求精确性而建造异常巨大的仪器，是天文学史上最有趣的章节之一。人们这样做的想法是，测量误差按测量仪器从小到大会按比率减少。不过，伴随着欧洲文艺复兴而出现的先进应用技术逐渐提高了测量精度，这样的技术很快就传到了其他地区，最终消除了人们对大型石制仪器的需要。仪器巨型化的趋向首先在中国和阿拉伯天文学中表现出来，然后在 16 世纪晚期丹麦著名天文学家第谷（Tycho Brache）的一些仪器中可以看到，最后在 18 世纪印度的一些天文台中达到它的顶峰。

995 年阿布尔·瓦发·布兹贾尼（Abū'l-Wafā'al-Būzjanī）曾经使用半径近 6.75 米的象限仪（用于测量角度），同时代哈米德·伊本·基德·库江迪（Ḥāmid Ibn al-Khiḍr al-Kujandī）的一个六分仪半径有十七米。著名的兀鲁伯（Ulugh Beg）——他所在的天文台位于撒马尔罕，从 1420 年左右开始工作——有一个六分仪，与伊斯坦布尔的圣索菲亚大教堂的屋顶一样高，也就是说有 55 米高。在中国，元代的郭守敬在 1276 年建造了一个巨大的高表。

135

图80 周公测影台，位于河南告成（古阳城），洛阳东南80公里处，中国古代天文学家以此地为"地中"（摄影，董作宾等，《周公测影台探察报告》，长沙，1939）。现存的台是明代重修的。原台是郭守敬于1276年左右建造，被用作4丈高的表。表直立在壁龛中，影长从附有刻度的水平石圭测出（参见图81和图82）。台上一室放置水钟（也许是水运机械钟），另一室可能是放置浑仪之用。

尽管它明显地具有独立的特征，但是是在具有阿拉伯传统的天文学家参与之下，并且是在传入了波斯马拉盖天文台的仪器模型和图像之后完成的。所以这种中国天文学的自然发展，似乎受到了阿拉伯仪器巨型化的激励。

136

在距离洛阳东南80公里处，矗立着一座著名的建筑物，叫做周公测影台。台（图80）呈截顶棱锥形，台基周长15米，顶部周长7.5米。两旁有梯子直达平台顶上，台北面有平房三间，中间一间很开阔，从这里可以清楚地看到四丈高的巨型表（今已不在）的顶端和所投下的影子。台顶是观星台，原来大概有测定天体上中天的杆子，据记载，有一室曾经配备有巨大的漏壶。台基北侧沿地面铺着"量天尺"（图81和图82），长120尺以上。石圭上除刻度外，还有两道平行水槽，两端连通

图81 周公测影台（顺着圭影望去，圭影上有水平槽）

137

图82 周公测影台(在台上顺着圭影望去)

形成一个水准器。石圭伸入测影台内部,测影台中间断开以容纳石圭的延伸部分。因此石圭的基座处在台顶观星台中室的墙壁下,巨型表几乎可以肯定是一根独自直立的长杆,嵌在石圭南端的承座中。台面高出石圭仅约28尺,整个建筑用砖砌成。获准建造四丈高表的地方是大都(今北京)、上都(元帝国的夏都,即英国诗人柯勒律治笔下的 Xanadu)、广东南海和阳城,但只有大都和阳城设置了圭表。只在阳城一地建成了如此高耸的测影台。这是因为,至少早在汉代,这里便是官方天文学家进行标准至点测量的地方。

虽然不能肯定元代以前阳城是否有像现存建筑那样大的测影台,但附近孔庙前的石表至今还在,这是723年南宫说所建。此石表设计成在夏至那一天所投下的影子正好达不到它的截头棱台的底座。在《元史》中有关于圭表和一种装置——景符的说明,后者似乎是一种天才的新发明。

景符用一个宽二寸、长四寸的铜叶制成,中心穿一个针孔。它有一个方形支架,并装在机轴上,以便作任何角度的转动,例如转成北边高、南边低(也就是使景符跟入射光成直角)。这个仪器可以前后移动,以便达到横梁影子的中部,这个影子的界线并不十分分明。在让针孔透过日光时,就可以横梁在影像中部。在旧法中,只测表的顶端,投下影子的是日面上原来的光线。但是用这种方法——即十字叉丝的方法,可以毫无差错地得到来自日面中央的光线。

景符之制,以铜叶博二寸,加长博之二,中穿一窍,若针芥然。以方匮为趺,一端设为机轴,令可开闔。搘其一端,使其势斜倚,北高南下,往来迁就于虚梁之中。窍达日光,仅如米许,隐然见横梁于其中。旧法一表端测晷,所得者日体上边之景;今以横梁取之,实得中景,不容有毫末之差。

至元十六年己卯夏至晷景,四月十九日乙未,景一丈二尺三寸六分九厘五毫。至元十六年己卯冬至晷景,十月二十四日戊戌,景七丈六尺七寸四分。

138

这段文字一直以来被误解了,很多人认为景符装在表的顶端。事实恰恰相反,它是沿着水平圭尺移动,和透镜一样,起着使横梁成像的作用。郭守敬应用针孔成像的原理并不令人奇怪,因为在此之前三百多年中国科学家已经熟悉了小孔成像的原理了。事实上照相暗箱很可能已经从阿拉伯人传到他们那里。当然,13 世纪中用四丈高表测得的晷影结果似乎是所有二至日影长测量中最准的。

日晷(太阳时指示器)

大多数日晷测定时间依靠的是日影的方向而不是长度。也许是由于它太普通和太熟悉的缘故,明确提到日晷或太阳钟的中国文献不多。依照通常的理解,"晷表"一词指的就是日晷。较早提到日晷的是在关于公元前 104 年司马迁提议召集的一次历法专家会议的记载中。其后,《隋书》中有许多关于 6 世纪同类仪器的记载,这些正是司马迁时代的专家们使用过的。这里,我们碰到了在讨论工艺那几章中反复碰到的困难,即需要根据不精确的名称来判断古代仪器的性质。在此种情形下是,仪器的表究竟是垂直放置而指向天顶(如前一节所说用以测量影长的情况),还是根据地理纬度倾斜成一定角度而指向天极?——只有在后一种情况下才可能进行均匀的时间测量。

这个问题进一步探求下去,就会接触到在中国考古学上早已成为疑团的一个问题,即所谓汉代的"TLV 纹镜"究竟具有什么含义。这个名字来源于汉代铜镜背面经常出现的图案,图 83a 展示了一种典型的样式,图 84 是新莽时代(公元 9—23 年)一面铜镜的照片。现存最早的这类铜镜属于公元前 250 年。

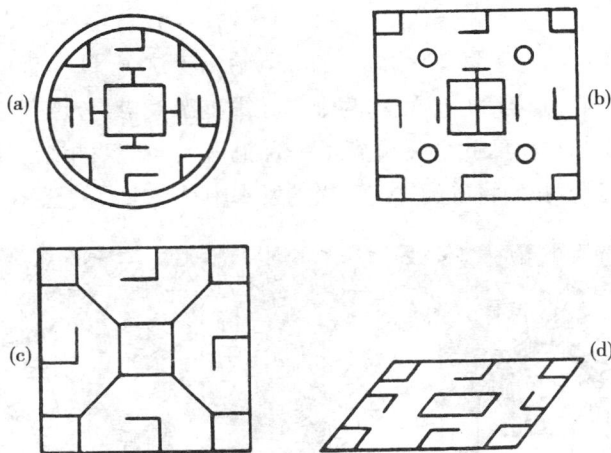

139

图 83 铜镜上的 TLV 纹和占卜盘

后来人们注意到,汉代浮雕中也有同样的花纹。图 85 是汉代武梁祠石刻(公元 147 年)之一,起初人们以为这只是描绘了一次宴会,后来才认识到这是在表演方术。在背景中一块绘有 TLV 纹的图板,显然是挂在墙上的。地上放着一只小桌,似乎是为了表示平放才仔细地画成那个样子,它很可能就是占卜用

140

图 84 新莽年间(公元 9—23 年)的 TLV 纹铜镜(选自《中国青铜器集录》,上面刻有一首诗,从盘上三点钟方向的五个小点以下开始)

新有善同出丹阳,涑治银锡清而明。
尚方御竟大勿伤,左龙右虎辟不祥。
朱雀玄武顺阴阳,子孙备具居中央。
长保二亲乐富昌,寿敝金石如侯王。

的盘或"栻"(参见第一卷第 200 页)。图 83b 给出了这个 TLV 板的图案。另一幅孝堂山祠石刻(公元 129 年)表示两个人在桌上游戏,桌旁也有这种纹的图板(图 83c 和图 86)。这样,我们便碰到了一种把占卜与游戏相结合起来的东西,稍后(本书第三卷)我们将看到这在磁极的发现中具有重要的意义。

141

图 85 武梁祠石刻(约 147 年)之一[图中表示方士正在作法。背景中墙上悬挂着一个 TLV 纹盘,中间地上置一栻(占卜用的盘)。耶茨(W. P. Yetts)重绘]

图 86 孝堂山祠石刻（约 129 年）之一［图中表示两个人正在桌旁做游戏（可能是"六博"），桌边有 TLV 纹盘。摄影：怀特（White）和米尔曼（Millman）］

从这一切来看，发现仅存的汉代日晷都带有 TLV 纹，就太令人奇怪了。其中的一个日晷是玉制的，另一个是石灰石的，大约 28 厘米见方（图 87），所

142

图 87 西汉时期的平面日晷（用灰色石灰石制成，约 28 厘米见方。安大略皇家博物馆藏，摄影：怀特和米尔曼）

刻的文字和线条见图88。每个刻度占圆周的一百分之一,各辐射线与外层圆圈相交的点是一连串小圆窝,按顺时针方向依次标出 1 到 69 的号码。要解释这些,首先要明确它在使用时是水平放置的还是按赤道面放置的。从中国天文学以天极和赤道为准的特点来看,这一发现在古代很可能是这样得到的,把石板按赤道面倾斜放置,把表指向天极,结果便形成了一具太阳计时器。因为这样或那样的原因,这里的仪器也是平行于赤道面倾斜放置的。

143

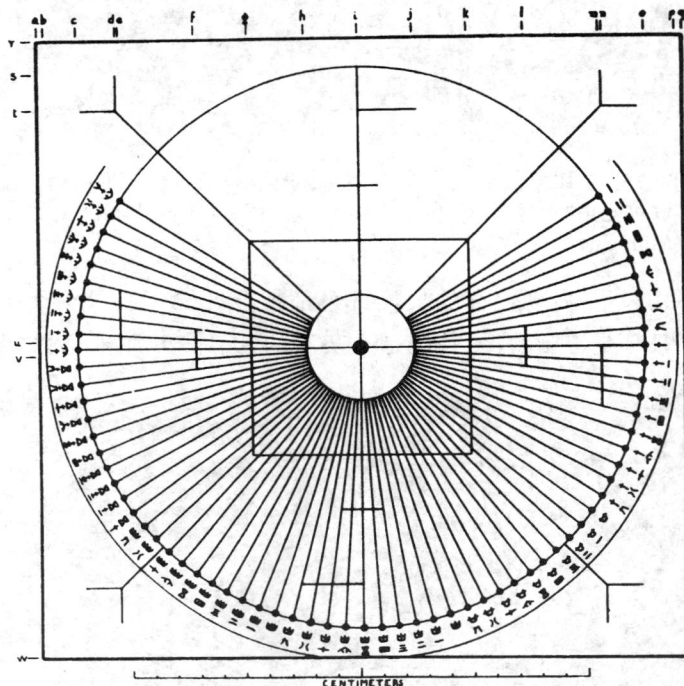

图 88 图 87 所示西汉日晷上的刻度(采自怀特和米尔曼)

　　仔细的研究使得事情似乎更清楚了,尽管这两个装置不是计时仪器,但是它们是漏壶的时间校准器。一根指示杆插在一个适当的小圆窝里,根据白昼的长度来校准漏壶。至于中央的表,有人说这很可能不是一般意义上的表,而是一块矩形铜板,有铜架与圆周上的 T 形表相连。T 形表的影子会沿铜架落在直立的铜板上,于是表杆的位置指示时间,横线超过铜架的高度便指出季节,如附图中所示。图 89 展示了这种日晷的一个复制品。

　　现在只剩下 TLV 形标记需要解释了。它们可能是表杆高度的记录,或者冬、夏二至表影高度的记录。而且,很可能 T 形表的高度由大圆圈至 T 字横线的距离决定,中央铜板的高度则由中央小孔到 L 字横线的距离决定。至

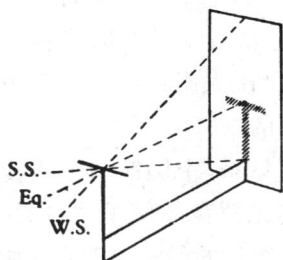

图 89 图 87 所示汉代日晷使用法复原(摄影:怀特和米尔曼)

少,这一安排是实际可行的。关于 V 形标记,有人根据古书中含义模糊的文句得出,最初的日晷大多是一块展平的牛皮或布,沿着赤道面放置。起先这个装置用八个钩子固定,后来只剩下四个了,分别指向四个方位点的中间。V 形标记就是这四个钩子的示意。

我们也许暂时可以认为 TLV 纹最初的用途具有实用和天文学的性质。在铜镜上,尤其是在那些力求表征天地宇宙意义的镜子上刻画这些花纹,是最自然不过的了。六博的游戏盘子可能是一个独立的发展方向。跟占卜有关是毫无疑问的,日晷面表现了天的形状和运行,用它作游戏的盘子是再好不过了。

在中国至今仍可以找到许多晚近(明代和清代)的日晷,并逐渐变成双面刻度,晷杆垂直延伸穿透晷面上下。这是因为这样一种日晷,只有当太阳在赤道以北的那半年里,太阳光才照射到日晷的正面。不能肯定这一改进是什么时候出现的,如果不是在汉代,那么下面一段以前没有被人们注意到的话可以为这个问题提供一些线索。从这段话可以看出,12 世纪的天文学家曾南仲显然自以为他发现了什么新的东西。他的儿子或者孙子曾敏行在《独醒杂志》中说: [145]

南仲尝谓:古人揆影之法,载之经传,杂说者不一;然止皆较景之长短,实与刻漏未尝相应也。其在豫章为晷景图,一木为规,四分其广而杀其一,状如缺月,书辰刻于其旁,为基以荐之,缺上而圆下,南高而北低。当规之中,植以为表。表之两端,一指北极,一指南极。春分已后视北极之表,秋分已后视南极之表。所得晷景与漏刻相应。自负此图以为得古人所未至。

关于按季节两面使用的典型赤道式日晷,恐怕没有比这更明确的记述了。但把它说成是曾南仲在 1130 年左右独自发明的,还需要有更多的证据来证明。

146

图 90　晚近的中国甲型便携式日晷〔这种日晷以拉紧的弦为表,罗盘针作定向之用。此日晷大概不会早于 16 世纪末。凯里(W. G. Carey)先生藏品〕

147

然而,如果我们把中国太阳钟的历史一直追溯到公元前 4 世纪对指极表的发现,那么可以说太阳钟在亚洲的发展是和西方平行的。

近几百年来,中国制造了大量附有定向用小型磁罗盘的便携式日晷,我们时常可以在今日的科学仪器收藏中看到它们。但是过去人们似乎从未注意到,它们可分为截然不同的两种类型,我们可以称之为甲型和乙型(图 90 和图 91)。对于甲型日晷,当日晷展开时,其中的一根绳子拉紧了。读数在底板上给出,这种日晷的设计有一种西方特色。耶稣会士来华以前,中国人是不知道这种日晷的,它的制作不会早于明末。事实上,中国人不仅把它叫做"平面日晷",而且还把它叫做"洋晷"。

然而乙型日晷则完全不同。它也有一块附有磁罗盘的板,但日晷的刻度

图 91　晚近的中国乙型便携式日晷〔日晷的板与赤道面平行,并可依纬度调整,板上装有指极表针。罗盘针作定向之用。凯里(W. G. Carey)先生藏品〕

却在另一块板上，后一块板可以按所需的角度任意上下调整，因此不论观测者在什么纬度，都可以使垂直于晷面的表针指向天极。板的背面有一项杠，一端可以支撑在刻度盘上，使晷面固定不动。但奇怪的是，这种刻度盘上标的不是纬度或地名，而是二十四节气。所以，在中国必定是一地有一地的节气。乙型日晷是完全属于中国特色的，没有任何理由可以把它看作是耶稣会传教士传入的东西——沈括（11 世纪）、甚至还有甄鸾（6 世纪），对它可能都很熟悉。在写于 1360 年的《山居新话》中确实有一段关于便携式日晷的记述。

17 世纪时，乙型日晷已在欧洲流行。大概可以合理地推断说，耶稣会传教士把地平式日晷传入中国的时候，他们或之前的葡萄牙旅行家也把在中国发现的较简易的日晷——即带有垂直指极表针的赤道式日晷带回欧洲。但是更有可能的是，这种日晷是在更早的时候通过阿拉伯人或犹太人之手传入欧洲的。总之，在中国宫殿、园林和庙宇中的永久性日晷均为中国的传统样式，甲型日晷在中国从未取代过乙型日晷。

除了以上提到的两种类型的日晷外，还发现了比较罕见的第三种丙型日晷。如图 92 所示。这种日晷由一套象牙板组成，每一块象牙板适用于一个不

148

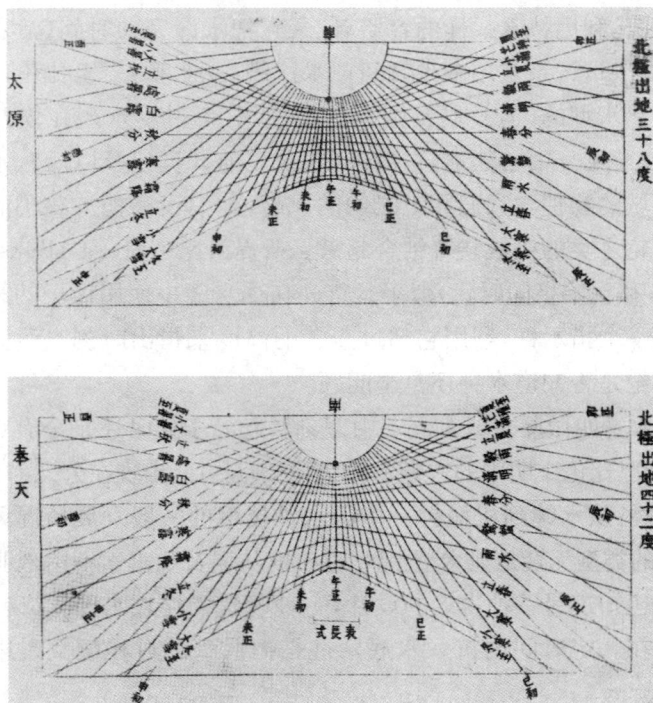

图92 晚近的中国丙型便携式日晷［图中只展示了表示不同纬度的象牙板中的两片。克莱（R. Clay）博士藏品］

同的纬度,板上刻有复杂的网状线,这些线根据一种特殊的投影法把天球上的线绘制到平面上。表长约 2.5 厘米,可拆卸以便携带。表端的影子同时指示出时间和节气。有理由相信,这种设计的日晷是在 1267 年从阿拉伯传入中国。

刻漏

日晷测得的是真太阳时或视太阳时,但是由于地球绕太阳运转的轨道不是正圆而是一个椭圆,也因为自转轴相对于它的公转轨道有一个倾角,所以视太阳时是不均匀的。简单地说,太阳不像看起来那样在一年中按均匀的速度通过天空。如果我们想得到均匀的时间,必须用到一种平太阳时。所以很早的时候人们就开始使用不依赖太阳进行时间测量的方法。欧洲在 14 世纪早期机械钟出现以前,主要靠日晷。而中国则对水钟十分重视,这种计时仪器在他们的文化中已发展到了登峰造极的地步。

虽然如此,水钟却不是中国的发明,这一点是十分肯定的。从古代楔形文书的记载和从埃及古墓出土的实物和明器可知,巴比伦和埃及早在商初(约公元前 1500 年)以前,便已经使用水钟好几百年了。滴水计时有两种简易的办法,一种是利用特殊式样的容器,记录它把水漏完的时间(泄水型),另一种是底部无开口,记录它用多少时间把水注满(受水型)。巴比伦的水钟似乎主要是属于泄水型的,但是埃及则两种都使用,不过受水型在埃及出现的年代较晚,也较罕见。很自然地,在后来(约公元前 3 世纪及以后),水钟引起亚历山大里亚城的物理学家们和工匠们的兴趣,他们设法把从狭小的管口滴下的水滴和齿轮之类的机械装置结合起来。斯提西比乌斯(Ctesibius,约公元前 3 世纪中叶,和秦始皇同时代)似乎是首先在受水壶中使用浮子的第一人。浮子上可以装一个指示杆,利用它超过壶盖的高度来指出时刻。然而希腊人在公元前 3 世纪是否知道水钟还是个问题。

在中国水钟叫做漏壶或刻漏。中国刻漏起源于何时还是个有待解决的问题,但考虑到巴比伦文明中的古老水钟,中国刻漏可能出现在公元前 7 世纪。

刻漏种类:从水钟到机械钟 中国水钟技术的一般发展情况可以概述如下。最古老的类型无疑是泄水型水钟,是古时从埃及和美索不达米亚传入的。[①] 但是中国人还知道另一种古老的设计,一种碗状物浮在水面上,碗底有孔,孔的大小使它在一定时间内沉入水底。这是把泄水的过程颠倒过来了。从汉

---

① 这样陈述带有猜测的性质。并没有人给出过确凿的证据证明,泄水型水钟是古时从埃及和美索不达米亚传入中国的。——译者

代开始,浮子上装有漏箭的受水型漏壶逐渐流行。起初只有一个贮水壶,但不久人们了解到,壶中的水慢慢漏完,水压逐渐降低,流速减慢,结果计时就不准确了。若干世纪以来,避免这个困难的方法主要有两种(图93)。一种简单的却又非常巧妙的方法(甲型)是在贮水壶和受水壶中加入一个或多个补偿壶。这里每个相邻的水壶补偿了前一个水壶中下降的水压,据查,在受水

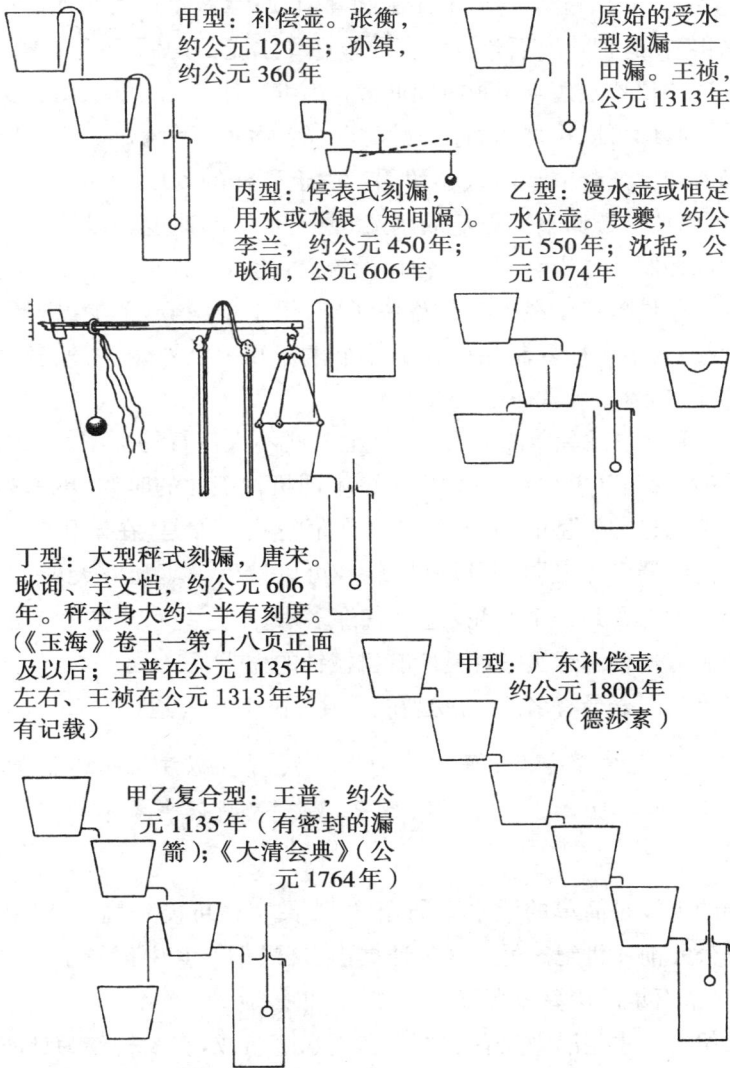

150

甲型:补偿壶。张衡,约公元120年;孙绰,约公元360年

原始的受水型刻漏——田漏。王祯,公元1313年

丙型:停表式刻漏,用水或水银(短间隔)。李兰,约公元450年;耿询,公元606年

乙型:漫水壶或恒定水位壶。殷夔,约公元550年;沈括,公元1074年

丁型:大型秤式刻漏,唐宋。耿询、宇文恺,约公元606年。秤本身大约一半有刻度。(《玉海》卷十一第十八页正面及以后;王普在公元1135年左右、王祯在公元1313年均有记载)

甲型:广东补偿壶,约公元1800年(德莎素)

甲乙复合型:王普,约公元1135年(有密封的漏箭);《大清会典》(公元1764年)

1毫米约等于2寸

图93 中国刻漏的几种类型

347

壶之上所用的水壶曾多至六个。另一种（乙型）主要类型是在一列贮水壶和受水壶中间加入漫水壶或恒定水位壶。

有些中国水钟跟杆秤一起使用，这是一种迄今为止在某种程度上被研究者忽略了的类型。它们至少包括两种类型，一种是把典型的中国杆秤（两臂不等长的天平）和受水壶结合起来（丙型）；另一种是用秤称最低的补偿壶中的水量（丁型）。丙型显然省略了浮子和漏箭，时常做得小巧而便于携带。有时用到水银，在这种情况下，贮水壶、导管和受水壶都是用不起化学变化的玉制成的。这种仪器很适合于短时间间隔的计量，例如天文学家研究交食或赛跑计时等。我们可以称之为"停表漏壶"。较大的丁型漏壶，在唐、宋时代作为公共场所和宫殿上的计时仪器使用。由于秤杆的刻度上标注了铜权的标准位置，可以按季节调整补偿壶的水流，因此水流的速度可以按照不同的昼夜长度加以控制。这当然还可以省掉漫流壶，使看管人员易于发觉何时需要加水。现在整件事情已经处在讨论中了，对于丁型漏壶，至少出现了两种竞争的复制品，其中一种复制品设计了一个内壶和一个外壶，内外壶之间由一根虹吸管连接起来，交替往返运水。

除了上述这些主要类型外，还有其他一些不太流行的类型。其中最有趣的是所谓的"轮漏"（戊型）。在我们讨论中国机械工业的时候（本书第三卷），将更多地谈论这种类型的漏壶，但是现在值得指出的是，在宋代时钟机构的关键部件擒纵器已经发明，所以机械装置可以被用来驱动浑天仪、天体仪和其他仪器。动力源是一个水轮，边上有许多水斗，这些水斗被一个恒定水位的漏壶注满。这种水运机械钟是所有机械钟的先驱。

古代提到漏壶最有名的一次是在《周礼》中，其中写道：

> 挈壶氏：掌挈壶以令军井……凡军事，悬壶以序聚橾。凡丧，悬壶以代哭者。皆以水火守之，分以日夜。及冬，则以火爨鼎水，而沸之，而沃之。

这里提到的大概是简单的泄水型漏壶，这段文字很可能是属于战国时代的，也许就是公元前4世纪。另一文献证据出自《汉书》，其中记录了一次由司马迁提议、皇帝召集的历算家会议。

最原始的受水型漏壶只有贮水壶和受水壶组成，在乡村作为计时仪器一直沿用到14世纪。最早证明受水壶中有浮子和漏箭的确切证据是张衡和他的同时代人在公元85年左右给出的。并且他们还可能用到了虹吸管，因为出现了"玉虹"一词，这在后来显然就是指虹吸管。从这里可以追寻甲型漏壶的发展。然而考古学证据告诉我们,这种漏壶在公元 1 世纪末不是什么新鲜事物。有两个西汉漏壶流传到后世,至少到宋代还没有遗失。当时有人为其中的一个绘了图,并写了说明。它是个圆柱形的小铜壶,底部插有导管,盖上有个孔,漏箭可以在其中上下滑动。铭文的年代无法确定,最晚也许是在公元前 75 年,最早是公元前 201 年。

153

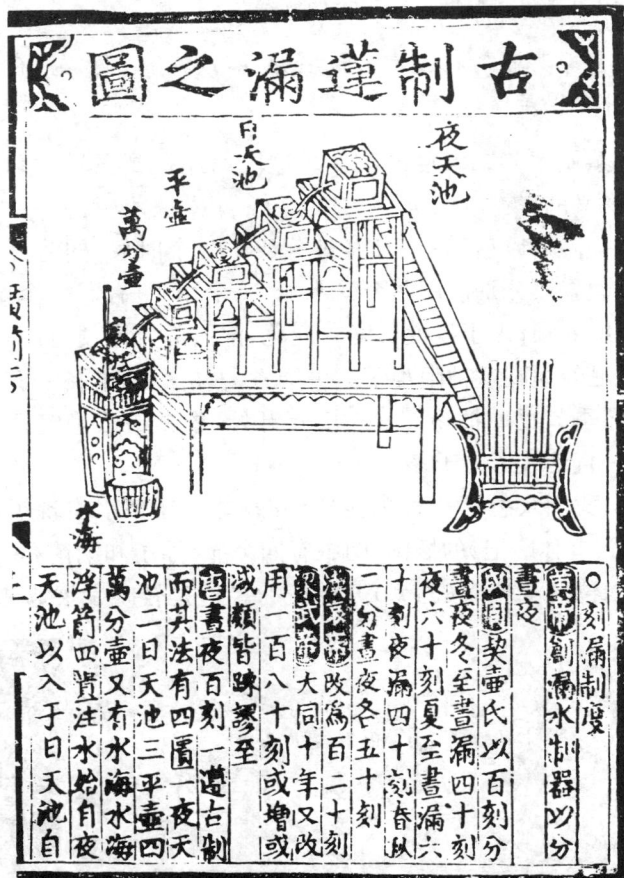

图 94　带四个补偿壶的受水型刻漏［据说为吕才（卒于 665 年）所作。该图采自公元 1478 年版类书《事林广记》,原书藏于剑桥大学图书馆。下栏的文字提到黄帝发明漏壶的传说以及有关计时的其他事情］

中国和亚历山大里亚城都有这种带有浮子和漏箭的受水型水钟,但是它们之间的关系很难弄清楚。中国在 1 世纪末已经和罗马、叙利亚有过接触,但直到公元 120 年才确实有一些西方"使者"到达中国。也有可能更早的接触没有记载下来,但是中国使用这种漏壶的年代可能早得多,事实上要早到汉初,即公元前 200 年前后。这让人难以下结论说：这种漏壶就是亚历山大里亚城的发明。就目前而论，这个问题还悬而未决，尽管看起来这种发明是从埃及和美索不达米亚向两个方向传播出去的。

《周礼》的引文告诉我们，汉代人们已经知道水在低温状态下变得更黏稠，并且已经作出努力让水在冬天保持恒温，或至少不让它冻结。桓谭（公元前 40—公元 30 年）告诉我们：

> 余前为郎典漏刻，燥、湿、寒、温异度，故有昏、明、昼、夜。昼日参以晷景，夜分参以星宿，则得其正。

他已经注意到蒸发率和黏滞度的改变。这段话还提到恒星时和水钟时的比较，也是很有意义的。

154 　　至迟自周代晚期以后，昼夜已经被分成十二个时辰，同时又平行地把昼夜分成一百刻。昼夜分别使用两个受水壶，一个用于白天，一个用于夜间，这是一种不必要的麻烦；由于昼夜长度的变化，漏箭的分度便有困难，古埃及人和古巴比伦人已经遇到这种困难了。中国人的办法是，准备一套分度各差一刻的漏箭，按照季节逐一抽换。从 102 年开始，根据历法确定每一节气换一箭，这种制度一直延续了一千多年。

　　到了晋代，我们获悉了一种多壶的刻漏，并且还似乎出现了虹吸管。图 94 是宋代类书《事林广记》的插图，图中有四个壶，浮子和漏箭是一个和尚像。在宋代，恒定水位的漫流壶（乙型）开始流行。这是较晚发展起来的类型，尽

154

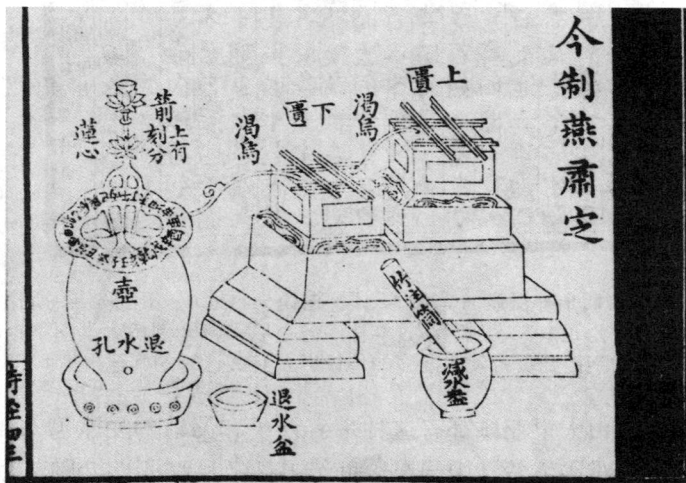

图 95　漫流式受水型刻漏［据说是燕肃所制（1030 年）。采自清版《六经图》（1740 年）］

管最早对这种类型进行描述的是公元 540 年左右殷夔的《漏刻法》。当时在贮水壶和受水壶之间只有一个壶,壶中有隔板,使水流"踟蹰"起来,从贮水壶流出的水经过了过滤。不过这种装置的年代大概还要早一些,也许早到 5 世纪晚期。

在北宋初期,燕肃的"莲花漏"采用了漫流的原理,之所以这么叫,是因为受水壶的顶部状如莲花,这是佛教的象征。燕肃最初在 1030 年制作此种刻漏,经过多次试验,六年后被正式采用。事实上,这种制式在其后数百年成了刻漏的标准(图 95),因而"莲漏"一词也成了通用名词。随着时间的推移,甲乙两种类型的漏刻慢慢合二为一(或许有点不合理),于是整个系统包括了贮水壶、补偿壶、漫流壶、带浮箭的受水壶和漫流受水壶(图 96)。

155

156

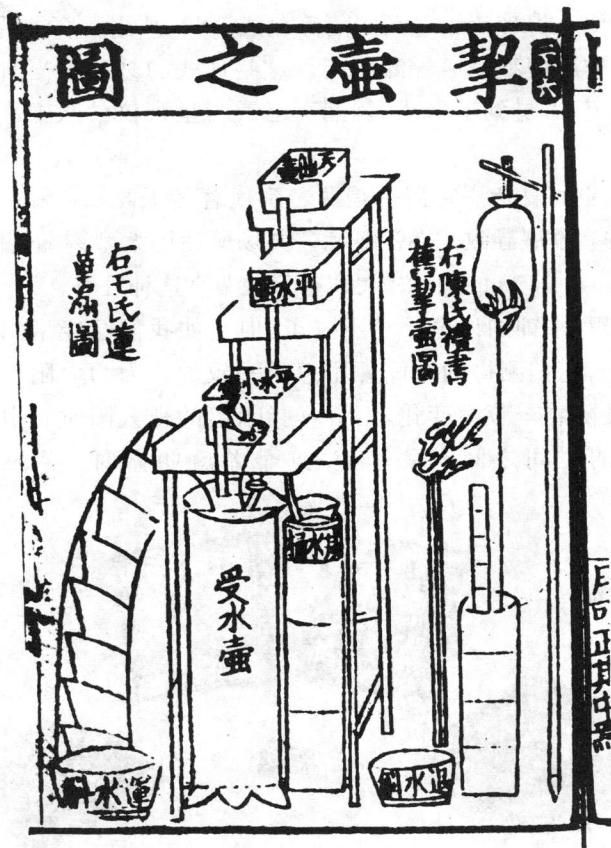

图 96 一幅刻漏的最古老的木版画[采自宋代杨甲的《六经图》(1155 年)。图中展示了 1135 年王普在《官术刻漏图》中描写的复式多壶漫流刻漏,附有自动化装置,在漏箭上升到最高限度时自动断流。图右侧杨甲展示了最古老和最简单的受水型漏壶,作为对《周礼》中有关描述的图示]

　　最后关于丙型和丁型漏刻必须略作交代。此两种漏刻不用浮子上漏箭的高度,而是用受水壶的重量来指示时刻。最简单的办法就是把受水壶附在杆秤上,这种方法起源于汉代或三国时期。我们得到这方面的最早文献记载来自道士李兰,年代在450年左右。按他的说法此法似乎已是人所共知了。如700年的类书《初学记》中的复述:

> 以器贮水,以铜为渴乌,状如钩曲,以引器中水于银龙口中,吐入权器。漏水一升,秤重一斤,时经一刻。

这是个小秤漏。李兰接着说:

> 以玉壶、玉管、流珠——"马上奔驰"行漏。流珠者,水银之别名。

这样,他指出便于携带的短时间间隔停表式刻漏,须用防腐蚀的零件才能使用水银,但工作原理和普通秤漏相同。这些形式的刻漏在当时的流行程度如何,很难确定,不过到了隋代,行漏车已成为皇帝仪仗队中不可缺少的一部分。

　　丁型漏刻更为复杂。它似乎是两名隋代著名工匠耿询和宇文恺的发明创造。这时的新发展导致了在宫殿和公共场所使用大型刻漏,并一直连续使用到14世纪。从图93的图示中可以很好地鉴赏这种发展。

　　关于日晷和水钟的讨论已经不少了,但正如我们已经指出的和人们也已经认识到的,它们测得的时间并不总是一致的。因为太阳在天空中穿行的视运动速度随着季节而变化,由日晷指示出的视太阳时和由钟表指示出的均匀流逝的时间之间有一个差,这个差就叫做时差(the Equation of

157

图97 一件年代不详的金属香篆钟(香篆粉的燃烧点沿篆字形笔画蜿蜒前进。右后方的香盘作"寿"字形。右前方的罩子上可看到"双喜"字样。伦敦科学博物馆摄)

Time)。视太阳时可以比时钟时(平时)快 14.5 分钟(这发生在二月),而平时可以比视太阳时快 16.5 分钟(在十一月)。对于这样大的差数——大约中国的一刻钟——刻漏可能比 11 世纪的中国机械钟或 14 世纪的欧洲机械钟更容易觉察出来。

虽然有发展前途的是机械钟,但在某些情况下,也可能有较水钟更为精确的计时方法。12 世纪中叶的宋代学者薛季宣说,除了刻漏和日晷之外,还有一种"香篆"计时法(图 97)。看来要使香篆燃烧得非常均匀是很困难的,也许从来就没有做到过。但是这种方法在中国一直广泛流行,并使一位 17 世纪的耶稣会传教士安文思(Gabriel Magalhaens)留下了深刻印象。她写道:

> 华人亦有夜验更筹之法,已由此发展为该国一新奇工业。彼等将剥离碎之木材捣为粉末,调为糊状,然后制成各式盘香。抑或以贵重物料如沉、檀等木制成,长约一指许,富家厅堂及读书人之书斋皆燃之。……盘香以特制模子制成,粗细均匀,自下盘旋而上,直径逐渐缩小,成圆锥形,间距则逐圈增大,宽一掌以至三掌以上;燃烧时间与其大小成比例,长一日、二日至三日不等……此盘香形似渔网,亦似绕于圆锥体上之绳;悬其中央,燃其下端,香火即宛转燃烧。其上常附标记五,以辨五更。以此计时至为可靠,吾人从未见其有大误差。书生、行旅及一切因职业关系须按时起床者,可在盘香适当位置上悬以小重物,燃至此处时,重物即落入盆中,铿然作响,以醒睡者……

158

人们或许要问:中国中古时代有没有沙漏? 11 世纪诗人苏东坡的某几句诗句被认为是暗示了在宋代人们使用了沙漏。但苏东坡指的更有可能是刻漏。不管怎样,我们知道明初以后有几种附有传动轮的机械钟,已经以沙代水了。

这几种方法都不能把时差展示出来。不过,可以设想把一盏点燃的灯置于与世隔绝的地方,如果灯的设计完善,并且油的成分和质地保持不变,那么它所起的作用和良好的计时器无异,可以探测出日晷和时钟之间的差别。正因为如此,杨瑀的《山居新话》(1360 年)中关于某寺的"长明灯"的记载是有重要意义的:

> 范舜臣,汴人……尤精于天文之书。至顺间为涌福营缮司令,尝与余言影堂长明灯。每灯一盏,岁用油二十七个;此至元间官定料例。油一个该一十三斤,总计三百五十一斤。连年著意考之,乃有余五十二斤;

159

则日晷之差短明矣……

如果这段话是确实无误的话，那也一定是断章取义的，因为在年度的基础上是看不出日晷差短的。不过杨瑀明确宣称，灯钟时与日晷时之间的差异已经得到重视，这一事实至少可以说明范舜臣在一年中的某些时期里连续作过对比记录。

望筒和璇玑玉衡

我们现在放下圭表和计时仪器，开始来讨论中国天文学家直接观测天体的仪器。我们已经知道了用来观测北天极的窥管，毫无疑问这样的窥管（当然不带透镜）在中国古代天文学中曾普遍使用。如公元 1103 年宋代《营造法式》中所载，当时的测量人员也使用这种窥管（图 98）。古巴比伦的天文学家似乎使用了窥管来除去侧光使暗星有更好的能见度。比如，暗于六等的恒星不能为裸眼所见，但是通过在一个黑屏上开一个六毫米的小孔并放置在离开眼睛 4.5 米的地方，就可以在晚间看见八等星（就是说暗了六倍）。古代窥管直径是否小到能产生这种效应，还是一个疑问，但它们肯定有助于观测。然而，尽管欧洲和亚洲文明都熟悉窥管——它出现在西方手稿中（图 99）——但是只有在中国，浑仪附加窥管才成为一种标准制式。古代提到窥管的典籍，以《书经》最为重要。它的年代很不确定，但可能是在公元前 6 世纪前后两百年之内。

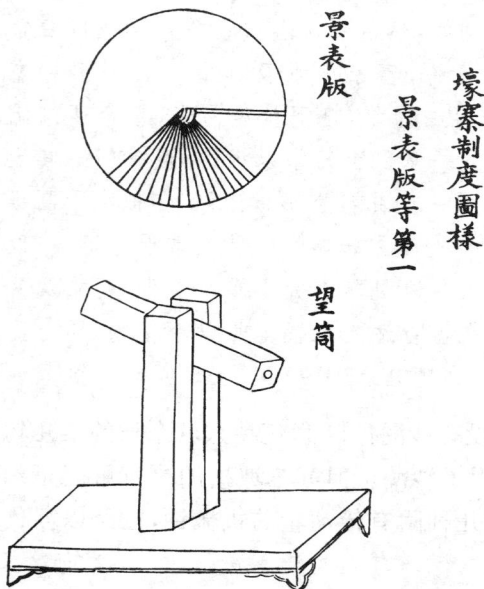

图 98　《营造法式》(1103 年) 中的望筒和景表版

160

出于即将明了的理由，我们现在转而来考查两件声誉卓著的中国古代玉器（商周时代）——"象天地"、"礼天地"之器。"象天地"之器叫做"璧"，是中央穿有大孔的扁平圆盘；"礼天地"之器叫做"琮"，是筒状的或中空的圆柱体，外侧看起来像长方体，两端露出短的圆筒形状，这是从一整块玉上雕琢出来的。图100展示了这两件古代礼器，它们无疑是古代帝王祭祀用的器物。多少世纪来，人们一直在猜测它们的含义。琮是后妃佩带的东西，可能象征子宫。璧象征阳性，现存的实物显示它带有一个、两个或四个突出物，形状象征阴茎或方形的"柄"。看起来它是用于祭祀天、日、月、星辰的。它们的含义还远远不止这些。

还有另一种类型的璧。有许多实物说明这种璧的外缘雕琢奇特（几乎可以说是刻度），共分为长度相等的三部分，每一部分均由一突出部和一陡峭的缺刻开始，接着就是一系列形状不同的齿，然后以平滑的边缘与第二部分相连。而且，在这些圆盘的一面刻有大致成直角的十字纹，由于线条很均匀，所以不能被看作是雕琢时偶然造成的痕迹。当人们认识到这种形式的璧——也叫璇玑——是一种天文仪器时，那些刻度和线条马

图99　欧洲中世纪天文学家在使用窥管　161
（采自10世纪圣加尔的古抄本）

上变得好解释了。图101演示了它的用途：当大熊座α和δ两星位于三处主要缺刻之一时，小熊座α即在第二缺刻处，而东方之宿（天龙座和仙王座的恒星）则恰与第三缺刻附近的各齿相合。在公元前600年左右，这样做就可以把璇玑的中心定在北天极上，可以看到小熊座β在视场中旋转。现在如果把琮插入璇玑的圆孔内，并使它的一个平面与璇玑背面所刻的双线平行，则一年中必有四次发生下列情况：在一定时刻，窥管的平面或与地平线平行，或与地平线垂直。

那么，那条与双线垂直的单线有何用处呢？它可能代表二至点的方向，因为大家必定还记得，在公元前1250年的商代，大熊座α的赤经接近90度（等于夏至点的赤经），而不是现在的163度。事实上，可以根据璧上那条单线跟大熊座α之间的夹角来定出它的年代。据此，现存的两个著名实物的年代一为公元前600年，一为公元前1000年。

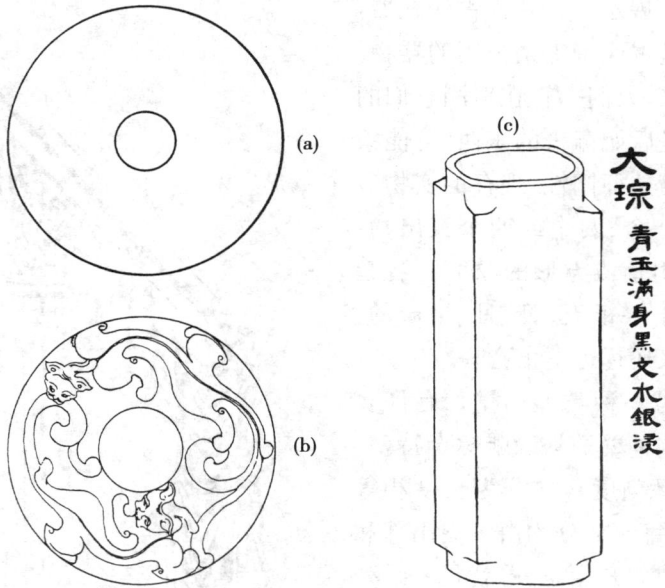

图100 玉制古礼器——璧和琮[（a）素璧； （b）龙纹璧；
（c）琮。根据劳弗（Laufer）《中国陶器》……和米歇尔（Michel）]

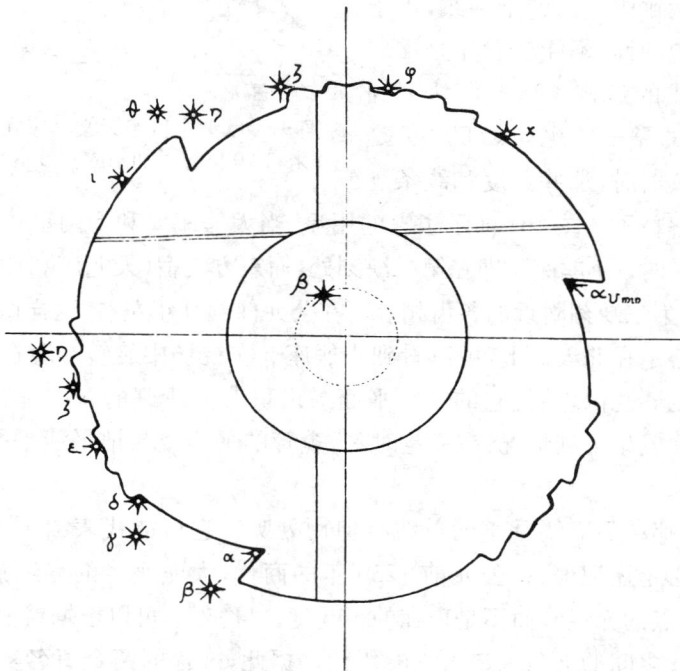

图101 璇玑用法演示图[根据亨利·米歇尔（Henri Michel）]

现在的问题是这种仪器有什么价值。它能做到什么简单的观星所做不到的事情呢？一种答案是，它首先可以用来定真天极的方位，然后来定至点的方向。这点在《周髀算经》中写明白了：

> 正北极，璇玑之中。……希望北极中大星。……常以夏至夜半时，北极南游所极。……冬至夜半时，北游所极。……冬至日加酉之时，西游所极。日加卯之时，东游所极。此北极璇玑四游。

毫无疑问，这里所观测的是小熊座 β 星的绕极转动。有人甚至认为，很多中国星图上画的围绕天极大致形成四方形的四颗星（例如，参见图 77）并不是真实的星，而是代表小熊座 β 星的四个位置。此外，璇玑还可以作为研究其他近赤道星座的简陋定向仪器使用。它的边缘上的各齿提供了一系列赤经——如我们现在的叫法，完全符合把拱极星座和赤道星座拴在一起的原理。这完全是中国古代天文学的特点。

如果我们认为琮这种中空的圆柱体是一种理想化了的窥管，那么琮和璧作为天文仪器使用应当在它们成为象征天地的礼器之前，因此它们必定是很古老了。所以有人认为，"易"——阴阳之阳的本字——所表示的不是"日"，而是供桌上放着一块璧；而"扬"字像一人伸臂举起玉璧或礼器。

164

浑仪和其他大型仪器

浑仪是由若干个与天球上的大圆如赤道、黄道等相对应的圆环所组成的球形仪器（图 102）。在 17 世纪望远镜发明之前，浑仪是所有天文学家在测定天体方位时都不可或缺的仪器。从某种意义上说，浑环迄今仍然存在着，只是经过了改进并大大缩小了尺寸，通过这些装置可以使望远镜指向天空中的任何一点。相反地，望远镜则是那些早期的窥管、瞄准器等部件放大了的翻版，古代天文学家在从浑仪环上读出天体的位置之前，就是通过这些部件来瞄准天体的。

从一开始，中国人就把这种球形仪器叫做浑仪。在中国，浑仪不仅是一种观测仪器，还被用作天象仪，以帮助历法测算。为了这个目的，浑仪采用水力驱动，这样，随着复杂度和准确度的变化，天体的运动可以被再现出来。

首先需要指出的是，中国的浑仪和欧洲、阿拉伯的浑仪有根本的不同，这是因为中国人始终坚持使用后来成为"近代"天体坐标的赤经、赤纬，而西方

图 102 中国传统的赤道式浑仪［安置于北京观象台，戴进贤 (Ignatius Kögler) 及 其 同 事 于 1744 年 制 造。汤 姆 森 (Thomson)摄影，布谢尔(Bushell 翻印)］

人一直使用黄道坐标。这就是说，虽然中国天文仪器大多装有黄道环，并且中国人曾煞费苦心地去解决赤道和黄道度数的换算问题，可是黄道环在这些仪器的主要功能中所起的不过是辅助作用，就像赤道环在欧洲天文仪器中的作用那样。稍后我们将看到，这一特点怎样导致中国人在 13 世纪发明了极轴装置，这一装置实际上跟现代望远镜中所使用的装置是相同的。

　　1. 浑仪的发展概况

　　最原始的浑仪很可能是简单的单环，附有某种瞄准线或瞄准器，按照需要装在子午面或赤道面上。观测得到的一个量是北极距(中国式的赤纬)，另一个量是入宿度(中国式的赤经)。石申和甘德(公元前 4 世纪)很可能使用过这样的装置。从公元前 1 世纪中叶开始，开始了迅速的发展。公元前 52 年耿寿昌第一次引入了固定的赤道环；公元 84 年傅安和贾逵加上了黄道环，125年左右张衡又加上了地平环和子午环。张衡制造了一个演示型的仪器，地球的模型处在中央，仪器的环圈由水力推动。他还制造了实测用的仪器，正如我们即将看到的那样，他把演示和实测两者的效用结合了起来。

　　此后，这两种浑仪的制作经历了几百年而没有什么改变。但是黄道环和
赤道环固定在一起的结构虽然便于研究周年运动，但不便于研究周日运动。因此，在公元 323 年，孔挺便在他的浑仪上，设法使黄道环可以随意固定在赤

道上的任何一点上。这种仪器就是后来各种主要浑仪的前身。三百年后，李淳风作了重要革新，他用三重同心环代替了两重环。内重还有附有窥管的赤纬环，新的装置包括黄道环、赤道环和第三个给月亮的白道环（尽管在1050年之后就废弃不用了）。同时外重环包括赤道和其他在唐以前浑仪上常见的环圈。李淳风活跃在7世纪早期，正值佛教影响强大和希腊天文学思想通过印度进入中国的时候。为了便于观测黄纬（在希腊天文学中很重要），李淳风曾经提出在黄道环上安装窥管的建议，但是首先实施这一计划的可能是僧一行。但是中国天文学的原创特征从来不会轻易改变的，除了建造于1050年的一件例外的仪器外，直到耶稣会传教士入华为止，在黄道环上再也没有使用过窥管装置。

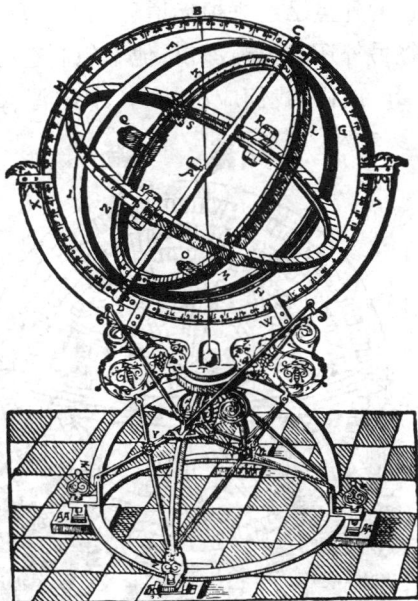

图103　第谷·布拉赫的小型赤道仪（1598年）

把中国赤道式浑仪的最后形制和西方传统的浑仪比较一下是很有意思的。第谷·布拉赫1598年的小型赤道仪（图103）不同于郭守敬1276年的浑仪（图104）和苏颂1088年的浑仪，主要的不同是第谷的浑仪较为简单，因为

167

图104　郭守敬的赤道浑仪（约1276年，按山西汾阳的纬度造成，后来保存于北京和南京，照片摄于北京。图中的仪器大概是1437年皇甫仲和的复制品之一）

它的外重已经去掉赤道环和地平环,内重则去掉了黄道环。这当然是因为第谷另外还有黄道浑仪;他不想制造一种中国特色的"多用仪器"。

或许,我们应该认为,中国浑仪的制造在宋代(特别是北宋)达到顶峰。

图 105 苏颂 1090 年的浑仪(描绘在《新仪象法要》中。此图由马伯乐(H. Maspero)重绘。这是第一台由时钟传动的浑仪)

外重:
1. 子午圈 2. 地平圈 3. 外赤道圈
中重:
4. 二至圈 5. 黄道圈 9. 周日运转齿环,与动力装置相连
内重:
6. 极轴装置赤纬环或时角圈,附有瞄准器
7. 瞄准器 8. 直径撑杆,用以加固瞄准器
其他部件:
10. 垂直柱,内含传动轴 11. 龙形支柱
12. 底座横档,上有水准器 13. 南极枢轴
14. 北极枢轴

因为我们后来时常听说的四大浑仪都是在 995 年到 1092 年之间制造出来的。但是 1126 年北宋首都沦陷于金朝的鞑靼人之后,天文学也遭重创,尽管一些勤奋的学者仍十分努力,但是南宋再也没有达到所失仪器的水平。尽管苏颂的仪器——列在四大仪器的末位——在某一重要方面是独特的(我们即将看到这点),但在总的构造方面却很难代表中国浑仪工艺的"伟大传统"。这一浑仪图示在图 105 中,它的各个部分也被列出来了,苏颂的《新仪象法要》(1094 年)配了大量插图,尽管绘图者难以描绘出所有部件的正确尺寸。

2. 汉代和汉以前的浑仪

关于浑仪最初的情形,确实是很难搞清楚的。主要的文献是出自 1 世纪扬雄《法言》里的几句话。有人问他关于浑天的事,他回答说:"落下闳营之,鲜于妄人度之,耿中丞象之。"我们因此似乎就被强加了一个概念,落下闳确实曾经制造了浑仪(约公元前 104 年)。在前文提到过的蔡邕上书中给出过对这种仪器的描述,他大约在 180 年上书皇帝:

今史官候台所用铜仪,则其

法也。立八尺圆体，而具天地之形，以正黄道，占察发敛，以行日月，以步
五纬；精微深妙……

我们所拥有的关于浑仪的最古老资料是张衡《浑仪》（约 125 年）一书的残篇。　170
这一重要文献一开始就写道：

> 赤道横带浑天之腹，去极九十一度十九分度之五。黄道斜带其腹，
> 出赤道表里各二十四度。故夏至去极六十七度而强，冬至去极百一十五
> 度亦强也。
>
> 然则黄道斜截赤道者，则春分、秋分之去极也。今此春分去极九十
> 少，秋分去极九十二度少者，就夏至暑景去极之法以为率也。

这两段文字给出了汉代青铜浑仪的概貌，不过第二段因为另外的原因而更有
意义。前面已经提到 320 年虞喜发现岁差，然而这里从张衡的话中我们看到，
中国天文学家在一个更早的年代已经对这一事件感到不安了。二分点的北
极距显然不相等的情况，只有在使用传统的二至点影长测量数值，并且继续
依赖传统的极星来计算时才出现的。这时本来应该重新测定二至点的影长，
从而认识到极星位置已经移动。

张衡的原文中还提到通过浑仪赤道环的直接度量来对黄道进行分度。
他描述了一个可操作的方法：

> 是以作小浑，尽赤道、黄道，乃各调赋三百六十五度四分之一，从冬
> 至所在起……取北极及衡各针搎之为轴，取薄竹篾，穿其两端，令两穿中
> 间与浑半等……令篾半之际从冬至起，一度一移之，视篾之半际多少黄
> 赤道几也。……从北极数之，则去极之度也。

这种方法一直沿用了一千五百年之久，直到元、明时代受到阿拉伯和西方影
响为止。这是用赤道坐标表示天体沿黄道运动的主要方法。传统的中国天
文学始终没有把在赤道坐标系统中划分二十八宿（相当于现在的赤经）的办　171
法推广到黄道坐标系统中去。[①]

关于这种仪器，我们只从有关人物的活动中知道那么一丁点。一则特别
有趣的记载来自桓谭（公元前 40 年—公元 30 年）的著作：

> 扬子云好天文，问之于黄门作浑天老工。曰："我少能作其事，但随

---

① 这种说法欠妥。中国古代虽然没有沿着黄道另外划分出二十八个宿来，但在隋唐以后的《律
历志》中给出了与二十八宿赤道度数对应的二十八宿黄道度数，用来描述太阳和行星沿黄道的运
动。——译者

> 尺寸法度,殊不晓达其意。然稍稍益愈,到今七十,乃甫适知,已又老且死矣。今我儿子爱学作之,亦当复年如我乃知晓,已又且复死焉。"其言可悲可笑也。

这段文字告诉我们几件事情。在扬雄的时代(公元前 53 年—公元 18 年)明显已经有制作仪器的传统了。这些事实加强了落下闳曾经使用过浑环的论断。此外,人们可以由此感觉得到,当时缺乏技术的传授,很少有人能解释天球。也许这是可以预料的,因为浑仪被当作国家机密,或者至少也是一种"机密情报"。

3. 时钟机械的发明

第一座水运浑仪是公元 132 年前后张衡所制作的一些浑仪中的一个,据说它借助于漏壶的恒压水头用水轮缓慢转动。7 世纪中的《晋书》记载说:

> ……张平子既作浑天铜仪,于密室中以漏水转之。令伺之者,闭户而唱之。其伺之者以告灵台之观天者曰:璇玑所加某星始见,某星已中,某星今没,皆如合符也。

这样大致情形就清楚了。事情的经过就是:两个观测者把密室中机械浑仪所演示的天象和天上的实际天象进行了比较。

172   所有这一切都远在 723 年左右一行和梁令瓒发明第一个擒纵器——所有机械计时器的关键部件(参见本书第三卷)——之前。此后,演示用的浑仪和浑象仍继续使用动力来运转,直到耶稣会传教士来华。在 8 世纪之前,这种机械装置不大会以足够精确的速率转动,只设计成用来粗略计时,兼用作一种演示和计算的装置。事实上,在中国浑仪的长期发展过程中,形式上是一种天文仪器,本质上却是时钟装置。因为从张衡时代起,天文技术人员一直想做出一种缓慢旋转的轮子,与天上的周日视运动步调一致。8 世纪初期之后,这个问题实质上已经解决了。张衡如何做到这一点还不知道。

很自然地产生了如下问题:张衡和他的后继者们为什么要这样做呢?成书年代与张衡在世年代大致相当的《尚书纬考灵曜》中有一段有关记载令人很感兴趣:

> 璇玑中而星未中为急;急者日过其度,月不及其宿。璇玑未中而星中为舒;舒者日不及其度,月过其宿。璇玑中而星中为调;调者风雨时,庶草蕃芜,而五谷登,万事康也。

这段话为我们给出了两种浑仪的区别:计算用的浑仪置于密室,观测用的浑仪置于露台。汉代的天文学家和他们的前辈以及后继者一样,十分注重恒星显示方位和日月显示方位之间的分歧或差异。从很多古代资料来看,事情很可能是这样:在浑仪中,有一些小物件代表太阳、月亮和行星,他们附于浑仪或浑象的某处,但能在上面自由移动,这样室内的计算者可以调整它们的位置,使得它们与历书上的预测符合。如果他报告的恒星上中天或别种运行与室外的观测者看到的不合,就可以在历法计算中进行修正。

173

苏颂在 1092 年给皇帝的上书中引用了上述汉代纬书中的这段话之后,接着说:

> 由是言之,观璇玑者不独视天时而布政令,抑欲察灾祥而省得失也。

这段话以很有意思的方式把预测灾祥的能力合理化了,在中古时代,一般人自然地把预测灾祥当作天文学家的工作。苏颂说,他们在某种程度上是能够预见未来的,因为他们知道,如果历书编制正确,农事完全按照季节进行,那么除非发生特大灾害,自然就会丰收。不管怎样,中国唐代以前的浑仪或浑象尽管没有擒纵器,转动也或快或慢,但它们经历了无数个暴风雨的夜晚和阴霾的白天,而要完全否定它们在占星术上的作用,那可能是不明智的。

关于时钟和它的前身就谈这些。但是在这些古书的记载中,还有一些有意义的东西被汉学家们忽略了。1090 年在开封建立的苏颂水运仪象台上安置了由水力驱动的浑仪,其中安装了窥管。对天文学家来说,这种给观测仪器安装上水运装置的做法只有一个目的,就是保证窥管自动转动并指向特定的天体,当该天体因为地球的绕轴自转而在天空中缓慢移动时能够跟踪它。窥管转动的速率不能超过每小时 15 度,而这相当于苏颂时钟的 163 声滴答声。因为这台青铜仪器的重量必定超过 20 吨,所以这个机械装置的调节应该是比较粗略的。

这台仪器还有另一项功能也应该得到重视。苏颂自己说过,天体可以自动地保持在窥管的视场内。他说,事实上还做到了,让白天的太阳留在窥管中。大概这是为了检测整个时钟的计时。仪器每滴答一声前进一步后,这种运动会使太阳光线重新射入窥管一次。

174

西方在 1670 年由罗伯特·胡克(Robert Hooke)首次建议用一种时钟驱动的自动调节望远镜来跟踪天体,然而由于技术原因,这个建议直到 1824 年由约瑟夫·弗朗和费(Joseph Fraunhofer)付诸实行。我们可以总结说,中古时代中国浑仪的机械化,虽然主要运用于为计算和演示目的的仪器,却率先发明了现代望远镜上的时钟装置。苏颂出色地把时钟机械和观测用的浑仪结合起来,因而领先了胡克六个世纪,领先了弗朗和费七个半世纪。

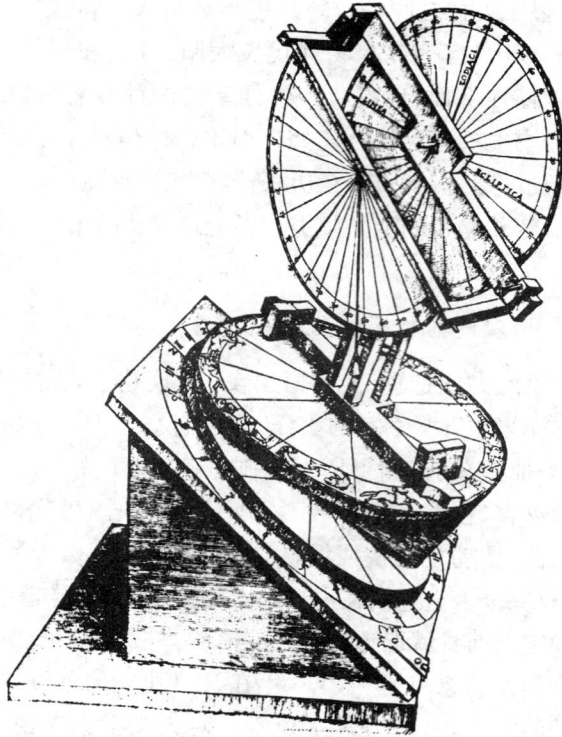

　　　　106　公元 1540 年皮特里斯·阿皮亚努斯(Petrus Apianus)的黄赤道转换仪

4. 赤道式装置的发明

关于南宋的浑仪我们了解得很少,可是 13 世纪郭守敬的一些仪器至今还在,被保存在南京东北郊中国科学院紫金山天文台内。制成于明代的这些仪器,到 1600 年耶稣会传教士来华时还在使用。利玛窦(Matteo Ricci)曾经提到过它们,他对其中一件仪器的描述很有意思:

> 其四,即最后一具,乃其中最大者,似由大星盘三、四具拼合而成……一盘斜置于南面以象赤道;另一盘立于水平面之上,神父曾误以为子午圈,而此盘固可绕自身之轴而旋转者;复有一盘置于子午面上,具垂直轴,似表示一垂直圈,然此轴亦可以垂直方向任意旋转。此外,各盘均有刻度,以凸起之钉为标志,如此则夜间暗中摸索,即可知其度数。此复合星盘仪全部置于大理石座上,石座四周有水渠以取平。

关于元代太史院在 1276 年到 1279 年重新置备仪器的情况,我们是从中国的可靠文献中了解到的,其中当然包括《元史》。图 107、108 和 109 所示的仪器在《元史》中叫做"简仪"。我们可以把这台仪器看成是中世纪"黄赤道转换

图 107　简仪(郭守敬于公元 1270 年前后设计建造。这是所有现代赤道仪的前身。图中仪器似是皇甫仲和的仿制品。照片摄自东南方。底座长 5.5 米,宽 3.8 米,装备窥管的可转动赤纬环直径 1.8 米,由此可以推想全仪的大小。中国科学院摄)

176

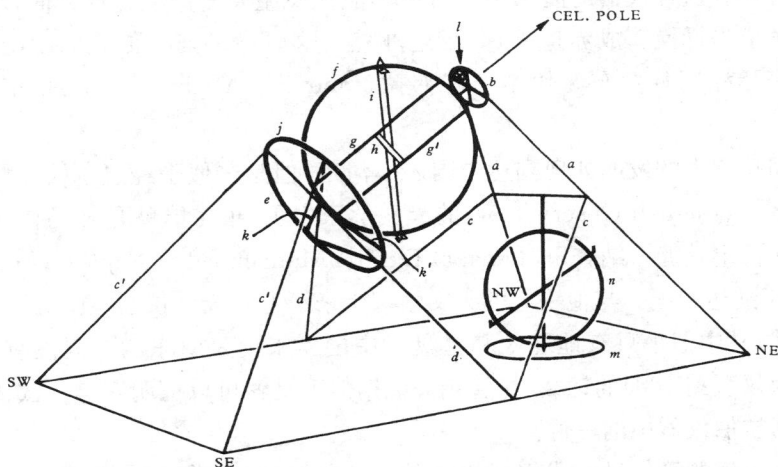

图 108　郭守敬简仪图解(从东南方向观看,以便与图 107 对比)

177

a,a:北极云架;　b:规环,直径 71 厘米(固定着);　c,c,c′,c′:龙柱;　d,d:南极云架;e:百刻环,刻有十二时辰和一百刻,每刻分成三十六分,环上北面有四个圆轴,使它所承的直径 1.93 米的赤道环(j)便于旋转;　f:四游双环,直径 1.83 米。两面都刻有周天度和分,附有窥衡(i)以便测量去极度;　g,g′:直距;　h:横关,可防止变形;　j:可转动的赤道环,直径 1.83 米,细刻列宿及周天度分,中间由十字距加固,与四游环同;　k,k′:界衡,可动独立径向指针,有无横耳不详,从名称来看是划定列宿边界的;　l:定极环,直径六度,附于规环上部(只能在图 109 中才可见),中间有斜十字距,距中心有孔,它似乎用来测定北极上中天的时刻。可通过连在南极云架上的铜板小孔进行观测,主要极轴通过百刻环、赤道环及规环的中心,也有小孔,从而形成一根极轴窥管;　m:阴纬环,固定的地球坐标平经圈;　n:立运环,测量高度角,垂直旋转,附窥管。

365 |

178　　**图 109**　郭守敬简仪（从南面观看，在上方可看到附在"规环"上的"定极环"及其十字距和中心孔。中国科学院摄）

仪"（torquetum）的简化，它由一系列的盘和环构成，但不像浑仪那样装置成同心的圆环。这种仪器的演示图见图 106，它大概主要是用在计算方面，可以直接把黄道坐标换算成赤道坐标，反之亦然。这好像是阿拉伯人的发明，可能与西班牙穆斯林贾布·伊本·阿弗拉（Jābir ibn Aflah，生于 1130 年左右）有关。

阿拉伯人的发明如何到达中国还不清楚，但是这似乎经过了波斯马拉盖天文台（Marāghah Observatory）的天文学家之手，很可能就是札马鲁·丁·伊本·穆罕默德·纳查里（Jamāl al-Din ibn Muhammad al-Najjārī），他于公元 1258 年到达中国。与他一起的天文学家带来了七件天文仪器，在《元史》中都有描述，其中似乎只有地球仪和星盘对中国人来说是新东西。但没有"黄赤道转换仪"（图 108）的记载，尽管相关证据似乎足够可以证明它是这次传入中国的阿拉伯仪器中的一件。

郭守敬的简仪最使我们感兴趣的一点就是，虽然作为一架"拆散了的浑仪"，并和黄赤道转换仪有关，但它却是纯赤道式的（图 106）。毫无疑问，正是因为被去掉了黄道部件，它才被叫做"简仪"。这说明这种仪器虽然曾可能受到过阿拉伯的影响，可是郭守敬为了使它适合中国天文学的特点，已经作了修改，即改用了赤道坐标系。他如此行事，大大领先于现代望远镜中广泛使用的赤道装置（图 110），因为在这样的装置中，需要一种只绕一根轴转动的旋转来跟踪横穿天际的弯曲路径。这里，我们再一次看到中国人坚持使用后来通行世界的赤道坐标系统，也看到中国人致力于实用技术上的简单性。

图 110 20 世纪赤道式望远镜[加利福尼亚威尔逊山 179
(Mount Wilson)上的 100 英寸(2.5 米)反射望远镜。黑耳
天文台(Hale Observatories)摄]

中国人当时似乎没有接受地球仪,也没有迹象表明他们接受了星盘,这样的实物一件也没有。但是,中国人却拥有一件仪器,它在西方是星盘的前身,这就是传重升降钟,一种在希腊化时代并不算稀罕的水钟。它有一个青铜晷面,晷面通过一个浮子的升降而转动,浮子用平衡索附着在鼓轮上。一个木栓代表太阳,插在晷面上位置合适的小孔中,晷面在一层代表子午圈、天赤道等等的金属网后面转动。这一装置恰与星盘相反,星盘上的恒星点标在蛛网上,而晷面上刻了各种各样的圈圈在下面转动。有证据表明(将在本书第三卷中讨论),传重升降钟的晷面——所有钟表的钟面的前身,已经为中国人所知,并在一些水钟中使用了。

天球仪
180

在一个球面上表现星座和恒星的想法可以追溯到古希腊,而这可能是从巴比伦人的一些实践经验中发展而来。尽管人们一般认为,在中国古典技术名词中,天球仪被称作"浑象",但是浑象本身的历史却还没有被搞清楚。既然石申和甘德测定恒星位置的年代在公元前 4 世纪,那么,认为秦、汉时代不会制成实体球式的"浑天仪"是没有道理的。我们拥有的提到天球仪理论和浑环的文献就属于这一时期,而问题却是依赖于某些名词如何解释。

传统上浑象不同于具有实测功能的浑仪,但这类仪器不止两种,而是有三种类型。除去上述两种以外,还有一种演示用的浑仪,这种浑仪中央装有大地的模型,并有使外重诸环不断转动的装置,也有不带大地模型和转动装置的。结论似乎就是,在公元 4 世纪以前"浑象"一词,往往是指演示用的浑仪。这类装有大地模型的浑仪,可引公元 250 年左右王蕃的叙述为证,他解释说想从浑仪中挪开大地模型,而用平的柜顶来替代它代表大地。看来把这种演示用浑仪的一半沉在箱形容器内的做法一直沿用到 8 世纪初一行和梁令瓒时代。另一方面,开始有真正的实体天球仪似乎不早于钱乐之的年代(公元 435 年),值得注意的是,这种天球仪一直到 310 年左右陈卓根据公元前 4 世纪开始出现的《星经》编制成标准的星图后才出现。

这一点可以用《隋书·天文志》中由李淳风写于公元 654 年的一段话来证明:

浑天象:

浑天象者,其制有机而无衡。

181 梁末秘府有,以木为之。其圆如丸,其大数围。南北两头有轴。遍体布二十八宿、三家星、黄赤二道及天汉等。别为横规环,以匡其外。高下管之,以象地。南轴头入地,注于南植,以象南(天)极。北轴头出于地上,注于北植,以象北(天)极。正东西运转。昏明中星,既其应度,分至、气节,亦验,在不差而已。

不如浑仪,别有衡管,测揆日月,分步星度则也。

这段记载连同一些对它的进一步注释,再加上王蕃的一些话,带给我们如下图景:当张衡在 125 年制作真正的浑仪时,他把它做成了两种形式,一种用于实测,另一种用于演示和计算。张衡似乎没有在浑仪正中央放上地的模型。刘智在公元 274 年也没有放上地的模型。[①] 放进地的模型似乎是 3 世纪中叶葛衡的贡献,紧接着王蕃便采用另一办法,把天球的一半放在柜中,把柜顶当作地平。

公元 5 世纪初,开始出现了真正的天球仪。在 435 年钱乐之至少制造了两具仪器,一具属于传统的浑仪,附有地的模型;另一具是真正的天球仪。

---

① 该句应该改作:"陆绩在公元 225 年也没有放进地的模型。"刘智 274 年的模型中是有大地的。——译者

制约因素大概就是根据《星经》来编制标准星图的问题。做过吴国太史令的陈卓在 310 年编制了第一部标准星图，我们被明确告知，钱乐之的天球仪就是以这些星图为基础的。此后经历了很长一段时间，我们能够肯定的下一个大天球仪是苏颂于 1090 年放置在他的水运仪象台上的浑象（图 111）。接着就是郭守敬的浑天象（1276 年）。这一传统被耶稣会传教士所继承。非常遗憾的是，中古早期中国的浑象没有一个被保存下来。

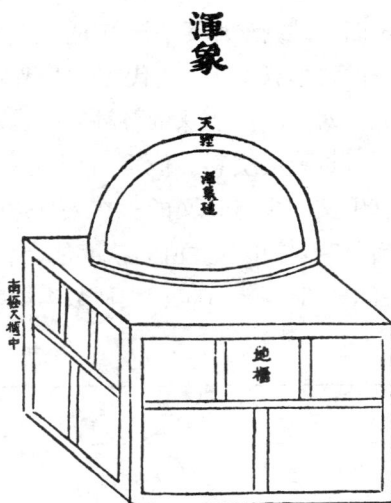

图 111　苏颂的天球仪［一半隐在柜中，用水力时钟机械运转。采自《新仪象法要》（1092 年）］ 182

跟欧洲相比，中国天球仪的发展在有些方面显得缓慢，但在另一些方面却又比较先进。虽然到 5 世纪初才出现实体天球仪，的确为期较晚；但是演示用的浑仪至迟在 3 世纪中叶已装有大地的模型，这一做法又是极其先进的。欧洲人直到 15 世纪末才发展到这一阶段。

第六节　历法天文学和行星天文学

虽然关于中国历法的文献很多，但它们在自然科学方面的意义不如在考古学和历史学方面的意义来得大。但是，正如我们在前面所看到的，在中国历史上，二十二个世纪中出现的 100 多部历法，串成的这历法系列，的的确确也是各种历表和天文表的精度不断演进的系列。所谓历法，只不过是把时日组合成一个个周期以适合日常生活和文化或宗教习惯的方法。历法的组成单元，有一些以对人类显然有重要意义的天文周期为依据，如日、月、年等；另一些是人为的，例如星期和时、分、秒等。历法的复杂性在于根据太阳确定的周期不能被根据月亮运动确定的周期整除。朔望月（从新月到新月）长度的现在值是 29.530 50 天，而回归年（从春分点到春分点）的长度是 365.242 19 天，这其中一个数字不是另一个的整数倍。根据月亮的运动建立的历法，即只用阴历月，无法预示季节的变迁；而只根据回归年制订的历法不能预示望月，而望月在人类没有使用人工照明的年代是相当重要的。所以，在西方文明中复活节的日期在阳历中是移动的,因为这个节日是根据阴历确定的。可以说,整个历法史就是不断尝试调整那无法调整的周期关系。所以我们在这方面的论述比较简略,真正的科学意义在于古代和中古代对行星公转周期的估算精度方面。

对于中国历法的各种问题,或许以邢云路 1600 年前后著的《古今律历考》为最重要的资料。但是,自此以后许多可靠的著作被写出来,这些著作中既有中文的也有日文的。在表 28 中我们给出了一些中国人确定的回归年"岁余"和恒星年余数值的精度估计。从 5 世纪开始,这两个数值都已经被精确知道了。对朔望月也有类似数据,它们在表 29 中给出。

183

表 29　朔望月长度值

	朔望月长度(天数)
真值	29. 530 588
据卜辞的推断(公元前 13 世纪)	29. 53
杨伟(《景初历》,公元 237 年)	29. 530 598
何承天(《元嘉历》,公元 443 年)	29. 530 585
祖冲之(《大明历》,公元 463 年)	29. 530 591

日、月和行星的运动

中国本土天文学从未尝试用一种先进的几何学方法来分析月球的运动。《逸周书》是最早提到月球运动的文献之一,年代大概早于公元前 300 年。公元前 120 年左右的《淮南子》给出了一段关于月球运动的说明,说月亮每天在恒星间向东运动 13 中国度,这是后来采用了很久的数据(现代值是 13°或 12.8 中国度①)。公元前 4 世纪的石申已经知道月亮的运动速率是变化的,并且月亮的运动轨道时而在黄道南、时而在黄道北。最早提到"月行九道"(因为月球绕地球运动轨道的缓慢进动而形成的一套连续的轨道)(图 112)是《洪范五行传》,该书由刘向著于公元前 10 年左右,书里给出了详细的叙述。依照传统习惯,月行的轨道被标上了颜色,但白色是主要的。

四季的长度不等,这在中国发现得相当晚。虽然从汉代天文学家所用的数据来看,他们已经知道二分点不在二至点的正中(而正是这个事实使得古

184

---

① 这里给出的数字过于粗糙,而且换算有误。按现代值,月亮平均每天行走 13. 176°,合 13. 359 中国度。——译者

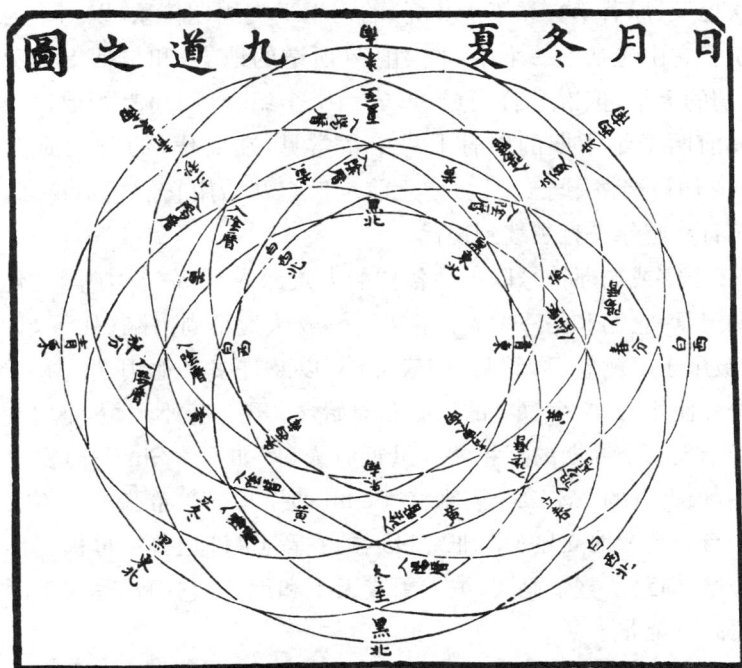

图 112 晚清重刻的月行九道图［此图表示月球轨道的长轴逐渐向前移动。八个远地点（月球绕地轨道上离开地球最远的点）的不同位置分别由图中最外侧的突出部分表示。月球在八九年间（实际上是3 232.575 天）依次通过这些位置。轨道当然是由一条线旋绕而成，而不是九条分开的线，但此图是汉代的画法］

185

希腊天文学家喜帕恰斯在公元前 2 世纪提出太阳的偏心运动理论），但在中国直到 570 年北齐张子信和他的学生张孟宾的时代才认识到这一点。也许这归因于当时中国对发展一种合适的代数方法的需求（喜帕恰斯当然是使用一种基于希腊行星轨道几何模型的几何学方法）。我们在前面讲述数学一章中已经看到，唐代数学家李淳风已经知道有限差分法，这是一种很重要的代数方法，可以求出各种方程——例如太阳经过天空的角运动方程——的常数项。由于这种方法据信始于 5、6 世纪之间的祖冲之和刘焯，因此二张可能已经知道它。但更早就无人知晓了，尽管这种方法可能要追溯到巴比伦。中国和巴比伦在日月运动历表（对特定日期给出了天体位置的表格）上的相似性，其实早已为人们所觉察。

干支周期

在中国文化中，最古老的纪日法完全不依赖于太阳和月亮。这就是我们曾经多次提及(原著第一卷第 198 页)的六十干支周期体系,以六十为一组的计数系统。它由包括十二个字的一组字(所谓的地支)和包括十个字的另一组字(所谓的天干)依次配合而成,形成六十个组合,周而复始地使用。这些字在公元前两千纪中期的甲骨卜辞中很常见,在商代(约公元前 1520—前 1030 年)它们被严格用于纪日。公元前 1 世纪开始用它们来纪年,此后连续的干支纪日和纪年一直延续到现代。

这 22 个字或循环符号以各种各样的方式深入到所有的中国文化中。除了纪年和纪日,它们和另一套《千字文》[一般认为是周兴嗣(死于 521 年)所作]也常被用于书籍卷、册编目,图表编码,以及许多其他用途。关于这些作为周期符号使用的 22 个汉字的语源和原始含义还一直不清楚,不过十天干可能来源于十天一个周期的祭祀法。最近有人(例如 Ras Shamra)提出一种迷人的设想,最古老的二十二个闪米特(Semitic)字母——希腊和拉丁字母来源于此——与天干和地支显示出非常接近的发音,也许这些字母被当作神奇的超自然符号,横跨了整个亚洲,被借用成天干和地支,它们在写法上因为发生了改变而面目全非了。

不论干支周期与巴比伦人(这些人以六十为底数计数)是否有关,用六十日作为一个计算单位是很方便的,循环六次正好差不多等于一回归年。同样,六十日周期又可分为六个周期,每个周期十天;而且,六十日也差不多等于两个朔望月。必要时,可置一个到三个十天的闰,偶尔也插入整整一个六十日周期。十日周期一直沿用到我们现在,农村至今还在使用。七日的星期制是经波斯、粟特(Sogdian)商人从域外传入的,传入年代不会早于宋代。当时的一条记载说:"如果你不知道星期几,就去问粟特人。"[①]有一些证据表明,西周早期也有一种类似的七日周期制,但没有传下来。

中国的六十干支周期可以比作两个互相啮合的齿轮,一个轮有十二齿,另一个有十齿,这样六十个组合之后,新的循环又开始了。最为有趣的一点是,古代美洲文化中也有类似于中国古代的周期制,只是稍微复杂而已。玛雅人有一种宗教年(tzolkin),每年 260 日,由数目字 1 到 13 和二十个纪日的象形字循环配合而成;这种年之后紧接着一种历法年(haab),由二十个纪日的

---

① 据《文殊师利菩萨及诸仙所说吉凶时日善恶宿曜经》卷下"七曜值日品第八"载:"夫七曜者,所谓日月五星下值人间,一日一易,七日周而复始。其所用各各于事有宜者不宜者。请细详用之。忽不记得,但问胡及波斯并五天竺人总知。"原文所引似乎出于此佛经而经宋代学者转载。《文殊师利菩萨及诸仙所说吉凶时日善恶宿曜经》由唐不空三藏于乾元二年(759 年)从梵文翻译成汉文,故七日星期制传入中国当不晚于中唐时代。原文所谓不早于宋代,误。——译者

象形字同十九个月配合而成,每年有 365 日,十八个二十天周期外加上五天。在这种情况下,相啮合的两个齿轮分别为 260 齿和 365 齿,整个周期为 18 980 日或 52 年。这样构成的循环周期被阿兹特克人和其他中美洲文化所采用。但是由于其公倍数不便于计算,玛雅人又发展了一种以二十进位为基础的类似纪日系统,这为他们提供了一套极其精确的纪日法。

　　一种普遍的观点认为十天干是由五行说与阴阳说结合而成,但这种看法是不正确的,因为十天干远远早于这两种晚周学说而先出现。很有可能的是,它们是每旬十日的名称,到了西汉,它们才和十个出处不明的占星术名称发生了联系。十二地支名称则很早便用在一回归年的十二个月份上,但也还用在其他方面,特别是罗盘的方位和每恒星日(即根据恒星而不是根据太阳确定的一天长度,一恒星日大约比一平太阳日短四分钟)的十二个时辰上。有人认为,十二地支源于每月例行的仪式。中国人还有另一套同时并用的占星术名称,大概出自用木星来纪年的周期。因此,接下来需要考察一下行星周期问题。

187

行星的公转

　　《开元占经》上载有公元前 4 世纪以后天文学各学派的一些基本术语。所有的中国天文学文献都证实了这些记载,而最近发现了一些迄今为止还无人知晓的行星运动方面的手稿,尤其引人注目的是马王堆出土的大约属于公元前 168 年的手稿。每颗行星都与五行之一和五方之一相配。众所周知,由于地球和其他行星之间的相对位置在不断变化,当在夜晚观测行星时,在大部分时间里它们在恒星背景下向东移动,但有时它们看起来变得静止不动,然后开始向西移动(逆行),然后再一次停止不动之后,又开始向东运动(顺行)。中国人有一套专用术语来描述所有的行星视运动。

(1) 木星	岁星	木	东
(2) 火星	荧惑	火	南
(3) 土星	镇星	土	中
(4) 金星	太白	金	西
(5) 水星	辰星	水	北

　　战国时代的观测者,一定已经按照他们的方法绘制了五星运行图。关于行星逆行,司马迁在《史记》中写了很多。这里复制了一幅来自后代资料的水星逆行图(图 113),但所图示的事实一定为古代中国人所熟悉。通过比较公

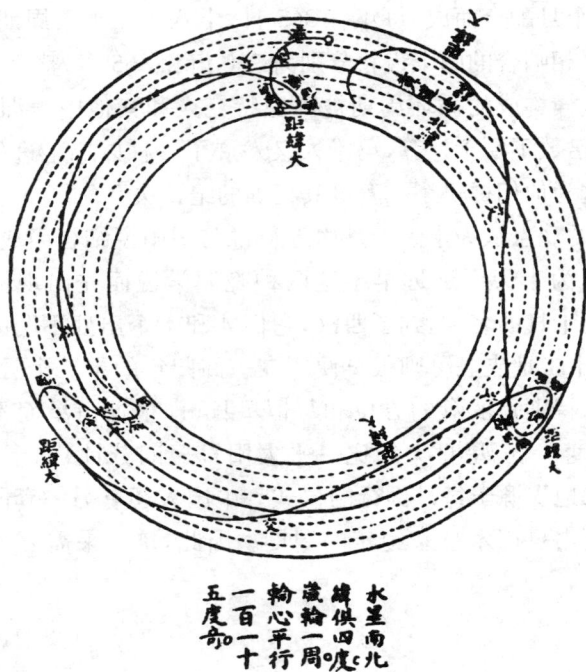

图 113　描述水星逆行的环状黄道图（采自 1726 年的
《图书集成》，从 635 年的《晋书》所载的定义来看，图中
所用表示五星运行的术语是很古的）

元前 400 年—公元 100 年之间不同年代的行星公转周期数值（表 30），我们可以明确地觉察到当时天文学在日趋精密。并且由此可见，到 1 世纪末，五星会合周期（在天空中完成一个视路径的周期）的估测值已经非常可靠。西方在这方面略晚一些，大约 175 年斯多噶派（the Stoic）学者克雷奥梅德斯（Cleomedes）给出的一些数值具有相同的精度。水星由于最难被肉眼观测到，所以它引起的困难也最大。

　　尽管有如此正确的观测，但中国对行星运动的研究一直停留在纯数字水平上。不像在希腊天文学中，用圆和曲线的几何学来给出行星运动的图解，并提出与此几何图景相符合的理论。中国天文学则总是使用巴比伦天文学家纳布里亚努（Nabu-riannu）和基丁努（Kidinnu）那样的代数学方法，从来不寻求一种行星运动的几何模型。如果说中国天文学在耶稣会传教士入华时显得有些陈旧的原因就在于此，那么人们还必须记得，从开普勒及其后继者为了摆脱圆周运动理论而得到椭圆轨道的概念所作出的巨大努力来看，希腊人对几何学的依赖却是太过分了。

表 30　行星公转周期估测值

	水星	金星	火星	木星		土星	
	日数	日数	日数	日数	年数	日数	年数
真值							
恒星周期①	87.969	224.7	686.98	4 333	11.86	10 759	29.46
会合周期②	115.877	583.921	779.936	398.884		378.092	
石申（公元前 4 世纪）③	—	736	780	—		—	
甘德（公元前 4 世纪）④	68 +	585	—	400		—	
克尼都的欧多克斯（公元前 408 年—前 255 年）	110	570	260	390		390	28
《淮南子》⑤（公元前 2 世纪）	—	635	—	—		—	
《洛书纬甄曜度》作者（约公元前 2 世纪）	74 +	—	—	—		—	
司马迁（公元前 1 世纪）《史记》所载	—	626	—	395.7	12	360	28
刘歆（公元前 1 世纪末）《汉书》所载	115.91	584.13	780.52	398.71	11.92	377.93	29.79
李梵（公元 85 年）《后汉书》所载	115.881	584.024	779.532	398.846	11.87	378.059	29.51

① 恒星周期是行星以恒星为参考物在轨道上绕太阳公转一周的时间。

② 会合周期是行星以太阳为准，两次与地球会合的时间间隔，也就是行星两次通过地球和太阳的连线的时间间隔。

③④ 保存在《开元占经》中的数据。《晏子春秋》（约公元前 4 世纪）卷一第二十二页正面—第二十三页正面也提到火星的运动。

⑤ 《淮南子》卷三第四页正面。

190 然而,就说中国天文学家们从未想象过行星的运动轨道是轻率的。在《朱子全书》耐人寻味的一章中,记载了 1190 年前后几段对话,这位哲学家曾谈到"大轮"和"小轮",也就是日、月的小"轨道"和行星与恒星的大"轨道"。特别有意义的是,他已经认识到"逆行"不过是由于天体相对速度不同而产生的一种视现象。他主张历算家们都应当明白,所有逆行和倒退的运动,本质上都是顺行和前进的运动。

当 17 世纪耶稣会传教士把欧洲的思想带入中国时,他们描述的行星运动理论是古希腊的天球理论,地球位于宇宙的正中央。只有在很少的几年里,他们简单提及了哥白尼的日心说,但是当 1616 年日心说被列入罗马教廷的《禁书目录》中之后,传教士们再也没有冒险传播过它。第谷·布拉赫发明了一种替代理论,在这理论中地球仍然留在宇宙的正中不动,有月亮和太阳围绕它运转,而其他行星则围绕太阳转动。这种学说不受谴责,所以传教士们把它介绍给中国学者。所有这一切的结果是给中国人加强了如下印象:西方人的理论是前言不搭后语的。伟大的中国天文学家王锡阐(1628—1682 年)像他的许多同胞一样,在接受新知识时不受正统学说的限制,他接受并修改了第谷的理论,进一步提出最外层行星的天球向太阳发出一种作用力,来解释行星的运动。他的工作,以及其他许多受欧洲天文学来华的激发而做出的工作,鼓舞了中国人重新发现已经被遗忘了近三个世纪的他们自己的天文学传统,并重新拥有对它们的兴趣。

十二次

因为木星的恒星周期(绕太阳一整圈的时间)差不多等于十二年(实际上是 11.86 年),所以木星的周期运动必定在很早的时候就引起人们的注意了,而它还似乎与十二支以及一回归年的 12.37 个朔望月有某种联系。《计倪子》一书在介绍公元前 4 世纪南方的传统知识时说:

> 太阴三岁处金则穰,三岁处水则毁,三岁处木则康,三岁处火则旱。故散有时,积余有时。领则决万物,不过三岁而发矣。……

191 这里的"太阴"不是指月球,而是指一个假想的看不见的"反木星",它的公转方向与木星的公转方向正好相反。木星(岁星)和其他行星在恒星背景上向东运动,因此想象出一个"影子行星"(太岁或岁阴)跟太阳一起向西运动。木星的十二站称为"次",整个周期的年数叫做"纪"。一纪中的岁名以两种形式传了下来,一种属于天文学的,另一种属于星占学的。因此这些岁名自然地既被用于一年的十二个月和一日的十二时辰,也被用于岁星纪年。天文学上的一套名称被用来描述木星的位置,而星占学或历法上的一套名称则被用来表示反木星(太岁)的位置。

月份的名称在中国古代历法中不是很重要。回归年的十二个月(气)被分成二十四个双周,其中十二个是"中气",十二个是"节气"(以竹节作比)。这些名称列在表 31 中。它们无疑是很古老的,最早的文字资料见于晚周的《穆天子传》。在此之前的商代,月有 29 天的小月和 30 天的大月,有时两个大月连续出现。①

192

表 31 二十四节气表

	名　　称	开始日期②
1	立春	2 月 5 日
2	雨水	2 月 20 日
3	惊蛰	3 月 7 日
4	春分	3 月 22 日
5	清明	4 月 6 日
6	谷雨	4 月 21 日
7	立夏	5 月 6 日
8	小满	5 月 22 日
9	芒种	6 月 7 日
10	夏至	6 月 22 日
11	小暑	7 月 8 日
12	大暑	7 月 24 日
13	立秋	8 月 8 日
14	处暑	8 月 24 日
15	白露	9 月 8 日
16	秋分	9 月 24 日
17	寒露	10 月 9 日
18	霜降	10 月 24 日
19	立冬	11 月 8 日
20	小雪	11 月 23 日
21	大雪	12 月 7 日
22	冬至	12 月 22 日
23	小寒	1 月 6 日
24	大寒	1 月 21 日

注:二十四节气的每一气相当于太阳在黄道上移动黄经 15°。节气的平均周期是 15.218 日;半个朔望月的长度为 14.765 日。这些节气名称表明,这一制度最初是在黄河流域或黄河以北制定的。

---

① 商代月份是不是这样安排,学术界还没有定论。——译者
② 二十四节气的开始日期在公历上并不是固定不变的,现代的情形也有 1 天的出入。——译者

从很早的时候起,十二次就和十二种动物如牛、羊、龙、猪等的生长周期有关联。东、西方学者关于这些联系的起源大有争论,一些人认为它们是从邻近的突厥人(Turkic)或古代中东国家传到中国的;另一些人则致力于证明这些主要是在中国土生土长的。这些议论,大部分需要根据目前关于文献年代及其可靠性的了解,而重新加以考虑;不过对于科学史家来说,无论谁发明了这些动物周期,都是一样的。它的意义似乎纯粹在于考古学和人类学方面。然而值得一提的是,在大多数亚洲文化中,如蒙古族、藏族还有汉族,都还在用十二种动物纪年。

谐调周期

由于回归年不能分成整数个朔望月,所有文明的历法制订者都认识到某种"谐调"结果的重要性,这就是说按照阳历和阴历两种周期计算,经过一个较长的时间段后大致同时达到两种周期的末尾。19 个回归年差不多等于 235 个朔望月。在西方,这个周期与雅典的默冬(Meton,约公元前 432 年)有关;在中国它叫做"章"。四个默冬周恰好等于七十六年或 27 759 日,这个周期与库齐库斯(Cyzicos)的卡利普斯(Callipus,活跃于公元前 370—前 330 年,与石申同时代)有关,如果每个卡利普斯周中减少一日,那么据此制订的历法是相当令人满意的。在中国,这七十六年的周期叫做"蔀"。

其他的谐调周期也被发现。如二十七章等于 47 个月食周(一个月食周等于 135 个朔望月)或 513 年,这就叫一"会"。三会(或八十一章)构成一"统"(1539 年),周期小于一统时总日数不会是 10 的倍数。可以使六十干支、朔望月、回归年和食周在其中会合的最小周期是三统或 4 617 年。还有一种单位叫"纪"(前面已提到过作为木星公转周期的"纪"),或者叫"遂"或"大终"。一纪等于二十蔀,即 1 520 年或 19×487 个六旬周期。三纪成一"大备",有称一"元"或一"首"。成书于汉代或更早的《周髀算经》接着说,七首为一"纪",即 31 920 年。经过这样长的时间后,"生数皆终,万物复始"。这个"庞大周期"颇为有趣,因为它恰好等于儒略周(Julian cycle, 7 980 年)的四倍。儒略周是西方在 16 世纪晚期由约瑟夫·斯加利格(Joseph Scaliger)提出的,是《周髀算经》成书后几百年的事。"纪"是如下一些周期的最小公倍数,它们是:默冬章、卡利普斯蔀、八十年周期(其中包括若干六旬周期)以及六十干支本身、还有西方二十八年的安息周(sabbatical cycle)和十五年的罗马小纪(Roman indiction)。

还有其他有趣的周期关系。行星周期常数常被称为"纪母",日、月、年周期常数称为"统母"。按照汉代的朔望月长度计算,最少需要八十一个朔望月

193

(2 392 日)才可能使日数为整数,如果把此数跟 135 个朔望月的月食周联系起来,把前者乘以 5、后者乘以 3,得 405 个朔望月或 11 960 日。这就是可容纳月食周的最短整日数周期,这一周期与玛雅人的大宗教年(tzolkin)相同。

那些较短的周期正好和希腊人的历周相同,在某些学者看来,这似乎已成为西方历法传入中国的有力证据。然而,有理由相信商代的人已经知道章和蔀了,这不是说发现了这些名称,在卜辞中迄今还没有发现章和蔀的字样;而是说发现了某些肯定被卜辞作者认为是极其重要的年月日期,从这些日期的间隔可以正确推断出章和蔀的周期。其中有两个是交食的日期(公元前 1311 年和公元前 1304 年),已用现代计算方法证明是正确的;另外两个是朔旦的日期(公元前 1313 年和公元前 1162 年)。这两个日期之间的间隔正好是二蔀或八章。如果这点可以肯定下来,我们就很难假定巴比伦人和商代的中国人不知道这些周期了。[①]

汉代天文学家想把五星公转的恒星周期和会合周期纳入上述那些历周之中去是很自然的。他们的想法是,在历周之初("上元")所有行星"聚"在天空中的一点,在历周之末行星再次聚在一起。木星和土星每隔 59.577 9 年 $\quad$194
(恰好与干支纪年的周期很接近)差不多在天空中的同一点上会合一次。木星、土星和火星每隔 516.33 年会合一次,这可以解释公元前 290 年左右的《孟子》中"五百年必有圣人出"的说法。中国古代很注意观测五星的"合"和"掩"或"食"。有时因为政治原因也会故意改动,如公元前 205 年的一次会合,发现它是错误的。但是经过重新计算,发现那些记录大部分十分可靠。如公元前69 年的月掩火星和公元 361 年的月掩金星都与计算结果符合。我们还时常看到史书中预言被证实的记载,如公元 955 年窦俨的一次预言被证实。

"五星聚会"的想法也见于希腊和希腊化时代的文献中,它似乎来自贝罗索斯(Berossos,公元前 3 世纪)和巴比伦人。现在,三统相当于九个月食周(135 个朔望月)或 4 617 年,或者相当于 28 106 个六旬周期。这是汉代学者,主要是刘向和刘歆,结合五星周期提出的时间单位。他们认为经过 138 240年之后,所有的行星将完全重复它们以前的运动,所以把这个"齿轮"和 4 617年的周期配合起来,便形成一个完整的"大周",它有 23 639 040 年。这个周期的起点就是所谓的"太极上元"。在中国以后的天文学史中,这个想法一直以各种不同的形式延续着。想想一行在历法计算中引入不定分析法,得出自从

---

① 这一段论述存在两个问题。其一,几块甲骨的定年并不是这么肯定的,需要进一步研究;其二,交食必定发生在朔望,所以交食跟交食之间、朔旦跟朔旦之间,相差整数个蔀或章,是很自然的事情。这一点不能证明商代人已经了解蔀或章,只能证明商代人对交食和朔旦作了记录。——译者

上元以来到公元 724 年,时间已经过去了 96.96 百万年,这就是中古时代中国宇宙学广袤、博大的特征。一行之后一千年的西方世界,大主教乌舍耳(Ussher)计算出开天辟地的年代不会早于公元前 4004 年。

第七节　天　象　记　录

交食

中国古代认为日食和月食是日、月被某种天龙慢慢吃掉(图 114,图 115),这可从表示日月食的最早术语"食"字清楚地看出来,"食"字最早出现在安阳的甲骨卜辞中。"食"就是吃,它的原始象形文字像个带盖的食器(食)。交食较确切的技术名词是加上"虫"字的"蚀"字这个词直到相当晚的汉代才出现。

195　　图 114　月食(这里明亮的满月慢慢地变得非常暗淡,通常变成红褐色,只剩一弯月牙还保持明亮)

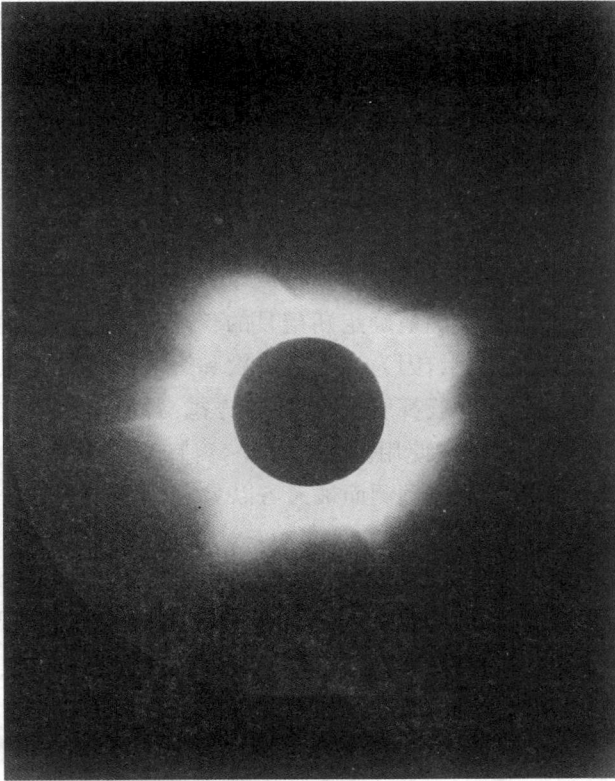

图 115 日全食（包围着被食尽的日面的日冕相对较暗，
只有满月的一半亮，无法补偿突然而急剧失去的太阳光）

196

　　中国交食观测的历史可以上溯到多久远？自从对交食周期逐渐掌握，一行计算了夏、商两代的交食之后，这个问题已经争论了几百年了。历来认为记载在《书经》中的日食发生在公元前第三千纪。原文这样说："乃季秋月朔，辰弗集于房。"这次日食的证认年代从公元前 2165 年到前 1948 年都有，但是因为这个年代属于传说中的年代，而文献肯定是晚出的，所以精确推定这次日食年代的尝试被放弃了。接着人们认为载于《诗经》的日食是最早的，这次日食的年代被定为公元前 734 年，常被认为是所有人类文明历史上可考的最早日食，因为巴比伦的天象记录在托勒密时代以后就全部散失了。但是，公元前 331 年亚历山大大帝征服巴比伦后，显然曾经有一些公元前 747 年［拿波纳萨（Nabonassar）时代］或甚至公元前 763 年的巴比伦天象记录，被亚里士多德的侄子卡利斯提尼斯（Callisthenes）带往希腊。然而，最近对甲骨卜辞的研究使中国人在存世天象记录上更占优势。因为记录在甲骨上的六次月食和

197

一次日食已经被考证清楚了。这些月食的年份是公元前 1361 年,公元前 1342 年,公元前 1328 年,公元前 1311 年,公元前 1304 年和公元前 1217 年;日食的年份是公元前 1217 年。除了这几次月食外,还可以加上《逸周书》所载公元前 1137 年的第七次月食,显然都是正确的①。另外有更多的交食记录被破解,但至今还未能确定它们的年代。

　　一种有趣的论点认为,商代人观测月食不是出于星占术的考虑,而是为了编制历法。因为月食只能发生在望日或十分靠近望日的日子,而卜辞表明,它们的作者想尽可能准确地确定朔望月的长度。我们还得到一些有关商代国家组织等级状况的暗示,因为上述第一次和第五次月食记录下面都有一个"闻"字——也就是"盖非殷都所见,而得自方国奏闻者也"。这个"闻"字在一千五百年以后的汉代还在使用。有趣的是,《诗经》上日食用"醜",月食用"常"字,这意味着后者已经能预测而被人习以为常,而前者却尚不能预测。

　　1. 交食理论

　　中国人究竟在什么时候对交食的本质有了大致正确的了解?这个问题和预报交食的方法有关。在西方,相传希腊哲学家米利都的泰勒斯(Thales of Miletus)预言了公元前 585 年的日食,但最近的研究表明这很可能运气的成分比推断更多一些。这里,所有古人都面临的一个困难就是月亮的轨道并不与黄道相合。如果两者重合,那么每个月初都会发生日食、每个十五都会发生月食了。因此,出现了多种任意定的周期,用来大致预言交食在什么时候发生。

　　月亮反射太阳光而发亮,这一事实在前面提到过了,但是,尽管中国人似乎比任何西方人都更早观测交食,但是他们对日月本质的认识却比希腊人晚得多。公元前 4 世纪的石申肯定已经明白月亮跟日食有关,因为他曾教人们根据月亮和太阳的相对位置去预报日食。他认为,每当月亮在晦或者朔与太阳聚会时,日食就会发生。然而石申可能并不认为日食是由于月亮的实体介入太阳和地球之间,而是因为月亮辐射出的阴气势力压制了太阳辐射出的阳气势力。这个说法解释了甘德为什么会说日食是从太阳中心向四周展开的,他可能是把太阳黑子当作初亏了。这可能也解释了晚周和汉代的天文学家为什么会把偏食叫做"日薄"。至于月食,公元前 4 世纪的天文学家所了解的情况似乎反不如商代,因为他们认为在一月之中随时都可能发生月食,而不是只在望日。

---

　　① 跟前面几次一样,作者在讲到商代卜辞的断代时,所作陈述太肯定。其实很多问题现在还没有研究清楚,作者所依据的董作宾《殷历谱》只是一家之言。所有这些日食、月食的年份只有参考价值。而《逸周书》所载那次是不是月食、在哪一年,都无定论。——译者

在司马迁时代(约公元前100年),人们以为几乎所有天体,不仅包括五星而且还包括大角和心宿二,所产生的影响都可能导致月食。司马迁肯定知道月食有固定的周期,但他没有谈到过日食的周期,也没有试图提出有关日食的理论。阴气、阳气的理论直到公元1世纪还存在,因为王充提到过它。从他的话来看,当时显然已经有了正确的见解,他本人则坚持一种错误的假设,认为太阳和月亮会周期性地萎缩或衰退。他的评论很有意思:

> 儒者谓:日蚀,月蚀也。彼见日蚀常于晦朔。晦朔月与日合。故得蚀之。夫春秋之时,日蚀多矣。经曰:某月朔,日有蚀之。日有蚀之者,未必月也。知月蚀之,何讳不言月?
>
> 说日蚀之变,阳弱阴强也。人物在世,气力劲强,乃能乘凌。案月晦光既,朔则如尽,微弱甚矣,安得胜日?夫日之蚀,月蚀也。日蚀谓月蚀之,月谁蚀之者?无蚀月也,月自损也。以月论日,亦如日蚀,光自损也。

王充然后再次提到了月如何蚀日的问题,并再次陈述了正确的观点,并批评说: 199

> ……日月合于晦朔,天之常也。
>
> 日食,月掩日光,非也。何以验之?使日月合,月掩日光,其初食崖当与日复时易处。假令日在东,月在西,月之行疾,动及日,掩日崖,须臾过日而东,西崖初掩之处光当复,东崖未掩者当复食。今察日之食,西崖光缺;其复也,西崖光复,过掩东崖复西崖,谓之合袭相掩障,如何?

王充在这里描述的不是一种日全食,而是一种日面外围有一圈没有被食去的日环食。接着王充就问日、月是不是真正的球形?他得出结论说,日月看起来是圆的,这是一种假象,为了证明他的说法,他引用了流星作为证据,经过检查,流星是一种形状很不规则的石头。

总之,在王充的时代(约公元80年),人们已经普遍掌握了正确的交食理论。然而王充宁愿相信一种和古罗马诗人卢克莱修(公元前1世纪)相似的臆测,认为太阳和月亮发光有其本身的节律。王充故意在日环食的观测和天体的形状等问题上强词夺理,来支持自己的说法。但是,也许王充的真正意义在于:持怀疑论的儒生总是批评有实际经验的天文学家的理论没有和道家学说划清界线。他可能没有注意到术士和星象观测者之间、或占卜者和历算家之间的巨大区别。当时皇室对他们一律重用,使得人们对朝廷失去信心。王   200
充对这些人和他们的理论全部反对——但是,有时他们的理论是正确的。

有机自然观认为宇宙是一个巨大的内在统一的有机体。这是中国的永恒哲理。王充的气说却成了这种宇宙观起过阻碍作用的一个明显例证。连交食轨道和互相遮蔽等简单概念，在王充看来也过于机械，因此他宁愿相信来自天体内在性质的一种节奏。王充并不是唯一持这种想法的人，两个世纪以后的刘智是另一位。

而正确的观点已经在公元前1世纪刘向的《五经通义》中出现："日蚀者，月往蔽之。"由此看来，正确的观点大概出现在从战国初期到西汉中期的某一时期。在王充之后，正确的理论已经完全建立起来了。

2. 天象记录的范围、可靠性和精度

《左传》上载有公元前720年以后三十七次日食，从汉初以后，历代史书中都有系统的交食记录。托勒密在亚历山大里亚写成的《至大论》中给出的月食表始于公元前721年，这是令人瞩目的巧合。关于汉代的交食和古代天文官员的可靠性，人们已作了非常仔细的研究，还尝试作了一些估计，如表32中所列。一些没有被记录的日食可能与天气不好有关。不能证实的日食记录可能是按照某种周期计算，然后加入到记录中的。然而，日食和月食也有可能出于政治上的原因而有所增减，为了批评朝廷就增加一些，统治开明就减少一些。所以当不受欢迎和残暴的吕后当政时，尽管当时不曾发生日食，却出现了一次日食通报（公元前186年）。通过非常仔细的考察后可以得出结

201

表32　中国古代天文学家的日食观测

	《春秋》《左传》	《前汉书》
确切可考并经现代计算证实了的		
非常显著的	21	12
可见到的	5	9
不显著	2	6
不易见到	3	6
偏食	1	5
	32	38
假定记载日期略误，尚可考证	0	14
待考	3	0
不可能	2	3
记录总数	37	55
按照现代推算应有显著日食而无记录	14	28

论,日食记录的伪造很罕见。事实上,刚刚提到的吕后时的情形可能是独一无二的。但是,记录似乎经常不完整。而且它们的不完整程度与朝廷的威望相吻合。如果当时并不需要"天诫"的话,天文官员虽然记下了日食但可以不上报,所以史官们就无法记下它。这里所谓的威望是指朝廷对在朝大臣的威望,而不是指在百姓中的威望。因此我们可以认为,汉代日食记录最完整的时代就是儒家官吏最不满意的朝代。

如果我们能够找到,肯定有很多记载能够说明历代钦天监的工作习惯和思想情况。在杨瑀1360年著的《山居新话》中有一个事例,它提供了足够的信息让我们了解过去的实情。杨瑀说:

> 余任太史同佥、特旨令知天象事后,至元六年七月朔,灵台郎张某来请,甚急。及同到院,则李院使者肃衿以待。曰:"夜来景星见。此祥兆也! 可即往奏闻,我辈当有厚赐。"余乃以奏目画图考之志书,殊异。余曰:"虽见于晦日,形则少异。且景星之现,当有醴泉出、凤凰来、朱草生、庆云至,而相副之;今陕西灾疫,腹里盗贼,福建反叛,恐非所宜。何天道相反如是耶?"李公之意颇坚,折之不已。余曰:"今见者惟灵台监候六人也。万一或有天下共见之凶兆,当何如耶?"遂答曰:"伺再见即闻。"乃止。越九日,太白经天。由是言之,凡事不可造次也如此。

因此,这一点是很明白了,对在长时段范围里对周期性事件感兴趣的现代天文学家或气象学家来说,在充分利用中国古代天象记录之前,必须仔细作历史学上的分析和研究。不过,中国的天象记录并不像一些苛求的评语所说的那样不准确,否则便不可能从中推出像太阳黑子周期那样为大家熟知的周期了。还有,公元前96年的日食是一个显著的例子。这次日食本来被列入待考之类,后来从汉代的瞭望塔遗址中发掘出一些历书,并证明学者们插入了一个错误的闰月。等到作出了必要的修正后,便证明《汉书》关于这次日食的记载是正确的。

看到交食记录日趋精密的情况是很有趣的。《春秋》里就已经出现了三次日食出现"既"的字样,表明是全食。关于公元前442年、前382年和前300年的日食,《史记》里有"昼晦星见"的话。汉代记录除了"既"字之外,又增加了"几尽"、"不尽如钩"之类的术语。有一次还提到了三分的偏食。后来历代都载明了偏食食分,唐代记录中还有"大星皆见"的话。汉代记录有时还载明日食的持续时间和起讫时间,误差不超过一刻钟。唐宋记录中的细节大部分都很精确。关于交食在天空发生的位置,汉代一般都有记载,而唐代则全部

202

有记载。现代的核对证明它们绝大部分是如实记录的。

203　　3. 交食预报

　　中国天文学家自然一直致力于交食的预报,尽管这和文艺复兴前的一切努力相似,预报是建立在经验基础上的。我们现在知道了,对于一种交食周期,如十八年零十一天(223 个朔望月)的沙罗周期(saros),在这个周期结束时,日月又处在同一个相对位置上,日食又重复出现。而这一切仅仅依赖于月球和月球交点(月球轨道与黄道的交点)的公转周期。但是,这个周期当然不容易得到,因为不可能在一个中心观测到所有的日食,每次日食只能在地球表面的一个小范围内被看到。尽管在一个沙罗周期里日食比月食多,困难仍然存在。对日食来说,大致在同一个地方重复出现,需要一个更长的周期;希腊人认为这个周期是五十四年三十三天。汉代人似乎并不知道这些周期,但他们发现了自己的周期,即 135 个月的"朔望之会"(稍后叫做"交食周")。一个沙罗周期内包含四十一次日食,而一"朔望之会"内有二十三次日食。刘歆在公元前 7 年的《三统历》里常用"朔望之会",看来这是在公元前 1 世纪中发展起来的。

　　到了公元 3 世纪初,月亮的轨道被分析得更加清楚了。刘洪预报交食的方法已经认识到了月亮轨道跟黄道的交角,并确立了月球轨道跟黄道的交角大约为六度(合西方的度数 $5°54'$;现代值为 $5°8'$),这些数据在 206 年的《乾兴历》中得到使用。在同一个世纪里,杨伟能够预报日食初亏和复圆时月亮圆面边缘接触太阳的方位。这个方法在接下来的世纪中由姜岌大大改进,他显然还能预报偏食的食分,也是在这个时期,开始尝试预报地面上可见日食的地带。在宋代,有时交食的预报由一个机构负责,而交食的观测由另一个机构负责。高水平的交食预报一直延续下来,直到明代水平日益下降,早期的方法也都被遗忘了。当耶稣会传教士来到中国,他们之所以能取信于中国皇室并被接受,能预报交食是一个重要的原因之一。

　　回顾过去,可以发现人们关于交食起因的看法有一个有趣的变化。起初,人们带着恐惧和敬畏的心情把交食当作不祥的预兆或"天谴",然后慢慢地交食走进了可预测事件的领域;这样就扩大了科学的领地、缩小了天意愤怒可以降临的范围。

204　　4. 地球反照和日冕

　　在跟交食有关的天象中,需要提到一下"地球反照"效应。该效应就是日光照射下的地球,通过反射把月球黑暗部分照亮。如《帕特里克・斯彭士爵士歌谣集》(*Ballad of Sir Patrick Spens*)所说的:

> 昨宵见新月,
>
> 旧月偎其怀。
>
> 船主若出海,
>
> 恐遭祸与灾。

这个现象也被中国人所认识,司马迁说:

> 天精而见景星。景星者,德星也。其状无常,常出于有道之国。

前面所引杨瑀的记载中就说,景星出现代表吉祥这样一种传统说法使得当时(1340 年)北京观象台的官吏过早庆祝。奇怪的是,欧洲人的解释在性质上完全相反。

公元前两千纪的卜骨上可能包含了最早的日冕观测记录,在日全食时,可以看到一串珍珠一样的白光围绕太阳,有时伸展出旗幡一样的光芒。甲骨碎片的年代可能是公元前 1353 年、前 1307 年、前 1302 年或前 1281 年;上面的文字释读为:"三焰食日,大星。"因此假设这是一次日冕记录或可能是一次特别强烈的日珥(有时出现在太阳周围的像火焰一样的大量气体)爆发记录,不是没有道理的。

另一条可能与此有关的记录是《左传》所载公元前 490 年:"有云如众赤乌,夹日以飞。""日珥"一词是指太阳的一种晕轮,也可能被用来指日冕。也有人提出,"带翅膀的太阳"图形可能起源于日冕观测,这种图形带有亚述和波斯的特征,但在古代中国也不是没有。

新星、超新星和变星

中国古籍所能提供的丰富天象记录中,交食并不是唯一一种天象。天空中肉眼可见的恒星总数并不是一个常数,我们知道,时不时地,一些恒星出现了,而另一些恒星消失了。一些恒星的亮度或星等在变化。有时原来勉强可见或根本不可见的恒星亮度突然增加一百万倍,这样的恒星爆发叫做"新星",如果爆发特别猛烈,则叫做"超新星"。其他还有一些恒星的亮度发生周期性的变化,这些就是"变星"。在现代天文学中它们都是很重要的,而有关它们过去的爆发记录对当前宇宙学理论来说,至关重要。

至今最古老的新星记录在一片年代约为公元前 1300 年的卜骨上(图116)。卜辞说:"七日己巳夕𤎤新大星并火。"同一时期的另一块卜骨上说:"辛未有毁新星。"这可能是指同一事件,因为第二个日期只是在前一个日期的两天之后,而这样的亮度增减是在预料之中的。用"新星"一词表示我们现

205

图 116　最古的新星记录（这片甲骨上卜辞的年代约为公元前 1300 年，从左到右的两列文字①为："七日己巳夕𡆥业新大星并火"）

在所谓的新星，到汉代中期就终止了，以后"客星"代替"新星"而为人所知。

还有其他的例子。13 世纪末，马端临在《文献通考》中把汉初以来出现的不寻常的星列成清单。把可疑的中国新星的位置绘制到一张星图上之后，它们在天空中的分布跟现代已知新星的分布相似。因此，那些客星确实是新星。这一结果对关于中国记录可靠性的争论很有意义，如果那些"客星"是专门为批评朝廷而伪造出来的，那么它们绝不可能正好都被安置在天空中合适的位置上。

现在人们认为，我们的银河系中大约每隔一两个世纪出现一次产生超新星的恒星大爆炸，在其他星系也大致如此。我们的银河系中见于历史记载的超新星有四颗，其一是 1572 年第谷观测到的"新恒星"；其二是他的弟子开普勒在 1604 年观测到的超新星；其三是 1006 年的超新星；其四是几乎只有中国记录的 1054 年的超新星。这最后一颗超新星就是现在所知的巨蟹座星云（Crab Nebula）的起源，在照片上它看起来像一团不定型的、弥漫的亮云，但在望远镜里看起来它的形状像一只寄生蟹。这个气团一直在从一颗中心恒星开始向外膨胀。根据中国的记录这颗客星的最高视亮度跟金星相等，因此很容易计算出，当它爆发时，亮度是我们太阳亮度的几亿倍。

近年来中国新星记录在现代天文学如在恒星生命周期和其他课题研究中的价值得到重视，而根据 1054 年客星对巨蟹座星云超新星遗迹的证认则是毫无疑问的。描述这一次爆发现象的五种文献已经收集齐全，但是只有《宋会要》中的一则记载需要引述如下：

---

①　原文作"中间的两列文字"，误。——译者

> 至和元年七月二十二日,守将致仕杨惟德言:"伏客星出见,其星上 207
> 微有光彩,黄色。谨案《皇帝掌握占》云:'客星不犯毕,明盛者,主国有大
> 贤。'乞付史馆,容百官称贺。"

皇帝准奏,并接受了百官的朝贺。公元 1056 年司天监报告客星已隐,这是客
去的征兆。

欧洲和阿拉伯国家的人们倾向于一种古老的信念,认为天国是永恒不变
的。1006 年的超新星由于特别的明亮,在西方也被提及,而在东方则有详细
记录。但是 1054 年超新星只有在东方有记载。然而第谷・布拉赫记下了
1572 年超新星的出现,从他本人和其他人的观测中,证明这是一种真正的天
象,就是说远远地发生在月球距离之外,所以是在普通的可视球层之外。对
欧洲天文学来说,事实上对整个西方科学来说,这都是一个非常重大的事件。
中世纪欧洲人没有能够认识到这一现象,不是因为他们难于观测它们,而是
因为他们思想上的惰性和偏信天体完美无缺这一毫无根据的信念所造成的。
在这方面,中国人没有受到束缚。

彗星、流星和陨星

现存的一些巴比伦楔形文字记录可以把彗星的观测追溯到公元前 1140
年,由于它们所具有的星占学含义,在古代和中世纪欧洲对它们的观测记录
也很丰富。而中国的记录却是最完整的。对 1500 年以前四十颗彗星大致轨
道的计算几乎全依赖于中国的观测记录。跟新星的情形类似,历代史书中出
现的彗星记录汇编,最早也是中国人自己完成的。马端临把它们编入他的
《文献通考》中,所载彗星记录一直到 1222 年。一卷增补本把记录年代又往后
延伸了不少,经过对各种证据的考察后得到了一份完整彗星表,列出了从公
元前 613 年到公元 1621 年的 372 颗彗星。

为了说明中国天文学家描写彗星的细致程度,我们选出一则 1472 年的彗
星记录,在欧洲,柯尼斯堡的约翰内斯・米勒(以雷乔蒙塔努斯①闻名于世)也
研究了这颗彗星:

> 成化七年十二月甲戌,彗星见天田,西指。寻北行,犯右摄提,扫太 208
> 微垣、上将及幸臣、太子、从官。尾指正西……己卯,光芒长大,东西竟
> 天。北行二十八度余,犯天枪,扫北斗……正昼犹见……

---

① Regiomontanus(1436—1476 年),德国天文学家和数学家。约翰・缪勒是他的笔名。——
译者

209

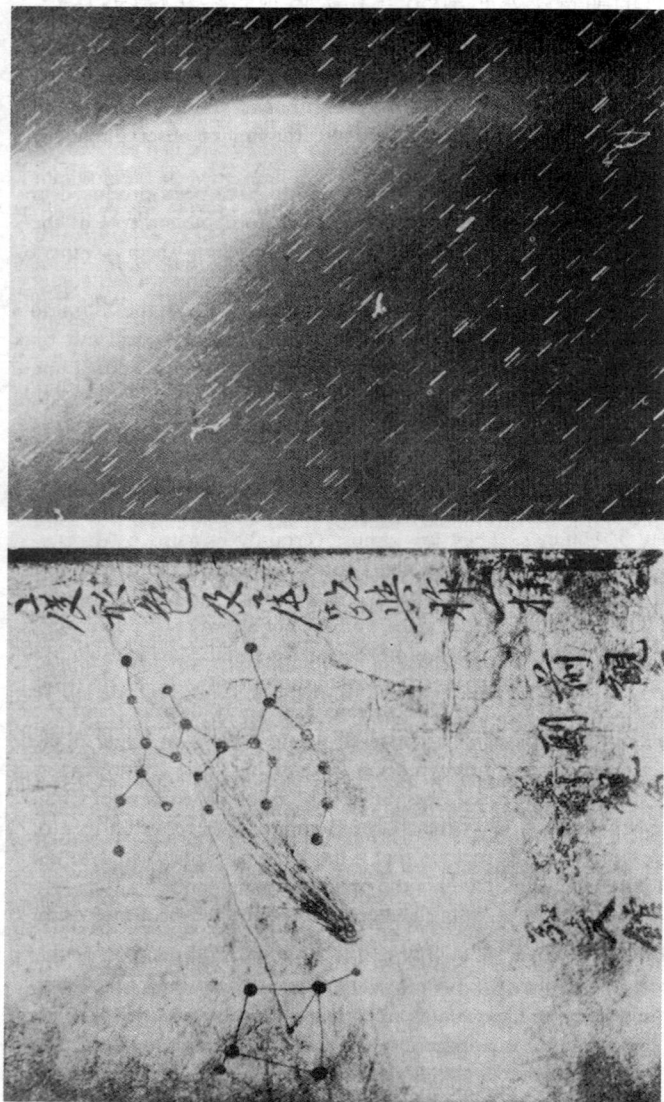

(a)

(b)

图 117 彗星［a］朝鲜弘文馆(天文台)保存的手稿附图之一,描绘了公元 1664 年 10 月 28 日夜间在翼、轸之间通过的彗星。边上的文字为:"度,形,色及尾迹与昨一样。"下面的文字提到以前的观测。左侧最末一行有"弘文馆"字样。鲁弗斯(W. C. Rufus)摄影。(b) 阿伦-罗兰(Arend-Roland)彗星,1957 年 4 月 28 日午夜,用黄赤光摄于英国剑桥。从照片可以清楚地看到彗尾有"芒",指向远方。尽管带"芒"的彗星不多见,但在古代和中古时代的中国文献资料中也有记载。阿格(Argue)和沃尔夫(Wolf)摄影]

从这样的描述中,彗星的轨道很容易定下来。"扫"字用得十分恰当,因为中国自古以来称彗星为"彗星"、"扫星"、"篷星",还有其他的描述性名词"长星"、"烛星"等等也时常使用。与新星的混淆当然需要一直留意,因为彗星并不一定有尾巴,当彗星运动到日地连线上时,它的尾巴就会看不见,它的光变得朦胧模糊。中国人称反方向的彗星为"孛星",这至少在理论上同新星做了明确区分。我们不知道北京钦天监的彗星记录里是否保存有手绘彗星图,而图 117a 是朝鲜彗星记录中较晚的一幅。

毫无疑问,哈雷彗星对天文学的影响最大。这不仅因为它是最早一颗被确定为周期彗星的彗星,而且也因为它的历史可以准确地追溯两千年以上。它能被追溯到这么久远正是归功于中国观测记录的细致。哈雷本人的观测在 1682 年进行。他认识到他所观测的,就是 1531 年阿皮亚尼斯(Apianus)所看到的,也是 1607 年开普勒所看到的那颗彗星,并预言它将于 1758 年重新回归,结果真的如言而至。哈雷彗星回归的重要性怎么估计也不为高,它证明了一些彗星至少是太阳系的成员,它们的运动和其他行星一样,符合牛顿定律。这颗彗星在 1835 年再次出现之后,天文学家和汉学家通力合作,把它的所有回归做了一次全面计算。中国记录中最早可能是哈雷彗星的记录在公元前 467 年,不过资料不够充分而不能十分肯定。然而公元前 240 年的彗星是哈雷彗星无疑。公元前 163 年那次回归不容易证明,但公元前 87 年和公元前 11 年的两次都十分明确,后一次被中国人仔细观测了六十三天。公元 66 年的回归也有精确的观测记录,自此以后,按七十六年一次的周期,每次回归都在中国史书上有记载,其中包括公元 1066 年的那一次,该次彗星出现在盎格鲁诺曼人的历史上是众所周知的。首先观测到彗尾总是背向太阳的,也是中国人。

中国似乎很少仔细推敲过彗星理论。一些早期的作者自然地把彗星说成是阴阳错乱的结果。但是,另一些人把不同的彗星和不同的行星联系起来,认为每一颗彗星是从一颗特定的行星中生出来的,这似乎有点现代彗星理论前身的味道。这样中国人把彗星跟太阳系联系起来,这种理论由京房在公元前 50 年左右就提出了;他的原书已经失传,但在另一部书中保存了同样的理论。

彗星和流星群之间有密切的关系。我们知道,8 月份的英仙座流星群沿着图特尔彗星(Tuttle's Comet)轨道运行;11 月狮子座流星群(通常每隔三十三年就造成一次大流星雨)沿着腾普尔彗星(Tempel's Comet)的轨道运行;而5 月的宝瓶座流星群则沿着哈雷彗星的轨道运行。几乎可以肯定,这些流星群是粉碎了的或正在粉碎中的彗星残体。中国文献中有大批关于流星、贲星、流星雨,以及坠落地面的陨星记载。13世纪马端临在他的《文献通考》中对这些记录作了辑要。很多观测记录得很详细,全部的流星表超过二百页。如果加上地方志中的记录,那么资料数量将更为庞大。最早的记录始于公元前687年或前644年(因为汉儒窜改过先秦古籍,所以年代不尽可靠)。公元931年,记录了一次很大的狮子座流星雨,这些记录是如此完备,以致可以据此分析观测的统计结果和确定再次爆发的周期。

下面是一则对陨星的仔细描述,出自沈括的《梦溪笔谈》:

> 治平元年,常州日禺时,天有大声如雷,乃一大星几如月,见于东南。少时而又震一声,移著西南。又一震,而坠在宜兴县民许氏园中。远近皆见,火光赫然照天,许氏藩篱皆为所焚。是时火息,视地中只有一窍如杯大,极深。下视之,星在其中荧荧然,良久渐暗,尚热不可近。又久之,发其窍,深三尺余,得一圆石,犹热。其大如拳,一头微锐,色如铁,重亦如之。

211

中国古书中称陨星为"陨"和"陨石"外,还有许多别名。在非常早的时候它们叫做"天犬"。另外,跟许多其他文明中的情形一样,陨石常常和新石器时代的石斧相混淆,660年,一块呈送给皇帝的陨石被叫做"雷公石斧"。另外还有"雷墨"、"霹雳碪"等名。

太阳天象:太阳黑子

因为欧洲人关于上天完美无缺的成见,一些天象就没有引起他们的注意,其中最明显的例子就是太阳黑子。在欧洲,太阳黑子的发现是伽利略使用望远镜完成的天文学进步之一。他在1610年末首次看到太阳黑子,但直到1613年才发表他的观测结果,此时同样的发现已经分别由英国的哈里奥特(Harriot)、德国的法布里修斯(Fabricius)和荷兰的谢涅尔(Scheiner)各自独立作出。起初,人们把用肉眼看见的太阳表面的暗点解释成是行星通过太阳表面,事实上谢涅尔就认为黑子可能是太阳的卫星。伽利略驳倒了所有这些说法,并指出黑子必定是在日面上或靠日面非常近。

欧洲的太阳黑子观测记录其实可以追溯到17世纪以前:在公元870和840年有裸眼观测到黑子的记录,但它们被解释成是水星和金星凌日;此外还有1196年和1457年的观测,但是它们的本质仍然不为人所知。

中国的黑子记录是我们所拥有的最完整的资料。最早的记录从公元前

28 年刘向时代开始，比西方最早的文献几乎早一千年。从那时起直到 1638
年，中国正史中显著的太阳黑子记载达 112 次，另外还有大量记录散见于地方
志、笔记小说以及各种其他书籍。尽管有了更近的汇总，但 13 世纪的《文献通
考》和百科全书《图书集成》中就已经有了丰富的黑子观测记录表。黑子常被
描述成"大如钱"、"大如卵"，或如桃、如李等等。中国古代称太阳黑子为"黑
气"，"黑子"或"乌"。而"乌"（即表示乌鸦，又表示黑色）这一名称的使用提出
了一个问题，即公元前 28 年以前的一些记载是否可能就是基于太阳黑子的观 212
测。日中乌（它的伴侣是月中玉兔）是中国周代和汉初流行的古代神话传说
的一部分。我们在公元 1 世纪的《论衡》中找到这样的段落，在书中作者王充
说："儒曰：日中有三足乌……"接着王充用他的怀疑观点进行辩论，说这是完
全不可能的。但是，这可能意味着早在邹衍时代（公元前 4 世纪晚期）人们就
已经观测到太阳黑子了。

正和观测日食的情况相似，大概在很早的时候人们就通过墨色水晶或半
透明的玉观察过太阳。16 世纪的博物学家李时珍曾特别提到过这一方法，他
说在《玉书》中提到一种专门用来观测太阳的玉。戈壁滩上的沙尘暴所造成
的昏暗天色也可以使人进行黑子观测。

第八节　基督教传教士入华时期

从本书前面顺便作出的一些暗示可以让人觉察得到，传教士们的到来对
中国科学来说不是一种纯粹的好事。我们可以先开一张临时的单子来评价
他们的功与过。第一，欧洲预报交食的方法远比中国传统方法先进。第二，
传教士们带去了明确的行星运动几何分析模型，当然也带去了为运用这种方
法所需要的数学。这一点还有许多其他应用，例如，第三，日晷的构造、星盘
所必需的几何投影法，以及测量学方面。第四种贡献是大地球形说，以及用
经纬线把地球划分为若干长方格。第五，欧洲人 16 世纪的代数学，连同许多
新的计算方法、计算尺之类的发明等，能为中国人所利用。第六，仪器制造、
刻度、螺旋千分尺以及诸如此类的欧洲新技术，在输入的新事物中也不是毫
无价值的。望远镜的传入是这方面的最高峰。

让我们再来看看这场交易中的另一方。尽管入华传教活动，其智力水平
之高，在文化交流史上也是最引人注目的一次，但是中国天文学家在这场交
易中也毫不逊色。

213　**中国和水晶球体系的崩溃**

传教士带去的世界图式是一个封闭的宇宙,地球处在宇宙的正中央,套着一重重的水晶球。因此他们反对中国本土的宣夜说,宣夜说认为天体漂浮于无限的空间中。而具有讽刺意味的是,当传教士反对宣夜说的时候,也正是欧洲的最先进思想在打破封闭宇宙的时候。因此他们的过错是阻挠哥白尼日心说在中国的传播,因为他们对教会加于伽利略的惩罚毕竟不能不有所顾忌。再者,在岁差问题上,他们用一种错误的理论来代替中国人不提出理论的谨慎态度。他们完全不能了解中国传统天文学的赤道和天极特征,把宿和黄道带混淆起来,毫无必要地引入赤道十二宫。加之传教士们不顾第谷刚刚向赤道坐标(赤经和赤纬)前进了一步,而试图把不令人满意的希腊黄道坐标强加给中国天文学。

关于这种荒谬的立场,在利玛窦后来写于 1595 年列举所谓的中国人的"不经之谈"的信中可见一斑。他写道:中国人说,

(1) 地平而方,天圆如盖;他们从未想到人在地球上可以对蹠而居。

(2) 只有一重天(而不是十重天)。天上空虚无物(而不是固体)。星辰在太空中运动(而不是固定在天穹上)。

(3) 他们不知道空气为何物,我们认为有空气的所在(指各水晶球之间),他们认为是太空。

(4) 他们增加金和木,略去空气,凑成金、木、水、火、土五行(不用四元素)。更恶劣的是,他们造出五行相生之说;可想而知,此说缺乏根据。但由于这是他们的古圣先贤传下来的学说,竟无一人敢于反对。

(5) 关于日食,他们提出了一个绝妙的理由,即月接近日时,日光减弱。

(6) 夜间,太阳隐在距地不远的山后。

214　这里,我们看到 16、17 世纪之交欧洲学术盛气凌人的一种表现,把固体天球体系这种根本错误的宇宙图式,强加给一种基本上正确的宇宙图式,后者来自宣夜说,认为星辰浮于无限的太空中。但是在交流中有没有具有刺激性的东西返销回去呢?

看来,中国人的天学知识和他们不受束缚的自由思想让西方天文学(例如天体的完美性和不朽性)遭受到打击,并且中国人对水晶天球体系的怀疑态度也不是没有影响的。尤其是这个宇宙中到处有生命的观点、"多世界论"的想法,中世纪欧洲的学者们是无法想象的。17 世纪出现了大量关于星际旅行的科幻小说,其中有些以中国人为主题,像弗兰西斯・戈德温(Francis

Godwin)的《月中人——神行使者刚萨尔月球旅行谭》(*The Man in the Moone*; *or a Discourse of a Voyage Thither*, *by Gonsales*, *the Speedy Messenger*,1638年),在书中旅行者返回地球时,降落在中国,在那里他遇到了满清大官们和传教士们,并指出月球上的居民和中国人说同一种语言。同样的主题由约翰·威尔金斯(John Wilkins)在《月球世界的发现——月球上有另一可居住的世界的证明》(*Discovery of a World in the Moon*, *tending to prove that' tis probable that there may be another habitable World in that Planet*)一书(也是在1638年)和克里斯蒂安·惠更斯(Christiaan Huygens,1698年)的书中推进,但浪漫色彩稍逊。中国主题再一次出现在丹尼尔·笛福(Daniel Defoe)的政治讽刺文章《月球世界杂记》(*The Consolidator*; *or Memoirs of Sundry Transactions from the World in the Moon*,1705年)中,作者也提到了戈德温和威尔金斯。而中国主题的第三次出现是在迈尔斯·威尔逊(Miles Wilson)的《犹太流浪者焦卜森的一生》(*History of Israel Jobson*, *the Wandering Jew*,1757年)中,书中主人公游历了所有的行星,并用汉语认真地写下了他的旅行记。事实上,这个时期的随便哪本涉及多重可居住世界的书中,没有不提到中国的。

总之,可能中国人的宇宙无限、可经历变化的观念,和他们对西方水晶球体系的完全不信——这一点传教士们在中国一开始讨论宇宙学问题时就会立即明白的,就是促进欧洲中世纪宇宙观念崩溃的因素之一,而且还对现代天文学的诞生作出了贡献。对于这样一种见解,有同时代的克里斯多弗·谢涅尔(Christopher Scheiner)的话为证,1625年左右他在设法说明星空具有流体性质时写道:

> 中国人从不在他们的无数出色的学院中讲授天是固体的说法;从他们过去两千年中任何时期出版的书来看,都可以作出这一结论。由此可见,天是流体的理论确实十分古老,而且易于证明。此外,即这种理论似乎是为普遍进行科学启蒙而提出的。据从中国回来的人说,中国人非常相信这种理论,因而把相反的看法(多重固体天球体系)完全视为无稽之谈。

我们还可以以约翰·纽霍夫(Johan Nieuwhoff)的看法为例。1656年纽霍夫随同荷兰大使前往北京,他发现多世界论非常具有中国特色。

无论如何,当我们看到卫三畏(Wells Williams)在1848年责备晚清通俗作家相信固体天球,并把它当作是中国人古已有之并一直坚守的教条,真是感到滑稽到了极点。

215

不圆满的交流

前面已经提到过,利玛窦本人是真心诚意(很有理由这样说)赞赏郭守敬所制造的仪器的。但是明代末年是那样的萎靡不振,欧洲人对于自己在科学方面的优势又是那样的自信,以致谈论中国天文学的文章在 17 世纪的欧洲总是不受欢迎。例如李明(Louis Lecomte)在 1696 年写道

> 他们一直不断地进行观测。五位术数家每夜在台上守候,仔细观察经过头上的一切;一人注视天顶,另一个负责东方,第三位西方,第四位眼望南方,第五位北方,这样世界的四个角落里发生的每一件事情都逃不过他们的辛勤观测。……如果这些事情永远由熟练、细心的术数家去做,我们就会得到大量的奇事异闻;但是当这些天文学家很不熟练、很少留心这门学问的发展时,又另当别论了。只要他们的薪水经常照发,收入稳定,天上出现的变动跟他们关系不大。但是,如果天象非常明显,例如发生了日食,出现了彗星等,他们就不敢那样玩忽职守了。

当基督教传教士在中国开始进行活动时,欧洲天文学有两项极其重要的特征,即望远镜的发明和接受哥白尼日心说,把太阳而不是地球作为宇宙的中心。他们把前者带到了中国,但对于后者,经过一番犹豫之后他们决定闭口不谈。利玛窦于 1610 年死于北京,同一年伽利略出版了他的《星际使者》(*Sidereus Nuncius*),公布他用望远镜作出的发现。1616 年和 1632 年,伽利略因传播哥白尼学说而两次被宗教法庭定罪,这些对派往中国的传教团当然会产生很大的影响。

1618 年基督教传教士邓玉函(Terrentius,即 Johann Schreck)到达中国。他继伽利略之后当选为山猫学院(Cesi Academy)的第七名院士,是一位有才华的天文学家和物理学家。他随身携带了一架望远镜,后来在 1634 年献给了皇帝;他与伽利略和开普勒保持着联系,但前者对他帮助不大,后者对他则很热心。在中国,望远镜被称作"远镜"。

现在已经明确,在早期,特别是在伽利略被判罪之前,传教士中相信哥白尼学说的其实不止一人。一般可以这样说,从 1615 年到 1635 年中国出版的书中已经介绍了用望远镜作出的发现,但是没有提到哥白尼学说。然后有一小段时期里,曾提到过日心说,但是当伽利略被定罪的消息传到中国之后便又降下帷幕,回复到了地球中心论的世界观。正如我们在前面已经见到的,中国人对西方学说的总印象是前后矛盾的,认为欧洲人自己也不明白太阳系是怎么回事。这一点当然不影响基督教传教士在历法改革中施展其所长,因

216

为从历法的观点来看,地心说和日心说是等价的。

西学还是新学

在 1629 年到 1635 年之间,包括邓玉函在内的第二代传教士写成了一部包括当时科学知识的不朽巨著。后来因为要呈献给朝廷,这部书取名为《崇祯历书》。十年后它再版时叫《西洋新法历书》。后来构成 1723 年出版的《御定历象考成》的基础,并被收入 1726 年的《图书集成》,最后在 1738 年又增加了包含西方最新观测成果的天文表。

到这里我们必须稍稍停顿一下。读者可能注意到在前面的段落中没有什么特别有意义的地方,似乎只是罗列了一些事实。但是,这些事实实际上牵涉到与两大文明接触问题有关的某些重要论点。目前至关重要的是,全世界都应当认识到,17 世纪欧洲并没有发展出本质上是"欧洲的"或"西方的"科学,而是发展出了世界性的科学,即与古代和中世纪相对而言的"近代"科学"。现在这些古代和中世纪科学总是带有不可磨灭的种族形式和印记。他们的理论,在形式上或多或少具有原始性,深深扎根于它们的文化,因而无法找到共同的表现方式。但是,科学发现的基本方法一旦被人们发现,对自然界进行科学研究的完备方法一旦被掌握,科学就有了像数学那样的绝对普遍性,并以它的近代形式在世界各地生长,成为各个种族和人们的共同财富。关于四元素或四体液以及阴阳的争论,过去永无休止,争论者不能达成一致意见。但是当科学理论数学化以后,便产生了一种世界性的语言,一种通用的交换媒介,一种超越商品的、商人单一价值标准的化身。而这种语言传达的是一切地方的一切人都能接受的无可辩驳的科学真理。过去在欧洲历史上发生的某些事情,使得我们这个时代能够出现一个物质上同一的世界,但是这不能阻止任何人跟随伽利略和 16、17 世纪自然哲学家们的脚印前进。同时,近代科学技术赐予欧洲人的政治统治时期正在明显地走向尽头。

耶稣会士以他们的缓和方式,成为第一批实行这种统治的人,虽然他们的情况只是意味着一种精神上的统治。他们力图通过把文艺复兴时期的科学精华带往中国的办法,来完成他们的宗教使命,这是一种极其开明的做法。不过,对他们来说,科学只不过是达到目的的一种手段而已。他们的目的自然是利用西方科学的威望来支持和抬高"西方"宗教的地位。这种新科学可能是正确的,但对于传教士来说,更重要的是它发源于基督教世界。中国人眼光敏锐,一开始便把这一切全看穿了。耶稣会士可以把文艺复兴时期的自然科学坚持说成是"西学",但中国人清楚地认识到那首先是一种"新学"。

217

在 1640 年传教士们就对朝廷接受书名中使用"西洋"一词表示强烈的不满,但是自从 1644 年满族取得统治地位以后,他们觉得可以随意使用"西"字了。然而,1666 年当康熙皇帝自己亲自花大量时间学习近代科学的时候,他坚持数学和天文书籍从此以后的版本上只带有"新法"字样。这样,他把自己同旧世界另一端的一批人联系了起来,这批人为了搞清楚新哲学或实验哲学中的问题,正在伦敦的皇家学会开会。令人疑惑的是,如果他曾经知道那批人的许多事情,而他们却只知道他的年号。

第九节　中国天文学融入近代科学

1699 年,北京观象台在学识渊博的传教士南怀仁(Ferdinand Verbiest)的指导下重新装备。元、明时代的旧仪器从北京东城墙上的观星台搬走了,在原来的地方安置了一套新的仪器,这些仪器迄今还保存在那里(图 118)。由

图 118　北京观象台,1925 年自平台东北角拍摄。右侧是戴进贤(Kögler)、刘松龄(von Hallerstein,1744 年)的经纬仪和南怀仁的象限仪。中间是南怀仁的天体仪。背景中南边一列自右向左是南怀仁的黄道经纬仪和地平经仪,然后是纪理安(Stumpf)的地平经纬仪(1714 年)。背景为北京的屋顶、树木等(照片为惠普尔博物馆收藏品)

表 33　东西方天文学发展对照表

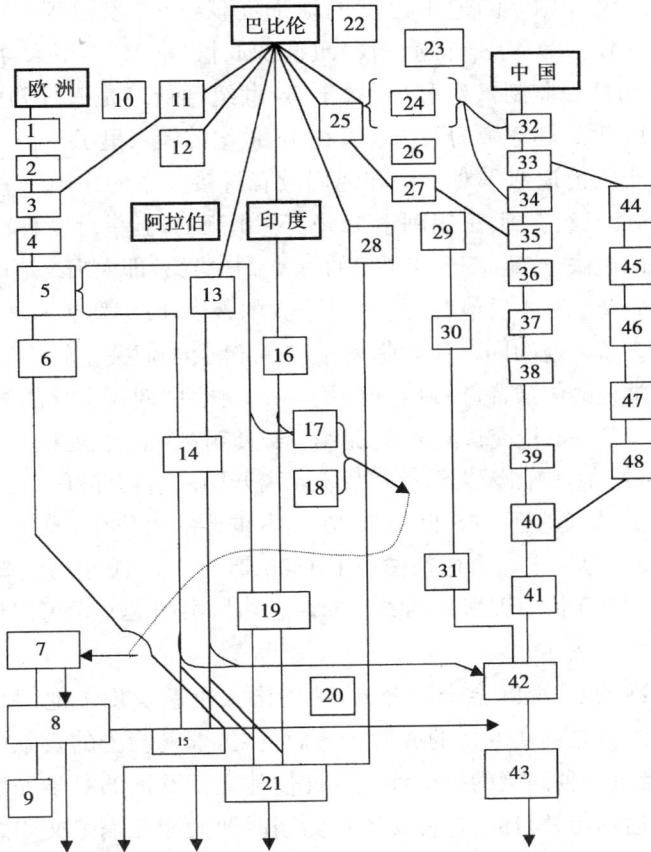

1. 公元前 6 世纪到公元前 3 世纪前苏格拉底时代的推测　2. 公元前 230 年阿里斯塔克(太阳中心说)　3. 公元前 230 年,埃拉托色尼　4. 公元前 135 年,喜帕恰斯(岁差及最早的星表)　5. 2 世纪,托勒密　6. 黄道坐标及浑仪　7. 哥白尼(日心说),约 1580 年,第谷采用赤道坐标　8. 开普勒、伽利略(望远镜)　9. 牛顿,天体力学　10. 黄道带(公元前 420 年)　11. 天象记录及代数学的天体运动表　12. 贝罗索斯、基丁努、纳蒲、塞琉古王朝巴比伦　13. 马纳吉尔(宿或月站)　14. 10 世纪至 14 世纪,巨型天文仪器时期　15. 多世界说　16. 纳沙特拉(宿或月站)　17. 佛教徒的影响(一行,公元前 730 年)　18. 赤道浑仪　19. 札马鲁丁(黄赤道转换仪等)　20. 耶稣会士　21. 18 世纪,巨型天文仪器时期　22. 古巴比伦人　23. 公元前 1400 年—前 1000 年,埃阿—安奴—恩利尔泥板　24. 圭表、漏壶、黄道望筒　25. "三环"　26. 公元前 900 年—前 700 年穆尔—阿宾泥板　27. 公元前 5 世纪,"周髀"　28. 盖天说、宣夜说、浑天说(郄萌)　29. 汉代关于宇宙论的讨论(1 世纪)　30. 浑仪,公元前 104 年,落下闳;公元 125 年,张衡(转仪钟)及其后数世纪的许多天文学家　31. 苏颂　32. 公元前 14 世纪,交食记录开始,四季昏中星确定,干支六十周期　33. 公元前 6 世纪,彗星记录,古历法及历书开始　34. 约公元前 350 年,石申最早的星表　35. 公元前 150 年,二十八宿已完整　36. 公元 310 年陈卓星图　37. 公元 440 年,第一具天球仪,钱乐之　38. 公元 672 年,星图　39. 约公元 940 年,最早的星图手稿　40. 公元 1086 年,苏颂星图　41. 公元 1193 年苏州天文图　42. 公元 1279 年,郭守敬及赤道装置的发明(巨型天文仪器时期)　43. 与世界科学汇合　44. 公元前 104 年,颁行历法 100 种的第一种　45. 公元前 28 年,太阳黑子(日斑)记录开始　46. 1 世纪,干支纪年　47. 约公元 350 年,虞喜(岁差)　48. 公元 725 年,瞿昙悉达《开元占经》

耶稣会士及后人监制的仪器如下:(1) 黄道经纬仪,(2) 赤道经纬仪,(3) 大型天球仪(天体仪),(4) 测地平经度的地平经仪,(5) 象限仪,(6) 六分仪,(7) 地平经纬仪,(8) 精密赤道浑仪(玑衡抚辰仪),(9) 小型天球仪(浑象)。(1)到(6)由南怀仁监制,(7)和(8)属于 18 世纪,而(9)是一件颇为离奇的仪器,可能是 13 世纪郭守敬的天球仪安在 18 世纪的新家里了。

耶稣会士的传道似乎对一些和他们没有直接关系的中国学者也有影响。例如,我们前面已经看到,王锡阐于 1640 年[①]出版的《五星行度解》中本质上属于第谷学说的说法,这是 1593 年提出的一种妥协方案,即太阳绕地球旋转,其他行星绕太阳旋转。三年后他发表了一部更大的著作《晓庵新法》,这是一次综合中西学说的尝试。他的同时代人薛凤祚,与耶稣会士们关系较为密切,但他可能是哥白尼学说的信奉者,1650 年他写了一部融合中西天文学的著作《天学会通》,稍后他写了一部论交食的书,这是第一部使用对数的中文书。

在 18 世纪中,中国天文学家和数学家离开明末清初耶稣会士这群幽灵散布的那阵迷雾越来越远。18 世纪末,在几本重要的著作中,有一本关于天图制作的专著《高厚蒙求》,由徐朝俊写于 1800 年。当 1851 年冯桂芬发表《咸丰元年中星表》(100 颗中天恒星的赤经赤纬表)时,中国天文学可以说是最终融入世界天文学中去了。

出乎预料的是,耶稣会士的介入,使中国人重新发现了他们自己固有的文明在明代衰微之前所取得的成就。总而言之,耶稣会士的贡献虽说是错综复杂的,但带有一种高级的投机性质。即使他们把欧洲的科学和数学带到中国只是为了达到传教目的,这种交流作为当时两大相互隔绝文明之间文化联系的最高水平,仍然是永垂不朽的。

第十节　结　语

对于这样长长的一章,结语最好简单一点。中国人对天文学发展的贡献非常巨大,这一点现在看来证据是非常充分的(见表 33)。不必再提曾经引起我们注意的全部论点,只需指出:(1) 有天极的赤道坐标系统,与希腊和希腊化时代人们用的完全不同,但一样合理;(2) 早期的无限宇宙概念,恒星是漂

221

---

① 原文此处作 1640 年,肯定有误。因为王锡阐生于 1628 年,12 岁出版《五星行度解》,于理难通。王锡阐以明之遗民自居,学术活动时间在清兵入关(1644 年)以后。该书具体出版年代现难以考订,当在 1660 年前后。——译者

浮在虚空中的实体;(3) 发展了定量化的方位天文学和星表,比其他任何有可相媲美著作流传下来的古代文明都早两个世纪;(4) 把赤道坐标(本质上即现代赤道坐标)用于星表,并坚持使用两千年之久;(5) 精心制作且日趋精密的天文仪器,以 13 世纪发明的赤道装置为顶峰;(6) 望远镜的前身——转仪钟和窥管的发明,以及其他一系列改进天文仪器的巧妙装置的发明;(7) 连续而精确的天象记录,如交食、太阳黑子、彗星、新星等,持续记录的时间比任何其他文明古国都长。

这张清单中的明显短处正是西方天文学所长的地方,缺少如希腊行星运动的几何模型,阿拉伯人用于星盘刻度的投影几何学,以及文艺复兴时期的物理天文学。我们时常听说"希腊人天性长于探索——不仅想知其然,而且想知其所以然……",但是这显然是一种错误的对比。探索事实的原因并不一定非用几何学或力学概念不可。中国人对这种解释方式并不感到需要——整个宇宙有机体中的有机组成部分各按其性质循着自己的"道"去运动,而这种运动可用本质上"非表现性"的代数学方式去解释。这样中国人便从欧洲天文学家把圆圈圈当作最完美图形这一困惑中解脱出来。中国人也不曾体验过中世纪水晶球的桎梏,这些水晶球正是希腊几何学精神出人预料地坚固的物质化。如果说中国的天文学同中国所有科学一样基本上是属于经验性和观测性的,那么它虽然没有西方天文学那样理论上的成功,但也避开了西方理论上的那种极端和混乱。显然,中国天文学在整个科学史上所占的位置,应该比科学史家通常给予它的重要得多。

222

第三章　气象学

气象学（Meteorology）一词自从其产生于古希腊以来，其含义已经经历了不少变化。按照亚里士多德在《气象学》（*Meteorologica*）一书中的说法，气象学研究的内容包括许多现在称之为天象的东西，诸如流星（Meteors，西文气象学即由此得名）和陨星、彗星和银河等等，当时这些现象都被归入"月下世界"——离我们较近的空间——的范围。在现代意义上，气象学所研究的主要是气候、天气和所有发生在地球大气层内的现象，包括潮汐现象在内。中国文献中没有和亚里士多德《气象学》相类似的著作，但这并不表明中国人对天气现象不感兴趣。他们在气象学的某些气象观测方法方面长期以来走在西方的前面，保存的气象记录更完整，时间也更长。至于对潮汐的了解有时他们也明显胜过西方人。

第一节　一般气候

中国气候的循环变化是季候风环流的结果。偶然出现的热带气旋，以及大陆气旋风暴的推进，都受到次大陆地势起伏的调节。虽然中国气候来自西边陆块的影响比来自东边太平洋的影响大，但是中亚的干燥空气仍然和东南海洋的潮湿空气在中国这块战场上终年相持。夏季，亚洲腹地上空的气团受热膨胀并上升，吹向周围的海洋。随之形成的低气压把温暖潮湿的海洋空气沿地面引入，这样通过对流形成了大规模的大气环流。到冬季，这个过程反过来。因此而形成的风是季候风,这种风在中国不如在印度有规律,但同样是当地气候的基本背景。这样降水主要集中在特殊的雨季,通常占夏季的三个月,这一点凡是在中国居住过的都知道。

中国气候在长时间尺度上有多大的变化呢?关于这一问题有很多讨论, 223
一致的意见是:中国(至少是华北)过去既比现在温暖也比现在潮湿。这一结论主要是根据古代文献中的气候学和生物学证据得出的。例如,战国时代的物候观察表明,一些周年变化的现象,如"桃(*Prunus persica*)始华"、"鸲鹆(即杜鹃,*Cuculus micropterus*)鸣"、"玄鸟(即家燕,*Hirundo rustica*)至"等等,都比近年的观察记录早一星期至一个月。商周时代,黄河流域还有大象出没,但此后就不见于记载。一直到宋代,华南还有华南鳄,但宋代以后就没有了。

说到中国古代气候知识的发展,天气预测始终没有超过农谚的阶段。欧洲在文艺复兴之前也是如此。这种农谚成为《易经》主要组成部分——《筮辞》——的构成部分,在许多古书中也时常出现。比如在公元前 4 世纪的《道德经》中,我们读到:"飘风不终朝,骤雨不终日"的话。在《易经》中,月晕是风雨之兆,东行的云(方向与季风雨相反)利于出行。在道家研究自然的项目中,天气的观察和预报一定占了很大的比重。叶梦得在 1156 年的《避暑录话》中写道:

> 在山居久,见老农候雨阳,十中七八。问之无他,曰:"所更多耳。"问 224
> 市人则不知此。余无事,常早起,每旦必步户门,往往童仆借未兴。其中
> 既洞然无事,仰视云物景象于山川草木之秀,而志其一日为阴为晴,为风
> 为霜,为寒为湿,亦未尝不十中七八。……

中国古代也曾谈论到气候对人类健康和疾病的影响,古希腊人也有这样的论述。

第二节 温 度

汉代的"现象论者"把不合时令的严寒、酷暑解释成是帝王卿相失德的"天谴"。这样,把奇热的夏天和严寒的冬天记录下来,本质上是为了星占学目的,同时这些记录也被保存在官修正史中。对中国人来说,要使漏壶准确计时,温度也是要考虑的一个重要因素。有关严寒和酷暑的记录在类书《图书集成》(1726 年)中占四卷之多,从这些记录中推断出了中国气候的长周期变化。从中

还可以看出天气变化和太阳黑子出现频率之间的大致相关性(表34)。

225

表34 严寒的冬天跟太阳黑子频率的关系

世 纪	每世纪寒冬数目		太阳黑子频率 (中国的记录)
	欧 洲	中 国	
6 世纪	—	19	7
7 世纪	—	11	0
8 世纪	—	9	0
9 世纪	11	19	8
10 世纪	11	11	1
11 世纪	16	16	3
12 世纪	25	24	16
13 世纪	26	25	6
14 世纪	24	35	9
15 世纪	20	10	0
16 世纪	24	14	2

第三节 降 水

安阳甲骨卜辞的研究表明,远在公元前13世纪就已经开始作颇为系统的气象记录了。有人对从公元前1216年开始的一连串卜辞进行了分析,其中雨、霰、雪、风以及风雨的方向都按旬为周期作了记录。许多成功的预言被记录下来,因为占卜的习惯是在占卜之后确实发生的事件,才记录到原来刻着预言的卜骨上,譬如确实下了雪,那么就在卜骨上记下"雪"字样。和其他古代文明一样,中国古代的气象学跟占卜有密切关系。

具有重要科学意义的是,中国对气象学上的水循环的认识。也许最早提到这一点的是《计倪子》,这是一部公元前4世纪后期自然主义者的著作。书中说:

> 风为天气,雨为地气。风顺时而行,雨应风而下。命曰:天气下,地气上。

稍后也有类似的陈述,一部汉代的书中说:"昆仑山有五色水,赤水之气上蒸为霞。"这大概是公元前50年的说法。在公元1世纪,人们还不能把大气中的循环跟星际空间的辽远距离区别清楚。希腊人也有同样的混淆。王充的《论衡》(82年)里对此有一段有趣的记载：

> 儒者又曰："雨从天下"，谓正从天坠也。如实论之，雨从地上，不从天下。
>
> ……何以明之？《春秋传》曰："触石而出，肤寸而合，不崇朝而遍天下，惟太山也。"太山雨天下，小山雨一国，各以小大为近远差。雨之出山，或谓云载而行。云散水坠，名为雨矣。夫云则雨，雨则云矣。初出为云，云繁为雨，犹甚而泥露濡污衣服。若雨之状，非云与俱，云载行雨也。 226

接下来一段讲述了降水与月、星的季节性关系，而这段话的主要意义在于，对水循环有一个很清楚的了解，以及对山在降水过程中所起的作用范围作了评价。不久之后，水循环被完全了解清楚了。在王充之后不久，云被定义为"润气"（湖沼蒸发的湿气），在公元3世纪，水循环被再次提出来讨论。在宋、明两代，关于此点有很多说法。

在希腊，对水循环的认识可以追溯到公元前6世纪米利都的阿那克西曼德(Anaximander of Miletus)。亚里士多德以两种地面蒸发的概念——一种是水的蒸发，另一种是气的蒸发——建立了他的《气象学》。水的蒸发相当于中国地气上升的概念；气的蒸发可能是由观察火山口的含硫气体之类而得来，古时靠它解释岩石中生成矿物和金属的原因。我们在《淮南子》一书中论述同一个问题的话里可以看到非常相似的说法。人们只好承认双方有互相交流的可能，但是这种概念出现得如此早，似乎又不可能有什么交流。

在不同的年代自然都有人以预测下雨知名。公元前1世纪的方士京房就是这样的一个，他的测雨术在《易章句》中多少记下来一些。另一个人是宋代的娄元善。一些10世纪的类书引述了一本失传的关于测雨的书，该书并不神秘，作者黄子发年代不详，大概是汉代人。不像我们现代对云的分类（卷云、积云等），中古时代的中国人发明了很多术语，如覆车状的黄云、杼轴云等等。另一种颇受注意的天气征候是高空雾状卷云所引起的月晕，这被当作风的可靠信号。带有虹彩的月晕称为"飓母"，意思是"台风之母"。日晕也被仔细研究。

第一具湿度计并不是人们一度认为的由耶稣会传教士带来的，因为中国人在很早的时候便曾利用羽毛、木炭等物的吸湿性来进行湿度测量了。在公元前2世纪的《淮南子》一书中至少有两处提到用称量榆树炭的办法测试大气中的湿气，以便预报降水。在后来的书中可以看到同样的测验。有意思的是，15世纪欧洲库萨的尼古拉(Nicholas of Cusa)恰好也用了同样的方法，他 227

比较的是羊毛和石块的相对重量。

关于降水预报就说这么多。因为降水造成河渠上涨、洪水泛滥等不可避免的后果,在中国这种后果一直很严重,所以我们发现中国人在很早的时候便使用雨量器,是并不感到奇怪的。在欧洲,一直到1639年才出现用容器收集雨水进行计量这一简单想法,而在朝鲜保存有一具15世纪的雨量筒。至今人们还没有认识到雨量器并不是朝鲜人的发明,它在中国的历史可以追溯得更早。关于这点的主要证据是秦九韶《数书九章》(1247年)包括了有关雨量器形状的算题。在当时大概各州郡首府都有这种雨量器。

更值得注意的是,这部书告诉我们当时还使用一种量雪器。这是一种巨大的竹笼,一定是放在山路两旁或山冈上面。如果宋代的地方官员果真向朝廷申报降雨量和降雪量的话,那么高级官员在计算堤防以及其他公用设施的维修和保养费用时,一定得到了很大帮助。

无需多说,中国天气记录中有很长、很丰富的水、旱灾统计表,如表35所示。

228

表35　各世纪中的旱涝之比

世　　纪	降水率 每一个世纪中的旱灾 每一个世纪中的涝灾
2 世纪	1.98
3 世纪	1.60
4 世纪	8.20
5 世纪	2.06
6 世纪	4.10
7 世纪	3.30
8 世纪	1.32
9 世纪	1.80
10 世纪	1.80
11 世纪	1.70
12 世纪	1.04
13 世纪	1.80
14 世纪	1.05
15 世纪	2.25
16 世纪	1.95

第四节　虹和其他现象

安阳出土的甲骨卜辞中有关虹的资料。"虹"字现在的写法带"虫"旁，把商代人的想法——虹是雨后出现的龙——保存了下来。宋代沈括曾记述他1070年左右到甘肃出使契丹时所见到的双虹。他和孙彦先都认为，虹是日光通过悬浮在空中的水滴反射而成的。两个世纪以后，波斯人库特布·丁·希拉吉（Qutb al-Din al-Shirazi，1236—1311年）首次提出关于虹成因的令人满意的解释，他说光线通过透明的球体（水滴），发生了两次折射和一次反射。

229

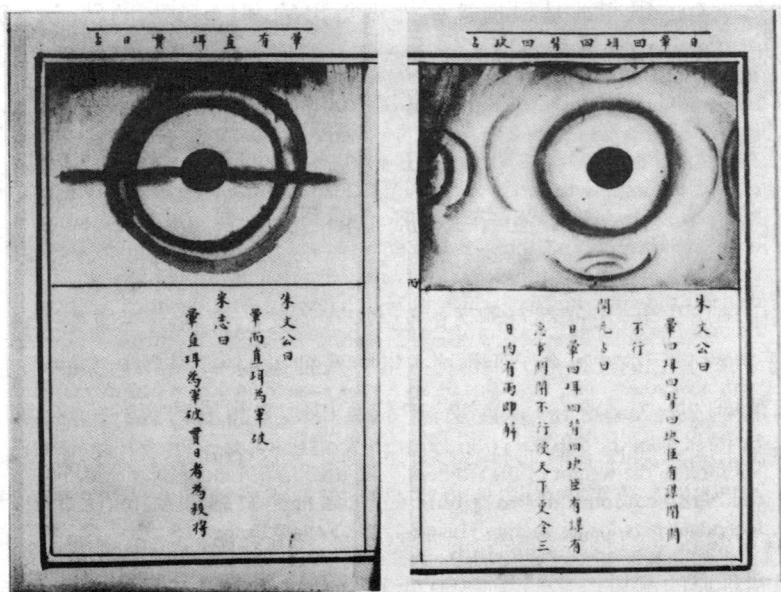

（1）　　　　　　　　　　（2）

图119　明仁宗朱高炽《天元玉历祥异赋》（1425年）说明幻日现象的两页（剑桥大学图书馆摄影）

图中文字：

（1）晕有直珥贯日占——朱文公曰："晕而直珥，为晕破。"《宋志》曰："晕直珥，为晕破。贯日者，为杀将。"

（2）日晕四珥四背四玦占——朱文公曰："晕四珥、四背、四玦，臣有谋，闭关不行。"

《开元占》曰："日晕四珥、四背、四玦，臣有谋，有急事，闭关不行。使天下更令。三日内有雨即解。"

由此看来，尽管是为了星占目的，对日晕的观测都极为精确。在上面两幅图中，幻日环、22°晕、46°晕和多种正切弧都清晰可辨。

但是雨后的虹在美观上不如其他奇怪而复杂的现象,包括同心晕和幻日。在某些特定的大气条件下,当太阳光透过高处六角形或角锥形冰晶所形成的云时,它看起来被日晕包围起来,并可看到四个亮光中心(幻日),有时在天空中与太阳相对的方向上会出现罕见的第五个太阳。幻日、同心晕也在这个位置上。一根垂直的柱子也可能穿过太阳。欧洲关于这一现象的记述出现在1630年。但是在整整一千年以前的中国,热衷于星占学的星象学家们便已致力于日晕现象的仔细观察了。《晋书》和其他7世纪的书中对日晕的十六或十七个组成部分的每一个成分都作了命名。中国人感到这种现象太动人了,以至于一位皇帝也肯降尊亲自写一部讲述包括这类现象的书,并附了插图。这就是1425年明仁宗朱高炽(在位仅一年)写的《天元玉历祥异赋》(图119)。

当然所有的预兆都是根据这些外观得出的,但是观测的精确性令人惊异。在7世纪使用的专门名词有二十六个,因此我们不得不作出结论说,在深入研究日晕方面,中国人远远地走在欧洲人的前面。

230

第五节　风和大气

在中国历史上,历代都有测风的记载,有关文献资料或多或少有些零碎。《淮南子》(约公元前120年)列出了一年中八种风的"季节",后来这个分类变得更加精细。明代王逵在《蠡海集》中载有用纸鸢测风的实验。这就提出了风向标在中国到底古老到何种程度的问题——这个问题不像它看起来那么不重要,因为这一最简单的装置也许是所有有指针和度数的装置中最古老的,它在自然科学的哲学意义上的重要性是不用多说的。在欧洲,看来不可能追溯到雅典的测风塔(公元前150年)以前,这个塔上装了一个风向标。大约同期,在中国汉代注释家提到一种"候风扇",三国(3世纪)以来的兵书中把它叫做"五两",这是指所用的羽毛的重量。中国风标的发明者被认为是各种各样的传说人物,譬如黄帝。

据推测,汉代曾经有制作风速计的尝试。在《三辅黄图》(3世纪晚期的书,旧题苗昌言作)有一段话:

> 郭延生《述征记》曰,长安宫南有灵台,高十五仞,上有浑仪,张衡所制。又有相风铜鸟,遇风乃动。一曰长安灵台上有相风铜鸟,千里风至,此鸟乃动。

虽然除风力以外,再也没有别的东西会影响到鸟的运动,可是这段话所提供的证据不是很清楚。此外,同书别处还提到台顶铜凤的记载,说它"上下有转枢,向风若翔";这说明转枢和下一层相连,那里可能有一种机件,来指出——如果不是记录的话——风引起的转动速度。我们作如下推测不算离谱:我们现在的转杯风速计就是蹼轮风速表的翻版,第一具水轮出现在汉代(在后面我们还要讨论)。此外,铜凤据说有五尺高,作为风标未免太大了。但作为一种测验风的阻力的机件,则并不过大。如果这种解释是合理的,那么汉代风速计就可能是现代四转杯风速计的先驱,因为文艺复兴时期的钟摆型风速计现在已经不用了。杨瑀在《山居新话》(1360 年)中对龙卷风作了很好的描写:

231

> 至正戊子小寒后七日,即十二月望,申正刻,四黑龙降于南方云中,取水,少顷有一龙降东南方,良久而没。俱在嘉兴城中见之。

关于地球大气的作用,我们已经看到过了一个例子,就是关于太阳在不同高度视大小不同的问题。公元 400 年前后,天文学家姜岌解释了为什么太阳在初生和西落时都像巨大的红球,而在中午则显得色白而小:

> 地气不及天,故一日之中,晨夕日色赤,而中时日色白。地气上升,蒙蒙四合,与天连者,虽中时亦赤矣。

这样他就明白了太阳在低处时,我们看它必须通过比高悬空中时更厚的地球大气层。在此前一个世纪,郭璞在说起黎明和日落时的迷雾时,设想它们是由细小的微粒组成的。至于海市蜃楼,明代的陈霆所作的解释本质上是正确的。

第六节 雷 电

古代中国人很自然地把雷电看作他们想象出来的两种最奥妙的力量——阴和阳——互相冲突的结果。在最广泛的意义上,考虑到这种理论对自然界正和负的概念——包括电的效应和化合现象——所作出的贡献,那么这一古老的中国思想是包含有伟大的真理因素的。《淮南子》(约公元前 120 年)中说:

232

> 阴阳相薄为雷,激扬为电。

但是这种自然主义的理论并不能使汉代人们对雷电充满的迷信恐惧心理稍稍平息。他们把天空的放电现象看作是对朝廷失政或个人恶行的"天谴"。王充反对这种现象主义观点(原著第一卷第 203 页),在《论衡》(公元 82 年)中发表了一通毫不含糊的自然主义议论。在下面一段话中我们看到他最杰出的地方:

> 盛夏之时,雷电迅疾,击折树木,坏败室屋,时犯杀人。世俗以为……天取龙;其犯杀人也,谓之有阴过。饮食人以不洁净,天怒击而杀之。隆隆之声,天怒之音,若人之吁矣。世无愚智,莫谓不然。……
>
> 推人道以论之,虚妄之言也。夫雷之发动,一气一声也。……
>
> 实说雷者,太阳之激气也。何以明之? 正月阳动,故正月始雷。……盛夏之时,太阳用事,阴气乘之。阴阳分争,则相校轸,校轸则激射。……
>
> 何以验之? 试以一斗水灌冶铸之火,气激裂,若雷之音也。……天地为炉,大矣。阳气为火,猛矣。云雨为水,多矣。……
>
> 夫雷,火也。火气剡人,人不得无迹。如炙处状似文字,人见之谓天记书其过以示百姓,是复虚妄也。火剡之迹非天所刻画也。

公元前 1 世纪拉丁诗人卢克莱修(Lucretius)在诗歌《物性论》(*De Rerum Natura*)中表达了类似的观点。汉代其他学者如桓谭(公元 30 年以前)也极力倡导同样的主张。

在这以后的数百年间,否认雷电具有预兆的性质成了不可知论的唯理主义者的口头禅。苏洵提到一种当时流行的信念,认为雷击是对不孝行为的惩罚;他指出雷应该惩罚一切应该遭受惩罚的人,但显然它没有这样做。在同一个世纪里,大约在 1078 年,沈括记录了一次对雷电的描述,他写得那样详细,简直像是给科学杂志写专栏文章:

> 内侍李舜举家曾为暴雷所震。其堂之西室,雷火自窗间出,赫然出檐。……及雷止,其舍宛然,墙壁窗纸皆黔。有一木格,其中杂贮诸器,其漆器银扣者,银悉熔流在地,漆器曾不焦灼。有一宝刀极坚刚,就刀室中熔为汁,而室也俨然。……

以后的几个世纪里也不乏同样正确、客观的叙述,但关于雷电的真正性质的说明,则有待于文艺复兴之后科学高潮的到来。

第七节 北 极 光

中国历史记录中有一些关于"光异"和"五色光"的叙述,看来只能解释为对北极光的观测。这种记录最早的在公元前 208 年,最晚的在 1639 年。《开元占经》(718 年)引汉代预言家京房的《妖占》等书,提到公元前 193—前 154年有"光异"大量出现,跟地震一样,这种现象被归结为阴气太盛的缘故。中国的此类观测记录还没有编制成完整的一览表,因为过去对这种现象的认识不是很清楚,没有把它当作一种实体看待,因此出现了好多名称——"赤气"、"北极光"等等——并且大量的文献有待查阅。一个经常出现的术语是"天裂"。对北极光的解释,直到现代才成为可能。

第八节　潮　汐

在近代以前,中国对潮汐现象的了解和兴趣总的来说是多于欧洲的。正如人们常说的,这可能是因为地中海的潮汐比较微弱,未能引起古代博物学家的注意。而中国海岸却有相当大的潮汐,例如,长江口外的大潮高达十二尺以上,中国还拥有世界上两大观潮胜地之一,即杭州附近的钱塘江(图120);另一处在亚马孙河(Amazon)北河口,远离任何一个文明古国。塞汶河(Severn)的潮汐要小得多。所以,从很早的时候起,这种显然跟一般海潮同类、但给人印象极为深刻的自然现象吸引中国的思想家们对它作出解释。 　234

潮汐的正常情形自然先是涨水,起初比较慢,在中等水位时达到最快,然后慢下来,达到满潮,然后退潮,回复到原来的低水位。从潮涨到潮落整个循环需要 12 小时 25 分钟,这是月球连续两次通过子午线的时间间隔。涨潮幅度在一个朔望月里以月初最大,隔两个星期后最小。涨潮的幅度、高潮之间的间隔以及高潮与低潮之间的落差,极大地依赖于地形条件如海岸线和近海海底等。华北的一些地方,每 25 小时只涨潮一次。如果沿着有潮汐的河口如长江口溯流而上,涨潮的时间间隔渐渐缩短,退潮的时间间隔渐渐加长。有 　235一种潮简直是一种极端的例子,在片刻之间就涨到一半高度。长江①的潮头总高度达二十尺,在海上潮头开始的地方,波浪速度达每小时七海里,在内河,潮头过后,产生时速高达十海里的洪流。两波相接处会激起三十尺高的巨浪,如果靠近海岸,则会漫过庞大的海堤。在海潮到达之前,便远远地听到一种雷鸣般的声音。

在公元前 2 世纪,中国人就已经知道在月望之日可以看到十分壮观的海

---

① 此处似乎应指钱塘江。——译者

图120 麟庆《钱塘观潮图》(采自《鸿雪因缘图记》,1849年)

潮了。在枚乘(卒于公元前140年)的《七发》这篇富有诗意的文章中可以看到:

> 客曰:"将以八月之望,与诸侯远方交游兄弟,并往观涛乎广陵之曲江。至则未见涛之形也,徒观水力之所到,则邮然足以骇矣。……"

但是这里没有讲到潮汐与月亮之间的因果关系,当患病的太子问客人是什么力量使波涛动起来时,客人回答说,这种力量未见于记载,但不是神怪。然而到了公元1世纪,正是王充在他的《论衡》一书中清楚地指明了潮汐对月亮的依赖关系。他提到当时一种流行的说法,一位被屈杀的大臣伍子胥的尸体被扔在江里,他的冤魂从此便有规律地驱波逐浪,发出周期性的怒吼和冲击。王充把这种说法驳斥得体无完肤。他还给出一种科学的观点:

> 夫地之有百川也,犹人之有血脉也。血脉流行,汛扬动静,自有节度,百川亦然,其朝夕往来,犹人之呼吸气出入也。

> 涛之起也,随月盛衰,小大、满损不齐同。如子胥之怒以月为节也。

在王充的思想中，一定把月亮对潮汐的影响与小宇宙—大宇宙（microcosm-macrocosm）的呼吸理论结合了起来。但是在那个时代，这种自然主义的见解必须同其他比较原始的见解进行争辩。

　　下一步的进展在唐代由窦叔蒙完成（约770年）。窦叔蒙似乎是第一个使月亮潮汐说涉及某些科学内容的人，但他可能认为月亮引起水的膨胀和收缩。然后，余靖在他的《海潮图序》（1025年）中取得了明显的进步。他相信太阳和月亮对潮汐都有影响，而月亮更为重要，因为"月者，太阴之精，水乃阴类……"，他的书中给出了许多详细的观测证据。在同一个世纪稍后，沈括在《梦溪笔谈》中写道，他本人对月亮的周期运动和潮汐运动作过很多研究，接着他指出："予尝考其行节……去海远，即须据地理增添时刻……"如此看来，沈括在1086年就给我们今天所谓的"港口常规时差"明确地下了定义，即某地理论上的大潮时刻与当地实际出现时刻间的固定差数。

　　在西方，看来是加利斯托斯的安第果努斯（Antigonus of Carystos，约公元前200年）是第一个指出潮汐的主要影响来自月亮的希腊人。他的见解跟枚乘的相似。但是西方取得的进展比中国更快，公元前140年左右，波斯湾塞琉西亚的迦勒底人（the Chaldean of Seleuceia）赛琉古斯（Seleucos）把潮汐同月亮的运行联系了起来，半个世纪后，阿帕梅亚的波塞多尼乌斯（Poseidonius of Apameia）说明了潮汐的子午时规律和大小潮规律。在中国直到宋代才达到这个水平。但是后来，在中国人向前进时，欧洲人反而忘记了已经取得的进展。从公元前100到公元1000年之间什么也没有做，只有公元700年前后的比德长老（Venerable Bede）是个例外，他认识到了当地潮汐的时差，但"港口常规时差"的完整表述要等到1188年吉拉尔德斯·坎布伦西斯（Giraldus Cambrensis）的《爱尔兰地形》（Topographia Hibernica）一书。中国在1086年提出这个概念。

　　在系统编制潮汐表方面，中国人是明显领先的，至少可以追溯到9世纪。自11世纪直到文艺复兴之前，中国人在潮汐理论方面一直比欧洲人先进得多。极具讽刺意味的是，伽利略曾驳斥开普勒的月球影响地面潮汐的说法是一种占星术学说。一直到牛顿时代，真正用引力说明潮汐现象的理论才完成并被人们接受。中国古代的观测家们从来都认为月亮对地面上的事物产生作用，而这种把月和地分隔开来的做法与整个有机自然观相悖。

第四章 地 学

第一节 地理学和制图学

在论述了纷繁的星星、辽阔的天空和浩瀚的海洋之后,转而讨论我们所居住的,因而较为熟悉的这个世界的面貌,讨论探险家和地理学家所探索的这个领域,那是很自然的。但是地理学是一门介于自然科学和人文科学之间的边缘学科。因此,想要对地理知识在中国的积累发展情况作一番系统论述,将会远远超出我们这本书所设定的范围。关于此,中西方都留下了数量巨大的文献,但与其说它们属于科学史,倒不如说它们属于历史本身。与本书真正有关的,应该是科学的制图学在中国的发展,因此,我们要做的,就是把这个问题作为一个重点来讨论。

不论是谁想编写中国的地理学史,都会碰到一个难题,因为他必须让读者知道中国学者在这方面写了大量的著作,但又必须避免冗长乏味地写到一大堆书名和作者姓名,何况其中有一些书早已失传。因此我们在这里只能列举少数几本书作为例子,而这些书当然应该是整个同类书籍中的代表。

在中国的文字中包含有许多远古时代的地理学符号。例如,"川"字是水流的图形,"山"字一度曾经是有三个山峰的山的写生,"田"字则表示一块有边界并被分成若干小块的土地。从"國"字中不但可以看到政治疆界,还可以看到国境内有"口"和"戈"的符号,其中"口"代表侵略者,"戈"代表守卫者。甲骨文和金文中的"圖"字,实际上就是一张地图的形状。可惜这个字的含义后来变了,被用来表示各种图解和图画,这样一来,如果文献中提到在一本很早就已散佚的书中有图的话,我们就无法确定其中所说的图到底是不是地图。总之,如果我们猜想中国的象形文字曾经促进过中国人绘制地图的传统,那么这样的猜想应该离事实不会太远。

前面经常提到,古代中国人思想中盛行的关于大地形状的观念,是"天圆地方"。但也有人对这种说法提出过疑问。例如,在公元 1 世纪和 2 世纪时,就不止一次地有人说过,宇宙像一个鸡卵,而地球就像悬浮在当中的卵黄。中国各个时代的思想家都曾附和虞喜(约 330 年)的观点,对地是方而平的说法表示怀疑。虞喜曾指出,如果地是方的,那么天的运行就会受到阻碍了。在他看来,地和天一样,也是圆的,只不过要小一些。所有支持浑天说的人都相信这种看法。然而这些观点对中国制图学的影响很微小,因为就像我们后面将看到的,中国的制图学采用的是网格法,并不考虑地球表面的曲率。同时,中国的地理学常常是纯自然主义的。

第二节　地理学的典籍和著作

古代著作和正史

留传至今的最古老的中国地理文献恐怕要数《书经》里的《禹贡》了,这部著作大约是公元前 5 世纪(周朝)的作品。大禹是传说中的"治水"圣王,并且是后世的水利工程师、灌溉专家和治水工作者的祖师。这部著作中不但列出了传统上所说的九州,而且还谈到了这九个州的土壤、特产以及流经这九个州的河流。一般认为,这是一部原始的经济地理学著作,其中所谈及的中国当时的地理疆域范围还不到中华文明最后所拥有地区的一半。但这部周朝的古籍实质上是一部自然地理学著作;九州的疆界是按自然条件,而不是按政治条件划分的。除了禹这个人物的活动以外,这部著作没有丝毫离奇荒诞的事,甚至也不带幻想和传奇的色彩。

通常认为,《禹贡》中似乎包含了一种朴素的同心方地图(见图 121)的思想。这种看法产生的依据是这部著作结尾的几句话。这几句话说:从帝都起,五百里之内的地带是"甸服",再往外五百里同心带之内是"侯服",再次是"绥服"、"要服",最外围的是"荒服"。但是文中并没有任何证明这些地带是同心方这一传统观点的文字;这种观点很可能只是根据地是方形的这种宇宙观设想出来的。这一点是很重要的,因为如果这些地带被设想为同心圆的

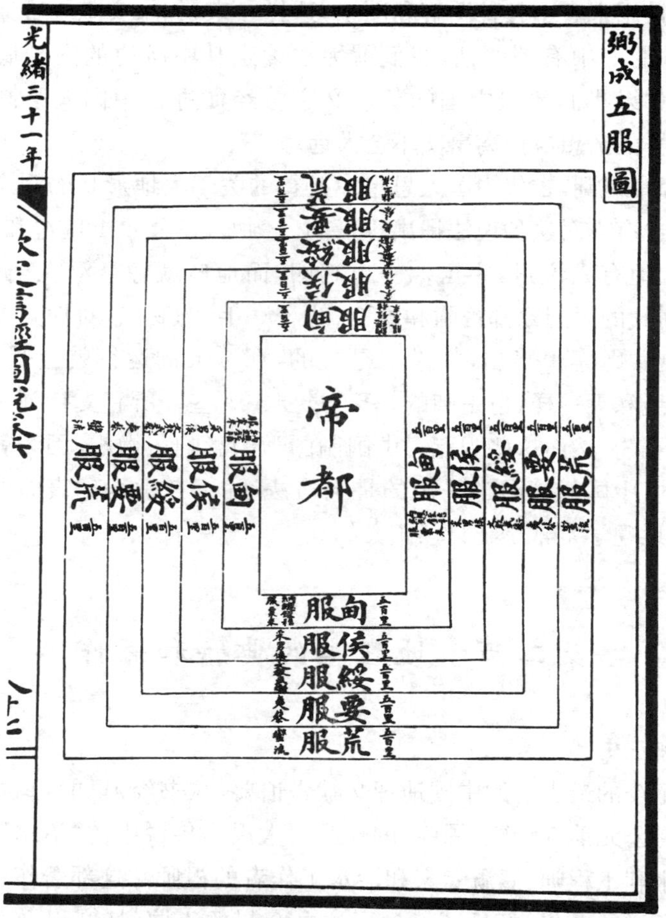

图 121　中国古代文化以帝都为中心向外扩展的传统观点［采自《书经图说》。在此同心矩形中，以帝都为中心向外扩展的各地带分别是：（a）甸服（即王畿）；（b）侯服（即诸侯领地）；（c）绥服（即已经绥靖的地区；亦即已接受了中国文化的边境地区）；（d）要服（即已与这个中心结成同盟的外族地区）；（e）荒服（即未开化地区）……］

话，那么这种古老的分度制就很可能是东亚的宇宙寰宇观中关于地是圆盘形的传统说法的来源之一了。而同心方的思想则可能成为中国制图学的矩形网格制图法的原始思想。

一般说来，《禹贡》这部中国历史上最早出现的自然地理考察著作，与欧洲出现的第一幅地图（由公元前 6 世纪的阿那克西曼德绘制）大体上属于同一

239

(a)　　　　　　　(c)

(b)　　　　　　　(d)

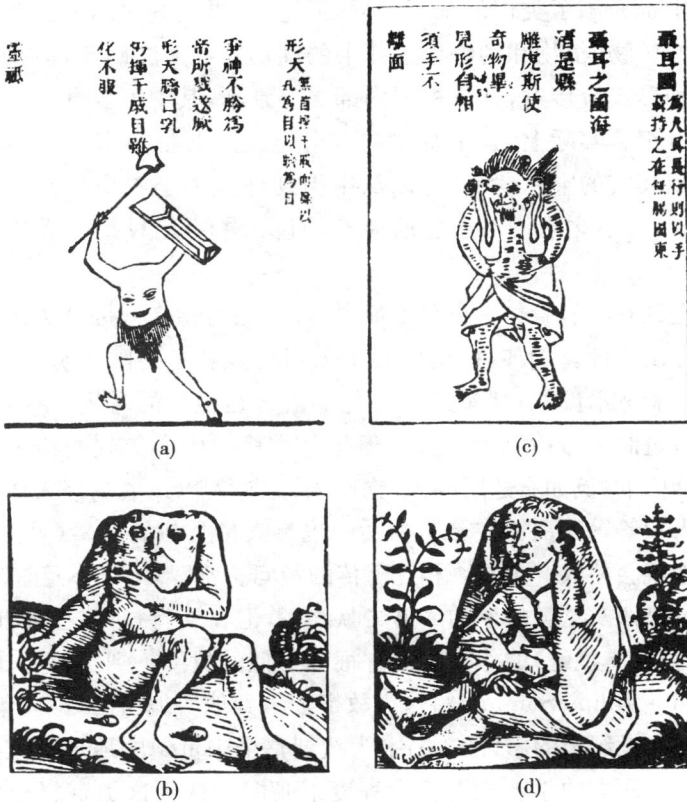

图 122　《山海经》(公元前 6 世纪到公元 1 世纪)中的怪人与索利
努斯的《记闻集》(3 世纪)中的怪人的比较[(a)、(b)是无头人,
(c)、(d)是长耳人]

个时代。但是,中国的这部著作比阿那克西曼德时代留传至今的任何文献都 241
详细得多。纵观中国历史,《禹贡》的影响是深远的。所有的中国地理学家都
以它为蓝本而进行工作,多引用《禹贡》中的词句为自己著作的标题,并不懈
地力图重塑书中所描绘的地形。

　　这里有必要简单谈谈夏朝的九鼎和关于山脉与河流的古典著作《山海
经》。据说鼎上铸有各种表示各地区及其奇异事物的图画和地图。《左传》
一书中可以找到关于九鼎的一段经典记载,谈的是公元前 605 年所发生的
事。文中称鼎铸造于夏朝的极盛时期,作为对老百姓进行教导的一种形式,
"以便使他们知道各种事物,辨别善恶。这样,当他们出外旅行,渡过河流与
沼泽,穿越高山与森林时,就可以避灾免祸"。我们从这段记载中读到的的
确是一种古代传统,其中所谈的不是地理,而是怪诞的、宗教礼仪上的事情。

《山海经》中也充满了类似的荒诞怪异,但它和《禹贡》一样,也经常提到一些确实存在的矿物、植物和动物。这部书的确切年代无法确定,但在前汉时期一定以某种形式流传过,并且根据内部文字判断,其中不少资料可以上溯到公元前 4 世纪。实际上,其中有些内容可能比这要早得多。尽管它可以说是一个名副其实的宝库,我们可以从中得到许多关于矿物和药物之类天然物质的知识,但过去人们对于它所展开的讨论主要还只是围绕其中所描述的怪物和怪人。

有人把《山海经》看作是世界上最古老的"旅行指南",因此力图对书中的许多记载作出考证。例如,白民国和毛人很可能就是指阿伊努人,而郁夷国一定是西伯利亚沿岸"有恶臭的未开化部落",在很早的时候,中国人就从他们那里进口过制造弓箭用的鱼胶。但是《山海经》中所谈到的绝大部分怪人显然是神话中的,例如有翅膀的人、狗面人、无头人以及能离开人体而单独在天上飞的人头等等。由于在希腊神话中也有大量类似的故事(见图 122),所以很自然地就会使人产生是否相互流传的疑问。希罗多德(公元前 5 世纪)的作品可以说是谈及这类故事的最早文献之一,但在斯特拉博(公元前 1 世纪)和普林尼(公元 1 世纪)的作品中也有很多类似的故事。到了公元 3 世纪,索利努斯(Gaius Julius Solinus)将这类故事汇集到他所编写的《记闻集》中。这本书有公元 6 世纪出的修订本,书中为欧洲整个中世纪的地理学家提供了大量的"奇闻"。西方的学者们在极大程度上倾向于认为这类资料全部源自希腊。对于某些神话而言,他们的意见可能是对的,但是也有部分内容可以溯源到中国和伊朗,同时也不应忘记,巴比伦人同样对畸形神怪很感兴趣。

这类资料如果从生物学史的观点出发进行研究,会有些意义。在胚胎学家看来,作为这类传说的基础的种种奇形怪状的人和兽的形象,大多数显然有可能来源于自然产生的畸形人和畸形动物。比如,研究表明,东西方故事中关于狗面人身和毛面人的传说很可能与缅甸至今还存在的毛面人有关,也可能与狗面猴有关。如果这种观点可以成立的话,那就没有理由去设想什么流传的问题,也没必要去追究这些传说最先起源是在哪里的问题了。另外一种观点是,这些神话很可能与古代各民族都有的一种仇视和惧怕异族人的心理有关,这种想法与此也并不相矛盾。

人类地理学

人类地理学是从《山海经》一类书籍对怪异人的描述很自然地发展起来的。这类著作的习用名称是进贡图(记述入贡部族的图书),最早的一部以进贡图作为书名的书是在梁代（约 550 年）出现的，作者是江僧宝或萧绎。但据说早在公元 3 世纪三国时代的诸葛亮就已写过一部关于南方各部族的《图谱》。在唐代和其他朝代，都设有一个专门接待外国进贡者的机构——鸿胪寺，鸿胪寺的官员们负责记录下各进贡国的地理情况和风俗习惯，使之成为不断增加的政府情报的一部分内容（见图 123）。在这一过程中，便涌现出大量这类的图书。

图 123　晚清时期的毕献方物图（图示外族使者在鸿胪寺进贡时的情景。鸿胪寺的官员负责把进贡国的情况和物产记录下来。采自《书经图说》）　　243

419

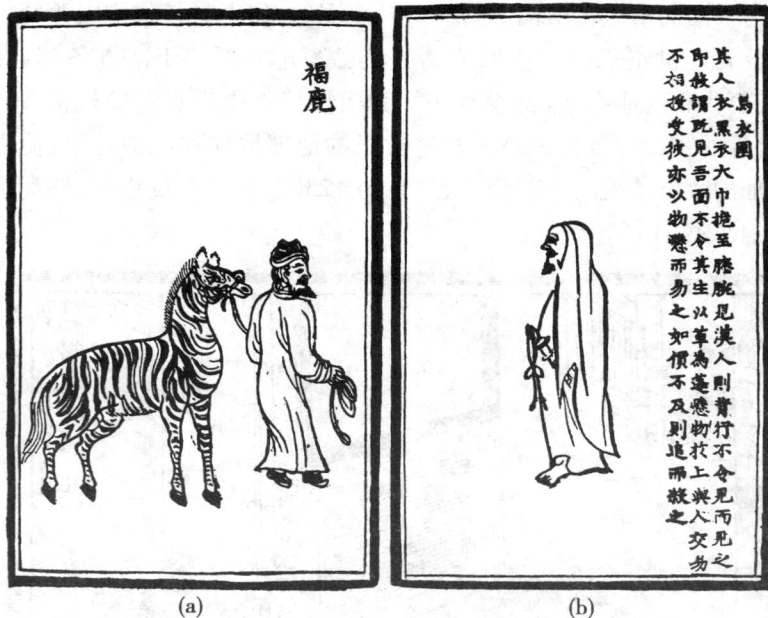

(a)　　　　　　　　(b)

244

图 124　约 1430 年成书的《异域图志》中的两页[此书可能是明代宁献王朱权所著,他是一位炼丹术士、矿物学家和植物学家。几乎可以肯定他曾受益于郑和远航所带回来的动物学和人类学知识。(a)斑马(福鹿)。(b)一名乌衣国人,乌衣国无疑是阿拉伯边远地区的某一个地区。此图摄自剑桥大学图书馆所藏的目前仅有的一部书]

对南部地区和外国的地理描述

在中国的人种地理学和可称之为人种学及民俗学的学科之间并没有很明确的界线,因为在各个时代,都有很多受汉族文化影响较小的少数民族居住在这块土地上。此外,随着汉族文化的向南扩展,出现了越来越多的描述南部地区的异物和地形的书籍。凡描述风土人情及其地理分布的,都称为风土记;而描述还不熟悉的地区的,则称为异物志。在前一类著作中,最早的要算公元前 150 年左右卢植所写的《冀州风土记》。两部描述南部地区的早期重要著作分别是 2 世纪杨孚的《南裔异物志》和 4 世纪万震的《南州异物志》。

有关外国地理的文献,虽然很多已经散佚,但仍有不少保存下来的。其中最早的一部代表作是公元前 35 年出现的专谈匈奴情况的"图书"(关于此书我们将在下文第 260 页中会有更多的讨论)。但是,张骞在公元前 2 世纪出使西域时,居然没有用文字或图画把那里的少数民族的风土人情记录下来,似乎是不太可能的。到了公元 2 世纪,臧旻写了一部关于五十五个国家的详细备忘录。而该类著述到明代可以说是达到了最高峰,特别是 15 世纪时由于著名航海家郑和的远航,曾出现了不少著作。军事及其他原因的远航以及贸易一起,也促使了地理著作大量的出现。其中最受重视的一部应当属成书于 1430 年前后的《异域图志》(见图 124),作者不详,但有可能是明代宁献王朱权所著,他是一位炼丹术士、矿物学家和植物学家。几乎可以肯定他曾受益于郑和远航所带回来的动物学和人类学知识。

245

应该如何把上面所介绍的中国地理学发展情况同西方的描述性地理学的发展情况进行比较呢?尽管在希罗多德的时代以及在斯特拉博的时代,中国没有出现可与希罗多德和斯特拉博的著作相比的地理著作,但是从公元 3 世纪到 13 世纪,当欧洲文化走下坡路的时候,中国人则远远地走到前面去了,而且还取得了稳步的发展。当时欧洲在地理学上占据着统治地位的是索利努斯和他的神话故事,几乎就像中国在这方面占统治地位的是《山海经》一样,一度没有可与之相抗衡的。到了唐代(公元 618—906 年)可作为西方的唯一代表人物的,大概要算是叙利亚主教埃德萨的雅谷(Jacob of Edessa,公元 633—708 年)了。而同时代的阿拉伯人发展得很快,到了宋代,在 960 年后,他们已经为后来的西方地理学打下了基础。阿拉伯地理学在 12 世纪由于伊德里西(al-Idrīsī)著作的出现而达到了最高峰,而到 13 世纪仍然涌现出不少著名人物。当然,在西方也曾出现过与中国的佛教朝圣者所写的著作相似的朝圣著作,其中第一本是 333 年的"第一部基督教徒旅行指南"《从波尔多到耶路撒冷旅行记》(*Itinerary from Bordeaux to Jerusalem*);此后还有一些贸易旅行记录。但是当你读了文艺复兴时代的详细编年史后,就会感到西方从那时起才开始走上一条对事物进行客观描述的路,而在这条道路上,中国人早已走了 1500 年了。像这样的发展局面,我们在研究人类认识潮流发展的历史时就已遇见过一次,本章中我们将会再度看到这种局面,特别是制图学领域内,这种情况更为明显。

水文地理学著作和描述海岸的著作

由于水道对于中国各个历史时期的社会和经济体制都极为重要,所以它自然就受到人们的密切关注。这类著作中最早的一部是公元前 1 世纪桑钦所写的《水经》,但是我们现在所看到的版本据说出自三国时期,起码是 265 年以前的某地理学家之手。书中至少对 137 条河流作了简短的描述。大约到 6 世纪初,伟大的地理学家郦道元对其作了增补,使它的篇幅将近增加到原书的四十倍,并定名为《水经注》。就这样,一部头等重要的著作产生了。根据几

246 本书的书名来判断,中国人自秦代起就已经开始对江河进行测绘制图了。单锷(1059 年)就曾写过这样一本关于水利的书,他花费三十多年的时间考察了苏州、常州和湖州地区湖泊、河流和渠道。一个世纪之后,傅寅写成《豫国说谈》,主要述及黄河流域。在傅寅的书中包括了一些可能是 12 世纪时绘制的地图(见图 125)。到了清朝,出了一些篇幅更大的著作。但在同时代(18 世纪)的欧洲,却找不到可与此类文献(见图 126)相比较的经典著作。

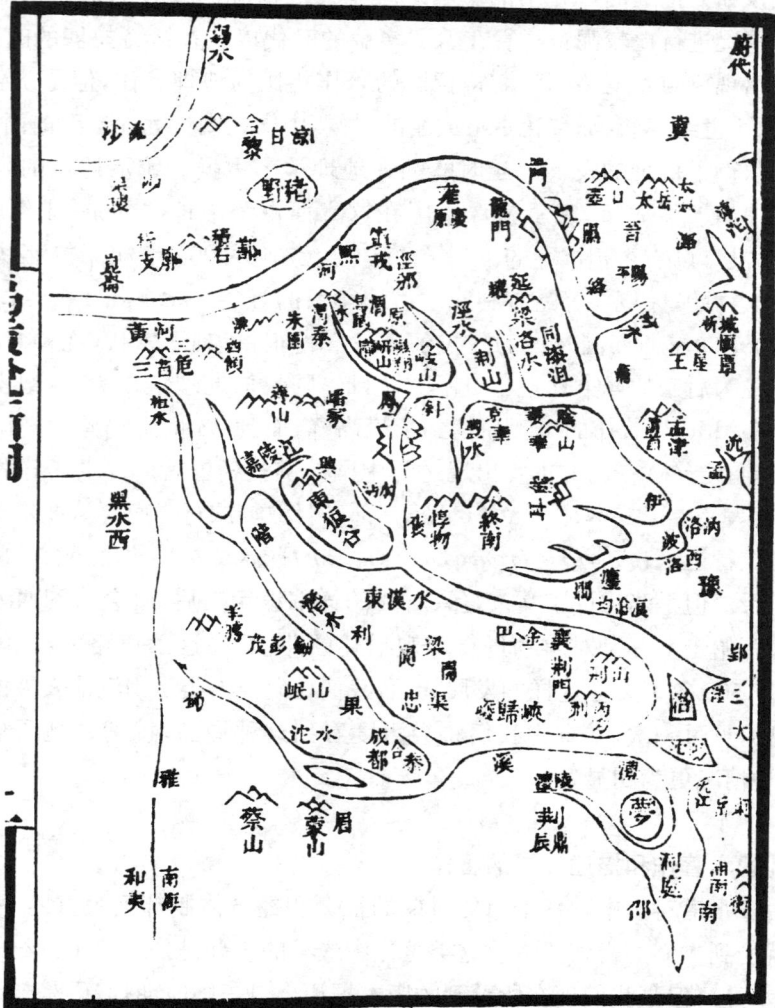

247 **图 125** 中国西部水系图[采自 1160 年傅寅所著的《豫国说谈》。图上方可见黄河的大弯围绕的鄂尔多斯沙漠和黄河经过的龙门峡。往下可辨认出沟通渭水和汉水(黄河和长江水系)并穿过秦岭的古道和运河。在四川境内,则标注了成都和峨眉山]

图 126　1725 年傅泽洪《行水金鉴》中所附的一幅全景图(前景是江　248
苏太湖,左边围有城墙的是吴江;因此视角是向东的。大运河横贯
全景经王泾村流向杭州。吴江城旁有著名的"垂虹桥"。图中另外
还有两座桥。这样的复制图已不如原图那样精致)

　　除了这类专门研究大小水道的书籍以外,还出现过另一类关于中国沿海
的地理著作。但这后一类书籍大部分出现得较晚。如 1562 年郑若曾出版的
巨著《筹海图编》,这类书的出现与当时沿海各省经常遭受倭寇的侵袭掳掠有
关。也有一些专著是为保护海岸地区、防止海水入侵而撰写的。

地方志

　　中国的一系列地方志在其广度和有系统的全面性上,可能没有哪个国家
的同类文献可与之相比较的。凡是熟悉中国文献的人都知道,在中国文献中

有卷帙浩瀚的"地方志",它们确实是当地的地理和历史著作,它们是各地学者们长期以来辛勤工作的不朽建树,其他各类文献在卷帙浩瀚的程度上很少能有与之相比的。一般认为347年的《华阳国志》(四川的历史地理学)是第一部方志,其中以很大的篇幅介绍了河流、商路和少数民族。在那时候就已经有四川省的地图了,因为我们在这本书中看到了一幅很明显是在后汉时期(约150年)绘制而成的《巴郡图经》(四川地图)。

绘制地方地图的工作开展得很慢,因为这类图经在《隋书》以前的书籍中并不多见,在《隋书》中才突然多起来。随着稳定的中央集权制的发展,人们往往被遣往远离家乡的地方去做官,从而使地方志开始受到社会的重视。大约在610年,皇帝曾下令全国各地的官员们编写附有地图或图表说明的风俗物产志送交朝廷备查。宋朝时继续大力开展这项编写工作。宋朝建立后不久,971年,皇帝命令卢多逊重修天下图经。在进行这项艰巨的工作的过程中,卢多逊游历各省以搜集所有可利用的相关资料。这些资料后来由宋准加以汇总,到1010年已完成的不下1 566卷。这项工作显然也包括了某种测绘制图的工作。

甚至在宋末以前,这类地方志的总数就已达到220种。自明朝以来数量又逐渐增加,到今天,几乎所有城镇(无论多小)都已经有它们自己的地方志了。地方志并不仅限于城、镇及其所属的行政区才有,一些著名的山岳,也有人为它们写了山志。此外还有一类只谈城市本身或城市的某一部分的著作,如500年的《洛阳伽蓝记》。

在西方,有没有可以与这类卷帙浩瀚的文献相比较的文献呢?希腊和希腊的古代文化并没有留下真正与此类似的文献,而自从中世纪初期以来,这类著作似乎也不多。直到13世纪,才出现了一部描述耶路撒冷城邦的法文书,这部书也许可以与七个世纪之前的《洛阳伽蓝记》相比。此外还出现了坎布伦西斯·吉拉尔德斯的几部著作。但一直到了文艺复兴时期,欧洲才出现了真正可以和中国相比的同类著作。正如我们前面已指出的,以及不久将在后面继续提到的那样,总体而言,欧洲地方志的发展同样也出现了一千年的中断期,所不同的是,在这一领域中,古代的西方世界在此之前并未取得过多大的进展。

地理方面的类书

在地理学著作方面尚未论述的只剩下自晋代(公元3、4世纪)以来所出现的地理总志了。这类地理著作主要是描述性的,虽然在唐、宋时期所出的这

249

类文献中肯定都附有地图,但到今天这些图早已散佚了。公元 300—350 年间阚骃所写的《十三州记》也许可算是这类著作中最早的了。但是,现存的最古老的一部地理总志要算是 814 年左右李吉甫的《元和郡县图志》,那时已接近唐代末朝。在唐宋之交,出了一位重要的地理学家徐锴。在宋朝建立后不久(约公元 976—983 年),又出现了一本至今仍有参考价值的地理总志《太平寰宇记》,全书共二百卷,作者是乐史。从 11 世纪到 12 世纪这段时间,出现了更多的地理总志,但其中文学和史传的味道越来越浓,而所含的地理学的科学性则越来越少了。不过,在 13 世纪,又出现了两部很有价值的地理文献。

在以后的几百年中,这方面的著作出得不多,只有三部不同朝代的大一统志值得一提。第一部于 1310 年着手编写,但从未刊印过;第二部出版于 1450 年;第三部成书于 18 世纪,是于 1687 年开始编撰的。在第三部大一统志中不但有对各省的地理情况全面细致的描述,而且包含了关于中国版图以外的一些附属国和藩邻国的大量资料。此外,在 18 世纪初叶出现的《图书集成》中也有大量的地理资料。到这个时期,中国地理学著作与文艺复兴后的欧洲的同类著作相比,在许多方面都处于劣势。在这里我们再次看到这样一种情况:在中世纪早期,西方在地理学上拿不出什么东西可以与中国相比的。到了宋代,除阿拉伯之外,也仍然不能和中国相比;后来只是由于明代科学的衰落以及现代科学在欧洲的兴起,西方才远远地走到前面去了。

250

第三节　中国的探险家

在前面介绍的文献中所包含的大量的地理知识以及以下几节里将要专门述及的中国在科学制图学上的成就,如果没有无数旅行家和探险家们的大量观察和积累,显然是不可能取得的。这些旅行家和探险家,虽然有的是因公务或外事而出行,有的则是出于个人宗教信仰而去旅行的,但他们都以丰富的阅历和准确全面的观察,加深了人们对于地球这个世界的认识的深度和广度。由于他们在中国和欧洲的相互接触中起了重要的作用,我们早已在第一卷中提到过张骞和甘英等一些汉代官员以及三保太监郑和的功勋。

由于马可・波罗以及 13 世纪时其他一些欧洲旅行家的名气实在太大,就使得一些也曾作过重要旅行考察的中国旅行家通常受到了忽视。例如《西游录》的作者耶律楚材,他不仅是一位政治家,还是天文学的肇始人,曾随蒙古皇帝成吉思汗远征波斯(1219—1224 年)。《北使记》的作者乌古孙仲端,他是塔塔尔族人，曾出使去谒见成吉思汗，于 1222 年回国。另外一次著名的旅行考察是一名道教的炼丹术士丘处机（长春真人）的西游，他因受命进谒成吉思汗（当时在阿富汗），于 1219 年出发到阿富汗，1224 年回国，他的弟子李志常把他这次出行的经过记录成书，名为《长春真人西游记》。此书的序言中说："李志常掇其所历而为之记，凡山川道里之险易，水土风气之差殊，与夫衣服、饮食、百果、草木、禽虫之别粲然，靡不毕载。"在途经蒙古和中亚时，丘处机一行观察到了一次日食，而且在比以前的中国天文学家所到达过的地方更靠北的一处地点作了二至点影长测量。

　　另外还有一些科学意义更大的、以地理考察为主要目的的旅行。例如，探索黄河的发源地。在张骞那个时代（公元前 2 世纪），人们认为黄河发源于和田河，而和田河则发源于昆仑山脉（西藏高原北坡）并绕塔里木盆地的北面流入罗布泊。还有人认为，黄河伏流于罗布泊和兰州附近的一个山口之间。到了唐代，人们才搞清了真实情况。公元 635 年，一位名叫侯君集的将领曾奉命征讨西藏部族，当时一直向西推进到扎陵湖，并在那里"览观河源"。事实上，黄河的源头就在这个湖附近。不久这项考察就被刘元鼎所证实了，他于公元 822 年出使西藏。侯君集和刘元鼎大概都不知道，黄河围绕阿尼马卿山转了一个大圈再行折回。除这一点外，他们的观察结果都是完全正确的。到了 1280 年，忽必烈可汗曾派出一支由都实率领的科学考察队去探察黄河的源头，这次考察结果收录在 1300 年地理学家潘昂霄所著的《河源记》一书中。

　　后面我们将谈到中国文献中流传下来的一些旅行路线指南，这类指南当时主要是为实用的目的而写的。在明代，中国出现了一位写游记的名家，旅行家徐霞客（1586—1641 年），他既不想做官，也不信宗教，但是对科学和艺术特别感兴趣。在三十多年的时间里，徐霞客走遍了全国最偏僻、最荒凉的地区，饱尝了各种艰难困苦。还曾多次遇盗匪而被洗劫一空，从而不得不依靠当地学者的资助，或者为当地庙宇撰写庙史而得到一些资助。不论是登上一座名山，或是踏上一条被积雪覆盖的小路，不论是站在四川水稻梯田的旁边，或是走进广西的亚热带丛林，他身边总是带着一个笔记本。为他写传记的人都异口同声地指出，他根本不相信什么风水，而是希望亲自去考察一下从西藏高原向四面八方延伸出去的高山地区的分布情况。他的游记读来不像是17 世纪的学者所写的东西，倒更像是一位 20 世纪的野外勘舆家所写的考察记录。他在分析各种地貌特征上具有惊人的能力，并且能够很有系统地使用各种专门术语，如梯、坪等，这些专门术语扩大了普通术语的含义。对于每一种东西，他都用步或里把它的大小尺寸仔细地标记出来，而不使用含糊的语句。徐霞客的主要科学成就有以下三项：第一，发现广东西江的真正发源地在贵州；第二，确定澜沧江和怒江是两条独立的河流；第三，指出金沙江只不过是长江的上游，因为金沙江在宁远以南的鲁南山有一个大弯，以至于人们长期以来没有弄清这一点。

清朝常把一些确实有罪的或者被认为有罪的学者流放到边远地区（这当然不是清朝的新发明），这曾是促使地理知识在清代有所增长的一个奇特因素。例如在 1810 年，一位任湖南学政的优秀学者徐松，被应考的秀才指控利用职权出售自己的著作以及在考题中没有出经书上的题目。两年后，他被流放到新疆，并在那儿居住了七年。正是由于这次流放，他才能写出四部关于边疆地区的优秀地理著作，从而丰富了中国的地理文献。

第四节　东方和西方的定量制图学

小引

通常认为，在科学的地理学史和科学的制图学史中有一段无法解释的中断时期，这个中断时期是从公元 2 世纪的托勒密时代起到 1400 年前后为止。有关这方面的著作在谈到中国所作出的贡献时，似乎都是按一套固定的格式来谈的，即先介绍中世纪的欧洲人对中国的认识，然后介绍阿拉伯人关于中国的说法，最后介绍 13 世纪时商人和传教士兼外交使节访问中国所产生的影响，但却丝毫没有谈及中国制图学本身的发展情况。事实上，在整个千年里，当欧洲人对科学的制图学还一无所知的时候，中国人却正在稳步发展着他们自己的制图传统，这是一种虽然并非严格按照天文学的原则，但力求尽可能定量和精确的制图传统。

科学的制图学——中断了的欧洲制图学传统

253

希腊的制图学始于埃拉托色尼（Eratosthenes，公元前 276—前 196 年），他和吕不韦是同一时代的人。埃拉托色尼确定了地球的大小尺寸以及曲率，从而最先把一种坐标系统应用于地表。在亚历山大里亚和赛伊尼进行了著名的夏至晷影测量之后，他得出了地球周长为 40 225 千米这一大体准确的数字。应当指出，希腊的制图学是以球形地面为基础的，而中国的制图学则是以平面地面为基础的。但是在实践中，这两者的差别比想象的要小，因为希腊人从来没有发明出一种令人满意的投影方法来把球形面投影到一张平面

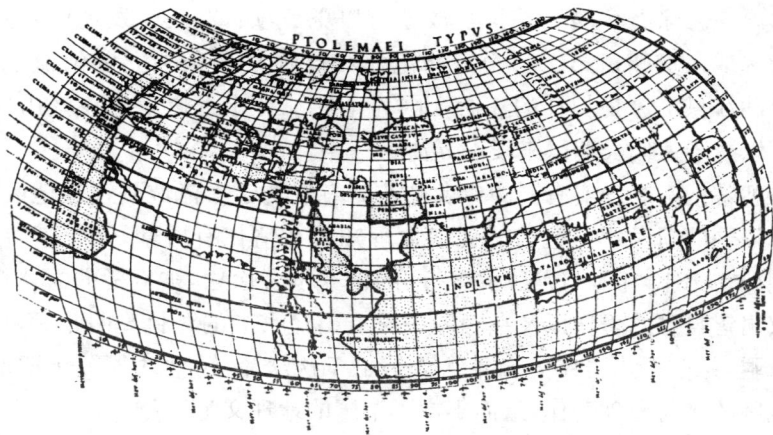

图 127 托勒密世界地图[1561 年由威尼斯人罗斯散利复原。经度按照幸福岛以东的时数划定,纬度则按一年中最长的白昼的时数划定。采自劳埃德·布朗(Lloyd Brown)]

图 128 1150 年都灵手稿中的一幅毕达斯·利巴涅恩西斯(Beatus Libaniensis,卒于 798 年)式的世界地图[采自劳埃德·布朗(Lloyd Brown)。这里出现的就是 T—O 地图。天国和伊甸园画在上方的远东;下方画有把欧洲和非洲分开的地中海及许多岛屿]

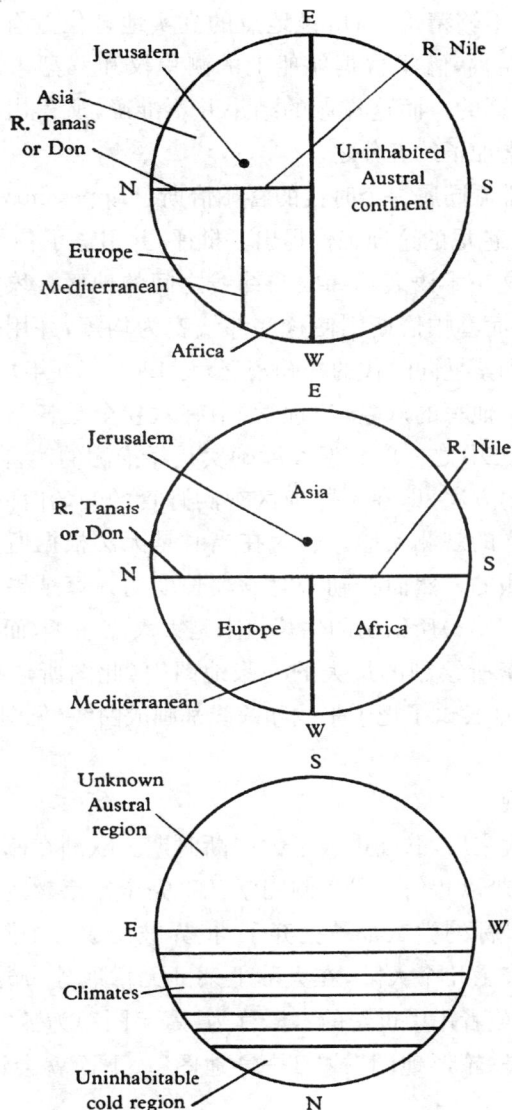

图 129　表现欧洲宗教寰宇观传统的几种主要形式的地图　　　　255

的纸上。

　　埃拉托色尼所定的我们这个有人居住的世界（oikoumene）呈椭圆形，长度约 12 500 公里，从南至北约 6 000 公里。其上纵横分布着一系列平行线（纬线）和子午线；纬线是根据二至点晷影长度来选定的，而子午线是任意选定的，基本纬线经过罗德斯，而基本的子午线经过赛伊、亚历山大里亚、罗德斯和拜占庭;两者都不够精确,与所说地点的真实地理位置有很大的出入。这些子午线之间的距离,除了根据航船上的测程仪和罗盘来进行船位推算以外,是无法加以测算的。而这样做的结果并不准确,所得出的地中海的长度要比实际的长度增加了约五分之一。

和刘安及其学派同属一个时代的喜帕恰斯(Hipparchus,公元前162—前125年),对埃拉托色尼的这项工作提出了批评,并引进了各种改进的方法,其中包括用"地带"这一术语表示纬线与纬线之间的地区。埃拉托色尼所定的纬线是很随意的,而喜帕恰斯则使这些纬线变为均等,并用天文学方法把它固定下来。到了和蔡邕同时代的托勒密(公元120—170年),古代的科学制图学发展到最高峰。他写的八卷《地理学》中有六卷全是各具体地区的经纬度表,精确度达到十二分之一度。但经度确实是靠推测的。喜帕恰斯虽然提出过一种测量经度的方法,即在不同地区观测月食的开始时间,但托勒密可能只做过一两个这样的观测实验。因为在当时是无法根据所要求的标准来组织这样的科学观测的。然而托勒密对亚洲长度的计算结果比起提尔的马里纳斯(Marinus of Tyre)所给出的估算值来是大大缩短了,而且被证明是完全正确的。在托勒密所绘制的最大的一张地图中(此图所包括的范围有经度180°和纬度80°),他尝试了把子午线和纬线都画成曲线(见图127)。

256 欧洲的宗教寰宇观

在托勒密时代之后,欧洲进入了大中断时期。欧洲在制图方面倒退得如此厉害,以致令人难以相信。科学制图学几乎完全被宗教寰宇观的制图传统所取代。所有用坐标的尝试都被抛弃了,世界被绘成一个圆盘,而这个圆盘被分成几个部分表示几个大陆,在大陆上杂乱无章地分布着河流和山脉(图128)。这类地图(或者用中世纪的术语称为"寰宇图")为数并不少,我们现在对其的习用名称是"轮形地图"或"T—O 地图"。下面就会讨论到"T—O 地图"的重要意义。

现在我们来看一看下面那张简图(图129),图中我们可以看到欧洲宗教寰宇观的几种主要表现形式。其中最早的一种被称为马可罗皮斯(Macrobian)式寰宇图,仍旧保留了托勒密的一种看法,即把赤道以下的世界南半部看作是一个未知的对蹠大陆。但对"有人居住的世界",地理学家仍满足于用一个 T 字来代表,T 字的一竖是地中海,而一横的两半分别为顿河和尼罗河。耶路撒冷如果在图中出现的话,它的位置总是在有人居住的世界的中心。稍晚出现的这类地图,如利巴涅恩西斯式寰宇图,则把那个对蹠大陆(即南半球)全部省略掉,并把"有人居住的世界"画成占据了整个地球圆盘。第三种传统则保持了(希腊时代所说的)地带的模糊记忆,仅仅用一些平行线来表示这些地带,图中既不画子午线,也没有任何地理标志。

十五世纪利奥那多·达蒂(Leonardo Dati)所写的一首诗《拉斯菲罗》(La Sfera,写于 1420 年前后)给 T—O 寰宇图作出了经典解释。诗的大意如下:

"在一个圆圈 O 中作一个 T 字,把世界一分为三。圆的上部是亚洲,它几乎占去了世界的一半。T 字的一竖把圆的下部一分为二,一半是欧洲,另一半是非洲,它们中间就是地中海"。

我们从图 130 中可以看到这类地图所达到的极度简略的形式。T—O 寰宇图的传统直到 17 世纪还没有消失。

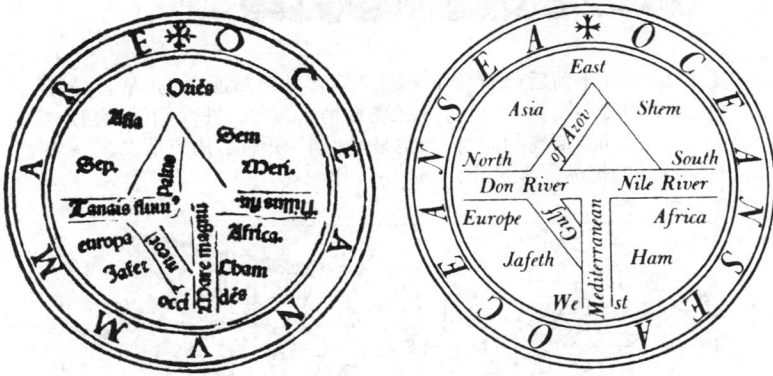

图 130　1500 年威尼斯出版的塞维利亚的伊斯多尔(Isidore of Seville,公元 570—636 年)所著的《词源学》一书中一幅纯粹图解式的世界地图

257

在结束这方面的话题之前,有必要提一下西方的其他一些离奇的说法。例如,柯斯马斯·印第柯普勒斯特在公元 535—547 年间写成的《基督教徒地志》。这确实是一部引人争议的著作,作者的意图是要揭露"希腊人在地理学上的邪说和愚昧"。因而这本书也有其重要性,人们从这本书里,可以找到基督教统治下的欧洲在神父们的影响下,彻底抛弃希腊人在定量制图学方面的全部成就的真正原因。柯斯马斯所绘的寰宇图(见图 131)显示,天穹带有围墙和圆顶,下面则是平面形的地面,地面上有一些示意图性质的、难以辨认的海洋和陆地。特别值得注意的是,位于北面(或者位于当中)的那座大山以及绕着大山上升和下落的太阳,因为这是亚洲人所熟悉并且流传很广的一种观点,而柯斯马斯本人,正如他的姓印第柯普勒斯特所表示的那样,曾航海到过印度,而且还可能到过锡兰。后面,我们会回过头来谈柯斯马斯所画的这座山。

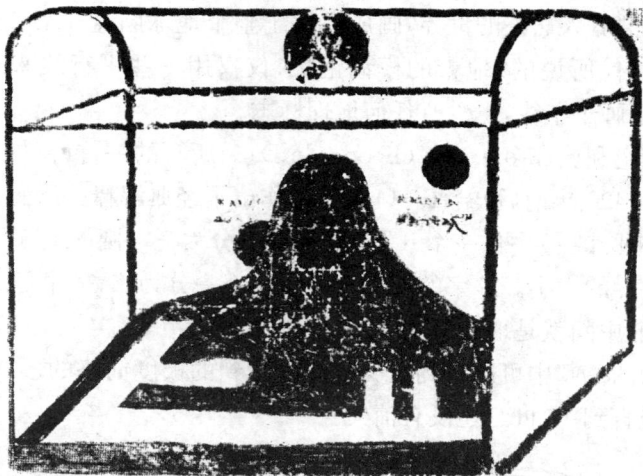

图 131　540 年前后柯斯马斯·印第柯普勒斯特所著的《基督教徒地志》中的寰宇图。[日出与日落绕着北方的大山进行;下面绘有地中海、红海和波斯湾的海湾,天空是呈桶形的圆顶,内有造物主在查看他自己的作品。采自比兹利(C. R. Beazley)]

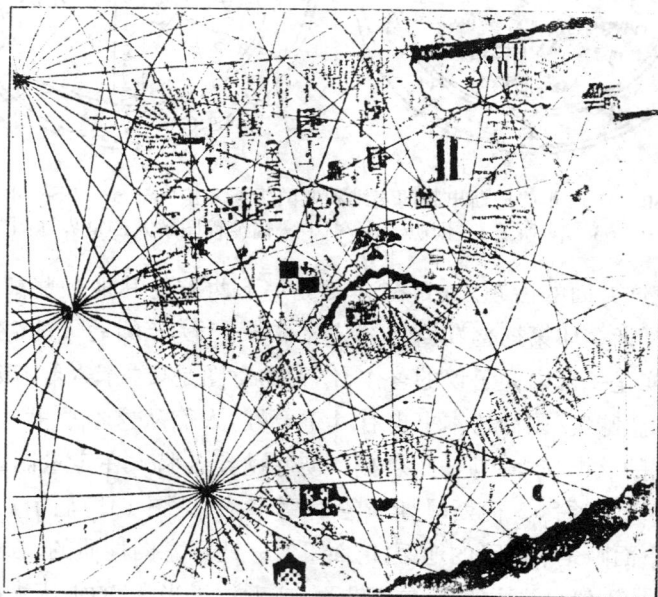

258

图 132　1339 年安吉利诺·杜塞托航海图中的西班牙(采自de Repraz-Ruiz。在罗盘方位线和网格的后面可以清楚地看出直布罗陀海峡和半岛的整个轮廓,其上标有许多港口名称和海岸特点,并用国旗表示领土权)

　　在那些与这种一般画法有所不同的欧洲地图中,值得一提的还有一幅8世纪的地图。这幅地图也许是倒退得最厉害的一幅,画中只画了一个围绕地中海的马蹄形大陆。此外,还应提到 10 世纪末的"柯顿尼安那式"地图。这幅图与上述那幅恰恰相反,是在一个长方形的平面上画出欧洲大陆的主要轮廓,所画的轮廓比航海图出现以前的任何西方地图都好。

259

航海家的作用

　　约 1300 年,在地中海地区开始出现一种为了实用的目的而绘制的航海图,刚开始时数量还不多,但以后越来越多。图中主要画出了欧洲大陆的轮廓,在大陆的边缘标有各港口和沿海城市的名称,常常还绘上一些国旗,以表示它们属于哪个国家(这在当时对于舵手而言也许是很有用的;见图 132)。其中最早出现、并有年份可考的是 1311 年的维斯康特实用航海图。但有人认为,有一些至今尚存的航海图可能比这还要早三十年左右。

　　实用航海图上的特有刻度不是经纬线,而是一种相互交织的罗盘方位线或斜驶线,例如,一条船沿着特定的罗盘方位航行的航线。从这一点可以明显看出,当时的人已经把定量制图学的再度引进同航海罗盘的使用彼此结合起来了,而欧洲人是在 1200 年之前不久才知道磁极的存在的。长期以来,这类实用航海图的出现被认为是由于受到阿拉伯的影响,但是现在已经出现了一种倾向,认为应当从比阿拉伯更远的东方去追索这种促进因素。实用航海图大量出现以后的巨大发展是文艺复兴的影响所产生的结果。葡萄牙的著名航海家亨利王子(Prince Henry,1394—1460 年)曾组织过几次著名的探险,并且使托勒密的地理学知识得以复活。接着是杰拉德·墨卡托(Gerardus Mercator,1512—1594 年)的时代。到了 16 世纪末,瓦格赫纳(Waghenaer)和奥特留斯(Ortelius)的地图相继问世,于是,这门科学便完全进入了现代时期。

科学的制图学:从未中断过的中国网格法制图传统

　　正当古希腊人的科学制图学在欧洲被人们遗忘的时候,这门科学却以不同的形式在中国开始成长起来。中国的制图传统开始于张衡(公元 78—139年)的工作,一直持续到耶稣会会士来到中国的时期,中间没有中断过。张衡与提尔的马里纳斯是同一时代的人,而马里纳斯是托勒密的地理观的主要源泉之一。在论述张衡的贡献之前,我们先回顾一下在他之前的中国制图方面的情况。

1. 秦汉时代的起源

《周礼》一书,如果不把它看作是一本介绍周代情况的书的话,至少也可以把它看作是一本介绍前汉时期的一些观点的书。这部书中谈及地图的地方相当多。当时所设的大司徒一职,就是专门"掌建邦之土地之图"和统计这些土地上的人口的。职方氏,则掌管"天下之图,以掌天下之地"。土训的职责是掌管各道(省)的地图,而且当帝王巡视各地时,他应策马追随于王车左右,以便向帝王汇报当地的特点和物产情况。掌管各道历史地理(方志)的诵训同样紧随帝王左右以便随时汇报过去山川的变化情况。此外,还有训方氏一职,负责掌管四方之政事。《周礼》中还提到为特殊目的而绘制的各种地图。例如管理矿藏的官员勘查各种金属矿的出产状况,并把矿址绘制成地图,交给开矿人使用。书中还谈到了军事地图。

汉朝人在他们所描绘的帝王封建统治机构的这幅理想化图式中谈到地图之处如此之多,并不足为奇。因为,在中国第一次提到地图的历史记载,可以上溯到公元前3世纪。公元前227年,燕国太子派遣荆轲去行刺秦王(即后来建立了秦朝的秦始皇)。荆轲以献督亢为名,带了督亢的地图面见秦王。这幅地图画在一幅绢上,放在一个匣子里,当地图从匣子里取出时,就会同时出现一把匕首。荆轲试图用这把匕首行刺,但没有成功。荆轲刺秦王这幅场景就成为汉墓的石刻匠所喜用的一个画面。

在秦始皇即位时,他曾把全国所有可以找到的地图收集起来。这些地图后来为汉朝带来了无法估量的好处,而且肯定曾一直保存到公元1世纪末。但是到公元3世纪的时候,这些地图散佚了。在整个汉代,典籍中提到地图的地方都很多。不久前,在挖掘死于公元前168年的泰公主之子,一个爱好藏书的年轻人的墓穴时,人们幸运地发现了几张公元前2世纪所绘制的长沙以及现湖南省地区的详尽的地图。《汉书》中记载,在张骞从西域回来那一年(公元前126),汉天子曾查阅了"古图书"(地图和古书);公元前117年,在汉武帝的三个儿子封王的仪式中,他的大臣向他进献了整个王国的各地地图。此外,公元前99年,李陵将军出征匈奴的时候,曾绘制过一幅军事地图。若干年以后,一支军队擅自攻占了匈奴单于郅支所居住的城,并杀了郅支,这一行动是对郅支在公元前43年杀了中国的一位外交使节的报复。这支军队的将领回到中国以后,呈献给当时的汉元帝以"图书"。但这里所说的"图书"到底指的是什么尚有争议,因为"图"的意义很含糊,既可以解释为地图,也可以解释为图画。据说在这场战役中,中国士兵曾和匈奴雇佣的罗马军团作过战。有人对该战役作了仔细分析后认为,添加了许多图案的地图应该是一种较为可取的解释。到了下一个世纪,人们对地图仍予以重视,篡位称帝的王莽(公元9—23年称帝)曾委派了一名官员专门收集和研究与采邑问题相关的地图。公元26年,当光武帝用武力建立他的新政权时,曾使用过一幅画在绢上的大地图。当他牢固地建立了政权之后,每年都要举行一次大典。在大典上,由大司空向他进献一张王国的地图。此外,公元69年,在修复开封这一段决口的黄河大堤时,皇帝曾赐给负责此项工程的官员一套相关的地图。

2. 汉、晋时代的建树

接下来就是张衡所处的时代了。关于张衡在天文学方面的工作,我们在前面已叙述,而他在地震学上的成就后面就会谈到。在保存下来的张衡著作中虽然没有涉及制图学的,但从天文学家蔡邕谈到他的一段值得玩味的话来看,张衡很可能是矩形网格坐标的创始人。据说张衡曾"网络天地而算之"。他当时所用的天文坐标无疑是星宿,遗憾的是我们无法确切说出他所用的地面坐标是什么。张衡本人曾经绘制过地图那是可以肯定的,因为他曾在116年进献过一幅地形图。

但是,从促成中国制图学确定风格的形式这一点上看,三国时代和晋初比汉代更为重要。中国科学制图学之父是裴秀(公元224—271年)。267年,他被任命为司空。在《晋书》中保存有裴秀当时从事制图工作的详细情况以及他为所绘制的《禹贡地域图》写的序言。序言中的有些内容相当值得重视:

> 图书之设,由来尚矣。自古立象垂制,而赖其用,三代置其官,国史掌厥职。暨汉屠咸阳,丞相萧何尽收秦之图籍。今……惟有汉代舆地及括地诸杂图,各不设分率,又不考证准望……

> 制图之体有六焉:一曰分率,所以辨广轮之度也;二曰准望,所以正彼此之体也;三曰道里,所以定所由之数也;四曰高下,五曰方邪,六曰迂直,此三者,各因地而制宜,所以校夷险之异也……

262

裴秀所绘的地图没有一张留存至今,有人曾尝试重绘那些地图,并认为裴秀完全可以与托勒密相提并论。

因此,矩形网格制图法至少在裴秀那个时代就已经出现了。至于裴秀和张衡是因何而采用这种坐标系统的,我们可以作一些推测。自从封建时代开始,井田制就已成为社会和经济论战的一个主题,而井田一词中的"井"和"田"都清楚地表现出古人用坐标界限来分配田地的思想。此外,在《书经》中也提到过同心方制(见图121)。同时我们也不应忘记算盘的起源。中国史籍中第一次出现这种算具时提到的人名是道教数学家徐岳,他享有盛名的年代正好介于张衡和裴秀所处的时代之间,这一点可能是很重要的。很难肯定"经"和"纬"这两个字是什么时候开始用以表示"准望"坐标(如裴秀所称)的,但是在制图学家使用这两个字之前,它们的确切含义是指纺织品的经线和纬线。从秦代开始把地图绘于丝织品上这一事实,也许曾给人以启发,想到可以用一条经线和一条纬线的相交点来确定一个地点的位置。这也许是王嘉提到的吴王孙权重视一位女制图家的原因所在。同时我们知道,裴秀和贾耽(唐代的大制图家)都曾经用丝织品绘制地图。

另外一组与此有关的物件是卜卦盘、磁罗盘和棋盘。证明这几样东西的相关性的证据我们将在物理学这一章中再行讨论。这里想指出的是,卜卦盘上的那些方位标志(见图 133)和汉代哈哈镜(即四灵镜)上的类似标志(分别

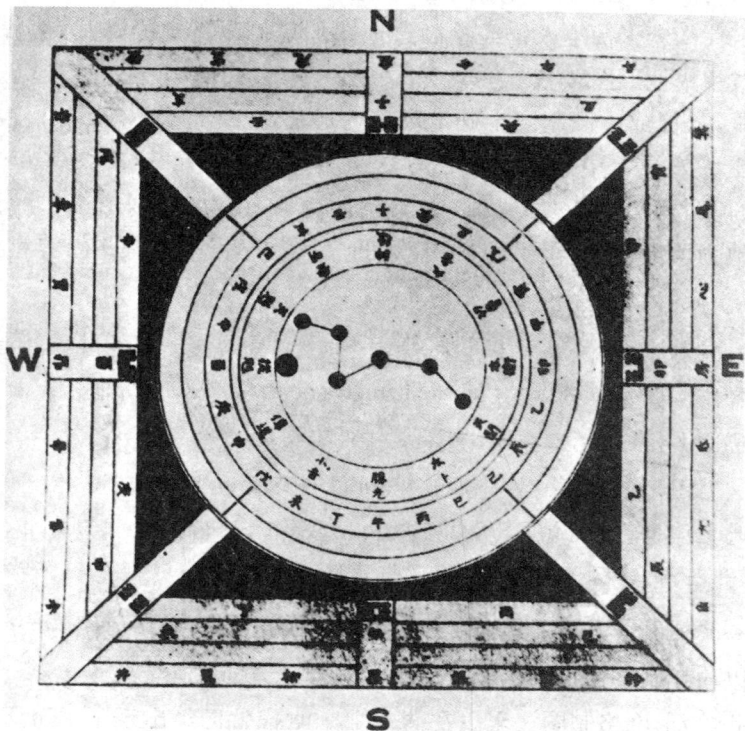

图 133　汉代栻(或称卜卦盘)的复原图[采自 Rufus,其根据是原田淑人(Harada)和田泽金吾(Tazawa)的著作。这是天和地的符号代表物,与磁罗盘的起源有关。表示地的方盘上有一个可旋转的、代表天的圆盘。前者周围刻有天干、地支和二十八宿,后者绘有大熊星座,并在周围刻有天干、地支和预兆的标记。这种卜卦盘的残片最先发现于朝鲜的两座汉墓中,即王盱(卒于公元 69 年)墓和彩箧冢]

263

标有灵、卦、支、气的名称)。如果画一些坐标线通过这个由方位点组成的封闭空间,就会形成九个小正方形(九野或九宫)。关于"野"字,我们在后面谈到一些天文地理著作时还将论及。

谈到地图的坐标网格同天文现象的关系时,立即就会引出这样的问题:裴秀和张衡的制图法同天文现象的关联程度究竟有多大? 在这一方面中国人和希腊人似乎并没有什么不同。希腊人用晷影和二至日影长来确定纬度;中国人也完全知道影长在南北向线的不同点上是不同的。在经度方面,古代中国人也不比希腊人差。一直到了 18 世纪才实现了经度的精确测量,在整个古代和中世纪,测量经度的唯一方法就只有推测。

264

3. 唐、宋时代的发展

制图学到唐代有了很大的发展。在唐朝初期,国土大大扩张,促进了中亚地图的绘制工作。公元 658 年、661 年和 747 年,出现了一些书籍和地图,但后来全都佚失了。甚至连唐代最著名的制图学家贾耽(730—805 年)所绘制的地图也没能保存下来,但是我们可以找到大量关于他制图的资料。785年,他奉皇帝之命着手绘制全国大地图。这项工作直到 801 年才全部完成,但在这段时间内陆续呈献上了一些区域的分图。这幅全国地图宽 9 米,高 10米,绘在网格上,1 厘米相当于 40 里。因此,估计图中所包括的范围,从东到西达 30 000 里,从南到北达 33 000 里。根据绘制者的打算和目的来判断,它应当是一幅亚洲地图。

唐代的制图学家很可能作过进一步尝试,试图把地理坐标与天文坐标结合起来。我们从一批晦涩难懂的著作中可以发现这一迹象。从这些著作中我们了解到,某些地图顾名思义应该是一种地方志,但其内容事实上似乎却与道教学者和佛教学者有关。到了 800 年,一位名叫吕温的官员为李该的《地志图》作了序,序中有这样一句话:"方寸之界而上当乎分野,乾象坤势炳焉可观。"

唐代制图学的这种发展动向有三种可能的解释。第一,可能有占星术的成分。把地上的某些特定地区同天上的某些区域联系起来,这在中国本来就是一种非常古老的观念,在汉初和汉以前的文献中都可以找到。恒星应该与地上的山河相对应,而不是与可以改变的地名相对应。我们在后面就会看到,这一点可能就是 12 世纪在制图方面取得极大成就的背景。第二,道教和佛教学者很可能朝着建立真正的天文坐标体系努力过。他们画出与划分各宿的时圈相平行的子午线,应该就像希腊人在黄经的模型上画出子午线一样容易。这并非一定含有接受地球为球形的观点的意见,但到了唐代,中国和外国已经有许多接触,因此中国的哲学家们应该不会不知道西方有这一观点。

第三种可能性也许可以使我们注意到,自唐代开始可能已采用一种最原始的等高线来绘图了。17世纪版本的《五岳真形图》(作者姓名不详)中可以看出,图中用以勾画山形的方法与近代所用的相媲美(见图134)。《太平御览》中所引的该书原文表明,中国很早就已对峡谷的广度和深度作过精确的测量。这部书的成书年代不明,但在公元4世纪的一部道家传奇小说中就已提及该书的书名了。

图134 制作等高线图的早期尝试(右图是泰山山脉图,选自17世纪版本的《五岳真形图》,它的年代很早,但具体年代不能确定。左图是相对照的一幅现代等高线图。采自小川琢治)

宋代的学者们在地理学方面做了大量工作,而且那时绘制的地图是中国留存至今的最古老的地图。据记载,宋代初期(公元1000年以前),一位在朝廷当官的地理学家盛度曾绘制了一幅西域图和一幅《河西陇右图》。但是,11世纪的所有其他地图都因两幅流传至今的大地图的问世而相形见绌了。这两幅图于1137年被刻在石碑上,其中的一幅(见图135)是宋代制图学家的一项最大成就。碑上的铭文说明,其比例尺是每一方格相当于100里。只要将其中所绘的水网拿来与现代地图比较一下,立刻就可以看出其精确度之高。

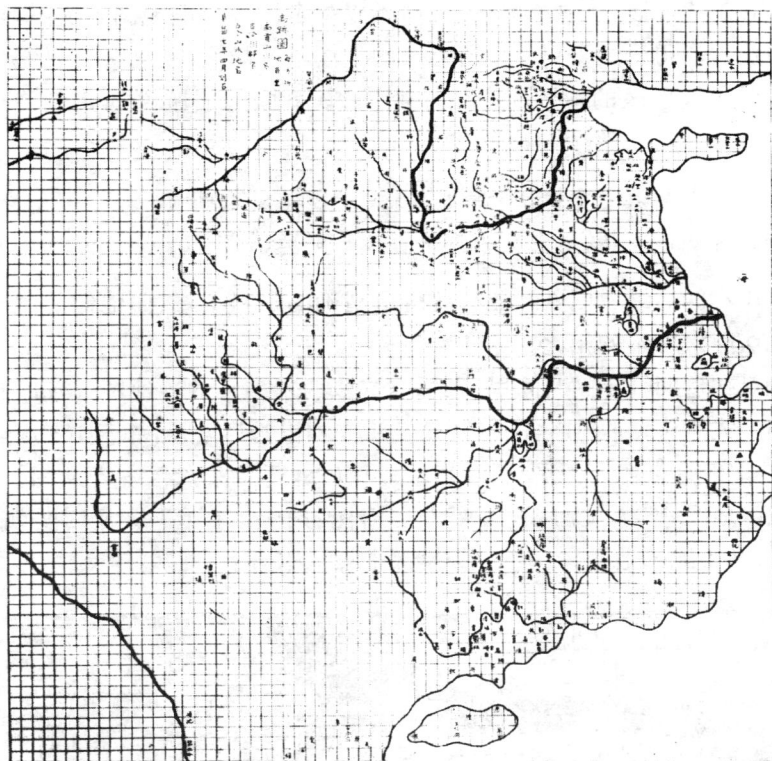

图 135 《禹迹图》是当时世界上最杰出的地图（刻石年代是 1137 年，但绘制年代大概是 1100 年以前。比例尺是每格相当于一百里。海岸的轮廓比较确切，水系也相当精确。现存于西安碑林博物馆的石刻图约为三尺见方。制图人名字不详）

无论是谁把这幅地图与同时代欧洲宗教寰宇图（见图 129）相比，都会因当时 ⌉267 的中国地理学大大超过了西方而感到惊讶。另一幅石刻图看起来属于更早的一种传统。

值得注意的是，这两幅地图都是以上方为北，而所有留存至今的宋代地图也都是如此。以上方为南的习惯似乎并非起源于中国，而是起源于阿拉伯人，而且似乎较晚才为中国所知。中国第一幅印刷的地图也出现于宋代，而欧洲的第一幅印刷的地图要比它晚两个世纪。

4. 元、明两代的高峰时期

在元代出现了一位中国制图学史上的关键人物，朱思本（1273—1337年）。他继承了张衡和裴秀的传统，并用以总结了大量因蒙古人统治整个亚洲而增加到唐、宋人已经掌握的知识里面去的新的地理知识。朱思本是在

1311—1320 年间绘制中国地图的,他不仅参考了许多旧地图和文献,还使用了亲自旅行所得到的资料。他所绘制的地图是一幅大图,名为《舆图》。朱思本在绘制边远地区的地图时非常小心谨慎,下面是他所说的一段关于存疑的话:

> 若夫涨海之东南,沙漠之西北,诸蕃异域虽朝贡时至,而辽绝罕稽。言之者既不能详,详者又未可信。故于斯类,姑用阙如。

朱思本的后继者们已经能够获得更精确的资料了,然而他们的制图学成就却无法与朱思本的相比。

在最初近两百年的时间里,朱思本这张两米多长的大地图仅仅以摹本或碑刻的形式流传,到了 1541 年,才由罗洪先加以修订增补,并于 1555 年以《广舆图》之名刊印。除了总图(图 136、137)以外,还有十六幅各省地图,十六幅边疆地区地图,三幅黄河图,三幅大运河图,两幅海路图,以及四幅朝鲜、安南、蒙古和中亚的地图。一般比例尺都是每格相当于一百里。

268

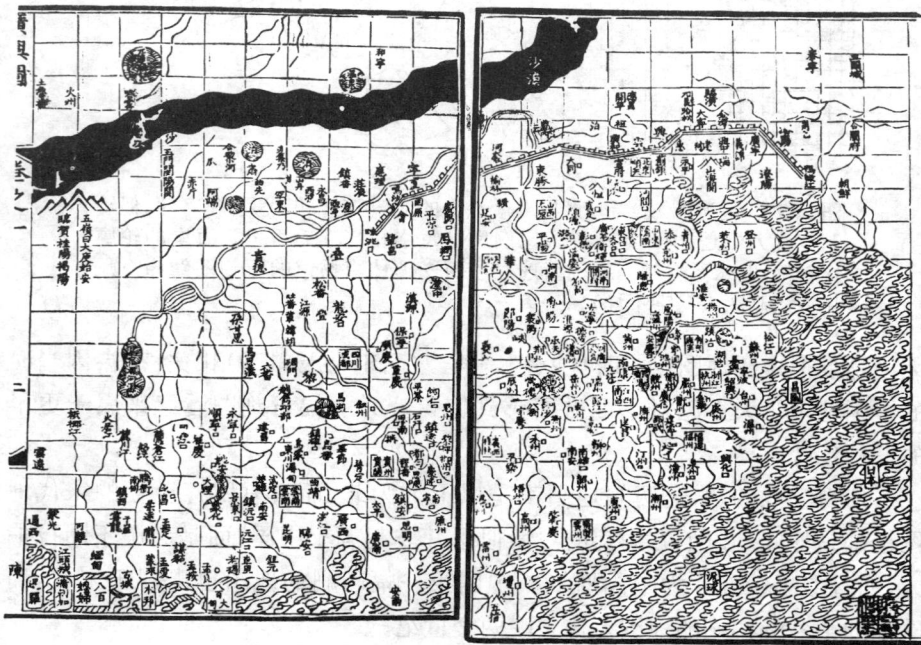

图 136 《广舆图》中的两页[罗洪先在 1555 年左右根据朱思本在 1315 年左右所绘制的舆图增补修订而成。中国总图的比例尺是每格相当于四百里。西北的那个黑色带表示戈壁沙漠。在《珀切斯游记》(*Purchas his Pilgrimes*)一书中印有其中一张图]

尽管朱思本在绘制边远地区的地图时很小心谨慎,但是有一个事实仍是值得注意的,即朱思本及其同时代人早已知道非洲大陆的形状像三角形。在 14 世纪的欧洲和阿拉伯的地图中,常把非洲大陆的那个尖端画成指向东方,直到 15 世纪中叶这一错误才被纠正;可是有证据表明,朱思本早在1315年就已在地图上把非洲的尖端画成朝南的了。

14 世纪的另外两位地理学家李泽民(约公元 1330 年间在世)和僧人清濬(1328—1392 年)是专门绘制世界各国地图的。他们所绘制的两幅地图被带往朝鲜,并在那里被合成一幅图,尺寸为 1.5×1.2 米(5×4 尺)。图中所用的中国城市名称和 1320 年时所用的完全相同,这说明这幅图基本上是属于朱思本那个时代的。图中的西方部分很值得注意,其中约有一百个欧洲地名和三十五个非洲地名,非洲被正确地画成三角形的形状,并且尖端所指的方向也是正确的。撒哈拉与许多中国地图上的戈壁沙漠一样,被画成黑色。从这幅地图可以看出,绘图者所掌握的西方地理知识已相当广博,而且比欧洲人当时所了解的中国地理知识要明确得多。这些地理知识显然是中国人通过和阿拉伯人、波斯人、土耳其人的接触得来的。不管怎么说,这类地图是元代地图的杰出代表作,大大超过了同时代欧洲和阿拉伯所有的世界地图。

5. 中国的航海图

差不多在朝鲜地理学家把元代的一些世界地图合并为一的时候,中国人正开始进行前面提到过的一系列著名的航海活动。在 15 世纪前半叶,南海和印度洋上展开的一系列航海活动大大地增进了中国人的地理知识,并带回了各种奇珍异品献给朝廷。这次航海活动范围很广,所访问过的海外国家大大小小不下三十多个,有占婆、爪哇、巴邻旁、泰国、锡兰、印度的卡利卡特和交趾、波斯湾、亚丁以及索马里的摩加迪沙。这些出航导致了 1434 年至 1520 年间四部重要书籍的问世。所有这些著作很详细地介绍了所到国家和地区的居民和物产,但却没有附(而且似乎也从未附过)任何地图。不过,其中的一个

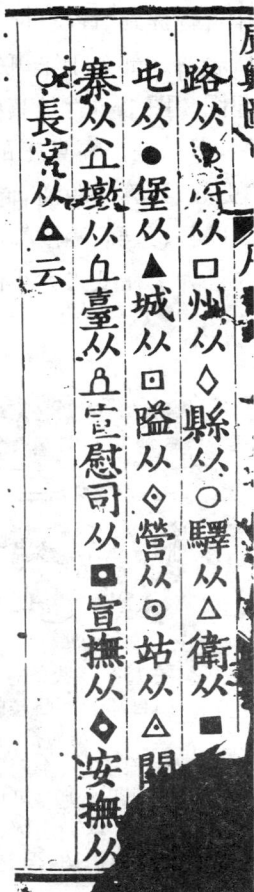

270

269

图 137 《广舆图》的图例(府用白方块表示,州用白菱形,县用白圈,驿站用白三角,要塞用黑方块……这是最早系统地采用这种图例的地方之一)

作者曾提到"针位（航向）"，并用作原始资料的一个来源；而且在1651年以前所著的一部关于军事技术的书的末尾，附有几幅指示出郑和远征所取航线的地图。图138就是其中一幅地图的一部分，显然，此图并未采用裴秀的网格坐标，但却是一幅真正的航海图，图中除了标有航线的精密针位外，还标有以"更数"计算的距离，同时也标注了沿岸对船员来说可能有用的所有各点，例如礁石、鱼群、潮汐和港口等。这幅地图的上方既不是南，也不是北，而是东，并且为了在纸张大小许可的范围内硬把印度洋塞进去，造成了图的部分失真。

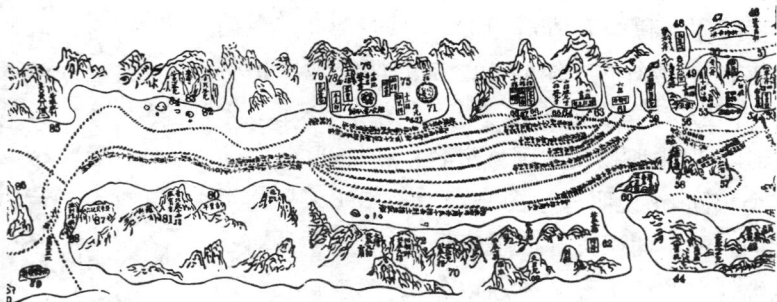

271　　　　**图138**　《武备志》中的海图之一〔虽然这些图直到1621年才刊印，但它们始自郑和下西洋的年代（1405—1433年）。图的顶部是印度西部沿海地区，底部是阿拉伯。左面是波斯湾的开口处，右面是红海的入口。印度洋被压缩成一个图解式的狭长通道，其中的航线被标注上精确的针位和其他说明。地名可由数目字查对，如马斯喀特（81），亚丁（62），孟买（67）。每一地区旁边都有用"指"计算的天极星高度。这类地图可以被认为是中国的航海图，但是它们在形式上与西方的航海图有很大的区别。采自Phillips〕

这些地图不仅在性质上同欧洲的海图很相似，而且在时间上也差不多；唯一不同的是，在中国的航海图上，针位是用文字来标注的，而不是欧洲海图上那样画出罗盘方位线。进一步的研究表明，这些航海图的精确性很高，误差一般在5度左右，这对于1425年的舵手来说，已经可以认为是极好的了。

6. 阿拉伯人所起的作用

由于这段时期前后中国人和阿拉伯人之间的广泛接触，我们接下来就谈谈阿拉伯人在制图学史上所起的作用。阿拉伯人和拜占庭的紧密联系使他们很早就接触到古希腊地理学家们的遗产，而且使他们从9世纪中叶开始就能利用托勒密著作中的知识。同时，在哈里发马蒙的时代〔著名的哈里发，哈伦·赖世德的儿子，哈伦因《一千零一夜》（813—833年）对其宫廷生活的描述而成为不朽〕，新的经纬度表已经问世，因此定量制图学的传统在阿拉伯人当

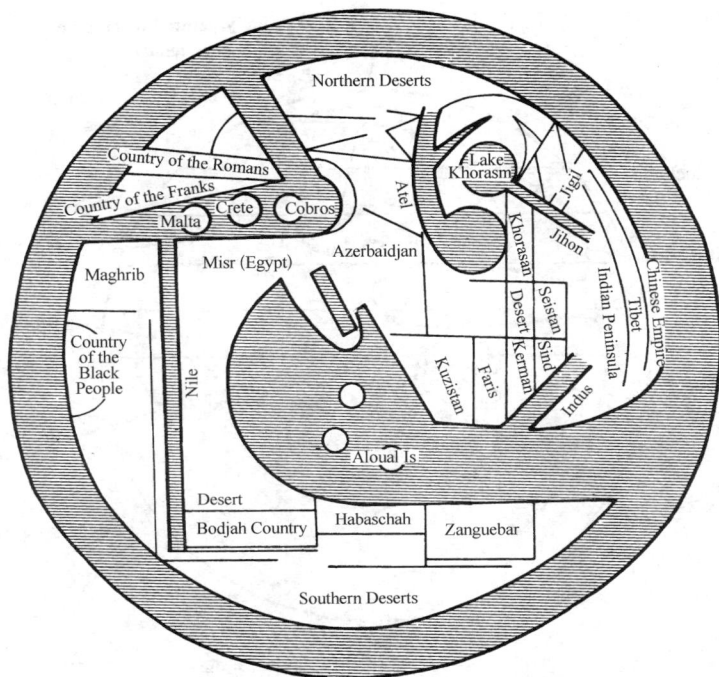

图 139　一幅阿拉伯轮形地图〔艾布·伊沙克·法里西·伊斯塔克里和伊本·胡卡勒(950—970 年)绘制。它清楚地表现出阿拉伯制图学发展的第二阶段中强烈的几何图形化倾向。最初,以上方为东,就像同时期拉丁欧洲的 T—O 地图一样,但阿拉伯学者们知道远东是中国和中国的西藏,而不是地上的天国。此外,图中非洲的尖端也是指向东的,这个错误是中国地理学者首先纠正过来的。根据比兹利(Beazley),而比兹利采自雷诺(Reinaud)〕

中从来没有完全失去过。

　　尽管如此,在公元 8 到 11 世纪这段时期,另外一种传统,即宗教寰宇图的传统,虽然没有完全占统治地位,但也很有影响。在阿拉伯文献中还可看到不少阿拉伯 T—O 地图和轮形地图。此外,还出现了一种在更大程度上走向几何图形化的倾向,结果使得轮形地图上海洋和陆地的轮廓完全失真(见图139),并且这种地图同前面已研究过的同时代的中国地图是无法相比的。但是,到了 14 世纪,阿拉伯人对世界已知部分的大体形状已经知道得相当清楚。1331 年,纳速刺丁·吐西(Nasir al-Din al-Tūsī)绘制了一张只画出北半球气候地带的世界地图(图 140)。该图与威尼斯人马里诺·萨努多(Marino Sanuto,1306—1321 年)的世界地图非常相似,也把非洲的那个尖端画成是指向东方的。这两幅图和朱思本的图是同一个时代的作品,但在这三幅图中,

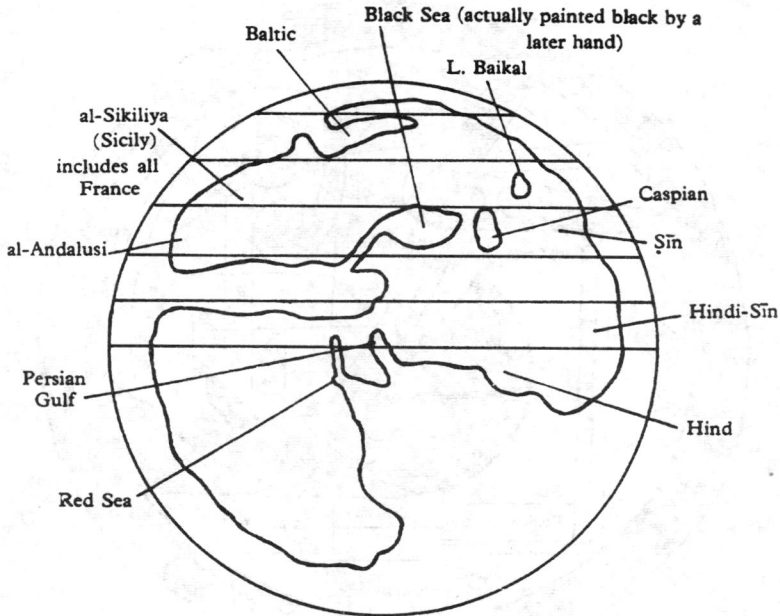

图 140 吐西在 1331 年绘制的世界地图（据原始亲笔手稿）

只有朱思本的图把这个尖端的指向画对了。

在我们对穆斯林的制图学和中国人的进行比较时,有三幅主要地图是应该记住的。第一幅是伊德里西(al-Sharīf al-Idrīsī,1099—1166 年)的世界地图,1150 年左右为西西里的诺曼王罗杰二世(Roger Ⅱ)绘制。此图完全承袭了托勒密的传统,绘了九条平行的纬线(气候地带)和十一条经线,但经线的画法很像麦卡托投影,而且没有考虑地球的曲率。相比之下,优势似乎是在 1137 年那幅同时代的中国网格地图一边。可是到了 13 世纪初,阿里·马拉库西(Alī al-Marrākushī)编了一张有 134 个坐标参照点的表,从而将地理学同天文学更紧密地结合起来,而中国当时的制图学家在这一点上还没有做到。

另外两套地图实质上也是带网格的地图,但不是由中国人,而是由阿拉伯人绘制的。其中之一是莫斯托菲·葛兹维尼(al-Mustaufī al-Qazwīnī,1281—1349 年)所绘,他肯定和东亚有过接触。他所绘的三幅(伊朗)地图是带有网格的,而他所绘的世界地图,虽然是圆盘状的,但也画有网格。图上只有地名而没有表示自然特征的符号。另外一位绘制过这类与天文不相关的网格地图的代表人物是意大利的马里诺·萨努多(Marino Sanuto),他曾在绘制一幅巴勒斯坦地图时采用过网格。这是较晚的航海图问世以及托勒密制图法复兴之前仅有的一幅欧洲人所绘制的带有网格的地图。

关于在制图方法上可能发生过的总的传播方式的大体轮廓,现在已渐渐明朗了。那么阿拉伯人14世纪初期在定量制图学方面所做的工作,对后来航海图的发展到底起了多大的影响呢? 阿拉伯定量制图学是完全受益于托勒密的知识呢,还是多少也受到过有着长久传统的中国网格地图的影响呢? 阿拉伯人在广东的聚居地在8世纪中叶肯定已经形成,而且之后的两个世纪中,商人苏莱曼(Sulaiman)和伊本·瓦卜·阿尔巴士里(Ibn Wahb al-Baṣi)又曾到中国作了范围广泛的旅行。13世纪蒙古人的西征,使得阿拉伯人和中国人之间的接触更为密切。因此,马里诺·萨努多也许是采用了中国固有的传统而并不自知吧。

7. 东亚的宗教寰宇观

现在只剩下一个主要方面还需要谈的,这就是东亚存在的一种宗教寰宇观。这一点并没有为以前的汉学家所认识,而是随着最近研究工作的深入才被人提出来的。实质上,这种类型的地图都是以中亚或者说西藏北面的一座带神话色彩的山(即昆仑山)为世界的中心,在它的西面是一些未知的地区,在它的东面,则由朝鲜、中国、印度支那和印度形成一系列伸入东部海洋的大陆。在外海的周围又是一个环状大陆,而这块陆地本身又被一个更远的大洋所围绕。这类地图在朝鲜特别多见,常常在木刻、手稿和屏风图案中出现。在这类地图中,都找不到11世纪以后的地名。

虽然这类地图在中国从来没有盛行过,但是没有任何理由可以怀疑朝鲜是从中国接受这种传统的。在1562年章潢编撰的《图书编》中,也有这样一幅以昆仑山为中心的地图。这位杰出的编撰者写了这样一段话:

> 此释典所载……按此图与说出于释氏,虽不可尽信,然览此亦可以知地势之无穷尽云。

这个"不"字很值得注意。因为从这段话中可以看出,这种传统是一种佛教和道教的传统;另一方面又可以看出,那些知道裴秀的科学制图学传统的学者们对这类地图的评价是很低的。

《佛祖统纪》中所包含的寰宇观似乎可以追溯到347年前后,当时出现了关于这种轮形地图传统的主要参考资料。这段文字出自《汉武帝内传》,其中详细地谈到传说中汉武帝得到这本秘密且重要的《五岳真形图》的经过。这清楚地表明,我们这里所面对的,是佛教和道教的宗教寰宇观的一种混合传统,它和欧洲的宗教寰宇观很相似,所不同的只是前者以昆仑山为世界的中心,而后者以耶路撒冷为世界的中心。无疑这种寰宇观的传统是随佛教一起传入中国的,传入后很可能又结合了中国早期所固有的、以昆仑山为中心的思想。但是这种传统在中国从来没有像宗教寰宇观在欧洲那样完全战胜过科学制图的传统。

第五节　中国的测量方法

　　现在我们再简单地回顾一下中国的科学制图学的传统。有必要谈三点:第一是中国制图学家可能使用过的测量方法;第二是立体地形图(浮雕地图)和其他专门地图的起源;第三是文艺复兴时期制图科学传入中国。

　　似乎可以认定,在汉初,中国人就已有了巴比伦人和埃及人当时已知道的简单而原始的测量工具。前面已经说过,日晷在天文学上的使用可以上溯到周或商代,可是,如果不使用水准器和铅垂线,日晷是无法摆正的。此外,当时一定也已使用了绳索和度竿(见图 141)。《山海经》可能是谈到测量者如

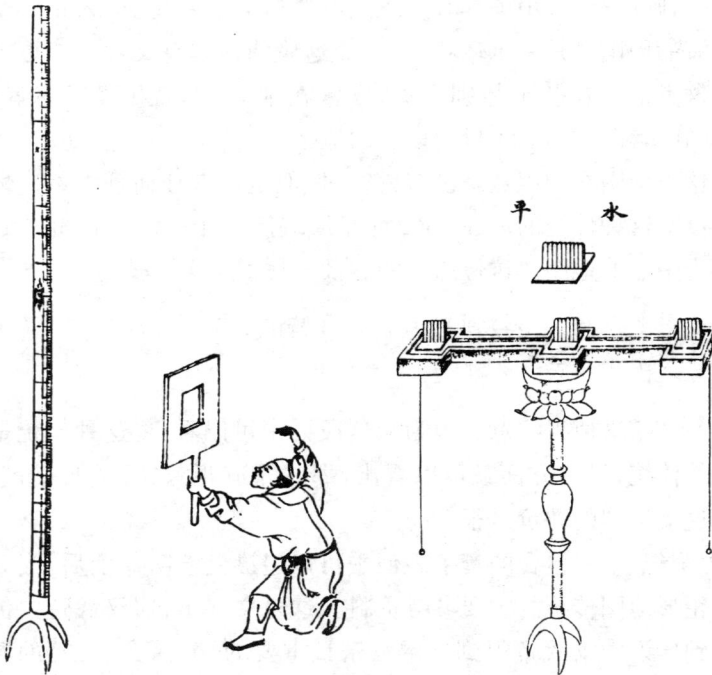

　　图 141　中国的测量方法(此图采自曾公亮 1044 年所著的《武经总要》。左面是一根竖直的度竿和一位手执照板的测量者;右面是一具水准器,有三个浮标和两条铅垂线。曾公亮书中描述这些仪器的文字出自一部更早的著作,即李筌于公元 759 年所著的《太白阴经》)

何进行计算的最早的文献之一,其中谈到大禹曾令他的两个助手去步量世界的大小。书中有其中一人的画像,右手拿着算筹,左手指向北方。这多少可以看出周末或汉初的测量工作者的形象。同样,在《周礼》中也提到了规、矩、铅垂线和水平。

铅垂线的发展形式之一是星形测量器,这种工具和罗马以及希腊统治时期的埃及有关,但可能有更早的起源。它是由两组铅垂线组成,这两组铅垂线互成直角,并且可以围绕一根垂直轴转动。其中一组可以用来对准目标,另一组则可以用来定出与之成直角的方向。汉代人似乎也用过这种工具,因为《周礼》中说,匠人"水地以县"(即用水准器和铅垂线来确定地面是否水平);而且"置槷以县"(即用铅垂线来测定标杆是否垂直)。郑玄给第一句话加了一条注释,说"于四角立植而县以水,望其高下,高下既定,乃为位而平地"(即在仪器的四个角

图 142　《图书集成》中的一幅测量几何学的图解(这里所测量的是海岛上的悬崖高度)

上分别悬挂四根直线在水面上，观察并测定出各线的高低，就可以知道地面是不是水平的了）。至于水准，如图141中所示，是一个有三个浮标的水槽。

古希腊人除星形观测器之外，还有一项重要发明，就是亚历山大里亚城的赫伦（Heron，约公元65年前后）所发明的窥管。它是今天的经纬仪的祖先。中国人早已开始使用望筒了，但除了在浑天仪上的使用，我们没有找到任何早期的使用说明文字。如果中国人在公元前4世纪就开始使用望筒，那么，很难相信中国人会没有认识到用与窥管用途接近的象限仪来进行测量的好处。

前面早已介绍过刘徽提出的应用几何学（图142）；刘徽和裴秀是同一个时代的人。魏国的一个将军邓艾也是这一时期的人，据记载，他每见到高山大泽，"辄规度指，画军营处所"，当地人常因为他的这种奇怪举动而取笑他。这段记载之所以值得注意，是因为它向我们显示出这种测量方法在3世纪时是多么普及，这种测量方法大多带有直角三角形测量法的特点。

十字仪或称雅各布的十字仪（见图143）也许可以说是欧洲中世纪最重要的测量仪器。它是一根长1.2米、带有刻度的测杆，测杆上还有一根可前后滑动的横杆，这个工具是普罗旺斯的犹太学者列维·本格尔森（Levi ben Gerson，1288—1344年）在1321年首次提到的。综上所述，很自然地会使人产生这样的想法：十字仪如果不是在更晚的时候通过耶稣会传教士传入中国的话，就必定是在15世纪时由阿拉伯人传到中国的。同样，曾有人认为在望筒上使用十字标线是札马鲁丁于1267年访问中国时传入的。然而，从以下沈

图143　"雅各布的十字仪"的使用方法［采自奥伦斯·法因（Oronce Finé）的《关于几何学的应用》（De Re et Geometrica），巴黎，1556年］

278

括所说的一段值得注意的话中可以看出，十字仪早在 11 世纪（即宋代）就已经为中国人所知，而使用十字线网格甚至可以上溯到汉代。这段话是这样的：

> 予顷年在海州，人家穿地得一弩机，其望山甚长，望山之侧为小矩，如尺之有分寸。原其意，以目注镞端，以望山之度拟之，准其高下，正用算家句股法也。

（《梦溪笔谈》卷十九第十三则）

之后，沈括在提到汉代陈王宠的高超射箭技艺时说：

279

> 予尝设三经三纬，以镞注之发矢，亦十得七八。

（《梦溪笔谈》续编卷三第六则）

这段话大约写于 1085 年，其重要意义在于：十字仪在欧洲也已被称为弓弩，因而可以合理地认为它是从这种特殊的推进机械发展而成的。但是弓弩在中国要比在欧洲古老得多、普遍得多，可能曾两次从东方传到西方，第一次是在希腊化时代和拜占庭初期，第二次是在 11 世纪。到了大约本格尔森的时期，它就很自然地被应用于测量方面。在另一方面，弓弩在中国早在汉代就已成为标准的武器，而且从公元前 4 世纪起就一直在用。这个事实是不是和中国在测量方面上曾长期占优势的事实有一定的关系呢？正是这样的优势地位使得网格制图传统在裴秀以后得以继续。至少可以肯定，沈括确实挖出了一具上面刻有可以用来测量高度、宽度和距离的弓弩状仪器。此外，考虑到格尔绍姆和十字仪之间的关系，就可以想到，十字仪从中国传到欧洲很可能是通过希伯来人进行的。正是这些希伯来旅行家和商人，起到了沟通东亚和西欧之间的思想和技术的作用。

在《梦溪笔谈》中还有一段话谈到了测量方法在制图上的应用。沈括写道：

> 道路迂直而不常；既列为图，则里步夭缘相应，故按图别量径直四至，如空中飞鸟直达，更无山川回屈之差。

> 予尝为守令图，虽以二寸折百里为分率，又立准望、互融、傍验、高下、方斜、迂直七法，以取鸟飞之数。图成，得方隅远近之实，始可施此法。分四至、八到，为二十四至，以十二支，甲乙丙丁庚辛壬癸八干，乾坤艮巽四卦名之。使后世图虽亡，得予此书，按二十四至以布郡县，立可成图，毫发无差矣。

280

（《梦溪笔谈》卷二十五第二十二则）

这段话特别值得注意,因为它十分有力地证明,中国的制图学家们在 11 世纪末就已经像近代炮兵测量中所做的那样采用了罗盘方位的方法。在这本书的另一个地方,我们还可以找到世界上任何文献中关于磁针的最早的确切记载。而直到 3 个世纪之后,欧洲的航海图中才出现了罗经仪(compass roses)。

在沈括那个时代,已经采用度竿来测量坡度。沈括在他的自传中谈到他担任政府的水利工程师期间(1068—1077 年)所做的工作时,曾经提到这一点。这使我们知道社会因素的重要性的一个方面,也就是说,中国特有的水道管理工作一定曾对测绘技术的发展起到过促进作用。最后有一个问题:古代和中古代的中国制图学家是不是曾经使用过记里鼓车(一种有齿轮的距离测量工具)? 既然中国文献中第一次提到记里鼓车的年代肯定和欧洲文献中第一次提到记里车的年代同样早(它可以上溯到燕太子丹的时代,即公元前 240—前 226 年),而且中国人绘制的地图肯定包括有很多仅凭速度和罗盘而进行的方位推算,那么人们不能不怀疑张衡和裴秀这些制图学家是否真的使用过记里鼓车。关于记里鼓车,我们将在下一卷谈工程技术时再加以论述。

第六节　立体地形图(浮雕地图)和
其他专门地图

用加大的比例尺把地表情况以模型的形式表现出来的这一概念,对我们来说似乎是足够清楚的。事实上,立体浮雕模型的历史要比地理学史家通常所认为的要长得多。1665 年,约翰·伊夫林(John Evelyn)曾在英国发表过一篇文章,题目是"论……新式浅雕地图(已在法国应用)"。但有些人把最早发明立体地图的优先权给了波尔·道格斯(Paul Dox),因为他曾在 1510 年用这种方法来表现库夫施泰因附近的地区。不过这种做法可以上溯到更早的年代,伊本·拔图塔(Ibn Battutah,1304—1377 年)曾描述过他在直布罗陀见到的一幅立体浮雕地图。但实际上在中国,带有科学性质的立体浮雕地图早在 11 世纪就已经为人熟知了。

关于这一点的主要证据,可以在沈括的《梦溪笔谈》(1086 年)中找到。他这样写道:

> 予奉使按边,始为木图。期初遍履山川,旋以面糊木屑写其形势于

木案上。……上召辅臣同观,乃诏边州皆为木图,藏于内府。

由此可见,沈括在立体浮雕地图史上,也像在地理学的其他方面一样,应该占一个重要的地位。但是除了沈括以外,还可以在文献中找到对浮雕技术感兴趣的另外一些宋代学者的有关记载。

图144　最早的立体浮雕地图可能起源于这两种器皿[左边是汉代的陶质　　281
博山香炉,炉盖的形状表示东海的一座仙岛。右边是一个祭祀用的陶壶,
壶盖也做成山的形状。采自劳弗(Laufer)《中国陶器》]

制作浮雕地图的想法可以追溯到沈括之前多久,现在还不清楚,但是中国古代艺术中的某些传统很可能是产生这种想法的根源。这些传统之一是在香炉和酒壶一类的器物上雕刻出表示仙山的浮雕。图144左边所示的就是其中之一。这种陶质香炉的炉盖常呈起伏的山形,上有小孔,炉里的香烟就从这些小孔中逸出,在山的周围有时还刻有一圈海水。这种艺术题材至少应该是属于前汉时期的,因为张敞(卒于公元前48年)在他的《东宫故事》中就提到过这种香炉,在其他汉代著作中也有这类记载。在稍晚的时期,人们把这类香炉安上长柄,用在中国佛教的各种仪式上。但是,由于中国的考古书籍经常认为这种香炉是与道教有关的,因此一般认为炉盖上的山代表东海中著　282名的仙岛。在其他材料上,如玉石雕刻品上,也长期保留有表现这类仙山的传统。

但是,还有一个可能。最早的中国地图是刻在木板上的,有人引用了孔子常向“负版者(执户籍图者)”表示敬意的话来作为论据。这似乎说明,在地理图和人口统计之间很早就有关系。在“版”字的多种含义中,有一种是指铸造钱币用的带有沟槽的模子,当然也可以指用来印书的雕版。毫无疑问,在中国从甲骨文开始,刻字就一直是一件特别重要的事情。因此,这也可能是产生用浮雕来表现地形起伏这种想法的一个因素。当然,铭刻技术也是巴比伦文化和埃及文化的特色之一。此外,有一段关于公元前3世纪就可能已经出现了一幅浮雕地图的奇怪记载也不容忽视。《史记》中记述秦始皇的墓时,有这样一段话:

> 以水银为百川江河大海,机相灌输,上具天文,下具地理。

这段话至少说明,这个墓室中应当有一些能让水银在其中流动的凹槽,因此也意味着这是一幅浮雕地图。这件事发生在公元前210年。以后,在汉代文献中,我们又找到了一则关于公元32年的一幅军事地图的记载,据说这幅图用米粒堆成高山和峡谷。

木质地图的使用在公元5世纪导致了制图学方面的一个相当大的发展,即出现了一种"拼板地图"。刘宋的正史中谈到谢庄(公元421—466年)制作过一幅三平方米的木质地图。"离之则州别郡殊,合之则宇内为一。"(把图拆开,就成为一幅幅单独的州郡地图;把它们合在一起,就又成为一幅整个国家的地图。)

第七节　文艺复兴时期的制图学传入中国

1583年,第一个来到中国的耶稣会传教士利玛窦(Matteo Ricci)居住在肇庆的时候,有些中国学者,也是他的朋友,曾请他绘制一幅世界地图。这就是1602年问世的著名的利玛窦世界地图的缘起。这幅地图采用平面投影绘图法,纬线是平行线,经线是曲线,画出了美洲,而且肯定是以亚伯拉罕·奥特留斯(Abraham Ortelius)1570年的世界地图作为依据的。在清朝康熙年间(1662—1722年),中国曾开展了大规模的地理测绘工作,这是因为康熙皇帝本人力图扩展关于他统治下的广大版图的科学知识。当时曾定了一个很精密的编图计划,这个计划导致了《皇舆全览图》的问世。可能是耶稣会传教士首先建议康熙皇帝下令组织一次全国普查。这项普查工作于1717年完成,最后绘成的地图不仅是当时亚洲所有的地图中最好的一幅,而且比当时欧洲的任何一张地图都更好、更精确。此外,由于当时的西方地理学家有机会接触到中国的文献资料,他们自己的工作也得以改进。例如,马丁·马蒂尼(卫匡国神父)1655年的《中国地图集》在很大程度上是以《广舆图》作为蓝本的。

在这个时期,中国的地理学知识继续向前发展,许多优秀的学术著作不断涌现。到了 18 世纪,又出现了一部非常优秀的作品《乾隆舆图》(1769 年木刻版问世,1775 年又出现铜版版本)。这本地图集是在 1756 年至 1759 年间耶稣会士开展的测绘工作的基础上绘制而成的,图的比例尺为 1∶1 500 000。不过,值得注意的是,中国地理学家不很愿意放弃他们的矩形网格坐标系。在 19 世纪,许多地图集的同一幅地图上有时既绘有矩形网格,又绘上了经纬线。

第八节　对比性的回顾

现在我们可以对东西方的地理学发展来作一番全面的回顾(见表 36)。我们要把科学的制图学同宗教寰宇观的制图传统加以区分。科学制图学传统是古希腊地理学家以及受希腊文化影响的各民族的地理学家创立的,但是这种传统到后来完全被抛弃了,于是制图学领域被宗教寰宇观的制图传统所占据。但是从表 36 中可以看到,正当欧洲出现这种情况时,一条科学制图学的长线在中国开始了,这条长线在它和文艺复兴时期的制图学汇合之前,一直没有中断过。

那么,马里纳斯和托勒密的子午线观念是否曾向东传播到了中国呢? 我们目前还无法肯定地回答这个问题。很可能这样的传播曾通过早期的罗马叙利亚商人和使节的旅行发生过,但是即使我们能证明曾有过这样的传播,这对我们了解张衡或裴秀所用的详尽的地方资料的来源问题也不会有很大帮助,因此我们没有必要去设想张衡和裴秀的制图学是没有它们自己所固有的根源的。

在西方,希腊的定量制图学仅仅在拜占庭文化中以一种休眠的状态被保存了下来,但是,当它在 9 世纪时被阿拉伯人加以利用之后,就在阿拉伯文化中结出了丰硕的果实,使阿拉伯人在地理学上取得了更大的成就。在这个时期,拉丁语系各国的地理学仍为宗教轮形图所统治。直到 1300 年,西方地理学才出现一个觉醒时期,但这个觉醒并不是由地理学家、而是由那些有实践经验的水手和航海家所唤起的。毫无疑问,这种情况的出现至少在某种程度上是与中国磁罗盘的西传有关的。但是不久以后实用航海图中的斜驶线就开始被矩形网格所代替。那么,这也是从东方传来的吗? 航海图自出现之初 285

284

表36　东西方在制图学发展上的对比
以某地为中心的轮廓地图
（起源于巴比伦或印度）

欧洲

埃拉托色尼（公元前3世纪）
喜帕恰斯（公元前2世纪）
马里纳斯（公元1世纪）
托勒密（公元2世纪）

马克罗皮斯（公元5世纪）
奥罗西乌斯（公元5世纪）
比阿图斯（公元8世纪）

第一幅海图（约1300年）
1475年托勒密制图学的恢复
麦卡托(1569年)
17世纪末

伊斯兰

托勒密制图学的恢复（公元12世纪）
伊德里西在拜占庭流传（公元13世纪）
马里努·萨努多图（1306年）
托勒密制图学的恢复

中国

张衡（公元2世纪）
裴秀（公元3世纪）
道安（347年）
贾耽（公元12世纪）
西安矩形网格图（公元12世纪）
苏州图（公元13世纪）
朱思本（公元14世纪）《广舆图》(1270年)　志盘
《武备志》海图（公元15世纪）
利玛窦（1602年）
朝鲜传统

经纬线观念的传播？
磁罗盘的传播（公元9世纪）
西安矩形网格图
矩形网格的传播（葛洪, 14世纪）？
维尼, 14世纪
哈菲兹·伊·阿卜鲁, 15世纪
矩形网格的传播？
文艺复兴时期制图学的传播
中国地理资料的传播

起一直就是采用矩形网格的。既然阿拉伯人于 8 世纪开始就已在广州建立了聚居地,很难设想这些阿拉伯人会没有把中国的定量制图学知识和矩形网格制图法带回去。

宗教寰宇观的制图传统虽然在阿拉伯国家和中国都存在过,但是在中国,它从来没有获得过像它在中世纪的欧洲地理学上那样的统治地位。可能是由于儒家的观念和道家的技艺使得这种观点没有在中国被狂热地接受。这种宗教寰宇观在印度似乎是十分古老的,但是它最早的发源地似乎是巴比伦;我们已经知道有在公元前 2500 年至前 500 年间从那儿传来的地图,这些地图都呈圆盘形。总之,无疑中国人是从印度人那里把这种宗教寰宇观接受过来的。

最后还要补充一点,尽管文艺复兴时期的制图学在利玛窦时代传到了中国这一事实我们不能忽视,但是另一方面,东亚的地理知识在 18 世纪也传到了欧洲的地理学家那里这一事实,我们同样无法忽视。正是由于中国制图学家们一代又一代的辛勤工作,世界这个部分的地理知识才能够在现代地理学中体现出来。

第九节　矩形网格回到欧洲

在 19 世纪初,欧洲的制图学家把在平面上表现地表曲率的方法已经应用得如此熟练,而且用天文学方法测定出来的经纬度已经如此精确,以致没有一个人能够不对中国的传统网格绘图法抱以非常轻视的态度。但是在第一次世界大战期间(约 1915 年),为了使炮兵在测绘人员的合作下能够准确地发射炮弹,这时矩形网格制图法又显示出其极为便利的一面。近年来,这种制图法在越过极地的飞行中已变得非常重要。在两极地区,所取的任何航线(南北向除外)都会以一个不断变化着的角度穿过辐辏状的经线。不过,我们并不以为那些在这方面作出革新的现代欧洲人都是知道他们的革新与中国的悠久传统之间的相似性的。

第五章　地质学和相关科学

　　对中国在地质学方面所作的贡献进行研究是一件十分困难的事,因为无论在中国还是在西方文献中迄今都还没有这方面的历史记载。因此,我们只能对此作出一些极粗浅的论述。此外,地质学在很大程度上是一门现代科学,是文艺复兴后的科学。其真正的发端是斯蒂诺(Niels Stensen 或 Nicolaus Steno)的《序卷》(1668 年),这部书介绍了诸如褶皱地层、断层、火山侵入、侵蚀方式等一类概念。正如我们所知,直到 18 世纪后叶,随着两个相对立的理论——水成说(认为地球上所有的岩石都是在水中形成的)和火成说(认为大部分岩石都是在地热中形成的)的提出,地质学才初步形成。中国在地壳构造方面的研究虽然也有几种颇值得注意的发现和发明,但总的说来,并未脱离这项研究早期普遍存在的落后状态。

第 一 节　普 通 地 质 学

绘画中的表现

　　我们不应低估中国绘画和书籍插图中所显示出来的精确观察及表现地质构造的能力。可以说,整本地质学教科书的大部分内容都可以用这种中国画和插图来作为图解。这类图画有不少散见于晚期的类书中(例如《图书集成》,1726 年)以及晚期的地理书中;图 145、146 就是其中的两幅。在所有这类图画中最值得注意的,也许要算宋朝画家李公麟(1100 年)所绘的龙眼山的背斜穹窿露头(见图 147)。

图 145 中国画中的地质学(山东费县附近历山山谷的更生现象。采自 287
《图书集成·山川典》卷二十三)

图 146 中国画中的地质学(山东南部峄山的水成巨砾沉积。采自《图书
集成·山川典》卷二十六)

288

图 147 中国画中的地质学（安徽桐城附近龙眠山中的一个背斜露头，位于长江汉口至南京这一段的正北面。李公麟绘，约 1100 年）

中国的画家能对各种地质现象进行鉴别这一事实,充分证明他们具有运用画笔忠实地反映自然的非凡才能。当然,描绘地质构造并非他们的本意,而且对地质现象所作出的这些精确的描绘很可能与中国绘画艺术本身的审美观点也没有什么关联,但这里面确实包含有道家那种古老的、经验式的自然倾向。因此,他们所描绘的就是真实的世界(图148)。

　　事实上,许多世纪以来,中国出版物中就有一种绘画手册或者说绘画指

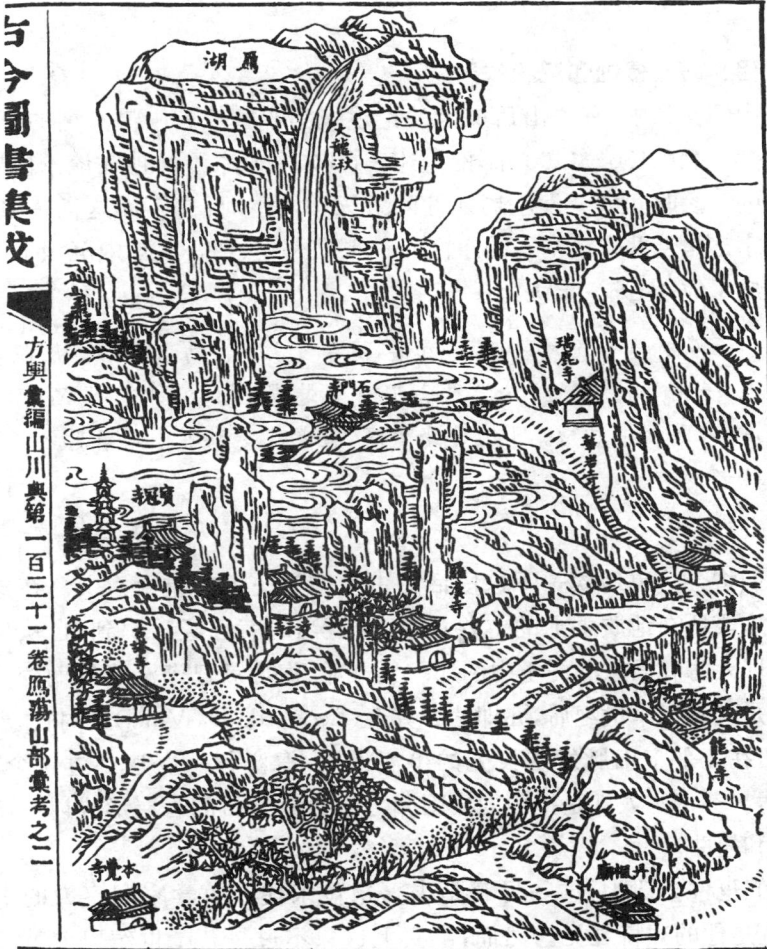

图148　中国画中的地质学(浙南沿海温州附近雁荡山中侵蚀而成的悬崖。采自《图书集成·山川典》卷一三二。正是这样一些山岳促使 11 世纪的沈括去思考侵蚀作用和沉积作用,并促使他去陈述与此有关的一些基本的地质学原理)

289

南,其中包括各种标准的图样,而地质构造(山丘、山脉、岩石、江河)在其中自然也占据显著的地位。在这些绘画手册中,最有名的要数 1679 年的《芥子园画传》,在这部画册的某些版本中刊印有很早期的多色套印图。《画传》中使用了大量的普通术语,如"轮廓"(山的外形,排列得像割裂的轮边),"嶂盖"(最后覆盖上去的远峰轮廓)以及"皴"(山的皴纹)。画师们能竭尽毛笔之所能,把二十种以上不同的"皴"表现出来。这些足以说明,中国人对地质特点的灵活把握。

290　山的成因、隆升、侵蚀和沉积作用

在中国文献中,有关山岳成因的论述极为丰富。其中最有名的,是新儒学派学者朱熹(1130—1200 年)的论述。在《朱子全书》中,他在谈论世界每隔相当长的一段时间就会发生周期性的毁灭和再造时,有下面这样一段论述。他认为宇宙是从两样最基本的东西——水和火开始的,从水中沉积下来的东西便形成了地;他进一步认为:

> 五峰所谓一气大息,震荡无垠,海宇变动,山勃水湮,人物消尽,旧迹大灭,是谓"鸿荒之世"。尝见高山有螺蚌壳,或生石中。此石即旧日之土,螺蚌即水中之物。下者即变为高,柔者却变为刚。此事思之至深,有可验者。

(《朱子全书》卷四十九)

后面我们将会简单地谈一下这段话在古生物学史上的重要意义。在这里先
291 谈一谈这段话在地质学上的主要意义:朱熹当时就已经认识到,自从生物的甲壳被埋入海底柔软的泥土中的那一天开始,海底就已渐渐隆升而变为高山了。但是直到三个世纪后,亦即达·芬奇(Leonardo Da Vinci)的时代,西方人还认为,在亚平宁山脉发现贝壳的事实说明,海洋曾一度达到过这个高度。不过,达·芬奇本人却是把山的成因归之于含有化石的岩层形成以后所发生的抬升和扭曲。

人们也许会认为,这一见解是朱熹这位宋代大哲学家洞察力的一种表现,而且是他的独特之见。然而,事实上这只不过是若干世纪以前就已经出现,而以后又有进一步发展的一连串思想中的一部分。在对这个问题进行探索时,我们会碰到道家的一个特别的词汇——桑田。桑田本是一个地名,也可能是一个星座的名称。但到了唐代,它被用来指称那些一度被水淹没或将来会被水淹没的陆地。李白在诗中就曾用过这个词。颜真卿也曾写过一篇

文章《麻姑山仙坛记》，其中提到了传说中道家仙女麻姑的话"已见东海三为桑田"，并接下去写道：

> 高石中犹有螺蚌壳，或以为桑田所变。

（《颜真卿文集》卷十三）

这篇文章可以肯定是在 770 年左右写的。

但是，麻姑关于桑田的这种见解，在公元 8 世纪已经不是什么新鲜的事了。颜真卿的这个故事引自归在葛洪名下的《神仙传》，如果《神仙传》确实是葛洪所写，那么它的年代要追溯到 320 年左右。这本书的真实年代有可能没那么早，但可以确定是在唐代以前。我们还可以找到唐代以前的一些文献。在数学一章里我们曾提到过《数术记遗》一书，这部书大概写于 570 年。书中有下面这样一句话：

> 未知刹那之赊促，安知麻姑之桑田？

另外还可以举出类似的一些例子。因此有理由认为，在公元 2 世纪至 6 世纪之间的某一时期内，"桑田"一词曾具有和我们现在称之为"地质年代"一词同样的含义。

虽然前面提到的有关山岳形成的这些看法和道家以及新儒学派有明显的联系，但是毋庸置疑，这些观点与印度的周期浩劫说有渊源。周期浩劫说（即认为宇宙在浩劫中毁灭和重建）很可能是由佛教徒带进中国的。关于此，1201 年的《野客丛书》中有一则离奇故事值得我们注意一下。这个故事所牵涉到的事情据说发生在公元前 120 年汉武帝在位的时候。那时有人在昆明湖附近掘地，发现了一种"黑灰"（可能是沥青、煤、泥炭或褐煤）。汉武帝问东方朔这是什么东西，东方朔回答说："可问西域道人"（即指佛教的和尚）。18 世纪的一部书引用公元 1 世纪的一部书中的一段话，说西域道人的回答是："此乃天地劫灰之余也"。近代对佛教传入中国的年代的研究，使我们对这个故事的真实年代发生怀疑，因为在西汉以前肯定还没有和尚。尽管如此，这个故事一定还是相当古老的，因为在其他一些书籍中也可以找到这段故事。所以它的发生年代很可能是在佛教传入中国的早期，比如公元 1 世纪后半叶以前。

在欧洲的古典时期，关于山岳形成的文献是极其贫乏的。欧洲中世纪时这方面的观点曾受到诺亚洪水传说的主导，这一传说实质上是远古时代在巴比伦发生的一次洪水的反响。前面已经提到，当达·芬奇对高山上的化石作出解释时，欧洲的背景就是这样。但是远在达·芬奇之前，公元 10 世纪时伊

292

斯兰教的文化中就已经出现了很先进的地质学思想,已经讨论到海平面的变化、侵蚀作用和河流的演变等等。11 世纪时伊本·西那(Ibn Sina,或称阿维森纳,Avicenna)把高地的形成归因于地震一类的自然界大变动。他在比朱熹早一个世纪以前,就用与朱熹极为相似的观点谈到侵蚀作用和其他一些现象。从这种思想出发应该是能对化石作出正确的解释的,伊本·西那也确实做到了。

上升的地层受到缓慢侵蚀的现象在中国中古代的思想中就已有十分清楚的表达。有一个古老的词叫"陵迟"或"陵夷",最初的意思大概是指丘陵的缓坡,但是在晋代之后被注释家解释为在一段时间内的逐渐衰微。汉朝诗人贾谊和梁元帝(约 550 年)都曾提到过河谷遭受侵蚀的现象。大约在 1070 年,宋朝沈括写了如下一段话:

> 予观雁荡诸峰,皆峭拔险怪,上耸千尺,穿崖巨谷,不类他山,皆包在诸谷中……原其理,当是为谷中大水冲激,沙土尽去,唯巨石岿然挺立耳。如大小龙湫……亦此类耳。

> (《梦溪笔谈》卷二十四第十四则)

此外,沈括还描述过沉积作用:

> 293

> 凡大河、漳水、滹沱、涿水、桑干之类,悉是浊流。今关、陕以西,水行地中,不减百余尺。其泥岁东流,皆为大陆之土,此理必然。

由此可见,沈括早在 11 世纪就已充分认识到詹姆斯·赫顿在 1802 年所叙述并成为现代地质学基础的这些概念了。

山洞、地下水和流沙

关于山洞和洞中的形成物,在中国历史上各个时期都有人进行过研究;早期的道教隐士对此尤感兴趣,因而他们为各处洞穴所取的名字往往带有道教中的仙境的含义。石钟乳(见图 149)被收录于流传至今的一本最古老的无机化学物质和药物的志录《计倪子》(约公元前 4 世纪)以及第一部本草著作《神农本草经》(年代为公元前 1 世纪或 2 世纪)。

地下溪流的存在也早已为中国人所熟知。宋代的一本书中就有一段记载,提到人在某些情况下,例如在看到井水似乎与潮汐同涨落的情况下,猜想出井与海之间的联系,"海眼"一词便是由此产生的。关于泉水,在各种类书和地理志中都有大量记载。有一种有石化作用的泉水(在地质学、矿物学思想史上有重要意义)曾引起中国人的重视,在记载中被描述成清澈无比。

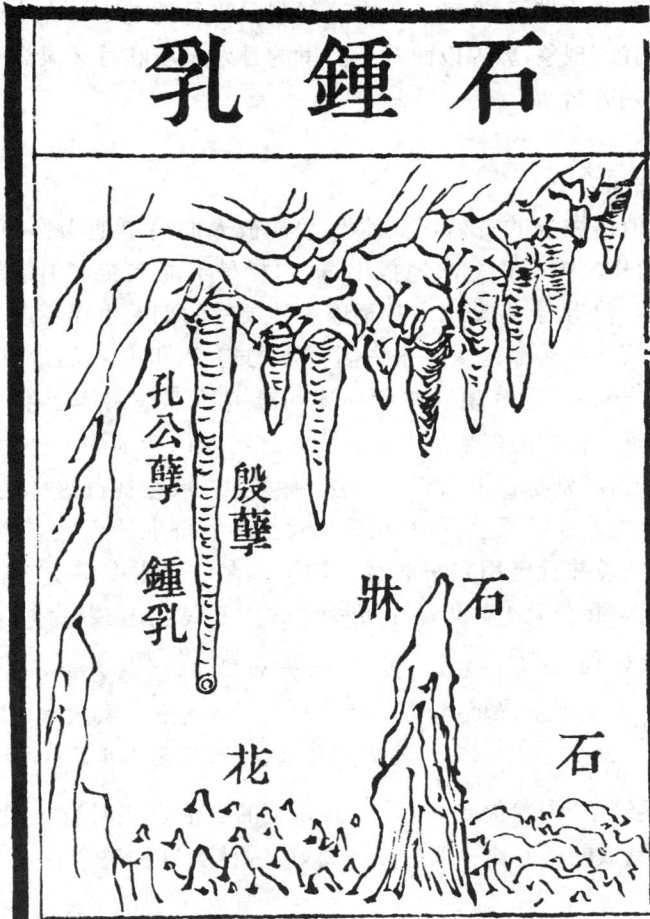

图 149　石钟乳、石笋和晶状沉积物［采自李时珍的《本草纲目》(1596 年)］　　294

　　在中国古代著作中,经常可以见到两个代表地质现象的地名:流沙和交水(弱水),这两个地方都位于西部或西北部。战国时期或汉代初期的著作家们经常提到这两个地名,就像他们经常提到昆仑山一样。对于我们当前的论述而言,去考证流沙和交水到底是什么地方是次要的;这两个地名的重要意义在于它们所涉及的地质现象。流沙,顾名思义就是流动的沙或浮沙。沈括在《梦溪笔谈》中曾经谈到它:

　　　　予尝过无定河,度活沙。人马履之,百步之外皆动,涠涠然如人行幕上,其下足处虽甚坚,若遇其一陷,则人、马、驼车应时皆没。

　　　　　　　　　　　　　　　　　　　　　　　　　　　　(《梦溪笔谈》卷三第十一则)

在中国西北一带,至今确实仍有这样艰险难行的地方。在中国的文献中也提到过"鸣沙"现象,敦煌以西若干公里的月牙泉庙和月牙泉湖周围的沙丘鸣沙现象特别著名。

石油、石脑油和火山

第二个值得注意的古名,"交水",常常被人们简单地当作河流的名称。其实,古代著作家曾不止一次地指出过,木材是不能在交水中浮起来的。郭璞(约300年)曾指出,在交水中甚至连一片天鹅的羽毛也浮不起来。虽然有些人宁愿相信这些话都是从一个古名得出的幻想,但是不妨进一步猜想:就所有这些情况来看,这些说法中所描述的难道不正是天然产生的石油油苗吗? 古代文献中提到的多半是中亚一带现在已难以考证的一些地方,但是在中国西部各省,特别是甘肃和四川两省,确实存在或存在过这样的天然油苗。例如,在甘肃老君庙的天然石油,在现代化油田和炼油厂未建立之前许多年,当地人就已知道并且已用它来润滑车轴了。在许多古书中也都曾提到过石油。例如,唐蒙在公元190年左右所写的一本书《博物志》中就有以下记载:

> (延寿)县南有山石,出泉"水",大如筥篆,注池为沟。其水有肥,如煮肉泊,畏畏永永,如不凝膏。然之极明。不可食。县人谓之"石漆"。
>
> (马国翰所收集的《玉函山房辑佚书》卷七十三)

沈括在《梦溪笔谈》中曾提到,他采自鄜和延的石油燃烧时有一股浓烟,把烟炱收集起来制成的墨要比一般松墨还要好,并认为这种墨今后一定会被广泛采用,因为:

> 盖石油至多,生于地中无穷,不若松木有时而竭。今齐鲁间松林尽矣,渐至太行、京西、江南,松山大半皆童矣。造煤人盖未知石烟之利也。石炭烟亦大,墨人衣。
>
> (《梦溪笔谈》卷二十四第二则)

这些就是早在1070年的沈括所道出的关于砍伐森林的惊人预见。同样非常惊人的是,关于石油,沈括所想到的除了利用它的烟来制墨以外没有想到更好的利用方式,这也是中国传统文化的一个值得注意的特点。

由于中国境内本来没有火山,因此关于火山的一切资料就只能来自境外。最早提到火山的一份资料是3世纪的,但似乎不像是目击者所写,可能是从叙利亚商人那里听来的,也可能是去过南海的旅人(比如260年出使印度支那的康泰)带回的报告。至于温泉,在中国倒是有很多。唐代徐坚在他的《初学记》中就曾写道:凡水源有硫黄味,则泉必温热。宋代有人认为,泉水之所以温热,是因为地下硫黄和矾石的燃烧。明代的王志坚曾列举过形形色色的矿泉水及其功效。

第二节　古生物学

296

尽管"化石"这个术语在今天是专指埋在地层中的植物和动物遗体的,但是它的原始意义要广泛得多,凡是从地下挖掘出的有研究价值的东西都包括在内。不过,就现代的定义而言,很明显中国对于化石的认识年代之早,是欧洲和伊斯兰教各国无法与之相比的。

植物化石

古植物学的创始,确实应归功于中国人。从类书上引张华所说的"凡松树三千年后均化为石"这句话来看,中国人早在 3 世纪就已经知道松树的石化现象了。到了唐代,这一现象引起了人们的重视。767 年画家毕宏画了一幅以松树化石为题材的著名壁画;在 9 世纪末也有关于石化松树的描述文字,五十年后,道家诗人陆龟蒙还为此写了两首诗。到了宋代,彭乘在《墨客挥犀》一书中写了这样一段话:

> 壶山有布木一株,长数尺,半化为石,半犹是坚木。蔡君谟见而异焉,因运置私第。余在莆阳日亲见之。
>
> (《墨客挥犀》卷五)

文中谈到只有部分树干石化的现象,说明观察得很细致。但是,这里有可能和四川发现的另一种石头——松林石混为一谈了。松林石只不过是一种因二氧化锰的结晶作用而带有木状条纹的石头。关于松林石的最早记载之一是在 13 世纪。另外还有一些类似的难以确定的文字记载。但是,下面沈括所写的这段话则明确地谈到了植物化石:

> 近年延州永宁关大河岸崩,入地数十尺,土下得竹笋一林,凡数百茎,根干相连,悉化为石。……
>
> (《梦溪笔谈》卷二十一第十七则)

动物化石

297

关于动物化石,我们所能找到的依据就充足得多了。腕足类动物是一种

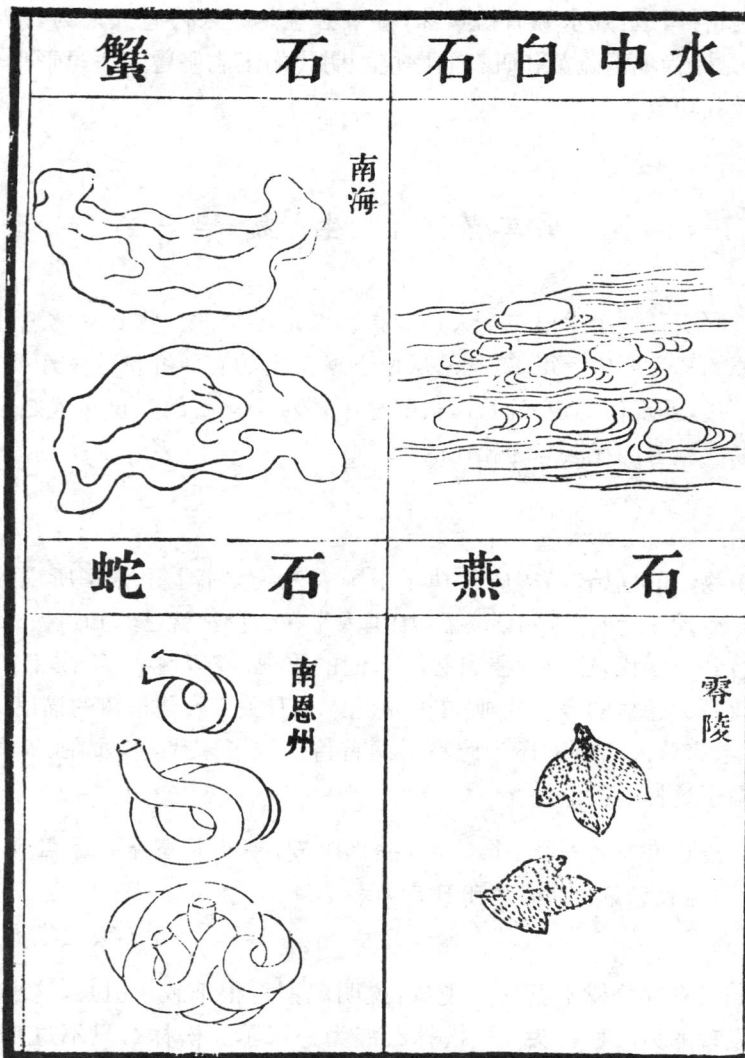

图 150　李时珍的《本草纲目》(1596 年)中所附的动物化石图(左上：
石蟹；左下：石蛇；右下：石燕，即石燕属及有关各属的腕足类动物)

非常古老的门类，它在外表上与双壳类软体动物(如贻贝)相似。由于许多现已绝灭的石燕属及一些与之相近的属都具有像鸟儿展翅那样的壳，所以中国人把它们称为"石燕"。西方有人在 1853 年考证出石燕就是腕足类化石。而中国提到石燕的第一份重要资料，要算是 5 世纪末郦道元的《水经注》中的一段记载："其山有石蚶，而状燕……及其风雷相薄，则石燕群飞，颉颃如真燕矣。"不过郦道元的这段记载也引自前人的著作，看来可能这种化石在公元 4

世纪就已为人所知了。公元 6 世纪开始，这种化石就被列入药书，图 150 就是药书中的一张附图。有一段时间这种石燕曾被收集起来当作贡品。曾敏行在 1176 年就认识到这类动物一度是生活于海中的。

石燕在暴风雨天气就会从岩石中飞出来这种想法，当然是很离奇的。于是，到 12 世纪的时候，宋代一位学者杜绾用实验来驳斥这种传说。他还找到了这种说法的起因：

> 昔传遇雨则飞，顷岁予陟高岩，石上如燕形者颇多，因以笔识之。石为烈日所暴，遇骤雨过，凡所识者，一一坠地，盖寒热相激，迸落不能飞尔。
>
> （《云林石谱》卷二）

文献中也常常提到，人们通常把石燕溶于或保存于醋酸中以供药用。传统的中国膳食中多半缺乏钙质（这是因为缺乏乳制品），因此就需要一种能提供可被消化的石灰质的好来源。在《本草纲目》中，就把化石列为治疗可能是由血钙过少而引起的牙病和其他一些疾病的药物。

在文献中也提到了其他化石，有"石蚶"，还有"贝"。中国人至少从宋代开始就已知道那些具有外骨骼的软体动物身上的一种很特异的卷形壳化石。这类化石在中国的第一部本草著作，即苏颂的《本草图经》（1070 年）中就已出现。此外，还有一种直壳鹦鹉螺类化石以及含有这种化石的石灰岩在明代就已为人知晓。中国人在识别节肢动物化石方面取得的成就要比在识别上述头足纲动物化石方面的成就大一些。含有三叶虫的岩石，被称为"蝙蝠石"，这是因为这类动物化石的横截面像蝙蝠的翅膀。至于更新世的蟹就更广泛地为人所知，在宋代也曾被列为药物。

此外，中国人也研究过脊椎动物中的鱼类、爬行类和哺乳类的化石和亚化石。郦道元（卒于 527 年）的《水经注》是提到"石鱼"的最早资料，在 1133 年的《云林石谱》中也有有关"石鱼"的一段记载，不仅提到这种化石"悉如墨描"，还非常细致地描述了发现化石的地点和地层深度。爬行类、鸟类和哺乳类的骨骼、牙齿化石在中国古代通称为"龙骨"和"龙齿"。"龙骨"可作为药物而被人重视这一事实，曾帮助现代古生物学家在中国发现了古人类化石（北京人，Sinanthropus pekinensis）。此外，也正是通过对药铺中出售的药物的研究，才发现了第一批刻有文字的甲骨。值得指出的是，脊椎动物的化石要比前面提到的其他动物的化石更早被列入药书中。"龙骨"这个俗称表明，中国古代一向把这些化石看作是死亡已久的动物的遗骸，尽管带有某种神秘的意味；但是，早在 12 世纪，寇宗奭就已明确谈到史前怪异动物的存在了。

299

与文艺复兴之前的西方相比,中国人从大约公元前1世纪起对于他们所得到的动物化石的材料所作出的解释和认识都要比西方精辟且全面得多。我们在这里还需简单补充一下关于古地中海文明在这方面所作出的贡献。在希腊资料中,最早提到这个问题的是色诺芬(Xenophanes,公元前6世纪)的一段话,但是这段话只见于一份3世纪的引文。引文中说色诺芬尼相信"陆地和海洋曾经一度混在一起",并提出了凭据:在离开海岸很远的内陆和高山上会出现海生动物的贝壳,以及鱼和海藻的印痕。这段引文还清楚地反映出印度的周期灾变说的思想。以后的希腊著作家也有一些关于化石的文献,但通常没有对此作出地质学上的结论,只是把这些事实当作一种奇怪的现象提起而已。

上面所说的这种情况很容易使人回想起定量制图学史上十分突出的大中断。希腊人曾经在这方面具有卓越的洞察力,或者说曾经取得过巨大的成就。但是从大约2世纪末到15世纪这段时期,亦即直到近代科学开始出现的时候为止,中国在这方面远比欧洲来得先进。而且中国人在他们极盛时期的初期,似乎也没有从西方那里得到过任何启发。

300

第三节　地　震　学

地震记载和地震理论

虽然中国境内没有活火山,但是中国自古以来一直是世界上最大的地震区之一。因此,中国人自然会保存有大量的地震记载,而这些记载现在确实成为世界地震记录中最悠久和最完整的一份。从这些记载中可以得知,到1644年为止,有记录的地震就有908次,而且都有可靠的数据。其中最早的一次发生在公元前780年,在这次地震中,有三条河道被阻断。光是南京,从345年到414年共发生了30次地震,从1372年到1644年则不下110次。但主要震区都位于长江以北和西部各省。根据记载,从宋末到清初出现过十二次地震高发期,并且表现出三十二年的周期性。地震有时会波及几个省,但通常不会在几个地区同时发生,而且在中国和日本的地震之间似乎没有什么相关性。中国破坏性最大的一次地震是1303年9月25日在山西发生的。而1556年2月2日的一次地震据说在山西、陕西和河南三省造成了八十多万人的死亡。据说1128年一次著名的西安战役就是以一次地震而告结束的。

古代和中古代的中国在地震理论方面并未取得过巨大进展,在欧洲这方面的研究也要等到文艺复兴以后出现地质性质的理论的时候,才取得一定的进展。但是在上面提到的公元前 8 世纪的那次地震的有关记载中,我们能找到关于地震的早期观点。《史记》(约公元前 90 年)中是这样写的:

> 幽王二年,西周三川皆震。伯阳甫曰:"周将亡矣。夫天地之气不失其序,若过其序,民乱之也。阳伏而不能出,阴迫而不能蒸,于是有地震。今三川突震,是阳失其所而填阴也。阳失而在阴,源必塞;源塞,国必亡。"
>
> (《史记》卷四)

　　我们不要以为这种说法比古代地中海各国关于地震的说法更为原始。 301
希腊人关于地震就有各种说法,认为地震是由于过多的水从高处涌入低处和洞穴而引起的;或认为地震是土块在干燥过程中堕入洞穴而引起的。亚里士多德甚至认为,地震的发生是因为太阳晒到潮湿的土地上所产生的水蒸气在溢出时遇到了阻碍。亚里士多德的这种说法与中国人的"阳气伏而不出"的说法极为接近。事实上,东西两种文化对于"气"的理论的重视是同样引人注目的。但直到近代,无论是中国还是欧洲,在地震理论上都没有取得什么进展。

地震仪的鼻祖

　　中国虽然在地震理论方面没有占领先地位,但是地震仪的鼻祖出在中国,这一点是无可置疑的。这是卓越的数学家兼天文学家、地理学家张衡(公元 78—139 年)的贡献。关于张衡,我们在前面已多次提到过。

　　在《后汉书·张衡传》中载有关于张衡所发明的地动仪的原始文字,而且叙述得颇为详尽。

> 阳嘉元年复造"候风地动仪"。
> 以精铜铸成,直径八尺。
> 盒盖隆起,形似酒樽,饰以篆文、山、龟、鸟、兽之形。
> 中有都柱,傍行八道,施关发机。
> 外有八龙,首衔铜丸,下有蟾蜍,张口承之。
> 其牙机巧制,皆隐在尊中,覆盖周密无际。
> 如有地动,尊则振,龙机发,吐丸,而蟾蜍衔之,振声激扬,伺者因此觉知。 302
> 虽一龙发机,而七首不动。寻其方向,乃知震之所在。验之以事,合契若神。

自《书》典所记，未之有也。

尝一龙机发，而地不觉动。京师学者咸怪其无征。后数日驿至，果地震陇西，于是皆服其妙。自此以后，乃令史官记地动所从方起。

张衡地动仪的"都柱"（即中柱）实质上是一个摆，可能是一个悬摆，也可能是一个倒立的摆。图151是悬摆的地动仪复原图，图152是倒立摆的地动仪复原图。所有地震学家都承认，要制成一台在地震时只有一个铜丸会落下来（从而作出地震记录）的地震仪在技术上并不那么容易。因为地震时除了主震波（即纵波）外，通常还会有别的震波随之而来，而这些波大部分是横向的，有些横波的力量可能很强。因此，必须要有某种装置在仪器作出第一次反应之后立即进行制动。地动仪复原图中也显示了各种制动的方法。图153

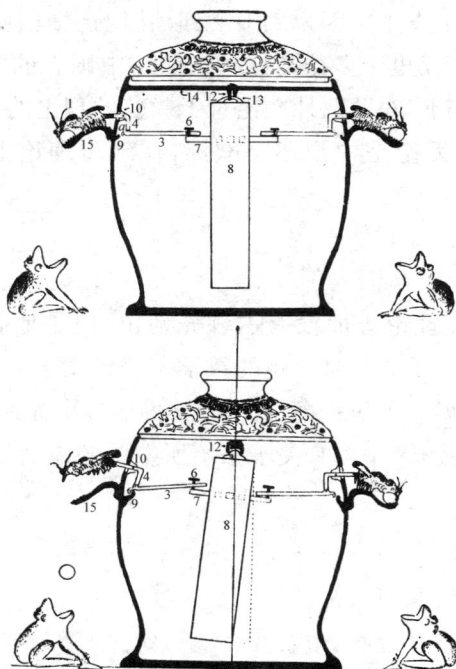

303　图151　王振铎所作的张衡地动仪内部构造复原图（地动仪内的悬摆带动着八条伸向八个方位的活动臂，每条臂的末端都和一个曲柄相连；曲柄末端有一个钩，可与器壁上的掣爪彼此挂钩。每一曲柄可使一个龙头抬起从而使龙口内的铜丸落下，同时钩住器壁上的掣爪，使仪器受到制动。部件名称如下：3—曲柄；4—能使龙头抬起的直角杠杆；6—穿过曲柄上一个孔的直立销钉；7—悬摆上的臂；8—悬摆；9—掣爪；10—突出杆上的枢轴；12—悬吊悬摆的绳子；13—吊环；14—支持悬摆的横梁；15—用来衔住铜丸的龙下颚）

是有别于倒立摆的第三种地动仪复原图。汉代的人应该已经能够制作出像图 151 和图 153 所显示的机械装置了,因为当时在弩机触发装置一类的机械装置上就已经使用了杠杆和曲柄。但是,图 151 所示的悬摆装置可能并不足以制止仪器对于后到的横波作出进一步的反应。日本科学家曾按图 152 所示的这种式样复制成了一台地动仪,并将它放在东京大学地震观测台进行了实验。结果发现,铜丸往往不是由于最初来到的纵波,而是由于后到的横波而掉落的,而只有在初震很强的情况下,才能够由于初到的纵波而掉落。因此,张衡很可能必须通过不断的实验来校准他的地动仪。

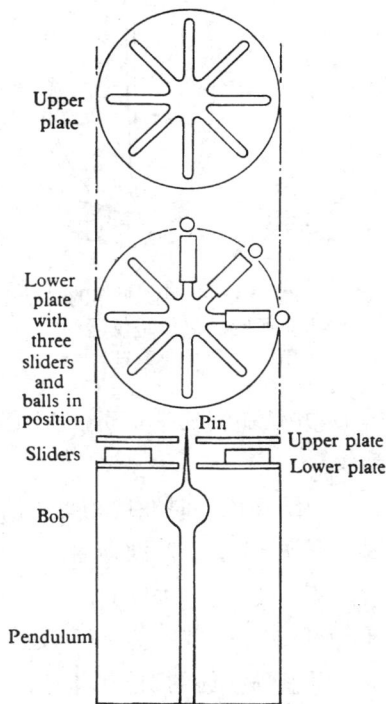

图 152　今村明恒所复原的张衡地动仪(采用了倒立摆的原理,受到地震震动时,摆上端的针尖就会进入八条导向槽中的一条,并推动滑块,从而推出铜丸。由于针一旦进入导向槽就不能离开,仪器便受到了制动)　304

这种用落下小球的方法来达到记录目的的原理,在张衡之前就已有人用过,亚历山大里亚城的赫伦(Heron of Alexandria,活动时期公元 62 年前后)在他所设计的几种里程计中就利用过这种方法。并且这种方法至今还被应用在某些仪器上,比如,一种记录海上水流速度的流速计。从其他中国文献中可以清楚地看出,张衡发明地动仪在当时被看作是一个很重大的事件。这并不奇怪,因为地动仪的发明能使中央政府的官员早些知道边远省份所发生的地震,从而有可能对地震所引起的困难和混乱采取适当的措施。由此可见,这项发明同前面提到过的雨量器和量雪器的发明可以相提并论。

　　有些人认为张衡的地震仪是一种后继无人的偶然成就,但是这种看法似乎并不符合事实。我们在文献中至少还可以找到两则关于这类仪器的报道,而且年代在张衡之后的数百年当中。一则提到 6 世纪时精通算术的信都芳曾在著作中描述过地震仪等仪器。既然他能够说明地动仪的原理并且得到皇帝的赏识,那么设想他曾制作过地动仪就不是没有道理的。另一则是一个世纪之后,581 年到 604 年,继承了这项学问的临孝恭。他写了一本关于地动仪

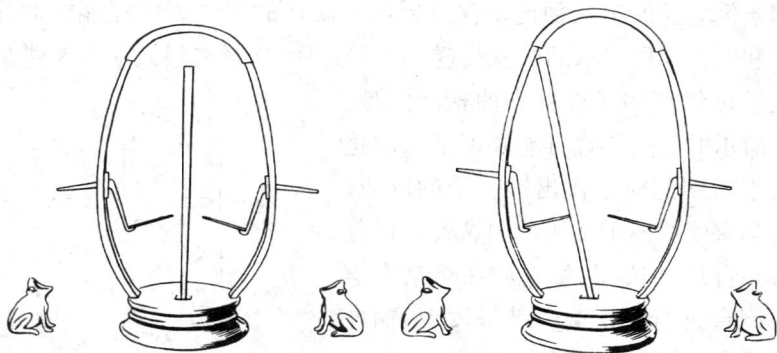

305 **图 153** 王振铎所作的另一个复原图(接受了今村明恒的倒立摆原理,这里所示的仅仅是仪器的简单示意图,王振铎仍然宁愿采用杠杆系统而不用撞针和滑块系统)

的书,并且在朝廷中负责一切定阴阳、卜吉凶的事务。他也有可能制造过地动仪。

中国 6 世纪时在地动仪中所使用的摆很可能通过某种方式传到了西方,因为据说 13 世纪时波斯著名的马拉盖天文台曾设有地震仪。从那以后再次出现了一段长时间的中断,一直到 1703 年,德·拉·奥特弗耶(de la Hautefeuille)才制成第一台现代地震仪。他所采用的原理是让水银在地震时从一个盛满水银的碟子中溢出,在整个 18 世纪,甚至晚至 1848 年,这一原理一直被沿用。与张衡地动仪的原理截然不同这一事实可以说明,这种地震仪是一种全新的发明,可能是激发传播的一例应用。以后,直到 19 世纪中期,才出现了今天的极为精密和复杂的地震仪。

306

第四节 矿 物 学

矿物学的起源要比地质学更早,因为在古代早就有人制定出关于各种石头、宝石、矿石和矿物的谱录。根据古代和中古代的药典和动植物的文献,印度和中国在岩石和矿物的研究方面所作的贡献完全可以与欧洲相提并论,有时甚至超过了欧洲。18 世纪因矿物分类体系的形成,近代矿物学发展起来,但是一直到 18 世纪末、19 世纪初雷尼-犹士丁·哈优弗(René-Just Haüy)对矿物晶体的研究工作,今天的系统矿物学才告形成。

本书在这儿第一次谈及一门纯描述性的科学(至少在它形成的早期阶段

是如此)。其中,中国人对岩石和矿石的研究工作并不是感情用事的,而是科学的,他们的贡献至少可与欧洲人相提并论。这使我们面临一些特殊困难,因为我们无法在这儿毫无遗漏地逐一介绍所有曾被研究过的无机矿物。因此,我们将选择若干已由科学史家们考证得最清楚的矿物作简短的讨论。

"气"的理论及金属在地下的生成

西方的亚里士多德认为,大地在太阳的影响下会产生两种蒸发物。一种是来源于地下和地表的潮湿的蒸气(比如形成云,再变成雨的水汽)。另一种来自大地本身,灼热、干燥、冒烟,并且像燃料一样极易燃烧。他相信,金属就是由湿的蒸发物凝结而成的,而其他所有的矿物和岩石则来自干燥的蒸发物。按照亚里士多德的描述,真实的过程还是晦涩不明。但是,对于我们来说,重要的一点是这一学说的"气体性质",因为中国著作中的"气"似乎与亚里士多德的"蒸发物"非常相近。

公元 1596 年的《本草纲目》中有这样一段话:

> 石者,气之核,土之骨也。大则为岩石,细则为砂尘。其精为金为玉,其毒为礜为礵。气之凝也,则结而为丹青。气之化也,则液而为矾汞。其变也,或自柔而刚,乳卤成石是也,或自动而静,草木成石是也。飞走含灵之为石,自有情而至无情也。雷震星陨之为石,自无形而成有形也……

307

这的确是和希腊蒸发物学说相同的学说。两者可能有更古老的渊源(也许是巴比伦),并且在早于希腊和中国的梵文古籍中,应该可以找到表达这个意思的词。以上的引文是 16 世纪的,但我们可以进一步追溯到 11 世纪、5 世纪、甚至公元前 2 世纪。

就古人对我们现在所说的地壳成分发生缓慢化学变化的过程的认识而论,他们并没有太大的错误;他们的错误在于,假设了金属和其他元素在互相转变。而由于深信金属和矿物在地下缓慢生长时能互相转变,人们更加相信,炼丹术士们可以借适当的方法在实验的条件下成功地加速这类变化,从而得到金子。道家也信奉这种观念,并进一步认为,地下发生过一系列化学变化,从而按一定的顺序产生矿物和金属。有人推测,中国的这方面理论是由西方传入的,但下面公元前 2 世纪的《淮南子》(早于大多数希腊古代化学文献)中的这段引文可以推翻这种推测:

> 正土之气也,御乎埃天。埃天五百岁生砆。五百岁生黄埃,黄埃五

百岁生頒,黄頒五百岁生黄金。黄金千岁生黄龙。黄龙入藏生黄泉。黄泉之埃,上为黄云。阴阳相薄为雷,激扬为电。上者就下,流水就通,而合于黄海。

308

偏土之气,御乎清天。清天八百岁生青曾。青曾八百岁生青頒,青頒八百岁生青金,青金八百岁生青龙。青龙入藏生青泉。青泉之埃,上为青云。阴阳相薄为雷,激扬为电,上者就下,流水就通,而合于青海。

这段文字反复叙述与此相似的理论,我们无需再往下引用。读到此,我们已经知道,中央为黄色,东方为青色。这种象征性相应关系的模式的其余部分可以列表如下:

南方"壮土"	赤色	七百岁生赤丹(朱砂)	赤頒(赤汞)	赤金(铜)
西方"弱土"	白色	九百岁生白玉(砷华)	白頒(白汞)	白金(银)
北方"牝土"	玄色(黑色)	六百岁生玄砥(黑色磨石)	玄頒(黑汞)	玄金(铁)

这段话是很古老的。颜色、方位等的相应关系是前文(原著第一卷第531—537页)中早已叙述过的象征性相应关系的一种,这里再次接触到便不足为奇了。但令人惊奇的是,这里同样出现了把气象学的蒸发物和矿物学的蒸发物并列的情况,这也正是亚里士多德学说的特色。文中还提到了后来在炼丹术中占重要地位的许多无机物质,并有力地证明,炼丹术矿物变质学说可以上溯到公元前4世纪的邹衍学派。当然,矿物变质理论在公元前122年就已得到全面发展。所以,如果说邹衍及其学派的理论是从亚里士多德(公元前384—前322年)或苏格拉底以前的希腊哲学家那里衍生出来的,这未免令人难以置信。因为我们知道,当时在东西两种文化之间要相互接触有很多困难。这种理论有可能是源于某个介于东西之间的古代文化发源地,并从那里传向双方的。

分类原则

在中国人用以区别矿物的象形字中,表示一切石类和岩石的"石"和表示

309 一切金属和合金的"金"是两个最重要的偏旁。"石"字的甲骨文写法(石)像一伸出物下有一口(代表一人),可能表示一个人避居在山洞里。"金"字(全)常

被认为是一个矿的图形：竖井上有盖，井中还有两块矿石，不过这对于殷商时代的人来说，似乎过于复杂了。第三个重要偏旁是"玉"，用于玉及各种珍贵的石类。第四个是"卤"字，用于盐类，但不走运的是它直到近代才被普遍采用。商代"卤"的象形文字是"⊗"，可以猜想，那是一个蒸发盐水的盐池的鸟瞰图，或者是试图画出一颗巨大的食盐晶体。

颜色在矿物分类上当然也起过重要作用。"丹"是红的意思，在中国炼丹术的矿物学上是一个重要的神秘字眼。究其根源，它代表的就是朱砂（硫化汞）。由于方士们把朱砂当作一种长生不老药，这个字后来就被用来代表所有的药品、药丸和药剂了。同样，其他矿物和盐也以"黄"或"青"字结尾的名字来命名，例如"雄黄"，正如现代的复杂有机染料被称为"尼罗河蓝"或"宝石绿"一样。

另一个能被广泛用于矿石分类的字是"礬"，表示矾以及一切与矾有关的物质。"礬"字上半部像篱笆，可能出自一种中国传统的蒸发盐和相似物质的方法。这种方法就是在露天把盐水等溶液向用干荆条编成的篱笆墙那样的大型建筑物上连续泼去（见图 154）。"砂"（字义为小颗粒的岩石）、"灰"、"粉"（米磨成的细屑）、"泥"、"霜"（白霜）和"糖"（比如铅糖）等字都表示粉末。滑腻或黏滞的无机物，如黏土或皂石，被称为"脂"或"膏"。而且中国人认为矿

图 154 自流井盐场的传统蒸发设备（这是原物的照片。盐溶液在露天场地连续不断地泼在这种用荆条和草扎成的大型建筑物上，使水和空气的接触面大大增加，盐水就被浓缩了。如果这是古法，它就可以说明"矾"字的结构）

310

475

石在生成之初是柔软、可塑的,并具有黏滞的特性,这与西方中世纪晚期和文艺复兴早期的著作家们的看法也恰好相同。

矿物学文献及其范围

中国古代矿物学文献中,居于首位和最重要的文献,就是从汉代到清代不断发展的一系列被称为"本草"(药典)的出色专著。列入本草类的书计二百种,差不多全是卷帙浩繁的著作。其中所记载的大部分是植物和植物性的药物,但是从一开始就有矿物性药物。这儿我们只能作一个最简单的回顾,详细书目就留待下一卷再叙。

《神农本草经》确实是汉代的著作,原书已散佚,后来经人重辑并注释,后世的本草著作也常引用它的片断。重要的是,本草自一开始就包括了矿物性药物。这部最早的本草就记载了四十六种无机物。这与欧洲的情况正好形成对照,在那里,自罗马医生盖伦(Galen)始的仅仅依赖于植物性药物的传统维持了有 1 200 年之久。年代在公元前 2 世纪或前 1 世纪的《本草经》中的药物表并不是我们所知最古老的。成书年代大概在公元前 4 世纪的《计倪子》(可以肯定是汉以前的著作)中就列出了二十四种无机物,大部分与《神农本草经》表中的相同。然而,这本书的目的似乎并不是记载药物,而是记录贡品和经济地理产品。

虽然后来的各种本草著作都详略不等地记载了无机矿物性药物,但是这一类著作中登峰造极的是 1596 年李时珍编著的《本草纲目》。书中详尽论述了二百十七种矿物的疗效。中国也有一些书并不是把矿物当作生药而是当作化学药品来介绍的。其中有唐代梅彪的《石药尔雅》,成书年代大约在 806 年。这部书列举了六十二种化学物质的三百三十五种异名,完全可以说是一本唐代炼丹术语的指南。其后,随着宋代科学专题论著的兴盛,出现了一整套专讲石类和矿物的书籍。到今天其中有些已残缺不全,但 1133 年杜绾的《云林石谱》却完整无缺地保留下来了。尽管这部书和西方的宝石鉴别书籍一样,对每一种矿物或石类都附上巫医的药方和荒诞的故事,可是却体现着一种欧洲著作中所缺少的观察和分析的精神。可惜的是,明、清两代未能维持这样的水平。

另外一点值得一提的是,自使用墨和毛笔以来,中国学者便以选择合适的砚石来研墨为一件乐事。他们也因此而留下了大量描述各种岩石的文字。关于砚石的最有名的专著是宋代的礼部员外郎米芾的《砚史》(约 1085 年)。不过这部书并不是最早的,因为 10 世纪晚期已有一本记载了三十二种砚石的

表 37　东西方玉石典中所涉及的石类及无机物的范围

年代	西方"石类"鉴别	记载石类及无机物数量	东方"石类"鉴别	记载石类及无机物数量
约公元前 350 年	《论石》(西奥弗拉斯图斯)		《计倪子》(计然)	24
约公元前 300 年		约 70		
约公元前 1 世纪			《神农本草经》	46
公元 60 年	《论药物》(狄奥斯可利德)	100		
约公元 220 年	《河流和山脉》(伪—托普鲁塔克)	24		
公元 300 年			《抱朴子》(葛洪)	约 70
公元 818 年	《西拉尼德》(黑尔普替克)		《石药尔雅》(梅彪)	62(335)
公元 1022 年	《济世之书》(伊本·西纳)	72		
公元 1070 年	《宝石》(玛劲多斯)	60	《本草图经》(苏颂)	58
公元 1110 年			《证类本草》(唐慎微)	215
公元 1120 年			《宣和石谱》(祖考)	63
公元 1133 年			《云林石谱》(杜绾)	110
约公元 1260 年	《论矿物》(马格纳斯)	70		
约公元 1278 年	《宝石》(阿尔丰素十世)	280		
公元 1502 年	《石类》(列奥那多)	279		
公元 1596 年			《本草纲目》(李时珍)	217

《砚谱》，它的作者可能是沈仕，但也有人说是苏易简。而西方似乎没有完全可与此相当的文献。不过，现在我们有可能编出一张比较表，以说明东、西方在各阶段玉石鉴别方面所涉及的范围（见表 37）。

一般性矿物学知识

在希腊西奥弗拉斯图斯（Theophrastus，公元前 372—前 287 年）的书中就已经出现最古老的矿物分类，这种分类只是简单地以矿物是否会因热而发生变化作为其分类标准。因此，这仅仅是根据熔点把岩石和矿物区分开来，我们在四世纪的《抱朴子》一书中恰好可以找到这种分类方法：

又他物埋之即朽，烧之即焦，而五云以内猛火中，经时终不然，埋之永不腐败。

（《抱朴子》卷十一）

"云母"这个词在中国历史上一直没有改变过。苏颂在《本草图经》（1070 年）中对云母作了很好的描述。他这样写道：

（云母）生土石间，作片成层，可析；明滑光自者为上……色如紫金。重沓可开析之，则薄如蝉翼。积之，乃如纱縠。又云，琉璃类也。亦堪入药。

（《图经衍义本草》卷一）

313　　　苏颂在下文中根据颜色对八种不同的云母作了分类，并说明其中的两种是不可服用的。这段文字不但对云母的透明薄片作了十分清楚的描述，而且试图对各种云母之间的差别作出系统的区分。

本草著作中的描述主要偏重于医疗方面（将在下一卷论述中国的药物学时再谈到），但是有必要在这里指出的是：所有古代中国矿物学著作都注意到了晶体，指出了哪些矿物是六角形结晶，哪些是针状结晶、锥形结晶或是其他类型的结晶。早在 11 世纪，苏颂就在《本草图经》中谈到过矿物被打碎以后由晶体结构形成的特殊断面。在提到土产朱砂时他这样写道：

丹砂……土人采之，穴地数十丈，始见其"苗"，乃白石耳，谓之"朱砂床"。砂生石上。……碎之，崭岩作墙壁，又似云母片。……

雷公云……有妙硫砂……有十四面如镜，若遇阴沉大雨，即镜面上有红浆汁出。

（《图经衍义本草》卷一）

这段文字有几个地方值得注意。首先,我们可以看到,当时的中国人已经十分注意砂床的标志和周围岩石的特征了,同时还注意到矿物上具有代表性的特性,而且还试图描述晶体形状。

另外,由于靠近矿床而受到的影响,也不时会引起人们的注意。例如,杜绾在分析某种矿石呈绿色的原因时说,这是由于离它不远的铜苗蒸熏而引起的,因为这类矿石经常出现在铜矿附近。今天的解释是,这类矿石之所以会呈绿色,是因为其中含有孔雀石或其他含铜矿物的包体,而杜绾的说法与此并没有太大的出入。这使我们想到三个世纪之后德国冶金学家和矿业工程师阿格里科拉(Georgius Agricola)所提出的观点。阿格里科拉被看作是现代矿物理论的奠基者,他认为,成矿通道是在周围岩石发生了沉积以后由于地下水在裂隙中不断循环流动而形成的。在中国 10 世纪和 11 世纪的其他书籍中还可以找到关于石胆(硫酸铜)和曾青(碳酸铜)的类似说法。

314

关于矿床是由于地下水在岩石裂隙中循环流动而形成的这种观点,最为生动的描述可能要数郑思肖笔下的了(他卒于 1322 年,大约比阿格里科拉早两个世纪):

> 孰知夫大地之下,皆一重土、一重泉相间,层负万气,支缕万物,脉柔顺巩固,荡化流跃;斜细其轴,互为钳锁;深运其机,密相橐籥;张布玄网,维络地根……
>
> 地气通,一方之水土俱甘香暖润,人物亦正清贤慧。……地气塞,一方之水土俱苦涩枯寒,人物亦愚陋恶逆……
>
> (《所南文集·答吴山人问远游观地理书》)

关于地下进行着某种循环的观点在堪舆家当中是相当普遍的(相信房址和墓穴应该与该地的地气走向相协调),而郑思肖在这里却用它来说明地下水在成矿通道中的蒸发或沉淀所引起的成矿作用。此外,还有一点值得注意的是,他把古代医学理论中因毛孔闭塞而致病的理论也应用到他的学说中去了。

古书中有关于各种矿物的实际应用的大量记载。当欧洲只有很少几个人知道硇砂、硝石、明矾等一类矿物之间的区别时,中国人已经根据制革、染色、油漆、焰火制造等方面工艺的要求,而对许多矿物作出必要的鉴别了。矿物的应用非常广泛,例如,硫酸铜(石胆)可用作杀菌药物,砒霜(炼铜时所得到的副产品)在插秧时可撒在稻秧根部以防止虫害。

315　关于几种特殊矿物的说明

现在对几种特殊的矿物作一些简短的介绍。为方便起见，另外几种重要矿物则放在以后的有关章节中讨论。例如，关于煤，将放在采矿和冶金一章讨论；高岭土，则放在制陶一章里讨论。

1. 明矾

明矾是一种具有巨大工业价值的矿物，其主要用途是在染色过程中作为媒染剂，为此必须提得很纯。此外还被用来软化皮革、给纸张上胶、制造玻璃、净化天然水和预防木材起火。它还有医学价值：止血、催吐和收敛作用。中国人很早就能区分生矾和那种用钠明矾石焙烧而成的枯矾，尽管焙烧技术似乎直到 10 世纪才在亚洲开始应用。在 12 世纪，阿拉伯又出现了第三种制矾方法，就是把含有硫酸铝的石头同尿放在一起烧煮，从而形成铵明矾。但是这种方法在中国似乎未曾用过。有证据表明，明矾是从西方的"波斯"（既指南海某一地方，同时也指波斯）输入中国的。据 10 世纪左右的《海药本草》中记载，明矾有两种，一种来自马来亚的波斯，另一种则来自阿拉伯。

2. 硇砂

氯化铵（硇砂）同样也是一种在医学和化学上都具有重要意义的矿物（它在医学上是有兴奋作用的祛痰剂和温和的胆汁输出促进剂）。氯化铵既不是普林尼所说的"阿摩尼亚盐"，也没有出现在 3 世纪亚历山大里亚学派的化学家所编制的化学药物表中。10 世纪前后，阿拉伯炼丹术士把它引入化学中，而他们又是从中国同行那里得到的。因为在中亚火山地带出产天然氯化铵，而且很可能从很早的时候开始，那里的人们就已经对它进行采集了。公元 2 世纪魏伯阳所写的《参同契》一书中就提到过这种矿物，并且还正确地提到，这种矿物在煮沸时会发生制冷效应。此后出现的另一本提到硇砂的技术书是 660 年的《唐本草》。所有的中国古书中都指出，硇砂是从中国西部省份即四川、甘肃、新疆、西藏等地运来的，在这些地方，硇砂是从火山活动区域或燃烧的煤层附近地区采集来的。

316　3. 石棉

在那些具有纤维结构的矿物中，石棉是很不寻常的一种，它由钙镁硅酸盐组成。尽管它可以呈现多种形态，并含有由其他元素形成的杂质，但是它的纤维通常可以被分离出来，看起来就像亚麻。贵橄榄石，或称纤蛇纹石，是一种含水的镁铁硅酸盐，它和石棉很相似，而且性质也相近。从很早的时候开始，人们就发现用这种纤维可以织成一种不怕火烧的布，因此很自然地就把这种东西看作是一种奇妙的神物。而且，实际上自公元前若干世纪以来，就出现过许多谈到石棉布的文献。西方的斯特拉博(Strabo,公元前63—公元19年)曾经谈到过"防火餐巾",其后有许多著作家也提到过它。据说中国人是通过4世纪时同罗马叙利亚之间的贸易而第一次知道石棉的,所以在公元4世纪的中国文献中把它列为阿拉伯的产品。但是,在《列子》中有这样一段记载:

> 周穆王大征西戎,西戎献锟铻之剑,火浣之布。其剑长尺有咫,炼钢赤刃,用之切玉如切泥焉。火浣之布,浣之必投于火,布则火色,垢则布色,出火而振之,皓然疑乎雪。皇子以为无此物,传之者妄。萧叔曰:"皇子果于自信,果于诬理哉!"

(《列子》卷五)

由于我们很难确定这部书中哪些部分是汉以前所写,哪些部分不是汉以前所写,所以也不能肯定这段话到底是不是公元前3世纪或其前后所写,但是这种可能性是很大的。这段话涉及了后来许多讨论的要点。道家中有人企图以火浣布为例来说明,天地间存在的事物要比他们依靠哲理所想象的还要多,从而说服儒家怀疑论者。这段话中的萧叔就是作为道家的一个典型人物而出现的。此外还有一些不太确切的证据,例如300年,王嘉在《拾遗记》一书中就提到过,有人曾向燕昭王进贡过用火浣布作灯芯,并点"龙膏"的灯。燕国有过两个燕昭王,假如这个说法是真的,那么这件事发生的年代要么是在公元前598年,要么是在公元前308年。另外还有一段记载表明,公元3世纪前后,也出现过这一类的贡物。

对于石棉的来源与性质的说法有各种各样的。比如,火兽和凤凰的传说,300年葛洪对此的一段描写就是这种传说的一个代表。自然,这类传说的产生可能是因为古人无法相信,除了动植物以外还有别的东西也可以织成布。公元1世纪时西方的斯特拉博、狄奥斯可利德和普鲁塔克都对石棉的矿物性质有了正确的认识,但明确指出这一点的最早的中国文献则出现在5世纪或6世纪,文献中称石棉为"石麻"和"石脉",并说它可以用来制成细丝和粗绳。关于石棉起源的动物说和植物说在一些著作家中流行了一段时间,但最终受到了驳斥。在这里,我们再一次看到了同样的发展图式:首先是希腊人把正确的知识记录下来,但是后来,从希腊时代直到文艺复兴时期,中国人却远远走在欧洲人的前面。

4. 硼砂

硼砂(天然四硼酸钠)在中国古代文献中并未被提及,它第一次出现是在

317

公元 10 世纪的一部药典中。西方在这方面的最早记载也大致出现在同一年代。它可能一直迟至这个时候,才由其天然产地——现在的青海省传入中原地区,其生产也可能和今天一样,是从自流井盐场的卤水中制取的。用硼砂作为焊接和铜焊的辅助剂(熔融状态的硼砂能溶解金属的氧化物,从而起到清洁金属表面的作用),在中国可以上溯至 11 世纪。硼砂由于具有和缓的、无刺激性的防腐性能,在中西方医学中都曾获得过广泛的应用,其性能也早已被中国药物学家所重视。

5. 玉和研磨料

玉,不是一种普通的矿物。对玉的爱好可以说是中国文化的特色之一,三千多年来,它的质地、形状和颜色一直启发着雕刻家、画家和诗人们的灵感。中西方都有大量关于玉的文献,但多半是属于美学鉴赏和社会用途方面的。而我们这儿所感兴趣的则是这种矿物的技术方面,即开采,尤其是加工,因为它的硬度很大,对它进行加工实在不是一件容易的事情。

英文中的 jade(玉)这个词是西班牙语 ijada 的讹写,ijada 一词的原意是胁腹或腰部,全称应当是 piedra de ijada。当西班牙人侵占墨西哥后,他们把墨西哥人当作能防止肾病的护身符,一种绿宝石,连同它的贵重声誉一起带回了欧洲。中国古代的玉字并没有这些含义。不过,一个值得注意的事实是,对玉的欣赏和制作工艺并不限于中国,也是中美洲古文化和新西兰毛利文化的特色。这说明,大西洋两岸这种爱玉文化是有某些共同根源的,也许在两岸之间有着某些联系。

真玉,或称软玉,是隐晶质钙镁硅酸盐,属闪石类。硬玉(翡翠)在外观上虽然与真玉相似,但它是钠铝硅酸盐,属辉石类。硬玉通常是由小颗粒、而不是像真玉那样由细纤维组成的,因此,虽然它比真玉稍硬,但却比真玉更容易被雕刻家用刻刀进行雕刻。软玉之所以会呈现各种颜色,主要是因为里面含有铁、锰、铬的化合物。其他矿物也有不少和玉非常相似,中国人称之为"砆玉(即假玉)",硬度都比真玉要小得多。

新疆的和田(于阗)和叶尔羌地区的山上和河中是两千多年来主要的,也许是唯一的产玉中心。早在公元前 4 世纪,月氏人就已成了玉这项贸易的中间人。玉就出产在喀拉喀什河和玉龙河的河谷中,既可以开矿开采,也可以像捡石块那样在河床上采集(见图 155)。硬玉在 18 世纪以前还不为中国人所知,18 世纪以后,才开始从缅甸产地输入中国。

至于中国的古代玉器史,我们知道殷商人(公元前 13 世纪)就已经会雕琢玉器了,因为从安阳发掘出来的殷商遗物中就有玉制品。有证据表明,新石

图 155　妇女和女孩在新疆和田的喀拉喀什河和玉龙河里采集璞玉（采自
1637 年宋应星《天工开物》）

319

器时代的玉制工具已无需借助金属就可以加工出来，但当时一定曾用过研磨
砂，可能是用砂岩薄片或其他石片作为切割工具。实际上，研磨方法是后来
所有玉石加工的一个秘诀。古埃及早期在这方面也有同样的成就，当时就有
用闪长岩制成的花瓶和水晶制成的细颈瓶。这也是公元前 3 世纪前后就已闻
名的昆吾剑（见原著第 316 页）使人产生兴趣的原因。由于火浣布已被证明是
确有其物，人们很自然地会认为昆吾剑这一奇物的名称也必然代表着某种东
西。到了稍晚的时期，昆吾剑一词就成为指代一切优质钢刀的常用语了。研

磨方法中最主要的发明,应该是转盘刀(铡铊,见图 156)。关于转盘刀的最古老的记载见于 12 世纪的一部文献,但并非直接提及。专门提到转盘刀的最早文献则出现在 1500 年。考虑到古时玉器制作方法同许多别的技艺一样,在手工艺人中是秘而不宣的,因此,在较早的文献中未加记载也并不是一件奇怪的事。事实上,昆吾剑的故事背后很可能就是指用踏板带动的钢制转盘刀和研磨砂的最早应用。在显微镜下可以发现,在晚周的玉璧上有使用旋转切割

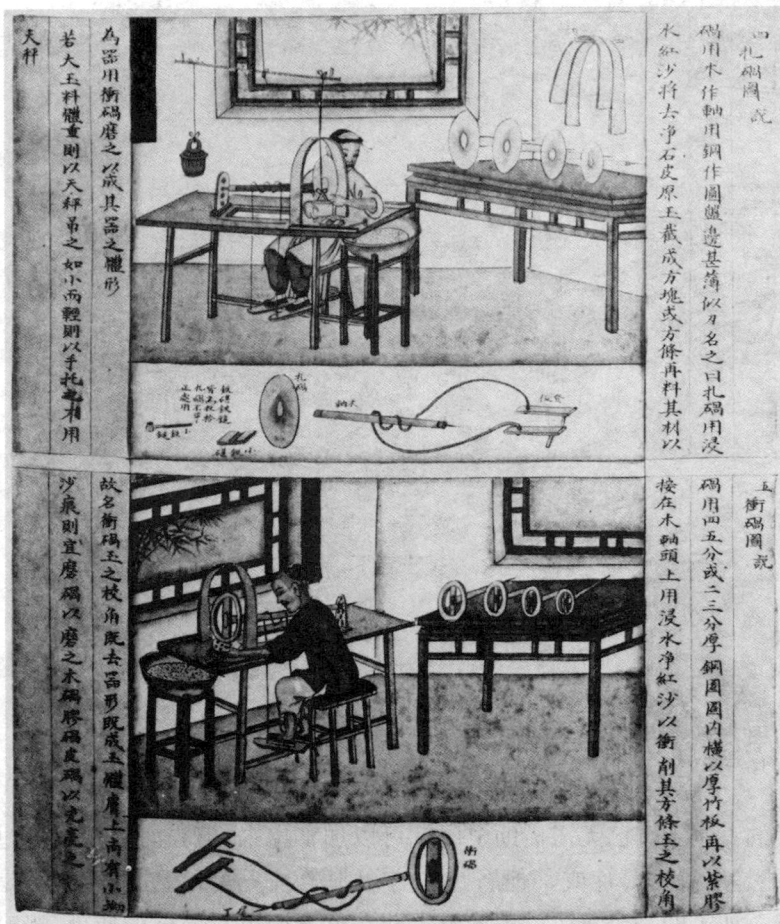

图 156 玉器作坊中的旋转工具[采自李石泉。上图是钢制转盘刀(铡铊,此处称为扎碢)连同脚踏装置和护板。说明文字提到要用红砂(碾碎的铁铝榴石),又说如果所加工的玉较重,就用秤把它吊起,如图所示。下图是钢制研磨轮(磨铊,此处称为冲碢),也用踏板带动,用碾碎的石榴石作为研磨料。说明中又提到抛光轮,比如用虫胶(紫胶)和金刚砂的混合物制成的胶碢,以及用皮革作缓冲物的皮碢]

320

工具的痕迹。这一点是和我们的猜想相一致的，同时和中国普遍使用铁器的年代（这一年代是相当晚的）也是相吻合的。

脂膏曾被用来作为研磨料的介质。11 世纪的吕大临曾写道：“说者谓，蟾脂，昆吾刀，能治之如蜡。”（据说，用蟾脂和昆吾刀，就可以像加工一块蜡那样来对玉进行加工。）当然，历代的许多著作家并没能认识到脂膏里所含的研磨料是一个重要因素，而是以为脂膏本身对玉石会起到某种软化作用。最古老的研磨砂是石英砂；刚玉（如金刚砂，铝和铁的氧化物）则是 12 世纪才发现的，而碾碎的石榴石（如钙和铁的硅酸盐）则早在几个世纪之前就被使用了。

321

6. 宝石（包括金刚石）

一直以来，人们或是出于美学的观点，或是相信宝石可以治病，都把宝石视为至宝。由于以前的人不可能对宝石进行合理的分类，所以宝石的历史主要是属于考古学方面的。此外，不论在东方或西方，对这方面的许多术语都没有考证清楚，又使这个题目的讨论变得更加困难。我们在中国中古代文献中，还没有发现专门论述宝石的专著。不过，在前面已经提到的那些石谱、考古书籍和类书中，当然是有大量这方面的资料的。

金刚石的结构既不同于石棉的线状或链状大分子，也不同于云母的片状或层状点阵，而是长、宽、高三维齐全，交错相连的点阵。这种非凡的结晶碳（最坚硬的“石头”）古代的主要产地是印度，这是无可怀疑的。最早提到金刚石的文献之一出现在公元前 1 世纪，而希腊的狄奥斯可利德（Dioscorides）是于公元 1 世纪时知道有这种东西的，当时还提到金刚石是从印度输出的。中国提到金刚石的最早文献，一般认为是公元 3 世纪《晋起居注》中的一则记载，其中谈到敦煌地区曾献金刚石给皇帝；并说金刚石出自黄金，来自印度，可以用来切玉，虽使用多次也不会磨损。但最近又找到了一段比这更早的文献记载，其年代为 114 年。

关于采集金刚石的传说，东、西方是很相似的。中国有一种后期所用的采集方法是，让穿草鞋的人在含有金刚石的沙上来回走动，然后用火焚烧草鞋，并从灰烬中收集金刚石。关于金刚石是不可摧毁之物的看法，很可能是由于金刚石那种不同寻常的硬度而产生的。令人惊奇的是，中国人一直到 16 世纪葡萄牙人把一些经过切割和打磨的金刚石带到澳门的时候，才知道金刚石可以这样进行加工。

7. 试金石

322

试金石之所以值得注意，是因为它与一种很重要的技术有关。这种石头通常是呈粗粒状或燧石状的黑色碧玉，也就是一种和石英共生并被氧化铁或其他氧化物着色的隐晶质氧化硅。过去常用它来验定金、银合金的成色。中世纪的冶金家备有一套金针或金棒（24 根），每一根金针的含金率都有已知的固定标准，分别标有从一开到二十四开的标志。验定时将待验的金条在试金石上划一下，然后分别用这些标准的金针在这道划痕的旁边各划上一道痕，最后根据划痕选出成色同这块未知含金量的金条最接近的标准金针。在古代，划痕的色泽是唯一的判断依据，但在无机酸被引进验定技术之后，就可以在划痕上加上一些王水（以 4∶1 比例混合的浓盐酸和硝酸溶液），并观察这种溶剂对相比较的两条划痕所起的作用。如果发现两者有所不同，就换一根标准金针再试，直到找到划痕与待验金条完全一样的标准金针。这种方法依据的是金属反射率和色泽上的差别，而且不同含金量金属的这种差别是无法从金属表面直接看出来的，但是当金条在试金石表面上磨出屑来时，这种差别就清晰可见了。

　　试金石在希腊的应用显然有十分久远的历史。因为早在公元前 6 世纪的希腊诗歌里就已经提到试金石了，并且在这之后还有详细的描述文字。迄今发现的提到试金石的最早的中国文献恐怕是 1387 年的《格古要论》，书中谈到"试金石"来自四川，也可以用来验定银合金。此外，1730 年左右的一部分文献也谈到过试金石，说它色如新砚，深受用它来验定合金的商人们的重视。有人认为还有更早的提及这种石头的文献，但很难断定其中所提到的东西是试金石呢还是仅仅用来研磨的石头。因此，中国冶金术中最早采用试金石的确切年代仍然有待考证。

探矿

　　1. 地质勘察

　　古代的采矿者寻找矿床位置和矿物的方法一定是用以下几点来作为主要依据的：第一是传统的地质知识；第二是对地势的地层走向的观察；第三是关于所找矿物可能和哪一类岩石共生的知识。16 世纪欧洲的采矿实践给我们提供了关于这方面知识的一些线索，中国当然也应该有类似的传统。但是今天已经采用了新的勘探方法，即依靠地球物理学（如重力测量法和人工地震测量法），以及依靠对勘察区内的土壤和生长的植物所进行的观察和化学分析。在现代科学兴起之前，对土样进行化学分析显然是不可能做到的。但是由于人们能够从经验中得到关于某种植物同某种矿物共生现象的知识，所以对植物进行观察和分析的方法是可能的，而且，这种方法在中国可以上溯到相当久远的年代。实际上，凭借某种岩石或矿物和另一种岩石或矿物共生

323

的经验进行勘察,很可能是中国的传统采矿方法中最古老的方法之一,因为在汉代或汉代以前的古书中可以找到这方面的记载。在《管子》(部分选编自公元前 4 世纪后期的古代文献)中有这样一段记载:

> 上有赭者,其下有铁。……上有丹沙者,其下有钍金。上有慈石者,其下有铜、金。

> (《管子》卷七十七)

2. 植物学找矿和生物化学找矿

中国人不仅认识到了矿石和岩石之间的某些共生关系,而且也早已注意到了植物和矿物之间的某些关联。那些彼此有关联的矿物和植物可能相隔好几米远,或者相距很远,中国人对于这种现象并不感到困惑。在许多古书中都出现过"感应"(即"超距作用")这一概念,这也许是因为中国人很早就有了宇宙的有机整体观。

谈到这方面问题的最著名文献,可能要属段成式于公元 800 年左右所写的《酉阳杂俎》。书中有这样一段话:

> 山上有薤,下有金。山上有薑,下有铜、锡。山有宝石,木旁枝皆下垂。

> (《酉阳杂俎》卷十六)

从这段话以及后来的一些文献中可以知道,中国在当时不仅已经注意到指示植物的存在。而且还已注意到这些植物的生理状况了。我们认为这些经验性的知识很可能是从汉代到隋代逐渐形成的,这样的估计,总的来说不会与实际情况相差太远。当然,在这些文字记载中,既包含着真正的知识,也包含有一些不可思议的东西,例如镁的硅酸盐等一类矿物,不管人们是如何看重它们并把它们视为宝玉,但是它们的存在是不可能通过任何一种植物被指示出来的。不过我们现在通过在人工培养液中培养出低等植物的实验得知,植物需要有多种金属或非金属元素才能很好地生长,虽然所需要的数量极为微小。

现代科学研究已经查明,土壤中所含的金属元素会在特定的指示植物中积聚起来。例如,已知金会积聚在问荆(Egquisetum arvense)和犬问荆(Equisetum palustre)中,每吨这类植物的含金量可多达 113 克;当伞花硬骨草(Holosteun umbellatum)在富含汞的土壤中生长时,我们可以在它们的细胞之间观察到金属汞的微滴。从这些事实中可以看出,中国文献中关于从某种植物中可以得到某种金属的由来已久的主张是十分值得注意的。在 1421

324

年的《庚辛玉册》中我们可以找到一段话，其中就谈到了这样的一些例子。这种知识至少已经用在提取水银的实践中了。

也许有人会认为，不论在哪一种文化中，采矿者都一定会从实践经验中得到某些植物和矿物之间存在关联的知识。但是，在欧洲中世纪的思想中似乎找不到这方面知识的任何痕迹。阿格里科拉只是稍稍谈到过这个问题，之后一直到 1760 年才出现了"植物学找矿"的苗头。但是，中国人在中古代所进行的这类观察确实可以说是仍在迅速发展中的、范围十分广阔的现代科学理论和科学实践的先驱。

第六章　物理学

物理学通常被认为是一门基础学科,然而在这一领域里,中国传统文化 却从未有过突出表现。这种现象本身就值得人们注意。因此我们将在以后的章节里继续讨论这一问题。届时我们将对东亚社会中阻碍现代科学发展的各种因素进行总体分析,那时再来关注这一现象,所得结论会更有说服力。然而中国物理学的发展,也并非乏善可陈,前面在论及中国科学思想的基本观念时(见本书第一卷),曾提到过一些物理学方面的内容,这里我们将继续研究公元前 4 到前 3 世纪的墨家学派的著作。通过研究,我们会发现原子论在中国从来没有受到过重视,我们知道中国的数学偏重代数而非几何,中国哲学是有机哲学而不是机械论哲学,同样,主宰中国古代物理学思想(甚至还谈不上已发展成一门学科)的是波理论而非粒子的观念。

中国人对物理学所作的最大贡献是他们对磁学知识的发展。为了方便起见,我们将在后面的一卷中专门讨论这方面的内容,到时我们将对中国人在磁罗盘及航海实践中所运用的磁学知识作一番彻底的研究。在磁学上,中国人远远领先于西方人,如果文艺复兴发生在中国而非欧洲,那么这些发明的结果会和我们现在所知道的截然不同。产生这种现象的原因是因为中国人似乎从来没有像中世纪的西方人那样研究过动力学。然而令人倍感不解的是,墨家对军事技术的发展有着极大兴趣,但在有关文献中并没有中国人曾对抛体和落体运动轨道作过研究的记录。然而理论的缺乏并不妨碍机械技术的发展,在这一方面,直到 1500 年,中国人都领先于欧洲。

第一节　波　和　粒　子

这里我们首先要明确的是,主宰中国人物理学思想的是波理论而非粒子观点。原子论是欧洲和印度思想的一个广为人知的特征,而在中国,虽然不同时期都曾有思想家萌发过这种观念,但却始终没有人发展出相应的理论。这很可能是因为,原子论与中国思想赖以生存的宇宙观是背道而驰的。因为在中国人眼里,世界是一个有机的整体。尽管如此,还是让我们浏览一下原子理论在中国的发展情况。

可以这么说,朴素的原子理论独立产生于各种文明之中。劈柴是先人生活中常见的一种现象,因此人们就会不可避免地产生这样的疑问:如果把一块柴不停地对劈下去,直到不能劈开为止,那么会产生怎么样的结果? 墨家学派对这一现象的论断最严格也最具逻辑性。在《墨子》中,他们从原子的角度来解释这种最终将会得到的几何体,并称之为端,同时,他们还以原子论的观点来定义时间的瞬间概念:

> 《经上》:始,当时也。
> 《经说上》:始,时,或有久,或无久,始当无久。

《墨经》成书于公元前 4 世纪抑或更早。因此这种有关时间瞬间的描述不可能是随佛教传入中国的。佛教最早传入中国是在公元 1 世纪,因此,如果说墨家是受到了印度佛教思想的影响才提出了这一概念,那是难以想象的。到了东汉,印度人的瞬间观念才真正开始在中国流行,人们称之为"刹那"。我们发现,在东汉徐岳的文章中已经有了这种说法。

墨家所说的"始"是由ᄀ演变而来的,表示婴儿的诞生。而用来表示"点"字的"端"源于ᄀ,意指植物初出的新芽。还有其他一些字,如"微"用来形容极小事物,源自ᄀ,像两手紧握一个小东西。"微"有时被译作"原子"。这在文学上或许适用,从科学角度来看却似不当。到了公元前 3 世纪,又出现了"气"字,生物学上称之为"萌芽",所谓"万物源于气而又归于气"。这种意义的气,无论如何也无法把它解释成原子。在汉代的医学文献中,描述最微小重量的术语几乎都体现了一种原子论的意识,然而如果把它们直译成原子的话,那么与其原意相比,则显得过于确定化,过于牵强、生硬了。

同为数甚少的原子论观点相比,中国文献中对波动及类似的理论近乎众

口一词。他们认为阴阳的交替、起与落的重叠影响着自然界万事万物的变 327
迁。这一思想最早可以在公元前 4 世纪的《鬼谷子》书中略见一斑:

> 阳动而出,阴动而入。阳还终始,阴极反阳。

类似的例子不胜枚举。到了 1 世纪,王充这样写道:

> 旸极反阴,阴极反旸。

波动的理论统治着整个中国思想领域,有时竟成了科学理论发展的桎
梏。传统的中国自然主义哲学认为,在一些基本力量的作用下,整个宇宙处
于一种缓慢的、有节奏的运动状态之中。从本质上讲,这些力既相互对抗又
相互依存。同样,多个物体之间也存在着相互作用,这些相互作用呈放射状
并有规律地运动着。这与中国传统思想中认为自然物体有着各自的内在节
律的观点在本质上是完全协调一致的。但这个观点不是对所有物理现象都
适用的。比如,公元 1140 年,宋朝有位文人对月亮反射太阳光的说法持否定
态度,他认为,用阴的周期性起落能更好地解释月亮的圆缺变化。其实这种
观点在汉代就已形成,他只不过是继承了汉人的说法。汉代的王充曾极力反
对正确的月食理论,而认为太阳和月亮都能独自周期性发光的。

综上所述,中世纪的中国物理学观念是一脉相承、浑然一体的。在中国
人看来,聚成有形物质的气并不是由粒子构成,而是物体间作用和反作用力
的体现。这种相互作用不受空间的影响,能跨越相当大的距离,存在于各个
层面上,以波浪或曰振动的方式随阴阳两种基本力的改变而发生有节奏的变
化。同时,物体有各自的运动节律,相互作用时就像乐队中的各种乐器发出
的声音,和谐地融入整个宇宙的运动之中。

中国的自然哲学家曾致力于思考自然界周而复始的各种循环现象。这
种研究最初似乎和季节的更替、人类的作息并没有特别直接的联系,然而后 328
来人们通过更细致的研究,对各种自然现象做了更精确的循环论表述。事实
上,循环论最早出现在天文、水利等学科当中,它与制定历法、观察汛期密切
相关。在生物学和医学领域内,循环论的观点也有着很重要的地位。在医学
上,人们认为人体内气和血液日夜不停地运动着。我们知道现在普遍承认的
血液循环是 1628 年由威廉·哈维提出来的,而汉代中医推测出来的血液循环
只比它慢 60 个节拍。

与之相对应,在西方思想家中,古希腊斯多噶派也持这种波理论。相当
于中国秦汉时期的希腊斯多噶人已经把三维空间的连续媒质比作波浪或涟
漪,以此来推广他们的波动说。同时他们还发现这种媒质处于一种应激状

态。这些理论在生理学和神学中得到广泛应用,和产生于中国的波动说有着明显的相似之处。在中国,人们持有这样一种观点,即宇宙中存在着某种连续媒质或连续体,在后面我们马上就会讲到这一观点。尤其重要的是,我们发现了这样一个有趣的现象,斯多噶派从有机的角度看世界,即认为万物皆有灵或魂,事物之间即使相距很远也能产生感应。他们还认为有机体系内存在着物理学意义上的"力的场"。确实,斯多噶派和中国人都发现了产生潮汐的真正原因,从某种意义上来说,这并非巧合。

当然,在中世纪,中国人一直没有具体、系统地用波理论来解释各种物理现象。同样,希腊人和拉丁人也没有作过这方面的尝试。直到16、17世纪,人们才对科学的实验方法有了一个完整的认识,即科学理论来自实验。当时罗伯特·胡克多次提起自然界的"强烈振动"现象,并把波的理论运用到有关光学、热学和声学的研究上,此后,荷兰人克里斯蒂安·惠更斯以此为基础创立了完整的光学体系。初一看,和中国人近两个世纪的接触对欧洲的这些发现几乎没有什么促进作用。毫无疑问,波动思想的产生是对振动本身,例如弹簧运动加以研究的结果,然而我们不能忽视这样一个事实:胡克本人与在伦敦的中国到访人员之间有过密切的交往,很可能他们中的某位和他谈起过中国人的阴阳学说,这种在中国有着悠久历史的观点给胡克的发现提供了线索。

329　原子论是希腊思想的一个重要流派。公元前5世纪留基伯和德谟克里特创立了这一学说。当时,该学说虽然受到柏拉图、亚里士多德和其他一些哲学家的抨击,但此后受到伊壁鸠鲁学派的肯定,自此确立了地位。公元前1世纪卢克莱修的诗歌《物性论》更使之流芳百世。在基督纪元早期,原子论被彻底废除,到了17世纪又在欧洲兴起,并成为现代科学发展的一个主要特征。印度和阿拉伯人中也有持原子论观点的,但阿拉伯人主要是受到印度人而不是希腊人的影响。

值得注意的是,有一个有趣的现象:所有产生过原子论观点的这些文明都使用字母文字。在这种文字中,少量的字母通过不同的组合能产生无限量的单词。自然,人们就会联想到大量不同属性的物质是否也是由少量不同的微粒通过不同方式的组合构成的,卢克莱修就做出过这种推断。而另一方面,中国的汉字是一个有机的整体,习惯于使用表意文字的中国人就很难产生物质是由原子构成的这种思想。然而汉字中有二百十四个偏旁,大量的汉字就是由这些偏旁构成的。此外,很早以前中国人就把五行看作是组成一切自然现象的基本要素。因此原子论和字母文字之间或许有些关联,但我们不应过分地强调这种联系。

一直以来,人们对世界是连续的还是非连续的有着激烈的争论。在这场争论中,中国的有机哲学肯定是支持连续性观点的,这甚至在数学上也有所体现。古希腊人的观点和连续的世界观相去甚远,以至于他们难以想象像$\sqrt{2}$这种无理数的存在,理由是这样的数字永远不能分解成一个简单的整数。但正如我们所看到的,中国人认识到了无理数的这种特殊属性,他们不会为此而困惑,但也不会对此产生多大的兴趣。在他们的眼里,世界是一个连续的媒质,在这一连续体中事物之间发生相互作用,这种作用不是通过原子间的碰撞产生的,而是放射作用的结果。中国人眼里的世界是波的世界,而不是粒子的世界,因此现代"经典物理学"的两个组成部分之一——波动理论——的产生,要归功于中国人以及斯多噶学派。

第二节　质量、测量、静力学和流体静力学

在许多中国学者中有这样一种倾向,他们认为中古时期的中国文献中几乎没有涉及有关以上这些物理学思想方面的内容。这种观点未免太悲观。其实,当时的中国史料中不乏对杠杆原理和物质强度的论述。在物质的物理属性和某些基本测量方面,不但有实际的应用而且有理论上的探讨。在论证 330 这种观点以前,我们先来看看公元前 120 年左右《淮南子》一书中的精彩篇章,该段文字用诗一般的语言,以天地万物为喻来描绘日常生活中的度量衡现象。它是如此的令人振奋,因为它来自一种不同类型的文明,这种文明既没有产生希腊的演绎几何学,也没有出现过以伽利略理论为代表的数学观。这段话具体为:

> 制度阴阳,大制有六度:天为绳,地为准,春为规,夏为衡,秋为矩,冬为权。绳者所以绳万物也,准者所以准万物也,规者所以员万物也,衡者所以平万物也,矩者所以方万物也,权者所以权万物也。
>
> 绳之为度也,直而不争,修而不穷,久而不弊,远而不忘,与天合德,与神合明,所欲则得,所恶则亡,自古及今,不可移匡。厥德孔密,广大以容,是故上帝以为物宗。
>
> 准之为度也,平而不险,巧而不阿,广大以容,宽裕以和,柔而不刚,锐而不挫,流而不滞,易而不移,发通而有纪,周密而不泄,准平而不失,

万物皆平。民无险谋,怨恶不生,是故上帝以为物平。

接着,文章依次赞美了规、衡、矩、权这些测量器,因为它们代表着准确、有序、清晰的精神,具有数字化、恒定和可重复使用的特性,而不存在模糊、混乱的现象。当然,如果不是自然界存在着与人类社会法律制度类似的自然法则,本来也无所谓有序无序。但是从虚无缥缈的气到点点繁星,人们建立了各种各样的模式,使得自然界越来越能够被识别、被测量。人们对其测量水平也越来越高。测量世界及其原理从来没有过改变,即使在皇天上帝之前,它们也同样如此。

331

墨家和测量

我们首先回顾一下前几章中的相关资料,以此作为了解中国测量学的背景知识。在数学上,中国人运用十进制的历史源远流长。在天文学方面,中国人很早就尝试着发明一种测量日晷影长的工具,这种工具和现在使用的铂制米原器十分相像。以下是公元前 4 世纪晚期,和亚里士多德同时代的墨家学派关于测量方面的论述:

《经》:物箅不甚,说在若是。

《经说》:物:甚长、甚短,莫长于是,莫短于是。是之是也,非是也者,莫甚于是。

毫无疑问,作者已注意到了全国上下由于使用不同度量制度引起的混乱。当时每个诸侯国都有各自的测量方法,而且不止一种。另外一些文章则说明,墨家致力于建立一个统一的度量衡体系,在日常生活中使用一种大小恰当的计量单位。

墨家的杠杆和平衡理论

这里需要再次强调,我们手头拥有的只是一些零星、不完整的资料。只有对这些幸存的资料作一些必要的推测,才能对战国时期的物理学有所了解。不过,我们下面引用的墨家的一些言论将有助于我们对墨家的杠杆和平衡理论的理解。

1. 力和重量

《经上》:力,(刑)形之所以奋也。

《经说上》:力:重之谓下,与重奋也。

2. 力的平衡,滑轮和天平

《经下》:(契)挈与(枝)收(板)反,说在薄。

《经说下》:挈,有力也;引,无力也,不(心)必所挈之止于施也; 332
绳制挈之也,若以锥刺之。挈,长重者下,短轻者上;上者愈得,下;
下者愈亡,上。绳直,权重相若,则正矣。(扳)收,上者愈丧,下者愈
得;上者权重尽,则(遂)坠。

在后一个例子中,墨家借助一种实验机械来研究质量、力和加速度之间的关
系。这种装置可以说是 1780 年由乔治·爱德华发明的阿德伍德机的原型。

3. 力的合成

《经》:无合与一,或复否,说在拒。

有关这一概念的评注已无处可查,因此,我们很难从只语片词中清楚地了解
这段话的本意。如果文中的"拒"是"矩"的异体字的话,那么墨家已经在尝试
用平行四边形的方法来进行力的分解。他们还注意到力的反作用力同研究
对象是否处在平衡状态有关。如果按"拒"的本义来理解,那么文中所描绘的
是物体碰撞时能量的传递现象。据我们看来,后者的可能性较小。在中古时
期,中国人在制造机械的实践中已经积累了力的合成方面的经验,只不过在
这方面缺乏理论依据。

4. 杠杆和平衡

《经下》:奥(衡的古体)而(必)不正,说在得。

《经说下》:衡:加重于一旁,必捶,权重相若也,相衡,则本短标长,两 333
加焉,重相若,则标必下,标得权也。

这段话意义重大,它告诉我们,早在阿基米得提出杠杆平衡理论一个半世纪
以前,墨家学派就已经建立了完整的杠杆学说。到了汉代,这种学说已经广
为人知,《淮南子》(公元前 120 年)中有这样的记载:

是故得势之利者,所持甚小,其存甚大;……是故十围之木,持千钧
之屋;五寸之键,制开阖之门。

众所周知,在古代西方,杆秤的出现比这要晚得多,而且它一直没有成为
欧洲人的主要称重工具。令人不解的是,在中国,情况完全两样,尽管使用天
平相对比较简单,但至少从汉代起,杆秤的使用就比天平要普及得多。此外,
中式杆秤上的悬吊点不止一个,这样就能称不同轻重范围的物品。不过,在

测量精确度要求较高的小样物品时,人们也使用天平,特别在宋代的炼丹术士和汉代以后的药剂师中,天平的使用率相对较高。

张力、断裂与连续性

首先,我们来看看墨家的两条经文。

1. 物质的强度

《经下》:(贞)负而不挠,说在胜。

《经说下》:负:衡木(如)加重焉而不挠,极胜重也。右校交绳,无加焉而挠,极不胜重也。

2. 张力,破裂与连续

《经下》:均之绝否,说在所均。

《经说下》:均:发均,悬轻而发绝,不均也。均,其绝也莫绝。

在第一条经文中,墨家致力于研究物体的应变、负载、弯曲和断裂现象。这些问题一直困扰着古代的机械师、建筑师和实用物理学家。直到文艺复兴时期,人们才对它们作出了理论上的解释。第二条经文更能引起人们的广泛兴趣。《列子》中也有一篇类似的文章,其中引用了《墨经》的说法,但其论证目的却恰恰相反。在墨家的经文中,作者似乎在证明,在拉力作用下纤维物质之所以断裂是因为构成物质的强度不等或内聚不均,从而在某处出现了一个断裂面。从本质上说,这是一种原子或粒子论的观点,与墨家对几何体及不可分割的时间瞬间性所下的定义相吻合。与之相反,《列子》一书的作者却支持连续性的观点。这和人们事先预料的完全一致,我们在讨论波动和粒子时已见其端倪。论及物体的连续性,列子这样写道:

均,天下之至理也,连于形物亦然。均,发均悬轻,重而发绝,发不均也。均也其绝也莫绝。

可见,道家的列子是非常传统的。然而要他用影响过亚里士多德的论点来证明自己的观点,却非他力所能及。不过,列子以道家的方式,用一系列的寓言和传说向我们展示了他对自然界的看法。他说,想想詹何,他仅凭一根丝做的渔线就能从万丈深渊里钓起不计其数的鱼,那是他精神集中和精神投射的结果。接着,他还讲了其他几个故事,其中有一个告诉我们,音乐能使人们心意相通,并产生天人合一的效果。这个观点极其重要。因为按现在的说法,音乐是一种声学现象,而在声学上,声波是在连续的媒质中传播的。这种说法经常出现在战国和秦汉时期的其他一些著作中,有着极大的影响力。

或许有人会认为我们所讲的已偏离物理学太远。其实不然,在古代的物理学观念中,精气(元气)可以解释为一种"辐射能"。人们认为波动和循环是最重要的,而离散或原子微粒的学说却没有任何市场。因此几千年来,波动和循环的观念成为中国人固有的思想。 335

重心和歙器

在雅典的亚历山大里亚,赫伦曾通过不规则悬垂物来研究物体的重心。与之相比,在中国却没有类似的理论性研究。但是中国人做过其他形式的尝试,其中最为人熟知的是悬挂一种 L 形的石板来观测物体的重心。说到运用重心知识,中国人的典范之作要数著名的"歙器",这种容器能随着所容水量的多少而变换位置。对现在的人来说,利用交错的溢流管把一个青铜器隔成几个部分而达到上述的各种效果(见图157)是易如反掌的事,但在当时可算得上是一个奇迹,很多人视之为珍宝。有关"歙器"的描写最早出现在《荀子》一书。即使这种提水壶不是孔子时代的产物,但可以肯定,在公元前 3 世纪它已广为人知。以下是一段有关歙器的描述文字:

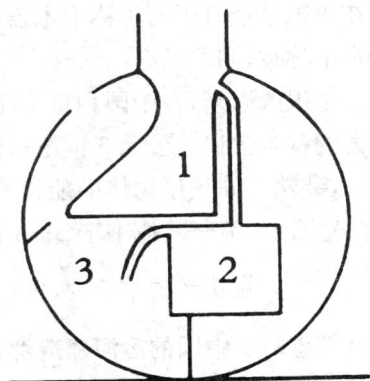

图 157　"歙器"复原图
(据推测所得)。

　　孔子观于鲁桓公之庙,有歙器。孔子问于守庙者曰:此为何器?守庙者曰:此盖为宥坐之器。孔子曰:吾闻宥坐器者,虚则歙,中则正,满则 336 覆。孔子顾谓弟子曰:注水焉。弟子挹水而注之。中而正,满而覆,虚而歙。

书中还把这种现象引申到为人处世的中庸之道上去。因此,在此后一千多年里,歙器作为一种象征被放在宫廷的院落里,时时刻刻提醒着王子王孙恪守中庸之道。

比重、浮力和密度

在远古时期,人们就有了比重的概念。公元前 4 世纪,孟子说过,黄金比羽毛要重。他一定有比重概念，否则他怎么能说一小块黄金比一车羽毛还重呢？但在中国并没有出现类似于阿基米得的浮体研究专著。当然在周代和汉代，工匠们在实践中已经在反复应用阿基米得原理，他们以此来确定浮在水中的箭和车轮的质量分布。

读者一定都知道所谓的阿基米得原理以及与之相关的故事。为了检验希隆王的金冠是否掺假，阿基米得在洗澡时还在苦思解决的方法。突然他发现洗澡时人在澡盆里排出水的体积和身体的大小相等。于是他测出王冠的重量，并把王冠放于水中时排出水的体积和与之相同重量的黄金和白银排出水的体积加以比较，很快就得出了结论。据说，早在汉代，工匠们就已掌握了这一定律。从《周礼》的一篇文章中，我们可以知道那并非不可能，因为当时在中国已经有了两种称重术语，一种用于空气中称重，叫"权"；另一种用于在水中称重，叫"准"。

很久以来，在中国和世界上其他一些地方，水手中已广泛掌握了有关浮力的基本常识。公元3世纪后流传着一个非常有名的故事，有人根据观察发现，装着不同重量物体的船排开的水的体积不同，并运用这一理论来称大象的重量。《慎子》（成书于2—8世纪）一书中这样写道：

> 燕鼎之重乎千钧，乘于吴舟，则可以济。所托者，浮道也。

这件事对于中国的运河建造者来说并非什么新闻，但正如后面的卷中将论及的，中国是世界上最早在船上使用水密舱的国家。此外，在唐代，惠远和尚利用浮力制作浮沉漏刻来计时。而另一僧人怀丙，则利用浮力从水底打捞起重物，这与今天人们打捞时在浮箱中交替注水和充气的原理相似。

在中国，对液体比重的研究与盐水浓度的测定有着特殊的关系。最晚从汉代开始，盐业由政府垄断并成为税收的主要来源。许多文学作品对此都作了相关的描述。远古时代，盐工们用鸡蛋的沉浮来测试盐卤的浓度，后来中国人最常用的盐卤测试物是莲子。

中国的米制（公制）

现在人们普遍认为，度量衡的公制是伴随着货币制造、重量测定和体积计算中十进制的使用而产生的。但十进制并不是公制测量法的本质属性。公制产生的最大意义在于，人们首次成功地应用天文学原理及根据地球大小形状得到了一个不变的常量，并用它来定义日常生活中的计量单位。事实上，米的科学定义是地球水平圆周长的四千万分之一。公制的产生据说

337

与人们不断发展的科学观有着直接关系。随着科学的不断进步,人们对一种恒定的、便于换算的物理计算单位的需求日益强烈,公制便应运而生。在欧洲,直到 18 世纪的最后十年,这种愿望才得以实现,但在中国,早在 18 世纪初的十年里,人们就已经确立了一种固定的计量单位。此外,就欧洲文艺复兴后取得的众多科学成果而言,在此之前存在着这样一个历史阶段,像我

表 38　一行和南宫说的子午线观测资料(公元 724—726 年)

位　置		夏至时 8 尺之表的影长(尺)	春秋分时的影长(尺)	北极高度(度)	现代地图上所标的纬度近似值(度)	里和步(标在括号里)的大小
编号	地点					
1	铁勒(贝加尔湖附近蒙古游牧族聚居处)	+5.13	+9.87	52.0°	约 52.76°	
2	蔚州(横野军,山西北部)	+2.29	+6.44	40.0	40.38	⎫
2a	太原	—	+6.0		38.22	6900
3	滑州(白马县)	+1.57	+5.56	35.3	36.07	⎫198(179) 1861(214)
4	汴州(古台表,浚仪附近)	+1.53	+5.5	34.8	35.31	⎬167(281) 526(270)
5	阳城(中心天文台)	+1.48	+5.43	34.7	34.93	
6	许州(扶沟表)	+1.44	+5.37	34.3	34.65	⎫160(110)
7	豫州(武津表,上蔡附近)	+1.36	+5.28	33.8	34.09	⎭ 1826(196)
7a	襄州	—	+4.8	—	32.46	6112
8	朗州(武陵)	+0.77	+4.37	29.5	29.42	
9	交州(护府,安南首府)	−0.33	+2.93	21.6 / 20.4	21.03	
10	林邑(林邑首府,顺化附近)	−0.57 / −0.91	+2.85	17.4	17.50	⎭

338

注:过去认为子午线长 13 000 里(约 3 800 公里),包含最北的测点(第一个)。但资料似乎表明,该地的数据系推断所得,非当时实测结果。有理由认为,测点 1—5 的距离是一次独立的估算,作于贞观年间(627—649 年)。

们上面提到的那样,在该阶段,人们把天文知识与日常生活相互联系在一起。据我们了解,早在公元 8 世纪,中国人就已经在这方面做了大规模的尝试。

虽然十进制不是此处讨论的重点,我们还是有必要重提:中国人对十进制表现出了极大的偏好。在讲中国数学史时,我们曾提到过这一现象。十进制的使用可以追溯到周代,出土的公元前 6 世纪的尺子可以证明这一点。到了公元前 221 年,其使用范围就更广了,在测重量和量体积时,世界上没有哪个国家像中国这么早、这么始终如一地使用十进制。不过度量衡制度的真正发展则要求人们把合适的长度固定为相对稳定的自然参数,而不被那些诸如王侯之类的制法者突发的奇思异想所左右。当中国人用天文学常数来定义地球的长度单位时,度量衡的发展就向前迈了一大步。中国学者之所以产生这种想法是因为他们发现,夏至在阳城(当时认为的中原的中心)之处,2.5 米（8 尺）高的日晷的影长为 0.5 米(一尺五寸)。以往,人们一直认为从阳城(大地的中心)每往北一里(按:当为一千里),日影长度就增长 2.5 厘米(按:当为一寸),而往南则递减 2.5 厘米。汉代以后,为了验证这一观点,人们往南一直测到了印度支那,然而得到的结果否定了这一数据关系。此后一直到唐代,大规模的纬线测量工作才得以开展。人们先测出纬线一度相当于多少里,然后根据地球的周长确定里的大小,从而实现用天文学常数来定义地球上的长度单位。其测量结果的精确程度比埃拉托色尼(约公元前 200 年)的数据略优,但比马蒙(约公元 827 年)这位伊斯兰哈里发手下的天文学家的测量结果要稍差一些。

为了建立基本的公制,中国人作了很大的努力。最能说明这一点是公元723 年至 726 年间,皇家天文学家南宫说和当时最杰出的数学家、天文学家僧人一行建立了至少十一个观测站(阳城是其中之一),用来观测所需数据。这些观测站南至北纬 17.4 度的林邑(距现在越南的顺化不远),北达北纬 40 度的蔚州(今长城附近的灵丘境内的一座古城)。它们的详细位置见表 38,测量结果表明日影每一千里的变化将近有 10 厘米,是古代学者所用数据的四倍。无可否认,由于众多原因,按今天的标准来说,这些测量的结果不尽准确。但他们所做的尝试从很多方面来讲都是极有意义的。首先,他们分析数据的数学方法在当时处于领先地位,而且这种勇于打破禁锢、挑战传统的开明思想,对于同时代的欧洲人来说是不可想象的。最重要的是,仅仅从规模来说,就中世纪早期的任何地方而言,这次观测活动都毫无疑问是有组织的科学研究活动的最优秀的典范。

第三节　运动学（动力学）

　　总体上讲,中国物理学缺乏对运动的研究,但《墨经》曾对物体运动做了非同凡响的推测。

　　1. 空间中的运动　　　　　　　　　　　　　　　　　　　340

　　　《经下》:宇进无近,说在敷。

　　　《经说下》:(伛)宇:(伛)宇不可偏举,(字)宇也,进,行者先敷近后敷远。

公元 3 世纪的司马彪曾说,"燕之去越有数,而南北之远无穷,由无穷视有数,则燕越之间未始有分也。天下无方,故所在为中;循环无端,故所行为始也。"(按:此段引文为晋朝郭象注解《庄子》时所言)许多世纪后,在欧洲,库萨的尼古拉斯(1401—1464 年)和乔达诺·布鲁诺(1540—1600 年)对运动有类似的认识,所用的言辞与这段引文也相差无几。

　　2. 运动和时间

　　　《经下》:行修以久,说在先后。

　　　《经说下》:行:(者)诸行者必先近而后远。远近,修也,先后,久也。民行修必以久也。

　　3. 运动

　　　《经上》:动,或徙也。

　　　《经说上》:动:偏祭徙者,户枢(免瑟)瑟兔。

这也许是对圆周运动所做探讨的流风余韵。

　　4. 力和运动

　　　《经上》:止,以久也。

　　　《经说上》:止:无久之不止,当牛非马。若夫矢过楹;有久之不止,当　341
　　马非马,若人过梁。

　　为了正确理解墨家学派的这些定义及其后中国人关于运动的思想,有必要大致了解一下运动学在欧洲的发展过程。希腊的运动学说起源于亚里士多德(公元前 4 世纪)。他认为,对一切物体来说都存在着一个"天然"位置,物体朝着这个位置沿直线做"本然"运动;物体的"剧烈"运动是受到外力作用的结果。另一方面,天体的本然运动则表现为圆周运动。他否认真空的存在,认为一切物体都是在空气或某种其他具有阻尼作用的媒质中运动的,这种媒质是物体运动得以连续进行的保证。在亚里士多德眼里,物体运动时,空气在其后迅速聚集起来以防止形成真空,这种聚集对物体施加一个向前的作用,从而使物体保持原来的运动状态。公元6世纪后,亚里士多德的后一种观点受到了强烈的质疑,人们再次认为物体开始运动时就已具有某种"推动力"。早在公元2世纪就有人提出过这种观点。这导致中世纪哲学家的运动观发生了翻天覆地的变化。

到了文艺复兴时期,运动学的研究取得了极大进展。伽利略通过对自由落体的研究,否定了亚里士多德的观点。在此之前,亚里士多德认为物体的"本然"运动不同于"剧烈"运动。通过观察抛体的运动轨迹,伽利略得出这样的结论:抛体在不受摩擦力或空气阻力作用的情况下,(沿水平方向)保持匀速运动状态。1687年,牛顿发表了他的运动定律,其第一运动定律这样写道:"在不受外力作用的情况下,任何物体总保持静止或匀速直线运动状态。"其实当时另外两位哲学家也发表过类似的观点,而早先伽利略在研究抛物体时也已经运用了这一理论。然而最令人惊讶的是,我们在公元前4世纪到前3世纪的《墨经》中也发现了一些论述,其观点和牛顿的运动定律极为相近。我们在前面"运动"及"力和运动"两节中已引用了这些观点。其中墨家所用的术语"久",我们可以理解为牛顿第一运动定律中改变物体稳定运动状态的外力。

墨家的另外一些讨论表现了这个学派思想特征的相对性和辩证性,还有一条(我们未引述)则讨论了物体沿斜面运动的情况。而在西方,直到公元4世纪,帕普斯才作过类似的研究。在他以后,一直到公元13世纪和15世纪之间,欧洲人才又重新关注物体运动方面的研究。到了16世纪,伽利略对这个问题的全部内容进行了分析。

墨家的论断中充满了真知灼见。然而在此后的几千年里,中国史籍中再也没有出现有关物体运动的研究,不管是外力引起的物体运动还是自由落体运动。这令人难以置信,然而相关史料表明事实的确如此。不过理论上的缺乏并没有影响到中国人在实用技术方面的进步。无论是运输工具、抛射器还是我们涉及的各种机械制造,中国人非但没有落后于欧洲人,而且始终走在他们前面。这种现象一直延续到中世纪。早期黑火药武器的发明就是其中一例。从最初的火药配方到金属枪、炮的出现都发生在中国,后来才被欧洲

342

人所掌握。这只不过是几个世纪以来中国人应用抛体运动原理的一个实例，当然它带有中国式的战略思想色彩。而此时的西方哲学家们正在做好各种准备，为伽利略和牛顿的伟大成就铺平道路。

为什么在这以后中国人没能在运动理论方面取得更大进步，这确实是个谜，特别是当我们从以下两方面来分析，这种现象更令人费解。首先我们来看看中国人是如何看待超距作用的。中国人认为自然界是连续、统一的。因此，他们能毫不费力地理解一定距离间的物体也存在着相互作用这一现象，这也使得他们很早就能正确解释潮汐的成因，并发现与磁罗盘有关的磁场。磁场的发现后来还在欧洲掀起了一场科学思想的革命。而在西方，由于人们不能理解有一定距离的物体间也存在着相互作用，这长期阻碍着人们去发现重力的本质。在中国尽管没有这方面的障碍，却也未能形成重力学这一推动运动学发展的重要理论体系。其次，从对运动和静止的相对价值的评价来看，在欧洲，希腊人和中世纪的哲学家认为，静止状态本质上要高于运动状态。这种观点可能源于社会地位的差异，因为在他们眼里坐而论道者比动手实干者地位要高。但中国人却没有这种观念，尽管在中国文化中君主和学者总是静静地坐着，而奴隶和大众却一刻也不停地劳作着。从千百年来中国人勤劳的传统来看，即使不能断言，但更有可能的是，中国人认为，任何状态都要胜于静止。圣人和上天一样，是永不止息的。尽管如此，中国人的动力学研究只停留在墨家的起步阶段，其后没有更大发展。 343

或许是因为中国人的思想和原子论相去太远，运动学在中国才没能得到进一步的发展。应当承认，亚里士多德可以称得上是动力学奠基人，但他并不支持原子论的观点。作为一个欧洲人，所接受的传统文化教育促使他下意识地从个体的角度观察物体的运动。然而在中国，墨家学派有着与众不同的原子论倾向，他们曾几何性地定义了点和时间的瞬间概念，并把绳索在拉力作用下断裂的现象归结为连续性的不完善。所以在中国，他们，也只有他们，才能从抽象的角度来考虑物体的运动。

第四节　物体的表面现象

从运动研究过渡到热学研究，首先要对摩擦现象进行分析。尽管在热学实践上中国人有着相当高的技术水平，但中国文献却没有记载这方面的理论探讨。钻木取火在远古即为人所知，后来的许多书对之也一再提及，《淮南子》就是其中之一。《周礼》中还出现了有关车轮摩擦的记载。但在欧洲,直到文艺复兴时期,人们才开始涉及固体间的摩擦问题。

到了唐朝,王子李荟和其他一些人饶有兴趣地研究了光滑平面的密合问题,此后在公元 13 世纪,周密指明了我们今天叫做单分子薄膜的一些特性,他这样写道:

> 熊矾善辟尘。试之之法,以净水一器,尘幂其上,投胆一粒许,则凝尘,豁然而开。

在另外一本题为《游宦纪闻》的宋代书中,张世南这样写道:

> 验桐油之法,以细篾一头作圈子,入油蘸。若真者,则如鼓而鞭圈子。才有伪,则不着圈子上矣。

这种用环状小圈测试油类质量的方法沿用了几个世纪。1878 年,人们开始用这种方法来精确地测定物体的表面张力。

344

第五节　热学和燃烧

据我们所知,在西方,热学知识的积累是人们在构造物理学体系过程中取得的最后几项成果之一。在古代和中世纪,尽管人们在贸易和工业生产中积累了许多实用的热学知识,比如物体的膨胀与收缩现象,固体与液体及液体与气体之间的相互转化等类似的信息,但他们还是完全缺乏必要的热学概念和定义。因此在中古时期的中国文献中很少有热学原理的记载就显得不足为奇了。不过同西方同行一样,在他们观察和利用热现象的过程中也发生了许多有趣的事情。

16 世纪李时珍在《本草纲目》中谈到了当时中国人对热的看法,他们认为火是气(元气)而非质(实际的物质)。和其他单一元素不同,火可分为阴火和阳火两种,并且每一种都有更细的分类(表 39)。大家都知道,热是物体运动的一种表现形式。但据我们所知,在欧洲,直到 19 世纪初,这种观点还不被人们普遍接受。更多的人认为它是一种叫"卡路里"的流体,而且没有重量。这样看来,李时珍对火和燃烧进行分类的企图就不像刚开始看到的那样显得难以理解了。从表中我们可以看出,他试图把身体本身产生的热量和与肌肉运动有关的热量区分开来,他的这种分类是现在基础代谢和热量分类的雏形,表中所说的"三昧之火"可能是指瑜伽中,利用冥想使长时间暴露在低温下的

表 39　李时珍关于火的分类

	阳火	阴火
火		
天	(1) 太阳真火	(1) 龙火
	(2) 星精飞火	(2) 雷火
地	(1) 钻木之火	(1) 石油之火
	(2) 击石之火	(2) 水中之火
	(3) 戛金之火	
人	(1) 丙丁君火	(1) 命门相火
		(2) 三昧之火
未分类	(1) 萧丘火(＝寒火、冷热、天然气火)	
	(2) 泽中之阳焰	
	(3) 野外之鬼磷	
	(4) 金银之精气	

身体保持高温状态的一种技巧。"龙火"的概念非常含糊,也许是指敲打或熔化物体时产生的不会燃烧的亮光。在李时珍那个时代,人们缺少足够的认识,还不能区分物体间由于相互摩擦或敲打而产生的不同种类的光与热。然而奇怪的是,他不知该把天然气产生的"冷"火归于哪一类。而在李时珍之前1700 年,中国人已认识到天然气生热的现象,同时中国也是世界上最早以工业化规模利用天然气生热的国家。同样,他并没有认识到,燃烧的石油是扑不灭的,因为它浮在水面上还能继续燃烧。

几个世纪来,中国人对外界低温条件下发生的自燃现象一直保持着浓厚的兴趣。公元 3 世纪晋武帝的军火库发生了大火,损失惨重。调查发现,起火的原因是物质化学反应产生热量,从而引起油衣的自燃。这是有关自燃方面的典型例子。其他事实表明中国人对我们现在所说的液体的连续沸腾状态也有所研究。在日本茶道中,用茶壶烧水的程式早为人熟知,据说泡茶只用烧开到第三滚的水。这样,中国画家的许多画中,茶壶成为道家圣贤或隐士的随身携带物品,我们对此就有了新的理解。

《淮南万毕术》中有一篇有关蒸汽的趣文。这篇文章成文于汉代,抑或更早。文中第八节这样写道:

　　铜瓮雷鸣:取沸汤著铜瓮中,坚密塞,内之井中,则雷鸣,闻数十里。

这个密封的水壶里可能充满蒸汽。投入水中时,由于突然变冷,壶内形成一个真空,如果水壶很薄的话就会爆破,产生巨大的声响。这和17世纪发明的早期蒸汽机是同一个原理。当然蒸汽机的汽缸很厚,不易炸裂。这个故事清楚地告诉我们,早在1800年前中国人已掌握了如何利用蒸汽能的技术,不过在当时人们只是把它应用在军事上或用它来制造某种奇特的效果。

最后,我们来看看中国人是如何取火的。大家都知道,原始人利用摩擦木头产生热量,或用敲打燧石或铁块所发出的火星来点燃火绒取火。中国的古书中也有很多这方面的记载,相比而言,知道中国人发明硫黄火柴的人却相对较少。公元950年陶穀在《清异录》中这样写道:

> 夜有急,苦于作灯之缓,有智者批杉条,染硫黄,置之待用。一与火遇,得焰穗。

这方面的详尽记录出现在1366年。记录表明,火柴并非如人们所认为的那样,是杭州人发明的。事实上,在公元577年隋灭北齐时,宫中生活日趋窘迫的女眷们已首先开始使用火柴。尽管1270年马可·波罗在杭州时,市场上肯定已开始出售硫黄火柴。而在欧洲,没有明确资料显示欧洲人在1530年以前已开始使用火柴。

347 发光现象的题外话

几个世纪以来,各种混乱的观察结果不仅一直干扰着人们对有关热变化的研究,同时也妨碍了人们对伴随这种变化出现的各种燃烧现象的正确认识。其实这些观察结果大多数与热学无关,在今天我们把它们归为发光现象。发光有许多种,物体在遭受各种辐射时产生的光叫荧光;如果辐射源被切断后仍能发光,这种光就叫磷光;有时物体被加热后也有可能产生磷光(即热致发光)。放电时出现的发光现象叫电致发光。物体间的摩擦,特别是水晶受挤压或摩擦也能发光(即所谓的摩擦电和压电发光效应)。最后还有化学发光和生物发光现象,前者指的是物质在参与某些化学反应时发出的光,这种现象多发生于含磷物质中间;后者是指来自有生命物体的发光现象(其实也是一种化学光)。那么中国人是如何解释这些现象的呢?

首先让我们回顾一下1596年李时珍对热的分类。当时他对沼火或磷火这类发光现象深感困惑。其实,即便到了现在,我们也还不清楚产生磷火(或称鬼火灯)的真正原因——是甲烷燃烧?是一些特殊的化学反应?还是一种放电现象?正如我们所预料的那样,除了李时珍的《本草纲目》之外,其他很多中国古代文献也提到这种现象,而且有些文献还记录了许多有关腐烂物质发光的实例。现在我们知道,这是由发光的细菌和真菌引起的。而在当时,由于产生这种光的真正原因不为人知，人们就很自然地把它与沼火混淆起来，于是便有了磷火是由死尸产生的这一说法。在中国历代史书的《五行志》中，有很多这方面的内容。在《宋书》中我们可以看到：

> 宋明帝泰始二年五月丙午，南琅邪临沂黄城山道士盛道度堂屋一柱自燃，夜光照室内。此木失其性也。或云木腐自光。

在上文中最值得我们注意的是，当时人们已经清楚地认识到腐烂物体也会发光。史书中不仅仅描写了沼火、细菌和真菌的发光现象，而且对海水中产生的磷光也作了记录。当然和其他文明社会的人一样，中国人很早就观察到那些比细菌大的生物，如萤火虫的发光现象。 348

同时，人们也认识到了非生物中的发光现象，夜明珠就是一例。所谓的夜明珠，可能是某类在受挤压和相互摩擦时会发出亮光的萤石。其中最为人们熟知的是太阳石（bononian stone），在 17 世纪备受科学家们的关注。这是一种天然硫酸钡，富含硫黄，加热后会在黑暗中闪闪发亮。中国人从氧化钡矿中提炼出这类夜明珠。宋朝时流传着这样一则有关人造磷化物的趣事，故事详见于 11 世纪文莹和尚的杂记《湘山野录》：

> 江南徐知谔为润州节度使……喜畜奇玩。……得画牛一轴，昼则啮草栏外，夜则归卧栏中。谔献后主煜。煜持贡阙下，太宗张后苑以示群臣。俱无知者，惟僧录赞宁曰：南倭海水或减，则滩碛微露，倭人拾方诸蚌胎，中有余泪数滴者，得之和色，著物则昼隐而夜显。

有趣的是，1768 年约翰·坎顿确实从牡蛎壳中提取到过某种磷化物。他在书中写道，如果把碳酸盐和硫酸放在一起加热能得到硫化钙，但纯度不是很高。后来人们把这种磷化物称作坎顿磷化物。如果在这种磷化物中加入硫酸砷、硫酸锑或硫化汞，便会发出蓝色或绿色的光。宋初的僧人录赞宁是一位饱学的高僧，备受当时人们的尊敬，有可能他和当时其他一些炼丹术士已经研制出了这样的发光物质。此外，文莹的书中还提到了许多别的磷光现象。

除了沼火、生物、化学光和人造磷光反应，人们还注意到了静电和压电发光现象，后者又叫磷火，公元 290 年的《博物志》详尽地描述了这些现象：

> 斗战死亡之处，其人马血积年化为磷。磷著地及草木如露，略不可见。行人或有触者，著人体便有光，拂拭便分散无数愈甚，有细咤声，如炒豆。唯静住良久乃灭。后其人忽忽如失魂，经日乃差。
>
> 今人梳头著髻时，有随梳、解结有光者，亦有咤声。 349

507

第六节　光　　学

在光学上,伊斯兰学者诸如伊本·阿尔·海桑从古希腊几何学中吸取养分,取得了中国人未曾达到过的成就。如果说中国学者在光学方面取得的成就不及伊斯兰学者的话,那么中国人开始对光进行研究的时间并不比希腊人晚,这一点是毋庸置疑的。谈及中国人在光学上的成就,墨家学派的重要性再一次不可低估。在中国,道家或许会赞美大自然的雄伟和壮观,隐士们可能对各种自然现象夸夸其谈,而名辩学派则试图通过争论寻找解释自然的最好途径。只有墨家才会实实在在地把镜子对准光源,看看到底会发生什么现象。

在抽象地谈论光源以前,我们对光本身做些探讨。据说早在周代,王宫里的人已经开始用竹、松脂等易燃物做成火炬,放在墙上照明。有史以来,中国人一直用菜油点灯,有时也用动物油。人们在灯笼或小罐子里放入油和灯芯,用作较小空间的照明。最初做灯盏的小罐子是陶和铜做的。后周(约公元340年)时期(按:当为后赵时期),皇帝石虎宫中有120盏铁制的灯笼,一直被传为美谈。

古人通常用小碟子或圆钵做成灯盏,在里面放入灯油和灯芯,用以照明。这种灯盏外形小巧、制作简单,在原始社会很长一段时间里被广泛使用。到了中世纪,中国人开始在灯盏下放一盆冷水,用以降低灯油的温度,从而减少油的蒸发,巧妙地节省油量。1190年陆游在《老学庵笔记》中写道:

> 宋文安公集中有省油灯盏诗。今汉嘉有之。盖夹灯盏也。一端作小窍,注清冷水于其中,每夕一易之。寻常盏为火所灼而燥,故速干,此独不然,其省油几半。

早在唐朝,大约9世纪初,就已经出现了这种工艺。因此它和中国古代蒸馏装置中的冷却器,是同时代的发明。冷却器也许始于公元500年。同时这种省油灯的使用也是中国人在水套和化学冷凝器的使用上所做出的初步尝试,它的出现预示着13世纪中国人将在制冷技术方面取得伟大的成就。这方面内容我们将在以后的章节中再加讨论。

汉字中的"烛"最初也指火把。早期的火把是用植物纤维和毛竹做成的,但是这种叫法是从什么时候开始的却无人知晓。公元前40年出现了最早的蜡烛,当时的蜡烛是用蜂蜡制成的。但直到公元 322 年才第一次明确地出现蜡烛这个名词。其他资料显示,早在战国时期就已经有了蜂蜡,当时墨家先哲做实验时用的就是这种蜡烛。通常中国人把烛芯放入融化的蜡中做成蜡烛,而不是用模具浇铸。

墨家光学

让我们来看看公元前 4 世纪的《墨经》中的光学理论,尽管它们不是很详备,有的只是些片言只语。

1. 光与影的关系

《经下》:景不(徙)徙,说在改为。

《经说下》:景:光至,景亡;若在,尽古息。

2. 本影和半影

《经下》:景二,说在重。

《经说下》:景:二光夹一光,一光者,景也。

这些论断说明墨家已经清楚地认识到光的直线传播现象。

3. 物体及光源位置决定了影子的大小

《经下》:景之小大,说在(地)杝正远近。

《经说下》:景:木杝,景短大;木正,景长小。火小于木,则景大于木。 351
非独小也,远近。

这里,实验者一定在实验中使用了固定的光源和光屏,使木杆能在两者之间移动。

4. 针孔

《经下》:库,易也。

《经说下》:库:区、穴若斯,貌常。

我们不清楚这条经文前半段中的库的具体含义,有可能它是指类似于照相机暗箱的装置。在另外一条经文中,墨家还详细地研究了暗箱中所成的倒像,并提出了焦点这个概念,认为焦点处于外界物体发出的光线与暗箱内所成影子的交界处。

墨家研究了各种各样的镜子,从平面镜到多个平面镜的组合,以及由此产生的物像反演现象,同时他们还做了凹面镜和凸面镜成像的实验,并对实验做了解释。

《经下》：鉴（位）洼，景一小而易，一大而正，说在中之外、内。

352

《经说下》：鉴：中之内，鉴者近中，则所鉴大，景亦大；远中，则所鉴小，景亦小，而必正：起于中缘正而长其（置）直也。中之外，鉴者近中，则所鉴大，景亦大；远中，则所鉴小，景亦小，而必易：合于中而长其直也。

此经文对凹面镜成像的分析令人称奇。墨家在文中详实地记录了凹镜成像的观测结果，并对我们现在所说的实像和虚像作了区分。在第二条经文中墨家虽然没有给焦点和球心起专门术语，但已经认识到两者之间的区别。因此墨家对凹镜的观察是非常缜密的。同时，他们还观察到棍子在水中呈弯曲状，进而提出了光的折射理论。

为了更客观地了解墨家学派在光学上取得的成就，我们有必要重新浏览一下与之对应的古希腊光学。在西方，最早被人们广泛接受的光学理论是毕达哥拉斯的光学学说，他认为光是从眼睛里发出来的，直射到所看的物体上，因此只有眼睛看到某种东西才会有发光的感觉。另一个重要的理论是伊壁鸠鲁派哲学家提出的，他们认为，物体本身会发光，其光呈放射状，其中的部分光线进入人的眼睛后就形成了视觉。只有欧几里得的观点与墨家相近。和他的几何原理一样，欧几里得的光学包括五十八条定理，以四个定义为基础。而事实上，这四个定义早已为墨家所认识。然而我们对欧几里得关于镜像的研究却所知甚少。公元 100 年左右亚历山大里亚城的赫伦发表了他的光学著作，这是欧洲最早的光学专著。因此我们所掌握的墨家的光学研究著作远比希腊人的早。到了公元 2 世纪，托勒密写了《光学》一书，书中的光学理论比中国现存的所有古代文献的记载更为系统。托勒密不仅研究了镜像原理，还探讨了光的折射现象。后来人们运用他的折射原理纠正了测量天体时因大气折射而带来的误差，从而准确地找到了这些天体的真正位置。

公元 965 到 1039 年间，伊本·海桑所著的光学著作给欧洲的光学观带来了一场革命，直到那时欧洲人错误的光学概念才得以纠正。然而中国人却从来没有产生过眼睛是一个发光体这样一种错误的观点。相比而言，他们的想法更接近于希腊的少数派伊壁鸠鲁学派。

5. 镜子与取火镜

353

用取火镜聚集太阳光点燃火绒来生火，是人们取得的另一项重大光学成就，可以与墨家的光学著作相媲美，但前者的历史要古老得多。

这种取火方法在中国的史书中多有记载。早在青铜时代，中国人已开始使用铜镜，有关镜子的最早记载可追溯到公元前 672 年。然而，现存最古老的镜子是公元 6 年和公元 10 年制造的,东汉以后保存下来的就更多。汉代史书《周礼》中曾提到过两种官职:司爟和司烜。司爟通过钻木的方法获取新火,司烜则利用取火镜聚集太阳光取火。其他史籍中也提到了类似的镜子。在同时期的欧洲(拉丁)文献中也有同样的记载。我们知道制镜技术起源于埃及或美索不达米亚文明,这也许是制镜技术的两个分支。

现存的汉镜中锡的含量适中,因此不易破碎,且镜中含有足量的铅,这使得抛光效果得到了很大提高。这些镜子所用的铜锡合金材料平整、易于生光,并具有较强的耐磨损、抗腐蚀能力,特别适宜于制镜。这充分表明,当时的制镜技术中已融入了相当的冶金学知识。

当时,人们不仅利用凹镜会聚日光采火,还用它在月下取水。后汉的高诱非常清楚地描写了这两种用法:

> 阳燧金也……熟摩令热,日中时以当日下,以艾承之,则燃得火。方诸阴燧,大蛤也,熟摩令热,月盛时以向月下,则水生。以铜盘受之,下水数滴。

上文中描写了当时人们采集露水的一种仪式。作者以如此庄重的笔调对之加以描叙,是出自一种原始的迷信,而这种迷信思想与某些信念有着错综复杂的联系,即认为某些海洋生物的亏盈确实与月亮的圆缺周期一致,这一点已为现代科学所证明。或许某些软体动物的凹形外壳引起了人们的极大困惑,正如高诱文中所写的那样,"镜如蚌壳"。

直到汉代,墨家精确的科学理论仍然有着极大的影响力。这在公元前120 年的《淮南子》一书中可见一斑。书中指出,取火时只有把火绒放在透镜侧的某一恰当位置,才能点燃火种。由此可以推断,当时人们已有了焦点的概念。书中还表明,当时人们不但有了高质量的各种凹面镜、平面镜,有的镜子表面还涂有一层锡。公元 2 世纪的《淮南万毕术》中记载了道家的一些炼丹秘方和技术制作。书中不但具体地描写了这些镜子的制作过程,还记录了利用平面镜组合得到的奇异现象: 354

> 取大镜高悬,置水盆于其下,则见四邻矣。

公元 10 世纪,有个叫谭峭的道士已明白这样一个道理:即使远处镜中所成的像很小,非人目力所及,但进入镜中的光线却是一样的。一个世纪后,沈括指出:"古人铸鉴,鉴大则平,鉴小则凸。凡鉴洼,则照人面大,凸则照人面小。小鉴不能全观人面,故令微凸,收人面令小,则鉴虽小,而能全纳人面。"沈括认为,古人制镜技术要高于当时的人,这或许是因为他对当时工匠能力的质疑过于苛刻。但从中我们不难看出，与墨家学派相比，当时的学者与工匠之间的交流要少得多。沈括还做了有关小孔成像的实验，观察到光线在小孔处会聚的现象，认为这与光线被凹镜反射后集中在焦点具有某种相似性。

355　表面曲率不一的镜子

沈括还提及另一种镜子（见图 158）。《梦溪笔谈》记载道：

> 世有透光鉴，鉴背有铭文，凡二十字，字极古，莫能读。以鉴承日光，则背文及二十字皆透在屋壁上，了了分明。

沈括家有三面这样的镜子，在别人那里他也见过类似的收藏品。一般来说，普通的镜子即使再薄也不能透光，因此沈括认为古人在制造透镜时采用了特殊的工艺。

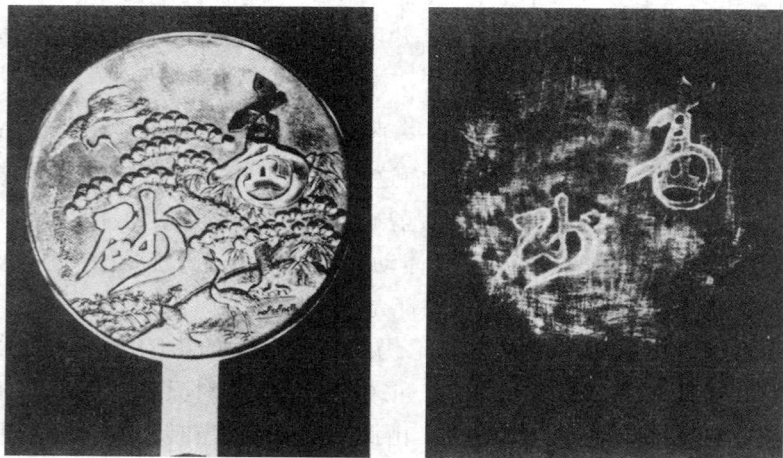

图 158　日本的"魔镜"［采自 H. Dember, Ostasische Zeitung, 1933, vol. 9 (19), p. 203。尽管被抛光的一面（此处背对读者）目视起来相当平滑，而背面刻在浮雕上的文字（见左图）在反射光像中却清晰可见（见右图），其意思是"高砂"，一部"能剧"的名字］

直到 19 世纪后半叶，人们才开始对透光镜做细致研究，到了 1932 年，对其光学原理有了比较确切的解释。透光镜"透光"的秘密在于其镜面是由为数众多的小曲面构成的（见图 159），由于镜背有花纹，致使镜面各处厚薄不一，较之薄处，厚的地方曲面较平，但这种差异不易察觉。据史料记载在西方也出现过这种镜子，而在日本，直到人们开始用现代物理方法研究透光镜的原理时，他们还在生产这种镜子。然而早在公元 5 世纪，或许更早的汉代，中国人就已经掌握了透光镜的制作工艺。后来人们还在镜后装一个活底,刻有与镜背不同的花纹字样,把镜子对着光时,屏幕上就显现了活底上的文字,与镜背面的图案截然不同,令人叹为观止。

356

图 159　"魔镜"剖面图
(被放大了,以凸显出其上的浮雕)

暗箱理论

唐、宋两代,人们似乎对暗房里的小孔成像现象表现出了极大的兴趣,并就此进行了大量的实验。1086 年,沈括在其《梦溪笔谈》中着重讨论了这一现象。

> 阳燧照物皆倒,中间有碍故也。算家谓之格术。如人摇橹,臬为之碍故也。若鸢飞空中,其影随鸢而移;或中间为窗隙所束,则影与鸢遂相违,鸢东则影西,鸢西则影东。又如窗隙中楼塔之影,中间为窗所束,亦皆倒垂,与阳燧一也。阳燧面洼,以一指迫而照之则正,渐远则无所见,过此遂倒。其无所见处,正如窗隙、橹臬、腰鼓碍之,本末相格,遂成摇橹之势。

这段描写令人颇感兴趣,文中有关数学家研究焦点的描述及其他资料表明,在这之前很长一段时间里,人们已对小孔成像现象作了积极的研究。其中,船桨理论更是令人叫绝,它把焦点两侧的锥形光束的形成原因用摇橹来比喻,直到今天这仍不失为一个好的解释方法。

早在公元 9 世纪,《酉阳杂俎》一书中就提到了暗箱。但书中对暗箱中成倒像的解释并不正确。公元 10 世纪阿拉伯著名的物理学家伊本·海桑曾用它来观察日食。但据我们看来,在伊本·海桑和沈括之前已经有人对这一光学现象进行过研究。总而言之,从公元 8 世纪起,中国人和阿拉伯人就已对针孔成像现象产生了浓厚的兴趣,但有关这一研究的起源,人们至今所知甚少。

透镜与取火镜

1. 玻璃和水晶石

由于原始文献的缺乏,人们对中国早期的玻璃制造水平直到今天才有所认识。水晶早在古代即为人所知,它是一种高纯度的石英(主要成分氧化硅),但那时人们只能把它当玉使用。因为融化水晶需要足够高的温度和特制的容器,只有现代技术才能达到这种要求。最早提到水晶的药物学著作是

357

公元 725 年的《本草拾遗》，但似乎在此之前水晶就已为人所熟知。水晶形态各异，有多种叫法，多呈有色半透明状，也有清澈透明的。明朝时有人用茶色或黑色的水晶制成墨镜，就像我们现在的太阳镜。在西方，人们很早就已了解水晶石的用处。公元前 9 世纪巴比伦人精工制作了一件水晶制品，在当时享有很高的声誉，希腊和罗马人也在书中提到过它。在庞贝和其他古代遗址上，人们曾经发现了大量的水晶球。

最早也是最常见的玻璃是通过熔解石英砂（主要成分氧化硅）和石灰石（主要成分 $CaCO_3$）或其他碱性物质而制成的。其主要成分是硅酸钠或硅酸钾，或两种成分都有，同时还有硅酸钙。后来人们用铅代替了某些碱性物质，制成了含铅的硅酸盐玻璃。有确切年份记载的玻璃出现在公元前 3000 年美索不达米亚地区，是已知最早的玻璃。到了罗马时期，以亚历山大城为中心的玻璃制造业已很繁荣，产品曾远抵中国。

2. 中国的玻璃技术

在周朝已出现了一种不透明的玻璃珠。这是已知最早的中国玻璃制品，属于含铅的硅酸盐玻璃。这种玻璃公元前 100 年以来只在西亚发现过，数量十分稀少。同其他国家相比，中国古代的玻璃制品别具特色，玻璃中氧化钡的含量相对偏高（有时高达 20％），铅也占了很大比重（高达 70％）。中国早期的某些玻璃制品的制作工艺有些类似于欧洲，常常在不透明的玻璃珠上穿一个洞，然后嵌入不同颜色的玻璃。这种玻璃珠的外形酷似眼睛，从公元前 480 年起在欧洲很普及，并于公元前 300 年左右传入中国。不过中国人通常把玻璃做成龙、蝉或玻璃璧的形状，因此极富中国特色。战国和秦汉时期，穷人家用便宜的玻璃品代替玉器用作陪葬。

长期以来，中国人习惯在玻璃中加入铅和钡，有时钡的含量更高。人们不禁会问，这里的随意性有多大？总的来说，采用这种工艺是为了增加玻璃的光泽度，但从汉代到唐代这段时间里，中国玻璃的类型在不断变化，开始含铅钡，后来转变为含铅钠钙，最后变成不含铅的普通软玻璃。尽管有迹象表明，中国的玻璃制造业可追溯到公元前 6 世纪中叶，但这仍不足以说明中国是最早制造玻璃的国家。

掌握了这些考古学证据以后，我们就可以从一个崭新的角度来看待某些史料。但与此同时，必须牢记这样一个事实：中国的很多玻璃制品是从国外进口的。汉语中玻璃有两种叫法：不透明的一般叫琉璃，或多或少有些透明的才叫玻璃。此外还有一个更早的称谓叫碧琉璃，最早是用来称呼外国玻璃的。琉璃这一说法似乎是从碧琉璃演变而来的。因此有时人们会以此为据，认为中国最早的玻璃来自国外,后来才发展了自己的玻璃制造业。现在我们知道,事实并非如此。但最早正式用来称呼玻璃的是一个外来词,这确实令人百思不得其解。在汉代,市场上常见的玻璃是本国道家工匠制造的,用来仿制玉器。或许是因为外国产的玻璃较为少见,所以更能引起当时宫廷里的人和学者的兴趣,因此中国人原来称呼玻璃的词语反而没有流传下来。

几个世纪以来,中国本土产的玻璃和进口玻璃并存,两者相互混杂,令人无从区分。在文学作品中最早和玻璃制造有关的要数女娲补天的故事了。女娲是中国创造人类的女神,传说中她采炼五彩石用来修补天裂。这个故事流传很广,早期的文学作品中多有描述。成书于公元前4世纪到公元前3世纪间的《列子》也记载了这个神话。女娲补天的故事和玻璃制造有着相似之处,拿它和我们现在所知道的汉代早期的玻璃制造方法相比,它似乎是古人制造玻璃的神话版。到了后汉,王充的《论衡》中提到了玻璃的制造方法,这是第一次真正意义上提到玻璃制造术的文献。公元3世纪以后,有关这方面的史料就层出不穷了。

总之,考古学及有关文学作品中的描述表明,从公元前5世纪开始,中国就出现了本土的玻璃制造业。它起源于古代美索不达米亚文明,是随着大宗的玻璃贸易进入中国的。这些进口玻璃制品中有特制玻璃器具,也有特殊的原材料。然而中国的玻璃工业似乎并不发达,不但在不同的地区,而且在不同的时期,其水平都起起落落。但我们最主要的疑问是,汉代以后中国是否已有取火镜和其他透镜?从各种资料来看他们显然具有制造取火镜和透镜的能力。

3. 取火镜与透镜的光学性质

在公元83年王充的《论衡》一书中,有三处提到了聚焦太阳光的器物。一开始,王充只不过讲述了一件平常的事情,盛夏时人们"消炼五石,铸以为器,乃能取火";接着他传达了这样的信息,炼玉石的是道家术士;最后他将人工铸成的器皿同天然玉器作比较,这才是文章关键之所在:

> 《禹贡》曰璆琳琅玕者,此则土地所生,真玉珠也。然而道人消烁五石,作五色之玉,比之真玉,光不殊别。兼鱼蚌之珠,与《禹贡》璆琳,真玉珠也。然而随侯以药作珠,精耀如真。……阳燧取火于天,五月丙午日中之时,消炼五石,铸以为器,磨砺生光,仰以向日则火来至,此真取火之道也。

这是不是一篇有关如何制造玻璃取火镜的文章呢?我们确实难以作出肯定

359

的回答。曾经有人认为这里记录的是冶炼青铜的方法，事实上并非如此，如果真是这样的话，我们就无法理解为何这里特别提到用五石作原料。因为冶炼青铜只需两种矿石，如果加助熔剂的话，一种矿石即可。而熔制玻璃则需要硅石、石灰石、碱性碳酸盐，有时还要加氧化铅或氧化钡以及其他色料。当然它也没明确表示这是在制造透镜。但文中的取火镜是紧接着珍珠的出现而出现的，这却值得我们注意。因为在以后的几个世纪中，我们可以肯定，人们是用"火珠"来称呼取火镜的。前面我们曾提到过人们用玻璃替代玉器和铜制品作为殉葬物的现象，而这段引文与这个现象有着惊人的吻合。

公元 3 世纪末，《博物志》有关魔术的章节中讲述了这样一则趣事，人们当时削冰作透镜取火。原文如下：

> 削冰令圆，举以向上，以艾于后承其影，则得火。取火法，如用珠取火，多有说者，此未试。

360 尽管冰可以这样使用，但看来更可能的是，作者实际上是在谈论水晶或玻璃透镜。长期以来，在中国确实有千年积冰化为水晶石的说法。但第一次大范围地提到"火珠"是在唐代，据说最大的火珠有鸡蛋般大小，"白色（透明），光及数尺"，还说这种火珠"状如水晶"。

据我们所知，中国最重要的有关透镜的记录出现在唐、宋年间。谭峭的《化书》写于公元 940 年前后，其中有一章提到了四种光学仪器。过去人们认为他所指的这四种光学仪器是镜子，实际上并非如此。镜子只有三种，即平面镜、凹面镜和凸面镜，而透镜却有四种：一面平一面凹的平凹镜，两面凹的双凹镜，另外还有平凸镜和双凸镜。如果我们带着透镜的概念再来看这篇文章，那么一切都会变得很明了。《化书》中这样写道：

> 小人常有四镜，一名圭（形如节状，指发散的双凹镜），一名珠（珠，双凸透镜），一名砥（古文中指磨刀石，此处指平凹镜），一名盂（盂，平凸镜）。圭视者大，珠视者小，砥视者正，盂视者倒。

毫无疑问，文中所说的珠是指老式的双凸透镜，砥则是平凹透镜。其实这也不难理解，砥在古文中有磨刀石的意思，而中国传统的磨刀石形状并不像圆轮，而是一块平整的石头，固定在架子中间，由于受到不断的磨损，正面呈凹
361 状。盂是一个坚硬的玻璃半球，即平凸透镜，剩下的圭就是双凹透镜。谭峭的实验流传至今，如果文中所写的内容更详尽一些，那就更为理想了。

此后的中国光学发展情况我们研究甚少，但可以大胆肯定，中世纪时玻璃和水晶的使用面要比我们通常想象的要广得多。17 世纪前半叶，耶稣会传

教士的到来给中国带来了许多新的光学知识,其中包括伽利略发明的望远镜。此外,他们还发表了一些光学方面的论文。与此同时,中国自己的光学研究也得到了进一步的发展。当时,在苏州有两位杰出的光学仪器巧匠薄钰和孙云球。他们研制发明了放大镜、魔灯、探照灯和望远镜,还有各种或简单或复杂的显微镜、万花筒以及各式各样的镜子。望远镜是薄钰在研究透镜的同时不经意间发明的,因此,他可以说是几个独立发明望远镜的科学家之一(其他还有利珀希、迪格斯、坡尔塔等)。公元 1635 年薄钰还把望远镜装备在炮上,可以肯定他是用望远镜给炮兵做瞄准仪的第一人。到了 19 世纪早期,出现了现代意义上的光学著作,像郑复光的《镜镜诊痴》,张福禧的《光论》等。

4. 眼镜和护目镜

曾经有人认为眼镜是中国人发明的。但我们经过仔细研究,发现与此相关的文献讹误颇多。事实上,1286 年左右欧洲人首先发明了眼镜。此后不久,眼镜就传入中国。和棉花一样,眼镜进入中国可能有两条途径,北面自陆路,南面则通过水路。然而,在宋代,人们确实已经掌握了两种镜片的制作工艺。一种是具有放大功能的玻璃片,另一种是用来保护眼睛的墨镜片。这两种镜片可以说是眼镜的雏形。刘跂在 1117 年去世之前,在《暇日记》中提到这样一件事,与他同时代的史沆和其他一些法官在办事时都使用各种各样的水晶放大镜,以此来帮助阅读一些不易看清的文件。审讯时,法官们还戴着烟晶(smoky quartz)做的墨镜,但与现在不同,他们戴墨镜不是为了防太阳光,而是用来掩饰自己对证据所表露出来的神情,以防诉讼当事人从中察觉什么。然而很久以前,在西藏和蒙古,人们已经佩戴墨镜以作防雪光之用,中原汉人也使用过这种雪地护目镜。

5. 皮影戏和走马灯

公元前 121 年,中国历史上发生了一件值得一提的事情:一个叫少翁的方士利用皮影戏成像的原理,使汉武帝看到了死去妃子栩栩如生的样子。《史记》和《汉书》中都记载了这个故事。《汉书》中这样写道：

362

> 上思念李夫人不已,方士齐人少翁,言能致其神,乃夜张灯烛,设帐帷,陈酒肉,而令上居他帐,遥望见好女如李夫人之貌,还幄坐而步,又不得就视……

这个故事一直为后人所津津乐道。到了唐代,类似的例子屡见不鲜。几个世纪来皮影戏逐渐发展成为许多亚洲国家的传统艺术形式。发生在汉代的这件事只不过是其中比较有影响的一例。从唐朝人们所掌握的光学知识来看，当时已经有人尝试制造一种新的光学仪器，他们在密封的壶上开一个小孔，并在孔上装一面或多面透镜，这种装置成了1630年问世的魔灯的一个组成部分。在唐朝，人们很可能继续发展了少翁开创的皮影艺术。

　　起源于中国的走马灯是现代电影的另一开山鼻祖，它的构造如下：灯的顶篷上装有一个叶轮，顶篷很轻，灯点亮后，热气流上升，推动叶轮转动。顶篷的下端由立轴组成，贴有画着图案的纸片或云母片，如果立轴转得很快，图中的人和动物就会给人一种活动起来的感觉。这个装置体现了独立影像连续快速运动的原理，人们还据此塑造了多臂的男女菩萨形象，如"十一手观音"或"千手观音"（图160）。

363

图 160　江苏戒通寺中的四面千手观音形象（多重的肢体和特征象征着闪电般的动作和无限的活力）

12 世纪时,宋代学者范成大和姜夔在诗中描写了这样的景象:点亮走马灯后,灯里马的影子就像在飞奔。有个叫安文思的基督教神父很喜欢这种走马灯,近代许多作家的作品中也提到过当时中国人有类似的娱乐工具。1900年敦礼臣在他的《燕京岁时记》写道:

> 走马灯者,剪纸为轮,以烛嘘之,则车驰马骤,团团不休⋯⋯

人们通常认为走马灯是 19 世纪由西方人发明的,事实上早在 1634 年,约翰·巴特就提起过类似的装置。然而不管是西方学者还是像敦礼臣这样的中国作家都未能充分认识到古代能工巧匠们的智慧。汉代的丁缓便是一例,他发明了原始直升机,由此激发了现代空气动力学之父乔治·卡利爵士的灵感,而杰罗姆·卡丹也从他的常平架中深受启发。产生这种现象的原因不外乎两个,一方面西方人有着过度的自信,而另一方面中国人又是极端的自卑。因此我们只有以客观公正的眼光看待历史,最终才会发现,正如 20 世纪初西方人有许多东西值得中国人学习一样,在公元 10 世纪欧洲人在许多方面要远远落后于中国人。

364

第七节 声 学

作为物理学的一个分支,声学可分为广义声学和狭义声学两种。广义上的声学涵盖了声音的一切本质属性,而狭义声学则是指我们在建造高楼大厦时所运用的各种声学知识。这里我们讨论的是广义上的声学,因此我们不仅要研究中国人在声学方面取得的各种成就,还要了解中古时期中国人对各种声现象的看法。在科学史上,声学是特别重要的一门学科,无论在东方还是西方,它都是人类最早开始研究大自然奥秘的领域之一。

和其他学科一样,中国人研究声学的方法同欧洲人大相径庭。古希腊人善于分析各种事物的本质,古代中国人则热衷于追寻事物之间的联系。正因如此,公元 1 世纪的希腊学者普鲁塔克才会提出这样的疑问:

> 长度相等的两支乐管,为什么较细的那支发出的声音较尖? 为什么把乐管举高吹时发出的声音很尖,而朝下吹时又变低了? ⋯⋯

在中国,公元前 2 世纪的董仲舒是当时最具科学头脑的学者,具有非凡的哲学思想,他似乎对共鸣现象更着迷。据他发现,在一件乐器上弹奏一个音符,另一乐器上会发出同样的声音。董仲舒认为这种现象与中国传统的宇宙

观不谋而合,在中国人眼里世界是一个有机的整体,因此共鸣现象也很容易理解,并非什么神秘莫测的事。他这样写道:

> 365

> 试调琴瑟而错之,鼓其宫,则他宫应之。鼓其商,而他商应之,五音比而自鸣,非有神,其数然也。

在研究中国声学史时我们会碰到两种不同的倾向。一般来说,学者们习惯于用文字来记录他们的所思所想,而精通乐律的工匠们则通常口述他们的所见所闻。从工匠们代代相传的乐理来看,他们肯定做过大量的声学试验,并提出了许多问题。这些疑问与希腊人提出的问题类似,但有关细节却鲜见记录。即便如此,我们还是认为中国人对各种声学现象倾注了极大的热情。尽管他们研究方法与希腊人不同,但取得的成就是毋庸置疑的。

声音和气味、色彩之间的关系

古往今来,中国人对音乐的敏锐程度无人能及,这一点无需怀疑。比如在演奏古琴时,光是触丝弦的手法就有十六种,另外还有其他一些弹、拨的技法。仅举一例,人们能在琴弦弹出的颤音就不下十种,这意味着演奏者能表达同一个音之间细致入微的差异。事实上,今天的古琴演奏高手在一般人听到最后一个音符消失后很长时间,还要屏息聆听琴弦上发出的余音。正如道家所说的,最伟大的音乐有着最精妙的音调,而古琴弹奏的基础技巧就是在同一音调上弹出不同的音质。到了刘宋王朝后期(公元 5 世纪左右),这种技巧得到进一步的发展和完善。

那么在古代中国人眼里,声音现象是怎样产生的呢? 各种美妙的音乐又是怎么一回事呢? 古希腊人对此有各种各样的解释。毕达哥拉斯学派认为声音即是错落有致的节奏,他们中还有人找到了声音和速度之间的关系,甚至认为速度本身就是声音。相反,在中国,古代的人们并没有这样的观念,他们认为声音同颜色和气味一样,是物体运动的一种表现形式。这种想法源自烧菜锅中散发出的气,汉语称之为"气"。在声学上没有与之对应的英语单词。它可以指蒸气、空气、呼吸、食物散发出来的气味,以及人们的祈祷、请求,但一般指祭祖时的气氛。公元前 9 至前 5 世纪的《诗经》中就描写了人们为后代及收成祈祷时的场景:

> 钟鼓喤喤,磬筦将将,降福穰穰,降福简简,威仪反反,既醉既饱,福禄来反。

> 366

祭祖时,子孙们吟诵的经文声、敲打乐器发出的音乐声,以及精致的青铜菜锅里散发出来的菜香，唤醒了沉睡的先祖引导着他们返回人间。先人们降临人间，欣喜地看到这一派热闹的景象：子孙们身着礼服，佩戴各种羽毛、饰物聚集在一起，这些穿戴的颜色与传统的祭祀主题相一致。

从远古时代起，中国人就注意到自然界中闪电、彩虹和各种香草之间有着错综复杂的关系，于是相信声音、色彩和气味之间也存在相互联系。他们认为从地面升到天上的气，比如菜锅里散发出的蒸气，代表活着的子孙后代，而另一种从天上降至人间的气，如雨和露水则象征着祖先的恩泽。两气合一就形成了风，而风是音乐的源泉。随着风一起出现的还有彩虹，它是天空的色彩。另外岁岁年年不同的花以及四季各异的香草也随风生长起来。

所有这些都是各种大的气候活动的标志和象征。古代中国人的生活起居都取决于这些气候活动，有时它们甚至能协调洪水和干旱。在这种大环境下，中国人形成他们的哲学观，认为自然界是一个有机的整体，因此从单一角度分析声音的方法很难与此保持一致。

气和声音的关系

在中国人看来，气主要有两种来源。一种由大地升往祖先那里，另一种则随先人由天上往下降。除此之外还存在着第三种气，那就是人类自身的呼吸，这也是气的一种重要来源。后来情况变得越来越复杂，人们认为气有别于一般的水汽和呼吸，是一种有灵性的发散物，因此也更神圣。成书于公元前 430 年至前 250 年间的《左传》这样写道："天有六气，降生五味，发为五色，徵为五声。"有时，气泛指向天上上升的气和从天上下降的气，有时又特指由天上往下降的气。《左传》中有气生五味的说法，在后面的章节中我们会看到在药物学和医学上，这五味有多么的重要。我们不知"降生"是什么含义，但有时人们用"六律"代指六种气。这种联系在中国早期的声学理论中极为重要，因为如果气能用管子输送，那么竹管显然是最堪担此任的，竹管还被用来作为灌溉工具。因此当我们在早期史料中看到萨满音乐家用竹管吹气，试图用魔摄法以自己的气息影响天上气流的状态从而达到改变自然活动的目的时，也就不足为奇了。从以后的史料中，我们还看到了与之相应的故事，讲到邹衍（公元前 4 世纪）用律管吹气帮助庄稼生长。

所有这些清楚地表明，中国早期的声学知识具有高度精神化的特征，同时我们也必须牢记，在古代中国人眼里，气是一种介于我们现在所说的"纯化气"和辐射能之间的一种物质。

367

气的通道；军事占卜者和他的管子

在原始人中，萨满教巫医常用空心的管子、骨头或树枝做话筒，以此来掩饰或放大自己的声音。如果中国有此类情况也不足为奇。但值得一提的是，和其他方面表现出来的一样，中国人还试图对这些话筒做一番改进，使它们能更清晰、稳定地传送声音，并对它们作了分类。

《兵书》一书早已失传。唐代张守节曾引用过其中的一些资料，提到了五种不同的士气，这些士气为有经验的占卜者所熟知。据说每个人体内都有一股与众不同的气，当军队中的士兵聚集在一起时，就会合成一股气，漂浮在队伍上方，看上去像一朵彩云。占卜者用管子吹气，使他们的气反作用于外部世界，既然两种气会因某种神秘的共振现象而相互作用，因此占卜者能利用敌军的合成之气探测到他们的士气。唐代学者司马贞这样写道：

> 凡敌阵之上，皆有气色，气强则声强，其众劲。律者所以通气，故知吉凶也。

这个看似奇怪的想法有着合乎情理的理论基础。在战争前的紧张时刻，由于焦虑或激动，萨满教巫师不能准确地吹出气，从而发生声音颤动无力或喑哑现象。尽管声音的这些变化是由萨满这方引起的，但由于共振现象，可以视为敌军士气的表现，这为占卜术提供了依据。

后来，人们利用五声音阶的分类对敌军的士气作了更详尽的测定，这五声是宫、商、角、徵、羽。在公元前 4 世纪的著作中，它们指的是全音阶中的五个乐音名或五个音阶（缺少第四、第七音的大调音阶）。但在此之前，它们还有其他的意义，而在这里，它们不是被用来衡量音调，而是变通着表示音质或音色。

音色的分类

至此，我们了解到早期的中国声学观是以气为理论基础的。这种现象一直延续到近代，但中国人对声音的研究确实在不断进步，起初他们只是用声音来占吉凶，后来逐渐发展到能正确地区分各种声音以及它们在音质、音量和音调上的不同之处。

今天，我们通过泛音来区分音色、确定音质。由于各种乐器上相同音符的泛音长度不等，因此同一个音经长笛或竖笛吹出，它们的音质会有所不同。但古代的中国乐师不会做出这样的解释，尽管音色对他们来说至关重要，但他们从不把构成声音的各种要素割裂开来单独考虑。

368

1. 制造乐器的材料

以制造材料划分,中国人把乐器归为八类,即所谓的"八音"。其完整的分类体系是逐渐形成的。根据周朝(公元 6 世纪后期——按:当为公元前 6 世纪)史料编撰的《乐记》中虽然已出现了钟、鼓、埙、箎、磬、羽、柷和楬八种乐器,但这些乐器其实只包含了四种"声源",即金属、皮革、丝织物、竹类和石(见图 161)。事实上,书中后来也指出这一现象。此书和其他参考文献

369

图 161　后夔典乐图(清代后期表现传说中的乐祖师后夔传授音乐的场景。在后夔面前桌上摆着的是齐特拉琴和瑟;他的右边是笙、埙和箎;左边是箫和籥。图的上侧是编钟和大石磬,下侧立着编磬和鼓;后夔的桌子前面的地面上放置着柷和敔,旁边有人上茶。本图采自《书经图说》)

表明，在一段时期内，人们并没有对"八音"做出明确的分类；而另一方面，成书早得多的《左传》中则频繁提到风的八种形式，这也影响了人们对声音的分类。

2. 风和舞蹈

我们知道，中国人的日常生活安排取决于一年中节气的变化，而据《史记》记载，节气的变化与各种模拟舞蹈以及音乐有着密切的联系。据书中介绍，古代的帝王用这种神秘的方式来感召季节，使一年四季能按时到来。祭祀的舞蹈分为两种，一种模拟战争场面，另一种则演示和平景象，后者包括一系列兽舞和商羊（求雨舞）。有许多早期文献认为，在大型的钟、磬演奏之后，就会有狂风暴雨、雷电交加的现象。

风共分八类。罗盘的四个方位及各方位间都有一种（即东南西北风，还有东北、东南、西北、西南）。东汉时评论家郑玄在描写"帽子舞"时指出，舞者冠上的羽毛象征着罗盘的四个方位。同时他还提到舞者的衣服上往往饰有翠鸟的羽毛。这种舞蹈通常在干旱求雨时表演，而翠鸟经常出没在河边或水地，两者之间的联系就显而易见了。表演时打击乐一般用来控制舞蹈的节奏，因为人们认为乐器本身也能主宰天气的变化。

综上所述，最初中国人是根据制造乐器的材料来划分声音的，用来制乐器的起初有四种材料：石、金属、竹、皮或革，后来又增至八种。这与人们所认识的八种风向吻合，因此人们设想每种风由一种特定的乐器控制。这样人们就试图根据风的八个方向或风源把乐器或声源划分成八种。后来人们又根据音高对声音进一步分类，因为示意舞蹈开始或控制节奏用的标志音的乐器，也应该可以作定音之用。

3. 音质、风向和季节的关系

每个人的音质和音调都不一样，但在任何一种文化中，人们对特定声音的反应总是相同的。《乐记》中提到了人们对五种声源的不同反应，说："君子之听音，非听其铿锵而已也，彼亦有所合之也。"郑玄也论及了同样的话题。

郑玄和《乐记》都提到了五种声源，这与五行理论（见第一册）是一致的，但后来的参考文献中大都提到有八种声源（见表40）。

表中对季节的划分似乎令人感到不解，但其中原委可能非常简单。因为早期人们采用的是比较简单的四分法——罗盘分成四个方位，一年有四季，声音也分为四种，但随着农业和管理体系的不断发展，人们对历法进行不断的改进，四分法也变得越来越复杂。表40正体现了这种变化。

370

表 40 传统的八种声源

声 源	罗盘方向	季 节	乐 器
1. 石	西北	秋冬	响石
2. 金属	西	秋	钟
3. 丝	南	夏	琵琶或齐特拉琴
4. 竹	东	春	笛
5. 木	东南	春夏	敔
6. 皮	北	冬	鼓
7. 葫芦	东北	冬春	笙
8. 地	西南	夏秋	埙

* 敔是一个中空的木头块,做成老虎的形状,有一个金属齿状的背;用一根末端分裂成十二片的棍子拂过或击打时会发出一种粗厉的声音。

音调的分类

罗马人用"尖"或"锐"、"低"和"沉"来描述不同的音调,音程较高一端的音是"尖"或"锐",另一端的低音是"低"和"沉"。英国人则把音阶比作"梯子"或"台阶",说它是一组由"低"向"高"走的音。而中国人却把音调分为"清"和"浊"两种。如果考虑到中华民族的经济与水利工程有着如此密切的联系,那么这种比喻也就不足为奇了。但说到中国音阶中用来指代五声的汉字,却没有这么容易理解,它们似乎是指祭祀舞中控制音乐和舞蹈的各种乐器的位置。有些史料中也确实说到,同西方由低到高、呈梯状的音阶不同,中国人以主音或者说宫调作参照,在其两旁安排其他音符。《淮南子》一书对此有着生动的描写:"中央为宫……宫者,音之君也。"

声学的发展

1. 音阶

只有在确定了音程,并给各个律音命名后,人们才有可能对音阶进行更精确的计算和研究,声学也就应运而生。我们已无法确定中国人最早给律音命名的具体时间,但《左传》的某些篇章(大约公元前4世纪)就提到了五声音阶,而当时并没有给五声具体命名。可以肯定的是,到了公元前300年,人们已用宫、商、角、徵、羽来区分弦乐器上不同的律音。这在《尔雅》一书中可以得到证实。我们发现，一个半世纪以后，董仲舒在讨论声音的共振现象时，明确地提到了这些律音的音名。

可以肯定，在公元前 4 世纪以前，人们已对音高进行了分类，并且在不同的乐器上使用不同的音名。吹长笛的根据长笛上的按孔起一套名字，并传授给自己的学生；弹琴的则按不同的琴弦，另起一套不同的名称。据司马迁在公元前 100 年左右的记载，早在公元前 6 世纪，已经出现了为弦乐器制作的乐谱，那是指的卫灵公曾叫他的乐师涓写过一首曲子。再往后（公元前 150 年），董仲舒在书中提到如何给乐器定音，如宫调或商调。令人称奇的是，当时中国人甚至给鼓也定了音准，并记录下敲鼓时的共鸣现象。而在欧洲，一直到 16 世纪，人们还未曾给鼓定音，那时欧洲人把鼓说成是"会隆隆发响的桶"。到了公元前 120 年，《淮南子》一书中不但确切地解释了五声音阶，而且指出把五声和十二律结合便可得到所谓的六十律。

2. 七声音阶及其发展

就这样，从公元前 4 世纪开始，中国就已经出现了五声音阶。但长期以来还有这样一种说法，称七声音阶是周王发明的。根据公元 2 世纪郑玄的记载，五声即相当于现在的 C 调的 CDEGA，七声则是 CDEFGAB。周朝是否真的已有七声音阶已无从考证，不过很多文献中都不止一次提到了"新乐"这种说法。

3. 十二律和具有标准音高的编钟

中国律学的发展经历了两个阶段，起初人们通过乐音之间的相对关系来确定音阶，后来演变为用一系列固定的绝对音高来表示音程。在中国，十二声音阶的发展和钟的演变密切相关。在中国古乐队中，乐钟扮演着双重角色：定音调及起音（示意音乐开始）。最晚从周朝开始，演奏音乐已不仅仅局限于敲打那些碰巧才能敲出希望得到的声音的响石或铜片，因为当时人们已经制造出十二口具有准确音高的钟，称之为"十二律"。所谓的"十二律"并非现代意义上的音阶，它们只不过是一系列基本的音符，以此为基础人们可以确定各种音阶。

最早在何时出现这套有标准音高的钟，我们已不得而知，但据《国语》记载，在公元前 521 年发生的一场辩论中，人们曾提到了这套钟，这也许是有这方面记录的最早的史料，但或许《月令》中的记载更早一些。在周朝，人们认为钟和铜镜一样，是一种具有某种神秘力量的物品，它们都被分成了两类——阴和阳。《国语》对它们的排列如表 41 所示。从表中可见，构成中国传统十二音阶的十二个律音，是以表中的钟名来命名的。

表 41　《国语》中钟的分类

阳　　钟	阴　　钟
黄钟	大吕
太簇	夹钟
姑洗	中吕
蕤宾	林钟
夷则	南吕
无射	应钟

4. 数学制律法

至此,在探究中国音阶演变历史时,我们提到音阶演变所经历的三个阶段:在初始阶段,如《周礼》中所述,各个乐音已经有了音名,尽管其中有些名称与最终采用的不尽相同。到了第二阶段,据《国语》记载,出现了用来表示音阶的十二口钟,这十二口钟分为两组,每组六个,这时所有的音名与最后公认的全音阶已完全一致,但各个音之间的音程关系却无法确定,音调本身的频率也不为人知。第三阶段,从公元前 240 年左右的《吕氏春秋》一书中可知,音阶的发展显然已翻开了崭新的一页。虽然当时各个音的音频仍无法确定,但我们可以知道这些音阶是如何得到的。

为了便于人们体会中国人计算音律方法的简洁,我们先来看一下希腊人的计律方法,即所谓的"毕达哥拉斯音阶"。这种制律法是西方律学的源头,现在的音阶都由此衍生而来。在研究音阶时,希腊人采用的是竖琴和西塔拉琴,两种都是弦乐器,他们的律学体系以八度音程为基础。最初,竖琴外侧的几根弦是根据八度音阶调制的,剩下两弦则按四度和五度音阶制成。到了公元前 6 世纪,毕达哥拉斯创造性地用弦长来定律,他先以一根自由振动的空弦为基础,然后取其二分之一、三分之二和四分之三的弦长来确定与八度、五度、四度音程相对应的弦长。毕达哥拉斯用这种数比关系来确定音阶,与此同时,古希腊另一学派则还是坚持用耳定音。

另一方面,中国人在确定音高标准时,所用数学工具至为简单,并且他们也不需要使用八度音列作为起点。中国人只需确定一个主音的弦长,然后分别乘以三分之二或四分之三便可取得无数个音高递增的律音,公元前 90 年司马迁所著的《史记》是有关利用弦长定律的最早史料。据该书记载,人们结合十进制和三分损益法得到了决定音阶的确切弦长,这种方法具有明显的巴比伦风格。事实上中国定律法和"毕氏律制"有着异曲同工之妙,有可能两者都起源于古代巴比伦。古代巴比伦人拥有高度发达的弦乐器制作水准,有可能是中国和希腊律学的源头。

寻找准确的调音方法

在人们发现了用数学方法来确定乐音之间的音程后,调音艺术起了本质性的飞跃。在中国,许多学者和乐师有着惊人的听力,能分辨不同音符之间的细微差别。他们由此受人尊敬,后来尽管人们仍然敬重他们,但已认识到耳朵定音有其局限性,发明一种能准确定音的弦乐器已势在必行。

1. 共振现象及对可测弦的利用

有史料表明,早在周朝,中国就有了定音器。《国语》记载了用钟定音的方法,公元3世纪的韦昭在为之做注时,描述了一种给钟定音的叫"均"的调音器,说是"均,所以均音之法也,以木,长七尺,有弦系之,以为均"。尽管他的描叙不甚清楚,我们还是可以从中了解到汉代官方重大的典乐机构已使用了"均"这种"调音器"。他提到的调音器是如此之长,这本身就令人感到新奇。可能是因为长的弦能发出响亮动听的声音,比较容易在钟内引起共鸣。另外,弦越长,人们就越能对之细分。

因此可以肯定,在当时人们已经懂得如何利用共振原理来给古钟定音。成书于公元317年前后的《晋后略记》中有这方面的记载,其中有一篇相当有意思。

> 或有汉时故钟,以律命之,皆不叩而应,声响韵合,又若俱成。

2. 埋在地下的律管中的宇宙节律

从某种意义上讲,用共鸣原理来给古钟调音非常简单,但如何确定笛子这类管乐器的长度,使它们发音准确,却是个难题。然而我们知道,竹笛是通过送气而发声的,而风是气的一种主要表现形式。此外,古代中国人认为,八种声源决定了各自不同的乐器,而这些乐器发出的声音又引导着不同的舞蹈形式,从而感召着来自四面八方的风。因此音律、风和方向之间的关系十分清楚。或许,没有人头脑简单到如此地步,会认为只要把笛子放在正确方向上,相应方位上的风便会穿过笛管,吹响笛子,发出准确的声音。但是有些古代自然哲学家注意到风是由地气上升和从天气下降化合产生的,并会因季节的不同而不同。因此他们独辟蹊径,尝试着利用这一现象来找到能使笛子发出准确声音的风向。这样就产生了一种独特的吹灰定音法。

375

哲学家蔡元定（1135—1198年）精通声学和音律，1180年他曾提到过这种技法：

> 吹以考声，列以候气，皆以声之清浊、气之先后，求黄钟者也。是古人制作之意也。

他接着解释道，如果不能找到标准的音高，便切出长短不一的竹管，挑出那些有准确音高的竹管埋在地下，让后人来验证其准确程度。换句话说，蔡元定提到的是用实验的方法来获得具有标准音高的笛管，这种方法，别的人也同样可以拿来作为验证。正因为如此，蔡元定感叹道："后世不知出此，而唯尺之求"，所以才陷入困境。

吹灰法是指把律管按罗盘相应方位排成一圈，律管倾斜放置，因此一端高，一端低。顶端填灰，放在单间密室里边。人们认为，这样，当指定月份的气到来时，相应的管中的灰就被吹了出来。由于这一方法显然无法完全令人满意，因此人们后来又作了一些改进，比如把管子埋在地下只露出上端。在此同时，人们对这一整套方法提出了质疑。尽管吹灰法带有某些神秘的色彩，但人们在此基础上制造了有标准长度的律管。汉朝以后，这些律管被广泛用来给乐器定音。

图 162　錞（椭圆形的铜钟，口宽，底圆而窄，由拎环悬挂，通常如图制成老虎的外形。像铃一样，有一舌，但是悬挂在一根交叉的棍上，因为錞是朝上开口的。錞中装有不等量的水，有时被用来定音）

3. 利用盛水的容器调音

这里所说的是另一种调音方法，和古希腊的亚历山大人一样，中国人发现如果容器中的水量不同，发出的声音也不一样。人们对此作了充分的研究。公元320年，干宝对錞所做的说明，或许是利用盛水容器定音的最早记录之一（按：引文源自《太平御览》，非干宝所言）： 376

> 去地尺余，灌之以水，又以器盛水于下，以芒当心，跪注錞于。以手振芒，则其声如雷。

在唐代，人们已经普遍使用装水的碗给乐器定音，并制造了一整套定音用的容器。或许人们是在用水测标准容器的体积时受到某种启示，从而研究出了这种调音法。

4. 乐钟的制造和调音

在古代中国,钟在音乐演奏中和乐器定音中扮演着极其重要的角色。中国制钟历史悠久,其铸钟艺术非常值得研究,尤其是其中钟的演变方式,更是一个重要方面。

"铎"(图 163)是一种手钟,它也许是中国钟的鼻祖。最早的铎呈圆桶状,底部直径比铎身要长,开口向上,用手拿持。如果铎的口形朝下,悬挂起来,便成了钟(见图 164)。对于钟,人们通常用棍棒或锤子敲击,使之发出声响。钟舌(铃)的出现是后来的事。到了公元前 5 世纪,钟的上述演变包括钟舌的出现已经基本完成,但如何把钟变成乐器则是另外一回事。直到今天,准确地给乐钟调音也不是一件容易的事。钟的音高和音质受多种因素影响,其中包括材料的质地、成分,钟的内部构造及外形,两壁之间的距离以及钟壁填料的量。此外材料锻造和冷却时的温度也决定着钟的音质、音高。

使用前,钟的音高需经过调整。调音时,人们通常在钟的某些部位锉去一些材料,使钟壁稍微变薄,从而获得准确的音高。通过这种方法可以不断调整乐钟的基本音调,还可以得到一组与主音和谐的音阶。

从《周礼》的描述中,我们可以清楚地看到,中国很早就已经认识到,给乐钟调音涉及很多方面的问题。尽管《周礼》提到的这些问题只代表汉代学者的观点而不是铸钟匠们的实际经验,但它至少表明,当时人们已经认识到,有许多因素决定了钟的音调:

> 薄厚之所震动,清浊之所由出,侈弇之所由兴。

他们的认识非常合理。《周礼》一书的其他地方则记载了铸钟匠独有的技术术语和专业知识。在有关描写乐钟发出的十二种不同声音的章节,我们可以看到这些说法:

377

378

图 163 口朝上的无钟舌手钟(又名铎。周朝。高 43cm)

图 164 口朝下的无钟舌手钟（又名钟。周朝，可能是
早在公元前 6 世纪之物。高 56cm）

凡声,高声硍,正声缓,下声肆,陂声散,险声敛……薄声甄,厚声石。　380

两千多年前，为了准确地制造乐钟的各个部位，中国人对其中的某些现象产
生了极大的兴趣。毫无疑问，上文就此作了一番分析。然而我们不应忘记，
即使在今天，对音质的研究也不是一门非常精确的科学，我们只能用"丰富"
或"单薄"来形容它。

律管,黍米和度量衡

在其他古代文明社会中，人们在制定度量体系时，考虑的只是如何确定

标准的长度、容量和体积单位,而中国人却显得与众不同,他们把衡量音高的音律也纳入度量体系。他们认为音律不仅与其他三种度量单位处于同等地位,而且是产生其他度量的基础。《国语》是这样描写音律的:

> 是故先王之制钟也,大不出钧,重不过石。律、度、量、衡,于是乎生。

我们前面提到过钟,它可以是一种标准度量器具,同时也可指酒具、或谷物的量器,但最常见的还是用它来指乐器的"钟"。我们可以想象得到,一个简单的容器是怎样演变成一口钟,然后由一口简单的钟发展成具有固定大小、质量和音高的标准量器的。当人们用律管给乐器定音后,律管也具有了钟的这种度量功能,所以我们在书上可以看到黄钟管确切能容纳多少黍粒这样的说法。有时人们可能根据管中所盛黍粒的准确数目来确定黄钟管的长度和容量,进而检验它的音准。这种方法出现在汉朝或汉朝以后,但它与人们过去对音律看法出入较大。在这之前人们一直认为音律是度量衡的基础,因为调弦者根据音律来定弦的长短,而弦的长短又给定标准音高。钟这种标准量器,还必须能发出黄钟之音。然而,使用黍粒的数量作为检测量器的中介标准,能促使人们去思考律管长度和直径之间的关系,这与声学理论的建构有高度的相关性。

381   使用黍粒来检测量器这种方法最有意义的一点是,它体现着一种对精确性的追求。过去的测量方法一直以人体为基础,如根据腕部脉搏到拇指根部的距离定义的尺和寸,显然那种方法无法通过测量去实现预期的准确音高。

对声音是一种振动的认识

在中国声学发展过程中,真正意义上的科学研究是从人们以谷粒数测量体积开始的。此后中国的声学发展进入了一个新的阶段。中国的汉代,正是西罗马帝国时期,维特鲁斯(约公元前27年)给后人留下了大量的声学知识,其中有些讲到了声音的本质。他认为,声音的传播是以无数的圆环状形式进行的,就像在平静的水面上投进一块石块一样,石激水荡,水纹既生,涟漪无穷。他还提到敲打紧绷的鼓面产生的声音现象,并对其本质作了说明。

在观察液体形成的波浪时,中国人也由此联想到了声音的本质。但在公元8世纪以前却很少有文献把两者进行类比。然而,下面这段文字却非常有趣,它出自董仲舒(公元前2世纪)的《春秋繁露》。在该书中,董仲舒大胆地应用波理论来解释包括气在内的所有的物质现象。

> 人下长万物,上参天地,故其治乱之故、动静顺逆之气,乃损益阴阳

之化,而摇荡四海之内。物之难知者若神,不可谓不然也。今投地,死伤
而不腾相助;投淖,相动而近;投水,相动而愈远。由此观之,夫物愈淖而
愈易变动摇荡也。……

在汉语中,"清"和"浊"两个字表明,水波与空气的波动之间存在着某种
内在的联系。一般意义上,清指"清晰",浊则有"浑浊"的意思。然而在声学
著作中,它们被作为专有名词使用。郑玄认为清表示六个音调较高的音,而
浊则指音调低沉的六个音。如果把一粒小石子投入水中,水溅起的声音音调
相对较高,产生的水纹较小,也较为密集。此外,因为石头较小,投入水中后
不会搅动湖底或河床,所以水仍是清的。而从另一方面讲,如果把一块大石
投入水中,发出的声音音调就相对较低,溅起的水纹则比较大。同时由于石
头大,搅动了河床,水也变得浑浊起来。以上对"清""浊"两个术语的起源作
了解释。无论正确与否,这种解释确实和这两字出现的语境相吻合,同时和
声音的其他属性如音质和音量也不矛盾。

中国人的思维具有相关性,习惯于把事物联系在一起考虑,表现在他们
对音乐的看法上,这种起联系作用的因子便是气。公元前 1 世纪的《乐记》这
样写道:"地气上升,天气下降。"由此产生的结果是阴阳相互摩擦,天地振荡,
雷霆震响,这样,天地的作用导致了音乐的诞生。距此 13 或 14 个世纪后,中
国人对声音现象的看法更趋成熟。1060 年,张载在《正蒙》一书中论及声音,
谈到了他对声音的看法:

> 声者,形气相轧而成。两气者,谷响雷声之类;两形者,桴鼓叩击之
> 类。形轧气,羽扇敲矢之类;气轧形,人声声簧之类。

这段引文表明,在解释声音的本质时,传统的中国思维方式既有优势但
又存在局限性。中国人表现出的分类能力及敏锐的分辨力确实令人赞叹。
但具有了这种分辨能力并不等于就能透彻地分析复杂的问题。比这略早,南
唐的谭峭或是其他道士在《化书》中也谈到了声音的本质现象,他们的解释要
更确切一些。谭峭说道:

> 气由声也,声由气也。气动则声发,声发则气振。

这是一个重大的进展。文中认为声音的出现使处于静止状态的空气变为振
动状态,而振动的空气又产生了声音。文中及物动词"振"(有振动的意思)的
使用,意义尤其重大。它明白无误地体现了这样一种观点——声音是一种振
动。在这之前,中国人在描写钟声时也流露出这种思想,他们把钟声比喻成

382

383 一种不连续的颤动。考虑到中国人如此关注乐钟发出的音色,也就不难理解中国人会有声音是由大气的振动而产生的这样的想法了。

谭峭接着指出,我们周围无处不在的气流始终处于一种应激状态。如果气流的这种剧烈振动能产生声音,那么只要存在着一个中空或能产生共鸣的腔体,就能接受到气的信息,并听到它发出的声音。谭峭的这种想象出现在他另一段引文中。显然,在他眼里,世界是一个真空,有着无限的潜能,因为它能从无中生有,产生巨大的能量,譬如闪电。同时他认为闪电的出现产生了气,造成了气体的流动,从而产生了声音。谭峭的这种理论在一定程度上正确地解释了雷鸣的产生原因。

尽管谭峭未曾就听觉展开相关讨论,但中世纪的中国人并没有忽视这个问题。大约在742年,另一位道家学者,田同秀在《关尹子》中这样写道:

> 日如桴扣鼓。鼓之形者,我之有也;鼓之声者,我之感也。

田同秀的这种说法非常有意思,在他看来,声音撞击内耳就像棒槌击鼓一样;也就是说声音会对耳朵造成一种压力。在这里只有经过自己的切身体会,人们才会这样形容声音。

从明代《湘烟录》一书中我们可以推测,最迟在公元4世纪,人们已开始研究回声的速度。但书中对之描述不详,有可能人们是先通过动作示意声音开始,然后测定声音传到观察者耳中的时间,并进一步推定其传播速度。

1. 对振动的探测

早在公元前4世纪,《墨子》中记载了有关军事防御工程方面的研究。该书的作者可能是禽滑釐,书中提到,守城的人用中空的容器作共鸣器(地震检波器),来侦测敌军在攻城时挖地道的方位和动静。文章指出,如果听到了挖土声,敌人肯定是在用挖地道的方式攻城了:

384
> 城五步一井,附城足。高地丈五尺,下地得泉三尺而止。令陶者为罂,容四十斗以上,固幎之以薄鞈革,置井中。使聪耳者伏罂而听之,审知穴之所在。

这个故事发生在大约公元前370年。在欧洲,波斯人公元前6世纪围攻巴克(Barca)时,就把空心盾牌用作侦察敌情的探听器。无论在东方还是在西方,人们在实践中独立地发展出了这一应用技术,这并不让人感到难以置信。

后来,在福建北部,渔民们发明了一种探测器,用来测听鱼群游近时发出的声音。这是中国人在运用振动原理的实践中最巧妙的一例。当预感到有鱼群游近时,渔民们就取出一根5厘米粗、1.5米长的竹竿,靠着船舷插入水中约 1 米处,然后把耳朵贴在竹竿上部的孔上聆听。据在场的西方人说,他们能听到远处嘈杂的隆隆声,此时渔民们告诉他们鱼群在 1.5 公里外,后来捕捞的结果证实了这种预测。

2. 自由发声的管乐器

前文曾提到有关萨满教巫师试图利用管子吹气的事。而炼金术士对此也颇感兴趣(实际上,有时他们可能是同一类人),因而一旦时机成熟,他们便以机械化的手段来实现这一过程。有关中国人在特殊风箱和泵机方面的发展,我们将在本书的下一章中加以论述。这里有必要说明的是,泵机中的阀门,或者更确切地说是风门片或瓣阀,与管乐器之间有着密切的关系。同泵机一样,弹奏类的管乐器的阀门孔在演奏时会完全关闭,而吹奏类的管乐器的阀门孔则能自由振动。

"口琴"(笙,吹奏类乐器)起源于周朝,通常认为,这种能自由发声的乐器的原理是从中国传入西方的。因此笙可以说是口琴或管乐器(管风琴、六角手风琴、手风琴等)的鼻祖,有确切资料表明,它是 19 世纪从俄罗斯传入欧洲的。

另一方面,在亚历山大里亚城,人们首次在各类管风琴上使用了带有活塞的风箱,在公元前 1 世纪末,维特鲁斯对此作了详尽的描写。公元 13 世纪,阿拉伯人发明的一种带风箱的风琴传入中国,引起了人们极大兴趣,在经过改造后被用于中国的乐曲。穆斯林的这一发明先于欧洲人在 1460 年前后对管风琴的发明,即使在被中国人改制为装有杏叶状的自由发声的管乐器后,仍至少领先于欧洲的管风琴五个半世纪。

平均律的演变过程

385

中国人对琴弦和空气柱的振动发声原理有着如此深刻的理解,因此我们有理由相信他们在律学上取得过巨大的成就。事实上,在律学方面,欧洲音乐从中国人那儿学到很多东西,然而通常人们却并未意识到这一点。

在很长一段时间里,西欧音乐人在定调和发展音阶体系时一直以希腊的律学体系为基本参考对象。按照毕达哥拉斯的制律方法,首先确定一个固定的音,然后根据振动弦的长度,得出一系列比事先确定的音高八度或五度的基本音,参照这些基本音,升高或降低音高形成一个全音阶。这种制律方法虽然被称作"标准律法",但有其局限性。以此形成的音阶,乐音之间的音程取决于事先固定的那个音,因此不易转调。也就是说,如果一件乐器按 C 调定了音后就不能弹奏 F 调的曲子。因为决定 C 调中各音之间音程的标准音与 F 调的不尽相同。同样,中国的五度相生律也存在着类似的问题。在五度相生律中,人们仅仅把音高升高或降低五度,形成全音阶。只是有时为了在男女声或童声合唱时取得和谐的效果,才考虑到用八度音程定音阶,因此中国的律制与希腊的存在着细微的差别。

在西欧,直到 17 世纪才出现所谓的十二平均律。人们以现有的音阶为基础,调整各个音的音高,或降低某些偏高的音或升高某些偏低的音,使音阶之间的音程达到一致。由此人们可以随心所欲地进行转音或转调,约瑟夫·巴赫(1685—1750 年)的作品使这种平均律受到人们的广泛重视。在中国,杰出的数学家、乐律理论家、满族(按:原文有误,应为明王后裔)王子朱载堉经过三十多年的仔细研究和实验,于 1584 年提出了十二平均律(见图 165)。他利用数学方法等分了八音度之间的音符,得到了一个音程完全相等的音阶。简单地说,他的十二平均律就是把弦和管的长度连续除以二的十二次方根($\sqrt[12]{2}$)或把管的直径除以二的二十四次方根($\sqrt[24]{2}$)。他的平均律与欧洲后来出现的

386

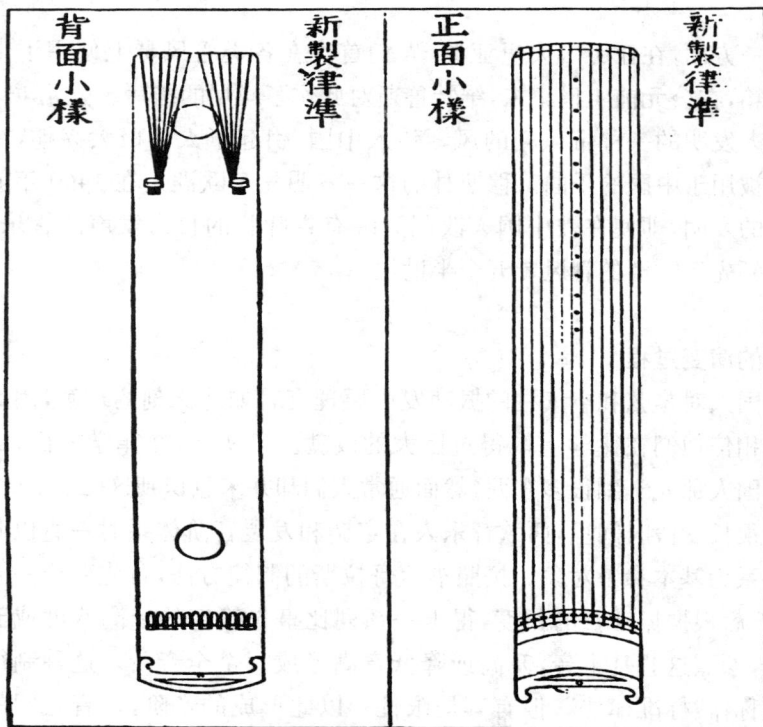

图 165 朱载堉的律准器[采自他的《律学新说》(1584 年)。上部的铭文为"新制律准";右图为正面,左图为背面]

平均律完全相同。

　　研究表明,直到 1577 年,西欧还没有人掌握十二平均律。直到 1620 年前几年,佛兰芒物理学家西蒙·史蒂芬才提出了有关这种平均律的理论。史蒂芬的计算方法与朱载堉的方法十分相近,可能是他的独立发现。但如果是这样的话,那么这是他第二次与中国前人的著名发明巧合了。第一次是一种航海工具,也是在他之前中国就有了类似的发明。然而无论从哪方面看,朱载堉的发现都可以称得上是中国人两千年来在声学实践和研究中取得的最大成就。

　　因此,在这一科学和艺术的边缘学科里,近代的中国人和欧洲人是携手并进的,尽管朱载堉和史蒂芬也许对对方的情况一无所知。

387

索引（第一卷、第二卷）*

第 一 卷

---

* 索引中的页码均为英文版原书页码。

第 二 卷

THE SHORTER SCIENCE &
CIVILISATION IN CHINA

中华科学文明史

下

【英】李约瑟 原著

【英】柯林·罗南 改编

江晓原 主持

上海交通大学科学史系 译

上海人民出版社

目 录

第 三 卷

第　四　卷

第 五 卷

第 三 卷

前　言

　　在这一部分,即李约瑟博士《中国科学技术史》简本的第三卷,我们将就中国人对磁罗盘的发明展开探讨。该发明是中国人对物理科学所作出的最杰出的贡献。我们从其占测学起源开始,接着探讨它与一种原始棋的关系,然后再关注它在航海方面的应用。这样便把我们带入了一个极富魅力的话题之中,它涉及中国的航船及远洋航行。中国人的远洋航行在时间上比中东或西方海员的类似壮举要早。本卷书包括了李约瑟《中国科学技术史》原书第一部第四卷的最后一节、第三部第二卷的后半部分。简本没有严格按原书的顺序来写。我们觉得,偏离原书的顺序,可能更适合本书读者的口味,因为他们也许希望将彼此相关的主题融会到同一卷书中。

　　此外,我从李约瑟那里得到了许多鼓励和帮助。他的建议极具价值。有一次,他甚至非常慷慨地抽出他那宝贵的时间,专门为本书准备参考书目。与前两卷一样,本卷并非一个新的版本。但是,考虑到汉语拼音应用范围的日益增加,以及李约瑟原书和这个简本前两卷一直使用威妥码注音系统的现实,我们在书中威妥码注音符号后面的方括号里插入了相应的汉语拼音。出于显而易见的原因,我们并非每次都给出汉语拼音符号,如果一段话里有一个用威妥码注音符号表示的中国词的话,我们就在这一段中给出一次它的拼音形式。只是在两种注音符号相同的情况下,我们才不给出汉语拼音注音形式,而那种情况是很罕见的。

　　退役的皇家海军指挥官亨利·哈特菲尔德审阅了本卷书的航海部分,戴维·戴维斯教授和苏珊娜·佩里帮助编制了索引,剑桥大学出版社的西蒙·米顿以其耐心和细致出色地履行了责任编辑的职责。对此,作者谨表衷心感谢。

柯林·罗南

剑　桥

1984 年 8 月

第一章 磁学和电学

　　在本书中,我们将会看到,中国人对物理学的最大贡献是对磁的发现。关于这一主题的文献汗牛充栋。这是因为,不管是在中国还是在西方,至少从公元前第一个千年的中叶起,人们就已经发现了磁石的引力。对此学界毫无争议。但是,磁石本身是如何被发现的? 铁通过与磁石的接触就能够被磁化这一事实又是如何被发现的? 对此,人们至今仍感不解。在欧洲,这方面的知识是在 12 世纪末一个很短暂的时间里突然出现的。学者们在阿拉伯和印度寻找其直接起源的努力,迄今并不成功。

　　中国人最早了解到并应用了磁石的指向性,这是学术界的传统认识。但令人瞠目结舌的是,这一学界共识却是建立在完全错误的推理之上的。从汉代(公元前 3 世纪晚期)起,"定南车"或者"指南车"这类名称就时常出现在中国文献里,但其制造工艺却一再失传。从 17 世纪早期的耶稣会传教士开始,人们就认为所谓的指南车与某种形式的磁罗盘有关。但是现在有充足的理由可以认定:指南车与磁石的指向性毫无关系。指南车实际上是一种具有自动调节功能的机械装置,它有一套齿轮体系,这套体系可以确保不管车子如何运动,它的指向装置一直指南。当代的一些科学史家们不知道这一点,他们指责记载了该发现的中国文献不可靠,却不知道他们所指的只是一些关于指南车的传说。此外,就如同我们在本书其他卷中曾经偶尔评述过的那样,一些科学史家们走得是如此之远,以至于他们认为与西方科学有关的任何事物都不可能来自中国。然而却没有人能够找到欧洲早于 1190 年的任何关于磁石具有指向能力的明确记载。

2   在中国,关于磁罗盘的传说由于王振铎的努力而面目一新。20世纪40年代晚期到50年代早期,王振铎设法解释了公元83年的文献《论衡》中的一段至关重要的话。他的研究揭示了在磁罗盘和汉代的试盘之间可能存在的关联。在接下去的内容中,我们将说明:(a)原始文献清楚地描述了针式罗盘,那种罗盘的使用时间无可置疑是在1080年左右,比欧洲人最早提到这种装置的时间早一个世纪;(b)也提到了磁偏角(即磁针的指向与地理北极之间的偏差)以及磁铁的指向性;(c)从7—10世纪这段时间中国对磁偏角的发现;同样显而易见的是(d)磁针的应用是这个时代的开始,它使得人们有可能制造出具有精确指向功能的装置来,这是发现地磁偏角的决定性因素;(e)中国人最初的指南针可能是一种用天然磁石精心雕刻而成的勺子,这种勺子是放在具有光滑表面的试盘上旋转的。最后,我们重申李约瑟博士的观点:罗盘不仅与方士们的占测实践有关,而且也显然与一些游戏例如棋类游戏有关。罗盘的早期形式是磁性石勺,它在1世纪就已经为人所知并得到了应用,并且作为宫廷术士的秘密,也许还可以被追溯到更早的两个世纪之前。过去人们之所以没能阐明这一点,部分原因在于学者们把注意力放在了对指南车的追溯上,而忽视了他们本来应该去寻找的"司南勺"。

  罗盘最初应用于航海的情况多少有些简单。可以肯定的是,到1190年,地中海地区的航海者已经开始使用罗盘了。但是在此之前一个世纪,中国文献已经记载了罗盘在航海中的应用。早期学者对该文献的误译导致了一种持续已久的说法,那种说法认为只有在从外国(阿拉伯)到广州去的贸易船上才能找到罗盘。该说法毫无根据。关于罗盘的可能的传播方式,后面还要讨论。著名的伊丽莎白时代的地磁学家威廉·吉尔伯特认为,是马可·波罗或者他的同时代人把罗盘带到了欧洲。这种说法比实际晚了一个世纪。历史学家爱德华·基彭写道:"如果拥有罗盘知识的中国人具有像希腊人和腓尼基人那样的天才,他们也许就会把他们的发现向南半球传播。"事实上,这正是中国人曾经做过的。

第一节 磁引力

  我们先来看一下,关于磁引力的知识,中世纪的西方人都知道些什么。在中世纪的开始,西方人有这样的认识:(a)天然磁石吸引铁片;(b)这种

引力可以超越一定的距离；(c)被吸引的铁依附在磁石上；(d)磁石对吸附 3
着的铁施加一个引力；这使得(e)它被保持一段时间；人们也观察到(f)磁
石的作用力能够穿越铁以外的其他物质；(g)某些磁石既会吸引铁片，也会
排斥它们。据传亚里士多德曾经说过，泰勒斯(公元前6世纪)从动物或者
人之间的相互吸引出发，用泛灵论的观点研究过磁石。另一种传说则认为，
是稍晚于泰勒斯的哲学家对磁石这一命题产生了兴趣，其中德谟克利特
(公元前5世纪)肯定对之做过研究。最后，在公元前1世纪，卢克莱修叙述
了上面提到的所有那些性质，他主张磁引力是铁和磁石之间的真空所造
成的。

在中国，人们给磁石起了很多名称，这与欧洲的情况类似。在这些名字
中，最常见的是"慈石"，意为"慈爱之石"。后来"慈"又转化成了表意文字
"磁"。另一个派生词为"孳"，意为繁殖滋生。看来那些最早观察到磁现象的
中国人似乎像泰勒斯一样，是用动物的本性来解释磁引力的。此外，还有称
磁石为"玄石"的，意为"神奇的石头"。尽管这一名称后来被用于非磁铁矿
石，但考虑到与"石"有关的别的术语的情形，该词有可能最初仍然指的是磁
石。这些术语中的大部分可以追溯到晋(2—5世纪)或至少是唐(7—10
世纪)。

公元前3世纪到公元6世纪之间的中国文献与欧洲文献一样，对磁引力
给予了充分注意。尽管这些中国文献没有早到泰勒斯时代，其中也没有可与
亚里士多德相提并论的同时期人物，但《吕氏春秋》这部百科全书式的著作提
到了磁引力。该书的时代不晚于公元前3世纪晚期，基本上与阿基米德同时。
在卢克莱修写作他的文章之前不久，《淮南子》——另一部百科全书式的著
作——提到：

> 若以慈石之能连铁也，而求其引瓦，则难矣。……慈石能引铁，及其
> 于铜，则不行也。

该书的作者在另一处又提到了"慈石"上飞，这是指在小块磁石上方悬挂一块
铁，磁石能被铁吸引上去的情形。到了公元83年，《论衡》一书又提到了"顿牟
掇芥、慈石引针"这两种现象，并以之作为"同气相应"的例子。《论衡》为王充
所著，其部分内容涉及了磁石及琥珀(顿牟)等与各类物体间的"相互作用"。
王充认为，这些现象的存在，证明了中国人通常所持有的"感应"和超距作用
的观念是合乎实际的。

在5世纪，中国人已经开始测量磁石磁性的强弱。人们也认识到了磁铁 4

矿石与非磁铁矿石药性的不同。对这二者做出区分是非常必要的,部分原因在于后者有时具有相当强的毒性。因此,在《雷公炮炙》这部药书中,我们可以读到这样的内容:

> 一斤磁石,四面只吸铁一斤者,此名延年沙;四面只吸铁八两者,号曰续采石;四面只吸铁五两以来者,号曰慈石。

可以假定,吸力更小的磁石就被归入了非磁铁矿石类。这种用称重的方式来估测磁石的方法不可能晚于 12 世纪。因为 12 世纪的有关文献常常引用这段话,但其实际年代则可能要早 500 多年。

不管是东方还是西方,都产生过大量关于磁石的传说。这些传说多种多样:有人说有的岛屿是由磁石组成的,钉有铁钉的船无法从其旁边通过;有人说某种特制的门户本身就是磁石,身带铁器的人无法穿越;也有人说在某地铁制的雕像在磁力的作用下会在空中悬浮,等等。在 2 世纪,托勒密这位希腊天文和地理学家,认定上述磁岛就在锡兰和马来亚之间。而我们在两个世纪后的《南州异物志》中也发现了同样的传说。但是《南州异物志》的说法未必是从西方传入的,它很可能有其纯粹的中国起源,因为很久以来就传说在长安的皇宫中有专门设计的防止刺客进入的磁门。这类磁门与神的裁决和逃离人世之类的神话相关。类似的故事在阿拉伯文献中也有。

磁石在炼丹术和医学中找到其用途是很自然的。刘宋时代的医学著作(5 世纪)常常提到可以用磁石来疏通被阻塞的呼吸道,或者用磁石来取出身体中像铁针、箭头之类的异物。实际上,即使这些方法想象成分多于其实用价值,它也意味着人们已经清楚地认识到了磁引力具有能够穿越非铁间隔物的性质。而在欧洲医学中,只是到了 17 世纪和 18 世纪,磁才得到了充分的应用。

从整体上来看,可以说在古代和中世纪,不管是在欧洲还是在中国,人们对于磁引力知识的了解,大同小异。有人发现,在中国,关于磁的理论要少一些。这大概是由于比起希腊来说,超距作用观念更适合中国人对世界的看法。在希腊,人们认为万物在宇宙中有其"自然位置",而磁现象很难与这种观念相协调,就像它不能与亚里士多德关于物体的"自然和强迫"运动的说教相协调一样。

然而,有一种中国观念可以与希腊异端哲学家赫默基因斯的学说相提并论。赫氏认为上帝是从无中创造了世界,并按类似于磁作用那样的方式组织了万物。如果赫氏的这种构物原理体现着某种物理的真实,而不是一种先验理论,那么在它与中国人关于道的说法之间就毫无差别可言。

最后,我们还要说明,当普林尼(1世纪)和西方稍后的作家们指出磁石有排斥作用这样的事实时,中国人也同样知道这一点。有一种关于磁棋的奇特故事,我们听到过该故事的好几种版本,其中就有表示"抗拒"、"排斥"意思的词。公元前1世纪的著作《史记》则提到棋"自相触击"。因此,我们认为,中国人也同样观察到了磁的排斥现象。

第二节　静电学

在古代和中世纪,中国人与西方人在磁学知识方面的发展是平行的。例如,某些类似琥珀那样的物质,在摩擦之后,会获得一种吸引像干燥的植物碎片那样细小物体的能力。在对这件事情的认识上,中西双方就是并驾齐驱的。泰勒斯再次登场,据信他是最早对这一现象进行观察的人。在公元前9世纪或者8世纪,荷马曾提到过 electrum 这个词。但这比希罗多德(公元前15世纪)提及该词的时间要晚得多,而且两者赋予该词的含义也不同。荷马所说的 clectrum 实际上是指一种金银合金,而希罗多德所说的 electrum 则通常是指琥珀,我们现在所谓的电(electricity)就来源于该词。柏拉图也提到过该词。普罗塔克和普林尼则进一步指出,琥珀事先必须被摩擦过才能吸引细小物体。

希腊琥珀可能来自波罗的海地区,而大部分中国琥珀却来自上缅甸本地人的贡献。这两种琥珀尽管都是松胶化石,但它们在化学和物理性质上与一般琥珀稍有不同。与普鲁塔克和普林尼同时代的王充是中国最早提及琥珀者之一。他用了"顿牟"这样的词,该词很可能来自掸语或者泰语。人们认为它也是从更通用的术语"琥珀"一词中派生出来的。大约在公元500年左右,医学家和化学家陶弘景提出,琥珀是地下千年松胶所化。他指出,在有的琥珀中,被松胶裹缠的昆虫仍然可见。他还提到了用黑鱼卵和鸡蛋混合加热来模拟琥珀的方法。但接着他就指出了对这种假琥珀与真琥珀的鉴别方法:

　　……惟以手心摩热拾芥为真。

用静电实验来鉴别琥珀的方法至今仍在应用。尽管王充没有提到需要进行摩擦才能使琥珀吸物,但实际上在汉代之后,所有的药典都记载了琥珀及其性质。除此之外,中国在这方面就没有任何真正的进展。欧洲在直到18世纪开始真正的电学研究之前,也同样如此。

第三节　磁的指向性和磁极

磁罗盘是在当代科学中发挥着巨大作用的表盘和指针之类仪器的最古老的代表。当然日晷更古老,不过日晷中移动的仅仅是影子,而不是仪器本身的某一部分。风向标也够古老的了,但是在风向标所有的古代形式中,都没有可以读出精确数字的圆形刻度装置。磁罗盘的指向装置是自动的。磁罗盘在其发展过程中,首先是可以精确指向的磁针取代了磁石。磁针的应用使得在刻度盘上显示出精确的方向成为可能。这一进展本质上是一种从特殊到一般的归纳过程。因此,我们没必要去细究中国人的这种发明的最古老形式究竟是什么,也不必为它的一系列改进究竟什么时候被引入而费神。指南针这种仪器非常重要,但它传播得却非常缓慢。导致这种矛盾现象的缘由并不难理解,因为它一开始就与神秘的皇家占测术联系在了一起,而且是在农业文明而不是初期的海洋文明中发展起来的。在中国,几个世纪以来,罗盘的用途一直限于伪科学、道家堪舆术,其做工达到了非常精致的水平,其发展则走向烦琐。罗盘从其发明到被中国海员采用,中间可能经历了相当长的时间,这也同样是由于在整个中世纪,江河及运河的航运份额远远超过了海洋运输的缘故。

本书的第一卷曾经介绍过堪舆术,但是出于同样的原因,这里仍需要对其要点做些简略说明。对于中国人来讲,堪舆术意味着"为在世者择居,为去世者择墓,以使其与当地宇宙的气脉走向协调一致"。这门学科被称为"风水"。"风"并不仅仅指当地的实际风向,它所强调的更多的是在宇宙的脉络中循环不息的"气"或曰"精气"。同样,"水"也不仅仅是指溪流江河那些可见之水,它像"气"一样,肉眼看不见,但又循环流动,清除杂质,沉积矿物,对人们的宅院和家庭施加好的或者坏的影响。那些已经躺在坟墓中的逝者,其后代也在风水的影响范围之内。磁罗盘的发展史只有放在这种思想体系的背景之下,才是可以理解的,因为它就是在这样的母体中产生的。

7

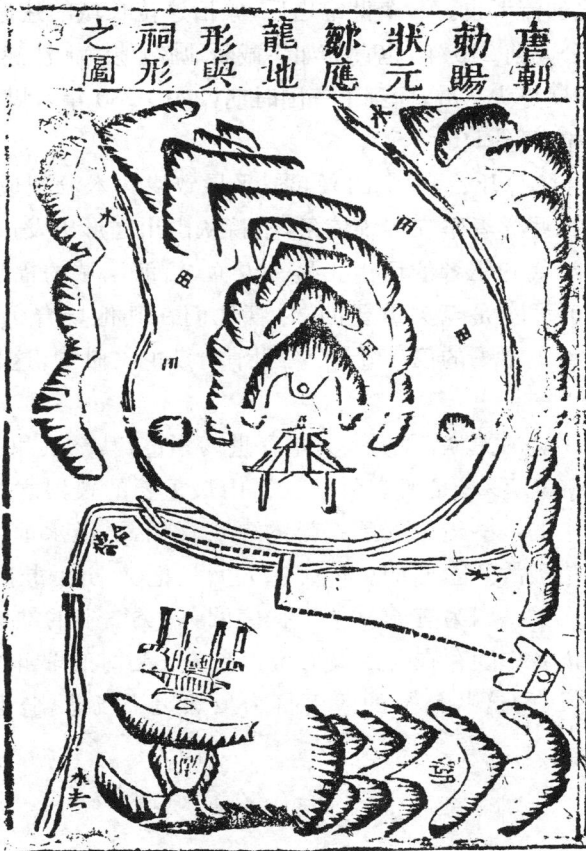

图 166 作为磁学背景的堪舆术[一幅 13 世纪早期精选的建筑与环境示意图。图的上方写着:"唐朝敕赐状元邹应龙地形与祠形之图"。在图的山区部分,三条小溪在中心点左侧汇成一条小河,从左下角流出。祠堂背靠两个小湖,面向图的上部,对图中的风水最佳点(亭子所在位置)一览无余。图的上部的山脉两侧是两个村庄,它们每一个都拥有大量的稻田。山丘上的两座桥和一条通道在图中也被标了出来。该图引自《地理琢玉斧》,该书约成于 1570 年]

在所有的占测术中,堪舆术也许在整个传统时代植根于中国文化最深。由于对于一个地方来讲,防止受到风水的伤害总是至关重要的事情,这导致了人们对当地地形特征也会产生一些兴趣。尽管堪舆这一主题在许多方面会变成纯粹的迷信,但毫无疑问,其整个体系对中华文明范围内的城市、村庄、建筑物在选址方面表现出来的罕见的美观,作出了自己独特的贡献。

堪舆体系大概是在公元前 4 世纪的战国时期发展起来的。当时的自然哲学家邹衍和方术学派在这方面表现得颇为活跃,《管子》也提到:"水者,地之血气,如筋脉之通流者也。"一个世纪之后,蒙恬这位长城的建造者,就在其去世之前不久的公元前210年,也宣称如不截断地脉,他就无法建成长城。到了汉代,该体系发展势头不减,而到了三国时期(220—280年),堪舆术在社会上的地位就已经相当稳固。

从唐代(7世纪)开始,罗盘的兴起似乎导致堪舆术分裂成了两个学派。来自江西省的那些学者坚守传统信条,坚持从山川之形出发进行推论,坚定不移地步他们汉代先驱者的后尘。另一方面,沿海区域的福建人则认为在测定地形变化时罗盘是至关重要的,尽管他们在其他场合仍大量使用《易经》中的符号(参见本书的第一卷)。在明清时期的文献中,这种分化仍然清晰可见。

堪舆术和罗盘的文献,现仍有大量存世。不过,其空缺和迷离不清之处则在所难免。确实,罗盘是所有科学仪器中最重要的仪器之一,人们担心,它的发展过程中的一些最令人感兴趣的事实真相,已经永远消失。而且看起来有些条目是被故意歪曲的。传统上人们是把焚书归过于秦始皇的,但这里与秦始皇无关。因为有明显的证据表明,此类图书的缺失,与17世纪中国的耶稣皈依者中间存在着的毁书行为有关。当时的耶稣会传教士出于其博学的天性,认为这些信徒的毁书行为虽然是一场悲剧,但却是似非而是的。

第四节　指南针在欧洲和伊斯兰国家的出现

这里我们首先需要考虑的,是有关指南针的知识最初出现在欧洲和伊斯兰国家的准确时间。就欧洲而言,我们发现,1117年巴思的阿德拉尔德对磁石具有指向性毫无所知,但到了1190年,亚历山大·奈克汉姆却提到了磁石的这一性质。从那之后有更多的文献对之作了记载,其中1269年彼鲁斯·彼瑞格瑞努斯(徒步旅行者彼得)在一篇文献中的记述,尤其有价值。该文是整个中世纪里欧洲对物理科学作出最杰出贡献的文献之一。当然,有些人宣称在更早些的欧洲文献中就有了类似的记载,但他们的说法并未得到证实。也有人主张北欧海盗在1190年以前就有了磁罗盘,可是那些挪威人看上去确实是到1225年才知道这种装置的。还有人提出中世纪欧洲的教堂是借助于指南针来定位的,但这是一个有强烈争议性的问题,其真相至今仍未被揭示出来。

　　有关的阿拉伯文献多少都比欧洲的文献要晚些。其最早的记载提到，水手借助于一块用磁铁摩擦过的鱼形铁片来确定方向。该记载是在一个波斯轶事集里被发现的，该轶事集大约于 1232 年由阿尔爱菲·穆罕默德编纂而成。半个世纪之后，在一篇关于珍石的专题论文中，贝拉克·阿尔夸巴加启描述说，他在 1242 年曾目睹了浮针罗盘的使用情形。他还补充说，当时的船长们在印度洋里航行时，是使用一种漂浮着的鱼形铁片来定向的。然而，在 13 世纪，除此之外，再没有别的书讨论过这一问题，甚至连地理学家阿尔夸兹维尼编纂的百科全书也对之保持沉默。在此之前，没有介绍指南针的文献。尽管伊本·哈兹姆在 11 世纪早期写的一篇论文被认为涉及了磁，但在 10 世纪的天文学家和地理学家中却从未有人提及过磁。而且哈兹姆的论文只是提到了磁引力，并没有涉及磁石的指向性。顺便说一句，人们也许会注意到，印度文献对这一重要问题也没有任何涉及。

第五节　指南针在中国的发展

　　那么，在中国又发生了什么呢？要研究这一问题，最好先考察一下沈括的有关著作。沈括是一位天文学家、工程学家和政府高级官员，我们的探讨就从他开始。关于指南针的重要记载出现在他的《梦溪笔谈》一书。该书大约是公元 1088 年写成的，比欧洲最早记述指南针的文献要早一些。文中写道：

　　　　方家以磁石磨针锋，则能指南，然常微偏东，不全南也。水浮多荡摇。指爪及碗唇上皆可为之，运转尤速，但坚滑易坠，不若缕悬为最善。　　10
　　　　其法取新纩中独茧缕，以芥子许蜡，缀于针腰，无风处悬之，则针常指南。其中有磨而指北者。予家指南北者皆有之。

此外，在该书中还有一段话，其影响稍低于刚才的引文。原话为：

　　　　以磁石磨针锋，则锐处常指南，亦有指北者，恐石性亦不同。如夏至鹿角解，冬至麋鹿解。南北相反，理应有异。未深考耳。

在这些文献中，我们不仅无可争辩地看到了世界上最早的对指南针的清晰的描述，而且还发现了对磁偏角明白无误的记载。它比哥伦布 1492 年发现磁偏角在时间上要早得多。沈括提到的两种指向不同的磁针,当然是在磁石的不同磁极上磁化的结果,但是它也可能存在别的来源,后文我们在讨论栻盘的时候,还要说到这一点。

当代学者王振铎曾经指出,沈括的一些实验条件表明,他一定为指南针做过大量的细心调查。例如,所谓的"新纩独茧缕",意味着他选择了用新蚕茧抽出的单股蚕丝,而不是用多股蚕丝绞合成的丝线。这暗示着他对使用新蚕茧能够保证其弹力均匀分布而感到满意。

尽管我们必须转向更早些的文献,不过在此之前,有必要提到另一部著作。该书虽然稍晚于沈括的《梦溪笔谈》,但仍比西方对指南针的最早提及要早上几十年。

宋代的指南针:水罗盘与旱罗盘

11　　在 1116 年成书的《本草衍义》中,有一段关于指南针的记载。这段记载与沈括 30 年前说的话看上去十分相似,但我们从中仍发现了两处新意。该段记载为:

> 以针横贯灯心,浮水上,亦指南,然常偏丙位(按:即南偏东 15°)。盖丙为大火,庚辛金,受其制,故如此。物理相感耳。

《本草衍义》的作者是寇宗奭。在这段话中,他首先描述了水罗盘,其特征与欧洲所有的对水罗盘最古老的说明(尽管古老,但时间上比起中国文献却仍要晚些)完全相同。其次,他不但给出了对磁偏角的精确的测量值,而且还试图从理论上对之加以解释。

然而,寇宗奭对水罗盘的记述在历史上并非最早。王振铎曾经指出,在由曾公亮编纂、成书于 1044 年的《武经总要》中,有这样一段话:

> 若遇天景曀霾,夜色暝黑,又不能辨方向,则当纵老马前行,令识道路,或出指南车或指南鱼,以辨所向。指南车法世不传。鱼法以薄铁叶剪裁,长二寸,阔五分,首尾锐如鱼形,置炭火中烧之,候通赤,以铁钤钤鱼首出火,以尾正对子位,蘸水盆中,没尾数分则止。以密器收之。用时置水碗于无风处,平放鱼在水面令浮,其首常南向午也。

这段话很有意思。鱼形铁叶一定是中间微凹的,这样它才能像小船一样漂浮在水面上。李约瑟博士注意到,当温度超过居里点(600—700℃)的铁片沿着地磁场方向急速冷却时,这块铁(如果是钢就更容易)就会被磁化。看来这种被称为热顽磁感应的现象,极有可能已经被宋代的工匠所掌握。尽管用这种

12

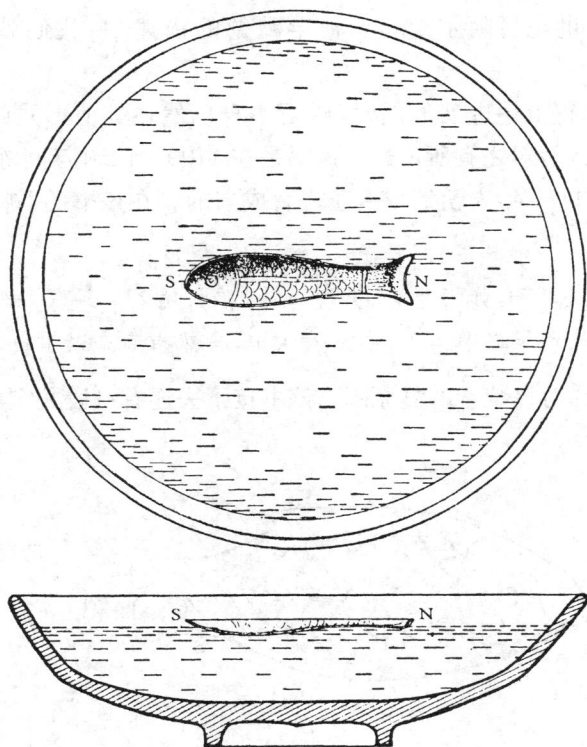

图 167 指南针的早期形式：《武经总要》（公元 1044
年）记载的指南鱼

方法得到的磁性可能较弱，但它有一个极大的优点，那就是不需要磁石就能
进行磁化。

中国人一定很早就知道加热能够破坏磁化强度，成书于 1600 年的《五杂
俎》对之就有所记载。让我们把话题重新扯回到关于指南鱼的这段文字上。
尽管《武经总要》的序言上标明的日期是 1044 年，但很有可能文中对水罗盘的
描述不晚于 1027 年。因为就在这一年，学者、画家、工艺师和工程师燕肃成功
地制造了一部指南车。既然《武经总要》的作者是政府高级官员，他应该知道
政府工场的技术进展情况，这样，他就不太可能在 1027 年之后还说"指南车法
世不传"这样的话。当然，该段文字也可能是从一些早于 1027 年的文献里抄
录的。但无论如何，这种水浮式罗盘的出现看来明显是 11 世纪前 10 年的事，
而且考虑到各种可能性，甚至能追溯到 10 世纪下半叶。当我们联想到指南针
的最初形状是像一把勺子的时候，就能感受到这种鱼形罗盘所具有的特

13

殊意义。这种在水面上漂浮着的鱼形铁片作为一种技术,从中国传向了世界。从两个世纪后阿尔爱菲·穆罕默德的描述中,我们就可以知道这一点。

然而,在取得上述进展的同时,磁石本身仍然在其他形式的罗盘中坚守阵地。《事林广记》对之有所记述。该书是在 1100—1250 年间陈元靓写成的,而且很可能是 1135 年宋朝都城南迁之后成书的。在该书的"神仙幻术"一节中,他写道:

> 以木刻鱼子,如拇指大,开腹一窍,陷好磁石一块子,却以蜡填满,用针一半金从鱼子口中钩入,令没放水中,自然指南。以手拨转,又复如此。

图 168 是王振铎对该装置的复原图。该书接下去还有一段文字提到:

14

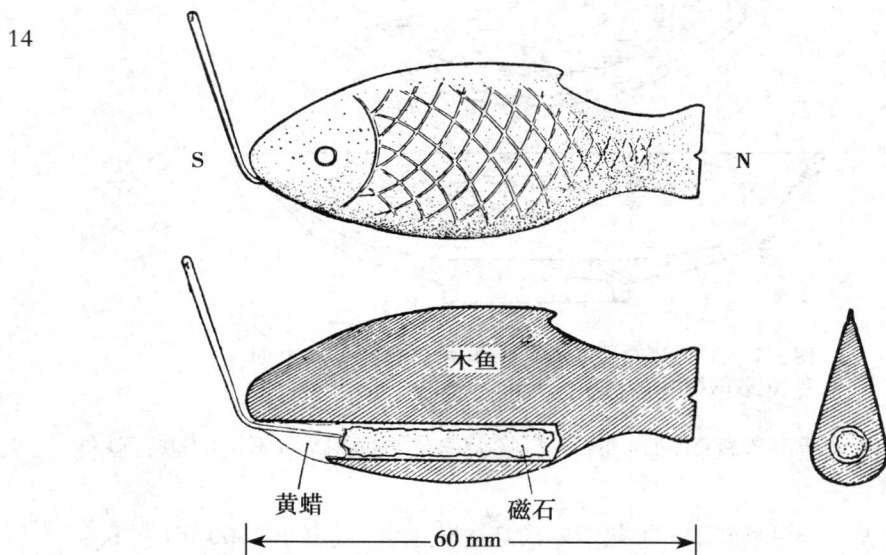

图 168 指南针的早期形式:《事林广记》描述的指南鱼(指南鱼里的磁石和指针是用蜡固定的)

> 以木刻龟子一个,一如前法制造,但于尾边敲针入去,用小板子,上安以竹钉子,如箸尾大,龟腹下微陷一穴,安钉子上,拨转常指北。须是钉尾后。

这段话令我们极感兴趣,因为它表明,在宋代人们已经知道了枢轴承旋法,正是这种方法导致了旱罗盘的产生。图 169 是该装置的复原图。后面我们还会发现,随后的几个世纪里,在中国,水罗盘一直很流行。然而,在后来欧洲航

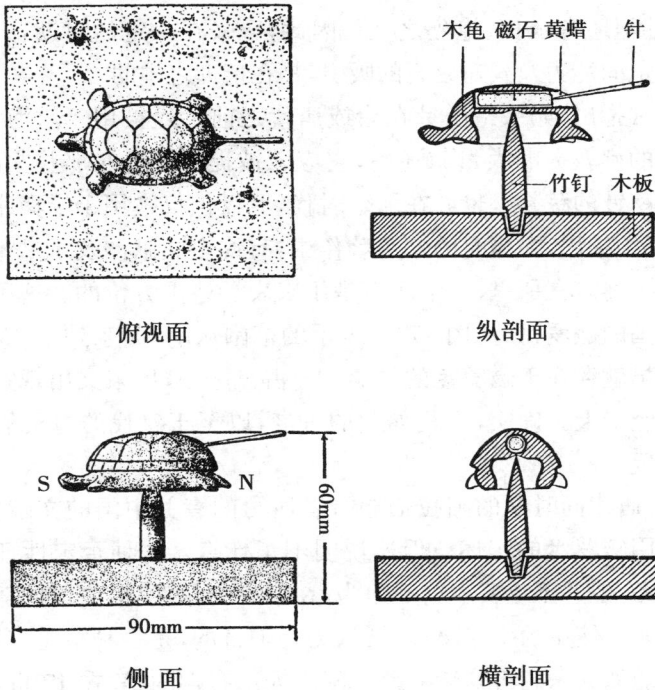

俯视面　　　　　　　　纵剖面

侧面　　　　　　　　横剖面

图 169 指南针的早期形式：有旋转支点的装有磁石和指针的木刻指南龟（磁石与指针同样是用蜡固定的。木龟可以在竹钉的支撑下自由旋转）

海时代的影响下，它被旱罗盘取代了。但无论如何，最早的旱罗盘在中国。在上述的罗盘的两种形式中，我们应当再次注意到指南鱼、指南龟与司南勺之间的关系。特别使我们感兴趣的是与磁石相结合的针。这里的针不具备独立指向功能，它的作用是使装有磁石的木鱼和木龟的指向更加精确。

唐代及更早的文献

对于唐代有关指南针的可信的文献，我们一无所知，但是在唐代以后却有大量文献把指南针归于这个时期。因此，有必要对唐宋时期与磁石、磁针有关的各类著作进行一番系统的考察。例如，成书于公元 121 年的《说文》中有关于"磁"的条目，该条目对"磁"的解释是："石名，可以引针。"现已证明，这一内容是晚出的。然而在宋初《说文》的首次印本中（986 年），该条目就已经存在了。"引"字的使用，意味深长。它的最初含义是张弓，此后又有钓鱼、吸引、引火等义,后来又逐渐增加了引导、指导、介绍、引见、引出、传播、引诱、延伸的含义,甚至还有延长、拖延之义。因此,看来在一定的时期,人们用它来表示磁针的定向能力及其对磁石的吸引,是在情理之中的。

人们常常指出,如果指南针在唐或唐代之前已经被用于航海,那么在当时对去印度的佛教徒的大量叙述中,它应该被提及。但在那些文献中,却从未发现过指南针的踪影。也许在那个时代,罗盘仅仅被用于堪舆术。但无论如何,我们必须指出,在当时的这类著作中,有许多文献涉及了二十八宿——参见本书第二卷。在那里,二十八宿是用来表示地平方位的。这种方法至今仍被用于中国的磁罗盘(见图 176),表示的范围从南 15°东到南 45°东。这种表示方法很早就存在于磁罗盘的先驱——占盘之中,后来又出现在唐代船长们手中的罗经卡上。确实,它是如此的古老,以至于汉代的海员们也有可能熟悉这种装置。

16 不过,在唐代同时期的阿拉伯旅行者所写的有关中国的文献中,迄今未能发现有使用磁罗盘的记述。但这说明不了什么。这种否定性证据虽然可以被用作参考,但并不重要。这是因为,在所有的年代里,中国的船只上供奉着道士。在船上使用的水浮磁针,被认为是神奇的,是一种机密。既然如此,人们就不可能那么乐意将其泄漏给外国商人。有趣的是,在 17 世纪和 18 世纪耶稣会士的争论中,这种否定性证据也发挥了作用。争论的一方公布了 9

17 世纪在中国的一些阿拉伯航海家们有关资料的译本,目的在于把中国人在哲学和技术方面所取得的成就说得尽可能小一些。然而宋君荣这位大学者、天文学家,他同时也是一位传教士,却在 1760 年指出,他相信罗盘大约是在唐玄宗时期(约公元 800 年)定型的。后面我们将会看到,他的这一说法并不离谱。

我们必须浏览一下在先前的研究中未被人们注意到的两段文字。第一段出现在《数术记遗》中,该书被认为是徐岳在大约公元 150 年写成的。但后来的研究表明,它的实际作者很可能是其名义上的注释者——6 世纪的甄鸾。即使如此,该书中下面的这句话也足以值得我们重视了:

八卦算:针刺八方,位阙从天。

甄鸾对这句话注解道:

算为之法位,用一针锋所指,以定算位。数一从离起,指正南,离为一;西南坤为二……;东南巽为八。至九位阙,即在中央,竖而指天,故曰位阙从天也。

这种由古栻盘诞生的计算方法是 3 世纪的术士赵达所为,或者至少他参与了此事。此法看起来是后世算盘的先声,但更重要的是它提到了用针来指方位,而且这一系列方位是从正南开始起算的。很难相信这一切会跟指南针没有关系。如果没有更早的证据的话,那么这段文献至迟不会晚于公元570 年。

第二段文献有些奇特,这主要是由于它的作者葛洪是个化学家。大约在公元 300 年左右,葛洪在其《抱朴子》中写道:

> 触情者讳逆耳之规,疾美而无直亮之针艾,群惑而无指南以自反。

这里我们很难相信,在葛洪的脑海中会没有某种形式的指南针存在。当然,这段话也可能是后人添加上去的,即使如此,它也不太可能晚于甄鸾(公元570 年)。

汉代的栻盘和司南勺

再向上追溯几个世纪,就到了王充《论衡》(公元 83 年)的时代。王振铎发现,《论衡》中有一段话,为我们寻找指南针的起源,展示了一片光明。这段话原文如下:

> 曲轶之草,或时无有而空言生,或时实有而虚言能指。假令能指,或时草性见人而动,古者质朴,见草之动,则言能指。能指则言指佞人。司南之杓,投之于地,其柢指南。鱼肉之虫,集地北行,夫虫之性然也。今草能指,亦天性也。

在此,王充是在拿两类事物进行对比,其中一类是他并不相信会实有其事的寓言,另一类则是他所曾目睹的事实。他对"鱼肉之虫"行为的描述也许可以被认为是对昆虫趋向性的最早的提及。他所看到的也许是某种对于光刺激有强烈的趋光反应的昆虫幼虫。在后来的版本中,这段文字被有所篡改。

司南勺不是别的什么东西,而是用天然磁石模仿北斗七星形状琢成的勺形物。司南勺的应用与栻盘密切相关。栻盘本身由上下两盘组成,它们分别是方形的象征大地的地盘和圆形的象征上天的天盘。天盘环绕中心枢轴旋转,在其四周刻有 24 个罗盘方位,在其中心则刻有象征北斗七星的标志。地盘上刻有二十八宿,其内环上重复刻有 24 个罗盘方位。此外,它还刻有《易经》(参见本书第一卷)诸卦中最重要的八卦的符号,其中乾卦位于西北,坤卦位于东南(按:图 170 当为西南)。这与我们刚提到的《数术记遗》中的那种罕

18

19 见的计算工具的布局相同,但不同于所有晚出的地罗盘。在后来的地罗盘中,乾卦位于南方,而坤卦则位于北方。对此,我们将在后文加以讨论。图170是对这种盘的复原示意图。

16

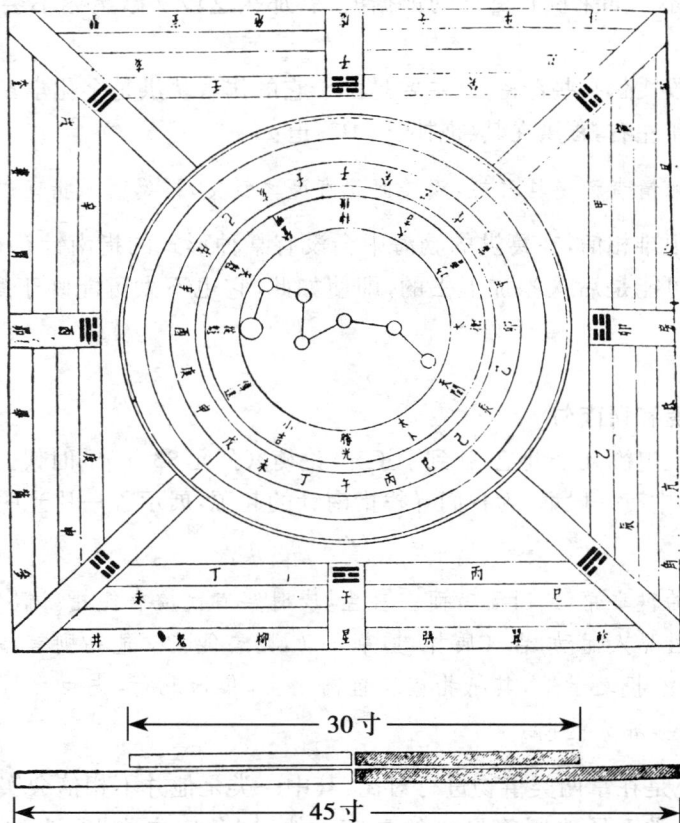

图170 王振铎复原的汉代栻盘的示意图(该仪器是双层结构的,下面是一个方形的地盘,地盘上覆盖着可以旋转的圆形天盘。两个盘上都标着罗盘指向、天文符号等,还有《易经》里的符号以及一些专门的占测用语。天盘上绘有表示方向的北斗七星。栻盘是用青铜或漆器制成的,上面是北)

对于栻盘的形制,现在没有什么争议。在汉墓中出土有栻盘的残片,它是用木板刻成的,并用漆漆过。其中的一个天盘上标有日期,通过该日期可知,该盘入土时间不早于公元69年。这令人极感兴趣,因为它正与王充提到指南勺的时代相同。但是另一个的时间却早约60年。在这些物件中有勺子,不过这些勺子不是用磁石制成的。勺子的形状使其在勺底向下平衡放置时,很容易旋转。

根据后来的文献，我们对栻盘所用木板的材质有所了解。据 8 世纪的《唐六典》记载，天盘是用槭木制成的，地盘则选用的是枣木。地盘选用这种特别坚硬的木材，大概别有深意，因为很可能是像王充所说的那样，人们用指南勺代替天盘在其上旋转。但无论如何，并非所有的地盘都是用木头做成的。其中也有一些是用青铜做成的，而且盘面被处理得可与镜面相媲美。

栻盘的形制与前文提到的《淮南子》(公元前 120 年)中的宇宙理论有密切的关系。该书有一节很重要，它致力于描绘由北斗星指向的变化所标明的一年四季的演变。在每天晚上固定的时间进行观察，会发现北斗星的指向在一年之内正好转过一周。正因为如此，人们也许会毫不犹豫地认为，北斗七星的斗柄是所有仪器的指针中最古老的一种。在解读栻盘中的天盘时，我们目睹了从斗柄到各种表盘和自动化仪器的指针之间，人们是如何迈出了这漫长之路的第一步的。

那么，天盘为什么会被我们在后面将要遇到的北斗七星的实用模型——司南勺所取代？它又是如何被取代的？这个问题十分迷人。无论如何，在此应该指出的是，当王振铎开始研究这种磁勺的性质的时候，有各种各样的理由促使他认为，指南勺不可能是用磁化了的铁制成的。因此，他转而去探索用磁石制成的指南勺的性质。这样的勺子能否克服阻力在地盘上旋转？王振铎能找到的解决这一问题的唯一办法是实验。他制作了一个如图 171 所示的模型，并且发现被磁化到尽可能高强度的钨钢勺可以在青铜地盘上旋转，因而能够用于指南，但在硬木地盘上它却无能为力。接着，王振铎对用天然磁石做成的指南勺做了类似的测试，结果是同样的。他所用的磁石来自汉代人几乎肯定也能找到的地方。 [20]

对于古代工匠来讲，为了制作司南勺，他们没有必要专门沿着地磁场方向去切割磁矿石。这是因为，一旦切割下来一块条形磁矿石，这块石条两极就会使得它的磁性沿着石条的主轴向分布。当石条被加热或冷却时，这种极化就会被加强。在汉代的炼丹术士那里，这一现象一定曾多次发生。另一方面，既然没有办法对磁极进行事先测量，石条两端的极性也许常常会被搞混。 [21] 在这种情况下，一些磁勺的勺柄将会指北而不是指南。前引沈括的家中收藏有两种磁针，其中有的指北，而另外一些指南的说法，已经令人信服地说明了这一点。当然，他可以用两种不同的方法分别使其磁化，但另一方面，他也许一直依赖一个上溯到指南勺时代的古老的传统，在该传统中两种形式的磁勺皆为人所知。

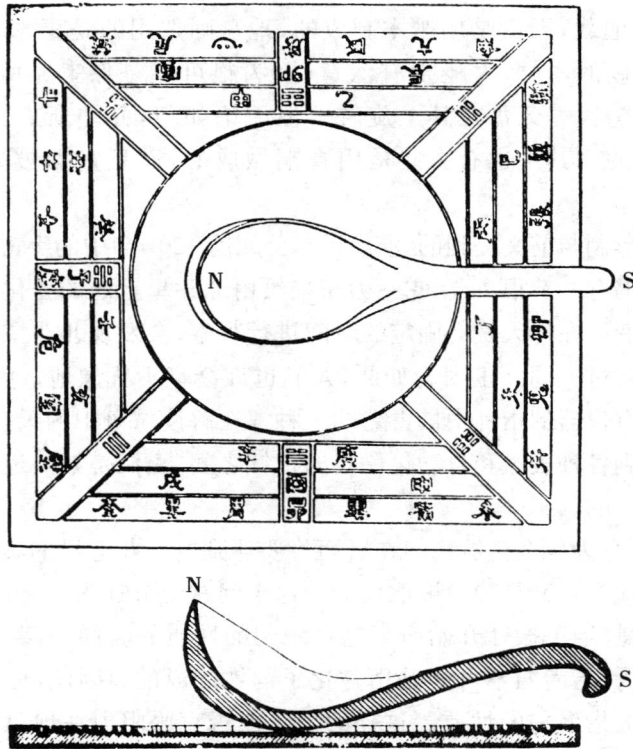

图 171 王振铎复原的地盘和指南勺模型(由该模型可以看出,指
南勺是如何在地磁场作用下,以其底部为支点作旋转运动的)

　　历史上对指南勺使用情形的描绘,似乎不可能一直存留到现在。但是在
公元 114 年的一块石板浮雕上(图 172),却有这样的场景:在该浮雕的右上
角,一个人显然是在察看一个大勺子。勺子的形状与我们讨论过的指南勺十
分相似。勺子没有被放在碗里遮起来,相反倒是放在一个小方桌的桌面上,
让我们一览无余。此外,浮雕的其余部分,表示的不是宴席,而是某种典礼,
或者是有音乐伴奏和可能是利用机械玩具的娱乐活动。确实,它看上去像是
汉安帝的方士们在举行的某种仪式。这幅浮雕被收入 van der Heydt 集里,
现存于苏黎世的 Rietberg 博物馆。

关于栻盘的文献

　　我们现在可以回过头来进一步思考一些文献依据。这里要考虑两种文
献。第一种是直接讲述栻盘的,第二种则是提到司南的。

图 172　现存于苏黎世 Rietberg 博物馆 Heydt 集里的公元 114 年的汉代浮雕[变戏法者和杂技演员在音乐的伴奏下正在演出。图中心击鼓的人物可能是机器人。事实上,整个布局描绘的可能是旋转木马或自动旋转的马术竞赛场面。最上面那排观看比赛的人可能是皇家官员。呈献给他们的另一个奇迹出现在浮雕的右上角,那里有一个小方台,在小方台的上面放着一个与司南勺具有同样形状的勺子(见小图),旁边一个人正弯着腰聚精会神地观察着它。这里我们有可能看到,在 1 世纪的哲学家王充提到司南之后的仅仅几十年的时间里,就出现了描绘最早期的指南针的艺术作品]

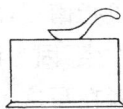

　　关于第一种,没有什么争议。在从汉代起的所有朝代里,栻盘一直广为人们所知。但它究竟是如何使用的,长期以来已经被遗忘。我们能肯定的是,其天盘在枢轴的支撑下,模拟北斗星斗柄在地平上的投影做旋转运动。这种运动与一年四季的变化相对应。最早提及此事的是公元前 300 年问世的《道德经》。公元前 2 世纪的《周礼》以及晚些的著作《汉书》也都谈到了此事。对《汉书》,我们后面还要加以讨论。另外,活跃于公元前 100 年左右的历史学家、天文学家司马迁也写道:

　　　　今夫卜者,必法天地,象四时,顺于仁义,分策定卦,旋式正棋,然后言天地之利害,事之成败。

人们会看到下述逻辑是何其自然:随着北斗七星在天空的回旋,栻盘的上部即天盘也相对于地盘做同样的旋转,那么北斗星的模型,即指南勺,就也应当在地盘上转动。另外一些相关的文献则出现于 4 世纪、5 世纪晚期以及 6 世纪。唐代的百科全书至少记载了三种形式的栻盘。一些书目提要也包含了有关介绍栻盘应用的文献。的确,在公元 1150 年,一位书目编纂者能够记录的此类著作不会少于 22 部。占盘(即栻盘)与炼丹术密切相关,9 世纪的炼丹家宗小子利用占盘来预测其炼丹的成败。对这一领域的研究会取得累累硕果,尽管它与伪科学有关。毕竟,这样的领域是当代科学训练的先驱。

关于"司南"的文献

在关于"司南"的文献中,最古老的是《鬼谷子》。该书提到:

> 郑人之取玉也,必载司南之车,为其不惑也。夫度才量能揣情者,亦事之司南也。

关于此书的许多版本都忽略了司南这个词之后的"车"字,但王振铎认为该字有其独特意义。他指出,该段文字的抄录者或曰编者不谙堪舆术,只是听说过指南车,所以一提到司南,就认为一定指的是车。可是这种现象并不经常发生,因为该段文献的原始形式在某些情况下还是被保存了下来。引文的作者在写这段文字时,其脑海之中不可能有车的影子,通过他对"载"字的使用就可以看出这一点。当然,这段文字不太可能真正被上溯到公元前 4 世纪前期,即人们认为的其作者生活的时代。它很可能是汉代的,但这对于我们目前的讨论来说,其价值并不会因此而减弱。

有关司南的言论还存在于《韩非子》一书。该书的时间在汉代之前,这是完全可信的。其相关内容为:

> 夫人臣侵其主也,如地形焉,即渐以往,使人主失端,东西易面而不自知。故先王立司南,以端朝夕。

24　根据公元前 3 世纪早期成书的《周礼》的记载,对方向的辨认是通过立竿测影和观测北极星方位而得以实现的。如果在韩非的脑海中已经有了这些天文学方法,他就一定会提及它们,而不是去说这种特殊的"司南"。正如王振铎所指出的那样,司南从未被归入于天文仪器系列,此事大有深意。这很可能是由于它最初是产生于那些完全不同于天文学家们的堪舆术士之手的缘故。无论如何,韩非的这些话从文献的角度是可信的,它把司南追溯到了汉之前,追溯到了秦兴起的时代。

还有一些关于司南的陈述也被编者插入了"车"这个词,其中一个来自成书于公元 325 年的《志林新书》,其作者是天文学家虞喜,另一个则存在于 7 世纪任昉的传记之中。除此之外，另有大量以隐喻方式提及司南的文献。既然从汉前期（公元前3世纪）到唐后期（9世纪）存在的大量此种类型的文献在说司南时都没有提到"车"，那它们所说的"司南"一定另有所指。显然它应该是一种装置，一种类似罗盘的器物。这样，如果不是放在杙盘上的用天然磁石制成的指南勺，那它又会是什么呢？如果它的起源时间不是王充和张衡（1世纪）的时代，那么能否越过栾大，将其上溯到公元前4世纪晚期，即以自然哲学家邹衍为代表的那个学派活动的时期呢？

"帝王之斗"

与杙盘相关的最震撼人心的历史事件发生在王莽晚期。王莽是介于前汉和后汉之间的新朝的开国皇帝，也是其唯一的皇帝。公元23年，汉军攻陷了他的皇宫，并最后杀死了他。在记述这一事件的文献中有这样一段话：

> 莽避火宣室……时莽绀袀服，带玺韨，持虞帝匕首。天文郎按杙于前，日时加某，莽旋席随斗柄而坐。曰：天生德于予，汉兵其如予何？

这是一个令人难忘的场面。但对于我们来说，主要的问题在于王莽"旋席随斗柄而坐"的斗究竟是什么？最有可能的答案看来要么是刻在天盘上的北斗之象，要么是用磁石制成的指南勺。"斗柄"的指向为他指明了他必须面对的方向，这样才能提醒上天他所具有的帝王之力，才能打败那些叛乱者。 25

在王莽时代，这种具有勺子形状的"斗"极其重要。另外一段文献记载了王莽是如何组织制作这种斗——威斗的。我们不清楚的是他究竟制作了一个，还是按中国的五行学说制作了五个，每一个对应于五行的一行。这件事情发生于公元17年：

> ……莽亲至南郊，铸造威斗。威斗者以五石为之，若北斗，长二尺五寸。欲以压胜众兵。……铸斗日大寒，百官人马，有冻死者。

"司南"实际是磁石，而威斗则是以北斗七星为模型的产物。毫无疑问，这种按魔术似的仪式制作出来的物体，会被皇帝出行时庄严地带在身边。

从磁勺到磁针

欧洲那些熟知航海罗盘的人们都知道这些罗盘最早有一个名字叫calamita。有些人认为该词来自希腊语"芦秆"（kala-mos），是指一小段芦苇，磁针借助于它而得以漂浮在水面。更多的人则认为该词意味着小蛙或蝌蚪。例如,普林尼就是这样使用该词的。由此,那些能读懂中文的人在读到《古今注》中的一段话时,难免会受到很大的震动。《古今注》是 4 世纪崔豹写的一部字典性质的书。有关文字如下:

> 虾蟆子,曰蝌蚪,一曰玄针,一曰玄鱼,形圆而尾大。

26   这段文字看来是真实的。但无论如何,在 10 世纪马缟写的《中华古今注》里,有一段话几乎与之一模一样。从传统的观点来看,这再糟糕不过了。这种现象似乎只能有一种解释,那就是认为在从 4 世纪到 10 世纪的某些时间里,那种用磁石制成的指南勺被铁制的经过磁化了的指南鱼或曰蝌蚪、针取代了。从思想的自然融合来讲,这种磁针也就被称为了"蛙"或"蝌蚪",而"蝌蚪"本身也同时得到了"玄针"这一流行名称。中国字"蝌蚪"中的"蚪"字不应被忽略,因为"蚪"字与表示磁勺基部的"斗"的发音完全一样。当然,蝌蚪与中国勺在形状上惊人地相似,二者的混称是可以理解的。不过当人们想到磁针是来自磁勺的时候,对把蝌蚪与磁针相混称的做法,也就觉得更加可以理解了。

最后,我们知道在 1040—1160 年之间,中国人已经在使用:(a)漂浮在水面上装有磁石的木制鱼;(b)漂浮在水面上的用磁铁或磁钢制成的鱼;(c)装有磁石的可以绕固定支点旋转的木制龟形物。这远早于欧洲文献的记载。

中国人采用了许多方法来安装磁针。讲述这些方法的古文在内容上前后有所变化,通过对这些变化的研究,我们也许可以更接近于得到其中某种方法的起源时间。例如,当我们观看《太平御览》这部百科全书式著作的一段引述时,我们会惊讶地发现,编者将其写成了"悬针"。不管这一变化是由于传统的术语不够清晰,或者仅仅是由于编者的无意,它给我们展示了一个事实:在沈括描述他的磁针悬挂系统之前整整一个世纪,人们已经知道并且在应用这种方法了。《太平御览》使用的术语是"悬",与沈括所用完全一样。

别的一些事实可能也与此相关。例如,前文已经提到,日期介于 2—6 世纪的《数术记遗》,在罗盘发展史上非常重要,在前引有关计算方法附近的一段文字里,其作者使用了"了"这个汉字。它在形状上像蝌蚪。其次,在唐代,韦肇写了一篇《瓢赋》(公元 766—779 年)。在这篇赋中,他写道,如果一个人将这样的勺形物体放在平台上旋转,它就会告诉他正南的方向("充玩好,则校司南以为可")。显然,当时的人们还知道或者说记得那种用磁石制作的司南。接着,还应当再次提到最早的阿拉伯文献把磁浮针叫做"鱼"的做法。最后,从指南勺中产生的首尾观念甚至晚到 18 世纪还被用来说明有关磁极的新知识。

另外,对中世纪中国炼丹术文献了解得越清楚,人们就会感到其中所包含的有关磁铁的线索越有价值。3 世纪晚期到 5 世纪之间的一篇文献把"放在固定的平台上的具有引力的针"作为磁体的名称,这很有意思,因为"固定的平台"表明作者的脑海之中有栻盘的影子。即使它是 5 世纪写成的,它也应当受到足够的注意,因为 5 世纪是从指南勺到针式罗盘的发展过程中的一个关键时期。不过如表 42 所示,别的可参考之处还有很多。

27

表 42 罗盘方位角

	现代罗盘方位		中国名称*	
0	北		子	
15		北 15°东	癸	
22.5	北东北			子—丑
30		北 30°东	丑	
45	东北		艮	
60		北 60°东	寅	
67.5	东北东			寅—卯
75		北 75°东	甲	
90	东		卯	
105		南 75°东	乙	
112.5	东南东			卯—辰
120		南 60°东	辰	
135	东南		巽	
150		南 30°东	巳	
157.5	南东南			巳—午
165		南 15°东	丙	
180	南		午	
195		南 15°西	丁	

28

（续表）

现代罗盘方位			中国名称*	
202.5	南西南			午—未
210		南 30°西	未	
225	西南		坤	
240		南 60°西	申	
247.5	西南西			申—酉
255		南 75°西	庚	
270	西		酉	
285		北 75°西	辛	
292.5	西北西			酉—戌
300		北 60°西	戌	
315	西北		乾	
330		北 30°西	亥	
337.5	北西北			亥—子
345		北 15°西	壬	

　　* 在"中国名称"栏目的第三列给出的双名,在堪舆书籍里也许可以找到,但海员很少用它们。例如对于"南西南"方位,他们的说法是"向丁未间",而不是"向午—未"。

　　广义地说,在更早些的炼丹术文献中,提及铁的次数更多。而到了南北朝之后(从公元 557 年起),又有了磁石引(或使其定向)针,而不是仅仅引铁的说法。当然,人们对这种说法是有保留的,因为抄录者很容易把"铁"和"针"弄混。然而,即使承认在标题为"针"的那个表中的前两段引文中有这样的错误,也仍然有证据表明,磁针的最初使用是在公元 4 世纪。这一日期与迄今收集到的大多数别的证据是一致的。当然,关于发现磁偏角的线索则仍然很少。指南勺那圆形的勺柄和由于摩擦造成的其转动的不灵活,使得它不可能揭示出磁偏角的存在。

　　磁针漂浮在水面,它最初意味着什么? 这是一个令人感兴趣的问题。看来它隐含着一种古老的占测方法,该法通过观察漂浮在水面上的磁针投在碗底上的影子进行占测。的确,一直到近代,在中国南部一些地区,少女和少妇们在其季节性的节日里,还在使用这种方法。有极好的理由认为,这种技巧至少可以早到汉代,因为在公元前 2 世纪的道家炼丹著作《淮南万毕术》里,就有有关的记载。该记载提到，要使针漂浮在水面上，就要使它沾上头发上的油脂或污垢。这一记载与磁石是在同一条目里边的。

第六节　指南针在航海中的应用

在此最好是如同前文在讨论指南针时所做的那样，围绕着一条单一的文献来展开我们的叙述。该文献就是《萍洲可谈》。尽管该书是 1111—1117 年写成的，但它提及的事件是从 1086 年开始的。所以，它与前面提到的沈括在《梦溪笔谈》中所说的话处于同一时代。而且，无可置疑的是，作者朱彧对其所讲内容十分清楚，因为他的父亲曾经是广东港口的一个高级官员，"后又为广州帅"。朱彧的有关记载如下：

> 甲令每舶大者数百人，小者百余人，以巨商为纲首、副纲首、杂事。市舶司给朱记，许用笞治其徒。有死亡者，籍其财。……舟师识地理，夜则观星，昼则观日，阴晦则观指南针。

这段话对航海罗盘的用途描述得十分清楚，它比欧洲最早提到航海罗盘的时间要早一个世纪左右。但是关于这段话长期以来一直有一种说法，认为它指的是在广州做贸易的外国（阿拉伯）船只上的事，因此是阿拉伯人最早看到了中国的罗盘应用于航海的可能性。这种说法完全是错误的。之所以会出现这种错误，是由于对"甲令"一词的误译，译者认为这个词指的是某个外国人的名字（例如新加坡的泰米尔人），但实际上它是一个表示"政府令"的术语。只要完整地读了这段话，就会发现把该词理解为外国人的名字是不合适的，因为外国商船要处理船上事务，不需要得到当地中国政府的授权；死于船上的外国商人的财富，也不会归于中华帝国政府。此外，在读了与这段话相邻的另一段话后，任何关于中国人不进行远洋航行的断言，都将灰飞烟灭，因为那段话里提到，许多修理工作都是在苏门答腊的海域里进行的。

另外一段 12 世纪的文献再次提到了在恶劣天气和夜晚使用指南针的情形。该文献是 1123 年派往朝鲜的中国代表团的一个成员徐竞记载下来的，有关内容为：

> 是夜洋中不可住，维视星斗前迈。若晦冥则用指南浮针以揆南北。入夜举火，八舟皆应。

这些话再次证明,是中国的海员,而不是其他民族的水手,在西方人最初知道利用罗盘进行航海之前的那个世纪,就已经把指南针带到了自己的远洋船上。

让我们暂停上面的叙述,拿出片刻时间进行思考。我们看到,上述文献包含了大量的线索,综合考虑这些线索,就会发现它们描绘了一幅磁罗盘发展图景。这幅图虽然说不上清晰,但它肯定不会让人产生误解。此外,对描述磁引力所使用的术语的研究,也给了我们强烈的暗示:磁针是在从4世纪到6世纪这段时间里问世的。再往后,9世纪和10世纪的文献则不仅提到了指南针,而且还对揭示磁偏角有很大价值。该幅图画就这样展现在了我们面前。

30 　　另一方面,就我们所关注的航海者而言,却有否定性证据存在。公元前2世纪的文献曾提到通过观测星辰来驾驶船只,后来5世纪的僧人法显的航海记述里也有类似的内容。其他僧侣航海家则再也没拿出新的东西来。在9世纪,日本僧人从日本到朝鲜、中国所经历的种种航海磨难表明,如果罗盘当时已经在海上得到应用,那么它一定掌握在极少数船老大手中。

因此,看来从磁针最初被用于堪舆术,到它被舵手们在航海中所采用,中间一定经历了相当长的时间。如果如李约瑟博士所言,用磁石来磁化铁针最初是公元5世纪发生的,那么在10世纪前,指南针可能没有被用于航海。它被用于航海的最可能的时间介于850—1050年。根据已有的历史证据,我们不妨做个猜测:可以认为,从6世纪晚期到10世纪中叶,指南针被应用于堪舆的规模不断增加,而直到宋朝初年(960年),它才被用于航海。

120年之后,关于中国人对指南针的使用存在着一些有趣的记录。在讨论这些记录之前,谈论他们的航海用指南针对其制钢技术的依赖程度,是毫无意义的。熟铁被磁化后,其维持磁性的时间短,磁化强度也低。对于长时间的航海来说,需要使用对优质钢针进行磁化后得到的磁针。我们看到了一些文献,记述从13世纪起中国人的远洋航行,例如向柬埔寨派遣使团。如果没有指南针,那些航行就是不可能的。现在,制钢史已经够复杂了,而钢最初被用于制针的情形则更模糊不清。钢的最重要的两个古代来源是小亚细亚和印度的海得拉巴。本书后面的卷次讨论了中国的冶金术,有证据表明,早在5世纪,中国就从印度进口钢了。然而,同样清楚的是,最晚从那以后,中国人就开始用相当现代的方法自己制造出了优质钢来。因此,很可能比欧洲早几个世纪,中国人就已经有了优质钢针。图173是从一个比较晚的文献里得到的,它表现了古人抽线制针的情形。

现在我们探讨晚些的中国文献。其中最著名的是宋代地理学家赵汝适于 1225 年写的《诸蕃志》。在该书中,他写道:

> 海南……东则千里长沙,万里石床,渺茫无际,天水一色。舟舶来往,唯以指南针为则,昼夜守视惟谨,毫厘之差,生死系焉。

32

尽管"舟舶"的国籍未被提及,但整篇讨论的是海南岛,它从汉代起就是中国的一个省。《诸蕃志》并且还提到了来自福建泉州和别的一些中国港口的那些平底中国帆船。半个世纪后,在作家吴自牧描写杭州的一篇文献中,又出现了类似的内容:

> 海洋近山礁则水浅,撞礁必坏船。全凭南针。或有少差,即葬鱼腹。

到了元代(12 世纪),不但是指南针,而且连罗盘方位也出现在了文献之中:

> 自温州开洋,行丁未针,历闽广海外诸州港口……到占城。又自占城顺风可半月到真蒲,乃其境也。又自真蒲行坤申针,过昆仑洋入港。

确实,到了明代初年(14 世纪中叶),已有很多大量记录了相关航海方向的罗盘方位的文献。到了著名的航海家郑和的航海活动期间(1400—1431 年),有关文献就更多了。在环绕马来亚的航行中,中国人使自己的航线穿过了现在新加坡的马六甲海峡。通过这一事实,可以了解到当时中国舵手的技艺是何等高超,因为直到 1615 年,葡萄牙人还从未发现或曰至少没有使用过该海峡,尽管他们来到该水域已经有一个多世纪的时间。

31

牛津大学图书馆保存有关于这方面的珍贵的手抄本《顺风相送》,其内容反映的时间大致始于 1430 年,当时郑和率领的一系列名垂青史的航海活动刚告结束。在大量的一般航海信息(海潮、海风、星辰、罗盘方位,等等)之外,它也描述了对罗盘的使用:

图 173　《天工开物》(公元 1637 年)刊载的抽线及制钢针的场景

33

> 若是东西南北起风,筹头落一位,观此者务宜临时机变。若是吊戗,
> 务要上位,更数多寡,顺风之时,使补前数。

有意思的是,这个手抄本还包含了出航前在庙堂里或神龛前举行的祈祷仪式。在这种仪式上,罗盘被置于突出地位,连带被祈祷的则是包含了一长串传说中的和真实的道家术士在内的圣人和圣徒的名单。这又多出来一个证据(如果需要的话),证明航海罗盘是从堪舆罗盘发展而来的。

中国航海罗盘的实际样品并不罕见。最古老的那种类型看上去像青铜盘子,其直径不超过 15 厘米,中心凹陷,呈碗形,里面盛水,以使磁针得以漂浮(图 174)。

图 174 明代青铜浮针罗盘(直径约 8.25 厘米,"南"位于相当于钟表 10 点半的方位。水密室底部的一条参照线衬托出它稍向西北倾斜。外环上刻着罗盘 24向,内环上刻着八卦方位。该图采自王振铎刊登于 1951 年《中国考古学报》第 5卷第 101 页上的那篇文章)

第七节　航海罗盘与罗盘盘面

关于中国航海罗盘中所使用的悬浮装置,还有一些内容需要加以探讨。磁针漂浮在一个圆形盒子里,盒子外围刻着罗盘方位,舵手如果希望自己的船沿着既定航向前进,就必须手拿该装置,使船身严格与罗盘盘面那条看不见的轴线保持一致。随着时间的流逝,人们发现有种做法很有好处,那就是在用枢轴承旋的磁针上安上一个很轻的卡片,卡片上绘上罗盘方位,然后把它们整体封入一个圆盒子里。圆盒子里别无他物,只有一条标明了船首和船尾方向的直线。这使得舵手能够以高得多的精度驾驶船只,使其航向保持不变。

然而,这种盘随针转的罗盘并非中国人的发明。它于 1300 年后起源于意大利南部,很可能是在阿玛尔菲。确实,现有的证据可以确凿无误地证明,通常用的这种盘随针转的枢轴承旋式旱罗盘,是 16 世纪后半叶从欧洲传入的。可能是荷兰人或葡萄牙人先把它传进日本,然后在该世纪晚期它又被中国人逐渐接受了。

另一方面,同样清楚的是,最早的枢轴承旋式旱罗盘,即 12 世纪《事林广记》所记载的那种罗盘,是中国人发明的。大概它与浮针即水罗盘一道于 12 世纪传入欧洲,但是当水罗盘在欧洲很快被取代之际,在中国,一直到 16 世纪中叶,不管是用于堪舆还是用于航海,水罗盘都依然至为流行,然后才有旱罗盘的流行。(图 175)意大利的那种旋盘式罗盘则在东亚传播,并由此带来了枢轴承旋式罗盘的复兴。

人们已经找到了中国作为航海用以及其他用途的水罗盘的样品,并对之做了研究。这些样品通常也包括了与之分离的"茶壶"。茶壶是用来向罗盘中心凹处注水用的。此外,中国的船上还带有磁石,以备再磁化磁针之用。有时,还规定了某些特殊种类的水,这是由于人们对浮针的指向方式心存迷信的缘故,正如《顺风相送》所记载的那样。当时,在人们准备启用罗盘的时候,都要举行祭祀仪式。

大部分陆地生活者都倾向于把中国船只一直使用浮针罗盘的原因归结为中国人驰名已久的保守性。但是正像历史经常捉弄人一样,当代航海术最终又回归到了那些尘封已久的浮针形罗盘。1906 年,皇家海军为了克服枢轴承旋式罗盘在使用过程中令人不可忍受的摇摆和振动,用各种各样的水罗盘替换下了那种旋盘式罗盘。

34

35

图 175 清前期枢轴承旋式旱罗盘（直径约 8.9 厘米，现收藏于佛罗伦萨的科学史博物馆。正南方位在图的底部，盘的外环刻有罗盘 24 向，内环刻有 4 个正向）

御湖里的指南舟

在前面一些段落中，我们一再说到，指南车与指南针完全是两回事。总的来讲，这是对的，不过另有两处地方也接触到了这一命题。

36 一个存在于指南舟的历史之中。指南舟是在《宋书》里被突然提出来的。《宋书》中的那段话对指南车的历史也做了重要说明。在当时皇宫的花园里有一个湖，指南舟就在这个湖上航行。当然，这很可能只是一个在指南车基础上构绘出来的流行已久的传说。但是，如果这个传说多少有点真实的话，那么人们就会倾向于认为自己看到了一个早期应用磁罗盘的清晰的事例。为了皇家术士在平静的湖水里完成这样粗糙的实验，甚至连指南勺也用上了，但这一时间（公元 500 年）与前面曾认为的水浮磁针的最初起始时间是如此一致，却实在令人惊讶。

另一处存在于《祖冲之传》中。祖冲之是 5 世纪杰出的数学家和工匠师，他的传记里有这样的话：

> 初，武帝平关中，得姚兴指南车，有外形而无机巧，每行使人于内
> 转之。

如果认为这里不仅仅是欺骗，其中也包括了一些东西，那么它就意味着隐藏在里面的那个人转动一个外面可以看见的指向装置，使其指向南方。而他对南方的判定则依据的是他自身得到的信息，这种信息显然只能来自某种形式的罗盘。这里我们再次看到，如果它仅仅用于举行仪式，在那种场合下，车子在平坦的地面移动，那就有可能用的是指南勺，不过从时间上来说也有可能用指南"鱼"甚至是指南针。

磁偏角

　　在前面引用过的沈括和寇宗奭的话里，我们发现其中不仅有对磁石的指向性的描述，而且也有对磁偏角的描述。许多别的中国文献也涉及了后者。它们比西方人最初知道磁石的指向性的时间还要早。为了正确评价这一点，我们必须对中国地磁罗盘的成熟形式做些探究，因为中世纪关于磁偏角的知识就存在于这种仪器被精心设计的布局之中。

对地磁罗盘的描述

　　当人们第一次看到被最精心制作出来的那种中国罗盘时，没有不被它的复杂性搞得晕头涨脑的。但许多中国学者以及多数西方学者宁愿接受它，而不把它当作迷信大本营的纪念品抛置一边。这样做似乎很荒唐，因为堪舆术本身永远是伪科学，然而正如同占星术与天文学、炼丹术与化学之关系一样，堪舆术是我们地磁知识的真正的母亲。

　　地磁罗盘由 18—24 道同心环圈组成。这些环圈围绕在平衡放置于中心的小磁针的周围。首先看一下从中心起第一圈到第五圈的情形（图 176），我们发现八卦分布于第一圈，然后其中有四卦在第五圈。如果看一下《易经》这部书的卦表（例如，参见本书第一卷表 10），就会发现其中的差异。在这种罗盘的首圈上，第一卦是象征明亮、男性、创造力等的乾卦，位于正南；第二卦是象征黑暗、女性、接受力等的坤卦，位于正北。在第五个环圈上，用文字表示的乾卦则置于西北，坤卦置于西南。此事的重要性在于，乾在西北、坤在西南是罗盘的祖先——占盘即试盘上的方位。在汉代，有两种与罗盘方位对应的

37

38

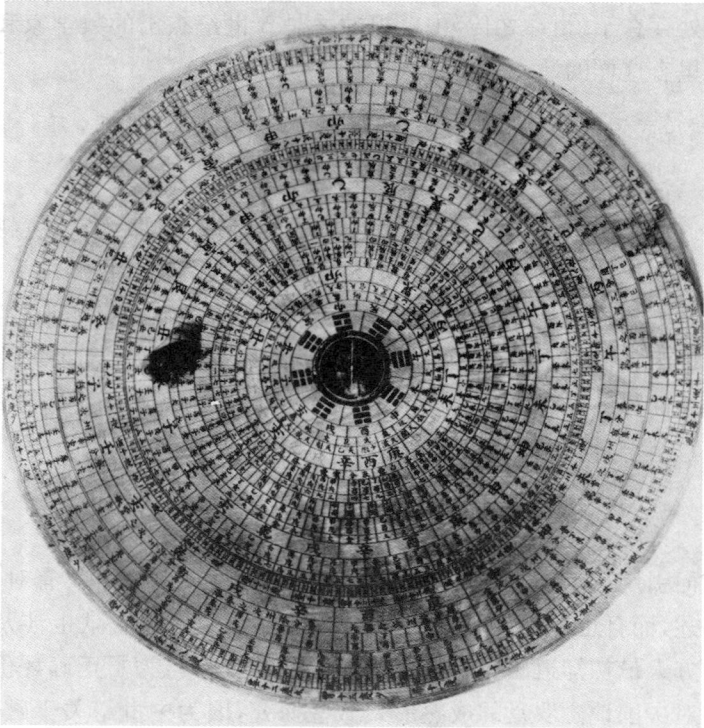

图 176　具有完整形式的中国地磁罗盘[系 John Couch Adams 夫人赠予剑桥天文台,现存于剑桥惠普尔博物馆。直径 32 厘米,铭文如下:广东新安海阳云艺室(The Yun — I Studio at Haiyang near Hsin - an)王阳之(号元山)(Wang Yang - Chhi, courtesy name, Yuan - Shan)督造(无日期,但系清代物品,可能是 18 世纪晚期)]

说明(由里到外)

39

1. 安放指南针的天池(该名来自中世纪的浮针罗盘以及古代的栻盘)。

第一圈　2. 按先天序列排列的《易经》八卦。

第二圈　3. 十二地支。

第三圈　4. 与宅向有关的九星(即 24 分度中的天数类)。

第四圈　5. 主管文官的 24 个星宿(包括科举考试)。

第五圈　6. 地盘(即罗经盘内环上的)刻度。以 20 个循环汉字(十二地支及十个天干除去戊己后的八干)和 4 卦表示的标准地平方位,其排列依正针方位(即依据天文方法确定的正南北方位)确定。纯阴纯阳方位用红和黑两种颜色标出。这种排列与 8 世纪的丘延翰有关。

第六圈　7. 四季 24 节气。

第七圈　8. 穿山虎地面记录[循环](在 72 分度中的 60 甲子组合,其表现内容与地下的水路、水脉、水源等有关)。

第八圈　9. 遁甲九室(一种占测术;包含了从数字 1 到 9 的 72 分度,也出现于洛书幻方的九个格子中[比较第三卷第 57 页]。12 方位如同前排一样空缺。该法在 5—6 世纪流行)。

第九圈　10. 罗盘内部的分金(用循环汉字表示的 48 个组合,依五行方式分布于 120 个分度之中)。

第十圈　11. 按顺序排列,等分龙(影响;在 60 分度中的 60 甲子)。

第十一圈　12. 内阴(一种占测方法,起源于公元前 1 世纪)之五行(60 分度系统)。

第十二圈　13. 按"中针"位置[即所有的指向向北偏西改变 $7\frac{1}{2}°$,如同 12 世纪所引入的那样;传统上被认为是赖文俊的发明]安排的人盘(即盘面区域的中间部位的分度系统;用 20 个循环汉字和 4 卦表示标准地平方位,如条目 6 所示,为了说明当时观察到的西向磁偏角的现象)。

第十三圈　14.　蔡氏穿地龙［占测方法，10世纪蔡申瑜（Cài shēn-yú）所发现；用循环汉字表示的60甲子］。

第十四圈　15.　跨于"气"上的三和七（含有24个罗盘方位角的60分度，与条目6相应，其中36个分度是用奇数表示的）。

第十五圈　16.　清代采用的新分度系统（360°，从下面条目17的每一个分度开始，数据是全新的）。把圆分成360°是基督教传教士的革新。中国人以前把它分成365$\frac{1}{4}$°。与此同时，中国人过去把1度分成100分、1分分成100秒的做法，则不幸被西方60进制系统所取代。

第十六圈　17.　二十八宿（分布于赤道两侧的星座）及其相应的赤道度数（注意：这两项定位于罗盘的中间区，因为它与中国到18世纪仍观察到的西向磁偏角相一致，但是作为当代的说明，它们被用双线与其隔离）。

第十七圈　18.　按缝针位置（即所有指向向北偏东转7$\frac{1}{2}$°，从9世纪开始引入，传统上认为是杨筠松的发明。）安排的天盘（即罗盘外部区域上的分度；用20个循环汉字和4卦作为标准地平方位符号，如同条目6和13一样。（意在说明当时观察到的东向磁偏角）］。

第十八圈　19.　分野（12个位置，即星象与不同的省之间的对应关系，给出了它们的具体名称；该系统流行于7世纪；12子位（即木星的12个空间位置，它们的天文学——而非星占学——名称已被使用了多年；它们也被用于表示一年的十二个月和一天的十二个时辰］。本圈进一步证明了罗盘的这一部分源于唐代）。

第十九圈　20.　罗盘外围的分金（与条目10一致，但是向东偏移。用另一条双线隔离）。

第二十圈　21.　对全身盘绕的龙的天文记录（在60不等分制中的60甲子组合；与条目8相应，指山脉）。

第二十一圈　22.　天球星宿度数（赤道度数）的五行归属（分布于61个不等分度中）。

第二十二圈　23.　开禧年间（1206年）确定的星宿度数（28宿的赤道度数，传统的中国分度）。

第二十三圈　24.　墓向的好与坏（用红或黑色符号表示；与条目4相应）。

第二十四圈　25.　28宿度数（中国传统365$\frac{1}{4}$°分度方式，用于占测，该系统在中世纪已使用，当时占测规则已确立）。

八卦排列方式；到公元3世纪，人们感觉到古老的栻盘制度不能令人满意，应当对之加以改变，而这正是指南勺让位于磁针的时代。

第五个环圈包含着24个方位，如表42所示。这些方位把该圈分成了每份为15°的24个小区域。整个12地支（参见本书第二卷）就分布在这里，而10个天干则被忽略了。这样，它们每一个所表示的区域是占盘上相应区域的2倍。这种忽略留下了4个空位，这4个空位用最重要的4卦来填充。八卦中的其余4卦则不出现于环绕地平方位角的用文字表示的方位中。

航海用罗盘把上述内容简化到了最简形式，只包括24个方位，甚至减少到只包括12或8个方位。在中国，既然地罗盘比航海罗盘要早得多，既然环绕地平方位的这种循环汉字的角色的建立年代是如此之古老，中国航海用的"罗经盘"也许是以一种与西方截然不同的方式发展起来的。

丘、杨、赖三家罗盘

如果现在拿第十二和十七圈与第五圈加以比较，我们将会看到，外边的两个有些错位。具体地说，第十二圈表示正南的方位点向东移动了7$\frac{1}{2}$°，第十七圈则向西移动了7$\frac{1}{2}$°。这是由于，在从唐到宋的这段时间里，人们发现了磁偏角的缘故。传统上认为是丘延翰、杨筠松、赖文俊做出了这些发现,而地磁罗盘则以一种化石形式保存了这些古老的观察结果。我们知道,磁偏角随时间而缓慢变化的观念只是到了清王朝统治下的 18 世纪才被人们有意识地掌握。现在已经搞清楚的是,在更早些的 16 世纪,中国人已经得出了在不同的地点磁偏角的大小也不同的认识。然而,直到 1736 年和 1795 年间的某个时间,才有了关于磁偏角的大小也随时间的变化而变化的明确的记述。

40

第八节 早期对磁偏角的观察

我们现在必须对关于发现磁偏角的传统观点与我们所得到的文献做些比较。19 世纪那位博学的汉学家维烈亚力把首次观察到磁偏角的荣誉归于一行和尚,认为一行在公元 720 年做出了这一发现。但是他所引用的文献却未被后世学者找到。然而还有两篇古老的文献,也提到磁针指向偏东。这两篇文献的年代都难以确定。第一篇是《管氏地理指蒙》,在该篇文献中我们可以读到:

41

> 磁者母之道,针者铁之戕。母子之性,以是感,以是通;受戕之性,以是复,以是完。体轻而径,所指必端。应一气之所召,土曷中而方曷偏?较轩辕之纪,尚在星虚丁癸之躔……

透过这段话,我们可以明确无误地看到,它记述的磁偏角约为南偏东 15°左右。另一篇早期文献也提到了磁针指向偏东。该篇文献来自《九天玄女青囊海角经》,是一篇关于地磁的论文,其标题几乎无法翻译成英语。该标题的意义当然在于它提到了海。这些百科全书式的著作涉及了地磁,但相关的文献片段语言模糊不清,时间也难以断定。不过前者可能是晚唐时期,约在公元 900 年左右。后者显然是在宋代(也就是 10 世纪下半叶),但如果是杨筠松最早引入了方位稍偏的辅助圈,那么该书所引的那段话就可能同样是属于公元 900 年前后的。

对地磁罗盘的精心描述出现在《海涯手记》一书的导论中。该书应当完稿于宋,它的记述与我们正在逐步揭开的磁罗盘的总的发展模式相一致。此外,关于前文已经提到的《太平御览》(公元 983 年)所引《古今注》中"蝌蚪"一段里的"悬针"这一术语的出现时间,存在着争论,这场争论使得所有提到磁针的文献在问世时间上显得更早了。

　　早在人们首次明确无误提到浮针的时候,具有确定年代的最早提到磁偏角的文献就问世了。它出现于王伋的一首诗里。王伋是福建堪舆学派的创立者,他的主要著作问世于 1030—1050 年之间。诗中写道:

　　　虚危之间针路明,

　　　南三张度上三乘;

　　　……

第一句所提到的方向显然是天文的南北向,但是通过观察地磁罗盘(即图 176 上的第 24 圈)发现,南方星宿"张"的范围是如此之广,以至于两个磁偏角及天文的正南这三个"南方"方位均包含其内。

　　1050 年之后的所有文献都认为磁偏角是西向的。然而,曾三异在 1189 年写的《因话录》中的一段话认为,在地球表面上一定有某个中心区或者子午线,在那里磁偏角为零。在那段话中,曾三异不但提到了磁偏角,而且还对之做了解释。他的观点比起别的在中国五行学说影响下出现的解说显得更为老到。事实上确实存在着零磁偏角线,该线横越地球表面,缓缓移动。即使如此,他的话也仅仅是一种天才的猜测。同样,尽管在欧洲人知道磁的极性之前,曾三异就已经建立了关于磁偏角的理论解说,但那也说明不了什么。

　　直到 15 世纪中叶,磁偏角的知识才进入欧洲。在 13 世纪,海事法院的彼得和他的同时代人对之还一无所知。我们所找到的欧洲人掌握了磁偏角知识的第一个证据是 1450 年左右,德国的工匠们制造了一种便携式日晷,这种日晷为确定午线而装了一个罗盘,在罗盘的盘面上有一个表明磁针指向的特殊记号。传统上认为这种日晷是哥伦布在其 1492 年的航海中发明的,显然那种观点是错误的。

　　读者也许感觉到对这一节中所包含的信息做个总结是有益的。我们在表 43 中给出了这种总结。

表 43　中国人用罗盘观察磁偏角详表 43
(主要为 1500 年之前的观察内容)

年代或近似年代	作者	著作名	可能的观察地点	纬度(°)	北(′)	经度(°)	东(′)	文字描述	磁偏角(°)
约 720 年	一行	未知(本条很可疑)	长安(西安)	34	16	108	57	虚危间	东 3—4
约 730 年	丘延翰	确立了 24 个方位点。正针。							

（续表）

年代或近似年代	作者	著作名	可能的观察地点	纬度(°)	北(′)	经度(°)	东(′)	文字描述	磁偏角(°)
9世纪中叶	佚名	《管氏地理指蒙》	可能在西安	34	16	108	57	丁癸轴线	约东15
约880年	杨筠松	在丘延翰所定方位每一方位左侧$7\frac{1}{2}°$处增添一新的方位，以之表示东向磁偏角，并在其《青囊奥旨》里提到缝针。							
约900年	佚名	《九天玄女青囊海角经》	可能在西安	34	16	108	57	提到缝针	约东$7\frac{1}{2}$
约1030年	王伋	在对《管氏地理指蒙》的注解中	可能在开封	34	52	114	38		微偏西
约1086年	沈括	《梦溪笔谈》	开封	34	52	114	38	微偏西	西5—10
1115年	寇宗奭	《本草衍义》	开封	34	52	114	38	向丙位	约西15
约1150年	赖文俊	在丘延翰所定方位每一方位右侧$7\frac{1}{2}°$处增添一新的方位，以之表示西向磁偏角，并引入中针概念。							
约1174年	曾三异	《因话录》	杭州	30	17	120	10	丙壬间缝针	西5—10
(1190年 欧洲人首次知道磁体的指向性。)									
约1230年	储华谷（储泳）	《祛疑说纂》（《祛疑说》）	可能在杭州	30	17	120	10	丙午向与中针	西$7\frac{1}{2}$
约1280年	程棨	《三柳轩杂识》	可能在杭州	30	17	120	10	子午和丙壬	西$7\frac{1}{2}$
(约1450年 欧洲人首次知道磁偏角。)									
约1580年	徐之谟	《罗经解》	可能在北京	39	54	116	28		约西$7\frac{1}{2}$
约1625年	汤若望和徐光启	《中国的磁罗盘》，华北先驱书社，1859年。	北京	39	54	116	28		西$5\frac{1}{2}$—$7\frac{1}{2}$

44

（续表）

年代或近似年代	作者	著作名	可能的观察地点	纬度(°)	北(′)	经度(°)	东(′)	文字描述	磁偏角(°)
约1680年	梅文鼎	《揆日纪要》①	南京	32	4	118	447		西3
			苏州	31	23	120	25		西2$\frac{1}{2}$
1690年	德·方塔尼	《中国的磁罗盘》	广州	23	8	111	16		西2$\frac{1}{2}$
1708年	Regis & Jartoux	*	山海关	40	2	119	37		西2
			嘉峪关	39	49	98	32		西3
1817年	维烈亚力		广州	23	54	111	16		0
1829年	维烈亚力		北京	39	54	116	28		西1$\frac{1}{2}$

45

* Observations Mathematiques, Astronomiques, Geographiques, Chronologiques et Physique tirees des Anciens Livres Chinois ou faites nouvellement aux Indes et a la Chine par les Peres de la Compangnie de Jesus, Paris, 1729. ②

都市朝向里的踪迹

最后一段话也许应该留给城市城墙朝向及其相关问题。早在1763年,基督教传教士宋君荣就注意到了北京城墙的走向。北京城大约建于1410年,其走向偏离子午线西2$\frac{1}{2}^{\circ}$,宋君荣发现的,就是这一事实。时间过去了几百年,到了大约1945年,勃瑞安·哈尔兰德在甘肃省的山丹县工作,这是古老的丝绸之路上的一座城镇。哈尔兰德发现,这座城市的街道图上似乎有两条分离的基线,它们之间大约相差11°,一条为正南北方向,另一条则偏东。中国许

---

① 这篇参考文献来自维烈亚力的论文。他在该文中没有引用汉语原文,只是给出了其奇特的罗马化体系的书名。从书名来看,我们推测他引用的是《揆日纪要》,他称其为"一本关于日晷的小书"。不幸的是,该书未被列入《勿庵历算书目》。然而,我们在该书目中找到了《日晷备考》、《揆日器》、《揆日浅说》等著作。也许维烈亚力是凭记忆引述了其中的一种。从李俨关于梅文鼎的那部详细的传记参考书目中,我们未能找到进一步的线索。看来这个问题的澄清只好有待于那些能够更多地掌握梅文鼎这位著名的中国17世纪的数学家、天文学家的著作的学者了。

② 康熙皇帝自己做过有关磁偏角的记录,这一点,并非广为人知。该记录留存在其《康熙几暇格物编》里,原书成稿于1710年,并于1779年由Gibot将其摘要引入法国。在书中,康熙帝写道,1683年北京的磁偏角是南偏西3°,而到他写该书时,已经减少到了2$\frac{1}{2}^{\circ}$;在别的一些省份,则仍可观察到东向磁偏角。一个世纪之后,Amiot报告了他的观察结果,他的观察是在1780—1782年之间进行的,也是在北京附近,其结果则是磁偏角进一步变成了南偏西4$\frac{1}{2}^{\circ}$。

多别的城市街道图上也有这种差异,例如南京、成都、开封等。看来这种差异很可能是古代堪舆家们争论的结果。堪舆家们在为城市定向时,一部分人赞成一种定向方法,另一部分则主张使用罗盘上显示的方位。这样,磁偏角的存在自然就导致了这种差异的存在。

<h3>46　磁变与磁倾角</h3>

尽管古代传说中提到某些含有大量磁石的岛屿会吸住过往船只上的铁钉,但在文艺复兴前,欧洲没有发现一例真实的存在磁变的例子。到了 1597年,威廉·巴尔罗韦领悟到,船上的磁针会受到船本身所携带的铁器的干扰。然而,中国的水手似乎从 15 世纪之后对因干扰造成的磁变就很熟悉了,费信在其 1436 年完成的著作《星槎胜览》中就曾说道:

> 俗云:上怕七洲,下怕昆仑,针迷舵失,人船莫存。

再往后,到了 1871 年,《淡水厅志》一书提到有干扰磁针的岩石的存在。对于此类知识可以上溯到多远,我们尚不能确定,但是这些描述与葡萄牙司令官卡斯特罗 1539 年在西印度海岸附近的 Chaul 岛所做的经典实验十分类似,却是不争的事实。

迄今我们可以确定的是,表现地磁场垂直分量的因素——磁倾角,在中国从未被发现过。世界上对磁倾角的首次观察,似乎是由乔治·哈特曼在 1544 年完成的。

<h2>第九节　磁石、占卜与棋</h2>

到目前为止,我们关于中国磁学发展历程的叙述已经足够多了,但是,还有一些内容需要介绍一下。大家知道,栻占技术导致了棋类游戏的产生,如果对此加以探讨,我们将会发现,这其中包含了最初使用"司南"的一些线索。

问题的实质在于,司南勺是如何置于栻盘之上的? 为什么人们竟会想到制作一个北斗星的模型并把它放在一块板上? 至于为什么要用磁石,并且是用条形磁石来制作这种模型,倒还不太难以理解。但是如果能够证明,有一种古老的占卜方式所用的"子"很像棋子或别的类似物体,并且这些"子"常常用来代表天体,那么,上述问题就不言而喻了。

47　　由于许多棋史学家的工作,现在人们已经公认战棋是 7 世纪从印度起源的,然后传播到波斯,传播到穆斯林世界,最终传播到欧洲。但是关于在此之前它的情形如何,却至今仍是一团迷雾。为了叙述的方便,我们这里把"棋子"定义为一套、一付、一方或一队象征性的模型,它可以用来表示任何东西,例如不仅表示双方的军队,而且还可以表示动物、天体(这点很有意义)、黄道十二宫。尽管中国文明是唯一的可以看出磁石与棋有密切关联的文明,但棋和天文学—占星学存在着广泛关联,却是所有文明的共识。

栾大的斗棋

最初的进展似乎是在公元前 2 世纪取得的。曾引起李约瑟的兴趣并驱使他得出结论的那篇文献再次呈现在我们的面前。该文献有 5 种不同的版本,每一种都与栾大的名字分不开。栾大是汉武帝时期的方士之一。在大约公元前 90 年成书的《史记》中,我们读到了这样的一段话:

> 其春(按:公元前 113 年),乐成侯上书,言栾大……天子既诛文成,后悔恨其早死,惜其方不尽。及见栾大,大悦。大为人长美,言多方略,而敢为大言,处之不疑。……于是上使先验小方斗棋,棋自相触击。

另一个版本是写于公元 100 年的《汉书》,其相关内容与上述引文完全相同。这两份文献并没有提到磁石,但是在另外 3 个版本中,磁石却被置于了突出位置。那 3 个版本均来自道家炼丹秘笈《淮南万毕术》。如果该书真的与淮南王刘安有关,那么它就与《史记》同时。在 10 世纪的《太平御览》里保留下来的《淮南万毕术》的一段话,与唐代学者司马贞在《史记》上述文字下加的那段注如出一辙。司马贞写道:

> 磁石提棋:取鸡血,杂磨针铁捣,和磁石,(涂)棋头,置局上,自相抵击也。

48

磁化后的棋子究竟是如何移动的,这里还看不太清楚,但它与针的关系却令人感兴趣。它提示我们,让针形成极性的实例出现的时间,可能确实比我们所想象的要早。但无论如何,这件事情的重要性在于,它把磁与占者用的棋子联系到了一起。

我们不应忘记栾大的磁化棋子。炼丹家葛洪在讲到斗棋时,认为那是一种有效的技巧,他还提到可以用 3 套棋子来预测军事行动的成败。他的后半生是在广州北边的罗浮山度过的。这样,当我们读到 18 世纪的《罗浮山志》中的一段话时,我们就不会感到惊讶了。那段话是基于以前的传说写成的,大意为:

> 在石楼峰下有一巨石,石面光平如镜,上面有 18 颗棋子,黑白相间,
> 它们彼此移动错位,相拒不休。人们可以看到它们,但却无法将其拣起
> 拿走。这就是所谓的"神棋"。

此外,在 1126 年,任广给棋子起了一个文学性的名字——白瑶玄石。在此之后,又有利用磁石使木马和纸人跳舞的说法问世。

一些与上述史料平行发展的西方传说也为类似的思想增添了养分。在欧洲的西部,大主教圣·奥古斯丁(公元 345—430 年)及其同事塞维鲁斯,都目睹了放在银盘子上的铁片在暗藏于银盘下的磁石的操纵下移动的情形。我们还可以进一步向前追溯。大约 325 年,朱利乌斯·梵莱瑞斯用拉丁语翻译了一本书,该书曾被误认为是希腊历史学家卡利斯提尼斯(Callisthenes)所著,后来它成了中世纪"亚历山大传奇"的重要来源之一。该书中包含了一段传说,说是亚历山大的父亲 Nectanebus 是埃及的最后一个国王,同时也是个魔术师。他预言了一场海战的结果。他用一个水盆,在盆里漂浮一只小蜡船,蜡船上有一些小人模型。当他用他的魔棒绕着盆划圈时,船上的小人或者就像有了生命似的开始活动起来,或者沉入水底。他就是通过观察这些小人的不同情形做出自己的预言的。尽管这一传说既没有提到磁石也没有提到铁,但看来可以肯定,它是由那些看到过或者实践过这种"魔术"的人所发明的。这个故事有其独特的意义,我们前文已述,水浮磁针可能是中国在 4 世纪发明的,而这个故事则为水浮磁针的发展提供了一个"史前背景"。确实,正如李约瑟博士所说的那样,人们不妨大胆放言:中国的有关传说汗牛充栋,在其中一定会找到说明栾大的棋子被用于船舶走向海洋的内容。当然,没有理由认为欧洲的这种故事不是独立发展出来的。同样,也没有理由认为是隐藏在它们背后的知识导致了水罗盘的发明。

棋与天文学

现在,让我们换一个角度来审视一下这个问题。尽管在 11 世纪之前没有文献明确地提到,但看来欧洲最早很可能是在公元 10 世纪初就有了关于国际象棋的知识。基本可以肯定的是,这种游戏是从穆斯林世界经西班牙进入欧洲的。长期以来它在穆斯林世界一直广为人知。同样可以肯定的是,阿拉伯的国际象棋游戏是从印度传入的。在印度,最早提及国际象棋的文献出现在 7 世纪。它是从更早的一种游戏发展出来的,那种游戏同样使用有格子的盘,并且很可能是通过掷骰子来进行比赛的。大部分权威人士认为中国象棋来

自印度。他们对"象棋"这一名称特别敏感，但他们这一认识的基础却很薄弱。按照国际象棋史家、小哈罗尔德·默里的说法，他们之所以有这种认识，"在于这两种游戏的某些基本特征完全一致，部分地也在于中国在宗教、文化、首先是在游戏上受惠于印度这样一个众所周知的事实"。但是，盘类游戏在世界各地都能找到，在埃及，它至少可以追溯到公元前11世纪。

在中国，类似于棋那样在盘上玩的游戏，有一个很古老的名称，叫"弈"。公元前4世纪的文献里有两处提到了这一名称，但是没有可靠的信息说明它是什么，又是如何进行的。然而，1世纪的证据告诉我们，它可能类似于或者干脆就是一种作战游戏，游戏的双方每一方有150个子。从三国时期（公元3世纪早期）开始，它被称为围棋。

到了大约400年后的唐代，中国象棋开始流行。人们一般是按照动物"象"（elephant）的含义来翻译"象棋"这一名称的，而在象棋的棋子中通常也确实有4只"象"。不过"象"字也完全可以理解为"形象"、"模型"或者"形状"。之所以把这种棋叫做象棋，是为了把它与以前的棋区分开来，因为在以前的棋中，棋子都是一样的，而象棋中，不同的棋子却有不同的含义。最早对中国象棋的描述出现在8世纪末的《幽怪录》中。这个故事讲到一个男子梦到他参加了一场形式上的战争，在战场上移动的是那些棋子，后来他在墙另一侧的一座古墓里发现了一副象棋。这件事情是在公元762年被引述的，尽管中国象棋史家们通过第二手或第三手资料知道了它，但它的真正价值却几乎一直没有得到合理的评价。

在1554年之前不久，杨慎在其《丹铅总录》里对此做了总结：50

> 世传象棋为周武帝制。按《后周书》，天和四年，帝制《象经》成，殿上集百僚讲说。……又据小说，周武帝《象经》有日月星辰之象，意者以兵机孙虚冲破（按：占测术语。）寓于局间，决非今之象戏车马之类也。若如今之象戏，芸夫牧竖，俄顷可解，岂烦文人之注、百寮之讲哉？

另一位明代学者王世贞则提供了支持这些传统说法的证据。尽管周武帝的《象经》已经失传，但我们还是幸运地能够读到王褒为该书写的序。王褒写道：

> 一曰天文，以观其象，天、日、月、星是也；二曰地理，以法其形，地、水、木、金、土是也；三曰阴阳……；……四时以正其序……；五曰算数，以通其变，俯仰则为天地日月，变通则为水火金木土是也；六曰律吕，以宣其气。在子取未，在午取丑是也；七曰……

这里再次给出了一个肯定的描述，即在这套棋子中不仅有天体的象征，而且还有中国传统的五行的象征。看来在游戏开始的时候,这些棋子的初始位置是随着天体方位和六十甲子排列方式的变化而变化的。

另一个独立的信息源头是庾信所写的《象戏赋》。庾信是6世纪时的一个骑兵将领,他用非常隐晦的语言说到,象棋盘有两个,一个按照天的形状做成圆形,另一个则按照地的形状做成方形。这是一个有价值的信息,因为它把周武帝的发明与占卜者所用的栻盘联系了起来。然后庾信又提到,用玉石雕饰的棋子就如同官员一样,棋盘上绘有表格,棋子按照天上星宿的方位而各就各位。看来有充足的理由可以认为,人们对中国象棋在亚洲的起源研究得越深入,就觉得它与天文和星占的关系越密切。

51　　　　中国有大量的把棋与天文和星占联系在一起的说法,在对这些说法中的一些突出的条目进行探讨之前,让我们先暂停下来,回顾一下周武帝到底在想什么。尽管我们的目的是要说明形状像北斗星那样的磁勺是如何在占卜者的栻盘上为自己找到一席之地的,但我们还是要先考虑一下周武帝的思想。从1—6世纪,栻盘已经变得足够复杂了。因此,我们立即想到的问题就是占卜者所用的这种天文占测术是究竟怎样转化成了一种用于娱乐的战争游戏的。答案并不难找。周武帝的象棋不是别的,而是对宇宙间两种重要的力量——阴和阳——之间永恒对抗的模仿。他的愿望是要找到一种使存在于宇宙中的阴阳彼此达致平衡的办法。他觉得,如果棋子是经过精心选择的,它们的移动是被恰当地调整过的,盘的方位被正确地确定了下来并且符合实际情况,那么在这种场景中的棋手,在面临实际问题时,就不会做出错误的、短见的决定。在中国占星术中,天上的星宿彼此之间会发生冲突的想法,是非常古老的。尽管在当时中国象棋看上去一定是非常有才气的发明,但它的本来面目却是一种迷信,不过这种迷信却唤起了某些令人敬重的发明,例如当代的计算机。

在中国人的头脑中,任何理想状态所要具备的必要条件就是阴阳达到完美的平衡。然而,人们也总是认为,这两种力量并非总处于平衡状态,例如医学界在讨论疾病成因时,就持这种观点。当时象棋的布局很容易想象出来,二十八宿或许就是其中的"兵",而两个"王"则是日和月,8曜(金木水火土和太岁,再加上从印度传入的那两个看不见的星宿——参见本书第二卷)分列两侧,而彗星就是炮和车(国际象棋中的骑士和车),余下的空位则填充以五行(可能两边均有)以及像华盖和大陵等多种多样的星。把棋盘平分为两半的那条界河至今仍保留着它最初的名字——银河。

这里的解说是沿着正确的轨迹发展出来的,有班固这位大历史学家的话

为证。班固生活在 1 世纪,他熟知棋的占星学意义。当然他所知道的棋可能 52
是围棋,而不是中国象棋,因为当时中国象棋还没有被发明出来。在其《弈
旨》一文中,班固说道:

> 北方之人,谓棋为弈,宏而说之。举其大略,义亦同矣。局必方正,
> 像地则也;道必正直,体明德也。棋有黑白,阴阳分也;骈罗列布,效天文
> 也。四象既陈,行之在人,盖王政也。法则臧否,为人由己,道之正也。

对于棋的星占学意义,没有比这说得更清楚的了。

此外,人们还可以引用把二者倒过来说的文献。在《晋书》(7 世纪)中就
有这样的话:

> 天员如张盖,地方如棋局。

这些话表现了类似的观念在中国人头脑中的牢固程度。

还有一点需要说明的是,把 28 宿依据其阴阳属性分为两方的说法,在宋
代道家的著作中可以找到支持它的证据。那里也提到大量的星占用子,其中
一些看上去就像硬币或纪念章一样,同时也像哈罗尔德·默里描述过的那种
“碟式真棋子”(the disc — like true chessmen)。此外,还存在大量绘有北斗
七星图案的钱币(这很重要,因为它使我们考虑到了栻盘上的圆形天盘),其
中一些也绘有别的星座(图 177)。另外,还有更大的具有辐射状排列方式的
旧式堪舆罗盘,以及非中国式的“星棋”。对于“星棋”,我们接着就要说到。

53

图 177　类似于 6 世纪“星棋”棋子的代用币(左边的那个绘有北斗
七星,上方的题字提示着五男二女之星,二女之星在左,五男之星
在右,下方有一把剑,然后是龟和蛇,象征着北方天空之位。右边
的三个货币中左侧的两个绘的是水星之像以及与其相关的神灵,
这两个图案是一个硬币的正反面。右边的那个是十二支中的
“午”,在罗盘方位上它表示南,在时间上它表示每天中午的两个小
时,与其在一起的是它的象征物——马。本图所有内容均来自
1895 年的《古泉汇》一书)

些盘绘有方位角,另一些则绘有八卦或者天上星宿的神像。在某些时候,它们也许被庙宇中的僧道们作为代用货币。但是无论如何,值得注意的是,在中国,也只有在中国,阴阳理论的支配地位使得人们有可能发明出来一种占测技巧或曰"前游戏"方法。也只有这样,它才能在既包含星占学内容的同时又包含战争要素在内,并使得它通俗化为一种纯粹的军事象征。

我们没有必要使自己承担起为占星象棋的"军事化"开始于何时何地做出结论的义务。在随后的世纪里,它在印度发展得非常好。"象"这个词既可以表示天象,也可以表示大象那种动物,所以在外国,它可能确实被误解了。在中国,它甚至也许只是用来替代具有占测含义的与之同音的那个"相"字的。

如果对于纯粹象棋的起源的这一总的结论是正确的,我们也许可以期待找到在后面几个世纪里,它与星占学纠缠在一起的大量线索。所有的棋史学家都认为这是事实,但是没有人去解释这是为什么。

对于象棋所含有的这种象征意义,存在着许多实例。公元950年著名的伊斯兰地理学家、旅行家阿尔·马斯奥迪(al‐Mas'udi)在其著作《金草地与宝石矿》中,把国际象棋的发明归功于印度国王巴赫特,他说:

> 他还使得这种游戏成了一种有关天体的寓言,例如七曜和黄道十二宫牌,并且为每一个牌指定一座星宿。棋盘成了政府的厅堂,一旦发生战争,就要在里面进行商讨。……

阿尔·马斯奥迪所说的游戏是在方盘上进行的,那种方盘也许直接就来自中国占测者所用的方形地盘。但是令人极其感兴趣的是,有好几种形式的象棋是在圆形棋盘上下的,这些棋盘上都具有辐射状的分区,就好像中国人所用的杙盘上的天盘顽强地存活了下来一样。阿尔·马斯奥迪描绘的这些棋盘看来在东罗马帝国非常流行,在其上进行的游戏通常被称为拜占庭星棋。在某个时候,它又找到了进入西欧的途径。星占学上的骰子盘也与其相关。

掷占

这一节我们转向还没有讨论过的一种占测方式——掷占,即把物体投掷到盘上,根据其投中与否进行占测。在天文象棋或纯粹象棋里,如同其他盘上游戏一样,每方棋子依据一定的战略战术进行针对对方的行动。但是在那种更原始的形式中,棋子实际上是投到盘上的,通过观察其最终静止下来的位置得出结论。这样,棋子就近似于骰子,这中间没有对抗因素。中国文学里所说的"灵棋",也同样如此。我们有一个东汉或者三国时期的这种棋,还有一个宋代的,在圆形的就像是栻盘上的天盘一样的木棋盘上放着象征十二支的棋子。一部宋代的百科全书告诉我们,这些棋子是被投到盘上的,以之来断定是好运还是厄运。不过其作者高橙(Gāo chéng)说,没有人知道这种方法是什么时候发明的,其最初情形看来在古代就已经失传了。

还有一种似乎是起源于汉代的"弹棋"。这种棋看来既与向盘上掷棋子有关,又有一定的对抗性。其对抗性体现在棋子从掷定的位置上开始的移动。棋子共十二个,每方六个。这十二个棋子看来代表了中国人所谓的天上的十二种动物(见本书第二卷)。后来,棋子变成了二十四个,唐代的陆羽(Lù yú)写道,棋盘下方似地,上圆似天,一旦受到敲击,棋子四射,散落不定。

还有一种游戏叫"六博",也与天文有关,并且同样是由"栻占"演变而来的。这种游戏用 12 个"棋子",其"棋盘"与汉代日晷的盘几乎别无二致。棋子的移动通过投掷 6 个小棒来决定,它们被分成"两方",每一个"棋子"上都绘有表示空间四向的"四象"之一。在后来的演变中,棋盘上中间部位似乎还出现了一条界河,就像银河那样。各种游戏彼此之间的相互关系,我们至今还不太清楚。

棋类游戏的渊源关系

在本书中,我们无法对所有的中国游戏和占测技术进行阐释,但有一点是清楚的,那就是很早的时候,掷物这种形式就已经被用于占测以及各种游戏之中。其中最早的一种形式就是"投壶",即把箭投进壶里。

毫无疑问,总有一天,会有一个社会人类学家拿出一个研究成果,描述这些彼此相关的游戏是如何发展、进化的,以及它们的源头是如何联系在一起的。这与生物进化的情形非常相似。例如,只要在那些箭上做上记号或标上数字,将其压缩,它就变成了骰子;将其延长或者展开,它就变成了骨牌(dominoes)或者纸牌(playing‐cards)。方形骰子的历史非常古老,在埃及和印度曾经发现过它的样本。通常人们认为它是从印度传入中国的。对此,我们没有异议。但是,现在已经非常清楚的是,骨牌和纸牌是中国人自己从骰子发展出来的。看来从骰子(单叶骰子、薄片骰子,等等)到纸牌的转变与从手写卷本到用纸张装订成的书籍的转变是同时发生的。确实,这些牌从其最初问世到唐末(8 世纪),一定是那些最早使用方块汉字的印刷物之一。从一个世纪后的宋代初年开始,它们的演化分成了两个方向,一个演变成了我们今天所知道的牌;另一个则回归骰子,并由此又进一步演变成了"麻将"这种著名的游戏。

55

表 44 与磁罗盘相关的占测技术及游戏渊源关系（表中中国术语下加画横线）

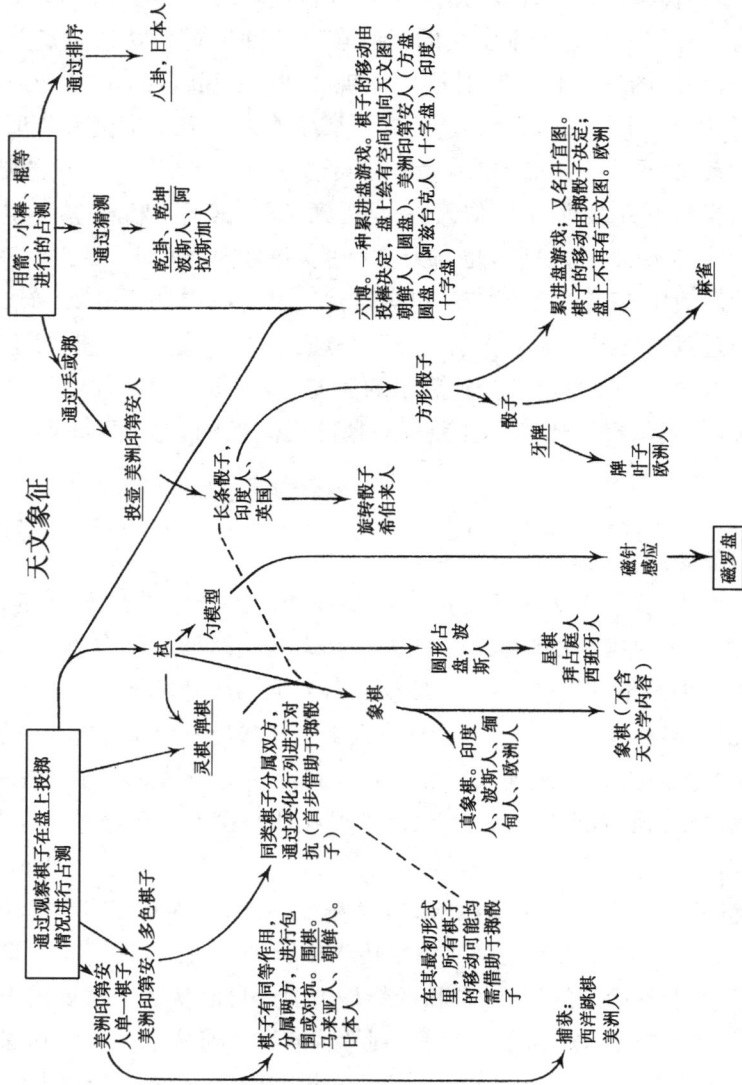

天文象征

用筹、小棒、棍等进行的占测

通过排序 → 八卦、日本人

通过猜测 → 乾坤、阿拉斯加人（十字盘）

通过丢或掷

投掷，美洲印第安人

六博。一种累进盘游戏，棋子的移动由投棒决定，盘上各有空间同向天文图，朝鲜人（阿盘）、阿兹台克人圆盘（十字盘）、美洲印第安人（十字盘）、印度人

方形骰子

累进盘游戏；又名开首图，棋子的移动由源散子决定。欧洲人；盘上不再有天文图。欧洲人

麻雀

骰子

牙牌

牌，叶子，欧洲人

长条骰子，印度人，英国人

旋转骰子，希伯来人

勺模型

磁针感应 → 磁罗盘

栻

灵棋、弹棋

象棋

圆形占盘，波斯人

星棋，拜占庭人，西班牙人

象棋（不含天文内容）

真象棋。印度人，波斯人，缅甸人，朝鲜人，欧洲人

美洲印第安人单一棋子

美洲印第安人多色棋子

通过观察棋子在盘上投掷情况进行占测

棋子有同等作用，分属两方，进行包围或对抗。围棋，朝鲜人、马来亚人、日本人

同类棋子分属双方，通过变化行列进行对抗（首步借助于源散子）

在其最初形式里，所有棋子的移动可能均需借助于源散子

捕获：西洋跳棋，美洲人

在 10 世纪末之前,"牌"已经为中国人所熟知,但直到 14 世纪才传入欧洲。阿拉伯文献没有提到它们,但是它们所处的时代使得它们有可能是在商人同蒙古人打交道的过程中,被直接传入欧洲的。这大约与马可·波罗同时。骨牌的情况也与此类似。西方人曾经说过,一直到 18 世纪,欧洲人才知道骨牌,并且认为骨牌是意大利人发明的。但是,在中国,有大量关于骨牌的手册,这些手册都提到在 1120 年,皇帝接受了下面进献的一副有 32 个棋子的骨牌的事情。该事发生在宋朝的首都迁到杭州之前不久。再往后,马可·波罗就到了那里,到了当时的这个世界贸易中心。

还有一个重要的证据。在 19 世纪末,世界上出现了一个研究象棋、牌及其相关游戏,以及各种文明中的占测技术的热潮。这种工作中的许多内容涉及北美印第安部族中广泛存在的占测方法及赌博游戏。在那些游戏中,码子被投掷到特定的框中。有意义之处在于,许多码子既不像西洋跳棋中那样是单一的筹码,甚至也不像色子那样标有数字,而是复杂到可与象棋中的棋子相媲美。例如,吉布瓦的印第安人就有一种棋,那种棋由两位王、一个或两个战斗部、动物、四个平常的跳棋组成。棋子本身可能还标有空间四向。所有这些都支持了下述观点,即中国人的棋中有象征天体的棋子,并且人们通过观察这些棋子落在棋盘上的位置来进行占测。这样,我们就完全可以理解,北斗七星的模型何以在栻盘上找到了自己的位置。同样,也可以按这种方式在世界的其他部分找到类似的占测形式(表 44)。

56

第十节　综　　述

回顾前面提到的那些争论,我们看到,罗盘在中国经历了一个漫长的发展时期,然后它突然出现于西方,并在那里得到了迅速发展。我们不得不承认有些指南针知识是从东方传到西方的。但是在 13 世纪前的那几个至关重要的世纪里,找不到指南针经阿拉伯、波斯和印度这些过渡区域传入欧洲的任何线索,而到了 13 世纪,亚历山大·奈克汉姆就已经开始记述指南针在航海中的应用了。看来指南针知识从中国到欧洲的传播根本不是沿着与航海有关的途径进行的,它更可能是借助于天文学家和那些最初有志于测定各地子午线的测量员之手从陆地传入的。可以想见的是,指南针知识不仅对于绘制地图是重要的,而且对于调整日晷也同样是重要的。日晷是当时欧洲人所用的最好的计时器,猎鹰彼得就描述过两种装有指南针的日晷。令人震惊的是,一直晚到 17 世纪,在测量员和天文学家手里的罗盘中的磁针,才普遍被设置为指南(与海员所用的指北针相反)。这与中国几乎一千年前对磁针的应用情况一样。

接下去,我们也许不得不想象一下那些"天文罗盘"沿陆地西传的情形,在那之后是西方水手对其的应用,这种应用与中国船员在更早些时候将指南针应用于航海无关,二者是彼此独立发展起来的。在蒙古人入侵之前的那两三个世纪里,中亚地区的文化水平使得当时的人们更容易把传入的指南针当成一种魔术,而不是科学。不过这种魔术对于他们来说没有任何技术难度。

在上述发展过程中,我们偶然进入了一些一眼看上去与我们今天所理解的物理学毫不相关的领域。然而,我们实际上是在关注一个基本问题,即找到所有表盘和指针、磁罗盘等的祖先的最初起源。我们获得的认识如下述概要所示:

(1) 如同我们所知,象棋这种游戏在其发展过程中,自始至终都伴随着天文意义。特别是在那些荒废已久的游戏中,这点更值得注意。

(2) 在中国,象棋中的对抗因素似乎来自 6 世纪占测技术中对宇宙阴阳平衡的寻求上,然后它于 7 世纪传到印度,并在那里发展成为一种娱乐游戏。

(3) 寻求阴阳平衡的"象棋"本身来自更早的一种占测方法,那种方法通过把象征天体的小模块抛掷到事先准备好的盘上而得以进行。所有这些可以追溯到汉或汉之前(公元前 3 世纪)的时代。其他文化中也存在类似的技术。

(4) 在古代就已四处流布的在骰子上标上数字的做法,最终导致了骨牌和扑克牌的产生。

(5) 在古代各种盘中,最有意义的是中国栻盘中的天盘。它是所有罗经盘的直系祖先。

(6) 在古人曾用过的所有具有象征意义的模型中,有一种是勺形,象征北斗星。在中国天文学中,北斗星被认为环绕北极运动,因而非常重要。在栻盘上,勺形模型是代替北斗星的。

(7) 勺模型一开始可能是木制或陶制的,但是在 1 世纪(或者在公元前 2 世纪就已经有了),磁石具有指向性那独一无二的性质开始呈现在中国人面前。由于它的这一性质,指南勺被发明了出来。

(8) 后来,指南勺在地盘上旋转这种方式被在插有指针的木块上装入一小块磁石,使其漂浮在水上,或平衡放置在竖立的承旋轴上的做法所取代。这些方法晚至 13 世纪得到了应用。

（9）在1—6世纪之间的某个时期，中国人发现磁石的指极性可以传递到吸附在它上面的小铁片上。这种磁化了的小铁片可以通过合适的装置使其漂浮在水面上，这样，最早的水罗盘在11世纪早期诞生了。

（10）在11世纪之前的某个时间，中国人发现铁片也可以通过被加热到通红状态，然后在水中沿南北方位急速冷却的方法而得以磁化。

（11）也许是在7—8世纪，磁针或者别的形状的铁片取代了磁石，因为它们在指向时的读数精度比起磁石要精确得多。

（12）现存有可以确定年代的最早明确记载磁针罗盘的史料。尽管该史料把欧洲人拥有这方面知识的时间说早了一两个世纪，但中国人使用指南针的时间仍然比欧洲人要早三四百年。

（13）到了8世纪或9世纪，磁偏角以及磁极被中国人发现了，这比欧洲人的类似发现早了约600来年。中国人从理论上对磁偏角进行阐释的时间甚至比欧洲人知道磁石的极性还要早。

（14）磁偏角随时间的变化（先是东向然后西向），在中国人对堪舆罗盘的设计中被体现了出来。它们分布在同心圆上，并一直被保存至今。 59

（15）在中国，罗盘被用于航海之前的很长一段时间里，它毫无疑问是被用于堪舆的。

（16）能够准确确定年代的关于中国船员在航海中使用指南针的最早的明确记载，把欧洲人知道这一技术的时间提早了几十年。然而，有证据表明，中国人在更早的某个时候，已经将其用于航海这一目的了。

（17）中国船员许多世纪以来一直对水罗盘情有独钟。尽管中国早在12世纪就有了对枢轴承旋式旱罗盘的描述，但是它并没有被应用到海船上。直到4个世纪以后，它又被荷兰人和葡萄牙人带到了日本，并经由日本传到了中国。与其一同传入的还有附着在磁针上的罗经卡。后者可能是意大利人在14世纪发明的。

（18）罗盘这个各种表盘和指针的祖先、航海发明中最重要的单项发明、电磁学里最古老的仪器，可以说是从作为占测术中的"原始棋子"开始迈出其发展的第一步的。

（19）磁学是已经开始了的当代科学的重要组成部分，但它与几何学和行星天文学不同，它的先驱不是首先来自希腊。是中国人为海事法院的彼得，因此也为后来吉尔伯特关于地球是一个大磁铁的思想，并为开普勒关于磁在天文学中的作用的讨论提供了充足的前期准备工作。而在吉尔伯特和开普勒身上，出于重力一定是像磁感应之类的东西的信念，他们又为牛顿提供了重要的前期准备。再往后,克拉克·麦克斯韦在 19 世纪推出了把电和磁联系到一起的数学方程,该方程直接导致了物理场的存在,它为我们提供了一个比古希腊原子论的唯物主义更为根本的观察自然世界的方式。这一成就也可以追溯出相同的起源。因此,许多东西应该归功于中世纪中国的那些忠实的、高尚的实验家们。

第二章　航海技术

耶稣会士路易斯·列康脱(Louis Lecomte，中国名字为李明)在 17 世纪末叶写道：

> 航海是显示中国人心灵手巧的另一侧面。这类有点像我们今天可以遇上的如此能干而又富于冒险精神的海员，过去我们在欧洲很难见到。先人们并不那么热衷于到长期见不到陆地的海上去冒险。所有的导航人员都知道由于他们的计算失误会遭到危险(因为他们当时还没有使用罗盘)，因而瞻前顾后，谨小慎微。
>
> 据某些人推测，远在我们的救世主耶稣基督降生前的很长一段时间，中国人已普遍航行于印度各海域，并发现了好望角。不论真相如何，但可以肯定，从远古起中国人已拥有牢固的船舶。尽管他们在航海技术方面，如同他们在科学方面一样，还未达到完善的程度，但是他们掌握的航海技术比之希腊人和罗马人却要多得多。当今他们行船的安全可靠可与葡萄牙人相媲美。

希望这一评价的绝对正确性能在本卷末得以明确。

中国航海技术的历史如果不用对比方式来陈述则很难看清，只有这样，才可以知晓中国人的特殊贡献，因为它确实有自己鲜明的特色。实际上，中国的水运四通八达。中国人这一区别于其他外国人的优势是否隐含着其在观念上有着一种特有的遗传因素，这是一个极富挑战性的问题，但最终不可能有一个明确的答案。

61　　凡涉及水运的中国典籍,在本书中仅列出若干。它不像某些其他的技术门类如农学和药学那样有门类众多的资料来源,系统的航海论著在中国古籍中未有出现,至少是未予印刷出版。可是一些古代的中国词典和百科全书,其中有关于海洋术语的原始资料记载,也曾为后继的特殊词汇的编纂者所引用。另外,中国还有丰富的素描和绘画资料,其中最珍贵的资料是关于战船的而不是民间贸易船的,这无疑是因为官方关心的是海军情事,而其他人只是关心他们自己。在这些史料中,最早的要算《武经总要》(军事技术集成),它是由曾公亮主持编纂、在公元1044年出版的一部百科全书,从中可见,它是描述300年以前的事。值得指出的是该书不仅提供了嗣后出版的一系列水师手册中船图的主干,而且也大量继承了以往其他百科全书中有关水师部分的精华。在18世纪的日本书籍中把以上所述连同该岛国古籍中与中国不同的有关船的形象资料一起收集了进去,该书收集到的这些图反映出他们在造船方面相互不同的传统。

当然,关于水运方面的许多片断记事则很容易从中国历史典籍中找到。这些古籍既有王朝正史或据此撰写的大量汇编,也有非官方的记录和私人传记。在这些传记中最为特出的一本是撰写于1119年的《萍洲可谈》,该书作者的父亲曾相继任广州市舶使和广州知州,在11世纪后期的数十年他还曾在当地沿海从事海上活动。自然,在记载外国的文献中可以找到关于当时中国水运的许多线索,也许对中国海船进行典型描述得最为成功的要数周煌在18世纪所著的《琉球国志略》,见图184中的复制品。

对于航海和造船,我们通常根据手写资料,已经看到(本节略),当航海罗盘在中国船上已相当普遍使用之后,有关航海指南和海图的资料是如何保存于南宋、元、明时期的。17世纪,名副其实的航海著作在中国和日本出版。关于造船,我们还受惠于引人注目的时代较晚的一手抄本(现收藏于著名的西德马尔堡图书馆)。这是一本无名氏著作的《福建造船手册》,属于18世纪末叶的作品。详细描述船舶构造的中国文献并不太多,而关于中国水运却有丰富的资料,并可在反映我们自己西方海事文化的有关海员和学者的著作中寻找到。

62　　这类典籍甚多。我们将会看到,考古学上的形迹,以图和模型这两种形式最有助于我们的研究,以下对此将会不断提到。

第一节　帆船的船型、结构及其进化

中国帆船与所有其他由人类使用过的船只之间究竟有什么重要的关联？这一点，借助根据海军史学家豪内尔（J. Hornell）的研究而制作的图表这样一种概括的介绍，就可以有清晰的了解。

显然，该图表系按不同天然或人造之物来排列的，这些物品都是古人类亲自看到的水中浮体或者他们自己在水中活动时所能想到而使用的。一开始，我们必须简略配置一些距古人类为时不太遥远的船之原始型式。于是浮篮成了一些今天仍在使用的小艇的源头，对浮篮可以进行简易的捻缝，用沥青或泥土涂抹。当篮子用树皮或兽皮掩盖时，于是人们所熟知的柳皮舟出现了，这类船似乎起源于美索不达米亚。虽然这种最简易的型式在中国亦未明显出现，但中国也有所谓皮舟者，它是出现于西藏地区大河巨川上游的急流中的特殊船只。除了在西藏边缘地区外，这类船型现在仅在中国东北（旧称满洲）和朝鲜半岛等地区还有使用，然而也并不常见。在公元前4世纪就曾出现过一种一个人可搬动的小舟，公元4世纪在黄河上作战佯攻时曾使用过相当多的柳条牛皮舟。在隋代（6世纪末叶）千佛洞的壁画上画有三艘柳条兽皮舟。在13世纪，这类船型为蒙古人大量使用来进行他们对外的征服活动。但在中国文化区这类船型从未发展成如爱斯基摩人和北部西伯利亚人使用的那种修长的蒙皮甲板船。

其他篮形物体也可浮在水面。只要陶瓮足够大就可用来载人，在孟加拉就是如此，但在中国则为木盆所替代，谓之"壶舟"或釜舟，多用于采集食用水生动物。

近似于球状的漂浮物形成了另一条的源头。在公元前9世纪亚述人的浮雕上常可见到涉水者借助随身的葫芦或充气皮囊的浮力以浮水。这种方法在世界各地使用了几百年，特别是为了作战，如在蒙古的军队中就使用过，这些都记载于11世纪撰写的中国军事百科全书《武经总要》中。从12世纪开始中国人把这类漂浮物称为腰舟。

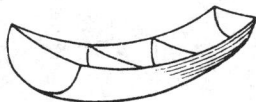

只是到了把若干浮体缚在一个木框架上形成一具浮筏时才开始了向严格意义上所谓的船的过渡，而这类浮筏可能起源于中亚的急流河道地区。而那种用13张羊皮制成的皮筏子在中国西北的黄河及其支流区域目前仍在普

63

表 45　舟船构造进化发展图（根据豪内尔的研究）

芦苇
芦苇筏，38,69
埃及古船，48
现代运油筏等（尼罗河上游）的噶喀潮头尾相同的芦苇船，41

竹
竹筏，69,76,78,79（带有中稍板，80,82）中
（对接建造）中国帆船
中国独有，88ff　sf/n

延伸物

原木
多根
木筏，61ff　中
双体独木舟
双体筏，61ff

单根
独木舟，189

附加搭接列板
对接建造的船艇，189
搭接建造的船艇，195

印度 192,236　248,249　if/s if/n
波斯/阿拉伯 234,235　if/s
南欧（地中海）194　pf/n if/n
大洋洲 207　if/s if/n
北欧 196,199　if/s if/n

平衡板，260
伸出舷外托架浮体，253,254
舷外撑篙连廊，265
列板上有系耳双叉首系和双叉尾，特殊舀水器（犀斗）等

浮体

浮箱，20
罐，37 中
皮囊，25 中
浮筒
浮水器，13 中

果壳、葫芦充气皮囊或封闭陶罐
半果壳 中，桶或半桶 108
陶钵，98

篮筐
树皮掩盖物的树皮舟，182
（在弯曲的木框与编的骨架上用沥青涂覆的筏船，102缝合的筏船57中、唐王艇109）
用软泥混或沥青捻缝

延伸物
用树皮或兽皮的掩盖物
柳条兽皮艇，111
柳条兽皮船，133 中，西藏皮筏，99
爱斯基摩蒙皮船，155
爱斯基摩海豹皮筏，163

注：if/s 嵌入肋骨，先把列板相互缝合；if/n 嵌入肋骨，先把列板通过钉，销及木榫连接；pf/n 先上肋骨，再用钉，销连结列板；sf/n 先构建横舱壁，再用钉，铜连结列板；中表示该船出现于中国文化区。表 45 中的数字表示 J. 豪内尔：《水运：起源及早期进化》，剑桥，1946 年版一书中的页数。

值得称赞的是中国帆船和舢板不同于世界各地所有传统古船的重要特色是采用横向水密舱壁结构。它是如图表所示的在东亚地区无处不在的沿纵向切开的竹子这一天然模型的子孙的衍生物。

对该表本书用了相当篇幅予以解释，表中的不少虚线的意义将从讨论中得以明确。无论如何，对该表中的一些标题必须稍花笔墨论及之。

所谓平衡板是指伸出船舷外两边相当距离横向放置的一组平板。这种架有平衡板的船艇至今仍常见于索马里沿海岸，印度与锡兰之间并向远东扩展直达越南沿海海岸。如果在上风舷一侧的平衡板上多一个或几个船员，就可有效地平衡风力的作用。这从来就不是中国人的做法。但其与舷侧托架这一复杂问题有关。即固定在舷外横杆（类似于平衡板）上的某些浮材，可使一些船身自身稳定性不足的船艇增加稳定性以便作长途航行。舷外托架可以是单个的或成双的。由此通过海路向外传播，西到非洲，东达波利尼西亚。其发源地无疑是印度尼西亚。他认为这就是中国南方内河船上在古代就已设置的舷外撑篙走廊或舷外托架（图198）。而舷外托架只是一轻巧而狭长的平台，坐落在船舷水面上缘处伸出舷外由若干根撑杆组成的突出端。在撑篙走廊与双向舷外托架之间有各种各样的中间衍生物，其中最饶有趣味的是这类设想或许来源于某些内河河船，他认为这就是中国南方内河河船上在若干根撑杆的每一边可载若干人划桨。而单向舷外托架是一种次要的改良，由于它能经受住恶劣的天气，故而在大洋分布在大洋分布大洋的两端（马达加斯加和波利尼西亚）中得以发展起来。

在印度支那和南美洲的河流上，可见到某些船上架有所谓"架空水上船浮体"，就是一些绑扎在船之舷侧的不同长度的浮材（竹子、软木等），除非船因摇摆而倾斜，它们是不与水面接触的。有趣的是成书于公元1124年的北宋时期的《宣和奉使高丽图经》中说到用竹编织成圆柱体（束）绑缚在船体两舷上部以防海浪（于舟腹两旁缚大竹为翼以防倾侧），当时在载送使者去高丽的船上就是用的这类浮材。

用圆木制作的舷缘侧或双体如泰米尔（Tamil）语圆木的原始筏（Kattu-maram）与如点处所示的印度平接式结构船密切相关。因为有某些理由可以认为欧洲最古老的平接式结构船是由木筏演变而来，而某些印度船是由木筏演变而来。在马拉巴尔（Malabar）和科罗曼德（Coromandel）半岛沿岸建造木筏使用圆木数根风行至今，中间的一根置于最下面，近似于龙骨。

遍使用。这类浮筏常常可以看到被扛在人的肩上。用密封的陶瓮作为浮具，目前在中国似乎已经绝迹，但在古代确实是使用过的，汉大将韩信在率军横渡黄河的著名战役中就曾借助于这类筏具。

多数船舶的起源可归因于对单根漂浮圆木的观察，通过挖空圆木而成一独木舟从而形成向船舶的转变。接着自然就会想到先加一条木板形成一道低矮的舷墙以增加干舷。然后再陆续向上增加板列就成了船舷。因此，在大多数船上，刳制独木舟的形迹还可从其龙骨的形状中找到，龙骨一直为船提供必要的纵向强度，如果把其向船体下伸得深些就会对船舶的航行性能产生重大影响。一个早期的发明是使独木舟的下体两侧呈外倾，通过插入 U 形骨架定位。最后，龙骨就纯粹成为一根梁了，从其前端发育成艏柱，而后端演变而成艉柱。此后，船之构造则分叉成公认的两种不同的传统风格。一种是列板相互搭接，建成搭接式结构型船，另一种是将列板边对边地对接起来，使船体的内外表面比较平滑，建成平接式结构型船。

这一分类适用于所有船舶，但它还不能包罗一切。概括地说，搭接式构造仅是北欧船的特征，而其他地区（地中海，波斯—阿拉伯文化区域、印度、大洋洲和中国）都采用平接式构造。但他们间的固结方法又有所区别，有的列板可以用植物纤维缝合，有的用铁钉或木钉联结牢固。另外，列板可固结于骨架上，或骨架在架起船之列板后再插入。

我们必须对上述的这些区别进行比较，而所有的细节相对而言并不太重要。很明显，东亚船的源头并不能以一个简单的空心浮木的发展理论来解释。正如我们所知道的，竹子是他们祖传的材料，而根本不是木头，中国船的船体（不论其舷侧板如何构造）是一个修长结构，其中布满横向舱壁板犹如竹子中的节膜，植物学家称之为"隔膜"。这种构造形式使中国船与世界其他各地的船只有着明显的差异。

在很早以前，先人们除了挖空圆木制造独木舟外，还懂得把许多圆木相互缚住制成一艘较大尺度的船，筏用芦苇或灯心草的杆束制成，毋庸讳言，中国人并不是不知道这种做法，但这对中国帆船的发展并不重要。木筏广泛地为其他国家所使用，特别是那种撑帆双体连舟（又称帆筏）的形式早已盛行于印度海岸和东印度群岛。在中国却罕见用于海上，但许多木筏仍流传存在于长江及其许多支流中。中国木筏在他们十分繁杂的水上运输业发展中并不重要，而竹筏无疑是重要的，对此，我们将作简短的讨论。

66

只要描述一下中国帆船和舢板的基本特征,则其起源将更为清晰。在欧洲和南亚,形成龙骨的基梁的两端与另外两根结实的梁材榫接在一起,而后者再向上弯曲,分别形成艏柱和艉柱。与它们相连接的众多列板形成船体,利用内部的肋材骨架以保持所要求的外形。但是中国帆船的设计,就其最古老和最原始的船型而言,是具有平接式构造的船体,缺少其他地区都认为是必不可少的三大构件——龙骨、艏柱和艉柱。中国帆船的船底是平的或微呈弧面形状,其列板并不与艉合拢而突然终止,如果不用结实的横档或由直板构成的艉肋板加封,则就留下一个开口空间。很多经典的船型也无艏柱,但有一矩形艏横材(艏封板)。其船体类似于半个两端上翘的空心圆柱体,并以最后的隔板作为终端,没有什么比这更像是一根沿纵向劈成两半的竹子。船之骨架或肋骨由坚实的横列船中的舱壁板所代替(类似竹子自身的节隔膜),而艏、艉的横材则可视为最外端的舱壁板。

十分明显,这是一种较之其他文明区域所采用的更为牢固的船舶构造方法。如果船之强度和刚度相同,则所需舱壁板的数量比所需骨架或肋骨的数量要少。显然,这些舱壁也可制成水密的,故而,在船舶出现一处漏水或水线之下船体受损时,其他舱仍能保持有船舶大部分的浮力。另外,这种舱壁结构还有其他很多好处,如可为较后出现的铰链轴向舵提供必要的垂直支撑。当然这些均需要以适当的方式进行处理。

舢板也与中国帆船一样使人想起竹子节膜。它是一类无甲板方头平底小舟,平面呈楔形,船身浅,无龙骨,船后部非常宽,在那里的舷缘板和舷侧列板一般均延伸到船尾之外,形成弯曲上翘的突出部分,使这类船在尾部似乎长出了面颊或翅膀。正是这些突出部分所搭起的顶棚,发展成为中国帆船的外伸船尾平台。

关于中国帆船和舢板的起源有某些推测。一种说法是这类设计形式由双体独木舟发展而来,该双体平行短距离相靠,并用板材连接形成一个新的具有方形端的新的船底。然而此类船并未发现。也未有后来由此结构必然会导致出现沿船之纵向装置舱壁板的迹象。但另一方面,在世界其他各地上述这类双体独木舟倒确实存在而且仍在使用。难以理解的是,对这类船中国有许多称呼,所言者均是指通过横向构件相互靠捆绑或连接牢固的双体船——舫,它在中国则比较流行,特别是用来向下游运送芦秆木排及用于捕鱼(宜昌水鞋),然而,这一探索线路很难令人信服。

67

一种变通的推测是另一种发生过程，就像现在仍在使用的斯里兰卡的渔船那样，独木舟体沿长度方向锯成两半，并用钉子分别与作为连接构件的、置于它们中间的底板的两边连接起来，但这种方式在中国从未使用过。纵使这类独木舟曾出现于中国文化区域，但也属罕见。

豪内尔的结论却与上述不同，他确信中国帆船和舢板起源于竹子。他说在台湾，古代世界的航海帆筏获得了高度的发展，由9根或11根长5.5米的弯曲的竹竿组成的舟体，在首端有较陡的上翘，而尾部稍缓，因此台湾帆筏在中国古文献中屡屡提及，特别是在公元12世纪，台湾土著在骚扰大陆沿海村庄时也使用过它。

如果设想中国帆船系从竹筏进化而来，仅需假定把木制横梁变为舱壁，把在底部和侧边的竹子代之以木板，再加上甲板。这一制作过程可以从印度马德拉斯（Madras）双体木筏制作中看到，某些筏还用木钉把列板钉合于其两侧。在许多中国船上，特别像广东之六篷船还沿用帆筏的外形。

不必坚持台湾航海竹子帆筏是所有中国帆船的唯一祖先，还有其他各种型式的竹筏存在，并仍在中国的江河中广泛使用。最有意思的是四川的雅河筏，它在上下160千米难以航行的由雅州到嘉定的一段河道中航行，维系着西藏的贸易。它是世界上最浅吃水的一种货船，当载货7吨时其在水线下的深度经常不超过8厘米，最多也不会超过16厘米，这主要借助于竹子的浮力。这类具有良好不沉性的筏的长度在6米和33米之间变化，这类巨型竹竿（南竹）可以长到24米高，直径可达30厘米。筏之首部比较狭窄，并用烘烤使之上翘弯成曲线状，故其可以滑过与水面几乎一样高的礁石（图178）。在其他省份也有值得注意的竹筏，其中有些筏也有上翘首。此外，某些船如四川西部地区的神驳子似乎把这个古老的做法转移到尾部，以期当筏船在急流中下泻时起到保护作用。

豪内尔并未知晓，按中国本土的传说，中国帆船是由筏发展而来。成书于三或四世纪的《拾遗记》中说："轩辕……变乘桴以造舟楫。"一位词典的编纂者对此注释说："在舟诞生之前，人们是乘筏过河，因为桴与筏是同样的意思，这些筏在黄帝（传说中的皇帝）年代前已为人所知。"而中国船由竹筏发展而来的观点与公元3世纪问世的《易经》中所谈到的上述先哲有关"刳木为舟、剡木为楫"的名言并不矛盾。一般的翻译都太多看重于第一个词的意思，刳字可解释为劈开、削片、切成几块或宰割动物等。众所周知，由古代船的象形文字表明其端部是方的而不是尖的。而更重要的是在某些古代典籍中讲到用大竹造船。

图 178　公元 1726 年成书的《图书集成》中的竹筏(取材于 1609 年成书的《三才图会》,注意侧面竹子栏杆,它被捆绑定位后可防止首尾的倾侧)

第二节　中国帆船和舢板的构造特点

在上述研究的基础上继续作深化研究的最好方法是更为仔细地探讨少许更为典型的船舶构造的例子。同时我们还将介绍一些为船匠和海员们常用的最重要的技术术语。

70 **典型样本**

让我们开始考察长江上游的货船麻秧子(见图 179 和图 180)。像所有内河中国帆船一样,其尺度变化大,从首尾测量其尺度在 11 米到 30 米之间。从

71 前他们有时大到 46 米。正如图 179 所示,有不少于 14 个舱壁,形成很多单独的货舱。其最大也是最古老的特色是没有纵向强力基础构件,其结构仅靠把船壳板钉在舱壁上并沿两侧装上十分坚固的舷缘板大櫼(大筋)以加强刚性。这种方法现仍有使用,只是把大櫼的位置改在正规板列之中(称作夹筋)。但到了现代有时就改用龙骨,就连在穷乡僻壤的河船型也是如此。有的在船壳

72 板的内侧装有内龙骨(与龙骨平行,沿着船底部在船之内侧的一条肋材)或者

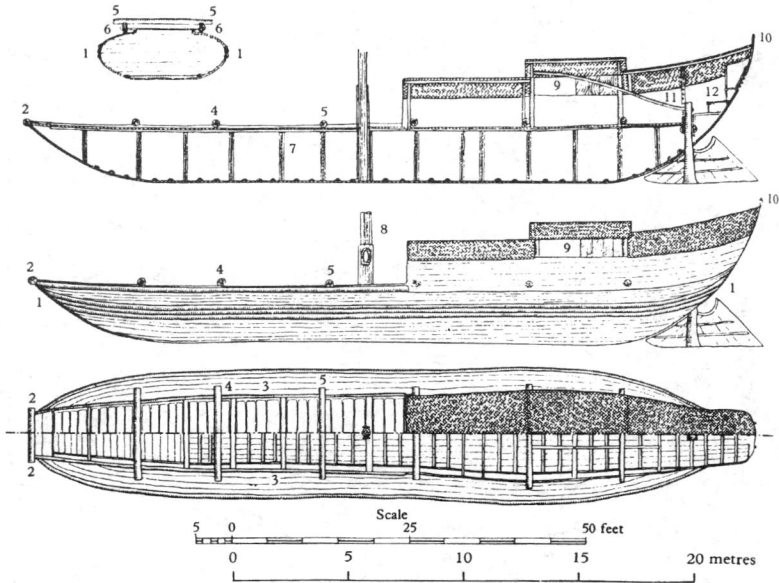

图 179 长江上游的内河中国帆船——麻秧子(这里视为所有中国船舶的母型。按 G. R. G. 伏斯特)

1 纵通全船长而粗的舷缘板大櫼
2 突出于首横材前之横梁
3 从首部一直延伸到甲板室的稍微抬高的边沿,防止甲板积水进入舱内
4、5 搁置桨架的外伸横梁(桨架是作为使桨时的支点),供操自动引流桨或摇橹之用
6 舱壁的上部横档
7 支撑硬木绞盘的第 5 舱壁
8 24 米的松木桅杆及其上有可系挂缆绳索耳的桅座(可升高的套节)
9 具有前方视野的操舵室(有时横舵柄可升至甲板室之上,而舵工则在其顶上的一条横向走道上进行操作)
10 两只可供卷绕竹绳的高高的索柱
11 平衡舵之 7.5 米长的舵柄
12 尾室(船长室及住室)

图 180　在伦敦科学博物馆陈列的内河中国帆船麻秧子模型

在舯部转角处两侧装置内龙骨（为船体向龙骨的转角处）。

　　在舱壁之间常常用一些肋骨、半肋骨或肋材加固，但是否古已有之尚属疑问，舱内底肋板可以装在作为底部结构的船壳板之上。许多中国船就像 18 世纪的欧洲船一样具有明显的舷侧内倾（上部向内倾斜），换句话说，它们是一种炮塔式构造，其甲板宽度无论如何都不会达到船的最大宽度。所有上层建筑都在主桅之后，故而为荡桨、操帆等提供了宽敞无阻的空间，这几乎对于所有的中国船都是如此。甲板铺在船体上缘相隔一定位置的横跨船舶宽度的横梁上，其中某些横梁侧向外伸，供各类桨作为支点，这样可以保护其下的鲸背甲板。方型船首端终止于可作各种用途的粗大的凸出横梁上。舱口附近的围壁木板抬高可以避免甲板上的水倒灌入货舱的货物中。

　　松木桅杆高 24 米，树于一个较高的可升降套节或桅座（图 181）中，其在甲板上大概可伸出若干米。桅上挂有极高的斜桁四角帆。从图 179 可知其船舵是平衡舵（也就是说部分舵板处在转舵轴之前）。舵柄长 7.5 米，在难以行

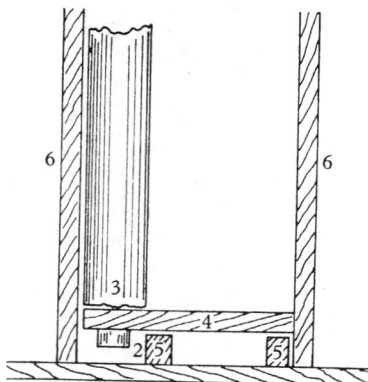

73

图181 典型中国桅的桅座或可升降套节（按 G. R. G. 伏斯特。桅脚3的榫舌2榫接于由肋材5支撑的与舱壁6两边紧贴的水平木构件4的插座内，这样可避免桅脚向前移动，有助于推力的均布）

船的急流中，需要有3个人操纵。这类中国大型内河帆船的固定船员可能只有8名，但临时雇用的则多达50—60名。在某些地方如要向上游挽缆拖曳时则需纤夫多达400人。

我们可以取江苏货船或沙船作为中国航海帆船的典型标本。过去其长度曾长达52米。其松木的船体是平底（见图182），其中间的纵向构件较之其他纵材为粗以代替龙骨。其舱壁数与上述长江上游河船一样多。船体两侧用大橇加强，由于船体的曲线在首尾收拢，使最前面和后面的隔舱成了构造上的杰作。弯曲的甲板横梁极为精巧地通过槽口嵌接于船体的弯曲肋骨骨架之中。更有甚者，某些船首和船尾肋材实际上是天然的形状。船首和船尾都是端部垂直而平阔，有经受狂风恶浪的能力，如图上所示，在船之最后加了一个假尾，即将船体的两侧沿上翘曲线延伸到船尾封板之外，并终止于较短的假尾封板，其位于水线上约2米。这种结构的甲板面使甲板室加长，可以装置绞车用以升降放置于这一假尾空间中的舵。其舵柱可嵌入有3个开口舌式的木制枢轴，舵柄则在甲板室内或其顶上操作。这类布置在许多世纪以来一直是中国船的主要特色，我们也可由图182中看到，在假尾之后还有一很长的尾部平台。

该类船有5桅，这种情况使13世纪的欧洲人大为惊奇，并对他们嗣后的船舶设计产生重大影响。一般说来，所有中国航海帆船无论大小过去和现在均装有多桅，而内河船很少有超过2根桅杆。另有一种特征是，其传播范围从未超出过中国文化区，那就是把桅杆向左右位置错开。就本例而言，首桅在中心偏左，第二首桅在船中，两者均前倾。主桅也在船中线上，但稍向后倾。其次是尾桅，位于左侧，并明显前倾，最后是后端尾桅，高出尾桅很多，且直立。它们的倾度在所有船上都不一样，但其一般趋势是桅杆像扇骨一样向外张开。

撑桅的桅座的构造也各有不同。几乎所有中国传统航海帆船的桅杆都

75 不用支索。有些船上的重型主桅在甲板面处加装单根或叉型的撑材，为的是可以把帆上所受的风推力传递到船体与舱壁的接合处（图183）。像这样的中

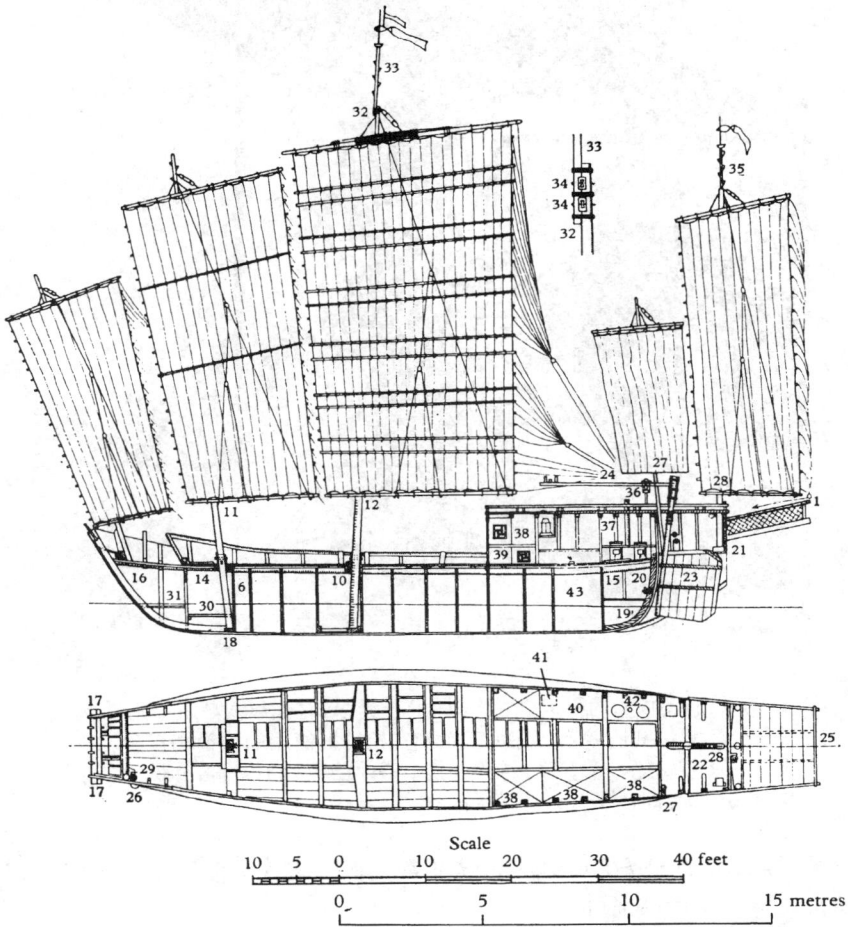

图182　作为许多中国船母型的中国航海帆船江苏货船(按 G. R. G 伏斯特。其长度约60米,接近于明代海军中的最大尺度的木船,而本例船仅26米长)

1 尾帆的滑车和复合缭绳;6 第 1 内舱壁;10 许多坚固的甲板横梁之一;11 14 米高的船中前桅(前倾);12 21 米高的主桅(稍有后倾);14 前舱,可用作居室和存放索具;15 后舱,在第 12 个也即最后一个内舱壁之后;16 三根天然形状的船首纵向肋材;17 船首横梁;18 前桅脚;19 天然形状的船尾纵向构件;20 陡峭的圆钝形舰封板;21 假尾,即由船体两侧延伸到尾封板以外 2.4 米,其末端为一较短的假尾封板;22 升降舵用的绞车;23 有铁箍的非平衡式舵;24 4.9 米长的舵柄;25 3 米长的船尾平台;26 9.4 米高的左侧前桅(前倾);27 8.5 米高的左侧尾桅(前倾);28 14.6 米高的尾桅(直立),稍偏于船中线左侧;29 左前桅桅座(在舷墙内);30、31 支撑船中前桅桅脚的纵向撑材;32 主桅桅肩;33 主桅上的轻便顶桅;34 贯穿相接桅间的滑轮销,用以固定双向升降索滑轮;35 尾桅上的轻便顶桅;36 航行灯;37 厨房;38、39 有床铺和拉门的居住舱;40 粮舱和贮藏室;41 观音神龛;42 炉灶;43 甲板下的居室。

631

图 183　汕头货船的甲板[主桅支柱十分显眼,它把风对帆的部分推力向前传递到船体和舱壁上。还可以看到在桅杆上使用的铁箍和楔子之一以及左右两舷每侧一个升降索绞车(其中一个已被拆下)。格林尼治国家海事博物馆沃特斯(Waters)收藏品]

国帆船,今天大约配备 20 名船员,这非常类似于宋代远航印度洋的船型,其撑帆时的风姿令人叹为观止。

技术用语

以上曾谈到,用在中国造船和航海技术中的用语很难解释。如所周知,在中国典籍中并未提及这些用语,操作人员没有把这些用语记录下来的习惯,而文人们很少有关于船舶建造和操纵方面的知识。最多是有些学者偶尔对这些技术用语作些注释,然而以往传下这些技术用语的先人对此也是一知半解。所以虽然从公元前 3 世纪以来陆续出版的一些百科全书中,通常也包含有关船舶航运术语的章节,但值得注意的是许多舟船船型已长期被淘汰了或已不太容易辨识。故关于船舶及其属具不同部分的用语很少。尽管如此,许多空白可以通过对方言和地区习俗的辨识来弥补,因此选择种种见闻的用语可以真正证明任何一种技术在历史的特殊时期里确实存在过,这是一项需要不断深入研究的工作。

西方汉学对我们没有多大的帮助。甚至于同时代学者 G. R. G. 伏斯特的词汇丰富的精品著作也不能给我们提供中国人所使用的每一个技术用语的确切含义。这是由于他遇到了想象不到的困难,因为与他合作的最好的船匠和航海船长一般都不会写字,而他们的海员及其家人也无不如此。很显然,确有许多口头的船舶用语至今未见其书写形式。而 18 世纪中国官方记述者利用其所闻杜撰了一些当时可能使用的名词并作了解释。然而中国海员对于船上属具的最小细部的许多技术用语却能毫无困难地述说其正确含义。而这些术语是欧洲人最为欣赏的。往往这些术语从这一港口到另一港口都有所不同。 76

在 1553 年为船舶专业作者李昭祥所著的有关长江船厂即《龙江船厂志》一书(近南京龙江的造船厂纪实)虽非造船专著但从中仍然可找到大量信息(不啻是历史的汇集)。我们将在更为合适的场合再说。迄今为止,在中国著作中发现的最好的船图是在前面已述及的周煌所著的《琉球国志略》中,并显示于图 184。它之所以特别有价值,在于作者已经加上了不少专门用语(参照图片之解说词)。图中可见 4 根桅上撑有中国特色的帆,很显然,这些附加帆以及张挂这些帆的椇杆或帆桁在马可·波罗时代就已使用。这里所示的帆装与近代赛艇中所使用的在原理上无多大区别。如与文艺复兴时代的欧洲那种使用时带有更多限制的全装备帆船相比照,显然中国帆船在顺风航行时更为轻快。还值得注意的几点是:船上有用于升帆的甲板绞(缭)车;可以部分提起以减小水阻力的吊舵;以及由舵脚沿着船底下部一直拉到首楼绞车上的那根拉索,它使舵能紧贴在木制的舵枢中转动。还可看到在船首有 2 只锚,另有一只无横杆(横柄)的锚则挂在首部左侧,图上还可见到船上所开的舷窗。 77

虽然没有有关中国造船技术的大著作,但仍有某些手抄本可资利用,或许还有不少这类资料留存在中国各省的档案馆里。在欧洲马尔堡图书馆中所留存的手抄本中已有所述及。其标题是《闽省水师各标镇协营战哨船只图说》(关于各种级别的指挥者对其福建省沿海驻地的有关水师中船艇建造的图说),它之所以重要,因为书中包含有 5 种类型的船的内部构造图 60 幅。因为船的各部分都清晰地写上了简单的说明词,如图 186 所示,这就有可能对一些重要名词作进一步论证。另外,在中国古籍中还保存有为了取得预期的目的而事先建造船舶模型这类趣事的史料。1158 年,张中彦在后金鞑靼王朝中服役,据《金史》张中彦传我们获知:

78

封舟图

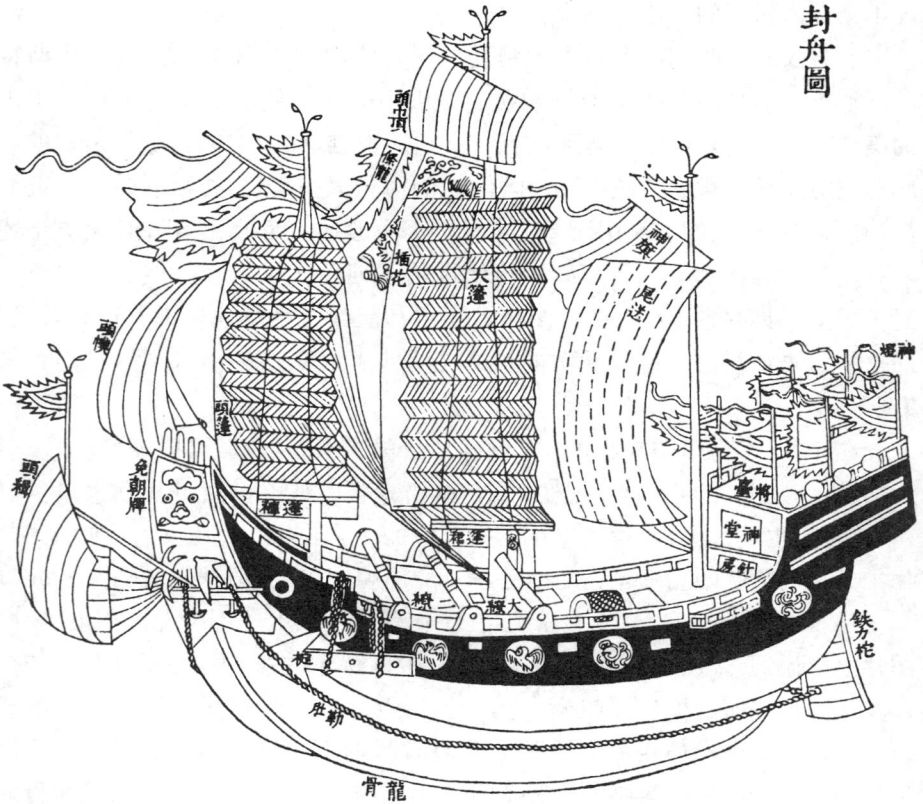

图184 成书于1757年的《琉球国志略》中的中国航海帆船（这是在中国文献中所能找到的最好的中国船图式样之一）

封舟——官船　　　　　　　　头幞——"方巾"或头布型之大三角软帆

头绪——"追风者"，水帆或船首斜杠帆，在西方，船首斜杠帆系由罗马阿尔的蒙（Artemon）帆演变而来，哥伦布的"圣·玛丽亚"号（公元1492年）上已使用此类帆，但直到16世纪末，这类帆才在西方帆船上普遍使用。

免朝牌——"免除礼仪"的通告牌，即表示"有重要朝廷使命在身"

头篷——首桅撑条席帆　　　　　篷裤——"裤子"，首帆脚或许是首帆下帆桁

椗——多爪锚　　　　　　　　　勒肚——固定舵位的绞车拉索

龙骨——"龙之脊骨"，船体中央纵向强力构件

二缭、大缭——（首桅和主桅）升降帆的绞车（张、卷帆的装置）

篷裙——"裙子"，主帆脚或许是主帆下帆桁

大篷——主帆（有撑条的竹席帆）　　针房——罗经盘室

插花——挂上的标识旗　　　　　神堂——祭神的舱室

头巾顶——顶帆（用布或帆布制作）　将台——船尾楼

一条龙——龙的标识旗　　　　　神灯——敬神的灯

神旗——神灵的旗帜　　　　　　铁力柁——硬木舵

尾送——尾帆

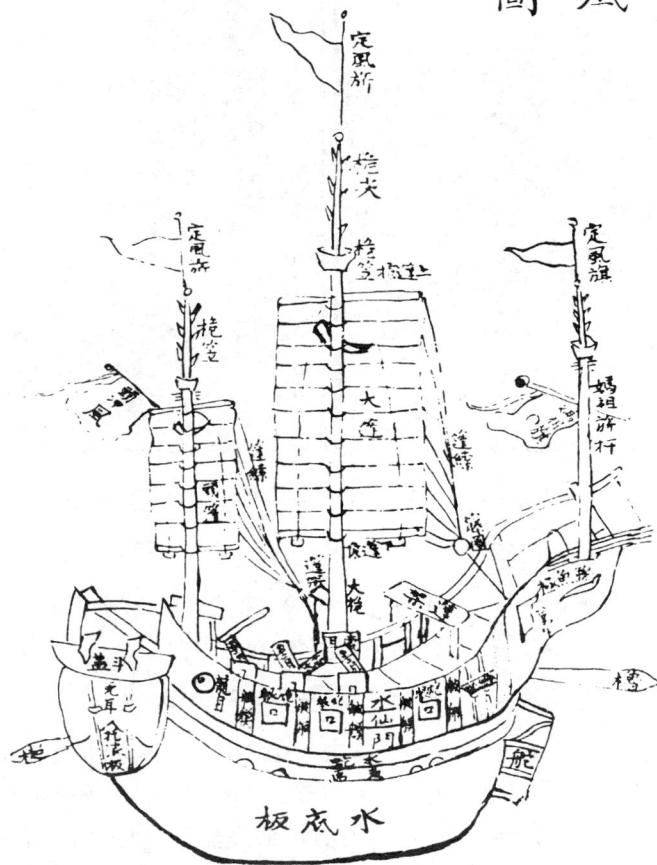

图185 最重要的船舶建造手册《闽省水师各标镇协营战哨船只图说》(关于各种级别的指挥者对其福建省沿海驻地的有关水师中船艇建造的图说)上的船图(保存在马尔堡的普鲁士国家图书馆,虽然手抄本出现在 19 世纪中叶,但其内容属 18 世纪上半叶的事。这种平底船与图184 中所示的式样很为酷似。注意定凤旗、艉部马祖旗杆、舵及橹、龙目及水仙门)

(舟之)始制匠者,未得其法,(张)中彦手制小舟才数寸许,不假胶漆,而首尾自相钩带,谓之"鼓子卯",诸匠无不骇服,其智巧如此。

浮梁巨舰毕功,将发旁郡民曳之就水。中彦召役夫数十人,治地势,顺下倾泻于河。取新秫稭,密布于地,复以大木限其旁。凌晨督众,乘霜滑曳之,殊不劳力而致诸水。

80

81

图 186　1637 年成书的《天工开物》中有关明初在大运河中航行的漕船

同时代在南宋朝廷效力的张阐（《宋史·张阐传》）曾提到过：

> （他）再知处州，尝欲造大舟。幕僚不能计其直，阐教以造一小舟，量其尺寸，而十倍算之。又有欲筑绍兴园神庙垣，匠计之云费八万缗，阐教之自筑一丈长约算之，可直二万，即以二万与匠者，董役内官无所得。

有关描述造船技术某些重要文本之一是 1637 年由技术百科全书的编纂者宋应星所著的《天工开物》中的有关章节，书中对明末在大运河中航行的典型漕船进行了描述（图 186），继而更为简单地介绍了与图 182 所示相同的中国航海帆船。

宋应星谈及 15 世纪初的永乐年间有关内河船和平底帆船的设计。当时由于海道漕粮运输的失事，决定再利用大运河重开漕运。于是平江伯陈（瑄）即建议兴造这类运河浅吃水船。宋应星继续写道：

> 凡（运河）船制，底为地，枋为宫墙，阴阳竹为覆瓦。伏狮（则）前为阀阅，后为寝堂。桅为弓弩弦，篷为翼。橹为车马，篙纤为履鞡（鞋）。律索为鹰雕筋骨。招为先锋，舵为指挥主帅，锚为刭（扎）军营寨。
>
> 粮船初制，底长五丈二尺（16 米），其板厚二寸（5 厘米），采巨木，楠为上，栗次之。

其一般船型是典型的平底和无龙骨，也有不少横向舱壁，其每一道舱壁，

宋应星都给出了专门名称。(像这样的船)宋应星又写道:

> (此类船)载米可近二千石(交兑每只止足五百石),后运军造者,私 82
> 增身长二丈(6米),首尾阔二尺余,其量可受(三千)石。而运河闸口原阔
> 一丈二尺(3.6米),差可度过。凡今官坐船,其制尽同,第窗户之间,宽其
> 出径,加以精工彩饰而已。

把上述这些数字与 19 世纪时的其他船比较一下很是有趣。船舶 2 000
石的载重量相当于 140 吨。按 G. M. H. 泼莱发(Playfair)所述,1874 年有
670 艘漕运船向京师运粮 136 万石(96 000 吨),故每艘约载 143 吨。那时这
些船的平均尺度与 17 世纪初时相同,实际上在 15 世纪初已经是这样了。由
中国河闸的尺度可见这一载重量非常接近于 11 世纪时的载重量。但较之 3
个世纪的海运兴旺时期其载重量也许是大大下降了。实际上,宋应星在谈到
2 000 石之后即加了脚注,通过把他的上述船舶载重量标准与实际情况相比
照,发现当时的漕运船实际载重量一般不超过 500 担(约 35 吨)。接着他继续
记述他参观造船厂之见闻:

> 凡造船先从底起,底面旁靠墙,上承栈(板),下亲地面。隔位列置者
> 曰梁,两旁峻立者曰墙。盖墙巨木曰正枋,枋上曰弦。梁前竖桅位曰锚
> 坛,坛底横木夹桅本者曰地龙。前后维曰伏狮,其下曰挐狮,伏狮下封头
> 木曰连三枋,船头面中缺一方曰水井(其下藏缆索等物)。头面眉际,树
> 两木以系缆者曰将军柱。船尾下斜上者曰草鞋底,后封头下曰短枋,枋
> 下曰挽脚梁。船梢掌舵所居,其上曰野鸡篷(使风时,一人坐篷巅,收守
> 篷索)。

本世纪有不少人亲眼目睹了中国的造船情形,他们证实和补充了宋应星
之所述。很多观察家对于中国传统的船匠不用模板或蓝图而仅仅靠经验老
到的船匠的眼力和熟练技巧造船无不称奇,虽然有某些技术手册,但大部分
作业一般是靠师傅个人传授的诀窍而得以完成的。在船厂里,宋应星还见过
完工时的捻缝工作情况:

> 凡船板合隙缝,以白麻斫(斩)絮为筋,钝凿扱入,然后筛过细石灰,
> 和桐油舂杵成团调艌。温、台、闽、广即用蛎灰。……凡海舟……艌灰用 83
> 鱼油和桐油,不知何义。

宋应星还看到了造船备用品:

> 凡木色,桅用端直杉木,长不足则接,其表铁箍逐寸包围。船窗前

道，皆当中空阙，以便树桅。凡树中桅，合并数巨舟承载，其末长缆系表而起。

梁与枋墙用楠木、楮木、樟木、榆木、槐木（樟木春夏伐者，久则粉蛀）。栈板不拘何木。舵杆用榆木、榔木、楮木，关门棒用椆木、榔木，橹用杉木、桧木、楸木。此其大端云。

凡舟中带篷索，以火麻秸（秸）（一名大麻）绹绞，粗成经寸（3厘米）以外者，即系万钧（约180吨）不绝。若系锚缆，则破析青篾为之。其篾线入釜煮熟，然后纠绞。拽缅篷亦煮熟篾线绞成，一丈（30米）以往，中作圈为接驱，遇阻碍可以掐断。凡竹性直（即有大的张力），篾一线千钧（18吨）。三峡入川上水舟，不用纠绞篾缆。即破竹阔寸许（2厘米）者，整条以次接长，名曰火杖。盖沿崖石棱如刃，惧破篾易损也。

最后，宋应星对在内陆水道中所用之航船的常用舾装作了注记：

凡舟身将十丈（30米）者，立桅必两树。中桅之位，折中过前二位（两个舱壁），头桅又前丈余（3米）余。粮船中桅，长者以八丈（24米）为率，短者缩十分之一、二。其本入窗内亦丈（3米）余，悬篷之位约五、六丈（15—18米）。头桅尺寸则不及中桅之半，篷纵横亦不敌三分之一。苏、湖六郡运米，其船多过石瓮桥下，且无江、汉之险，故桅与篷尺寸全杀。若湖广、江西省舟，则过湖冲江，无端风浪，故锚、缆、篷、桅必极尽制度，而后无患。

关于海船，宋应星谈及不多（就其经历而言他对此并不太熟悉），但他却记录了某些有趣的名字。在书中他写道：

凡海舟，元朝与国初运米者曰遮洋浅船，次者曰钻风船（即海鳅）。所经道里，止万里长滩、黑水洋、沙门岛等处，苦无大险。与出使琉球、日本暨商贾爪哇、笃泥等舶制度（比），工费不及十分之一。

凡遮洋运船制（度）视漕船长一丈六尺（5米），阔二尺五寸（75厘米），器具皆同，唯舵杆必用铁力木（非常硬的木料）……

凡外国海舶制度，大同小异。闽、广〔闽由海澄开洋，广由香山隩（岙）〕洋船，截竹两破，排栅树于两旁以抵浪。登、莱制度又不然。（倭国海舶，两旁列橹手，栏板抵水，人在其中运力，朝鲜制度又不然。）至其首尾，各安罗盘以定方向，中腰大横梁出头数尺，贯插腰舵（在上风舷侧放入水中的披水板或坚挺的阔板以防侧向横漂）则皆同也。……凡海舟以竹筒贮淡水数石，度供舟内人两日之需，遇岛又汲。

在前几页所谈到的有关中国帆船的构造也适用于大小尺度的有甲板或没有甲板的舢板船。这些船在从事捕鱼或货运作业时的良好适应性赢得了其他文化区海员们的赞誉,它们并不比那些最大的和最雄伟的传统中国古船逊色。

第三节　船体形状及其意义

舯断面为带圆角的长方形横剖面的船型确实很有发展前途,这是我们时代的钢铁轮船的船型。这类船型在一个半世纪前的欧洲已经出现,这类船型的优点很多,特别是在装、卸货时稳定性很好。但同样是采用这类船型的中国帆船还有另一特色,这往往使初次接触中国帆船的西方人感到惊奇,那就是中国帆船水线面的最宽的部分是在舯后,后来西方人也有采用这类船型的(至少是当作一种特殊型式)。

构筑船型的方法没有限制,但可将其简单地区分为三种基本形式。第一种形式是对称的,其大部分面积在船的中部,其他两种形式是船的前部或后部较宽,较宽处可以通过在船前或船后逐渐增加一方的船体斜度的方法来实现。简言之,欧洲船的趋势是其线型的最肥胖处在船首,而中国船的趋势则在船尾。17 世纪欧洲一些 86 作者所绘的同类图很清楚地表明,西方人认为应该按照鱼的外形来造船,中国人则认为船型应当以水禽在水面浮游时的外形为依据。1840 年海军上将帕里斯(Paris)可能是第一个注意到这种巨大差别的人,他在其《超欧人船舶构造随笔》中写道:

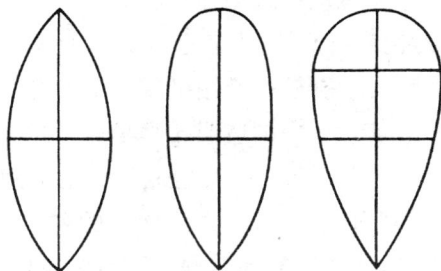

> 由于我们(指欧洲人)采用鱼类作为最佳船型式样,船的头部常常很大,而同样是模仿大自然的中国人却由于鲜为人知的理由而模仿水禽(有蹼足之鸟),在浮游时它的最大宽度在尾部。在这方面中国人目光敏锐,因为水禽与船一样,都是在空气与水两种介质之间浮游,而鱼类则仅在水下潜游。这些奇人所做的一切几乎与大陆的另一端的做法完全相反。他们在模仿大自然方面更进了一步,他们着眼于在尾部使用最大的

推动力,而代之以西方人那种着重在船首部使用牵引力。这就导致他们使用强有力的桨(即摇橹)以模仿水禽蹼足的划水姿势,这种姿势对游泳是非常重要的。可是这就使这些水禽丧失了在陆地上行走自如的能力,而且最善于游泳的水禽甚至于根本就不能在陆地上行走。这类非常质朴的观察(中国人已加以应用)可能终有一天会在轮船上得到恰当的应用,轮船的行驶靠的是内部的力量而不是依靠像风那样的外界因素。轮船的行驶与浮游水禽的情况十分类似,如能更加接近水禽的外形,船型将变得更好。

帕里斯的这些预言由于 20 年后螺旋桨推进器的发明而得到证实。关于船型,由戈尔(Gore)先生于 1797 年所进行的首次水池试验似乎证实了首部丰满的船型更好,但是他的试验体却是完全沉浸于水中的,但就现在我们所知,正确的结论与此恰恰相反。船体最宽的截面应该处于船体中后 3%—8% 船长处。19 世纪末叶的"阿美利加"号赛艇证明了这一点。

中国船的线型在其后部最为肥胖这一点已经获得证实,至少有 35 种船型采用这种型式,具有肥阔尾部的著名的中国内河帆船有"麻秧壶子"、"金银锭"、"红绣鞋"以及帕里斯海军上将一定会乐于知道的"鸭梢"。

实际上中国造船匠师早就知道为什么要采用这种做法。1579 年梁梦龙在其《海运新考》中已经暗示性地提到元代著名的造船家罗璧,他建造的帆船采用"海鹏"号这一意味深长的名字。古籍中提到的大鹏鸟能够由水面腾空而起,展翅飞翔到南方。罗璧构筑船型的座右铭是"龟身蛇首",对此再也想象不出有比前者更为确切的说法了。

第四节　水　密　隔　舱

欧洲人从中国人那里学到的另一种有价值的造船技术是自由浸水式的水密舱壁。广为流传的舱壁结构是中国造船学的基本原理(图 187),而其必然的结果是构筑了水密隔舱。这一技术后来在西方也予以采用,于是人们对它的理解更为确切。在 18 世纪末叶的几十年中,在西方,构筑自由浸水式的水密隔舱壁尚属空想,但几乎当时的每本著作都回忆起中国船上使用自由浸水式的水密隔舱的情况。实际上,在 1795 年塞缪尔·本瑟姆爵士(Sir Samuel Bentham)受任为(英国)皇家海军设计和建造完全新颖的 6 艘船舶。

他建造的这些船如同"中国人目前所惯用的做法一样,利用隔板以提高船之强度和抗沉性"。

图 187　在香港船厂中修理的华南货船的左舷四分之一的照片[其中有4—5道舱壁板可以看到,因这儿的船壳板已拆去。在其上翘艉内可以看到附加的5块肋材。而吊舵的槽正好处于尾部平台突出部之下。格林尼治国家海事博物馆沃特斯(Waters)收藏]

关于本瑟姆引进这项技术的环境与该项技术传播的关系值得作进一步考察。在本瑟姆夫人的传记内有关她丈夫早年的经历中,我们发现,尽管他生命的最后阶段长期担任英国海军的总工程师和造船技师,但他早年曾在俄国军队中服役,大约在1782年,他游历了西伯利亚不少地区,途中他到过中国的恰克图,在那里他会见了中国当地的官吏,并见到应是石勒喀地区河道中的大船。这些船,即便不是全部,但其中有一部分使用舱壁。本瑟姆夫人写道:

这不是本瑟姆海军上将的发明,他曾以官方的身份谈到"这是今天和古代中国人的实践"。而他只是懂得了由水密隔舱的优点所带来的价值,并推广使用之。

更为有趣的是本瑟姆又模仿中国的另一项技术。1789 年,当他在克里米亚(Crimea)当步兵上校时,他建造了一艘连环舟"维尔米丘拉"号(Vermicular),以便在水浅弯多的河流上运送土产品。我们很容易理解,这也是中国人颇具特色的做法。

非常奇怪的是水密隔舱技术传播了这么长的时间才在西方采用。马可·波罗清晰地描述在中国船上采用这种隔舱的时间是在 1295 年,而且他的这一记载在 1444 年又为尼科洛·德·孔蒂(Nicolo de Conti)所引用。

很少人知道以下颇具魅力的情况,即在某种类型的中国船中,最前面的(很少在后面)隔舱可以自由进水。船壳板上特意钻有小洞。从四川自流井沿急流而下的盐船、鄱阳湖上的狭长平底小船以及许多中国航海帆船无不如此。四川的船夫们说,这样可以把水的阻力减小到最低限度,同时当船在急流中纵倾较剧烈时,这类做法必然会使水浪对船壳板的冲击作用得以缓解。因为正当最需要抵御水浪对艏艉的打击时就可迅速地排放压载水。船员们说它能防止船头找风。5 世纪刘敬叔在其著作《异苑》中记述的下列故事的末尾也许是真实的。

> 扶南国治生皆用黄金,儩缸东西远近,雇一斤时,有不至所届。欲减金数,缸主便作幻诳,使缸底砥析状。欲沦滞海中,进退不动,众人惶怖,还请赛,缸合如初也。

这似乎说明船上有一个能够人为控制的开口,并把水压出船外。

使用带有自由进水部分的水密隔舱是使渔船能把捕获的鱼群带回港口和市场提供成活条件。这在中国是极易做到的,但在英国也有这种做法,这类舱室称"养鱼水舱",而具有此类构造的船称带养鱼水舱的渔船。这类船在欧洲开始出现于 1712 年,如这类说法成立,则中国的舱壁结构的原理传入欧洲可能有两次,一次是通过 17 世纪末叶的沿海小型渔船,另一次是通过与之相隔一世纪后的大船。

第五节　中国船舶博物志

多明戈·德·纳瓦雷特(Domingo de Navarrete)于 1669 年说过:"有人断言中国拥有的船舶比世界上其他地方的船舶总数还多。这种说法对许多欧洲人而言似乎难以置信,然而,虽然我在中国见到船舶数量不足其 1/8,可是我还游历过世界上大部分地区,并认为上述断言是千真万确的。"马可·波罗以后的所有到过中国的游历者都能看到中国航运之频繁(图 188)。因而,千姿百态的船舶得到发展,且已经用现代研究的方法对它们进行分类和细察。这里我们不能对这些研究成就予以展开介绍,但可以对一些有关著作及某些更为引人注目的船舶作些简略注记。

图 188 在四川自流井等待装货的部分盐船图(可以证实马可·波罗有关中国的船舶航运特别发达的说法。具有城墙突端的庙宇具有木骨石造的家屋式样,系非常明显的四川风格)

在中国历代的文献中常有记载船型的系统的分类表册。一份最早记载各类战船的表册,是从 759 年流传下来,是由一位唐代道家军事和船舶百科全书的编者所编著。当我们要了解船之装甲时,可以把此书作参考(第 290 页)。宋代也有记载船型的文献留存下来。在 16 世纪末期之明代文献中也有对 9 类战船以及适于沿海各区卫所使用的不同战船船型分类的详细描述。

宋应星在前面一段引文的结论部分又记述了另外 9 种类型的船舶,文中提到了摇橹(自动引流推进桨)、钱塘江河船上挂的布帆、广东河船双叉桅,以上这些仅出现在南方。有两份约在 1700 年的中国人的手抄本上绘有约 84 艘船图及其他图绘。收集船图最多的是武斯特,他介绍了不下于 243 艘船。另外还有一些关于中国船的西方油画和照片以及中国古船模型的收藏品,但对船舶插图中的中国人之传统若何研究实在太少。这里重点介绍 1044 年出版的《武经总要》(最重要的军事技术集成),书中曾公亮仔细描述了 6 型战船。这些内容取材于更早的唐代(759 年)由李筌所编纂的书中。这 6 型战船船型是:① 楼船(有上层战格望楼的战船);② 斗舰(防御设施较少);③ 海鹘(经改装的商船);④ 蒙冲(快速驱逐舰);⑤ 走舸(小型快速船);⑥ 游艇。可惜这

90

91

些唐代船图并未流传下来。至于上述最重要的军事技术集成《武经总要》中两组关于战船的插图明显是经过较长的时期后才加上去的。而其 1510 年的版本是与明代属同一时代，所以有很大的价值。我们复制了其中之一的楼船示于图 189。图中可见船之水上部分有多层战格围墙，由于绘画者热衷于刻画战争场面，竟把桨和帆也略去了。而且把平衡舵画得很不像样，然而却没有忘记把上层甲板上的平衡重锤式抛石机（拍竿）表示出来。

图 189　1044 年的最重要军事技术集成（国家级出版物《武经总要》，1510 年的再版本中的中国楼船）

从 17 世纪初叶开始有两部军事和民用的百科全书开始复制了所有的古代资料，同时也对有关船型补充了不少新的描述和评注。在 1609 年，王圻提供了带双叉桨一类船（仙船）在内的 130 艘船。尽管仙船的名称具有浪漫色彩，但据说这类船却是达官显贵们来往于南方江河湖泊间的交通工具。上述这些船图中的某些图被收集于 1628 年为茅元仪所著的《武备志》（兵器技术专著）中。大多数的船图很是粗糙，但饶有趣味的是其中有些船在首、尾均带有舵（鹰船及两头船）。这类船上具有长长的首扫（中国人称首招）柄，这类装置目前已绝迹，但它确实在河船上使用了许多世纪。有些船在尾部有舵以及还有一块向前方伸得很远的中央（披水）板，后者甚至有时一直延伸到首柱处，这似乎是参考了某些地区（现在，主要在印度支那尚可见到）的船型。另有一幅图是两只驳船牢牢并联在一起，其上托起 1 个或几个炮塔（鸳鸯桨船），同时还有带炸药的筏子、火船及其他相类似的船。王圻船图及茅元仪所画的 2 幅船图被收进 1726 年出版的大百科全书《图书集成》之中，其中也包含 1637 年的某些珍贵的资料。但该书中没有一张船图不是在早先 17 世纪的该类典籍中所曾经出现过的。

对这些资料（还远远没有用尽这些有用的中国典籍）的分析还不十分确切。某些学者并未觉察到中国书籍的插图绘画者的无能，在古代他们并不喜欢对器具作精确描述。从而使一些西方读者造成中国技术粗制滥造的误解，因为在 8 世纪值得称道的技术到了 18 世纪却成了一种丑闻，于是没有长进的中国的说法不胫而走。而且把百科全书这一词翻译成大百科全书的书名是很不合适的，因为这就会引起人们把它与现代百科全书如大英百科全书作比较。中国大百科全书的编纂者们亦未进一步扩充迄今为止的全部器物的有关资料，仅把所有流传至今的历史和文学作品中的大批诗文图画文集进行编纂。人们必须记住上述中国大百科全书的确切书名应为"国家委托编纂的古代和近代的文学作品和绘画的总汇"《钦定古今图书集成》。在 1726 年（甚至是 1426 年）不论是用中国人的航海观念或实践在书中谈到的有关船舶设计方面的内容进一步导致历代西方学者滋生毫无根据的自鸣得意的优越感。事实上进一步的研究在我们之前已有人在进行。

某些地理因素对中国沿海地区船舶的差异有相当大的影响。这已经在 17 和 18 世纪各地区的实际考察中明显可见。

1673 年，学者谢占壬在评注顾炎武于同一年问世的《日知录》（每日添加的知识）中说：

> 江南海船，名曰沙船，以其船底平阔，沙面可行可泊，稍搁无碍。……浙江海船……亦能过沙，然不敢贴近浅处，以船身重于沙船故也。惟闽、广海船，底圆面高，下有大木三段，贴于船底，名曰龙骨，一遇浅沙，龙骨陷于沙中，风潮不顺，便有疏虞，盖其行走南洋，山礁丛杂，船有龙骨，则转弯趋避较为灵便。

很明显，有深的船体及中央（披水）板的船具有良好的航海性能，由这条评注，我们再来考察一下图 184，其中龙骨是具有圆底和甲板高悬的福建或广东航海帆船船体中央的加强构件，对于这块板材，中国船匠一直称之为龙骨，但它决非西方意义上的龙骨（它们有时均用同一名词），因为它并非船的主要纵向构件，而往往代之以装在船体吃水线附近上下的 3 根以上的舷缘巨型坚固硬木（又称大樋）。本评注的真正价值在于指出了由于中国文化区南北地

93

理环境的差异在历史上形成的船型差别。

在杭州湾以北,沿海和远洋帆船是平底,有明显的舭部,带有一大而笨重的方形舵,可以放置于船底之下,也可向上提起。这类船舵适用于经常出没于北方浅水港口附近海滩或泥泞的河口处的船只,这些去处受潮汐影响最为明显,而在海上,舵又起到中垂龙骨的作用。而杭州湾以南的沿海区域水较深,海湾小而狭长,岛屿众多。航行于这一区域的船之水下线型变得更为曲线型化,有较陡的船首进流段,不太明显的舭部,船尾较圆,且船舵常可用中央(披水)板作为其辅助物,从而使舵变得窄而深,有时其上还开有(众多)菱形孔。

至于中国船的平底和长方形横剖面型式已在近代世界的铁壳轮船上普遍采用,这确实耐人寻味。而在中世纪的木船建造者中仅有中国人这样做。但正如前述,中国船并不总是平底的,虽然中国船没有真正的龙骨,但其两舷有时从最底下的纵材起向上作圆化过渡。这类结构在中国许多早期的著作中都有涉及。如成书于 1124 年的《宣和奉使高丽图经》(出使高丽的图解记录),书中作者徐竞谈到乘有出使人员的、由福建建造的、要比他自己乘坐的"神舟"小一号的"客舟"的某些特点:

> 上平如衡,下侧如刃,贵其可以破浪而行也。……海行不畏深,惟惧浅搁,以舟底不平。若潮落,则倾覆不可救,故常以绳垂铅硾以试之。

这类船型在近代仍可由中国建造的某些船上见到。如舟山有被称为"大对"的渔船以及清末使用的一类小型海军舰只。所有南方的航海帆船者都是这种式样。

在千姿百态的中国古船中,最离奇的要算是在长江上游行驶的歪艄船和歪艉船。歪艉船行驶于涪州的中心地区即重庆东部的龚滩河口;但歪艉船还要进而向西,从自流井沿着几乎不能通航的河流而下,从事盐运。这两类船都是通过使艄或艉部某舷的舭部纵线与船之主轴线大体平行的办法使长方形的船艄或船尾歪向一边。这些船在涪州建造,其具体做法是把船底木板加热熏蒸,并沿着与木板长轴成 60°(而不是 90°)角的线处进行弯板作业。而端部舱壁也不完全垂直(竖立),其最后结果示于图 190。

所有这些船型,都使用很长的艉扫舵,而在涪州歪艉船上使用两具橹,由于这类船的结构特点,可使在共同划动时并无干扰(图 191)。这种不对称船型对全船平衡的影响是否有利于在急流中航行,这一点并未得到科学的论证,但船工们确信这一点,没有理由否定这种具有古代风格的独特构造。最为确切的解释可能是在未知的某一时期,在中国的这些地区,人们希望寻找

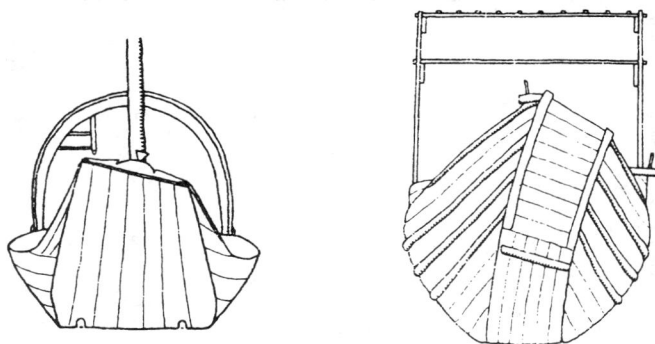

图 190 长江上游某些船的歪艏(左)和歪艉(右)显示图
(据 G. R. G. 伏斯特)

图 191 歪艉船模型(伦敦科学博物馆梅兹收藏品)

一个新的尾梢(扫)桨支点使其较之把其架置在尾部横材中央的常规方法能
更牢固和紧密地与全船结构相连接。这种想法与更早期的轴向艉柱舵的发
明似无矛盾。但这项发明当时未必已经传到这些西部省份。

　　还有一种引人注目的船是航行于大运河中的连环舟——两节头,这是一 96
种非常狭长的浅水驳船,它由两个可以拆装的独立部分所组成。首、尾部分
的连接和分离可利用挂钩和手推杆相助。其上装有一可倾倒的桅杆和舷侧
披水板。两节头的想法无疑是当运河淤塞时发明的,因为两个半节可以分别
通过浅水航道,而大船要等到水位升高后才能通航。这两个半节可以并排地
系泊。虽然这项发明不算太早,但它也许是使用这种连环原理的第一个例
子,该原理到了铁路时代就变得非常重要。无论如何,为战争目的所采用的
这类船已用图示于 1628 年茅元仪所著的《武备志》中,似乎 16 世纪末叶为它
的起源时间。图 192 示以这种形式的船,它取自上述同一作者所撰之手抄本
《武备志续志》(武备技术的最佳设计)。图中可见前面充满火雷和其他爆炸
物,而后部则装载水兵和船工,据推测其想法是趁黑夜沿小河驶至某处城墙

97

图 192　用于军事目的的 16 世纪末的连环舟［据《武备志续志》（武备技术的最佳设计）］

边或桥下，并点燃定时爆炸的导火线，于是脱钩，悄悄撤走。

第六节　亲缘与混种

应该指出，否认中国与古埃及船之间有任何联系为时过早。最典型和具有特色风格的埃及船是一种常见船型，它有特别长的首、尾，且从水线面之两端起向上逐渐倾斜弯曲形成斜尖。其在水线面处的实际长度不足船舶总长之半。但这并非古埃及唯一的船型。特别在第六王朝时期（大约在公元前2450年）流行一种与上述完全不同的船型，其与今天在中国使用的某些内河帆船相酷似。埃及考古学家熟知该地区船舶共有两种类型，即涅伽达（Naqadian）型和豪瑞（Horian）型，前者可追溯到前王朝时期上埃及的涅伽达（Naqad）陶器上的图案；而后者则与一个来自更远的东方并信奉荷鲁斯神（God Horus）的入侵民族有关（图193）。只要把具有高耸的尾部及其后之尾部平台、短矮的首端、桅树于舯前部的荷鲁斯船型与现存中国船相比较，可见它们极为相似。

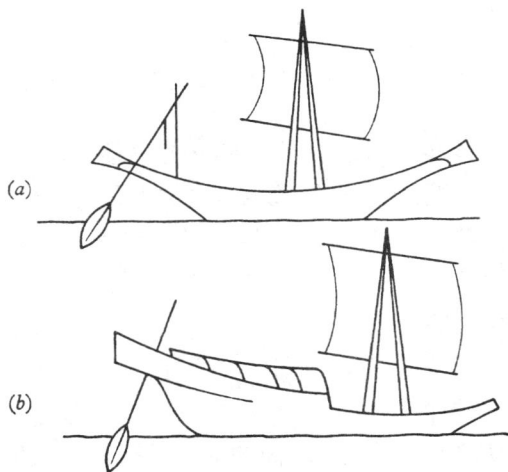

图 193　古埃及船的两种基本型式［(a) 涅伽达型；(b) 荷鲁斯型］

这两类船型有时可以在同一雕刻作品中看到，幸运的是这两种船型的墓葬模型已经挖掘出来，而且从船舶考古学的观点已对其进行了研究。一项重要发现是某些豪瑞船有方形的两端，极似所有真正的中国船。由于许多模型是实心的，即便有些空心模型，也仅有一些拱起的平肋材横贯船体，故并不能确定是否已用了舱壁板。可是其尾部平台是与首、尾封板一样具有中国特色。一位埃及问题考古学家认为，豪瑞人系从美索不达米亚迁徙而来；中国造船学的某些因素连同一些别的原始科学素材（例如我们所熟知的天文学领域），可能也是从美索不达米亚的巴比伦传入文明初期的中国的，他认为公元前2000年后豪瑞船已绝迹，或者说打那以后，在雕刻文物及墓葬船模中已看不到这类船了。

　　关于中国南方帆船上使用的双叉桨（见图194）前已述及，它确实颇具古埃及船的特色，这不能不说是上古时期由西向东传播的结果。如真是这样，

98

图 194　晨曦中在漓江上从桂林向下游航行之内河中国帆船［该地区帆船上所使用的双叉桅是古埃及帆船双叉桅的复活。格拉夫（Groff）和拉奥（Lau）拍摄的照片］

则何以这种特色却并未再向中国文化区的北方传播并流传下来，不由得使人难以理解。很显然，由工程学的观点视之，这类桅很有优点，因而到了金属管材时代，这类桅结构被再度使用。而且，双叉桅亦为现代赛艇设计者推荐使用，其可使风帆前缘的气流免受干扰。在使用木材的年代，假如不可能找到相当粗大的桅材时也可用两根小圆木来代替，这一简易发明的较大的实用价值本身也许可表明其可能是在东方和西方两处独立发明的，尽管这项发明是那么简单。还有一点是神奇较之实用的做法将更容易传播，船首所绘之"龙目"肯定是从古埃及或美索不达米亚向四面八方传播开来的。何时传入中国则不得而知，但其仅限于中国的南方和中部地区，可见其传入时间较晚，也许不会早于汉代。

　　现仅提出几个一般性问题。在中国文化区关于无龙骨及艏、艉柱的造船基本原理有否例外？回答是有一个例外，且十分有趣，这就是龙舟，它具有真正的龙骨（或内龙骨）结构，并用于端午节纪念诗人屈原（卒于公元前288年）的竞赛活动（图195）。这类龙舟由一根与舟长相同杉木杆制成，可达35米长，极似英国八桨船，但更为狭长，它可以有36名或更多的桨手。虽然舱壁是嵌装在内龙骨之上，但我们还是可以明显地感受到另一种外来文化的远古要素，最后融入中国文明。这里所指的外来文化是指东南亚的马来亚——印度尼西亚文化。而更为意味深长的一点是，为了防止如此长的船之首尾下垂（即产生中拱），从（内）龙骨首、尾端凸肩之间拉一根长的竹扦扎缚，这与古埃及船的一般做法完全相同，这或许是在早期传入东方的。其形式如此古老，不足为奇。龙舟可能真是由独木舟演变而来，而后者在船舶世界中单独残存下来，其祖先是筏。

　　另一种可能的例外，是云南西南部的洱海船。这类船似乎只有肋骨而无

99

图 195　香港的龙舟比赛

舱壁,但有否龙骨尚待作进一步查证。这一地区与外界极为隔绝,受印度影响也许较大。

　　长方形船体结构从中国向其他大陆传播的范围究竟有多广?虽资料贫 101 乏,但可以肯定 17 世纪前的日本船船体大体都仿效中国船匠的建造方法。不过,尔后的日本船则都仿效西方的模式,特别是俄罗斯纵帆船。

　　还有一个更为有趣但又更为原始的问题是目今在西方国家还在使用的方头平底船(Punt)的起源问题,这一熟知的长方形艇船与中国舢板极为相似,但奇怪的是竟然无人研究过它的起源。"Punt"这一词相当于拉丁文中之"桥"字,在罗马时代有平底船称"Pontones"者,但其明显指的是商船,而最古老的方头平底船图似乎是在收藏于维也纳的马克西米利安一世皇帝

(Emperor Maximilian I,1458—1519 年)的手抄本上。然而大约在 630 年塞尔维亚的学者伊斯多(Isidore)把平底方头船"Ponto"描写成一种具有倾斜的舷侧、平底及长方形截面的简便划桨船,而始于公元 533 年的《法学汇编》(由罗马法官写的有关罗马法律的摘抄)中却认为它是一种摆渡船。

因而,方头平底船(Punt)的亲缘与传播是相当模糊的。然而,方头平底船广泛使用于克什米尔(Kashmir)和印度河流域上游。如果中国式造船结构在大夏(巴克特里亚王国)时代(公元前 600 年—公元 600 年),通过作为东西方陆上贸易通道的结合部的巴克特里亚王国所在地(目今之阿富汗和乌兹别克的一部分)向西传播的话,那么,我们所说的方头平底船很可能已经在罗马时代的欧洲出现。另外,如果罗马船不是我们所说的方头平底船,则圣·伊西多(St. Isidore)所说的这类方头平底船很可能是与拜占庭的交往中传入的。或许是蒙古军中的随军中国技师在 13 世纪的东欧建造了供作战用的长方形截面的无龙骨船,方头平底船可能也像石弩一样,已多次传入欧洲。最后一点是这种欧洲的方头平底船也许一直是刚刚谈到过的古埃及带方形首尾的船之后裔。

在东南亚地区得到发展的各种混合船型是否是中国船型而又掺杂有印度和当地船型的影响呢? 这类混合船型的研究已进行得比较充分。其首要的特点是采用龙骨,其次舱壁被废弃,而代之以肋骨,如新加坡的拖舸(twaqo),又如马来亚的通坤(Tongkung),那里的船均为中国人设计、建造和营运,但其结构与装备却完全是欧洲式的。然而,中国帆却因其较高的效率而成为最后消失的一种船具。在澳门和香港,自 16 世纪以来中国船帆与欧洲型的细长船体一直并存于著名的葡萄牙的三桅帆船——鸭屁股(Lorcha)上。

第七节　船舶发展史

文字学和考古学上的中国船

假如我们并不过分强调书写者只有随意的习俗,那么由商周时舟字的形式说明,中国船的典型结构在远古时期就已经形成并得到发展。尽管两头特别尖的船型并不难画,但这些字却似乎还是对大体长方形截面的形状提供了一个绝妙的图解。最早的舟字(𠂤)见于甲骨文。它表示出有横材和舱壁结构,而无尖型的艏艉,或者至少可以说,它是一种带有横向构件而略呈中凹的长方形筏。表示船的(船)字的另一边的原意不得而知,不过口(嘴)或许代表船工,两划可能代表江岸。

从远古到汉

似乎没有理由怀疑吴国曾派大将徐承率舟师于公元前486年北伐齐国的历史事实,他的舟师可能是由一些大型的荡桨独木舟组成,其中有些可能大到有足以容纳弓箭手的甲板船楼,这样就自然只能沿海岸航行了。公元前472年另一个南方国家越国的君主也曾建造了一支帆筏大船队。在战国时期的船不全部都是战船,可以肯定至少沿西伯利亚、朝鲜和印度支那(即越南、老挝和柬埔寨)海岸还有一些进行贸易探险的远航商船。也有一些船在太平洋水域进行海洋探险,当然还会有内河运输船只。

汉代资料虽多,然而在这里仅提及几则。公元前219年,秦始皇帝派遣了一支庞大的远征军去征服南方的越国,其主力部队是带甲板船楼的楼船军。一个世纪后的公元前112年,当这个省有变成独立王国的迹象时,汉武帝不得不再度派出一支远征军,而且这一次又是动用了一支具有甲板(或有一层甲板以上)船楼的南方楼船军。其指挥者是有名的水军将领,这或许可说明当时的水军技术已日趋重要。其中一个下濑将军的官阶使我们可以略窥当时已使用一类重要的有特殊航行能力的船种。翌年,另一支军队进军东越。公元前108年,杨仆又率领一支水军赴朝鲜作战。可见在汉武帝时期水军活动的规模相当大。

后汉初期的公元33年,在湖北一个完备的浮桥和水栅(防御工事)为包括有许多楼船的数千艘的汉代水师(楼船军)所摧毁。10年后又发动了一次包括2 000艘楼船的对东京(交趾)的大规模远征。其后有不少有关在中国人与占婆(占城,即近代之安南)人之间进行海战的记载。称呼大型战舰为楼船的这一名称一直沿用了不少世纪。到了8世纪,唐代最完善的资料中说,楼船有3层甲板,有舷墙、火炮、旗帜和弹弩,但它在恶劣的天气下操纵很不灵便。有根据说有些船还曾使用撞角冲撞战术,如同希腊的三层桨战船(trireme)一样。

从汉代初期开始,与广东、印度支那及马来亚的海上交通开始显示出它的重要性。公元2年,这些地方给王莽进贡了一头活犀牛,它肯定是用船通过某一水道运来的。这类朝贡同样也在公元84年和公元94年重复发生,并且时断时续地一直到唐代。在《汉书》中有一段有趣的文字记载了汉代与南海的贸易:

103

653

见有译长,属黄门,与应募者,俱入海。市明珠、璧流离、奇石、异物,赍黄金杂缯。而往所至国,皆禀食为耦,蛮夷贾船,转送致之,亦利交易剽杀人。又苦逢风波溺死,不者数年来还。

此事大概比写这部史书的班固(约公元 90 年)要早 2 个世纪,说的是公元前 1 世纪汉武帝时代的事。书中提到航运到最远处需一年时间,记载几无传奇色彩,看来中国使者当时已深入到印度洋的西端,考古学成果也已明显地证实了这一点。

实际上,这类海上贸易的基础完全可能是由战国时期的越国人奠定的。《庄子》中有一段常易被误解的文字可来用作证。道家隐士徐无鬼在会见了魏武侯之后,与武侯的一个大臣议论他所受到的优厚接待:

曰:子不闻夫越之流人乎? 去国数日,见其所知而喜;去国旬月,见所尝见于国中者喜;及期年也,见似人者而喜矣;不亦去人滋久,思人滋深乎?

这位武侯长期远离他信奉的道家本土(指越国),无怪乎他对来自他家乡的使者给予热忱的欢迎。但是我们所感兴趣的是那些越国商人穿梭航行于东印度群岛时所乘坐的帆船。

也许还不只是航行到东印度群岛,当时汉朝的贸易使者也很有可能远航至埃塞俄比亚,至少到达过班固在他的史书中谈到过的(翻译成中文名的)那些地方。

战国和西汉初年的舟船图示甚为稀少。125 年和 150 年的墓龛石刻上有一些仅载有 2—3 人的舢板船图纹,但较难确定它们的类型,它们可以是独木舟,或许是用芦苇捆绑起来的(筏子)小艇。而更引人注目的是战国和西汉初年青铜器上的战船纹饰。上面清晰可见在桨手上方有一层满载持长戈、短剑、斧的士兵和弓箭手的上甲板,这就是已经谈起过的楼船的最早图像。

这些船图的旁证也可在印度支那地区发掘出的同一时期的铜鼓上所雕的纹饰上看到。由这些铜鼓船纹上可看到载人的上层建筑式样,这也是早先记录中提及的那类战船式样,而这支战船队的指挥者是中国伏波将军。

1950 年底在一座汉墓中发掘出一具 1 米多长的比较华丽的河船模型,大约是公元前 49 年的遗物。它用木料精制而成,有 16 支桨和 1 支为其船长两倍长的尾扫(图 196)。其船型为地道的中国式,平底,长方形的首、尾端,船首部分处于水面以上的部分很长。不幸的是没有桅和帆。由刊印出的照片上看,对该船模部分可供选择的组合方法可以有明显的差异。其一是可把两层甲板室上下叠建,其二也可把 2 个甲板室一前一后布置。前者将有一大的尾部平台,它是中国航海帆船上搭建在操舵室顶部的精巧结构的前身。后者所想象的结构不太合理,略去了尾部平台,没有操舵人员的活动空间。大体上已经看不出这艘船模与现存任何一艘中国古船有多少相似之处。但是其艏、艉突出水面上很长的某些古代风格(实则是埃及风格)似乎与荷鲁斯型舟船十分相似。

105

图 196　在长沙公元前 1 世纪西汉墓葬中出土的一具西汉木制河船模型[长 1.29 米(4 尺 3 寸),至于如何拼接这些组合部件尚无完全把握。图上的这种拼接法与北京中国历史博物馆所采用的方法(1964 年)大致相同,但从航海角度看不甚正确,因为并未留出舵工或桨手的活动空间(船中的黑色体乃 3 个甲板室中最小的一个)。而由学者夏鼐建议的拼合法更为可取。图中包围后甲板室的 U 型构件应该在船尾部突出成一个尾部平台,在其上的一个中心凹口应是转动尾扫或舵桨的位置,虽然一般认为它们也可搁置在尾端尾封板横梁上进行操作。两间较大的甲板室或许应该重置,而最小的一间应该自前方向后部移动。图中之舷墙装颠倒了,出桨孔口应在舷墙下端而不应在上端。因为靠近出桨口端应是平的,而其另一端可略呈凸形。李约瑟到此考察时该墓葬模型的其他一些部分尚未拼合好。此模型无明显的舱壁板]

十分幸运的是 1954 年在广州出土了公元 1 世纪时精制的河船模型多艘。它们是航行于海上和港湾中的船只。其中某些是红陶制品,制作虽粗糙,但仍能显示出平底船体、方形首尾端的这一典型特色。而在东汉墓中还出土了一艘更多细部的灰陶船模(图 197)。其船体为标准的中国式样,其在艏部有一个装饰性的结构,它也许是目前在印度支那船上所常见的艏轭(横架艏部之横木)的先祖。其后可见有天篷,无疑是用竹席编就,用以遮盖前部的井甲板(主甲板的空间),这在中世纪的中国船图中经常可见,直到今天还在使用。

106

图 197　东汉时期(1 世纪)的灰陶墓葬船模型〔系由广州市古墓中出土。长不足 56 厘米(1 英尺 10 英寸),从右舷看去可见吊在一外伸尾楼或假尾下的悬吊舵、操舵室、几间用顶棚或席棚遮盖的甲板室、一条长的撑篙走道、若干系缆桩或摇橹架以及吊着一只锚的外伸式船首。桅杆有可能装在甲板室之前(据广东博物馆的照片)〕

两舷有 3 个系缆桩或桨叉架,其间有两个人像站立在船中间,船长之 2/3 用圆筒状拱形顶盖(大概用席编就)遮盖。其上再置有 3 个甲板室,很显然艉部的一个是操舵室。覆盖部分的两侧各竖有 3 根高的用途不明的尖头木料,并在甲板横梁的舷外伸出部分架设引人注目的舷外撑篙走道。在右舷走道上站有 1 名水手。桅在何处仍是一个谜,不过在撑篙走道的端头处的甲板遮篷前之凹口间隙是最有可能安设桅杆的位置。遗憾的是寻找桅和帆装的全部证据已经遗失,但由前几年见到的如图 198 中所示,在逆水行舟传统的广东船上可以找到它们的相似之处。

　　在 3 世纪的三国时期,水军史料十分丰富。遗憾的是编年史家对于船舶本身却未作详尽的描述。楼船无疑是一种比较大的船,我们还开始听到某些快速战船的名称。舷墙上蒙上了一层湿的兽皮以破火攻,有时候这些武器还
107　非常有效,如在有名的公元 207 年的赤壁之战中,火攻使曹操的水师全军覆没。这时的海船一定也与内河船一样有所发展,因为公元 233 年,一支吴国的水师在黄海的一次风暴中全军覆没。许多记载可见弓弩队(到中世纪的欧洲才知有弓弩队)从船上向敌船投射火器往往比登船肉搏或冲撞敌船更有效。

　　在这一时期始称海船或中国帆船为舶。时中国外交官如康泰出访东南亚,商人黎家翔乘舶往来于印度经商。对中国人来说建造具有艏艉柱的尖头船只是为了进行纪念活动,而康泰却带来了在柬埔寨广泛使用这类船的知识。这种类似于中国龙船的船舶在东南亚曾连续使用过好多个世纪,因而在 13 世纪末叶的航海家和作家周达观当时尚能描述柬埔寨的造船方法:

108　　　　巨舟以硬树破版(板)为之,匠者无锯,但以斧凿之开成版,既费木,且费工,甚拙也。凡要木成段,亦只以凿凿断;起屋亦然。然船亦用铁

图 198 由李约瑟在过往的舢板上拍摄到的使用舷侧撑篙走道的航行于曲江地区的北江中的一艘广东船(这是该船在无风、无逆流而上时船工们极度紧张的航行场面)

钉,上以茭叶盖覆,却以槟榔木破片压之。此船名为新拏(拿)。用櫂。所粘之油,鱼油也,所和之灰,石灰也。小舟却以一巨木凿成槽,以火熏软,用木撑开;腹大,两头尖,无篷,可载数人,止以櫂划之,名为皮阑。

周达观对这类独木舟和肋材的描述说明当时中国人对它还不熟悉,3世纪还有一本著作十分重要,因为它泄露了纵帆的最早期发展的时间,容后再述(本卷第218页)。

隋唐时期(6—10世纪)资料颇难搜集。似乎在这一时期的后期中国船进入全盛时期。大约在587年,隋代工程师和高级将领杨素建造了5层甲板船,其高超过30米。似乎很少有人注意到由宋代人王谠对有关唐代某些文献编纂的《唐语林》(唐代杂记)的某些相当重要的字条,其中描述了中国船在8世纪的情形:

> 扬子、钱塘两江,则乘两潮发棹。舟船之盛,尽于江西。

> 编蒲为帆,大者八十余幅,自白沙溯流(逆流)而上,常待东北风,谓之"信风"。七月、八月有上信,三月有鸟信,五月麦信。暴风之候,有抛车云(指犹如抛石机那样的云层)。

江湖语云:"水不载万",言大船不过八、九千石(约 560—635 吨)。

大历、贞元间(公元 766—779 年及公元 785—804 年),有俞大娘航船最大,居者养生送死婚嫁,悉在其间,开巷为圃,操驾之工数百,南至江西,北至淮南,岁一往来,其利甚大,此则不啻载万也。

洪鄂水居颇多,与一屋殆相半。凡大船必为富商所有,奏乐声,役奴婢,以居舵楼之下。

海舶,外国船也,每岁至广州,安邑、狮子国船最大,梯而上下数丈,皆积百货。至则本道辐辏,都邑为之喧阗。有番长为主人,市舶使籍其名物,纳船脚,禁珍异,商有以欺诈入牢狱者。船发海路,必养白鸽为信,船没则鸽归。

该段文字证实了撑条式席帆的使用以及在江西和安徽间有非常大的内河帆船往返行驶;还有力地证明船上已使用轴转舵。同时还似乎暗示这些船并非完全令人满意,因为在作者的时代已被较小的船取而代之。大约在这一时期,阿拉伯、波斯和僧伽罗商人北行最远抵达扬州。而山东的港口和淮河的旧河口则是日本和高丽人出没之处。按王谠的记载,我们不应认定所有的沿海和远洋船舶都是外国船,因为自 8 世纪初开始,大量的粮食和其他商品就已从南方运到受契丹和高丽威胁的北方省份——河北。这一时期也是中国、日本和高丽间海上交往的鼎盛时期。

在甘肃省敦煌石窟的中国壁画上保存着一些小型帆船的秀丽图绘。这些船出现在各种场合。例如有一佛教徒乘坐之船,它的方形艉艉端有初唐时典型中国船的特色(图 231),而且其最上层的纵向构件亦如中国船那样向尾部延伸。但除了(以上所述以及)那个似可作为甲板室的蜂房型茅草棚屋外其他就再无中国特色了。那面受风鼓胀的横帆最无中国特色,而是适用于恒河中航行的船只。或许这个僧侣画家很可能从印度出发作过陆路旅行而从未见过大海或中国的大江大河,故他所刻画的中国船却成了孟加拉船。敦煌壁画上所有的船型都属此类。这就使我们想起了在西印度的阿旃陀石窟之一上的一艘陌生的混种船的壁画,其似乎包含了罗马、埃及、特别是中国船的设计要素。但是最能显示航海特点的佛僧船可见于一座具有梁代(6 世纪)风格的浮雕上。假如认为这些船都是真正的中国船,但似乎又与其他史证相抵触,我们在以后可以确知中国古帆船常以具有撑条式席帆而著称。当然,也可能软横帆与撑条式席帆(在中国)同时并存了若干世纪,就连未曾受到外界影响的中国船上也并非都对软横帆一无所知。在宋代的绘画中亦偶见有此类帆装,不过随着岁月的流逝,它们逐步为典型的平面斜桁四角帆所取代。

爪哇婆罗浮屠(Borobodur)的大纪念塔的墙上出现了各种船的浮雕,其中有一艘船与众不同,它非常清晰地显示其上配备有中国式的撑条席帆。这些浮雕最有可能的制作日期是公元 800 年,这可能是对中国海船最早的描绘。把这些船型集中在一起研究,看来在 8 世纪,中国与东南亚船舶建造方法之间确实存在着某些相互影响。

从唐至元

对 8—12 世纪的航海技术进行专题研究确实会引发人们的浓厚兴趣,但这里仅能给出少许的评述。

在公元 770 年前后,运河和内河船的建造颇为兴盛。这与一位官员刘晏有关,他创办了 10 个船场,并付给工匠高额的报酬。在 934 年,在战争中使用了多层甲板战船。宋代的第一个皇帝赵匡胤十分重视造船业,并经常视察造船场。1048 年,辽国也认识到海上(或正确的说是内河)力量的重要性,曾发令建造了 130 艘战船,其甲板下载马,甲板上为士兵。这些战船在沿黄河的水战中有效地充当了登陆艇的作用。1124 年,为出使高丽,建造了两艘非常大的船,当它们进港时受到高丽举国欢腾的欢迎。1170 年,1 位旅行者在长江上目睹了一场由 700 艘舰船参加的水师操练,这些船长 30 米左右,有船楼和指挥台,旌旗招展,战鼓雷鸣,即使在逆流中亦行驶如飞。

12 世纪有一批极为重要的绘画和文字资料。我们先由远离中国的柬埔寨吴哥古迹巴云寺的精彩浮雕(图 199)谈起,这幅船形浮雕的年代在 1185 年左右,与石碑上刻画的其他船图全然不同,后者是些已经为康泰所描述的那一类独木舟式短桨船。这幅浮雕船形则与广东或东京(越南)的中国帆船颇为一致。一种平接式船壳板结构十分明显,且有华南帆船那样的架有退化了的绞盘横杆的船首。高悬的尾部平台确实具有中国风格,有 2 根桅杆,上挂中国型席帆,甚至还画出了操帆的复式缭绳。船首及艉楼上都竖有旗杆,挂有典型的中国式样的旗帜。

已有人把巴云寺船型浮雕与一种迄今还在行驶的由暹罗华裔建造和使用的船只作了详尽的比较。发现它们的大部分特点极为相似。就连甲板室也设在相同位置,然而该船船体为现今的一种混合型。舱壁竟然与龙骨及不折不扣的艏艉柱同时并存,如仅就这一点而言,巴云寺浮雕船已是一种混合型了。但是今天中—暹型中国帆船上所用的帆较之浮雕船上见到的要大得多,而且帆的缘角已经收圆。总之,由多方面因素考虑,巴云寺浮雕船应是一

111

112

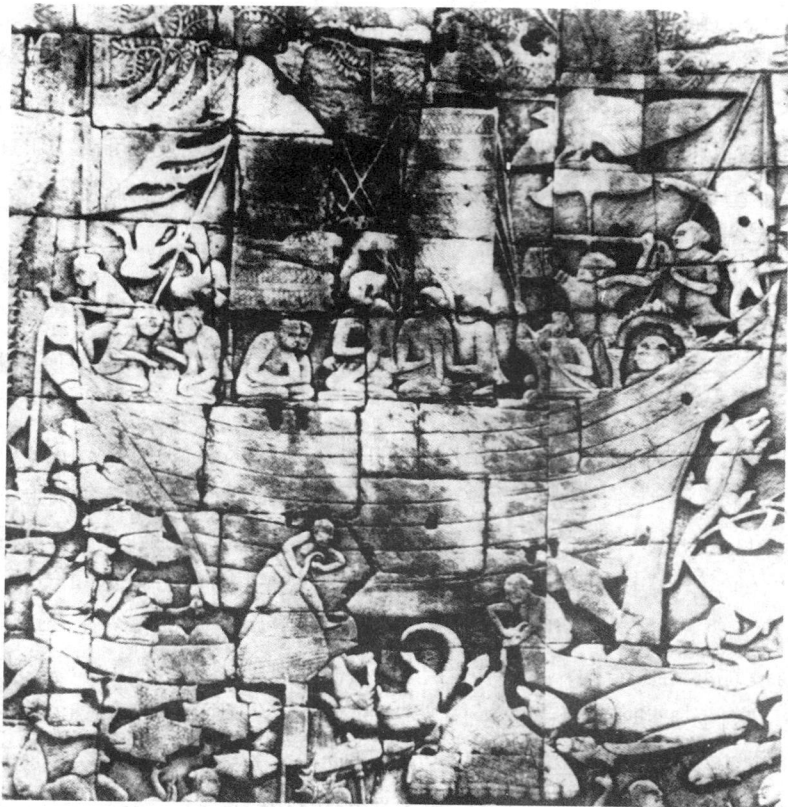

图 199　1185 年制造的柬埔寨吴哥古迹巴云寺浮雕中的中国商船（其上可见到撑条席帆、复式缭绳、置于船底面以下的轴向吊舵，带有绞车的锚，以及富有特色的王旗。在石碑上所刻其他船图，尽管其尺寸较大，但它们不过是属于荡桨独木舟一类）

艘地道的中国船，在那么早的年代当不会是混合船。

在巴云寺浮雕帆船出现前的 60 年，其父曾为广州市舶使的朱彧，我们在涉及有关磁罗盘的历史时提到过他，在他的著作中也谈到了大约在 1086 年左右的事：

> 广州市舶亭枕水，有海山楼，正对五洲，其下谓之"小海"，中流方丈余，舶船取其水贮，以过海不坏；逾此丈许取者，并汲井水，皆不可贮（在船上），久则生虫。不知此何理也（大概水手们选用河口低洼处的水源，水略有盐味，仍可饮用，但其盐度已足可防止藻类和生物生长）。
>
> 舶船去以十一月、十二月，就北风（东北信风）；来以五月、六月，就南风（西南信风）。

船方正若一木斛。

非风不能动。其墙植定，而帆侧挂，以一头就墙柱，如门扇、帆席。

（这类船）谓之"加突"，方言也。

海中不唯使顺风，开岸、就岸风皆可使，惟风逆则倒退尔，谓之使三 　113
面风。逆风尚可用碇石，不行。

甲令，海船大者数百人，小者百余人……

船舶深阔各数十丈（几十寻）。

货多陶器，大小相套，无少隙地。

海中不畏风涛，唯惧靠阁（搁浅），谓之凑，浅则不复可脱。船忽发
漏，既不可入治，令鬼奴持刀絮，自外补之。鬼奴善游，入水不瞑。

这一段文字是巴云寺浮雕中的中国帆船式样的一个书面补
充，很引人注目。它证实了在 11 世纪末和 12 世纪初，中国帆船
已使用舱壁结构和斜桁四角纵帆（大约在 1500 年才在西欧出现），并利用硬席
帆可实现逆风航行。所有这方面的证据也记载于这一时期的其他书籍中。

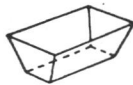

关于中国的内河船也有一份相当重要的资料，几乎与朱彧的记载属同一
时期。这就是在 1126 年稍前一点时间由张择端所绘的描述首都开封河道（行
船）的《清明上河图》，后来开封就落入金人之手。在图 200 的复制本上可见有
一艘船正在放倒其双叉人字桅，准备穿过一座桥；而其他船有的在岸边装卸
货物，有的拉纤逆水而上。这些中国帆船广义上讲可分成两种不同类型，其
一类是窄船尾的货船，还有一类是宽船尾的客船及小艇。但这两者都装有大
而突出的悬吊舵。这些舵全都是平衡舵，这是一项重大而先进的技术，后面
还将讨论。有两三艘船使用长大的尾扫（梢）或首扫（招），其中有的需要多至
8 人操纵。该画的历史已为许多学者所研究。最有名的是一位元朝皇帝在该
画的摹本上写过一首诗。其最早的传本藏于故宫博物院，画卷所用绸带显属
宋代，其上所留下的某人题词的时间是 1186 年，恰好是作品问世后的 60 年。

我们所研究的这部分的困难之一是缺乏对这一题目有系统描述的中文
资料，必须回溯以往古人们说的话，在不同时期，有不少人对中国航海技术都 　114
曾作过一般描述。我们已经听到不少中国评论者对这个问题的看法，现在必
须再聆听一下两位其他古代航海者马可·波罗和穆斯林旅行家伊本·拔图
塔对于这一部分的评价。

马可·波罗 1275—1292 年在中国，1295 年返回意大利。他在离开中国 　115
的旅途中，看到了波斯湾的缝合船，并称之为"最劣等的船"。利用由棕榈或

图 200 在 1125 年前后由张择端所绘《清明上河图》中的一艘载客河船
〔这段时间也相应于辽国时期。图绘取景于近开封的一河道,或者是汴
河。由船上人像大小判断,船首至船尾的长度约为 20 米。5 人在逆水拉
纤(在图之左侧画面之外),人字桅用很多前后支索牵住。一叶大的平衡
吊舵特别引人注目。在船首之左侧使用撑篙走道,在右侧上甲板上船长
及其助手们突然中止午餐,向另一艘大船(在图左侧画面之外)的船工们
大声呼喊口令和警告,那艘大船看来似乎要与另一艘放低桅杆想要通过
大桥的帆船相撞〕

椰子的纤絮搓成的绳子缝合船板,用鱼油和麻絮代替沥青捻缝。这类船仅有
一根桅杆、一层甲板、一具舵。对比之下,马可·波罗对各类中国船均无比钦
佩。他对扬州和苏州城富庶的记载往往是以奇异而庞大的船舶往来如梭来
形容。谈到长江时他说:"在这条大江上来往运输的贵重物品,比之整个西方
所有江河甚至所有海洋上运输的总和还要多,价值更大。"他估计在这条大江
的下游航行的船只有 15 000 余艘,而且还没有把那些用优质木材制成的大量
木筏包括在内。因此,他感受最深的主要是这些中国内河帆船巨大的装载能
力以及古往今来一直使用的竹子缆绳。

他在描述泉州时对航海帆船的记载很有价值,略引数段如下:

我们先谈载运客商经由印度洋水域来往于印度的巨舶……

这些船舶(大都用冷杉木或松木建造)只有一层舱面,我们称之为
"甲板",甲板上一般有 60 间小舱室,大船多些,小船少些。每个舱室住一

个客商,甚为舒适。

船上配有一可靠的操纵装置,俗称舵。

船上有 4 桅、4 帆,往往还另加 2 桅、2 帆。可按天气情况随意竖起或放倒。

有些船,确切地说是那些较大的船,设有 13 个货舱,它们是一些用结实木板隔成的空间。一旦发生意外漏水事故,亦即船触礁或受到觅食鲸鱼撞击而漏水,漏进的水就会流进从不存放物品的舭部底舱中。尔后水手们就会找到漏水之处,把漏水舱里的货物转移到其他舱里,因为这些舱封闭严密,水不能从一个舱漏进另一个舱;于是水手们就在漏水处堵漏,然后把转移出去的货物再搬回原舱。

116

钉合的船体列板实际上有两层,排列整齐后,下层的一块壳板与上层的两块壳板相钉合。

因此,船体内外列板相互贴装在一起,用海员的话来说,内外都捻缝,内外列板都用铁钉钉牢。船体不涂沥青,因为在他们的地区没有这种东西。但我要告诉你,他们用一种似乎比沥青还要好的东西来涂抹船体。他们用石灰和麻絮,加上一种树脂油,捣碎混合在一起。这三件东西捣合好之后,就变得像粘鸟胶一样黏稠。用这种东西涂抹船体,其效果与沥青一样。

另外,我还要告诉你,这些船按大小不同,需要配备水手 300、200 或150 名不等。

这些船的载重量比我们的也大得多。

早先的船比现在的船要大些,因为狂暴的海浪冲毁了几处岛屿,许多地方的水深已不足以走大船,所以现在只好建造小些的船,但这些船依然很大,可载胡椒 5 000 筐,有的可载 6 000 筐。

此外,我还要告诉你,这种船常用扫(即大型桨)划行,每扫需用 4 名水手操作。

马可·波罗证实,13 世纪中国帆船有船舱(当然,这对远航商船而言是最为关注的)、舵(在欧洲当时已经使用了 80 年)、多桅(在欧洲当时尚未使用)及舱壁结构的船体。他特别介绍了继续叠加层层新列板并捻缝的修船方法。这种叠加(重置)木料的方法后来为 18 世纪和 19 世纪初的欧洲战舰所采用。至于 4 人划的桨,虽然记载并未确认,但想必一定是橹。在记载中未引证马可·波罗自己在扬帆航行时的情况,然而,由于某些原因,小船逆风行驶时要

117 比大船优越,所以在这种情况下,就可用较小的船来拖带大船。

当17年后离开中国时,马可·波罗依依惜别,尽管当时他是作为护送公主的帝国特使。"大汗命令出动了全副武装的14艘大船,每艘船上都有4根桅杆……每艘船都配备600人和两年口粮"。几乎可以肯定,这支舰队较之当时爱德华1世的英国和圣·路易斯(St. Louis)的法国等欧洲任何一个国家可以随时出动的舰队,都要威武得多。

当马可·波罗的话言犹在耳,再让我们听听比马可·波罗仅晚半个世纪来到中国的伊本·拔图塔的话。他的开首语是重要的:

在中国沿海,人们只乘坐中国船,因此我们就来谈一谈在中国船上看到的情形。

船有三类:大者称作艟克(Joneng),或单称艟(Jong)(肯定指"船"),中者为艚(Zaw)(可能是"艚"或"艘"),小者为舸舸姆(Kakam)。

一艘大船挂有帆12面,而小船仅有3面。这些船上的帆都是用竹篾编成席状的。(航行中)水手们从不落帆,只根据风向改变帆的方向。当船抛锚时,帆仍在风中挺立。

每艘大船役使1 000人,其中水手600人,兵员400人,其中包括手持盾牌的弓箭手和弓絮手以及火器投掷手。

每艘大船后面跟着3艘别的船,1艘是登岸小舟(nisfi),一艘是有舵小驳船(thouthi),1艘是摇橹艇(roubi)。

……

在接近水线处的船体部分加装一些木板,供船员漱洗和大小便使用。

在这些木板旁边有(橹)桨。桨大如桅杆,由10—15人站着操作。

这些船建有4层甲板,上面有供客商起居休息用的客舱和大厅。有些上等客舱(misriya)还有食橱、其他用具和便器。门能上锁,客有钥匙。

118 (客商们)常携带妻妾,还常遇到这种情况,有人住在客舱里,直到抵港,在船上竟无人察觉。

水手们也在这些客舱里生儿育女,而且(在船上某处)用木盆种植花草、蔬菜和生姜。

这些船的船长就是一个大酋长(Emir);登岸时,弓箭手和埃塞俄比亚人(以往所讲的黑奴)手持枪刀剑戟,擂鼓鸣号,列队行进在前面开道。当他到达居住的宾馆时,大门两旁竖起枪矛画戟,整个下榻期间都有武装护卫。

中国人有的拥有众多船只,他们派遣代理人搭船分赴各国。世界上没有人比中国人更富有的了。

伊本·拔图塔有乘坐这些船的亲身经历。在某个印度港口这个不幸的人与他的妻妾搭乘一艘中国帆船,但所有合适的舱位已为中国商人预订一空,故一部分人只得转移到另一艘随行的舸舸姆的小船上。在他准备上船前,这艘带有皇帝贡品的中国帆船刚开航就遇到风暴失事,船上乘员无一生还。而舸舸姆的船长也不知去向,他也未找到他的妻室及所有的贵重物品,在回家的路上他经受了一次暴风雨,他想象这次他似乎是遇见了也曾为马可·波罗说起过的神话中的大鹏鸟的保护。

然而,有关他乘坐中国船时的情况报道却证实了马可·波罗所叙述过的某些情况,同时也是对后者的一个绝好的补充。他证实了大型撑条式斜桁四角席帆,较之当时欧洲或阿拉伯的任一艘船上的帆的数量要多得多,这类帆几乎可以在任何方向使风。同时还谈到了巨桨,这显然是指能自动引流推水前进的"橹",这一点可由他对这一专题的进一步的记叙中得以明确:

> (通向中国的)海面,一望无垠,风平浪静。所以每艘中国帆船均有 3 艘小船伴行,这在前面已经谈到,这些小船荡桨并拖带帮助大船前进。另外,大船上有大约 20 把大如桅杆的巨桨,每把巨桨前约有 30 人面对面站成两排进行操作。巨桨的形状像一根大头棒,上面系着 2 根粗绳,1 排人先把 1 根绳索拉过来,然后再松开。此时另一排人拉第 2 根绳索。这些桨手操作时高唱动听的号子,常听到的是"啦,啦,啦,啦"。

与此同时,鲜为人知的由马可·波罗所提供的资料在欧洲已经传播开来。著名的 1375 年的加泰罗尼亚(Catalan)文版的世界地图和 1459 年的费拉·莫罗·卡莫尔突拉斯(Fra Mauro Camaldolese)的世界地图中的船图就是按他所提供的资料绘就的。加泰罗尼亚地图的东边部分可见海面上有 3 艘船,显然都是大型中国帆船,而费拉·莫罗地图的东边部分有很多船,它们都明显地比画在地图别处的欧洲船要大得多。

欧洲人发现建造真正的多桅大船可以担当有效的任务,这一发现至关重要。当然,在希腊时代(1—3 世纪)曾经有过 2 桅乃至 3 桅船,但这一切随着罗马帝国的覆灭而绝迹。关于这一发现的重要性常为造船史学者克罗威斯(G. S. Clowes)所再三强调:

> 具有优良逆风航行能力的 3 桅帆船的传入,使得 15 世纪末叶进行的伟大的航海发现成为可能,这里有哥伦布远航西印度群岛,瓦斯科·

119

达·伽马(Vasco da Gama)抵达印度,以及卡伯特(Cabot)抵达纽芬兰。有一种奇特的想法,认为这些伟大的发展可能正是由于对在印度洋从事贸易活动很有成效的中国多桅帆船的报道传播到欧洲的结果。

奇怪的是正当欧洲人对中国船的大尺度甚感震惊之时,中国人的印象却是(或曾经是)遥远的西方的船舶较之他们自己的船还要大。1178年,历史学家周去非写道:

> 大食国西有巨海。海之西,有国不可胜计。大食巨舰可至者,木兰皮国尔。盖自大食之陁(陀)盘地国发舟正西,涉海一百日而至之。一舟容数千人。舟中有酒食肆、机杼之属。言舟之大者,莫木兰若也。今人谓木兰舟,得非言其莫大者乎?

所有这些内容均为1225年的另一历史学家赵汝适收入其著作中。但其中似乎有些传奇色彩。例如书中还谈到了小麦的粒子有5厘米长,瓜的大小其方圆有2米,有的肥绵羊可随时割下它的肥肉等。似乎是古代世界处于东西两端的人都认为对方拥有最大的船舶,但客观上欧洲人在这一点上的看法是对的,中国人的看法似乎是错的。

木兰皮的故事可能已超出目睹的现实,通常认为这个地方是西班牙,因为这个名称起源于西班牙的阿·木兰皮(al-Murābitūn)王朝(1061—1147年)。但是同时代的植物学家李汉林却认为要用100天的时间穿过东、西地中海的航路似乎太长了,认为这次旅行是横渡大西洋的一次航程,上述这些陌生的动植物可以认为是一些美洲种。如跟着他认真地辨认所描写的物品,则大的谷粒一定是玉米,这些瓜类则为重达100千克的葫芦,而绵羊则为美洲驼或南美羊驼。李汉林联想起穆斯林地理学家阿·依特列赛(al-drisi)曾谈起过的阿拉伯人横渡大西洋的古老的故事,在10世纪,某些西班牙穆斯林海员由里斯本出发向西航行,但再未见到回来。可是确认李汉林故事的最大困难是在航海方面,因为人们都知道阿拉伯文化中的缝合船,这使我们无法相信当时他们已经能建造坚固的船舶足以克服海浪横渡大西洋而回。而且,要回航欧洲,他们必须了解大西洋中的风、浪情况,但这仅在5个世纪之后才为葡萄牙人所获知,因而我们不认为当时能做到这一点。

也许宋、元时期在中国旅行的外国人谁也没有足够的历史眼光认识到南宋时期发生的一件大事,那就是中国水军的创建。南方航运事业的发展是由于北方连年遭受战争、外族入侵和政治动乱乃至气候变化所导致的社会后果。大量人口被迫向遍布河湾港汊的沿海省份福建和广东迁徙。由于当地的农业殊难供养一时膨胀的人口,于是受到国家积极支持的商业城市开始繁荣,人们为了进行贸易和保卫国土而泛舟入海,促进了造船、航海以及其他相关事业的发展。因此,到了公元 12 世纪前半叶,在开封失陷后,宋朝迁都杭州,当国家重心移到中国的东南地区之后,一支常备水军的首次兴起就是顺理成章的事。正如政治家章谊于 1113 年所说:"巨浸湍流(指江河大海),盖今日之长城也,楼船战舰,盖长城之楼橹也。"

翌年,第一个水师衙门于定海创立,名曰:"沿海制置使司"。在一个世纪中,即从原有 3 000 人的 11 个水师分舰队发展到有 52 000 人的 20 个水师分舰队,其主要基地设在上海附近。正规的战斗部队在必要时可得到庞大的商船队的支援。在 1161 年的水战中有 340 艘这类的船参加了长江中的战斗。这是一个不断革新的年代之一。1129 年把由弓弩发射飞火箭的装备作为所有战船上的法定装置。1132—1183 年之间建造了为数众多的大大小小的脚踏车轮船,这些车轮船中有尾车轮船以及每边舷侧分别装有多达 11 轮的车轮船(是杰出工程师高宣的发明)。1203 年有些车轮船上还装备了铁板装甲(由另一著名船匠秦世辅设计)。这样,南宋的水军抵御了金人及后来的蒙古人近 2 个世纪之久,完全控制了东海。其后继者元朝水军也控制了南中国海,而明朝水军甚至控制了印度洋。

121

从元到清

蒙古人统治下的元朝,水军作战特别突出。在 1277 年,在与南宋的水战中双方都出动了庞大的水师舰队,两年后,在南宋最后一个临时首都广州的最后一次水战中为蒙古人俘虏的战舰就不少于 800 艘。然而,这一切仅仅是蒙古政府出乎意外地热衷于水军活动的开端。在与宋在南中国开战的同时,忽必烈大军热衷于称霸世界,这就促使他多次发动了对日本的声势浩大的海上远征。在 1274 年那一次组成了 900 艘战船的舰队,并运送了 25 万大军渡海。1281 年出动了一支有 4 400 艘战船组成的更大的舰队,但是日本人总是得助于台风及恶劣的天气,每次都成功地击退了入侵者,并使之蒙受莫大的损失。在 1283 年,这位皇帝准备发动(对日)第 3 次进攻的图谋,迫于众人的反对而作罢,但是他还是进行了数次草草收场毫无结果的对占城、爪哇和琉球群岛的远征。很可惜,从来没有人从航海技术的角度对元代大规模海战史料进行过探讨,不然,一定会有很多收获。

当宋王朝被征服后,在蒙古军中服役的水手被召来执行一项新的任务,即通过由武装护卫的运粮船把粮食由南方诸省运到北方的大都,即靠近现在的北京。在重修大运河能够适应新的大大增加的运输要求之前,新王朝的稳定完全取决于能否成功地另开一条水道。新的海路运输的巨大成功在使用蓝海或使用运河河道的支持者之间引发了一场互不相让的大论战,并持续了50年之久,竟较之这位大汗在位的时间要长得多。

海上运输的初次成功是在1282年。两名曾在蒙古军中服役并在沿海参加过对宋作战的有名的武装民船队首领朱清、张瑄组成了一支拥有146艘船只的海上运粮队。在山东的港口过冬之后,在现天津附近的卫河的河口处卸下了近3 280吨的粮食。没过多久,海运的粮食运输量就达到20 100吨,相当于内河的运输量。由于派别斗争激化,特别是1286年在一次台风中损失了1支庞大的海上运粮船队之后,朱清、张瑄被免职,从而使运河运输变得更加兴旺起来。即便如斯,终元之世,海运仍是最有效 的,1291年,原来的那两个海盗又当上了水军将领,恢复了他们对海运的指挥权。尽管他们在大汗死后也相继故去,可是他们的后继者穆斯林和必斯(Qobis)和穆罕默德(Muhammad)将其事业进行得更加卓有成效,1329年创年海运量251 000吨的最高纪录。但嗣后,海上运输逐步萎缩,其部分原因是利用运河运输,再是由于外国海盗的劫掠和袭扰,后来明朝再度把京都迁到南京也是一个原因。但是,后来即使1409年京都又再次迁回北京,但海路运输再也未能取得像元朝水军时代那样的优势了。

1958年在距济南约300千米的地方,当地老百姓插种莲秧时在黄河支流的很深的淤泥中发现了一艘公元14世纪的古船。这是一艘非常瘦长的典型中国船,它有13道舱壁、20米长、3米宽。人们可以在船上找到吊舵的位置及两根桅杆的残骸。该船似乎要求快速,由船内残留的头盔和其他装备看,可认为这是一艘在大运河和相连水域中航行的属水军建制的官府巡逻艇。虽然其并非当时较大的船之一,但这一文物很有价值,因为它与加泰罗尼亚世界地图为同一时期,并比伊本·拔图塔在中国的时间只晚几十年。

关于在15世纪初叶明代的和平海上远征之事我们在下一章里将予叙述,这里仅提及一些关于由郑和统领并对欧洲产生(比想象中要大得多的)影响的强大水军的造船情况的细节。大部分靠近南京的沿长江的船厂在1403—1423年间,进入造船活动的高峰期。它们第一次造船250艘,不少较以往建造的为大。由于管理权限的变化,有时它属于军卫有司,有时属工部,其他地区的船厂的造船活动也异常繁忙,在1405—1407年间,福建、浙江和广东地区的船厂所造各类尺度的船不下1 365艘。在1420年,大规模的造船活动促使成立了造船专门机构,其主任设计师和建造师是金碧峰。道士们被请来选择船舶下水的黄道吉日,船厂里设有管理木工和铁工等等的各种机构。凡通过考试(精)选出来的最好的工匠分别从建造和修缮宫殿和寺庙等工作中抽调到船厂中来。并向13个省份征收专门税。这类大尺度的中国帆船在"宝船厂"中建造,其中62艘最大者有135米长,其最大宽度几乎达55米。每艘船上载有水手450—500名。尾楼有三层上甲板,在主甲板之下还有几层甲板,在最大的船上竖桅不少于9根。

这些船的尺度是船舶考古学上的一个重要问题。一般倾向于把尺度缩小,某些人认为最大船宽数据可能包括船帆伸出舷外最远的部分,但这一结论很难成立。持这类观点的人还认为典型的中国船的上层甲板和尾楼可以由船底外伸达船长的30%。这样,对于以上给定的尺度,船底部长度约为95米,单根木材可达24米长。船的最大宽度确实很宽,虽然没有找到我们设定的吃水的资料。似乎有23种船之尺度,其范围是从最大的9桅一直到仅及前者船长1/10的小型单桅船。当船宽的数据给定后,其长宽比通常保持不变。

某学者由该船尺度判断其载重量为2 540吨,排水量为3 150吨。另一学者则取其低值——即载重量510吨和排水量800吨——但仍大于同时代的葡萄牙船。后一个数据的提出符合在郑和船队每一艘船上所载水手和船员的数目。但这一低的数据不能证实为当时(中国)船舶尺度之上限。或许某些宋船更大,1275年在《梦粱录》(对宋末杭州情况的描述)中谈到当时船的载重量达1 270吨。这是与同时代的马可·波罗的证明相一致,然而要确切地论证则甚为困难。

当1962年在南京的明代船厂之一的所在地发现了郑和宝船之一的一根遗存的舵杆之后,这方面的研究获得令人吃惊的新发展。这一大木料有11米长,直径38厘米,这表示舵属具长6米,假定按中国人所使用的舵叶的长宽比的一般规律,其舵面积不下于42平方米(图201)。利用所采纳的法则,此船的近似长度约在146米和163米之间,视对船舶吃水不同假定而异。由这个舵杆可以说明明代史书中所言决非

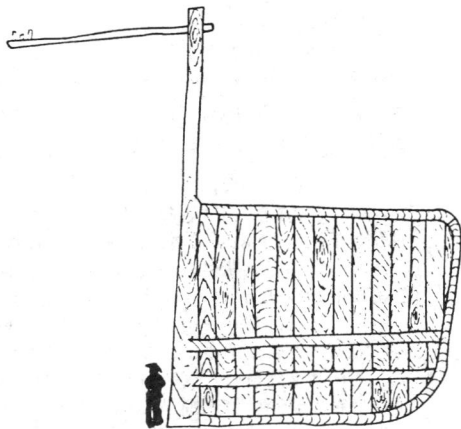

图201　根据1962年在南京附近发现的一根实际舵杆的尺寸复原的郑和宝船之一的舵(其尺度可由图上的人影来判断)

天方夜谭,尽管这些书中所给出的尺度初次看来很难使人相信郑和舰队的旗舰竟有如此之大。

正如我们已了解到的(本卷第161页)那样,1450年前后,国家的政策有了根本改变,反水军派面奏朝廷,由于某些不太清楚的原因,得到了皇帝的支持,于是远洋航海被迫终止。但航海贸易却并未完全停息,这在1553年写成的有关郑和宝船厂的详尽历史的著作中有所表述。这就是已经提到过的《龙江船厂志》,船厂规模见图202。由李昭祥所写的这部著作可视为中国工艺技术文献的瑰宝之一。书中除了简单介绍明朝的造船历史外,还记载了朝廷任命的官方机构的官员名单,书中还给出所造船只的介绍和图绘。书中不仅给出船厂介绍和图示(图202),而且还谈到船用材料的尺寸和规格、造船价目表

125

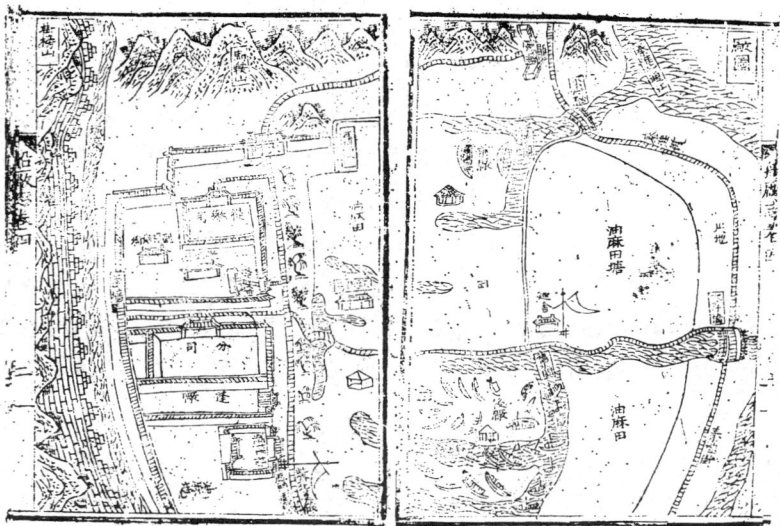

图 202 南京附近船厂的平面图之一(这里曾建造和装配过郑和船队中之大船。据公元1553年的《龙江船厂志》)

图中船厂部分大体上是南北向的,位于南京城墙与秦淮河之间的一个狭长地带,南京城墙在左,图之底部右方为流入长江的秦淮河(如右上角图注所示)。秦淮河发源于江宁,绕南京城南部的城墙外侧边,在城南地区形成一环形,据说其因首次开凿于秦代而有斯名,该地因有歌妓画舫而闻名于世,而这些画舫均泊于河岸边首尾相衔。秦淮河出口处很大,足以浮起公元15世纪的远洋宝船的庞大船体。

在图之顶部是马鞍山,这座小丘现位于城墙内,图左侧城墙内是挂榜山,即悬挂应考中试者名单的小山。左半图自上而下看,首先是大门,再是督造总署(提举司)、工长办事处(作房)、各种管理部门(分司)、帆具工场(篷厂)以及挂有旗标的水军联络署(指挥举)。周围是广阔的田地(油麻田),种植大麻,产麻絮供艌船缝用。右半图中的两个船厂,均有船台和船坞,前厂在上,后厂在下;两厂之间有一警所(巡舍),插有另外的旗标。水道的入口处有两座浮桥,上面是小浮桥,下面是大浮桥,这两座桥把沿秦淮河岸旁的道路连接起来。

船坞和造船场遗址,目今在中宝村的近郊仍可找到,不过已经不与长江相通,由一道很高的河堤从这里把它们隔开。在这里的挖掘工作极有价值。

以及造船每一特殊工种所需的船匠和木作的人数详情等。最后一章还给出所有中国文献中有关船舶及航运史方面可供优先选用的一个文献库。

在大约 1420 年的全盛期,明代水军也许超过历史上任何时期的其他亚洲国家,甚至可以超过同时代的任何欧洲国家乃至它们的总和。永乐年间,其水军拥有 3 800 艘舰只,其中 1 350 艘为巡逻船和 1 350 艘为战舰,以保卫海疆。有一支由 400 艘大型战舰组成的主力舰队驻扎在南京附近的新江口,还有 400 艘运粮货船。另外还有 250 艘以上的远航"宝船"或大帆船,其船上平均人员编制由 1403 年的 450 人增加到 1431 年的 690 人,在最大的船上甚至超过 1 000 人。另外还有 3 000 艘商船常可作为辅助用船,而许多小型船起着信息传递船和巡逻艇的作用。在政策被完全颠倒之后,水军很快衰退,故到了 16 世纪中叶,其昔日的壮观几乎已经烟消云散。

到了 17 和 18 世纪,已进入与西方加强交往的时期和考古末期。18 世纪欧洲人确实已开始见到不少在实际使用中的中国船的许多优点。有时他们也雇用中国船匠。约翰·米尔斯(John Meares)在 1788 年由澳门泛海去美洲西北海岸探险时,他身边就带了一大批中国船匠。当然:

> 这个行业的中国匠人,对于我们的造船方式、方法毫无了解。航行于中国及其邻海的中国船,对他们来说是一种独特的构造。载重量达千吨的船,一点铁器都不用,连锚都是用木材制成的,而大的帆也是用席做的。然而这些木制漂浮物体却可以经受恶劣的天气,抵得住狂风巨浪,航行性能良好,操纵简便准确,使欧洲水手们大为震惊。

这就是 18 世纪末叶一位英国大航海家的看法。

第三章　航海与发现

第一节　中国人航行之海域

　　1920 年法国历史学家科迪尔（Cordier）写道："西方人往往把世界的历史局限于他们所知道的有关犹太人、希腊人和罗马人的种族发展这样一个小圈子内。他们忽视了所有那些乘船长途跋涉于中国海和印度洋，甚至航行于浩瀚的中亚海面到达波斯湾的旅行者和探险者。事实上，地球的大部分包含有不同于古希腊和罗马而不乏开化的某些文化区，在他们名为撰写世界历史实则仅仅撰写他们这一小范围内的历史中仍为一个未知数"。而著名的爱德华·吉本（Edward Gibbon），已如前述，并未察觉到中国人已经驰骋于南半球的大海中。在以下的罗盘一段内我们必须加以阐述以弥补以上的失缺。

　　有人说亚洲的海员从未绕过好望角，原因主要是缺乏勇气，而不是没有技术装备。姑且认为他们并未实现绕道好望角的远航，但这一原因分析在任何意义下其正确性是极为可疑的。阿拉伯和印度的缝合船无疑对其真正的远航能力是很难肯定的，但印度尼西亚人却还是通过海路完成了对马达加斯加的殖民。可是为何大型的中国船没有发现非洲的西海岸和澳洲大陆，理由就更不充分了，实则毫无道理，未绕过好望角的受阻原因肯定是社会或政治环境，决非航海技术。从巴士拉到婆罗洲，从桑给巴尔到白令海的堪察加西部这大片海域都是中国籍船只进一步扩展的航行区域。就像任何一个现代海员如果能被邀请并使用与 14 世纪的刺桐（厦门北部的泉州，阿拉伯人居住区)的穆斯林或僧徒航海者同样的设备和属具进行远洋航海时所感受到的那样，关于中国人的(所谓缺乏)勇气还是少说为宜。

如果有人既有幸漫步福建和广州海岸(那里是中国大船的出没处)；又有幸登上一座可俯瞰塔古斯(Tagus)河口的贝伦(Belem)塔的小山[瓦斯科·达·伽玛(Vasco da Gama)曾在塔古斯河口乘船起航]，就会对伟大的葡萄牙人和中国人的航海发现竟然发生在同一时期这一奇妙的事实留下深刻的印象。中国从远东出发的远洋航海进入高潮之时也正是葡萄牙从远西起始的探险浪潮初具可观规模之日，这确是一件异乎寻常的历史巧合。这两股巨流几乎交会于非洲大陆海岸某一地区。他们的倡导者是两位热心于航海事业的同等非凡的人物，一位是航海者的皇室保护人、航海家亨利，另一位则是朝廷的宦官、使者和海军将领郑和。这种对比是不可免的，因为这时中国的航海事业正进入鼎盛时期。

第二节　三　保　太　监

有关郑和的功绩，我们在讨论中国地图制作时已经提到(节略本之卷2)，但我们还可以再次引证一段1767年由皇帝授命的一批学者所编纂的《历代通鉴辑览》中的记述：

> 永乐三年(1405年)，遣中官郑和(世称三保太监，云南人)使西洋(诸国)。

> 成祖疑(他的侄子)建文帝(先帝)亡海外，命郑和及王景弘等踪迹之。多赍金币，率官兵三万七千余人，造大船(凡六十有二)，由苏刘家港泛海，至福建，达占城(Champa，印度支那)，以次遍历西洋。

> 颁天子诏，宣示威德，因给赐其君长，不服则以兵慑之，诸邦咸听命，比和还，皆遣使随和朝贡。帝大喜。未几，复命和往，遍赍诸邦。由是来朝者益众。

130

> 和先后凡七奉使，三擒番长，为古来宦官所未有。时诸蕃利中国货物，益互市通商，往来不绝。故当时有三保太监下西洋之说，而后之奉命海表者，莫不盛称和以夸外番。

在这段有趣的摘录中，一开头我们就可以看到远征的若干原始动机。似乎是寻找已废黜的皇帝，然而实际上更主要的却是另一种明显的意图，即向外国甚至包括远在已知世界之外的国家显示中国是一个政治和文化强国。还有一个原因是鼓励海外贸易。中国水军的奠基人、宋代皇帝宋高宗不是曾经说过:"市舶之利最厚,若措置得宜,所得动辄以百万计(贯钱),岂不胜过取之于民乎?"这番话是发表于1145年左右他撤退到杭州之后,宋政府初次充分意识到建设海上强国的重要意义。但在15世纪初叶上述这类贸易已难以为继,当时帖木儿已经完成了对西亚的全面劫掠,与中国进行贸易的土耳其斯坦的所有大陆和航道又一次被截断了。

郑和远航至少有三方面的特殊意义。在水军方面,实施了对中国帆船的庞大船队的指挥以及特大型船舶的海上航行,他们航行了数千海里,到达了以往中国船队从未到达过的地方。他们安全进出于那些对其了解甚少的港湾,驰骋于东南亚群岛的狭窄水域以及从马来亚到非洲的高海情的直通航道上。在军事方面,尽管这些远征队的主要职能是礼仪性的,但仍在海上和岸上都有海军陆战队和炮兵组织,以及一些在突然事变中处事极为干练和卓有成绩的指挥官。在外交或宣示威德方面,使臣们对所到诸国的统治者赐予丰富的赠品,同时劝说他们承认中国皇帝的宗主权或君主地位,如有可能,请他们向中国朝廷派遣贡使。在这种朝贡的形式下,大量的官方贸易得以开展,此外还有鼓励私人贸易商及商人们从事贸易活动的意图。当然还有较原始的科学考察方面的任务。政府需要增加对中国文化区的沿海和诸岛的知识,并探测通往远西的航路。另外,还积极搜求各种奇珍异宝,如宝石、矿物、花木、禽兽以及其他类似之物,以充实皇帝的宫廷。

人们得到的印象是,探险的航程愈远,到达地方愈多,他们对于自然奇珍的搜求便变得愈来愈重要,而对于各国臣属之事,也就愈来愈显得不重要,至于寻找失踪皇帝之事,则早就抛诸脑后了。当我们(将其)与葡萄牙先驱者远航的目的作比较时,我们还将再度谈到它。

中国的七次远征是逐渐向西扩展的。第一次(1405—1407年)到达占城、爪哇和苏门答腊,而另一支分綜船队则到达印度西海岸的锡兰和古里,第二次(1407—1409年)郑和并未参加,由另一位指挥者带领到了暹罗,还到了印度的一个停靠港柯枝(Cochin)。第三次船队以马六甲为基地遍历东印度各地,还到过西南印度的奎隆(Quilon),并卷入锡兰岛上的纠葛旋涡(1409—1411年)。这一次,第三位有才能的领导者、太监侯显与郑和及王景弘同行。

1413—1415年沿不同航线的第四次远征,越过了印度,当有的分綜船队再次访问东印度各地时,其他分綜船队(以锡兰为基地)向外进一步探险至孟加拉(Bengal)、马尔代夫群岛(Maldive Islands),最终到达伊朗。于是对阿拉伯文化区,包括东非海岸的阿拉伯城邦也产生了兴趣。1416 年使节如潮涌般地汇集南京,翌年明廷再次组织了一支比以前更为庞大的船队护送这些使节回国。从那时到 1419 年间郑和的太平洋分綜船队远航爪哇、琉球群岛和文莱;而它的印度洋分綜船队驰骋于伊朗海岸直至阿丹(Aden,即后来之亚丁),访问了索马里(Simalia)和肯尼亚(Kenya)海岸的许多地方。正是这第五次远征把长颈鹿带回北京,用这一吉祥动物向明朝廷献瑞,深得中国玩赏动物人士的赞赏。第六次远征(1421—1422 年)到达的国家与前几次相同,想必船队是分成若干分綜船队进行的。

　　1424 年之后,传来预示明代水军以后厄运的第一声警钟。永乐皇帝溘然长逝,继位的仁宗完全倒向于反航海派,取消了那年已颁布的出海命令。但几乎立刻,他又死去,其后继的宣宗指挥了这最后一次、也许是最辉煌的一次庞大宝船队的远征。宝船队于 1431 年起航,至 1433 年回国前,指挥官们与船队的 27 550 名官兵,与北起爪哇,向西经过尼科巴(Nicobar)岛至麦加(Mecca),南至东非海岸的 20 多个国家建立了关系。郑和船队究竟航行到东非海岸的最远端为何处,还不太确切。让我们稍作一简短的回顾:对于郑和船队抵达波斯湾和红海,应该认为这在 15 世纪并不算新鲜事。中国帆船千年来一直驰骋于这些海道中,不过,由大型帆船以有组织的海上军事力量的形式出现,比起以前单个的小型商船的通航来却是空前的。鉴于明代航海的和平性质,其意义就更为重大。 132

　　当郑和及其船队回国后两年,宣宗皇帝驾崩,中国的水军终遭厄运。英宗及其后的继任者们均一味听从儒家重农的大陆派学者的意见,致使官方的海事活动被削弱到最低限度,仅仅用来保护沿海地区及漕运船只之航行免遭倭寇的劫掠。这一决策不仅对中国历史,甚至对世界历史都产生了深远的影响。

　　显然,庞大的船队是分成有特殊使命的若干分綜船队。可是他们的惊人之举不过是将元末(14 世纪中叶)就已经发展的海上外交出使活动推向最高潮,并与陆地使团对西方国家的出使活动并驾齐驱。当时还有一个值得一提的人物是侯显,他到过西藏、尼泊尔和孟加拉,被认为是继郑和之后最重要的外交家。但不久又为其他人取而代之。

　　葡萄牙在小规模探险活动中发现的有关知识广泛传播到整个欧洲,而郑和时代的远征也对中国文献记载产生了重大影响。有某些航海指南(无地图)的手抄本流传了下来,而在 1628 年问世的《武备志》中保存了一些"波特兰"图或完全中国式的航线图。这些很可能出自郑和随行绘图师之手。关于这一伟大的远航,在 1597 年出版的由罗懋登所著的明代著名小说《西洋记》中也提供了一些史料。虽然其中有许多寓言材料,但它毕竟还是提供了有关外交使团的组织及其才华和一些有趣的技术细节方面的比较可靠的资料来源。

第三节　中　国　与　非　洲

中国与东非的关系远较郑和时代为早。从古埃及时期开始,与东非海岸就有贸易往来。8 世纪,像索马里兰(Somaliand)的摩加迪沙(Mogadishiu)和赞比西(Zambezi)河的南索法拉(Sofala South)等阿拉伯贸易中心已经形成。9 世纪,阿拉伯人海洋探险的足迹已达莫桑比克(Mozambique)海峡处的马达加斯加(Madagascar)和科摩罗(Comoro)群岛。更为意想不到的是在公元860 年之前的中国典籍中竟能找到对世界这一地区的描述。当段成式在编纂其《酉阳杂俎》时,有一段对伯贝拉(Berbera)的记述,它位于亚丁(Aden)湾南岸。对这一地区的描述在嗣后的著作中更显详实。在 1225 年问世的《诸蕃志》中也谈到了这一地区,并对索马里(Somalia)海岸作了详尽描述。公元1178 年已有人用一大段文字描述过马达加斯加,到了下一个世纪,在索马里的朱巴(Juba)河与莫桑比克海峡间整个海岸地区的情况均为赵汝适在其书中所描述。100 年后,所有这些地区对中国人来说已十分熟悉了。

究竟有多少中国商人和海员在 8 世纪到 14 世纪期间曾经乘船访问过这些地区,我们知之甚少。除了刚才提到的某些著作中所述之外,仅有分散于(东非)海岸各地的中国制品无声的证据,这类中国制品在该地区比比皆是,以致使人很难相信,中国人均为从事中间贸易而来。在我们简略研究这一问题前,可先由阿拉伯的史料中给出一个肯定的证据:即中国商人在 12 世纪时已出现于东非海岸。伟大的西西里穆斯林地理学家阿尔·瑞德西(al-Idrisi)在 1154 年写道:

> 在桑给(Zngi)对岸是札勒(Zalej)群岛[可能是在桑给巴尔(Zanzibar)南、距坦桑尼亚约有 240 千米的马非亚(Mafias)岛]。……这些岛屿之一称……安杰(al-Anjeb)……这个岛人口非常稠密,有许多村庄和家畜,并产稻米。有许多交易所和出售各类物品的商场,日用品应有尽有。大概是有一次,中国人遇到由于国内叛乱产生的困扰,当暴虐和骚乱在印度变得不能忍受时,于是中国人把商务中心转移到札勒及属

于它的其他岛上,由于他们的公平、诚实、亲善的习惯和交易才能,故与此地居民具有良好的关系,这也是该岛为何人口如此稠密和陌生人如此喜欢去的原因。

这里仅稍稍涉及有关情况,因为对瑞德西所述并不完全清楚,他们指的中国人叛乱似乎说的是黄巢(875—884年),这一叛乱使得在广州的阿拉伯居住区破坏殆尽,它在东非大陆引起的麻烦在很大程度上似乎说的就是中国人的贸易中心移到一个岛上去的原因。伊德里西论及的印度情况总是使人难解,但我们可以认为他所说的这番情景是发生在公元1000年前后。假如宋代在东非海岸设有一个中国联络站,那就可能有好几个,同时也可通过商用中国帆船与国内进行接触和联系。

134

中国从非洲带回的物品中有象牙、犀牛角、珍珠串、香料、树胶等。在《宋史》中的统计资料表明,1050—1150年,这些物品的进口量增长了10倍。另一方面,瑞德西还告诉说,亚丁(海岸)从印度和中国所获取的物品有铁、镶金的刀剑、麝香与瓷器(典型的中国出口商品)、马鞍、"柔软富丽的纺织品"(可能是丝绸)、棉织品、芦荟、胡椒和南海香料。幸运的是,其中某些物品是五金器皿,故能保存至今。1995年考古学家莫蒂默·惠勒(Mortimer Wheeler)写道:"两周来在达累斯萨拉姆与基尔瓦群岛之间,我从未见过有那么多的陶瓷碎片,随地可用铲子挖起一铲一铲的中国瓷器碎片。"

在东非,考古学研究正在全面展开,因此一般性的结论只是暂时性的,但已经令人十分惊奇了。一直到德尔加多角(Cape Delgado)的整个斯瓦西里(Suahili)海岸都发现了"出乎意料的令人不敢相信的大量中国瓷器"。某些完整的瓷器镶嵌在房屋和清真寺的墙壁里,还有为放瓷器而设计的壁龛。在巴加莫约(Bagamoyo)(桑给巴尔岛对面)附近的柱型墓碑上装饰有元代的海绿色的碗,它与汪大渊的记载正是同一时代。这些发现决不仅限于海岸地区,很多还在较远的岛上发现。概括说来,(也许可以预料)年代最久的瓷器已被充分证明是在北方,而在南方,可证明在那里由公元14世纪中叶开始中国瓷器的进口达到了高潮。这或许是由于13世纪蒙古人的入侵导致阿拔斯特王朝(Abassid Calipate)覆灭后中东烧窑业衰落所致。不管怎么说,中国文化区的制品在斯瓦西里的文献中常受到称赞。

在东非海岸发现的另一类中国金属实物是货币——硬币和硬币窖。公元1800年前在肯尼亚和坦桑尼亚发现的506枚外国货币中,中国货币至少有294枚,且绝大部分是宋代货币。这并非是说这时的贸易较之其他时期更为繁荣,只是由于在当时的非洲商品已是用货币购买而非物物交换。大概最早的中国货币出现于东非是在 610 年。

很显然,在欧洲船舶出现在印度洋之前,中国人的贸易影响已从东非海岸向南扩展到纳塔尔(Natal),无疑已到达赞比西(Zambesi)河口,而中国船也已穿梭于莫桑比克海峡。至于有着既定目标的明代船队,向南到底走了多远,无人知晓。在《武备志》文末的地图上注有某港口南部称麻林地的地方,在它的上方标为蒙巴萨(Mombasa)。由于后来由葡萄牙人熟知的整个海岸也有一个马林迪,可能图中所言之麻林地不是现代肯尼亚的马林迪,很可能是莫桑比克(南纬 15°)。还有一处叫乞儿麻,可能是桑给巴尔南部的基卢瓦(Kilwa)。而在官方的中国历史文献中称郑和船队(或其某些分綜)所到达的距中国最远的两处,但并无当地政府朝贡之事。这两处为比剌和孙剌。几乎可以确定它们是在非洲海岸,但不能确知其真实地点,孙剌也可能是索法拉。因为它是阿拉伯的贸易中心,十分可能是宝船队分綜到达的最远处,如这样,该处已达南纬 20°。

早先中国人有关非洲的知识由来自各方面的论证所证实。根据在 1564 年史霍冀所撰写的《舆地总图》,图上所表示的南非外形较为正确,其顶点向南。这一点给人印象深刻,因为在葡萄牙人有了新发现之前的欧洲人制图的习惯,其顶点是指向东边的。事实上,上述地图是根据 16 世纪初叶那本名为《广舆图》的地图绘就的。后者系中国伟大的地图制作家朱思本在 1312 年后经若干年的努力所完成的。值得指出的是朱思本所画的地图十分正确,因而不仅元代的地理学家按此制作地图,而且李泽民和佛教僧侣清濬分别在 1325 年和 1370 年也按此制作地图。他们的工作结合高丽制图成果绘出了"混一疆理历代国都之图"。故而在 1402 年,当第一艘葡萄牙人的卡拉维尔船看到加那利(Canary)群岛对面的修女角(Cape Nun)之前,非洲是被画为一个大致正确的三角形的南端,大约有包括亚历山大里亚(Alexandria)在内的 35 处地名。示于图 203 的世界地图大大优于 1375 年的加泰罗尼亚(Catalan)地图,甚至也优于 1459 年的弗拉·马罗(Fra Mauro)地图。这可能是因为中国学者由阿拉伯本地人那儿获得的有关欧洲和非洲的知识较之由马可·波罗和其他西方旅行者带回家乡的有关东亚的知识更为正确和丰富。事实上中国人在这方面领先了一个世纪。

在本章的开头,我们以常规的说法默认葡萄牙人首先绕过好望角。不过弗拉·马罗地图的作者却持两可的态度,在其地图册上的许多标题是非常奇特的,在一幅靠近迪布(Diab)角的东非海岸图的羊皮纸卷上的题词是:

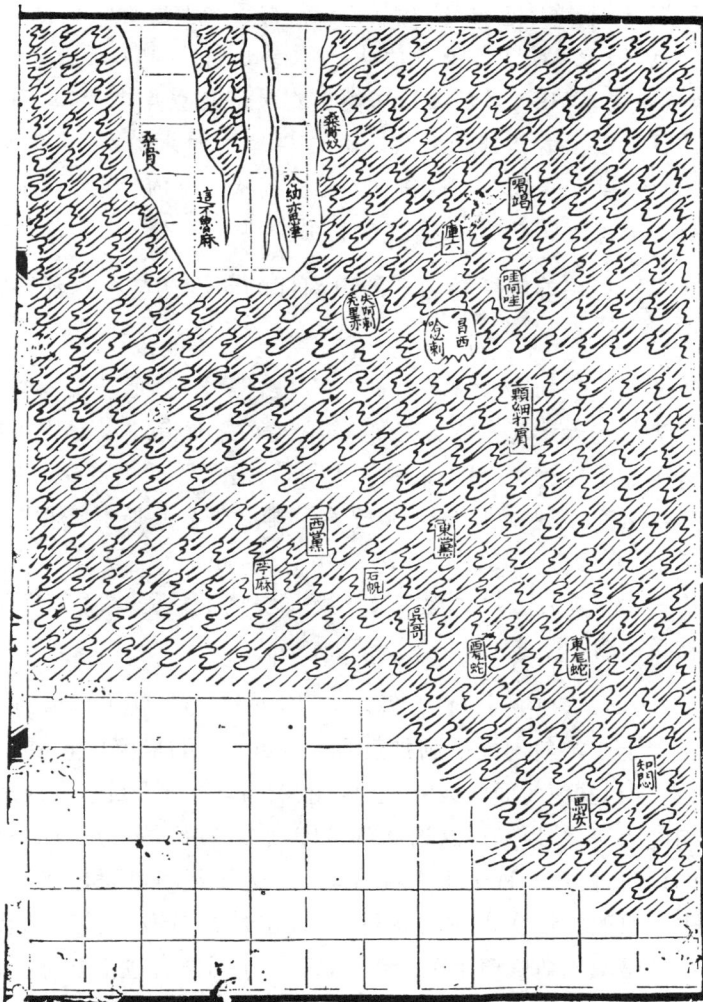

137

图203 世界地图《广舆图》的非洲南部[1315年为朱思本所绘,于1555年第一次印出(1779年出版)。在朱思本时代中国人已知道该大陆指向南,而非指向东,并有趣地发现该大陆的中心是一个大湖,或许其中有一个或几个大的非洲中部和东部大湖是早已熟知的。图上有各处的地名。这不鲁麻(Che-pu-lu-ma)无疑是托勒密"月亮山"的象征,它或许就是现时的乌干达—刚果边境的鲁文佐里(Mt Ruweh-zori)山,也可能是坦桑尼亚的乞力马扎罗(Mt Kilimanjaro)山。东海岸附近有一大岛名桑骨奴(Sang-ku-nu)(即桑给的奴隶),很明显指的是桑给巴尔或马达加斯加,但在非洲大陆西岸也有类似的名称(桑骨人),则令人迷惑。可能就是刚果,毕竟桑果(Songo)是在葡萄牙境内。最为费解的是名为哈纳亦思津的一条向北流的大河,它可能是阿拉伯的蓝色尼罗河]

约在 1420 年,来自印度的一艘中国帆船,通过男女岛,绕过迪布角,横越印度洋,取道绿色群岛和黑(色)海,向西和西南连续航行 40 天,但见水天一色,别无他物。据随员估计,他们约已行 32 000 千米,此后见情况不好,该船便在 70 天后转回迪布角。海员们曾登岸求食,见到大到称大鹏鸟的蛋有酒罐的凸部那么大。而这类鸟是如此之大,其翼展为 60 步(一步约 30 英寸),该鸟可以伤害处于悠闲状态下的大象及其他巨兽。它对此处的居民危害极大,飞行速度特别快。

弗拉·马罗还在羊皮纸卷图上的更南部的印度洋与大西洋连接处留下另一段注记说:

我已经与一位可以信赖的著名人士作了交谈,他证实他乘来自印度的一艘船经过大致超出索法拉角和绿色群岛西南或西面的印度洋之外的海面时经历了有 40 天的大风暴天气,按随船的天文学专家及导航人员的计算,他们已经航行了 32 000 千米。那么如果我们把这种说法作为依据的话,则他们约在海上走了 70 000 千米(沿非洲西海岸向下流航行及返回的来回距离)。〔原先由弗拉·莫罗提到的就是这位葡萄牙探险者,在他使用的海图上也有与上述相同的注记。〕

果真如此,那么(在船上)打开舷窗,(当时的人们)就可以看到某些中国远洋帆船驰骋于在岬角周围的阿加勒斯(Agulhas)的风流中,并乘着东南贸易信风航行,直到发现前面已无陆地时,船长再次令船折回进入西风带,于是船进一步向南漂流,结果发现又返回到了印度洋,在某些陆地,船员们偶尔可看到巨鸟的踪迹,但这一视野很快就消失了。毫无疑问,郑和宝船实现了在 2世纪前的中国帆船已经实现过的航行,许多出色的航海人员都同意这一点。但十分奇怪的是威尼斯修道士也谈到 1420 年他同样有过上述那样的一次海上漫游。假如郑和还没有到达像他们所说的航程那样远,那么在某种意义上说他就不能被称为中国的瓦斯科·达·伽马。究竟这种说法正确如何是一个问题,我们将试图就此进一步作一解答。

可以相信大西洋与印度洋之间没有陆地相隔,这是弗拉·马罗集中了自 9—11 世纪许多伟大阿拉伯地理学家的意见。而且阿拉伯人还否认一般西方人的意见:即南半球太热影响人的生命,纵使人们可以去到那里。当然,他们也知道西方靠海的大陆很是宜人,波尔图(Oporto,即 Porto)对他们而言十分熟悉,在他们占领伊比利亚(Iberian)半岛时已是他们的殖民地了。

第四节　五次受伤的航海王子

15 世纪葡萄牙人的航海发现和向外扩张被视为一首伟大的史诗。这里需要指出的是当 15 世纪前半世纪葡萄牙人在非洲的西海岸向南微行时,中国人已在海上探险抵达东非海岸,其南端至少已达莫桑比克,但到了后半世纪,当葡萄牙人发现他们已抵达印度洋时,他们遇到的除了阿拉伯人和非洲人之外别无他人,由于中国政策的改变而早就撤回了宝船队。

支持葡萄牙人探险的人物是阿维斯家属中的亨利(Henry of Avis),他是一位与郑和有同等重要历史作用的人物,也就是目今尽人皆知的航海家亨利。这位通晓船舶的价值并能与驾船的下等水手和渔夫交谈的王子,是一位多年与有识之士交往的中世纪贵族,这些有识之士坚持为阿拉伯人坚信不疑的一个事实,即非洲南部有一个海角可以绕过,他也从有识之士那儿了解到 15 世纪西方人对于印度和更远处所了解到的一切。他希望派出的航海人员能绕过好望角,并与印度和东印度的丝绸和香料生产者建立联系。可是,更多地进行此类探险就能使他们在阿拉伯世界的侧翼位置迂回,而把撒拉逊人(Saracens)(希腊、罗马人对十字军东征时的阿拉伯人的称呼)抛在后面。在某种意义下,寻找南方的通道是基督教世界对"异教徒"长期争斗中的一种新的秘密武器。

穿过摩洛哥海峡,以对作为摩尔人海军基地的休达城开战为起点,葡萄牙人在 1415 年占领此城并大肆劫掠,这一年正当郑和第四次下西洋船队已经返回。休达之战后,几乎他们每年都要派出船舶作航海探险,由于亨利"有一个愿望,要了解比加那利群岛(Islse of Canary)和名为博哈多尔角(Cape of Bojador)更远的那块土地,因为直到那时,对那个海角之外的这块土地的情况,既没有明确的文字记载,也无任何人作过回忆"。头十年,他们主要关心的是马德拉群岛(Madeira)和亚速尔群岛(Asores),但是在公元 1426 年到达安蒂·阿特拉斯(Anti - Atlas)山脉海岸,1434 年到达博哈多尔角(Cape Bojador)(北纬 26°),在 1426—1434 年间,中国人规模最大的一次赴非洲的探险远征正好完成了它来回的全过程。1444 年,葡萄牙人到达塞内加尔河口(北纬 16°),两年后达几内亚(Guinea)海岸(北纬 12°)。1453 年发生了两件事,一件至关重要,一件无足轻重:拜占庭落入土耳其人之手,而以开展贸易为重要目标的葡萄牙人沿西非海岸的探险航船才到达几内亚。1460 年,当葡

139

萄牙航船到达塞拉里昂(Sierra Leone)(北纬 8°)不久亨利王子去世。接着是 10 年的间隙。后来葡萄牙人航船推进到阿桑蒂(Ashanti)(北纬 5°)并跨过赤道抵达洛佩斯角(Cape Lopez)(即目前的法属刚果,南纬 2°),这个纬度相当于东非的竹步(al-Jubb),中国人在与葡萄牙人相平行的东南航程上曾经到过此地。

在葡萄牙与西班牙之间经过一个时期的纷争(西班牙想要分享西非的奴隶与黄金)之后,探险航行以更大的规模又重新开始。1488 年巴托洛梅乌·迪亚士(Bartolomeu Dias)绕过好望角(南纬 35°),使航海探险步入高峰期,这就为 1497 年瓦斯科·达·伽马走向航海探险的高峰开辟了道路。他由赞比西河口出发,然后进入马林迪的中国人海域,这正好是明代水军消失于海岸 50 年之后。于是结局已定,欧洲人进入了印度洋,既行善,也作恶——还是作恶为多。

非常有趣的是在欧洲很快就了解到中国人以前在印度洋沿岸出现过,但有许多误解。中国人曾被视为洁白的基督教徒,他们携有"在枪端装有刺刀状的某些武器",这些带有武器的中国人当地称之为长柄战斧人(gisarme),无怪乎桑给的阿拉伯人最初欢迎葡萄牙人是因为把他们当成是中国人了,后来当他们发现其为西方的基督徒时,才又采取了敌视的态度。这类事件本身就是对旗帜上写着"为了世界和平和人类亲善"的那种文明所作的可悲的而又自欺欺人的自我讽刺。

第五节 对 照 与 比 较

现在是到了对东西方航海家进行对照和比较的时候了。从以航海为中心的角度(即本章的中心议题)来看,中国人在 15 世纪所取得的技术成就相对于以往并无革命性的突破,而葡萄牙人所做的则更富有创造性。中国人至少在 3 世纪就使用了斜桁四角纵帆,而且在马可·波罗时代,他们的船已使用多桅。如果说他们当时在莫桑比克海峡使用了航海罗盘,他们也只是在重复早在 12 世纪初叶宋朝建立水军时他们的祖先在台湾海峡已经做过的事。虽然他们的尾柱舵与船体的连接没有西方的那么牢固,可是它在很多方面的效能都很高,但这还是早在 1 世纪的产物。假如达·伽马乘坐的船与郑和航船相遇,其令人惊讶的最大差别是大琮宝船(图 204)的体积要大得多,其中许多船有 1 500 吨,而且还不是最大的。而达·伽马所乘之船是没有一艘超过 300

140

图 204　5 桅中国北直隶货船图（可给出 15 世纪大型大餤宝船可能的船型的某些启示）

吨的，有些还要小得多。在造船方面，中国远较欧洲先进。

　　但是当时中国船在长期演进的过程中已处于顶峰阶段，而葡萄牙船型则较为新颖。14 世纪末叶，欧洲船上仅装有横帆帆装，而巴卡（Barca）船仅有 1 根桅杆，重 30 吨。也偶有装有 2 根桅杆、重量超过 100 吨的。亨利王子早期派出之航船无疑均属此类。但是葡萄牙人发现，他们从几内亚海岸返航时需逆东北信风航行，势必把横帆帆装扔在海里（而放弃此类帆装），于是在他们著名的（轻快帆船）卡拉维尔（Caravels）上装备了从他们的仇敌阿拉伯人那儿学来的三角纵帆，这样就比较容易进行接近逆风状态的航行。在中国人远航末期的 1436 年，这类装三角帆的船上桅杆已增至 3 根，其平均船重达 50—100 吨。而到了该世纪后半叶，发现在顺风中航行时使用横帆最为理想，于是开始建造混合帆装船。这些帆船中有公元 1500 年制造的（新型轻快帆船）卡拉维拉·雷登达（Caravela Redonda）和哥伦布乘坐的圣·玛丽亚号。但是，我们总该记得，葡萄牙人在其所使用的几项基本发明中，航海罗盘和尾柱舵是由中国人早期众多实践中传播过来的，多桅原理也是典型的亚洲特点，三角帆已如前述是直接从阿拉伯人那儿学来的。第一批研究过欧洲船舶的中国海员所作的评论至今保留下来的极少，但从 16 世纪中叶以后其船型是一种细长的混合型，但中国的造船情况却大致保持不变。

141

另外有一件事说明葡萄牙人好像比中国人更有创造力,这就是对风和海流规律的利用。虽然他们面临着更为困难的海上环境,但他们却勇于知难而上接受挑战。中国人所航经的季风区域向南最远仅达马达加斯加,他们在本国海域对这类"驱船风"的了解已有一千多年的历史了,但是不好客的大西洋对海员却从未有过如此友好的表示,他们虽然也有过多次向西航行的企图,然而对大西洋却从未进行过系统的考察。首先,几内亚海岸被证实是个陷阱,因风流可以助船向下风开航,但返航时需进行无休止的逆风调戗。但是葡萄牙人知道在回归线无风带(在东北信风北端接界处一条风平浪静的微风带)以北,有强西风可以把他们吹回国去。于是返航时他们从在沃尔特(Volta)河岸埃尔·米纳(El-Mina)的商馆要塞出发,向西远航至大西洋,并向北方行驶,驶向塔古斯(Tagus)。这个所谓果囊马尾藻海弧(Sargasso Arc)是一个国家机密,因为葡萄牙人掌握了制造和操纵这类卡拉维尔(轻快)帆船的专门技术,这就显得更为重要。当然,这类船是不允许卖给外国的,对其他国家而言,制造和操纵这类船都会有不少困难。

142　作为独家机密的欲望使这些葡萄牙人的探险记录全部保存于里斯本,该城的绝大部分在 1755 年的地震中被毁,很多被认为是葡萄牙人的发现的记录证明均已荡然无存。例如,现在已不能证实在 1485 年,即巴托洛梅乌·迪亚士进行远洋航行之前 3 年,葡萄牙人是否已抵达了印度。也不能再去证实阿拉伯航海家伊本·马季德的报告,他认为:早在 1495 年葡萄牙探险队在靠近索法拉处失事。果真如此,则可认为达·伽马是航行超过索法拉海岸的第一个欧洲人的这一传统观点就会产生动摇。

当葡萄牙人沿非洲海岸冒险南下时,遇到了麻烦。在向南航行时开始为风、流所阻,但一旦冲过南纬 35°,则风流环境却又有助于他们的航行。于是他们在海中又冒险走了另一个大弧线(Great Arc),而达·伽马和彼德罗·卡布尔(Pedro Cabal,他因发现巴西而成名)的航行情况也大体如此,可是他们却只使用(普通的)三桅帆船(barque)而不是轻快帆船的这一事实至关重要,因为仅此我们就可确认早先的葡萄牙探险者已经探明了这条航线。

现在我们再来简单谈一谈战争与贸易。在这里,中国人与葡萄牙人的对比是十分鲜明的例子之一,因为中国人的行动属于水军对外国港口的友好访问,而葡萄牙人在苏伊士以东所进行的却完全是战争。1444 年,他们在毛里塔尼亚与当地人开战中首次失利,故而在葡萄牙人沿西非海岸较长时期的向南推进过程中,他们的侵略行动(除贩卖奴隶外)略有收敛。只是到了 1500 年之后,当他们有能力足以对东非阿拉伯人、印度人和其他亚洲人进行恐怖的战争时,这个欧洲水军强国才真正地表明了他们的所作所为。阿拉伯城邦在葡萄牙人到来之前都没有防御工事,只是在看清了西方人的既定政策是要摧毁阿拉伯的非洲—印度贸易基地及其分支系统之后,才注意到了防御问题。残酷镇压竟被达·伽马或其他指挥官作为他们在其占领地内蓄意采用的一种恐怖政策,他们在印度各大城市焚烧被杀害的穆斯林的肢体,孤立无援的渔民广受虐待,在非洲海岸落入当时(葡萄牙人加封的印度总督)阿丰索·德·阿尔布克尔克(Alfonso de Albuqerque)之手的女人被割掉鼻子,而男人则手臂被砍掉。我很不愿意提起这些事实,但其的确有助于纠正一种偏见(在欧洲还能听到),居然还认为亚洲人比欧洲人更残酷、更野蛮。

　　与以上这一切相比较,中国人的表现又如何呢? 他们赐给当地君主以礼物,只有当后者不服中国(明)朝廷时才以武力慑之。在他们七次远航探险中仅有三次动用了武力。第一次是在 1406 年,旧港(Palembang)的一个一贯掠夺商人财物的部落酋长对中国人的营地进行突然袭击,但他遭到失败、被擒,随后在南京被处死。第三次是发生在七八年之后,一位想在苏门答腊西北部争夺王位者因不满于中国所赏赐礼物的分配,他也出兵攻打郑和的舰队,但被击败,全家被擒,最后押解南京后被处决。第二次,也是最严重的一次,1410 年,锡兰国王将郑和远征军的卫队诱入内地,要求赠送大量金子、丝绸等礼物,同时还派部队焚烧和凿沉郑和船队的船只,但郑和进军首都,突然袭击防御薄弱的宫廷,先擒了国王,再带着俘虏回攻海岸,沿途将僧伽罗(Sinhalese)军队击溃。因犯被押解南京,他们在那里受到良好的待遇,在国王的一名亲属被立为新君之后,才把他们遣送回国。所以水军武装力量对中国人和葡萄牙人来说可能有其大相径庭的含义。

　　至于贸易方面,我们确实至今对内部组织缺乏了解,但是中国人和葡萄牙人的贸易活动都是在他们各自不同的经济体制的庇护下进行的,因而有很明显的差异。很显然,葡萄牙人的活动从一开始就带有更多的私人因素。寻找个人发财致富的黄金国(El Dorado)是征服者心理的一个组成部分。对非洲的探险愈深入,愈需要使他们至少在财政上能自给自足。贸易探险理所当然地也得到葡萄牙宫廷的鼓励和特许,但在其背后,也还有国际财政的支持,实际上,也就是全欧洲发展中的资本主义的支持。

　　与此相反,中国人的远征却是一个不为欧洲所了解的庞大的封建官僚国家所进行的一项纪律严明的水军活动。其动力基本上来自政府,他们的贸易(虽然数量很大)是附带的,这些受到鼓励外出经商的非正规的商人海

143

员,大多是地位低下的小本生意人,贸易由中国的官方机构掌握,只是由于前者人数众多才显现了其重要意义。一般在这些贸易中也包括特殊的贩奴贸易。中国和其他亚洲国家很多世纪以来一直在使用黑奴,但他们实行的基本上是家奴制,故其规模有限。而非洲在种植园内作劳工的奴隶的情况(指规模较大的奴隶数量)却不是这样,而在"新世界"(指美洲——译者)则更为突出,仅1486—1641年的160年间,葡萄牙人从安哥拉一地就抓走了不下于1 389 000个奴隶。他们沿非洲西海岸的探险远征在很早以前就是绑架和搜捕奴隶不断。这是整个中世纪地中海四周的摩尔人和基督教徒所共同惯用的做法,但现在可悲的是它已扩大到从未参加过那种斗争的人们中来了。

144
这样,就出现了一个怪现象,几乎还未摆脱中世纪封建制度桎梏的葡萄牙营造了一个商业资本大帝国。而官僚封建主义却使中国具有没有帝国主义的帝国特征。但假如官僚封建主义确实不是未来的经济型式,那么我们必须防止对最早的葡萄牙人在印度洋上进行的商业战争作出不公正的评价;也许是葡萄牙人陷入了经济需求的陷阱?1489年当达·伽马到达古里(Calicut)期间发生了一件非常重要的事件:当葡萄牙人进献他们带来的洗手盆、糖、油、蜂蜜和布等货物作为礼物时,国王讥笑他们,并奉劝这位将领还是拿出金子为好。同时在场的穆斯林告诉印度人:葡萄牙人实际上是海盗,印度人需要的东西他们没有,而印度人有的,他们却想占为己有,如用别的方法无法如愿则就诉之武力。

这种情景我们并不陌生。这象征着一种贸易不平衡的基本格局,这是一开始就存在的欧洲与东亚之间关系的特点,并注定要一直持续到19世纪后期的工业化时代。一般说来,欧洲对亚洲产品的需求总是比东方人对西方产品的要求为甚,他们唯一的办法就是用贵金属来交换,这一情况发生在东西方贸易通道沿途的许多地方,但在中世纪,当然主要发生在基督教和伊斯兰教国家之间的地中海东部诸国和岛屿的广大地区。然而中国人也许从来未遇到过贸易逆差的境况,因为丝绸和漆器到处享有盛誉。中国人想买什么东西就用它们来交换。两千多年来地中海区域好像是一台大的离心泵,把它所吸入的金银连续不断地吐出传送到东方,亚历山大港可用玻璃、中世纪的西欧可用奴隶、威尼斯可用镜子、英国可用马口铁器皿进行物物交换,可阿拉伯人、中国人和印度人却向来对此不感兴趣。等到全部交易结束,往往留下一笔无法填补的亏空。

那么在15世纪末叶,葡萄牙航海船长们究竟在干什么呢?除了十字军圣战之外,他们需要香料。大量的欧洲人需要胡椒是肯定无疑的,这是一种真正的需求,而不是一种奢侈贸易。2 个世纪之后,欧洲冬季饲料业才得到全面的发展,在此之前,欧洲的畜牧业,限于饲料,每年冬季只能保留用于耕作和繁殖所需要的牲畜。其他则必须全部宰掉并腌制成咸肉保存,这种加工需要用整船整船的胡椒。胡椒现已在葡萄牙人的掌握之中——只要他们付得出钱即可到手。因而由几内亚获取黄金就显得更重要了。葡萄牙人一开始是通过与当地人进行马匹、小麦、酒、奶酪、铜器和其他金属制品、羊毛毯和布匹的交换而取得黄金的,在交易中葡萄牙人似乎没有欺骗非洲人,因为后者与亚洲人不同,愿意进行这种物物交换。遗憾的是非洲人的金子数量不能满足 145他们的需要,故而葡萄牙人需要其他贸易基地,他们受黄金的诱惑就不惜用刀剑搜取如马六甲等城市的财富。对于他们这种行动确切的批评是他们不满足于对亚洲贸易的合理份额,他们一直谋求在贸易和贸易者之间的绝对统治地位。

在东西方航海家之间的最后一个区别是宗教信仰。善意的传教士活动从早期开始就与葡萄牙人的探险活动相伴随,直到 15 世纪末,与穆斯林的战争已扩展到所有的印度教徒和佛教徒,只有那些被葡萄牙人认为权且可暂时合作的人才得以幸免。1560 年,宗教法庭在果阿(Goa)成立,过后不久,葡萄牙人声名之狼藉比之其当年在欧洲有过之而无不及。他们对非基督教徒及基督教徒用尽种种秘密警察恐怖手段,从而使我们当今的世界蒙受耻辱,不过在非洲他们更使人憎恶,也许是因为葡萄牙人在此地竟还打着谋求神圣宗教利益的幌子。

在中国船上的情况却成鲜明的对照。郑和这位与生俱来的穆斯林和他的指挥官们牢记先哲孔子和老子的基本教义,信奉"天下为公,世界大同"。在阿拉伯,他们操伊斯兰先知的语言,追念云南的清真寺院,在印度,他们向印度教庙宇供奉祭品,在锡兰,他们尊奉佛祖的遗迹。1411 年,在锡兰的加勒(Galle)他们竖立了一块用三种文字撰写的纪念碑。在其中文的碑文内容实际上说的是佛、道两家所尊奉的海神天妃,感谢她的海上庇护。而在其泰米尔文的碑文中谈到中国皇帝听到比湿奴(Vishnu)化身的神威,特竖碑称颂。而在第三种的波斯碑文中是对真主安拉(Allah)及某些(穆斯林)圣贤的赞颂。虽然三种文字的碑文内容相去甚远,但供奉的礼品清单几乎完全一样。故而可以认为这 3 份同样的礼品是由海路运来,并赠送给锡兰岛上三大最重要宗教的代表的。这种人道主义的宽容自当与嗣后果阿对异教徒的火刑(autos-da-fe)形成鲜明的对照。

第六节 船长与帝王们分道

这一切其结局如何？大强盗劫掠了小强盗。当葡萄牙帝国与西班牙结成暂时联盟之时，葡萄牙帝国还是完整的，到葡萄牙人于 1640 年摆脱了这个不情愿的联盟，当其欲再次维护其在亚洲地区的霸权时，已经为时过晚，因为这一区域已形成一条布满关卡要塞的漫长的贸易之路。巨大的东方贸易中心逐个落入荷兰人之手。荷兰人从未有过变亚洲为基督教圣地的野心勃勃的念头，只是一味地热衷于做生意。当然其他国家也参加了这一角逐。荷兰帝国先后转手让给法国和英国。随着当代殖民主义的衰落，历史的车轮飞转一圈之后，又回到起始点，苏醒的亚洲取得了其对世界事务应有的发言权。

中国远洋航运业的衰落来得更快。在中国，对远洋航运业的抨击一直颇为激烈，且态度坚决。以国内地主阶级为根基的儒家官僚总是睥睨与外国的任何交往，他们对这些异国外邦不感兴趣，认为他们只能提供一些不必要的奢侈品。而按经典的儒家学究式的克己节俭禁欲的宗旨，至少在理论上过分奢侈直属大咎，而朝廷也将此视为国风而恪守不渝。既然实用上必需的全部食物、穿着，甚至于包括绚丽多彩的中国手工艺品在内，在国内应有尽有，又何必耗费钱财去国外搜寻奇珍异宝或其他怪诞之物呢？在一些有见地的官僚看来，巨大的宝船队所耗费的那些资金应该花在兴修农田水利和加大农田投资等方面。的确，儒家朝臣们并不希望宫廷的权力过大，因为这实际上意味着宦官权势的增长，而水军将领大多由太监充任的现象决非偶然。事实上，这整段伟大的中国远洋航海事业的插曲，不过是儒家官僚与宫廷宦官之间争权夺利的一次交锋，这类权力斗争至少从汉代就已开始，之后又延续了很多年。虽然现代人一般同情前者，但是必须承认，宦官至少是中国历史上一个伟大时期的缔造者。

很显然，郑和及其随从必定向他们的朝廷主子呈报过其航海的详尽记载。但在这个世纪末，这些记载却被由儒家禁海派所豢养的歹徒所焚毁。顾起元在其 1628 年编纂的《客座赘语》中告诉我们说，在 1465—1487 年之间，朝廷下令于国家档案中查找有关真实记载郑和下西洋的文献，当找到这些文献后，一位兵部副部长（兵部侍郎）把它付之一炬，认为其内容"虚构夸大了人的耳目无法证实的奇闻怪事"，有关其他方面的史料记载更为详尽，它似乎发生在 1477 年，当时一些儒家官员强烈反对太监汪直准备再度恢复中国在东南亚的势力的计划。

　　所有这一切决不是明朝水军衰败的全部原因。经济因素至少也同样重要。郑和时代的朝贡贸易制度给中国带来了巨大的利益。但到了该世纪的中叶,中国货币严重贬值,纸币价值下降到仅为其票面价值的 0.1%,如果远洋航行再继续下去,中国就得出口贵金属。与此同时,私人贸易量的增长也超过了本世纪初叶所预期的数额。技术革命也意想不到地发生了。几个世纪以来,在承担南粮北运这项任务方面,运河漕运和海上运输之间孰轻孰重一直争论不休。但自 1411 年工程师宋礼完成了大运河高地势地段的供水工程,从而终于使其成了全年通航的河道。1415 年海运粮食的业务就此停息。 147

　　战争对此也有影响,西北边境形势吃紧,转移了对海运的注意力。1499年发生了灾难性的土木(堡)之变,扼杀宝船队的那位中国皇帝竟为蒙古和鞑靼军队俘获。同时,东南沿海各省的人口大量外流,这与南宋初叶人口潮涌般流入的趋势恰恰相反。最后,也不可忽视无独创性的反映旧传统的新儒学的发展,它显然是一种唯心主义的形而上学,信奉佛教,从而对地理科学和航海技术丧失了兴趣,内省的修养和政治的昏庸取代了明初奋发的活力。实际上,这只不过是反映其全面衰落的一个侧面,在许多科学技术部门也都有这方面的明显反映。

　　由所有这些因素所造成的后果是远洋海员大批流失,不再进入海船厂,使后者只能勉强撑持,水军迅速衰落。到了 1473 年,原有 400 艘舰船的主力舰队仅剩 140 艘。到 1503 年登州水师的舰船从 100 艘减到 10 艘,水兵大批逃亡,造船队伍解体。到了 16 世纪,海禁派更为得势。船厂规模进一步缩小,工人们转谋其他职业。而海运活动备受阻碍。到 1500 年竟然明文规定,凡造有双桅以上的大海船者处以死刑。1525 年的另一条法令命令沿海官吏将这类舰船全数毁掉,并逮捕敢于继续操驾这类船舶出海者。1551 年另一条法令宣称凡乘多桅船出海贸易者,按私通外国罪论处。这类恐外症,曾使日本与外界的交往隔绝达两个世纪之久,它在中国虽从未达到如此严重的地步,但却完全扼杀了建立一支强大水军的可能性。

　　在 16 世纪以前,明廷鼠目寸光的大陆派使敞开的东南沿海蒙受倭寇的残暴攻击,后来经过艰苦奋战才得以平息。为此而增强的水军实力在该世纪末 148
与朝鲜舰队并肩作战击退日本舰队的过程中显示出它的价值。到了 17 世纪,明代水军余部抵抗满清及其盟友荷兰人,并于 1661 年把后者赶出台湾。清朝皇帝对海洋毫无兴趣,因此,在他们的统治下,水军又衰落下来。然而,中国的航运业还是逐步复苏,大多数传统的船舶门类得以流传下来。

第七节　动机、药物与征服

很自然会提出这样的问题，如果中国水军并未解体，其探险远征能否继续下去，他们会再往前绕过好望角吗？或许会。不过中国人的主要目的从来就不是地理探险。他们所追求的是与他国人民、即便是尚不开化的人民进行文化交流。中国人的（出海）航行基本上是对已知世界的文明作系统的旅行考察。葡萄牙人（出海航行）的动机主要也不是地理探险，而是我们已经谈及的有关宗教和经济的原因。

对中国来说，寻找被废黜的皇帝的下落最多不过是一种借口而已。其主要动机无疑是通过远方王公们名义上的归顺（以及丰富的贸易交往）以显示中国的威德。这一点正是儒家官僚们认为是完全没有必要的。但就我们所知，如把中国人和葡萄牙人的全部探险活动加以比较，似乎收集珍宝异兽等天然珍品这一原始科学活动在中国人的探险远征中占有更为显著的地位。当然，人们对于所有异国新奇事物的好奇心在西方还是在文艺复兴时代就已强烈地表现出来，不过它更是中国人的老传统，例如在唐朝时就十分盛行。黄省曾写道：

> 自是雷波岳涛，奔橦踔楫，掣掣泄泄，浮历数万里，往复几三十年。……由是明月之珠、鸦鹘之石、沉南龙速之香、麟狮孔翠之奇、梅脑
> 149 薇露之珍、珊瑚瑶琨之美，皆充舶而归。

其中某些物品对中国朝廷有其特殊的象征意义。例如长颈鹿被视为神话中的动物“麒麟”。根据古老的传统，这是一种最为吉祥的征兆，预示帝王的贤德英明。中国人每到一处都要收集珍奇宝物。如航海记事作者马欢在其著作中有关阿拉伯的佐法儿（Zafār）的字条中写道：

> 中国宝船到彼，开读赏赐毕，其王差头目遍谕国人，皆将乳香、白竭、芦荟、没药、安息香、苏合油、木鳖子之类，来换易纻丝、瓷器等物。

这里引起我们注意的是上文中提到的木鳖子，由于这类葫芦属中有观赏价值的藤本植物的后裔常为中国的医生和药物学家选作药材，那么，郑和船队有否寻找药材的意图呢？因为在船队（随行）人员中有许多能干的医生。那么寻找新的药材是否也是葡中探险家一个更为重要的动机？在14世纪的欧洲和中国都是瘟疫流行。众所周知的黑死病曾肆虐欧洲，而鼠疫和肺结核

病也同样在中国到处蔓延,并于1300—1400年间先后复发了11次,有充分理由可认为为了防止这种可怕疾病的周而复始,必须寻找新的有效力的药物。对先前未知地区的无畏地探险,实际上为的是获取人类共同的药物知识。由古柯(南美洲药用植物)的叶子中安第斯(Andean)山的印第安人尝到了可卡因,更重要的是发现了由金鸡纳属(Cinchona genus)的树上取下的退热树皮(fever bark tree)或耶稣会士树皮,这是一种治疗(也许是历史上使人类引起最严重灾祸的)疟疾比较灵验的药物。

在西方,这些新的药物知识都秘藏于两本重要书籍中。一本是1566年在果阿出版的由加亚西·达·奥塔(Garcia da Orta)撰写的《印度草药和药物丛谈》以及1565年在塞维利亚(Seville)出版的由尼古拉斯·莫纳尔蒂斯(Nicholas Monardes)撰写的《新发现的世界之外趣事揽胜》(虽然不是太有鼓动性的题目)。我们可以想象中国也是这样,某些药物知识可由1468年问世的最伟大的出版物《证类本草》(见图205)中获得。人们对阿拉伯药材和医术也有很大的兴趣,这反映在15世纪前10年出版的《回回药方》,它也许被元代的一位阿拉伯或波斯药物学家在1360年翻译成中文。还有一个问题也是值得进一步研究的,即在这些探险航程中发现的某些无机产品已经被遗忘了。考虑到不少植物如烟草和玉米在新世界被发现后在中国就得到非常快速的传播,因而如果说在这些伟大的探险航程中竟没有什么新的药物带回来,那将是非常奇怪的。

151

现在已到了把所有这些线索串联在一起的时候了。从海路走,索法拉恰好处在里斯本到南京之间距离的一半,假如首批葡萄牙航船经索法拉到马林迪的途中真的遇到了比他们自己的船队大得多的大船队及乘员,而且他们对于文明人与野蛮人之间的关系有着明显不同的看法,那么历史的进程会不会有所改变呢?张燮于1618年(在他的书中)写道:"与蛮夷交","问蜗左角?亦何有于触蛮,所可虑者,莫平于海波,而争利之心为险耳。"而且恰恰是从相互间的文化交往这一开明概念出发,中国人不建立海外商馆,不需要要塞,不抓捕奴隶,不实行武力征服。他们绝不强迫别人改变宗教信仰,从而杜绝了由此而产生的摩擦。中国探险远航的官方性质有利于限制私人的贪婪和因此而滋生的犯罪。

但另一方面,很显然,葡萄牙人的所作所为却发展了十字军精神。他们主张战争,如果说反对印度洋沿岸的穆斯林商业国度的海上战争是争夺"圣地"的继续的话,他们却在不知不觉中完全改变了性质,变成了对黄金(不仅是穆斯林的黄金)的贪得无厌的渴求,一心想统治整个非洲和亚洲民族,不论

150

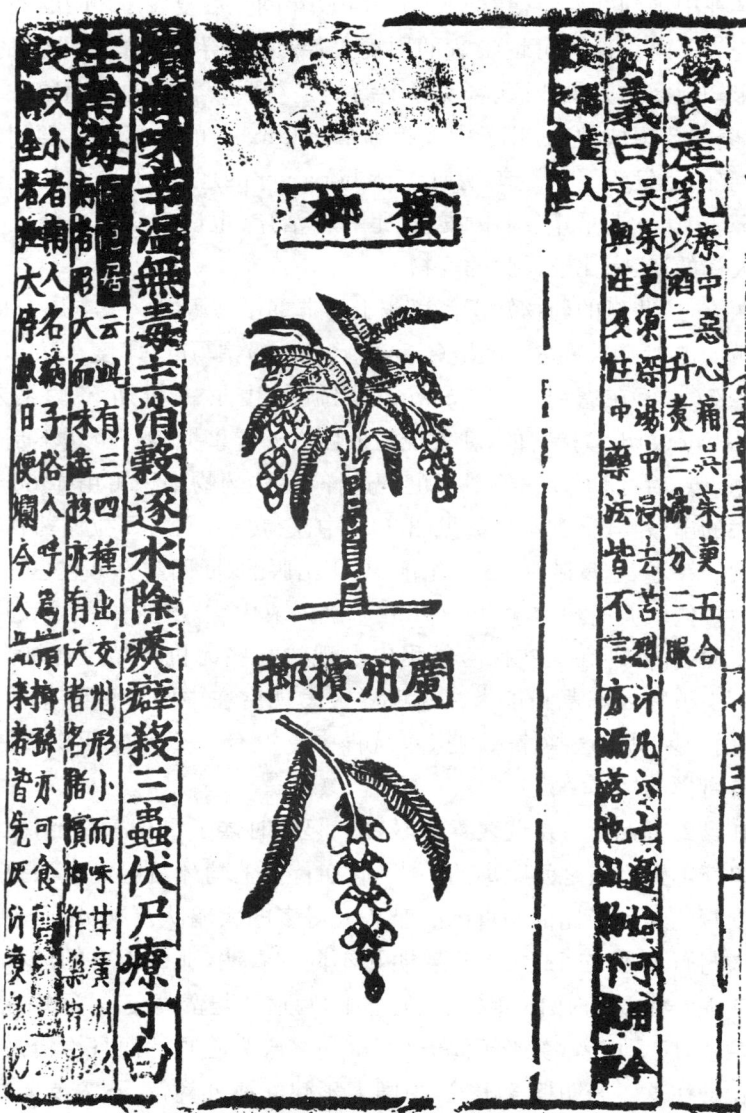

图 205 15 世纪初中国人在航海中所发现的对自然志作用的图解表述（为 1468 年罕见的出版物《证类本草》中之一页）

　　这里是槟榔子树的图解。上面是一棵完整的棕榈树，下面是其带有 100 只鸡蛋大小的白果的一簇散穗。在每一白果坚韧的果皮中有果肉和坚果仁，在图左的第一列开头就写道：其味辛温，无毒，主消炎，逐水除痰，癖杀三虫，伏尸疗寸白，生南海。并引有两条早先作者们的注释。

他们过去曾为回教世界做了些什么。当时科学的文艺复兴带给欧洲人的军备的绝对优势也开始起作用，使他们能够统治"旧大陆"和"新大陆"达 3 世纪之久。1685 年,若奥·里贝罗(Joao Ribeiro)船长写道:"从好望角开始,我们不愿意有任何东西不在我们的控制之下,我们渴望于插手从索法拉到日本的 152 超过5 000里格(约 15 000 英里)的广大地区中的一切事物……,没有一个角落我们不想去占领或不想使其隶属于我们"。假如中国当时再虚弱一点,他们的这种狂妄的野心决不会把它放过。确实,在葡萄牙早期的对华关系中就包含有它对中国"可征服性"的估计。

以上可见,"葡萄牙人的世纪"也正是"中国人的世纪"。我们对于葡萄牙探险家和征服者怀有一种无法克制的既恨又爱的矛盾感情,他们伟大而勇敢的行动常使人赞叹不已。他们对阿拉伯人和亚洲人的行为和政策,却往往由于那个时代的粗野和暴虐而得到宽恕。但是中国的船员和船长们也是与葡萄牙帝国的缔造者同一时代的人,可他们却并不尚武。我们应该怀念那些真正伟大的古代卢西塔尼亚人(Lusitanians),当然不是阿尔布克尔克(de Albuquerque)和达·伽马之徒,而是那些航海家、制图家、天文学家和博物学家,亨利王子的雕像丝毫没有褪色,他永远是一位令人鼓舞和受人爱戴的人物形象。此外,我们还可举出一些地位较为次要的人物。若奥·费尔南德斯(Joao Fernandes)曾与毛里塔尼亚的阿拉伯人和黑人和睦相处。费尔南·克罗兹(Fernao Queiroz)曾为其同胞在锡兰的所作所为而痛心疾首,这里仅举上述两例。人们也赞赏费尔南·门德斯·平托(Fernao Mendes Pinto),他于1614 年写成一部自传体小说,并对他的国家的功绩进行了一次戏剧性的审议,确实小说自始至终贯穿着对西方人欺凌亚洲人的隐晦的谴责,并确认帝国主义是建立在邪恶之上的。

第八节　中国与澳洲

谁最先航行于澳洲海域? 我们知道新南威尔士是由库克(Cook)船长在1770 年命名的,而丹皮尔(Dampier)船长曾于 1684—1690 年间探险抵达该大陆的西北和西部海岸。在此之前,荷兰人于1606—1665 年间也同样对该大陆进行了长时期的考察。16 世纪发现澳洲的说法很有争议,然而,似乎很有可能的是不仅克里斯托旺·德·门东萨(Cristovao de Mendonca)在 1522 年,而且高姆斯·德·斯克奎拉(Gomes de Sequeira)在 1525 年均踏上了澳洲大陆并遇到了那儿的土著民族,而法国人宣称他们于1503 年到过澳洲的说法更为离奇。然而,近来关于中国海员可能先于欧洲人发现这个巨大岛屿陆地的问题已经严肃地被提出来了。

这个问题之所以受人关注，其部分原因是中国人的探险和贸易活动确实已扩展到南海以外的广阔海域。中国人与菲律宾、爪哇、巴厘、婆罗洲和沙捞越以及摩鹿加和帝汶之间的海运和商业往来不仅发生在明代的伟大探险远征时期，而且至少可以追溯到宋代。与南海诸岛或东印度群岛之间的商业贸易在 14 世纪已经开始。中国对于辽阔的印度尼西亚岛国的影响，至今，如在东非一样，依然可以从无处不在的瓷器残片上看到，其中不乏质地精良而色彩绚丽者。而在婆罗洲各地可见的大量唐代的细陶器说明这类贸易在 14 世纪之前早已存在，而沙捞越也发掘出了一个世纪之后的郑和时代的瓷器碎片。

153

既然帝汶（Timor）岛距达尔文港（Port Darwin）只有 640 公里，中国船只在 7 世纪以后的一段时间到达过澳洲海岸看来不是完全没有可能。因此，汉学家查尔斯·费子智（Fitzgerald）近来发表的论文引起人们的极大兴趣，他在扬弃了一些没有根据的主张之后，使人们的注意力转移到一个可靠性毋庸置疑的发现上，即在达尔文港的海岸附近发掘出了 1 尊约 10 厘米高的中国道家小雕像。这座雕像是由发掘者在 1879 年为修路必须推倒 1 棵至少有 200 年树龄的老榕树的根部底下 1 米深的地方挖掘出来的。出土时，这具小雕像因年久而变黑，具有明代和清初的风格，很可能与郑和为同一时代。这样，这一入土时间很可能比最早的欧洲人发现澳洲的时间还要早。

可以肯定，这是一尊中国雕像。但是却很难证明把它留在那里的是中国海员而不是那些像所有东南亚人一样喜欢珍藏中国雕像的马来亚半岛或其他群岛的渔民。望加锡人（Macassarese）和布吉尼斯人（Buginese）通常每年都要航行到澳洲海岸，而且从 18 世纪以后，记载他们这类航海活动的历史文献十分丰富，这种贸易交往于 1907 年才为澳大利亚政府所断绝，但是当地的土著仍然将以前他们与马来人的接触交往视为一个黄金时期。而中国人自己也并非局外人，这些北方人前来寻找的所有物品中，最重要的或许是海参，这一事实可资佐证。它可以做羹汤，这是中国特有的美味佳肴。此外，只有中国的加工工艺获得了成功，这类工艺包括晒干和用红木进行火熏。上述的情况似很具重要意义，按照当地的传说，在望加锡人到来之前，就有过一种当地土语称作白吉尼（Baijin，北京人）的民族来到这里，他们的肤色浅得多，而且具有先进技术。假如这些正是从中国来的，那么或许在达尔文港的小雕像就是这些来到者的真实记录，则他们到达澳洲可能的时间是 15 世纪后半叶。

第九节 中国和前哥伦布美洲

一位 18 世纪的学者约瑟夫·德·盖格内(Joseph de Guignes)认为美洲
大陆是由 5 世纪中国佛教徒发现的。他的看法目前尚不可全信,但他据以作 154
出这一结论的有关典籍还是很有价值的。这个基本情节出自大约在 629 年左
右问世的《梁书》中,书中提到在 499 年一个名叫慧深的僧人出现在京城,并详
细地述说了他所看到的距大汉〔西伯利亚的布利亚特(Buriat)地区〕东 20 000
里的中国东部的一个国家——扶桑。他描述了作为该国名称(扶桑)的稀奇
古怪的树,并谈到该国生产粮食、鞣革布,而各类书写用纸也是该国生产的。
这些住在不设防的木屋中的人们,不好斗,他们有炉灶和马匹,并饮鹿奶,他
们中并不崇尚金银,他们有铜,但无铁。慧深也描述了他们的婚丧习俗、无收
税制度、统治者祭服颜色的周期性变更。另外还谈到从前扶桑人不了解佛教
的戒律,但是 458 年,5 位克什米尔(Kashmiri)僧人来到这儿,打那以后,他们
的生活方式有了很大的改善。他还谈到关于女人国的故事,甚至更为难以置
信的是,该国处在超过扶桑更远的东方。该书对见到的这些情况总结说:在
507 年,一艘福建船为暴风雨吹至远东,进入太平洋的一个岛上,岛上的人其
面如犬,并靠食少量豆类而生。

现在,扶桑在中国文献中已有了很长的历史背景,这是德·盖格内所不
知道的。关于它在汉代的书籍中有种种寓言。但这并不意味着扶桑可视为
以后所认为的一个实有的地点。甚至没有一人能知道,除非把它视为在远东
的太平洋滨海地区。19 世纪后,(人们认为)它似乎更有可能是日本东北的长
条形的萨哈林岛(Sakhalin)(库页岛),当然也有人把它视为堪察加
(Kamchatka)半岛和千岛群岛(Kuriles)。

1875 年某些学者用了较大的篇幅对此作了专门讨论,认为某些美洲文化
的特点与慧深所说的相一致,尽管他们的这类评论并不可信。不过,人们似
乎仍保持着一丝信意,即亚洲与美洲文化间的某些联系还是存在的,虽然这
类说法经常受到抨击,但这种状况一直保持到第一次世界大战期间。

1947 年 12 月李约瑟在墨西哥城把自己作为联合国专门组织的一个成
员,几个月之内有机会体验一下该地的文化环境,发现它不仅有西班牙特点,
而且也有意味深长的美洲特色。在他停留期间深深地感受到高度发达的中
美洲文化与东亚、东南亚文化中的许多特性具有明显的类似之处。首先似乎

155 可发现中美洲文化大体都发生在（美洲）大陆的西海岸（图206）。中美洲的庙宇和城市中大凡露台和纪念塔台阶都是绝对的水平线。另外绘有天龙和双头蛇（符号如中国之虹）的衣服花边随处可见，还有许多如鼓和赤陶图案以及雕像的许多其他相似物，甚至于绘画也与秦汉时的非常相似。他也注意到玛雅人（Maya，中美洲印第安人之一族）、阿兹台克人（Aztec，墨西哥印第安人）和中国人在秦汉时所用的历法，它们在表意符号手迹及广泛的符号关系（颜色、图腾、图案拐角等）方面的排列上乃至对宇宙的传说方面都极为相似。所有这一切给了他一种亚洲文化对美洲文化影响的不知所措的感受。他也感到奇怪，翡翠为何为玛雅人和阿兹台克人视为至宝，竟与中国人对其视为珍品一样。他甚至更感到奇怪的是在

图 206　中美洲发达文化的分布区〔据 W. 克雷克勃（W. Krickberg）〕

太平洋的西边，翡翠念珠和蝉常放在死者的口中。当他发现在所有这些文化形态中，尸体的翡翠护身符有时常常刷上可以还魂的赤铁矿色或朱砂那样的红色时，他由惊讶而变得相信了。

156 　　李约瑟博士也知道，在游戏、占卜、艺术、计算方法等领域内，人种学家早已辨认出其与亚洲的相类性。他也意识到其以往对美洲的多年研究是否定对这类文化发展有任何外部影响的，但是这类为他认可的意见在 1960 年之后开始改变。现已有相当多的迹象表明，在公元前 7 世纪和公元 16 世纪之间，也即前哥伦布时期，亚洲人偶尔多有到达美洲者。因而，我们就应该承认，不时有一些带有高度文化背景的小股男女到达此地，当然不会像 16 世纪末欧洲人入侵美洲时那样大的规模。

　　一些学者否定扶桑故事，认为当时用帆筏无法航行。对实用技术及其发展的无知再次证明是文学历史上唯一致命的弱点（即阿基里斯之踵，Achilles'heel），而且，他们的意见是写于前海雅达尔（pre‐Heyerdahl）时代。在联合国秘书处人员（李约瑟博士等）抵达墨西哥的前一月，索尔·海雅达尔

(Thor -Heyerdahl)及其几位同伴从秘鲁海岸扬帆到土阿莫吐(Tuamotu)群岛最北端的岛屿之一的拉露阿(Raroia),离塔希提(Tahiti)岛不远。他们所用的船是用凤仙花属(balsa)圆木制就的帆筏,尽可能仿效古代秘鲁帆筏,他们利用相应的流和风安全地完成了这次航行。关于发源于玻利尼西亚的海雅达尔(关于帆筏)的主要理论,我们在此不再涉及,但值得一提的是即使是过去的强烈反对者之一也已承认太平洋中是可以走帆筏的,可以说再没有什么比这种非欧洲型船更方便的了。很清楚,利用凤仙花木制成的筏,带有帆和中央(披水)板,可以实现从东到西沿南纬 0°—25° 的航行,而利用南中国和安南型航行器(漂流器)也可以实现从西到东沿北纬 25°—45° 的航行。而在冬天和初春的相应的流和风有助于这类航行,这时的北太平洋的气候也有助于这类航行,因为在这些纬度处特别温暖。

有趣的是在中国典籍中能够找到这类向东的水流的背景知识究竟可追溯到何时。对于大旋涡流不断向东北方向流动的中国名称为"尾闾",它似乎早在战国时期就已(为人们所)获知。在公元前 290 年问世的《庄子》中我们读到:

天下之水莫大于海,万川归之,不知何时止而不盈,尾闾泄之。

"尾闾"可以翻译成"最终的引流"或"有序的排水管",它的另一名字是"沃焦",即"会聚和倾泻"。人们有时称这是一块大的礁石,带有万丈深渊或海水永远排泄到里面的旋涡。在 1067 年,司马光确信,扶桑国在尾闾之西。 157
1744 年,(有人)按数世纪的长期传说,(认为)尾闾是目今所知的黑潮海流,它是中国海员航海去美国时常常被利用的。

关于万丈深渊的寓言一时使人对在该处航行失去信心,而中国海岸处的航海人员下海后不敢向前深入大海,非常相似的故事也同样困扰过欧洲的海员们。在古代中国的海事文献中寻索将无疑会对水流和存在大旋涡的信念有诸多启示。例如在 1178 年问世的《岭外代答》中,周去非谈到了很多情况。但我们必须非常简单地把它摘录如下:"阇婆之东,东大洋海也,水势渐低,女人国在焉,愈东则尾闾之所泄,非复人世。"这一对于黑潮海流起源的观点是相当正确的,虽然我们应该把菲律宾代之以书中说的爪哇。或许"无航海旅行者返程回来的目的地"就是美洲大陆而非万丈深渊。的确,其他和早先的报道是没有一个曾穿越太平洋的人再回来的,因为他们试图再用原来的筏船返程的试图均未获成功。他们有较少的机会可以这样做,因为在近世前没有进一步获得驾驭向东的风和洋流的一般知识。在公元前和公元后第一个千年,在这些海上旅行者中大多数可能是渔民和从事贸易的人,偶有文化的传播者到了美洲。应该确认有时候这种伟大的航行是由于一种或多种原因,常带有一定的目的,尽管他们对另外一端大陆并不了解。

令人吃惊的是中国人并未去探索太平洋,这仅能由我们不太熟悉的中国典籍中感受到。如果把我们的视线向前远远追溯,根据中国古代作者关于中国人在太平洋中的航行情况,可提出一个相当新的见解。为了简化,我们把注意力集中于秦朝。当时中国的统治者相信在东洋某岛上可以找到能够延寿或长生不老的药草植物。在公元前 3 世纪末,许多海船船长出海求长生不老药,但未能成功。尽管现在流传下来的这些人的名字仅剩徐福一人,但他的船队出海的故事对于中国早期的航海史来说十分重要,值得做些探索。司马迁在其公元前 90 年完成的伟大著作、中国最早的纪传体史书《史记》中曾 4 次提及上述之事,他在这部著作中所述较为详尽。首先他在与方士有关的"封禅书"的卷章中写道:

158

> 秦时(公元前 378—前 279 年,自威、宣、燕昭),使人入海求蓬莱、方丈、瀛州。此三神山者,其传在勃海中,去人不远,患且至,则船风引而去。盖尝有至者,诸僊(仙)人及不死之药皆在焉。……未至,望之如云,及到,三神山反居水下,临之,风辄引去,终莫能至云,世主莫不甘心焉。

该书继而还谈到秦始皇帝如何派童男、童女去寻找这些海岛,以及他们由于逆风而又如何未能到达。自然,迄今为止,其整个叙述富有传奇性和较难思议。但更为真实的事还在后面。公元前 219 年在秦始皇帝沿着东海岸的一次周期性的巡视中,由书中我们了解到,在琅琊和其他去处的海岸边他竖立了颂德碑,立碑后徐福及其他人向秦始皇帝叙述了三神山的情况。在书中写道:

> 请得斋戒与童男女求之,于是遣徐市,发童男女数千人,入海求僊(仙)人。

这就使我们充分地了解到当时他们扬帆航行的是哪一类船,当时全部出动帆筏船队并非怪事。但尽管如此,还是耗费了巨额资金,公元前 212 年,秦始皇帝对此耗费浩繁、无有结果之举大为恼火。

关于徐福东渡的最主要的报道,司马迁在《史记・淮南王刘安列传》中有一段叙述。

> 臣见海中大神,言曰:汝西皇之使邪。臣答曰:然。汝何求,曰:愿请延年益寿药。神曰:汝秦王之礼薄,得观而不得取,即从臣东南至蓬莱

159

山，见芝成宫阙，有使者，铜色而龙形，光上照天。于是臣再拜问曰：宜何资以献海神。曰：以令名男子若振女与百工之事，即得之矣。秦始皇帝大悦，遣振男女三千人，资之五（谷），种种百工而行。徐福得平原广泽，止王不来。

司马迁认为：徐福迎合了道家皇帝的信仰，实际上他早就知道在东方有着广阔富饶的土地，并计划着逃亡到那里去。其后裔们相信他是到了日本，他的墓碑仍保留在新宫市。但是这并非是一种孤立习俗的标志，因为历代日本学者对于《史记》很是熟悉。而考古学上的发现则更使人相信，在日本熊野时期（公元前、后 1 世纪）的制品中的中国影响反映明显。然而很可能是，徐福失踪的故事至少会隐去了一次去美洲大陆的航行。虽然他和他的随行人员去了何处或许我们永远也不可能确实知晓，但是这些移居者在他们的航船上挂了什么样的帆，在通过广阔海域时用什么样的操船方法则不会与我们的推测相差甚远。

第四章　航海术

第一节　导航的三个阶段

现在我们必须回到中国人的航海术上来。在讨论磁罗经和对葡萄牙人和中国人长距离远航进行比较时我们已经接近这个专题。不过，要真正研究中国人的航海术，即使很简单，我们首先也得对西方世界的航海知识，以少许段落总结一下。为此，我们必须要建立某些比较的标准。比较合适的是可以将航海分为三个阶段：① 原始航海；② 计量航海；③ 数学（即精确）航海。第二阶段始于中世纪的 1200 年，第三阶段则始于 1500 年或稍前。

原始航海

不能说原始时期的海员不借助于天文学导航，在很早以前他们就借助星座和太阳操纵船只。晚上他们能按北斗星辨识方向，后来埃及人把天空分为 36 个星座，每一星座绕空中 10°，即占有 10° 的经度，名之为 10° 间距星体。他们也能辨别其在海中的南北位置——他们所在的纬度——可以观察北极星相对于船桅和帆装的高度。白天他们能凭太阳的出没点来观察，从而可以构作一张地理方向图或风向玫瑰图。

至于时间和距离的估计仍然是粗糙的。充其量也不过是凭早晚对周围的观察以及对其所行路程的推测。但是这些古代的导航者是一些观察力极为敏锐的人，他们善于探测水深、作海床取样检验、注意盛行的风和流以及他们早先的各种航海指南或者是他们在航海训练时察及的深度、锚地、陆标和潮汐——他们还不忘利用观海岸鸟。即使他们确曾制成各种海图，但至今也已荡然无存。至于当时海员们技艺的总结可见诸 4 世纪的印度典籍中，书中谈到了当时著名的导航员苏帕拉加（Suparaga）：

> 他凭星座的方位经常能很容易确定自身所在的方向；他对各类征兆不论是有规律的、还是偶然的、反常的优劣天气，均有很深透的认识；他能借助鱼、水色、海底状态、鸟、山脉（陆标）和其他标志来区别航行的海区。

尽管这些技艺较为原始，但重要的是如此航海已能际天而行。

计量航海

计量是第二航海阶段的要义。在这一阶段导航员们在航海时不断采纳新的发明和实践，而不再是依靠臆测和上苍的帮助。大约在 1185 年后，在地中海海区，海员们在导航时很快地由天文观察变成地文观察，由于磁罗经盘的发明尽人皆知而到处使用，在航海技术上引起了名副其实的革命。不仅在阴暗或暴风雨的白天和黑夜也能航行，而且相对水平线的刻度盘读数（方位读数）方面的高精度使之在这类装置中获得了许多重要的发展。自然，风向玫瑰图也变得更为复杂，且转而绘于羊皮纸上成为一类具有交织的由一系列中心点发射的罗经方位恒向线（等罗经方位线）的"波特兰"图（portolan charts）的形式。此图最早确定的样本是 1311 年，但地图历史学家通常认为由卡特·皮萨纳（Carta Pisana）精心制作该图复本的时间是 1275 年。而据有关典籍中提供的有关迹象可知，这种形式海图的应用可追溯到 1270 年，当时法皇圣·路易（St Louis）从艾格—莫特（Aigaes‐Mortes）出发，进行十字军东征途中曾使用过它。

按照这些新的方位角—距离图，其他技艺必须改善，其中特别是时间与距离的计量。这种计量方法的改善显得特别重要。这类计量装置自 1310 年起大多称为头顶正对子午线时间（Orolgues de mer），1411 年时改称道司（dgolls），到了大约 1490 年则又称滴漏（running‐glasses），所有这些均是同一器物，称作更漏（hour‐glass）或沙漏（sand‐glass），由一值更下级军官（以一种具有旋律的声音）使其有规律地来回转动。与古代航海时一样，导航人员将受风力所驱使，不得不强行偏离原欲前进的航向，但从 1300 年左右起，欧洲兴起了一个新的数学分支——三角学，从而可以为导航人员提供一张折航

162 表,从中可以很容易计算出在某一时间后使船舶达到既定航向应有多大的操纵量以及该操纵到何时再返回。虽然我们还不能举出在1428年前已有这类表的例子,但我们已经知道早在1290年它已经得到发展了。无疑,在13世纪末和14世纪初出现的这类计量航海的方法还存在着一个绝对限制因素,这就是印度—阿拉伯数字的普及问题,虽然,这一新的数字计算导航方法在10世纪后期前即已首先为西方人所获知,然而直到由地中海海员第一次使用磁罗经之后(12世纪末期)才臻完善。至于对于航海指南的编纂,这一时期最早的例子是1253年的意大利航海指南,其中用方位—距离系统描述整个地中海区域,该系统包括一种简略的波特兰图连同众多其他对导航有价值的资料。

迄今为止,对利用天体星象助航的问题还尚无争议,但当利用太阳和星体的引导欲作更正确的测量时真正的困难就发生了。我们在适当的时机将述及东亚和东南亚在这方面的情况,但我们在这里主要说的是15世纪葡萄牙航海人员开始利用简易的海员圆圈测天仪或简易四分仪以图正确测定北极星高度时的有关精度问题。

1321年列维·本·格松(Levi ben Gerson)在西方首次描述所使用的十字测天仪和雅各测天仪,由此认定这就是这些仪器首先在西方使用的证明。这是错误的。葡萄牙人十字测天仪或十字测高杆或许并非天文学测量仪器的一项直接的发展,而是阿拉伯人在印度洋上使用过的卡玛尔(Kamal)(图210)演进而来。有很多迹象表明地中海的导航人员主要是在东西方向航行,从未去测过高度直到很久以后。我们最早的现存海员圆圈测天仪始自1555年,而最早测天图的出现可前推至1525年,而可以接受的这类仪器的使用年份还可上溯至1480年。1480年后,的确已经使用了海岸象限仪(四分仪),但未知其更早的使用时间在何时。可是,对葡萄牙人在大西洋为精确测定风流规律所作出的伟大贡献则无人怀疑。有一点可以肯定,即在1480年左右,他们已经可以比较精确地测定北极星的高度,因为随后的几年他们沿着整个非洲海岸测得了当地的纬度,这与源于2世纪希腊天文学家托勒密最先发明的通过纬度和气象(在两条平行纬线圈之间的地带)的测定以构筑地图的方法是一致的。

数学航海

在文艺复兴之初,航海术开始从第二阶段向第三阶段过渡。1500年后,163 内容丰富的新的或实验哲学体系的形成为海上导航带来了新的助力,这时现代科学已初露端倪,它犹如我们现在的计算机时代那样使人心醉。

它再次发生在天文学领域,增添了第一批复合的数学表,诸如 1485 年的正午太阳赤纬表、1505 年的南方十字星座表、1595 年的太阳角距表,这里仅涉及其中的某几种,这些表的问世导致在 1678 年利用这些表最终以航海历的形式出版。与此同时不少仪器也继续得以进一步完善。第一个游标尺型式的刻度盘(允许简易而精确读出该尺上每一分度中的分数)在 1542 年问世,1594 年十字测天仪为更精确的戴维斯(Davis)背面测天仪所代替。到了 1731 年,更为精确的反射六分仪和八分仪问世。还有一件十分重要的事就是船用天文钟的发明,它虽于 1530 年已由人提出,但直到公元 1760 年才得以普及。它的问世就此解决了在海上计量经度的老问题。1700 年船用气压计的问世表明在海上已可进行天气预报。

与此同时,人们对地球磁学的知识有了深化。15 世纪最后十年,欧洲人已有了磁偏角的知识,1535 年,对其在不同地区的变化第一次绘制成图。1699 年埃德蒙·哈利(Edmond Halley)在航海通过大西洋时,扩充了有关地区磁偏角的知识,几乎遍及世界各处,这些知识对于海员们至关重要。另外,从 1500 年开始,有万向接头的悬浮体应用于海上,而罗经可悬吊于平衡环(常平架)中。同时在船速的测量方面也有了很大的进步。旧时估算船速的简陋的方法于 1574 年被摒弃,而代之以在一条结节绳之末端置一漂浮重物的装置(即计程仪)或者利用沙漏测出水中目标通过船上两个标志间之正确时间以测定船速的新方法。最后,在文字记录方面亦有诸多进步。从 1500 年开始,欧洲人在印度洋的航行实践使其嗣后的航海指南变得更为详尽,而带有子午线刻度的纬线海图直接导致默卡托(Mercator)地图投影法等的问世。于是在一些海图上都标以纬度、经度、方位及航向,可做到大体上较为正确。在地球仪方面的改善引出"大圈航法"的概念,这首先为彼得罗·纽因斯(Pedro Nunes)所解释,1537 年后又为其他人不断加以引申说明。

在下文中,我们可以明确地了解到,虽然中国的导航人员从未进入过我们所说的航海第三阶段——数学航海,但他们进入航海第二阶段——计量航海的时间却比欧洲人早 2—3 个世纪。他们也应该得到赞扬。

(当时中国的)导航人员最为费力的是要爬上(桅杆)高处,尽其所能运用航海技艺,首先要对这一技艺进行有效的训练以使茫然无知的他们具备基本素质,从而受到人们的称道。 164

第二节　在东方海域中的星座、
罗盘和航海指南

我们很难搞清中国船长们驾驶其航船时除了观察陆标外,他们还能根据星座和太阳的位置操纵船舶的最早的时间。张衡也许是参照当时的占星学,在 118 年由他所撰的"灵宪"中写道:"中外之官,……为星两千五百,而海人之占未存焉。"这就产生了对长期流失的古文献的一种幻影,但现在已难说明问题,或许个中还有更贴切的内容与目前所论问题密切相关。8 世纪的《开元占经》中经常引证古代的海中占,我们将看到其确实来源于古代的史籍中。

"海中"的这一措词出现于六部汉代(1 世纪)典籍的书名中,(它究竟出于谁人之口)可以有 3 种可能的解释。其一,是某些外国人或海外岛屿上的人;其二,是身居海外的中国人;其三,是中国沿海省份的出海远航者。而且这些书中的题材主要是占星学或与航海有关。这第一种解释是受到西方学者所称道的(他们经常对中国人的这种独创性表示怀疑);第二种解释在 17 世纪的中国学者中有争论,故而还不太令人信服;而第三种解释似乎是最合理的。这也是 13 世纪伟大学者王应麟的正确解释。确实,"海中"这一措词在 8 世纪的中国各种典籍中已有确切的含义。只要我们翻阅一下在战国和汉初(公元前 3 世纪)方士著作中有关海中集的内容,我们的理解就不致有太大的偏差,这些方士生活在沿北中国大平原的东海岸,是中国人最早期的航海阶段的数学航海实践者。无疑,他们当时的航海技艺是一种无法细分的综合技巧,他们不可能把各种因素各别解决并分类成我们今天所称的占星学、天文学、天文航法、天气预报、风向、水流及初见陆地等方面的经验知识。对所有这些因素的认识在欧洲直到 17 世纪末仍是相当混乱。

无论如何,我们现在已经有了一些了解,这批航海方士艺人就是秦始皇在公元前 215 年所垂询的那一类人,虽然他们大多已不知其名。然而在这些方士中有一位叫王仲的。在 5 世纪问世的《后汉书》中告诉我们,王仲居住于山东省沿海,"好道术,明天文",当公元前 180 年吕氏家族作乱殃及自身时,他与他的随从只得入海,东航至朝鲜的乐浪并隐居山中。

在原始航海阶段,中国的导航人员也是使用上面提及的所有古代导航仪器。但是他们在这一阶段的末期在海上率先使用磁罗盘。这一航海人员技艺的重大变革,也宣告了计量航海阶段的来临,而这项变革在 1090 年的中国

165

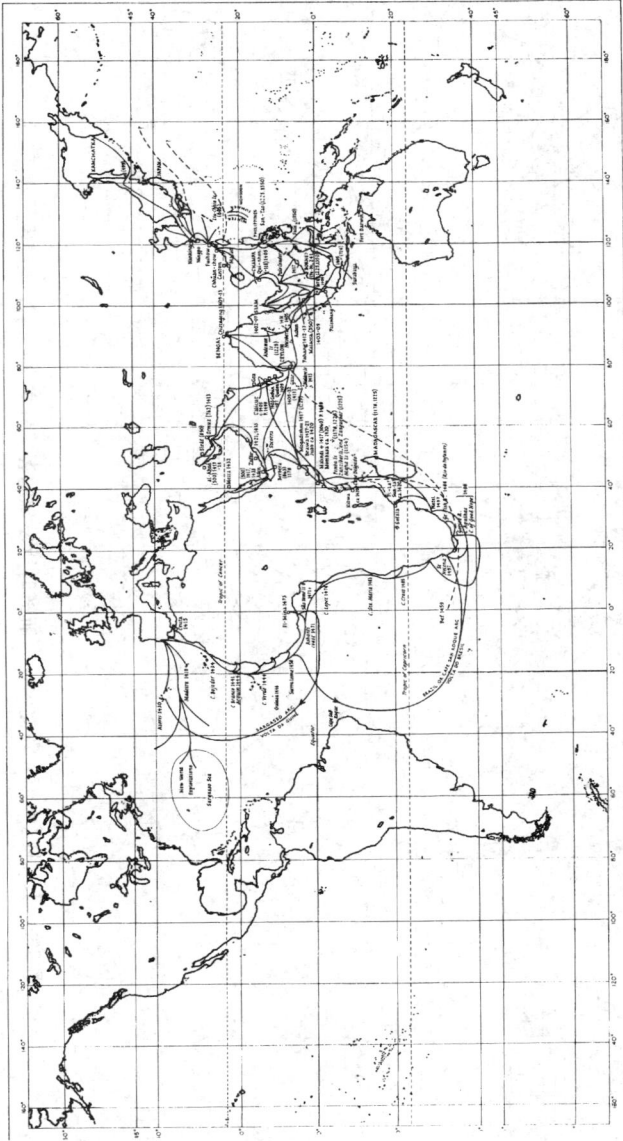

图 207 15 世纪中国人和葡萄牙人航海时所发现的可资比较的地图（在括号中的中国年代是从 15 世纪前的文献中查出的，在那个时期给出的年代表明这至少是最早的出海远航记录）

167

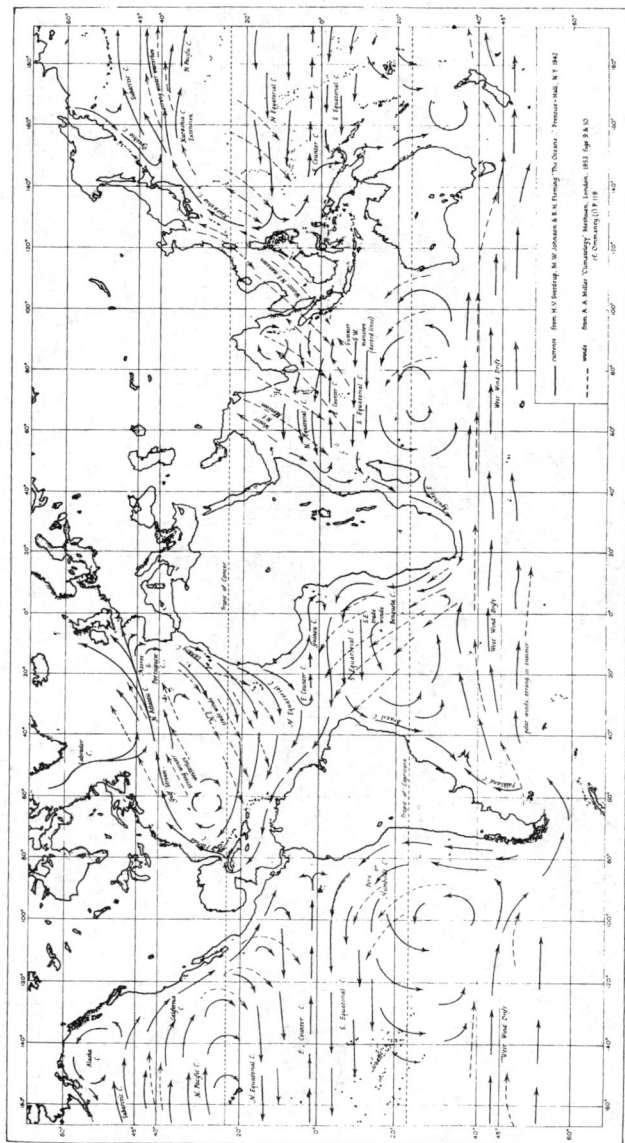

图 208 15 世纪中国人和葡萄牙人航海时所发现的表述气象学和海洋学背景的地图

船上确已得到实现,正如我们在第一部分所述,这正好较之西方进入这一航海阶段约早 1 个世纪。顺便应该提到的是中国第一本谈及磁罗盘应用的典籍内容涉及天文航海和测深乃至海底土质样品之研究。在 12 世纪,两位远方的中国人在欧洲人首次谈及磁罗盘之前,就已经分别强调罗盘在多云和暴风雨夜晚的天气条件下的作用。但是,在长期经历了由风水家在陆上使用地磁仪之后,磁罗盘首先变成海员使用的罗盘的精确日期已无从查考,据猜测很可能是在 9—10 世纪的某一时间。这是因为在这一时期中只要用一根罗盘(磁)针就可实现对磁偏角颇为精确的测定。在 13 世纪末之前(马可·波罗时代)在印刷物上已经有了罗盘方位的记录,而到了下一世纪,在元末之前,这方面的编纂物开始出版。

正如我们在第一部分所述,最早的中国航海罗盘是 1044 年前的利用磁化钢或铁片的水浮罗盘,它往往是把一薄片金属剪成鱼之形状。中国海员一直使用此类水浮罗盘将近有 1 000 年的时间。然而 16 世纪由于荷兰之影响导致在中国船上采用干悬罗盘。另外,中国的罗盘制造者应用一种十分精巧的悬挂方式以自动补偿船对地俯仰角的变化。这一点直至 19 世纪初仍给西方人留下深刻的印象。

郑和在 1400—1433 年一系列非凡的探险活动在中国航海技术史上成为一个引人注目的焦点。极为幸运的是从这个时期起,在可靠的波特兰型海图上可以描绘郑和船队和其他中国船及其护航队的海上行踪,这些都已完整地被保存下来。最早是在 17 世纪被印制于有名的《武备志》的最后一章中。这些图被极度歪扭,但仍是图解式的,而船舶横渡大洋时的航向极似近代航运公司发行的地图上的航迹。而对某些航线上皆伴有插图说明,其中给出详细的罗盘方位,带有以"更"为计量单位之各项距离以及许多有关沿岸地貌特色的注记,这些在航海时是十分重要的。这些注记中包括有半潮礁、沙滩以及港口和锚地。航线中列载有岛屿之内外通道,有时其上还注有可供选择的去程和回程时的航线。近代学者曾对此等图解与对其描述的正确性,以及图上地名的辨认,予以极大的关注,最终,他们对这些中国导航人员的记录的精确性及其知识予以高度的评价。我们可以由中国导航人员在环绕马来西亚的(船舶)航行中能控制其航向通过现今的新加坡主海峡时的熟练技巧得到某些启示,新加坡主海峡并非为葡萄牙人发现的(或至少未为其所使用),直至 100 年后,后者才在这一海道中出现。

有趣的是,《武备志》的最后一章并非都是这些图解式的海图。书中还给出了四张指导性的航海图,概括了在很多常规航行中所应维持的星座位置。

168

169

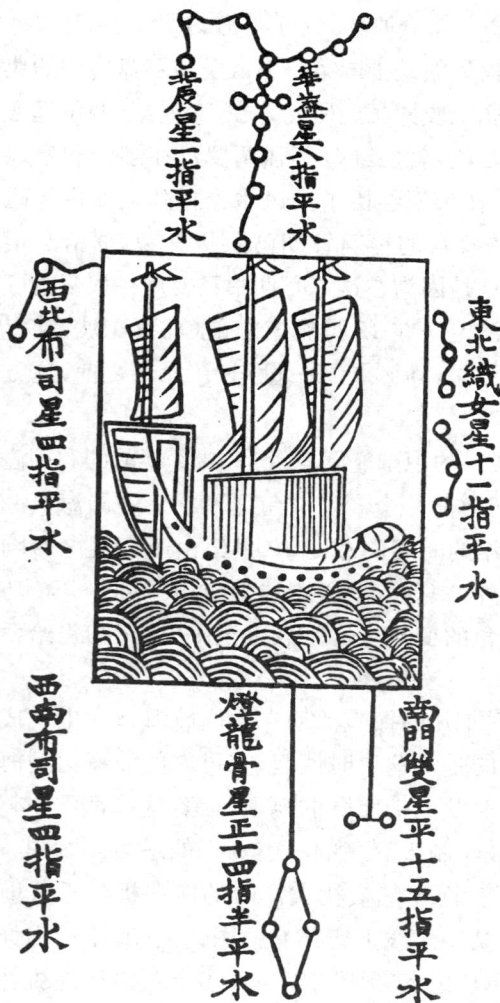

图 209 示以在锡兰与苏门答腊间航行时导航人员所应把持的航行方向,图上注记极为醒目。

(上)北辰星一指平水,华盖星八指平水。

(左)西北布司星四指平水,西南布司星四指平水。

(下)灯龙骨星正十四指半平水,南门双星平十五指平水。

(右)东北织女星十一指平水。

所有这些解释表明这样的事实,在测定北极星和其他星座的高度时导航人员并未使用天文学家所惯用的"度",而宁愿采用"指宽"或"指",每"指"可8等分或分为4"角"。有时在航海过程中由于北极星往往距水平面非常低,甚至于观察不到,因而必须在靠近北极星的区域用其他星座来代替它(中国人选用中国人所说的华盖星座中的星体,华盖星座由我们所称的仙后星座和鹿豹星座所组成)。

图 209 《武备志》中由锡兰到苏门答腊的 17 世纪中国航海图之一〔由 G. 菲利普斯(G. Phillips)的书中复制〕

一旦当我们了解到在中国海和印度洋的航海者主要依据测定北极星之高度导航时,正如 15 世纪末葡萄牙人所做的那样,很多饶有趣味的问题萌生。170 不巧的是我们并不能确切获知在东方海道中这类航海计量可以追溯到何时,同样也不能确认当这批大西洋边缘的欧洲人沿西非海岸作探险航行时受前者计量航海技术的影响有多长的时间。但有一点可以确定,即当 1498 年夏,葡萄牙人向伊本·马季德(Ibn Majid)显示他们的圆圈测天仪和四分仪时,他毫无新奇之感,并说阿拉伯人也使用与之相类似的仪器,但葡萄牙人却对他的无动于衷表示出异乎寻常的惊奇。由此可以猜测东亚对欧洲的影响,至少我们必须承认东亚在计量航海方面的优先权。

首先,极为明显的一点,即郑和时代的中国导航人员,他们除了有罗盘定位仪外,还知道查找纬度,并沿其航行。例如,在《西洋朝贡典录》中曾谈及在去锡兰的海上航行途中,在马尔代夫岛处从孟加拉到马累(Malé)这一段航程,所到之处都给出了北极星的高度。但是我们仍未搞清中国人使用的是什么航海仪器。很可能大约在 1400 年已经使用四分仪,但更早还可能使用过在浑天仪基础上发展而来的仪器(在天体地球仪上的参考环框用固结于一基础框架上的金属环所代替)。这类浑天仪在中国有长而精详的历史(见节略本第 2 卷),而把这类仪器用于海上可以追溯到 8 世纪初,当时(僧)一行的(天文)研究组被派去测定从印度支那(指中南半岛的越南等)到蒙古沿途的子午线弧,并进行星座的高度测量。也是在这一时期,南半球的探险队已被派去绘制距南极天 20°距离的星座图。他们没有使用西方所熟知的圆圈测天仪,而是使用用于测地的带有可转动观察臂或典型的中国式望筒的简化浑天环。但似乎更有可能的是使用十字测天仪的较为简单的型式,因为所谓雅各式测天仪在中国已为人熟知,且已被测地员早于西方 3 个世纪也即 1086 年就已经使用了,而西方人论及这类仪器的时间是在 1321 年。这与阿拉伯和印度导航人员的实践一脉相承。

航海图的问题也十分含糊。虽然在许多中国典籍中常常提及,但残存下来的仅是《武备志》中的几幅图。但是仔细进行地图计量的传统习惯在中国较之欧洲更为根深蒂固。因而大约在 1137 年缩尺基本单位为 100 里的一幅华丽的地图已被绘制出来,似可认为,在 801 年的贾耽用以上相同的比例尺绘出更大的地图,但并不太精致。确实,使用矩形格子绘制地图的原理可以追溯到 3 世纪,它与欧洲宗教制图家发挥轮状地图的想象力所形成的地图计量或量化地图学是完全不同的。值得注意的是在 11 世纪末沈括的工作中我们可以得到启示,即方格是与显示罗经方位的线(恒向线)相结合使用的,正如在 2—3 世纪后在地中海所发生的那样。但沈括的工作仅针对测地,而不是天文航海,且又未留存于世,而更为有趣的是阿拉伯人也使用矩形格子海图,通常以"指宽"为刻度单位,有时图上还注有中国 14 世纪"蒙古式样"的港口和地方的名字,但很少有详尽的地理注记。

最后,于 1569 年为杰拉德·默卡托(Gerard Mercator)发明的投影法,这是一个很大的进步,但他却并不知道这一方法在 5 个世纪前已经由苏颂在某一天体图册中领先使用了。在该天体图册中,在 28 宿间的时圈引成子午线,

171

按离北极天的距离通过准—正圆柱投影法把标记于赤道两侧的星体给出一地图投影，在投影图上星座所占的一小块面积中保持着它们原本正确的形状。有了如此一个辉煌的背景，我们可以期待，考古学发现将会证明宋、元和明代的船长使用的是什么样的海图。

正如前所述，磁罗盘、波特兰图、沙漏及折航表(traverse bables)的使用形成一套紧密关联的互补的技术。很少人谈及折航表，因迄今为止它在中国人的航海指南中并未得到认知。可是对能计量时间的沙漏的应用却提出了独特的见解。1951年，在一份揭示航海罗盘史的专题论文中作出结论说，直到16世纪末，中国人还不知道沙漏或尚未将其用于船上，他们是由荷兰或葡萄牙人那儿学来的。但自从上述专题论文发表后，有许多资料证明1370年左右在中国机械时钟机构史上获得重大发展，当时已把沙代替水以推动机械式时钟的运动。但此后，中国人是否对此等时钟继续使用借连杆动作的摆轮，或再用减速齿轮装置取而代之，则不得而知。不过，在中国的时钟机构中确实有某些新的装置，这也为更为近代的西方时钟中所吸收采用，这就是带有一转动指针的固定刻度盘。

这一时钟机构新貌是与詹希元的名字联系在一起的。似乎尚无理由说清为何在郑和船队的每艘大船上不装用一具或多具他的此类时钟机构（盖因旧时的水车式时钟机构不适于船用）。但是有一点是十分明确的，即利用沙流以测定时间的方法对中国人来说比较得心应手。因而有必要再来考察一下在西方有关沙漏是由公元十世纪意大利外交家、历史学家和主教，克瑞梦纳(Crimona)的柳特泼雷德(Liutprand)创制的各种传说，同时再考虑一下该世纪的早些时候久已忘怀的说法，即更漏是从东方传入欧洲的。

首先，近代中国历史学家已经证实了更漏的重要影响，因为从12世纪初开始，在中国人有关导航的许多描述中都提到或含蓄提到航海值更，其计量单位必为沙漏，因当时并无任何型式的水车式时钟机构适用于海上。再是一位西方的航海史学家认为西方航海沙漏的起源可追溯至12世纪后期有名的威尼斯玻璃工业。或许后者连同磁罗盘及尾柱舵成为亚洲向西方的传播物中的组成部分，我们发现这在许多应用科学领域中都是这样。但对此仍有严重分歧，拟在另处再议。

沙漏意为吹制成的玻璃制品，业已搞清吹玻璃技术起源并风靡于欧洲和西方，但玻璃的制造本身则并非如此。那么对于中国历史学家刚才所说的真正的答案难道不是计时的炉香吗？燃烧长条形香以计时的方法可以追溯到中国的中世纪，用炉香将很容易近似计量时间并点亮船上之佛龛，而那里也

172

放有罗盘。实际上为值更而使用的燃香时钟是一台非常实际和可靠的原始天文钟。可是，香条是中国宗教和文化的特征，它很难传播给其他文化区之海员，即使他们发现它非常有用。

让我们再回到用指和角的天体高度计量上来。这个计量方法实际上是与在印度洋上航行的阿拉伯船长所使用的完全相同，他们用指宽和英寸表述天体高度。该计量方法长期来为欧洲人所熟识，他们主要是由一部有关航海训练的简编《海洋》(Muhit)中获知的，此书系由具有学者风度的土耳其海军将领伊本·胡赛因(Ibn Husain)当他的舰队被毁后在他富有诗意的回家旅程中于1553年停留在印度的亚美达巴得(Abmedahad)时编纂而成的。嗣后该书中的主要资料来源被发现于1511年的阿拉伯人的论文中以及还要早些时候为某一阿拉伯导航人员在1475年所写的书中，后者曾参加1498年瓦斯科·达·伽马在马林迪的海上航行。就现在我们所知，葡萄牙航海人员对这一计量方法在此后还继续使用了一段时间。很显然，在郑和航海期间必定已有了充分使用这一计量方法的习惯。如果把《海洋》一书及其资料来源中所述的计量方法与中国的《武备志》中所述加以比较，则可以发现，一般说来两者非常一致。而阿拉伯人和中国人的计量方法之间的主要差别似乎是在赤道处纬度的极地代用标识星座上，阿拉伯人选用典型的护卫星座（小熊星座的β星和γ星），阿拉伯人称之为小牛星座，而中国人则选用华盖星座中的星群。这些星群距北极星的距离十分近，虽然它们分别处于北极星的两侧。阿拉伯人和中国人均取北极星的高度为1指宽，当他们发现使用这一量度不是太可靠时，于是都把位于天极的标识星座加以改变，阿拉伯人取具有8指宽的小牛星，而中国人则取8指宽的华盖星，分别替代仅有1指宽的北极星。

第一批来到南半球的欧洲人发现一个十分陌生的现象，即北极星会在他们的视野中不出现。马可·波罗在1292年回老家的航程中在苏门答腊时北极星消失于空中，而到了科摩林角(Cape Comorin)（北纬8°)又发现了它；20年后，波丹浓(Pordennone)的奥德列克(Odoric)也记录了与之相同的情况。尽管如此，但其他西方作者却并未记录有南方星座，但给人深刻的印象是他们在航海中使用过它，而且在这些海道中他们竟然不用磁罗盘导航。确实，弗拉·莫拉(Fra Mauro)在其地图中记述道："(中国帆船)在航海中不用罗盘，因为在船上常有一位随行的星学家，他独自站立于高高的尾楼上，使用圆圈测天仪指挥海上航行"。但他实际指的也可能是卡玛尔(Kamal)而非圆圈测天仪。

这些写作者关于罗盘使用方面所产生的印象无疑是错误的。如所周知，

173

14世纪地中海的导航人员的眼睛从未离开过罗经盘上之磁针,按照方位和距离算出船舶的航向随时向操舵人员发出操纵指令。对于亚洲的导航人员而言,罗盘仅是他们使用的仪器之一,利用对星体(甚至太阳)的观察以确定他们所在的海中位置至少与前者同等重要。这无疑是因为具有阿拉伯传统习惯的海员们经常航行的区域是一个降雨量相对较少或至少明显属于季节性降雨的区域,经常天空晴朗,故使用星体群测定方位更有其吸引力,且可获更为精确的计量结果。同时,他们所活动的海区散及南、北半球,宜于作天文观察研究,由于较少阴暗天空的阻隔,同样没有理由认为他们会热衷于天然磁石导航。确实,最初使用天然磁石者系北方的中国人,但由于他们的文字被限定于一种记号表意式的语言之内,故直到比较近代以前一直未为西方人所理解或懂得。

至于阿拉伯与中国导航人员间的相互影响问题,目前我们还知之不多,难以回答。他们在1400年前确实已有所接触,在高度的计量方面阿拉伯天文学确实占有优势。另一方面,对于看不到的星体群能采用极地标识方面则中国人更有特色。再是,虽然关于指宽计量的记述在中国早期出版的典籍中并不普遍,但还是为导航人员所使用,他们的航海指南是手抄本,确实,中国人在大地丈量中使用指宽计量的时间较之阿拉伯文化区为早。自然,这类方法也很可能是在这两个文化区独立发展而来的。

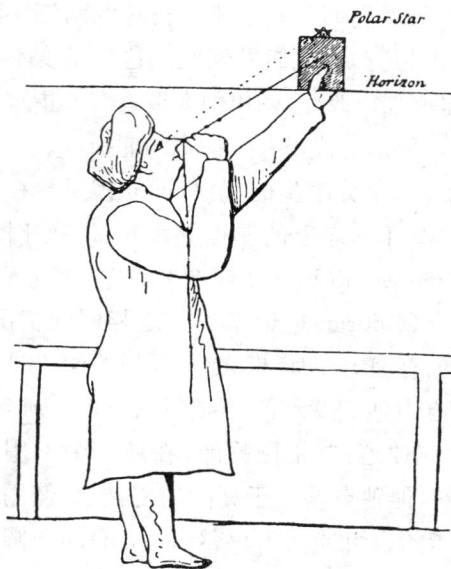

图210 计量星体高度的卡玛尔[H·康格里夫(H. Congreve)在1850年制作的图]

在元、明时期,中国导航人员使用的计量星体高度的究竟是什么仪器长期来是一个谜,但是在阿拉伯导航人员中对这类仪器运用自如的情况尽人皆知。他们使用各种形式的十字测天仪,其中包括有一块板牌或卡玛尔(图210),板牌的支撑木杆为一打结的细绳所代替。据推测,较早的计量装置是在标准长度(一般为人臂的展开长度)的结绳或杆子上分别放置一组共9块方形平板或金属板。这些装置是计量星体与水平面之间的角度,而不是星体与天顶间的角度,因在船上要计量后者则更为困难。正如我们业已知道的那样,有迹象表明,十字测天仪在中国大约于 11 世纪已经出现了,这较之(法国)普罗旺斯(Provence)的这一传统发明要早 300 年。因而,极有可能,15 世纪的中国导航人员也使用某种形式的十字架测天仪。

他们所用的卡玛尔式测天仪实际上是十字测天仪中之一类,这种说法现 175 已为现代中国学者严敦杰所证实。他对 1606 年出版的为李翊所撰的《戒庵老人漫笔》中的某字条已经作出了令人信服的解释。该字条内容如下:

> (苏州马怀德)牵星板一副,十二片,乌木为之,自小渐大,大者长七寸余。标为一指、二指,以至十二指,具有细刻,若分寸然。又有象牙一块,长二寸,四角皆缺,上有半指、半角、一角、三角等字,颠倒相向(面对较大的一块板牌),盖周髀算尺也。

很显然,该装置是用一组紫檀木标准板放在距人眼一定的位置,而不是如组成典型卡玛尔那样带有一结绳的单块板。更为有趣的是还可利用四角切成标准边缘长度的象牙板的形状作微调,它可与成组的板牌同时使用以计量指以下的各分数。由严敦杰的计算表明这些板牌相应于一定的天体角度,由此可见,当时中国导航人员取 4 角为 1 指,而并非以 8 角为 1 指,尽管半指也标记于象牙微调板上。

然而,李翊并未谈及这类装置在他的时代前有多久已在使用了,但有许多理由,我们可以确认中国导航人员在 15 世纪就是使用他的这种计量天体高度的方法,并可追溯到 14 世纪乃至 13 世纪。实际上,从 12 世纪开始,中国人已经在尝试计量天体高度了。在 1124 年的某一典籍中已有人提出这类计量方法,并由宋代编纂的《宋会要稿》中得到意想不到的证实。在文中我们读到"舡合用望斗"[即当时的一些(远洋)海船上的每一艘均装备有北斗七星观察仪(望斗)]。望斗的明确意思是确定北斗七星星座位置和高度的长型中空圆筒(望筒)。它也相当于是一个十字测天仪或卡玛尔。或许中国导航人员紧 176 接方位的定量化之后又实现了星体高度的定量化。

总结一下就我们所知道的在东方海域计量导航的发展,它必定是以在 1050 年前的某段时间,很可能早在 850 年在中国船上使用航海罗盘作为其开端。至于它多久后传播到印度洋仍不得而知。在 1300 年前,不论是阿拉伯或印度的导航人员很少发现他们在海上使用仪器计量星体高度的任何迹象,就是中国的导航人员也很少使用这类仪器。但是导航人员手册《顺风相送》却告诉我们,由 1403 年开始,可按"星图进行修正",这说明在 14 世纪计量技术较之早期有了较大的发展。故就广义而言,如果我们认为当伊本·马季德在马林迪遇到瓦斯科·达·伽马时,在苏伊士的东方,其全部的航海计量已于 2 或 3 世纪前实现了,但在西方尚不及 1 个世纪,这种说法似乎不太离谱。

关于星体高度的测量直到目前仍然引起进行传统海船航海的中国海员团队的关注。似乎耶稣会士在这方面的影响可以在 17 世纪找到根据,当时中国人才把 1 圈分为 360°代替他们惯用的 $365\frac{1}{4}$。当然这是一个谜。使用360°单位制并题为《北极出地图》的图登载于 1715 年出版的定海厅志(近于专区的定海的地名词典),值得注意的是图中有一组把天空作等空间划分的 16 条1/4 椭圆线簇,而每一部分代表可观测的天。16 世纪的英国为了表述当时的航海天文学,使用过类似的图,但远较前者简略。这就又产生了一些棘手的疑难问题。

用于确定海上星体高度的圆圈测天仪所存在的问题之一是:作为一种原始的设计,对于每一纬度,在稀疏的经浮雕细工的星图(网)上必须使用不同的刻板(鼓膜)。一种解决办法是使用罗加斯(Rojas)投影法,一种属正交投影式的在鼓膜上的投影地图,也就是在地球仪上所画位置的观测点处于其无穷远处。于是纬度圈在赤道处成为直线,而子午圈成为半椭圆线。而离天球中心指平面球体图的中心愈远,则不论是纬度圈还是子午圈间的间隔愈短。如此的不等间隔能在耶稣会士所绘的图上清晰可见,并自然地反映于定海厅图中。

事实上,16 世纪的天文学家琼·德·鲁加斯·沙米埃图(Juan de Rojas Sarmiento)从未要求承认罗加斯投影法的发明权。它的较简单的型式在古代已为人简略地说起过,其中特别著名的是公元前 30 年的一位工程师维特鲁维斯(Vitruvius)。有关的文字记载表明,穆斯林地理学家阿尔·比鲁尼(al - Birunl)在大约 998 年时也有过同样的想法,尽管对他的解释尚待作进一步研究。而还有大约较罗加斯早半个世纪以上的采用同样正交投影法制作的某些仪器流传了下来。

当然,罗加斯投影法并非是适合于每一纬度的唯一方法。而最有名的且极为普及的一种是伊本·哈拉夫(Ibn Khalaf)的投影法,哈拉夫是工作在1040 年的托莱顿(Toledan)天文学家。再是在该世纪后一点时间(1070 年)上述方法为著名的天文学家阿·查加尔(al - Zarqali)加以改进,由于他发明了能确定太阳、月亮、星体群和行星等天体位置的有影响的托莱顿表册而负有盛名。之后,在 1276 年问世的卡斯蒂尔(Castile)国王阿尔丰索十世(Alfonso X)的名著《天文学的知识之书》中有图解和精细的描述,它与"定海厅图"中的

16 条象限椭圆线簇有着精妙的联系。在《知识之书》中描述的第二类仪器之正面刻有阿·柴古莱的改进图解,其背面所记载的一张图解至今尚未有人能作出确切的解释。在其中的一个象限内划出一些以度数表示的角度正弦值的线条,而其他三个象限内则包含有一系列的半 1/2 或 1/4 椭圆线。由于是等间隔,这些椭圆线不能代表正投影中的子午圈。

在构筑这类图解时,《知识之书》决非仅有之例证,因为我们还发现了更早的穆斯林圆圈测天仪,第 1 台在 1212 年制成,另一台则在 1252 年问世。因此,可以提出这样的问题,即《定海厅图》中的等空间 1/4 椭圈线是否并未从早先中国人与阿拉伯人的天文航海人员的直接接触中引入而是通过以后的耶稣会士作中介而传入的。

在结束对中国航海术之考察之前还需概略提及 2—3 本典型航海指南的有关内容。其第 1 本是在大约公元 1430 年或是在接近郑和下西洋时期由无名氏所编纂的《顺风相送》。另 1 本是在公元 1618 年由张燮编纂的《东西洋考》(东西洋研究),这是在伊曼纽尔·迪亚士(Emmanuel Diaz)刊行其《天球释论》若干年后,但前书中并未见有西方影响的迹象。张燮较之 15 世纪的海船船长而言,是一位更具学术型的历史学家和地理学家,但似乎也有某些个人的海上经历。

查看这两本书,我们可以发现其共同的特点是书中都给出大量有关陆标,包括罗盘方位、水深(托)及常规的海上航行指南等方面的资料。两书中有各地区的资料,虽然对这些无名的编纂者已无从查考。每本书上都包含对气候征兆有诸多警示的每月或每一季节的(逐月)风表,对云层形状之观察,风雨情状以及诸如日晕等的其他气象现象。在给出的一些潮汐表上还附上其他诸如水色和水上漂浮物的标记。两书中还为船长提供圣餐仪式的指导,在第 1 本航海指南中更多地关心守护罗盘的圣人和神灵,而张燮常说到天妃,一位天国的女主人和海员心目中的女神,她为郑和及其船队所信奉。

仅是这些 15 世纪的典籍中的一些资料就有着某些特别引人注目的特征。从中我们得知水浮罗盘用水的选择方法以及使磁针浮于水上的适当的方式。除了具有 24 个方位角点的 3 张表之外,还有一张作为天宫的仅有 14 个方位角点的表,另外还有一张在各个方位角点注有风况的表。可能反映阿拉伯影响最有意思的是一称为《星宿观察原理》的小表,其上给出 4 个星座的方位角出没点。这 4 个星座是北斗七星、华盖星座(极为重要)(见本卷第 188 页)、南十字星(灯笼星),还有一个星座可能是水平星(可能是龙骨星座中之老人星)。目今这些出没点成为全面构筑阿拉伯海员所使用的方位圈刻度的一个

178

基本要素。全年逐月的太阳和月亮的方位角出没点连同相应的水钟分数和昼夜长短制成一览表。一些帮助记忆的诗句如月亮出没时间的诗句会促使导航人员习惯于记住这些数据。那位无名氏编纂者也提供了作为天气变化信号的闪电的帮助人记忆的诗句。最后他在书中还增加了一些确定海流和潮流的方法及对更次的计算。在他的书中我们还可读到关于对测定船速的浮木方法的叙述。

另一本无名氏撰写的航海指南名为《指南正法》，它是附于某一军事百科全书中的一手抄本。其序言作于 1669 年。除了对许多气象知识和航海罗盘方位未加分析外，书中还附有用星座图解以观星的一节。给出的对 28 宿星体群的观测，将不仅可测定夜间的时间，而且可通过简单的计算求得纬度。很可能在对此文献作进一步研究的基础上导致能确定在地平线以下极地星体的位置与 28 宿各自的最大高度（中天）具有一定关系的航海表册的发现，该表册与阿拉伯人的表册相类似。

最后，对于潮汐表也略加数语。由于在现存的数部航海指南中都包含有它，值得回忆的是中国关于海潮的研究早于欧洲。官方的历史还告诉我们，对于一个特殊的港口最早的潮汐表是 13 世纪的《伦敦桥处的涨潮》（"fflod at London brigge"），但现在已经搞清，在 1026 年燕肃的《海潮图论》中就载有宁波港的详细潮汐表。其后，于公元 1056 年吕昌明又给出了杭州的潮汐表，并刻在钱塘江岸观潮亭中的壁上。而从元至清的中国导航人员则继承了他们的伟大传统。

第三节 地 球 仪

如果我们欲在一艘海上航行的近代定期邮船上寻找一台地球仪，可发现它已成了船上阅览室中之装饰品，但在桥楼上却已找不到它的踪影。但在 16 世纪末和 17 世纪初，它却在当时的航海仪器中占有显著的地位。但是这种地球仪绝不可能出现于中国船上，就连在郑和的旗舰上也不会有，因为它不合中国人的传统，或许这样说并不太合适，但这种情况起码一半是真实的，但还需作点说明。

首先让我们回顾一下西方所发生的情况。如所周知，地球仪的第一个制造者是大约公元前 160 年的（古希腊）马洛斯（Mallos）的斯托克·克拉蒂斯（Stoic Grates），这一说法得到地理学家斯特拉博（Strobo）（公元前 63 年—公

179

元 19 年)的认可。在斯特拉博之后,在西方已很少听到地球仪了。但这种传统必定是传播到了阿拉伯,因为在 903 年波斯地理学家伊本·罗斯达(Ibn Rustah)曾对地球仪和天球作过精妙的描述。几个世纪后,拉丁人也能对此作同样的描述,如 1233 年英国人萨克洛波斯卡(Sacrobosco)所写的《地球论》,直到文艺复兴时尚很普及。在《地球论》面世后的同一世纪稍晚一些时间的 1267 年,天文学家杰马尔·艾尔定(Jamal al-Din)率领一个科学合作使团从波斯的埃克亨(Ilkhan)抵达中国宫廷,把一个地球仪(至少是一个设计方案)带到北京。在《元史》中说:"其制以木为圆毬。……七分为水,其色绿,三分为土地,其色白,画江河湖海脉络贯串于其中,画作小方并以计幅员之广袤、道里之远近。"但是(作者)对地球仪的真实含义并未理解。

很难说地球仪在中国不受重视,因为在中国人的传统习惯中对地球仪还是很欢迎的。汉代伟大的浑天家们一再强调,浮于天际的地球极似鸡蛋之卵黄,或如悬于空中的弓弩之弹丸。1500 年后,当熊明遇借助于中国帆船在逆流海上环航时,在一张白描图上对其有关天文学和地理学方面的论文作图示解释时有效地应用了中国浑天家们惯用的同样的术语。很多迹象表明,关于地球的球面形状在中世纪中国的文化中得到意想不到的广泛传播。事实上,中国的天文学家制造地球仪已有好多个世纪了,只是不像西方制造的那么大,而是仅用作演示的固结于浑天仪中心针头上的一个十分小的地球模型。张衡(125 年)和天文学家陆绩(225 年)的最早期创世的地球仪的真实装置已不得而知,但十分清楚的是在稍后的 260 年天文学家葛衡把一台地球模型置于他制作的浑天仪内部。可以确认,与此同时,另一位天文学家王蕃常常喜欢把在一平顶盒中的圆球沉至适当的位置以代表地平线。葛衡的方法在 6 世纪前后已为许多其他地球仪制作者所沿用。就此迎来了用多种方式表述地球的机械装置的新纪元。至少其中有一台至今尚存,那是 18 世纪留存在朝鲜的一台地球仪,在其小的内部地球模型上标识有所有在现代地理学上人所共知的大陆板块。也许把地球仪充分放大后的形式在中国并不多见,但自 3 世纪之后中国却在浑天仪中已置有地球模型,而在这方面的实践欧洲直到 15 世纪末尚未开始。

现存的两台中国的地球仪均是文艺复兴时代的制品。第一台是耶稣会士团到中国后制作的,这台彩色涂漆的直径 57.5 厘米的地球仪是 1623 年在伊曼纽尔·迪亚士(中国名字为阳玛诺)与尼古拉斯·朗格巴的(Nicholas Longobardi,中国名字为龙华民)的指导下制成的。另一台则极为不同,且十分小,只有 30 厘米直径大小,用薄金属银片制成,在球面上涂上光亮的蓝色、

180

绿色、紫色和其他颜色的半透明景泰蓝珐琅漆之前,先雕刻有地图和题词。其来源不明,其内仅有日期之留痕,可能是 1650—1770 年之间的制品,但由其上与清代制图学家庄廷旉的世界地图上有许多相类似的地名,可见两者均掌握有相同的资料来源,而后者是至迟在 1800 年问世的一个地球图集版本。在上述地球仪上的地名以南极为最高点次序读识。其上澳大利亚把新几内亚和塔斯马尼亚连接起来;东印度群岛亦画得很糟,竟把婆罗洲置于马来亚之顶尖与爪哇之间,该图的一个特点是看不出有任何耶稣会士的影响,这很可能是某些对南中国海不熟悉的中国北方制图家的制品。一大片南极洲大陆也画出来了,但竟错误地被画成与新西兰相接壤。图上把加利福尼亚画成一岛,这表明该图制作于 1700 年左右,因为当时由天文学家埃德蒙·哈利(Edmond Halley)所绘的磁性世界地图是采用上述同样画法的最后一个世界地图版本。

第五章　推　进

181

（帆：中国在纵帆发展中的地位）

　　帆可以作为一种用各种方式挂在船（桅）上的一幅织物，它可以利用风的压力和流动推动船舶作定向航行。帆及其组合具有繁多的型式和布置（帆装），其复杂程度几乎使人迷乱，但它却是顺着单一的创造脉络不断向前演进——即不论在和顺的微风或者直接处于逆风状态时通过扬帆以达到人类减轻劳动强度的愿望。虽然仅靠帆本身殊难实现这一目的，但在迎风扬帆时却可以达到最大效率点，这一目标最终是可以达到的。因而航海技术这一分支的历史可以简练地归结为：面对正北风，人类经历了从以往船只只能向南西航去，直到后来船可以向西北微北航行的演进过程——相当于罗盘上 9 个方位点差，而这是人类经历了三千年的努力才实现的。

　　为了理解下文所述的这一演进过程，必须记住被称为帆之原型的一些主要型式。在图 211 中绘出了这些帆的简图。在这些帆图中桅和支撑部件（帆桁）示以粗线，而帆的自由边缘则示以细线。首先是横帆，它既古老又最简单，（在桅上）对称悬挂，通常有一上顶部的支撑横档（上帆桁），但在不同时间和地点还在帆底脚处装或不装与上部类似的横档（下帆桁）(A, A')。横帆是在同一帆表面经常受风的唯一主要帆型。当风自船之右后方（即右边象限后方）来时，帆之右手边（右舷侧）应该向桅前拉紧，而帆之左手边（左舷侧）则向桅后拉紧。当风向变化到另一面，如左后方时或船改变航向时，帆面的位置则与上述相反；换言之，当帆面调整到向风时，使原为前端的上风帆桁臂变为后端的下风帆桁臂。但总而言之，其操作的范围极为有限。所有海区及文化

182

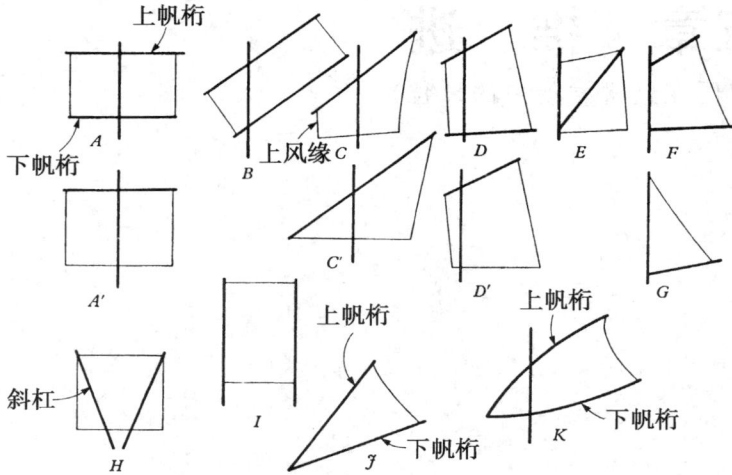

图 211　基本帆型（桅、上帆桁、下帆桁、斜杠、接桅上斜桁等用粗线，帆缘用细线。未标明帆之相对尺度）

　　A　有下桁的横帆　A′　无下桁的横帆（松脚式）　B　有下桁的印度尼西亚斜横（矩形）帆　C　有短上风（前）缘的三角帆　C′　无上风缘的三角帆　D　桅前有较大上风面积的斜桁四角帆　D′　桅前有较小上风面积的斜桁四角帆　E　对角斜杠帆　F　接桅上斜桁帆或游艇帆　G　羊腿帆　H　印度洋双叉桅斜杠帆　I　美拉尼西亚双桅帆　J　大洋洲（波利尼西亚）斜杠帆　K　太平洋下帆桁三角帆（详细说明见文中）

区的海员们长期以来都在寻求办法以期从横帆的这种本质上的横向特性中解脱出来。仅需设计一种布置方案，使船帆面能较为接近船之长度方向即船之纵向，就可预期获得抵御横风或逆风的效果。

　　所有这些其他帆型都是按照近似于纵向帆装的思想而设计的，其与横帆的基本差别在于帆之某一端比较靠近桅杆之一边，故其在桅之两边的帆

183　面积是不同的。这样帆面就可以通过绕桅（视之为轴）之转动，忽而在这一面，忽而从那一面接受更多的不同受风机会。缚于帆之外端（帆之下风缘）的缭绳或卷帆索是用来操纵和调节帆面及其位置的，它的作用日显重要。纵帆最原始的形式之一是印度尼西亚斜桁帆，平面呈矩形，示于上图之 B 帆。

　　这类帆型的次一发展阶段的产物是作为阿拉伯文化特征的三角帆。它有两种型式，一种是带上风缘（即帆下风缘另一端的短前缘）的 C 帆，另一种则是帆之头脚相连的纯三角形的 C′ 帆。地中海和印度洋的三角帆从不带下帆桁，而南亚和太平洋地区各处人们所使用的三角形帆的上下帆桁弯成曲线型（K）。印度尼西亚、密克罗尼西亚、斐济等地所使用的那些太平洋下帆桁三

角帆想必是由一类大洋洲斜杠帆（F）演变而来，因为它具有波利尼西亚的特征。究其源头，它似乎是由更古老的帆装型式（H）演变而来，后者的帆虽近似为方形，然帆面是用两根相当于双叉桅之斜杠撑起，并可沿纵向设置，它就是印度洋双桅斜杠帆或原始的大洋洲斜杠（桁）帆，正如我们将看到的那样，它在帆船的进化过程中占有主要的地位。并且它确实与奇特的美拉尼西亚双桅帆（I）有关，该帆于两端撑起。这些南亚及太平洋地区帆装以往常为撰写帆之发展史的作者们所忽视，但现在看来，通常的帆装设计都不能忽略它们的影响。

获得进一步发展并适合于大船使用的帆型是斜桁四角帆或耳型帆（voile aurique），它常乐为中国海员所使用。它是古横帆与斜桁帆两者发展之产物，因为该帆几乎保留了前者一样的水平下帆桁以及与后者一样的斜上帆桁，而桅杆前面的上风缘面积则非常小（D，D'）。真正的对角斜杠帆（E）在其下风缘的正上角是由从近于桅足伸出之一根斜杠撑起。最后，接桅上斜桁帆（F）即我们极为熟悉的游艇帆是在近桅顶处撑出一根半斜杠或连桅上斜桁，而在下帆桁的下面部分极似斜桁四角帆。前述两类帆型是最具完整意义的（纯）纵帆，因为它们的转动枢轴是桅杆，而在桅前又无帆面。羊腿帆（G）也是如此，用一叶起源不明的三角形帆布单独紧固于桅杆和下帆桁上。所有其他的帆都是苦心改良后的成果。置于首斜杠或前伸下帆桁上的首三角帆是支索帆的发展，支索帆是利用桅间支索（支撑桅杆的粗绳）扬帆的。顶帆则是挂在普通帆上端的小帆。

有必要就风对纵帆的影响稍作探讨。人们自然会想到仅仅是冲向迎风的、使帆面呈凹形的一部分力产生对帆的推动力，但实际上绕流于下风缘、凸形帆面和侧面的风也可提供部分驱动力。实际上，在帆之两面的相应点之间将有一个压力差，从而形成一个总的合力。这个压力差是风流经如帆这样的一个曲线障碍体时的自然结果，而帆面之曲率较之风力与下帆桁的夹角对推进力的影响却要小得多。究竟是把纵帆张紧于帆桁使整面帆尽可能平，还是把帆面设置为一种特殊的曲面形状为宜确实目前尚无定论。很多人相信当帆面相对绷紧时会达到良好的结果，而鼓胀很大的松帆因空气涡流会损失能量，而完全撑平的帆面则在其两面不会产生差动气流效应。

关于对帆的风力作用可以予以简单描述（见图212）。图中风力 W 以某一角度冲向帆，为简化计以下帆桁 AB 代之。帆面两边间之压力差产生垂直于 AB 之升力 L 和沿 AB 的阻力 D。L 应该比 D 要大得多，这是空气动力设

184

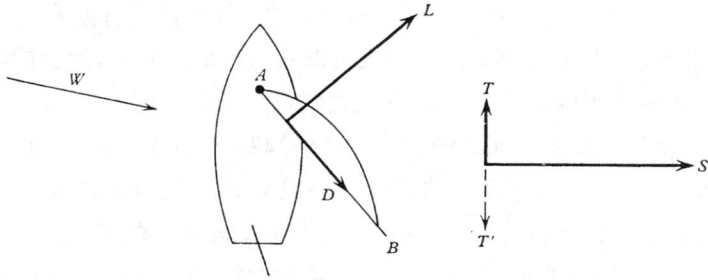

图 212 说明风对船帆作用的图解(详细说明见正文,所考虑的是几乎在横风中撑纵帆的情况)

计的终极目的,很多世纪以来已经成为船舶建造者的自发目标。当某艇在成功地进行迎风航行时,L 和 D 可以分解成两个其他分量 T 和 S,T 是在逆风航行时在前进方向上推进艇的力,而 S 是使艇作侧向运动(产生横漂)的力,而船体、龙骨和披水板的功能就是抵消这个力。但如果艇被操纵到太靠近(正)逆向风,于是阻力 D 将很大而升力 L 则太小,于是 T 力将指向后(如图中之 T')而不指向前,艇就再不能进行迎风航行。人们现在才知道为何历史的

185

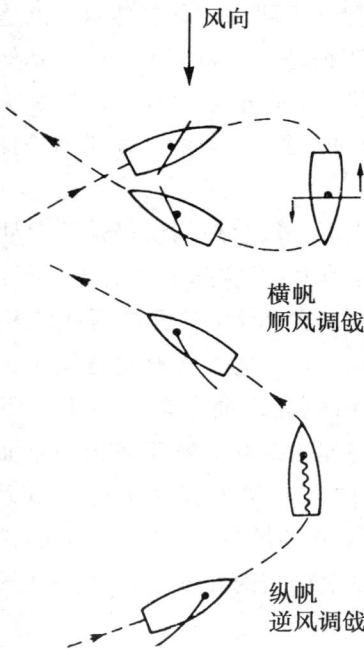

图 213 显示逆风调戗的原理图(纵帆帆装船一般可作逆风调戗,而横帆船更多地经常在迎风时采用顺风调戗)

趋势是帆的高度不断增高,因为 L/D 随着帆高相对于帆桁长度的增加而稳步增加。人们也可看到为何松脚横帆,甚至向前拉得很紧时,也不太容易在迎风状态下作正常操作。

从早先的帆船航海中发现人们并不能直接进入迎风状态,而必须通过一系列的(变向)航行以尽可能作近于迎风的航行,如所周知,这一 Z 型运动一般称为逆风调戗。但是这类回转运动随帆型而异。横帆装船通常不能作逆风调戗,必须把船尾转到迎风进行顺风调戗(见图 213),对于三角帆装船也同样如此,虽然这类船偶尔也可实施逆风调戗。而对于所有更为先进的纵帆装船,只需转舵使船首转向迎风,使船帆"抢风",即先失风松弛,再抢风调戗。各类帆船之航向其可能接近于

迎风状态的程度可见图 214。以上我们是研究了船帆历史的陈迹和中国人在
这方面的贡献。

186

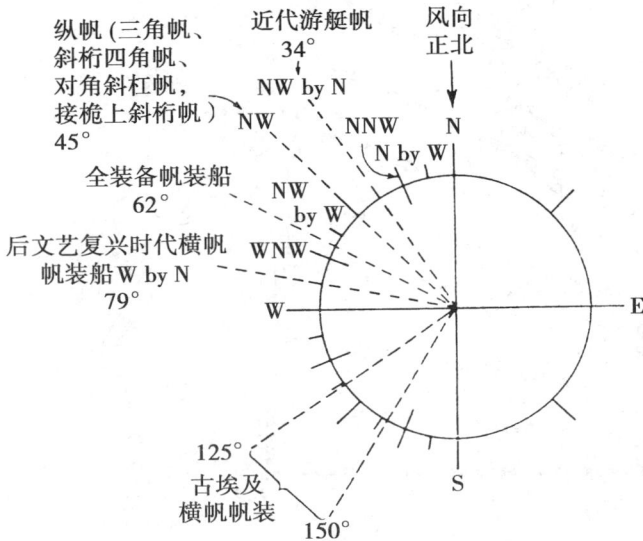

图 214　靠近迎风状态时不同帆船的航行能力：在风力玫瑰
图上的投影角（类似于飞机失速时的空气动力限度将是 30°
的量级。偏航角是首向与实际航向之差）

第一节　撑条席帆

　　最典型的中国帆是平衡硬式斜桁四角帆。图 215 给以清晰的帆型概念。
它或多或少是属于北方型，因为在南方，帆的下风缘是被收成圆弧形的。正
如由我们已经讨论过的历史资料可知，中国帆的最典型的形式是通过横穿的
竹条或撑条把帆面绷紧，撑条两端固定在悬于上帆桁的帆边绳网上，以承受
被称为"帆肋"（一种梯形骨架）的重量，帆面织物绑扎在帆肋的边缘和每根撑
条上（也可见图 217），故使帆面保持得很平，当广泛使用这种撑条席帆时必须
用这类帆肋，并自然导致平衡斜桁四角帆的式样。拉紧的重要性是显而易见
的，但导致这类设计的主因无疑是因为这种质地轻、强度大的材料在中国随
处可见，而在其他文化区却从未见到过。我们再回到本题上来。撑条至少有
5 种用途：可以精确地分级收缩帆面积，能快速落帆并卷拢，可以不必使用如
其他帆那样结实的布料或粗帆布，同时可充当船员之人梯或绳梯横索。以上

187

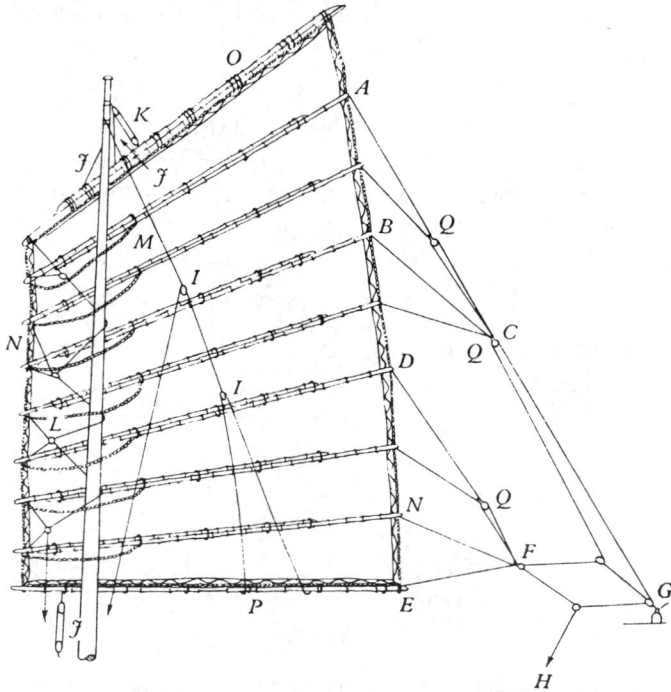

图 215　中国主帆的描述［按武斯特（Worcester）的图绘］

ABDE　复式缭绳与撑条的若干连接点

ABC　缭绳的上部可调部分　　　　　　*L. L*　牵箍

DEF　缭绳的下部可调部分　　　　　　*M. M*　箍索

CG. FG　主缭绳　　　　　　　　　　*N. N*　沿帆面自由边的绳网

G　甲板上的铁环栓　　　　　　　　　*O*　上帆桁

H　主缭绳的收送部分　　　　　　　　*P*　下帆桁

I. I　起吊索及其眼板（其加长部分有许多孔眼，绳索的各绳耳分别
　　　穿过这些孔眼，而不穿过滑轮）

Q　缭绳眼板　　　　　　　　　　　　*J. J*　主帆升降索

K　主帆副升降索（置于椗顶式上帆桁之上部外角）

几点中最重要的一点是撑条可防止帆面撕破或刮走，一面中国帆即使其有一半面积千疮百孔，但仍受风良好。

190　　　　帆之复式缭绳是一种极为有趣的索具，各撑条间用一套引绳和绳耳（绳环）连成一体。引绳和绳耳通过滑轮组和眼板，由甲板上的一根与前者相连的主缭绳收拢，主缭绳末端系于一固定点（图 215 中之 *G* 点）（眼板是一种滑轮组，其加长部分中有许多孔眼，绳索的各绳耳分别穿过这些孔眼，而不穿过滑轮）。帆面分成若干份（如 *ABC*，*DEF*）。当然，缭绳的结法有多种。帆面撑条愈多，复缭绳的根数也愈多，帆面就撑得愈平，其下风缘也调节得愈精确。升降索 *J*，*K* 穿过椗顶和上帆桁处的滑轮。每根撑条上有箍索 *M* 使帆面贴近

图 216 记载于 1836 年由麟庆所撰的《河工器具图说》中的中国标准运输帆船[示有撑条系统、复式缭绳及其眼板,升帆索和起吊索的最好的传统中国画。通常其尾部(右边)是高于首部(该处可见有绞盘和四爪锚),虽然示有一长舵柄,而尾后之物可能是舭板而非长舵之顶部。这类运输船可航行于沿海及河流中]

189

图 217 中国"大舶头"货船的主帆图[画面是它在风雨中的山东海岸的海面上良好的受风状态。帆装的细部清晰可见。图的前景中是带有两眼的紧绳滑车(眼板)的复缭绳。这些复缭绳与撑条的下风缘相连,沿着帆的下风缘可见有栓索。在复缭绳后之左右两侧,可见有 3 根帆之起吊索(图 215 中的 I, I),再向左侧是吊帆索的收放部分,它包括一个双复式滑轮。升降索(图 215 中的 J, J)是在主帆的另一面,但却可以看到 4 根向下伸展到甲板左舷系缆桩(系缆索耳)的前帆主缭绳(甚至可以看到吊索收拢于底下的紧绳滑车上)。由主帆边的 3 个人影可以估计该船的尺度。图从最左边有根尾桅升降索笔直地向上拉起,在右舷有一盏旧式船灯。格林尼治国家海事博物馆沃特斯(Waters)收藏]

桅杆。还有一根牵箍 L,它使帆面贴近桅杆也起辅助作用,还可在缩帆时能帮助帆面垂直升起。在遇狂风时仅需牵动升降索,帆面即可利索地落入由两根起吊索(I, I)构成的稳帆索之中,这时以撑条隔开的最下几节帆面便折叠起来,缭绳就自动松弛,如再要扬帆也容易。这类帆动作时从不卡住。这种帆具系统免去了必须沿桅杆上爬到帆顶作缩帆操作,而在坏天气时这类操作是十分危险的。

有经验的西方海员对中国帆装曾撰文赞赏。H. 沃灵顿·史密斯(H. Warrington Smyth)曾谈及:"根据对这类帆的使风经验,我可以说一旦掌握了按各种不同的船舶航行状态调整和操纵帆面的技术,这种帆具的灵巧程度可说是盖世无双。"另一专家 C. P. 费子智（C. P. Fitzgerald）船长称中国船为"世界上最灵巧的船"。而帕里斯（Paris）海军上将则说这类帆装是"中国人最巧妙的发明之一"。他和其他人所提出的唯一批评就是帆太重。

在人类使用风力的成就中，中国的平衡斜桁四角帆排在最首要的位置。导致这一情况的外在环境，我们知之甚少。但是在把棕榈枝叶集合编辫打摺时会引起某些联想，打摺时棕榈叶露出的中央主茎或中间叶梗提供了一种天然制作的撑条样本。正如我们马上要看到的那样，在最古老的中国典籍的有关纵帆船航行的叙述中也涉及帆面打摺的问题。当然，斜桁四角帆并非中国使用的唯一帆型，在长江中横帆仍被沿用，其加强条（即把细绳缝在帆面上）是在垂直方向，而非水平方向，并采用卷缩收帆技术。钱塘江船使用布质横帆，又窄又高（图218）。同样有趣的是中国也有地道的对角斜杠帆（图219）。

191

图 218　钱塘江上的木壳货船图［常用于运输防水害柴捆等，是使用横帆的相对小的中国帆船之一，也应注意在小前桅上挂的对角斜杠帆。由 R. F. 菲奇（R. F. Fiteh）拍摄］

727

192

图 219　1964 年为李约瑟拍摄的在湘江上的一艘挂对角斜杠帆的
长沙舢板（就连这样的小帆上也有复式缭绳）

190　　它不同于欧洲的同类帆，其沿横向进行加固，但未用撑条，因为它使用了不同寻常的复式缭绳系统，已不需要把帆顶升到所需位置的支索或缭绳。中国人也不用卷帆索（引绳由帆足通过在桅杆或上帆桁上的滑轮，把帆卷紧），因为升、落帆都是借助升降索或斜杠来完成的。地道的对角斜杠帆在中国的存在确实引起人们的极大关注。但现在尚缺少估计其历史价值的史料。这类帆是体现了纵帆行船技术已得到充分发展的帆型之一，因为其在桅前别无他物。

　　在中国文化区之外，撑条式席帆从未得到广泛传播。早先在日本曾使用过这类船帆，在 12 世纪一幅有关船帆的复制本上有很清楚的表述，它也传播到马尔代夫群岛，那里使用这类帆习以为常。16 世纪的葡萄牙人也很重视这类帆。但是要把它传播到欧洲和其他地区有某些障碍，可能是缺少竹子和其他适宜于制作撑条的材料。而在 1829 年，至少有一艘在加尔各答制造的英国蒸汽机船"福尔比斯"（Forbes）号采用过中国大型撑条式斜桁四角帆的帆装。

第二节　历史上的中国帆

　　目前我们究竟能够收集多少有关中国帆的历史资料呢？在甲骨的古代

字体中有凡字,以后其意为"一切,每一",并用作词首虚词"总之",其原始型式似为一面帆。极为有趣的是这一文字图形极为清晰地描绘出它确是一面

目前仅在美拉尼西亚可见到的双桅(斜杠)帆(图 211,Ⅰ 及图 220)。也许这是在公元前第二个一千年的后半期中国古代文化的东南或海洋分支的贡献之一。似乎还不能说上述帆形是中国斜桁四角帆的祖先,而可能是印度尼西亚斜横帆的祖先,但是中国对角斜杠帆应该是前者真正的后裔。事实上,我们对中

193

图 220　在巴布亚(Papua)的莫雷斯贝(Moresby)港所制作的美拉尼西亚双桅(斜杠)帆草图[在 R. le B. 鲍恩(Bowen)之后]

国平衡斜桁四角帆的源头并不清楚,从而使人们不能对中国帆船何以常能在中国沿海海岸处处常吹有规则的季风中,迎着季风作逆风航行时仍能前进的问题作出合理的回答,而在这类帆船所挂帆之帆面常用当地出产丰富的竹子材料编织而成。

在西汉初年一般人提到的是席,如有云:"刮席千里",而"帆"这个词,后来才用。直到东汉中叶,才偶有用布或布帆者。书写该字的表达方式才明确表明其与风的关系。大约在公元 100 年,刘熙在其汇编的《释名》词典中云:"随风张幔曰帆,使舟疾泛泛然也"。至少在 4 世纪的最后十年,布帆已经在官船上专用,于是布帆才真正地变成嗣后表述华贵、壮丽或轻快氛围的诗句中常用的普通词汇。大概,席帆对于官方帆船而言似乎太粗制滥造了——他们不问这两种帆型的特性如何? 但当时也确实没有人更多地对帆型及所用操帆滑轮索具的类型给予足够的注意。

一本 3 世纪的非常重要的书籍才对船帆有所触及。这就是万震所撰的《南州异物志》,书中云:

> 外缴人随舟大小,或作四帆,前后沓载之,有卢头木叶,如牖形,长丈余,织以为帆。其四帆不正向前,皆使邪移,相聚以取风,风吹后者,激而相射,亦并得风力。若急则随宜减灭之也。邪张相取风气,而无高危之虑,故行不避迅风激波,安而能疾。

194

这确实是引人注目的一段话。这毫无疑问可以肯定 3 世纪的南方人,不论是广州人或安南人,已经使用挂有某一类带有纵向帆装的席帆的 4 桅帆船。作

者似乎对帆装索具的目的稍有混淆,但他强调帆间相互倾斜张挂,可以消除帆间的风力干扰。对于多桅船的附加证明可以从另一本现已丢失的3世纪的典籍中找到,书中的一段话是记载于保存至今的百科全书中。

在随后的世纪中有关帆的陈迹以往已有所记载。当然在马可·波罗和伊本·巴图泰时代再次出现多桅船,同时也出现在当时问世的世界地图上。1090年朱彧谈到的当时的中国船已经可以在任何船后侧风下航行这一点是十分重要的。

1124年的《宣和奉使高丽图经》中有丰富的航海和帆的记录。书中在谈到与载有外交使节和他的同僚的大船伴行的"客舟"时,徐竞言道:

> 风正则张布帆五十幅,稍偏则用利篷,左右翼张以便风势。大樯之巅,更加小帆十幅,谓之野狐帆,风息则用之。然风有八面,唯当头不可行。其立竿,以鸟羽候风所向,谓之五两,大抵难得正风。故布帆之用,不若利篷翕张之能顺人意也。

这些重要语句清晰地表明,目前我们所熟识的绷紧的撑条式席帆的空气动力特性实际上早在12世纪已为一位学者在实践中所认识。这些席帆用作逆风航行,而布帆或(在使船上的)丝绸飘带在顺风航行时被高高挂起,这种混合帆装我们可在图182中看到,并已对它作了描述。(已由图182表述的)顶帆的使用在当时也是饶有兴味的。

在我们所见的16世纪的各类典籍中,有两段话比较完整,其一出自印度洋的葡萄牙属地的历史学家德·卡斯坦哈达(de Castanheda),他谈到中国帆船早在一百年前或更早一些已经来到马六甲。船上带有金银、大黄、各类丝绸和锦缎、瓷器、镀金箱盒及精美家具,并满载胡椒、印度棉、番红花、珊瑚、朱砂和水银、药材和谷类而归。

> 他们的船不止用单桅,桅上所悬挂的一幅孟加拉席帆(用小的芦苇秆织就)可绕桅杆转动犹如绕轴旋转。故而中国帆船的装点不像我们帆船所作的那样。当需要缩帆时不必去折叠帆面,因为他可以自动下落缩帆。故而中国帆是优秀的。

这里讲的无疑是中国的斜桁四角帆,正如嗣后宋应星于1637年所撰《天工开物》中所描述的那样,在该书中云:

> 凡船篷,其质乃析篾成片织就,夹维竹条。逐块折叠,以俟悬挂。粮船中桅篷,合并十人力,方克凑顶,头篷则两人带之有余。凡度篷索,先

195

系空中寸圆木揆于桅巅之上，然后带索腰间，缘木而上，三股交错而度之。凡风篷之力，其末一叶，敌其本三叶，调匀和畅顺风则绝顶张篷，行疾奔马，若风力渐至，则以次减下（遇风鼓急不下，以钩搭扯——宋应星注）；狂甚则只带一两叶而已。

196

最后有一段有关逆风调戗的话，宋应星已解释得十分清楚，可以明白了解调戗的过程，但其与船在流中的操纵过程略有混淆。

凡风从横来名曰抢风。顺水行舟，则挂篷之玄游走，或一抢向东，止寸平过，甚至却退数十丈；未及岸时，搬舵转篷，一抢向西，借贷水力，兼带风力轧下，则顷刻十余里。或湖水平而不流者，亦可缓轧。若上水舟则一步不可行也。

第三节 中国帆在世界航海发展史上的地位

与其他方面所取得的进步相比较，中国人在解决逆风航行问题时的创造力究竟如何？借助表46上的图，我们试图尽可能简单地作出回答。

一般认为最古老的帆船，即古埃及帆船，肯定是悬挂横帆的，这可以从公元前3000年埃及第一王朝时期的一件陶器上得到证明，陶器上所绘的帆也许是最早的船帆记录。许多人认为：由于尼罗河流域的流行风的风向是由北向南，而船靠流的作用可使其驶向下流，而回航时却是一路顺风，因而长期以来从未碰到逆风撑帆的问题。于是横帆从这个中心向四面八方传播——传到地中海、北欧乃至整个亚洲。

可以基本肯定横帆的最早的发展是斜横帆，这只要通过调节帆桁臂和足使之在桅的一端有尽可能大的面积就能实现。这是典型的印度尼西亚帆型，尽管它属于公元8世纪时期的帆型形迹，李约瑟博士则倾向于这一发明应该更早些。这类帆型也出现于尼罗河中游用于举行宗教仪式的无骨架船上，但还不是其原始的型式。

最杰出的西方纵帆是三角帆，它具有伊斯兰文化区的特色。这类帆有两种形式（图211），纯三角帆 C′ 及准斜桁四角帆 C。第一种型式仅见诸地中海，而第二种型式却遍及印度洋，关于三角帆的历史形迹有很多资料，而第一次给予清晰描述的可能是出现于880年的拜占庭手抄本上。毫无疑问，三角形型式的三角帆在9世纪已普遍使用于地中海，它可能稍稍出现于更早一些

198

表 46　表示帆型分布及可能的创始起源的表

日本

历史遗迹

塔希提
夏威夷
对角斜桁帆

玻利尼西亚和
密克罗尼西亚
三角形对角
斜杠帆（年代？）

太平洋下桁三角帆、印
密克罗尼西亚美济
度尼西亚—公元汤加等
前1世纪（年代？）

历史遗迹　中国

斜桁四角帆（3世纪、8世
纪、12世纪）

对角斜杠
帆（年代？）

敦煌
8世纪

阿旃陀
7世纪

印度尼西亚
斜横帆（公元
前1世纪—公元1世纪）

美拉尼西亚
双桅帆

双叉桅对角斜桁帆
锡兰、印度尼西亚
（至少在公元前2世纪）

对角斜桁斜帆
双叉桅对角斜桁帆
2世纪、15世纪

双叉桅对角斜杠帆 14世纪

多桅的刺激

历史遗迹　印度

准斜桁四角帆型
三角帆（年代？）

上桅斜的斜桁四角帆
（无下桁斜桁的斜桁横帆）

印度洋

马达加斯加对角斜桁帆

斜桁四角帆
（13世纪？）16世纪

三角帆
（7世纪？
9世纪）

纵帆帆装
的尝试

历史遗迹

上缘
斜桁帆船
1520

三桅帆船
及纵帆船

3桅及全装备帆
船（1470年起）

欧洲

轻纵帆船

北欧海盗、
诺曼、地中
海横帆

古埃及公元
前3000年

有或无下桁
桁的横帆

尼罗河中游
斜横帆

世纪。就一般范围而言,准斜桁四角帆似乎是这两种三角帆型更为古老的一种。

当在多桅船上联合使用北欧横帆与三角帆之后,才出现一个重要的转折点。某些人认为这一过程当 1304 年巴云船(Bayonne)进入地中海时已经开始,但其适应的过程却很缓慢,直到 15 世纪后半叶受结出丰硕成果的多桅的中国帆船之影响,才得到了普遍的应用。

典型的中国四边形的斜桁四角帆(图 211 中之 D 及 D')在欧洲使用时几乎采用相同的形式,由于它变得十分普及,因此已被认为是在法国大西洋沿岸广泛使用的帆型。它也可在英国、意大利、希腊和土耳其水道中看到。但在 16 世纪末以前欧洲尚未有使用这类帆型的任何明证。奇怪的是,严格意义上的纵帆帆型,其在桅之前部无帆面积,就目前所知它在欧洲出现更早。这就是斜杠对角帆(图 211 中之 E)。这类帆型自 14 世纪以来在北欧使用,但是它在墓葬浮雕中的影迹却可追溯到古希腊时期。其重要性在以后变得更为明显。

最后再谈一下接桅上缘斜桁帆(图 211 之 F),这就是现时人们十分熟悉的游艇上的典型帆,因为该帆型可视为半对角斜杠帆,一般认为它是由对角斜杠帆发源而来;并于 16 世纪初在荷兰出现,在复辟时期的英国也得到了广泛推广。接桅上缘斜桁帆似乎完全在欧洲得到发展,但还不能完全肯定,因为某些印度支那和美拉尼西亚船上也挂有与之十分类似的帆。

现在仅剩下一些基本原理尚需作深入思考并大胆地进入我们未知的深层领域。让我们再看一下表 46 上的图,图上可见帆型是被叠置于一张古代世界的想象的图上。我们看到埃及横帆传播到所有方向。我们可以设想斜横帆是出现在印度尼西亚(或许在公元前 1 世纪),而尼罗河中游无骨架的船可以是原非洲大陆文化的一部分。如我们假设斜横帆向每一方向,东方和西方传播,从而形成一类三角帆,则我们就能够解释各类三角帆型的出现渊源,而在太平洋则是利用上帆桁及下帆桁形成三角帆。而在埃利特拉(Eryrhrean)海的阿拉伯人的准斜桁四角帆将是斜横帆在西方的后裔。

要证实所有三角帆由斜横帆发源而来,这一点在历史上似乎还有少许困难。我们可以推测性地假设中国的平衡斜桁四角帆是斜横帆的另一发展。正如我们已经看到的那样,这一过程明显出现在至少在 3 世纪之前。这种进化的机制颇易使人理解。此外,它的某些影迹被留存下来。例如,钱塘江上某些帆船挂有横帆,但当逆风时则把帆斜挂。滚子缩帆装置是印度尼西亚和尼罗河中游使用的斜横帆(收放帆面)的重要特色,目前还继续在长江上

199

图 221 铜锣湾（香港新界的东大海湾）的一艘捕鱼帆船（除挂有两面一般的斜桁四角帆外，还挂有一面作为大三角帆一类的斜横帆。格林尼治国家航海博物馆沃特斯收藏品）

200

游的某些横帆船上沿用。某些中国船挂上退化了的斜横帆当作一类大三角帆，成为其（主）斜桁四角帆（图 221）的一种补充。实际上假如某人不能花很多时间悠闲于南海上，人们仅需观看印度尼西亚和马来西亚帆船的某些拍摄良好的照片，即可了然察及印度尼西亚斜横帆装几乎明显地变成了斜桁四角帆（图 222）。

欧洲带有 1 桅到 3 桅并挂有斜桁四角帆的小帆船的出现提出了一个重要问题。如果它至迟是确实发源于公元 16 世纪末，那么它传播到西欧海岸各处的速度实在惊人，这就使人们进一步考虑它可能是直接由中国帆船传播而来，而只是取消了撑条及复式缭绳。一个比较可疑的情况是：在亚德里亚海，在马可·波罗家乡的水道是欧洲帆装分布的地区中心，托拉贝克罗（trabaccolo）及勃哥齐（braggozzi）这两种小帆船在威尼斯诸如巧盖阿（Chioggio）等港口仍占多数，他们挂有两面直立的斜桁四角帆及首三角帆。

图 222 瓜拉·丁加奴(Kuala Trengganu)渔船队中的一艘小型渔船(马来西亚北部)在乘午后顺风从海上驶向港口[斜横帆足偏向右舷,或至少也要偏到船中,以致它几乎变成了一面斜桁四角帆。由霍金斯(HawKins)和吉布森·希尔(Gibson‐Hill)摄]

甚至更为明显的是他们还有其他中国特色,它们是平平的船底,还带有一巨大的舵,可以降到龙骨之下,而遇到浅水则可以将其提起。尚可由以下事实得到进一步启示,即在欧洲使用复缭绳的仅出现在土耳其小帆船上,其他地区则不用复缭绳,但是用首部缆绳(利用由帆的迎风端前面引出的导缆绳拉紧帆),而这对于中国的撑条式帆是不需要的。在某些土耳其船上,在尾部之后拖有一对侧翼或夹板,如在舯板上所能看到的那样。由此推之,我们以后可能找到证明:几乎在与马可・波罗回到他家乡的同一时期,中国的斜桁四角帆在欧洲也被仿效复制成功。

我们现在再回到欧洲第一面对角斜杠帆的讨论上来。在过去的讨论中我们没有去注意这类帆装同样也出现在中国(图 219)。它的广泛出现就使人们打消了这类帆型是在 17 世纪由欧洲传来的念头。我们经常假定在欧洲此类帆型系由地中海三角帆演变而来,但这也不能使人信服,因为根据一般的发展进化原理,一面横帆缩小成一面三角帆的过程是不可逆的。更有趣的是,很可能所有的对角斜杠帆都是由挂横帆的印度洋的双桅(斜杠)帆装发源而来。锡兰、马达加斯加及太平洋均有这方面的例子。既然这样,中国对角斜杠帆有一个源头,而欧洲对角斜杠帆则有另一源头。

据此,最早有关对角斜杠帆在欧洲发现的说法耐人寻味。它出现在 1365 年基尔(Kiel)城印记上。它是一面长方形帆支撑在两根叉形的杆上,而船上仍装有标准桅杆(图 223)。它们明显不是上帆桁和下帆桁,极似印度洋帆型。此外,已经发现塔希提岛和夏威夷群岛也出现了由双桅横帆演变到对角斜杠帆,这或许也是此地自身独立演变的结果。再有一个重要的事实是在欧洲研究对角斜杠帆的主要重点地区之一是土耳其。

而印度对地中海帆型的影响比印记上的船帆所示要早一千年,大约在公元 2 世纪的 4 件希腊墓碑雕刻上所绘似乎是代表某种或其他的对角斜杠帆,虽然,其中有两面帆较之更后期的名副其实的对角斜杠帆更类似于印记上的帆。在很长的时期内竟然一直未见有使用这类帆的任何迹象,实属难解。但其中有两次成功的传入不能排除。在罗马人与印度人长期的接触中,无疑其间必有技术交流。目前已经搞清,印度洋双桅帆不可能从欧洲传播而来,因为其没有了帆的前缘,而当 16 世纪欧洲人再次来到印度水域时,该地区使用的对角斜杠帆已经早就系缚于桅上了。事实上,印度洋占据了对角斜杠帆演进的中心位置,其早先的双桅帆是大洋洲三角形对角斜杠帆和下帆桁三角帆以及美拉尼西亚双桅对角斜杠帆的先祖,后

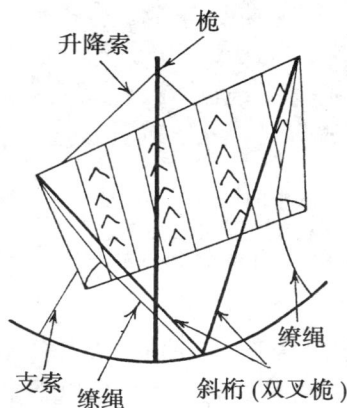

图 223　1365 年基尔城的印记上悬挂的帆

202

者与中国最早的帆有着语言学上的联系。

还有最后一种帆型尚未讨论过,这就是无顶端三角纵帆(图211.G)。它已经有了现代气息,因为它用于游艇比赛,被称为百慕大群岛帆装或羊腿帆。它之所以能在现代得到广泛应用就在于这类有良好刚性的帆,其主要是依靠帆之边缘发挥作用,其物理作用犹如鸟之两翼。但是这类三角形帆非常古老,因为这可以由中国文化区,特别在某些印度支那船上找到。其上帆桁系 203
在桅上直立起来,而下帆桁连到带或不带非常小前缘的帆,它可视为一面阿拉伯三角帆,使帆向其前缘作水平移动,以使其上帆桁几乎变成桅的垂向的继续,这几乎可确定它是由更为标准型式的直立的斜桁四角帆演变而来。当然,下帆桁的存在表明它是由印度尼西亚斜横帆演变而来。简言之,欧洲和印度支那的羊腿帆两者基本上是由印度尼西亚斜横帆演变而来,只是通过缩短斜桁四角帆之上帆桁及把下帆桁连到桅杆之前缘。

对于我们在这里所涉及的所有复杂的事实确实很难总结。但似乎有足够把握说清楚在斜横帆有了第一轮的发展之后,其无论在何时何地又有所发展,但最早的纵帆是出现在公元前3世纪的安苏卡(Asoka)王朝时期的印度洋区域,而2世纪,则又以不同形式传播到地中海区域和南中国海。似乎在西方,对角斜杠帆被忘怀了,但在东亚,高高的平衡斜桁四角帆却愈来愈受到人们的青睐。嗣后在7世纪出现了具有阿拉伯文化特征的三角帆。欧洲中世纪的海员慢慢地也采用这些更先进的技术,15世纪葡萄牙的航海拓荒者,(他们乘坐的帆船)可以在逆风中航行。欧洲的斜桁四角帆是否从中国或者东南亚直接传播而来,尚待证明,诚然这看来是合理的。所有这一切都表明,被人所称道的可以进一步提高在风中航行效率的这类古代有决定性意义的发明,它应归功于印度人、印度尼西亚人、特别是中一暹文化。

第四节　舷侧拔水板和中央拔水板

使用纵帆行船似乎都有一个明显的船向下风漂移的趋势。这种趋势通过改变船体形状仅能减小漂移以改善之。较之中国的平底箱型构造,西方的龙骨结构有极大的潜在优势。可以抵制横漂的另一方法即取一可活动的平板沿船侧或通过船纵中线的水密通道或围壁洞道放下——这就是所谓的舷侧拔水板和中央拔水板。

中国的许多典型河船都装有这类装置。这类舷侧拔水板,其长度约为船长的 1/6,并呈各类扇形。在广东的海上拖网渔船上是使用令人注目的中央披水板。18 世纪日本有关南京船的画中绘有一舷侧披水板。确实有充分的理由认为,中国文化区是他们的发源地,正如霍内尔所指出的那样,台湾竹排帆筏或许是所有中国船中最古老的现存母型,它同时装有舷侧披水板和中央披水板。这些对其航行时是重要的(有了它就可帮助船上所挂的斜桁四角帆实现逆风航行),虽然现在已可借助操舵桨承担它全部的操纵功能,在秘鲁它仍作为操船的一项补充。而随着中国造船业的发展,当平底的中国帆船采用有效的纵帆作为推进工具之后,继续使用舷侧披水板就更为顺理成章了。

在中世纪,关于这方面的中国典籍很少,比较清楚地看到有这方面描述的是 759 年的《太白阴经》。以后我们将要完全引述的一段话(第 259 页)中说,在船体之两侧装有浮板,形似鸟(鹰或鹊)翼,随后这类船也以此命名,使用它"以助其舡,虽风涛涨天,而无侧倾"。作者李荃本人也许并不完全懂得这些机具装置的功用,但是他所谈到的如不是舷侧披水板那就不知说的是什么了。而在欧洲,在 1570 年前尚不能找到其存在的证据,这就导致人们作出这样的推测,即这一装置是由中国水域传入欧洲的。鉴于舷侧披水板首先出现于葡萄牙和荷兰船上这一事实也许有利于这一论点的成立。

对于明代的作者来说,舷侧披水板已是司空见惯,关于江船和河船,宋应星言道:

> 船身太长,而风力横劲,舵力不甚应手,则急下一偏披水板,以抵其势。

关于海船:

> 中腰大横梁出头数尺,贯插腰舵,则皆同也,腰舵非与梢舵形同,乃阔板斫成刀形,插入水中,亦不操转,盖夹卫扶倾之义。其上仍横柄栓于梁上,而遇浅则提起,有似乎舵,故名腰舵也。

而难以理解的是前文德·卡斯坦哈达(de Castanheda)所述的另一段有关引证。这是他根据 1528 年到 1538 年之间的情况而写的,在引证这一节之前他写道:"中国帆船有两个舵,一在首,另一在尾。"或许他或他得到的信息是看到了某些南方的船,如广东的"担围"(tang - way)和安南的"奇南"(ghe - nang),他们的首部都有可上下滑动的木板。首中心披水板无非是缩进一点距离,起舵的作用。当然,不论是舷侧或中央披水板的那一种型式在传统的地中海帆船上从未采用过。

实现同样效果的另一方法是用相对大一点的舵,可以放到平底船的底部以下。这就是中国在中世纪广泛使用(后仍继续使用)的可起吊的升降舵,当船行于浅水时即可吊起。

第五节 桨

划桨和操纵桨

因为桨手所使用的短桨和长桨可以追溯到史前时期,故十分自然地会发现在中国语言区对其有一系列的名称,这些名称的正确含义仅有局部改变,这在两千年以前似难以辨别其异同。或许其中心字是楫或檝,这些字可以由公元前第一个一千年内问世的《诗经》或《书经》中找到。更有清晰定义的是操舵桨或艐扫(尾长桨或梢),这个字与表述船之尾部的艄字是不同的。字桡或桡原意为一块曲木,这就是我们即将对其作简短讨论的弯曲型推进器或曲桨。较长的称橹,这个字可用不同的方法来写。最后篙头或下端带有扁平木板的平顶篙通常最容易区别。

因为在中国船上甲板室常置于尾部,故划桨手总是处于甲板前方位置,橹字(写成另一种稍有不同的字样"舻")出于船首之意。这在汉代的文献中已经可以看到,其中对这类研究更多的是着眼于航海实践。这类例子反映在公元前 106 年的典籍中,有一段涉及公元 33 年汉朝中兴的一场战斗的报道,在《岑彭列传》中有云:"委输棹卒凡六万余人……装直进楼船冒突露桡数千数"。唐代的评注者李贤解释说,最后的名称表明檝在船之外,而桨手在里。这似乎表明,由于有舷墙可防弓箭,划桨手不露形于外,而桨则穿过舷墙露于外(图 196)。 206

或许自汉代至今,中国海员一般站着划桨而面向前方。这也是古埃及人的习惯做法。而在中国,这种划桨方法起源于龙舟前身的东南亚长独木舟的划桨方法。划桨时,桨的入水深度通常要比欧洲海员习以为常的入水深度为深。而且往往在桨的上端部加一个横把手,以便利划桨。由绘画上可知,这种有 T 字形柄之桨,至少可以追溯到宋代,桨手面对前方的划桨方法分布很广,虽然这并非欧洲特色,但其出现却与威尼斯平底长舟和奥地利和匈牙利湖泊中的小艇有关。

宋、元、明时期大船经常按其上配备桨的数目来分类。当时名叫"钻风"一类的粮船实际上隐含着它有逆风航行的能力。按对宋末 1275 年杭州的钻风船的描述,可分大小八橹,此外还有用六橹的,这些几乎都不是一般的桨,而是以下将谈到的如摇橹一样的长扫。

摇橹及自动引流推进器

除了由一般方法进行操桨以获取推进效应外,架起一枝桨使之近似处于船之主轴线上时也可实现推进船向前运动,最方便的是把桨装在尾部,但也有置于离主轴之另一边的。在西方,该技术仅用于小船,但中国人却把它设计成一种极巧妙的重负荷系统。熟知的"摇橹"(实际摇橹是一个动词即摇动桨)常被提到,我们已经有了一段时间去考察它。其最大的效果是由于三项特殊改进:(a)橹柄或把手在支点处呈弯向船内之一弧线或一角度,从而使其与甲板近似平行;(b)支点由橹桩构成,可插入橹柄垫木的凹槽里;(c)橹柄用一根短绳连接在甲板的一个固定点上,摇橹顶部的橹架部分近似于一个万向接头。通过力分析明显可见,摇橹时所需有效功仅由摇橹过程中某一部分完成的,而剩下的一部分必须使橹平行地划过水面,以免承受水阻力。摇橹无需手腕动作,而只需来回推拉橹柄,它就会作圆弧运动,而在橹水平地划过水面的一瞬间,再猛拉橹绳(图224)。整个过程甚难描述,但一旦亲自操作一下即不难体会。

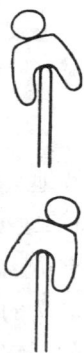

支撑摇橹的支柱顶部的橹桩系统

图224 一只用自动引流橹桨推进的小驳船[可能是在广州。摇橹的运动是橹被架在桨叉支点上,其上再用一根短索系在甲板上,其运动相当于可逆螺旋桨。R.F菲奇(Fitch)摄于1927年]

摇橹系统始于何时很难说得确切,但似可以追溯到汉代,橹字也出于汉代,在公元100年刘熙的《释名》词典中说:"在旁曰橹。橹,膂也。用膂力然后船行也。"但这并不能把自动引流推进桨排除在这类系统之外,因为在中国它已有长期的使用历史,一般在尾部使用两枝或更多,甚至有时在首部也使用(例见图225)。 208

图225 巴船下峡图[李嵩绘于1200年(明摹本),其悬吊舵及摇橹用的外舷橹桢值得注意]

关于摇橹作为一短语的第一本参考书是扬雄的《方言》。这本书有许多内容以后是否进行过增补,我们尚不能完全确定,而原书问世于公元前15年。但可确定书中所述不会晚于东汉。书中一段话提到:"櫂架曰篥,篥者摇橹之小木橛。……下系櫂曰缉,缉者缚橹头之绳。"三国时期,摇橹再次出现在战争的报道中。吴国将军吕蒙在219年对蜀国的一次战役中用计,他令士兵穿白衣佯装商贾状伏于作摇橹航行的商船中。在这同一世纪末之前的某些文献资料中有许多同时代的这方面的报道,从而证明这一技术名词所出现的年代。 209

作为非中国的文献来源,伊本·巴图泰给出的我们已经引证过的一段著

名的论述(第 117 页)。对于摇橹,耶稣会传教士李明有明确的描述,他写道:

> 对于一般的三桅船,他们不使用欧洲人的荡桨方法,而是把一种长橹置于船尾,稍偏于一侧,有时甚至也在船首装一支相类似的长橹,运用与鱼尾一样的动作,将橹来回搓动而不使其露出水面。这个动作使船不断摇摆。然而,它有这样一个优点,即船只运动从不间断,不用白费工夫和力气把桨提出水面。

摇橹对英国海军也有影响,我们由英国海军部的文件中了解到,1742 年在 1 艘单桅船上安装了一套中国的橹进行试验。1790 年前后,在斯坦霍普(Stanhope)三世伯爵的航海发明中,有一类非常类似橹的装置,当时称作"双向划行器或振荡器",原想把蒸汽动力用于这一装置上,但始终未获成功。后来,1800 年,爱德华·肖特(Edward Shorter)发明了"一个双叶片螺旋桨,其旋转轴的末端呈犹如摇橹时一样的划水角度,并有一方向接头与甲板上的水平轴相连接"。2 年后,一艘满载的海军运输船,由八个人转动一个绞盘,使用上述装置使船速达到 1.5 节。历史学家 J. 马克格瑞哥(McGregor)写过一个奇特的故事,"中国的螺旋推进器于 1780 年传入欧洲,并为博福中校(Col. Baufoy)所发现"。这大约是在瑞士数学家和物理学家伯努利(Bornoulli Daniel)首次提出螺旋桨可能会比明轮优越一事之后 30 年,十分可能,摇橹对于诱发早期螺旋桨推进器的发明起过一定的作用。

东西方的人力原动力

船舶考古学家往往热衷于去争论希腊和罗马单甲板划桨大帆船的构造、对排桨的技术名词的解释以及具有 40 层重置排桨的大帆船如何实施。对于我们较感兴趣的是要回答为什么这类问题从未在中国文化区发生。除了用于民间节日比赛的龙舟外,多桨大帆船(显然中国东南部的多桨之长独木舟原型与之很接近)在整个有记载的历史上绝对与中国文明无关。

几乎无可否认中国海船有着明显的技术优势。许多方面已使人相信,东南亚海域是实施逆风航行最早获得成功之地区。如果最早期的斜桁四角帆和对角斜杠帆产生于 2—3 世纪,它们要比三角帆早 400—500 年,而比接桅上缘斜桁帆要早 700 年以上。毕竟,使用群体的人力原动力不仅要去克服平静的海面(船行阻力),而且还要与狂风搏斗。中国撑条式硬席帆的较大的效率至少可以减轻求助于其他有效的原动力的需求。对水师船舶的(推进)要求也未有多大的不同,大量海上战争的记录反映在中国官方的历史中。当中国

210

人真的去注意其他原动力时,他们以现代其他民族不得不承认的在机械方面的创造力,发明了精巧的摇橹(约 2 世纪),以后又创造出足踏蹼轮船(至迟在 8 世纪)。

但这与在古代和传统的中国把人力原动力当作重要因素并不矛盾。所有的水手都会划桨,每一个海员都能摇橹,但是他们的工作条件并不像欧洲流行的编组划桨那样残酷。还有拉纤者,他们的工作是沿着大河的岸上走去,常使人筋疲力尽,但不管怎样他们不是奴隶。我们已经看到,某些中国船以桨的数目(也包括摇橹)命名。有些船确实很大,其操纵工具主要是在内陆河道中操纵,有时则在静海中操纵。尽管有许多类型的快速官船(水师轻便快艇)及巡逻船,都是橹桨船,然而,所有这一切,加在一起也无法与欧洲地中海特有的并沿用了两千年的奴隶排桨操船体制相比拟。

雅典单甲板划桨大帆船仅用操纵桨,由自由民划桨,但在 17 世纪已经使用轴转舵的划桨大帆船还是在恶劣的条件下命令奴隶来划桨,甚至被记录在奴隶的编年史上。很清楚,使用了轴转舵,就允许大大增加帆船的尺度,它是导致划桨船最后消亡和禁绝不人道地使用人力原动力的因素之一。当然,还有其他也许至少同样重要的因素,诸如造船业的发展使船桅的数目和高度倍增,特别是火药的应用,使火炮能对桨船舰队实施毁灭性的打击,而这些桨船由于船身长而狭,其上不可能安装上能适应炮手射击需要的比较稳定的炮台。很显然,如果追溯这些技术发展的起源,则其中每一项都可能或肯定是起源于亚洲的,通常是中国的文明区。其中某些论证前已述及,其他则顺次在以下论述。

211

第六章　操　纵

正如任何一位划过独木舟者所知,操纵工具的最简单的型式是能入水并在尾后(最方便的是在右舷后)保持一与水面呈期望角度的一具长桨或短桨。借助划桨形成的水流可使船体作回转运动。而操纵装置中最高度的发展型式是可从桥楼借助所用的动力源链进行控制的可绕船尾柱转动的一只大叶片,更有效地代替在小船上用于操船的、呼之为横舵柄的棒形杠杆。

在西方,在方向控制方面各个时期的专门名词略有不同。先是操纵桨或尾部短桨,或是在特殊情况下使用的固定于中央的艉扫(又称艉梢);再是持久性联结于尾部的舵型桨;最后是尾柱舵,它坐落于人所共知的舵栓和舵枢之中,与船体以铰链相连。但是要理解中国在这方面的专门名词则困难更多,因为其操纵工具往往有异而名词却不变。

可以认为操纵桨的缺点正是 13 世纪前影响船舶发展的一个主要限制因素。鉴于它的操船能力有限,致使当时的船舶载重量只能限制在 50 吨左右,操纵性能差使船驶行不速,事实上,在坏天气,任何一种操纵桨将不可避免地失效,从而干扰了帆的操纵,这意味着船只将被限制航行在便于躲避风雨的有限区域内,而不能冒险冲向海洋。

但操纵桨无论如何在急流河道及狭窄的内陆水道中行船时仍有其价值,因为今天在中国仍继续使用。要对舵有响应,一艘船必须与四周的水有相对运动,否则就无有使其转动的水流。但当一艘船在水流中快速下滑时几乎与水流有相同的速度。在这种情况下长艉扫的最主要优点并非依赖水流线的变化而在于产生水阻力,这正像常规桨的情况一样。对于使用这种艉扫的情况,其在支承点每一边的杠杆臂距较之舵装置的要长。只要对船尾作用一大的横向力矩,即可使基本静止于湖或港中的船舶回转,而使用艉扫就可以很好地起到这一作用。

所有这些中国航海的奇迹,在 17 世纪末给李明的印象是没有什么人比江河内中国帆船船员的航海技术更为熟练的了,他用了生动和雄辩的话语加以描述。

中国人在急流中行船的窍门有时是奇妙和难以置信的……我还未曾到这些急流中去冒险,要不是我亲自看到其他人写的报道绝难相信。

在描述他与另一位传教士在去广州的航途中如何在福建省遭遇大暴雨差点失事之后,他描述了船之水密隔舱,之后继续写道:

为减缓在水不太深的河道中船舶的快速运动,常有 6 名水手,每舷边各站有 3 名,手握一长长的杆子或篙子插入河底用以抵御水流之冲击,同时还借助于牢固连接于船和篙子两端的小绳之帮助,一点一点逐渐放松绕在篙子上的绳子作非常艰难的滑移,利用连续不断地与河底间的摩擦,减缓船只的运动。如无这一预防措施,则船将很快地被冲下。而当水流较平稳和均匀时,不论流速如何快,利用上述装置,船行过程将与在最平静的河道中运动一样,同样能缓慢地在水中漂行。但在风区内外蛇行时前项预防措施殊难奏效。这时必须借助于做成桨型的双舵,它们约有 40 或 50 英尺长,一枝置于船首,另一枝置于船尾。水手们操纵这两枝巨桨都很熟练,保证了船之安全。他们交互地猛拉及熟练地推动这些巨桨,使船按要求作正确地前进或转弯,落入急流中下冲,规避某一礁石时,不至于撞到另一块礁石上,并使船穿过急流,或顺遇如瀑布样倾注的水流时不至于使船首陷于水流之中,其操纵方法简直变化无穷——这不是航行,而是一种骑马术。因为在军事学校校长的调教下,从未有一匹被驯的马在被驯过程中会有像中国海员操船时那样的激烈动作。故而在偶有失事弃船时往往并不是海员技艺不熟练而是人太少。此等船上所载往往不及 8 人,如船上载有 15 人,则无论在多么剧烈的急流中他们都不会放弃他们所乘之船舶。

李明的描述竟然如此生动以至于显得似乎不太有条理,但并不夸张。此番情景可从他同时代人的记述中见到,李约瑟博士由他个人的经历中也有所 214

描述。如图 226 示以一艘船通过长江上游急流中的情况。图中很好地表明了这一航行条件,这必须由敏锐洞察力的人才能找到更有效的船舶运动的控制方法,某些特殊的需要导致操纵桨向长舻扫(梢桨)发展,而其他因素又导致轴转舵的发明。

图 226　重庆附近长江三峡的一股急流中一只小船在逆水拉纤而上〔波茨(Potts)摄于 1938 年前后〕

在海上,操纵桨或舻扫的局限性,显得更为突出,这种情况在一些常有不规则水流的大湖中似乎也会遇到。任何尺度的一艘船都需要用非常大的圆材对其进行操纵,而更坏的情况是它在波涛汹涌的海浪冲击下会遭到破坏,从而导致各种严重后果。另一使船遭遇不测的不利因素是在尾部右后方系结短而重的桨叶所致,这样,船上就有了一个使人担忧的突出物,会遭致缠上其他船或导致与码头相撞的后果。有鉴于此,罗马船上在尾后桨外装置了一类特制的流线型保护物。尾后桨的主要价值在于其平衡的特性,一平板桨片是分置于桨轴之两侧,不是仅仅置于一侧。但在中世纪尾柱舵的广泛采用,则其优点的重要性安在? 而在中国,正如我们将要看到的,所创制的轴转舵则一直具有平衡的形式。

215 　　　现在我们暂时中止上述讨论,先来考虑一下在中国和欧洲船上装置舵的方式及其如何仍沿用于一些传统的造船技术中。在西方,古代操纵桨和阔的舻桨是用各类形式的滑车组加以悬吊的,中国也可能如此,因为中国是保留悬吊式升降舵的重要地区。确实没有迹象说明,中国舵是用眼板或托架(环)以便通过枢轴(针销或插销)用铰链接合于船体上。在西方的船艇上其舵之

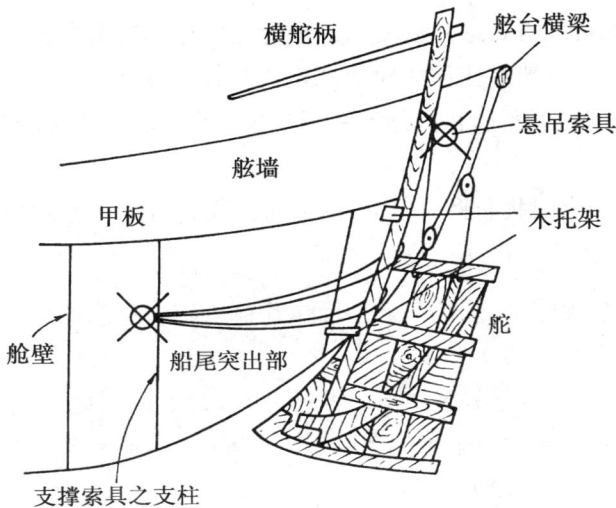

图 227　杭州湾货船的舵和横舵柄（按 D. W. 沃特斯所绘）

枢轴经常竖起，与尾柱直立平行，它向上与尾柱相连，向下与舵自身相接。这样的钩吊板及眼板对中国人而言是外来品。长期以来，中国船的舵主要靠木制嵌钳或轴座（承窝）固结于船体上。如果舵较大，则通过沿某肩状突出物的一组滑车把它悬吊起来，故可以把它放入水中或提出水面（见图 227）。有时巨型舵的足甚至于借助某处设置的滑车通过肚勒与船之首部相连接（见图 184）。舵枢型的固定（支承座，这里主要是对主舵柱的支承）可以是开式，半开式或偶尔也有通过构架一些具有确定形状的船体外端木料的封闭式（图 228）。舵枢相当于西方船上的支架（眼板，托架），当然其转动的部件不是轴枢而是舵杆本身。开式嵌钳系统允许舵可以升降。

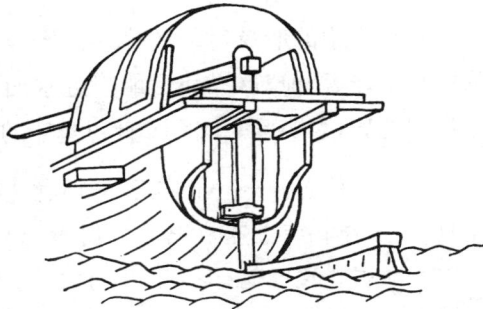

图 228　广东快浪船上的舵和横舵柄［按 H. 罗夫格洛夫（Lovegrove）的草图］

　　虽然（中国船体与舵的连接）用绳缆和木制件替代铁铰链，但不能因之认为在传统中国舵上不用铁件。事实上较大的舵往往有很多吨重，并围以重重 216 的铁片或加强材。中国舵是并不一定要置于船体最后位置或水线以上的船体，有时装置在上述位置的相当前面，其舵杆事实上经常通过建造在船体上的舵围阱中下落。这类结构对于具有横构件和舱壁结构的典型中国帆船是方便的,我们可以看到这种情况多么接近与之有关的垂直操纵机构的完整概念。实际上,中国船舵往往相对于船的总尺度明显地大,它是一种基本垂直的轴向中线舵。事实上它们是不带尾柱的"尾柱舵"。我们将回过来对此作些描述。

在结束引言时我们将引用 17 世纪两位我们已经熟悉的当时人说的几段话作证。在《天工开物》中宋应星写道:

> 凡船性随水,若草从风。故制舵障水,使不定向流,舵板一转,一泓从之。

> 凡舵尺寸,与船腹切齐。若长一寸,则遇浅之时,船腹已过,其梢尼(尾之误——译者)舵使胶住。设风狂力劲,则寸木为难不可言。舵短一寸,则转运力怯,回头不捷。

> 凡舵力所障水,相应及船头而止。其腹底之下,俨若一派急顺流,故船头不约而正,其机妙不可言。

> 舵上所操柄,名曰关门棒,欲船北,则南向捩转,欲船南,则北向捩转。……凡舵用直木一根(粮船用者,围三尺,长丈余)为身,上截衡受棒,下截界开衔口,纳板其中如斧形,铁钉固栓以障水。梢后隆起处,亦名舵楼。

这是淡水河道中的船员对舵的描述。宋应星本人必然经常站在鄱阳湖或大运河的舵工之旁,他对(操舵后船附近水面)流线流动的描述是饶有趣味的。半个世纪之后,李明(耶稣会士)针对海船的情况写道:

> 他们的船只……都是平底的,首楼很矮,没有首柱,船尾中央设有开口,其末端在装上舵后把其封闭于舱房之中,为的是防御船两舷水浪对它的冲击。这类舵比我们(指西方)的舵长得多,由 2 根系于舵上之缆绳沿着整个船身一直牵到船头,并把舵牢固地系在船尾柱之上;另外,还有 2 根类似的缆绳吊住舵,必要时可以很方便地将舵升起或降下。舵柄长度视操作需要而定,舵工们也分别使用其一端分别绑在左右两舷、另一端缠绕在他们手握的舵柄梢上的两根绳索,他们视情况需要分别收紧和放松(两舷的)绳索,把定船舵或推向一侧。

李明告诉我们,当时中国大型帆船的横舵柄上已经使用了某些机械辅助或增益装置。

217

第一节　西方从操纵桨到艉柱舵的变迁

　　艉柱舵或轴转舵在 13 世纪开始出现于欧洲。之前,西方从未有存在这类舵的迹象。如所周知,在古埃及使用过操纵阔桨、(用一种构架和一根木棒相连接的)艉部阔桨以及艉扫,而操纵长桨在希腊更负盛名。罗马和希腊船,有时用单桨,有时用双桨,也用木棒把它们连接起来。有迹象表明,这些操纵桨已被悬吊定位。拜占庭文化无什么新发展,但是维京长船(海盗船)把转舵桨联于一枢轴中从而把桨形改成了舵的形状,并把它铰接于船之一侧。诺曼船继承了这一传统。直到 12 世纪末以后,操纵桨仍然出现于画家和雕塑家的作品中。最古老的欧洲带有横舵柄的艉柱舵的手稿草图是出现在 1242 年。而著名的包以铁的船舵是出现于大约公元 1200 年时所用的易普威治(Ipswich,为英格兰东部一城市)印记上。而在英国和比利时洗礼盘(即圣水盆)的船雕上也出现此类舵型。而这些作品都出自土尔纳(Tournai,为比利时西南部一城市)城一个艺术学校中一位艺术家之手,年代约为 1180 年。其最终的发展与其说是舵本身,还不如说是控制装置。

　　总之,我们可以把欧洲最先使用艉柱舵的时限定在 1180 年。值得注意的是这一时间或许是西方航海罗盘第一次问世后的几年。仅这一事实就会引起人们的怀疑,艉柱舵决非土生土长,而是从遥远的异邦长途跋涉传播而来的。

218

第二节　中国的轴转舵

　　在中国舵的历史问题研究中,当人们意识到一个单字在几个世纪里常常在技术含义上代表 2 种以上不同的技术装置时将陷入难以辨别的困境。字柂、舵、柂、舳在公元前 3 世纪时的意思是"操纵长桨"或"操纵短阔桨";而在 13 世纪确实他们同时又指的是轴转艉柱舵。而正如我们已经看到的那样,后者首次出现于欧洲是在 1200 年左右,可以回溯上推的时间有限。对中国人可能的贡献的任何一项研究不能单靠名字和字。必须看他们所使用这个字所表述的事物的实际含义。

文献上的证据

最简单的办法是把有关典籍组合起来进行分类。最早的文献证据反映在公元前120年的《淮南子》中，书中应用古字杕。从公元前1世纪开始又使用其他字，在公元前15年的典籍《方言》中说："舡后曰舳，好舳水也。"4世纪前该书注释者郭璞说："今江东呼为轴也"。

虽然由这些话中无法从技术上获得什么帮助，但由郭璞所注一（舳）字的
219 地区发音法，与轴字仅有不同偏旁（字根不同）却属同一音源，由此发现我们所欲寻求的对轴字的发展线索。因为在此我们能感知在船尾存在犹如轮轴以供转动的某一器具。但仅此仍不足以区别操纵桨或在短的圆材或桨架中旋转的艉扫与坐落于犹如转轴或轮轴支承内的船舵之异同。

我们或许还可进一步考察一下（有关旋转运动）所用的动词。例如"转"字与绕一轴回转的动作略有差异，而是接近于仅绕一点的旋转动作。我们发现3世纪有一关于吴国皇帝孙权要求改变船之航向的故事："（舵）工转柁入樊口"。这一动词还出现在公元13世纪虞伯生的诗中，他正确使用了描述当时（1297年）无疑是轴转舵的与上述相同的诗句。而更为重要的证据则出现在伟大而激进的宰相王安石（1021—1086年）的诗句中，诗中言道："东西捩柁万舟回"，他用到了"捩"字。该字的轴向力含义当在17世纪出现了表示滑轮组的"关捩"后才得以明确，实际上包括枢轴在内的多种多样的机械技术名词的组合在很早以前就已经明确了。

下面再讨论一下舵的形状及长度。在5世纪的一本已轶的书中说：

> 庐山西岭有甘泉，曾见一柂从山岭流下此溪中。人号为柂下溪。宣穆所遣人见山湖中有败艑。而后柂流下，信其不妄。

这十分可能意味着由它（指柂）所具之形状即可把舵与桨区别开。假如操纵桨仍为已经使用的唯一装置，由于它确已与其他桨不能真正区别开，于是柁桨作为桨的一般用字之一得以应用，那它就不会是舵。因此至少在450年左右，柁与舵之形状尚有明显差异。或许更为重要的是在一本文字晦涩难解的书《管氏地理指蒙》中的某段文字，这本书我们已经在述及磁罗盘的历史时提到过，它成书不会早于7世纪，但不会迟于9世纪。在论及筑墓所定之适当深度时，作者写道："深于柁者船首之不载"（否则船将会搁浅或触礁），这就实际上肯定了柁即是舵，因为典型的中国舵经常是一类可以调节深度的悬挂舵，致使它可以伸至船底之一，有助于免除向下风的横漂。

在下一个世纪的940年，谭峭在其《化书》中谈到舵的长度，"转万斛之舟

者,由一寻(2.5米)之木"。上述尺度作为操纵桨或艉扫,则明显太短(在一般
比较小型的河船上使用的艉扫通常要超过15米),但它却与轴转舵的尺度相
一致。而最为明确的一段话出自1124年徐兢在出使时撰写的《宣和奉使高丽
图经》。这是对舵的一个完整的描述,当舵受损时船就会遭不测,故要及时更
换,其主要描述如下: 220

> 后有正柂,大小二等,随水浅深更易,当艚之后,从上插下二棹,谓之
> 副柂,唯入洋则用之。

这段话足以确认在12世纪初的中国船上,带有不同尺寸的轴转舵,并用之于
不同的场合,与此同时操纵桨则仍用于一些特殊操纵场合。在欧洲,后者在
嗣后的船上还使用了相当长的一段时间。

在12世纪初的高丽船上也已使用轴转舵,徐兢也曾对奉迎特使船队的高
丽沿海巡船作过描述,这些船有一根桅杆,无甲板室,而"惟设艣、舵而已"。
如果后者与橹桨没有明显的差别,他不可能把它们当作两种器具来陈述。前
述按水深从一舵变换到另一舵的比较完整的叙述,通过对迄今的朝鲜船上仍
使用的如中心(披水)板一样作用的有极端深度的舵(图229)的观察即不难得
以理解。

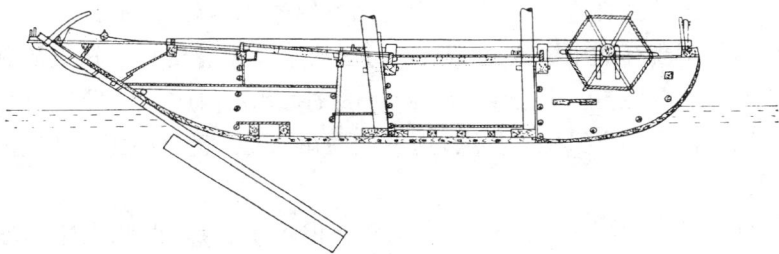

图229 朝鲜西海岸江华岛外小港湾处通常建造的传统型的中等尺度渔
船(约17米长)的纵中剖面[极端超常的舵,起到一个下伸很低的中央(披
水)板的作用,在槽口中可以上下滑动,舵杆上有一系列的开孔适合于舵
工操舵之需要和方便。按此,横舵柄可以插入相应的孔中,仅有2道舱
壁,首尾横材极为粗直,两根桅杆竖以非常高的稍有不对称的中国斜桁四
角帆,锚绞盘的尺寸亦值得注意。后来由 H.H·安德伍德(Underwood)
描述]

现有一份如徐兢那样的亲身经历和图解的日本记录,使我们又返回到地
理风水占卜大师管辂原著中述及的那个时代的技术状况。这份记录出自日
本和尚圆仁(Ennin)所著的《入唐求法巡礼记行》,他谈到他旅行时搭乘(有时
还有船舶失事)的海船,可以证明在9世纪初,轴转舵已与操纵桨和艉扫并存

使用。他还描述了在一次狂风暴雨中船舶搁浅的情状,当时"柂角摧折两度",不久舵叶很快陷入污泥中。这里没有提到操纵桨;可是当他一年后搭乘另一艘日本船回国时曾有一段对操纵桨的简略描述,在船上他见到太阳"当大櫂(即长桨或艉扫)正中",而在次一时间,他又告诉说月亮"当舻柂仓之后"。这似乎表明在舵楼内除了常用横舵柄操纵船舵外,有时还有用辅助的操纵桨操船的。这正是我们所了解到的在中世纪的欧洲和中国船上的那种实际情况。两个月之后,当圆仁与朝鲜僧人停留在岸上时,一阵风暴袭来,他所乘坐之前述同一艘船受到袭击,"着粗矶,柂板破却"。因而就圆仁所目击的事实证实了管辂大师和谭峭的诸多说法属真。

221

现在我们转到操舵装置该如何固定以及舵用什么材料打制的话题上来。543年编纂的《玉篇》中称柂"正船木也,设于船尾。"而在之前许多古籍中提及柂者均指船尾,此处所用动词"设于"(船尾)者隐含该类舵设备当为船之常备装置,其使用时间可能较之使用捆绑操纵桨的另一类装置更为久长。然而,这仅是一种暗示线索。在《唐语林》中说得更为确切,书中提到大概是780年时船上之"舵楼",即船尾楼台或船尾外延部分。这个名称嗣后经常用来称呼其上站立舵工并用横舵柄操舵的凸出的尾部船楼,其内还有绞车或其他升降船舵的装置(见图227)。就我们所知,该书中提及的"舵楼"系(在中国)首次出现的术语,其重要性不容忽视,因为使用操纵桨无需舵楼,或许也曾使用过这类方式,但就现存的中国成百艘船艇而言从未有过舵楼与艉扫或操纵桨并存的例子。常在超过甲板的后部再延伸一段距离并构成一外伸很长的轻型桥楼,而舵工们则站立其上。因而,这就成为在公元8世纪中国已使用轴转舵的有力明证。

222

可以确信,中国舵从未用铁舵栓或铁舵枢装于艉部,但此等船舵却早已用金属加强是确定无疑的。在13世纪的最后十年,周密在其著作《癸辛杂识》中写道:"柂梢之木,用铁棱;或用乌婪木,出钦州"。他在描述海上风暴的另一场合,还提到:"柂桿铁棱,轧轧有声欲折"。实则在这一时期的铁匠,如有需要,他们完全有能力配制(铁)舵栓和舵枢,但是中国船员经常喜欢使舵能在滑槽中上下滑动,无疑当舵到达最低位置时将大大改善他们所驾驶的船的逆风航行能力。而且,在强季风天气航行时,舵可以很好地处于最下部位置以得到保护,免除海浪的冲击。当然在黄海和海湾的浅水道中航行或作滩头系泊时则可以把舵提起。

剩下的问题是柂用什么材料打制。其所使用的特殊木材似可追溯较长的历史。可能于3世纪后期成书的《三辅黄图》中,有一则有关皇帝指令舵必须用木兰木打制的故事。在船舵历史发展之后期,我们还可以回忆起14世纪末为宋应星描述的有关舵使用铁木的一些细节。在上述两个时间的中间段的1187年周去非写了一本名为《岭外代答》的书,书中给出许多有关南中国特殊的舵用木材的有趣描述,书中提到:

> 钦州海山有奇材二种。一曰紫荆木,坚类铁石,色比燕脂,易直合抱以为栋梁,可数百年。一曰乌婪木,用以为大船之柂,极天下之妙也。蕃舶大如广厦,深涉南海,经数万里,千百人之命,直寄于一柂。他产之柂,长不过三丈,以之持万斛之舟,犹可胜其任,以之持数万斛之蕃舶,卒遇大风于深海,未有不中折者。唯钦产缜理坚密,长几五丈,虽有恶风怒涛,截然不动。如以一丝引千钧,于山岳震颓之地,真凌波之至宝也。此柂一双,在钦直钱数百缗,至番禺温陵,价十倍矣。然得至其地者,亦十之一二,以材长甚难海运故耳。

乌婪木可能与嗣后使用的铁木为同类,但字条中所述的指定的舵用木材相当含糊。周去非仅仅告诉我们的是在南海中航行的"外国船"上使用很多米长木制舵的用材。遗憾的是书中这样的表述方式欠妥,因为如他指的这种用材仅长6米或9米,则用作包括舵杆在内的真正轴转舵的实际尺度似仍不足,但如他指的用材长达20米或24米时,则其较之由钦州和他处运来的木材长度还要长,则其仅仅指的是一枝大型艕扫的用材。

绘画及考古证据

以上描述,只是根据古代和中世纪作者的著作,并早已于1948年草就。但必须根据幸存的一些代表性的绘画和考古形迹来予以完善。前者虽然很有意思,但不可能获得比历史典籍中已经告诉我们的资料更为周详的细节;而后者,在1948年的10年后的考古发现却起着决定性的作用,用这种方式所获的结论较之任何人的预测更为全面彻底。这充分说明通过其他途径所得出的论证结果仅仅只是一种臆测,有待考古学发现作最终确认。

让我们一如前文,从最古老的年代开始,逐步下推进行叙述。我们也可以由较之欧洲出现艕柱舵的时间稍晚的最可靠的那幅中国船画向前回溯。我们把上下文如处于显微镜下一样作一描述。我们已经看到的有关汉朝及三国时期的绘画副本上的节录自然就是人所熟知的圣陵墓碑(或神龛)的浮雕品,其上可以多处看到使用操纵短桨的小船(图230)。在印度支那(青)铜鼓上也绘有船,有大船和小船,船上使用的是操纵长桨。我们再下推至3世

223

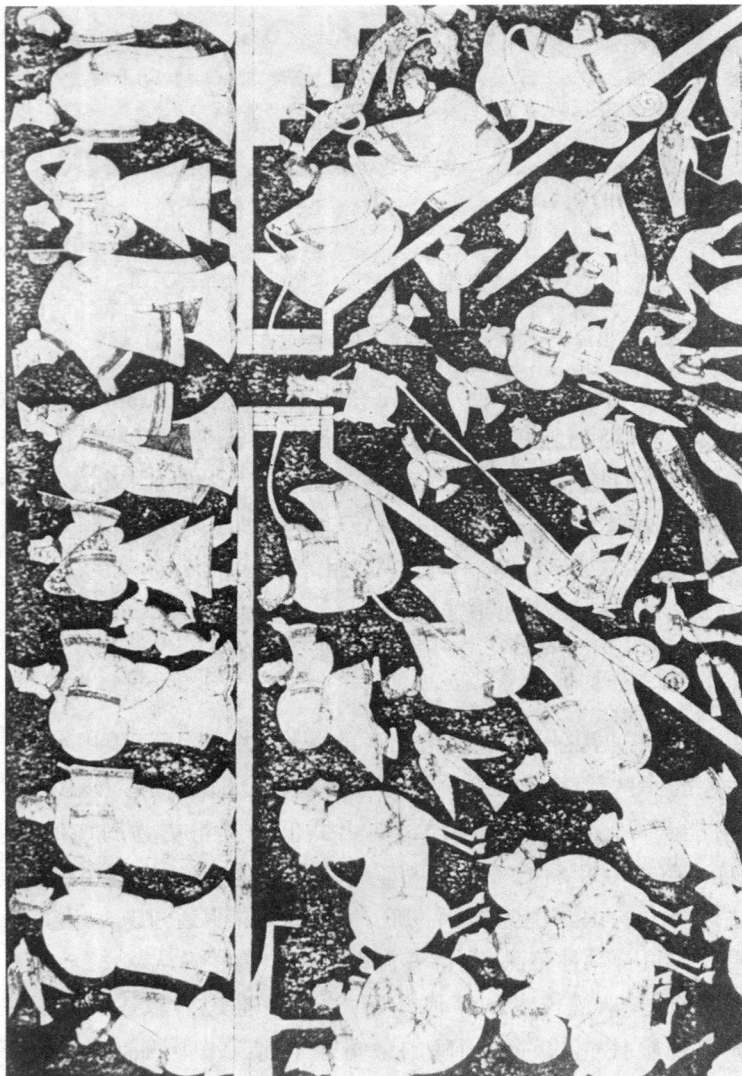

图 230　由河中发现的刻有 9 口周朝大锅的 147 年的武梁皇陵浮雕[这些大锅据猜测是由传说中的夏代流传下来的。其上铸有各地区各地区的绘画和地图以及由该地发现的陌生器物（见原第二卷第 241 页）。我们对浮雕感兴趣的是其上绘有使用操纵短桨的那些小船]

纪,从那时起直到唐末(906 年),主要考察当时中国佛教的绘画和雕刻,诸如
敦煌石窟之壁画(图 231)和六朝时期的石碑(图 232),在其上的船图中均一致
使用操纵长桨,即使一些看来很大的船也不用舵。

225

图 231 在敦煌石窟壁画上之最大的船[画上绘有一艘信仰宗教的佛教徒
用船由前景中的幻想此岸(那些竖立的长方形柱子都是刻有铭文的装饰)
扬帆驶向(彼岸的)阿弥陀净土。这些初唐(7 世纪)方首方尾船确实是非
常中国化的。在船最上部的长的肋材有向后延伸的特点。而鼓起的横帆
却是极端非中国化的,可它却适用于恒河中行驶的舟船上,后者也常使用
尾后操纵(阔)桨,与画中的极为相似。在巴黎吉梅(Guimet)博物馆由伯
希和(Pilliot)收藏的照片]

在舵发展的后期情况如何呢?可能在真实性方面存在一些问题。因为
中国和日本的艺术家常在其绘画中对于有关的技术细节并不能有忠实的反
映,而自宋代以来遗留下来的具有真实性的绘画的例子又不太多。虽然如
此,13—14 世纪的元代绘画经常在船的高曲率的尾形下绘有舵,在日本铃木
(Suzuki)的收藏品中有一幅公元 1180 年前绘有 2 艘装上线型优良的平衡舵
的中国帆船绘画。还有一幅在公元 1200 年前收藏于中国的绘画《江帆山市》。

在吴哥皇城的壁上柬埔寨艺术家所雕刻的中国船(图 199)对我们这里的
叙述不无帮助,其问世的时间无疑不会晚于 1185 年。图中所示为一中国商
船,这可由其许多特点来给予确认[具有复合缆绳的撑条式席帆及四爪(或五
爪)锚等],但在船之尾部一眼就可看到船上装有可以回转的轴向艉柱舵。

226

图 232　成都万福寺留存的刘宋或梁代(5 或 6 世纪)佛教石碑上的船图雕刻(四川大学历史博物馆收藏的照片)

它可以伸到船体之下,起着中心(拔水)板的作用。由于尾楼(在其内,舵可升降)高架于舵之上——即中国悬吊舵高悬的全部特征——这似乎毋需怀疑它是否确实是一中线舵。确实,人们甚至还可看到站在舵楼内甲板上的舵工的头。

　　我们下一个引证文本乃是在 1125 年前由张择端所绘的《清明上河图》这一令人赞美的卷轴画。画中绘有关于当时居民日常生活及技艺的大量奇妙而精彩的细节。画上极为清晰地绘有许多悬吊平衡舵(图 233),其作画的时间几乎与描述出使高丽的有关书籍中之内容正确相合,于是我们再次得以用绘画与典籍相互印证。

228

　　最后,如现存宋代绘画抄本可以被确信的话,则我们可以由著名画家郭

图 233　在 12 世纪绘画《清明上河图》上某货船上的悬吊平衡舵细部［也可见此画另一轴段（图 200）］

忠恕的画中看到平衡舵，他在于 951 年绘制的《雪霁江行图》中绘有带有工整平衡舵的 2 艘中国大帆船。在 950 年到 1000 年之间仅有一幅绘画文物，这就是 14 世纪后半期著名画家顾恺之的船画，该画似乎体现了当时绘画术中某些透视特性的古代观念，其最早的未轶翻版或许是 11 或 12 世纪的宋代摹本。但由该画并不能确定这一类似舵形之物就是真实存在的原始型。

自从 1958 年以后，以上所有这些疑问就此消失，因为在广州市的城市建设过程中，（中国）科学院与广东省博物馆联合进行了发掘工作，在后汉时期（1—2 世纪）的墓葬中，挖出一艘十分华丽的陶船模，证实了在当时中国已出现了轴转舵。在这之前，在中国近代考古学研究中所发现的古墓殉葬船模全部是在战国或西汉时期（公元前 4—1 世纪），且其上均用操纵长桨。而现在所发掘的陶船模仅 60 厘米长，其装备成一种近代的式样。我们毋需再概述前已给出之描述（第 106 页），即可断言，如图 234 所示，甲板室内铺设众多横梁，并延伸到两侧作为撑篙走廊。尾端自最后的尾横舱壁向外延伸很长的距离形成后部瞭望台（实际上的舵楼），在该处之地板系由呈十字架式连接的肋材组成，致使舵杆可伸至水下。由图 235 中可特别清晰地看到该照片系自尾部拍摄的。这确实为一真正的舵，形状是所期望的不规则四边形，而与操纵长桨毫无相似之处。这是将近 1 000 年后谭峭所作的舵为"一寻之木"这一注释的

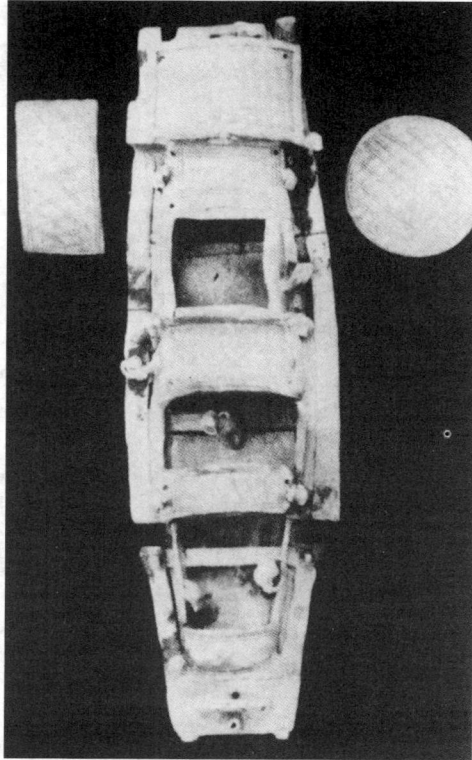

图234 由上向下看的后汉灰色墓葬陶船模（也可见图197。船首在图之底部，移去顶盖可见到客舱或货舱，但未见有舱壁，宽的撑篙走廊仅在一处有些破损，可能是竖桅的位置，但没有神龛。广州博物馆收藏的照片）

最清晰的例证。最令人满意的结果是舵之肩部穿有一孔，这却是悬吊舵之滑轮组（辘轳）设置装具的地方。该船模无疑是为汉代广州某些富有的冒险商和船主制作的，可能该船模的原始状态是当其所有组合的滑轮组装置安装后可以使舵牢固地悬吊起来，但由于年久，小缆索已腐烂掉落，现在我们对他们究竟是怎样安装和操作的亦仅是一种猜测而已。最值得注意的是该舵明显是平衡舵，舵叶宽度的1/3处于舵杆轴之前方。

这样，我们已可终止以上所作的考证推测工作。我们已经确切地证实，在1世纪，真正的中线舵已经问世。如回溯历史，使人略感惊奇者，即这一时期恰好也是磁罗盘首次开始应用之时。虽然磁罗盘的发展远较操船装置为慢，但在千年之后，两者竟又在欧洲同时出现，岂非咄咄怪事。两者之间的差别仅在于：在西方，磁罗盘首先出现于欧洲地中海地区，而轴转舵却首先出现于北欧水域。

图 235　由尾部观察的图 197 和图 234所示的后汉墓葬
船模（轴转舵上有悬吊滑轮组的孔眼,在尾楼地板的肋
材间可通过的轴转舵附属装置清楚可见）

传播与起源

　　关于舵技术的传播（确有这方面的传播存在）可以谈及的史料极少。但
这类发明通过在南亚海域中船员们的接触而绕道传来西方的趋势似乎顺理
成章。另一方面,为辽国造船的中国工匠的某些技艺传播给了于 1120—1160
年到新疆进行贸易活动的俄国商船船匠,也未必没有可能。这就可以解释为
何舵首先出现于这个欧洲文化区,但是迄今在俄国还找不到赖以支持这种观
点的资料。

　　与此同时,伊斯兰世界却提供了舵传播（虽然不是太多）的稍多于船用罗
盘传播的史料线索。在 1237 年巴格达手抄本中的一幅著名插图上画有一艘
装有轴转舵的缝合船。该船舵似乎其上装有某些横向控制装置,但无所需的
说明材料,实则在一个世纪前已经有了使用舵的线索。而有关这类操舵装置
已为李明所描绘,在过去 1 个半世纪中欧洲观察家们已经对众多阿拉伯帆船

231　船型上所使用的精心制作的用滑轮组（索具）控制的舵进行了描述。而饶有趣味的要算是阿尔·莫卡达西（al-Muqqaddasi）在 935 年对红海行船的一段描述。他说：

> 船长站立……全神贯注于海面。两位侍从站立其左右。一旦发现（海面）礁石，他立即招呼其中一个侍从大声喊叫舵工注意。舵工一听到呼唤，立即根据指令拉动手中两根绳中之一根，拉向右边或左边。如果不采取这种措施，船就有触礁失事的危险。

这一段描述似乎不会指连接操纵长桨间的短索，反而与阿拉伯海域直到目前仍在使用的控制轴转舵的索具非常吻合，为此我们可以得出这样的结论：中国的这项发明在 10 世纪末之前就已经传入阿拉伯文化区。按照我们对东方海域的阿拉伯贸易的了解，这丝毫不足为奇。可是（轴转舵）缘何由穆斯林世界传入北欧，乍看起来似乎难以理解。或许某些来自北欧的船长，在第二次十字军东征时（1145—1149 年）比他的地中海同行观察得更为精确和仔细之故。

　　尽管有各种争论，艉柱舵与航海罗盘一样，也是大船实现远洋航海的一个必不可少的先决条件。没有艉柱舵，第 2 期的计量航海和第 3 期的数学航

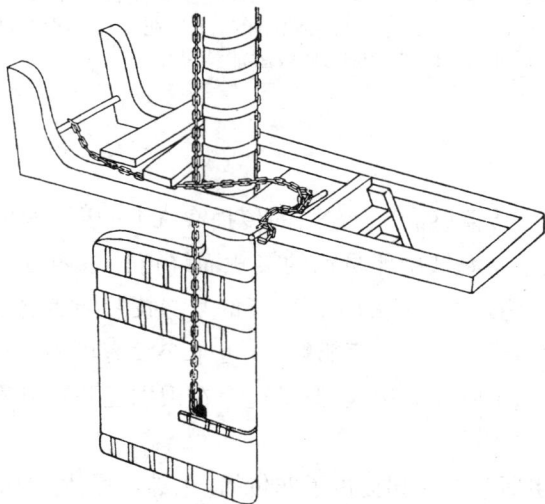

图 236　福州木帆货船的船舵素描（取自 G. R. G. 武斯特。该舵重 4—8 吨，舵高 9.9 米，宽 3.5 米；利用结于绳环的链条通过舵叶滑轮，其两边分别缚在上部悬吊装置的圆筒上，借以升降船舵。舵杆长 4.6 米，杆上相隔 30 厘米用铁包皮包扎）

海的发展不是完全被抑制，就是被长期推迟。不过在西方，艉柱舵的历史作用只是到目前才开始为人们所理解。

232

现在已经到了对上述问题的叙述收场的时候了。艉柱舵的发明还涉及一个明显的在结构上自相矛盾的问题，即发明这种舵的民族所使用的船舶上却并无艉柱。假如我们反顾古埃及、希腊或斯堪的纳维亚人的船图，一定会发现其船尾均为由水线处逐渐向上呈曲线倾斜弯曲。倾斜弯曲的艉柱事实上是龙骨的直接延伸。可是中国帆船却从未有任何龙骨。就我们所知，其船底比较平，用一道道舱壁与舷侧连接起来形成一个个水密隔舱，在船之端部用平的端板替代首、尾柱。由于舱壁结构给中国造船工匠提供了重要的直立构件，使轴转舵的舵杆可以方便地与之相连接，而不必一定要与最后的船端板相连接，它可以与其前的第一道或第二道舱壁相连接。这一原则对于大小帆船均适用，可称之为"无形的艉柱"。当然，后来舵均制成曲线形式以与各类曲线形艉柱相配。但上述论点当可使人们了解到打制这类舵形的困难应是西方未能较早发明艉柱舵的主要原因之一。

舵柱与舱壁相连接的这种方式在很多宋代绘画（图225和图233）和当代中国画中均清晰可见。在上述汉代的广州船模上未能表示出这种垂直连接的情状，其部分原因也许是我们并未确切了解其吊舵的悬挂方式，这可能有些为自己论点辩护之嫌。也许我们所看到的轴转舵仅是一种雏形，而当其演变成比较完善的特别形状之日可能也正好就是发现它已与垂直舱壁构件相连接之时。值得注意的是，纵然广州船模有舱壁，但其船型仍属首尾在水线上向外逐渐倾斜的一类平底船，只有当这种直立船舵的发明被确认后，才能创制出一类具有笔直和圆钝端的海船船型，处于较低位置的舵还具有中央（披水）板功能的附加作用。综上所述，我们不但可以有把握地说，艉柱舵起源于纪元前的中国文化区，而且还能对其形成的原因有一个相当清晰的概念。

第三节　平衡舵与多孔舵

首创轴转舵的文明世界（常被误作"停滞不前"的国度）还使这种舵向纵深发展。我们曾不时提到过舵的平衡问题。人们一般把舵视为其整个舵叶或其平展部分均在舵柱（即舵杆）之后的一件器物。实则相反，许多大型现代船上的舵在舵柱前也有一个平展部分，这种结构称为"平衡"式。这类装置不仅能平衡作用在舵支承上的舵之重量，而且由于受益于水对其前面部分的作用压力,可以减轻舵工的工作负荷和增强舵效。平衡舵在很多中国内河帆船(图237)上普遍使用,但这种舵的初始型式并不适用于海船。虽然我们还未能发现专门记载平衡舵的文献,可是毋庸置疑,它可以追溯到中国发明的最初阶段。的确,可以十分肯定轴转平衡舵是最先得到发展的,因为只要把操纵(短)桨垂直装在紧靠或接近最后一道舱壁的直立中间位置就可直接创制出轴转平衡舵。

图237 在长江上游船厂中见到的长江内河帆船"麻秧子"上所装之舵(其右边贴着船体曲线的美观的形状使之成为中国平衡舵的佼佼者)

一般说来,欧洲人在接受这一原理时比较迟钝,这也许是因为他们主要对海船感兴趣,故在铁结构不能完全牢固地架起平衡舵(即令舵可在舵柱底座内旋转)之前,这类舵就难以产生。均衡舵(Equipollent Rudder)是1790年前后罗德・斯坦霍普(Lord Stanhope)的发明之一,到1819年,舵又向前发展了一步。而装有现代平衡舵的最早的船舶之一是1843年建成的"大东方"号。而最令人奇怪的是欧洲两幅最早而有代表性的船舵绘画作品之一被印制于温彻斯特(Winchester)的大教堂洗礼盘上,(其上之船舵)看来好像是一个平衡舵。它对了解舵的传播有否重要意义呢?

印度也是有采用平衡舵传统的故乡,特别是在恒河上行驶的某种船只如"乌拉克"(Ulak)和"帕特拉"(Patela)上都装有引人注目的三角形舵。不过它们较之中国平衡舵也许更原始些,因为它们前后完全对称,故其效能也差些。究竟把中国还是古埃及作为对船舵产生影响的主要发源地,人们还是迟疑不决。但是或许最好把其(即指埃及的操船装置)视为一种异常巨大的操纵(短)桨,因为虽然他们是竖向安装可是一般是固定搁置于船尾的弯曲部分(犹如舷侧舵桨),而根本不是与艉柱相连,似乎这种说法更有道理。

235

　　也许在舵的多种发明中最引人注目的是多孔舵,当欧洲海员最初频繁往来于中国水域时,在他们看到有些中国帆船的舵上凿有许多小孔时深感惊讶,何以采用这样的设计? 这无疑使他们感到难以理解。凿在舵板上的这类孔一般为菱形,由于它减小了作用于横舵柄上的压力,而变得便于操纵,同时菱形的小孔也可把水流流通过舵叶小孔时的涡流对船舶引起的阻力减到最小。因水是黏性介质,它对舵效的影响甚微。图 238 所示为停在干船坞中装置有多孔舵的一艘香港捕鱼帆船的尾部。这类装置可能是人们感受到使用有节疤的木板作舵板或受损的舵板的操船效果后才发明的,无妨发挥一下想象力,设想有某些道家海员发现使用这类装置时容易操船,有助于船之航行时,于是他就遵循"无为"的处世原则(顺其自然),不加思考地乐意接受,并把这一装置全盘地推荐给他的同行去使用。多孔舵在本世纪的现代铁船时代已被广泛采用,它在 1901 年已引起欧洲造船工程师的注意。事实上,这类舵甚至有助于诱发飞机机翼防失速翼缝的这一重要发明。

234

图 238　干船坞中香港捕鱼帆船船尾表示出许多中国船上所采用的多孔舵的特点(由图上施工人员的人影大小可推知其实际尺度,靠右侧的另一艘船上的多孔舵正在装换舵叶。格林尼治国家海事博物馆的沃特斯收藏品)

第七章　海上平战技术

第一节　锚、系泊、船坞与灯塔

锚与系泊

对于锚这个重要船用设备在历史上对其多有描述,甚至可追溯到史前时期。古埃及人用很重的石块与带钩的分叉臂结合在一起构成多爪锚。但是金属锚爪约在公元前 400 年的欧洲拉·坦诺(La Tene)时代就已为人们所使用。有一种青铜时代的锚与荷马史诗所描述的几乎属同一时期。大约从公元前 500 年开始,地中海各民族所使用的锚已经基本具有现在常用的式样,这可以从当时有锚印记的硬币上看到。但是早期的锚没有横杆。而同期中国锚形的演变可以从其所使用的名称来推断。用石头加重的多爪锚称矴,有时也写作碇。只要把 1—4 个分叉臂和一块石头绑在一起,就可制成矴,它曾为人们长期使用。我们在 1185 年的巴云(Boyan)寺中国帆船(浮雕)上见到过它(图 199)。在采用金属锚爪之后,上述这些词均为“锚”字所替代,意思是把植物的小苗或猫的爪子与其制作的金属原材料结合起来。543 年,在《玉篇》中首次出现“锚”字,如果这可以作为金属锚不可能在大大早于这个年代时使用的根据,那么金属锚在中国的使用时间将比西方为晚。

然而对于锚的发展,中国人却作出了很重要的贡献,典型的中国锚呈锛形,即锚臂与锚杆在锚冠处形成一个锐角(大约 40°或更小),而不是成直角或圆弧岔开。这种锚的型式在欧洲,人们也并不陌生(在罗马圣殿船上就有这种锚),但是中国人将横杆穿过锚杆的地方并不放在锚环这一端,而置于靠近锚冠这一端(当然也与锚臂的平面成直角)。这样可以使锚倒向一侧,以保证锚臂咬住水底,它另一个很大的优点是几乎不会被锚链缠住。这种装置的效能常为不少欧洲航海家所称道,在19世纪,锚经过多次创新,加上了一个铰接横杆,因而某些近代的"无杆锚"都是起源于中国锚而不是希腊—罗马锚。我们可以通过福建造船手稿(图239)来回顾一下这种锛形锚的历史。这不仅可以追溯到1628年的《武备志》(图240),而且还可以回溯到公元1世纪的广州墓葬船模型(图241)。

237

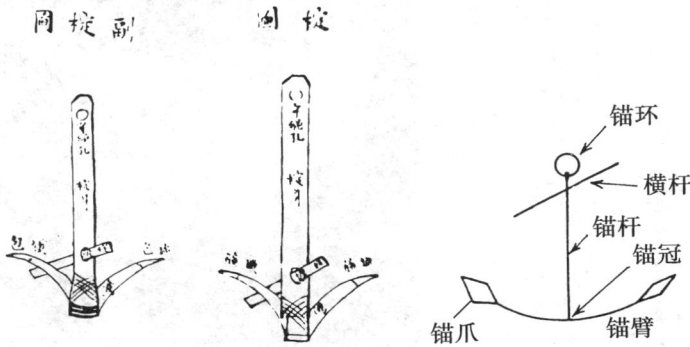

图239　福建造船手稿中的两只锛形锚(大者为椗,小者为副椗,锚臂尖端包以铁箍)

起锚机(即垂向安置的绞盘)在1224年的《宣和奉使高丽图经》中被多次提及。在当时的高丽和中国船上都安装有这类装置。而据乘坐较大的中国使船的使臣之一的徐兢在书中所说,锚机放出的缆绳粗如屋椽,系由藤(某种藤本或蔓生植物)交织而成,长150米。稍晚些时候对锚机的描述可以从巴云寺中国帆船浮雕上看到。海锚亦曾为徐兢所提及,并名之为"游矴",但他误以为它是在海上暴风雨天气时所用的船锚。事实上,它必然是一只与现在所用相差无几的大竹篮,而使用这类海锚,任何国家的海员都不可能像中国海员那样熟练。

238

到了17世纪,宋应星对于内陆运输粮食的货船上的锚是这样描述的:

> 凡铁锚所以沉水系舟。一粮船计用五、六锚,最雄者曰看家锚,重五百斤内外,其余头用二枝,梢用二枝。凡中流遇逆风,不可去又不可泊(或业已近岸,其下有石非沙,亦不可泊,惟打锚深处),则下锚沉水底,其所系缧缠绕将军柱上。锚爪一遇泥沙,扣底抓住。十分危急,则下看家锚,系此锚者曰"本身",盖重言之也。或同行前舟阻滞,恐我舟顺势急去,有撞伤之祸,则急下梢锚提住,使不迅速流行。风息开舟,则以云车绞缆,提锚使上。

239

图 240　1628 年出版的《武备志》中的一只锛形锚（在木质标签上写明："某号官船椗"）

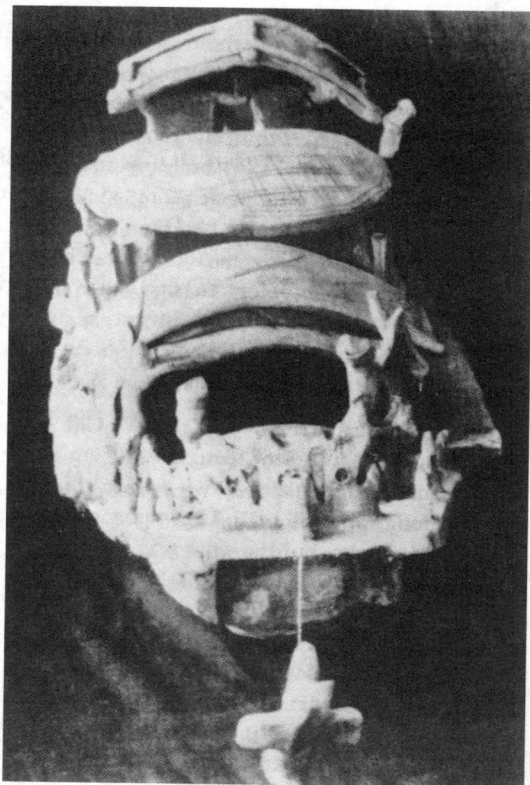

图 241　后汉灰陶墓葬船模的首部视野［也可见图 197、图 234 和图 235。图上可见锚系在船模的系缆桩上，紧随其后有所谓印度支那船的首部轭架的装饰。而横向（横梁）突出物支撑一个狭窄的舷外甲板铺板及一些系缆桩。首封板明显可见（见广州博物馆的照片）］

　　至于在较小的河船和舢板上所常见者则是使用一种完全不同的系泊型式，它是由装置于船上的一个或多个舱区中的垂直围壁通道或管筒所组成。一根重杆通过这一管筒直接抛入河底或湖底的淤泥中，被称为水眼的这类管筒装置具有不断适应水面起伏的优点。在中国，这类杆柱定位或插入泥中的杆状锚的出现至少不晚于宋代，因为它出现在这一时代的绘画作品上，但是从新几内亚到 6 世纪的荷兰的世界很多地区，这类装置亦属古老型。其原理仍在现代挖泥船上使用。

240　港口与船坞

　　想要研究中国历史上的港口与船坞的构造与布局需要一整篇文字。在这里我们涉及一个中外学者从未研究过的问题。故而在撰写时就显得格外困难,但不管怎样,一个很有技术价值的问题被提了出来,那就是有关建造和修理船舶的干船坞的发展情况。对欧洲在这方面的情况还比较模糊。英格兰或许也是整个西方世界的第一个干船坞,是 1495 年为亨利七世在朴次茅斯(Portsmouth)所建,但有些学者却坚持认为这类船坞在亚历山大大帝(Alexandria)时代(公元前 3 世纪)已为人们所使用,虽然更近期的研究并未对此提出任何证据。可是我们却掌握了该项发明在宋代已出现的绝好的证明,在沈括的笔下提供了有关船坞的详尽的报道。

> 国初,两浙献龙船,长二十余丈,上为宫室层楼,设御榻,以备游幸。岁久腹败,欲修治,而水中不可施工。熙宁中,宦官黄怀信献计。于金明池北凿大澳,可容龙船,其下置柱,以大木梁其上,乃决水入澳,引船当梁上,即车出澳中水,船乃笮于空中,完补讫,复以水浮船,撤去梁柱,以大屋蒙之,遂为藏船之室,永无暴露之患。

当然中国皇帝的船坞不若亨利七世船坞的回旋式坞门多,但是它比后者却早了 4 个世纪。

灯塔

说起港口、避风港、锚地的时候,人们总会谈起灯塔,它可以引导船只到达那儿。在中国古籍上或许不如古代欧洲的文献上对灯塔的叙述那么起眼,这也许是在西方海上航行相对起着更为重要的作用。在中国的百科全书中有关灯塔的参考资料,几乎总是指用于军队或其他官府通讯的装置于山上或军事要塞上的灯。它与亚历山大法老们所建的亚历山大港市的灯塔相比,毫无相似之处,后者建于公元前 270 年,系克尼都斯(Cnidos)的索斯特拉图斯(Sostratus)为埃及托勒密(Ptolemy)二世腓莱旦福斯(Philadephus)所建,其高度可能达 45 米,该灯塔的大部分在 13 世纪依然屹立。尽管在中国海岸和湖边所置的灯曾经被小规模地使用,但在一些文字性的参考资料中它总是在与外国的灯塔发生关系时才被提及。地理学家贾耽在 785—805 年所撰写的著作中,曾经有一段关于他对广东到波斯湾的海程的描述,从中介绍了靠近波斯湾口的一些地方,书中写道:“罗和异国国人于海中立华表,夜则置炬其上,使舶人夜行不迷。”一个世纪后在阿拉伯作家的著作中可找到对波斯湾灯塔的独立的证实材料。读一下一个中国作者在 1225 年关于亚历山大法老建造灯塔的描述或许更能引人入胜:

241

遏根陀国,勿斯里之属也。相传古人异人徂葛尼于濒海建大塔,下凿地为两屋,砖结甚密。一窖粮食,一储器械,塔高二百丈,可通四马齐驱,而上至三分之二,塔心开大井,结渠透大江,以防他国兵,侵则举国据塔以拒敌,上下可容二万人,内居守,而外出战。其顶上有镜极大,他国或有兵船侵犯,镜先照见,即预备守御之计。近年有外国人投塔下,执役扫洒,数年人不疑之,忽一得便盗镜,抛沉海中而去。

以此为背景,十分有趣的是中国最著名的灯塔之一是广州清真寺尖塔。对于这一建筑物的描述大约在 1200 年左右。该塔直立高度有 50 米,它之所以被称为"灯塔",很显然是因为将灯点燃在塔顶以引导船舶航行。该塔首先于唐代由外国人建造,我们获知塔内有一盘旋楼梯。每年的 5—6 月来自阿拉伯的外国人惯常聚集在河口以等待他们的三桅海船的到来,然后于五鼓(或五更)时刻登塔为求顺风而高声祈祷。1468 年御史韩雍曾负责监修该尖塔,计划着可能是用灯光来发送官方的信息。然而,佛教宝塔亦偶有作灯塔的。1686 年编纂的《杭州府志》中曾提到在钱塘江的六和塔上自宋代初叶开始即装有一永久性的灯光装置以引导船舶在晚上寻找其锚泊地。在中国宗教中至少有两个宗教在灯塔建设方面的贡献可以与英国领港公会(掌管灯塔建设及领港员考试等)相提并论。

第二节　拖　航　与　拉　纤

前文多次提及在中国的河道中帆船向上流的拉纤航行。对于任何一位在四川大河之一的重庆嘉陵江附近居留过的人们来说,纤夫们的叫喊声与击鼓声为他们留下了难以忘怀的记忆。没有任何天然的困难可以难倒中国船民,其纤路系从悬崖峭壁中凿出,并沿长江的峡谷中前进。在最困难的拉纤地段,常需雇佣高达百多人的纤夫队伍。图 242 示以四川某河道中向上游拉纤的盐船,这幅夏圭(1180—1230 年)的绘画常被引用作为在马可·波罗描述中国帆船拉纤之前的一项证据。可我们却有了更早期的诸如存在于敦煌石窟中的绘画证明。

在拉纤中,纤索系结固定于某一船尾横梁上,从此处通到船桅再穿过一铸铁扣绳滑车(即有盖的开口滑车,它在一边具有一铰链板,勿用穿绳子),后者可以通过绳子和索具上升或下降。通常,该滑轮大约悬挂于桅杆长 1/3 的

图 242　向上游拉纤的盐船[《四川盐法志》(1882 年)中的一幅画,图中的旋涡增加了喜剧性,但在四川河道中确实是有此种旋涡,正如李约瑟在1943 年所见到的那样]

高度处,但是当本船需要超越其他船只时,它就被上升到桅顶。拉纤时使用的竹索,有一个重要特性:当大麻制的纤索受潮时,其强度减小 25％,这种结辫的竹索与水相饱和会使其张力强度增加 20％。试验表明:3.75厘米长直径的纤索当其在干燥状态下使用时可以承受大约 5 吨的负荷,而湿纤索则可承受 6 吨的负荷。拉纤者所戴布箍带挽具与挽畜的有效挽具的发展密切相关,这将在本书的后一卷中再作讨论。

第三节　捻缝、船壳包板与抽水机

在以前我们所讨论过的内容中,不时涉及传统的中国船匠和船员为保证船体水密所用的各种方法。一般讲,传统的捻缝材料是麻丝与桐油和石灰的混合物。而旧船的维护则是通过逐季(三个月)把新的一层列板钉合在原外板上以增加船体厚度的办法。不管怎样,最好的一些船用干油灰(腻子)均有更复杂的成分,特别值得注意的是其中常常还要添加一定比例的豆油成分。

与防水不同,对敌人的防护则必须采用与之不同的方法。为防止船蛆(凿船虫———一种牡蛎软体动物)或其他害虫或固着于船壳生长的海洋有机物(如藤壶)腐蚀船壳包板以及在战争中为防止敌人攻击的船体上层部位的装甲很自然必须一并考虑。而金属板用于前者的目的远远早于后者。罗马人试行以铅皮包覆船体,如在列肖(Ricio)湖上的(罗马皇帝)特拉琴(Trajan)大型划桨船以及在奈米(Nemi)湖的神殿船也都是如此。然而从中世纪开始却很罕见甚至于未见有船壳包板的例子。大约到了1525年,在欧洲,铅质包板再度试用,但不久很快被放弃而偏爱于用木制包板,并经常用马鬃填塞缝隙,而从1758年开始人们就用铜包板了。然而在4世纪初叶有关中国典籍中就已经有中国帆船船底包上铜皮的说法了。大约成书于370年的《拾遗记》中曾提到一位来自燃丘王国,且在很有传奇性的周成王统治时期的特使,书中写道:"泛沸海之时以铜薄舟底,蛟龙不能近也。"这里清晰地谈到了为防止船壳上有机生命体的腐蚀而采取的防护措施,这段文字似已可证实至少在王嘉(《拾遗记》作者)的年代,中国船匠已经有了这种防护船壳板不受虫蛆的概念。另一由晋代刘欣期所撰的《交州记》中曾谈到在安定有一艘为越王所造的铜或青铜舟长期掩埋于沙中,当该处潮水退时尚能看到。

现在已经发现,在中国早期民俗文学和传奇文学作品中大量出现有关金属船的故事。它们特别盛行于中国南部与安南地区,在那里,此等金属船常常成为汉朝大将军马援丰功伟绩的一部分。马援在公元42—44年的战役中,重新使远南地区臣服中国,人们所见的青铜或黄铜船的遗迹与当时建立青铜柱以标定大汉帝国的南方边界、铸造青铜牛作为界石、建造运河以缩短海上航程,使之更为安全等均有一定的关联。这方面的证明可由3—9世纪的历史典籍中获知,但是特别提到船底包铜皮者则仅仅是早先引述的那本书。虽然正如汉学家们所想,很可能船的构造中使用金属的思想最初纯粹属不可思议的想象,但也有可能在那些年代,某些南方的造船匠们曾得到过铜匠的帮助,后者将铜皮捶击成铜板并钉牢在船体上以保护船壳木板。如果真是这样,那么18世纪的铜底中国帆船一定是来源于固有的传统,而并非来源于远西的奈米湖。我们甚至于还听说过铁船。在宋代或宋代以前,一本未署名的书籍《华山记》中曾谈到在山湖边一艘被弃铁船。这无疑是同一传奇或同一技术的进一步的模仿,但是我们即将明了,战船的铁装甲绝非传说。

在水中用以保持船体内部不被浸湿的机器很少有人研究。大约在公元前225年由锡拉库萨(Syracuse)的海厄洛(Hieron)建造的那艘大船上曾装用一台由单人操作的阿基米德螺旋抽水机,用以排除舱部积水。但根据阿齐纳斯(Athenaeus)(公元前2世纪)的记载,这种说法似乎有些令人难以置信。

16 世纪末叶以后,中国人才采用活塞式抽水机,在欧洲其使用则较早。但是在早期的技术条件下这类(新)机器也许还没有(老式的)链式抽水机那么有效。确实,我们发现在这一时期到过中国船上的西方人,他们仍对中国人所采用的老式抽水方式大加赞赏。最早提到此事的是茄斯帕·德·克罗斯(Gaspar da Gruz),他是葡萄牙人,多明我会(Dominican)的修道士,曾在 1556 年花了好几个月的时间来中国考察。在嗣后的 1585 年哥柴勒斯·德·曼多扎(Gonzales de Mendoza)也曾对中国的这项技术十分赏识,他写道:

245

> 在他们的船上所用的抽水机与我们所用者有很大的不同,且比我们的要好得多。他们的抽水机由很多部分组成,其中装置有一抽水的水车,该水车置于船侧,利用它很容易清除他们船中之积水。操作时仅需一人站在水车上,不管船舶进水如何严重,一刻钟之内即可清除一艘大船的所有积水。

一个世纪之后,一位荷兰学者艾萨克·伏西乌斯(Isaac Vossius)把链式抽水机这种型式加以推广,直到 19 世纪初叶,它仍然为人们所称道。因为我们缺乏中国有关上述链式抽水机型式的清晰的描述资料,要确定它就是链式抽水机稍有困难。德·克罗斯(de Cruz)的描述正确无误地肯定了一种真正中国型式的倾斜方形托板型链式抽水机。无论如何,人们由此就可以理解,在 16 世纪中叶前为什么中国人并未由于缺少活塞式抽水机而在排水方面受到很多的约束。事实上,这两种机器当时分别循相反方向传播,在西方的船上开始采用链式抽水机,而中国人却被活塞式抽水机所吸引。

在海上(航行)的船舶备有抽水机还有其他方面的目的,即扑灭由敌人燃烧武器的攻击所造成的大火。这个题目过去已不时地提到过,但在这里需要再加说明。在 1129 年的《宋会要稿》中有一段文字,除了叙述其他事物外,还谈到用防火装置装备战船,而在他处还提到用浸湿的皮革帐幕以防止敌人火箭的攻击。然后在大约 1360 年苏天爵又在他所撰的《国朝文类》中谈到以下涉及发生在 1279 年初宋、元舰队之间的崖山战役的内容。

> (张)弘范又命乐总管,自寨以炮击昺舰,舰坚不动。……弘范因取乌蛋,载草灌油,乘风纵火,欲焚昺舰。昺预以泥涂舰,悬水筒无数。火船至,钩而沃之,竟莫能煅。

虽然对于上述系统的确切特性仍不太清楚,但是可以肯定在上甲板上必定有水柜,并由抽水机提供水源,从而为喷雾器或水龙软管供水。

246

第四节　潜　水　与　采　珠

　　在本文的一二处已经提及可潜入水下的船艇,当然这是所有文明的一种晚期发展。这里不妨谈谈人类早期潜入水中深处并尽可能停留较长时间的种种努力。在中国,它往往与采珠的故事联系在一起。在 1637 年的《天工开物》较后的一章中,宋应星描绘了采珠场。在他生活的年代,(除南海一带的外国外)这些采珠场主要集中于广东南部的雷州和廉州,以及海南岛北部和西北部一带。从书中我们得知,这些潜水人员均属疍户,他们系(中国)古代的某一南方民族,使用他们所独有的宽度很大的船在特设的珍珠牡蛎场进行作业。据说他们可以潜入水下 400—500 尺(中国尺),看来这个深度似乎与实际情况有出入。如果不用现代的潜水设备和头盔直接下潜,是完全不可能达到这个深度的。似乎 20 米(70 英尺)可以作为不带呼吸设备的潜水人员能够进行(水下)作业的极限,尽管他们在很短的时间内可潜入水下 36 米(120 英

247
尺)。疍户潜水员在其腰际缠有一根由绞车上放出(可以升降)的长绳,并通过一锡制环加强的曲线型空管以利呼吸,该管子是利用革制面罩紧扣于脸面之上(图 243)。一旦事态不妙,他们就以拉绳作为信号,并很快被提拉出水,但很多人仍常遭不幸,而葬身鱼腹,另有一些潜水人员则死于出水后的寒冷。为了缓解这种困境,一位宋朝发明家李招讨创制了一种像耕犁那样的带有铁叉的压重拖网以及一袋口保持敞开的装牡蛎的麻袋,这样采珠人就能在采珠船航行中拖动他们的捞网(图 244)而不需下水。前述两种方法在宋应星时代都曾使用过。他补充说,有时十年采珠一次,规定有一段停采珍珠的时间,以便珍珠的繁殖。

　　采珠业的中心位于廉州地区,旧时称合浦县治,在沿海各岛屿之间或凹入海岸的海面区域有"珍珠湖",其一度相当有名,致使整个地区以此命名。这项富源的开发至少可以回溯到公元前 111 年,正当汉武帝军队吞并古(南)

248
越国之时,当时盛产珍珠的情况已被记载于《汉书》(约成书于公元 100 年)中。公元一世纪末期,来自中国其他地方的人们通过组织潜水采珠作业发财致富,政府官员亦随之继起,过分的采珠造成珍珠贫乏的后果,从而在公元 150年促使一位有见地的杰出人物采取措施以挽救这种局面。为此孟尝颁布了一项临时性禁止采珍的法令,从而成为对大自然的保护及保存采珠场的一次成功的范例。按照中国特有的传统方式,孟尝后来被看成是采珠业的守护

图 243　《天工开物》中下潜采珠人员图（图题中说："没水采珠船"。使用呼吸管以及某种面罩,但在明代版的相应图中则仅见有面罩）

神。在经历了相当长的时间之后,陶弼（1017—1080 年）为供奉他的祀庙而撰写的一篇铭文中写道:

> 昔时孟太守,忠信行海隅;不贼蚌蛤胎,水底多还珠。

在汉朝灭亡后的 3 世纪,采珠地区成为吴国的一部分,也就从那时起有了最早的关于潜水人员作业的记载。万震在其《南洲异物志》中写道:

> 合浦有民,善游采珠,儿年十余,便教入水求珠。官禁民采珠,巧盗者蹲水底,剖蚌得好珠,吞之而出。

当时珍珠走私与政府管制同时存在,实际上从公元 228 年起,（合浦）整个地区曾一度更名为珠宫,即（政府）采珠长官的管辖范围。

在很长一段时期里,采珠业不时陷入困境,由于朝廷兴起了孔子的俭朴之风,使所有的奢侈品贸易都受到抑制,唐朝曾多次禁止采珠活动。可是在五代的南汉末代皇帝刘铱并未采用如此禁令,他在廉州附近驻扎有整整一个师的士兵,并教会他们能够下潜采珠。但当 971 年宋军一占领广州,部队的这一职能随之被废除。

谈及在这一采珠业中担任重要角色的疍民的最早期的文本是《铁围山丛谈》,该书系由蔡绦于 1115 年所撰。他在一段有趣的较长文字中说起,采珠人　249

在产珠作业区配置了 10 艘或更多的船围成一圈,在这些船的两端放下系缆并与位于水底用作泊船的岩石相系结:

> 别以小绳系诸置腰,置乃闭气,随大纽直下数十百丈,舍纽而往采珠母,曾未移时,然气以迫,则亟撼小绳,绳动船人觉,乃绞取,人缘大纽上出。

从上段文字中似乎说明当时已经使用绞车,潜水员之腰索也许是以一可以松开的套圈系在主系缆上,故而当主系缆开始绕卷上收时,潜水员能被带回水面。蔡绦(在书上)还给出了当(下潜)超过相当有限的安全度时潜水员痛苦地挣扎以及再使他们恢复精力的方法的图解。他说在一般社会中见到珍珠爱不释手的人们中间,却很少有人知道为获得它们所付出的巨大代价。60 年后,周去非在书中用了大段篇幅,以同样的强调语气,特别谈到了潜水员们所面临的遭遇鲨鱼或海底其他猛兽袭击的危险。文中谈到随同潜水员开始一起放下水的那根长绳子上把一筐篮也一起放下水去,因为这些筐篮可以从容地通过绳子卷绕上提,可以作为进一步的预防措施。此外,文中还稍稍提到了一些技术细节。几个世纪之后人们获得了一个在潜水技术方面已有了缓慢而持续发展的印象,从而导致我们已谈到过的明代的各项发明的问世。

图 244　《天工开物》中李招讨创制的采集珍珠牡蛎的挖珠器或拖网(右上图题是"扬帆采珠";左上图题是"竹笆沉底")

　　在《天工开物》一书中描述的技术是确实存在的。事实上，这类技艺可能非常古老。在《抱朴子》(大约 320 年)上所载许多有魔力的秘方中，有下面一段话："得(犀牛)真角一尺，以上刻为鱼而衔以入水，水常为开，方三尺，可得息气水中。"这可能是一种以炼丹术的方式谈及有关使用潜水员呼吸管的秘而不宣的方法。无论如何，这类呼吸管和潜水钟均曾为亚里士多德与其他古代作家提到过。1190 年，德国一民谣(约在李招讨的年代)中曾提及一种潜水员的呼吸管，而欧洲对后者的第一个图解出现于 1430 年一位无名的胡斯信徒(Hussite)工程师的著作中。十分有趣的是，在他的年代与宋应星所处的年代之间，列奥那多·达·芬奇(Leonardo da Vinci)在《大西洋药典》(Codex Atlanticus)一书中曾简略描述了一种像印度洋潜水采珠员所使用的呼吸管，它除了有驱鱼群的尖铁外，还用《天工开物》中曾提到的金属环来加强以防止在水压力作用下的陷缩。但潜水员肺部所受的水压力却始终成为试图使用大气中空气的最大的限制因素。因此，十分有趣的是在大约 1000 年左右的一本描述水力工程的阿拉伯人的著作中就提到一种可把大气压入呼吸管中的风箱。这就促使人们对中国人在宋朝是否也曾使用过它发生了兴趣。欧洲人第一次提到使用两只呼吸管分别进行吸气和呼气的是出现在吉屋弗耐·勃莱利(Giovanni Borelli,1679 年)的著作中。而在 1716 年的埃德梦得·哈莱(Edmond Halley)的著作中又把此双呼吸管与潜水钟相结合。我们迄今尚未在中国典籍中发现有谈到后者(即潜水钟)的任何资料，而这类潜水钟在欧洲的流行远较一般料想的要早得多。有关潜水钟并带有呼吸管的醒目的图出现在 14—15 世纪的属亚历山大拉丁语系作者的手抄本上。据说这位喜爱冒险的国王(指亚历山大大帝)曾在一玻璃球或桶中潜入海中的各种深度，尽管由于皇后洛克桑娜(Rozana)的叛变解开了系于玻璃球上的缆索，但他仍安然无恙地浮出水面。亚洲采珠场这片亚历山大渴望统治的大陆，特别是属于中国和印度的那一块，很可能是所有采珠技术的发源地，采珠早期的历史必定可以从这里发现。确实，很可能印度教徒、佛教徒、道教徒及其他修行人有着密切相关的呼吸训练与潜水采珠人的实践有着紧密的联系。自古以来，潜水采珠人凭借那些陶醉于获取不同寻常的珍品的人们的心理以维持他们艰辛的生活。

　　至此，我们还只是谈及天然产品的珍珠，这些珍珠，不少世纪以来曾为广州的潜水采珠人冒着极度的风险而采集到。但是尚有养珠和人造珍珠。前者是对某种软体动物的介壳中有意识地插入一种外来物后养殖而成，而后者则完全是人工的仿制品。养珠似乎还是中国人发明的。1825 年，当格雷(J.

250

E. Gray)在英国(自然史)博物馆中研究软体动物介壳时,他注意到一些好的珍珠仍贴附于巴勃拉·泼力卡塔(Barbala, Plicata)的介壳上,而且明显地发现这些珍珠是在(软体动物的介壳中)加入一些作为外来物体的小的珍珠贝(即珍珠母)后由人工诱发而成,而这种软体动物的介壳来自中国。之后,格雷报告说其他一些例子中的珍珠也是通过环绕(在软体动物介壳内的)几根银丝而形成的。30 年后,一位在湖州曾对这类养珠业进行考察的目击者记述说,在那里,人们常将各种外部物体包括很小的佛像置于淡水贻贝中。当地人将该项发明归功于 13 世纪的一位名叫叶仁养的居民。

251 　　确有可能,至少出现这方面的杰出发明家之前的 2 个世纪在中国典籍上可以找到使用这一技艺的清晰的记载。这方面内容出现在 1086 年为庞元英所撰的《文昌杂录》中:

> 礼部侍郎谢公言,有一养珠法,以今所作假珠,择光莹圆润者,取稍大蚌蛤,以清水浸之,伺其口开,急以珠投之,频换清水,夜置月中,蚌蛤采月华。玩此经两秋,即成真珠矣。

　　我们不能完全肯定谢公言是第一个完成此项工作的人,因为在早些时候的某些书中有关段落是述说他的成就的背景材料。刘恂于 895 年所完成的《岭表录异》中对廉州养珠场作了简要介绍,使我们了解到在 9 世纪时,牡蛎体内珍珠的生长已为人们深入理解,实际上,这时已经有人在某些特殊的环状物上进行了移植珍珠的工作,因为在早些时候就已获悉有关对特殊形状珍珠的介绍。例如《南齐书》中对 489 年的事记载说:“越州献白珠自然作思惟佛像,长三寸”。即使书中所记述的大小记录有所夸张,但这颗逼真的珍珠使人们回忆起近代湖州人的养珠技艺。最后让我们回溯到公元前 2 世纪,在《淮南子》一书中就有一别具慧眼的陈述:“明月之珠,蚘之病而我之利”。可见当时距引发通过刺激剂导致蚘生疾病,以达到珍珠移植的想法的时间,已为期不远了。虽然人们在具体实施这一技艺前还可能要经历许多年。

　　由于某种原因,有关这种技艺的信息,在 18 世纪中叶前传到欧洲,因为伟大的植物学家林奈(Linnaus)曾利用过这一技艺并承认了它的起源。他在年轻时曾在拉普兰(Lapland)见到过淡水贻贝养珠。20 年后(1751 年),他在(书中)曾谈及他曾经(在书中)读到过中国人流行的淡水贻贝养珠的方法,在嗣后的 10 年中,他在自己的祖国瑞典用一小段一小段的银线上放置一些由石膏或石灰制成的小球,已经能够证明淡水贻贝养珠的可行性。最后他靠出售这一方法得到了一笔数目可观的钱。此项发明在日本经过进一步的发掘与完善而成为一类非常大的产业。

这项技术的真正秘密或许经常可以将分泌珍珠母的组织连同内核体嵌 252
入软体动物内部,通过刺激诱发从而促使其生成封闭的胞囊。这类方法并未
为庞元英所获知。另外,只要软体动物组织内仅把挤入其壳体内的物体与珍
珠母加以包扎时,才能形成"疱状珍珠",大多数佛像形的珍珠均属此类。

循着这个题目的论述已进入尾声,最后再对纯粹人工或仿造珍珠稍加笔
墨。这类珍珠是不可能在双壳贝类动物(如牡蛎)体内制成的。有大量的理
由可使我们相信这种技术就像刺激天然珍珠生成的技术一样,在中国有相当
长的历史。此类珍珠是把处于分离状态的有珍珠光泽的细微的天然结晶体
像一层层稳定不动的薄膜一样堆积于用玻璃或其他材料制成的球体内而制
成。在欧洲,这类技术从 1680 年开始流行,当时一位巴黎的念珠制造者雅克
钦(Jacquin)从多骨锂属的阿尔伯纳斯·罗息达斯(Alburnus Lucidus)这类灰
白色鱼的似银的鱼鳞中制造出一种称为"东方之精"的稀奇古怪的配制品。
通过把一层由大量稠密的(上述配制品的)悬浮结晶体形成的薄膜附着于小
玻璃球的内壁,并用白蜡填充(球内)空穴,从而生产出人造珍珠。一个世纪
后,人们知道了结晶体系属嘌呤碱之鸟尿环原子结构,直到今天,它的这种有
光泽的小颗粒仍有与上述同样的用途。但约昆使用的制作人工珍珠的方法
引起了我们的联想。难道我们没有读过有关与古代中国玻璃制品有联系的
某种相类似的事情吗?我们确实可以引用公元 83 年由王充的《论衡》中谈到
这方面问题的一段行文:

> 兼鱼蚌之珠,与禹贡璆珠,真玉珠也。然而随侯以药作珠,精耀如
> 真。道士之教至,知巧之意加也。

整段行文是记录有关玻璃镜子或透镜的制造的,它不仅仿效了玉,而且
也仿效磨光的青铜镜,后者利用来自太阳的闪光以点燃火种。由此可以确
信,在古代,道家们也掌握了从鱼皮上取下并通过(水中)悬浮法提取一种鸟
嘌呤(或鸟尿环)晶体,再将它们置于玻璃上以制成假珍珠。

尽管近代所用的原材料主要是硬骨鱼类或多骨鱼,但是流传很久的将珍
珠与鲨鱼联系起来的某些中国传奇文集还是很值得注意的。在一部晋代的
著作《交州记》中曾提到鲨鱼的背部有带珍珠式样的背甲。1096 年问世的《埤 253
雅》中说,牡蛎的珍珠在腹内,而鲨鱼的珍珠却是在皮内。有许多文章中也描
述了一类常常谈到的生活于海底的鲛人,它们常为潜水采珠人提供临时住
处,而且有时上岸溜达,并售卖他们的柔软的原色茧绸。当他们离岸(下海)

时,通过流眼泪,生成了泣珠,为他们的上岸观光付费。或许这正是在道家炼金术上所隐喻的在他们手头所持的某种鱼类之所为。

第五节 海军技术

撞角

相对于海上和平时期的各项技术,我们仍需论及一些有关海军技术的事。在前文中的许多不同的场合,我们曾经涉及过古代和中世纪的中国战船是否使用过典型的希腊—罗马的船首冲撞技术。因为中国船基本上是一种钝形船端和平底的构造,在此等位置无有可供作延伸用的龙骨以便形成一尖锐的水下攻击武器,故从推理上看装置撞角是不可能的。然而添加一、两根削尖的突出物以便洞穿水线下的敌船船侧,则是完全有可能的。而且确有充分的证据证明上述这类武器在实践中是使用过的。但是这类技术(在中国)并不像在古代地中海那样占有支配地位。

在中国古代的各类战船中,有一种称作"突冒"的船舶,它曾出现在公元52年问世的《越绝书》中的一段文字中,而现在仅被收集于《渊鉴类函》这类的百科全书中。

> 阖闾见子胥,敢问船运之备如何。对曰:船名大翼,小翼、突冒、楼舡、桥舡。今舡军之教比陵军之法,乃可用之。大翼者,当陵军之重车。小翼者,当陵军之轻车;突冒者,当陵军之冲车;楼舡者,当陵军之行楼车也;桥舡者,当陵军之轻足骠骑也。

我们对这些船中的一类已经很熟悉的是满载战士的"楼"船,虽然还难以确定究竟桨还是帆是其主要的推进方式,两类带"翼"字号的船一定是帆船。"桥船"或许就是从那些供作正常用途的趸船征调而来的划艇,至于"突冒"或"突冒",只有把它们当作带撞角的船只,否则就不知道它到底是那一类船了。但是这段文字的撰写日期似乎并不正确。据称出自同一本书上的另外一段摘录文字出现在983年的《太平御览》中的另一处,这段文字描述了大翼战船,其文字材料是取自一本名叫《伍子胥水战法》的佚书。每艘船长36米、宽4.9米、载有26名水手和50名划桨手及其他船员,船上还有4根长铁钩,4枝矛,4把长柄斧,船上由4名军官指挥调度等等。相似的细节还出现于另一本佚书中,该书撰于12世纪,书中说起在周朝的船已经十分巨大。要接受公

254

元前 6 世纪中国已经有了撞角战术这样一个结论尚存在不少疑虑。人们宁愿把这些记载当作汉末、三国或晋代所使用的一类水战战术。但是无论如何在某些船上装有撞角似乎是很确定的。另外，至少应该同等重视这里提及的钩爪，它可立即使我们出现多种遐想。常听到一个中国古代的传说，谈到吴越舰队以进行冲撞战术见长。大约在公元 220 年，曾为蒋济所撰的《万机论》，其中有一段文字流传了下来，现摘录于下：

> 吴越争于五湖，用舟楫而相触，怯勇共覆，纯利俱倾。

可是文中对撞角的描述中并未清晰地指出它是否是被隐藏于水线之下的。更为可靠的事实是在公元 33 年问世的《后汉书》中对有关长江中水战的描述。对阵的一边建起其上有防护桩柱的浮桥，并通过封锁江面的横江铁索和在周围高坡上所设的堡垒严阵以待（"横江水起浮桥斗楼，立攒杜绝水道，扎营山上，以拒汉兵"），但最后还是被对方一支包括楼船、露桡及冒突在内的具有数千艘船的舰队（"装直进楼船、冒突、露桡数千艘"）所击败。在公元 676 年的对上文的评注中曾谈及冒突的好处就在于它们在剧烈的冲撞中能够突入（敌船船身），也即能实施冲撞战术。

我们必须在技术术语上小心谨慎地去体察它们逐渐转移的过程。很清楚，"冒突"船是后来称作"蒙冲"冲撞船的前身。早在公元 100 年的《释名》中就已经谈到："外狭而长曰蒙冲，以冲突敌船也"。我们即将看到，到 759 年，上述（蒙冲名字）组合中的"蒙"字的主要意思已经是指保护船员的装甲（无论是用湿皮、木板或铁板），而不是指碰撞的猛烈动作，我们应该把"蒙冲"译成"掩体冲撞船"。这是因为古"冒"字有两层意思，不仅可以表示"碰撞"，也可表示"帽子或遮盖物"。到 208 年，在吴、魏水战中，"蒙冲"船已变得很普及，可以认为几个世纪以来，这类战船建造的重点已逐渐从冲撞功能过渡到采用装甲船体时，以上术语却依然继续沿用下来，因为由造船工匠们看来，"冒"从来就只有帽子的意思，而决不是"冲"。于是我们很快就可以觉察到这一演变是与中国水军战术史上从肉搏战到投掷战这一总趋势相一致。

还有一个问题是早先的撞角是否由戈船（剑斧船或戟船）这一名词中来，从而引发另一类争议。在汉代我们就经常见到这一名称，常常作为士兵们持有短斧、剑戟等武器的船只。然而在 3 世纪与 7 世纪对其的评注中都不同意这种说法，某些人认为这些剑戟是被置于船体上的。虽然我们无法判断这些不同看法的真伪，不过某些对古代冲撞战术的追忆难道不就是上述争论的背景吗？

255

很显然,中国人所建造的(典型)船体不可能把戈戟或其他任何尖叉部分插入水线之下。然而,与这一类船相联系的是,我们还可以回忆起一种在近代中国仍然存在的最奇特的船,其首和尾被劈开成两部分,它是在杭州附近(水道中)使用的一种舢板,关于它的起源无人知晓,它的那种撞角状突出的船型,看起来很像是古代斯堪的纳维亚和传统的印度尼西亚与波利尼西亚地区的船只。或许此等舢板是南中国文化中含有印度尼西亚成分的唯一的遗物。也可能它是与中国古代确实使用过撞角这件事密切相关。

有一段文字为一般人视为在战国时期已存在撞角的最清晰的证明。而我们认为它却似乎更确切地证实了另一件事。从而引导我们进入另一个话题。这段文字说的是发生于公元前4世纪的墨子时代的事,它告诉我们著名工程师公输般大约在公元前如何南下重组楚国舟师以对付越国:

> 昔者楚人与越人舟战于江,楚人顺流而进,迎流而退,见利而进,见不利则其退难;越人迎流而进,顺流而退,见利而进,见不利则其退速。越人因此若执,亟败楚人。

> 公输子自鲁南游楚焉,始为舟战之器,作为钩强之备。退者钩之,进者强之,量其钩强之长,而制为兵。楚之兵节,越之兵不节。楚人因此若执,亟败越人。

> 公输子善其巧,以语子墨子曰:"我舟战有钩强,不知子之义亦有钩强乎。"子墨子曰:"我义之钩强,贤于子舟战之钩强。"……

而当墨子离开(公输般)周游列国时即创"以兼爱为钩而节用为拒"的著名学说,上述整段叙述无疑仅是一种借喻。这当然并不是说我们要否认发生在公元前4世纪水战中叙述的某些有确实根据的记载。但是钩拒决非真正意义下之撞角,可以确认它是一重型T形铁具,固结于可以在以桅杆为基础之上的摇臂吊杆枢轴内转动的长圆材之端部,它既能够借其重量按预定位置下落并钩住正在撤退中的敌船甲板,又可以被放落到更低的位置以阻挡住同一距离范围内的相邻敌船的进攻。在这两种情况下,敌船均被保持于弓弩的最佳射程之内。这就直接导致我们转到另一个话题。

装甲板及铁钩爪;抛射战术对短兵格斗

正如我们所相信的那样,将薄的金属皮钉在水下船壳部分用以达到防腐作用的做法在中国也像在地中海地区一样久远。在此,我们还要表明的一点是在所有各个时代中,中国人所极度偏爱的陆、海战术是抛射战术,而非肉

搏,人们由此即可推测,在非常早的年代里水上装甲技术就得到了发展,并将
建造城墙的思想延伸到去加高战船的舷墙,这一点确实已为我们所发现。当
然在中世纪晚期的有关文章中,船上装甲的意义与19世纪的世界中所表示的
毫无任何相同之处,前者完全正统的先祖可视为被锻制的熟铁薄板,在宋代
以后的中国战船上有时也把它贴装于其上层建筑上。既然抛射武器较之冲
撞武器一般可以实施更为有效的防御,因而这种发展是非常自然的。与装甲 257
相伴随的还有另外一种叫做铁钩爪的武器,它在西方人的预想中更为奇特。
它并非是为登陆部队强行铺设的舷梯,而是作为钩住敌船之大型尖镐或出于
相反目的的在一定距离内以保持本船船员处于敌人平射炮射程之外的夹钳。

　　前文已多处提及在中国战船上借以藏匿桨手和水手以及阻止敌人强行
登船的木质舷墙。一个合乎逻辑的发展是在整个甲板上加装盖顶,而在其上
留有槽孔以利于一根或多根桅杆在其中上下升降,然后再用铁皮或铜皮包在
盖顶与其两侧作为装甲,从而对本船作进一步保护。这项技术在1592年到
1598年,为反击日本丰臣秀吉对朝鲜的侵略而在伟大的朝鲜海军将领李舜臣
的舰队中得到充分的发展。因为当时李舜臣建造了大量的"龟船",它在济物
浦(即今仁川)和釜山海峡反抗侵略者的海战中被证明十分有效。

　　要想对这类龟船有一个清晰的概念甚为困难。尽管它的资料来源不详,
但精心的研究已经表明,一艘这类典型的战船大致有33米长、8.5米宽,由船 258
底到上甲板为2米(图245)。桨手的位置是在船体内,处于作为贮藏室或卧

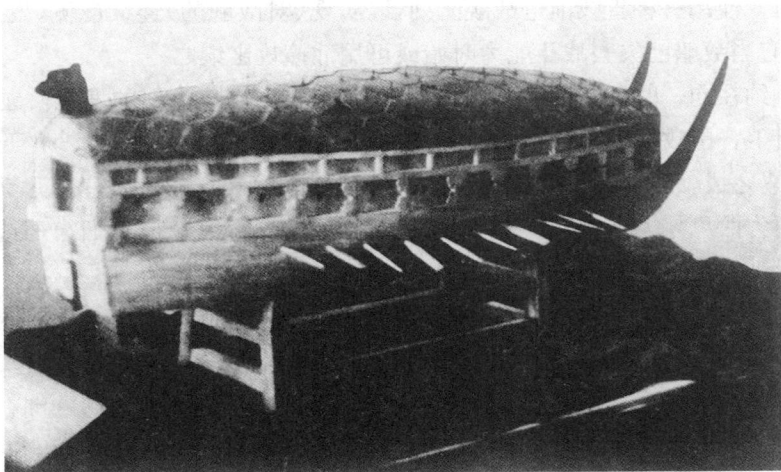

图245　一艘复原的有装甲的"龟船"模型(系16世纪末朝鲜水军将领李舜
臣用于抵御日本的战船。此模型收藏于北京中国历史博物馆。据说船上至
少使用2根桅杆,但在战斗前可通过装甲盖顶的中央纵缝将桅杆放倒)

室的船舱中心线之两侧,主甲板留下足够的空间使炮手和滑膛枪手便于通过12个炮孔或22个枪眼发火。他们可轮流为倾斜的盖顶所保护,在进入正式战斗之前,盖顶上之槽孔可能是用可滑动的口盖封住。在盖顶之上确实是钉上了大铁钉和刀刃。虽然还没有发现同时代的文章可以证明它总是由金属板所覆盖,但是回溯到17世纪早期当地浓厚的地方传统可以证实这一点。无论如何它符合这样的事实,即这些船只中无一为日本的纵火武器所烧毁,并且如果不是不可能的话,最起码是很难用当时的抛射物去洞穿该等船上的舷墙。另一方面,每艘"龟船"上确实有一个内通管子的带动物面饰的船头,通过船头内的管道可以(由运动船头的口中)喷出浓烈有毒的烟雾,此系藏在船头内的化学技术人员进行操作的结果。烟雾的成分据一般推测包括有硫黄与硝石,这在中国早已为人们所熟知。

在整个一部战斗插曲中最为有趣的或许正如李舜臣对这一战事所作的最后总结中所说,(这次战事)将中国人海上战术中与冲撞战术完全不同的抛射战术传统发挥得淋漓尽致。在其龟船上的士兵得到充分的保护,免遭箭、枪弹和纵火武器的杀伤,而且更重要的是它也遏制了偏爱登船战术的日本登船部队的进攻。由于船的最大宽度很窄,可以使船速加快到所要求的范围,再加上船上有喷射烟雾的设备,于是在出其不意的船舶机动运动中取得了明显的优势,再是李氏的船上武装配备似乎以40∶1的优势胜过了日本船上的重炮和手枪。因而这次海上战术采用的已不再是上船肉搏而代之以远距离的抛射。使用一种直线前进战舰队列,以实现(对敌舰的)连续舷侧(发火)攻击,只有当敌船已失去战斗能力时始或可用冲撞攻击继之。

大约在同一时期,一些相似的因素导致了在欧洲有类似的发展。在1585年安特卫普围攻战期间,荷兰人在一艘战舰上包以铁板以实现自身的局部保护,但它之成就与李舜臣时期的"龟船"相比则微不足道,因为它一开动就遭搁浅而为西班牙人所房获,之后就不用了。在欧洲,不论是有烟火药或是船上装甲被确定其重要性的进程都显得出奇的缓慢。

直到1796年,仍然至少有一艘朝鲜的带有两个施放烟雾的嘴的双头的"龟船"遗骸出现在全罗道丽水的港湾中。这暗示着这类船型及其所实施的战术有可能可以一直追溯到远远超过李舜臣时代之前,因此比起欧洲在这方面的平行发展来说久远多了。从1414年开始,朝鲜王曾检阅了一种当时称之为"龟船"的新型战船。在一般的17和18世纪的中国典籍中均搜集有大量的给予船员和水手们不同程度保护的战船图。而在1044年的《武经总要》中也是如此。事实上,在水军作战中出现取代肉搏战而选用(与防护装甲有关联

259

的)抛射战术的想法,如果细察中国的情况,也许可以追溯到更远的年代。这就使人们回忆起秦、汉时期楼船上已经有了弓箭手。我们已经发现的最早的其上收集有上述那类船图的典籍是在 759 年由李荃所编纂的《太白阴经》。对其上有一段简略的文字进行翻译似乎很有价值。因这段文字很清楚地表明在 8 世纪时中国水师舟船的建造中就有一种把某些类型的战船的上甲板完全加装盖顶的趋势,借以防备强行登船的敌人的攻击而使所有的抛射武器充分发挥作用。在这段文字中李荃写道:

> 楼船……船上建楼三重,则女墙战格,树旗帜,开窗穿穴,置砲车,檑木铁汁,状如城垒。晋王濬伐吴,造大船,长二百步,上置飞橹、阁道,可奔车驰马。忽遇暴风,人力不能制,不便于事,然为水军,不可不设,以张形势。
>
> 蒙冲:以犀革蒙覆其背,两相开掣棹孔,前后左右,开弩窗矛穴,敌不得近,矢石不能及。此不用大船,务于速进速退,以乘人之不备,非战船也。
>
> 斗舰:船舷上设中墙半身墙,下开掣棹孔,舷五尺,又建棚为女墙,重列战格,无腹背,前后左右,树牙旗幡帜金鼓,此战船也。
>
> 走舸:亦如战船,舷上安重墙棹。卒多战卒少,皆猛勇及精锐者充。往返如飞,乘人之不及,兼非常救急之用。
>
> 游艇:小艇,用备探候,无女墙,舷上桨床,左右随艇大小长短,四尺一床。计会进止回军转阵,其疾如飞,虞候居之,非战船也。
>
> 海鹘:头低尾高,前大后小,如鹘之状,舷下左右,置浮板形如翅,虽风浪涨天,无有倾侧。背上左右张生牛皮为城,牙旗金鼓,如战船之制。

接着李荃还提到了用以收集情报的"巡逻艇",其上也有防御墙。

上述这段文字似乎向我们表明:装甲船在海上的抛射战术的基本原则是能够很快地接近攻击目标和实施船侧发火射击,再行消灭(敌船)。这一原则至少可以追溯到 8 世纪。"蒙冲"确实是李舜臣"龟船"的嫡系祖先,虽然它在严格的意义上不能称之为战船。而"斗舰"这种特殊的名称是对惯于作陆上肉搏的军事领导者们的一种解释。不能轻率认为铁钩爪和强行登船就是早先中国舟师实际战术中的典型形式。事实上,"蒙冲"这一名词本身作为舟师船舰中的一类船种至少可以追溯到 2 世纪。而在第六类船型"海鹘"上也呈现了将上层甲板掩盖起来的趋势。上文对其描述使人们联想到在宋代绘画中出现的像长江帆船那样的货船。在人们熟知的楼船这类战船上,或许除了在

260

最高一层甲板上的炮手外,大部分船员和士兵,显然都可以得到保护。

关于船之装甲的基本作用已多次谈及。但还需注意的一点是我们还掌握多种关于中国船上覆盖铁板的比李舜臣时代更早的记录。这些记录之一发生在元代末年。1370 年(明太祖朱元璋的)一支西征军发动了对明昇的攻击,(其舰队)开始溯流取道向长江上游前进。《明史》中写道:

261

> 明年(廖永忠)以征西副将军,从汤和帅舟师伐蜀。(汤)和驻大溪口,永忠先发,及旧夔府。破守将邹典等兵,进至瞿塘关,山峻水急,蜀人设铁锁桥,横据关口,舟不得进。永忠密遣数百人,持糒粮水筒,舁小舟,踰山渡关,出其上流。蜀山多草木,令将士皆衣青蓑衣,鱼贯走崖石间。度已至,帅精锐,出墨叶渡。夜五鼓,分两军攻其水陆寨。水军皆以铁裹船头,置火器而前。黎明蜀人始觉,尽锐来拒。永忠已破其六寨,会将士,舁舟出江者,一时并发,上下夹攻,大破之。邹典死,遂焚三桥,断横江铁索。

这确实是一次值得注意的战役,更多的赞誉应给予战败的川方,这是因为他们的防御工事具有独创性和(高超的)工程技巧。但是廖永忠所使用的船头铁装甲也引人注目。因为它的出现比李舜臣之龟船要早 2 个世纪。

然而在 1370 年,船之装甲并非是一种新的装备。在南宋舟师最迅速发展的时期,1203 年,一位著名的造船匠师秦世辅,在池州船厂建造了两艘海鹘型用桨轮推进的战船(即车船)样品,其周边(或许包括平直的盖顶)用铁板装甲。对各层甲板一直到盖顶实施了全范围的保护,除了备有常用的弓弩、火矛、镖弹、石擂(抛石机)等装备外,每艘船上还装上了铁锹状的撞角。一艘只有 100 吨并带有两个踏车型的桨轮的较小的船,需有 28 人推动它。250 吨重的稍大的船只虽然船长不算太长,但它装有 4 个桨轮,需要 42 人推动,并可载 108 名水兵。这些桨轮系由水线上所置的桨轮盖加以保护。

262

对推进机构以及炮火发射装置中各种机件的防护是船体装甲概念一种极其自然而合乎逻辑的发展,而只有桨轮是独自发展的(其虽未促成螺旋桨的发明),它不可能由桅杆或突出的桨演变而来。乍见之下即可认为在中国文化中早期已相当发达的桨轮推进与船体装甲之间存在着密切的关联。关于车船的历史将在本书稍后一卷中进行讨论,在那里我们将看到用这种型式发动的动力是适合于快速装甲船实施快速发火这样一种战术的。在 19 世纪初,当明轮蒸汽战船首次抵达中国海岸时,它们并无任何在战术上的新奇之处。事实上,它们只是把具有抛射战术思想的中国水军将领们已经埋藏了一千多年的梦想变成了现实。尽管秦世辅的战船被认为是一种新的设计,但也无特殊理由将其视为所有中国铁甲船的鼻祖。较其更早的亦不乏其例。但据猜测或许也不会早于12世纪初(南宋)创建常备水军的时期。

　　在谈及"铁钩爪"的字里行间,我们可以通过抛射战术与登陆肉搏战术之间的对比,使问题进一步深化。如果我们按公元8世纪对战船的描述在嗣后编纂的有关水军常识的典籍中寻踪,我们当可发现,在1044年问世的《武经总要》中插入了某些来源于完全独立的并且更为古老的非常有趣的材料。在书中有关"巡逻艇"这一条目之下,包括有对"五牙舰"(竖五面军旗的战船)的描述,而这或许应置于楼船条下描述更为恰当。《武经总要》中的这段文字是对唐代典籍中有关巡逻艇的内容作了文字简化,再援引问世于公元636年的《隋书》列传中部分文字与前者进行组合后编就。这段文字讲述了一位著名工程师杨素为(唐)高祖建造水军舰只的故事,同时也讲述了那场决定陈朝命运的水战。

> 　　(开皇四年)高祖命杨素伐陈,自信州下峡,造大舰,名五牙。舰上起楼五层,高百余丈,左右前后,置六拍竿,并高五十尺,容战士八百人,旗帜加于上。
>
> 　　……每迎战,敌船若逼,则发拍竿,当者舡舫皆碎。
>
> 　　次日黄龙,置兵五百人。自余平乘舴艋等,各有差。军下至荆门。陈将吕仲肃,于州以舰拒素,素令巴蛮乘五牙四艘,逆战船近,以拍竿碎陈十余舰,夺江路。

263

此等"撞竿"究为何物?似乎较为确定的一点是它们是些又长又重、可能装有铁包头的钩铁,它们成直角地被固定在由牵索支撑的摇臂吊杆突梁那样的长臂之末端,然后突然之间从大致的垂直位置处释放,以撞碎敌船的甲板或木制船壳。此等拍竿确实并非打算去抓住什么,诸如为强行登船部队架设舷梯。它们最合适的名称应当是"洞穿铁"。尽管在图246上的描绘不太清楚,但我们在该图上就其外观似乎像是细铁锤,且处于无有装甲保护的位置。

　　假如"洞穿铁"的杆子足够长,而敌船上的船员又无法架设事先获知的具有正确长度的舷梯,那么即使他们想实施强行登船攻击,则必将进入拍竿打击的长度范围之内,并且在这一范围内本船上的火箭也可投向敌船,这样就可造成敌人的大量伤亡。至于那种可以杀伤远距离敌人的铁钩爪,我们或可称之为"铁钩拒",它曾由陆游在他1190年的著作《老学庵笔记》中描述过,书中描述60年前官军镇压某农民起义军的一次战役。他说:

264

图 246 五牙舰图［来源于《武经总要》的清代版本，最早对之加以描述的是《隋书》（公元636年）。虽然为一建筑绘画家具有高度想象力的创作，但对于画中所示的拍竿，属历史上唯一的一张描述图，极其珍贵］

鼎澧群盗，如钟相、杨么（乡语谓幻为么）。战舡有车船、有桨船、有海鳅。头军器有弩子（其语谓弩为锐）。有鱼叉、有木老鸦。弩子、鱼叉，以竹竿为柄，是二、三丈，短兵所不能敌。程昌万部曲虽蔡州人，亦习用弩子等，遂屡捷。木老鸦一名不籍木，取坚重木为之，长才三尺许，锐其两端，战船用之。尤为便捷。

弩子或许是像捣棒、捣杵那样的小型"洞穿铁"，并且可以成功地把敌人拒之于一个非常不便于攻击的距离。同一时期的另一位作者李龟年告诉我们说，当时"盗"船装备有我们称之为"拍竿"的武器，在大约1140年由他撰写的《杨么纪事本末》一书中写道：

> （盗船甲板）皆两重或三重，载千余人。又设拍竿，其制如大桅，长十余丈，上置巨石，下作辘轳，贯其颠。遇官军船近，即倒拍竿击碎之。

在这里，尽管使用与隋代"拍竿"相同的技术名词，但当时抛射战术思想已经再次替代使用冲撞武器的旧习，从而就采用了重物自（拍竿）上方的臂端落下（的方式）以洞穿和击沉敌船。 265

　　十分有意思的是大约在同一时期，或许还要更早些时间，有记载表明，在拜占庭海军中曾普遍使用过与上述极为相似的装置，最早的先例来自古希腊。但所有这些中国人的"钩拒"与赫赫有名的罗马战舰的"乌鸦座"该作怎样的比较呢？公元前260年，在与迦太基的战斗中，罗马军事战术家们决定接受必须用船只迎面冲撞，但需要避免在这一战斗过程中比较灵敏的船可以逃脱而不灵敏的船却受到毁灭性的撞击这一通常会产生的后果。为此，他们借助于一种装置，它能将本船与敌船连接在一起，并于同一时间，倾巢出动（本船上的）战士强行登上迦太基战船的甲板，以发挥他们善于进行肉搏战的优势。该装置是处于船首的一部舷梯，有11米长，宽度超过1米，其最外端的底下有大型铁质钉柱，它可以通过船上7米的高杆上的滑轮被保持在悬停状态。一旦当该舷梯下落，（通过其底下的铁质钉柱）紧紧地钉住敌船时，罗马军团士兵们便可并排（通过舷梯）登上敌船。把罗马人的短剑与中国的弓弩和弹射式武器进行对比，即可为我们展示两种截然不同的水上战争观念。

　　有关在中国战船上装置的石榴或抛石机（在中国流行一种在装置一端通过人力或平衡重量将其急速拉下以使另一长臂进行石块抛掷）这里可再略加数语。此项装置我们已经在8世纪问世的《太白阴经》中阅及。而且在嗣后的有关涉及这方面的简略叙述时都提到它。也包括11世纪在编纂《武经总要》时期，当时抛石机已经成为一种典型的人力操纵型装置，在后文中，我们对其仅有的图示是属于一种配重平衡式，无疑在当时抛石机已经被广泛使用了。

　　除了以上所述，尚有一个人物需要再提一下，即龙骧将军王濬，他在公元280年之所为，充分预示着我们已有所了解的杨素必将在公元585年取得水战的伟大胜利，因为这两场胜利都是沿长江自西向东顺流而下的强大舰队摧毁了逆江而待、来自陆上和水上的抵抗力量而改朝换代。自不待言，在这期间的300多年在造船技术方面已经有了很多变化。虽然在3世纪，我们未闻拍竿或车船,但我们仍可以发现具有同等兴趣的其他技艺。其中最值得注意的是由多重船体所支承的浮动炮台之建造。这一记载曾使很多学者感到困惑,而且这一似乎惊人的浮动炮台之尺寸在晚些时候有关各种描述楼船型战船的文字中也都曾发现过。但当我们在635年问世的《晋书》中读到《王濬传》时,上述疑团即冰释而解了。现援引《王濬传》中之一段:

> 武帝谋伐吴,诏(王)濬修舟舰,濬乃作大船连舫,方百二十步,受二千余人,以木为城,起楼橹,开四出门,其上皆得驰马来往。又画鹢首怪兽于船首,以惧江神。舟楫之盛,自古未有。

> (王)濬造船于蜀,其木柹蔽江而下。吴建平太守吾彦,取流柹以呈孙皓曰:晋必有攻吴之计,宜增建平兵,建平不下,终不敢渡。皓不从。

剩下的故事仍在《晋书·王濬传》的以后各段中道出。晋水陆大军沿长江而下,势如破竹。吴国守兵利用横江铁索和暗藏于浅处的丈余铁锁以期洞穿(来犯)敌船。但是王濬已建造大筏数十,每只大筏面积大于方百余步(152平方米),其上,竖以披甲、手执武器的草人,这些筏子由熟练的水手驾驶导前,冲向江底下之铁锁,使之弯曲或被折,然后借助于在多处水面所倒入的相当数量的麻油,并用30多米长的火把引燃,使拉紧和支撑横江铁索的江岸两边的敌船随即着火,而那些横江铁索在高温(的火势)下也很快熔化断绝,再也无法阻挡王濬战船和漂浮炮台的前进步伐。无疑此等巨大的筏也可当作是一个漂浮的炮台,因为抛石机很显然几乎可以确定是要装在巨筏之上的。但令人遗憾的是,对于支承巨筏的船体组合却并未给出详细说明,但我们可以推测它是由16艘船连接起来,每艘船有46米长。这种思想很自然一定是来自浮桥原理,它在中国古代常被使用。虽然这并不是说中国船曾经达到过这样的尺度,但每思及此,它也可为流行的抛射战术思想提供另一种启示。晋代的战略家们常说:"假如我们在吴国的边境并未遇到固若金汤的据点和炮台,则我们应该建造一艘特大型军舰顺流而下,直捣他们的(政权)心脏(建康)。"

第六节 结 论

这几章有关航海技术方面的内容,最合适的结尾可能是列一张船舶特征的简明表格及其在数世纪中对西方曾经产生的影响。让我由最可能的论点

开始,中国造船的基本原理来源于有节膜或竹节的竹竿。事实上,东亚早期的船舶确实是竹筏,这直接导致了:

船的矩形水平剖面

其必然结果是:

(Ⅰ) 没有艏、艉柱和龙骨。

(Ⅱ) 有(横隔)舱壁,使船体具有很强的抗变形能力,并自然会导致。

(Ⅲ) 具有众多优点的水密隔舱系统的出现。几乎可以肯定它在公元 2 世纪已为中国人采用,而在西方直到 18 世纪末期才采用。其起源得以确认。

(Ⅳ) 可以建成自由进水隔舱,它在江河急流中和海上均有实用价值,但在欧洲则从未采用过。

(Ⅴ) 具有可安装轴转舵的垂直构件,舵的安装采用线固定(锁合),而非点固定[见(D)(Ⅰ)]。

对船舶设计非实质性的要素还有:

(Ⅵ) 近似平的船底。在中国,它可以追溯到很多世纪以前,但在欧洲,19 世纪前不论大小船只均未采用这种型式。

(Ⅶ) 近似矩形的横剖面。它在中国历史也很悠久,但在欧洲直到铁船和钢船问世后才开始采用。

(Ⅷ) 最大横剖面的位置偏向尾部。这在传统的中国船上至今还很流行。其历史一定甚为久远,但究竟如何古老尚难以确定。它在唐代(8 世纪)已很流行,可能再早些时间也是如此。而在西方,直到 19 世纪人们才懂得它对帆船的重要性。

桨与橹

在船舶推进方面,中国人的航海技术要比欧洲领先 1 000 多年,首先是关于桨与橹的使用,我们注意到:

268

(Ⅰ) 至迟于公元 1 世纪中国已发明了自动引流推进器或橹,尽管它在中国应用很普遍,但在西方却从未采用过。

(Ⅱ) 在 8 世纪,也许还有可能是在 5 世纪,中国就发明了脚踏车轮船。到了宋代(12 世纪)采用多对桨轮和弩炮的战船获得很大发展。尽管在 4 世纪的拜占庭曾提出这类推进模式并在 14 和 15 世纪的西欧人中间对此进行过讨论,但直到 16 世纪才在西班牙付诸实施。

(Ⅲ) 在中国文明中根本未曾有过由奴隶或自由民划桨的排桨船(除小型

巡逻快艇和只用于节日比赛的划桨龙舟外），其部分原因可视为由于创制了比较先进的帆及其索具。

帆及其索具

这里有几点很重要，须说明一下：

（Ⅰ）至少在 3 世纪后，在中国文化区的船舶已装有多桅。这将是上述一中的Ⅱ的必然结果，因为舱壁板提供了可以沿船之纵向中线部位安放若干夹桅板的条件。13 世纪及后来的欧洲人对中国航海帆船尺度之大、桅杆之多印象深刻，到 15 世纪，欧洲人才采用 3 桅帆船，后来又发展成全装备的帆船。

（Ⅱ）中国人还将他们的桅杆沿船之横向交错安装以避免帆与帆之间相互挡风。这种方法为现代帆船设计者们所称道，但这种方法即使是在帆船发达时期，欧洲人也未采用过。而且，中国人常使多根桅杆倾斜成辐射状犹如扇骨一样，但这种做法也未为世界其他地区所采用。

（Ⅲ）最早解决大帆船逆风航行问题的应该是 2 世纪和 3 世纪的中国人，或是他们的近邻、处于中印文化交往区的马来人和印度尼西亚人。这涉及纵帆的发展。中国的斜桁四角帆来源于印度尼西亚斜横帆的可能性最大，因而它是间接起源于古埃及横帆。或许正如有人所说它（指中国帆）多少与双桅（斜杠）帆（现仅见于美拉尼西亚）有关，而这种帆又是由印度洋双叉桅斜杠帆演变而来。中国的对角斜杠帆似乎与之同源。在同一时期（2 世纪和 3 世纪）罗马与印度之间的往来使之在地中海水道诞生了对角斜杠帆，但似乎当时在该地区并未使用，到 15 世纪初才第二次又从亚洲传入。与此同时，在西方，具有阿拉伯文化区特色的三角帆大约从 8 世纪末已经在地中海流行。并于 15 世纪后期开始用于远洋全装备帆船上。此后的欧洲，斜桁四角帆极可能是来源于中国的平衡式斜桁四角帆。

（Ⅳ）最早的弯绷得很紧的机翼形硬帆是汉代以后发展起来的撑条式席帆。整个撑帆系统还包括诸如复式缭绳等许多巧妙的辅助技术。在帆船的重要时期，西方也未曾采用过这种帆。但现代研究已经证明了它们的价值。当今的赛艇已采用中国帆的索具中的某些重要部分，其中包括绷紧帆的撑条和复式缭绳系统。

（Ⅴ）作为上述一中的Ⅵ的必然结果，并鉴于三中的Ⅲ，由中国创制使用的舷侧披水板和中央披水板可能来源于古代的帆筏，并且肯定在唐代（7 世纪）就已出现。1 000 年后，到 16 世纪末才在欧洲被采用。中国文化区的船工们升降舷侧和中央披水板的办法是采用滑轮（特别在大舵充作披水板之用

269

时)、枢轴转动或凹槽内滑动。

在船舶控制方面,操纵桨有了很大的发展,并集中反映在舵的发明上。

舵

重温上述一中的V,我们注意到:

（Ⅰ）轴转舵或中央舵这项重要的发明。到2世纪(或许1世纪),这一装置在中国已经得到全面的发展。在船尾横挡处(指尾封板)安装舵的做法即使当时没有成功,至少在其后不久,即已实施,最迟到4世纪末一定已经完成。可是在欧洲,直到12世纪末才首次出现。操纵桨和船尾长桨(艉扫)虽然在中国航海技术中很早就退居次要地位,但始终未予废弃。这一方面是因为它们在船穿越急流时十分有用,同时当船在水中几乎停滞不前时仍可用它们来操纵。基于同样原因,船首长桨(艏招)亦得以流传下来。

（Ⅱ）平衡舵的发明。它较之不平衡舵在水中有更高的操舵效率。在中国,至少早在公元11世纪就很流行。而在欧洲直到18世纪末,仍被视为是一项新颖而重要的设备。

（Ⅲ）多孔舵是更进一步的发明,在水中操舵时它有更为优越的水动力特性。在欧洲直到铁船和钢船时代才被采用。 270

辅助技术

在各种辅助技术中,值得注意者有以下几项:

（Ⅰ）船体包板。早在11世纪,于船体上包覆一层新列板在中国已很普遍。在欧洲直到16世纪或更晚才普遍采用。早在4世纪,关于用铜皮包覆船体之事,在中国即使未实施,谅也已有所议论。18世纪前,无论在东方还是西方,铜的实际使用均不普遍。

（Ⅱ）装甲板。长期来,中国的水军将领极力主张采用抛射战术,而反对使用强行登船的肉搏战术,因而从12世纪末开始就对船体和水线以上的上层建筑部分用铁板作装甲。其后,在16世纪又因朝鲜人在这方面的卓越贡献而继续使用。当时欧洲虽然对此不太热衷,但还是取得了相类似的发展。

（Ⅲ）创制了不会被缠住的无杆锚。

（Ⅳ）大致在16世纪,发明了多节拖带船或两节头。在欧洲,这种运输方式在船舶运输中并不常用,但却普遍使用于其他领域的运输中。

（Ⅴ）巧夺天工的疏浚作业。

（Ⅵ）由采珠业发展而来的先进潜水技术。

（Ⅶ）用链式抽水机清除舱底污水的先进技术，16世纪的欧洲人对此赞不绝口。

中国船匠和海员们的聪明才智竟然如此之多。至于中国的船舶构造在所受到的最古老的外来影响之中，我们已能察觉它与古代埃及造船术的某些亲缘关系。其中包括：（a）方形端（首、尾）的船体；（b）双叉桨；（c）龙舟上的防中拱的捆绑构架（以防止首、尾下垂）；（d）船尾上端平台；（e）某些稍有上翘的船尾；（f）面部朝前的划桨方式。假如我们对古代美索不达米亚的船舶技术有进一步的了解，就会发现上述的某些影响是从该处向两个方向传播出去的。然而总的说来，古代埃及人是比之任何富饶土地上的回教的大多数民族更聪慧、更刻苦勤奋的水上旅行家，但次于腓尼基人，因为后者则更加生机勃勃。中国人在与东南亚船舶的航行交往中，所受到的最重要的相互影响是：（a）帆与索具；（b）多桨龙舟；（c）撑篙走道，它也许与舷外托架密切相关。

271　　在过去的2 000年中，几乎在每一个世纪中都能找到一、两项航海技术系从亚洲传播到欧洲。我们承认这一点并无害处，纵然我们是西欧诸岛上的后裔，海上贸易由这里兴起，并达到极度的繁荣，而西班牙的征服者也是从这儿出发到世界各个海峡和大洋去从事他们的探险活动。现就亚洲的航海技术传播至欧洲的时间简述如下：

2世纪：对角斜杠帆（从印度传到罗马时代的地中海）。

8世纪：三角帆（从阿拉伯文化区传到拜占庭）。

12世纪末：航海罗盘和轴转（尾柱）舵（不是通过阿拉伯与十字军的接触，就是由陆路通过新疆的西辽国传到欧洲）。

7—15世纪：先架设肋骨后装船壳列板，而不是先装船壳列板再嵌入肋骨，这大概起源于舱壁结构。

15世纪：多根桅杆（源于中国帆船），第2次传入的对角斜杠帆（可能源于僧伽罗小船），以及三角帆的采用，先是所有桅上都挂三角帆，而后只在后桅上挂三角帆，其他桅上则挂横帆。

16世纪：附加列板包板层以保护船体。

16世纪末：舷侧披水板。

18世纪末：水密隔舱、中央披水板、可能还有船体铜包板。

19世纪和20世纪：平底、具有近似矩形横截面的船体、平衡舵、多孔舵、不会被缠绕的无杆锚、空气动力效能高的帆、横向交叉设置的桅杆、复式缭绳以及把最大横剖面置于船中线之后。

　　当然,上述某些项目可能部分是相互独自发展的,纵使我们有充分理由相信这些发明是从外部传入,但是对它究竟是用什么手段或方式传入的却知之甚少。但是正如其他科技领域一样,证明此项传播的方式的责任,往往要落在希望坚持独立发明的人们的肩上。大凡两种或两种以上的发明或发现相继出现的时间愈长,则证明上述这些传播方式的任务愈繁重。在上述所谈 272 到的技术确实当欧洲人在接受之后经常要做些改进。我们对这方面的所有分析表明,东亚和东南亚航海人员对欧洲航海技术的发展所作出的贡献可能远比一般想象的要大得多。以往人们曾经粗率地低估了中国航海船长及其船员们的作用。今天,对他们最了解的人们,在对过去和现在在水上发生的事情进行比较时,非常愿意将英国人的一首吟诵大海的诗歌的诗句应用到中国海员们的身上。

　　(昔日)三层桨船上的桨手(推力);(今日)化为(船帆)高、低处的风压力。

　　(昔日)300 桨叶穿刺白浪处;(今日)双(螺旋)桨船往返。

　　(昔日)凭上帝召唤船只得以起航;(今日)一切变化无从回忆。

　　(昔日)坚强无畏的人啊;今日依旧。

第　四　卷

前 言

　　在李约瑟博士的巨著《中华科学文明史》简编本的第四卷中,我们探索了古代和中世纪的中国在机械工程技术方面取得的令人惊讶的进步。该简编本涵盖了李约瑟博士原著中第二部分第四卷中的大部分内容。然而,为了使简编本中的每一卷都有大致等量的内容,因此,在征得李约瑟博士的同意下,水利机械的内容就被放到下一卷中。在下一卷中,水利机械的内容将与关于水路控制、建造及维护的水利工程部分一起阐述。

　　正如在该简编本的前几卷中一样,我十分感激李约瑟博士的鼓励与帮助,他的建议非常宝贵。也正如前几卷,这不是新版本。然而,我们在正文里加上了汉语拼音,这种拼音现在使用很广,因此放在前面;威妥玛注音系统可在后面的方括号内查到,它是按顺序编排以方便读者在需要时参考李约瑟博士的原著。拼音在标题和图例表中单独给出。

　　我深深感谢剑桥大学出版社的 Simon Mitton 博士和 Fiona Thomson 小姐一如既往的帮助,也感谢 Helen Spillett 小姐对拼音音译的仔细核对,及 Sheila

Champney 小姐作为抄写员所做的令人钦佩的工作,我还要感谢 Liz Granger 小姐极佳的索引。

这套简编本是在台湾蒋经国国际学术交流基金会的慷慨资助下才得以完成的,这也是我最感激的。

Hastings，East Sussex

柯林·罗南

1992 年 9 月

第一章　工程师：他们的地位，工具和材料

中国的机械工程技术在西方的工程技术仍处于相对原始的状态时就已经达到了一个非常高的发展阶段。尽管这种技术很先进，它还是被称为"古老技术"（eotechnic）阶段，这种技术主要是依靠容易获得的、自然存在的材料。在中国，这个阶段表现为木、竹、石头和水的时代，但金属并不是说还未为人所知，它们实际上也是一样地非常重要。青铜在周朝（约公元前1000年至公元前300年）时就用于制作武器；汉代（公元前206年至公元220年）时青铜也以精良的形式应用于齿轮和弩机中，当时生铁犁铧也广泛使用，甚至钢造工具也首次出现，中国人把金属用于他们认为是恰当的地方。中国人在某些方面远远走在欧洲人的前面：如铸铁工艺的掌握，关于锌的知识和它的第二次应用。但是大部分古代大型工程仍然主要是由木石构成的，直到文艺复兴的技术传遍亚洲大陆时这种情况才有所改变。

文艺复兴把技术的变化带到了亚洲，不过从业者们根本就没有去注意这些技术的起源。中世纪时，几乎没有人认识到技术是有历史的，直到16世纪和17世纪中的书面争论，人们才逐渐了解到古罗马人并不在纸上写字，也根本不知道有印刷的书籍，也没有使用颈圈挽具、眼镜、爆炸武器或磁罗盘。由这个认识所引起的不安，是古代派和现代派之间的争论的一部分直接原因，而这个争论是人文主义博学家和实验哲学家之间的不可避免的冲突的一个重要方面。现代派的积极支持者杰罗姆·卡丹（Jerome Cardan）于1550年提出，磁罗盘、印刷术和火药三大发明是所有古代无法与之相匹敌的发明。差

不多是一个世纪后的 1620 年,弗朗西斯·培根(Francis Bacon)在《新工具》(*Novum Organum*)中最雄辩地说道:

> 我们应该注意各种发明的威力、效能和后果。最显著的例子便是印刷术、火药和指南针,这三种发明古人都不知道;它们的发明虽然是在近期,但其起源却不为人所知,湮没无闻。这三种东西曾经改变了世界事物的面貌和状态,第一种在学术上,第二种在战争上,第三种在航海上,由此又产生了无数变化。这种变化是如此之大,以致没有一个帝国,没有一个教派,没有一个赫赫有名的人物,能比这三种机械发明在人类的事业中产生更大的力量和影响。

培根错误地认为这些发明是默默无闻的,但那时候很少有作家,以后也很少有历史学家能认识清楚这三大发明并非起源于欧洲,或了解这个事实的全部含义。就机械工程技术部分而言,所有这些问题中的某些部分将在以下的内容中得以体现。

第一节　工程师的名称和概念

在此谈谈在西方语言中和在汉语中用于"工程师"的名词起源也许是适当的。按照我们的看法,"Engine(工程师)"这一词已经具有十分生动和明确的意义,以致初看起来难以想到它是源于在一些人身上的聪明或创造性的品质——"Ingenium",即内在的或内部产生的才华。由于这个词根的派生已经通常被罗马人用来表达才智、工艺和技能的品质,所以从 12 世纪起能毫无意外地看到,在更限定的范围上,"Ingeniarius"一词在欧洲越来越频繁地见到,它直到 18 世纪才摆脱了最初的军事含义。事情在中国的发展与这种情况不很相似。

在最早的时代,"工"字指手艺性质的工作,是工艺性而不是农艺性。这个意义在现代名词"工程"中保留下来,其中的"程"字原来的意义是量度、尺寸、数量、规程、检验、计算等等。其他的旧词如"机"(原意是织机,卓越的机器)和"电"(原意是闪电)最终分别被用作机械和电气设备的名称。但是,直到中世纪,这些字也还没有结合起来以表示人的身份。"匠"是代表工匠的真正古老的名词,也许是表示木匠用的矩尺,它的甲骨文实际上表示一个人拿着木匠用的矩尺。"工"字也起源于这工具的图画。可以有把握地说,中国古文化中——主要是古技术，最出色的工程操作是木工。熟练工匠（master-craftsmen）在《周礼》中被叫做"国工"或"工长"（Master Carpenters）。

事情还不只是这样。"巧"指的是特别熟练和令人赞美的技能，这个字右边的偏旁是有意思的，因为它与有着"呼叫"的这个意义的某些字有关系。更常见得多的是在周朝和汉初韵文中，句末常用的呼气感叹词"兮"相关的一些词，如"号"字，意义是"呼叫"，如今还常用。故表示工程才华的名词的语义学意义在汉文中与在拉丁文中的相同，但以相反的方法表示，即汉语中的不着重"内"蕴的才华，而着重表示"呼出"的才华。

有时工程师和工匠只是称为"制造者"或"作者"。例如，早在秦朝时，"制造者或作者"这个术语就用于主管工匠及工场的官吏。与西方所用的名词相比，和工程师和工匠联系的汉语名词，好像总是有更多民用的而更少军用的意义。

第二节　封建官僚社会的工匠和工程师

本套简编本第二卷提到部分天文学家是行政官员的一部分。在某种程度上，并在较低层次上，工匠和工程师也带有这种官僚性质，部分地因为几乎在各个朝代都有很完善的皇家工场和兵工场，也部分地因为至少是在某些时期内，都是由官方经营拥有最先进技术的行业，如西汉的盐铁业。下面我们将看到曾有这样的一种趋势，即技术人员集结在这个或那个鼓励他们的优秀的官僚周围，并作为其个人的随从者。

当然，我们在此讨论的是那些进入了各种行业和农业的广大领域的人，而不是哲学家、天文学家或数学家，也不是中国人口中的受教育者。这些人一定应用了科学的原理，但不一定全部系统化。现在出现了一个新的因素。我们不能再不对广大劳动者和他们的劳动条件加以考虑，他们是人类的财富，没有这种财富，任何灌溉工程、桥梁或车辆工场的计划者们以及天文仪器的设计者们都不能做成什么事情；而且往往是靠这些人类物质财富，有创造才能的发明家和有技能的工程师才能在历史上留下了个人的特殊功绩。

通常认为，《周礼》的《考工记》部分是研究古代中国技术的最重要文献。虽然一般说来这本书是在汉代编写的，它记载了很多早期的传统，也许这个文献是起源于战国时期齐国的官书。深入的研究表明，确实里面很多内容的

4

日期不晚于公元前 2 世纪和涉及了公元前 3 世纪早期,也有更早一点的。因此所讨论的时代是秦始皇建造长城时的,在西方与此同时,是欧几里得(Euclid)在亚历山大里亚城新博物馆活动的时期,古代"世界七大奇观"之一的——法洛斯(Pharos)岛上的大灯塔也正在港口边上建造。

《考工记》中开始一些段落很有意思,值得全文介绍。

> 国有六职,百工与居一焉。或坐而论道,或审面曲势,以饬五材,以辨民器,或通四方之珍异以资之,或饬力以长地财,或治丝麻以成之。坐而论道,谓之王公。作而行之,谓之士大夫。审面曲势,以饬五材,以辨民器,谓之百工。通四方之珍异以资之,谓之商旅。饬力以长地财,谓之农夫。治丝麻以成之,谓之妇功。知者创物,巧者述之守之,世谓之工。百工之事,皆圣人之作也。烁金以为办,凝土以为器,作车以行陆,作舟以行水,此皆圣人之所作也。天有时,地有气,材有美,工有巧;有此四者,然后可以为良。……

5　　文章接着举了不同的例子,描述了来自不同地区的优良产品,如郑国的刀、吴国和粤地的双刃剑。然后在谈完季节后,文章继续写道:

> 凡攻木之工七,攻金之工六,攻皮之工六,设色之工五,刮摩之工五,搏埴之工二。攻木之工,轮舆弓庐匠车梓。攻金之工,筑冶凫栗段桃。攻皮之工,函鲍韗韦裘。设色之工,画缋钟筐㡛。刮摩之工,玉楖雕矢磬。搏埴之工,陶瓬。有虞氏上陶,夏后氏上匠,殷人上梓,周人上舆。

中国人喜爱随意系统化的某些特点在这些段落中得到了表示,而且显然基本上根据事实。此外在最后一段里,对几个朝代最重视的技术的描述是反映中国人相关思维的一个例证——他们用五行学说来阐述由相类似元素组成的事物间的联系。另外,在第四段中提到了工业生产中的四个条件:季节、地理因素,材料的优质和技巧。对植物和动物生态学作了有趣的描述,同时也提供了这样的一个背景,就是当地有无矿砂或煤或森林、水的特性等等也是中国人在工业选点时考虑的。无可置疑,对这类工匠的描述是很贫乏的,远远不如对其他官方部门的官员表述以及他们的等级和助理人的分类那么
6　　完整。因为有些工部(冬官)的材料遗失。所有我们知道的情况在表 47 都提到了。皇家工场必定制作皇帝和王子的宫廷所需要的礼仪用品、日常生活用品、车辆和机械,而且,这种工作与皇家军队的武器和装备的制造之间,不可能有明显的不同。当盐铁业收归官方经营时,这些工业的全部工匠一定也置于政府直接控制之下。可以想象,要制作较大型的或异常复杂的机械(如早

表 47　《周礼·考工记》所载的行业和工种

A　玉石工	
玉工	玉人
雕刻工	雕人
制磬工	磬氏
B　陶瓷工	
陶工	陶人
砖瓦制模工	瓬人
C　木工	
制箭工	椰人／矢人
制弓工	弓人
细木工	梓人
武器柄工	庐人
测工、营造工、木匠	匠人
制农具柄工，见"车匠"	
D　修建渠道和灌溉沟工（以及一般水利技术人员）	
水工	匠人
E　金属工（攻金之工）	
低合金铸工	筑氏
高合金铸工	冶氏
制钟铸工	凫氏
制量具工	㮚氏
制犁工	段氏
刀剑工	桃氏
F　车辆工	
轮匠	轮人
制轮工长	国工

7

（续表）

	制车身工	舆人
	制车辕和车轴工	輈人／轴人
	车匠	车人
G	制甲（皮革的，不是金属的）	
	制胸甲工	函氏
H	鞣革工	
	鞣革工	韦人
	生革工	鲍人
	皮货工	裘人
I	制鼓工	韗人
J	纺织、染色和刺绣工（画绩之事）	
	染羽毛工	钟氏
	制筐工	筐人
	清丝工	㡛氏

期的水磨），就需或者在皇家工场里，或者在重要的地方官吏的严密监督下进行。一般说来，似乎各个朝代都有皇家工场，在中国所有时代中，有理由认为最高级技术人员中的很大部分，要么是由中央官僚政府中的一部分的行政机关直接雇用，要么在他们严密管理之下工作。不过，并不是所有技术人员都是这样。大多数工匠和手艺人总是必须同小规模的家庭工场生产和商业联系起来。由普通人们和为其而独立进行的手工艺生产实际上占了最大的一部分。结果，有些地区由于某种技能倾向于集中该处而得名，例如福州的漆匠，景德镇的陶工，或四川自流井的钻井工。我们将不断看到中国邻近民族对中国工匠的重视，在有可能时，他们毫不犹豫地要求得到中国的工匠：例如1126年金人围困宋京开封时，要求从城中送出各种手艺人，包括金匠、银匠、铁匠、织工、缝纫工以至道士。1221年，道士邱长春应成吉思汗的聘请，进行了从山东到撒马尔罕的著名旅行，他在途中处处遇到中国工匠。在外蒙古，这些中国工匠全体带着旗帜和花束来迎接他。在撒马尔罕，邱长春见到了更多的中国工匠。迟至1675年，俄罗斯外交代表团正式要求中国派桥梁建造工去俄罗斯。

中国的这些发明家和工程师来自哪里？他们是平民（小民），在古代的哲学家们看来，这些人是"小人"，以与"君子"（高尚的半贵族的博学公职人员）区别开来。既然有姓，他们便是"百姓"（古老的百家），并属于"编民"（登记过的人民）。不过，不管各个时期政府组织的生产范围怎样，国家总是依靠取之不尽的以"徭役"形式出现的义务劳动。在汉代，除非属于某些特殊免役的集团，否则每个 20 岁（或 23 岁）至 56 岁的男性平民，都要每年义务服役一个月。机关的人员从来不是主要由奴隶组成，而随着时间的进展，自然地逐渐形成以付款代替人身劳动的习惯做法，结果是大批工匠永久地从

图 247　清末表示皇家工场的工匠在工作的图（采自《钦定书经图说》，其标题是"有备无患图"）

事某项专业工作。元代时（1206—1368 年），虽然都得到工资和配给品，但官方工匠与军队工匠是有区别的，不过这两种人又与民间工匠不同，民间工匠是随时可以征用的。蒙古征服者从不伤害工匠，而是把工匠集中在官方工场里。在宋代（960—1279 年），不能征募工匠做他们自己行业以外的工作。在明代（1368—1644 年），根据"匠籍"编制在官方工场轮流服徭役的工匠名单，又变得很重要。

本身是普通平民的工匠，决不是古代和中世纪中国的最低社会阶层，在他们下面有若干"颓丧阶级"，"贱民"是用于这些人的概括性的名词，即卑贱的人，与"良人"截然形成对比。虽然奴隶在古代和中世纪的中国是确实存在，但这些贱民并不是奴隶；中国古代和中世纪的奴隶制度主要是家庭性质的，最初本质上是使人受刑罚。在各行业和各技术的全部工作人员中，没自由的工匠所占的比例要少于 10%。

汉朝仿效此前的周代，男性奴隶是那些被判处惩役的人，女性奴隶则是

捣掉谷类的壳的人。尽管战争中的俘虏有时也受到这种待遇,但犯罪者和他们的全家无疑是古代补充奴隶的主要来源。大量的奴隶由皇室直接拥有,但界限很难划分,因为作为立功的酬劳或奖赏,奴隶常常被赐给大官和贵族。他们这一类人所独有的是他们作为财产的身份。在固定住所、限制与其他种人通婚、禁止改变职业等方面他们无能为力,也适用于其他类的贱民。事实上,技术行业稳定性的一般概念则是一个持久的概念。不管是男的还是女的罪犯,他们没有后代,他们被迫在若干年内或终身充当奴隶,如同西方古代一样,被遣送到矿上。因为终身受奴役的人当中具有特殊训练和长期经验是比较自然的,所以可以料想,如果在奴隶和罪犯的后代中有工匠,作为政府的奴隶工匠,他们的生活常常比自由的庶人工匠舒服得多,而且肯定更安定。

至于奴隶拥有的技能,则可从汉代留下来的一个日期为公元前59年的文件中看到,它写明是购买契约。他除了在菜园和果园中从事奴隶劳动获得产品外,还要会织草鞋,削车轴,制造各种家具和木屐,削成书写用的竹简,捻绳,织席;此外,还要制造准备在附近市场出售的小刀和弓。一般的结论是:在"奴"当中总是有一些有技巧的手艺人,但是从来没有像在服徭役的平民中那么多。

汉语中还使用"僮"这个名词,最好也许是译为"童仆"。它有这样强烈的工业色彩,几乎使人把它看成某种形式的有契约的学徒身份,也可能是在较长时间内带受教育性质的奴隶。公元前3世纪和公元前2世纪,这类"童仆"实际上已在冶铁业中被雇用,同时也在相当大的家庭生产中心被雇用,比如精细纺织品业。"僮"这个名词逐渐和另外两类人的名词——"部曲"和"客人"(或"客女")——相联系,他们是不能被买卖、但可以从一个主人转移到另一个主人的家臣。他们当中常包括一些工匠。

不管中国在古代和中世纪的劳动条件可能具有哪些特点,这些特点并不妨碍中国完全优于欧洲和伊斯兰世界的一长串节省劳力的发明。人力牵引拖运是尽可能避免。中国的水道大多数为陆地所包围,但在全部中国历史里,帆则是各时代独特的原动力,而没有像地中海那样由奴隶驾驶的摇桨的战船。各种记载明白地表示了在1世纪初开始在冶炼鼓风机里应用水排,因为这比人力或畜力更人道更廉价,所以认为更重要。显然,缺乏劳动力不是每一个文化中节省劳力的发明的唯一促进因素。在中国文化中,实际上从来不因为害怕技术发展引起失业而放弃各种发明。而在欧洲,这种害怕似乎曾经是长期存在的,工业化必须在克服这种阻力中前进。

了解了这些背景知识,现在我们可以集中精力很简要地研究一下发明家和工程师所出身的社会集团。我们把发明家和工程师的生活历史分为五类：
(1)高级官员，即有着成功的和丰富成果经历的学者；(2)平民；(3)半奴隶集团的成员；(4)被奴役的人；(5)相当重要的小官吏，就是在官僚队伍中未能爬上去的学者。

第一类，高级官员。这一类的杰出代表，我们可以举张衡和郭守敬为例。对于他们两人，已经在本简编本的第二卷中介绍过。张衡是所有文化中第一具地震仪的发明者，最先应用动力来驱动天文仪器，也是卓越的数学家和浑天仪的设计者。郭守敬生于张衡之后一千多年，同样是优秀的数学家和天文学家，也是建设通惠渠和规划元代大运河的最杰出的土木工程师。他们俩都曾任太史令，张衡曾任尚书，而郭守敬则任都水监和昭文馆大学士。我们立刻要提到的苏颂和沈括是另外两个完全可与之相比的人物。这四个人都很幸运，他们的科学技术才能都在他们的时代得到赏识，其他人就没有这样幸运了。这样的才能有时伴随着军事上的天赋和职位。第一位可想起的是秦代将军蒙恬，他把以前已经存在的防御墙加以连接和扩充，成为万里长城，并修建一条从宁夏到山西的950公里长的道路。汉代的杜预，他的名字同水碓的推广、多齿轮转动的磨谷物水磨的建立，以及跨过大河（例如黄河）的浮桥的架设，突出地联系在一起。

有些重要的技术发展有时归功于地方官员。水排的创造归功于31年任南阳太守的杜诗；水排的进一步推广，对于早期铸铁生产的发展非常重要，这应归功于另一个任乐陵太守的韩暨。蔡伦是最明显的例子，起先他任汉和帝的机要秘书，97年加位尚书令，105年宣布纸的发明。

中国王子和皇室的较远亲戚在大多数朝代里都没有担任文官的资格，他们很悠闲，一般都受到过良好的教育，也有可利用的大量的财富。尽管他们当中的大多数差不多都没有为后世做过什么好事，但是有些应该被纪念的人则把时间和财富贡献给科学工作。在这里只提及一两个人，由于各种原因，他们倾向于对天文学、生物学或医学而不是对技术或工程问题发生兴趣。汉代贵族陈王刘宠是弩的著名射手，他发明了装在弩上的望山。在唐代有关心声学和物理学的曹王李皋，他在这里之所以被突出地提出来，是因为他成功地使用了靠脚踏轮操作的明轮战船。

尽管工部在中国官制内是很古老的机关，但重要的工程师在这个机关内担任高的职位好像是很例外，这是很奇怪的。也许是因为实际工作总是由文盲或半文盲的工匠和工长担任，而他们从来不能越过把自己和工部的上层"白领"学者隔开的鸿沟。他们也许有时感觉到，如果上层的行政人员是对于

12

行业中的工具、材料和奥秘不太熟识的诗人或朝臣,他们能把工作做得更好。

13　　　但是也有例外的。当过隋朝总工程师30年的宇文恺,他从事过灌溉和水土保持工程,监督了通济渠(大运河的一部分)的施工,制作了大型加帆车,并和耿询(下面将要谈到)一起设计了整个唐、宋时代所采用的标准秤漏。他在583年营建了新都长安,606年营建了东都洛阳,并制成了明堂的模型,他任过多年工部尚书,早年的官职是皇宫的建筑和工程部门的主持人。他一定是当时的机械和建筑技术的真正专家。

　　　在明代,工匠进入工部行政的道路似乎是较开放的。一些工匠和细木工在这方面很成功,特别是蒯祥、蔡信和徐杲,他们都作为营造师和建筑师显示了成绩,其中徐杲被提升为工部尚书。

　　　如果进一步扩大调查,大概会包括更多高级官员的名字。在该简编本的第五卷中将要描述到,在这个领域中显示才能的学者和行政人员总是得到高度荣誉,除非这些人是倾向于纯文学方面的成就,这部分地由于水利工程在中国有巨大的社会重要性。也有的技术人员由于有明显倾向,聚集在作为他们的庇护人的著名官员的身边。苏颂和沈括的例子在这里是有启发性的。苏颂是具有最卓越品质的官员,曾经担任外交使节,又任吏部尚书,他负责建造开封的巨大天文钟和完成中国中世纪最伟大的计时著作,为了完成这个工作,他组织了值得注意的一班工程师和天文学家在他的周围,并使他们的名字留传下来。沈括同样有才华和有成就,他也曾担任外交使节,并任礼宾部门的副主管人,但是我们主要把他看作宋代兴趣广泛,和撰写有多方面的科学著作的作者。在沈括的著作里,我们见到了关于中国活字印刷早期最有权威性的叙述,向我们介绍了伟大的创造天才毕昇,他是约在1045年第一个设计出活字印刷术的"穿大麻衣服"的人("布衣",就是不穿丝绸的平民)。沈括

14　说:"毕昇死后,一个和我一起工作的人获得他的一套活字,并把它当作珍贵的物品一直保存到现在。"这个例子使我们对于一个开明的官员能够召集一班技术人员在他的周围的情况,得到很好的一瞥。最后,在任何一个调查中,许多著名官员都很可能以重要的角色出现,因为总有很多理由使他们的传记载入各朝的史书里。

　　　从毕昇起,我们开始谈到平民,即"良人"。大概可以有把握地把那些只有姓名留给我们的人放在这类里。因为首先采用平衡环以及创制旋转风扇和奇巧的灯而闻名的丁缓,他只是被称为"巧工"。还有喻皓,他是卓越的宝塔设计和建造者,但也不过是木工工长,不过他的著名的《木经》确实是向抄写员口授的。有时我们只知道受重视者的姓,例如苏州漆匠王某,他约在

1345 年为皇宫设计出可拆卸为数节的牛皮船和可折叠的浑天仪，约在 1360 年他被提升为皇家工场之一的管理员。有时甚至连姓也不知道，这样的省略使人很想知道，这种人是不是这个或那个奴隶或半奴隶集团中的成员，在那里习惯上是不称呼姓的。

小军官、某些道士及和尚大概也应当放在这个正规平民类里。在小军官中有个叫汤涛的，当女真金兵于 1127—1132 年多次攻击湖北汉阳市时，他是个勇敢的守城者，和显然有着同样创造性头脑的县令陈规一起，第一次成功地使用叫做火枪的新武器。这是一种作为防守性突击武器来用的手持的火药火器，枪管虽然不是金属制的，而且在发挥作用时管内物质是向外溅出而不是向前推进的，但它无疑是一切有筒枪炮的真正起源。

鉴于古代中国道教与专门技术的密切关系，人们预料会在中世纪发现比到目前为止出现的更多的道士发明家。这里可以毫无困难地提出一些人。我们已经在该简编本的第二卷中提到了谭峭约于 940 年用透镜进行的实验；五世纪中的 450 年，李兰利用玉容器和水银制成了停表刻漏，并依靠杆秤指针读数的特性，制成了较大的秤漏，这些仪器的很长的一系列发明应归功于他。在道士当中，也一定不要忘记约 1315 年在福建主持山中道路工程的妇女夹谷山。

在那个时代，佛教徒从整体上来说作为技术人员更为突出。一行是一个杰出的例子，他是那个时代最伟大的天文学家、数学家和仪器设计者。尽管他不能担任一切官职，但却是集贤院的成员，在将近二十年中他是宫廷中最受信任的科学人员。具有更大工程意义的也许是几个和尚，特别是在福建省建筑了许多跨过河流和河口的极好的巨石做成的桥的道询和法超。这些桥上的梁的长度，常常是刚刚小于所用石条由于其自身重量而断裂的长度，这说明在那时候似乎曾经做过材料强度试验。

现在谈谈一些特殊的例子。有些人在当时的社会地位确实是很低，但作为杰出技术家而在历史上留名了。在我们的记录里，信都芳是唯一明显地属于半奴隶身份的人。在信都芳少年时，一个北魏王子邀请他作为门客，这个王子拥有一个很大的图书馆，还收集了很多科学设备——浑天仪、漏壶、候风仪。因为是著名的具有科学技巧的宾客，信都芳和这个王子间的相对地位，就有点像工匠专家和技术顾问与资助人之间的关系。那个王子似乎想依靠信都芳的帮助来写些科学书籍，但由于政治和军事事件的发生，王子不得不在 528 年逃到南方，因此信都芳必须自己写这些书。直到被另外一个"国王拥立者"高欢召去前，信都芳一直隐居，大概是生活在贫穷中。被高欢召去后，

15

他仍然是"门客",并被任为中外府田曹参军,他可能在这个岗位上发挥测量和建筑方面的才能。信都芳设计了与律管调整有关的奇异的旋转风扇,还主动参与了历法的改革,他那很低的社会地位好像并不能阻止较高级官员向他请教。

奴隶的技术家的例子也很少,但是有耿询。最初耿询是岭南东衡州刺史的门客,但当这个官员去世后,他没有回家而参加并领导了南方一个少数民族的起义。耿询在起义失败后被擒,但他的技术才能得到了将军王世积的赏识,免他死罪,让他充当自己的家奴。这时耿询的地位还能使他跟从当时任太史的老友高智宝学习,结果耿询制成用水力连续转动的浑天仪或浑天象。有趣的是他这个成就受到了皇帝奖励,把他分配为隶属于天文历法局的官奴。

现在我们查明小官员这类技术人员是人数最多的一类,尽管他们(即使出身低微)所受教育足以让他们踏入仕途,但是他们的特殊才能或个性妨碍了辉煌事业的一切希望。如果是生在文艺复兴以后的时代,这种人可能在科学或技术上闻名。以李诫为例,当他还只是建筑和施工局的助理时,他就在前人著作的基础之上,写出了关于中国建筑千年传统的任何时代中最伟大的权威性著作《营造法式》,最后他曾任该局的首长。我们有关李诫的详细传记,但在其他成百的例子中,则没有这样的记载。卢道隆于 1027 年编写的记里鼓车详细说明流传到现在,但关于他生平的资料却一点也没有。

有时因为在外族朝廷内,传统的文学修养的压力较小,而创造性则能够获得自然的质朴的赞赏和支持,中国工程师感觉他们在那里服务会有更好的发展。解飞和魏猛变都约于 340 年替匈奴后赵统治者石虎工作。魏猛变是工场的主管人,和解飞一起,他们制成指南车、有复杂机械木人的檀车、磨车、旋转座位、喷泉等等,石虎很喜欢所有这些东西。一个世纪后,另一个游牧王朝燕,即是在 13 到 14 世纪中扩张的蒙古王朝的前身,得到了这个时代(约 410年)最著名的军事工程师张纲替其服务。张纲是弩方面的大专家,也许是多弹簧连弩的第一个发明者,这种武器是在 11 世纪战争中使用火药前中国独特的远程攻击重型武器,他也以丰富的守城和攻城知识而闻名。最后,他仍效忠于汉族,替刘裕的宋朝工作。

一些有创造才能的人所担任的职位似乎与其才能很不相称。类似于达·芬奇的燕肃是宋仁宗时代的学者、画家、工艺家和工程师,他设计了在很久以后仍保持作为标准的、具有溢流槽的一种漏壶,发明了特殊的锁和钥匙,留下了关于记里鼓车和指南车的详细说明,他的著作包括记时和海潮的论文,但是他在各州的行政职位上度过了一生的大部分时间。尽管他曾任龙图阁直学士，但官职只到达了礼部侍郎，并没有同工部或其他专门技术部门发生关系。韩公廉是苏颂建造中国历史上最巨大的天文钟时在应用数学方面的主要合作者，在他任吏部守堂官时，苏颂发现了他，据我们所了解，他一直留在这个职位上。

哲学家和诗人傅玄在3世纪为他的朋友马钧（鼎盛于260年）工程师写的一篇文章，也许是李约瑟博士所看到的关于中国古代和中世纪技术的社会史方面最有趣的文献之一。为了结束这一部分，我们可以做的最恰当的事情，是把这篇文献引录在下面：

> 马先生钧，字德衡，天下之名巧也。少而游豫，不自知其为巧也。当此之时，言不及巧，焉可以言知乎。为博士，居贫。乃思绫机之变，不言而世人知其巧矣。旧绫机五十综者五十蹑，六十综者六十蹑。先生患其丧功费日，乃皆易以十二蹑。其奇文异变，因感而作者，犹自然之成形，阴阳之无穷。此轮扁之对，不可以言言者，又焉可以言校也。先生为给事中，与常待高堂隆、骁骑将军秦朗争论于朝，言及指南车。二子谓古无指南车，记言之虚也。先生言："古有之，未之思耳，夫何远之有。"二子哂之曰："先生名钧，字德衡。均者，器之模，而衡者所以定物之轻重。轻重无准，而莫不模哉。"先生曰："虚争空名，不如试之易效也。"于是二子遂以白明帝。诏先生作之，而指南车成。此一异也，又不可以言者也。从此天下服其巧矣。

傅玄接着进一步叙述了马钧的更多成就，他继续写道：

> 有裴子者，上国之士也，精通见理，闻而哂子。乃难先生，先生口屈不能对。裴子自为难得其要，言之不已。傅子谓裴子曰："子所长者言也，所短者巧也。马氏所长者巧也，所短者言也。以子所长，击彼所短，则不得不屈。以子所短，难彼所长，则必有所不解者。夫巧者，天下之微事也。有所不解，而难之不已，其相击刺，必已远矣。心乖于内，口屈于外，此马氏所以不对也。"

> 傅子见安乡侯，言及裴子之论。安乡侯又与裴子同。傅子曰："圣人具体备物，取人不以一揆也。有以神取之者，有以言取之者，有以事取之者。以神取之者，不言而诚心先达，德行颜渊之伦是也。以言取之者，以变辩是非，言语宰我子贡是也。以事取之者，若政事冉有、季路，文学子游、子夏。虽圣人之明尽物，如有不同，必要所试，然则试冉有以政，试游夏以学矣。游夏犹然，况自此而降者乎。何者？县言物理，不可以言尽

18

811

也。施之于事,言之难尽,而试之易知也。今若马氏所欲作者,国之精器,军之要用也。费十寻之木,劳二人之力,不经时而是非定。难试易验之事,而轻以言抑人异能,此犹以智任天下之事,不易其道以御难尽之物,此所以多废也。马氏所作,因变而得,是则初所言者,不皆是矣。其不皆是,因不用之,是不世之巧,无由出也。夫同情者相妒,同事者相害,中人所不能免也。故君子不以人害人,必以考试为衡石。废衡石而不用,此美玉所以见诬为石,荆和所以抱璞而哭之也"。于是安乡侯悟,遂言之武安侯。武安侯忽之,不果试也。此既易试之事,又马氏巧名已定,犹忽而不察,况幽深之才,无名之璞乎。后之君子其鉴之哉。马先生之巧,虽古公输般、墨翟、王尔、近汉世张平子,不能过也。公输般、墨翟皆见用于时,乃有益于世。平子虽为侍中,马先生虽给事省中,俱不典工官,巧无益于世。用人不当其才,闻贤不试以事,良可恨也!

转述了傅玄在 3 世纪发出的关于科学和实验的非常重要的呼吁之后,更多的评论将是多余的了。

第三节　工匠界的传说

在讨论工作台架、铸造场所和野外工作之前,还有一件事情需要说几句。如果不谈一些古技术时代工匠界本身的传说,那么对于它们的任何描写将是不完整的。简编本的第 1 卷中已经说到过这些传说,主要发明家的名字也在《易经》的《系辞下》(约公元前 2 世纪的著作)中提到。孔子在他的著名警句"伟大的发明家有七个"中所说的人,无疑是那些智慧高超的人,即犁、车、船、门等等的创造者。我们在这里只需要再加入《列仙传》所奉为神圣的专属于道家的传说。在东汉时,具有这个书名的一本书一定是存在的,据传说,这本书是刘向(公元前 77—前 6 年)根据秦代阮仓所作的《列仙图》写的。虽然现有的《列仙传》的版本,确定是晚至 1019 年在道家的历史神学最初付印时才固定,但是内部证据指出,某些部分可以回溯到公元前 35 年和公元 167 年的时代。如我们从古代道教的性质所预料的,这本书中的许多神仙与机械行业有密切关系。赤松子和宁封子涉及冶金和陶瓷业中掌握火的传说;陶安公是铸铁的保护神;而负局先生是涂有水银的磨镜的保护神;葛由则一定是机械玩具制造者的道教保护神,他使一只木羊能活动,并骑之入西蜀；鹿皮公则是桥梁、梯道和悬阁的大魔术家；甚至钓竿上小绕线轮也有窦子明的灵魂。

公输般是最伟大的工匠保护神。虽然流传下来关于他的故事大部分很显然是传说，但没有理由怀疑他确实存在于公元前5世纪的鲁国，我们将会在谈到风筝和其他设备时遇到他。公输般在谚语中存在着，例如："鲁班门前弄斧子"，这相当于一句不太雅致的西方成语："教祖母吮鸡蛋"。在中国文化中，常常把事物配对，就像平行悬挂的一副对联一样。公输般的同伴王尔是曲凿和雕刻工具的半传奇式的发明者，他很可能是与公输般同时代的有名木雕刻师。

在过去不久的时代内，有一本叫做《鲁班经》的奇怪的小书在中国工匠中广泛流传，这里对它描述一下可能是合适的。这本书的作者、汇编者和出版者的年代都没有记载，但其中很多内容都很古老，让人觉得它所讨论的某些材料至少可以回溯到宋代。任何这样传统的东西总是难于确定年代的。

21

图 248　公输般的木版印刷肖像（用黑色印在黄纸上，有粉红、绿、淡紫和红色的装饰带条。这种肖像一般贴在工场的墙上，前面烧着线香。前景中的侍从者携着行业中的工具，站在后面者捧着专门的书籍。按照中国文化的官僚政治的性质，公输般像其他保护神一样受到尊崇。在肖像上面的题铭写着："鲁公输子先师"）

这本书以一系列的插图开始（例如图249），表示细木工技术，锯工在工作，以及各种类型的房屋、桥梁和亭阁。接着就是一篇关于公输般的传奇式传记，后面部分就是各种操作的细节，包括入山伐木、制作谷仓、钟楼、凉亭、家具、独轮车、翻车、活塞风箱、算盘以及多种其他器物。

关于吉凶日期的知识、符咒和适宜的祝告神灵的文告等随处散置在精确的规格叙述中，它们最后超出了迷信，在一个文化中具有一定的社会功能作用，但并不是从以色列文化中借用过来的在公共机构中的劳动者每周要休息一天。随着叙述的深入，迷信成份越来越占优势于技术成份，它载有"相宅术"，关于驱邪和祈福咒语的指示和保护咒语。这本书是关于传统工艺和民

23

22

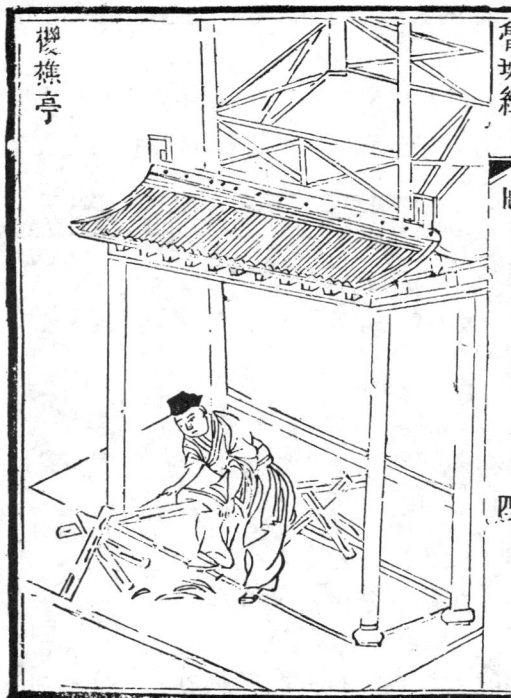

图249 《鲁班经》的插图之一（瞭望台在施工，木匠使用双柄刮刀做木工）

间故事的独特作品,尽管在各朝历史的文献目录中不能看到它的迹象,但可以推测它有很悠久的历史。直到现代,鲁班门徒的最突出的特点,正如在我们讨论古代中国的工匠界时已经讲得很清楚了的,也许就是他们凭窍门、经验法则和继承的缓慢发展的传统来工作。对于不能用言语传达的技术特别感兴趣的道教哲学家,时常提出这种不能言传而只能身教的例子,如刀剑匠、制箭匠和轮匠。两个不朽的故事流传下来了:按照"道"的结构和模型割开牛体的《庖丁解牛》;轮扁告诉齐桓公,与其钻研圣人的书来学习治民之道,不如向人民学习更有效的《轮扁削轮》。认为尊崇窍门和个人鉴别力是合理的,这主要是在还不能确实充分控制材料和工艺过程的那些漫长时代的现象。在我们这个几乎整个化学工厂可以自动运行的时代,真不敢想象那些必须凭经验来进行尚未科学地理解的工艺过程的技术人员的命运。只有观察力非常敏锐的人,才能觉察出来会损害预期成果的离开正常的各种偏差。只有记忆力特别强,常常善于处理困难情况的一些人,才能重复曾经一度被发现能成功的过程。只有经过几十年的经验,学会认识适合于他之目的的材料的迹象、气味、外貌的一些人,才能对像木材、陶工的黏土、未理解的原金属等性质常变的材料进行工作。曾经有许多失败和失望,但从神话和传说中找到某些心理上的帮助,很多古代道家冶金学者在开始操作之前,都举行洁净和斋戒的仪式。手艺人不能用合乎逻辑的词语表示他的操作,事实上他完全不能说明,只能表演。这样,手艺一代代地传下去,学习者的肉体和精神的整体教育自然也被涉及。学徒的训练是主观和个人的,不是让他们从道理上理解,更不是把经过深刻分析的物理化学的实体的性能制成数学函数,使他们体会;而是在某种程度上,通过普遍的和不变的用歌诀死记的机械学习

24

方法把手艺人的技巧口传下去。对于中世纪化学家的微妙的经验性的工艺过程来说，没有比这个方法更自然的了。甚至于对能否作出正确的天体图感到失望的一些学者，也建议用默记的方法来学习天体的知识。当然在中国文化中，学习古典文学的通常做法，是在未得到任何解释之前，先在学校中把它们背诵。不过要记住，在古代和中世纪时代（实际上是直到19世纪），大多数手艺人是文盲。因此，不只是创作新的专门名词在智力上有困难，而且采用这些名词之后，把它们写下来也会遇到很大的障碍。造船是最复杂的机械工艺之一，可是对于中国这种工艺的一个最深入了解的学者，从自身30年的经验中发现，在他所遇到的最好造船工人中，很少有能写字的。另外，很多航海方面的专门术语是根本写不出来的。确实是有技术手册，但李约瑟博士所知道的只有一本有适当图表的书，但并没有付印，它的历史也并不是很古老。实际上，在现代工程技术谈话中值得记住，"中国式复制品（a Chinese copy）"仍然表示一部机器或某些部件是通过眼睛、测量或传统来制作的，没有任何表格或图纸。

在某种程度上，这是晚至1942年由斯特尔特（Sturt）总结的。他在 *The Wheelwright's Shop* 一书中描述了轮匠的工作：

> 我下定决心对一切事情从头学起，因而很积极地干儿童的各种活，但是一点也没有想到，过了20岁的人，神经和肌肉的增长，都不可能使自己获得应当在15岁就开始的领会和干活的习惯。不能依靠智力来获得它吗？实际上，智力只能做到真知识的摸索性的模仿，但是不愿意承认，它事实上是如此笨拙。我现在知道，开始得这样迟，我是不能作为熟练的机工来挣到生活费的。

后来，好的见识在萨里的造车者中一代代地传下去，斯图尔特评价这种知识：

> 不在任何书本上写着。它不是科学的。我还没遇到过这样的一个人，他承认他所知道的不只是对于造车者知识的感性熟悉。

再后来，在描述完要做的东西后，斯特尔特写道：

> 这种事情我懂得，而且经过长时间后懂得很详细；但是我很少懂得为什么。大多数其他的人，也是这样懂得的。这种知识是各种乡村偏见缠结起来的网，其理由是这里知道一些，那里知道另一些……知识的整体是神秘的，是一种民间知识，为人们集体所有，但是从来不完全为每个

25

人所有。

这就是中世纪技艺的背景,在东方和西方都是这样。从这个背景之中,生长出来了文艺复兴的突破以前的一切重大发明和革新;发明和发现的技术本身,也直到文艺复兴时代才被发现。现在就要开始演出的戏曲,就是在这个舞台场面上进行的。

第四节　工具和材料

在开始叙述这个题目之前,有必要简单地谈谈中国技工的工具箱(参见图 247)。不论是在中国或在欧洲,都还没有人曾经汇总各时代的亚洲工具作批判性的叙述。考虑到人种学的关系并对照考古学的实物和有关的文献,这个事实使目前的任务变得困难。对西方文化实际上也没有真正做到这样。作者在这里能做的只是尽可能帮助读者获得一些概念的少量笔记和一些引证。

确切地说,目前用于改变物质体积和形状的强力机械所包括的一切机械基本原理,除了铰和(也许)冲的方法之外,新石器时代人已经全部发现了。和古老过去的区别,现在主要是应用力量大大超过人的肌肉的机械动力,并通过各种越来越精密的技术方法来加以控制。必须提出的很少的叙述,按照表 48 的机械操作分类方便地排列。

奇怪的是,尽管工具和机器的社会意义十分重大,但在汉文 214 个部首中只有 10 个代表它们,另有 3 个代表武器。李约瑟博士认为,也许这个情况表明了儒家编辑者和词典学者对技术缺乏兴趣。

一些学者已经讨论过各种锤的历史。在半个多世纪前的霍梅尔书中就包括很多关于中国手艺人传统使用的各种铁锤、木槌和大锤等的资料,他发现他们在使用重锤时充分利用挠性柄的原理,以增加冲击力和减少对于手的震痛。如果顺着锤柄长度选择某个点,把它连接在支点上,并在锤柄尾部施加人力或水力,更迭地升起和坠下锤头,则这个工具——碓已经达到了机械的水平(图 250)。似乎直到 15 世纪欧洲才出现了这种装置,但是在汉墓中发现的用人的体重来操作的许多的模型,表示中国早在汉代就已有碓了。把这种模型与我们看到的中国脚踏碓的最早的图画——1210 年《耕织图》的插图(图 299)——作比较,可以看出,它是用来捣去水稻谷壳的。

26

表 48　改变物质体积和形状的机械操作分类

	撞击	锤（和砧） 杵（和臼） 大锤 碓
	切削	砍　小刀、剑 砍＋杠杆作用　镰刀、斧、扁斧 推　刨、削凿、圆凿 推＋撞击　凿、楔
	刮	锯　锯、弓锯、带锯、圆锯 凿孔　圆旋凿 锉　锉 刨　刨 除去物质的一切钻工　钻 镟　车床和车床工具 用磨砂的工作 用旋刀或不用旋刀的工作 磨
	戳 （穿孔）	锥子（木工或革工的） 针和大头针 矛 丁字斧
	铰 （冲孔）	剪刀，大剪刀 冲头
	模压 （无片屑的成型）	加压＋撞击　用铁瓦刀制砖， 　　　　锻，冲模，陷型模锻 拉伸　例如制金属线，挤压
	接合	钉 合板钉 软焊，胶合，熔焊 螺丝

　　正如所想象的，切削刃在中国有多种用途，除了木工和金属工的切削刃工具外，还有农具和兵器等，农具有镰刀，锋利的铁锹、犁铧等，兵器有剑等。中国式的刨在使用时，总是从使用者的身体向前推，而日本式和朝鲜式的刨则是反方向使用的，即向后拉而不是向前推，也许是因为它们的使用者是在地上工作，而中国人则是在工作台前工作。切削和刮在锯的技术中结合了起来。锯可回溯到新石器时代，并在所有古代文化中使用。锯在中国获得多次巧妙的发展，一种常见的形式是用以把树干锯成木板的弓锯或框式坑锯。在

27

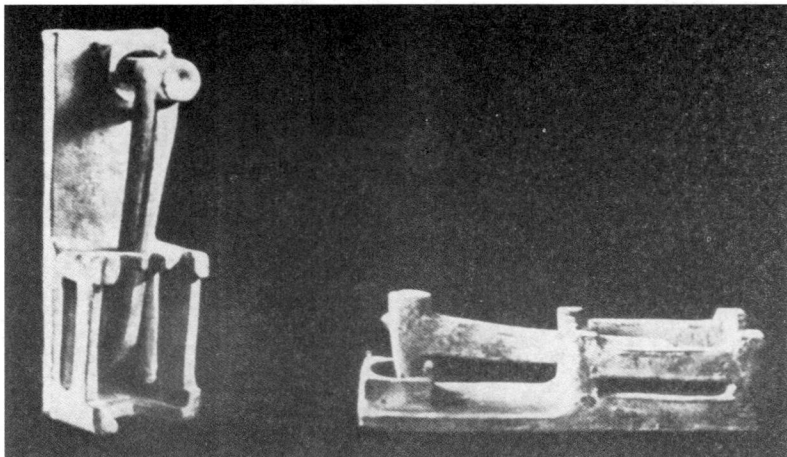

图 250　汉代有光泽的绿釉陶制脚踏碓模型

这种锯中，从锯片中心起，锯齿的方向是向锯片两头倾斜的；这样，木材上面和在下面的锯工，作等量的工作。有时在水平方向锯开木材，两侧的锯工各从一头缓慢走到另一头（图 251）。在中柱的一侧装锯片，另一侧绷一条双股绳，用一根短木栓把绳绞紧就可以把弓锯的锯片充分拉紧（图 252）。在西方，古希腊时代也使用这种锯（大约从公元前 300 年至公元 300 年）。在热可塑的状态下，金属可以改变形状和易于切削，所以锯在金属加工中所起的作用要比在木工中小，而在某种意义上相当于刨的锉刀则相应地起较大的作用。与西方普通的锉刀略有不同，中国锉刀在两头都有柄舌，一头装木柄，另一头装很长的木棒，木棒插入环状大钉或有眼螺栓的孔内（图 253），在里面滑动。导向木棒提供向下的杠杆作用。西方工匠把要锉的物件牢固

28

29

图 251　1944 年在重庆船厂工作的锯工

地夹紧在虎钳内，用锉刀环绕着它加工；而中国人的方法则让锉刀在差不多固定的路线上来回摆动，而物件则根据锉工的需要在锉下面转动。

一切磨轮、磨刀石都属于锉刀的同一类。由于玉工在古代中国的重

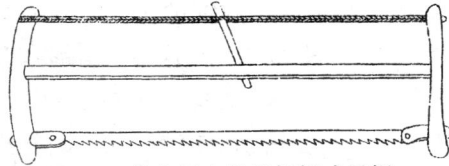

图 252　具有短木栓的框锯或弓锯
（采自《图书集成》）

要性，研、磨工作一定也已经达到很高的技巧水平（见第二卷）。霍梅尔（Hommel）没有找到使用旋转磨轮的证据，他所看见的都是上表面已磨损成凹形的长方石块。不过难以相信完全没有旋转磨轮，在玉工中，旋转圆盘刀似乎

图 253　艺徒在使用中国式的双柄舌锉刀

至少可以上推到公元前 3 世纪。从这个事实中，可以看出圆盘刀和碾之间在心理上的关系，即流传下来的圆盘刀的最古老名词和轮碾的最古老名词是相同的，碾字前加了砂字作形容词，就变成"砂碾"。

必须认为，钻是刮或磨的一个分支，因为钻事实上是从所钻的孔内去掉物质。由这个技术就引起了传动带的起源问题，故立即把我们带到一个根本的工程问题上：连续旋转运动只有依靠曲柄（一种或另一种形式的）或传动带才能获得，但是在很多情况下，往

30

复的旋转运动就足够了，并不需连续旋转，钻是其中之一。有人曾经认为，中国人过去没有使用连续旋转运动。这是一种错误的说法，因为中国早就有了曲柄和像方板链式泵的机器。中国人如果不熟练掌握连续旋转运动的技术，用水力带动的浑天仪就不可能获得连续地和细致地调整的旋转。即使如此，工匠似乎并没有把连续传动应用到钻上，因为甚至在现代，往复的传动仍然流行的，并广泛使用在所有古技术的文化和文明里。

在轴钻中可以看到往复旋转运动的最简单形式。轴钻的轴只是放在两个手掌之间来回地搓动。把一条带或皮条绕在轴上，由一个人更迭地牵引它

的两端(类似转动陀螺的单一动作),另一人稳固地拿住钻,这就出现了传动带的祖先(图254)。在这里,传动带还不是连续的,但是如果用一根木条把带的两端连接起来,就像弓与弓弦一样,连续的传动带在某种意义上就出现了。如果把弓弦在钻轴上绕缠一次,则每次把弓来回拉动时,就会给钻一个强有力的往复运动。弓钻(有人称之为牵钻)很可能是旧石器时代的工具,但在许多古技术的人民中仍然可以见到,如在古代埃及是众所周知的工具;于英国某些行业中弓钻也还仍然存在着。图255表示的是一个中国木匠用的弓钻。在很久之前的某地,没有人知道何地或何时,有人创造性地在弓的中央做了一个孔,并用操作手动活塞水泵的动作,使弓在与钻轴成直角的关系下更迭地升降,因此有"泵钻"(有人称之为舞钻)的名称。图256表示现代中国铜匠用的泵钻。

31

图254 使用中的带钻

在中国文化中,钻的过程最壮观的应用是深钻技术,这种技术特别是在蕴藏大量盐水和天然气的四川省内使用。中国人在汉初(公元前3世纪)已经掌握了这种技术,但它的细节将在该简编本的其他地方讨论。

如果把钻水平地装在一个架上,在它的工作端不装置钻孔工具,而装置被凿成刀加工的工作物,这样就出现了车床。用脚操作的踏板可以很容易地

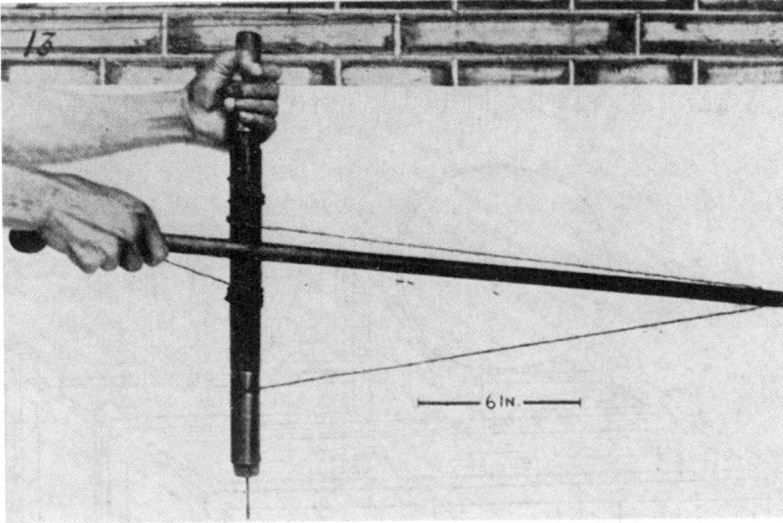

32

图 255　木工用的弓钻

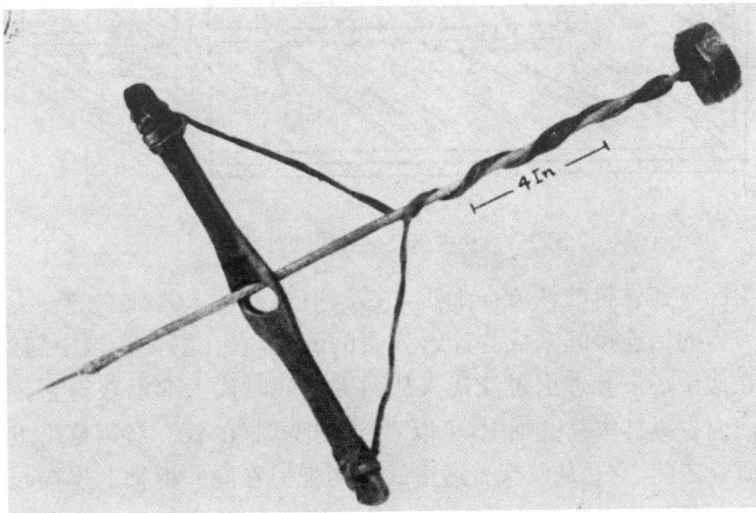

图 256　铜匠用的泵钻

代替副手的两只手，在中国工匠中仍然经常使用这种车床的简单形式（图257）。通过简单的改进，把传动带的一端系到车床上一根有弹性的杆子上，工作者一只脚的劳动就得到了解除，他就可能把注意力更集中于工作上。直到 18 世纪的很长时间内，这种杆式脚踏板车床在欧洲还继续通用，并在许多文化中存在。对于这种车床没有在中国发展的说法，应当有保留地赞同，因

34 为利用有弹性的竹板条总是中国技术的特点,例如两种基本类型的织机之一就有这种装置。关于车床在中国最初出现的时代,知道得很少,但是不会比埃及人从希腊得到这种车床的时代(古希腊时代)更晚。

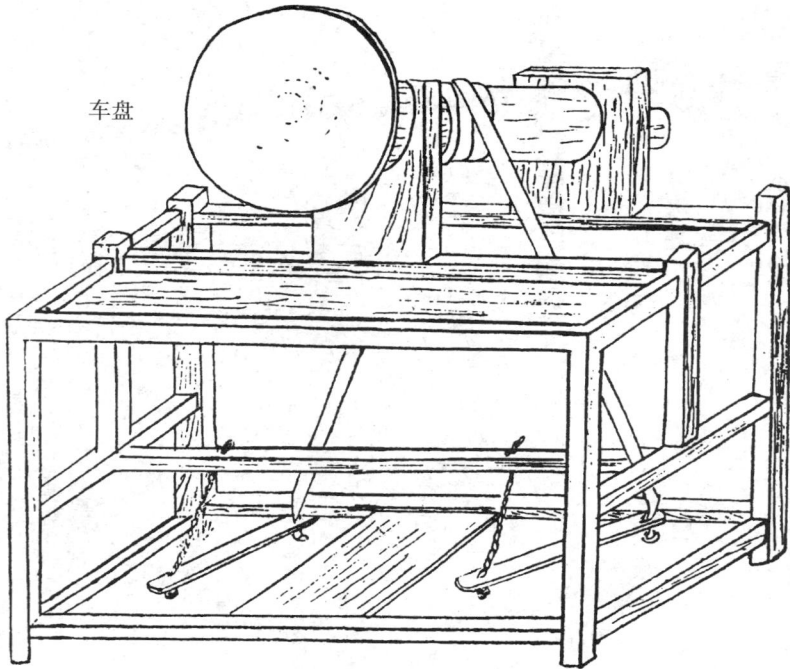

图 257 更迭运动的中国式脚踏车床

因为同时在材料的两方面加工,故铰、剪和冲可成为独立的一类。铰是把两个刀刃的柄连接起来成为连续弹簧的工具,它在罗马帝国中随处可见,但是现在似乎还没有理由说汉代人从西方的同时代人那里获得它。在新近发现的河南省禹县宋墓壁画中,可以看到一把这样的铰。对唐墓出土的一把铁剪的研究表明,它是从汉代普通形式的两把刀在同一枢轴上连接起来而引申出来的。剪和用以夹持小物件的工具如钳子和镊子之间有着明显的内在联系;鉴于在中国文化中筷子已有悠久的历史——至少从公元前4世纪已有,如果有任何传播发生,传播的方向有更大的可能是从东到西。

最后一种基本类型的技术是模压。关于青铜、生铁及其他金属的铸造的更多叙述,将在本简编本的其他卷中说到。中国采用模子的一个显著的技术是用捣紧的土墙建筑房屋,早到商代(公元前1000余年)这种方法就已使用,它将在下一卷中讨论。还有用模子来拔金属丝,是把塑性金属牵引通过一个小孔（图 258）使丝成形的。认为中国人直到现代才能在拔铁丝方面应用这种方法的说法，1637 年的《天工开物》对这种工艺过程的很清楚的描述对此进行了驳斥。这种技术与磁针的制作工艺有关（参见简编本第三卷的图 173）。

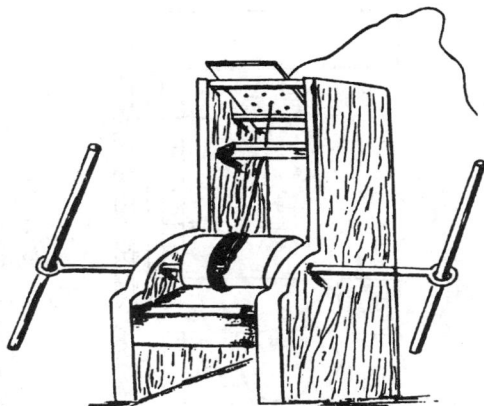

拔铁線

图 258　拔铁丝的设备

把材料连接起来是一个技术分支，它可能涉及上述基本技术的几种。在木工中的凸出结构，如钉、板钉、榫眼和雄榫等等，起最大的作用，但是也用胶结合；在金属加工中，类似胶接的技术，有更大的重要性，如软焊和熔焊。在缝纫和成衣的技术中，同基础件分开的凸出结构是最重要的，据推测，针和大头针是从原始时代和原始民族的荆棘和鱼骨演变而来的。大概中国木工总是节约地使用锻铁钉，他们制造木或竹的销钉以达到同一目的。但是在中国造船业中，认为锻铁钉是必要的。

最后对于工匠不是最不重要的一类工具是测量工具。最老的和最简单的测量工具是拉紧的绳或铅垂线、水准仪、量尺、圆规、矩尺和天平或杆秤。已在第二卷（第 330 页）中提到过，矩和规在最纯粹的神话资料中出现了，它们组成治理天下的神的传统象征。量具是这样为人们所熟悉，甚至儒家学者都利用它们作比喻。例如，公元前 240 年的《荀子》说：

> 故绳墨诚陈矣，则不可欺以曲直；衡诚县矣，则不可欺以轻重；规矩诚设矣，则不可欺以方圆；君子审于礼，则不可欺以诈伪。

也常在插图和叙述中看到较复杂的测量的例子，例如，弩的强度的试验，或试验比重。但是具有槽和销子的可调整的外卡规，也许是从古代中国流传下来的最引人注意的量具，它看来很像一把不带蜗杆的现代活动扳手。图 259 所示的是一值得注意的例子，其制造年代为公元 9 年。达·芬奇在 15 世纪末描绘过一些类似的东西，但在他之前的欧洲则似乎不知道这种工程量具。

在谈完工具及其工作之前，不能不谈谈一种独特的中国材料——竹子，而它在其他文化中不是这样容易获得。很多种类的竹子是中国土生，也许最

35

37

823

36

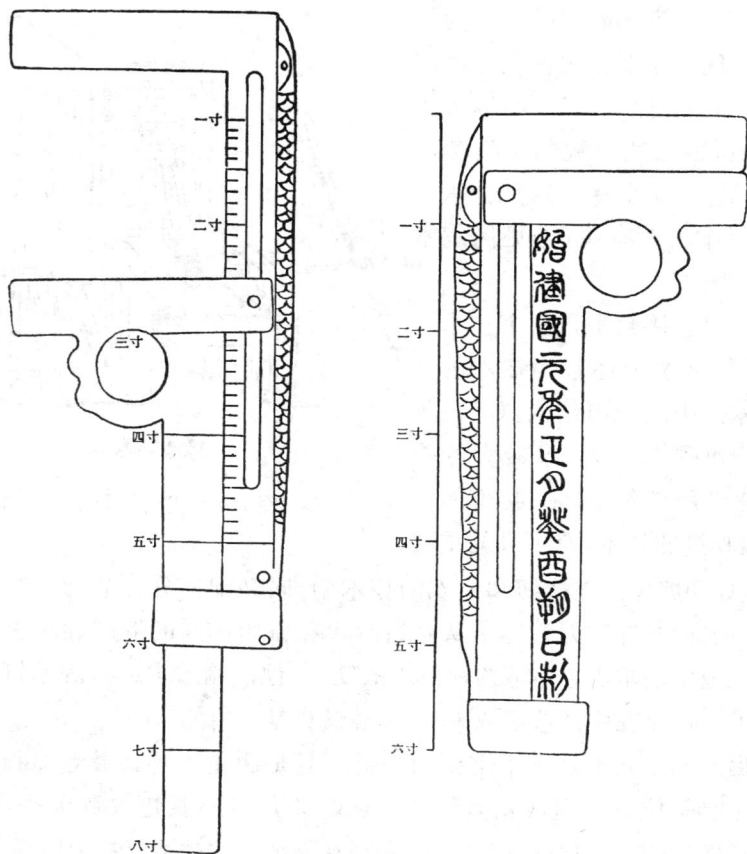

图 259 具有槽和销子的可调整的外卡规（青铜制。规上的日期是公元
9 年，铭词是："始建国元年正月癸酉朔日制"。这把异常的量具是西汉
和东汉之间短暂的新朝的产品）

普遍的是毛竹属的种类。关于这种奇异材料的使用，现存的文献是很稀少
的，但一些技术插图表示了竹子的使用。图 260 显示了一顶轿子的详细结
构，这种结构很少利用木钉或捆绑，而是把竹子弯成直角或甚至向后折叠，
以紧紧夹住另一根竹竿。家具、脚手架及其他机构物，是在更高的现代技术
水平上应用了与之完全相同的原理。此外，优美的竹制艺术品还常在文献
上被描写。在各种弓和弓弦装置上，竹条的弹性也充分被利用，但是竹的异
常的抗拉强度直到最近才充分认识到，中国空军研究机关进行的实验表明，
把若干层编织的竹片用飞机胶黏合在一起，可以制成性能优异的胶合竹板。
但是这种特性在很多世纪以来已经凭经验充分利用于多种用途的竹缆索
中了。

另一方面，把竹子里面的隔片去掉，它就成为天然的管子，这对东亚的发明起了主要的影响。在最早的时代，竹子提供了做笛子和其他管乐器的材料，这种乐器深刻地影响了中国声学在各时代的发展。在供水管道系统中也使用竹子，竹管也用于炼丹术和初期化学技术中（图261）。竹纵向地切开，就可以把它用作屋顶上的轻型瓦片和各种简单的水道。竹子也完成它的最重要的任务，即成为一切管形枪炮的祖先。最后，不要忘记竹笋是很可口的。

作为古代和中世纪中国制造机器的材料，木和竹在接下来的内容里显得十分重要，青铜或铁只在某些主要机件采用。事实上在工业时代开始要求大量经久耐用的机器之前，世界上没有任何地方采用铁来制造机械。

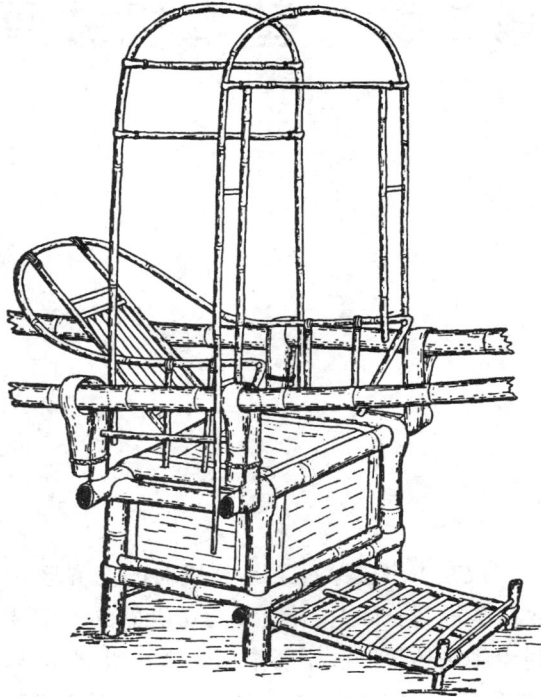

图 260　轿子（中国工匠聪明地利用竹的传统方法之一例）

38

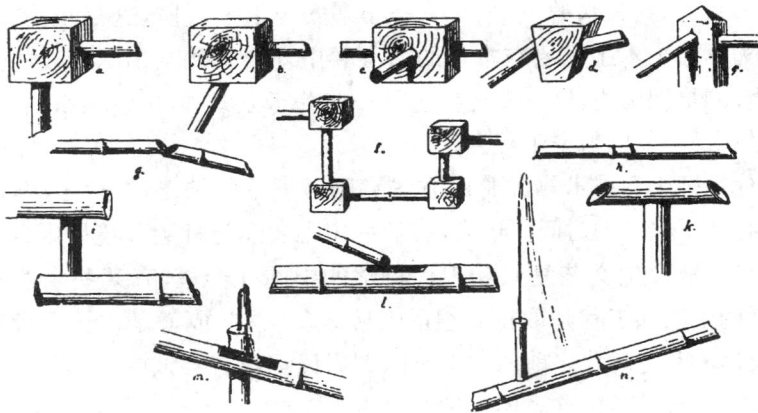

图 261　竹子用作管道和导管时的使用和连接方式

39

第二章　基本机械原理

现在本书正穿过工具与机器的交界区。我们将按下列的步骤来处理这个广大题目：首先，对组成一切机器的基本要素作一般性的讨论；其次，必须讨论中国传统图画中所描写的基本机器类型，以及对于耶稣会士来中国的影响；第三，我们在研究了文字上的证据之后，对中国机械工程有了更多的了解，将对各种工程技术的起源的大概年代和地点，采取比最初暂时接受的更为明确的意见。在第二阶段的开始，将对机械玩具和自动器械作一些叙述，一方面因为几乎所有的基本机械原理都在它们身上体现了，另一方面也因为在中国只有很少或没有关于它们的图像资料。在第三阶段的开始，将对车辆作一些叙述，它们与固定的机器是可以明显地区别开来的。按照动力来源的分类——畜力牵引、水的下降、风力——来安排第三阶段，这是较为方便的，虽然水力学和土木工程要在本书的第五卷中才会提到。第四阶段将要讨论的是时钟的早期历史，这一卷还将包括一些关于立式和卧式装置以及风车的记载，最后是史前的航空工程。

古代中国工程技术靠经验的方法克服了理论的缺乏，取得了辉煌成就，它至少存在了很长的时间。还有，我们一定不要忘记社会环境的因素。在一个不能自发地产生文艺复兴和现代科学的中国社会里，有某些东西在起作用，以激励工匠和工程师取得辉煌的实际成就，这些成就是古希腊世界的人们，以及达·芬奇时代之前的中世纪欧洲居民都没有尝试或达到的。这样的对比要求一个说明，但这里还不是说明的地方。

40　　一个名叫勒洛（Franz Reuleaux）的法国工程师在一个世纪多以前写道：

"机器是这样布置的抵抗体的组合,通过这些抵抗体可以强迫自然界的机械力进行工作,同时有某些确定的运动伴随着。"大约与此同时代,一个名叫罗伯特·威利斯(Robert Willis)的英国物理学家和考古学家扩大了定义的第一部分:"每个机器都是由一系列按各种方式连接起来的机件所组成,如果使一个机件运动,所有其他机件都跟着运动,这种运动与第一个机件的运动的关系是由连接的性质决定的。"

人们不会设想很容易在古代中国找到这种思想,但实际上这个思想很古老,是中国人和古希腊人共有的。16世纪英国医生威廉·哈维(William Harvey)在拿心脏的阀门与水泵的阀门作比较时,他就已经与中国人很久前所持的观点站在一起了。在道家的信念中,活的人体是有机体的自动装置,有时由一部分主管,有时又由另一部分主管。

把机器要素分类的第一个人,显然是亚历山大里亚城的赫伦,他认为有五类的机器要素:轮和轴,杠杆,滑车,楔,连续的螺旋或蜗杆。这种分类虽不能令人满意,但是可以解释的,因为作这种分类的论文只是关系到提升重量。印度人也提出了其他较早的分类法。作者认为在讨论机器要素时分为如下几个项目:(a)杠杆、铰链和链系;(b)轮、齿轮;(c)滑车、传动带和链传动;(d)曲柄和偏心运动;(e)螺旋、蜗杆和螺旋面形叶片;(f)弹簧和弹簧机构;(g)导管、管子和虹吸管;(h)阀、鼓风器、泵和风扇。

第一节　杠杆、铰链和链系

对于杠杆及其早期的应用——秤,已经谈了一些(参见本书第二卷)。在那里我们看到,如果不是熟悉全部,墨家工程师在公元前3世纪也一定是已经很熟悉阿基米德所提出的平衡原理的大部分。在以后接下来的若干世纪里,中国曾经很好地把杠杆平衡的知识应用于(几乎是大量生产的规模)弩机扳机制造上。这种包括错综复杂的曲杆和抓爪的机构,是优美精致的青铜铸件,值得在该简编本后面另一卷关于军事技术中详细描述。而从更早的年代起,杠杆已以大得多的规模用在由配重来平衡的木制的盛水器("桔槔")上。杠杆在中国的最重要的应用是碓,至于提升重件则倾向于采用杠杆的组合而不是用滑车组。纺织机无疑是最能体现中国人对杠杆的最精巧的利用,在这方面,杠杆和连杆与踏板联合起来组成复杂的链系统。实际上,对于织机的结构,中国人远远走在西方的前面。汉语用"机"字代替织机,表明着它是卓

41

43

42

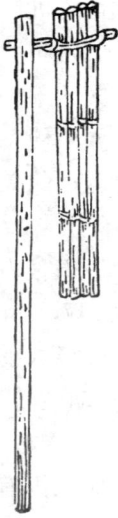

(a)   (b)

图 262 连杆装置和链连接的例子[(a) 农用打谷器具,采自公元 1313 年的《农书》。(b) 军用的"铁链夹棒",采自公元 1044 年的《武经总要》。它的另一名词"铁鹤膝"在 11 世纪的机械工程中,成为链系里一切杆和链的组合的专门技术名词]

越的机器,这可能是种象征。

但是,这种连接或连杆装置的组合包括铰链或活动关节的应用。本质上铰链是一个销和两个钩组合起来的,而在所有古代文化中这两种构件是很容易获得的。用在门窗上的铰钉是偏长的,所用的合页(中国人也用同样的名词)则是宽而扁的;而在连杆的链节中,铰钉是短的,钩尾则是伸长的。与正在所谈的连接有联系是从公元前 6 世纪的洛阳墓内出土的杆头上的奇怪青铜钩,它似乎是用来竖起易于拆卸的摊棚或帐篷的。在农业、战争和纺织技术上,连杆有很多突出的应用:首先是"连枷"和"铁链夹棒"(图 262);其次是高效马挽具的组成部分,尽管在连接处它不采用铰钉,但仍然起了连杆装置的作用。

利用滑动杆操作的可折叠的伞或阳伞大概是中国文化中更具有欧洲人想法特征的,在日常生活中它很常见。虽然在希腊和罗马的日常生活中阳伞也是常见,而且一定可以回溯到巴比伦时代,但是它们一般是不能折叠的。可是,有迹象表明,在公元 21 年,中国的可折叠伞的原理已经应用,因为王莽令人在那一年造了一个装在用于典礼的四轮车上的华盖,据说它装有秘密机构。2 世纪的注释家服虔说,支持华盖的各杠杆都装有可以屈曲的关节,使它们可以伸开或缩回。从朝鲜乐浪墓中挖出了王莽时代的可折叠伞和支撑条,这种支撑系统一定可以上推到更早的时代,因为从洛阳出土了周代(公元前 6 世纪)的相类似物品(图 263)。

在掌握折叠技术方面,元代(1271—1368 年)取得了某些值得注意的成就,公元 1360 年的《山居夜话》中把这些成就作为技巧提出。作者杨禹说:

平江漆匠王者,至正间以牛皮制一舟,内外饰以漆,拆卸作数节,载至上都,游漾于河中,可容二十人。上都之人,未尝识船,观者无不叹尝。

又尝奉旨造浑天仪,可以折叠,便于收藏。巧思出人意外,可谓智能之人。今为管匠提举。

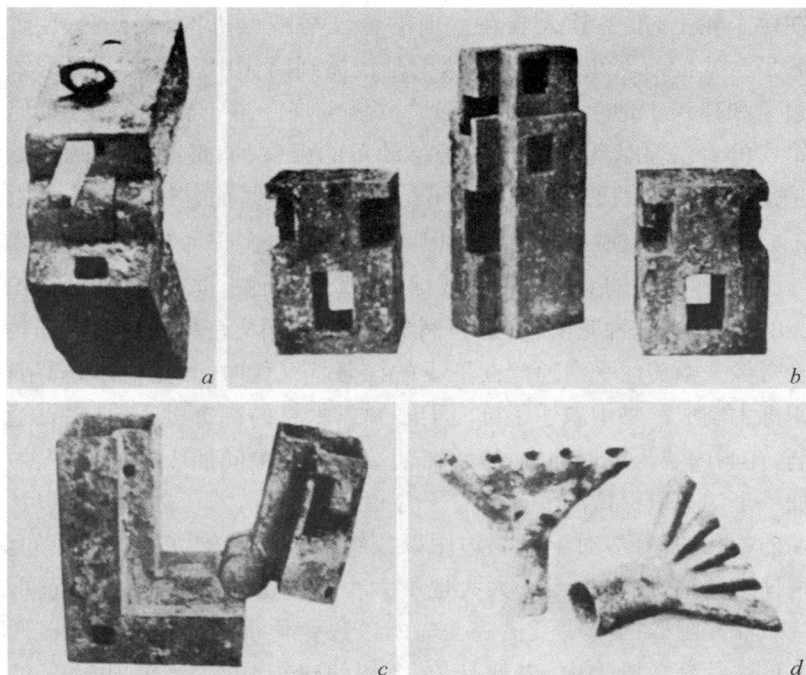

图 263　洛阳出土的设计复杂的青铜铸件［公元前 6 世纪（周代）。（*a*）有防松滑动栓锁的青铜套管铰链；（*b*）青铜榫接套筒铰链，具有空洞以备装榫头和支柱销子，有些利用刺刀抓爪的原理；（*c*）有套筒以紧握木构件的青铜榫接铰链弯头；（*d*）公元前 4 世纪的，两个青铜铸的六路分叉套管］

不论王漆匠所造的船是如何新颖，在 12 世纪就已经有这方面的成就了，也许可以回溯到唐朝（7—10 世纪）。无论如何，可折叠原理似乎是被重新发现了。

第二节　轮和齿轮，踏板和桨

轮的最初起源，与本书没有直接关系，因为在商代（约公元前 1500 年），即我们能开始谈及中国技术历史的时代，双轮车和它的轮已经有引进了。对战车的起源地点似乎有疑。传统的看法是，约在公元前 3000 年，车轮首先在苏美尔（Sumeria）出现，但在 19 世纪 20 年代，马歇尔（Marshall）在莫亨朱达罗（Mohenjo-daro）文明（印度河流域）的哈拉帕（Harappa）看到相同时代的轮模型；同样，大约是公元前 2000 年，最早的辐条轮模型也是在北苏美尔（northern Sumeria）产生的。最古老的苏美尔和迦勒底（Chaldea）的战车，

44

是装在两个轮上,准备让人骑在上面的奇怪马鞍形机构,直到公元前 2500 年以后平台式的双轮车才出现。这就是传播到商代中国和埃及的形式。在码头边上和建筑工地上使用辊子移动重物也许要早于轮子的使用,但一个普遍错误的看法是认为它们是用于移动重的雕像的;最初用来做这类活的好像是加了润滑剂的滑条,但它们不是车轮的原形,而是铁道轨条的原形。

正如已经说过,在《周礼·考工记》中包括了很多关于轮匠及其工作的资料。现已清楚,原始的实心轮早在战国时期(公元前 4 世纪)之前已让位于结构优美的组合轮,这种轮由毂、辐和辋组成,其中辋又是由轮牙合成。轮要做到准确得像一幅美丽平滑地弯曲下垂的帷幕。汉代时,毂用榆木,辐用檀木,轮牙用栎木制成。书中叙述了单面干燥制毂木材的稀奇过程,把毂钻通以形成空洞,在洞内装入锥形轴端,然后在轴端和毂的中间插入锥形青铜轴承,外端面加一个皮盖以保持润滑剂。对于各辐条的厚度,对于毂周围用以接纳辐条里端的各孔的深度,对于辋内边用以接纳辐条外端雄榫的各榫眼的深度,都经过仔细调整,使之不至于太大也不太小。并逐渐减薄辐条的近辋部分,作为克服深泥阻碍的流线型措施。辐的条数变化很大。在一本大概属于公元前 4 世纪的著名典籍中,讲到有 30 个辐的双轮车轮,而在 1952 年的发掘中,实际出土的这个时代的双轮车轮残余物,确有这样多的辐条。对于已完成的车轮的实验是精细地进行的,包括几何工具的使用,漂浮试验,称重,以及用谷粒测量组成件的空隙。文学官员对车轮最感兴趣,因而它们在《周礼》中占据重要的位置,所表现出来的齐国和汉代的工艺水平是如此的高,因而,制作齿轮(例如水磨)决不会给工匠带来很大困难,当考虑到这个情况时,我们对于上面这些叙述的兴趣也许会增加。

45　　　有人说,轮匠技术的最后发展,并不是把轮造成平面体的,而是造成扁平锥体的。这种技术名为"成碟形"。当车辆在崎岖的或有车辙的路上运载重货时,就会在车轮上引起侧向推力,而这种结构则能提供抵抗侧向推力的作用。在 15 世纪以后,这种轮才在欧洲的图画中出现(图 264)。可是,李约瑟博士及其同僚断定,车轮成碟形是周、汉轮匠系统地使用的方法,而远不是 16 世纪西方的成就。《考工记》上有几段文字证明这一点,以及以后的文献也证明了这一点。

近来,考古的发掘提供了大量的信息。对河南北部辉县王墓的发掘,车马坑内掘出的公元前 4—前 3 世纪的车共有 19 辆。尽管木材部分已腐烂掉,但它们留在坚实的土壤中的痕迹是很清楚的,因而有可能把车辆解剖为比较小的部件(图 265)。虽然发现的是笔直的辐条,但考古学家认为它们都是向毂斜插入的(图 266)。

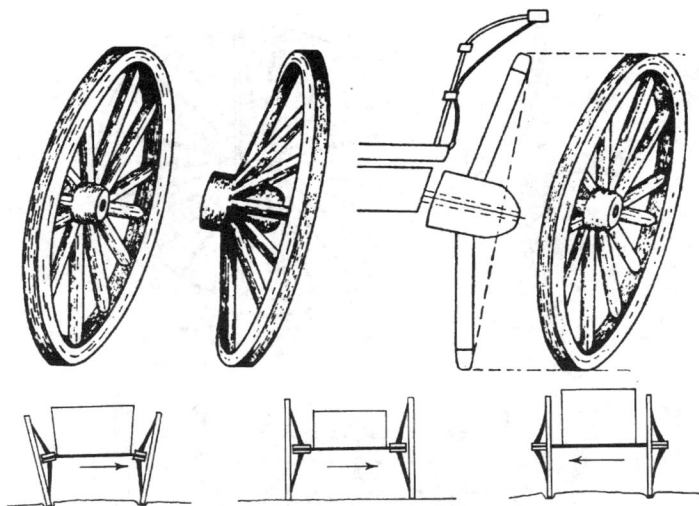

图 264　碟形车轮（英国传统实例的图样）

图 265　辉县车马坑内两个大型车的详图（表示从坚实的土壤中能恢复的部分）

　　从湖南长沙公元前 1 世纪的墓中发掘出来的西汉辒车的模型，则有很不同的形式，它的辐条呈曲线形，与《周礼》的描写一致，轮的形式很像中国农民的笠，凹入面是朝里而不是朝外的（图267）。更值得注意的是，在传统的中国车辆上，凹入侧朝里的习惯一直保持到现代（图268），但事实上，车轮的凹入侧向内或向外是没有多大关系的。图264表示西方文艺复兴后的车轮形式，凹入面是朝外的，而且车轮的轴承是向下倾斜的，右轮对于由颠簸所引起的向右推力有特别

831 ｜

46

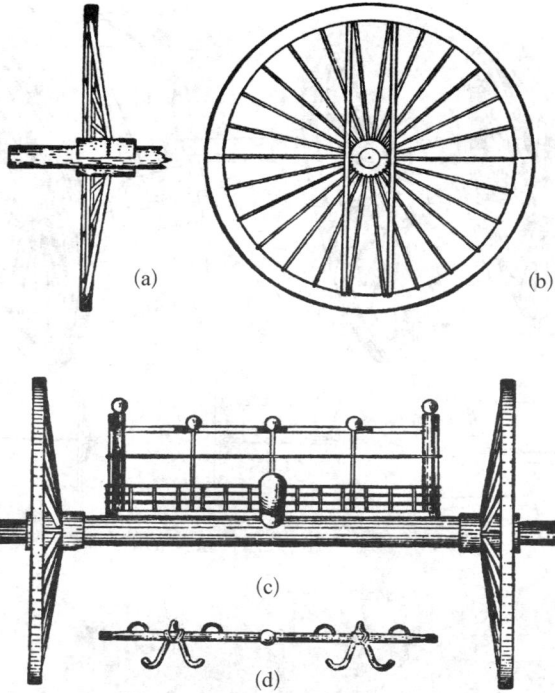

图 266　辉县型车的复原模型[（a）车轮剖面图，表示碟形；（b）车轮正面，表示一对夹辅；（c）车的前视图；（d）衡轭的结构]

强的抵抗力，因为这种推力迫使各辐条更加牢固地压入车辋。这同样适用于辉县型的车轮，见图 266。但是图 267 所示的长沙型车轮，则右轮对于由颠簸所引起的向左推力，有较强的抵抗力，其理由是相同的。在各种情况下，较强的轮总是倾向于保护较弱的轮，而无论推力的作用方向。对于外伸的车身来说，凹入面朝外的辉县型或欧洲型更为便利，也有把泥土甩清的优点。

48

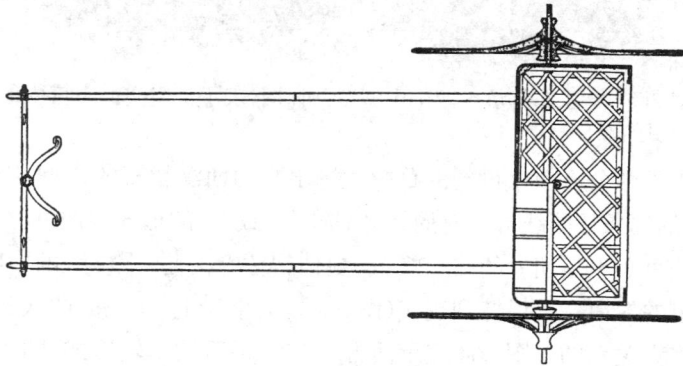

图 267　长沙型车的复原模型（表示碟形车轮的凹入面朝里）

图 268　两个钉满钉子的、凹入面朝外的车轮（用作人工操作的水
泵的飞）轮

据所知,古代和中世纪中国所有车辆的轴承都是水平的,较晚期的欧洲
车辆也是这样子的。这种车轮比起辐条和地面成直角的车轮,如欧洲更晚期
的车轮和很优美的长沙型车轮那样,在负荷下的耐用寿命一定要短一些。事
实上,某些辉县车轮有《周礼》上没有提到的一种奇特的结构,显得似乎有减
弱轮辋的倾向,这就是在毂的两侧,从辋的一边到另一边装有两根长度接近
直径的撑条(图 266b)。这两个撑条差不多肯定是插入不同的轮牙内,因而显
著地增加了轮的强度,保持其碟形,确实是一种很早的构架结构例子。在中
国本土找不到更多关于这种结构的证据,但是在现代柬埔寨的乡村车辆中还
可以找到,只是形式上略有改变。

47

图 269　柬埔寨农村大车轮上的"夹辅"和外置轴承

833

49　　　李约瑟博士和其同事找到了两幅表示造车工场情景的汉代浮雕,在这里复制了其中的一幅(图270)。它有一个非常奇怪的特点,这个正在制作过程中的车轮不容易根据《周礼》的文字来说明。它确实是更像重型车轮,而不像所描述的精致的双轮车轮。在每根辐条头上都有一木块是它最不寻常的特点,既然轮辋的一些牙已经装好,但在木块的外边是没有装好的部分重叠,它们似乎是从侧边遮盖木块的弧形板,因而可以称为"帘牙"。在另一侧也装上同样的弧形板,再用木箍或铁箍包在整个组合件的外面,然后把各辐条头上的木块间的空隙用木块填满,并把各个部分用销钉牢固地连接在一起(图271)。这也许就衍生出了现代山东的传统大车上的轮,钉子布满在轮上,加上铁垫圈,并把钉子头在垫圈上敲弯。

50

图270　汉代的造车工场[山东嘉祥(近兖州)的画像石,1954年发现。现保存在济南博物馆内。图的左侧,车轮匠正在加工一段弧形轮牙,其妻手持另一段。图的右侧一个助手正在过滤真漆、油漆或胶,一个封建贵族站在他的后面]

当人们的兴趣集中于装置在轮轴上的东西,而用适当的轴承框架支持轴时,这种轮就是运载的机器;但如果主要是关心轮子下面的东西,则轮是碾压的机器,这个我们将在下面会看到。但是它还有第三个作用是作为传送旋转能量的机器。由于掌握和控制转矩曾经是机器逐渐发展中的最根本特征之一,故研究第三种作用是较为方便的。图272是一幅用来说明轴和轮的各种变换和组合的简单的图。凸耳的出现是凸出物可能采取的最简单的形式,它通常不会超过4—6个,而且往往不装在轮上,而是沿着垂直于轴线的方向配置在轴本身上(图272b′)。各凸耳在轴旋转时就交替地使装在合适位置上的一组杠杆或棒条下降或上升,然后把它们释放,如果在杠杆的头部装上重锤,这种装置就成为机动杵、碓或舂磨。欧洲在12世纪初期以前似乎没有这种机器的证据,但是在中国,确是很普遍而古老的,在汉代已经利用水力来工作。这似乎显然是利用旋转运动的最简单方法之一,除了原来用以去水稻壳之外,还容易适应多种其他用途。

一方面,可以把凸耳的设计演化成旋转板,如果是非圆形的轮廓就变成了凸轮。在中国传统技术中尽管很少利用连续旋转的凸轮,但复杂型式的凸轮形摇动杠杆早在汉代时(约公元前 2 世纪)就有研制了,以用于弩机扳机上。另一方面,凸耳也可以演化成无限多的突起形状,这就是叶片和齿轮齿。水轮的基本是叶片,或者是立式的(图272c),或者是卧式的(图272c′)。从汉到唐,卧轮似乎是中国文化的特点,后来立轮也出

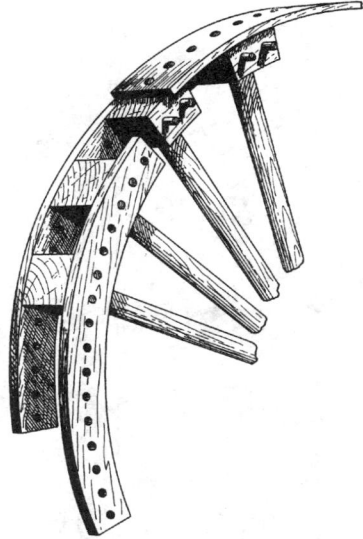

图 271　汉代重型组合车轮的推测性复原图

现了。我们将看到,在中国和西方,水轮作为动力来源出现的年代相差不远,故仍未能解决其起源问题。

在这里我们碰到一种基本而有用的、依动力传递方向而定的区别方法。当利用水的下降作为原动力时,水加力于水轮的叶片上而传递到机器上;但是也可以加力于轮轴上而传递到水。后一种就成为桨轮船,这将在简编本的下一卷中与其他的水力机器一起讨论。

现在我们从叶片转到栓钉和齿(图 272 的 d 和 f),开始讨论齿轮的历史。西方齿轮的发展主要是在希腊。这些齿轮最早不会早于提西比乌斯(约公元前 250 年)、拜占庭的菲隆(约公元前 220 年)时代,晚则不会晚于亚力山大里亚的赫伦(约公元 60 年)时代,在多种机器中,这些人都使用过或是计划过使用齿轮。在中国他们也有着同时代的人,对于秦和西汉(公元前 3 世纪—公元1 世纪的前几十年)时代包含有齿轮系的机器的性质,我们知道得很少;但是,由于一些那个时代的齿轮实物已经幸存下来,又有很多采用带有齿轮的机器的资料在东汉、三国、晋代的文献中找到了,我们只能推测那个时代一定有很多关于齿轮的工作在进行。水磨、记里鼓车、引弩待发的机构、指南车、链泵、机动浑天仪等都需要齿轮。我们已经谈到过的张衡是以"能以三轮独转也"闻名的,而张衡的同时代人刘熙(卒于公元 120 年)在他的同义词字典《释名》中说,常把人的嘴巴称为"合作的轮"或"有齿的轮",这可能是因为碾磨机装

51

52

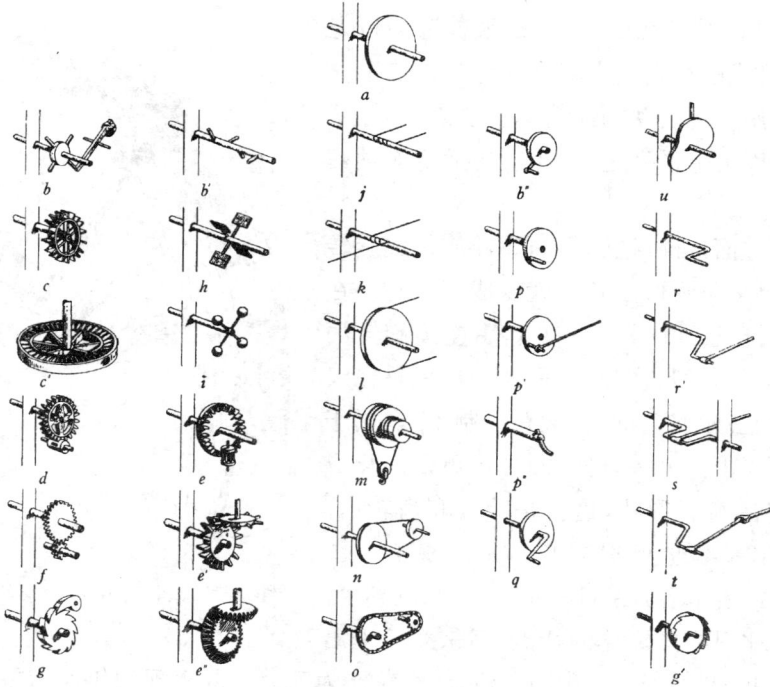

图 272　轴、轮和曲柄的变化和组合

a. 轮、轴和轴承　*b.* 轮上装凸耳　*b′.* 轴上装凸耳　*b″.* 凸耳上装柄,形成曲柄
c. 立式水轮的叶片　*c′.* 卧式水轮的叶片　*d.* 两个啮合齿轮上的扁齿　*e.* 正交轴
齿轮装置;针轮和针鼓轮或灯笼齿轮　*e′.* 正交轴齿轮装置;啮合的木钉齿轮
e″. 正交轴齿轮装置;伞齿轮　*f.* 两个啮合齿轮上的成形凿　*g.* 棘轮和棘爪
g′. 冕状轮　*h.* 辐上的叶板或踏板　*i.* 辐上的重块或重锤　*j.* 不连续的传动带;
带钻或脚踏车床　*k.* 不连续的传动带;弓钻或杆式脚踏车床　*l.* 滑车或辘轳
m. 差动滑车　*n.* 连续或循环传动带(具有机械增益)　*o.* 连续或循环传动链(具有
机械增益)　*p.* 轮缘上装柄,形成曲柄　*p′.* 轮缘上装柄,与连杆连接　*p″.* 斜摇手
柄　*q.* 轮和曲柄臂　*r.* 曲柄臂或偏心凸耳　*r′.* 和连杆连接的曲柄　*s.* 曲轴和连
杆　*t.* 曲柄或偏心凸耳、连杆和活塞杆的组合,用以实现旋转运动和直线往复运动
的相互转换　*u.* 凸轮和凸轮的随动件

有两个辊子,由齿轮装置联系起来,向相反方向旋转,类似人的嘴巴,有引物
入内的倾向。实际上,齿轮在东汉是如此常见,以至于使它成为注释者心理
背景的一部分。

由于最近中国考古工作的进展,从秦、汉的墓里(从公元前约230年起)发
掘出了很多齿轮。至少有一个陶器制的青铜齿轮的模子从东汉时代完好无
损地保留了下来。用于装轴的孔是方的,用以和棘爪配合的轮子是一个有16
个斜齿的棘轮。这样的布置是齿轮装置的特殊例子,它是使轮或辊子只向一
个方向旋转而不往回转所需要的(图272g)。这个模子一定是公元前约100
年曾经用来制造棘轮作为绞车、起重机或弩的引机待发机构的一部分。亚历

山大里亚人很可能也想到这种形式的齿轮,但是在西方,对它的最早的描写似乎是在奥里巴西乌斯(Oribasius,公元325—400年)关于外科手术器械的著作中。

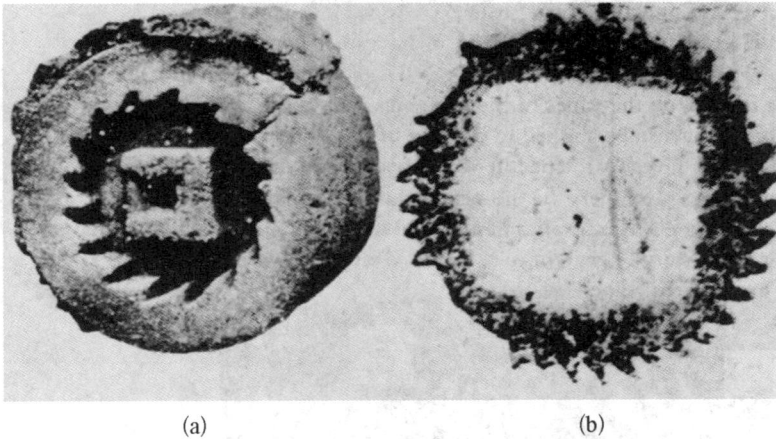

54

图 273　秦代的齿轮[(a) 硬陶质的 16 齿棘轮的模子,公元前约 100 年;
(b) 有大方孔的 40 齿青铜棘轮,直径约 2.5 厘米,公元前约 200 年]

在山西省永济县薛家村充满铜器的墓中发掘出来了另一个棘轮,它是真正的青铜齿轮,可能是在战国后期埋入墓中,但也许更可能是在秦或汉初(公元前约 200 年)埋入。它的直径略大于 2.5 厘米,有 40 个齿,装方柄的孔是非常大的。装在引弩待发机构上是此棘轮的最可能的用途。

发现了成对的带人字形齿的齿轮("人字齿轮"),是最值得注意的和意外的,它们很类似于 20 世纪的双斜齿轮(图 274)。这种青铜物品首先在 1953年发现于陕西西安附近山村东汉早期的墓中,其年代为 50 年左右。此后不久,同类型的齿轮又在湖南省更北部一点的长沙汉墓中发现了。如果它们不是秦代的,那么就是汉代的。在汉墓中发掘出若干铁齿轮,知道这个事实的人更少,在这些齿轮中,有一个 16 齿,直径约 7 厘米的棘轮。

由此可知,在张衡时代之前的三个多世纪内,已制出各种大小的齿轮并用于各种用途。这个年代的范围,与亚历山大里亚工程师们发展齿轮的年代大致相同,这样的比较是有启发性的;但是我们也应该注意到,除了极南和极北的地方还没有发现外,在中国发现的地点是十分辽阔的。因此对于齿轮和它们的实际应用的关注,并不应只限于汉文化的小地区内。至于齿形,完全像在希腊安提—库忒剌(Anti-Kythera)的天象仪中所看到的大概是公元前 1世纪的齿轮。1027 年,圆角的齿首先出现在一份中国记里鼓车的规范里,而

55

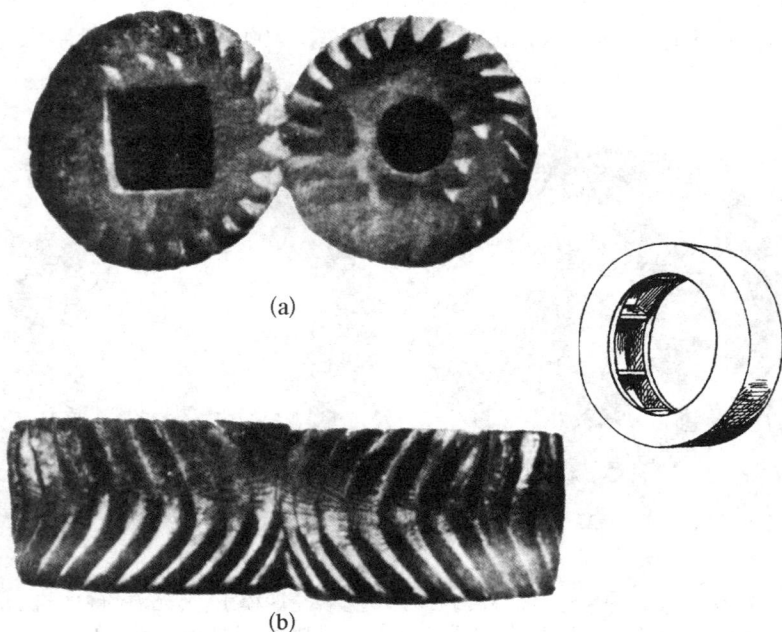

(a)

(b)

图 274 被认为是人字形齿的齿轮〔双斜齿轮。(a)、(b) 具有圆孔和方孔的 24 齿青铜啮合齿轮,直径 1.5 厘米,宽 1 厘米,约 50 年〕

约在 1300 年,欧洲则出现了约 30 度的圆角齿。在 14、15 世纪的西方早期机械时钟内,则发现了圆角的"辐齿"。

56 如果汉代齿轮都是木制的,就没有一个会保存下来以证明相关的知识和用途,但幸亏有某些是青铜和铁制的。在古代和中世纪的中国,制齿轮的材料似乎是随着大小和用途而异的。水磨和提水机械的齿轮必定是用木制的,形状像大车轮,但在较精细的机器中则是用青铜和铁制成,如记里鼓车上。西方唯一用齿轮来传递动力的实例是维特鲁威(Vitruvius)的水磨。在那个装置内,下射式水平轴的立式水轮,通过由针轮和针鼓轮组成的正交轴齿轮装置(如图 272e)驱动磨粉机。在中国的汉代,最早的水磨似乎是用卧式水轮带动的,因此并不需要正交轴齿轮装置,但是后者在晋代(265 年)及以后就大量出现。

另一方面,如果我们更多地了解张衡在公元 120 年及其许多的后继者在 8 世纪初期发明时钟擒纵机构以前为了利用水力转动浑天仪或浑天象所需的机构,我们很可能把这些机构包括在传动动力的齿轮装置的最早例子之内。

在时钟机构和报时机构中大量使用齿轮,这是在公元 725 年发明擒纵机构以后的事。在苏颂 1088 年的精心杰作中,他所采用青铜和铁齿轮的数量达到了最高峰,但是有趣的是,如在 18 世纪的西方,由于硬木有特殊的润滑性和不会生锈,也有些人提倡用它制齿轮。正交轴齿轮装置的最原始形式,也许是维特鲁威(Vitruvius)的水磨所用的针鼓轮或灯笼齿轮,在它们的后续者之中,是有啮合齿的两个针轮(图 272e′)和伞齿轮(图 272e″)。一般认为,当达·芬奇(Leonardo)用速写来绘伞齿轮时,它们还是很新鲜的,但是在四百年之前,这样或那样的斜齿轮在苏颂的时钟机构中已占有突出地位了。

从一种观点看,齿轮是仅由一个毂和若干短辐条组成的轮。但是这些辐条的外端也可以装各种物件。通常直接装在轴上的是碓的凸耳(图 272b,b′),但也可以转变为外端装叶片(图 272h)或重锤(图 272i)。如果装叶片,就成径向踏板,这是发挥人力的极重要的装置,是中国特有的。这是东汉时代方板链式泵的主要原动件。古代地中海人几乎从不知道这种简单形式的脚踏机,它实际上从来没有为西方人所采用过。19 世纪中叶才出现了类似于自行车上那样的曲柄式踏板。脚踏机一定存在于希腊和罗马文化中,但它们是一个人或多个人能进入并可以从里面发力的大圆筒,在整个中世纪中,这种机器持续使用,但直到 1627 年它们才在一本中国书中有描写。中国数以百万计的农民完全不适合使用这些巨大而笨重的结构,他们的问题是利用小型机器来灌溉他们的田地。

装在凸耳上或直接装在轴上的板,是能胜任比人足的压力更强或更陌生的应用实例,它们可以转变为由风吹击的叶片或帆,第一次这样做的是在早期的伊斯兰教的波斯,后来传播到西方和东方。这就是与水轮相类似的"风激"式(空气作用于这种装置上)的发展,但是其相反的方式也同样重要,因为这导致一切旋转风扇和空气压缩机的出现,对于这些"风激"式装置,中国文化区处于领先地位。我们将在后面看到,除了这些著名的用途外,把木块装在轮辐头上可以发挥一些更不寻常的作用,在没有整体轮辋时就由它承载传动带。

当径向凸耳带着重物时,它就成为重锤式飞轮。最古老的飞轮大概是纺锤,在旧技术时代以前,这种碟状设备没有得到很大的应用,那时铁和煤是主要的。另一个例子是陶轮。其次,古老的飞轮是被许多文化证明的装在弓钻和泵钻的重圆盘。在 11 世纪中,用来研磨的杵上装有这种飞轮。从罗马时代到印刷机时代,装在螺旋压力机的螺杆上,大概是径向重块的主要应用,毋庸置疑,这种飞轮和螺旋的结合,使它们没有在中国得到大量的应用。

当圆球或重锤不直接装在辐条头上,而经过短链与辐条连接,由于旋转而产生的离心力把链条拉紧,这样的装置也可以起飞轮的作用。这种设备最

57

古老的可能是在西藏,那里自古以来习惯使用手转的转经轮。在西方,这种飞轮最早出现于约公元 1430 年。把这种类型的飞轮的发展和中亚的家庭奴隶联系起来,决不是幻想,在 14、15 世纪的意大利,这种奴隶是如此的众多,他们可能对于很多技术的传播起了作用。

前面已经提到利用轮或辊子来压碎或研磨。这些技术在中国文化中的广泛传播,几乎肯定可以回溯到周代。把两个辊子联合起来,带或不带齿轮装置,就成为轧棉机和轧蔗机,它们是一切滚压机、碾压机和造纸机或纺织机械的祖先。

我们是从讨论辊子开始,也必须以辊子结束。所有装有轮子的轴必须由轴承支持,轴端就构成一个滚柱。无疑,轴承是从新石器时代钻工所用的兽骨或鹿角制成的手把开始的,公元前 20 世纪的埃及手艺人用滑石碗来压紧弓钻以减少摩擦。陶轮的轴承也是非常古老的(在美索不达米亚,公元前 40 世纪);出于相类似的目的,在中国,用硬瓷小杯作为承座;在印度,则用小型中凹的火石块。润滑剂并不比较年轻,一幅约公元前 1880 年的埃及壁画表示了人们正在运输装在橇上的雕像,其中一人坐在巨像的基座上,正在向基座的前方加油。

如我们已经看到的,正如古罗马一样,中国在周、汉代是用青铜或铁制作车轴的轴颈和轴承的。有时有人说,自罗马帝国崩溃之后一直到 14 世纪,再也没有出现过金属轴承面,对于欧洲这种说法也许是对的,但是对于中国来说肯定是错误的。没有金属轴承,那么 2 世纪和 8 世纪之间的机动浑天仪就根本不能运行。我们甚至了解到约在公元 720 年,钢制轴承就在浑天仪上使用了。在谈到苏颂 1088 年所建的钟楼时,构造细节将会特别清楚的。尽管在这些值得注意的机器中,还没有通过利用中间滚动的物体来减少摩擦的,但是中国与滚珠轴承的史前阶段也许有紧密的关系。在远古的石匠之后,狄阿提(Diades)发明的破门槌和城门钻孔器是首先系统地利用滚柱的机器。狄阿提(Diades)是亚历山大大帝的工程师之一,并在亚历山大大帝的各战役(公元前 334—前 323 年)中伴随他。但是这些机器的滚柱仍然是布置在一条直线上,而不是装在轴的周围。可能要从中国寻找最早的滚柱轴承。20 世纪 50 年代末在山西一个山村的发掘物品中,有几件值得注意的、里面带槽的环状青铜物。小隔板把这些槽分为 4 或 8 格,每一格中都装满一堆粒状铁锈。共发现了几个这样的不同尺寸的,它们可能是滚珠架或滚柱轴承。既然这个墓里的物品所属的年代至少早到公元前 2 世纪,那么,关心某些机轴或车轴灵活而平稳地运行的似乎就是中国人了。如果这些铁锈来自滚珠或滚柱,那么这些物品一定是所知道的最早的滚动轴承。如果不是,则 44 至 45 年间造的罗马船上绞盘的奇怪耳轴轴承得到了第一个滚动轴承的荣誉,这些船是在我们这个时代从罗马南面内米湖(Lake of Nemi)中找到的。严格地说,后者是滚柱轴承而不是真正的滚珠轴承,因为球只能在一个平面中转动,但是它起滚动轴承祖先的作用。1206 年,伊斯兰世界中也出现了耳轴,但正如我们以后将要看到的,除非是装有滚动轴承,否则就难以解释中国在 7 世纪和 11 世纪之间所造的一些御用车辆为什么是如此的平稳。

第三节　滑车、传动带和链传动

我们现在回到前面已经提到过的出发点,这就是研究纤维物体(腱、线、革带、绳等)或链,当它们缠绕着旋转的轴和轮时所发生的情况。图 272j 表示带钻或脚踏车的简单布置,图 272k 表示弓钻或杆式脚踏车床的布置,所有这些方法都只能产生方向交替往复的旋转运动。要发生连续的旋转运动,头等重要的发明将是必须要有无端的、循环的传动带(图 272n)。在讨论循环传动带之前,我们先谈谈简单的滑车(图 272l),这就是在辋外边开槽以保持绕过它上面的绳或线的轮子。当绳索通过隆起物时,在两者的中间加一个轮会大大减少摩擦阻力,我们不可能确定是哪个民族首先认识到这种现象的,但是这个方法在巴比伦和古代埃及都很常见。因此可以预料到在中国,很早的时代就会有滑车("辘轳")。图 275 表示武梁祠的一个著名浮雕(公元 147 年),描写试图从河中捞出周代大鼎的情况,从图中可以推断有两个起重的滑车。但公元 80 年至公元 105 年的《礼记》,它包含一些早期的文献,叙述了公输般(公元前 5 世纪)及其在重要葬礼中用以降下重棺材盖的滑车装置。根据各注释家和刘熙《释名》的解释,"丰碑"这个名词似乎是指有四个滑车的四柱架式起重机。在这方面有趣的是,表示四川盐井上架式起重机的最古老的(汉代的)图画,也表明其结构是四柱的而不是角锯形的。滑车在汉代是如此的常见,以致其他物品也用它来命名,例如:具有滑车形护手的剑。滑车在宫廷娱乐中是时常需要的,例如约在公元 915 年,载着由 220 个女子组成的舞队的船,是从湖中沿着斜坡被拉上来。这些负荷较重的用途,使滑车的功用接近绞车、辘轳或绞盘。1313 年以后,差不多所有的有机器插图的中国书上,都有普通井上辘轳的图画。之所以对这样古老的设备产生兴趣,主要是因为它反映了与曲柄原理相结合到何种程度,我们将很快回到这个题目上来。装有棘轮机构的绞车,当然也被用来拉紧绳索。

60

图 275　武梁祠画像石雕中的起重滑车(秦始皇试图捞回周鼎,但未成功)

叫做"中国绞车"的机器,它的历史也是模糊的。在过去的西方物理教科书上,有时把它作为一个差动运动的例子,两个不同直径的圆鼓装在同一根轴上,绳子在圆鼓上不停地绕紧和松开,这就能提供有用功和产生作用力被放大的效果。还没有人找出能说明西方所叫的名称之理由的任何中国书籍。可能是有误解,因为在中国使用的辘轳(例如在煤矿、宝石或水井中使用的),一般在同一圆鼓上有两卷绳,当其中的一个斗或座位下降时,另一个则上升。从这个方式引导出复式圆鼓的想法,这当然是有可能的,而这个发明很可能是中国某个地区性的发明,但从没有在文献中叙述过。

61

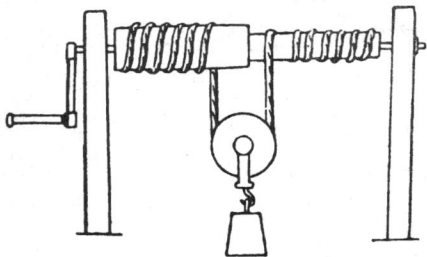

图 276　差动式绞车(或"中国绞车")

钓竿上的绕线轮是辘轳式的小发明,这个发明多半是属于中国人的。马远画的是已知的最古老的图画,他是 12 世纪末的画家。具有很多筒管和绕线轮的中国纺织工业的先进性,可能与这个发明有关系。《列仙传》里"陵阳子明"的故事,就可能是一个很古老的参考文献。在这本可以确定为 3 至 4 世纪的书中,叙述一个道教渔人窦子明曾经用他的钓竿钓得白龙并释放了它,后来他跑到陵阳山过着仙人的生活。过了若干年,一个无疑地希望也能试试窦子明作为渔人的运气的道教徒来到那里,曾经向乡民询问窦子明的"钓车"是否还在。与我们有关的是,他所说的"钓车",除了指钓竿的绕线轮外,不可能是指别的东西。

连续带传动是更重要的(图 272n),这里一开始必须区分传递动力的带或绳和类似的输送物料的无端带。在西方,第二种用途似乎是早于第一种。也必须和较精细、高效的链传动区分开,它是由链轮驱动的,所以可克服打滑的缺点。为了方便起见,将先讨论传动带,然后讨论链传动。没能找到希腊—罗马古代关于传动带的资料,这似乎是奇怪的。它可能以纯粹运输机的形式,在某些最早期形式的"斗链"的提水装置中存在,如果这些装置中的链的行程下端装过一个轮的话。这不是传递动力的设备。能够被欧洲科学史学家提出来的最早的传动带图画,是 1430 年的无名氏胡斯派(Hussite)工程师的手稿上卧式旋转磨轮图中所画的。传动带的图画甚至在 17 和 18 世纪中仍然很少。 62

如果说把传动带的发展较多地归功于亚洲,原因很可能因为它是古代唯一真正长纺织纤维丝的发源地。各种形式的纺锤都是利用传动带来保证连续旋转运动,这对于缠绕这种纤维丝来说是必不可少的。初看起来,传动带是短纤维工艺必要的部件。很自然,由于在西方文化中纺车的显著地位,已长久地掩盖了这样一个事实:在世界的另一部分有它的先驱者或先辈,而后者是为了用于完全不同类型的更需要连续旋转运动的纤维而设计的。

关于纺车的起源,有很大的不确定性,中国纺织技术好像是所有这些皮带传动机器起源的关键点。这件事非常重要,因为纺车不但体现了利用"卷缠连接"来传递动力,而且是体现了飞轮原理的最早应用之一。 63

纺车在欧洲出现得很晚,这是早已知道的。虽然它的 15 世纪图画很多,但可断定年代的最古老的西方插图是约 1338 年勒特雷尔诗篇集(Luttrell Psalter)里的纺车图,不过中国的插图年代居先。达·芬奇所绘的多锭制绳机器,几乎是 1313 年以后所绘的中国多锭纺车的一模一样的摹本。这些图上的纺车一般都带完整轮辋的主动轮(图 278)。这幅图也表示了连接到轮本身的一端上的踏板传动。有 3 个甚至 5 个锭子,全部由这些机器上的一根带子传动,在 14 世纪的早期,这似乎是成熟的特征,表明这些机器已经有了很长的发展历史。在中国纺织技术上,无辋的主动轮也很普通。有一种型式是,用细绳把向外发散的辐条连接成一个网,传动带就套在网上面;在其他型式中,传动带围绕缠在各辐条头上有槽的木块上。图 279 表示在第二次世界大战期间,坐在陕西窑洞前面的老军人正在使用第一种类型的设备。有趣的是,这 65

图 277 《寒江独钓图》(钓竿上绕线轮的最早图画,马远绘,约公元 1195 年)

图 278 中国的多锭纺车(公元 1313 年的一幅图。三个锭子都由一根连续传动带带动)

种机器与一幅非常古老图画中的纺车（图 280）在一切细节上完全相同，它是钱选所画的图的一部分，并且无论如何都可以断定，这幅图约是在 1270 年绘的；画中描写一个孝敬的儿子在向母亲辞别，其母正用右手旋转曲柄，用左手纺纱。第二种装置见图 281，这是李约瑟博士于 1943 年在甘肃敦煌拍摄的照片，在那里，这种纺车用来捻粗亚麻线或大麻，或用以把刮下的皮革碎条制成装谷物袋的原料。这种机构引出了与汉代奇特型式组合轮（见图 271）的比较，而且又导致车轮和固定轮在机构上的联系问题。图 278 和图 281 的机器都采用了单根传动绳，同时装有引人注意的半月形安装纱锭的架。但当采用多根传动绳，每个锭子一根，如搓丝机和手摇纺车那样，就没有纱锭架了。

图 279　没有轮辋的主动轮（用细绳把各辐条的外端连接成网，传动带就绕在上面。陕西窑洞前的纺棉花机，约 1942 年）

概括起来，中国纺车图画明显地出现在欧洲纺车图画之前。在 13 世纪中，也许是从新疆开始，棉花栽种第二次传播到全中国，不过这并不构成限制的因素，因为在很古老的时代，中国人已经利用除丝以外的需要纺的纤维，特别是大麻和苎麻。由此可见，纺车可能起源在汉代以后的任何时候。

事实上，纺车的起源不必要在蚕丝技术以外去找。中国人从来不浪费任何东西，因此他们很早以前就已找出一些方法来处理蛾子已逃离的茧子上的废丝，和不能用传统方法从茧子抽出的粗丝。其实，如我们必须假定的，如果养蚕的开始是与野蚕有关，那么这个问题就会是所有问题中的最古老者。1313 年，王祯在《农书》中展示了制作用作填料的粗丝的过程，即把废茧放在开水中搅动。据他所言，其中最好的纺成"棉"，最粗的做成"絮"或填料。在接下来的一页中，王祯向我们显示了借助于"捻线轴"，一个妇女用手把较长的纤维首尾相连接起来，这实际上就是纺：生产用以织成粗丝织物的丝线。

66

图 280　到目前为止所知道的任何文化中纺车的最古老图画(此图是钱选约在公元1270 年所绘。子别母,其母正用右手转动纺车的曲柄,而用左手纺纱)

67

图 281　辐条外端装木块的主动轮(轮的各辐条头上装着有槽的木块,传动带就卷缠在木块上。装在半月形架上的五个锭子,是用来纺大麻、亚麻等等)

尽管他没有描写做这种工作的任何型式的纺车,但是他说,这个妇女所做的就是代替纺车的工作。当我们参看关于中国丝业当代的叙述时,我们会立刻看到,真正的纺车实际上都用传统的方法把直接取自野茧的短丝做成丝线。由此可见,一切纺车的真正起源点很可能就是在这里。

用来把纱绕在织工的"梭"的筒管上的卷纬车被人认为是西方纺车的最直接的先驱者。在卷纬车上也有主动轮和小滑轮,它们装在机架里的轴承上,用一根无端带联系起来。但是中国的图画和文字又比西方早得多。在欧洲,最早的是沙特尔(Chartres)教堂的著名窗上描写的纺织轮(1240—1245年),没有比这更早的

68

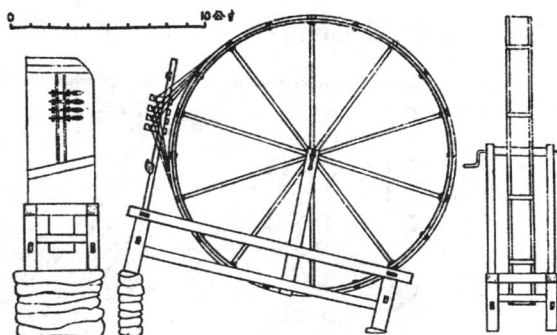

图 282 有四个锭子的四川纺车或卷纬车图(每一个锭子单独由主动轮上一根传动绳驱动。用多根传动绳的纺车,不需要半月形锭子架)

迹象。在旧大陆的另一头,我们则可以上推到约1145年楼寿的《耕织图》。较晚的版本中在"纬"字标题下没有表示卷纬车,但是很幸运,1237年的版本清楚地表示了一台,在其右侧,我们找到了楼寿的原诗如下:

纬

浸纬供织作,寒女两鬌丫。

缱绻一绻丝,成就百种花。

弄水春笋寒,卷轮蟾影斜。

人间小阿香,晴空转雷车。

我们毫不犹豫地承认,12世纪中叶,卷纬车就在中国使用了,比欧洲的卷纬车的出现早将近一百年。更值得注意的是,公元前1世纪和3世纪的文字和浮雕,把卷纬车的出现上推到公元元年时,关于这些文字和浮雕的讨论,我们必须推迟到本书的另一讨论独轮车部分。丝业必须处理极长的连续纤维,因而刺激了纬车的发展,中国纬车遥遥领先的原因是可以这样来说明的。

69

确实,如果说为了把丝卷缠在棱子的筒管上和搓丝,传动带很久以前就研制出了,那么,它极可能也早就用于最基本的蚕丝操作,即从未破坏的茧上抽出丝来并把它卷缠在机框上的操作。在这方面,借助于17世纪的插图(图

283），人们可以把秦观约于1090年在《蚕书》中所描写的古典缫丝机和它的摆动的"原型锭翼"完全复原。在这个机器中，由脚踏动作供动力给绕丝的主丝框，而同时则由辅助传动绳带动锭翼的"丝称"（使丝均匀地通过卷轴的设备）。这个机器是可以清楚地在1237年版《耕织图》的插图中被认出的。对于传动带的历史来说，这种结构是十分重要的，读者可能在这个阶段也希望看到《蚕书》上的原文，它说："鼓生其寅，以受环绳，绳应车运，如环无端，鼓因以旋。"

70

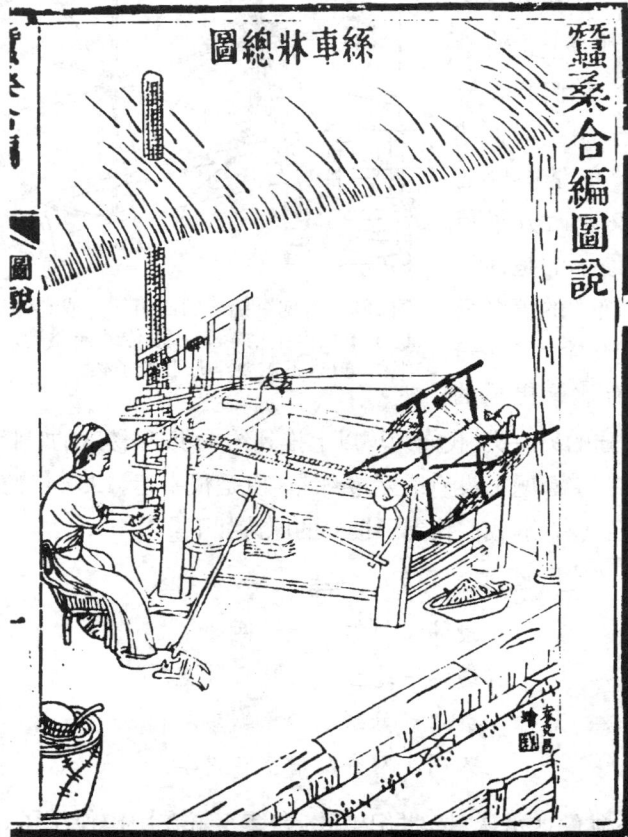

图 283 中国的古典缫丝机[采自 1843 年的《蚕桑合编》的插图。这本关于蚕丝的书虽然编写较晚，却是严格符合传统，完全按照 17 世纪的型式，对于机器每一个细节的描写和插图都符合秦观在 11 世纪后期写的《蚕书》。单根蚕丝从热水中的茧子上抽出来，在缠绕到主丝框前，蚕丝先要通过"做丝眼"和滚筒。全机的动力来自操作者的足踏运动。通过曲柄使主丝框旋转，同时一个装有偏心凸耳的滑车（在框的另一端）使丝均匀运动。动力通过传动带传输。这种机器在技术史上有几方面的重要性。图的右下方题着"袁克昌绘"]

　　在这个机器中,虽然传动带(因而证明是 11 世纪的)是附属于主运动的,而在卷纬车和纺车中则是必不可少的要素,但是缫丝机本身可能是比卷纬车或纺车更基本的机器。因此,传递动力的无端传动带的最古老应用,可能就是把新鲜的蚕丝均匀地卷缠在丝框上。而且在缫丝机中,动力传递并没有涉及机械增益问题,这个事实也可能使我们认为它是较古老的用途。无论如何,缫丝机如果不是至少和卷纬车一样历史悠久,那会是很令人惊讶的。

　　在中世纪的中国,能使用传动带的领域不仅仅是纺织技术。虽然要取决于操作这个鼓风机的机构的性质,但循环传动绳索的历史也能回推到公元 1 世纪的冶炼鼓风机。 71

　　以上所讨论的"卷缠联结",适合于带轮式的光轮面传动。但是有齿的轮传动原理与此相同,而当使齿轮的齿与一条链的环节之间的空间相啮合时,工程师行业的惯用手段中又增加了一种功率大、潜在精度高的新设备。即传动链。

　　链传动(图 272o)的历史略有不同,这是由于古代西方对传动链比对传动带还更重视一些。无端循环斗链是稍晚一点的阿拉伯文化的特征,在公元前约 200 年菲隆(Philon)描写它时,用了一个阿拉伯名词,以后维特鲁威(Vitruvius)(公元前 30 年)也是这样。但是在这种类型的链泵之间并没有传递动力。

　　拜占庭的菲隆在另一种场合上,即在他所设计的连珠弩炮上,也利用了循环链。用来把弩炮的弦拉回来的循环链,在弩炮柄的两侧各装一根,但是这种连珠弩炮有没有在较大范围上使用过,甚至有没有制造过,都是很可疑的。不管怎样,这种链并不是把动力从一根轴传递到另一根轴上。某种意义上说,在欧洲链传动很晚才出现,直到公元18 世纪或 19 世纪才有。然而,雅各布·马里亚诺·塔科拉(Jacopo Mariano Taccola)约在公元 1438 年图示了一条手操作用的链的图画,它类似于现代机器工场里小起重机

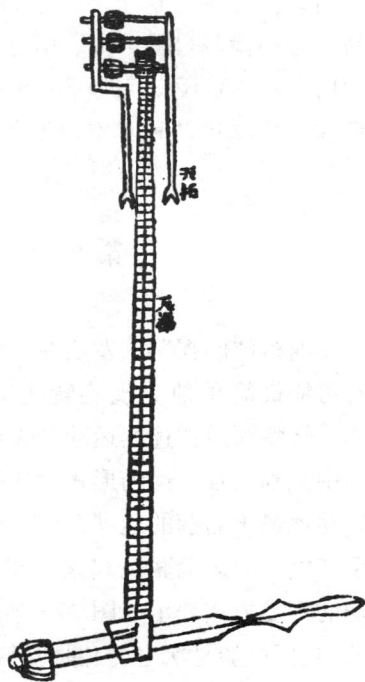

图 284　传递动力的循环链传动的最古老图画[采自苏颂的《新仪象法要》(公元 1090 年)。这条"天梯"在开封的著名天文钟楼的第一和第二次改建中,用来连接主动轴和浑天仪的齿轮箱。见下文图 372]

所用的循环悬垂链。直到约 1770 年,沃康松(Vaucanson)才研究出工业上实用的链传动,他把它用于他的缫丝机和搓丝机上。与链轮的凸出齿相配合的铰链式链节是在 1832 年制成,此后,链传动于 1863 年应用于车上,在 1869 年应用于自行车上。链传动在中国的发展是很不一样的。最独特的中国提水机器——有辐射状踏板的方板链式泵,是在水槽的两端必须各装链轮以倾斜水流经的管道或水槽,它的发明定于公元前 1 世纪的汉代,但是,正如罗马帝国的链泵一样,它也不是动力传递的机器。但是也许真正的发明就是它所启发了。当以后研究(第五章)中国机械钟的建造者 8 世纪初期以来的著作时,我们将看到,真正的链传动——"天梯"——得到很多应用。在 1090 年

72 的著名天文钟楼中,垂直的主传动轴显得太长,不久就进行改造,用循环链传递上层浑天仪所需要的动力,在以后的改造中逐次将链缩短,效率也越来越高。在苏颂的这个杰作中,最上部的轴驱动装在浑天仪下面的齿轮箱内的三个小齿轮(图 284)。但它还不是最早的链传动,因为有某种理由使人相信,在 978 年张思训所建的用水银驱动的钟也有链传动。因此看来,传动

73 带和链传动这两种基本发明似乎都要归功于中国,而不是欧洲。

第四节　曲柄和偏心运动

曲柄("曲拐")的发明在一切机械发明中也许是最重要的,因为它使人们有可能最简单地实现旋转运动和往复直线运动的相互转变。历史学家林恩·怀特写道:"连续运动是无机物质的典型运动形式,而往复运动则是在生物中见到的唯一运动形式。曲柄把这两种运动联系起来。我们是有机体,不容易习惯于曲柄的运动。为了使用曲柄,我们的肌肉和腱必须把自己与银河系和电子的运动联系起来。我们的种族早就从这个不人道的冒险退却。"曲柄的主要形式表示在图 272 中。最简单的如图 272p 所示,它也许是最古老的(或更可能是次之的)曲柄形式,当某人感觉到在近轮周的一点上装一个与轮平面成直角的柄,它就会使轮更容易地用手转动时,这种型式就诞生了。用连杆与柄连接以代替人手的直接接触,就成为图 272p' 的形式。如果在轮周上伸出一个凸耳,并在凸耳的头上装柄,这就可以获得更大的杠杆率(图 272b'');这个系统可能是绞盘或辘轳的推杆(图 272b)的改进。在轴上斜插入一根木条(图 272p''),也可以起曲柄的作用,这就成为曲柄的代用品(很难说是原始的或变质的代用品)。曲柄本身在图 272p 上是看不到的,而在图

272b″上则是半发展的,它可以表现为完全发展的曲柄臂或摇手柄的形式(图272q)。相反,轮也可以看不见(参见本卷第56页),只剩下曲柄臂本身或偏心凸耳(图272r),曲柄臂也可以连接一根连杆(图272r′)。如果把两个曲柄臂复合组成曲轴(图272s),就可使机器获得更大的刚性;如果通过一个铰链接头,把连杆和另一根杆连接起来(图272t),就可以把旋转运动转变为像活塞运动那样的纯粹直线运动。

认为曲柄的出现比较晚,这是在技术史家当中广泛流行的印象。尽管确实有摇手柄出现在赫伦(Heron)和其他亚历山大里亚人(Alexandria)所描述的装置的复原图中,但是在他们的文章中没有多少资料可以证明摇手柄的存在。在欧洲发现曲柄的第一个证据,是在约写为公元830年的乌特勒克的圣经诗篇集中。在这里,曲柄是和旋转磨轮结合使用的。就曲轴而言,直到14世纪它才出现的。

不难理解复式曲柄或曲轴是怎样诞生的。东英吉利勒特雷尔(East Angilian Luttrell)的圣经诗篇集(约1338年)上,图示两个人利用相隔180度的两个摇手柄在旋转一个磨轮。为了创作曲轴的形式,只要在鼓轮的两头放两个摇手柄成一直线,但是必定需要机械天才来看出从一个弯曲系统的中心输出,或向它输入转矩的利益,这个弯曲系统好似在轴本身而不止在两端体现了偏心件的作用。基多·达·维格伐诺(Guido Da Vigevano,约公元1280—1350年)就算不是第一个体会这个原理的人,也应该是属于第一代人。但是,关于简单曲柄的起源还有一些要谈。

久已为人所熟知的是,埃及在古王国时代(约公元前2600—前2150年),已有可能有原始型的手摇曲柄钻(图285)。甚至似乎有一个专门的象形字是用来表示曲柄钻和钻头,但柄的形象比实物更像曲柄,好像在中间的世纪里没有发展。这种工具似乎很缓慢地从埃及传播出去;它可能已传到Assyria,但是古希腊人和古罗马人似乎还不知

74

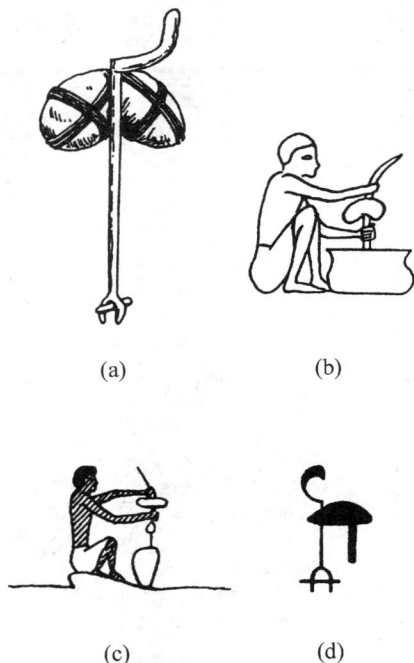

图285 古代埃及的曲柄钻——手摇曲柄钻的先驱者[采自古王国的浮雕。(a)用石子作重物的斜曲柄火石钻;(b)正在钻制石盘的相似的工具;(c)钻制花瓶;(d)代表曲柄钻的中王国象形文字]

851

道这种工具。在欧洲,最早的曲柄钻的插图出现在德国、法国和佛兰德(Flemish)约1420年以后的画中。在那个时候,虽然这种工具已经变成了曲轴而不是曲柄,但连杆部分仍然是工人的手臂,在普通手推的谷物磨或手磨中也是这样。还是需要在公元开始以前很久的时代去找曲柄的起源。

有些古代埃及曲柄钻似乎有斜柄,这是很有趣的。假定为了辩论起见,这个几乎代替了两个直角的斜柄是一种原始的特征,在某些中国的矿工和农民的粗糙的辘轳上,直到现代仍然保持有斜柄,这是很令人惊讶的。在墓画中,尤其是在山西女真金代(12世纪)一些古墓画中,也有在井上的辘轳装着斜柄。斜柄也可在公元前约1世纪的欧洲手磨中见到。

据李约瑟博士所知,在某些中国纺车(图278)上所特有的脚踏曲柄被认为是最异常的一种斜曲柄。在这种装置中的近轮毂处,踏板的一端与一根辐条连接,另一端则松松地放置在纺车架上;可以看出,如果用像金属那样的刚性材料来代替木板,则至少需要加一个万向节。这个值得注意的装置似乎是纯中国式的。某些中世纪的欧洲手推磨中的长摇手柄,有些和它相似。至于装在井上用来提起和降下木桶的普通曲柄轴,它在欧洲使用的最早证据是在1425年,因此,中国中世纪的辘轳不但在斜曲柄上领先,并且在正常直角曲柄上也领先。在中国,最早的插图是出现在《农书》上,这意味着这种设备在13世纪已经出现,因为书上清楚地描写了它的结构,它的存在是毫无疑问的。在近磨石圆周处装有直立手柄的简单手磨(参见图301),体现了曲柄的原理。另一种型式(参见图303),它通过增大偏心度以取得较大的机械增益,如图272b″所示。我们可以看出,这种类型是绞盘或绞车的推杆与曲柄之间的过渡形式。这种类型的磨最后也装上不同长度的连杆(图286)。在这种发展过程

图286 成偏心凸耳形式的曲柄(它与一端有手推横杆的连杆相连接,使几个人可以同时工作,用来去除谷物的壳)

中,中世纪中国工程师非常喜爱的偏心凸耳装置就诞生了。例如,发现这种凸耳装在由公元 1 世纪出现的水排演变出来的 14 世纪的一种机器中,它装在小皮带轮上,通过皮带与主动轮连接并以较高的速度旋转。在 11 世纪的缫丝机上也出现了这种凸耳,它作用于一种早期型式的锭翼,以便使丝可以按同样的宽度逐层均匀地绕在丝框上,它本身也是为一带传动所转动的。水力鼓风机的直接先驱者很可能就是这种纺织机器,可以肯定,这两种机器分别属于 9 世纪和 12 世纪,而后者在技术史上是很重要的机器,因为就李约瑟博士所知,它首次体现了以后在一切蒸汽机和内燃机上采用的偏心件、连杆和活塞杆的基本组合(图 272t)。可是李约瑟博士不知道有牵涉到曲柄原理的任何土生土长的中国机器(图 272s),似乎在耶稣会士到来之前(公元 1627 年)的中国书上,没有见到这种机器的图画。

中国对摇手柄的应用,当然远不是只局限于磨上。在制绳、拔丝、绕丝等的机器上,它们都有被应用,问题在于这些机器可以回溯到哪个时代?某些博物馆拥有中国墓里出土的陶器模型,这些陶器模型表明,它们当中除了通常的手磨和脚踏碓的模型外,另外还有装摇手柄的扬谷风扇的模型(参见图 287 和图 288)。毫无疑问,用于把谷粒从谷糠中分离开来的旋转扬谷风扇,在中国是非常古老的机器,而西方从中国接受它的时代不会早于 18 世纪中叶。图 288 的模型无疑是属于汉代的,这就是说,它的年代必定是 2 世纪末以前。它体现了最古老的无可置疑的摇手柄,因而应受到尊敬。

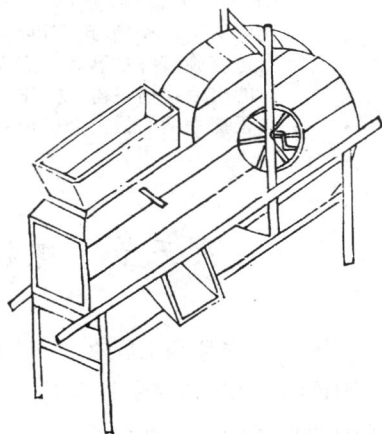

77

图 287 中国古典旋转风扇式扬谷机(1313 年的图)

78

现在可以肯定在中国,摇手柄不仅仅是被了解,同时也被应用于许多机器上。现代科学技术以及被它引起的西方发展中的资本主义的一切工业化,确实没有自发地在中国文化中产生,但是在封建官僚社会的限度内,中国在整个中世纪中仍然广泛利用和重视曲柄的力量。在马可·波罗时代(1254—1324 年)前的三四百年中,曲柄用在农业和纺织机械上,也用在冶金鼓风机上以及用在日常生活中的辘轳上。

图 288 从汉墓(公元前 2 世纪至公元 2 世纪)出土的有光泽的绿釉陶制农家围院模型(现存堪萨斯城阿特金斯博物馆纳尔逊艺术馆。图的右边有旋转谷物磨和一个人在操作脚踏碓,左边是装有谷斗和两个下口的内装式扬谷机。操作扬谷机的旋转风扇的摇手柄,是一切文化中真正摇手柄的最古老的形象化表示)

第五节　螺旋、蜗杆和螺旋面叶片

中国工程师和工匠在 17 世纪以前不知道的机械系统中最突出的例子,是阴阳连续螺纹(如在螺栓和螺母上的)以及能和普通齿轮啮合以便在互成直角的两轴间传动的圆柱蜗杆。而在西方,这两者的原理在古希腊时代已很熟悉;著名的发明家有塔兰托(Tarentum)的阿契塔(Archytas)。最常见的是用于酿酒和榨油业中的蜗杆或螺旋压力机,例如意大利古城庞培(Pompeii)壁画上所表示的。在现在的欧洲还存在许多中世纪的蜗杆压力机的实物,而在中国总是用楔式压力机。在西方,蜗杆还有其他值得注意的用途,例如,用以提水的阿基米德螺旋式水车以及用于外科手术器械上,拔梢形木螺丝在高卢—罗马时代(1—3 世纪)出现。

1609 年的《三才图会》关于鸟铳盖子的图,是中国文献中第一次出现的"螺丝"图画。也是在 17 世纪初期,阿基米德螺旋式水车传入了中国,那时候很多书上都有它的插图。但是只有很少的证据说明它曾在中国推广,或者在相当大的程度上替换了传统的翻车。

几乎可以确信的是,涡轮是与棉花一起来到中国文化地区的边界的。因为在印度的轧棉机上(一种用来把棉子从棉花本身分离的简单机器),它由两根旋转方向相反的辊子组成,不用普通齿轮,而是用互相挨着的细长的蜗杆来结合,这样,整个机器可以用一个摇手柄操作。既然棉花技术是在印度土生土长的,历史也是非常悠久的,这些装置上不平常的传动便提出了一个问题:是否首先是在印度而不是在希腊出现了蜗杆(而且因此连螺旋)。非常奇怪,直到 19 世纪早期并列蜗杆的原理才在欧洲获得应用,现代使用蜗杆的方式一般与那时很不相同,即作为减低速度的直角传动装置。中国的轧棉机是没有齿轮装置的。1313 年的《农书》上有最早的一幅插

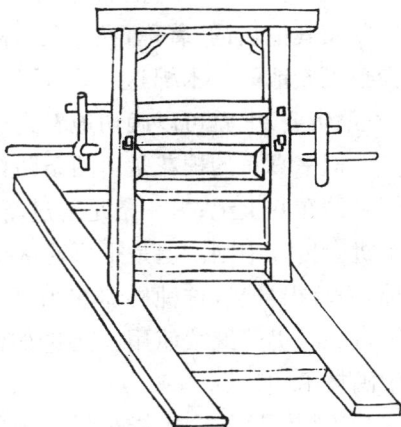

图 289　1313 年的中国轧棉机(每个辊有一个摇手柄)

图(图 289),表明这个机器有两把摇手柄。最初它需要两个人操作,但后来终于得到改进,只有下辊用摇手柄,而上辊(较小的铁制的)则用脚踏板来操作,并借助一个径向重锤式飞轮来实现(图 290)。

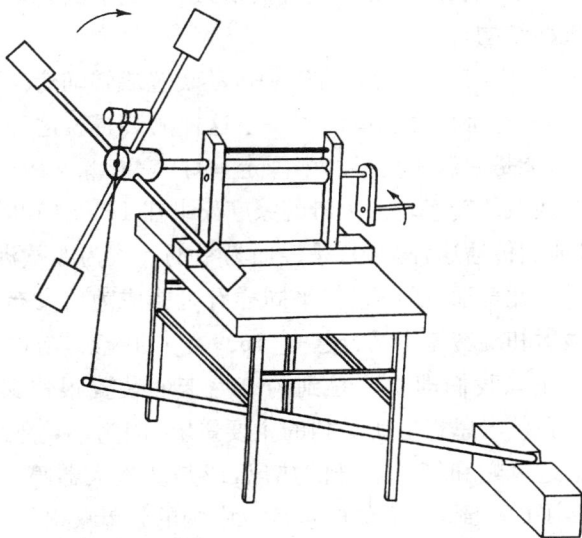

图 290　另一型式的中国轧棉机(其中一个辊用手摇曲柄转动,另一个辊由脚踏杠杆操作,并依靠装在重锤式飞轮上的偏凸轴来实现)

根据这些分析,轧棉机进入中国时似乎是把蜗杆装置留在了后面。但是不能因此而认为这是中国本土技术拒绝外来技术的例子,因为当时可能已有许多机器在使用。真正的棉花起源于印度本土,差不多从汉代以来就以"吉贝"(及其他名词)著称,在中国,木棉早就作为纺织之用,主要流行在南方的少数民族地区。木棉这个名词在宋元时期被移用于真正的棉花,1275 年的《农桑辑要》上就可以确切地看到这个名称。

似乎真正的棉花是由两条路传入中国:一条是通过缅甸和印度支那,时间是约在 6 世纪;另一条是通过新疆,时间是在 13 世纪。这样,涡轮装置有两个机会传入中国。但是很可能从汉代起,两辊分别驱动的轧棉机已经用于木棉,而且很自然,这种机器在当真正的棉花广泛种植而成为中国主要纺织纤维之一时仍然继续使用。无论如何,整个故事又一次表明,螺旋的原理不是中国技术的特点。

还须证明一个大概是最有趣的论点。千万不要因为中国技术缺乏连续螺旋和蜗杆,就认为中国不知道螺旋体的形状;相反,中国已经有了一些很古老的螺旋体。例如,走马灯,即由上升气流转动的叶轮(参见第二卷第 361 页);竹蜻蜓,即用绳子快速转动就会升高的水平式螺旋桨。这些装置的斜装叶片,基本上是与整个螺旋或蜗杆的连续弯曲的螺旋线相切的若干分开的平面。由这些情况,我们就有可能正确区别古希腊人和中国人的成就,因为尽管希腊人大量利用了伸长的螺旋和蜗杆的形式,但是中国人则早就发展了正切平面式的螺旋面结构。

15 世纪末叶,欧洲工程师把具有轴和传动装置或转动烤肉叉的叶轮放在厨房的烟囱内;达·芬奇自己也设计了一个这样的装置。这种利用上升热空气的方法,很有可能是起源于更早的中国走马灯(它起源于唐代,如果不是汉代的话)和蒙古、西藏的转经轮。大量的家庭奴隶在 14 和 15 世纪时从中亚运到意大利,通过他们传播这种知识,是轻而易举的。因为在欧洲的大户中,走马灯式烤肉叉是如此普通,所以它似乎同样有可能成为启发布兰卡(Branca)把空气或蒸汽喷射和旋转轮子结合起来(1629 年)的因素,与古希腊人的经验一同起了作用。正如我们即将要看到的布兰卡的装置很快又传回到中国。但是水磨可能是布兰卡思想上所受到的主要影响,因为不论他的射流是从炉子里排出来以通过风帽和管子上升的热风,或是从吹火器喷出来的蒸汽,总是与旋轮的旋转平面一致,而不是成直角。中国的竹蜻蜓和西方的立式风车则与走马灯式烤肉叉关系更为密切,螺旋桨推进器和飞机推进器必定是从那里传下来的。根据这些理由,可能是某一中国发明家在轮船采用螺旋桨推进上起了一定的作用,这种可能性不是不可能的。有篇故事说,一个中国的螺旋桨推进器模型被带到了欧洲,为马克·博福伊(Mark Beaufoy)所看到(约在 1780 年),他在描述这个模型的时候,其时螺旋桨推进的应用还很渺茫,并没有在水中实现。就我们而言,我们只需表明,中国的舵楫与螺旋有密切关系,正如前面所看到的,在中国文化中,正切面的螺旋体结构是很熟悉的。因此,某个中国工匠想到在玩具船底下装一副竹蜻蜓式的叶片来推动它,这也不是不可能的。这个贡献在螺旋桨推进器从阿基米德经过达·芬奇的发展主流中,不是不值得重视的。

竹条的弹性已在前面提到过,有理由肯定中国人在很早的时代就已充分 82 利用这种特性。弹簧确实用在很多机械玩具和自动器具中,本书将简单地叙述它们,其他弹性物质,如兽角、腱等,也用于制作弓弩,弹簧也出现在多种杆式脚踏车床上,在例如关门器之类的简单装置中,以及在野兽陷阱内。

尽管从周代后期起,由许多片构成的复式弹簧就以弩的形式成为人们熟悉的东西,但是作为车辆上的车架弹簧,它们则从来没有得到普遍的应用,尽管有迹象表明,这种发明在 7 世纪已经出现了。不管怎样,欧洲在使用片式弹簧方面是落后得多,在亚历山大里亚人时代,人们只知道连弩炮上有弩,以及虽然在 1480 年就开始使用弹簧驱动的钟表了,但直到 16 世纪末才在车辆上应用片式弹簧。当然,弹簧在车辆上不是必不可少的,直到早期机车的出现,各车轮负担向轨道加压的任务,于是保证四个车轮同时固定不变地同轨道接触的手段就成为必要的了。

既然在中国框锯上已经使用扭转,它们必定早已广泛为大家所了解。金属弹簧则出现在挂锁上。振动丝与弹簧有着密切的联系,它在弹棉弓上很好地应用于松散和分开棉花纤维以代替梳棉,但是这很可能是一种印度技术,与棉花同时传入中国。弹簧在中世纪中国的最突出的用途之一是拨动机械人像,使它们出现并敲响铃、鼓和锣来报时。

第六节 渠道、管道和虹吸管

我们在本章以上的各小节里讨论了机械能的利用和传递。但是从技术发展的最早阶段起,人们最渴望做的事情之一是把液体和气体从一处输送到另一处。整个供水以及野外挖掘通过土壤和岩石的人工渠道工程这一题目,本应合乎逻辑地在这里讨论,但它在中国(如以前在埃及和美索不达米亚一样)是如此重要,以致我们必须留待以后专门讨论(参见第五卷)。在中国,用木材或劈开的竹子构成的朴素的渠道或水槽总是大量地用于小规模农田灌溉系统,但是它们也用于开采冲积的锡矿。《唐语林》说:"龙门人皆善悬槽接水,上下如神。"

83

84

图 291　木制的灌溉渡槽(采自公元 1726 年的《图书集成》)

在许多著作里都可以探索管道的历史。作为欧洲古代土木工程特征的重要渡槽表明,在那里,虹吸的原理是为大家所熟悉的。渡槽建在砖石砌成的高架桥上以越过风景地,在中国技术中没有类似的工程。挖空的木管在西方,一般地说来从公元前 20 世纪的埃及就有使用。至少同样古老的铜管,以及纵向焊接的铅管,在罗马的城市中也是很普遍的使用。此外,帕加马城(Pergamon)供水系统中的青铜管,涉及两个倒虹吸管的使用,它们能承受 20 个大气压的水压。

李约瑟博士没有在古技术的中国找到使用金属管道的例子,但是大自然在那儿提供了一种非常适合于同一用途的材料,即竹竿,它虽然容易腐烂,但有出乎意外的强度。很可能,四川盐区是最早大规模采用竹管的地方,因为盐水不像淡水,

85 盐水妨碍藻类的生长,所以管子不会腐烂。图 292 表示现代的盐水竹管道。管子的接头是用桐油和石灰的混合物来密封的。根据描写盐业情况的汉砖拓出的图像,可以看出竹管道在那个时代确实已经大量使用了。竹管道也用于农业,但是需要时常更换。然而,关于宫廷、住宅、农场和村庄的竹管供水系统的文献并非少见。这一类中的最大的系统,是用大竹竿制成的供水管道,杭州在 1089 年建成,广州在 1096 年建成。用普通的方法防漏,并在竹管的外面涂漆,每隔一定距离,就有通风龙头用以排除堵塞的孔和排出空气。这些似乎要归功于四川人的大诗人苏东坡,他了解自己家乡盐水管道的情况。

在广州,有几段用陶制成的管道。现在看来,人们似乎曾经大大地低估了中国在古代和中世纪广泛利用管道供水的规模。根据考古发掘,已经发现了多种类型的管道。渭河流域上秦始皇陵墓附近的古代建筑中,有公元前 3 世纪的五边形断面厚石渠(图 293a),在咸阳发现同时代的石制井圈,直径约为 1 米,每节长 0.5 米。此外,还有用阴阳凸缘连接起来的汉代陶管,包括突转直角弯头(图 293b)。这种管子直到汉代和唐代很少改变。有时也利用管道来输送空气。陕西临潼公园一个在岩石

图 292　四川自流井盐区由竹管构成的输送盐水的管道(1944 年)

上凿成的道观,用一条管道从山上某一裂缝中取得冷空气,以使它在夏天永远凉快。　　　　　　　　　　　　　　　　86

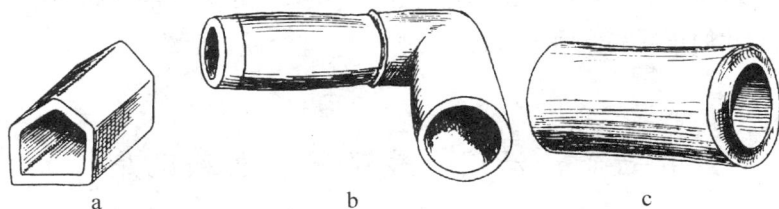

图 293　古代和中世纪的中国水管(临潼附近发现的秦代厚石管。长 0.6 米,底宽 0.46 米,边高 0.3 米,厚约 7.6 厘米;咸阳附近发现的汉代石制的直管和直角弯头。长 0.46 米,内径 20—23 厘米;在西安和洛阳附近的唐代遗址内发现的直管,具有阴阳凸缘以备连接。管长 0.4—0.46 米,内径 20—23 厘米)

在讨论水钟时,已谈到了一些关于虹吸管的情况(参见第二卷),在这里我们注意到自动装置在中国与在亚历山大里亚一样被广泛应用着。不过,我们要注意到汉语中用于虹吸的词有时候是指喷射器和水泵。与虹吸管和水泵相关的是中国古代存在喷泉的问题。现在很明白了,在汉代以后,几乎每个世纪都有使用喷泉的证据已经被发现。也能提出各种显著的例子来证明

这种技术已经具备。在著名的圆明园建造之前400年,元代最后的皇帝妥欢帖睦尔(Toghan Timur)(在位于公元1333—1367年)有多种机械玩具,装备了奇巧报时机构的时钟和几种不同类型的喷泉。有昂首吐丸的龙形喷泉,以及口喷香雾的龙。约在200多年以前,孟元老于1148年描写宋京开封为金人攻占之前的繁华情况,他说在某庙前面:

> 绵山左右,以绵结文殊普贤跨狮子白象,各于手指出水五道,其手摇动。用辘轳绞水登山尖高地,用木柜贮之,逐时放下,如瀑布状。

这肯定是值得一看的。

更早的400年之前,对于利用喷泉在夏天冷却厅堂和亭阁的类似方法,唐代权贵同样有兴趣。它本身并不指明是向上喷的泉,似乎更像印度地区浴者可以坐在里面有水帘从四面流注下来的小室和浴亭。《唐语林》有记载说,约公元747年,唐明皇建筑"凉殿",陈知节因其过分奢侈而上书极力规劝皇帝停止工程。在某个天气非常炎热的一天,陈被召去谈话。写道:

> ······上在凉殿,坐后水激扇车,风猎衣襟。知节至,赐坐石榻。阴雷沈吟,仰不见日。四隅积水,成帘飞洒,座内含冻。复赐冰屑麻节饮。陈体生寒凛,腹中雷鸣。再三请起,方许。上犹拭汗不止。陈才及门,遗泄狼藉。逾日复故。谓曰:"卿论事宜审,勿以己方万乘也。"

这一段文字对于喷泉已讲得足够了。但是,皇帝座后的旋转的扇轮又是什么呢?我们稍后将作简单叙述。

第七节　活门、鼓风器、泵和风扇

在这里,有关在管道内推动液体(主要是水)和气体(主要是空气)的各种早期发明是我们必须了解的。有很多种推动的机构:柔韧的兽类皮囊;在筒内运动的活塞;旋转的风扇。除了旋转的风扇外,所有这类机器的共同特征是装有活门,这就是装在推进室的护壁上、遮盖管子入口和出口的有铰链的小门。

风箱是在中国所有手工业中普遍使用的,它甚至在小型工业上有更广泛的应用(如图294所示),在效率上,它超过现代机器出现之前所制造的任何其他空气泵。从纵断面可以看到,风箱是双动的、压出和吸入交互作用的空气泵;在每一冲程中,当活塞的一侧排出空气时,另一侧则吸入等量的空气。每当这种风箱开始工作,它总能连续地鼓风以保证冶金过程的基本需要。我们要留意到是用羽毛来密封活塞(活塞环的祖先)。在 1637 年的《天工开物》中,表示金属工匠使用它的插图至少有 12 幅;图 295 表示其在一个青铜铸造工场内。虽然普通的日本风箱与此相似,但没有这样巧妙,它的活塞上仅装有一个阀门,只在推进时鼓风,而在拉回时不鼓风。

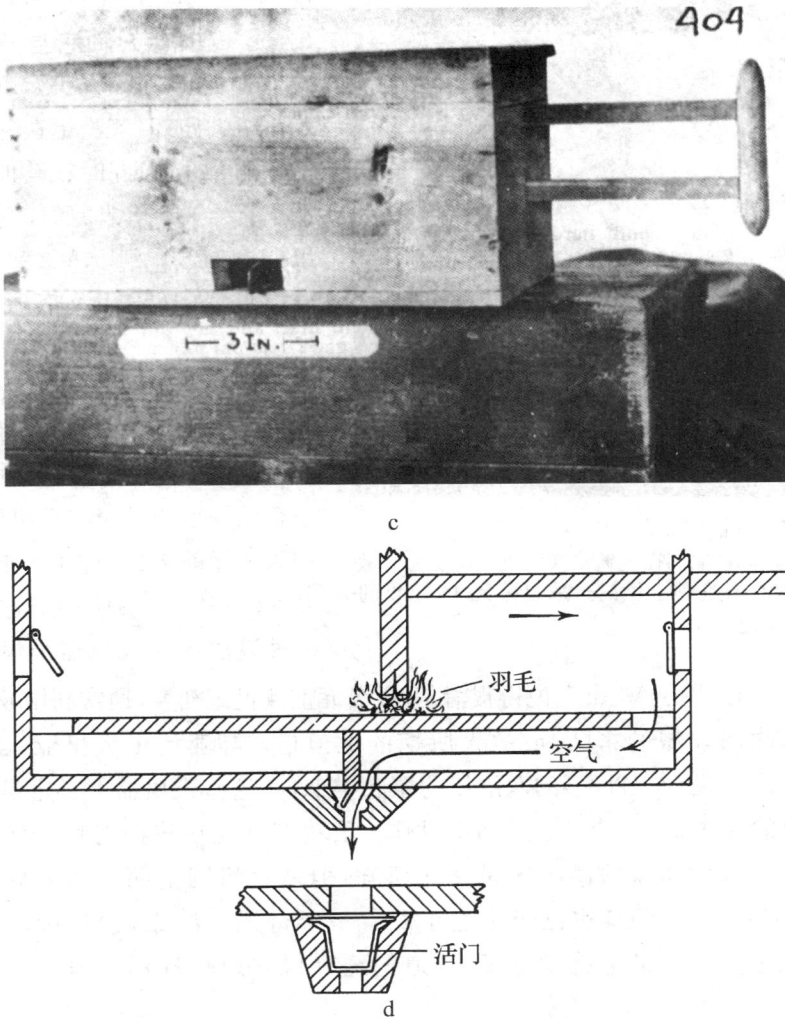

88

图 294 中国的双动活塞风箱(上图。下图是纵切面图,说明获得连续鼓风的方法。空气交替进入矩形箱内的各端。更全面的过程描述,请参见正文。活门和两端的支枢,在形式上与中国古代老式房门相似。照片表示排气活门处于中间位置,它是安在风箱的一侧)

89

90

图 295　青铜铸工在使用一组双动活塞风箱(根据图的说明,他们在浇铸一个三足鼎,接受熔融金属的溜槽是黏土做的。采自公元 1637 年的《天工开物》)

中国的风箱很受赞美,它基本上与亚历山大里亚人用于液体的双筒压力泵相同,并且巧妙地把两个筒合并为一个。如果把进气口与管子连接,它就成为德拉·伊尔(de la Hire)式的泵(公元 1716 年),而它显然在形式上与瓦特(James Watt)晚期蒸汽机的原理(蒸汽更迭地进入活塞的每一侧,同时在其他一侧造成真空)是非常类似,它也可以起波义耳(Boyle)和虎克(Hooke)(1659 年)空气泵的作用。

不幸的是,我们很难提出证据来证明这个机器起源于何时。在古代中国的思想和神话中,用于金属加工的风箱有重要地位。记录公元前 722—前 453 年间事件的《左传》一书使用了这样的一种说法:"用鼓风器鼓风得到的铁。"还有《墨子》一书上说得很清楚,在公元前 4 世纪初期,通常利用鼓风器把毒烟吹向攻城的军队,或敌人所挖的地道口。与亚历山大里亚人赫伦(Heron)(公元前 1 世纪)的双缸压力泵相类似,在这些鼓风器上必定是有了机械化的更迭地推拉两个缸或罐的动作。虽然直到现在我们对那个实现了合并的天才发明家的情况还是一无所知,但从这里到把两个活塞和两个缸合并为一个的距离也已经不远了。有一个奇怪的线索,说这种合并可能早到公元前 4 世纪就发生了。《道德经》(保守地估计,属于这个时代)上说:

> 天地之间,其犹橐籥;虚而不屈,动而愈出。

上面第三句的提法适用于活塞风箱,但不大能够应用于任何皮囊鼓风器,不论活塞是铰链式还是直线滑动式的。从公元 3 世纪到 18 世纪的注释家都说老子所指的是"推拉式"风箱。也许可以从《淮南子》一书中得出汉代有活塞空气泵的根据。该书在抱怨原始朴素生活的没落时说,这个时代的浪费中有:"鼓囊吹埵,以销铜铁。"生活在公元 2 世纪的一位注释家把它解释为"推拉式"风箱。一些人类学上的事例可以强化这个观点。我们都熟悉这样的事实,即当我们向自行车轮胎打气时,打气筒的下部变热。东南亚(特别是马来西亚—印度尼西亚区域)的原始居民发现了这个事实,并在活塞点火器中加以利用,这是让人最值得注意的原始技术装置之一。在这个装置的底部有放着火绒的小坑,如果这确实是他们的技术,那么可以认为中国活塞风箱是从它演变出来的,至少可以认为是一个说得过去的假说,因为在东亚的原始文化中,活塞风箱很广泛地传播。　91

通常说来,用于液体的活塞泵不是中国古技术传统的特点。但是,传统技术中的一个装置所体现的原理,很类似于吸引提升泵的原理,这就是从汉代起在四川盐区内用来从深井内提升盐水的竹制长汲水筒(图 292)。这种汲水筒利用底部的活门来注满,只需把它们和深井孔壁紧紧地配合,就会得到吸引提升式水泵。但是中国人有不同的目的,必须在大气压能够注满的真空限度内,汲水筒要把盐水提升大约 300 至 600 米的高度,并且在提升过程中不溢出来。20 世纪 20 年代的观察表明,装满盐水的时间是 180 秒,在井口放空的时间 300 秒,每次提升时间 25.5 分钟,汲水筒的尺寸是长 25 米,直径 7.6 厘米,每筒装盐水约 132 千克。这是一个相当大的工程操作。

汲水筒的活门与空气或风箱的活门的关系,苏东坡在他写的一段文字(约 1060 年)里十分赞赏。他在描写四川盐业时说:

> 又以竹之差小者出入井中,为桶无底而窍其上,悬熟片数寸,出入水中,自呼吸而启闭之。一筒致水数斗。凡筒底皆用机械,利之所在,人无不知。《后汉书》有水辘,此法惟蜀中铁冶用之。大略似盐井取水筒。太子贤不识,妄以意解,非也。

这是关于几个论点的最有价值的证据。既然苏东坡认识到风箱的活门　92
工作起来像盐井内的活门,那么在他那个时代的人们肯定是十分熟悉某种类型的活塞风箱。另外,虽然水力驱动的活塞风箱大概不是很常见的,但他却说得似乎是亲眼见到它们一样。苏东坡指责李贤试图把表示革制鼓风器的词用来代替原文中表示推拉式风箱的词。此外,我们从一个多世纪以后的宋代理学家朱熹的著作中,找到活塞风箱的又一引证。

最后,比朱熹晚一个世纪的人们能够实际上画出活塞风箱的图,因为约在1280年印的一本书上,记录有在铁砧前面工作的两个金属工匠小组,在工匠旁边有不会被认错的活塞风箱。因此,我们可以很有把握地下结论说,活塞风箱在宋代是众所周知的。可以认为,活塞风箱可能追溯到更早得多的时代,也许远在唐代以前。

在中国古技术的实践中,用于液体的活塞泵并不是显著的,甚至有时候有理由怀疑它们是否实际上存在过,但有时却又出现非同寻常的例子。我们先谈谈这种泵的最简单的祖先,即喷射器。最简单的形式是,把一根骨头或金属制的管子与一个兽皮制的囊固定地连接起来,它与已经讨论过的原始的皮囊鼓风器完全类似。活塞式喷射器似乎是从亚历山大里亚人开始的,因为菲隆(Philon)提到喷玫瑰水,而赫伦对于青铜喷射器有过很清楚的描写。也可在博物馆里看到古罗马的喷射器。根据对印度外科手术器械的叙述,在印度文化中似乎至少在同样早的时代就研制出了喷射器。这与重大的民间节日有关,即泼水节,人们互相喷洒带颜色的水和香水。中国没有类似的东西,但是这种器具在中国的历史一定是很古老的。不应只凭它的现代名称"水枪"而怀疑它出现得比较迟,它也许曾经有许多其他已废弃的名称。1044年的《武经总要》在谈到灭火器时就说:

> 唧筒用长竹下开窍,以絮裹水杆,自窍唧水。

这段文字比初看起来要重要得多,用竹制唧筒又一次强调竹在古代中国技术中关于管道的一切创造的极大重要性。

93

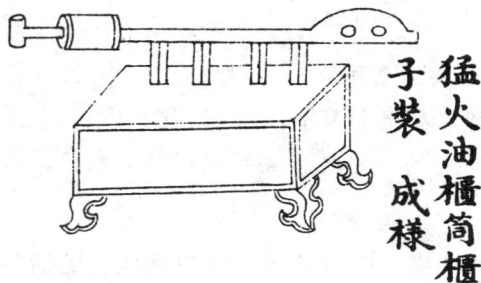

图296 11世纪使用挥发油或希腊火药(石油的蒸馏产品)的军用喷火器[它是具有可以认识的中国特色、设计巧妙的液体活塞泵。称为"猛火油(喷射器及其)横筒和油箱图"]

然而在11世纪,情况就更清楚得多。上述《武经总要》在另一部分里,有一段非常突出的描写用挥发油(实际上是希腊火药)的喷火器,它包括一部设计巧妙的液体活塞泵(图296)。它说:

> 右放猛火油,以熟铜方柜,下施四足,上列四卷筒,卷筒上横施一巨筒,皆与柜中相通。横筒首尾大细,尾开小窍大如黍米,首为圆口,径半寸。柜旁开一窍,卷筒为口,口有盖,为注油处。横筒内有拶丝杖,杖首缠散麻,厚半寸,前后贯二铜束约定。尾有横拐,拐前贯圆捭,入则用闭筒口。放时以

构自沙罗中把油注柜窍中,及三斤许。筒首施火楼,注火药于中,使装发火,用烙锥。入拼杖于横筒。令人自后抽杖,以力戚之,油自火楼中出,皆成烈焰。其把注有椀有构,贮油有沙罗,发火有锥,贮火有罐,锥、通锥以开筒之瓮塞,有钤以夹火,有烙铁以补漏(通柜筒有罅漏,以熽油青补之。凡十二物,除钤、锥、铬铁外,悉以铜为之)。一法为大卷筒,中央贯铜胡卢,下施双足。内有小足相通(亦皆以铜为之)。亦施拶丝杖,其放法榦上。

凡敌来攻城及大壕内及傅城上颇众,势不能过,则先用藁秫为火牛缒城下,于踏空板内,放猛火油中。人皆糜烂,水不能灭。

这是一本出现的时代比英王威廉一世的时代还早 20 年的非常有趣的书。 94
我们了解到,喷火器在 11 世纪初就已使用了。《青箱杂记》上有一个故事说,有人讥笑某些官员,因为他们对喷火器比对笔杆子还熟悉。描写的内容部分很像一套军用装备的使用说明书,可能是由于某些细节的传播受到限制,书中对内部结构的细节的描述很不明确,我们可以确信,正如双动活塞风箱提供连续鼓风一样,四根垂直管子的作用是使这个装置有可能连续地喷出火焰,内装两个喷嘴是实现此目的的最简单的方法,其中的一个在后拉时由后方的小室供油。据李约瑟博士认为的最可能的复原如图 297a 和 297b。这样的设计与书中的指示"要点火时……把活塞杆完全地推入横筒内"是很一致

95

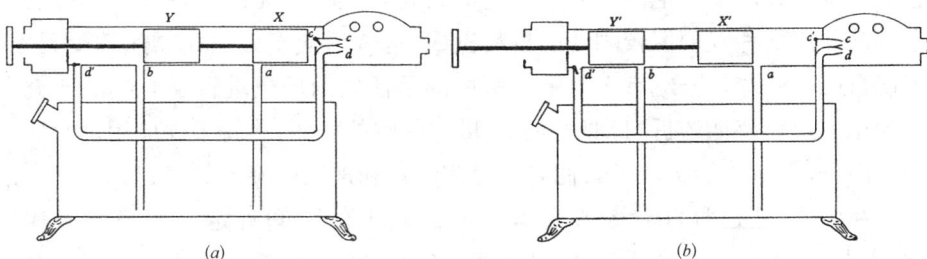

图 297 11 世纪喷火器的双动活塞单筒压力泵机构(参见图 296)的复原图

(a) 前进冲程的终点;(b) 后退冲程的终点。这个循环可以设想如下:

(1) 当活塞杆完全推入时(活塞位置 X 和 Y),活塞前方小室的挥发油(在启动时是空气)已经通过喷嘴 c 完全排出去。由于活门 d' 的关闭而产生的部分真空,使油通过给油管 b 吸入后方小室。

(2) 在后退冲程中,给油管 b 被遮住,活门 d' 开启,油从喷嘴 d 排出。由于活门 c' 的关闭,在前方小室内产生部分真空。

(3) 当活塞杆已完全退回时(活塞位置 X' 和 Y'),活塞后方小室的油已经通过喷嘴完全排出去。由于活门 c' 的关闭而产生的部分真空,使油通过给油管 a 吸入前方小室。

(4) 在前进冲程中,给油管 a 被遮盖,活门 c' 开启,油从喷嘴 c 排出。这样,循环继续重复进行,直到油柜中没有油为止。

火楼中装有硝酸盐成分少的黑色火药混合物,它起慢燃导火线的作用。

的,与"两根接通管(即供油管)交替地被封闭"的说法也是符合的。由于活塞本身对于供油管起着滑阀的作用,所以只需要两个活门,但是因为中间两根给油管只在冲程的末端才开启,需要很快的反应,所以这个设备对于像挥发油那样的轻质油,比对于水更合适。活塞本身没有活门这一事实,部分地可以由它的长而细的形状来表明,也部分地由只需要一根给油管这一实际情况来表明。至于为什么不是做成一个活塞(像风箱那样),而是做成两个,这就难以断言了,可能是为了得到更大的刚度。

文中"火药"一词指的是硫黄、硝石和含碳物质的混合物,但是在 11 世纪某些最早的混合物中,硝酸盐的成分那么少,以致很有可能按上面所描写的方法,用它作为一种燃导火线。

如果宋代的军事工程师能够创造出这种巧妙的泵,以抵抗像金人和后来的蒙古人等敌人的攻击,为什么在 17 世纪活塞水泵还似乎是新的东西呢? 有的说法是因为水排有很高的效率,所以深井汲水筒和活塞风箱就未能推广。反方向的可能性是很不可能的,即从 13 世纪中叶起,中国插图中表示的双动活塞风箱是从欧洲引进的。在中世纪和文艺复兴的欧洲,冶金鼓风机表现为其他形式。

现在本书说到利用旋转运动来鼓风,这在中国已有令人惊讶的悠久历史。与其他类型的风箱和泵完全不同,这种推进空气的方法并不需要阀门,它的原理与在木槽中把液体向上推进的桨轮相类似。无疑,所有扇中的最古老的就是用那些轻便但较刚性的材料做成,这些扇便于人们在酷热的夏天用来使自己凉快些。已经有人对中国所用的手摇扇的历史进行了有趣的研究。作为东方文化特征的折扇,似乎是 11 世纪朝鲜的发明,尽管很少应用,而且只限于南方,但它可能提醒了人们采用更多叶片和连续的旋转更优越。

在中国,把这种叶片装在连续旋转的轴上的时间肯定不会晚于汉代。《西京杂记》中有一段重要的文字提到著名发明家丁缓,这段书上说:

> 长安巧工丁缓者……又作七轮大扇,皆径丈,相连接。一人运之,满堂寒战。

这个装置一定会使具有曲水的汉宫在酷热的夏天中令人感到愉快。但是空气调节并不仅仅限于汉宫。我们可以从前面引用的一段文字(前文第 86 页)看到,这种装置也在唐宫里使用,而从宋代(11—12 世纪)的许多叙述中可见,人工通风的制冷效果似乎更广泛地受到欣赏。

在我们转而讨论旋转风扇式的扬谷机时,又呈现出了新的事实。这里的问题是寻找可控制的气流来代替古代农民依靠自然微风把谷壳与谷粒分开的方法。从遥远的古代起金属工匠就使用鼓风,但是农民需要较柔和的风,他们两者用不同的方法来解决这个问题。各古代农业科学百科全书所列的扬谷机有两种型式:一种扬谷机中由曲柄操作的开式风扇装得比较高(图298),另一种风扇封闭在圆筒状的外罩内,使所发生的气流对准流谷槽并经过装谷斗的下方(图287)。尽管后一种装置很像西方人在现代农场中常见到的扬谷机,但是必须记住,这

97

图298　脚踏旋转的开式风扇扬谷机(这种型式最晚汉代已有)

是在1300年之后的年代里。闭式的扬谷机由于看起来较为完善,故人们倾向于认为它的年代是较晚的,而开式的扬谷机属于丁缓的时代似乎更为妥当,但是有某些证据说明闭式的早到汉代,开式的可能比丁缓的时代更早得多。李约瑟博士没有看见过开式的,或它的任何现代照片,但是闭式的现在仍然广泛使用。当然在某些地区,把谷物从筐中向空中抛起的古老方法也继续存在着。

98

　　王祯1313年在《农书》中关于旋转风扇式扬谷机的说明(参见图287和图298)值得一读:

　　　扇。《集韵》云:飏,风飞也,扬谷器。其制中置篗轴,列穿四扇或六扇,用薄板或糊竹为之。复为立扇卧扇之别,各带掉轴,或手转足蹋,扇即随转。凡春辗之际,以糠米贮之高槛,槛底通作匾缝,下泻均细如籭,即将机抽掉转搧之。糠秕即去,乃得净米。又有旱之场圃间用之者谓之扇车。凡蹂打麦禾稼穣秕相杂,亦需用此风扇,此之坎掷箕簸,其功多倍。

诗人梅圣俞说:

　　　　飏扇非团扇,每来场圃见。
　　　　因风吹糠秕,编竹破筠箭。

> 任从高下手,不为寒暄变。
>
> 去粗而得精,持之莫言倦。

因为诗人梅圣俞死于 1060 年,所以我们在这里立刻得到了这种机器已在 11 世纪早期存在的证据。我们可以证明,如果再向前推一点,它在 7 世纪初已存在,因为这正是颜师古替汉代学者史游在公元前 40 年编写的《急就篇》作注的时代。颜师古为旋转的谷物磨添加了同义词,并接着说道:

99

> 碓,所以舂也。硙,所以䃺,亦谓之磑。古者,雍父作舂,鲁班作硙。扇,扇车也。隤,扇车之道也。隤字或作遗,隤之言坠也,言既扇之且令坠下也。舂则簸之扬之,所以除糠秕也。扬字或作颺,音义同。

依据这些词句,扬谷机出现的时代似乎不但可以放在唐初,而且也可以放在西汉的后期(公元前 1 世纪)。但是,颜师古对于史游著作的解释又正确到什么程度呢?已经提及和图示的从汉墓掘出来的模型(图 288),表示非常像具有装谷斗和摇手柄的扬谷机,这给颜师古的注释以有力的支持。也有在 2 世纪丁缓把这个原理应用在别种用途上的证据。但是某些汉砖显示另一种装置,一个人站在两根约 1.5 米高的直立柱子后面,柱子上面有长的扁平扇风板,好像他在快速地摇动这块板,同时在板前面的另一个人从高举在他头上的筐里把谷和谷壳颠动出来。对于这种汉代扬谷方法和它是振荡的或是旋转的,我们需要知道得更多一些,但是无论如何,很可能它的某些稍晚一点的型式就是王祯关于卧扇的提法的背景,可惜没有卧扇的图传下来。从各方面来考虑,我们可以不必犹豫,应该把旋转鼓风机原理的发明放在汉代,也许是汉初(公元前 2 世纪)。

前面所描述的情况与欧洲形成鲜明的对比。假如这种说法正确,即欧洲最早的旋转式鼓风机是阿格里科拉(Agricola)所图示的、在 16 世纪中叶用于矿内通风的装置,那么就难以相信这个想法不是从中国传播到西方的。进风口总是安装在中央,这是中国旋转式鼓风机的一个突出的特点,因此必须承认它是所有离心式压缩机的祖先,甚至连现代的巨型风洞也是从它们演变出来的。至于闭式旋转风扇扬谷机,欧洲是在更晚的时代才获得它。根据专门的调查,它是作为东西方农业技术交替地互相传播的一系列浪潮的一部分,在 18 世纪初叶从中国介绍到西方去的。

概括起来,在历史上中国的单缸双动活塞空气泵的最古老的先驱者一定是周代(公元前 11 世纪—前 3 世纪)冶金工匠所用的皮囊鼓风器,与此同时,东南亚的民族懂得活塞点火器,空气泵也许就是通过这两者的结合而产生的,但是活门的起源仍然模糊。

　　用摇动的杠杆来操作一对鼓风器或泵在战国时期(公元前 4 世纪)已经出 100
现,在汉代(从公元前 2 世纪起)的著作中提到某种不会坍塌的推拉式风箱,因
而大概是活塞式的。在宋代(11 世纪)时,独特的空气泵已经表现出成熟的形
式,这表明在唐代(公元 7 世纪—10 世纪)时它已经存在。关于用活塞推进气
体,就讲这些。

　　至于提升液体,用有活门的汲水筒从深井提升盐水在汉代已经出现了,
这种设备很类似于吸引提升泵,而且存在有力的证据表明在东汉时代(2 世
纪)这种泵就已制造,只是被混乱的名词所掩盖。到了宋代,活塞泵在军用喷
火器中发挥了很突出的作用。不过很可能是由于较简单的链式泵的普遍存
在,在中世纪中国用于提水的活塞泵是不普遍或不存在的。

　　最后,中国技术的又一典型项目是旋转鼓风器出现得那样异常地早,特
别用在旋转风扇扬谷机上。似乎可以确定的是,所有欧洲旋转式气体鼓风器
都从它演变出来,但是把这个原理推广到液体的推进,则要归功于文艺复兴
时代的西方。

第三章　机械玩具和中国典籍中阐述的各种机器

如果有一个领域比其他领域更能把上述一切机械原理汇聚在一起应用，这就是制作机械玩具、傀儡戏、技巧容器等等，以供历代宫廷娱乐和提高其声望的领域。在这简短的论述中，我们除了遇到一些在这项工作中而闻名的机械师的名字外，也将遇到许多著名的工程师。此外，两类半传奇式的知识与这个领域有着联系：一类是自动装置；另一类是飞行器。关于前者，我们已经讨论了一些（第一卷第 92 页），对于后者将在后面略作介绍（本卷第 275 页）。

第一节　机　械　玩　具

在亚历山大里亚人、特别是赫伦（Heron）的论文中提到了大量机械玩具，这些玩具是很出名的。有做出种种动作的人物，有会唱歌的小鸟，有能自动开关的庙门，也有关于傀儡戏的论文。制作这种巧妙装置在以后的几个世纪里成为印度人和阿拉伯人的专长，他们对于自鸣水钟和机械敬酒人的自动化特别感兴趣。他们可能在这方面从中国得到一些启发，因为我们将在下文看到，这些东西在隋唐时代是很出名的。在 13 世纪的欧洲，维拉·德·霍尔库尔特（Villard de Honnecourt）的机械鸽和天使也是属于上面所说的传统。一直持续到 18 世纪和直到我们的时代，在生活的各个阶段，都有从铁道模型和飞行器模型到虚拟现实的计算机游戏等上千种小器具围绕着我们。如果这些器具是出现在较早的时代，它们就会成为宫廷中的奇闻秘事。

　　似乎难以确定，中国的机械玩具原先是否曾经晚于亚历山大里亚人和阿拉伯人所造的。机械玩具与戏剧的联系在中国也相当清楚。有些人认为，使傀儡活动起来的想法，起源于汉代想使作为死者仆人来殉葬的木制或陶制偶人复活的思想。也有人强调，在汉墓的雕刻和汉镜上看到的稀奇古怪的画面和图案中，很多代表着各种机械玩具。6世纪的《西京杂记》叙述了公元前206年的一个古老的故事，说在秦始皇宝库中，汉高祖看到由傀儡组成的乐队。 102

　　　　复铸铜人十二枚，坐皆高三尺，列在一筵上，琴筑笙竽各有所执，皆缀花彩俨若生人。筵下有二铜管，上口高数尺，出筵后。其一筵空一管，内有绳大如指。使一人吹空管，一人扭绳，则众乐皆作，与真乐不异焉。

　　空气泵或风箱在这里好像没有被使用，需要一个人用口吹来供给风，另一人转动一个中心鼓轮，通过凸轮、杠杆、重件等等的作用，驱动所有傀儡。在土生土长的实践上，还可能增加了从国外输入的技术，在汉代的中国与罗马时代的叙利亚之间曾经交换过杂技演员和魔术师，有些古希腊的机械项目可能随着他们到来。

　　在三国时期，著名工程师马钧的工作最活跃，有一篇与他工作有关的傀儡的最详细著作流传下来。《三国志》上说：

　　　　其后有人上百戏者，能设而不能动也。帝以问先生："可动否？"对曰："可动。"帝曰："其巧可益否？"对曰："可益。"受诏作之。以大木雕构，使其形若轮，平地施之，潜以水发焉。设为女乐舞像，并令木人击鼓吹箫。作山岳，作木人跳丸掷剑，缘绠倒立，出入自在。

　　但是在那个时代，马钧决不是取得这种成就的唯一的机械师。晋代区纯以制作木偶玩具房子闻名，在这种房子中有会开门和鞠躬的木偶；又制成鼠市，当老鼠想离开时，木偶会自动地把门关起来。偏向于道教的葛由，据说他能刻制木山羊并骑着跑到山上，这可能意味着他制作了一些奇巧的东西。 103

　　当然，人们不仅仅是期望看到那样的机械动物，还期望看到能够自己行动的车辆。我们发现晚至1115年左右，一个严肃的穆斯林作者把制作自行的车辆归功于中国人，这也许是使人惊异的。马尔瓦济（al-Marwazi）说，在中国的商业人口中：

　　　　有些人去城内各处出售货物、水果等等，每个人替自己造一辆车，坐在里面,并在车内放入材料、货物以及他的行业所需要的任何东西。这些车自己行动,不用任何牲畜(拖动),每个人坐在车内按照自己的意图停止或开动车辆。

马尔瓦济是从一个在公元907年至923年到过中国的旅游者那里得到这份报告的,他自己并没有亲眼见过这种车。也许这不是复述了墨子信徒的传说,而是复述了某个善意的旅行者关于中国独轮车的传说,那时这种车在西方还是大家都不知道的发明。或者它们可能真是"脚踏小货车"吗?

在公元4世纪时,王嘉谈到一个玉制的机械人,显然它能自己旋转和活动。对于人们在那个时代所做的事情,我们可以从《邺中记》内有关解飞和魏猛变的杰作的记载中获得更清楚的印象,这两个人于335年至345年间替匈奴皇帝石虎服务。文章说:

> 解飞尝作檀车,广丈余,长二丈,安四轮。作金佛像坐于车上,九龙吐水灌之。又作一木道人,恒以手摩佛心腹之间。又十余道人长二尺余,皆披袈裟绕佛行,当佛前辄揖礼佛,又以手撮香投炉中,与人无异。车行则木人行,龙吐水,车止则止。

104　　我们在讨论其他更重要类型的车辆时,将再谈及解飞和魏猛变。

在隋代(7世纪初),敬酒的自动装置和倒酒的自动装置开始显得突出,它们被通称为水饰。机械师中黄衮对这些装置发展的功绩最大,他替隋炀帝服务,奉命著《水饰图经》。杜宝曾经编辑和增补过此书。根据记载,这种表演包括若干只装着机械装置和能活动的木偶的小船(长约3米,宽约2米),这些船在宫廷的院子里或花园里用石砌成的弯曲人工渠道内漂浮,依次经过各宾客之前。木偶做成各种常见的生物,如动物、人、仙人、歌女,吹奏各种乐器,跳舞、翻跟斗,正如马钧时代所制作的一样。

在考虑可能的机构时,人们倾向于这样推测:满足当时需求的最简单方法是把各船连接起来,并用放在水里的无端的绳或链带动,另用看不见的小型桨轮作为动力以操纵各木偶。确实有证据证明那时候(公元606—616年)使用这种装置(参见第五卷)。可能所有的这一切都是从晋代每年农历三月三日举行的袚除仪式发展而来的,在这一天,盛满酒的酒杯漂流于曲折的水道中。不过在每年的农历七月十五也有在水上放漂蜡烛和灯的习俗。虽然这种人工水道从隋代时起就建筑在室内,由清泉供水,但看着这些杂技演员和敬酒人在八音匣乐声的伴奏下,沿着迂回曲折的水道从从容容地漂浮着,这必定是很美妙的情景。对载着机械人的船的兴趣终于蔓延到民间,至少是蔓延到其中较富裕的阶层中去,这导致制作模型船的正规手工艺行业的建立。黄玮在 1527 年著的《篷窗类记》里说,南京的模型帆船雕刻得很优美,船上带有船工和乘客,它们能借助于机构活动。当放入水中时,小船能顺风航行,有好事者专门从事于模型船的竞赛,毫无疑问,竞赛是在美丽的玄武湖上进行,因为此湖能反映紫金山和远远伸展的城墙和雉堞。很幸运的是,现存的有些中国画里描绘有模型小船。

隋代皇帝留下了喜爱机械装置的名声。举例说来,留下了关于为隋炀帝(605—618 年)建筑自动启闭的图书馆门的记载:

> 于观文殿前为书屋十四间,窗户床褥厨幔咸极珍丽。每三间开方户垂锦幔,上有二飞仙,户外地中施机发。帝幸书室,有官人执香炉前行,践机则飞仙下收幔而上,户扉及厨扉皆自启,帝出则复闭如故。

可以认为,这种装置是从亚历山大里亚人的自动开启的庙门到现代机场和超市的电子控制的大门的中间的办法。

到唐代时,人们仍然喜爱机械玩具和傀儡戏,有些傀儡戏是精心设计的,例如,770 年为一节度使的葬礼而制作的装置。有些机械师的名字则从那时流传到现代。一个后来成为将军的名叫杨务廉的人,他刻木为僧,伸手请求捐助,口中说道:"布施!布施!"当钱积累到一定重量时,就自动放入袋内。据说能在集市之日获得很大成功。又有名叫王琚的机械师制成可捉鱼的木獭(大概是做成动物形状的弹簧夹子);而殷文亮则因他的木制敬酒人和吹笙歌女而著名。

宋代从事这种工作的工匠的技术手段中,增加了加工玻璃一项,我们了解到一座带活动人物的玻璃山,以及利用水力使它背后的东西活动的玻璃屏风。机械玩具在这时候已经开始为钟表制造服务。我们稍后将做讨论,在这里要留意的是,只有某些元代的皇帝对这些玩具充分保持了兴趣。写到这里,我们可以适当地离开欧洲和中国在机械玩具方面相似的传统了。在起源上,中国的机械玩具可能或并不比欧洲略迟一些,但在精巧方面,很难决定它们之间有重大的伯仲之分。13 世纪当它们相遇时,欧洲的传统并没有显出什么优势。欧洲还需等待"小器具时代"的胜利的来临。

第二节　中国典籍中阐述的各种机器

现在来让我们看一看中国典籍中曾经阐述和描绘过的各种实用机器的

主要类型。但是工程文献的数量显然十分稀少,也许主要是因为虽然工匠的创作很精巧,但儒生常常认为这些东西是不值得注意的。虽然如此,但从 11 世纪开始(这是印刷的春天)还是有大量的插图流传到现在,其中有着可以称为工程图的特种画像传统,虽然绘图者或画家显然未必总是清楚地了解他们所画的是什么,而又可能认为询问得太详细有损尊严。另一方面,很多文字记载,其中不少是在各朝代的史书内,也流传了下来。对于这些图画,我们常遇到的困难是(许多人在学术上理解不深),尽管我们可以从中知道当时工艺的情况,但却常常不容易确定作图的原来年代。由熟悉汉学的工程人员对宋代各种版本进行广泛的研究,这是很有必要的,如果这样做,那么现在保存下来的全部有关文献可能很快就被查遍。但是,较晚的图画可以把正确的技术传统长期保存下来,一本 17 世纪关于养蚕的书籍能明确说明这一事例,这本书中的一些图画把 11 世纪一本书中所叙述的每一个细节都描绘了出来。与此相反,对于单独依靠文字记载,我们的困难在于只能确定年代,这个年代可能是很早的,但是我们不一定能确定当时的工艺情况,或者因为对于机械机构的描写不充分,或者因为有理由怀疑所用专门技术名词的意义时有改变。发现和分析更多的文献是解决这种困难的唯一办法。

　　中国技术文献有时被指责为不很明确或模棱两可,这是因为儒家学者有时需要写一些他们并不真正感兴趣的东西,而真正能够说明事情的技术人员自己又完全不写作。

中国工程文献的性质

　　为了方便起见,我们将从阐述带有插图的农业体系的主要书籍开始。绘这些图的传统是始于皇宫墙壁上的劝勉人的图。东晋明帝(323—325 年在位)本人是一个著名的画家,留下了一组名叫《豳诗七月图》的绘画。也有比较不可靠的证据,后周的世宗皇帝(954—959 年)曾经建造了一座用表现耕种和纺织的图景作为装饰的亭子。不管怎样,确实存在着这样的传统,而且它们也似乎具有相当的魔力,因为宋代学者王应麟曾叙述过这样的一个传说:在唐、宋时代曾有两次将表现劳动情景的皇宫壁画改成纯粹风景画,于是民间发生动乱,有人起来造反。后来这类绘画被汇集起来编成书的形式,成为一种出版物,其中最早的是《月令图》。除了知道作者是王涯之外,关于这本书和作者的其他情况一概不知,《月令图》的重要性在于它是中国文献中最著名作品之一的《耕织图》的前身。无论是在艺术上还是在文学上,《耕织图》的重要性是如此之大,再加上其在工艺学上的意义,以至于它的历史和在后来

107

研究者对它进行研究的复杂的书目中,不仅有中文的研究著作,也有西方语言的论文。原书中的每一幅插图都附有一首诗,这些都是南宋的一位名叫楼寿的官吏为了献给高宗皇帝,约在 1145 年创作的。后来在楼寿死后,这些画被刻在碑上,再后来大约在 1210 年楼寿的侄儿楼钥和孙子楼洪可能还刊印了这本书。对我们来说,它们的价值在于除了从汉墓里的雕刻以及魏和唐代壁画中搜集的以外,它们是中国农业、机械和纺织技术方面最古老的绘画,而只有军事绘画起源比它更早(1044 年)。

这当然就要引起一个重要问题:我们今天看到的这些图画,到底在多大程度上是 12 世纪和 13 世纪原画的忠实摹本?著名画家焦秉贞在 1696 年根据圣旨把全套画重新画过,他是按照由耶稣会士从西方介绍过来的透视法的原则画的。康熙皇帝加题了一组新诗,但同时还保留着楼寿的原诗。这些作品描绘出中国农村文化的基础,具有重大的象征意义,获得很高的评价,因此在 1739 年,又根据皇帝的命令再次摹绘了这些画,并写了新诗和增加了一组解说文字。此后,整套作品在 1742 年编入《授时通考》,恢复了 1739 年被舍去的楼寿的原诗,再增加了一些新诗。幸运的是,在 20 世纪发现了清代以前的某些组图。对于这些版本以及后来若干版本的一些细节的争论似乎仍会继续下去,但是对于它们所表现的主要的技术问题是没有大的分歧的,我们可以相当有把握地认为,较早的那些版本确实是属于楼寿本人那个时期的版本。

尽管这些文献学上的细节看起来令人厌烦,但对于对比旧大陆两端的工艺技术史却是相当重要,因此有必要花些时间详细谈一谈它的意义。程启的画必定是在 1275 年前后作的。这套画的前半部分于 1739 年以后不久再次被发现,并呈献给皇帝,后半部分则在 1769 年送入皇宫。鉴于它的重要性,乾隆皇帝命人将其全部制成碑刻。至于这个碑刻是否还存在,已无关紧要,因为已有人提供了《耕织图》的"瑟马莱画轴"(Semalle Scroll)的拓迹及其全部的细节。

我们如果据此而掌握了南宋工艺技术的可靠记录,即可与欧洲形成明显对比,因为意大利和德国工程师们的手抄本文集介绍的是 15 世纪和 14 世纪欧洲的发展情况,而我们所拥有的则是关于 13 世纪和 12 世纪的可靠的中国资料。程启肯定是根据 1237 年雕版印刷的版本作的画,而此版本又是根据 1145 年的原画印刷的,根据李约瑟博士的看法,技术细节在此期间未必有过什么变化。《耕织图》一般认为是作于 1237 年或 1210 年,但也应注意其确切时期为更早一个世纪的可能性。这里有一点值得注意,即中国在整个这段时期内(实际上是从 9 世纪起)已有了印刷术,而欧洲则没有。换句话说,就是我们不可能设想西方的某项发明(例如曲轴)比它的第一份手稿提供的证据还早。但是,只要能通过书目证实,确知中国插图资料都是根据更早的印刷版本来的,我们就可以认为有关的技术细节很可能以前就已存在。当然,已有说明性的文字证据的,即使对它的解释可能具有其特殊的困难,当然是另外一回事。

109   在现在能获得的王祯 1313 年所著《农书》的版本里,插图及其文字是否出自同一时代,这是一个很重要、但也是很难肯定的问题。虽然《耕织图》得到了人们广泛的注意,但它关于机械方面只有少量插图;而另一方面,《农书》却有不少于 265 张关于农具和机械的画和图解。不过李约瑟博士在此书中同样未发现文字和插图有任何脱节之处,这一事实有力地证明了插图材料的可靠性。此外,书中的插图与《耕织图》早期版本的风格很相似,都具有古代特色,这说明我们可以有把握地认为,它是符合王祯本人的时代的。

在贯穿宋、元、明各朝的整个时期,另一个文献种类,即日用百科全书,逐渐变得重要起来。由于这种书流传极为广泛,所以当时人们都认为不值得去保存,而现在只有珍本或孤本存在于图书馆内。大约在 1350 年到 1630 年间印行的二十多本这种手册,手册中除了治家格言、医药卫生常识、算命占卜和书写文件等指导外,还提供了关于农业、蚕丝业和工艺美术等大量内容。只要浏览一下 1607 年出版的《便用学海群玉》,就能看到书中有翻车、旋转风扇扬谷机、连杆手推磨、很简单的缫丝机和某些纺车等的木刻版画。这种"万事备询"文献迫切地期待着一些技术史的史学家们去进行研究,就算明代的版本不能告诉我们很多还不知道的东西,那么宋和元代版本也可能会为我们提供重要的新考据。

我们又在这里遇到了关于印刷术影响的问题。在印刷术普及以前,比如关于纺织或铁工业的技术专题著作或论文只能在极其有限的范围内以手稿的形式流传,很多因此而未能流传下来。但 10 世纪以后,这种大众化的传播媒介开始普及应用,尽管技术论题以及知识分子常感兴趣的其他论题一般仅见于通俗丛书中,但它们已开始占有一定地位。所以,当在探讨唐代及更早的工艺技术资料时,我们就难免会遇到内在的障碍,这就说明为什么敦煌壁画(7 世纪)和类似的史料来源具有那样特殊的重要意义。

在王祯以后的 3 个世纪中,再也没有出现过农业工程文献方面的重要贡献,不过在 1609 年的《三才图会》图解丛书中曾转载了很多《农书》上的插图,
110   但是有些失真。虽然那时正处在耶稣会士时期,但其中还看不到西方的影响。此后不久,在西方启发下出现了三本书,它们摆脱了中国原始技术机械

工程赖以成长的以农业为主导的范围。第一本是《泰西水法》，由熊三拔（Sabatino de Ursis）和徐光启在 1612 年刊印。第二本是《奇器图说》，1627 年由邓玉函（Johann Schreck）和王徵所著，描述了多种类型的机器，其中有起重机、碾磨机和锯木机，以及提水机器。同年，王徵单独出了一本较简短的姐妹篇《诸器图说》。可能是由于这些著作拥有大量的插图，故它们曾引起人们的很大注意。

徐光启 1625 年至 1628 年之间专心写一部新的农业纲要，注定要代替所有以前的著作，但是直到他死后才出版，这就是经陈子龙在 1639 年编撰而成的《农政全书》。这部名著的插图很丰富，尤其在灌溉部分，并翻印了《农书》里几乎所有的农业机械插图，所做的改动很少。虽然此时已完全翻印了《泰西水法》，但在中国传统工程技术方面并没有做出超过楼寿和王祯的重要进展。

宋应星于 1637 年所著的《天工开物》是与徐光启的著作同一时代，它是中国最重大的技术经典著作。严格地说这本书不算是工程技术著作，尽管讲的是工业和农业，但它的内容包括农业，磨粉加工过程，灌溉，水利工程和丝绸工业，也包括制糖和制盐技术；还有青铜、铁、银、铅、铜和锡的冶炼油技术。该书也包含了发酵饮料、墨、纸、陶瓷、珍珠与宝石的生产制作。好像是还嫌内容不够多似的，作者在这本书里还包括了用于军事技术和运输的车和船。这部书的插图都是中国在这些题目上的最细致的画，很多是唯一的，但是文字往往不如画那样清楚。这部著作在清朝初年的中国差不多就失传了，大概是因为造币、制盐和军火都为政府所垄断，幸运的是在日本保存有一份原版的摹本。

将近一个世纪以后，"图书集成"丛书（1726 年）继续翻印了这些传统的图画。最后在 1742 年，按照皇帝御旨编撰的一部农业和农业工程的最高纲要《授时通考》出版了。和以前的区别在于，它是在一开始的部分讲述地理学和气象学，还包括大篇幅的农业植物学，但是工程图和 1639 年的《农政全书》上的图一模一样。111

因此可以说，农业工程的中国传统在宋代末期已经发展到了顶峰。《农书》和《天工开物》是最好的开端，虽然泵和各种齿轮装置都由耶稣会士进行了介绍，但是没有证据表明这些新技术已被采用，可能是由于社会和经济条件使得对古典方法做任何改变都是不必要的。所以直到 19 世纪初叶，这些书本身的内容都没有什么本质上的改进。实际上，凡在中国居住过的人都知道很早的中世纪的技术（例如径向踏板翻车）直到现在仍然盛行，它们的更新是和当前的工业化、坚持水稻湿种等问题联系在一起的。

第三节　人力和畜力驱动的古技术的机械

我们在这里必须从舂和磨开始,在人类食品加工活动中,它们或许是最古老的,其产生的动因是需要把谷粒去壳。种植的禾本植物的谷粒,除了包含下一代植物的胚胎以外,还有一团含淀粉的物质——胚乳,在被光合作用合成为淀粉以前,它在新生植物生长过程中起到对卵黄的养育作用。这是人类世世代代的"生命支柱"。但它外部由外壳和脂粉层保护,研碎时成为我们所熟知的谷壳和麸糠;其中也包含处于不溶解和不能消化的状态的碳水化合物。许多动物可以把这些"粗料"像消化谷粒内部物质一样地消化掉。但是,人类只能从麸糠中得到一部分的益处,所能消化的仅是其内部的胚乳,尽管如此,也还需要一定烹煮形式的"预消化"。最简单和最古老的形式是把谷粒烤或炒到能够完全地脱壳,然后在水中加热到60℃,使淀粉膨胀并胶化成为粥状,但这样是不能保存太久的。如果不是将面粉制成面团并在大约235℃下烘烤使产品变得稠黏和耐久,那么尽管它们做得很薄,但不久也会发馊从而变得很难食用。于是产生了用酵母"发酵"的方法。如果不依靠胚乳的麸质蛋白质,面包是不能恰当地发酵起来的。若是谷粒在脱壳以前经过了烘烤,这种蛋白质就会先改变了性质,除了粥以外别的都做不成了。在所有的谷类食物中,只有小麦和黑麦能用打谷的办法脱去外壳,并且这两种麦十分适合于制作松软的面包,而其中最好的是小麦。

这些事实说明,舂的方法使用了很长时间,不管是在东方还是在西方,各种形式的杵和臼都来源于旧石器时代的磨碎石。黑麦是德国—斯堪的纳维亚半岛的一种谷物,它向南传播得极慢;到公元前4世纪,做面包的小麦已经是希腊的田野里最重要的谷物,它取代了大麦的位置;公元前2世纪,裸小麦在意大利取代了主要的去壳小麦,所以早期共和国的埃特鲁斯坎人和罗马人都是吃粥的。但是古希腊世界和现代欧洲一样,都是吃烘烤的面包的。

在地中海文化中粒小麦和大麦所占的作为主食的地位,在中国与此相类似的地位是由小米所占据的。小米分为黏性的和非黏性的两个品种,都是在中国当地土生土长的,并成为仰韶和其他新石器时代文化的主要谷物。但是考古学的证据表明,大米从公元前30世纪末以前就已经进入了人们的生活,当然它们是来自印度。从汉墓的实际遗物中肯定了小麦、大麦和薏米(一年生的禾本植物,在坚硬有光泽的泪珠形圆壳内包含有可食用的种子颗粒,是亚洲热带地区土生土长的）的存在。但某些其他像小麦一样都是中国土生土长的谷物，主要有高粱和荞麦，很可能早在周代就栽培了。难以肯定小麦开始大规模地栽培的确切时间，但是小麦途经西亚和中亚到达中国后，在商代时（公元前1400年）肯定已经是一种常见的农作物，并在以后的时代里成为黄河流域的特征，正如大米是长江流域的特征一样。我们也不知道粒小麦是什么时候被裸小麦所代替的，虽然在中国以后整个时期里发酵的面食是蒸的而不是烘焙的，但也不能从新石器时代开始使用的"蒸笼"推断在那里边实际蒸的是发酵的面食而不是其他食物。在中国，发酵的面食可能是在周代出现，也可能是结合着战国初期的许多革命性的农业变革在中国出现的。面粉的大量生产并不依靠旋转磨，但是这项发明似乎很快就跟了上来。这就把我们带回到工程技术的问题上来了。

舂，磨和碾

最简单的破碎办法是靠人力用杵臼舂（打碎），大体上在中石器时期（在旧石器时代和新石器时代之间的过渡时期）甚至更早些就使用了。从赫布里底群岛（Hebrides）到巴厘（Bali），这种方法被用于日常的谷粒脱壳以及其他用途，并一直持续到了现在。在埃及的古画和希腊陶瓶画上有相当多表现它们的图案。自古以来在中国，杵和臼是为所有谷粒去壳用的，但特别是用于去除米粒上的糠皮。米粒在舂的过程中浅略地受到磨光，因此在部分地去除了外面含脂的籽肮层之后，米粒变白而发光。我们在汉朝的资料中看到，制作臼的材料有黏土、木头、石头，后来又增加了陶瓦。唐代时的南方人使用船形的杵，在长槽内集体舂捣。农民们使用杵在地里打碎土块，药剂师和炼丹家也用它们，有时候杵被吊在一个竹制的弓形弹簧上。在一个1210年的舂谷的中国图画上，杵和木槌几乎区别不开（图299）。

图299　现存最古老的碓的图画（采自1210年的《耕织图》，1462年版）

113

113

879

114　　　然而这幅画是值得注意的,因为它有更具中国特征的东西,即脚踏碓。这是一种极为简单的装置,用杠杆和支点使舂的动作由人的两只脚和全身的重量来做,而不是只用手和臂膊去做。这是在中国农村中最常见的一种东西,所有有关农业的丛书中都有它的插图。脚踏碓和杵臼一样是用于进行谷物的脱壳和磨光,但也被广泛用于矿石的处理。在现代它有很多的实际用途,如在建筑工程中的流动夯土机。关于它的时代,尽管很难找到公元前 1 世纪以前关于它的文献参考,但多数中国历史学家都毫不犹豫地确定为周代的末年或者大约在秦代。我们可以在那个时期看到在公元前 40 年的字典《急就篇》和大约公元前 15 年扬雄的《方言》中都有对它的定义,但是以大约公元 20 年的《新论》中桓谭的陈述是最好的。

　　如果在其他文明世界中脚踏碓曾用过,那似乎也是在很久之后的事。直到 1537 年希腊的赫西奥德(Hesiod)的出版物,它在欧洲都既没有被提到也没有被画成图,所以可以有把握地把它看作是从别处传播过来的,但是它似乎有了欧洲的后代,即一种著名的在锻造车间使用的弹簧脚踏铁杵锤。如果这件事像设想的那样可以追溯到 14 世纪,那么它就像化铁炉和火药一样是中古时期的传播结果。

　　研磨的程序更为复杂,也引向更遥远的时代。在欧洲,从新石器时代起结合压碎和剪力的最古老的工具是谷物搓板,它是一个简单的石盘,上面压着一个糕饼状的滑动块。可以在博物馆里看到很多这样的示例。不知不觉中谷物搓板发展成为鞍磨,它有一块枕头状的上磨石,这块上磨石在一块较大的纵向凹的下磨石上来回滚或搓。这种工具也在埃及古画中和埃及、希腊的古墓出土模型和玩具中常常见到,在现在的墨西哥和非洲还可以看到它们在使用。难以将谷物倒进去的困难促使了一种更方便的漏斗搓板(图 300 左)的出现,即是在上磨石挖出一个漏斗,谷物由此倒进去。由此又发展出摆动杠杆操作的漏斗搓板(图 300 右)。所有这些形式都是从鞍磨的阶段开始。从这个摆动形式到真正的旋转磨和扁圆的上磨石在固定的下磨石上转的小型手推磨,虽然可能是由杠杆操作的漏斗搓板的径向动作启发了这项进步,但这种转变的过程还不清楚。图 301 用草图说明总的原理:下磨石总是凸起

115 的,即使是非常轻微,这种设计可让面粉自动地流出;而上磨石是凹陷的,有一个打穿的孔使谷物通过它落在研磨面上去;在孔里架起一个短梁,把上磨石支撑在下磨石中心竖起来的支柱上,如果这个支柱连续穿透下磨石,并且接上一个可动的杠杆(桥架),那就有了简单的方法来调节两块磨石之间的准确间隙。这种装置出现在中国或西方的所有水磨和风磨上。很多手磨有一个手柄偏心地安装着成为一个曲柄。

图 300　往复运动的原始磨［左图为古代西方的漏斗搓板。右图为奥林图斯(Olynthian)磨，是由杠杆操纵的径向摆动漏斗搓板］

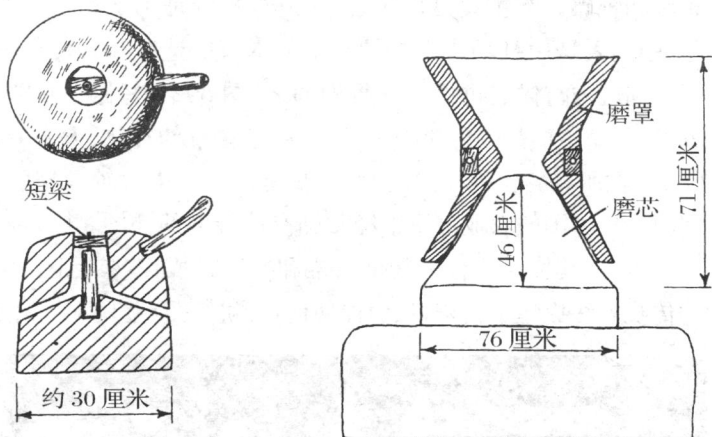

图 301　旋转磨［左图为小型手磨或人力拖动的旋转磨。右图为庞培磨(Pompeian)，它是由畜力拖动的大漏斗旋转磨］

从形态学上来说，旋转磨或手磨是杵和臼对换了个位置，杵被放在下边固定起来，而臼带着一个穿透的孔，在上边旋转，这可能是这个发明的起源的另一个线索。然而对于任何以前的器具来说，旋转磨都是一个巨大的进步，它一定经过了一个决定性的发明阶段，陶轮是它的先例。

116

为了把中国的资料和欧洲的事物发展进行比较，首先必须为所述的创造发明编制一个年代顺序。公元前 2 世纪以前，在任何西方文化里都找不到一个含有磨的"转动"意思的动词，从那时起"推拉磨"和"转动磨"的差别就清楚了。实际上在罗马时代以前，在西方没有任何样式的旋转磨的证据，鞍磨在所有古代西方文化中都使用，还有杠杆操作的漏斗搓板——用位于 Macedonia 的一个镇的名字命名的"奥林图斯磨"(Olynthian mill)——应当看作是古希腊世界的主要谷物磨。

但是还有一个很大的谜，小型手推磨和似乎与更成熟并大量生产的"庞培磨"(驴磨)同时出现，人们期望小一些的手推旋转磨应该出现得更早一点。

881

根据考古学的证据,手推磨仅可回溯到普利尼(Pliny)时期(70 年),但是在加图(Cato)的讲述中确定公元前 160 年它已被相当普遍地应用。考古学发现驴磨起源于罗马统治前的西班牙(约公元前 140 年)。但是,旋转磨的开始使用,大约与公元前 170 年在罗马设立商业性的面包房有关。这个重要的创造发明似乎应当是在公元前 200 年左右,即略迟于西汉的建立。

根据制造所用的材料,在中文里旋转磨有两个字——"磨"和"砻"。一个古老的方言字"䃺"把它们都包括了。另一个"碨"字含有更广阔的意义,它甚至可以包括轮碾和辊碾。砻主要是用于谷物去皮,特别是用于稻米去壳,然而值得留意的是,中国人是用日晒或烘烤的黏土或木头制造它。若使用黏土,通常是在磨"石"还潮湿的时候装进橡木和竹做的牙(图 302),好像在石磨上刻槽一样。另一方面,牙磨主要是一种粉碎用的石磨,把去皮的谷物、大米或裸麦磨碎成粉(图 303)。在所有的各种样式的磨上,都是靠调节中心轴承销的高度来调整中间的间隙。在中国的农业书籍中经常画有旋转磨的插图,并且经常画出在摇手柄上装了连杆,其长度适合于几个人推和拉进行操作(参见图 286)。这种手工劳动的传统做法提醒了楼寿,从而促使他在《耕织图》上写下了相关的诗句:

117

图 302 中国旋转磨[用焙烧黏土或木制的砻,用于谷粒去皮。图中示出正在制造中的下石床。把黏土打进条编的模子里,竹齿(上盘用烟熏过的橡木)以及中心销杆都已就位等待干燥。全部结构的直径约为 40 厘米]

推挽人摩肩，展转石砺齿。
殷床作雷音，旋风落云子。
有如布山川，培楼努相峙。
前时斗量珠，满眼俄如此。

所有这些使用情况都在宋代初期流行。实质性的问题是：在汉代初期的情况是什么样子的呢？

首先，已经清楚的是秦汉以前没有表示旋转磨的字，虽然有些字已经用作动词表示研碎、磨平和抛光的意思。这就使人想到各种样式的杵臼是周代使用的唯一的谷物加工工具，而旋转磨是在公元前 2 世纪初出现的。同样很奇怪，就像在

118

图 303　典型的中国手推磨

罗马旋转磨的发展问题上所遇到的那样，在这个时期的中国，文献和考古的证据之间也有某种不完全一致的地方。争论的焦点是，我们能否确信在汉代初期时旋转磨就已存在。在已发表的汉代的竹简文献中有多处曾提到"对磨"（Pairs of mill），虽然个别竹简的时间很难肯定，但整批竹简的年代是从公元前 102 年到公元 93 年的。特别有意思的是在《世本》里关于旋转磨的一段引证，这段文字肯定至少是公元前 2 世纪的，因为司马迁在筹划和编写《史记》（公元前 90 年完成）时，曾用它作为重要资料来源之一。这段话包括皇室家谱、世族姓氏出身的说明，以及关于传说中的发明人等等。其中提到公输般发明石（转）磨，这是《图书集成》丛书摘抄《事物纪原》（1085 年）的一条评述。

图 304　汉墓出土的典型双进料斗手转磨模型

公输般是我们的一位经常遇到的老朋友了，他是公元前 470 年至前 380 年的工匠，不能被当作无稽之谈而被勾销。在这之后，我们有公元前 40 年的字典《急就篇》、大约公元前 15 年《方言》中的定义，后来由许慎载入公元 100 年的《说文解字》，并为很多后继的字典编著者所抄录。

119

至于考古的证据，我们有汉墓里的丰富例子：带双进料斗的旋转磨的模型（图 304，图 287），有时是单独的，有时伴同碓和其他装置。虽然只有那些东汉墓里的标本可以准确地肯

定其年代,并且其中绝大多数证明不会更早于公元 1 世纪,但中国考古学家们毫不犹豫地认定它们是远至秦代的。因此我们得出的结论是:公元前 2 世纪的前半叶为旋转磨普遍应用的时期,而为罗马人加图(Cato)和瓦罗(Varro)所熟悉的旋转磨,在旧大陆的另一端晁错和赵过同样也熟悉。这意味着我们必须面对一个困难的问题:是传播扩散呢,还是同时发明的? 另一个相类似的问题是,水磨本身在东西方也几乎是同时出现的。然而,把那种动力来源的改变看作是单独的发展还是比较容易的,而只要领会旋转磨这个带基本性的发明本身会有两个分别的来源就难得多了——好比我们必须想到它像青铜铸造、车轮或谷物种植等文化因素一样,没有人愿意承认其单独的起源。埃特鲁斯坎人(Etruscans)和伊比利亚人(Iberians)曾被提到,它有一个共同的起源,但我们还什么都不知道。这种困境在中国和欧洲间更为尖锐。因此,我们被迫再来寻找某个地理上适中的地区,如波斯或美索不达米亚,基本的发明可能从那里向两个方向扩散。

120

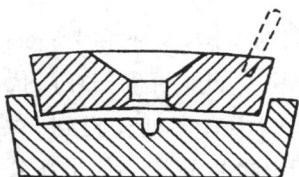

图 305 盆磨或颜料磨

对于前面所说的关于凹和凸的形状,所谓的"盆磨"(图 305)是一个例外,它的上磨石在盆形的下磨石腔内旋转。这种设计在中世纪时代的欧洲相当普遍,但是似乎最初不一定是为了研磨谷物的,可能有一些曾用来研磨颜料。这从来不是中国的样式。有些从中东来的实物可能很古老,但是这些东西还不是中东地区唯一称为磨的最古老的东西。还有来自土耳其的凡湖附近的手推磨,就算不像公元前 8 世纪或前 7 世纪的物品那样古老,但总还古老得足够作为中国磨和罗马磨二者的原型。

在这里,李约瑟博士发现了一个至今尚未提到的可能性:中国的用焙烧黏土、石器或木头制造砻谷磨的办法,是否可能是从肥沃的新月地带或巴基斯坦、印度河谷某处或附近的更早的先例中吸收进来的呢? 在这种情况下,所有在西方和在中国早于公元前 2 世纪或前 3 世纪的关于旋转磨的证据都将是无用的。如果我们的考古火炬的光束只照到了那些用坚固的石头制作的物品,那么它们的前辈可能会永远停留在黑暗之中。中国农业的需要说明他们历代都坚持这种有趣的、确实便宜的、但也许是很古老的办法。无疑地,这些前辈的可能发源地既不是在伊特鲁里亚(Etruria),不在西班牙,也不在中国,而是在中东某地。其实,如果认为只是焙烧黏土的磨是扩散传播的,而石头磨则是公输般和沃尔西尼人两方面的单独发展,倒也不是不可思议的。

让我们来看一看除人力以外的用于磨的动力源。最早和最简单的磨机改良是在磨石上装齿轮装置以得到机械增益,动力仍然是人力。这在欧洲很早就实现了,我们可以从在萨尔堡发现的德国南部古罗马界墙上的堡垒发掘出来的遗物中判断出来,这些遗物包括两根 80 厘米长的铁轴,及在一端装有铁棒作"齿"的木盘的针鼓轮(参见图 272)。显然,这种提灯式的齿轮是为了使磨经过正交轴齿轮转动,由于地点不适于水磨,其推动力仍是人力或畜力。这个堡垒大约是公元 263 年废弃,但这个正交轴齿轮装置是大约公元前 25 年的维特鲁威(Vitruvian)水磨样式的完全重复。虽然齿轮传动的手推磨对于 15 世纪德国工程师们来说是一种过渡,但在中国,证实它们直到近代在农村仍有应用。

121

旋转磨使用齿轮的历史和使用畜力来拉动它们的历史是密切相连的。用驴拉动的磨在西方可以追溯到有关旋转磨本身出现的最初期。因为它是从加图(Cato)时期开始的(约公元前 160 年),因此,它比水磨大约早一个世纪,可能比手磨和手推磨还早些。

122

另一方面,在中国后来才出现了合理顺序的颠倒,而且似乎更可靠些。中国好像先有水磨,因为我们可以看到在 31 年它已经达到高度完善的程度。而我们找到的畜力磨的记载是在大约 175 年,是说后来做了大官的许靖当时年轻不得志,曾以马磨为生。在唐代经常使用蒙起眼的骡子。历史上水力和畜力顺序的颠倒还可以引这样一个稀奇的情况为证据,即在王祯的时期(1313 年),当然也在以后时期,由牲口拉的磨叫做旱水磨。我们在 1360 年的文献中读到皇宫里的磨安装在一座专用建筑物的楼上,在楼下是缓步前进的驴和游荡闲聊的人。这个磨房是由一位姓瞿的聪明工匠修造的。在现今中国农村地区仍可以广泛地见到这样的装置,即同样的设计再加上机械化的面粉筛。在大量传统的农业论文中我们看到畜力或直接用在磨上(图 306),或经过传动带使用(图 307)。

123

图 306　牛拉谷物磨(采自《天工开物》,1637 年)

124

图 307 骡拉谷物磨（来自大绞盘的交叉传动带使角速度增大。采自《天工开物》，1637 年）

一旦控制了较人本身更大的力量，就没有理由不能使一连串的磨在同一根传动轴上工作。欧洲对这个问题的理解似乎非常缓慢，但中国的历史学家记载了 3 世纪的好几个人采用成组齿轮传动磨的功绩。曾写过并流传了下来的关于南方奇异植物的书的杰出博物学家嵇含，写过一首八磨赋，其中写道："外兄刘景宣作为磨，奇巧特异，策一牛之任，转八磨之重……"真正发明人的姓名在这里毫无疑问地为我们保存了下来，但他还不一定是最早的一个，因为有些文献把这个设计归功于上一代的杜预（222—284 年）。至今还不能肯定开始时这种成组磨是由水力还是畜力驱动的，但是八磨后来趋向于成为水力推动的成组磨装置的同义词。畜力齿轮传动磨组的古典画如图 308 所示。

已经提到过了使用轮状的物品和辊子达到磨和辊的目的。最简单的是纵向移动的轮碾（图 309），这仍然在中国普遍使用，特别是药剂师和冶金家们，但在欧洲很少有人知道。有时候是用脚踏的。如果这种古老器具的较发展形势在中国的商代和周代就为人所知，那就会诱使人们认为它是从鞍磨直接演变而来的，还可能是通过曲柄驱动的立式旋转磨轮。但事实上并非如此，我们要追溯到中国早期出现的用于切割玉石的旋转圆盘刀——这项技

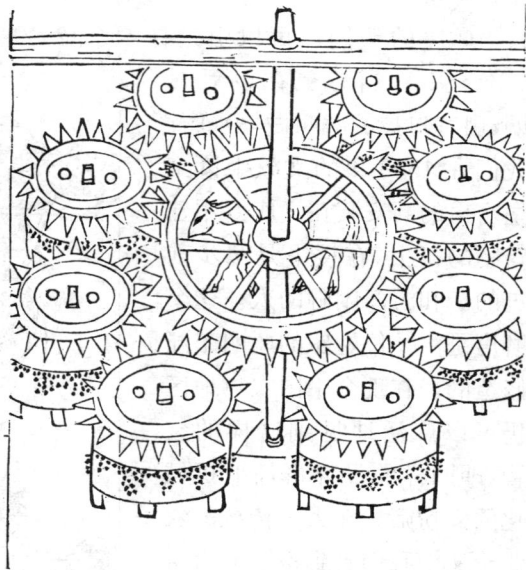

图 308 齿轮传动的畜力磨组（八台磨由中心的绞轮直接带动。采自《农书》，1313 年）

术至少可以回溯到汉代的初期,甚至周代的初期(公元前 13 世纪至前 3 世纪)。

如同从谷物搓板转变到手磨那样,滚轮转变到沿着环形的轨道或沟槽旋转。这种形式的磨在中国的书里往往不是画一个单独轮,我们所见到的最古老的图是画出同一直径上相对的两个轮(图 310),最常见的现代变形可能是两个轮子布置成转向架形式,一个紧跟着另一个。轮和辊子的差别当然不是绝对的,而所描述的辊碾围绕环形轨道,可能是从滚耙来的一项发展,这在中国是古老的,另外,有证据表明欧洲 18 世纪的滚耙是由它演变来的。如果这种辊子用来脱粒,它就会很自然地发展用作辊碾,因

图 309　纵向移动轮碾(这里在研碾朱砂制取银朱,主要用于采矿和制药业。采自《天工开物》,1637 年)

为它将被驱动着一圈圈地在打谷场地上转圆圈。简单的手推辊碾(图 311)在中国一直是主要用于碾小米,但辊碾(多半在碾对面带一个进料斗)是用作去谷壳的办法(图 312)。

至于这些碾在中国古代的样式,汉代的样式无疑已是为人熟知的,因为大约 180 年服虔在《通俗文》里对此作过注释。它们是否像旋转谷物磨那样可追溯到汉代初期,这很难说。但是在明显更简单的轮碾上还有比所能看得到的更多的东西。这个装置可能是中国宇宙学最古老理论的模型——在盖天说理论中,天空被认为是一个盖在凸圆大地上的圆顶,它们被一个环形槽分开——它至少早在战国时期就已经存在了。此外,如果秦或汉初就使用了在相对方向安装双轮的样式(图 310),那它有可能为公元 1 世纪以后的指南车上的差动齿轮组中的惰轮提供了一个模型。至少有证据说明这个式样在唐代已存在。因为有则有趣的故事是关于一名叫张芬的臂力特别强大的工匠的:大约在 855 年,他给和尚做工,能够赤手把一台双轮水磨停住。

125

128

126

图 310 旋转双轮碾（用于小米、高粱、大麻等等。采自《天工开物》，1637 年）

要和欧洲作比较有点困难，因为那里存在另一个谜，这就是想不到那样早地出现一种比旋转手磨或庞培谷物磨复杂得多的旋转碾。好像是地中海各国独特的橄榄收获的特殊需要，早在公元前 5 世纪就在希腊促成了一种轮碾和手磨高度结合的联合体，它就是球面式橄榄油碾，设计得可以从果肉中整个地去核，然后从肉浆中压出油来。如图 313 所示。另外还有一种橄榄碾，就是柱面式橄榄碾，它要简单一些（图 313，右图），这种碾碎仅发生在碾压部件的下面而不在两侧。

在古典时代后期，球面式橄榄碾在欧洲似乎完全绝迹，但在印度的榨油坊里有一个来历不明确的非常类似的机器，杵状的碾碎器由被牲畜拖动的杆带动绕着碾的中心绕圈。另一方面，柱面式橄榄碾在欧洲让位给了轮碾和辊碾，这两者是在中世纪和以后的时期内出现的。然而，文艺复兴时期的书籍上出现的轮碾很像是中国式的。由于这种碾的普通名称叫做"火药碾"，它虽具有西方形式，但可能不是全由罗马的柱面式橄榄碾直接演变而来，而是受中国的影响在 14 世纪初期随火药技术向西输送来的。至于中国轮碾和辊碾的根本来源，似乎很不像从旧大陆的另一端为了一项东亚极不熟悉的工业所发展的一种更复杂的装置演变而来，而更可能是从脱粒和耙地的操作或从玉石工艺使用的旋转圆盘刀自然进化来的。

虽然名称起得不好，但辊碾必须和滚辊机区别开来。前者具有一个或几个辊子连续地在一个环形轨道上运转；后者则是利用两个彼此相邻、转向相反的辊子的压榨和剪切性能。它们在铁的技术时期为了制成金属棒和金属条而变得十分重要，其最古老的代表当然是轧棉机和轧蔗机。轧棉机总是装

130 成立转的，而轧蔗机一般都是水平转动。中国好像不是这两者的起源地，因

为棉花和甘蔗本来都是南亚的土产。实际上，轧棉机在它的首幅插图出现在《农书》（1313年）上以前，不可能在中国已经用了几个世纪，而轧蔗机在《天工开物》（1637年）以前没有出现过图。

筛和榨

　　现在只需对筛和榨的技术再说上几句。为了筛出各种粉末或筛面粉，中国很久以前就使用一种摇摆动作的脚踏机器。从图314可以看到，老农通过把自身的重量从摆动轴的这边移到那边来操作一个箱式筛。虽然李约瑟博士没有找到这种脚踏机器的任何17世纪以前的插图，但在4个多世纪以前的《农书》中却已描述了这样一种结合了水轮的摆动筛系统，它变旋转运动为往复运动（图315），完全与中国水排的纵向旋转运动相似（将在第五卷叙述）。因此，必须肯定这个箱式筛为宋代的，而且很可能还早得多。

图311　两女子使用手推辊碾（采自《天工开物》，1637年）

图312　畜力带料斗和地轮的辊碾（采自《农书》，1313年）

　　把东方和西方的压榨设备进行比较，就会在技术史中提出从未研究过的一些有趣的问题。恰巧在这个领域里，我们特别清楚地了解地中海地区独特的榨油和酿酒行业所用的压榨机的发展年表。因此，我们可以方便地从已知走向未知，先讨论西方的办法，然后再与中国文化中的典型压力机进行比较。

　　古希腊的基本文献表现出了图

889

129

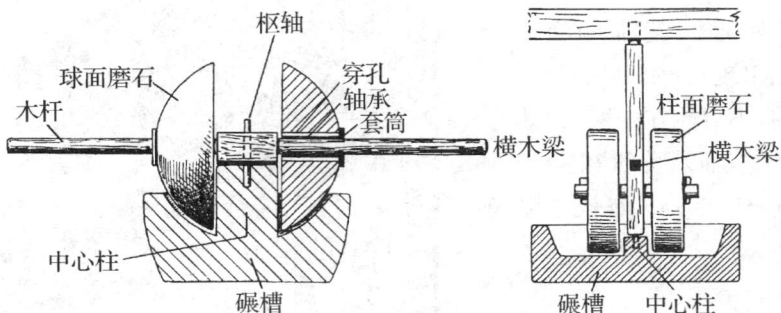

图 313 橄榄油碾(左图,球面式橄榄油碾,古希腊的特征。右图,柱面式橄榄油碾,另一种类型的橄榄碾,用于古希腊世界)

131

图 314 脚踏机械筛或称脚踏筛粉机(采自《天工开物》,1637 年)

316 中的简图所示的机器类型,告诉我们在公元前 1 世纪以后,压榨橄榄浆和葡萄使用的大型压力机都装配了螺旋机构,而在此之前使用的是绞车和重砣。尽管当时是知道楔式压力机的,但这类机器好像都是用来加工药品、香料油、衣料纤维和纸莎草。

中国的方式与此截然不同。在中国最重要的压榨机形式恐怕一直都是利用楔块,用大槌或悬挂的撞槌把楔块立着或横着打进去(图 317)。不管怎样,《农书》在 14 世纪初是这样描述的。虽然相对小些的欧洲的楔式压力机都是用梁柱框架结构,但是用于榨取属于其文化特征的大量品种的植物油(例如大豆油、芝麻油、菜籽油、

麻油、花生油)的中国卧式榨油机,都是用大树干开槽挖空制作而成的。在槽里面放入要压榨的、做成饼状的、用竹绳圈起再用草绳捆好的原料(参见图

316，4b），然后整块放进槽内并
用楔块逐步增加压力。这个办
法利用了天然木材抗张力强度
高的优点，似乎这是很古老的
土办法，在西方很少有与它类
似的。

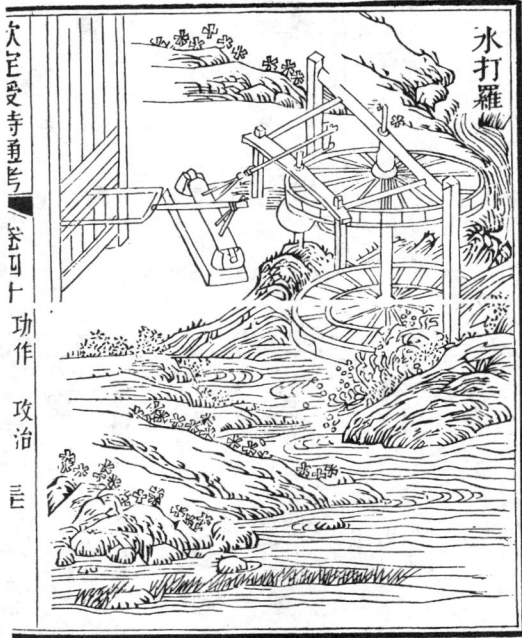

133

图 315　水力机械筛或称水力筛粉机（用与水排
同样的原理建造。采自《授时通考》，1742 年）

　　在传统的中国技术中，间
接杠杆梁式压力机也曾用得很
多，其中之一是造纸和烟草工
业常见的绳索离合压力机（图
318），与图 316 中的 1a 型近
似，然而不同的是它有一个
简单而巧妙的绳索装置，除
了向下拉压力梁之外，还对
绞车起制动作用，这就使任
何倒爪和棘轮都不需要了。
此外，它有古老设计的所有
特征。中国的间接杠杆梁式
压力机的另一种主要类型明显不同于任何欧洲式样（见图 316，1c），因为
它用于一种典型的中国产品，即制豆腐，所以不像是引进的。这里用一块
石头或铁的重砣，和 1b 型一样，但不是被滑车和绞车提起，而是去压一根
经过可调节的连杆装置与主梁连接的杠杆，这样，当加了一定的压力之
后，重砣可以被提起来重新调节带孔的棘杆，以便在豆腐由于排出水分体
积减小之后继续加压。这样的解决办法恰好符合链系在中国的古代工程
技术中所占的显要地位。

　　对于这些装置的历史没有人进行过研究，曾经有猜测说可能是通过罗
马叙利亚商人的访问把杠杆梁式压力机传播给了中国，但是这种说法没有
根据。如果我们从谷物磨上所见到的可以借鉴的话，我们或许可以预言将
会发现压力机是并行而且可能是同时发展的，是从用重石坠压梁或用楔块
挤紧松散物等原始的办法演变而来的。旧大陆两端一个显著区别是中国没
有螺旋压力机，但这只是又一次表明对于这个文化来说这种基本机构是外
来的。

134

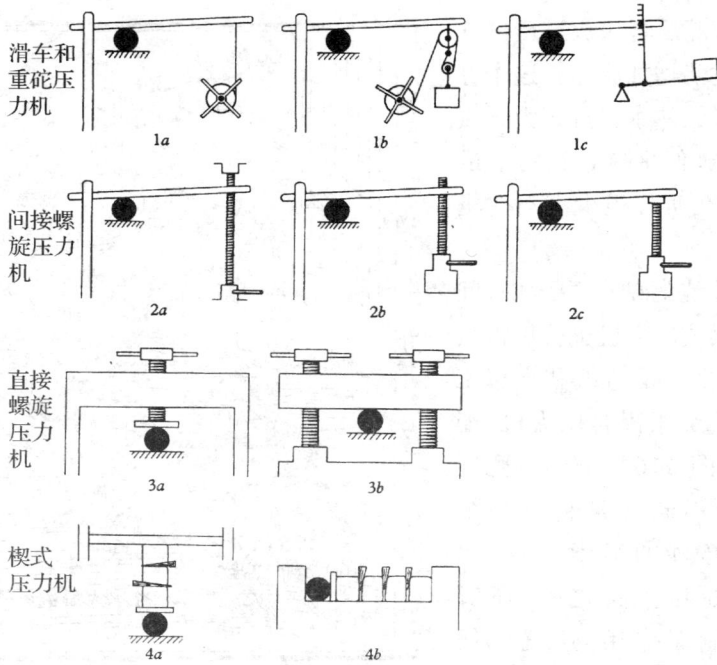

图 316　在希腊和罗马使用的压力机的主要类型

136

135

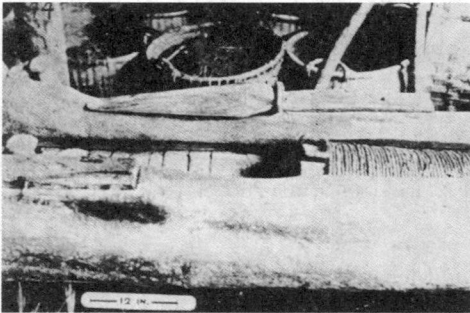

图 317　最具有中国特征的榨油机（是用一根大树干开槽挖空制造的。图中树干总长1.6米）

图 318　造纸和烟草业使用的绳索离合压力机模型〔默瑟博物馆（Mercer Museum）。在下梁的叉形端中间绞车上的突出栓钉拉紧一根绳索，把上梁拽向下梁。由于绳索还在叉形端外面绕绞车两圈，它在给压力的同时还施加一个强大的制动力量，这样，当手把杆从一个孔移向另一个孔的时候，绞车不至于飞转回去，制转的棘爪机构是不必要的〕

第四节　旧技术机械；耶稣会士的 135
新事物和并非新的事物

直到现在，我们所谈的毫无疑问都是中国传统机器。但是我们曾看到，煤和铁的旧技术时代在17世纪初期是对中国的技术施加影响的，在此期间通过耶稣会士及其影响下出版了的三本工程技术书。这就是1612年的《泰西水法》，《奇器图说》和《诸器图说》，后两者都在1627年。关于它们给中国工程技术的实践带来多少真正的新事物，已经有人做出了十分错误的结论。考证表明，书中包含着被画得相当差的图画，画家并不能很好地了解他所要表现的东西，这些插图都是从知名的欧洲书上摹写来的。例如，1578年雅克·贝松 136
(Jacques Besson)的《数学仪器和机械器具博览》(*Theatre des Instrument Mathematiques et Mecaniques*)；1588年阿戈斯蒂诺·拉梅利(Agostino Ramelli)的《奇异精巧的机器》(*Diversi e Artificiose Machine*)；1607年和1621年宗卡(Vittorio Zonca)的《机器新舞台和启发》(*Novo Teatro di Machini e Edificii*)；1615年浮斯图斯·威冉提乌斯(Faustus Verantius)的《新机器》(*Machinae Novae*)等。换句话说，耶稣会士和他们的合作者们所描 137
述的机器和装置相当大的部分都是西方发表不久的专利。但是，也有一些机器在欧洲很久以前就都知道了的，因为关于它们的手稿可以追溯到15世纪，甚至追溯到13世纪(参见表49)。但是相关的问题在于对于中国来说，耶稣会士的"新事物"究竟有多新。例如，在1726年的大丛书《戎政典》里轮船的图片显然是从西方抄来的。但中国使用脚踏机械操作的轮船至少可以追溯到8世纪。实际上，就算某本耶稣会士的书中的某张插图是直接抄自某部西方作品，但这本身并不能就说明图里的事物对于中国人来说是新颖的，虽然对于和耶稣会士所接触的具体人来说可能是新的。在此看看循环链式输送机或挖掘机的情况。鉴于脚踏翻车在中国已经是很古老的工具，如果从来没有任何人想过这样的装置经过改造可以在土方工作中作挖掘之用，那就太奇怪了。果然，11世纪末期的魏泰在他的《东轩笔录》里告诉了我们如下的故事：

　　麟州据河外，扼西夏之冲。但城中无井，惟有一沙泉在城外。其地善崩，俗谓之抽沙，每欲包展入壁，而土陷不可城……
　　熙宁中，吕公弼帅河东，令勾当公事邓子乔往相其地。子乔曰，古有拔轴法,谓掘去抽沙,而实以炭末堁土。即其上可以筑城,城亦不复崩矣。愿用此法包展沙泉,使在城内,则此州可守也。吕从之,于是人兴板筑,而包沙泉入城。至今城坚不陷,而新秦可守矣。

138

表 49　在耶稣会士影响下出版的中国
书籍里描述的机械及其插图

插　图　内　容	附　注
《奇器图说》(公元 1627 年)。所有的图都在《图书集成》、《考工典》中重绘过 起重 (1) 和(2)杆秤原理 (3) 辘轳(用手杆扳动)用作三脚吊架的起重机 (4) 辘轳(用曲柄)用作四脚吊架的起重机 (5) 绞盘和滑车用作四脚吊架的起重机 (6) 如(4),但用两台辘轳 (7) 曲柄和转动带(利用机械增益)作起重机 (8) 输送机;循环的篮筐链带(使用普通手摇曲柄,但显示了涡轮) (9) 输送机;循环的方箱链带(普通手摇曲柄转动上链轮,如 8) 引重 (10) 在辊子上牵引,用链条绕过链轮,操作用手摇曲柄和正交轴齿轮(机械增益) 转磨 (11) 营地磨(四轮车上装两台磨),牲畜转动 转碓 (12) 舂磨,主轴上的凸耳提升直立的杆,主轴由两个人用曲柄转动 《诸器图说》 (1) 竹编风叶或帆的卧式风车直接带动磨 (2) 连弩扳机的部件	中国从公元前 4 世纪起已熟悉在传统的中国书里没有插图,但是至少从汉代起必定已经知道并使用了。参见图 275 宋代好像已经使用了 对于前面连续链条的使用和这里的链条装置,应当想到宋代苏颂的链条传动 在中国车上装磨可追溯到中世纪初期;参见图 331 与中国几世纪以来用的水碓的唯一区别是舂杵为直立安装 使人想到中国的盐场风车 中国古代的

"拔轴法"这个词可能是被形象化了的,表示一种交换的方法,即是用某种水泥或混凝土来代替沙,但是如果我们愿意从字面上进一步研究它,那就要设想一种和链泵同样构造的连续链式挖掘机,它用篮筐或斗箱从下面把废土铲起,运到上面后再抛出。它或许就像今天在中国广泛使用并由各地自造的循环带式输送机一样。

139　在总结关于这些装置在 17 世纪期间传播的情况以前,让我们简单地看一下《奇器图说》划分的各章。起重,大部分是各种形式的辘轳滑车。其中包括刚才所谈的挖掘机,但是奇怪的是,杆秤和起重辘轳都还仔细地加以解释——这都是中国人自战国时期以来就使用了的设备。同样的有第三章的辘轳,"转重"。第二章,"引重",除了蜗杆的使用外,很少能算是新事物。第四章,"取水",其中阿基米德螺旋式水车和曲轴泵无疑是新的。第五章,"转磨",大部分是关于风力的利用,对中国来说这完全不是一个新的课题。接下来是一台立式舂磨,它是典型的欧洲式设计而不是中国式的;一个来源肯定不是欧洲的旋转书架;亚历山大里亚救火用的压力泵;维特鲁威的转盘水钟,具有轮子和棘爪装置;机械的牵引犁。

　　绳索犁耕在蒸汽机和内燃机出现以前不大可能使用,同时它很有趣,因为它似乎提供了中国采用耶稣会士所介绍的而改进的齿轮装置的一个实例。图 319 是《奇器图说》里的插图,它必定是抄自贝松(Besson)的著作,但在欧洲它的历史可以追溯到公元 15 世纪。所有这些图都是不实用的,因为都只画了手扳绞车,而任何有效的系统都必须包含齿轮装置。这样的装置在 1780 年由李调元收入他写的《南越笔记》一书里,他在这本书里确实描述了这些装置在当时广东的使用情况。

> 　　木牛者,代耕之器也。以两人字架施之。架各安辘轳一具。辘轳中系以长绳六丈,以一铁环安绳中,以贯犁之曳钩。用时一人扶犁,二人对坐架上,此转则犁来,彼转则犁去,一手能有两牛之力,耕具之最善者也。

140

140

图 319　机械或绳索犁耕[插图采自《奇器图说》(1627 年)。这是欧洲的老想法,但无论是在欧洲或是在中国,直到 16 世纪末期大概都没有实践过]

这里使用了"坐"字,意味着它是用脚踏而不是手转曲柄。若果真如此,那真是一项非常中国化的改进。所描述的动力情况也表明有某种简单形式的齿轮装置。机械增益在欧洲15世纪的设计中并没有出现,表明绳索犁耕在当时只是一种概念,但可能在16世纪接近末尾时实际采用过。

在耶稣会士时期,中国人采用西方技术的另一个明显实例是把压力泵安装在车上用作救火机。薄珏于1635年在苏州曾经制造出来过。

一个初步的传播对比清单

现在让我们试列一张清单。首先我们可以列出被认为是欧洲人所介绍的10种机器和装置:(a) 阿基米德螺旋式水车和涡轮;(b) 亚历山大里亚提西比乌斯双重压力泵;(c) 罗马鼓轮式脚踏机;(d) 塔形立式风车;(e) 曲轴;(f) 倾斜式脚踏机;(g) 槽梁式桔槔,这是一个长管状的提水装置;(h) 旋转锥形凸轮推动的提水装置(双桔槔);(i) 勺状桔槔;(j) 旋转水泵。在这些东西当中,第五项远较其他的都重要,尽管距离它用到外燃或内燃机上去的日子还很遥远。第一、第二和第十项原则上也十分重要,不过只有第一项基本上是新的,因为其他我们都已经看到,单缸双动压力泵在宋代已经为人所熟知,而旋转空气压缩机更早得多。阿基米德螺旋式水车在17世纪及以后在中国和日本都有很多地方采用了,甚至在文献中也有些地位,同时作为城市的救火机的两缸压力泵流传得更广。也介绍了重锤驱动和发条驱动的机械时钟,尽管它们是在17世纪末才进入中国的。至于其他的,有些很难说是事实,因为从来未见它们在任何地方采用过。

17世纪的几本书又提出了13种机器或装置,其实向中国介绍这些东西是根本不必要的。它们是:(a) 杆秤;(b) 辘轳、绞车和绞盘;(c) 曲柄;(d) 滑车;(e) 架式起重机;(f) 齿轮;(g) 虹吸管;(h) 链泵;(i) 传动带和链条传输动力;(j) 行军中用的流动磨车;(k) 风车;(l) 碓式舂磨;(m) 便利装置如旋转书架。所有这些,中国人都早已知道并加以使用了。锯机、吸引提升泵和水日晷这三项的地位还不清楚:锯机是因为在任何传统的书上都没有刊载它的插图,也只见到过一处关于它的文字叙述;吸引提升泵是因为四川的盐井汲筒差不多与它相当,于是我们猜想中国人至少可能已经知道了这个原理;水日晷是因为它很可能在中世纪的中国就使用了。

最后,在耶稣会士的书里当然有很多的装置不会被提到,它们都是早先从中国传到欧洲或还在继续向那里传播的。虽然在本书第一卷第76页的表6中很详细了,但在这里提一下主要的装置也许有所帮助:(a) 翻车;(b) 双动单缸空气泵；(c) 深井钻探技术；(d) 水力轮碾（火药）；(e) 用于锻造以及舂谷物的水碓；(f) 旋转风扇或空气压缩机；(g) 用传动带或链驱动的动力传动；(h) 机械的时钟机构；(i) 双斜齿轮；(j) 卧式整经织机；(k) 提花织机；(l) 缫车；(m) 绞丝和并丝机；(n) 结合偏心、连杆和活塞杆将旋转运动变为往复运动，体现在竖排上；(o) 独轮车；(p) 加帆车；(q) 一种构造结构的形式体现在车轮的碟形上；(r) 挽带里的链系；(s) 颈圈挽具；(t) 弩和连弩；(u) 炮或抛石机；(v) 火箭飞行；(w) 弓形拱桥；(x) 河道闸口；(y) 造船方面的很多发明，包括船末舵、防水隔舱和纵向帆。它们之中的有些是耶稣会士没有提到的，但可能正是因为耶稣会士才使得扬谷机在 18 世纪初期能向西方传播。

剩下的还有若干种机械和设备必须说上几句。其中有的在整个旧大陆的广阔范围内很普遍，可是我们对于它们真正首次出现的发源地还一无所知——这里面可以提到的有运河上的滑道，最重要的锁和钥匙机构，以及滚珠轴承的最早形式。如果某项技术的起源在中国和在西方都可以确定在大约相同的时间段里，这就会出现令人疑惑的局面；明显的例子也许是出现在公元前 2 世纪初的旋转磨，还有公元前 1 世纪期间将水力应用到磨粉和其他方面。另一类可以说是那些起源还很不清楚的发明，例如曲柄，我们只能说中国在它的历史上占有一个光荣的地位。还有可能某些中国的发明在耶稣会士到来之前已经消失了。将水力应用于缓慢转动的天文仪器并进而到机械时钟，这种技术在 1600 年已明显地处于衰退期。还有一个更极端的情况是关于差动齿轮的原理，中世纪的指南车几乎肯定是用上了它，但是它一直局 143 限于被少数几个宫廷技师所掌握，而到 16 世纪末则完全失传了。总而言之，我们的清单显示出，传统的中国技术面对着正在兴起的文艺复兴时期西方的技术，在基础原理方面是没有什么可惭愧的。耶稣会士曾正确地预感到即将来临的西方机械化和科学工业的风暴，而中国社会对此却是毫无准备，站在中世纪的结尾，他们却过高地评价了欧洲以往的贡献。

紫禁城里的汽轮机

汽轮机是旧技术时期的最高发展，它在新技术时期时发展成了汽车。有一个场面在中国是这样子出现的：大约在 1671 年闵明我教士（Philippe-Marie Grimaldi）为年轻的康熙皇帝组织了一次精心筹备的科学演示，在为那次会见而展出的光学的和汽动的稀奇物件当中，有一个模型蒸汽车和一个模型蒸汽船。车长超过 60 厘米。蒸汽以喷射的形式喷出，撞击到小轮子的叶片上，这个小轮子是通过齿轮与地轮连接起来的。另外，这个模型的轮子较小，

144

图 320 汽轮机车的模型〔由闵明我制造，约在 1671 年和许多其他科学技术表演一起为年轻的康熙皇帝演示和讲解。这是米兰的国家科学与技术博物馆（Museo Naz. Della Scienza，Milan）中的一个复制品〕

车子绕圆圈行走，据说使车行走了两小时整。现在已复原了一个与此相似的机器（图 320）。船大概是四轮的轮船。

南怀仁教士（Verbiest）大约在 1665 年就已经开始制作这个试验模型了。一般的看法是，这个计划是根据意大利工程师布兰卡（Branca）的建议而制订的，但是所争论的是在那个计划中没有一项是切实可行的，但是也无法怀疑闵明我的模型是否是真的实验成功了。有趣的是，涡轮原理一直到 1922 年永斯特伦（Ljungstrom）所做的工作以前都没有在正式的机车上成功应用。轮船的推动也是如此，直到大约 1897 年查尔斯·帕森斯爵士（Sir Charles Parsons）的汽轮机出现以前都没有人成功过。南怀仁和闵明我的一部分创作灵感，可能是受到前已谈过的中国古老的走马灯的启发。但是，李约瑟博士倾向于认为，走马灯用的斜叶片体系传至竹蜻蜓并由此到螺旋桨，但都不是耶稣会士们采用的蒸汽喷射的涡轮转子。另外，他认为汽锅的形状指出了另外一条并行的路，这就是蒸汽喷射的吹火器。这类汽锅的最简单形式是带一个针孔喷嘴的壶或汽锅，这个针孔喷嘴能使喷射出来的蒸汽准确吹到火上。拜占庭的菲隆（约公元前 210 年）创造过一个用蒸汽喷射保持燃烧的香炉；维特鲁威和赫伦也都提到类似的装置。后来大阿尔伯特在 13 世纪详细地描述了一个这种装置。还有，在后来的技术手稿里有

145 几张画表示出了一些青铜的头部的塑像，从它们的嘴里都喷出一股气流。在布兰卡和其他人之后不久出现了喷气"涡轮"。

现在可以看出，我们是处在蒸汽机的锅炉"出生前"的形象前面。但在 1629 年布兰卡用了一个风神的头像，从这个头像的嘴里能喷出蒸汽流，并且基歇尔（Athanasius Kircher）在 1641 年也这样子做了。问题是：这股气流应当吹向何方？当德拉·波尔塔（Della Porta）在 1601 年表演将一股蒸汽喷射到密闭的容器里，这股喷射的蒸汽把其中的水吹空，然后又通过使蒸汽凝结

而造成容器内的真空把水吸进去的时候,他更接近了引向蒸汽动力的惊人进展的轨道,这就是往复式蒸汽机而不是汽轮机。

但是这里出现了意外。人的头和半身塑像是欧洲幻想的产物,而蒸汽喷射吹火器还有另一个重要地区,即喜马拉雅山区,特别是中国西藏和尼泊尔。在那里它们目前还做成瓶状的锥体铜壶,顶端是鸟头,嘴有时相当长,朝下,在尖端有针孔。在普通水壶中蒸汽的压力很小,起不到与它同样的作用,这个事实可以证明这个发现有它的单一的来源。当然了,旅行在木材极少和海拔很高的古代丝绸之路上和中亚的其他沙漠和山区里,吹火器的确是很有用。但是如果这样,值得注意的是,属于蒙古—中国西藏—波斯文化的中亚地区好像也是风车的最早家乡。并且在文艺复兴时期的意大利又一次有了中亚的奴隶。不管怎样,这个例子启发了人们,可能激励人们向阿拉伯—伊朗的方向去寻求布兰卡建议的原型,即蒸汽喷射和叶轮的第一次结合发生在中亚某处。

第五节　　"卡丹"平衡环

有一种装置,无论是从基本原理或是从中国的古技术机械来说都还没有机会讲到,这就是看起来很简单但却能保持一个物件水平平衡的圆环组合件,即常平架。大多数人对它是熟悉的,因为人们都看到了它在文艺复兴时期的一项最广泛的用途:作为航海罗盘的支架,使之不受船的运动的影响。如果三个同心环用一系列枢纽连接在一起,使枢纽的轴交替地相互成直角,同时,如果中心的物件配有重量,并在最里面的枢纽上可以自由活动,那么,无论外壳停留在什么样的位置上,中心物件将自行调节以保持其原来的位置不变。这个装置之所以被叫做卡丹平衡环,是因为它是由杰罗姆·卡丹(Jerome Cardan)在他 1550 年写的《论精巧》(De Subtilitate)里描述的。但是卡丹没有声称这个发明是他自己的,他提到有某种椅子让皇帝坐着可以不受颠簸,并且说,这个设计原先是为油灯用的。实际上在早于卡丹很久之前它在欧洲就已经出名了,也许它的使用历史可以追溯到公元 9 世纪。阿拉伯人也熟悉这种装置。

1950 年,李约瑟博士有一天在巴黎市场上散步,偶然看到两个具有卡丹平衡环的中国西藏工艺的黄铜球灯,尽管它们的制造时间可能是近期的,他购买了其中的一个(图 321)。在伦敦的维多利亚和艾伯特博物馆收藏有中国

147

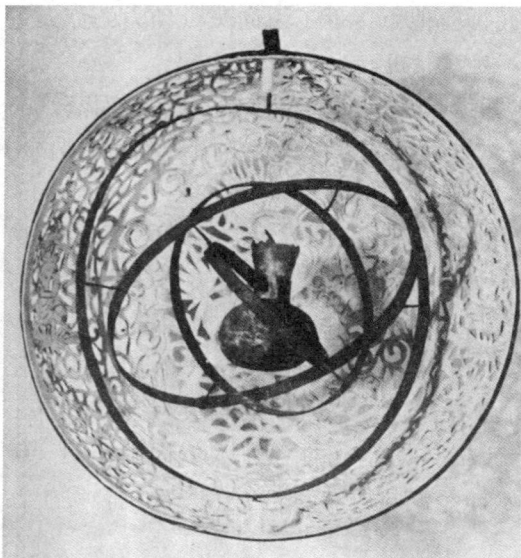

图 321　西藏黄铜球灯的内部［显出平衡环的四个环和五个枢轴（布伦尼摄影）。一个蜡烛头代替了原来的油灯芯］

的带有卡丹平衡环的熏香炉实物。中国的带有卡丹平衡环的暖床炉也很出名，好像还有某些省用竹做的带平衡环的灯笼，特别是那些代表月明珠在舞龙队伍的龙头前面欢乐挥舞的灯笼（图 322）。当我们了解到我们掌握了一则关于这种装置的 2 世纪中国的记述，知道除了拜占庭的菲隆的一段可疑的文字以外，这段记载要比任何欧洲的或伊斯兰的都早很多，如果再认为中国西藏的常平架传统是来源于卡丹和意大利文艺复兴，那就大错特错了。《西京杂记》讲：

长安巧工丁缓者，为恒满灯，七龙五凤，杂以芙蓉莲藕之奇。又作被褥香炉，一名被中香炉，本出房风，其法绝后。至缓始更为之，为机环转运四周，而炉体常平，可置之被褥，故以为名。

148　记得以前曾谈到过丁缓及他的走马灯和空气调节风扇。上面所说的唐代的香炉似乎是丁缓的打不翻的香炉的直系后代。实际上丁缓的成就并不是一件巧妙的新事物的孤独事例，因为关于平衡环的参考资料几乎在中国以后每个朝代的文献里都能找到。丁缓只不过是复活了在很久之前流行的一项发明，司马相如（卒于公元前 117 年）写的《美人赋》中一段稀奇的文字为这句话增添了色彩。司马相如在这篇赋中美妙地描写了两次诱惑的情景来为自己不好女色而针对某亲王对他的指责进行了辩护。其中的第二个情景是在一处空置的王府或远郊的皇家别墅里发生的，在详细地描写的家具、帷幔、被褥等等之中我们看到有"金钟熏香"。既然这篇赋的写作时间大约是公元前 140 年前后，那么，这个发明可能属于公元前 2 世纪而不是公元 2 世纪。

常平架的偏移以后能恢复原位的有效动力，可以说是中心物体的重量，所以动力是从里面向外施加的。但是有人想出从外面施加动力的主意，于是一项重要性甚至更大的发明就出现了，这就是万向节。这里的外壳变成了有

149

一个 U 形部件处在传动轴的端部,相应的,在受力轴的端部有另一个 U 形部件,两者的连接是通过一个互为直角的枢轴连接部件。原先这个部件是一个带有互成直角的短钉的球。它的发明时间是 17 世纪,归功于 1664 年的肖特(Schott)或十年后的罗伯特·虎克(Robert Hooke)。万向节在今天的最大用途是用在汽车的传动轴上,而当两轴之间的夹角比一般机动车曾使用过的还大得多时,它将以低速工作。可是,每天都坐汽车的人很少体会到,这样重要的一个装置的血统仍要在中国追寻。

　　总的来说,我们目前面临着一种以后还会遇到的情况,即关于一项发明的来源,由于第一个欧洲参考资料不可靠而使其结论

图 322　儿童耍龙灯〔鲁桂珍博士收藏的嵌花屏风的一部分(布伦尼摄影)。传统的习惯是在农历正月十五日举行这样的游行,一盏球灯代表月明珠,如画中所示,挥舞在起伏的龙头前面。关于龙和月明珠的象征,参见本书第二卷,第 109 页和图 67〕

有点困难。我们如果采取保守的观点,把拜占庭菲隆的常平架看作是阿拉伯人后来插进去的,那么第一个常平架的荣誉是属于丁缓(或房风)。而阿拉伯人则充当从更远的东方传播这个装置的角色也不是不可能的。如果要问是什么启发了常平架的发明,人们不可避免地会想到它是从制造帮助天文学家 150 找到天空中星星的位置的浑仪而来的,因为在浑仪中这些环也必须一个套一个地用枢轴连接起来。前面我们曾粗略提到过在公元 1 世纪时,中国的某些行业手艺人在制造浑仪,丁缓可能就属于他们中的一员。不管怎样,“卡丹平衡环”是卡丹的,就像“帕斯卡三角”是帕斯卡的一样。

第六节　锁匠的技艺

　　在中世纪的工匠当中,锁匠和磨匠一起肯定在煤和铁的旧技术时代初期

提供了当时所需要的手艺。可惜,至今关于亚洲锁匠艺术的历史连最起码的一页都还没有,所以,我们只能指望写出一个很简单的概略。

虽然锁的技术经过精心改进到后来发生了千变万化,面貌全新,姑且不管对现代的定时锁、保险箱等所花费的聪明才智,锁的基本要点还是相当简单的。最早的锁不过是一个在木块里面滑动的门闩,为了方便就装在门上。第一个改进是增加一个止动节和两个卡鼻,防止门闩掉出来;其次是在墙上增加另一个卡鼻或加锁。以后为了从外面能开门,就开一个孔使手能伸进去。而进一步的改进是将孔缩小到只能放进去一个机械工具——钥匙。所有这些样式都能追溯到埃及的古代,同时在今天的乡村里当然会有这种锁流传下来。在中国和其他地方也都是如此。

这种锁之所以被称为"荷马式"的,是因为在荷马写的《奥德赛》(Odyssey)里提到过它。它的门闩是在出门的时候用穿过门或门框的绳子拉上,门外留下一个绳圈。这种锁用的钥匙(名叫 Clavicula)是锁骨或肩胛骨形状的,主要是曲柄的样子,将它插进孔里适当地转动一下,它就会靠紧门闩上面或下面一个凸出或凹进部分,把门闩拨回去,门就开了。

锁栓的发明是关于锁的第一个重大发明,它是活动的小木块或金属块,靠本身的重量下坠并咬住门闩上的榫眼,需要用钥匙上合适的凸齿才能把它拨起来。刚开始的时候,很可能它只是用绳子挂着的简单的木钉或销子,插上它是为了防止门意外地敞开。这个发明很可能是由萨摩斯的狄奥多罗斯(Theodorus of Samos)在公元前 6 世纪从埃及介绍到希腊去的。钥匙上的凸齿可以通过很多种方法起作用:钥匙可以从门闩的下面进去,顶起锁栓,这时由于锁栓被顶起,门闩就可以滑动了;或者钥匙可以插进门闩上沿纵向钻的一个孔里去;或者钥匙可以从门闩上面锁壳的另一个开口进去,锁栓则具有"["的形状,以便接纳它。罗马人使用第一种类型的锁(可能是在 1 世纪),而中国则普遍使用第三种类型的锁(图 323)。一种从门外提锁栓的办法是使用一种锚形钥匙(有时叫做 T 形钥匙),将这个钥匙插进一个直立的长口,旋转四分之一圈,然后一拽,它就与锁栓的孔啮合,然后再向上一撬,就可以把锁栓提起来了。古罗马和中国都使用过这种钥匙,但它在中国一定是很古老,因为洛阳古城提供了两个周代的实例。这种简单的式样可能启发产生了更多的带"岗哨"的锁,这种锁能防止除了正确的钥匙以外别的钥匙来打开它,但这种锁显然没有在中国使用。

旋转的原理是在罗马时代后期想出来的,这种钥匙以旋转动作代替了直线动作。实际上,原来作为门闩推动器用的古老的"锁骨形钥匙"似乎是今天

151

152

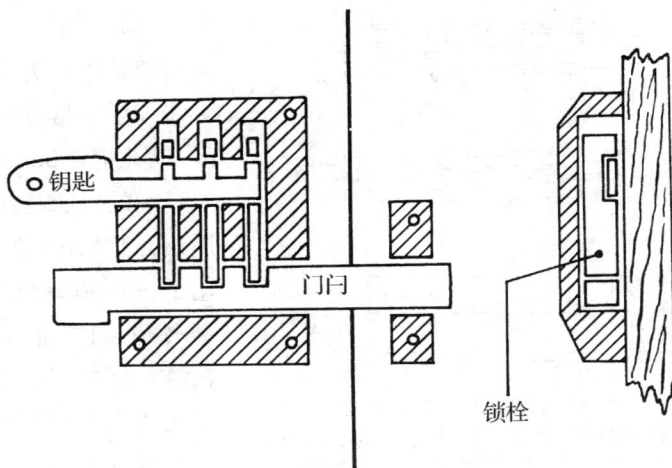

图 323　中国和罗马习惯上常用的一种锁的机构（钥匙从门闩上面和它平行地插进去，用锁栓边上的榫眼把它提起）

我们使用的所有旋转钥匙的起源。中国人也曾经用过并且目前还在使用转动钥匙，其中包括相当粗糙的木制钥匙。一旦想出了这个原理，无论是为了提起锁栓，或为了推开插销，或为了来回地拨动门闩，那种把钥匙刻成很多不同的形状以配合不同的"岗哨"（凸脊）的极其复杂

152

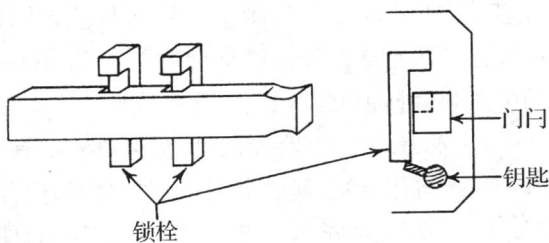

图 324　一个普通式样的中国门锁的机构（用于牲口棚、仓库、作坊等。钥匙上有两个小钉，与门闩平行地插进去向上转动，把嵌进门闩的 L 形锁栓提起来，门闩就能自由推出。它是旋转原理的一个最简单的应用）

的工作就算不上是实质的改进了。中世纪的欧洲锁主要是依靠"岗哨"，但是到 18 世纪末期又重新使用锁栓。然而，所有现代的锁都利用了制锁行业的第二大发明，这就是弹簧的采用。因为弹簧一般作用在锁栓上，所以它就不再需要布置得靠自动下坠。在罗马时代时就已经这样子使用弹簧，但是还有其他使用弹簧的办法。图 325 表现的是一种在中国流行最广的挂锁。当可动部件"门闩"完全插到头的时候，它附带的弹簧就张开，防止它被取出来。钥匙从另一端进去，把弹簧压到靠紧闩，就能使它退出来。这种挂锁分布很广，从罗马、不列颠人，到中世纪瑞典、俄罗斯、埃及、埃塞俄比亚、印度、缅甸和日本。通常钥匙上有阴丝扣和门闩上的看不到的阳丝扣相吻合。由于螺丝主要是欧洲的，这一定是由西向东的一项传播。

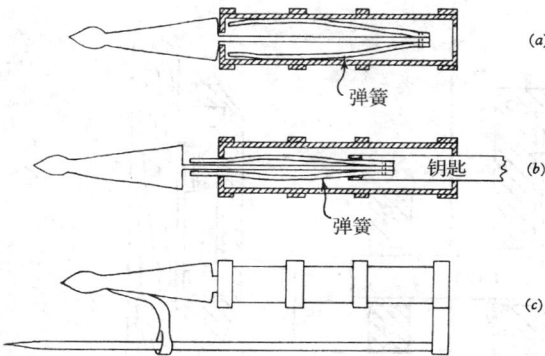

图 325 在中国流行很广的一种弹簧挂锁(当闩插到头时,附带的弹簧就张开把它锁在它的位置;从挂锁另一端插进钥匙压紧弹簧就放开了闩)

锁匠的发明在中国的发展历史始终极为模糊。人们只能提供少量分散的观察结果。《礼记》(80—105 年)写给我们的可能是汉代的习惯用语,这些用语似乎表明使用了一些弹簧机构。在《后汉书》的刑罚部分描述了附在链上好像是挂锁的东西,它是用来关押囚犯的,并用一根长钥匙来操作,与《礼记》中的参考文献相吻合。

153 10 世纪的杜光庭告诉我们,挂锁被称为"所罗门封锁(Solomon Seal locks)",肯定是因为它很像这种植物的管形根茎,并且它包括有连在一起的金属带,可以任意压紧或伸开。可是直到 1313 年的《农书》里才出现了最早描述典型的中国弹簧挂锁的画。

在《农书》中的一篇传记里,明确地表示有些钥匙是同凸出部分相配的,也有一些则与孔相配,其中讲到一个"钥匙和闩",它们主要当作讲"男性"的字使用,从这些字在锁匠、电工和工程师们当中的现行用法来看,这是有点意思的。据记载,公元 493 年的郁林王(萧昭业)用一个钩形钥匙撬开城门上的锁。同样,《异苑》里说 4 世纪的金属钥匙长达 60 厘米。我们很难从唐代的锁和钥匙的名词里推测出什么来。大约 670 年的《北史》讲到"鹅(颈)钥匙",人们怀疑这里面是否有一些东西与锁骨形钥匙及高卢—罗马的起销器有密切的关系。

有人认为锁栓锁和弹簧挂锁都是亚洲的发明,它们大约在公元前 1 世纪
154 传播到欧洲,但是这个说法的证据还不充足。可是,似乎 9 世纪时的阿拉伯人对外国锁匠的评价很高。巴士拉的贾希兹(Amr ibn Bahr al-Jahiz,卒于 869 年)在他写的《商业调查》(Examination of Commerce)中列出了某些伊拉克的进口项目如下:

来自中国的有香料、丝织品、盘子和碟子(可能是瓷器)、纸张、墨、孔雀、良种马、鞍、毡、桂皮和不掺杂的"希腊"大黄。

来自拜占庭领地的有金银器皿、纯金币、织锦衣料、种马、年轻女奴、红铜器皿、砸不开的锁、和里拉琴……

　　这个参考资料相当有意义,因为经济历史方面的各种研究都说明当时正是中国的唐代,同时保险柜或保险箱也开始促进银号的发展。我们已经看到过,中国和拜占庭(拂菻)之间的关系是特别亲密的。

　　总而言之,以上所述使人清楚地看到了在整个旧大陆的各种样式的锁和钥匙之间有相当独特的共同性。亚洲和欧洲之间是否曾有技术思想上的交往,如果有,又是朝哪个方向,这始终是一个有吸引力的重要问题,需要进一步研究。或许基本式样在美索不达米亚和埃及文化中相当早就创造出来了,以后向各个方向传播出去,直到现今其本质还保持未变。

155

第四章　陆地运输车辆和高效率马挽具的设计

　　车轮的伟大发明带来了陆上交通的革命,这一点在前文中我们已经讲过。很显然,自从苏美尔和古埃及以来,工程技术原理的最早的一次应用是在车辆上。若是全面地讲述它的传播和嬗变,那将是一部气势恢弘的史诗。这里不提车轮,是因为它涉及中国文明之前的考古,并会对那些远离中国的旧大陆上人类各种群中车辆的分布提出质疑。然而,现在可以确定了的是,有轮子的车,如同陶轮,是在乌鲁克时期(Uruk period)(约公元前 3500—前 3200 年)在苏美尔发明的。让我们满意的是,关于中国的古代和中世纪车辆及其构造的文献也很丰富。

　　在车辆之间可以划出一个基本的区别,一种车辆是中间有一根辕,用轭把牲口套在它的前端;另一种则是双辕(盘两侧部件的延伸),它套牲口的方法更有效。毋庸置疑,这两种样式的车辆都是从滑橇或雪车演变而来的,和通过轮子的数目来对车辆进行分类相比,区别单辕和双辕的方法就更有渊源也更重要。我们假定三角滑橇是一种最古老的装置(世界上仍有不少地方还在使用这种三角滑橇),后来被方型滑橇取代,在取代的时候,就已经有了单辕和双辕的区别。沿着三角滑橇演变为三角小车(图 326a')的线索,水到渠成地转变为单辕车(图 326a''),这在上千幅属于我们自己文化古物的艺术作品中经常见到,并的确在最早的公元前 40 世纪的美索不达米亚鞍车上看到。这样的车辆可能和犁梁或犁杆也存在着某种关系。两辆这样的车结合在一起就成为一辆四轮车(图 326e),但是也可以用轮子架起另一种方形滑橇来构

成（图 326c，c'）。同时，双辕的滑行车或方形滑橇架在轮子上，就成为双辕车
或真正的小车（图 326b'）。这种车在罗马帝国的末期以前的欧洲从未出现过，
也就是比中国晚大约五个世纪。把它同单辕车配合起来，也构成一种接合的
四轮车（图 326d）。类型 e 的配合在瑞典的青铜时代石雕上有所表现，类型 d
在意大利北部还能找到，而类型 c' 的四轮车则可以在拉登时代（La Tène Age）
的青铜器上看到。

156

157

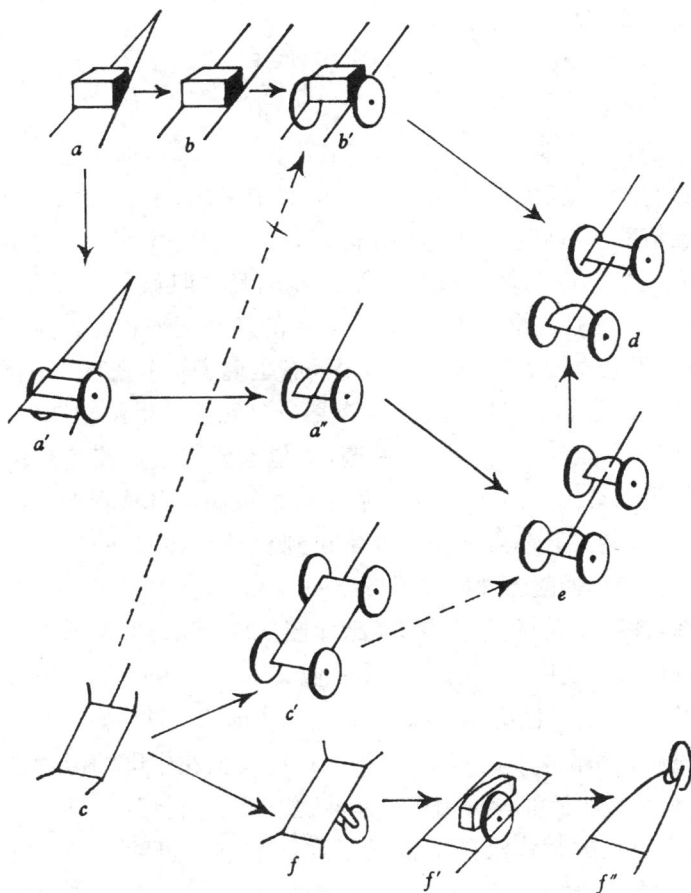

图 326　简图说明有轮的车辆的演变

（a）雪橇或三角滑橇；（a'）三角小车；（a"）单辕车；（b）滑行车或方形
橇；（b'）双辕车或真正的小车；（c）方形拖橇；（c'）由 c 演变的四轮车；
（d）接合的四轮车（b'+a"）；（e）接合的四轮车（a"+a"）；（f）四手柄搬运
兜或装在中间独轮上的担架（礼轿，参见下文第 177 页）；（f'）中心装轮的
独轮车；（f"）前端装轮的独轮车。

人们曾将四轮车和两轮车的分布作为一个课题来研究,结果表明前者是与亚洲北部及中部以及欧洲的大草原国家相关联的,向西远达法国东部和意大利北部,并透入印度北部和(从前的)中国北部。其他各处,从两轮战车演变来的两轮小车占支配地位。得出的结论是这种分布难免与地形的性质有关,两轮车转弯方便,它的使用是同当地多障碍的地形条件相关的,如像丘陵山路,灌木的围篱,沟渠(在欧洲),以及灌溉渠(在中国)。

第一节　中国古代的双轮车

"车"字的最古老形式(这里显示了其中的一个龘),似乎很好地肯定了中国在商代最初从"肥沃的新月地带"接受的双轮车是单辕和轭式的(图326a″)。考古学家会清楚地看到,这含有使用效率不高的颈前和肚带挽具的意思。有些商代和周代早期的马饰在设计上很像欧洲晚些时候的一部分马饰(大约3 000年以前)。并且这个结论由于1950年的发现而变得确凿无误:在安阳西南约80公里处发掘出了一个王墓,里面有呈现了一个完整的战国时期双轮车的车马坑。这些双轮车是公元前4世纪或公元前3世纪初期的,虽然木头已经腐烂,但被压紧的土里留下的痕迹,清楚地说明了这些车是单辕而非双辕。即使晚到秦代(公元前3世纪后半叶),也偶然可从青铜器上找到有辕双轮车的证据,事实上经典著作中经常讲到双马车和四马车。然而,在公元前4世纪双辕的车辆就已开始有了。

汉以降,各种相关的迹象表明(比如图327所示)双轮车是有辕的(图326b),而且还仅仅是由一匹马用有效的挽具牵引。1950年从长沙汉墓发掘出来的西汉(公元前1世纪)的木制模型进一步证明了这一点。从汉墓中还发现了类似的陶制和青铜制的双轮车模型,这些模型在中国的博物馆中均可见到。此外(和经常所持的看法相反),偶然也有让前后排列的马匹牵引有双辕的四轮车,已看见了某块汉砖上记录了这一细节。如果没有有效的胸戴挽具,这是不可能做到的。阅读中国的文献的同时,我们必须考虑到中国的工匠们对于技术上的名词没有做多少修改,在周代末期,也可能是在战国晚期,他们从事了这样的一项伟大发明,即用双辕和有效的挽具代替了马拉双轮车的单辕、轭和效率低的挽具。

《周礼》中详细地谈到各轮匠和车辆制造者,以及关于车轮各部分的技术名称。实际上,在《考工记》里就有多项尺寸,引用起来甚至令人厌烦,但是看

158

图 327　沂南墓雕上的一辆辎重车（约公元 193 年）

一下原文和考古两方面的证据以及以此为根据的典型秦汉车辆的草图就会令人产生兴趣（图 328），尤其是双辕的非凡的双曲线值得注意。它似乎是对苏美尔的和其他美索不达米亚的单辕式的某种沿袭，这表明两者之间必定存在着联系。双辕通常在顶端收缩变窄形成一个小轭。一般的规格（对于专门的用途，如战车，要作修改）规定一定长度和轮距的车轴必须高于地面约 1 米。车轮无论是由轮辐组装在轮牙的轮缘里的（单独部件）还是实心的，直径都在 2 米左右。在轮和轴相接处有一个青铜

159

159

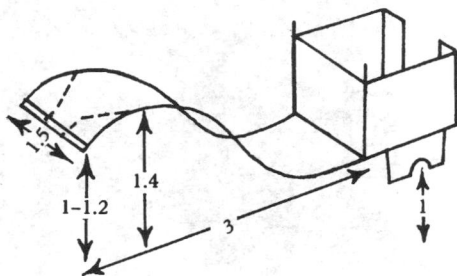

图 328　战国后期、秦汉时代典型的马拉双轮车或轻便车样式的草图（根据《周礼》中的描述和规格。尺寸单位为米）

或铁的空心外轴套，围绕它设置轮毂，用黏接起来的动物筋腱缠绕加强，并以皮革包扎。可能有一个金属的毂盖或毂箍，但更常用和更重要的是轴头盖，用像我们的开口销（有时也叫"插销"，因为它们的末端在插入后能向外张开）一样的一根车辖保持车轮在轴上的正确位置。轴梁支持着下部底盘，承托着车身及其侧件、立件和扶手。车杆或车辕被描述成"像水壶里倒出来的水"的

弯曲形状。在前端的横棒先是在中间用连接件装在车杆上并挑起两个轭,但后来(在有改进时)转为将两根车辕固定地连接起来。

《考工记》的原文讲得很清楚,标准车辆的规格是与标准武器,如矛和长矛的规格密切相关的。它还讲到,如果杆弯曲得不够,就会使马感到沉重,而弯曲过度,杆又会折断。为了理解这种弧形应用到双辕上的重要意义,必须理解到胸戴挽具的挽绳是拴在双辕上两个曲折点之间的中点上,从而能在车辆上发挥一个直接有效的牵引力。另外加套上去的马的挽绳都连接在专备的环上。中点以前的高拱曲形轴实际上是不必要的,但它说明了这个安排的来源是单辕和轭,也就是说来源于一种体系,重要的是木杆应当尽可能地伸展到牲口脖颈上。有着直辕的古代中国的双轮车,其体制流传到今天华北的普通农村车辆(图 329),虽然汉代时髦车辆的帐篷状或伞状的华盖早已被半圆柱形的遮篷或车顶替代。但是,一些汉代的图画展现的军用车或运货车同现代的典型车辆非常相像(图 330)。

图 329 甘肃兰州的农村用轻便车(1932 年)

在有关双轮车制造和制车工艺的古老文章里,有为数众多的专门术语,这里提到的仅是其中很少的一部分。它们相当有趣,当然也很重要,因为车辆制造是工匠们最古老的行业之一,而且掌握他们所创造的术语,是日后研究更复杂的工程技术方面的文献必不可少的准备,这些文献包括了碾磨、纺织或钟表机械。

图 330　汉代的辎重车（重庆市博物馆展出的彭县模砖拓印）

在本书第一卷第 275 页中已经提到了中国的双轮车和轻便车的轮距，秦始皇在公元前 3 世纪对轮距实施了标准化。这个传统在中国某些地区保持了很长时间，一位 2 200 年后的旅行者发现，他必须在某地更换他车上的轴，因为在陕西、山西和整个中国西北部轮距比东部各省宽 20 厘米左右，进入该地时，由于车辙尺寸的不同他必须作此更换，虽然备用的车轴他早已准备停当。较之更甚的，可能也只有印度河谷的轻便车的保守性了，根据哈拉帕地区的车辙判断，它们在 20 世纪 50 年代和青铜时代的祖先用的是同样的轮距。

大型车、营地磨和手推车

在进入下文之前，再来对某些较晚期的中国车辆费些笔墨。这些车辆，有的尺寸很大，以无震动著名的御用车辆最为著名，营地磨，即是装在车上成为流动的、不论在行走中还是在停止时都由畜力牵引和拖动的碾磨和舂捣的机器。大约在 610 年为隋炀帝制造了一辆非常大的车。1157 年的《续世说》中说道：

> 宇文恺为炀帝造观风行殿，上容侍卫者数百人离合为之。下施轮轴，推移倏忽，有若神助。人见之者莫不惊骇。

这也许远不是第一次为了特殊目的制造的大型车辆。在墨子门徒关于守城的文章里，可以看到在攻城时使用的装在轮子上的塔，还有以各种方式装甲的战车。在唐朝第三个皇帝高宗时期（650—683 年）和以后很久，有一些事情很值得引起我们的注意。沈括在《梦溪笔谈》里这样讲到它：

> 大驾玉辂，唐高宗时造，至今进御。自唐至今，凡三至泰山登封。其

162

他巡幸,莫记其数。至今完壮,乘之安若山岳,以�水其上而不摇。庆历中,尝别造玉辂,极天下良工为之,乘之摇不安,竟废不用。元丰中,复造一辂,尤极工巧,未经进御,方陈于大庭,车屋适坏,遂压而碎。只用唐辂,其稳利坚久,历世不能窥其法。世传有神物护之,若行诸辂之后,则隐然有声。

这确实有趣。沈括并不是那种说一碗水在车上不会洒而实际上洒了的人,同时这个故事使人回想起很久以后乔治·斯蒂芬森(George Stephenson)关于铁路运输前景的预言。且不去联想到关于采用常平架的建议,可能唐代那位未留姓名的工程师使用了滚珠轴承或片簧,不过他一定是把这些装置封闭了起来,使他的后继者不把设备拆散就不能弄清楚制造的工艺。如果是用滚珠轴承,他就抢先于近代西方公认的发明人达·芬奇(约 1495 年);如果用的是片簧(从它在古代弓弩上的应用考虑,这似乎较为可能),则抢欧洲技术之先的情况就更为突出了,因为在西方最早的确切实例是在 1568 年。可能是用了链条或皮带使其悬置,像在 14 世纪欧洲的摇摆车装置那样。

163　　很久之后,我们在 17 世纪的《天工开物》中重新目睹了这种巨型车辆的风采。这是一辆四轮九辕八马的帝辇,但这辆车如果不是完全出于想象的话,其应用应该是极为有限的,因为当时的道路条件非常差。在以后的绘画作品中表现这种皇家仪仗的并不罕见,但是由于所画的马具在技术上不可能达成,这表明它们只是臆想的。不过,在过去中国究竟建造了什么,应当暂且保留判断。

磨安装在四轮车上,可以跟随军队像行军灶和行军锻炉一样,一定很早以来就有着明显的军事需要。1607 年在西方,宗卡画了一幅营地磨的图画,在营地或靠近宿舍的地方车轮被销住,磨由畜力来带动。宗卡说它是在 1580 年由军事工程师蓬佩奥·塔尔戈内(Pompeo Targone)发明的。塔尔戈内的营地磨画及时地流传到了中国,我们在 1627 年的《奇器图说》里能找到它,那里还有耶稣会士邓玉函提供的其他机器(图 331),其中两台磨经过齿轮由旋转梁和牵引架套上单匹马带动。

大概邓玉函和王徵都不知道营地磨几乎在 1 300 年前就在中国开始了它的历史。在《邺中记》(一本匈奴后赵王朝,约公元 340 年,首都的事态记录)
164　里,陆(翙)在讲到皇帝石虎有一辆指南车和一辆记里鼓车以后写道:

　　　　又有舂车,木人及作行碓于车上,动则木人踏碓。行十里成米一斛。
　　　　又有磨车,置石磨于车,上行十里辄磨一斛。凡此车皆以朱彩为饰。惟

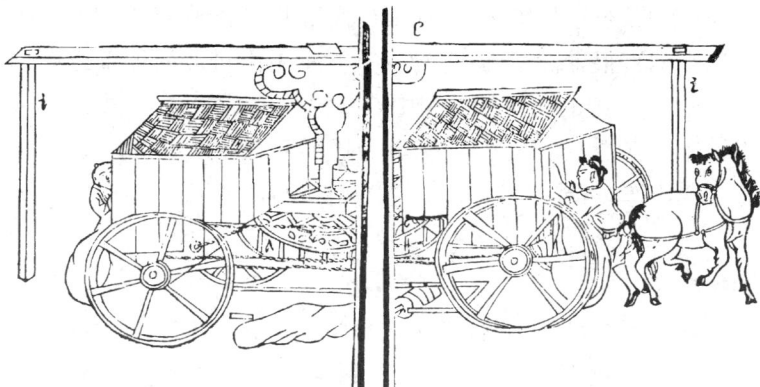

图 331 1627 年的《奇器图说》刊载的营地磨(画家增添了宗卡的画里没有的细节,表明从地轮上来的链条或绳索传动;难道他已经知道有更早的中国的自动营地磨?)

用将军一人,车行则众巧并发。车止则止。中御吏解飞、尚方人魏猛变制造。

另一种形式是每辆车有一台或几台去谷壳的碓,由右侧车轮或几个车轮带动,旋转磨由左侧车轮带动。李约瑟博士没有发现关于这种机器的更新一些的资料,但是很难相信即使在王徵时代被人们忘记了,它竟会就此销声匿迹。但是,首都邺是在河南北部,即在华北平原上,毫无疑问,使用这种游牧式的设备比在其他地区如杭州或成都更为合适。的确,这个发明颇有匈奴游牧生活的需要和中国人定居生活的工程技术之间"异花授粉"的味道。

关于人推或拉的小车,这里可以再补充几句。从公元 100 年的中国墓壁上的雕刻中,我们得知汉朝有带轮的玩具,一个穿长袖袍子的孩子用一根棒推着一个两轮或四轮的东西。甚至更值得注意的是 851 年的千佛洞壁画中的一幅画面,一个妇女推着一辆低矮的摇篮状的四轮车。里面似乎还躺着一个人,并且由于它的长度不及一个成年人的身高,所以它多半是一辆儿童车而不像是灵车或救护车。至于有车辕的手推车,当然与双辕双轮车本身起源同样的早,而它的专用名词"辇",在青铜模型上清楚地表现为一辆两个人拉的有单辕和轭的小车。但是它最简单的样式一定还要古老得多,因为《诗经》(公元前 15 世纪—前 9 世纪)上有参考资料,并且《左传》在叙述公元前 681 年的事件时讲到一个逃亡的地主南宫卡万,用一辆手推车推着他的母亲走向安全的地方。在汉朝,这样的车似乎突出地联系着宫廷内部的交通。

这种小型两轮车的使用贯穿着整个中国历史。有关它们的参考资料可见于约 1140 年的《东京梦华录》。到了近代后期它表现为"黄包车",但在中国若干世代以来一直很少被用到,直到从日本重新引进。敦煌壁画有一些描绘它的作品。5—8 世纪的 431 号的洞中有一幅很清楚的画,画中一个人推着一辆两轮手推车。但是在 148 号洞里,其中唐朝壁画可以定为公元 776 年,有另一人推着一辆小车,可能是独轮车。这就把我们带到了讨论的下一个阶段。

独轮车和扬帆车

作为日常生活的常用车辆,普通的独轮车是最为人所熟悉的。也许欧洲人很难想到它是一辆车,因为我们将看到西方使用的式样很不适合承担重载,但是中国的独轮车却始终打造得不但可以乘坐 6 人之多,而且通用于各种客货运输。同多数人的想法相反,历史学家们普遍同意直到 12 世纪后期甚至 13 世纪,独轮车才在欧洲出现。如果能用一个车轮代替在前面抬料斗或担架的人,城堡和教堂的建造者都会乐意采纳这个简单的装置来削减一半轻载搬运所需的劳动力。但是从一开始,欧洲的设计就把车轮放在手推车的最前端,使负载的重量平均地分担在车轮和推车的人之间。中国的独轮车的情况完全不同,这一点令 17 世纪和以后在中国的很多欧洲人欣赏不已。所以范罢览·侯济斯特(van Braam Houckgeest)在 1797 年写道:

在这个国家所用的车辆当中有一种独轮车,构造非凡,并且客货运输同样使用。根据负荷的轻或重,它可由一人或二人掌握,如一个人在前面拉着走,另一个人扶着车辕向前推。与小车的尺寸相比,车轮是很大的,安装在载重部分的中心,以致整个重量都压在轴上,而推车的人基本不承担任何部分,只负责向前推动并保持其平衡。车轮可以说是罩在木条做的框架里,并且用 4 英寸或 5 英寸宽的薄板盖起来。小车的两侧都有檐,上面放置货物,或作为乘客的座位。中国的旅客坐在一侧,并给他的放在另一侧的行李作平衡。如果他的行李比他自己重,就把行李平均地放在两侧,而他自己则坐在车轮上面的木板上,小车是有意识地设计得适应这种情况。

这种独轮车这样装载的情形,对我完全是新颖的。我不能不赞扬它的独特风格,同时我赞赏这项发明的简单性。我甚至想,这样的手推车在很多方面都比我们的优越得多。

除此之外,我要说到车轮直径至少有 1 米,它的轮辐短而多,因而轮缘很宽;同时它的轮缘形状为外边面上凸起,不像普通车轮那样很平,而

166

呈棱尖的形状。车轮外缘的狭窄使它乍看上去很不适用。我觉得如果宽一点就会更适合黏土多的路面；但是我回想起在爪哇，水牛拉的车也是用轮缘窄的车轮，为的是在雨季中它能切开固结的泥土，宽的车轮则会被牢牢地黏住——如同霍伊曼（M. Hooyman）先生所学到的经验，他打算在巴达维亚（Batavia）周围使用宽轮的车，后来不得已被迫跟随当地的习俗。我因此信服了，中国的车轮是最适合黏土路面的。

利用插图来看这一段，图 332 表现中国独轮车的一般结构。欧洲的形式可能在可控性上有所裨益，但这不是重要的因素，因为上千的中国独轮车直到今天仍然满载负荷迅速而呼啸着奔驰在中国的乡村。

图 332　中国独轮车的最典型样式（具有中心车轮及其上面的罩，既载重货又载客）

然而，范罢览和大多数欧洲技术史学家们都不知道，这种简单的车辆在中国第一次出现的时间至少早在 3 世纪。它似乎是诸葛亮在解决他的军队给养问题时想出的办法，这位蜀国的大丞相因对技术的浓厚兴趣而闻名天下。　167重要的章句出在约公元 290 年的《三国志》：

……九年亮复出祁山以木牛运……

在后面一页上继续讲道：

……十二年春，亮悉大众由斜谷出以流马运……

此外还有：

亮性长于巧思，损益连弩，木牛流马，皆出其意……

还有裴松之(公元 430 年)关于历史的注释中引述孙盛的《魏氏春秋》(约公元 360 年)如下:

> 《诸葛亮集》载作木牛流马法。木牛者,方腹曲头,一脚四足,头入领中,舌著于腹。载多而行少,宜可大用,不可小使;特行者数十里,群行者二十里也。曲者为牛头,双者为牛脚,横者为牛领,转者为牛足,覆者为牛背,方者为牛腹,垂者为牛舌,曲者为牛肋,刻者为牛齿,立者为牛角,细者为牛鞅,摄者为牛鞦,轴牛仰双辕。人行六尺,牛行四步。载一岁粮,日行二十里,而人不大劳。

在这样的辞藻中辨别出独轮车来并不困难,它几乎显得好像是某种密码,毕竟,这个设计是军用的,很有理由看作是"机密"。实际上,整段文字指的是一辆以后始终作为传统形式的独轮车(图 333)。竖立的侧板和端板都是可以拆卸的,所有的这些部件都可以在图 334 中看到。

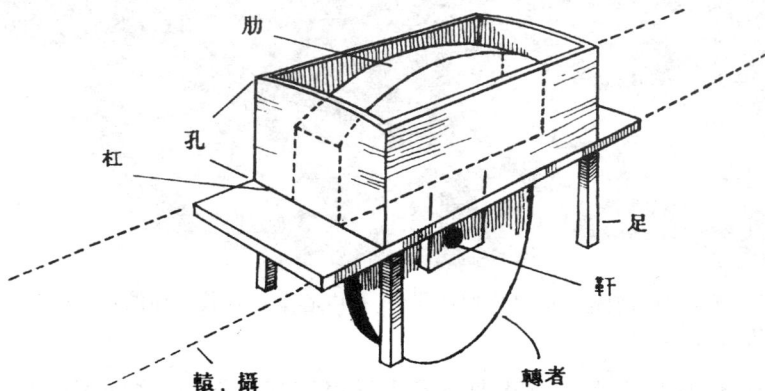

图 333 根据孙盛(约 360 年)和裴松之(约 430 年)收藏的《诸葛亮集》(约 230 年)里的规范复制的诸葛亮军用独轮车

那时候有一种倾向认为诸葛亮的发明是神秘的或超自然的,但在 11 世纪高承很清楚地认为那是独轮车。他在《事物纪原》(约 1085 年)中写道:

> 蜀相诸葛亮之出征,始造木牛流马以运饷。盖巴蜀道阻,便于登陟故耳。木牛,即今小车之有前辕者;流马,即今独推者如是。而民间谓之江州车子。按后汉郡国志,巴郡有江州县。是时刘备全有巴蜀之地,疑亮之创始作之于江州县。
>
> 当时云然,故后人以为名之。

169

高承就这样提出了可称赞的意见，"木牛"有向前的车辕，而"流马"的向后。两个发明将会完全按照预料的顺序出现，因为显然第一个想法会是模仿双辕双轮车，而车辕的变位将会晚些在取得实际经验以后发生。无论如何，发明的实质是属于经济的，因为（像我们所看到的那样）有各种理由认为双轮、双辕、人推的小推车已经在几个世纪以前就使用了。

在这里可以暂停下来指出一个关于是非曲直的教训。欧洲偏见是把中国看作一个有无限劳动力因而不可能发明和采用节省劳动力措施的文明，这种传统的欧洲偏见已被很多事实揭穿并真正推翻了，我们在独轮

图 334　"南方的独推车"（引自《天工开物》，1637 年）

车上就看到这个突出的实例。在蜀汉朝当独轮车最初被广泛采用的时候，经济情况究竟如何还需要继续研究弄清——很可能在不同的历史时期中国的个别地区遭受严重的劳动力缺乏。总之，在这里中国人是长期优先的，而感到惊奇、感激和不开化的人是欧洲人。

在中国诸葛亮早就被看作是独轮车的实际发明人。在李约瑟博士开始起草这一章的时候，他也倾向于这个意见，但是后来又看到了证据有力地指出，第一次发明的时间是在这 200 多年以前，即约在西汉末年。当然，即使在 3 世纪，除了诸葛亮以外，具有研制精神的也还有其他相关的人。蜀国主要技师之一的蒲元，我们还将看到他与钢铁冶炼有联系；他在诸葛亮领导下的西路军里担任军职，并有了他的部属建造"木牛"的历史材料。可能有联系的另一个同时代人是博物学家和工程师李巽（约卒于 260 年），他同诸葛亮一样（也许在他的指导下），改进了弩和连弩。不论怎样，在以后中国歌曲和故事中，蜀国的战绩是和独轮车分不开的。

事实是所有这几个人充其量不过是改进了整个东汉时期都在使用的一

171

172　种独轮运载工具。为这种观点进行的辩护,几乎等于证据,来源于碑刻和(按更复杂的途径)书文。人们早就知道,武梁祠约公元147年的浮雕刻绘了董永和他父亲的故事。董永是汉朝某时期的一个年轻人,后来成为二十四孝之

图335　董永的父亲坐在一辆独轮车上[约147年的武梁祠画像石浮雕中的一个画面。上部的刻文是"永父",左边的刻文是"董永是千城(山东北部)的年轻人"]

一。早年失去母亲,他照料着父亲,但到父亲亡故时他没有埋葬的钱,于是他去借钱,条件是若不能还钱就将卖身为奴。把董永从这种命运中救出来的是他娶的有着卓越技巧的女子,她在一个月内织了300匹绸之后暴露出她实际上是天上的"织女",以后就不见了。根据干宝的《搜神记》(约348年)说董永一边种田一边用一种叫鹿车的小车推着他的父亲。关于这个名称我们在下面还要谈一些,但是武梁祠的浮雕的确表现了他父亲坐在一辆小车的车辕上(图335)。

173　　大约同时期的另一件雕刻提供了更大的肯定性。一个150年前后的著名四川人沈府君的墓的一根柱上刻着一辆独轮车。此外,在成都发掘出一块约公元118年的汉砖,表现一个人推着一辆载有货物的独轮车,走在一辆筒形拱

171　顶的小马车前面(图336)。或许货物是一个嫁妆箱子,因为这种车被认为是女人用的。还有,正如在墓柱的实例里,独轮的轮罩是可以清楚地看到的。

这样,绘画的证据把我们带回到2世纪初期。文字记载所讲的同样重要,虽然分析起来会很困难,但提出的这个问题很重要,究竟什么是鹿车。在这古老而不久就废弃不用了的名词后面是否隐藏着独轮车?要回答这点,问题主要在于确定这初看上去可以译作"鹿拉的小车"的东西的性质,但实际上

172　只能正确地译作"滑轮车"。这

图336　四川成都一座约公元118年的墓中取出的一块墓砖上刻绘的一辆独轮车(仅表现了画的右下角部分。本图是重庆市博物馆展品的拓本)

需要我们在古老的方言字典里一些定义和长久不用的专门术语的沼泽地中摸索前进。但是首先必须证实这种小车的存在和用途以及它的具体形状。它在 1 世纪初就经常出现。《后汉书》告诉我们，鲍宣，一位在公元 3 年王莽统治下失去生命的正直的检察官，年轻时娶了他老师的女儿桓少君，老师是个富有的学者。鲍宣家里很穷，到应该回去的时候他就很窘迫，但是贤惠的女子换上粗布短服，帮助他推着一辆鹿车回到他的家乡去。这是公元前 30 年左右的事。还有，相同的历史记录，50 年以后，当赤眉起义正威胁着新朝，并为东汉开辟道路的时候，某官员赵熹和他的朋友正赶上并被包围了。他们中间一个叫韩仲伯的刚娶了一位美女，生怕起义军会伤害她。他的同伴们讲到要把她就地留在路边，但他愤怒地拒绝了，并在她脸上抹了泥，放在一辆鹿车上自己推着。遇到了土匪，他就说她病了，就此他们都安全蒙混过关。

在另外的场合下，必要时死人也装在鹿车上。一位善良的官员杜林（卒于公元 47 年）在他兄弟的葬礼上推着一辆鹿车。还有，任末的一个朋友死在洛阳，他用车推着尸体走很多里路去坟墓。后来的有独立思想的范冉（卒于 185 年）在被敌人包围时，自己用鹿车推着他的妻子，并派他儿子去侦察。还可以提出很多汉朝和晚些时期的其他事例，自然这个词在诗歌里继续存在得最长久。我们只要引述应劭在公元 175 年写的《风俗通义》里怎样讲鹿车的就够了。

> 鹿车窄小，载容一鹿也。或云乐车。乘牛马者，剉轩饮饲达曙。今 174
> 乘此虽为劳极，然入传舍偃卧无忧，故曰乐车。无牛马而能行者，独一人
> 所放耳。

上面所讲的很多东西都很熟悉，不需要再解释了。当我们转向古代词典编辑者们继续求教时，发现《广雅》里有极为重要的一段；这是一本方言同义词典，由张揖在北方的魏国编撰的，时间在 230—232 年，正在诸葛亮组织独轮车队为交战的蜀国军队运送给养那几年。《广雅》所讲的如下："缧车谓之麻鹿。道轨谓之鹿车。"正确地翻译过来，意思是说："绕丝机（或绕在线管上，或捻线和并线，即搓机）有的地方也叫'滑轮机'，'造车辙的'有的地方也叫'滑轮车'。"清朝的学者们为这个见解提供了良好的和足够的基础，例如王念孙在 1796 年所作的评注。

扬雄的《方言》接着证实，在很久以前（公元前 15 年）"缧车"在赵和魏的地区叫做"轹辘车"——"滑轮机"的另一种叫法。它必然至少有一个滑轮，由驱

动轮上的传动带带动它飞速旋转,在这种情形下有着同样的本质。我们所面临的基本语言困难是"车"字总是模棱两可的,它可以毫无区别地当固定的机器或流动的车讲。好像可以讲到一个"独轮"而用不着提做什么用似的。此外,轫和辙两个字分开来都可以解释为一个车轮留下来的车辙或轨迹。回到《广雅》的第二句话来,我们看到鹿车,从大量其他证据中我们得知有时是一辆小车,并且与鹿毫不相干,可以或者是一辆"滑轮车"或是一具"滑轮机",在第一种情况下是一个"车辙制作者",在第二种情况下是一个"踪迹制作者",总之都是一个"独轮的东西"。可见鲍宣和他贤惠的妻子在西汉末年推着的不是别的,正是新创造的设备——独轮车。

至此,我们可以告别这些东西而走我们自己的路,但是轫轳和辙轳几个词的最古老的起源仍然使人感到兴趣,这个专门术语的垃圾堆还值得翻几翻。在《诗经》的一首颂歌里,一辆双轮车的描写包括这样的措词"杆弯曲得像屋脊并有五楘"。最后一个字经常当装饰用的皮带讲,但是毛亨（公元前 3 世纪或前 2 世纪）的古代注解讲五条带各有一楘,而事实上这是一个轫轳。这里必定是指穿引挽绳或缰绳用的环,以致这句话的最早的说法可能是一种最简单的滑轮组（约公元前 7 世纪）。另一个用法是出现在《墨子》（约公元前 320 年）的关于防御的一个篇章里,绳或绕线轮被称为轫轳。

也许更有意思的是,研究表明公元前 15 年的《方言》和郭璞的注释提供了证据,那就是不仅 12 世纪的绕线轮有绳带传动,1 世纪的也有。于是在追寻独轮车的轨迹中我们无意中遇到一个新的证据,这在别的文献中也得到了确认。实际上我们得出的结论是传动带的发明是在西汉末期（1 世纪）。但是,根据文献它也可能讲的是一辆车,那就是独轮车又出场了,因为带传动的绳和索也只能是经常拴在车辕上并且跨过推车人的肩头的吊带（参见图 334）,这种平衡措施是任何两轮车都不需要的。当我们回到《广雅》时,就可以放心地把辞句修改如下:"往线管上绕丝（踪迹制作者）也叫'滑轮机';（流动的）车辙制作者也叫做'滑轮车'。"

诸葛亮的"木牛"和"流马"之间的区别是什么？我们已经看到,宋朝的高承认为要按它的车辕是朝前还是朝后为准。今天仍在中国流行的独轮车的传统类型当然是很多的,轴承的位置从中间变换到最前端。在最有代表性的中国设计中,如 1637 年的《天工开物》所指出（图 334 和图 337a）,由车轮承担全部重量,省却了一匹驮载的牲口。这些类型的一种,在广元较为普遍（图 337b）,被中国史学家们认为特别像是保存了诸葛亮当年所用的式样。另一种

(图 337c)在现在的建设工地上很容易看到。但是车轮轴承也时常很靠前端；图 338(参见图 337f)表示出了这样一辆小车——特别有趣的是它和武梁祠浮雕里董永的父亲坐的小车(图 335)十分相似。可是轮罩时常是弧形的而不是方的，像在图 339 里表示的四川人的样式(参见图 337g 和 337h)，车轮不太靠前端。这两个主要类型可以结合起来(图 337i)。

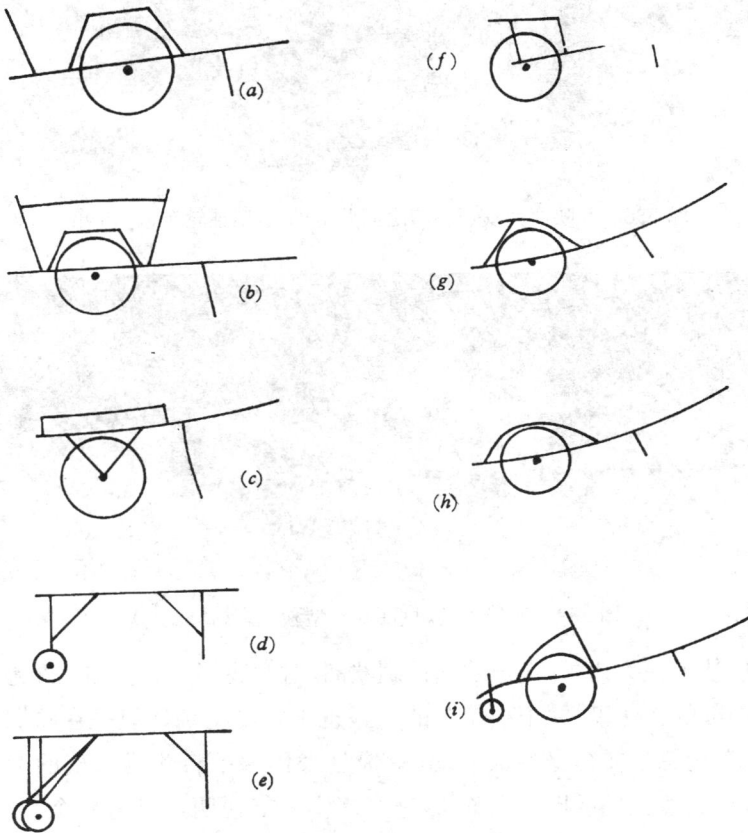

图 337 中国独轮车的类型

(a)车轮居中，有轮罩，承担全部载重，代替一头驮载牲口，"驮马型"。江西和其他省；(b)同上，有车帮。与设想的诸葛亮的设计相同，四川北部；(c)车轮居中但重心高，无轮罩，轴支在斜撑上，平车围板，用于运土。陕西；(d)小轮在前端，重心高，轴支在有支撑的立柱上，有支撑的车架腿。四川，(e)两小轮在前端，重心高，轴支在有支撑的立柱上，有支撑的车架腿；(f)车轮在最前端，有方轮罩、直框架，"半担架"型。陕西和很多其他省。这也许是这个发明的最古老的样式，因为图画证据把它带回到 2 世纪，文字证据带回到公元前 1 世纪，尽管后者没有肯定样式；(g)过渡型，有弯曲的框架和弧形轮罩。四川西部；(h)过渡型，有弯曲的框架和流线型轮罩。四川西部；(i)过渡型，与(g)型相似但在前端有辅助小轮，过障碍时有用。湖南和其他省。

图 338　在陕西西安至临潼之间路上的(f)型独轮车(1958 年)

图 339　四川灌县附近的(g)型独轮车(1958 年)

177　　　　这项技术在大约 13 世纪初期传到欧洲,对此我们一无所知。在地理位置上居于中部的文化里,关于独轮车的情报也不容易得到。但是在欧洲的各个类型中,车轮总是在车身的最前端,就像是来代替抬料斗或担架的两人中一人,理所当然地就只承担一半负荷,这个事实可能说明这是另一个"激发性传播"的实例。也许西方人只不过听说到这类的事物已经做出了,可是并不知道任何确切的规格,就按照他们的理解去模仿它。同时也不能排除当时中国
178　设计所受到的来自西方的影响,人们在"驮马型"上看不出这种痕迹,但是在"担架型"上就能很容易地发现。可是如果武梁墓祠表明前者从一开始就在中国,诸葛亮的革新可能恰恰是后者。在稀奇的设计中,出现过把运载面提高并利用斜撑架设在一个(甚至两个)小而宽边的轮上(图 337d,e),李约瑟博士在中国西部见到的那些总是车轮相当靠前,但是在朝鲜,礼轿里,四支轿杆由四个"抬轿夫"扶着,不是抬着,主要的重量由一个很像飞机起落架似的中

心轮和支柱及支撑承担（见图340）。这也许是一个古代的中间型式，介于四个手柄的料斗或担架（或拖橇）和独轮车之间。可以作为文学上的参考资料出在一本大约1110年的《画墁集》里，从中我们看到一个装在转轮上的轿子。值得注意的是，轿子含有一个车字的偏旁，这看来暗示着轮轿可以回溯到西汉。《前汉书》中有一篇严助的传记，描写公元前135年派往南越的远征军时写道："车子轿（和给养）越过山区"。这使注释者们很伤脑筋，我们也许可以将其视为中国独轮车的早期历史中的一个有趣但仍然含混不清的篇章。

178

图340　朝鲜礼轿（"轿夫们"只需要扶着车。关于它的进化中的位置，参见图326）

一些后来的参考资料并非没有趣。前面（本卷第103页）提到的葛由，一个半传奇式的人物，当然是四川人，他骑着自己发明的木羊进山去了。李约瑟博士认为这是一篇以诸葛亮的真实的独轮车为根据的民间故事。但是独轮车的传播远超出四川，公元1176年曾明行提到独轮车作为防御车阵的军事用途或在江乡的"活城"。此后不久朱翌告诉我们在唐朝，当刘蒙去安抚现在是宁夏的地区，他依靠独轮车运送他的给养。

179

曾明行提到江乡使我们想起高承的"江州小车"的名词。江州是四川最西南角上的一个山区中的不出名小镇。葛由的出身被说成是羌族人，也就是正巧在这个区里的一个少数民族的成员。如果我们认为这是公元前1世纪这个发明的发源地，并把葛由看作或是第一个发明人，或者也许是被宣告为独轮车制造者的"技术神仙"，这大致上应该是不错的。

牲畜牵引在中国很早就用于独轮车了，仅《风俗通义》里的一段就足够作证(本卷第 174 页)。这一点的最好的图解可以在张择端 1126 年完成的著名画中看到,画的是首都开封在春节期间的民众生活。图 341 是画的一部分,表现的是很多独轮车在城市的街道上停着或经过。除了一辆以外,全都有中间的大轮,并且有的装载还很重;在装货和卸货时它们由旁边的腿支撑着。有一辆是单独一个人推的,但在其他车上都有一个车夫在后面车辕上稳住车,牵引则或者由一个人在前车辕上,和一匹骡或驴用颈圈挽具和挽绳套着来负担,或者由同样套上的并列两头牲口负担。

179

图 341　张择端 1126 年完成的《清明上河图》剪影(首都开封街道上的独轮车。在左边,一辆空独轮车正在最好的旅店外面装口袋状的货物;在右边,另一辆大轮子的独轮车由一匹骡子拉着和两个人扶着,一推一拉)

180

图 342　一队中间型独轮车[在前端有辅助轮,(i)型。在长江流域和广州之间越过南岭山地的一条路上]

181　　但是也许最重要的进步是人类学会了使用帆,帆使独轮车能像船一样借助风力前行。这个令人钦佩的装置至今在中国仍被使用着,特别是在河南及沿海各省，比如山东。图 343 是引自 1849 年麟庆的《鸿雪因缘图记》里的一小张素描，表现一匹牲口在帆的帮助下拉一辆独轮车。还有（图 344）1797 年范罢览发表的细致的简图，其中可以看到帆是典型中国帆船上的纵向条帆和许多帆索，他的话也是值得引述的：

180

181

图 343　扬帆的独轮车的草图（帆帮助牲口牵引）

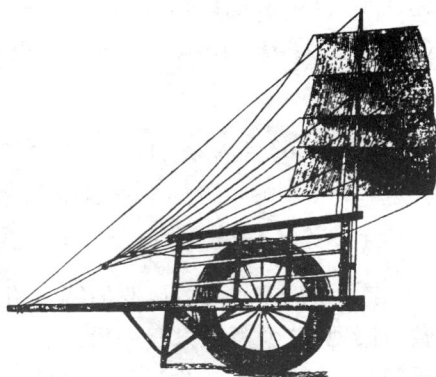

图 344　扬帆的独轮车的简图［表现条帆和多根帆索，典型的中国航海惯例，摘自范罢览（1797 年）的书］

182

　　靠近山东省南部边界可以见到一种独轮车比我曾描述过的要大得多，由一匹马或骡拉着。但是今天使我惊奇地见到整个舰队的这样大小的独轮车。我故意地说舰队是因为它们都有一张帆，装在一根插在车前端的小桅杆上。帆是席做的，或多半用布做的，是 1.5 米或 1.8 米高，0.9 米或 1.2 米宽，有支撑索、帆脚索和升降索，就像在一艘中国船上。帆脚索连在独轮车的车辕上，可以使掌车人便于操作。

　　不幸的是在中国的文献里很少有关于扬帆的独轮车的参考资料，以致至今无法确定它的采用时间。这种聪明才干对 16 世纪首先到中国访问的欧洲人的冲击之大是很难想象的。1585 年门多萨（Gonzales de Mendoza）写道："中国人是事物的伟大的发明者，而且他们还拥有很多轿车和货车都扬帆行驶，制造这些车的工业和制度他们都管理得井井有条……"12 年以后范林斯霍顿（van Linschoten）也这样说。

　　这些和其他的这种传说抓住了欧洲的地图出版者的幻想，因此在 16 世纪和 17 世纪出版的每本有中国地图的地图集里几乎都可以看到陆地扬帆车小画幅。弥尔顿（Milton）在其《失乐园》（*Paradise Lost*）里表达了欧洲人仍然对中国的惊奇技巧的敬意：

……在中华的荒原上，

那里中国人用帆借助风力

驾驶着他们的竹制货车飞翔……

这是在 1665 年，但是整个世纪都被这个故事所吸引，这种迷惑不解的兴趣在 16 世纪末期以后还确实存在了很久。在伯奇（Birch）的《皇家学会史》（*History of the Royal Society*）里我们看到有下列的多少带有些神秘的记载：

1663 年 4 月 1 日，宣读了胡克先生（Mr Hooke）的关于卫匡国（Martinius）在他的《中国地图集》（*Atlas Sinensis*）里讲到的中国的独轮车的论文，并进行了讨论，这个所谓的车是像一辆独轮车……

同年的 11 月 23 日，罗伯特·胡克先生（Robert Hooke）展示了一个纸板做的模型，这个模型只有一只轮子，行动便捷，而且速度很快。托马斯·霍布斯（Thoma Hobbes）也进行过试验。在他 1655 年的《哲学原理》（*Elements of philosophy*）一书中（该书包括了自然哲学），他探讨了作用于帆船的力并以一只木制模型为试验基础展示了他的论点。1684 年法国科学院（French Academy of Sciences）草拟了一份调查表，交给耶稣会士柏应理（Philippe Couplet）带到中国，以此了解扬帆车的细节。但是，在 1686 年出版的《献祭》（*The Sacrifice*）——这部以帖木儿（Tamerlane）为题材的悲剧作品中，弗朗西斯·费因爵士（Sir Francis Fane）煽风点火地嘲弄了中国古代的发明创造，其中也包括了扬帆车。另一方面，莱布尼兹（Leibniz）在筹划一个科学博物馆时曾建议展品中一定要有"荷兰的扬帆车——或宁可说是中国的"。我们待会就会明白他讲的荷兰的扬帆车是什么意思，但首先，有一两部相当重要的早期中国参考文献我们必须要看一看。

梁朝的元帝在他的《金楼子》里写道："高苍梧叔成功地制造了一辆风力推动的车，能载 30 人，一日之间可以行几百里。"关于这位工程师或他的扬帆车其他什么也都不知道，但是我们将马上看到，车的性能不是完全不可能的。这是大约在公元 550 年，随后在 610 年左右宇文恺的观风行殿出现了，这在与大型四轮车有关的内容中已经提到过。就算叙述中有些夸张，这似乎也像是一辆陆地扬帆的车。

在那以后有一个长期的沉寂，直到差不多 1 000 年以后，伟大的荷兰数学家和工程师西蒙·斯蒂文（Simon Stevin）制造了一辆扬帆车，我们掌握了很多关于它的历史细节。大约是在 1600 年的秋天，拿骚（Nassau）的莫里斯亲王(Prince Maurice)邀请了几位大使和贵宾,去参观斯蒂文制造的一辆扬帆车的实验。共制造了两辆这样的车,一辆大的和一辆小一些的,两辆都成功地在不到两小时内走完了从斯海弗宁恩(Scheveningen)到佩滕(Petten)之间沿海滩的路程,步行要走 14 小时。图 345 表现了这些车辆,似乎斯蒂文在建造它们时就已经读过范林斯霍顿和门多萨关于中国扬帆车的描述。

图 345　西蒙·斯蒂文(Simon Stevin)(1600 年)成功制造的扬帆车或叫"陆地快艇"

　　幸运的是,我们不必依赖对欧洲这种扬帆车报道的历史调查。17 世纪的当代的证据是一个过去的声音,著名的伽桑狄(Gassendi)在写他朋友法布里·德·佩雷斯克(Fabri de Peiresc)的生活时提到了它。谈到 1606 年,伽桑狄说:

　　　　他也转弯到谢韦林(Scheveling)去试一试车的状态和速度,这辆车是几年前制造的,为的是用帆在陆地上快跑,像船在海上一样。因为他听说莫里斯(Maurice)公爵在尼乌波特(Nieuport)胜利之后,是怎样地为了试验,亲自与弗朗西斯科·门多萨(Francisco Mendoza)阁下一同参加,并在两小时之内到达皮滕(Putten),距离谢韦林 87 公里。所以他也要做同样的试验,于是他经常对我们说他是多么惊奇,当他被大风吹动引着,可是他感觉不到(因为他和风走得一样快),当他看到怎样地飞过遇到的沟,仅仅擦过地皮和一路上常见的水洼;在前面跑着的人怎样像是朝后跑,离开很远的地方转瞬之间就超过去了;以及一些其他这样的情形。

　　这些结果如同空谷足音。斯蒂文的陆地船在后来的 200 来年里被抄了又抄。实际上,在 20 世纪它们在许多地方存活着,比如比利时的北部海岸、法国、加利福尼亚。李约瑟博士回忆曾在 1907 年的拉庞内(La Panne)海滨见过

184

183

也坐过它,那时正是它们经历着被现代化的过程:采用三轮车的办法,采用充气车胎和轻型管式架构,望求达到最快的特别快车的速度,尤其是在冰上而不是在沙地上航行时。

人们可能会认为扬帆车(像指南车一样)只不过是历史上的一件古玩,但是从整个技术发展的前景来看,这些东西应当被正确地认识。事实上扬帆车在1600年就能以几乎是不可思议的速度行驶。这才是事物的根本,因为我们可以这样说,这项来自中国的技术传播(尽管看来很奇怪)却第一次使欧洲人意识到在陆地上也可能进行高速运行。接近97公里的路程在不到两小时内走完,就等于说某些地段一定是以每小时超过50公里,也许以65公里左右的速度行驶。当人们回想起开始有铁路的日子里那种稳步前进的速度所引起的激动情况,那就不至于低估这种真正对快速交通的第一次尝试给予欧洲文化的冲击了。中国人的激励,即使不曾更好些,也不能被忽视,其效果是势不可当的。

第二节 记 里 鼓 车

一辆车能记录所走过的路程,这种想法吸引了不止一个古代文明的机械师们。记里鼓车,或"路程测量器",是机械上一个相当简单的问题。所需要的只是让行走的地轮中一个带动一套包括减速齿轮的齿轮系统,使一个或几个销钉缓慢地旋转,在预定的间隔释放挂钩并敲鼓或打锣。以记里鼓车为名,这种装置从晋代起就在大多数官方的断代史里有记载。这些资料都没有描写机械结构,除了在《宋史》里,我们将马上要细读。然而,有些写到在走过每里路的时候一个木俑敲一下鼓,而在每十里走完时另一个木俑敲一下镯。如果崔豹的《古今注》书文可信,这种双重布置在3世纪已经存在了,但是人们对于它的真实性有疑问,认为直到隋或唐才出现较为复杂的机器的看法是较为可取的。建造这种记里鼓车有显著成就的工程师的名字有些被流传了下来,著名的有唐朝(9世纪)的金公立,五代或宋朝(10世纪或11世纪)的苏弼,1027年的卢道隆和1107年的吴德仁。

根据以上的迹象,这个发明的时间很可能至少是在马钧(鼎盛于220—265年)的时期。时间在3至5世纪的《孙子算经》里面有一道记里鼓车的算题,使这个结论更有根据。

今有长安洛阳相去九百里,车轮一匝一丈八尺,欲自洛阳至长安,问轮匝几何。

除了崔豹的书,最早的描述是在《晋书》(635年)里,其中讲道:

> 记里鼓车,驾四,形制如司南,其中有木人执槌向鼓,行一里则打一槌。

崔豹本人所述(约300年)如下:

> 大章车是为了了解沿途的距离。它开创在西京。又称记里车。车有二层各有一木人。每行过一里下层人击一鼓;每十里以后上层人摇一小铃。《尚方故事》载有制造方法。

这里有意思的一点是发明清楚地归于汉朝初期而不是东汉。提供参考的这部书列在东汉的文献表里,但是,可惜很久以前就失散了。

"鼓车"也是在汉朝或许还早些就知道了,虽然直到三国以前并不肯定地叫做"记里鼓车"。所以,很可能这种车在汉朝初期是起简单的音乐作用的,它为国家仪仗队里的乐队和鼓手而准备。最早的似乎是在燕刺王旦的传记里提到,其中告诉我们,车前车后旌旗招展,这大约是在公元前110年。大约公元前80年一个重要官员,韩延寿,他的仪仗队里也有一辆鼓车。南匈奴的单于也是这样,到了37年汉朝皇帝的鼓车套上了外国人进贡的特殊良种的马。在朝代史中关于御用车队的章节里很自然地把鼓车和黄门人,即太监、宫廷官吏、侍者和仆从、戏剧演员、杂技演员、魔术师等等,联系在一起。尽管初看起来这似乎加强了汉朝初期鼓车纯属音乐性的看法,实际上几乎恰恰相反,因为我们已经看到在古代这些艺人和机械玩具的制造者之间有密切的关系。最合理的推测是鼓车的确原来是音乐师的车,但是到西汉(公元前1世纪)的某个时候,敲鼓和打锣被安排由车轮带动自动地进行,只有如此,这种测量和绘制旅程图的仪器才有实现的可能。一幅汉朝的绘画艺术品遗留了下来,即小汤山墓的那一组,时间约在公元125年。在后来许多朝代的皇家仪仗队里都保留着机械化或未机械化的音乐师的车。

187

正如我们将看到的,记里鼓车的起源时间问题是重要的,因为在欧洲有并行的进展。唯一现存的中国的规格说明书,是天圣五年内侍卢道隆所做的,《宋史》里讲道:

> 记里鼓车,一名大章车,赤质,四面画花鸟,重台勾阑镂拱。行一里则上层木人击鼓,十里则次层木人击镯。一辕凤首,驾四马。驾士旧十八人,太宗雍熙四年增为三十人。仁宗天圣五年,内侍卢道隆上记里鼓

车之制：独辕双轮，箱上为两重，各刻木为人执木槌。足轮各径六尺，围一丈八尺，足轮一周而行地三步。以古法六尺为步，三百步为里；用较今法五尺为步，三百六十步为里。立轮一，附于左足，径一尺三寸八分，围四尺一寸四分，出齿十八，齿间相去二寸三分。下平轮一，其径四尺一寸四分，围一丈二尺四寸二分，出齿五十四，齿间相去与附立轮同。立贯心轴一，其上设铜旋风轮一，出齿三，齿间相去一寸二分。中立平轮一，其径四尺，围一丈二尺，出齿百，齿间相去与旋风轮等。次安小平轮一，其径三寸少半寸，围一尺，出齿十，齿间相去一寸半。上平轮一，其径三尺少半尺，围一丈，出齿百，齿间相去与小平轮同。其中平轮转一周，车行一里，下一层木人击鼓。上平轮转一周，车行十里，上一层木人击镯。凡用大小轮八，合二百八十五齿。递相钩镂，犬牙相制，周而复始。诏以其法下有司制之。

188 这个描述足够清楚地表明了减速齿轮系统，仅省略了由轴上的短钉拨动操作木人的绳索。图 346 表现的是这类记里鼓车模型的一部分。车的伞篷像是为了在车行动时旋转的，要做到那样也是很容易的。

189

图 346　一辆汉朝记里鼓车的活动模型（王振铎制作）

卢道隆的奏折里最后一句话值得我们注意，它几乎像一首诗或小品文的片断，但是在 1027 年提到"犬牙"是重要的，因为它说明宋朝的工程师们曾意识到把它们的棱角修圆的必要性，从经验上预示了今天在数学上规定的渐开线和外摆线齿轮所使用的形状。欧洲的工程技术史学家似乎不知道在达·芬奇（约 1490 年）时代以前曾有人注意到齿轮的形状。最早述及齿轮齿的欧洲手稿大约是 1335 年基多·达·维格伐诺

（Guido da Vigevano）的论文，其中齿是修圆了的，但是这比阿拉伯和中国书里的都晚。

典型地描述一辆欧洲记里车的是亚历山大里亚城的赫伦（约公元 60 年），可是他没有声称这是一项新发明；这个机器也被维特鲁威（约公元前 30 年）描

述过。赫伦的模型更复杂地用使球落入容器的办法记录走过的路程,并在康茂德(Commodus,192 年)皇帝时期使用了,但是在那以后有一个很长时间的间隔,再一次出现是在 15 世纪末期的西欧。因此,这个方式和我们一再遇到过的一样,也就是希腊的先例,并行的或紧跟着的是中国的发展,而且持续在整个中古时期,然后是在欧洲的复苏。

记里鼓车除了构造的方法上有齿轮系统外,也使用了由木偶人敲鼓或钟发出有声信号的系统,因此它毫无疑问的是所有的钟表报时机构的一个前辈。

第三节　指　南　车

如果说记里鼓车有广泛的传播,另一种带齿轮的车则是中国文化区域所独有的。在关于磁力的部分中(本书第三卷)已经提到过指南车,因为中国人和西方人都长时期地把它和磁罗盘混淆在一起。无论如何我们现在知道了,它和磁力毫无关系,而是一辆双轮车带一套齿轮,无论马拉着车怎样回旋游移变换方向,车上的立人永远指向正南。它的工作原理是机械的而不是磁力,但这并不减少它的趣味,即使它也许实际用处不大(可是没有在测量工作中对它试用,或许是我们不够明智之处,像对它的伙伴记里鼓车那样),也不应当受到那些对别的专业内行的现代学者们给它的即刻除名的处分。

关于指南车的历史,最重要的一段是在《宋书》里,写于大约公元 500 年。　190

> 指南车,其始周公所作,以送荒外远使,地域平漫,迷于东西,造立此车,使常知南北。鬼谷子云,郑人取玉,必载司南,为其不惑也。至于秦汉,其制无闻。后汉张衡,始复创制,汉末丧乱,其器不存。魏高堂隆、秦朗,皆博闻之士,争论于朝云,无指南车,记者虚说。明帝青龙中,令博士马钧更造之而车成,晋乱复亡。石虎使解飞,姚兴使令狐生又造焉。安帝义熙十三年,宋武帝平长安,始得此车。其制如鼓车,设木人于车上,举手指南,车虽回转,所指不移。大驾卤薄,最先启行。此车戎狄所制,　191
> 机数不精,虽曰指南,多不审正,回曲步骤,犹须人功正之。范阳人祖冲之有巧思,常谓宜更构造。宋顺帝昇明末,齐王为相,命造之焉。车成,使抚军丹阳尹王僧虔、御史中丞刘休试之。其制甚精,百屈千回,未尝移变。晋代又有指南舟。索虏拓跋焘使工人郭善明造指南车,弥年不就。

扶风人马岳又造垂成,善明鸩杀之。

这里首先需要讨论的是传奇中的素材。这个设备最后终于和两个神话中的事件联系在一起了:(a)在黄帝和反叛首领蚩尤之间的战争中,当后者施放烟雾时,皇族军队必须从中找出路;和(b)周公要把越裳人的大使送回家到很远的南方某处,需要向导。虽然这两件事情在两本不同的书中出现过,但都没有提到过指南车,除了一个例外。在约公元前 10 年刘向的《洪范五行传》中出现过比喻性的暗示。李约瑟博士猜想这是那样的情况之一,车字是后来误落进去的,抄写员不懂得"指南器"是指司南而言。不管怎样,两篇传说都经过发挥载入了崔豹的《古今注》(约 300 年)。这表示指南车真是一项东汉和晋朝的发明,第一部机器的制造者若不是 120 年左右的张衡,就是 255 年的马钧。怀疑关于马钧的故事是多此一举的:他是一位杰出的工程师,我们很幸运能看到很多他的相关信息。下文我们将会再次遇到他。

指南车的制造也记录在其他同时期的史料里。郭缘生在一本晋朝的书《述征记》里说,政府的工厂坐落在首都的南门外,指南车通常就存放在这个厂的北门道里。他很可能指的是马钧的机器。有趣的是崔豹的报道最后说,它的构造述说在一本早已流失的书《尚方故事》里。

7 世纪这个发明传到了日本,据说两位僧侣在 658 年和 666 年为日本皇帝制造了这种车。很可能这些和尚工程师本人就来自中国。指南车有时候和记里鼓车联合在一起。

大约成书于 1345 年的《宋史》,提供了有关机器的唯一详细说明,它是由 1027 年的燕肃和 1107 年的吴德仁这两位工程师建造的。这篇文章解释说除了两个轮外,这部车还有 7 个齿轮,总共有 120 个齿。最大的一个齿轮车轮是水平安装的,它的直径几乎有 1.5 米,拥有 48 个齿,装有一根高差不多为 2.4 米的垂直杆,上面有一个指向特定方向的木人。在全面描述了齿轮之后,文章继续说道:

> 其车行,木人指南。若折而东,推辕右旋……

在这里内部的齿轮做了部分的旋转运动,它带动大的水平轮旋转了四分之一周。这就促使木人再次指向了南方。若转向西,车辕则被推向相反的方向——向左而不是向右——于是木人就转到与之前相反的方向,最后结果还是指南。然后文章继续道:

> 大观元年,内侍省吴德仁又献指南车、记里鼓车之制。二车成,其年宗祀大礼始用之。其指南车,身一丈一尺一寸五分,阔九尺五寸,深

一丈九寸。车轮直径五尺七寸。车辕一丈五尺。车箱上下为两层，中
设屏风，上安仙人一执杖，左右龟鹤各一，童子四，各执缨立四角。上设
关戾。卧轮一十三，各径一尺八寸五分，围五尺五寸五分，出齿三十二，
齿间相去一寸八分，中心轮轴随屏风贯下。下有轮一十三，中至大平
轮，其轮径三尺八寸，围一丈一尺四寸，出齿一百，齿间相去一寸二分五
厘……

下层隔间里有滑轮和其他齿轮，后者中有两个小的（直径为 33 厘米），它
们水平安装并各附有一铁坠，还能根据需要来上升或下降。如文章所示这是
一部相当精巧的机器。实际上，这个文献对于我们了解 11 世纪和 12 世纪的
工程技术相当重要。

现代已经对它们进行了解释
和复原，我们将从首先考虑吴德仁的
机器开始（参见图 347 和图 348）。
机械机构的要点是地轮上安装的
附轮或里面的齿轮与有齿的小平轮
相啮合，带动着和主要人形装在同
一轴上的中心大轮旋转。但是小平
齿轮永远不会两个同时啮合；装在
沿立柱上下滑动的坠子上，它们被
绳子吊着，绳子绕过上面的滑车被
拴在下面的车辕尾端上。这在模型
上很容易看到（图 349）。假定车向
南走着要向西拐弯（也就是向右
转），马将带着车辕转向右，因此车
辕尾端就向左移。这样就使右边小
齿轮上升而左边的那个下降并与地
轮上的内齿轮和中心轮相啮合。由
于左侧地轮仍在转动而右侧的将脱
开齿轮，这个齿轮系明显的会起到车
子变换方向的补偿作用，从而大致保
持着木人指南的方向。在恢复直线
行驶时，两个齿轮又都解脱开了。

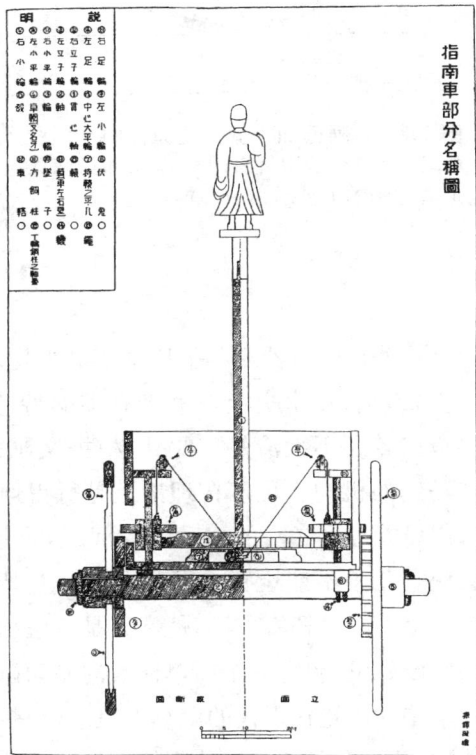

193

195

图 347　指南车机械装置的复原［根据幕阿
德（A. C. Moule）和王振铎；后视图，当车辕
⑧的尾端向左或向右移动时，它把悬挂的齿
轮相应地向左和右啮合和脱开，就使各地轮
连接到或脱离开带有指南人形的中心齿轮］

195
196

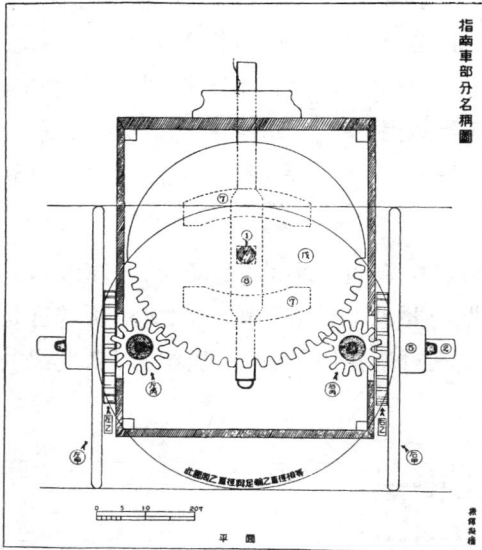

图 348　幕阿德和王振铎复原件的平面图（车辕的转动是围绕着带有齿轮和指南人形的立轴的下轴承为中心）

图 349　王振铎的活动模型（大齿轮已移去以便显出车辕的位置和连接它的尾端和左右升降齿轮的绳索。这些齿轮在它们的立轴上自由滑动，在轴顶上可以看到小滑轮和绳索）

　　吴德仁的机器实际上比这个更为复杂，因为他在齿轮系里引进了额外的部件，包括（技术史上一个极有趣的特色）叠轮或双齿轮。虽然他为什么用多级齿轮还不太清楚。此外，根据文献的复原也许不能很好地适用于燕肃和马钧的机构。虽然在理论上是行得通，在机械上它是极为粗俗不雅的，并且很可能遇到必需的移动量的问题，再加上齿轮正确地啮合和脱开的困难，会使它几乎不能运行。因此乔治·兰切斯特（George Lanchester）提出了一个完全不同的解答方案，他本人是一位出色的工程师，提议这个机器（至少在某些设计里）包含一个简单样式的差动齿轮。

　　差动齿轮在现代的汽车上是一个重要的部件。大家都很清楚，任何有轮子的车在转弯的时候，外侧的车轮要比内侧的多走很多。固定不转的轴的两轮或四轮车允许每个车轮单独地旋转，但是在传输动力的活轴上需要有某种装置，在输送扭力的同时能使车轮单独地运动。机动车差动齿轮表现在图350 中，是通过一个真正的差动链而不是使用伞齿轮，它是约瑟夫·威廉森（Joseph Williamson）在大约 1720 年为了增加或减少机械时钟机构的旋转运

197

动而发明的。有了指南车,现在仍待解决的问题是差动齿轮的简单形式是否可以回溯到 1 000 多年以前。

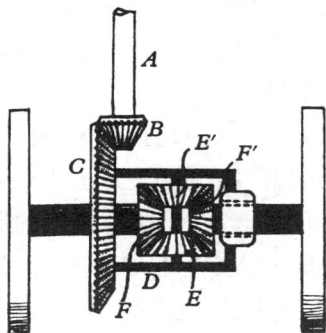

图 350　说明机动车差动传动原理的简图

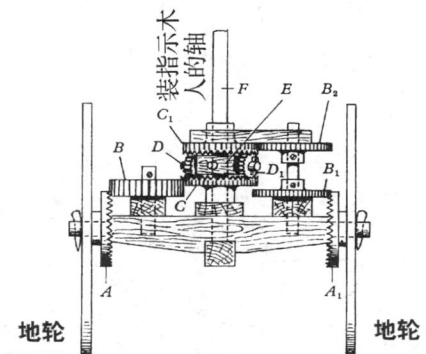

图 351　指南车的机构(根据兰切斯特的复原方案。后视图,两个地轮固定地与差动齿轮系里的一对惰轮上装着的指示木人相连接)

兰切斯特认为(并且它可以从图 351 和模型的照片图 352 中很清楚地了解到),所需要解决的是从地轮上传来的力对垂直轴或杆的反向驱动。当然它是与在机动车上所发生的相反。在兰切斯特的复原中,装在地轮上的齿轮 A、A_1 与中间平轮 B、B_1(延伸到 B_2)相啮合,但是在这里两个平轮都安排得跟一个上层和一个下层伞齿轮 C_1、C 总是啮合着,其中上层的一个 C_1 与装着指示木人的轴同心但并不固定在它上面。在两层伞齿轮之间有两个小惰轮 D、D_1 用一根短轴连着,短轴中间垂直地竖起装着指示木人的轴。这样,惰轮和所承担的指示木人的动作就将准确地,但方向相反地,反映两个地轮的相对运动。比方说,如果左侧地轮比右侧的转动得快,像在向西转时那样,B 将转动而 B_1、B_2 将几乎不动,同时 C 将扭转而 C_1 几乎静止。D 和 D_1 因此反应的动作恰好相同但方向相反。然后,虽然 C、C_1 将恢复它们的彼此相反的正常运动,D、D_1 将稳定不动,直到地轮转速再次出现相对的变化。图 352 表示了兰切斯特自己制造的模型的动作。

这样能否符合燕肃的规范呢? 如果他的两个小立轮有齿,那就能。但是要假设原文中有一个印刷错误,即应该记载他讲到在中间的两个大平轮,而不是一个。这可能是由于一个容易造成的原文错误。可是,还应该有 10 个或 11 个轮,并且超过 120 个齿。此外,如果燕肃的机器用了差动齿轮,那就不清楚为什么一定要提到车辕的动作,而在文字中不说明提到它的理由,并且没

935

199

200

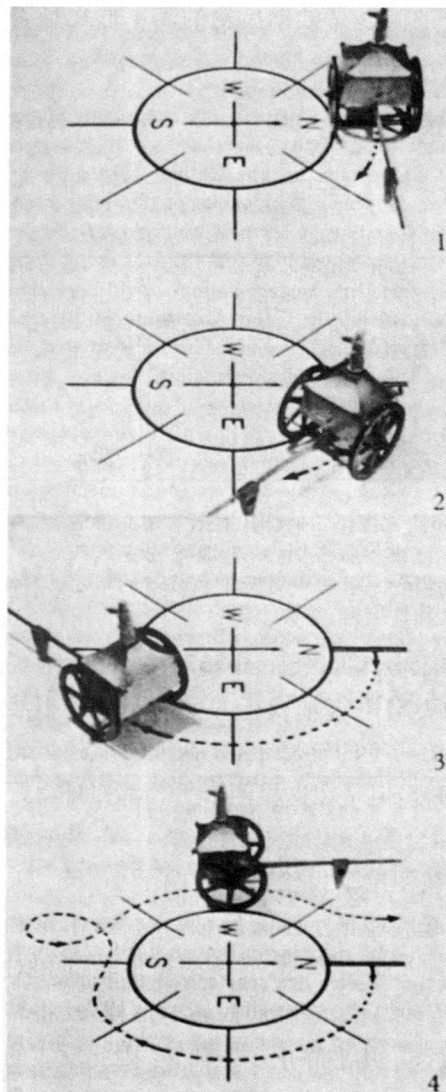

图 352 表现用差动齿轮机构复制指南车功效的动作照片（照片由兰切斯特先生提供）

有提到绳索或坠子。总而言之，无论燕肃曾否用了一种差动齿轮，马钧或祖冲之还是很可能这样做了的，因为它毕竟既比较简单又比较实用，而且比垂直悬挂的齿轮啮合和脱齿的笨办法来得雅致。

汉学家们一般把指南车看作一种供玩耍的稀罕物，或许是中国人的一件聪明误用的事例。但是从广阔的历史观点来看，它肯定远非如此。可以说它是人类历史上走向控制论的第一步。

"控制论"一词来自希腊语"kubernetes"，一个舵手，它论述的是在机器里或在活的有机体里，控制与传递的理论领域。前面我们看到，和其他古代人一样，中国人对可以用无生物来模拟生物体发生了兴趣，并适时地制造了各种依靠弹簧、水力等为动力的自动装置。虽然传统的生物化学和生理学仍旧从动力和燃烧工程学的角度看待活的有机体，但现代生物学坚定地证实了身体的内部媒介存在着"体内平衡"——例如渗透压力、pH值、血糖等类因素的异常恒定。所以现代技术也在过去一段长时间里已经发展出了各种自调节的或体内平衡的机器。它的第一个真正实用的样式出现在蒸汽机中。

1712 年的托马斯·纽科门（Thomas Newcomen）的蒸汽机用一根往复杆驱动水泵活塞在向下的行程中提升用于注射到汽缸中的冷水。从那时候开始，1799 年威廉·默多克（William Murdock）为单缸双动蒸汽机发明滑阀的道路就敞开了，这个装置使用了詹姆斯·瓦特（James Watt）在 1782 年介绍的原理，它本身清楚地体现了在典型的中国古代单缸双动活塞风箱中——当然主要的区别在于活塞在两个冲程中不再起压气者的作用,而在两个冲程中自己都受到压力。于是这样就有了一个自行动作的循环体系,但是它还没有形成一个自调节的循环体系。然而,瓦特在 1787 年用他现在为人们所熟悉的离心调速器球装置调节在负载变动情况下的蒸汽机速度,从而完成了这样的体系。于是我们来到了一个真正的闭环"伺服机构",并且可能是最早的这种范例。从那时以后我们使用了各种各样的其他"反馈"装置——恒温器,以及自动调节的化学的和工程的生产设备。

面对这样的背景,可以说指南车是人类历史上第一台包含完全负反馈的体内平衡机器。在它上面中国人已经建造了一件仪器,能完全地补偿并从而始终如一地指出一切离开预定进程的偏差。对 3 世纪来说,不仅在实践上而且在观念上,都是一个真正的成就。并且这种有生机体的模拟物出现在一个具有高度有机的自然概念的非常稳定的文化里也许并不是偶然的,因为趋向自调节是有生机体的一个基本性能。

第四节　作为原动力的牲畜牵引

到目前为止我们已经涉及了将畜力作为机器的原动力,也作为车辆的牵引力,其实际使用的具体办法先暂作保留不宜细说。然而,在各个历史时期里,真正关心这件事的人们感到面对着的是一系列工程技术上的问题。尽管我们一般都不是这样地去考虑它,可是任何挽具系统都由链系和铰接装置构成,考虑到牵引牲畜的骨骼构造和被牵引物的结构,它们都必须被精心设置过。 200

高效率的挽具及其历史

法国骑兵军官德诺埃特在 1931 年指出,既然牵引系统由一匹或几匹牲畜组成,就应该有一种合理的套挽具的方法。它能使所有牲畜的力量都得到充分的利用,并使它们工作协调。这就是很好地和马体骨骼相适应的"现代"挽具(即颈圈挽具)。另一方面,"古代"挽具(我们将叫它颈前和肚带挽具)只能利用每匹牲畜的可能出力的一小部分,无法保证令人满意的集体力量。一般地,它的效率要比胸戴挽具低 4—5 倍,最后它消灭在中世纪的欧洲。此外,它在各处,在每个古代的王朝和文化中都一样,同样地效率不高。只有一种古代文化摆脱了它并发展了一种高效率的挽具,那便是中国。

在图 353a 里显示了颈前和肚带挽具。它包括一根肚带围绕着肚子和肋骨区域的后部，肚带的最上面是牵引点。大概是为了防止肚带被拉向后面去，古人给它联上一根颈前带，有时窄，多半是宽的，斜着越过马肩隆。于是颈带就压迫牲畜的脖子，当马打算使出全部力量来的时候会被憋得喘不过气来。同这个成鲜明对比的是颈圈挽具（353b）。加固并有衬垫的这种颈圈直接压在胸骨和覆盖它的肌肉上，因而密切地和骨骼系统连成牵引线，并完全让开呼吸道。牲畜这就能够使出它最大的牵引力来。然而，颈圈挽具并不是使牵引线起自胸部并让开喉部的唯一办法。在中国秦朝或汉初某个时期，或可能更早，在战国时期，有人认识到牲畜的两肩可以用一根挽绳绕上，用一根肩隆带把它吊起，并拴在车辕弧的转折点上或双轮车辕的拐弯处，就可以大大地提高马的工作效率。这就是在图 353b 中显示的胸戴挽具。挽绳延续绕过牲畜后身部分并由一根臀带支持着，它不是牵引结构的必需部分，但是允许车辆的倒退运动，以及在下坡的路上刹住它；我们还要回头来讲这一点。

202

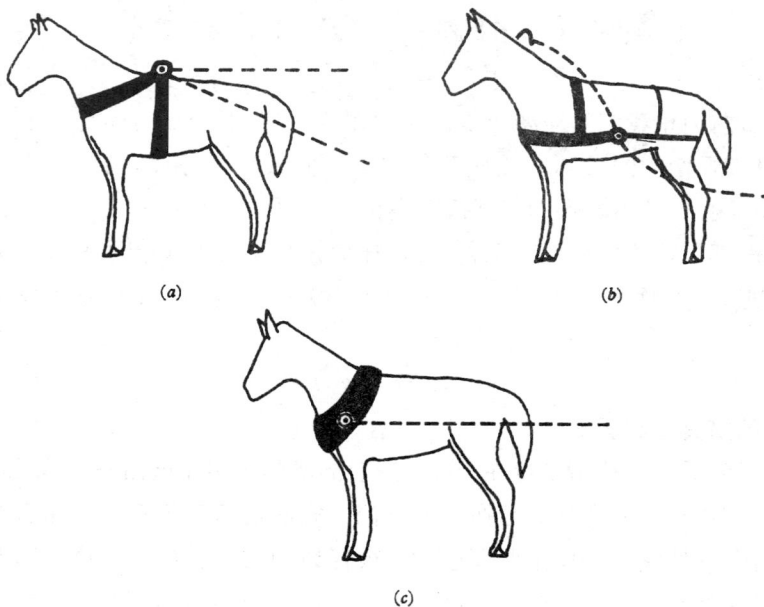

图 353　马挽具的三个主要形式

(a) 颈前和肚带挽具，西方古迹的特征。由于气管受压迫阻止了牵引力的有效发挥。(b) 胸带挽具，中国古代和中世纪早期的特征。压力在胸骨上，牵引线直接连到骨骼系统，牵引力可得到充分发挥。(c) 颈圈挽具，中国和西方均在中世纪后期使用。由于也是胸骨区为承压点，牵引力可以有效地发挥。

苏美尔和商代的颈前和肚带挽具

人们可以说,马的颈前和肚带挽具是牛轭的临时替换。因为牛的脖颈是从身体向前平伸出去的,不像马的上升的颈脊,并且因为它的脊柱形成一个隆起的骨骼轮廓,前边可容易地放上一个轭,从最早的时代看这已够令人满意的了。图354示出一架古老式样的牛车,在1958年(甘肃)酒泉的街上。可以从汉代的雕刻,佛教的雕刻和敦煌的壁画里找出很多类似的牛拉车的画。但是在中间单辕两侧的或双辕之间的轭适合于牛,却对于马很不合用,因而颈前和肚带挽具成了代替装置。

203

图354 专为牛类牲畜使用的古老的牛轭挽具(这类牲畜脊上有隆起可以承受拱形轭靠在上边。在马类牲畜上没有这样的托靠。1958年的照片)

在商代以及毫无疑问的在以后几个世纪里,肚带和颈前带的结合点是用皮条捆在横棒上,而横棒是安装在向上弯曲的中间单辕上,以这种方式来传送牵引力。但是由于某种或其他的原因,或属于装饰的,没有用的轭继续以退化了的形式存在着。在周朝开始以前,它曾采取一个窄的V-形鸟类叉骨的形状,同时它的下端向上弯,大概作缰绳的导架。然后大约在战国时期某个时间中国人放弃了中间单辕,而采用外侧的两根平行的杠,结果是汉朝双轮车典型的S-形弯曲的双辕。然而,"叉形轭"仍继续存在,可能因为用作缰绳的导架一直有用。从一块在四川发掘出的模造汉砖上的图355示出

204

图 355　一种还存在于汉朝时期的轭的样式（它固定在一辆轻型行李车的车辕横棒的中部，端部似乎还引导缰绳。见于模砖上，现存于重庆市博物馆）

的似乎就是这样的情况。在胸带挽具发明以后，挽绳就直接拴在车辕的屈折点上，横棒就不再有多大用处，最终消失了。"叉形轭"也不见了。这里我们遇到一个相当有趣的问题，这就是两项发明的时间——双辕车和胸带挽具。它们是否在同一时期发明的，如果不是，则彼此相隔多远，并且哪个在先？颈前和肚带挽具在空间和时间两方面的广阔延伸才是真正让人惊讶的。我们先是在公元前三千纪初期的迦勒底人的画里看见它，在苏美尔和亚述的（公元前 1400 年—前 800 年）画里面也有它。至少从公元前 1500 年起它作为唯一的一种挽具就在埃及被使用了，在所有的车和马的绘画和雕刻中都表现了它，并且在米诺斯（Minoan）和希腊时期它同样普遍。各时期的罗马绘画里都有无数的

205

实例，并且颈前和肚带系统的王国也毫无例外地包括了埃特鲁斯坎、波斯和早期拜占庭的车辆。西欧直到大约 600 年还不知道别的，伊斯兰各国也不知道。此外，南亚几乎完全依靠这种效率不高的挽具，因为我们从古代和中世纪的印度、爪哇、缅甸、暹罗以及这个地区的其他部分得到的车辆的画片里大多数看到的是它。中亚也有它。它最后出现的一次是在意大利佛罗伦萨的 14 世纪浅浮雕上，在这里它可能是一项有意识的仿古。

图 356　汉代胸带挽具的一个典型描述〔从武梁墓祠（约公元 147 年）发现的皇帝侍从长官的车。除了胸带或挽带由肩隆带（这里显然是叉形的）和臀带悬吊着，还保留着一根肚带并且老的颈带变成了一根伸长的吊带帮着把胸带的前面吊起来。很多汉朝的画都远不如这个精致，只表示出胸带及其悬吊〕

第一步：楚和汉的胸带挽具

现在我们可以过渡到中国的高效率的胸带挽具了，它的两根挽绳或绕过胸部的带子被肩隆带吊着（图353b）。人们只能说在汉代的所有雕刻、浮雕和模制砖上凡表现马和车的，普遍都是这种挽具。一个很好的有套上挽具的马和车的汉代青铜模型（图357），从中很清楚地看到胸带和车辕，而沂南墓中的一幅浮雕（图358）则表现了很多细节，又在图359中有阐明。在这辆公元2世纪末年的双轮车中，车辕被分成两个，因为在或靠近拴挽绳的地方给它捆上一根棒。这保持"叉形轭"的下端向前或向下指，轪是连接在横棒的中间。 207
缰绳穿过横棒上的环，其前端接在嚼口两端的青铜颊旁杠杆上。马勒，即拴紧马的头部装备的一组带子，也被沂南的雕刻者清楚地刻出来了。挽绳一般地是拴在车辕的中间点上，但在某些浮雕上清楚地看到大行李车和类似的车辆是向后直拉车身本体。

206

图357　一辆像在图355里的汉代轻型行李车的青铜模型（不带车篷。虽然既没有尻带也没有挽具的其他部分，还是可以清楚地看到胸带拴在弯曲的车辕的中点。东京细川的收藏品）

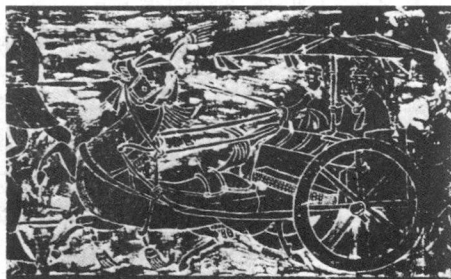

图358　另一幅汉代的车辆挽具浮雕（选自沂南墓室，约公元193年。与图359作比较）

关于胸带挽具的起源，在大约公元前4世纪楚国的一个漆盒上发现了一件有趣的证据。它似乎表现了一个在颈前和肚带挽具和挽绳之间的过渡形式（图360）。但是颈前带还没有完全被放弃，只是伸长些以便在车辕的拐折点上支持胸带。这就像支持

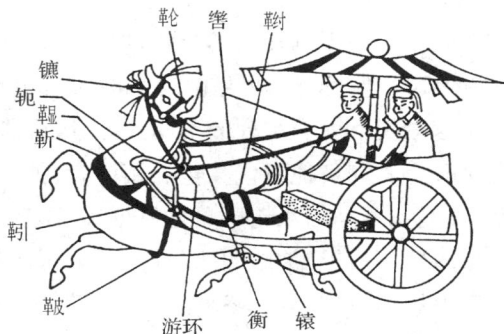

图359　沂南浮雕的说明（表示各种部件）

941

208

图360 约公元前 4 世纪在楚国制造的一种圆形漆盒上画着一匹马和车(一个硬的轭状物件围在马的胸前用挽绳连接在车辕的中间点上。这可能是颈前和肚带挽具与胸带套具之间的中间形式。在长沙附近的一个汉墓里发现的)

挽绳的肩隆带。同时肚带也还保留着(图 361)。这个证据也许会使人认为,双辕车的发明是一个界限因素,在有车辕以前胸区牵引是不可能做到的。我们不知道胸带挽具的想法是怎样来的,但总有从人拉套中找到的最得力的办法引申出来的可能性。用一大帮拉纤人拉船上水,毫无疑问在中国已有很久的历史了,人们从他们的经验中肯定会意识到牵引力必须使在胸骨和锁骨区域并且不妨碍呼吸的自由。敦煌壁画里表现了拉纤,其中图 362 可能增强我们的论点。

比较性的评价

有了正确的挽具,马对牛的优越性自不待言。两种牲畜的牵引能力大致相同,由于马的运动速度较快,提供的功率大约多 50%。此外,马的耐力比牛大得多,每天可以多工作几个小时。德诺埃特在 1910 年做实验时发现,用颈前和肚带方式套上的两匹马

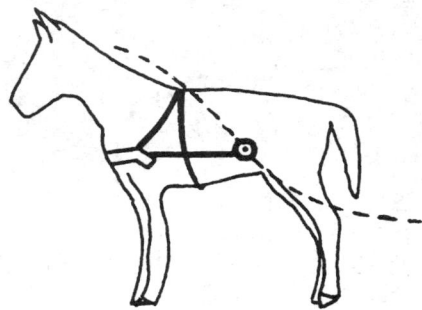

图361 长沙漆绘中套具系统的解说简图

的有效牵引力限制在大约半吨,但用颈圈挽具(我们将稍后讨论)来牵引则提高到 9 吨。实际上,即便是空车,颈前和肚带挽具也很难拉动现代马拉车辆。但是颈圈挽具就有很大的不同。此外,仔细地研究汉代双轮车和四轮马车的图画并将其同其他古代文化的相比,就能清楚地看到中国的车辆重得多。埃及、希腊或罗马的双轮车总是显得尺寸极小,最多只能供两个人使用,两旁还尽量减轻,并且经常由四匹马拉,而中国双轮车则时常载多达 6 名乘客,还常有向上翘的重型车篷(参见图 355),只用一匹马拉。再者,当中国人与西方地区发生接触时,他们会明确地感到那里的车辆特别小,在 450 年的《后汉书》里关于阿拉伯、罗马、叙利亚的章节说的正是这些。

还有,在公元前 4 世纪后期的《墨子》里,我们读到墨翟在评论公输般制造的风筝时,他说:

> 子之为䲷也,不如匠之为车辖。须臾刻三寸之木,而任五十石之重。

在《韩非子》(时间是在公元前 3 世纪)里类似的一段中,提出车辆载重的数据是 30 担。由于战国时期的

图 362　背纤人拖着一条上水船(敦煌千佛洞第 322 号窟内唐朝初期的一幅壁画。高效率的马挽具可能是从人的拖拽实践中出现的)

210

担估计超过 54 公斤,墨翟的载重估计达到约 2.7 吨,而韩非的则是超过 1.6 吨。这些数据看来是支持胸带挽具比颈圈挽具效率略低的观点的。多次未成功的改进颈前和肚带挽具的企图说明它在古代就经常使人感到不满意。

在古埃及,一条带从颈前带向下穿过马的前腿之间拴在肚带上,这并不起多大的作用,因为牵引点仍然在马背上,颈前带总是被向上拉。第二次尝试可以叫做"假胸带"挽具,围绕牲畜的胸部放上一段横带,两端连到肚带上。这也没有起什么作用,因为牵引点使假胸带向上升并和颈前带争相抑制马的呼吸。在公元前 8 世纪的亚述到公元 9 世纪的拜占庭它曾一再地被试过。第三个办法是结合在牵引马上备鞍,把颈前带连接到或是与马鞍下部连接的马腰的较后部位,或是在连接马鞍的两侧稍低一些的位置。这在 10 世纪到 13 世纪的拜占庭以及在旧大陆另一端的 12 世纪间的柬埔寨,并且它一直延续到近代的日本犁和印度西北部的双轮小马车。但是问题仍然未能得到解决。中国是个例外。

发明的辐射

中国汉朝的胸带挽具适时地传到了欧洲。就文字的证据来说,欧洲没有在 8 世纪以前就使用胸带挽具的描述。以后,它才越来越多地出现了,例如,在 9 世纪奥塞伯格(Oseberg)沉船里发现的挂毯中就曾见到。在 9 世纪和 10 世纪的北欧文化中,还有在赫剌巴努斯·毛汝斯(German Hrabanus Maurus,776—856 年)的《论事物的特性》1023 年手稿的插图中又看到了胸带挽具。

它似乎也在巴约挂毯(Bayeux Tapestry,公元 1130 年)中有描述,在此之后它就被广泛地使用了,特别是在 19 世纪初期的驿车上。

211　　　　大家早已知道,另一种有效的挽具——颈圈挽具大约 10 世纪初在西欧出现,并于 12 世纪末被普遍采用。最先对它有记载的是 920 年前后的手稿插图,此后它逐渐普遍。毫无疑问,就在这同一段时期里,它在中国大量的替换了旧的胸带挽具。从宋元时期的绘画(11 世纪和 14 世纪)中即可看见这一点,而且似乎除此以外也没有其他样式的挽具,它们出现在已经讲述过了的农业技术纲要中。但是人们很快对一个问题产生了怀疑,即颈圈挽具在中国和中亚是否比在欧洲追溯到的时代更为久远。

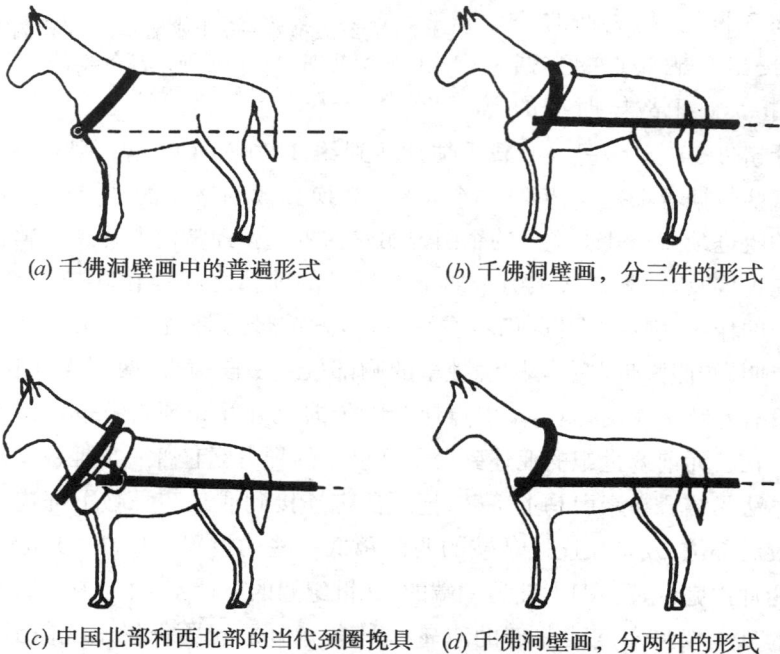

(a) 千佛洞壁画中的普遍形式　　　　(b) 千佛洞壁画,分三件的形式

(c) 中国北部和西北部的当代颈圈挽具　(d) 千佛洞壁画,分两件的形式

图 363　敦煌千佛洞石窟(5—10 世纪)壁画的解说详图

212　　　　现在可以更精确地知道关于重要的发明及其后来传到欧洲的时间和地点。中国最早的双轮车毫无疑问是单辕式的,用的是颈前和肚带挽具,正像对文字书写的分析以及考古的证据所表明的那样。这种方法大概持续晚至战国末期,汉代初期就完全被胸带挽具代替了(即从公元前 2 世纪以后)。在世界上没有其他地方曾这么早地出现一个有效的马类挽具。胸带挽具越过欧亚平原适时地传到西方是不容我们怀疑的。有事实证据表明它到达意大

利比欧洲其余部分至少早 3 个世纪；可能是随着东哥特人（Ostrogoths）在 5 世纪传入的。

　　但是第二个高效率马用挽具能够也是这样吗？敦煌附近千佛洞里的壁画表明唐代人就已经知道颈圈挽具了，这也比欧洲的第一次描述早 2 个或 3 个世纪。在这里几乎所有描绘的马和车，都是把车辕拴在颈圈状挽具的最低和最前面的一点上（图 363a）。这里根本不同于来自世界其他部分的图画和雕刻上所看到的，后者所描述的拴接，如果不是在颈前和肚带挽具马背上的位置，就是在颈前或颈圈状绑带的中点。而它则清楚地意味着是由胸骨而不是气管区域用力。

第二步：蜀和魏的颈圈挽具

213

　　让我们从最清楚的例子开始。在敦煌 156 号洞里一幅漂亮的全景画，描写一位中国将军兼地方总督张议潮在 834 年从西藏人手里收复敦煌地区以后与他妻子的凯旋队伍。有证据表明它是在 851 年画的。跟随这个军队统帅的是随员队伍，包括四辆车，其中三辆是行李车。其中一辆放大如图 364 所示。所有的车上所用的挽具都有三部分：（1）车辕；（2）一块弯木，好像牛轭或汉代车辆上把车辕连起来的横棒；（3）一个垫得很好的颈圈，其下端位于胸前很低的部位（图 363b），而在横棒后

图 364　张议潮将军妻子的行列的一部分的临摹图（表现了一辆行李车的放大图。横接着车辕的弯的"牛轭"式的横棒合适地架在低低地套在马胸前的一个很厚的环形垫子上。这个颈圈实际上是牛的"脊隆"的代替）

面高起来。这就立刻变得很明显，最早形式的颈圈挽具在布置上是分为两个部分，而颈圈本身不过是一个相当于牛的脊部"脊隆"用于马上的人造代替物，也就是使轭可以依靠的一个支撑点。

　　见了这些图画之后，李约瑟博士很高兴地看到在甘肃省和中国北方和西北很多其他地方，人们还在大量使用的颈圈挽具，正是唐代的两件型挽具的后裔。图 365，1958 年在酒泉附近拍摄的一张照片，很好地表现了它。颈圈本身不拴在任何东西上，但是靠在它上面的是一个围抱的框架，即古代轭的

后代,用皮带套在车辕前端的木桩上直接和车辕连接在一起(图 363c)。在有些地区牛轭是像鸟类叉骨或广角的树枝权的形状。在这里面我们可以看到马的颈圈挽具发明过程并在向"轭"的过渡,并且我们自然而然地还会记得汉代马拉双轮车上所用形同鸟类叉骨退化了的轭。因此这个新办法的要点是一个不会脱落的"人造脊隆"。只是后来硬的轭和软的颈圈才合并成为现代用的马的挽具上的一个部件,在中国字典上它的名词为"护肩"。我们原来的问题如果还不能从时代上得到回答的话,那么现在可以从原理上得到回答了,因为很多欧洲最早的颈圈挽具图画都精确地表现出中国的三部件系统制度。确实人们还可以在欧洲的某个角落里看到它仍然存在着。1960 年李约瑟博士在旧大陆的最尽头伊比利亚半岛(Iberian)上又见到了它。

图 365　中国北部和西北部仍在使用的典型颈圈挽具(1958 年,颈圈,还叫垫子,松松地套在马或骡的脖子上,古代轭的直接后代挟板子压在它上面,并且用皮带套在车辕前端的木桩上和车辕连在一起。在戈壁沙漠边上拍摄的这个实例中,前面还有两匹牲口通过挽绳以增加牵引力)

在敦煌附近的石窟里还可以见到其他很多的马和车的画。所有的画都表现车辕的拴接是在牲畜围绕肩和胸的物件的前面最远的一点上。可以明显地看出颈圈挽具的几个模式,尽管没有 156 号洞的那种决定性证据。当图上没有画出"代用脊隆"的时候，人们会毫不犹豫地想象出它的存在。并且确实在至少四或五个洞里看到全部三个部件的系统（图363b），而在另外至少五或六个洞里我们看到的只有车辕和轭（图363d）。此外，非常幸运，最古老的描绘作品（257号洞），是在北魏时期公元477年到499年之间画的，颈圈挽具被表现得很清楚（图366）。缰绳由高高在脖颈上的两根线表示，也许在轭后面的适当位置上可能一个颈圈恰巧没有画出来——可是证据是确凿的，因为轭本身安放得很好，虽然没有画出颈圈让它靠上，但若是没有它就没用了。同样的争论也适用于其次古老的画，精确的时期在520年至524年之间。以后，更有两幅画出两个部件的壁画都是来自隋朝的（约600年），把我们带回到唐朝的写实。也有某些画面表示了除马以外的其他牲畜套在车辕里的轭上。这些画中有一幅是唐代的（大约9世纪初期），它虽然可能仅仅是画家为一篇传奇故事作的插图，但它仍然遵守了机械原理。一般来说，后来的描绘更清楚些，但却和推断出来的欧洲最早的颈圈挽具同时代或迟些。

214

215

图366　千佛洞石窟壁画中最古老的马类挽具描述（画于公元477年到499年间的北魏时期。一辆装有"太阳帽"式顶篷的篷车，有帘子和阳光遮篷，由一匹大马拉着。拱形的横棒是清楚的，但是艺术家没有画出它后面的衬垫颈圈来，没有它就全没有用处了。在马颈高处的两条细线可能是画错地方的一个颈圈。但更可能是缰绳，并且另有一条表示了尻带）

敦煌的证据非常明确。颈圈挽具以其原始形式毫无疑问，最早就是出现在公元851年的张议潮的行列里，差不多是在欧洲的最早的文献以前一个世纪。但是那些应是根据这种实际作的图画雕刻则可追溯到5世纪的后25年和6世纪的前25年，因此把它的第一次出现定在475年北魏王朝时期是很有道理的。同时地点也很重要,因为在甘肃和陕西的戈壁滩边缘上的沙土需要强有力的牵引工具。汉代的挽绳挽具就可能拉断,而"挟板子"能够用链条拴在车辕上,这样马的肌肉强度就成为唯一的限制因素。

216

　　资料的第三个来源,是秦、汉和三国时期的墓砖。要肯定颈圈挽具发明的起源时间是 5 世纪的末期,看来为时仍然过早,因为我们可能把此事确定为 3 世纪。在第一次世界大战期间,对川陕公路上昭化鲍三娘墓的发掘,出土了一系列精美的实心墓砖,每一块上面都有同样的马和车的图(图 367)。由于不全是同样损坏的或残缺不在同一个部位,可以看得出似乎是一个大的马颈圈很低地套在胸前,显得衬垫很丰满并且看上去很像一个粗的花环,直的车辕或挽绳好像拴在它的两侧,看不到有轭。有些砖上还可看到一个模糊的肚带,也许是尻带的一根横条——绕在马臀部上的皮带,可以阻止车辆。如果颈圈挽具确实存在,这个事实是真正值得注意的,因为墓的年代毫无疑问是在三国时期,即 221—265 年之间。此外,鲍三娘墓的砖不是孤立的,因为在 20 世纪狄平子发表的多半是出处无名的浮雕和砖的拓本的珍贵收藏中,有一幅表现一辆双轮车的三匹马都有粗壮而明显的环形物件围绕在胸前。不幸的是,这个空心模制砖的起源是不肯定的,但是也没有理由去怀疑它的真实性。在时间上它不会晚过汉初,可能早到战国时期,因此我们只能把它放在

217

图 367　一些四川昭化鲍三娘墓中的模制砖(220—260 年之间,所刻画的很像颈圈挽具。一个填充得丰满的环形物像一个大花环围绕着马肩隆并越过胸骨区域很低的位置。各块砖的损坏位置不同,可以分辨得出车辕挽绳、缰绳或尻带,还有明显的肚带。如果这里不仅仅是一个装饰的花环把正常的胸带挽具混淆了的话,那么颈圈挽具的发明可能是在四川)

公元前 4 世纪和前 1 世纪之间。所以,在中国很可能颈圈挽具的偶然使用时间追溯起来远比它在 6 世纪被普遍采用要早得多。情况可以总结如下:

挽具的样式		文献的描述	较新的证据	语言学证据
颈前和肚带		很古老	很古老	——
第一个胸带	中国	1 世纪	公元前 4 世纪至前 2 世纪	——
	欧洲	12 世纪	8 世纪	5 或 6 世纪
第一个颈圈挽具	中国	17 世纪	公元前 1 世纪(汉砖)	
			3 世纪(三国砖)	
			5 世纪(敦煌壁画)	
	欧洲	10 世纪	——	9 世纪

余下的问题只有简单地看一看各种不同形式的挽具和它们的车辆之间的关系。颈前和肚带挽具,及其车辕、横棒和叉形轭,其俯视图示于图 368a,同图 368b 的汉代方式形成对比,后者的叉形轭还没有消失,但由于胸带和挽绳的充分利用已经变得更不需要了。它是后来的简单胸带(左骑驭手)挽具 (c) 的先驱。但是在中国人采用颈圈挽具以后,直到现在始终坚持着一个独有的特征,即颈圈的硬部分直接拴在车辕的端部(d)。这个从古老的牛轭引申出来的办法之所以可行,可能是因为在中国车上车辕总是组成车辆结构上的一个部件。如果不是这样,就需要用专门的棒把两根车辕的端头彼此分开,因为它们在使用时要拉到一块。这在图(e)中俄罗斯和芬兰的颈挽具上可看到。挽绳拴到车辆本体上,问题就避免了,就像某些中国古代和欧洲现代用

218

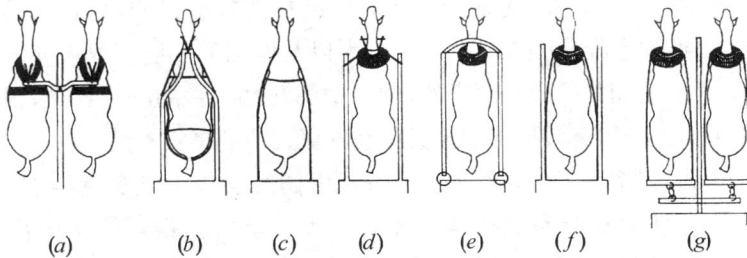

图 368 马类挽具同车辆或机械的拴接方式

(a) 单辕,横棒,轭,颈前和肚带挽具;(b) 汉代胸带挽具及双辕,退化轭,臀带和尻带均在;(c) 左骑驭手式或后来的胸带挽具和拴到车上的挽绳;(d) 传统的中国颈圈挽具及硬部件,牛轭的后裔和马轭的先辈,直接拴到车辕的前端;(e) 俄罗斯和芬兰的颈挽具(duga),保留着拱形的横棒因为车辕不是车辆的构件部分;(f) 现代颈圈挽具,挽绳直接拴到车上;(g) 车前横木接受颈圈挽具的挽绳拉力。

的办法(图 368f)。这还有进一步的好处,可以利用车辕的前端把多于一匹的马套成纵列。在此期间,马颈轭或缰绳的凸出部分和颈圈合并了(图 368f 和 368g)。此后在西方,轭在马背上就不再需要,于是向下移动,或移到胸前,或移到马肚子下面,或完全移到牲畜的后面终于成为车前横木(图 368g)。在 12 世纪它是牢固地同单辕交叉地安装,但后来连成两个或更多的活动横木,如图 368g 所示。

219 畜力和人的劳动

在没有谈到高效的马类挽具的社会意义和以畜力代替人的劳动这些争论很久的问题以前,这一节是不应当结束的。虽然有人认为颈圈挽具的出现导致了奴隶制度的衰落和消亡,但也有人指出大范围的奴隶制度在这种样式的挽具传到之前已经在欧洲消亡了。但是它从来没有影响其逆命题:毕竟没有一种有效形式的马具是发明在那些古代地中海社会里,因为那里有可供采用的大规模的奴隶劳动和充裕的人力。如果高效挽具的发明明显地不是奴隶制度衰落的原因,也许是奴隶制度的存在阻止了它的发明?

确实像是历史上的一件似是而非的事,尽管有古希腊哲学家们的理论光辉和亚历山大里亚的机械师们卓越的足智多谋,但古代西方世界却没有成功解决马的挽具问题。当然也许没有试过。应该记住从公元前 5 世纪起,希腊和罗马的工程师们搬运重物(包括重达 8 吨左右的负荷)都相当有效地利用套上轭的牛,并且时常是排成纵列的。因此有人提出,古希腊和古希腊语系文化事实上根本没有把马看作牵引牲畜——它主要是为了权威、快速和军用,并且始终供应不足。即便如此,人们还是认为为了某些纯粹的军事目的,高效马具肯定有用。无论如何,对于经常坐在鞍上的中国人以及他们的邻居匈奴人和蒙古人来说,马保证不会是如此稀缺和珍贵的,这是中国北部文化的一个特征,很可能同用于马的牵引的两种有效形式的挽具都在这里发明的事实有关。

在这里古希腊的奴隶私有社会和古代中国社会不可避免地要有个比较,但是不幸所牵涉的复杂问题在这里还几乎无法解答。很可能中国社会只体现了家庭奴隶,同时奴隶人口与总人口(例如在汉朝)的比率总是很小;但是可服徭役的人力足够充裕,至少在某些时期。可能是印度洋的季风气候,及其农时对季节性的严格限制,儒家的道德和常识都为此禁止抽用劳动的农民,结果就有更多的才智去解决全年随时可能出现的有效牵引的机械问题。最后一个可能,也许是游牧人民首先遇到这种问题,并在文化联系的边境上受到中国人的真才实学的帮助和激励。

第五章 时钟机构：被埋没的六个世纪

时钟是最早、最复杂的科学机械。从 14 世纪尼克尔·奥里斯姆(Nicole Oresme)将天体与机械计时装置连在一起而发明时钟后,它对现代科学的发展是不可估量的。

毋庸置疑,这个发明是科技史上最伟大的成就之一,诚如历史学家冯·贝特莱(H. von Bertele)在大约四十年前写道:"把用重力驱动或任何其他动力驱动的连续运动分隔成相等的时间段,从而获得稳定持续的运动,这个问题的根本解决,必须看成是极富天才的创造。"根本的工程问题在于设计出一套使机轮旋转的速度放慢的方法,并使它连续保持一定的速度,与天体的显而易见的周日运转相匹配。其中必不可少的发明是擒纵机构。我们将在下面表明:中国人,用了很长的时间才做到了减低天文模型的转速;最原始的擒纵机构正是在这种发展过程中创始于中国的;尽管它的最初的目的是为计算用的而不是为计时用的。作者还要说明,擒纵机构首先是应用在水轮上,像立式水车那样,所以虽然后来的机械钟大抵都用下落式重锤或扩张弹簧来驱动,但它们最早却依赖于水力。因此,机械时钟的出现,大部分应归功于中国的水车匠。这与迄今所公认的说法是大不相同的。为什么中国人对时钟制造的贡献,在世界史上竟被埋没了呢?

1583 年中国南方某些官员决定邀请一些正在澳门待命的耶稣会士到中国来,历史证明,这一决定的做出,是极有意义的,乃至很少能有其他历史事件产生的影响能够与之相比拟。这是世界科学在东亚渗透的漫长过程中具有决定性的第一步,它同时促进了中国同欧洲文化更好地沟通。这事件中的两位重要人物分别是曾短期任两广总督的陈瑞(1513—1585 年)和肇庆府的知府王泮(1539—1600 年)。当听说耶稣会士拥有或知道怎样制造现代报时钟时,他们表现出了浓厚的兴趣。这是一种金属质地的,用发条或重锤驱动能鸣钟打点的机械装置,人们把它们叫作"自鸣钟"。"自鸣钟"的叫法从"clock"或"cloche"、"glocke"这些词直译而来。就像它的得名一样,重要性在于新名词的产生标志了全新事物诞生。正如我们将要遇到的,中国中古时代的机械钟,其构造都十分复杂,因而也难于普及推广,加之没有任何专有名称来区别非机动的天文仪器,所以当时的大多数中国人,甚至是做官的学者们,也都认为机械钟是一项新奇精巧的创造发明,是由欧洲人的智慧独立创造出来的,也就不足为奇了。当然这些教士们(如同文艺复兴时期的人们一样)十分虔诚地相信这是较高水平的欧洲科学,他们借此来宣扬欧洲的宗教也同样是比其他任何地方性信仰都具有更高的水平。

在肇庆利玛窦设立的第一所耶稣会士寓所里有一部大自鸣钟,时钟的钟面盘,面向大街,虽然它在 1589 年被新任的巡抚关闭了,但是现代计时技术是抵制不住的。一座华贵的装有音乐装置的发条时钟就曾作为献给皇帝的礼物从罗马运到中国,1600 年它与传教士们一起来到了明朝首都。时钟在皇宫装好以后,耶稣会士们受委托对它进行调试。耶稣会士还训练一些太监来负责时钟的维护和修理工作。从此以后,耶稣会士开始了他们近两个世纪的为中国宫廷服务的历史。他们训练非宗教的普通人员成为制钟技术人员,帮助中国宫廷汇集到各种类型的机械时钟。还有,不论教士们走到哪里,在他们立足的那个城市里,机械时钟的名气就一定传到那里,机械钟总是广受欢迎。总之,有一点很清楚,早期耶稣会士们之所以深受中国人的欢迎,理由之一就是他们对时钟和时钟制造的兴趣和技艺不亚于他们在数学和天文学方面的造诣。

毋庸置疑,利玛窦及其同伴认为走时精确的机械时钟在中国是绝对的新鲜事物。他在回忆录里几次谈到这个看法。预定献给皇帝的带有三个响铃的时钟,是一座"使所有中国人都为之震惊的时钟,是在中国历史上从未见过、听过、甚至想象过的事物"。利玛窦的看法是无误的,而且就我们所知,所有的耶稣会士的想法都是一致的。

诚然,利玛窦和金尼阁对他们在旅途中所见到的带驱动轮的中国时钟有过叙述,但并未重视它们,所作的叙述也颇为晦涩。当时一些中国学者,认为教士们的"自鸣钟",对中国文化来说,并不是什么新奇的东西,这也是真实情况。前者并不热衷于赞扬中国以往的成就,后者又因缺乏充分的资料而不能对中国的以往成就作应有的评价。这种复杂情况，后来对欧洲人的思想有一定的影响，特别是对欧洲的科学史家有影响。如果耶稣会士们如此坚信他们传入中国的机械时钟的新颖，那么，后来的那些被局限在故纸堆里面的科学史家们，还有谁能提出反证呢？学者们所作结论的假定性和东西方对文化上所作贡献抱有成见的危险性，实在应该引起警惕。那么，当时公认观点的较详细的内容是什么呢？当时一般认为：是14世纪的欧洲首先利用擒纵机构作用于一系列齿轮中的主动轮，以获得同星体周日运动相协调的低速、均匀和连续的旋转，并且取得了成功。那时以前当谈到时钟时，意思不是说日晷，就是说刻漏。齿轮时钟的灵魂是擒纵机构，它滞迟齿轮的快速旋转。首先让我们对14世纪的机械装置有一个清楚的了解。早期欧洲机械时钟的最简单形式是：把一个下垂的重锤系在鼓轮上，利用下坠的动力，引起鼓轮旋转，鼓轮再与各式齿轮连接，但其整体运动则是利用立轴和摆杆式擒纵机构，使其减缓到要求的程度。图369是主要部件的图样——有垂直凸出的齿的冕状轮（II）；有一根立轴或杆立在冕状轮之前（KK），它的上面装有两个掣子（相互相差90度）以便与冕状轮啮合；最后是摆杆（LL）或狂舞子，即是杆的两端各挂上一重物，装在立轴的顶端。由重锤和作用于鼓轮上的绳索以及鼓轮上的齿轮系一起在冕状轮上产生的旋转力矩，把一个掣子从原来啮合的位置上推了出来，这就给予摆杆一个摆动力。但这只会导致另一个掣子进入啮合位置，从而停止

223

图369　早期重锤驱动的机械时钟的立轴和摆杆式擒纵机构主要部件的图样（左：正视图；右：断面图）

了冕状轮的运动。它的运动只有在摆杆和重锤反方向摆动后才能继续。接着另一个掣子被冕状轮推开。于是摆杆由重锤驱动着来回摆动，同时又给齿轮组一个间断的或滴答滴答的运动。

这些早期的计时器比较常见的例子是为教堂塔楼和类似建筑设置的巨型"塔楼时钟"。这些装置更复杂些：既有打点的齿轮组，又有走时的齿轮组。这种复杂化的早期形式特别有趣，因为如果把摆杆两端的重物以打钟的小锤

来代替的话,立轴和掣子可以作为鸣钟的机构来动作。这个装置释放后是会失去控制。很可能最早的欧洲机械时钟并没有指针和盘面,而只是当每个小时或者其他预定的什么时间到来时,就简单地发动打钟装置来打钟。

224　　　无可置疑,这些时钟的许多组成部分来源于希腊。无疑地,下坠重锤原来可能是一个下坠的浮子,像在罗马转盘水钟上所看到的那样,带有天文刻度的画盘在一根连接在一个刻漏中下沉的浮子上的绳子带动下缓慢旋转。时钟盘面的概念也会是从同一个地方来的。现在我们将看到一些证据:这些机构在中国虽然不曾流行,但绝不是不为人知的。当时在西方还有车载的机械傀儡剧场;亚历山大里亚的赫伦曾描述过,其中机械部分所必需的缓慢动作是靠下落重物取得的,如沙粒或谷粒从容器底端的小孔中流出。

　　至于立轴和摆杆式擒纵机构,弗雷蒙(Fremont)在 1915 年提出它是来自径向重锤式飞轮(前文,第二章,p. 57),他似乎是正确的。尽管如此,关于欧洲早期时钟的最大奥秘之一,就是它的擒纵机构原理的来源。长期以来,人们都以为它是出于奥恩库尔(Villard de Honnecourt)在 1237 年前后的笔记里发现的一项奇特的设计,但现在人们认为,这些机构并不是擒纵机构,只不过是用手转动偶像的简单工具而已。果真如此,则欧洲第一个擒纵机构的先驱者已不复存在! ——除了立即要谈到的中国式的之外!

　　立轴和摆杆式擒纵机构本身 300 年以来一直保持不变,但到 16 世纪末,人们开始注意到了钟摆的等时性现象,到了 17 世纪它被应用到时钟上,这功绩主要归功于伽利略,尤其是在 1657 年的惠更斯。最初它包括立杆和掣子,但大约在 1680 年,克莱门特(Clement)发明了常见的锚式擒纵机构,冕状轮被一个摆轮所代替,摆轮的齿在旋转平面之内。这种装置的多种改进的形式一直到 20 世纪还在使用。另一个重要的发明是用发条驱动代替了下坠的重锤。这项发明使时钟既可以制成便携式的表,也可制成固定式的钟。

　　仅仅立足于欧洲史料研究的基础上,所能获得的机械时钟发展的概况,也就是这些。肯定的是,文献记载以及遗留下来的时钟部件表明,最早形式的时钟大概在 1310 年就使用了,而擒纵机构的发明显然是发生在 14 世纪初期。正如博尔顿(Bolton)在 1924 年所写的:"重锤驱动的时钟,突然在这个时期(14 世纪),以非常进步的设计形态出现,虽然工艺上颇为粗糙,它们先前的发展必然经历了很长的过程,可是并没有与各个发展阶段有关的事迹和人物的记录可以考证。"

　　在 1955 年,解决这个谜的出路终于出现在李约瑟博士的面前。苏颂,1092
225 年北宋的一位著名学者和官员写的《新仪象法要》一书中,叙述了 1088 年建立的这部用以实现浑仪、浑象的准确的低速旋转并包括了计时设备的精致而复杂的机械装置(利用木偶人的出现来表示时间)。经过完整的翻译以及对它的阐述和详细文献的研究后,我们发现这包含所有这些东西的整座"合台",实际上就是一座使用了某种擒纵机构的巨型天文钟。它还揭示了比已知早得多的计时机构的起源和发展,此项资料均记载在苏颂写的卓越的历史性序文里。这样,先前被埋没了6个世纪的中国的时钟工程终于得以大白于天下。

第一节　苏子容和他的天文钟

对于本书的读者而言,苏颂(苏子容)到现在已经是一个读者熟悉的人物了。在天文那一章里(第二卷),在相关的地方,曾多次提到他的著作,但他不仅仅是一位天文学家和数学家,他还是一位博物学家。因为1070年前后,他同若干助手一起,编写了当时关于药用植物学、动物学和矿物学的优秀著作《本草图经》。直到今天,这部著作仍然包含若干宝贵资料,如关于11世纪时的钢铁冶炼技术,或如麻黄素等药物的使用,我们曾经引用过,特别是在矿物学一章里(第二卷,页311)。苏颂主要是一位有名的政府官员,但又是掌握了当时的科学技术知识(在中古时代的中国,当不乏其人),并获得机会为国家展其所长的人物。

苏颂1020年生于福建泉州附近,就是后来马可·波罗称之为"栽桐"的那个城市,他的仕途很顺利和成功。他既不偏向保守派,也不偏向于革新派,虽然他的友人多系保守派。他逐渐成为行政和财政专家。一如当时惯例,他还接受外事使命,于1077年奉命出使到北方契丹人的辽国。叶梦得在他写的《石林燕语》里告诉我们,苏颂在执行这项特别的使命时,他是如何遇上机会来施展他在天文和历法方面的特殊才能。

> 苏子容过省,赋"历者天地之大纪",为本场魁,既登第,遂留意历学。　226
> 一日,熙宁中苏子容奉使贺生辰,适遇冬至。本朝先契丹一日,使副欲为庆而契丹馆伴官不受。虏人不禁天文术数之学,往往皆精,其实虏历为正也。然势不可从;子容乃为泛论历学。援据详博。虏人莫能测,无不耸听。即徐曰:"此亦无足深较,但积刻差一刻耳。以夜半子论之,多一刻即为今日,少一刻即为明日,此盖失之多耳。"虏不能遽折,遂从之。
> 归奏,神宗大喜,曰此事难处,无踰于此。即问二历究孰是,因以实告,太史皆坐罚。

227

图 370　苏颂及其同僚于 1090 年在开封建造的天文钟塔的复原图〔钟机由水轮驱动,完全封闭在塔内,同时驱动塔顶上的浑仪以及上层室内的浑象。它的报时功能是利用装在计时轴上的八重轮盘,并出现在塔的正面五层木阁窗口里的许多木人的动作来实现的。塔高约 12 米。楼梯实际是在塔内。原图由约翰·克里斯琴森(John Christiansen)所绘〕

　　元祐初,遂命子容重修浑仪,制作之精,皆出前古。其学略授东官正袁惟几,而创为规模者,吏部史张士廉。士廉有巧思,子容时为侍郎,心意语之,士廉辄能为,故特为精密。虏陷京师,毁合台,取浑仪去。今其法苏氏子孙亦不传云。

228　　后文还要对得出的结论再做说明。目前应该注意的是,苏颂和他的助手们在后世所享有的崇高声誉。苏颂擢升为尚书是在出使后约 12 年,是他的《本草图经》出版后约 20 年。部分原因是由于他在前一年(1088 年)在开封皇宫里成功地建造了一座完整的木质时钟。1090 年,新的浑仪和浑象都铸为青铜。1094 年,苏颂完成了专论《新仪象法要》的编写工作,并将其进呈。当时,75 岁高龄的他拥有许多荣誉的头衔,并成为太子的少师之一。苏颂卒于 1101 年,没有经历 20 年后京城陷落和宋室南迁的悲剧。

　　我们目前的兴趣在于他的浑仪、浑象和报时装置的动力驱动,以及控制这些运动的擒纵机构的描写。这都包括在《新仪象法要》的第三卷里。但首先对这部著作的流传过程交代几句。当时，这部书仅仅在北方流传，到了1172年才在南方印行。明朝学者钱曾（1629—1699年）对此书精心影摹收藏。这本书在接下来的一个世纪里又被印行，并在1844年大量印制。另一个有趣的特点是这绝不是宋代所编辑过的唯一有关天文时钟的书籍，至少还有阮泰发所写的《水运浑天机要》（即水力运转天文仪器之技术），可是关于作者本人的生平事迹和年代，都已无从稽考。

苏颂书上的总布置图如图371，但对于它的解释最好还是参照现代的

229

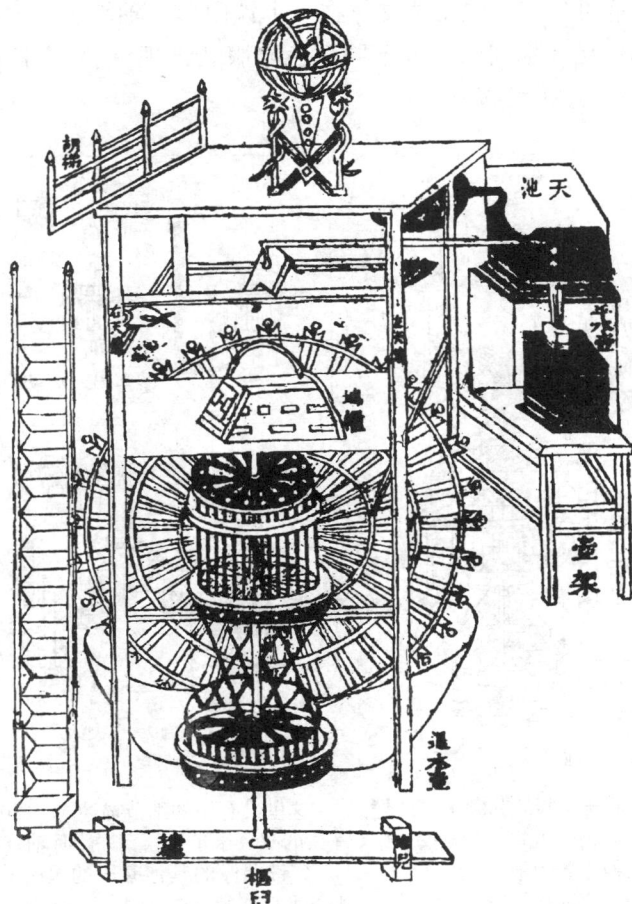

图371　苏颂建造的钟楼的全图（右侧，上储水箱，其下有一固定水位的水箱。中部，前面是"地平"仪柜，柜内装着浑象；下部，计时轴和机轮，全部支撑在臼形底轴承里。后面，主驱动轮及其轮辐和水斗，上方为左右锁，上枰杆和上连杆均在更上方，但所绘欠准确）

图 372。前者是从南面或正面来看这个机构的，后者则是从东南方向来看它的。大驱动轮，直径为 3.35 米（图 373），其圆周上装有 36 个水斗，水从固定水位的水箱以一定的均匀速度依次注入每个水斗里。铁的主驱动轴以它的圆桶形的脖颈支撑在月牙形的铁制轴承上，其终端是一个齿轮，它跟另外一个竖立的主传动轴下端的一个齿轮啮合。这个轴驱动着两组部件。其一为经由一个适当安装着的齿轮以驱动计时齿轮，计时齿轮转动计时轴上的全部报时偶像盘。此项组合（在图 371 的正面可以看到）由 8 重水平轮盘组成，其中 7 个外周装有木偶。由于这些轮径都约为 1.8—2.4 米，其总重量当极可观，所以轴的底部装有一尖帽并支撑在一个铁臼形端轴承里。司辰轮的作用有多种，其木偶像在木阁门口以不同颜色之服装出现，或贴有标明时辰的字样，或鸣钟、鸣锣或击鼓报时。

230

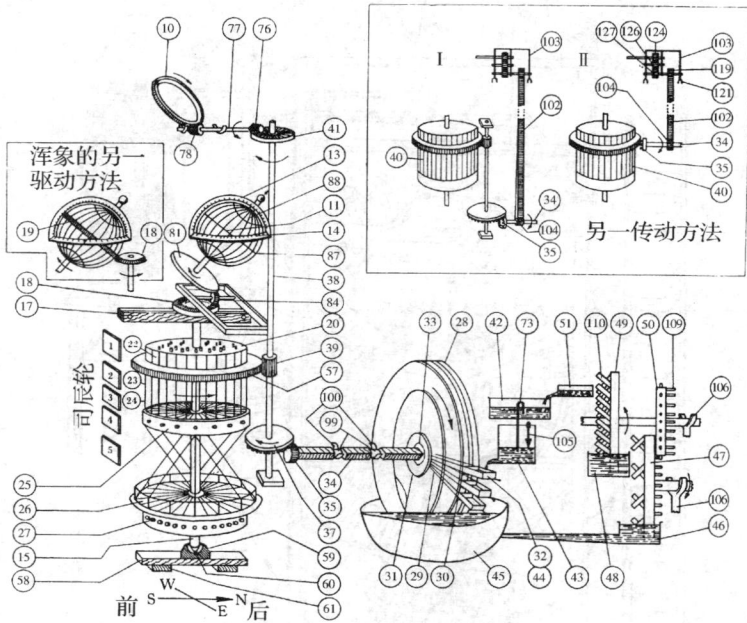

图 372 重新绘制的苏颂钟塔的详图［在这里最有用的细节描述有：(10) 浑仪的周日运动齿环；(11) 天球仪；(13) 浑象的双环子午仪；(15) 计时轴；(20) 白天鸣钟击鼓报告时辰之轮；(22,23,24,25) 带偶像的其他时段的报时轮，以及夜刻漏敲击报时轮；(28) 主驱动轮；(42) 上储水箱；(43) 固定水位箱；(47) 下戽水轮；(48) 中提水箱；(49) 上戽水轮。更全面的细节请参见 Needham J., Wang & Price, Heavenly Clockwork, Cambridge, 1986］

231　　　　计时轴的任务不仅是驱动司辰轮，因为，计时轴的顶端，经过一个斜齿轮和一个中间小惰齿轮，与浑象的极轴上的一齿轮相啮合（图 372）。这些齿轮的角度自然要同开封的纬度相适应。该书中还有若干时钟的改进记录，可能始于 11 世纪末。其中有浑象的另一驱动方法，即顶端齿轮驱动浑象上的赤道齿环（图 372）。约因原来的设计中的齿轮组难于维护的缘故。

我们现在再回到立式传动轴和它驱动的第二个部分。它的最上端为驱动浑仪提供动力。它是由以一根短惰轴连接着的正交齿轮和斜交齿轮产生的。倾斜啮合是同一个叫做周日运动齿环实现的。此仪是环绕浑仪的中间层装配而成，不在赤道部位而是在接近南极与赤道平行的位置。随着时间的推移作了改进。立式主传动轴是木制的，长约 6 米，一般在不久之后机械性能的不稳定就显了出

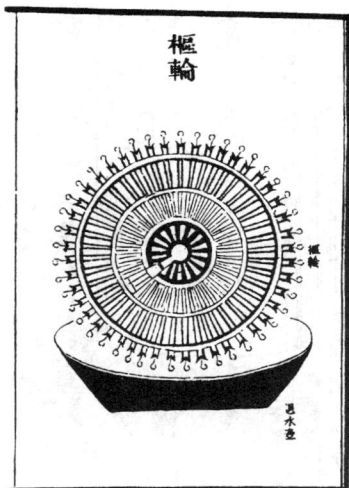

图 373　驱动轮和排水池（采自 1092 年苏颂的《新仪象法要》）

来。在后期的改进型中（大概在 1100 年），先是被改短，最后完全废弃不用（参见图 372 中的插图）。动力是通过利用一条循环链带动一个齿轮箱里的三个小齿轮传到浑仪的，参见图 284。这项时钟的特色或许应该看成是当时（11 世纪）最杰出的，因为尽管在公元前 3 世纪，拜占庭的菲隆曾在他所造的连弩中使用某种循环链，但没有证据表明他取得了成功，而且那个循环链也肯定不能连续传送动力。与苏颂的链传动最近似的，可以在中国文化地区被广泛采用的翻车上找到。这种装置的起源，我们已上溯到至少公元 2 世纪或许要到 1 世纪。当然它也是用于输送物料，而不是把动力从一个轴上传输到另一个轴上。因此，真正环链驱动的创始者，应归功于苏颂和他的助手们。由于这一特点的重要性，特节录苏颂自己的一段话加以叙述如下：

> 天梯长一丈九尺五寸，其法以铁括联周匝，上以鳌云中天梯上毂挂之，下贯枢轴中天梯下毂。每运一括，则动天运环一距，以转三辰仪，随天运动。

这里再简述其水力部分。存储在上储水箱里的水经虹吸管注入固定水位的水箱（图 371），然后流到主动轮上的水斗里，每个水斗的容量为 5.7 升。当每个水斗依次下降时，水斗里的水就注入排水池里。显然，该时钟并不是设在可以得到连续不断的供应水源的地方的，而是利用人力操作戽水轮将水分两级提升到上储水箱里。戽水轮的轴承支持在叉形木柱上。

232

233

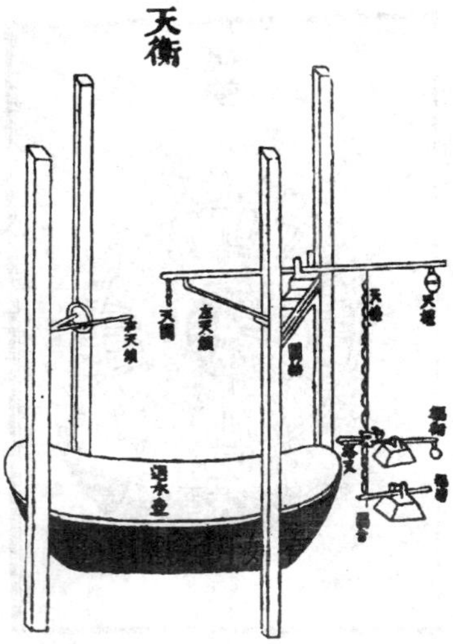

图 374　天衡图或《新仪象法要》中苏颂的擒纵机构［小字标题由左至右，上行：右天锁；天关（上链）；左天锁；关轴；天条（长链条）；天权（上平衡配重）。下行：退水壶；格叉（下平衡杆的阻止叉，枢衡）；关舌（耦合舌）；枢权（主或下平衡配重）］

我们现在来研究擒纵机构——即计时器的灵魂。苏颂的制图人为其书所绘制的也就只有所看到的图 374，但幸运的是，原书描述十分详尽，并绝大部分都清晰，因而有把握将图 375 复原出来。整个机构叫做"天衡"，可保证每个水斗都依次作用于两只秤杆或桥秤上。一旦叫下秤杆，就可利用一控制叉阻止每个水斗在未充满水之前就下落。基本原理至此已很清楚：把恒定流率的水流，通过装在主动轮上的水斗做精确和自动的称量这样一种重复的程序，分割成相等的部分，以此订定出时间单位来。每次称量操作完成以后，轮子就被释放，在此前已被注满水的水斗的合成重量的作用之下，能够使主动轮前进一格（即是在轮上"3 点钟"和"6 点钟"之间，如图 371 所示）。然后使水斗中的水释放出来。整个顺序最好是参照图 375 及其详细的相关说明。

中国将每日等分为 12 个时辰，共 100 刻，所以每个时辰中含有 8 又 1/3 刻而不是 8 刻。刻又分成 60 分，这就意味着每个时辰里恰好有 20 个分。每一个刻相当于现代时刻的 14 分 24 秒。要使司辰机构按时辰和刻两套系列都能正确报出时辰和刻，则此机械的设计，必须将日夜分成 24 和 100 的两种等分，这两者的最小公倍数为 600。这就说明了为什么 3 个主齿轮恰巧都是这个数（参见图 376）。单位周期因此是一天的 600 分之 1，或 2 分 24 秒。更深入的研究后发现，在原书的一段描述中，对应于计时齿轮的 6 次齿牙释放的主动齿轮的"动"，它实际上并不是指轮的释放一步而是指完整的一周。即 36 次滴答，每次滴答为 24 秒。如此则计时齿轮每走过一齿，有 6 次释放，每刻有 36 次，每个时辰有 300 次，每天共 3 600 次。由这一整套设计使人不同寻常地联想到 17 世纪后期常用的锚状擒纵机构，因为它的主动轮同时也是摆轮，掣子则交替着伸进轮周上间距等于或小于 90°的两点上，而不是如冕状轮成 180°之位置。虽然中国人使用链条和联动机构来解决问题颇有中古时期的笨重色彩，但其操作的精妙却是超乎想象的。它当然远远超过同时代的欧洲，其他文明地区的纯粹机械擒纵机构还要更晚才出现。在中国人的水轮联动

236

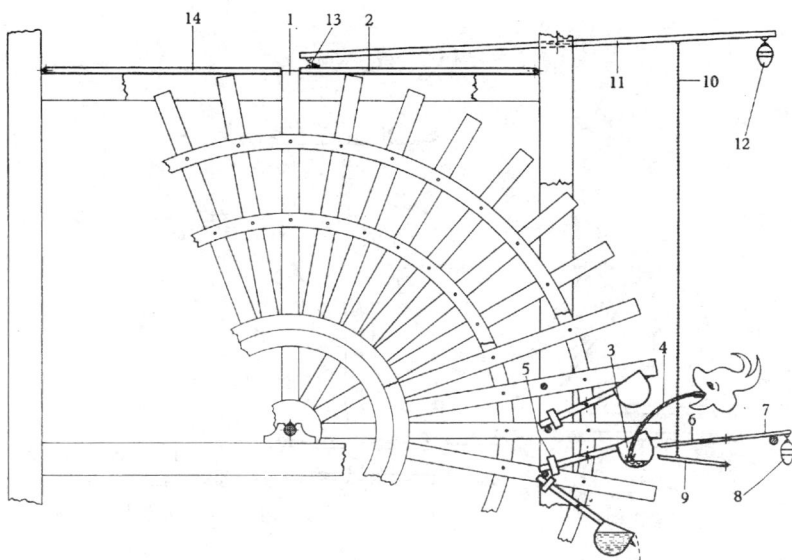

图 375 擒纵机构图（John Combridge）

(1) 被挡住的轮辐；(2) 左上锁（在本图中视为右方）；(3) 水斗，正在由(4)向它注水；(4) 由固定水位的水箱射来的水流；(5) 小配重；(6) 控制叉，由水斗上凸出的铁销子触脱，并形成(7)的近端；(7) 下秤杆带有：(8) 下配重；(9) 耦合舌通过(10)长链条与(11)上秤杆的远端相连接，在它的远端装有(12)上部配重，在近端通过(13)短链条与下方之上锁(2)相连；(14) 右上锁在这里看成是左边。

在每个 24 秒间隔的开始，主动轮的轮辐(1)由于受右锁(2)的抵制而停止转动。当水(4)从固定水位水箱进入水斗(3)时，先要胜过水斗柄上的配重(5)，然后以水的余重压在下秤杆(7)左端的控制叉(6)上。当此超重又胜过配重(8)时，秤杆(7)的左端迅速被压下，水斗支架就围绕其枢轴转动而迅速撞向关舌(9)，使(9)突然下降。长链条(10)从控制叉(6)的两叉之间自由通过，并被急剧拉下，再加上配重(12)的力量，上秤杆(11)之右端被拉低，但在正常情况下，配重(12)是不足以实现这个动作的。在各杆移动时，满水的水斗的冲力瞬间得到积累，然后上杆的短链(13)被拉紧并把右上锁(2)从轮辐的通路中突然拉开。此时，在右下象限内满水的水斗的总重力的驱动下，主动轮得顺时针方向前进一格；而同时上秤杆的左端和右侧天锁由于自身的重量而又下落，因而挡住了下一个轮辐的通过；同时左侧天锁(14)既然在轮辐通过时已被顶起，现在则又落回原位，以防止主动轮停止时所发生的任何反冲。随着联动机构的归复原位，杠杆(6,7)和(9)又恢复到它们的原来的位置，以备下一循环中再被触动。所有上述之"滴答"过程，实际上都是在一瞬之间完成的。

装置里，主动轮或从动轮的擒纵动作并非是像在锚状擒纵机构里那样利用重力影响钟摆来实现，它利用持续稳流的水充满一定大小的容器，重力周期地发生作用。直到发现苏颂的著作后，技术史学家才知道这项擒纵机构。它令人特别感兴趣的地方在于：它在液流测时和机械摆动测时之间构成了一个"缺少了的"环节。水车匠的工艺，使刻漏或水钟与机械时钟在发展道路上连接起来了。

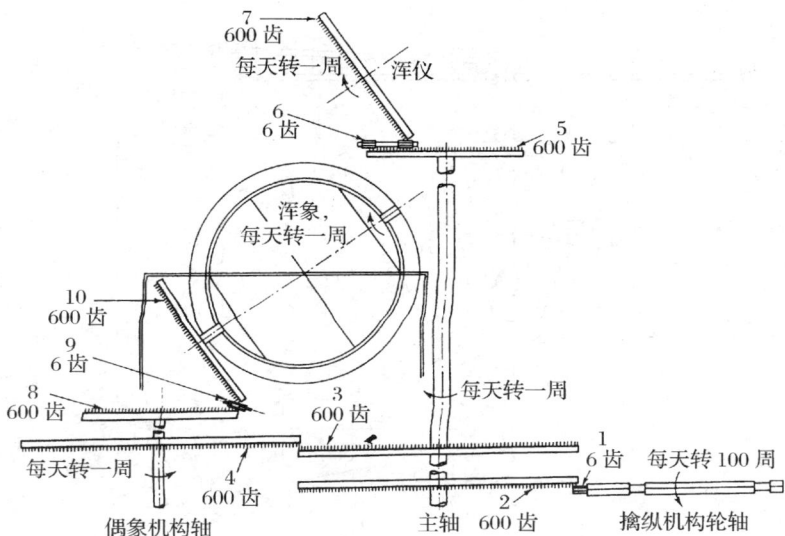

图 376　苏颂钟塔传动机械示意图（同时参见图 372。进一步的研究提出：600 齿的齿轮和 6 齿的齿轮当是初步试验设计的特征。苏颂的实际钟塔肯定会在两轴之顶端有日星转换齿轮组，以及表示随着不同季节白天长短变化的"不均匀"时刻的齿轮组）

　　书中有一处谈到司辰之一，当它转动时敲击一铃来打更，此种使木人发出声音的动作必然包括简单的弹簧设施，大概是竹制的。此后在下一个世纪里，薛季宣说了一段有趣的话："现代计时器有 4 种，即刻漏、（点燃着的）香篆、日晷和回转卡簧。"最后的那个词似乎是罕见的。从苏颂本人的工程词汇里以及从有关中国中古时钟机构发展的其他大部分著作里，都看不到这个词。苏颂的著作很著名，因而当耶稣会士来华时，某些了解这个问题的中国学者，都曾指出教士们的文艺复兴时期的时钟在中国并不是第一次见到。至此，关于苏颂于 1088 年在开封皇宫中以木料建造的伟大天文钟塔水力机械时钟机构的叙述，就告结束了。那时正是我们的《末日审判书》和哲学家、诗人及神学家阿贝拉尔（Abelard）的青年时期。两年以后，金属部分即浑仪和浑象，都完成了青铜铸造。编写解说文章当在 1092 年就已经开始了，于 1094 年才进呈给皇帝。文章的前面是一份值得注意的备忘录，在里面苏颂不但描述了时钟本身的原理，还有一篇关于以前各世纪曾经有过的同类机器的历史性专题论文。他阐释了很多其他以前不为人所知的文献，使中国时钟史能建立起来、并成为其遵循的梗概。此外，还描述了这项中古时代在任何文明中属于最伟大技术成就之一的组织情况。从字里行间也引出了其他几点。帮助监

237

察建造的韩公廉是一位具有数学和机械天赋的人物，他被苏颂提拔后才有了用武之地。同中古时期制造工艺的一般概念相反，新天文钟不是用试凑法就能完成的，而是依据韩公廉所能运用的全部几何知识，事先在备忘录里规划出来的。这就让人易于明白，齿轮、链条传动和其他机件是怎样制造才好胜任连续而平稳驱动重达 10—20 吨的浑仪以及直径为 1.4 米的浑象的。还值得注意的是，先是制成小型木样，然后又做成正规大小的仪器来同 4 刻漏和星象仪参照校验，而且是在 4 年之后才将青铜部分铸造完成的。

苏颂在他的序言的最后一段里写道：

> 又上论浑天仪、铜候仪、浑天象，三器不同，古人之说，亦有所未尽。……若但以一名命之，则不能尽其妙用也，今新制备二器而通三用，当总谓之浑天。恭俟圣鉴，以正其名也。

显然，这座时钟是用浑仪来演示天体运动和进行天文观察的，不论天气如何都可从球上显示星座的位置和附在球上的日、月、星模型的相对关系，以作校验历法之用。除了这些功能之外，还可利用精心安排的司辰机构发出可以见到或可以听到的报时讯号。因此，苏颂要求用一个全新的名称就有着重大的历史意义。机械和天文仪器，正濒临着蜕变为一个纯计时器的趋势。无声的回响必然已经喊出了这是"一座时钟"！但是历史并未记录下年轻的皇帝对命名提出的好意见，其计时功能依然无名地延续下去，直到 500 年后，耶稣会士进入中国，带来他们的"自鸣钟"，在统一的世界科学和技术名称无限扩展的年代里，获得此名为止。

238

第二节　北宋及其以前的时钟机构

机械时钟起源于刻漏，现在已经讲清楚了。但其演进的过程，还有待于研究。苏颂在跋文中写道：

> 臣谨案历代天文之器，制范颇多，法亦小异；至于激水运机，其用则一。盖天者运行不息，水者注之不竭；以不竭逐不息之运，苟注挹均调，则参校旋转之势，无有差舛也。

这段话是对欧洲后来认为是宇宙公理的万有引力"定律"的很好赏识。苏颂接着对其时钟的先驱者作了简略的叙述，他先从 2 世纪张衡开始，作者的叙述，也将追随同一路径，以便利用其纲要中所依据的各原始文献。最方便的方法是一开始就逆序进行,即自 11 世纪始,追溯远至 1 世纪,然后再由苏颂时期起沿着另一方向进行,并跟踪苏颂时钟的命运,叙述中国制钟工艺自 12 世纪起直到 16 世纪末耶稣会士来华止,所发生的重大事件。

我们首先要提出一个重要的机械问题。我们将注意到的苏颂时钟的描述中,并没有任何表示盘面的东西。如已经看到的,虽然带一个活动指针的固定盘面是随同 14 世纪首批欧洲机械时钟之发展而产生,但旋转盘面早在罗马时期就已经使用了。维特鲁威约在公元前 30 年所描述的转盘水钟,有一面青铜的盘,上有北半球各星座的平面投影,包括赤道和南回归线之间的所能看到的星座。而南回归线就是盘的边缘。代表黄道的圆(黄道带)上有 365 个小孔,可以逐日把代表太阳的一个小销子插入小孔里。我们还注意到此盘是利用刻漏里一个系在绳子上的简单浮子使其转动。绳子的另一端系有配重,此绳又绕在水平轴上的鼓轮上,该水平轴的一端装着投影平面盘。在亚历山大里亚时期,这种转盘水钟的盘用铜线与观察者隔开,铜线代表子午线、赤道、南北回归线、黄道月份以及时间,地平线也表示了出来。它已经被证明是星盘的先驱,然而中国是还未知道星盘。但是问题来了,在中国是否使用过任何类似的机械的平面天球盘呢? 除了维特鲁威的叙述之外,还有来自罗马帝国时代的铜雕盘的片断残留下来,但在中国还没有发现这类东西的痕迹,至少迄今为止,还没有此项发现。

可是有某些文字例证表明,简单的转盘时钟在中国并不是不为人知的。赵希鹄在他约 1240 年写的《洞天清录集》写道:"范文正公(范仲淹)家有古镜,背具十二时,如博棋子,每至此时,则博棋中明如月,循环不休。又有士人,家藏十二时钟,能应时自鸣,非古器之灵异乎!"这些装置应该是存在于约公元 1020 年。约在 950 年,陶穀在他的《清异录》里记载了一块在 9 世纪初就已在使用的镜子。这块镜子有一个圆周约 1 米的黄盘,环绕圆盘四周有动物和别的事物。在每个时辰它们中的一个就会出现。它被叫做"十二时盘",至少直到 923 年还存在。可是陶穀没有说明转动是否自动,但自动似乎是可能的。另一更早期的记载,似乎是表明计时报时机构的开始,木偶跟苏颂的一样,是在一个水平的轮子上随轮环行。这是张鷟早在 8 世纪写在《朝野佥载》里的。这个装置——(为报)十二时辰的轮子——时间是在 692 年,是在僧一行的第一个擒纵机构时钟之前的几十年制造的。而所提到的动作都无需多大的动力来驱动,因而假定为沉降浮子机构是合乎情理的。在这不久前(约 500 年),印度已经有了利用转盘时钟原理转动的天球仪,但是它的证据是来自 15 世纪的。沉浮子的原理在中国文化领域里似乎从来都不占优势。这可能是因为

239

240

从一开始，正如我们将看到的，就不只是要求转动平面天球盘，而且还要转动球形的天文仪器，而这些即使是木制的，也都很笨重。因此动力的需要，就要借助于水轮。实际上，在水磨初次出现后约一个世纪内，水轮就被用做天文仪器的动力了。我们要立即跟踪追究的是擒纵机构的首次出现。

苏颂之前在宋朝出现的最重要的时钟，是 10 世纪末由张思训制造的。其中包括带水斗的主动轮提供动力的浑仪和浑象以及报时和击钟的偶像齿轮组。在有关描述中有 11 项技术名词同苏颂著作中的恰恰相同。张思训的时钟之所以特别有趣是由于在他的回路中使用水银而不是用水，从而可以保证在冬季的计时！但它毕竟是走在时代的前面了。正如苏颂所说，在张死后不久，他的钟就发生了故障，竟没有人能够使它继续运行。此文清楚地表明张思训的时钟同苏颂的极为相似，它表明张思训的时钟使用了齿轮装置，也表明与苏颂的时钟一样使用了链传动。果真如此的话，张思训当领先达·芬奇 500 多年。

从这里我们可以进而研究"唐代制钟人"。在 8 世纪就能造出优良擒纵机构时钟的那些人们，都是些谁呢？其中的一位是一行和尚，他大概是当时最有学问和最有技术的天文学家和数学家；另一位是学者梁令瓒，他是一位低级的官员。记载中所使用的技术名词，再次显示了他们的机械和苏颂的时钟基本相似。

这项记载在唐代的正史和大约公元 750 年韦述编写的《集贤注记》里可以查到。在那里我们读到 723 年一行和梁令瓒与"其他有能力的技术人员（术士）"奉诏铸造新的青铜天文仪器的记载。

其中之一是用天球按顺序显示二十八宿，以及表示天体赤道和天体圆周的度数。唐史中的文章继续写道：

> 注水激轮，令其自转，一日一夜，天转一周。又别置二轮络在天外，缀以日月，另得运行。每天西转一匝，日东行一度，月行十三度十九分度之七，凡二十九转有余而日月会，三百六十五转而日行匝。仍置木柜以为地平，令仪半在地下，晦明朔望，迟速有准。又立二木人于地平之上，前置钟鼓以候辰刻，每一刻自然击鼓，每辰则自然撞钟。皆于柜中各施轮轴，钩键交错，关锁相持。

241

这便是这种仪器详情。就我们所知，上面讲的是所有擒纵机构时钟之最早者。其结构是简单明了的。所使用的技术名词，跟苏颂时钟所用的名词极其相似。而日、月模型的自动运行，虽然没有明说，但肯定暗含在里面。所以这套机器至少含有太阳系仪或天象仪的某些特征。

关于太阳系仪的背景,我们必须着眼于前一位统治者。那就是唐太宗,他从 626 年起统治了 1/4 世纪,是其鼎盛时期。由于他对历史、技术和军事技艺都很有兴趣,深知如何鼓励天文学家,对景教徒、道教道士和佛教僧侣都表示欢迎。他跟西方,远至拜占庭,维持着诚挚友好的外交关系,他也许从来访的使团那里听说了在加沙(Gaza)和安条克(Antioch)等地所用的自鸣水钟。当然,这只能起一种"激发性传播"的作用,因为没有理由想象当时拜占庭人的水钟原理会高出浮子沉降原理。然而,这种"激发"的适时到来,促使中国的工程师们全力以赴去建造超越东罗马帝国能自鸣报时的水钟。实际上,对一行时钟的描述,似乎是在中国历史上第一次谈到时钟的擒纵机构操作的报时偶像。这里,他实际上已经远远超过了他的希腊同行们了。如果我们的推论正确的话,比浮子能提供多得多的动力的水轮,在中国早已经成为中国天文机械技术的特征了。

242 一行时代的皇帝是唐玄宗,他是唐代皇帝中最不幸的一位。712 年登基,在位约 30 年。他是音乐、绘画和文学的爱好者和倡导者,所有唐代最伟大的诗人都很熟悉他。然而,在他的晚年,由于日益加剧的社会和经济的紧张,终于导致了安禄山的军事叛乱。从此唐朝就一蹶不振。在叛乱中发生的重大事件之一是玄宗的宠妃杨贵妃之死。一行的时钟还不可能为她而造,因为她是 738 年才进到宫里的,但她的出现,却引起了作者一种相当独特的思考。

人们还会记起中国的皇帝是所谓天上的人物,这里比作天上的北极星。所有统治集团、官员、事务和时代都要以他为中心,围绕他来运转。因此,自远古始,大量在宫廷服侍皇帝的妇女当然也要按照盛行于中国宫廷生活中的宇宙运行原则加以调配,这是十分自然的事。虽然她们的称号在中国统一后的两千年期间并不统一,但一般是:一后,三妃,九嫔,二十七美人,和八十一御妻。最高级的是在最临近满月时才为皇帝所幸,此时阴势正盛,跟皇帝的天子之阳配合,至于那些低级的妇女的任务则不过是以她们之阴去补皇帝之阳而已。女史们记下关于所有这些的记录,正是她们的职责启示我们这些奇怪的现象与时钟机构的发明有关系。

皇位继承是重大的事件。中国皇室并不总是遵守长子承袭帝位的原则。某一位皇帝在位既久,他的继承者可以从很多皇子们中进行选择;由于中国自很古以来就对占星之术极为重视,所以可以肯定,选择的条件之一,即候选人在诞生时刻天上的星座位置的情况。因此,保存下来的女史写下的记录就极为重要的了。而且更需要一种仪器,不仅可以指示正确的时间,而且可以由太监在任何时刻都能读出星座的位置来。所以,对记录仪器的兴趣就毫不足怪的了。但所有这些事实，同西方修道士们对计时器颇感兴趣一样，仍然无法说明为什么为适应更精确机械计时要求的擒纵机构的发明，一定会发生在这个时候？　243

在结束这些早期擒纵机构时钟的题目前，还要补充一些可能是为它们铺平道路的某些发明。例如，我们已经发现了早一行一个世纪的水平司辰轮的存在。同时这一点也更加清楚：在没有摇摆器（如立轴和摆杆或摆）的时候，乃是利用桥秤或秤杆以构成水轮联动式擒纵机构并利用水斗触脱。为了了解这种装置是从什么地方引进来的，必须再看看上古和中古的中国刻漏史。

最古老的水钟是泄水型的，它无疑是远在公元前第一千年期甚至是前第二千年期从肥沃新月地带的文化中心——黎巴嫩、叙利亚和一直到波斯湾，送到东亚的一件礼物。但在公元前 200 年后，中国几乎全部采用了受水型，并有一标志杆装在浮筒上。到了汉代，人们很清楚地看到，储水器内水位越往下跌落，出水的速度就越慢。若干世纪里有两种补偿措施被采用着：首先是在储水器和受水器之间加装一至数个补偿水箱；稍后，就在此系列中加装一溢流水箱或固定水位的水箱。但也有别的类型装有某种平衡器以称量水重的。

称量刻漏至少包括两种类型：一种是把杆秤直接应用于受水器，一种是用秤称量最后一个补偿水箱的水量。后者在整个唐、宋时期使用于公共场所和宫廷内。由于秤杆上刻有平衡重量的各个标准位置，这就允许对补偿水箱里的压水头作季节性的调节，并可控制和调节水流以配合不同长短的昼和夜。不需要溢流水箱，并且当刻漏需要加水时，看守人就会获得警报讯号。由隋朝的耿询和宇文恺设计的这个装置恰好是在 610 年，即一行和梁令瓒的时钟之前的 110 年；其中耿询是 6 世纪中最杰出的技术人员之一，我们已经在叙述他的水钟工作中遇到过他。

这些事实之间的联系是很明显的。从系统地称量受水器到同时既称量进水又称量出水器，走得并不很远。这一演进跟着就会导向把这些双重作用的容器环绕一只轮子的周缘装起来的途径。实际上也是使受水斗和出水斗，在受控的安排下，先后有序地通过一具桥秤。

第三节　中国时钟机构的史前史　244

我们现在可以这样说，所有擒纵机构之父母源于 8 世纪初。但我们正在描述着的时钟机构史，在追溯的过程中，并不能就此为止。因为在 725 年到耶稣纪元的这段时间里,还有许多其他藉水力驱动缓慢旋转的天文球仪的例证。如果把擒纵机构视为构成真正时钟机构的精髓,那么这些较早的装置并不完全是时钟,但不妨把它们看作是时钟的前辈。再者,这些装置性质是纯天文的,它们没有发音的报时部件。

因为下沉的浮子的微弱动力,即便是木质的它们也相当轻,但仍不足以使倾斜着的球仪转动,其结构有可能是一个立式水轮,装有类似戽水车式的杯状水斗,无疑其结构比苏颂的更为简单。此水轮的轴上(倾斜球仪的转动轴)可能装有脱扣凸耳,与汉代流行的水碓的原理很相似。刻漏滴进杯状水斗里的水当周期地蓄积到足够的时间后,其扭力即足以转动凸耳,克服叶形齿轮的阻力。叶形齿轮要么本身就是赤道环,要么装于极轴线方向上的轴上。不用说,这样一种结构,计时性能必定很差,其误差之大,以致令人难以理解如何证实书上传给我们的那些明确的断言。或许联动式擒纵机构比我们敢于设想的还要古老。

几乎从 2 到 8 世纪间的每一个世纪里,都可以找出若干实例来。6 世纪最著名的技术专家之一的是耿询,在公元 7 世纪里为他写的传记中说道:

> ……询创意造浑天仪,不假人力,以水转之,施于暗室中,使智宝外候天时,合如符契……

这段话记载了关于其在 590 年前后进行的工作,与我们所知道的其他情况相似。大约再早 70 年,即约 520 年,著名道家医生、炼丹家和药物学家陶弘景(452—536 年),也制成类似的仪器。他也写了一本关于这件仪器的书,但已经失传了。再早一个世纪,在刘宋朝代,钱乐之创制了类似的装置。钱乐之是一位天文学家,可能是中国实心浑象的创始人。他的工作具有特殊的重要性,因为他是张衡(78—139 年)的旧仪器修复后的接替者。更重要的是,钱乐之的仪器沿用了很长的时间。几乎可以肯定,两个世纪后的耿询和宇文恺是知道这些仪器的,100 年后(即是在 723 年)的一行和梁令瓒也是知道这些仪器的。

然而,还有另一位我们所知道的中间人物葛衡,生活在三国时代的吴国(222—280 年):

> 有葛衡,字思真,明达天官,能为机巧,作浑天,使地居中,以机动之,天转而地止,以上应晷度。则乐之之所放述也。

现在作者已叙述到离东汉的张衡不到一个世纪了。因为,张衡是第一位在完成天文仪器(天球仪或演示用浑仪)的缓慢地连续旋转并接近高精度的恒速的人。在第二卷里,几乎没有哪一章没有张衡的出现(数学、天文学、制

245

图学等等），所以对于本书的读者，张衡是一位极熟悉了的人物。更为重要的是他于132年在京都所建造的地震仪，这在全世界都是首创。这个装置连同它的倒置摆的天才设计相当惊人，所以他采用水力来驱动天文仪器是不会有什么问题的。两个最明确的史料出处都是唐代的，是自现存古代文献资料中搜集来的，来源之一是656年前后的《隋书》，另一本是《晋书》，这两部书都因天文和历法各卷写得好而又详尽，在正史中显得特别出色。《隋书》有：

> 太史令张衡更以铜制浑仪，以四分为一度，周天一丈四尺六寸一分。亦于密室中，以漏水转之。令司之者闭户而唱之，以告灵台之观天者。璇玑所加某星始见，某星已中，某星今没，皆如合符。 246

《晋书》中的叙述也相似，但是它更多地描写了这个旋转仪器本身的天文细节。然而，它的最后一句是确实重要的：

> 星中出没与天相应，因其关戾，又转瑞轮。

观察程序是很清楚的了，但至于所使用的机械本身，则仅在最后一句里给出了线索。

以上所引证的主要资料都是来自张衡以后的2—5世纪，似犹有所不足。但是，与他同时代的见证确实有。有4项可以提出来。第一，后来至少有两位作家直接引述过张衡本人的著作，当时张衡的著作应该还是存在的。因而苏颂在他给皇帝的备忘录（1092年）中写道："张衡在他的《浑天》里说，置一具仪器于密室中，以漏水转之……"再者，约在公元750年，韦述记述一行时钟的时候，谈到当人们议论到它的时候都说，张衡在《灵宪》一书所述者，当无出其右者。此外，唐代作家还保留有关于张衡刻漏技术的两个片段材料，但其内容与目前讨论并不相关。然而，关于他们的叙述重要的是他们提供了证据表明，制造成功这种机器，乃是出自张衡自己的声明而不是后人加给他的。

第四项证据是最重要的，因为虽然不曾提到机构的本身，却透露出设计的整个原理和程序。这是东汉伪经书之一的《尚书纬考灵耀》里面的一段，它的最可能的年代约与张衡同时。记载如下：

> 璇玑中而星未中为急，急则日过其度，月不及其宿。璇玑未中而星 247
> 中为舒，舒则日不及其度，月过其宿。璇玑中而星中为调，调则风雨时，庶草蕃芜而五谷登，万事康也。

苏颂在他的备忘录结尾时引用了这段话，将他的评论同上面的文章加以比较，是很有意思的。

　　由是言之,观璇玑者,不独视天时而布政令,抑欲察灾祥而省得失也。

　　这样,他对一般人把中国中古天文学家的活动认为只具有预言性质的看法作了合理的阐述。他说,能够使国家繁荣的不是占星家的预言,而是正确的历法科学。

　　至于为什么要把一个仪器装在室内而另一个仪器装在观测台上的神秘布置,在这里也得到了解答。张衡时代的制历天文学家们最关心的一方面是各星指示位置之误差,另一方面是日、月等指示位置之间的误差。

　　这项程序的阐明给我们提供了另一个机会来研究"前期时钟"(如果可以这样来称呼张衡的装置的话)和擒纵机构时钟发明的社会背景。颁布官历是中国皇帝最重要的一件大事,上起在公元前 3 世纪中国首次统一,下讫 19 世纪清朝末年,共颁布过近百种历法。每一种历法都有具体的名称。现在的问题是,在时钟的发明和新历法颁布的频率之间是否有着联系? 这些发明跟所谓"历法危机"的时期有关系吗?

　　初步的回答是并不困难的。问题的提出是在汉代,到了清代,问题的大部分已经得到了答案。张衡的发明是出现在准备阶段的汉朝,当时只有很少几部的历法,但是应该记住他正在推行一项要再继续多年才会产生效果的技术。另一方面,一行确切无疑地使用擒纵机构正是在六朝和唐代"历法危机"及制历活动突然兴起的后期出现的。后来的伟大的时钟都是产生在与宋代类似的时期。如果证据是以 25 年为周期,在 200 年到 1300 年间绘制(图377),各个阶段就显得更为清楚。

249

248

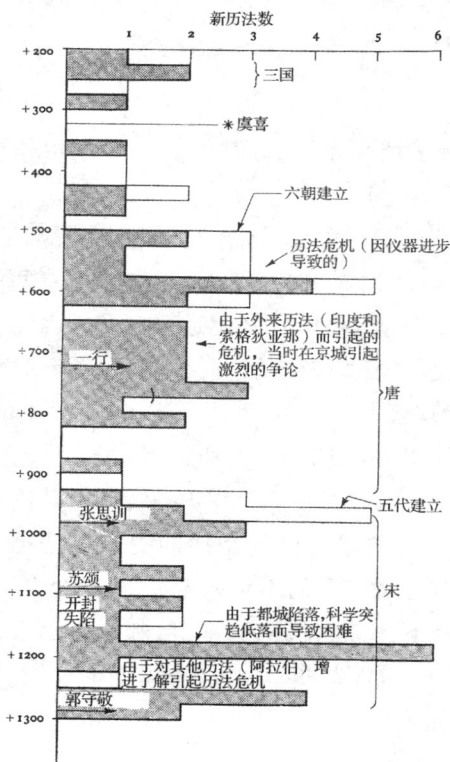

图 377 制历同擒纵机构发明的关系[200—1300 年间每 25 年所颁新历数目的绘图。阴影区表示除了标志新朝代开始的历法以外的新历法。较小的条形区,主要是淡色的区,表示每 25 年期间新历法总数(仅仅更名者除外)]

有一个相对平静的时期一直延续到 500 年,但从那以后(除去新皇帝的频繁改历),至少每 25 年就有一次新历法。在 8 世纪初,对其他历法(印度的、波斯的、粟特人的)的优劣,在中国的首都有过激烈的辩论。而此时正是一行和梁令瓒,似乎是为了满足更精确计时器的紧迫需要而发明了他们的水轮联动式擒纵机构。临近唐末,一切复归平静,但随着宋朝的建立,误差再次突现。我们发现张思训(975 年)的时钟是同每 25 年内至少产生 3 种历法的情况相一致的。而在 925—1225 年间,在每 25 年中都至少有一种新历法产生,所以苏颂的时钟在此期间应运而生(1088 年)就很自然。然后在 13 世纪末期,治历活动又突然活跃起来,这可很容易地被解释为受到了阿拉伯历法的影响,就像受到印度和波斯的历法影响一样。走过沉寂的明朝,清初耶稣会士来到了,中国和世界天文学走向统一的局面开始了。

历法计算上的需要是同皇室私生活的要求并行不悖的。张衡在 120 年前后的发明,是从怀疑中引发的,同一原因导致了依巴谷(Hipparchus)于公元前 134 年发现了岁差和虞喜于公元 320 年表述了相同的主张。在本书中曾不断提到中国天文学是以极和赤道系为基础而建立起来的(本书第 2 卷,页 117),而希腊的天文学则以黄道和行星系为主。各有其优点和功绩。如果说依巴谷的发现能先于虞喜 4 个半世纪,这是因为他使用的是比较黄道坐标上的恒星位置的系统。但是如果说张衡以机械方法运转天文仪器比欧洲文艺复兴时期产生的时钟驱动概念早了 15 个世纪,以及在这方面,一行以其说明详尽而成功的机械计时器都未受到高度的重视,这都是因为中国的天文学家们总是以赤纬线进行思考。所以在中国,组织浑象或演示用浑仪的旋转,如果方案有效,这是完全自然的一种想法。不容易的只是如何做的问题。

在将结束本节前,再用几句话来对比一下李约瑟博士所认为的张衡为解决其问题所采用方法的相应背景。为了控制住刻漏的滴水浪费,有一个办法显然是求助于水车设计者的技艺。在 2 世纪的中国,其制造工艺无疑是简陋的,但是在前一个世纪里,以水作动力的水碓已广泛使用。虽然中国的水轮多是卧式的,但立式的也一直存在,而且对于水碓而言立式更为合适。还有,用立式水轮驱动的水排在 1 世纪时已在中国通用,因而张衡的主要创造就在于安排定量的水不断地流入水斗,而不是以强力水流冲击轮叶。轴上的脱扣凸耳也是操作它四周的舂米水碓的。此外,他的创造还有使它每次都推动齿环或齿轮前进一齿,或许推动叶形齿,并由棘爪来控制。他的安排似乎并没有超出汉代技术能力的地方。脱扣凸耳是他们自己的,虽然应用它做单齿小齿轮,则是起源于亚历山大里亚人,如同前一世纪的赫伦的路程计轴上的钉

250

栓。当时亚历山大里亚的工程师们同中国汉代的工程师们之间有过什么联系仍是一个谜。可能同前面讲过的徒劳无益的情形一样，中国的记里鼓车是同时代的产物，而且它还改造为带有一齿、二齿和三齿的小齿轮。张衡的简单机器当水缓缓地流入某水斗里的一段过程中，是静止不动的。注水达到足量时，水重就胜过齿轮和浑仪的阻力，于是凸耳就使齿轮转动一齿，然后抵住次齿而静止下来。虽然有关记载都说是"合如符契"，但我们应估计到这个装置的计时性能是很差的。因为这在很大程度上决定于机械的间隙和阻力、每个水斗的精确尺寸、极轴轴承的性质以及类似的因素。很可能只是艰难地维持着正常的运转，而后起的从事制造同类仪器的天文家们，都曾探索改进的途径，但直到一行才达到了目的。或者他们的机械运转良好，大大超出我们的想象。无论如何，也不能把张衡的器械绝对地排除在本章开始时所说的冯·贝特莱（von Bertele）的时钟定义之外。就我们所知，将一个有动力推动的机器的运动进程，切割成等时间段，以获得缓慢和规律的运动的问题，是在任何亚历山大里亚人的设计里都没有解决的。假如说张衡自己也未能解决它的话，他也已经打开了通向最后解决它的途径的大门。

第四节　从苏子容到利玛窦：时钟及其制造者

现在回到讨论的焦点，即苏颂在 1088 年建造的大时钟，然后再从那里开始简略地追踪以后的发展，直到利玛窦和他的耶稣会士时钟专家们来到的时代。这几乎正好是 500 年的光景，而且与以往的一切想象相反，在此期间中国还是一直都在制造时钟，制钟者在不同的时间和地点取得了成果。

首先，最明显的问题是苏颂的钟塔和其内部的机械的命运如何？幸好在这方面有较为丰富的资料，而且答案对北宋末年时钟制造取得政治上的重要性能给予意外的启示。苏颂的装置的青铜部件，无疑是在翰林学士许将监督下，在试用过一段时间后，于 1090 年或略早奉旨铸造的。由于许将的授意，从而使苏颂建造了一套全新的辅助机械，这可能是能容人进入的最早的"天象仪"。有一段文章值得引述：

　　元祐四年三月八日，翰林学士许将等言，详定元祐浑天仪象所，先被旨制造水运浑仪木样，如试验候天不差，即别造铜器。今臣等昼夜校验，与天道已修合不差。诏以铜造。仍以元祐浑天仪象为名。

其后将等又言："前所谓浑天仪者，其外形圆，即可遍布星度；其内有玑、有衡，即可仰窥天象。若浑天仪，则兼二器有之同为一器。……今所建浑仪象，别为二器，而浑仪占测天度之真数，又以浑象置之密室，自为天运，与仪参合。若并为一器，即象为仪，以同正天度，则浑天仪象两得之矣。此亦本朝备具典礼之一法也。乞更作浑天仪。"从之。颂因其家所藏小样，而悟于心，令公廉布算数年而器成。大如人体，人居其中，有如笼象。因星凿窍如星，以备激轮旋转之势。中星昏晓，应时皆见于窍中。星官历翁，聚观骇叹！盖古未尝有也。

所以将依照许将的建议而制的辅助仪器称为一个天象仪，是指的观测者可以进到里面研究人造天空，而并不意味着这部仪器可以机械地演示行星的运动。虽然所用的语言与常用于水轮驱动的语言相似，"水"字在所有的文献中都没有，所以天象仪可能本来是用手调整到任一需要的时辰角度，如同王振铎在 1962 年所倡议的精巧复制模型那样，让观测者坐在主极轴的悬椅上。苏颂为满足许将的要求，无疑是加装了子午环和地平环，而其他各大圆都会充分地在天球的表面上被标志出来。因此，1092 年标志着苏颂造诣的顶峰，两年后完成了他的著作，然后又享七载天年。

可是不久，苏颂和韩公廉的著作就受到了当时保守派的威胁。约从 1060 年起直到 1126 年京城陷落，保守派和革新派斗争激烈，社会生活因此遭到破坏。这里，作者不准备去详述造成分裂的那些争端，正如已经提到过，苏颂虽然还不是保守派中的积极成员，但由于他与保守派人的关系，也被视为保守派成员。因此，在 1094 年革新派重掌朝政时，就有毁掉苏颂钟塔的议论。当然，当时的观念总以为每当改朝换代之际，必须"除旧布新"，而那时的政治家们则很少能够懂得实际科学知识要经历缓慢的成长过程的。但事实上该时钟并未遭到破坏，并一直在不停地运行着，直到 1126 年金人攻陷京城为止。

在这灾难性的一年里，京都两次被围。九月京都被攻陷，两位皇帝（徽宗和钦宗）都被押解到了北方的北京当了俘虏，在以后的一段时间里，太子和皇族以及宫廷权贵们在后方流亡，辗转迁徙，直到 1129 年才最后定下来以杭州为新都。这就是 140 年后为马可·波罗所看到和誉为"众城之花"的城市。此项巨变对宋朝的技术优势的打击是极为沉重的。其中最重要的事是在围困开封时，金人在不时的和谈中，常勒索，要求将工匠和熟练工人以及他们的家

252

253

属作为贡物。他们向开封索要各种工匠,所以很有理由相信在京都沦陷时,所有从事制钟的技匠和维护的技术人员等都已经随着金人迁往北方。根据《金史》的记载,似乎他们好像是伴随着已被解体的钟塔一同前去的。重达15吨的苏颂浑仪最后终于在征战胜利之初就落入了蒙古人之手,当他们在1264年建都北京时,浑仪还可以供天文官员们使用,不过在那时它已久经折磨,不能再操作自如了。

　　关于北宋末期,历史学家和汉学家们已经写过很多东西,但却很少有人注意到北宋是在时钟繁荣的热潮中终结的。《宋史》告诉我们,1124年王黼(特进少宰)曾奏称,说在京城遇到了一位云游四方的学者,自称姓王,并赠与王黼道书一卷,书中论述了天文仪器的制造。皇帝同意下旨建造一些模型以检验书中所说的内容,其中主要的仪器似乎是一具演示用浑仪或浑象,具有一般有用的特征,而刻度则十分精细。它又是同复杂的天象仪机械组合在一起的,这些机械不仅自动显示日、月的位置,而且还能显示月的盈亏。以及行星的上升、中天和下落,以不同的速度行、逆。原文说:

254
　　　　玉衡植于屏外,持扼枢斗,注水激轮。其下为机轮,四十有三。钩键交错相持,次第运转,不假人力。多者日行二千九百二十八齿,少者五日行一齿。疾徐相远如此,而同发于一机。其密殆与造物者侔焉。自余悉如唐一行之制,然一行旧制,机关皆用铜铁为之,涩即不能自运。今制改以坚木。若美玉之类……

这段描述虽然十分简略,但却是我们所得到的关于宋代天文时钟的最重要的说明之一。使用硬木则是特别惊人的特点。王黼继续谈及有关报时和计时之机件的其他技术情况,他建议设专司来制造几套这样的机器,并要特制一套轻便型的以便御驾出巡时用。最后奉准建造,但仅仅两年之后,京城就陷于重围之中,估计所有的半成品、设计和工匠等,均被金兵俘获并送往北方,但王黼未能活着看到这一切。

　　至于后来南迁的宋朝,天文学和工程科学遭到了如此严重的打击,以致在很长的一段时间内,皇家天文台的需要都得不到满足。当时确有对天文钟的迫切需要,因为在1144年,已逃到南方的苏颂的儿子苏携奉诏检查家藏文献资料,但找不到可以据以制造另一浑仪的设计文件。甚至大理学家朱熹(1130—1200年)对时钟机构驱动也产生了兴趣并尽力试图重建其机构,但也未获成功。

　　擒纵机构的奥秘至此暂告失传,南宋的技术人员们又退回到简单浮子式转盘时钟原理去了。苏颂的书是在 1172 年全部在南方重新发现并由施元之首次刻印的，可能是朱熹的鼓励导致这个结果。无论如何，发现关于苏颂时钟制造工艺的详细叙述是载在《金史》里，而不是出在《宋史》里，这是对南宋时事的一件有趣的评论。因为宋、金两朝的历史都是由同样的学者——蒙古人脱脱和欧阳玄——约在 1350 年编写的，明显的推断是：有关技术的资料是保存在北方金人的档案里而不是在南方宋室的档案里。

255

这些资料使我们回到蒙古时期，并回到郭守敬时代。早在 1262 年，在忽必烈汗建都北京以前，郭守敬就已经为他做过一个"宝山时钟"。但在《元史》里，可以看到有关大明殿照明时钟的详细叙述，虽然没有指名为他所造，但却是在关于他的发明的长篇叙述中间出现的，所以，几乎可以肯定它就是郭守敬造的。使用了与苏颂的相似的卧式轮，全部机构设在柜内，以水驱动。虽然不曾提到水轮，但不可能有别的机构可以获得用以运转相关司辰机构的充足动力。事实上，毫无疑义的是，郭守敬制造的时钟尽管较为精细，但仍然是因袭一行和苏颂的老传统。令人感兴趣的和新的是司辰机构已完全凌驾于天文部件之上了。在 13 世纪末期的中国，虽然还没有给时钟以它自己独有名称，但时钟却已经几乎完全摆脱了天文世界。这是很有意义的一点，因为在 1310 年左右，欧洲也发生了同样的情况。大明灯漏的确切年代不能肯定，但不会离 1276 年很远。那一年正是郭守敬开始负责以最好和最新的仪器动手恢复北京天文台及其设备的一年。

这些仪器中包括一套可能是水力的时钟机构驱动，曾经在天文观测中使用多年。更令人感兴趣的是，这套仪器不仅仅是个别的耶稣会士见到并做了记录，它还是张衡传统中的后期代表作，又是其一系列作品中首先受到欧洲观察家审查的。14 世纪的《元史》这样告诉我们：一个直径 5.7 米的青铜浑象，圆周的一半没入箱型柜里，柜里有齿轮用以转动浑象。利玛窦在 1600 年初春其本人的游记中有记载：

> ……一个球，上面逐度标出所有纬度和子午线，球体庞大，三人伸臂还不能环抱住它。它被置于纯青铜的立方形的箱式台座里，箱有小门，人可以由此入内，进行机构的操作。

256

但可以完全排除它是重锤驱动，因为这对于中国传统来说还是太早了点，因而更可能是水轮。

现在我们就要回到原来的起点，即耶稣会士们和他们 17 世纪在中国的经历。在此之前我们应该先向千年传统的水力时钟装置告别。为此，我们还必须进入皇宫的内室。在那里,约在 14 世纪中叶,我们发现元朝的最后一位皇帝,同他那骁勇善骑,驰骋在沙漠战场上的战士型的祖先完全相反,正在自己动手,忙着——像路易十六(Louis xiv)那样——制造时钟。《元史》告诉我们说这位工匠皇帝,即顺帝:

> ……又自制宫漏,约高六七尺,广半之。造木为匮,阴藏储壶,其中运水上下。匮上设西方三圣殿,匮腰立玉女捧时刻筹。时至辄浮水而上。左右列二甲神,一悬钟,一悬钲。夜则神人自能按更而击,无分毫差。……

这是其他精巧的时辰机构,其独创性是"难以想象,人们都说以前从没见过像这样子的东西"。即使这种看法有夸张和失实的地方,但毋庸置疑。这种皇家时辰机构,虽然不外是因袭一行和苏颂的传统,却还是给人留下了深刻的印象。另外更重要并值得我们关注的是:这个时钟虽然可以肯定没有钟盘和时针,却实际上完全摆脱了原始天文机构部件的一切痕迹。可是,在变成一件纯计时机器时,却并未获得任何新名称,仅仅仍被叫做"漏",跟 2 000 年前的最简单的刻漏一样。它当然远比原来的刻漏复杂多了,这是可以从"水斗"所暗示的水轮擒纵机构推想而知的。

无巧不成书,此钟与意大利乔瓦尼·德唐迪(Giovanni de Dondi)在 1364 年所造的惊人的天文时钟几乎是在同一个时代。这些翻译过来的天文资料,完全用盘面和指针所标示的符号来表示,另有一些内容是借刻在无端环链上的符号向旁观者显示的,因为欧洲的传统是不用旋转着的球体和球面的。顺帝的时钟虽然也丢掉了它们,可它还是张衡的前期时钟那里一脉得来的;德唐迪的钟则是从当时新型的立轴掣子式擒纵机构得到了益处,如同还从中古计算器械得到了教益,但它也还是从希腊时代的转盘时钟的盘面和指针一条路线上演变而来的。

对此古老传统的最后打击,发生在 1368 年左右,即明朝的新军攻占北京,结束了蒙古人的统治之际。元宫及其里面的东西都被摧毁,因为明朝,像以后的革命者一样,也是"不需要"制钟匠人的。无疑,中国时钟技术的传统已经闷死在它本身的司辰机构中,并被绝望地判定为元宫的"废物"。但是它的毁灭(如果确实是在那个时候事实上被毁灭了的话),却是历史上特别重要的一件事,因为这意味着当 250 年后耶稣会士来到中国时,已经没有什么东西可以向他们表示机械时钟在中国是早已经存在过的了。正如我们已经了解到的,耶稣会士们以为他们所带来的这类机械对中国人是全新的东西,但是关

于中国早先使用的计时方法,他们则是含糊其辞的。有一段重要的写在利玛
窦回忆录序言中对中国令人羡慕的描述中的话,已由金尼阁增补过:

> 他们(中国人)很少有什么测时仪器,他们所有的那些工具,不是用
> 水测就是用火测。那些用水的就跟大刻漏一样,而那些用火的则是用某
> 种香火,很像我们用以点燃枪炮的引火绒或慢性引信绳。另有少数几种
> 别的仪器,是用轮子以沙驱动如同以水驱动那样——但是这一切不过是
> 我们的机械的影子,而在计时上一般都是不准确的。

我们于是不得不相信在利玛窦和金尼阁的时期,还有旧中国驱动轮时钟的残
迹遗留着。而使用沙子则似乎特别奇怪,因为沙漏一向被认为是从欧洲传到
中国的,而且是很近期的事。然而,确定是使用沙子,并且明代时钟发展情况
已由薮内清和刘仙洲在 20 世纪 50 年代的研究而得到了结果。我们也已经看
到了,元朝末代皇帝的值得纪念的自鸣水钟,如果说明太祖对于带有异族统
治者奢侈气味的东西都感到憎恶,但他似乎对于各省、各府州易于制造的时
钟都给予积极的鼓励。讲述这种新型时钟设计的文章就载在《明史》的天文
部分首卷里,但都是关于较后期的,且属偶然。同耶稣会士们结成朋友并与
之合作的中国天文家们,则正在讨论如何制造观象台的新设备。

> 　明年,天经又请造沙漏。明初,詹希元以水漏至严冬水冻,辄不能
> 行,故以沙代水。然沙行太疾,未协天运,乃以斗轮之外,复加四轮,轮皆
> 三十六齿。厥后周述学病其窍太小,而沙易堙,乃更制为六轮,其五轮悉
> 三十齿,而微裕其窍,运行始与晷协。天经所请,殆其遗意欤。

这样,我们遇到了一个至今还不知道解释的新名词,但对于我们的故事却很
重要,这就是约 1370 年的詹希元。周述学,我们以前遇到过了,他活跃于
1530 年和 1558 年之间,是一位有名的数学家、天文学家和制图家。詹希元的
时代可由《元史》的主要编辑者、大史学家宋濂所写的一篇有趣的文章《五轮
沙漏铭序》清楚地证实。这是他在 1381 年逝世前为这种仪器之一而写的。文
章对此种机构的描写十分详尽,因而刘仙洲可以毫无困难地据以绘出如图
378 所示之工作图。有两件事很清楚。第一,这种沙钟有一个水斗轮,它同苏
颂及其他人的伟大的水轮时钟里的水斗轮极其相似,而且也装有类似的木偶
机构;其次,它有一个固定的盘面,在盘面上有指针在旋转。这种样式虽然是
以后的一切时钟共有的特征,但它出现在 14 世纪晚期的中国,却是十分稀奇
的,因为这也恰好是盘面在欧洲被广泛采用的时期。也许最简单的假设是双
方各自独立地由古老的转盘时钟演变而来的,正如前文所述,该时钟在中古

258

259　时期的早期,似乎既在中国也在欧洲同时存在过。同样重要的是,在中国和欧洲,时钟机构或其初型在天文功用和纯计时功用之间,已经完全分裂了。

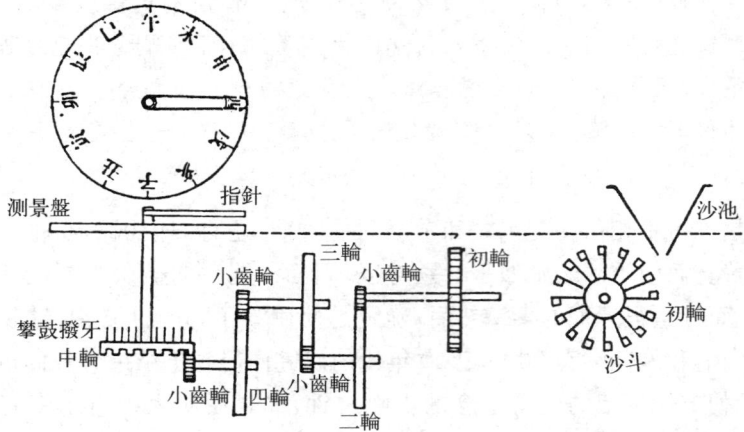

图 378　刘仙洲复制的詹希元沙驱动轮时钟之一的机构图(约制于1370 年。五轮包括:位于沙池下面、带沙斗的主动轮;3 个大齿轮;1 个中轮,这个轮上装着发声信号装置的拨牙,而轮则装在指针的轴上,指针在盘面上环行。盘上可看到有 12 时辰的标记)

关于明代沙漏时钟最难确定的是:它们是否与一行或妥欢帖睦尔(顺帝,在位时间为 1333—1367 年)的水轮时钟一样,有联动擒纵机构来操作? 具备这项装置,对他们来说是很自然的事,但从宋濂的文章里却得不到肯定的证明。因此,可能詹希元之创作较宋濂所认识到的更为新颖。因为,他或许是使用减速齿轮的时钟的发明人。计算表明,不论是按照它的原型或其改造型,每个水斗只要几秒钟就能被充满,加以如此庞大的齿轮组,就不可能再有主动轮疯走的情况。当然,在 14 世纪甚至在 16 世纪可能达到的技术水平,以及实际达到的精确程度,很可能受到来自耶稣会士们的苛刻挑剔。而重锤驱动和发条驱动的时钟的到来,无疑是很大的收益;可是詹希元的作品仍保有其重要性。减速齿轮的原理早已为亚历山大里亚人所知晓,在 14 世纪的欧洲,把它用在计时机构里,也已经是普遍的事。但是完全借助减速齿轮以产生从原动机来的缓慢运动的设想,则在同时代的欧洲人里面,似乎还未出现过。

260　宋濂甚至在对明代沙漏时钟史的记述中写了一首关于它们的诗:

挈壶建漏测以水,
用沙易之自詹始;

> 水泽腹坚沙弗止，
>
> 一日一周与天似。
>
> 郑君继之制益美，
>
> 请惜分阴视斯晷。

确实明代的沙漏时钟是值得我们密切注意的，它的盛行时期比较晚。所以从明陵的发掘中发现实物决不是不可能的事。

晚近水轮式时钟中水的作用被固体颗粒所代替的事的出现，就把我们带到了中西两大传统在这一件仪器上的汇合处。在利玛窦死后的 20 年间，耶稣会士同中国学者之间的合作，已形成良好的传统。最早在中国出现的立轴和摆杆式擒纵机构，正是双方合作的成果之一。在这件时钟里，两种传统融合在一起，因为当欧洲型的机构在柜台前报匀等的时辰时，中国型的水斗轮系统则在柜台后报夜更。用砂轮驱动的时钟似乎是直到 17 世纪末才绝迹。在1660 年左右，云南省有一位知县吉坦然，曾为一佛寺建造了几乎可以肯定是这样一种类型的时钟。它建成塔的形式，拥有一个带时辰牌表示时间的时辰鼓，每一刻钟就有一个木人出现报时，同时响铃。我们不能肯定其所用的原动力，但是带时辰牌的时辰鼓跟苏颂所制的同一水平，它可能是用减速齿轮来操作。当然它很快就坏了，最终完全停止了工作。我们有一种正在目击一项伟大传统弥留时的感觉。

在这一节里，我们概括了 600 年的事。我们看到苏颂钟的遗物如何落到蒙古统治者和 13 世纪像郭守敬那样优秀科学家的手里，他有的水力天文仪器流传下来并被 16 世纪末的耶稣会士们研究。我们发现元朝皇帝其中之一的妥欢帖睦尔是一位名制钟家，显然他是中国以水作动力的最后一位，因为从明朝开始（约 1370 年），詹希元和其他人就已经以沙箱来代替了。这种方法一直沿用到耶稣会士时期，但到 17 世纪末，沙子和斗轮的方式，就被欧洲的标准方式所取代了。先是重锤，然后是发条。我们已经走了很长的一段路程，但还有未提的地方，那就是从 15 世纪起在明朝的发展情况。

261

第五节　朝鲜太阳系仪、亚洲时钟和
须弥山的机械化

当明朝工匠在元宫里破坏雕刻制品时，元顺帝的某些技术工匠可能及时

地逃了出去。我们是能够猜出他们的去向的，因为几十年后，朝鲜的李朝王国在汉城正在从事同样的活动。

李朝的第四代国王世宗(1419—1450年在位)对王朝的治理，可以同哈里发·马蒙(Caliph al-Ma'mun)或卡斯蒂利亚(Caltile)王阿方索十世的统治相媲美。作为一位开明和博学的统治者，他在1446年成为朝鲜字母的首创者，但是他同时又很爱好科学和科学仪器，从而他自己能够亲自监督京都天文台的全部重建工程。这项工程从1432年开始，建造了很多仪器。不像1434年在京都建造的、似乎是阿拉伯风格的著名自击刻漏那样，在这些仪器中，有两件新的是使用水轮连杆式擒纵时钟机构的。一个是用漆布做成的、直径为1米的浑象，上有一个线穿的太阳模型；另一个是偶像时钟。描述表明，两者都是追随着一行、苏颂和元顺帝的传统的。

当1657年孝宗诏令制造天文时钟时，新的篇章又打开了。这时钟具有水轮联动式擒纵机构。当时还另造了两个，但只有一个是使用水轮驱动，另一个则具有"西方齿轮"，似乎是重锤式或弹簧式驱动。于是我们遇到了既忠于古代中国传统，又处于另一个转折点，即是在1438年以水轮系统代替了转盘自鸣刻漏。1664年见证了从水轮系统过渡到现代型的时钟机构。

在17和18世纪里，耶稣会士在中国时钟制造上的优势地位的前后，就已经开展了"乐钟"(因是带精巧木偶机构的玩具而得名)的制造，中国时钟制造的传统对欧洲的设计方面，有着比一般想象的更为巨大的影响。一行和苏颂古老传统中的特色，被逐渐纳入欧洲设计供应"亚洲贸易"用的商品里去，而在欧洲内部，复杂的钟盘和精巧的木偶机构也逐渐流行起来，称之为"中国风格"。无独有偶，同时在一本17世纪描写商业生活的娱乐性书中，即井原西鹤写于1685年的《日本永代藏》，说日本人也承认机械时钟是在中国发明的。

262

第六节　时钟机构和各文化间的关系

相互关系的视表如表50所示。由此显示了导致中国的第一个擒纵机构时钟产生的因素是从约125年张衡开始的一个接一个的"前期时钟"，然后经由其他人一直到一行(725年)。至于齿轮装置，我们已经提出了证据，中国机械师们已在数个世纪中进行了很多实验。导致欧洲(约1300年)的第一个擒纵机构时钟产生的因素无疑是从希腊的水日晷和机械傀儡剧场的浮子演变而来的重锤驱动，并且在13世纪确实以独立的形式出现，如阿方索时代的摩尔人的鼓式水钟所验证的。齿轮装置的使用则源自远古，即使我们对西塞罗（Cicero）和奥维德（Ovid）归功于阿基米德（约公元前 250 年）的天象仪知道得很少，从希腊安提—库武剌的具有精巧齿轮组的遗物，已足够显示希腊（公元前 1 世纪）的技术能达到的非凡成就。在阿拉伯世界里有在计算用的星盘上应用齿轮装置。时钟的标度盘又被认为是水日晷的旋转盘面的最终演变。只有擒纵机构的本身必须由 1300 年的不知名的发明者来提供。立轴和摆杆可能是由径向重锤式飞轮演变而来的，这种飞轮自从希腊——罗马螺旋压力机的很早时代就已为人们所熟悉。但这个基本想法究竟在多大程度上是首创的呢？中国擒纵机构在以前 6 个世纪中的发展，暗示着至少有一个扩散的激发性作用从东向西传播。如果存在这种传播，为了对它获得一些见解，必须集中注意在 100 至 1300 年之间的一段时间内，看看能不能从伊斯兰和印度文化区内找到一些线索。例如，伊斯梅尔·伊本·拉扎兹·加扎里在 1206 年描写的击漏指的是由一个翻斗和一个铰接的棘爪连接起来构成的，当翻斗每次装满了水而倾卸放空时，棘爪使棘轮向前旋转一个齿。加扎里的时钟内也有水轮，这一事实跟较早的中国做法的关系，不可能没有联系。直到现在的所有证据中，没有迹象表明中国的发展受到阿拉伯的任何影响。另一方面，阿拉伯的资料则确实指出，某些中国元件向西方传播。现在转到印度，我们发现婆什迦罗（Bhaskara）约于 1150 年写的天文和数学的著作《顶上珠手册》讨论了使用装满水银的水斗的永动机，并也指一种可以沉在一壳体内用来表示水平面的天球。这本书也说到"利用水可以查明时间的循环"，而它也清楚地表明使用了水银或油。

对于印度教徒和道教徒来说，宇宙本身就是一个永动机，就这样，印度提供了浑仪、计时水轮和永动设备之间的不容置疑的结合。甚至张思训的水银驱动也似乎被包括在内。

永动机开始在欧洲出现，是在奥恩库尔特（1237 年）的笔记本内，但更重要得多的是在佩特汝斯·佩瑞格里努斯（1267 年）的关于磁铁的巨大著作中。并且，正如我们已经读到过的（本书第三卷），欧洲在 1190 年左右开始知道磁罗盘。既然它无疑是从中国文化地区传播去的，那么，最明显的结论是：传递发明者（不论是谁）非但谈到磁石，也谈到由无休止的轮子驱动的、永远在运动的浑仪。

虽然在现代科学中，轻视永动的追求者已经成为普遍现象，但根据历史条件正确地观察，永动的想法有启发的价值。早在 1235 年，奥弗涅的威廉（William of Auvergne，以后曾任巴黎主教）就利用磁现象来解释天球仪的永

263

表 50　各文化地区在机械时钟机构的发展中所起的作用

中国

欧洲

巴比伦和古埃及

池水型刻漏

受水型刻漏

6 世纪中叶

有溢流槽的受水型刻漏

有补偿槽的受水型刻漏

450 孝兰

605 耿询和宇文恺

1130 由曾民瞻复兴

祥漏

水钟（朝鲜）约 1435 年

世宗（也许有减速齿轮）

天文钟（例如在朝鲜）保留了大量传统元件

圆通 1813 年（日本）时钟机构为佛教徒作宇宙论服务

崔攸之 1657 年

十二时辰刑

公元前 350 年革仪乐（石申等）

1 世纪水磨和水碓

3 世纪　马钧等水轮操作的机械玩具

? 水日晷浮子原理

125 年张衡
250 年葛衡
436 年钱乐之
520 年陶弘景
590 年耿询

692 年卧轮上的人物形象

第一个擒纵机构

725 年

979 年张思训

1088 年苏颂颁的"宇宙机器"

第一条传动链

1124 年王黻

1267 年郭守敬

1354 年妥欢

（计时和天文功能分开）

睦尔

一行和梁令赞

印度

1150 年在《苏利耶历数书》书上，和《须上菜手册》书上，有关时水轮的记载和水动的设想

加拉里

1206 年有水钟的钟；装有只靠水报时机构的倾斜水斗；以及水动的设想

伊斯兰

公元 900 年比鲁尼：星盘上的历算齿轮

1221 年阿布·贝克尔（Abu Bakr）的历算星盘

有精巧报时机构的水钟

?　?

?

激发性传播？

小轮和凸出轴转动的天文仪器

公元前 250 年阿基米德：天象仪齿轮装置用于天文模型

公元前 2 世纪安提基一床式测时的机器：历算齿轮

公元前 2 世纪～公元 1 世纪希腊机械玩具等

6 世纪具有精巧报时机构的拜占庭嘶鸣水钟

星盘

赤道仪和其他计算装置

12～13 世纪自鸣水钟不可靠的计时器

1190 年磁罗盘传来

1250 年磁石和承动结合[佩特拉斯·佩雷格里努斯（Petrus Peregrinus）]和罗杰·培根）

立轴和横杆式擒纵机构摆轮重锤驱动

1271 年罗伯尔图斯·安格里库斯

（计时和天文功能分开）

1275 年有重锤驱动的摩尔人的数式钟

那稣会士 1583 年以后

1644 年惠根（de Gaus）

1490 年发条和均力圆锥轮

1641 年

1657 年摆式擒纵机构

1680 年锚式擒纵机构

1715 年直进式擒纵机构

1872 年恩布里亚科（Embriaco）

沙轮钟（也许有减速齿轮）1370 年詹希元

直到约 1670 年

科克斯和比尔

当　的那稣会上创造者

数式钟继续地欧洲存在

螺旋压力机的飞轮

各向直锤式

公元前 30 年维特鲁威

公元 2～3 世纪水日晷钟标度盘和浮子原理

受水型刻漏

标度盘

佩特拉斯·佩瑞格里努斯

约 310 年出现

动。然后在 1514 年，梅格雷（Meygret）提出，既然天然磁石是在天体的直接作用之下旋转着，一般反对永动的理由就不能成立。的确，如果人们把这种想法看成是利用天体的周日旋转充作地球上能源的尝试，它似乎是明显合理的，虽然其想法是来源于它的时代的错误假定。16 世纪末，认为地球是个大磁体的吉尔伯特使用这种想法削弱了一些反对哥白尼太阳中心说的意见，对于哥白尼的太阳中心说，吉尔伯特是捍卫的。甚至更重要的是，磁吸引力无形地扩展到空间的例子，通过吉尔伯特和开普勒的研究，直接通向牛顿关于万有引力的概念。由此，被采用的印度对于永动的可能性的信念，与被传播的中国对于磁极性的知识相结合，对于现代科学思想在它的最紧要的一个早期阶段内，发生了很深的影响。

这些确实也影响了技术。正如本章开始时已经提到的，尼克尔·奥里斯姆（Nicole Orsme，卒于 1382 年）是第一个采用这个隐喻的：宇宙好似是上帝最和谐地开动的大钟。然而甚至在 13 世纪中期，很多活跃的思想家不仅被近代技术成就所鼓舞，也被永动的想法引导着，他们开始概括机械力的概念，把宇宙想象成有待人类开发利用的巨大能量库。很清楚，没有中国和印度的自然主义者的比较早的思索，很可能就没有这种幻想观念和动力。公元前 4 世纪的《管子》中有云："圣人裁物，不为物使。"

266

第六章　立式和卧式装置,风车和航空技术

在前面各节里,对于立装轮与卧装轮两者之间在技术史上应该加以明确的区分,我们已经有了很清楚的了解。立装轮通常需要正交轴齿轮啮合,而卧装轮则需要有一个非常强的下部轴承,因为必须要由它来负担全部重量。在时间和空间上,立装轮和卧装轮有不同的分布。在我们现在必须要考查的资料中,就某些藏书室中用手来摇动的轮以及由新的动力——风——来驱动的轮来说,我们将要看到卧式轮既是中国同时也的确是全中亚和伊朗所具有的特征,与此相反,立式轮则在西方继续发挥着影响。

从现代技术的观点来看,旋转书架也许并不是特别吸引人的东西,因为它已经不能再进一步引导出什么新的东西,尽管在它作为各大佛教寺院中种种肃穆玄秘的陈设之一的其鼎盛期,它确实深邃地陶冶教诲了许多中国的儒家学者,使他们不轻易受自己的感情支配而离经叛道。但对于我们来说,它的意义则在于它充分地表现出了这样的事实:西方的工程师偏爱立式的而中国的工程师则喜爱卧式的。在另外一点上它也是有意义的,即与前文提到过的链式挖掘机相并行的事例:耶稣会士们把它当作什么新东西而介绍给他们的中国朋友,其实早在将近1000年以前这种机具在中国就已经是众所周知的了。

1627年出版的《奇器图说》图示了一具旋转书架(图379),借助于它,学者不必从座位上移动就能查阅许多书籍,简单的齿轮装置保证了随着书架的转动而书籍依然保持向上方直立。这是1588年首次出现于意大利工程师拉梅利(Ramelli)著作中的设计的仿绘图。它肯定是由西方向东方的一个传播。

尽管如此,在中国早在6世纪就已经有了旋转书架的原型,因为在佛教寺院里建立大书架并借以把全部经文放在其中,这已经成为习惯。在几个世纪的过程中,它们也许曾经有过的不管是什么样的实际效用已经在不知不觉中隐没了,它们的主要意义转变成了宗教仪典,祈望得到善果的人们就能够转动整个构架,来借此进行"法轮常转"这样的象征性活动。

传说中,书架的发明者是544年的学者傅翕,而书架的确切年代是从他那个世纪开始的,尽管关于它的文字参考资料仅仅可追溯到823年。在11世纪中证据才变得真正丰富,这可能是由于在此不久之前(971—983年)印刷佛经的缘

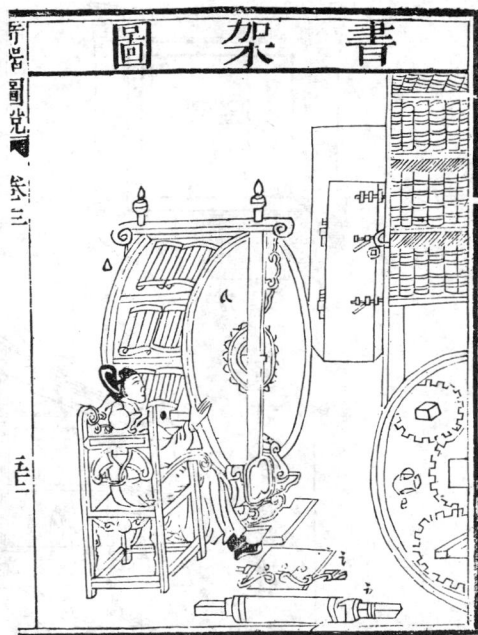

图 379　1627年出版的《奇器图说》中的旋转书架图(虽然旋转书架中的书是竖行中国式的,但后部书架上的书则是欧洲式的装订)

故。叶梦得约在1100年写道:"吾少时,见四方为转轮藏者无几。比年以来,所在大都邑,下至穷山深谷,号为兰若十而六七吹螺伐鼓,音声相闻。"在宋代有9处实例特别著名。继元代一度中断之后,我们又有14个明代关于这类构造的建筑的描述,其中最晚的是在1650年,虽迟于《奇器图说》中的图示许多年,但《奇器图说》却完全没有注意到它们。这些佛教的旋转书架在技术上和中国的卧式水轮一样,它们都是卧式的。现在于河北省正定县隆兴寺中仍存在有一实例,它被调查过并如图380所示,虽然寺本身的历史可以追溯到586年,但转轮藏可能只始于宋代。在宋代关于建筑学的巨著《营造法式》(1103年)中有两处论及"转轮经藏"。它的高度是6米,直径是4.9米,恰恰和一些现存的实物大小近似。但其他实例确实要大得多,北京雍和宫的祈祷圆柱高近21.3米。也有一些要靠10个人的力量才能转动。

齿轮对于佛教徒们的用途来说并不是必要的,但这不能就说齿轮装置从未使用过。关于这一点,在16世纪杨慎的《丹铅总录》中有一个或许不那么明显的信息,它提到了以相反的方向转动的"牡轮和牝轮";还有长沙附近的开福寺的经库,在1119年就有5个轮子在一起转动。有人提出,发明旋转书架

269

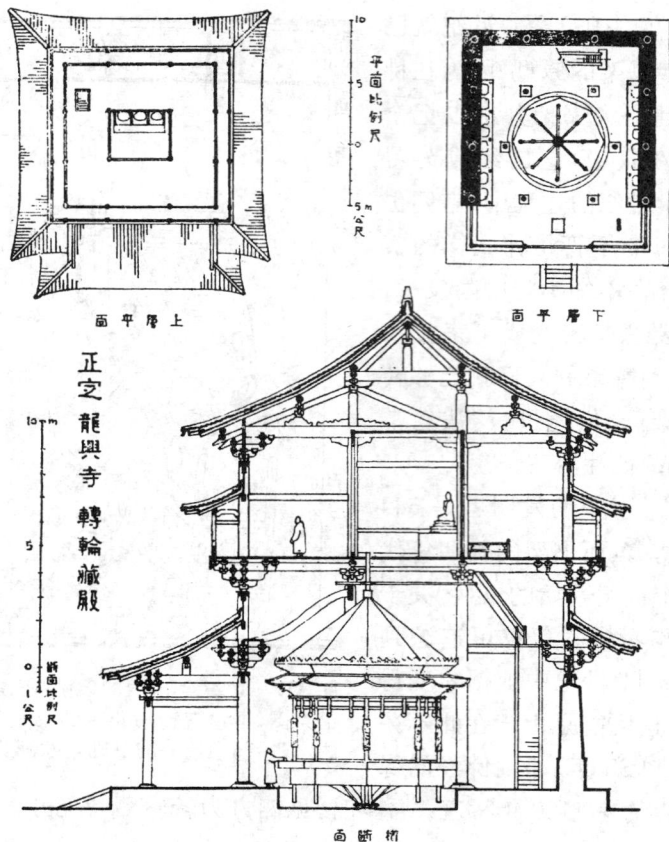

图380 按比例绘制的河北省正定县隆兴寺的转轮藏大殿图
(上左,上层平面;上右,下层平面;下,横断面)

的最初原因大概是与纪元以后头几个世纪里中国佛教徒们所负担的沉重翻译工作有密切关系。轮式或圆柱式的藏书方法从来没有在印度或中亚出现过,也没有被中国的儒生或道教徒中采用过。在中古时代的中国,藏经用的书库并不是仅有的平向转动的器具。还有某些早在公元3世纪的床头书架也转动的线索,此外,转椅约在公元345年首次出现。当然还有用于有系统地储置活字的轮状匣箱,约在1045年由毕昇首创。

第一节　东方和西方的风车

风车在欧洲最早的记录是在1180年,从这以后它就迅速地扩展开来,到 13 世纪时全部西方国家都在使用它。然而,大约早于 1270 年以前的图画一张也没有留存下来,这个年代就是所谓的"风车诗篇"的年代,可能这个诗篇就是在坎特伯雷(Canterbury)写作的。风车在 1349 年以后就大量出现。

从一开始,西方的立式风车就是一种反转的,也叫风激的推进器,就是说把轮子或风车的叶片设计成利用风力来工作。它从根本上来说无疑是一种纯经验产物,是根据阿基米德螺旋式水车而不是根据维特鲁威水车演变而来的。所以,它纯属西方的产物,但它涉及一个新的机械问题,就是它的主驱动轴(风轴)的位置应能使翼片(或者轮子)处于与风的吹向成直角的位置。曾经出现两种截然不同的形式:一种是绕一根固立在地上(或地里)的中柱或枢轴而旋转的较小一些的风车车房;另一种是较为大一些的,是用砖石砌成的塔(塔式风车),顶是可以活动的盖,承托着翼叶和轴。所有早期的风车都属于柱式的,它们由 4 个对角布置的斜腿(四撑杆)支撑。

风车的历史确实是始于伊斯兰文化的伊朗。根据阿里·塔巴里(Ali al-Tabari,850 年)和其他人所讲的故事,说是第二个正统哈里发,欧麦尔·伊本·哈塔卜(Umar ibn al-Kha ttab)在 664 年被一个被俘的波斯工匠阿布·卢卢阿(Abu Lu,lu,a)所暗杀,这个工匠自称能建造由风力来推动的磨坊,但他因负担沉重的课税而生活悲苦。更确切的也许是在巴努·穆萨兄弟(Banu Musa brothers,850—870 年)的著作中对于风车的记述。而一个世纪之后,又有几位可信赖的作者讲到锡斯坦(Seistan)的奇异的风车,这是伊朗东南部的一个干旱的沙漠地区,以不间断地刮着强风而闻名。1300 年,阿布·阿卜杜拉·安萨里·苏菲·底迈什基(Abu Abdallah al-Ansari al-Sufi al-Dimashqi)在他的《宇宙志》(Nukhbat al-Dahr)一书中,对这些风车有很详细的叙述。从这本书中可以清楚地看出伊朗的风车是卧式的(图 381),并且被围在护墙里,因此,风只能从一侧进入,就像涡轮的方式一样。直到今天它们仍在转磨,只不过在保留着它们的护墙的同时,已经大大加大了它们的转轮,形成高大竖立着的转轮,而磨石则已装到下面去。

第一位看到中国风车的欧洲人是尼乌霍夫(Jan Nieuhoff),他是于 1656 年沿着大运河向北旅行的时候在江苏省宝应见到这些风车的。他所描述的这种风车目前仍在长江以北沿整个中国东海岸广泛地使用着,尤其是用在天津一带,它们主要是在众多利用海水制盐的盐田里充当靠正交轴齿轮装置操纵的翻车的原动力。这些风车的构造特别有趣,因为它们的叶片,亦即承受

272

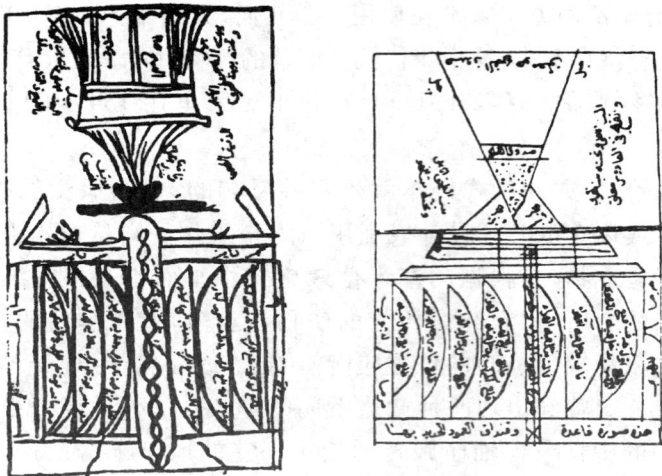

图 381　风车草图（采自 1300 年底迈什基的宇宙学著作。它的
卧式转体和叶片在下层，而磨石在上层）

风压力的帆面并不是从中心轴向外辐射安装，而实际上是把真正的中国帆船的横帆（参见本书第三卷第 181 页）安装在 8 根立柱上，形成一个鼓状骨架的周边（图 382）。对它们有深入研究的学者陈立引述了一首当地的谜谣，这有助于我们了解它们的构造。

273

图 382　在河北省大沽盐田里正带动着一部翻车的典型中国卧式风车［这种有撑杆带席片的纵篷在圆周上转到一定的地方就出现转头迎风，而当它们转到风眼时就不产生阻力（参见本卷第 272 页的草图）］

谁是八面大将军，
屹立强风利齿中？
它有八柱随风转，
头带帽来脚立针，
如你心意两头转，
随愿到处水来去。

"帽子"是中心轴的上轴承，而"针"则是中心轴用以在下部转动的枢轴或轴头。但这全套装置的创造性在于它完全免除了在伊朗所使用的护墙。

不幸的是，关于这种或其他形式的风车的中文资料十分稀少，迄今为止能够找到的唯一真正重要的资料是关于新疆境内

的风车的,这则资料出现在元代或晚宋时代由盛如梓所著的《庶斋老学丛谈》一书中。盛如梓说:

> 《湛然居士集》有河中府诗十首。寻思干城西辽称河中府,咏其风景云:……冲风磨旧麦,悬碓杵新粳。西人用风磨,如南方水磨,舂则悬杵。

当了解到"湛然居士"就是耶律楚材时(耶律楚材是金和元朝的大政治家,又是天文学家和工程师的赞助人),我们可以断定这段话的时间是在 1219 年,当时他访问突厥斯坦,而且那个河中府就是我们称作撒马尔罕的地方。因此对于 13 世纪的中国北方人来说,已经熟悉波斯的风车是不会再有什么疑问了的。这样,几乎可以肯定西辽国是这种传播的中枢。至于波斯文化区的风车,大约 200 年后中国的其他访问者做过更全面的叙述。

因此,最可能的设想好像是卧式风车是由中亚的、契丹的或阿拉伯——波斯的商人从陆路传入中国的,或者是由阿拉伯——印度的水手或商人经过港口传入中国的,时间是在宋代或元代的某个时候。很可能这种传播只不过是说用一个卧式转子就能够利用风力这样的一个信息,但就在这个基础上,中国的船舶技师为他们的盐业中的朋友们动手制造出来了像现有的有纵翼的风车。这至少说明了为什么风车的分布停留在沿海一带;而在内地和远离大河的地方,就没有熟练的制翼工匠。

然而,耶稣会士的影响或许还以另一种方式在中国留下了痕迹。在中国东部某些省份,特别是在上海和杭州一带,使用一种构造奇妙的风车来利用风力提水,这种风车的转轴既不是安装成直立的,也不是水平的,而是倾斜的(图 383)。荷兰有与此十分相似的小型风车,自 16 世纪以来迄今还在那里使用着,它们的轴与阿基米德螺旋式水车的斜轴相接。因此最有可能的是在 17 世纪里,斜式风车是作为某种紧凑的设备的一部分被介绍到中国,并且在这一设备中包含有阿基米德螺旋式水车。

总的说来,中国的风车是其本身

274

275

图 383　江苏和浙江特有的斜式风车(虽然这些风车装着典型的中国式篷片挂条式的帆翼,而且,如图所示,它正在带动翻车灌田,但它们或许是从 17 世纪的荷兰始源演变而来,后者装有西方式的翼片,带动直接装在风轴上的阿基米德螺旋式水车)

特有的一种贡献,可以肯定地说,中国的风车是来自伊朗的典型的亚洲卧式风车,但它却如此巧妙地吸收了取自航海技术的一些机构装置,以至它几乎成为一种新的发明。另一方面,欧洲的立式风车同样也是独创的,尽管或许它们也是由于来自伊朗的启发,但看来它们更像是从阿基米德螺旋式水车和立式以及卧式水轮演变而来的。就目前而言,波斯卧式风车的起源问题,应该说还是没有得到解决的,但看来似乎它们与蒙古——西藏风动祈祷器具所具有的关系就像它们与卧式水轮或者古亚历山大里亚的风动玩具所具有的关系那样。

第二节　航空工程的史前时期

在前一节里,我们已经谈论了轮或者转子,按照李约瑟博士的术语,可以把它们叫做"风激的",在更前面一些的各节里,我们还看到了在古代和中世纪的中国已经熟知的"激风的"轮或者风扇,不论它们是用于扬谷去糠,又或者是用于在夏季为宫殿降温,但是这些应用并不涉及任何飞行器的运动,这种运动是激风转子在今天的最重大用途之一。下面我们将要看到,不但飞机推进器的某些先驱在中国就有,而且它们的其中之一在现代空气动力学思想的发展过程中还起过关键的作用。此外还有,这一新科学在 19 世纪的兴起,基本上依靠了对于一种器具的研究,这种器具是欧洲在 16 世纪以前所不了解的,而它又是部分地起源于中国,这就是风筝。当然,伸展开的风筝的两翼并不像飞机的机翼那样是具有一定形状的翼面,但是它们两者间的最主要区别在于风筝的升起是风的不规则的气流促使的,而飞机机翼的升起则是它的推进器机械地促使的。今天的飞机驾驶员们把飞机叫做"风筝",他们也许根本就没意识到就历史而言,这一叫法是多么的恰当。

"列子能够御风。他可以沉着而熟练地连续浮游 15 天再返回来……"这是摘自公元前 290 年《庄子》中关于道教徒的一节中的话。的确,正是这些记载为我们如今对过去的回顾提供了正确的出发点。因为即使道教徒把"乘风而行"和"涉太虚而游"的意念提高到了哲学的高度,但是这种意念本身是产生于原始的亚洲萨满教,它是道教徒的教义的根基之一。

传说资料

关于自身推进的在空中行驶的飞车传说,与由有翅膀的兽挽拉的飞车,

276

以及代达罗(Daedalus)和伊卡罗斯(Icarus)式的无其他帮助的人的飞行不一样，这种传说在中国可以向前追溯很长一段时间，而且它是与一位叫奇肱的神话般的人或民族相联系的。虽然在西汉时出现了关于这些人的描述，但并没有提及他们的飞行器。不过这种飞行器却意外地出现在两部 3 世纪的同时代人——张华和皇甫谧的著作中。张华在他的《博物志》中说道：

> 奇肱民善为拭杠，以杀百禽。能为飞车，从风远行。汤时西风至，吹其车至豫州，汤破其车，不以祝民。十年东风至，乃复作车遣返。而其国去玉门关四万里。

完全相同的故事出现在皇甫谧的书中。从这以后，故事一再重复，例如在 5 世纪和 6 世纪。与奇肱的故事有关的传统图画，最早的来源是编撰于 1392 年以后某时的《异域图志》，这本书刊印于 1489 年。图画表示的是一辆长方形的战车，车上有两名乘者和一只奇异的轮子，轮子似乎是有齿的。在周代和汉代时的《山海经》的某些版本中出现了另一幅不同的图画，它再次表现试图勾画出螺旋叶片的转子或推进器（图 384）。我们稍后将提出证据来说明早在 4 世纪时，把直升陀螺或

图 384　奇肱人的飞车图画［取自《山海经广注》(公元前 2 世纪或更早一些的文本，17 世纪的注释)。图中题词一开头相当接近于原文，称：奇肱国的人个个都只有一只胳膊和三只眼睛，而且还都是半阴半阳。他们能造飞车，能追风而行很远的距离……借助研究风，他们发明并创造飞轮，依靠飞轮，他们能叱咤风云。他们在汤帝时来访了我们］

277

"中国陀螺"用于动力飞行的可能性就已经被意识到了。因此，绘制奇肱人的车子的某些中世纪画家们是能够想象到把这样的转子用于水平运动的可行性的。由鸟、犬或龙拉的飞车则是另一种传统，它开始于汉代，但其起源可能又是在巴比伦。

奇巧的工匠

现在我们必须从作家和画家转到令人惊奇的工人或奇巧的工匠，毕竟最后还是由他们实实在在地制作出一些事物的。木鸢的发明，古书里归功于墨翟（卒于公元前 380 年），他是墨家学说的创始人（参见本书第一卷第九章），以及与墨翟同时代的鲁国著名工程师公输般。还不清楚木鸢是否具有鸟的形

状。"鸢"字一直是指我们叫作 kite 的那种鸟(学名为 Milvus linieatus 和有关的类种),在用于飞行的器具时,常常定性加上形容词"纸"字。著于公元前 255 年的《韩非子》说:"墨子为木鸢,三年而成,蜚一日而败。"公元前 4 世纪的《墨子》有一段非常类似的话,说公输般用竹子和木头做了一只鸟,它在天空飞了 3 天还不落下来。从这以后,人人都知道这些故事,有人说公输般的风筝是"木鸢之翩翩";另有人说墨翟和公输般的装置是风筝,就像宋国儿童们所放的一样。有一则传说甚至说公输般在围攻宋国的战役中把载人的木风筝放飞到宋城的上空,这或者是为了侦察,或者是为射手们创造有利的位置。假如认为这未必能发生在公元前 4 世纪,可是马上我们又会见到在中国历史上,风筝在军事上的应用可以追溯到很久之前。

约在 83 年,大怀疑论者王充曾竭力否定墨翟和公输般的传说,但他并非不相信人工飞行的可能性。另外的一个尝试似乎应当归功于一位比王充年轻的同代人,他就是大天文学家和工程师张衡,主要的信息是在晋代刊印的张隐的《文士传》一书中,说张衡制作了一只木鸟,有翼和羽翮,在它的肚里有一具机械,使它能够飞几里远。李约瑟博士认为墨翟和公输般的器具是风筝,或许粗具鸟形;而张衡的发明则是可能包含着直升陀螺的螺旋桨,虽然他为这一目的而能够得到的唯一的原动力只能是弹簧。李约瑟博士也同意"不必过于认真看待飞行的距离"这种看法。至于张衡,在他自己的著作中也有关于这种机器的内容,他在 126 年的《应间》一文中说:

> 故尝见谤于鄙儒。深历浅揭,随时为义,曾何贪于支离,而习其孤技邪?参轮可以自转,木雕犹能独飞,已垂翅而还故栖,盍亦调其机而钻诸?

他在这里似乎是要讲他自己在机械方面的兴趣,但实际上是用它们来比喻他去官后的处境。

西方与此相并行的主要是塔兰托的阿契塔(Archytas of Tarentum)的"飞鸽",他在某种程度上是毕达哥拉斯的信徒,是墨翟和公输般的同时代人。不幸的是,关于阿契塔的在约公元 150 年之前的模型飞行器材料极少,而这一时期是与张衡同时代。有的描述说它是靠某种膨胀气飞行,其他的描述则说它装有重砣和滑轮,而且这个物体能够飞,但是在下落之后就不能再升起来了。这可能意味着使用了一种起飞的机械装置,起飞以后,它就借助于所施加的某种能源——像提到的压缩空气或蒸汽,而滑翔飞行前进。这种发明看起来倒更像亚历山大里亚时代的样子,而不像是阿契塔时期的样子。当然,亚历山大里亚人是与气动装置有关联的。

风筝及其起源

现在我们来更加仔细地考察一下关于中国在飞行方面的故事的主要物质基础，这就是用木、竹和纸做的风筝，它在亚洲的应用似乎是极其古老的，因为人类学家已发现它分布广泛，它向中国的南方和东方辐射，穿经印度支那文化区，以及印度尼西亚、美拉尼西亚和波利尼西亚。在这些地区的某些地方，放风筝是作为一种与神和神话中的英雄相结合的宗教活动来进行的。风筝对于妇女常常是禁忌的，它还像在中国那样，常常带有像弦和管之类的附件，在空中发出乐声或者嗡嗡的声音。在一种钓鱼的方法上发现了风筝的一种重要的实际用途，就是用它来把鱼钩和鱼饵移走到远远的离开船和人的不吉祥的影子。风筝在中国还用来做一种游戏：在一根绳子上黏上碎玻璃或碎瓷器，玩游戏的人各自寻找机会使自己的风筝处于对手的上风，这样来把对方的牵绳割断。

风筝的起源在亚洲历史中如此之久远，以至所有这类见解可能都只是臆测而已，如：它起源于拴有绳子的射出去的箭；或源于牛吼器，它是扯着绳子打转，并作为一个宗教仪式用的物件而存在于许多原始文化区中。尽管有人会不同意，但我们完全可以把墨翟和公输般的器具作为风筝的最早出处。宋代的学者们，著名的如高承和周达观（13世纪），他们记述过这样的一个故事，说汉代的将军韩信（卒于公元前196年）把一只风筝放飞到某座皇宫的上空以测量他的工兵非得开挖的一条地道的距离，通过这条地道，他的军队才能进入其中。我们了解到在太清年间（547—549年）南京被围时，守城者放飞了许多风筝把他们的险境通知了别处的军队将领。还有，在13世纪的著名的开封大围困中，我们听说了被围困者放起带有文告的纸鸢，当这些风筝飞临蒙古人上空时就把文告释放，于是被俘的金兵就收到了鼓动他们起来造反并逃跑的消息。在这里我们有了第一个"传单空袭"的实例。中国人在军事上肯定连续不断地使用过风筝，这或许对于与墨翟的原始联系也多给予了一些似乎是真实的成分，墨翟的门徒对于军事技术是感兴趣的。

280

放风筝作为一种消遣活动也可以追溯到很早以前，人们在698年以来的敦煌壁画中可以看到它的图画。对风筝的文字叙述出现在10世纪的书里，更常见于宋代和明代。可是风筝上装有风鸣琴（即是由风吹响）的做法可能始于唐代或更早一些，因为它与10世纪一位著名的风筝制作工匠李业的名字有密切的联系。宋代关于这方面的文献是非常多的。

一只风筝受三种力量的共同作用而飘浮在风中：自重，空气的阻力和牵绳的均衡拉力。根据风的强度，风筝在以牵绳为半径的一个圆圈里飞行，风起时就上升;风停时就下落到一个竖直的位置,在这个位置它就不再能保持飘浮的状态,这时放风筝的人就扯紧牵绳并跑动,让风筝的翼面之下有足够的气流来保持风筝在风静之时浮于空中,这与人工气流把真正有动力的飞机升起来的原理一样。在 18 世纪里,最伟大的欧洲数学家之中有人致力于风筝的理论研究。可是就在中国有风筝的若干世纪里已经采用了几种有意义的改进,例如添加第二根牵绳用以根据风力的大小来控制风击的角度。也曾把风筝的翼面制成凹凸面(图 385),但是我们还不知道这种做法是否始于 18 世纪末期之前,欧洲在那个

281

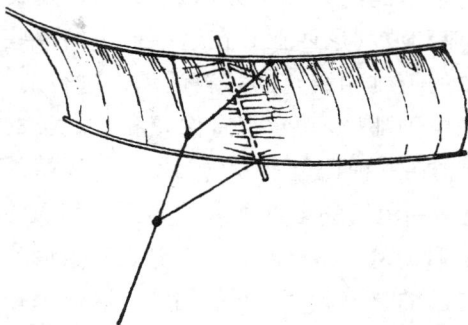

图 385 中国的弯曲翼风筝

时候首次有了弯曲机翼的构思。但是在这里有一个问题是不容忽略的,就是风筝、飞机和扬帆车之间的历史关系,而事实上,差不多可以把风筝看作是从扬帆车上分离出来的风帆。在各个时期,人们确实下过不少工夫试图用风筝拖拉陆地上的车辆,不过没有成功的。最著名的是波科克(Pocock)1827 年在从 Bristol 到 Marlborough 的路上进行的尝试。

直升陀螺:葛洪和凯利的"罡风"与"旋动扇"

我们现在靠近了这个论题的最重要部分,即考察中国古代和中世纪飞行器械作为现代空气动力学和航空巨大发展的部分基础所起的作用。人们已经充分了解到,在 16 世纪末的早期旅行者们把风筝带回到欧洲以前,欧洲是不知道风筝的。历史学家劳弗说过:"它是作为一项中国的创造物,而不是作为一项古典遗产的继承而首次出现的"。这并不是说在伊斯兰世界里也不知道风筝。大概就在 9 世纪贾希兹(Abu Uthman al-jahiz)描述儿童们放起"用中国的纸板和纸做成的"风筝的时候,它在伊斯兰世界可能已经不是什么新东西了。但是欧洲对风筝的最早叙述是出现在波尔塔(Giambattista della Porta)1589 年的《自然的魔力》(*Magia Naturalis*)一书中。几十年后,在英国曾用风筝把烟火放到空中。另外还有耶稣会士基歇尔(Athanasius Kircher),他与中国的耶稣会士的关系密切,他自己写作关于中国的情况,在他的《光亮与阴暗大术》(*Ars Magna Lucis et Umbra*,1646 年)一书中也提到风筝,并说在他那个时代,在罗马制造的风筝大得足以把一个人提升起来。

　　所有这些都与 19 世纪的发展有着重大的关系。对于风筝的研究，的确在一定的时候通过试验证实了它们把操纵者载上天空的能力，但是更为重要的却在另一方面，这是因为这种研究与探索适宜的滑翔机和飞机的机翼有着密切关系。1804 年，乔治·凯利（George Cayley）爵士成功制造了一架模型飞机，这架模型飞机装有平的风筝和一具由两片以直角相交的平面风筝构成的尾部升降舵。这是"历史上第一架真正的飞机"。同年，他还利用装在旋转臂上的平面进行空气阻力、入射角以及其他空气动力现象等基础物理试验。但是对于鸟翼的研究也一直同时进行着，而凯利本人早在 1799 年就已体会到"对空气的阻力施加动力，以使一个面能够负担起一定的重量"是根本的问题。一架飞机必须有一个承重翼和一个尾部装置来操作控制。虽然凯利知道弯曲翼上升较好，但并没有感到非要把它装到他的十足尺寸的飞机上去不可，因为在他的模型飞机上，他依赖于气流本身产生一个曲面，其作用就像它作用于他的布制的翼的情况一样，在这些翼上只沿着前后缘装有桁杆。不过，他的好多图纸很清楚地表现有翘曲。此后的 50 年中，人们增强了这样的一个信念，即必须模仿鸟翼的断面。在 19 世纪下半叶里，大多数用模型飞行器械做试验的人都为他们的机翼采用了一种或其他种弯曲的翼面形式。在此很久之前，中国的风筝制作者无疑一直受到专注于模仿动物，特别是鸟类形态的引导，而并不是出于空气动力学方面的考虑。

282

　　但是到此为止，中国的纸鸢对于飞机的设计还没有充分发挥它的影响，因为澳大利亚人劳伦斯·哈格雷夫（Lawrence Hargrave）在 1893 年发明了具有较大的稳定性和上升力的箱型风筝，也正是这种形式在 20 世纪的头 10 年里启发了大多数双翼机的制造者。不过，在继续这个问题之前，让我们在时间上大约跳回 15 个世纪，然后在那里停下来留意一下一段非常值得注意的话，这是伟大的道家和炼丹家葛洪在 320 年写的、几乎可以说是关于空气动力学的话。这是我们在《抱朴子》中发现的：

> 或问登峻涉险远行不极之道，抱朴子曰：……或用枣心木为飞车，以牛革结还剑以引其机，或存念作五蛇、六龙、三牛交罡而乘之，上升四十里，名为太清。太清之中，其气甚罡，能胜人也。师言：茑飞转高，则但直舒两翅，了不复扇摇之，而自进者，渐乘罡炁故也。龙初升，阶云其上，行至四十里，则自行矣。此言出于仙人，而留传于世俗耳，实非凡人所知也。

　　对于 4 世纪初期来说，这的确是一段令人吃惊的叙述，似乎没有任何希腊的叙述能与之相比。毫无疑问，葛洪关于飞行所提出的第一个方案是直升陀螺。"回旋（或旋转）叶片"很难意味别的什么东西，特别是在与一条带子或一根条带密切结合的情况下，因为这个装置是带有以一定角度安装到一根旋转轴上去的辐射状叶片，通过拉动预先绕在轴杆上的弦绳（或皮带）使其转动。"竹蜻蜓"是它最普通的名字之一，但在 18 世纪的欧洲，这类玩具被叫做"中国陀螺"，虽然它似乎在中世纪的晚期就已为西方人所熟悉。在 1784 年它引起了法国的洛努瓦（Launoy）和比恩韦尼（Bienvenu）的注意，这两人制作了推动两个相反转动的用丝裹着的框架组成的推进器（图 386）。1792 年，它激励乔治·凯利爵士进行了他后来叫做"旋转扇"或"飞升器"的最早试验，他并且也用过一个弓钻簧带动两个羽毛螺旋桨，由桨使陀螺装置升入空中。1835 年凯利说虽然这种原来的玩具可以上升超不过约 6 或 7.5 米，而他改进了的模型可以"升入空中达 90 英尺（27 米）"。此后，它就成了直升机螺旋转子和飞机推进器的直系祖先。

283

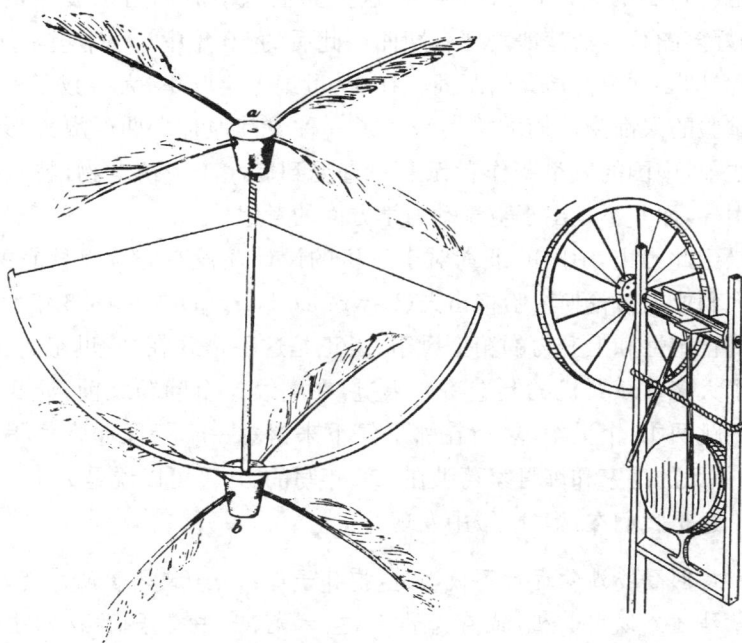

图 386 "竹蜻蜓"或中国陀螺［一个弓钻簧转动两个羽毛螺旋桨（a，b），它把陀螺带到高高的空中］

毫无疑问，直升陀螺与走马灯在起源问题上有联系，也与由烟罩气流推动的蒙古转经轮有联系。有一种在欧洲的大厨房里常见的用来转动烤肉铁叉的类似的卧式叶轮，它显然是东亚所不了解的。所有这些在本质上都是带叶的转轮，与平行于它们的轴的气流作相对运动。陀螺是激风的，因为它靠弦绳来使它运动；而走马灯和转经轮则是风激的，因为它们依靠热气的上升气流来运动。但是由于飞机的推进器不仅要带来动力移动（如同航海螺旋桨推动轮船那样），而且要驱动机翼前进以提供必需的气流上举力，从而保证飞行机器本身凌空的特性，所以推进器必须立式安装这一情况，像是出自欧洲人而不是中国的工程传统。在本书中我们已反复地指出中国的技术人员偏爱卧式装置，而西方人则喜欢用立式装置。当然了，立式风车在飞机推进器的产生中所起的作用是相当重要的，但是中国早于此之前已经做到了（在风激的水平上）把直升转子的位置转换为飞机推进器的位置。在 17 世纪初期刘侗写的《帝京景物略》中说，在放风筝被禁止之后，人们制作出了具有多种色彩的风轮，当把风轮迎风竖立起来的时候，或是拿在手里迅速地摇动的时候，它们就转动起来，其红绿颜色就显得迷惑难辨。这些风轮的臂杆当然是立着装的，臂杆也被用于充当凸柄来工作，靠压下一根杠杆而击鼓。

再者，中国的技术早已以一种完全不同的方式为那些立式安装的旋转鸣器开辟好了道路，这些鸣器总有那么一天会把飞机发送上天，让飞机的机翼划破长空。在前文中我们已经看到中古时期的中国技术人员在制造旋转风扇方面是何等的先进，明显的有农用扬谷风扇，也还有供宫殿厅堂使用的空气调节扇。所有这些都是立式安装的，而推进器有朝一日也会是以如此形式出现，另外尽管它们产生的是辐向流而不是轴向流，但中国的旋转鼓风器还是要比欧洲的领先约 15 个世纪。也许在中国的玩具制造者们着手把刘侗的风轮装在儿童们的风筝上之时，就出现了推进器的最不寻常的前期型式。

现在再回过头来谈谈葛洪。如果对于中国长久地把风筝做成各种动物形状的传统没有很好的了解的话，那么我们就会难以理解他关于一系列不同种类的动物所讲过的话。李约瑟博士并不怀疑葛洪所指的是载人的风筝，而且虽然我们还没有证据证明是葛洪还是哪一位他的同时代人制造过那样大的器具，但是也的确并没有什么东西能够阻碍这样做。对于擅长放风筝的人们来说，这种可能性是明显的。巧的是，我们确实就有一份葛洪所处时代以后不久的、恰恰就是关于这类事的不寻常的记载。

这一记载的背景是一位残暴而又专横的皇帝在位的时代，他就是550—559 年在位的高洋。有一次这位皇帝来到金凤台，他命令把许多判处死刑的犯人带来，给他们装上大的竹笆当作翅膀，并命令他们从台顶上飞下来。不过这绝不是中国历史上的第一次，在此之前就有人做过拍动翅膀式的或即扑翼飞行试验。早在 1 世纪时就有过一次确实可信的尝试，然后是

284

285

在 19 年,新朝唯一的一位皇帝王莽因为遭到西北疆域的游牧部族战士的侵扰,他实地考察了一位声称会飞并能侦察出敌人活动的人。不过尽管用"环和钮"连接了他的翅膀,这个人也是只能飞行了"几百步的距离"。葛洪一定是已经知道这一尝试。要在拍动翅膀的"跳塔者",正如航空学方面的现代历史学家们喜欢这样称呼他们的,与最终成功飞行的滑翔者之间作出鲜明的区别会使人感到相当困难,这是因为前者中的一些人(无疑是意外的)在着陆得生之前,已经滑行了足够长的距离。所以,尽管最早的真正滑翔机飞行是在 1852 年和 1853 年凯利的乘客们的那些飞行,但这种念头却有很古老的起源。

在那位残暴的高洋皇帝 559 年的行动中,还有一些比模仿鸟类更为有意义的东西。11 世纪的《资治通鉴》举出另一则同时代的官方材料说:

> 使元黄头与诸囚自金凤台各乘纸鸱以飞,元黄头独能至紫陌乃坠。

由于称作紫陌的皇家道路是在城西北约 2.5 公里,所以可以推测元黄头(魏朝的一个太子)成功地"乘罡风"飞行了很长的距离。此外,这些情况表明,这里所进行的并不是很简单的一位暴虐的皇帝拿犯人做游戏,因为风筝的牵绳一定要有人在地上用很高的技巧来操纵不可,另外还要有让风筝尽可能地飞得久、飞得远的意向才行。这样,我们就有了一个在葛洪所处时代的三两个世纪里的关于载人风筝较为详尽的描绘,而其他的可能还仍然掩埋在文献之中。载人风筝在来到中国的时候(约在 1285 年)已经在普遍使用,根据马可・波罗的叙述,作为一种占卜的手段,出海远航的船长们凭借载人风筝可以预测他们将要进行的航行是否顺利。

286

因此,我们要告诉你(他说),当那条船非得出海远航的时候,他们是怎样来证明航行是福或是祸的。船上的人要有一个条笆,它是用柳条编成的格栅,在这个框架的每个角上和每一边上各系一根绳子,这样就共有 8 根绳子,把它们的另一端都结在一起绑在一根长缆上。然后他们找个傻子或者是个醉汉来,把他捆在笆上,因为没有任何头脑正常的人或者神智清醒的人愿意把自己置于那般危险的境地。这是当一阵强风劲吹的时候才这么干的。然后把框架迎风竖起来,就在人们拉着那根长缆的时候,风就把它吹起来并带上天去。而如果就在条笆在空中顺着风的方向而倾斜的时候,他们就把缆绳稍稍拉紧一点,这样就使它又竖直起来,在这之后他们又把缆绳放出来一些,条笆也就升高一些。而如果它再次倾斜,他们就再一次拉紧缆绳,直到条笆又竖直起来并爬升,随后又

一次放出一些缆绳。于是照这样进行下去,只要缆绳有足够的长度,条
笆就能升得很高,以至看不出它来。

如果条笆径直地升到空中去,那么航行就很顺利;如果条笆升不起来,那么这
条船就只好停泊在港中。

现代航空方面的奇迹把风筝
遗弃到连它们曾经提供足够的上
举力把人送到空中去的事都统统
给忘得一干二净。然而它的发展
在航空史上已经起到了应起的作
用。从 1825 年波科克时代以来,
人们曾经进行过很多这样的试验
性尝试,但是直到 1893 年哈格雷
夫发明了箱式风筝后才取得了完
全的成功。到 1906 年,已经能够
用一列风筝(图 387)把一个人送
上到超过 700 米的高空停留 1 个
小时。这件事的意义是巨大的。
仅在几年之前,亚历山大·格雷
厄姆·贝尔(Alexander Graham
Bell)曾经写道:"一个制造得当的
飞行机器应当是像一副风筝那样
飞行的;反之,一副制造得宜的风

287

图 387 1909 年兰斯航空会议上一列风筝载
着一位军事观察员升空

筝,在由它自己的推进器驱动之下也应当是能够像一具飞行机器般地供人
使用。"

最后,葛洪所说的"罡风"究竟指的是什么? 从他举出鸟类滑翔和翱飞的
例子来看,显然它并不是别的东西,只不过是"空气升举"的属性而已,即是斜
的翼面因为受到一股气流的力量而飘浮或上升,不论气流是天然的或是人为
的。不要忘记,在前面中国天文学一章中我们已经谈到过道教徒的"罡风",
在那里它是作为行星或星体运动的自然起因而出现的。

空气动力学的诞生

288

现在,让我们试着对前面所有已经讨论过的相关航空科学和实践的发展

作出正确的观察。暂时先把气球、汽艇和推进器放在一边，而主要把精力集中于机翼和空气螺旋桨上。最初人们的注意力（至少是在西方）是集中于鸟翼的拍动上，而忽视了它的滑翔性能，因此，达·芬奇的主要兴趣就是在靠拍动亦即以扑翼原理为根据的飞行器上。1681年阿方索·博雷利（Alfanso Borelli）带来了决定性的贡献，他从解剖学和生理学的角度来阐明了使用当时能够获得的材料，而只靠人的肌肉为没有外力帮助的带翼的飞行提供原动力，无论如何都是做不到的。不过，拍动机翼这个观念却是非常顽强的。在19世纪初，乔治·凯利完全冲破了旧的思想束缚而成为赖特兄弟（Wrights）的前驱者，但没有作为达·芬奇的后继者。凯利是第一个用物理方法分析大气动力特性的人；第一个为重于空气的飞行奠定科学原理的人；第一个用系留飞机试验各种入射角的人；第一个制造带有方向舵和升降舵的十足尺寸的模型滑翔机，并且通过自由放飞来检验它们的人；第一个讨论在一股气流中一个面的流水线型化和"压力中心"的人；第一个认识到曲面翼比平面翼能提供更好的上举力，并且认识到在它的上面存在着低压区的人；第一个提出采用多层重叠机翼的人；又是第一个说明平面的上举力以一定的方式改变的人（即相对气流速度的平方乘以气流密度）。所有这些都是在1799—1810年这仅仅10年里完成的。当我们在记住凯利的各种研究的时候，如他在从中国陀螺上升成螺旋桨方面，在促进内燃机的出现方面，以及在为把动力用于气球的实用和理论的创意等方面，无论怎样评价这位先驱者的伟大，甚至更高一点也是不为过的。最后在1903年出现了赖特兄弟的第一架成功的十足尺寸飞机的飞行，在这架飞机上使用的是内燃机，而且它是一个在所有基本方面都与今天的飞机相同的飞机。这架飞机把激风的螺旋转子以及葛洪早在16个世纪以前就讲过的风筝的翼结合到了一起。在这里，风筝与风车结了亲。

这是个划时代的贡献。虽然这种想法已经隐含于凯利的著作中，但在19世纪的头10年中它仍然是"空中楼阁"，直到1842—1843年时在亨森的著名设计"航空蒸汽车"中才得以具体化，亨森的车上装有空气螺旋桨来推动一部装有固定机翼的飞行器。如果中国的飞行幻想也参与了这个决定性的时期的话，那的确应该是有意义的，而我们也发现的确如此。1810—1820年李汝珍写了一本小说《镜花缘》，它在1828年初次刊印，后来在1832年的重印本中有108幅插图，其中有两幅表示了想象中的飞行机器，这些飞行器像双翼飞机那样结合了推进器叶片和风筝水面。第一幅表现的是在浮云之中的一辆飞车，它有开敞的遮蔽物充作天篷，还在四个像是供陆地行驶的轮子，但是在这些轮子之间,每边各有一个带螺旋叶片的转子,其位置就像轮船上的桨轮的位置。第二幅更加有趣(图 388),因为它表示了三辆飞车,每辆车都有 4 个代替通常的陆用车轮的螺旋叶片转子,而最为奇特的是就在每个这种推进器之间,有一个大齿轮,它似乎是把飞车与某一能源连接起来。这幅图清楚地表明在画家的头脑里有由机械带动的激风轮(不是风激的)的思想。这些飞车本身可能反映了儿童们玩的装有玩具风轮的风筝,风轮随风筝的飞扬而转动。不管这些思想是否是从这些玩具推演出来的,但看来画插图的人,即

图 388　1832 年谢叶梅所绘的插图(表现三辆飞车,其中每辆车上装有 4 个螺旋叶片的转子)

谢叶梅确实想到了以某种方式利用风来工作的转轮,而不只是单纯的被风转动。至此,关于中国文明在航空方面的传统贡献就告一段落。

东方和西方的降落伞

在描述降落伞的极度简单性时,人们会认为在许多文明之中,降落伞的概念就像海锚的概念一样,都是十分古老的。在欧洲,似乎没有比达·芬奇约在 1500 年的《大手稿》(Codex Atlanticus)中的描述还早的例子,以及早于明显是独立地由浮斯图斯·威冉提乌斯(Faustus Verantius)约于 1595 年写的作品的例子。但历史学家们怀疑在布朗夏尔(Blanchard)之前可能曾经有人实地试验过,也许 1778 年蒙戈尔费埃兄弟(Montgolfier brothers)用它在动物身上做过试验,几年之后又有勒诺尔芒(Lenormand)以及加纳兰(Garnerin)两人用它亲自做降落试验。但是在中国却有比欧洲的古老得多的材料。公元前 90 年司马迁完成的《史记》一书中讲到了一个关于传说中的皇帝——舜的故事。舜的父亲瞽叟要杀他,发现他躲在一个谷仓的顶上,就放火烧谷仓,但是舜把好多大的圆锥形草帽系结在一起,然后拿着它们从仓顶上跳下来而安全脱险。在降落伞原理这个意义上,8 世纪的注释者司马贞对

这件事有很清楚的理解。司马贞认为那些草帽起到了一只鸟的大翅膀的作用,它使舜的身体变轻并安全地把他带到了地上。在岳珂于 1214 年所写的《桯史》中有另一个晚得多但也是具体得多的材料。岳珂是大将军岳飞的孙子,书中对在他的父亲是那里的知州官时居住在广州的阿拉伯商人们的外围社会风俗习惯作了描述。他说在一座宝塔顶上有一只缺了一条腿的金鸡,那缺了的腿是被偷走的。盗贼想在市场上卖掉偷来的金鸡腿。当被问询时盗贼解释说他藏在宝塔内并把金鸡腿锯了下来。当被问到是如何逃脱时,这个贼回答说:"我是拿着两把去了柄的雨伞跳下来的。在我跳进空中以后,大风把它们完全张开,就像我的翅膀似的,就这样,我落到了地上而一点也没受伤。"这也许是舜和他父亲的传说在后世的重演,甚至连他们的话也保存了下来。所有的这些迹象都意味着在中国这种概念必然是流行的,不过,空气阻

291 力作用于一面张开的布篷这类事,对它们的观察是再简单不过的了,很可能在许多地方都会独立出现。降落伞确实只不过是追随船帆的应用而产生的。如果说降落伞的原理在中国没有像它后来在欧洲那样地得到发展,这是因为降落伞本身就是飞行术的天然附属物,而飞行术则是文艺复兴以后技术的一个典型事物。

　　然而,意外的是我们有非同寻常的可靠证据来证明事实上这种发明至少曾经一度由东方向西方传播。德拉卢伯尔(Simon de la Loubere)是路易十四(Louis XIV)于 1687 年和 1688 年派驻暹罗的使节,他在自己写的《历史关系》(*Historical Relation*)一书中叙述了中国和暹罗杂技演员们的事迹。他说:

　　　　几年前,那里死了一个人。他从一个环圈上跳了下来,只用两把伞来支撑他自己,伞柄紧紧地系在他的腰带上,风带着他飘荡,有时触到地,有时落到树上或者房上,也有时掉到河里……

在下一个世纪中勒诺尔芒读过这一段话,他被这段话所激励,并在 1783 年做了从树顶和屋顶跳下来的实际试验,都十分成功。也正是勒诺尔芒,给降落伞取了个现今使用的名称,并把它推荐给蒙戈尔费埃。蒙戈尔费埃充分地理解到它的重要性,这就引出了加纳兰在 1797 年从气球上降落下来这件事。像如此清楚可查的一条传续线路的实例是不多的。

东方和西方的气球

　　在物理上,气球与降落伞是明显不同的。这是因为:降落伞是一个纺织

物曲面的下降因为受到空气的阻碍而延缓；而气球的上升则是因为里面充满着比空气轻的介质而促成。"装在口袋里的云雾"是 18 世纪空气泵在欧洲的气体化学方面应用的一个产物。1783 年罗齐埃（Pilatre de Rozier）和达尔朗德（Maquis d'Arlandes）登上了一个蒙戈尔费埃热气球，随后在下一个月中，查理（Jacques-Alexandre-Cesar Charles）和他的机械师罗伯特（Robert）登上了一个氢气球，这个氢气球是罗伯特的兄弟建造的。这些方式中较简单的一种所用的只不过是热空气而已，它的首创可能比这要早得多，而实际上确实也是如此。

在 17 世纪的欧洲，复活节的狂欢者们有一种有趣的戏法，就是使空的蛋壳升入空中，书面上称之为"在它们自己的水汽作用下"上升。在很多书里都有记载。其做法非常简单，就是通过一个小孔把鸡蛋倒空，小心地把蛋壳弄干净，滴入适量的露水（纯净的水），再用蜡把小孔封起来。然后在炎日的暴晒下，鸡蛋就会开始不安地抖动起来，变轻并升起到空中，然后飘一阵子才落下来。我们还不清楚这种戏法的历史在欧洲究竟有多古老，但一本公元前 2 世纪的中国古书《淮南万毕术》中说："借助于燃着的火绒能使鸡蛋在空中飞行。"书里还有一条古代的评注解释说："取一个鸡蛋，把里面的东西去掉，然后（在孔内）燃起一块小的艾绒，借以产生一个强的气流，鸡蛋将自行上升到空中并飞去。"这种方法更近似于蒙戈尔费埃兄弟的方法，而不是更近似于用水汽使鸡蛋升起来的方法，因为在这里并没有什么别的东西，只不过是使用了热空气而已。

这本书的发现为飞行史前中国和欧洲的关系带来了很不相同的姿态，李约瑟博士倾向于认为：汉代的传统从来未曾丢失过。有几个不同的理由可以认为中国很可能就是热气球的故乡。当世界上没有其他地方有纸的时候，中国从汉代以来就有了纸，而且古典的球形纸灯笼的产生必定已经启发了这方面的实验，当它们的上口过小，而发出的光和热又异乎寻常地强烈时，它们必定在某些时候曾经表现出上升和无需任何支撑地飘浮的趋势。作为中国文化区的一种古代游戏，要找到热气球在民间留存的例证，的确是不困难的。20 世纪，在云南省的丽江地区，在每年的 7 月里，即是在雨季来临前的一个月，水稻已经种上了，人们由于没有多少活要做，于是就放起了热空气球。这种气球是用粗油纸糊在竹框上制成，底下有成束点燃的松木片，它们能浮升入夜空，有的像红色的星星似的向远处飘荡，能在烧尽前延续好几分钟。类似的娱乐活动在柬埔寨也有。我们还需要中世纪的资料填补空缺，但就算这样，只要把已有的这些和汉代的证据结合在一起，就可让这个由来已久的中

292

国传统是证据确凿的了,而且,要说云南省西北部的土著人和农民是从法国的蒙戈尔费埃热气球而发展了他们的活动,这实际上也是非常不可能的。甚至于还可以极力强调是蒙古人在侵入欧洲的时期把本来属于中国人的一种活动带入了欧洲人的见闻。从东欧的一些编年史中收集到许多证据,证明在1241年的利格尼茨(Liegnitz)战役中使用了形状像龙的热气球放信号,或用作军旗。肯定地说,有许多15世纪德国的军事技术方面的著作涉及了这方面的技术,比如康拉德·凯塞(Konrad Keyser)的《军事堡垒》(Belli fortis)原稿中就有展现骑兵们手持系在绳子端头的、像是在空中飞舞的龙般的东西。凯塞说,它们包藏有油灯,还有可燃物质,能起一种向外喷火的作用。从某些方面来看,这种东西让人联想到的是风筝而不是热气球,但无论这些东西究竟是什么,它们似乎是已经一直延续到了接下来的一个世纪。在一份关于查理五世在1530年进入慕尼黑的记载中,附有一幅同时代的木刻,证实有一个类似的飞荡或浮游着的吐火的龙的形象。

在这些东西中,如果有一些前面有一个孔,而后面也有一个孔的话,那么它们可能就是风向袋的祖先。在这个问题上又一次存在东亚的背景,因为日本的一些风筝描绘了一条巨大而中空的纸鱼,它有一个张着大口的嘴,而在尾部也有一个小孔。它们确实是在1886年就用于装饰了,同时也充作一种灵敏的风向标或风信计,在这里面就不会有来自西方航空技术的反影响在起作用,而且如果在日本见到了风向袋,那么几乎可以肯定在中国更早地就已经有了它。就这样,经过追踪一条微妙的、忽明忽暗和十分捉摸不定的线索,我们又回到先前以不那么确凿的证据而常持有的见解上来,这就是中国在气球和飞船的前期历史中确实起过重要的作用。

第三节　结　论

大约是在1911年,一位老先生正在北京街头散步,他的注意力被一架从头上飞过的飞机吸引住了,可是这位老先生却十分坦然地说了一句:"啊,有人在风筝上!"中国人对近代技术的反应并不就此而止,有相当多的作者,尽管还缺乏全面综合判断的能力,而这种判断能力只有透彻熟悉东西方两方面的材料才能获得,但是,他们并没有因此而不能把出现于西方但却是起源于东方的技术继续下去。约在1885年,王之春在他的《国朝柔远记》——这是一部他出使俄罗斯的记事书——中写道:

　　总之，制器尚象利用，本出于前民。几何作于冉子，而中国失其书，西人习之，遂精算术。自鸣钟创于僧人，而中国失其传，西人习之，遂精其器。火车本唐一行水激铜轮自转之法，加以火蒸汽运，名曰汽车。火炮本虞允文采石之战以火败敌，名为霹雳。凡西人之技，皆古人之绪余，西人岂真巧于华人哉？

王之春的反应无疑会被认为是沙文主义的。在那个时候，如果这样的陈述传 294
到所谓的"盖世的绅士们"的耳朵里时，会被一笑而置之。然而，严肃的历史
进程已把摆锤拨到了另一侧，而且对于这一主张，现在也呈现出更加坚实的
依据。不论是谁，只要把本章前面各页读完，就会承认在直到约 1400 年的天
平上所表现出来的鲜明技术优势是在中国一边的。中国唯一所没有的重要
机械基础件是连续螺旋，但对于这个来说，蹬踏板和踩踏板（它们是欧洲所不
熟悉的）这一重大发展，也是个不算小的弥补。

　　历史学家们正在认识这一点。1932 年德诺埃特（des No ettes）编制他的
中世纪成就表时，他明确地指出其中许多项是来自东亚。20 世纪 50 年代历
史学家林恩·怀特（Lynn White）写道，中世纪的技术不只是包含从罗马——
希腊世界继承下来的、又经过西欧人的天才智慧而加以改进的器械；它还包
含从北方尚未开化的民族、拜占庭和近东，以及远东演变而来的至为重要的
因素。与此同时，格林伯格（Greenberg）是从经济史的角度认识这个问题的，
他在《1800—1842 年，不列颠贸易与中国的开放》（*British Trade and the
Opening of China , 1800—1842*）一书中指出："直到机器生产的时代，当技术
上的优势使西方有能力把整个世界塑造成为一个单一经济体的时候，东方在
大多数工业技艺方面更为先进。"

　　最后的几句话就让它们来自伊斯兰地区吧，因为阿拉伯人有充分的资格
来充当欧洲和中国的工程师们的公正裁判者。9 世纪的贾希兹写道："智慧降
临到三样东西上：法兰克人的头脑；中国人的双手和阿拉伯人的舌头。"

第 五 卷

前　言

　　在李约瑟(Joseph Needham)博士所著的《中国的科学与文明》第五卷中,我们可以看到中国古代土木工程各方面的情况。本卷涵盖了李约瑟博士原作中第四卷第三节涉及的整个土木工程部分,同时包括了第四卷第二节中涉及的水力机械部分。另外还包括了中国道路系统的大部分、墙和万里长城、桥梁建筑、中国特有的运河及内陆河道系统以及相应的水力机械等内容。

　　我在李约瑟先生的鼓励和帮助下,对前几卷进行了删减,对此非常感谢先生,先生的建议向来是非常宝贵的。为了与以前的内容一致,这里没有新的修改,只是使用了拼音标注。考虑到阅读文章的方便,除了一些本身正处于争议中的汉字,我们均给出了汉字的拼音发音,而拼音后的方括号里附以修正后的韦德-吉尔斯(Wade-Giles)发音系统的发音。此外,我们沿用了《剑桥大百科全书——中国篇》中处理地名的方式,即除了诸如广东和长江等众所周知的地名外,一律只用拼音表示。在索引中拼音用于所有人名和地名,但在方括号里也给出修正后的韦德-吉尔斯发音(不包括拼音与修正后的韦德–吉尔斯发音相同的情况),这样可方便那些希望在李约瑟博士原著中找到具体对照的读者。

我真诚地感谢李约瑟研究所的图书管理员约翰・莫菲特(John Moffett)先生和李约瑟先生在那里的助手科瑞尼・瑞查克思(Corrine Richeux)女士,他们事无巨细都热情友好地帮助我。同时,也非常感谢剑桥大学出版社西蒙・密顿(Simon Mitton)博士和菲奥纳・汤姆森(Fiona Thomson)女士的热心帮助,以及爱瑞尼・比基(Irene Pizzie)小姐和特蕾丝・汉普瑞斯(Tracey Humphries)小姐分别做的编辑工作和拼音书写的校对工作。此外,还感谢莉斯・格瑞吉(Liz Granger)女士的目录编辑工作。

本卷的准备工作只有在得到台湾蒋经国国际学术交流基金会的捐赠情况下才得以开展,对于此宝贵的帮助,本人感激万分。

柯林・罗南
于苏塞克斯东部草就

第一章　道　路

世界上没有一个古老的国家，在土木工程的规模与技术方面，比中国做得更多，在涉及工程所有方面的水利工程上，这一点尤为突出。同时中国人也没有忽视道路建设，那时的道路系统是人们进行交往联系的唯一途径。在中国发展出来的道路系统与罗马帝国相比也毫不逊色。亚当·史密斯在1776年曾写过："良好的道路、运河以及可行船的河流能够通过减少运输费用，使一个国家边远地区的发展程度更接近于那些离城市较近的地区，在这个意义上，它们代表着最伟大的进步。"公元190年，在中国东汉王朝400万平方公里（约150万平方英里）的版图内，就已经有超过35 400公里（22 000英里）长，且经过专门铺设的道路，这是很了不起的成就。

罗马道路的修筑模式清楚地显示于仍保留的遗迹之中，同时亦有许多文献记载。大概方式是：在约1.5米至1.8米深的一条沟里，底部铺设石床，石床上面铺一层橡胶与碎渣，再上面是沙砾或碎陶瓦片，均铺在由石灰水泥砌成的边界内。最后由平板构成路面，路面两边通常有石头的路沿。有时，浅的铺层向两边延伸，形成侧沟，如果有必要，路边还会修建较宽的排水沟，沿陡坡的排水沟侧则筑有挡土墙。罗马的道路中还有不同等级的土径和铺有碎石的小路。

人们常说罗马式的道路都是相似的，在某种程度上像一系列水平躺倒的墙，这些相似的路常常得到高度的赞赏。然而如历史学家诺特斯（lefebvre des Noëttes）指出的，对于其使用目的而言，它们实际上是简单而不合理的，它们仅仅看重厚实和坚硬，却没有为温度变化、冻裂及不一致的排水系统所带来的膨胀或收缩留有余地。

后来筑路的方法不断改进,并在 19 世纪 20 年代由约翰·克达姆(John Mcadam)发明了最成功的压实碎屑法。以后人们纷纷发展这种方法,注重道路的轻薄和弹性。我们似乎以为这种方法的源头在中世纪,但实际上远早于中世纪在中国已经有了类似的轻薄而有弹性的道路,下文将对此进行论述。

第一节　路网的构成与扩张

凝视我们文明开始时的古老世界,两种不同的快速交通体系呈现在我们面前,它们的出现和传播犹如一部慢动作录像带的播映,其中一支发端于古代意大利半岛两岸,另外一支在中国黄河的“几”字形转弯附近,黄河在这里绕着山西的山脉转了一个弯流入黄海。假如罗马曾经成功地征服了波斯和安息,那这两种不同的道路体系有可能相遇,相遇之处会在新疆西部的某个地方,但这只是想象而已,事实上的情形有些像章鱼脚,它们各自独立发展,每一支都局限在自己的世界内。道路建造者们只是偶尔被来自另一体系的传言所迷惑,而这传言的来处遥远得无法证实。

罗马和中国的历史发展有种令人惊奇的平行,它们同在公元 3 世纪后,由繁盛走向衰落,这时的欧洲分崩离析成一些小的封建王国,各王国之间通过海路联系,中国的快速交通体系则主要是由人工运河和可通航的自然河流所组成的网络,而原来的山路仍然有用。在中国这样的封建社会中,统治者把建设并保持最有效的道路交通体系与它统治的稳固紧密联系在一起。这一点可以从中国最古老的有关道路建设的记载中找到佐证。比如《诗经》中的一段诗歌中表达出对周都城附近道路的钦慕:

> 周道如砥,
> 其直如矢。

这首民歌相传十分古老,也许作于公元前 9 世纪的西周时期,我们再翻开记载周代风俗和礼节的《周礼》一书,里面记载了公元前 2 世纪对一个理想的封建诸侯国建构的描绘。从描述专管道路建造之职的一节中,我们可以获知许多信息。有趣的是,记载中似乎包含了两个不同的传统,也许分别来自不同的早期封建领地。“司险”一段写道:

> 司险掌九州之图,以周知其山林川泽之阻,而达其道路。(周,犹遍

也,达道路者,山林之阻则开凿之,川泽之阻则桥梁之)设国之五沟五涂,而树之林,以为阻固,皆有守禁,而达其道路。(五沟,遂、沟、洫、浍、川也。五涂,径、畛、涂、道、路也)国有故,则藩塞阻路而止行者,以其属守之,唯有节者达之。

当时的道路和沟渠建造方式,则概要地记载于"遂人"一节:

> 凡治野,夫间有遂,遂上有径;十夫有沟,沟上有畛;百夫有洫,洫上有涂;千夫有浍,浍上有道;万夫有川,川上有路,以达于畿。(径容车马,畛容大车,涂容乘车一轨,道容二轨,路容三轨)

通过上文我们可以得知周朝的道路宽度,但在这本书的另外一处,对这个问题却有不同的记载。"匠人"一节的开头,这样写道:"经涂九轨,环涂七轨,野涂五轨"。就是说在城中纵向道路宽度为九车并行即九车道,环城道路为七车道,而城郊二百里内道路即野涂宽为五车道。依此类推,诸侯国王的首都纵横道路宽七车道,环城路宽五车道,城郊道路为三车道;其他城池内的道路则最宽者不能超过五车道,次宽者为三车道。如果"遂人"中记载的道路属于这种诸侯国中的郊野道路的话,那么这两处论述就没有冲突了。

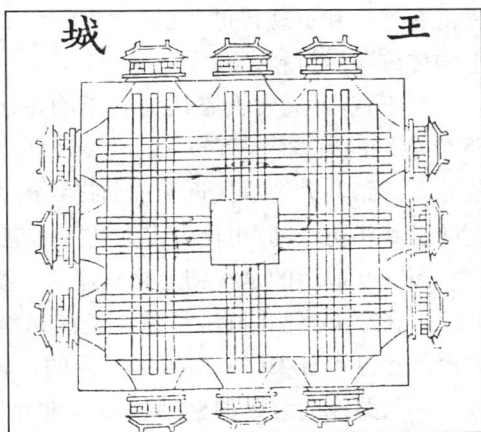

图 389　理想王城图(摘自《三礼图》)

在战国时期,很多道路的建设都以军事与商业为目的。在秦国,道路的建设尤其频繁,而道路建设的成功也许是它军事上成功的一个重要因素。公元前221年秦在历史上第一次统一全国之后,马上下令统一度量衡,并制定出许多新的标准,其中包括四轮马车的尺寸。第二年,秦始皇视察甘肃和陕西。之后,他命令开始一项巨大的道路修建工程,这些道路将被用来传信和邮递物资,称为"驰道"或"直道",它们以首都咸阳为中心向外辐射,在北方、东北方、东方和东南方向最为密集。

尽管那一时期对驰道的描述无从查考,但我们可从不久之后的一些文献中得到些印象。

大约在公元前178年,汉文帝的一名顾问贾山,写了一篇分析秦朝统治陷

4

5

入失序和混乱原因的文章,在文章中,他特别批判了秦始皇的暴戾,在描写了秦始皇咸阳皇宫的华丽奢侈之后,他继续写道:"为驰道于天下,东穷燕齐,南极吴楚,江湖之上,濒海之观毕至。道广五十步,三丈而树,厚筑其外,隐以金椎,树以青松。为驰道之丽至于此,使其后世曾不得邪径而托足焉。"

后来的注释者们对这里有关道路结构的描述感到一丝困惑。一些人认为道路的两侧有高出的墙作为加固,另一些人则认为道路边缘是通过夯实来进行加固的,尤其是在那些有路基的路段。这些道路在后世几乎没有被保存下来,暗示着它们的规模也许较罗马道路要小。可是,如果它们的主要组成成分是碎石,并以如第26页所示夯墙的方法被夯实,那么它们在概念上就是更富有弹性和更现代的道路。"水结碎石"实际上是任何时候中国高等道路上的传统应用材料。

至于宽度,通常大家认为驰道的宽度为《前汉书》中所说的50步。公元65年以后的编撰者把它说成50英尺(9米)宽,是一个轻率的错误。这样,这些驰道的路宽大约就接近于前面提到的九轨九车道,与《考工记》中描述的最宽的道路相仿,同时也比大多数的罗马道路更宽。

图390显示的是秦朝道路交通图。我们要对它做一些解释。图中偏东处的三川在今天洛阳附近,是整个道路系统的中心枢纽。从长安(1)附近开始的道路穿过函谷关(2),这段与今天的铁轨路线颇为相近,到达三川后开始分叉。一条路线向北延伸到蓟(7)(今北京附近),另外一条向东北延伸到达临淄(8),其中有一部分路程与黄河旧河道相邻。第三条线路最长,伸向东南方到达沛县(10)(现沛县之北),从沛县逐渐转南越过长江靠近现在的南京城而到达前吴国的都城——苏州(11)。几乎与上面那条东南向的道路一样长的另外一条路向南方伸展,它通过武关(13)越过了大山,到达南阳(14),继续朝南,穿过汉水,再穿过洞庭湖附近的长江,到达长沙(16)。

6　　　从长沙开始它沿着湘江河谷前行,最后止步于零陵(18)。现在看上去它的方向多少有些偏东,这并不奇怪,我们将在第五章中讲到,湘江的上游在秦朝时形成,与广东的西江上游相通,这样一条路线能够在征服南越的广州人部落时满足对武器和补给的运输要求。

7　　　现在我们要说一说最后那条东北大道了,这是唯一一条我们知道其全部结构细节的道路。公元前212年,秦始皇手下最重要的大将之一,与长城的建造密切相关的人物——蒙恬,被命令修筑一条道路。道路从秦帝国首都咸阳出发,穿过甘泉山区(3、4),越过长城,再经过内蒙古高原上的鄂尔多斯沙漠,一直延伸到黄河的最北处。

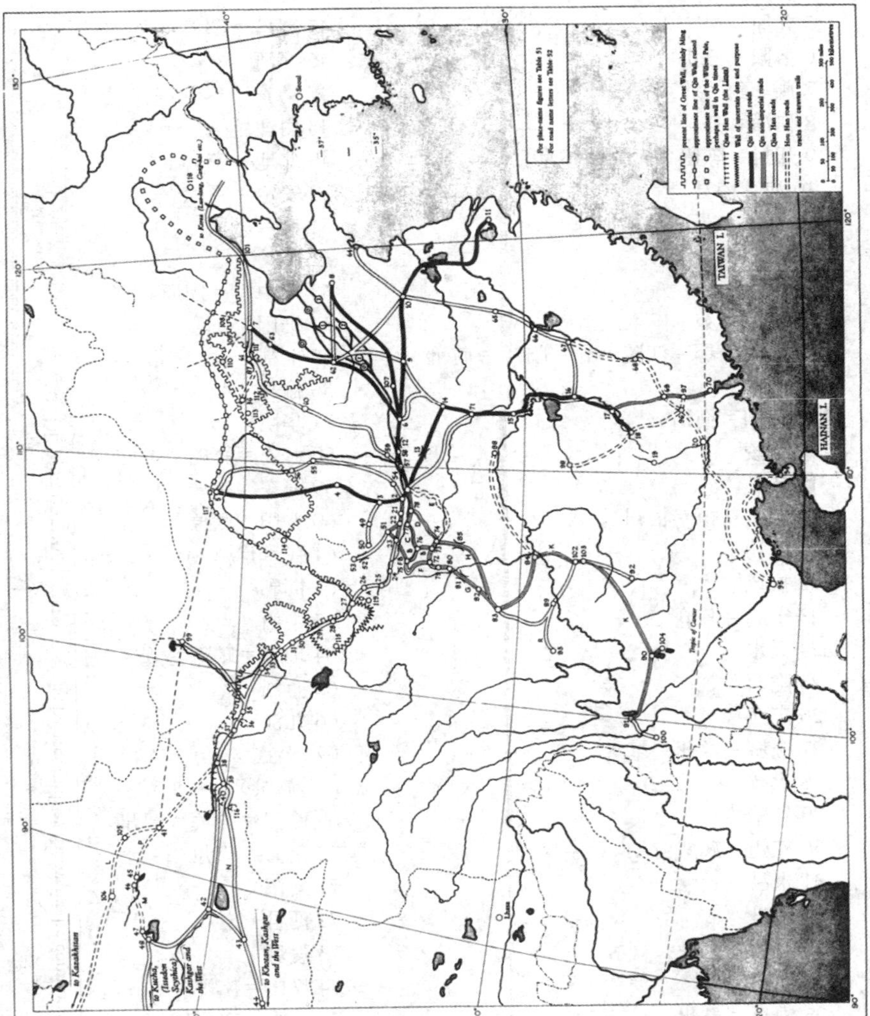

图 390　古代中国交通及防御长城分布图

8

表 51　道路交通图中所示地名(图 390)和中国古代土木工程(图 464)名称

1 长安＝西安	41 伊吾＝哈密
2 咸阳＝渭城	42 楼兰
3 甘泉山＝笄化＝云阳	43 窳匿＝鄯善＝婼羌
4 甘泉	44 且末
5 九原	45 高昌＝鄯善
6 洛阳＝三川	46 交河
7 燕＝蓟＝北京	47 焉耆
8 临淄＝齐	48 尉悝犁
9 开封＝陈留＝大梁＝汴京	49 北地＝宁县
10 沛＝沛县	50 安定＝平凉
11 苏州＝吴＝会稽	51 雍＝凤翔
12 函谷关	52 萧关
13 武关	53 回中宫＝固原
14 南阳＝宛	54 栎阳
15 南＝南郡＝江陵＝郢＝临江＝荆州	55 上郡
16 长沙	56 榆林
17 衡阳＝衡山	57 华阴
18 零陵	58 弘农＝虢略
19 桂林	59 河东
20 象＝苍梧＝梧州	60 晋阳＝太原
21 武功	61 代＝代郡
22 扶风	62 邯郸
23 宝鸡＝陈仓	63 中山
24 天水	64 琅邪＝琅琊＝观台
25 陇西	65 庐江
26 定西	66 九江
27 金城＝兰州＝皋	67 清江
28 永登	68 赣(县)
29 乌鞘岭	69 曲江＝韶关＝韶州
30 凉州＝武威	70 南海＝广州
31 永昌	71 襄阳
32 山丹	72 沔县
33 甘州＝张掖	73 褒城
34 高台	74 汉中＝南郑
35 酒泉＝肃州	75 凤县＝双中铺
36 嘉峪关	76 留霸
37 玉门	77 郿县
38 安西＝瓜州	78 周至
39 敦煌＝沙州	79 宁羌
40 玉门关	80 昭化

9

81 剑门关	103 郎州＝遵义
82 绵阳	104 益州＝澄江
83 蜀＝成都	105 且弥＝镇西＝巴理坤
84 巴＝重庆	106 移支＝迪化
85 巴峪关	107 荥阳＝郑州
86 平城＝大同	108 古北口
87 飞狐口	109 南口＝居庸关
88 秭归	110 张家口＝万全
89 僰道＝宜宾	111 紫荆关
90 滇＝滇池＝昆明	112 平型关
91 叶榆＝大理	113 雁门＝右玉
92 牂牁	114 宁夏＝银川
93 越西＝邛都	115 西宁
94 合浦＝雷州＝海康	116 阳关
95 交州	117 高阙
96 洺光	118 沈阳
97 英德＝浈阳	119 临洮＝岷州
98 桂阳＝沅陵	120 宿州
99 居延	121 叶县
100 永昌＝保山	122 寿州
101 山海关	123 大名
102 夜郎＝桐梓	124 临清

这里,在离现代钢城包头市西不远处,曾经有一个名叫九原(5)的前哨基地,位于北大路的尽头,在那里观察汉民族以及其他游牧民族的活动极为方便,同时它也无疑成为各族人们交换自己产品的小集市。这条大路遇山开山,遇谷填谷,一直向北,因而看上去几乎呈一条直线。

估计一下秦帝国的道路总长是件有趣的事。这些道路在公元前 3 世纪时呈扇形,从关中地区发散出来,它们的总长不会少于 6 840 公里——与 18 世纪英国历史学家爱德华·吉朋(Edward Gibbon)所估计的从苏格兰的安东尼墙到耶路撒冷那段罗马一级道路的长度约 6 000 公里相差不多。

有证据表明秦朝的快速道路系统只是它整个道路网络建设中的一部分,还有另外的重要道路存在。比如秦统一六国之前的都城雍(51)与长安(1)之间无疑会存在的道路,另在公元前 209 年秦朝灭亡之前,帝国南部的衡阳(17)与紧靠南海岸的广州之间存在的某种道路,修成这条道路非常艰难,必须要从南岭山脉穿过去。在以后的岁月中,它成为连接广州与北京的一条重要南北交通干道。但是需要提到：这中间有很长一段时间,大量繁忙的交通是由零陵(18)附近的运河承担的。

13

表 52　图 390 所示中国古代道路交通图中的重要道路名称

A	丝绸之路	J	飞狐道
B	连云港	K	五尺道
C	褒斜道＝北栈路	L	天山北路
D	傥骆道＝骆谷道	M	天山南路
E	子午道	N	南山北路
F	陈仓道	P	柳中路
G	金牛道＝石牛道	R	灵山道
H	米仓道		

但对古代修路人最严峻的挑战还是来自秦岭,秦岭的广大山脉切断了长安(1)和渭河与西南的联系,到公元前 3 世纪末为止,秦朝统治者一直在试图把他们的统治推进到云南高原上的未开化地区。司马迁,汉之太史令,在他的书中简洁地写道:"秦,长安议建五尺道"。五尺道从长安出发后,跨过长江,经过巴蜀(84),又穿过贵州夜郎(102)和郎州(103)一带的山区到达位于滇的昆明湖(90),再继续穿过益州(104)然后到达大理(91)的洱海。这条道路有些类似于今天从重庆到昆明的路线。在第二次世界大战期间,这条路线

14 以及它在缅甸境内的延伸部分为战争发挥了重要的运输作用。

如果从秦都城辐射出五条主要的国道,那么同样在此建都的,更为中央集权的西汉王朝,在此伸出的国道,就有七条之多。在西北方向,渭河以北的甘肃和山西山区内,有一片相当开放和繁盛的地方,那里有新修的路通向安定(50)和回中宫(53)两地,其中通往回中宫的路竣工于公元前 108 年。在东南方向,一条从都城到襄阳(71)的路缩短了到长沙(16)和其他南方城市的距离;向北,在蒙恬带兵修筑的北大道东边,又修了一条连着都城和九原的路,这条路比起北大道修建得更迂回,更省力,路旁的人口也更密集。比上面这些道路都重要的还是在山西境内利用长长的汾河河谷开辟的一条通向东北方向燕(7)的路线,这条路虽然要穿过长江,但已比原来那条路近了许多。

在东部区域,汉朝道路建设者们更加活跃,以至于整个华北的平原地带都布满了四通八达的道路网,东汉时继续对这些道路进行扩展。只是这些道路没有渗透到东南的福建,因为当时那里还相当落后,筑路很困难。

西部的情形就大大地不同了。在沙漠绿洲中筑路要比在树木丛生的大山中开路容易得多。丝绸之路的中国起点就在这时形成,这是一个传奇的话

题。我们必须看到正是这些中国西部的道路网把新疆塔克拉玛干沙漠周围往来的商队们相互联系起来。秦代完善的路网体系,结束于渭河河谷的宝鸡城(23),而我们的路正从这里开始。从宝鸡,通过渭水上游的天水(24),翻过山的隘口,到达位于黄河急弯附近的金城(27,现在的兰州)。两千年来,这条路一直是西部地区的交通轴心。

这条路从金城继续向西延伸穿过另一个关口乌鞘岭(29)到达曾被古代西方人误以为是长安的武威(30),再延伸到永昌(31),这里曾是公元前30年被掳获的罗马兵团的定居地,从这里向前,又穿过许多河流以及冲积平原进入了酒泉(35,现肃州)。

从宝鸡到酒泉,这条路的右侧一直有长城城墙相随,城墙也是汉代修建的。同时,从酒泉有一条路向东北方已经消失了的古城居延伸出,很显然居延也是一座观察游牧部落动向的桥头堡。现在,我们的大路从酒泉继续向西延伸,从这里起路段旁边已经没有了城墙保护,它闯过广袤的沙漠到达安西(38,古代瓜州,瓜之城)重镇,丝绸之路在这里开始第一次分叉。整条路被称为"河西走廊",在汉(公元前121年)征服西域的战争胜利以后被稳定下来。

在安西的分叉点再向西走,我们有两条路可供选择以绕过塔里木盆地中的塔克拉玛干沙漠。南面的一条,我们称之为"南山北路"。这条路到了敦煌(39,古称沙州)又开始分叉,一支(N)沿着丘陵经喀喇匿(43)到达科地(khoti)、塔什干以及塔什干以西;另一支沿罗布泊湖穿过已消失的古城楼兰(42)。从敦煌的分叉点开始,这些路实际上只是商旅们留下的足印。北面的一条沿天山南麓绕过塔克拉玛干沙漠,我们称之为"天山南路"(M),天山南路沿着丘陵向前延伸,经由焉耆(47)到达塔什干。到西汉王朝结束前,又形成了一条从安西出发向西延伸的路,我们称之为"柳中路"(P)。

修筑了穿越高耸入云的秦岭的道路是秦汉两代道路建设者们伟大工程业绩的证明。早在公元前4世纪,秦国人就试图开辟这条路。他们的难题是找出穿越秦岭的路,以便南行。秦岭将秦都城所在的陕西与四川盆地隔绝开来,而四川盆地是一重要经济区,半野蛮状态的巴蜀部落在那里占据着肥沃的良田,尚武的秦国人意图将之吞并。极深的汉河河谷插在山峰之间,探路者在找到并穿过嘉陵江湍急的水流进入四川之前,随时都要紧张得屏住呼吸。需要补充一下,经过渭河北坡时,有一段路到处都是极好的视点,可以看到头戴雪帽的太白山脉,这之后的路段上还能观赏到不那么险峻的米苍山和大巴山。在现代的连通四川和陕西两地的机动车车道沿途,我们可以看到奇异的美景,但在古时候,它们却还是荒蛮和人迹罕至的地区。

15

在汉水上游比较集中的三座小城是沔县(72),褒城(73)和汉中(74)。所有经过它们的道路在公元前221年秦始皇登基时就已经存在了,但状况并不是很好,在汉代,这些道路又被重新整修扩展。年代最久远的路(F)叫陈仓道,从陈仓出发,横过渭河,沿一条小河支流到达小城凤县(75),然后转向西,朝嘉陵江上游方向延伸并进入山间,经过颇多曲折终于找到了通往沔县(72)的途径。道路B,即连云道是秦朝第一条被改建的路,这条路从凤县(75)经留霸(76)到达褒城(73),直接从大山中穿越而过,缩短了从西面绕行的距离。这条路线的长度大约为2 000公里多一点,但其中不少于1/3的215公里的长度是用木架建构在有湍急水流的河床之上或者用木桩打进岩石表面的洞孔搁置在高高的悬崖之上。西方与此相应的一条山路是由罗马皇帝台比留(Tiberius,公元14—37年在位)和图拉真(Trajan,公元98—117年在位)修建的,相较之下,西方在这方面的成绩显得相当有限。耐人寻味的是现代的公路几乎还是沿着过去的连云道修筑的,而连云道在自宋朝以来的漫长时光中,一直是通过这片山区的主要交通路线。

秦朝改建的第二条道路(C)位于更东一点的地方,名为褒斜路(C)。它从郿县(77)出发,沿渭河南岸前行,经过斜水的陡峭河谷和斜玉关,到达太白山一带的高地上,由此继续向西,又与太白河相会于通衢,然后道路的地势降低,经留霸(76)附近到了褒城(73),整条路线缩短了连云路(B)的距离。最初建造褒斜路是在公元前4世纪,用了大量的栈道和架空桥,大约公元前260年的时候,它曾被扩建和维修,后又于公元前120年和公元66年两次进行重修。由于建造它的工程非常艰苦,它被人们称为北栈路。早在3世纪,诸葛亮就描绘过用大量的木柱和木梁支撑起来的峡谷中的一段北栈路,司马迁的《史记》中,也记载了公元前120年有关这里的一段历史:

> 其后,人有上书欲通褒斜道及漕事,下御史大夫张汤,汤问其事,因言:"抵蜀从故道,故道多阪,回远。今穿褒斜道,少阪,近四百里;而褒水通沔,斜水通渭,皆可以行船漕。漕从南阳上沔入褒,褒之绝水至斜,间百余里,以车转,从斜下下渭。如此,汉中之谷可致,山东从沔无限,便于砥柱之漕。且褒斜材木竹箭之饶,拟于巴蜀。"天子以为然,拜汤子印为汉中守,发数万人作褒斜道五百余里。道果便近,而水湍石,不可漕。

这段记载使人很感兴趣,它勾画了当时水陆运输两方面的密切配合,也说明了中国在两千多年以前就已经有了运输路线的规划。

相当于古罗马台比留皇帝和图拉真皇帝统治之间的时期,褒斜路——它的南面一段路是与连云路共用的,在三个世纪左右的连续使用之后被再一次重修。据估计,当时有 2 690 名犯人被征用,整项工程做完需要 766 800 个工作日。除了犯人,也有徭役劳工,他们修筑了长达数公里的栈道和架空桥,623 座小跨桥和五座大跨桥,沿一条 129 公里长的路段,建起 64 座休息驿站。

除了我们已经描述过的这几条路,还有两条位置更靠东一点的道路也翻过秦岭。一条是道路(D),从周至(78)开始,顺着柳叶河这条支流,来到太白山脉东面的高地上,这之后,它便找到了通向汉中(74)的路线。经过一段在海拔 2 000 米到 2 700 米多范围内起伏的路程,越过洛河河谷,最后到达汉中。但是这条路在后来几乎没被使用过,也许只在唐代时发挥过一些用途。

更东面的道路(E)被称作南北道,它直接穿进都城南面的小山中,经过这一带的高地,奔向子午河河谷,再来到汉河两岸,到达汉中。这条路线最初使用在王莽当政期间(公元 5 年),到公元 11 世纪时,仍然是信使惯走的驿路。

不仅仅是在秦岭中,在整个中国,栈道和架空桥都是几个世纪里道路工程建设中的主要特征,因此也能知道中国是个多山的国家。直到 17 世纪,耶稣会传教士路易斯·拉考特(Louis Lecomte)还写道:

> 中国的朝廷不仅仅管理城镇,同时还不断地修建道路……从长安到韩城的道路是世界上最奇特的道路之一,据人们说——我没有亲眼见过——路修建在一些大山的一侧,没有支架,他们在山石上凿孔安插木桩,与山体几乎成直角相交,然后在木桩上搁梁,再用木板铺成一种不带围栏的平台,用这种方式,人们把路延伸到数重山岭之外。那些对这种架空的道路不适应的人在上面行走时会觉得心惊胆战,总是害怕会有不幸的事故发生。但当地人却不怕危险,他们使用一种习惯于走这种道路的骡子,它们走在这可怕的悬崖峭壁之上就如同走在最平坦的原野上一样,几乎感觉不到紧张和恐惧。

一千多年前,曾不止一次穿越秦岭的大诗人李白写下了著名诗篇《蜀道难》,在诗中他写道:"蜀道难,难于上青天。"

悬壁栈道的形式在西藏也被自然地接受下来,大约 726 年,高丽的和尚慧昭(Huizao)经西藏前往印度虔诚拜佛,在他的游记中,我们就看到了"古人悬路"的记载。除了这种悬空的栈道,中国还使用一种凿壁通道,即沿山体凿出通道,通道的横截面有一半在山体里,顶部是悬空的岩石,正像古罗马人在台比留和图拉真时期所做的那样。有时,整个通道几乎完全嵌入山崖里。有些通道长度惊人,如长江河谷某段山崖的一条猎人或纤夫所走的小路(图 391)。

即使现在,建造供机动车行驶的道路时还大量使用这项技术。中国人有时用链条对这样的通道进行悬吊加固,这大概就是中国很早就发明了铁索桥的原因。

18

图 391　　一条半隧道状的猎人小径或曳船道(凿于长江河谷的山岩上,此处隘口被称作风箱峡,位于宜昌上游)

19　　　　修建翻越秦岭的通道在中国历史上的重要性无论怎样估计也不过分,至少有两次,这些山道被皇帝当作到天险四川寻找避难所的通路。还有更重要的是,在"巴"和"蜀"被秦在公元前 4 世纪归化之后,秦国就成为四川这座巨大自然资源宝库的拥有者。这一点,加上秦国完成的大规模的灌溉工程,无疑是秦完成中国第一次政权统一的重要因素。之后,旧有的丝绸之路由于连云栈道的建成得到加强,所以当时出口到罗马的大多数丝绸都是四川出产的。

公元前 2 世纪,中国的疆域不断扩张,汉武帝开始考虑把南越的广州城以及一些福建和安南(今越南境内)南部的小城邦合并起来。公元前 135 年,他派大臣唐蒙出使广州,唐蒙注意到,四川的货物能顺着西江被运输过来,于是他认为:用同样的方式,战船和军队也可以进入此地。而要实现这个目的,必须修一条路到牂牁(92)河。于是,在公元前 130 年前,数千名工兵被调来筑路,他们的给养和食物需由搬运劳工从 500 公里以外的地方背来,而只有大约2%的物资能够到达目的地。修筑这条路非常艰辛,工期又十分漫长,以致有一些当地的头领对这项工程表示反对。开始他们不允许使用这条路,但不到20 年以后,这条路就被用来运送大型战船和它们的备用物资以帮助军队与南方人作战。尽管这条新修的通向南方之路的初衷是从四川僰道(89)经贵州夜郎(102)到达广西和广东向南方运送人员和设备,但实际上它也同时起到了打开云南之门的作用。

现在,我们只剩下简略介绍一下后汉时期的一些重要道路工程的任务了。公元27年,中国北方的边界上,一条150公里长,具有重大战略意义的道路(J)建成了,它的建造者是杜茂,一位修建过许多军事要塞、烽火台和驿站的军事工程师。这条路从古城代(61)出发,经过飞狐关——在这里得名"飞狐路"——向前,再延伸到以佛寺著称的五台山的山地上,越过山地便来到了今大同附近的平城(86),这里是长城的要塞之一,另一位著名的工程师虞诩曾经在这个区域驻守,他发现:

> 先是运道艰险,舟车不通,驴马负载,僦五致一。

于是,虞诩派他的手下对从沮到下辩河谷一线进行全程考察,以便筑路。　20
为了在河谷中行船,他甚至命人削掉了两岸数十里的山石。

这样他沿河谷修成了一条羊肠小道,这条小道可供人行,也能走一些带轮子的交通工具,而道旁是可行船的河流。一位评论者这样说道:

> 下辩东三十余里有峡,中当泉水,生大石,障塞水流,每至春夏,辄溢没秋稼,环败营郭。诩乃使人烧石,以水灌之,石皆坼裂,因镌去石,遂无氾溺之患也。

在汉代文献中提到这种火裂法的地方不止一处。事实上,我们可以从上文李贤的描述中猜想出由于设备简陋,在约160年时,人们把火裂法作为道路建造中解决难题的一种办法。

也许在后汉时经由范围最广的路都修建在南方。35年,一条沿长江北岸山麓,从巴(重庆)到秭归(88)的道路被修建,以绕过危险的巫峡。在江西、湖南、广东和广西之间也进行了更加庞大的交错的道路网建设工程:西北到东南分支的起始点在贵阳(98),途经南海(70)、广州到英德(97);东北到西南的一支是由清江(67)出发到曲江(69),类似于一条通畅的现代公路。整个道路体系在31年前完成。随后,道路的发展在概念上更强调军事用途,到83年时为止,第二条分支,即清江到曲江的线路被从头到尾延伸到北越的河内。同时,在41年,马援将军开辟了一条水陆运输混合的线路,这条路从位于海南岛北部雷州半岛上的合浦(94)城出发向西到达交州城(95),全长共500公里。

我们在这里要对秦汉两朝时期建设的道路的长度做一个粗略的估计,近似的道路长度应该刚刚在65 000里(32 500公里)以下,这里面包括一些路线的迂回。我们认为汉末主要道路的长度大约是介于32 000—42 000公里,这一最终估计较事实的出入应该不会太大。而罗马道路长度的估计变化幅度很大,似乎78 000公里的长度比较可信,其中大约4 000公里在英国境内,还有 14 500 公里在意大利。

表 53　中华帝国和罗马帝国道路修筑情况

	面积 （平方公里）	里程 （公里）	公里/ 平方公里
罗马帝国			
图拉真（Trajanic）时期（117 年前）	5 084 000	78 000	15. 3
哈德连（Hadrianic）时期（117 年后）	4 566 000	78 000	17. 1
吉朋（Gibbon）的估计	4 144 000	78 000	18. 8
中华帝国			
东汉（190 年）	3 968 000	35 400	8. 9

21　　　　考虑到罗马帝国多年来变化的疆域，可认为表 53 表明了两种基本相当的道路系统。但是，也有可能把罗马的道路里程算多了，因为罗马的军用道路在很多地方尤其是北非和近东地区大部，可能仅仅是沙漠地带的商旅通道，就像中国新疆和其他"西部地区"所出现的商队线路一样，而这样的道路是没有被包括在中国道路统计数字中的。

　　　　然而，总的来说，累计至公元 3 世纪，中国的道路网仅仅达到罗马的55%—75%。对于这一差异的形成，地理环境和政治环境扮演了重要角色。与欧洲的情形相比，中国道路相对少的里程显然与其较多的内陆河航线及较多使用人工河道有关。在某种程度上，罗马的道路系统是一个外延式的框架，因为帝国的中心是一个巨大同时可能也是暴躁的水体——地中海，这使海洋运输变得便捷，同时罗马人仍旧感到有必要在其整个盆地铺设发达的陆上道路。另外，中国道路系统从特定的中心——长安（1）辐射开来，经过大面积的连续陆地形成昔日帝国的内延式框架。无论如何，我们都有足够的理由钦佩古老中国道路的规划施工，因为其坚固性完全经受了 15 个世纪的考验。

　　　　下面只能简要地阐述中国道路系统随后的发展。它在 5 个世纪的迅速崛起之后，在随后的 10 个世纪中其重要性相对于水路来说降低了。最后提到朝廷用四轮马车是在 186 年，此后陆路运输作为官方运输方式就被"驿马"系统
22　取代了。马车仅用于货物运送和较有地位家庭的旅行等活动。同时，后汉的马匹也缺乏了，当时洛阳只有一个马场，而两个世纪前的都城长安却有六个。用牛、骡子或驴拉的马车开始广泛使用了，在中国南方的山间小路上，乘坐抬在男人们肩膀上的摇椅的习惯盛行起来。事实上，一种介于这种方式和后汉发明的独轮手推车之间的工具（详见第四卷）也该出现了。

然而,这种陆路官方运送形式持续存在着。当然,筑路并不经济,在汉初,筑路费用与罗马相似,几个世纪后出现了用军队取代民工修路的趋势,尽管仍旧用囚犯和无报酬的义务苦力。

尽管道路系统衰退了,但即使在南北帝国不统一的时期(380—580 年)仍未被抛弃。在 5 世纪有一些著名的道路修筑者,诸如安南,他为北魏修路,且在 493 年成立了一个皇室地理交通组织。后来,在 7 世纪早期的隋朝,炀帝修建了一条与长城并行的约 1 500 公里长 30 米宽的军用通道,同时还修复了从榆林(56)直到北京(7)的很长的一段长城。

在唐代(618—907 年),道路系统得以精心规划,然而其总长只有约21 800 公里,明显少于后汉。同时,唐代的道路路线与秦汉有显著区别,如图389。除了一条从越西(93)向南的新路线进入云南以外,云南省和贵州省,广西省的路几乎全部荒废了。另一方面,长江河谷地区上下游由一条完全绕过该峡谷的路线连接起来,而介于江西、湖南和广东三省的道路也被很好地连接起来。我们也可以看到,第一次有一条路经过浙江的吴(11)而到了福建沿海的大片港口,这里在宋代成为著名的国际贸易中心。北纬 23°圈,古丝绸之路,秦岭通道,金牛道,通向长城及北京的北部道路以及到南阳(14)和山东的道路都从同一个不朽的城市——长安辐射而出,且很好地保持了它们在中华帝国年轻时(暗指秦汉时期)的样子。

军事目的并非是唯一使朝廷对陆路以及水路感兴趣的原因,因为这些道路在运送皇粮及传递官方信息时也起着重要作用。

然而,维护众多的地方道路及山间小路取决于老百姓自身的努力,且百姓们的合作能力是在村庄中的老人及小镇上知名人士的带动下体现出来的。在这种背景下,宗教团体诸如道教中约 180 年兴起且后来在政治上颇有影响的黄巾军,或后来佛教中的互助会都起到过重要作用。实际上,长期以来就有私人发起筑路的传统,这一传统可追溯到汉代或更早,而且随着时间的推移,这样修筑的路总长已经远远超过官方修建的道路。

外国人通常对中国的陆地交通系统印象深刻。日本和尚圆仁(Ennin)在唐朝时从 838 年至 847 年一直四方游走,他抱怨过许多方面却从没说过路的不好,包括其里程碑、路标、瞭望塔、渡口和桥。在 17 世纪中国的道路仍旧赢得西方人的钦佩,尽管 19 世纪的旅行者开始抱怨中国的路。19 世纪的清朝,中国的道路系统已经开始走下坡路了,而欧洲的仍在稳步提高。在读了商人及传教士们的悲观的描述后,再读拉考特(Lecomte)1696 年的话会让人十分惊讶,他说:

23

你几乎不能想象他们（中国人）为了使普通的道路便于行走花了多大心血。它有 80 英尺宽或相近，土质很轻，雨后很快就会干了。一些省份，路的左右两侧都有为行人准备的高于路面的人行道，其两侧栽种着长排的树，而且有八或十英尺高的墙以防行人走进田野。遇到路的交叉点这些墙便断开，并延续到一些大城镇结束。

第二节　驿　站　系　统

一旦道路工程师的工作完成，就要把道路融合到一个重要的社会管理系统里，而这需要在整个国家范围内沿着各条道路设置一系列的传令兵、马车夫及站长。一旦社会发展到高度组织化的帝国阶段，这样的系统就自然而然地出现了。它最早出现于公元前 5 世纪的伊朗，传承到埃及，并在公元前 1 世纪罗马奥古斯都（Augustus）时代达到西方的顶峰。

中国人拥有发展这种系统的合适的基础体系，公元前 14 世纪商朝的文献记载——可与古罗马及古巴比伦的记录相当——就包含了来自边境地区的道路管理系统报告。这为后汉的《说文解字》一书把"禺"字定义为"边境上用以传递文书的驿站"提供了根据。

24　到了公元前 2 世纪编撰《周礼》时，该体系继续沿袭已形成了两千年的形式。参见《遗人》，文中说道："凡国野之道，十里有庐，庐有饮食。三十里有宿，宿有路室，路室有委。五十里有市，市有候馆，候馆有积。"每一个文中提到的大站都有一个瞭望塔，而在可过夜的小客栈里，人们的住所旁边有马厩。

总的说来，从汉代到宋代，主要干道上 5 里一岗（古称为"亭"），10 里一站（古称为"邮"），30 里一大站（古称为"驿"），毫无疑问，之所以选择这样的距离是为了旗帜和鼓的信号，或烽火台上火和烟的信号能够容易地被接收到。送信人保留他们所送的公文的记录，在汉代，公文写在 30 厘米长的木条上，并装入由弹簧锁封闭的竹管中；同时，郡长在路上及其附近的地方布置兵丁，在驿站有马房和整装待发的信使（传书人或"驿夫"），只要有驿长的命令就会去送信。在整个传送系统的重要节点有名副其实的信件分拣室，在这里信件被收集并分发出去。及至公元前 77 年，驿站系统已经向西延伸至楼兰(42)和保山(100)。到公元 89 年，热带水果在驿站服务的辅助下可以从南海(70)直接送到都城。在驿站和小客栈有为官员和有官方授权的旅客（古称为"驿使"）提供洗漱睡觉服务及吃饭的地方，也有为在押犯人准备的囚室。经常，边远小站还有为无官方特权的旅客准备的私人旅社。

在唐代，驿站系统发展到了很高的程度，约有 21 500 个官员被沿路分派，并听命于 100 个官衔高的官员。然而，在宋代驿站邮递服务变成了"赤脚递"，驿站变成了"马寄"或"马铺"。在元代，一切变得越来越军事化，送信人都要服从都头命令。尽管各阶层腐败盛行，14 世纪的信使服务实际上还是有固定的时间安排的。直到 19 世纪电报和现代道路建筑出现，几乎没有变化。

信使所能达到的速度平均约 8 公里/小时，略不同于罗马邮差。如果邮差能以约 18 公里/小时的速度从早到晚不停地奔跑，那么就可以跑得更远。然而在辽和清的文学记载中有许多突出的记录，达到了每天 400 公里，这显然只有通过昼夜兼程才能实现。只通过烽火台发信号速度会更快，在公元前 74 年，昭帝的死讯就是这样传递的，速度达到每小时约 43 公里。 25

朝廷对交通工具的不当使用十分敏感。公元前 111 年将军杨仆的罪状之一就是他要求派一辆驿站马车送他上前线，实际上却驾车回了家。公共交通工具是皇家恩宠的一个相应标志，比如公元 5 年的一次科学技术交流会上，朝廷马车就让那些参加会议的医生们乘坐。我们几乎不知这种马车运送系统有多快，但根据公元前 74 年长仪公主的一次急行可以推断出，当时达到了每小时 14 公里的速度，那次每隔 30 里就换一次马。

从行政上讲，这一系统涉及许多部门。在汉代，设备总管部门（汉代为"太仆丞"）掌管马和马车，而另一协调部门（汉代为"法曹掾"）负责邮递系统，同时官员部（汉代为"尚书常侍曹"）又掌握着公共交通工具。这样，每一个省份或行政区都被分成许多邮政区并且设有自己的邮递总监（古代为驿官）。此外，每个地区还有专为道路、桥梁和码头的官员设立的文职秘书部。另外还有关隘的军事长官负责检查行人的身份及随身物品，征收关税，预防走私和维护整体安定，所有的通行证都要相关官员签名才可以。杂税征收一直被用于邮政服务系统中，当地人们不得不为驿马额外付税，为送信人提供食物。人们并不喜欢强迫劳役以及苛捐杂税，故对负责道路的机构及其工作怀有敌意。此外，少数民族的人们很清楚道路系统是有助于中华帝国扩张的主要因素，因此只要有可能他们就切断道路并毁坏驿站。尽管这一切，中国道路系统及其不可分割的驿站系统在东亚文明的进程中仍然起着至关重要的作用。

26

第二章　墙和长城

　　毫无疑问，中国最古老的墙壁材料，无论是房子的还是无顶围墙的，都是夯土。这时用到加长的无顶或无底盒形模具，模具里面的干土随着墙壁的筑高而被夯实得越来越高（图392、393）。这种"半封闭"法很像现在混凝土筑模所用的方法，而且整个夯击工序对中国建筑技术来说如此基础，因而"筑"字随着时间推移成了作为中国建筑类总称的术语"建筑"的一半。只要想想古建筑的台式基础也是由夯土筑成的就会感到这种说法的合理性了。

图 392　正在施工的夯土墙（《尔雅》插图）

　　按中国的传统做法，人们习惯用碎石而不加黏接性材料作为墙基，并在每层夯土间铺一薄层竹片以加快其彻底干燥。在中国文化中盛行的夯土跟我们

后来发现的中国建筑两大特征有
关。这两大特征即：一,总的说
来墙体不能承重；二,建筑物都
有明显突出的屋檐。

　　现在,当游客看到比他们国
家多得多的夯土墙时会把它当
作中国的发明,可是,以老普林
尼(Pliny the Elder,23—79 年)
为代表的罗马人对于这一工序
并不陌生。事实上,在英法乡
村,这些技术从未消失,且在许
多英语国家的围墙上都能看到。
这些墙的屋顶铺着瓦片或茅草,
看上去极其中国化。

　　在后周时代,砖主要由土坯
即晒干的泥土做成,这在现在的
中国仍旧很普遍,但是到了汉
代,烧结砖变得普遍了。在那时

图 393　西安附近正在施工的夯土墙(两侧用
木棍做挡土墙。李约瑟摄于 1964 年)

已开始使用灰泥并在其上刻以图案。许多不同尺寸的砖历经若干世纪后流
传下来,从东北发现的尺寸 30 cm×23 cm×15 cm 的砖直到目前在长城测得
的 38 cm×19 cm×3.8 cm 的瓦形砖。

　　关于砌砖的方法,除了西方人所熟悉的不同层间相互重叠的"搭接
法"外,中国人长期使用"盒式联结"法。这种情况下,顺砌砖垂直放在水
平层之间,内部充填以土和碎石(图 394),有时两水平层间彼此错缝砌筑
(图 395)。甚至有一种中国的"十字联结法",即把顺砌砖放在三层砖之
间的施工方法。

　　正如中国工匠们最先掌握战国及汉代最普遍的烧结砖技术一样,中国
工匠也是最先掌握陶土砖的浇铸及烧结技艺的人,陶土砖上装饰着极复杂
的风景及图案(图 396),主要用于建造墓室的墙,在汉墓中的许多砖上都刻
有当时人们的生活写照。不久后砖就被用于修筑防御工事。《晋书》中有一
段文字记载了短命而暴虐的"夏"(公元 407—431 年),它的匈奴统治者控制
着甘肃和山西的一部分,用烧结砖在都城修筑防御工事的史实。据记载,公
元 412 年：

28

图 394　重庆—成都路边老罗家庙砖墙上的盒式联结砌砖(四川。李约瑟摄于 1943 年)

29

31

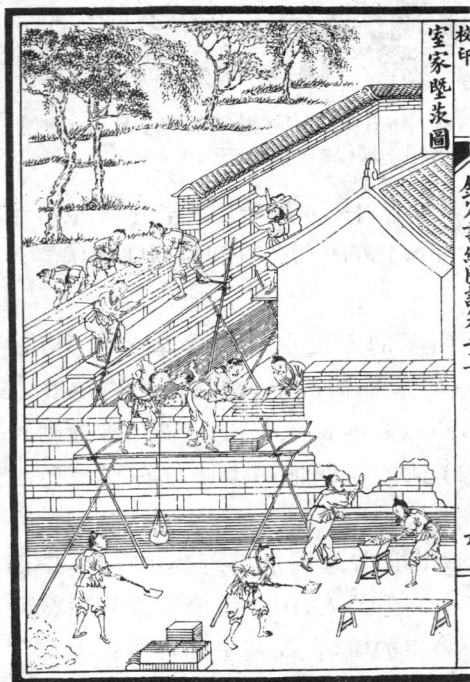

图 395　晚清砌砖匠工作图(可以看到双层水平顺砌砖的"盒式联结"及有五层砖的顶盖，同时还有泥水匠在工作。摘自 1905 年的《钦定书经》)

夏改元为凤翔，以叱干阿利领将作大匠，发岭北夷夏十万人，于朔方水北、黑水之南营起都城。勃勃自言："朕方统一天下，君临万邦，可以统万为名。"阿利性尤工巧，然残忍刻暴，乃蒸土筑城，锥入一寸，即杀作者并筑之。勃勃以为忠，故委以营缮之任。

中国文学上有带插图的文章专门描述砖瓦生产的，这就是 1525 年到 1550 年间明朝人张文治的《造砖图说》(图示了砖瓦的制造)。张文治是明朝工部负责朝廷部分砖厂工作的官员，他写这本书一方面为了弥补工人们普遍较差的技术，另一方面是为了避免组织工序的混乱，这种混乱曾导致一些独立的承建者破产。但是明王朝在它的大多数改革措施生效以前就过早地走向衰

图396 汉墓室的空心印花烧结砖(其中两个站着的人和其他物件都在双层屋顶的柱廊下。大英博物馆收藏)

亡了。

墙在古代如此重要,以至于对于不同形式的墙有专门的词汇来描述。绕着庭院的高墙为"墙"或"墉",房子的墙为"壁",花园等处的矮墙为"垣"。20世纪20年代,建筑史学家塞尔林(O. Siren)对中国传统的墙有一段生动的描述:

> 墙,墙,还是墙,形成了中国每个城市的框。墙绕着城,并把城分成了块,它们比任何其他结构更能成为中国社区的基本特征。没有一个真正的中国城市不环绕着城墙,这一点其实可以从中国人用同样的词"城"表示城和及其城墙看出来。作为无墙的城市是不存在的,这正如同房子无屋顶一样令人难以想象。这些墙不仅属于地方首府或其他大的城镇,而且属于每一个社区,即使是小镇或村庄也一样。在中国北方的任何村庄,无论历史长短,规模大小,至少有一泥墙和残垣断壁绕着它的小屋和马厩。

> 无论多么贫穷和不起眼的地方,无论多么破旧的泥屋,无论多么没用的破庙,无论多么脏且坑洼的道路,都有墙,而且总的说来比其他结构保存得都好。在中国西北许多被战争、饥荒和大火毁坏的城市,虽然房子都已倒塌,人都已跑光,却依旧保持着破旧的墙及墙上的门和烽火台。这些光秃秃的墙,有时从护城河上升起,有时从远处的风景可以一览无余的开阔地上升起,常常比房子和寺庙更展示出那个城市远古的尊严。即使这样的城墙年代并不久远……它们饱受战乱的墙壁和城垛依旧显

32

出了历史的沧桑,但是对它们几乎没做任何修复和重建工作以使其翻新或改观。

尽管塞尔林是在几十年前谈到这些的,尽管紧张的现代生活已经使一些城市及农村的墙壁逐步消失了,然而要使游客不再惊讶于它的规模及它的无处不在,仍需要相当长时间。

即使古代亚洲的游牧民族仅在其营地周围筑以土垒,但中国注定要定居的农业文化还是在一些最早的古城周围建起城墙。事实上,都城"京"最早的文字图形形式是一个城门之上的守卫所(syut)。发现最早的城墙在公元前15世纪,该时期商朝城市敖(恰在郑州的北面)的城墙就是一些底部宽约20米,包围面积约1920平方米的墙。相似的挖掘和研究也在周朝的都城展开,比如位于河北省邯郸的赵国都城,建于公元前386年,其主要的矩形围墙的长边约1399米,底部20米宽,高度达15米。所有这些墙由一层层连续的夯土筑成,夯土层平均厚约7.5—10厘米。事实上,当今天中国的古城墙由于提高现代运输系统的需要而被切断时,这些夯土层仍清晰可见,尽管我们并不确定商周时期的城墙是否用晒干的土坯砖做墙面的。

到公元前3世纪末,修筑防御工事的技术显著提高,而且帝国的统一提供了大量人力物力,因此西汉都城长安(现在西安西北部8公里处)的城墙总体来说达到了更大的规模。沿着约28公里长的环线,立着一堵无防御工事的15米高的顶部宽12米的防御城墙,然而它并不是形单影只的,它以一道60多米宽且比周围地面高出约6米的平地或台地为底,并由一道约46米宽5米深的护城河保护着。平地曾被建筑所覆盖,可能是警备部队的住所。这些有效地回答了一些始于战国的围攻城市的策略,包括在隧洞内放火以使墙壁坍塌或引导河水以冲毁城墙基础等方法。在公元前200年时,这些防御工事的通常修建者是燕阳臣。

中国城墙的内层材料总是泥土或碎石。在后来的几个世纪使用由石灰砂浆做成的大块灰砖用于外层,有时在四川等不缺石头的地方,常用等厚刨光的常规形状石块做墙面。图397是中国城墙传统式基础及墙面的典型代表,从这里我们也可以看到内部填充的毛石。图398所示为西安城墙的一部分。

如果没有烽火台和门楼,中国的城墙就决不能算竣工。烽火台和门楼通常是两层或三层的单体结构,带有中国建筑物典型的上翘屋角并直接建在城墙洞口的正上方,这些洞口有时由一堵曲线形的围墙环绕。另外一种类型的

33

城门,可能相当古老了,则是在城门大路两旁辅以楼宇形的塔楼。但是无论如何规划,相对于在中世纪西方城堡中随处可见的垂直墙壁而言,中国城墙和堡垒总是随着向顶部斜坡状的延伸而越来越窄。图399是一幅敦煌的唐朝壁画,显示了中国这种典型的防御式建筑。

大部分中国城墙并非总是从地面或有水的护城河边垂直建起。正如任何其他建筑一样,它们常有一支撑平台或梯形底座。但是由于大多数的梯形底座都设计成锯齿形的,在其上建一堵墙会明显产生高雅轻快的感觉,因此,从总体上避免了西方经典设计的静态传递效果。

长城

在前面段落的叙述中,长城(万里城墙——中国人称之为万里长

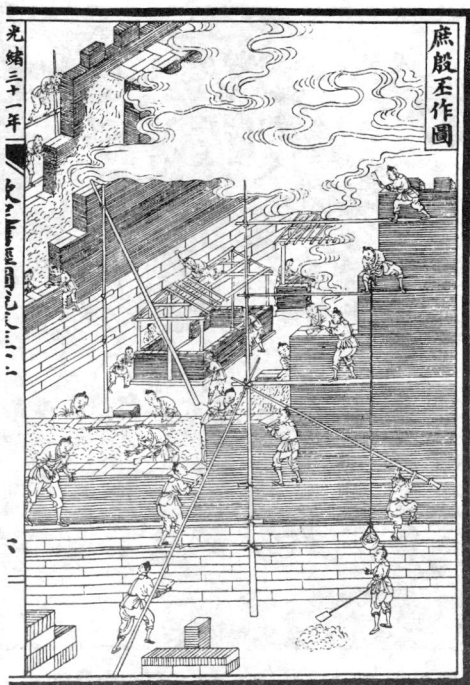

图 397　晚清再现的周朝都城城墙施工图(在牢固的基础部分用大砖块和平整的石头作为夯土的外围护墙,其上以较小的薄砖丁顺夹砌成高耸入云的墙体。摘自 1905 年《钦定书经图说》)

图 398　1938 年的西安城墙[最前面的是一条通向城墙的坡道。正如其他许多城市一样,人口的锐减使城内农业用地大幅增加。毕肖普(Bishop)摄于 1938 年]

图 399 千佛洞的唐朝壁画中的中国防御式建筑风格[注意内缩的坡形墙面及在角楼和门楼上带廊的木构楼阁。该时期（公元 660 年）的着装和军服也值得注意。鲁寄梅摄于 1943 年]

城）可能已经进入读者的脑海了。它曾明显地激起了 18 世纪欧洲人的想象力。在 1778 年，约翰逊博士（Dr Johnson）"以一种不寻常的热情谈论到遥远国度的旅行，他谈到因之而见识广了，心胸开阔了，也从中获得了人性的尊严。他表达出对参观中国长城特有的充满敬仰的热情，那一刻我捕捉到这一点并说道，要是我没有需要照看的孩子，我相信自己真的会去看看中国的长城。'先生（他说道），这样做对于让你的孩子变得杰出很重要，你的精神和求知欲将使你的孩子们被光环所环绕。他们将一直被看作一个曾经参观过中国长城的人的孩子。我是认真的，先生'"。

图 400 居庸关附近的长城（注意右下角一道狭长的楼梯上口）

尽管波兹威尔(Boswell)从未看过中国山西的山脉或黄河,但他朋友的信心是不会错放的。长城从中国新疆到太平洋延伸了 3 000 多公里后,它的长度达到地球周长的十分之一。想象一下它在欧洲的对等物,人们应当想到从伦敦到列宁格勒的一个连续的构筑物。罗马帝国的前线防御工事顺着河流及其他天然边界延伸,但却从未有如此之长,其中最长的连接莱茵河和多瑙河的一段还没有超过 560 公里。

这里不乏游客对于长城的描述,图 400 展示了它蜿蜒于河北省和山西省的崇山峻岭间的宏伟景象。一些人曾沿着长城走了很长距离,他们估计长城现在约有二万个塔楼和一万个烽火台,但在长城延伸最长时上述两种塔楼还要各多五千个左右。

长城的各段被大概地描绘在图 390 上。总的说来,其当前的主线是明朝的,但沿着原有城墙修建的不同部分可以追溯到不同年代。长城东端始于山海关(101),在山海关通向蒙古及朝鲜方向的一个正门上挂着"天下第一关"的牌匾,入关后长城向西延伸,又突地耸入山脊俯瞰河北平原。然后,它蛇行过道道山脊,并在唯一重要的关口——古北口(108)断开,这里是清代帝王前往避暑山庄的必经之地。几乎在北京(7)正北方,长城一分为二。外圈即靠北的城墙沿山西边界而行;里面一层城墙则向南下行 200 公里,并在黄河东约 50 公里处再并入主防线。正是在内层长城的"南口"(109)有著名的居庸关,通过居庸关到达重镇张家口(110)和大同(86),从这两个地方进入内蒙古境内。

外长城即北长城建得比较晚,因为它明显是公元 5、6 世纪所建的一段长城的延伸。经过北魏的临时筹措后,第一次施工在东魏的 543 年,后来在北齐期间的 552 年到 563 年得以大力修建,尤其 556 年一气修建了 1 500 公里,人力物力花费之巨几乎使国家崩溃。内长城的修建日期不太确定,但沿山西高地之界俯视河北平原的约 370 公里长的部分,却是在公元前 5 世纪的中山国所建城墙附近。其余部分可能晚些,约追溯到 390 年或五代时期(907—960 年)。

一旦穿越黄河,长城就向西南穿过鄂尔多斯沙漠然后一直北上,与宁夏附近的黄河相衔接。开始的一段城墙非常古老,由魏建于公元前 353 年,但在兰州(27)附近,布局再次变得复杂。沿着黄河右岸有很长的一段城墙遗址,然后,从兰州向西北方向,有一段保存较好的长城严密地保护着"古丝绸之路",但此外还有一段外长城蜿蜒穿过沙漠并与凉州(30)附近的原长城段相会合,这些城墙修建的日期并不确定。在凉州西北,长城到达"西口"的嘉峪关之前主要由泥土筑成,偶尔附近有些石塔,此后长城又向祁连山方向延伸

39

几公里后结束,形成了明朝及以前几个世纪所称的"天下最后一关"。然而,在公元前2世纪(汉代),情况并非如此,因为那时有至少高3.6米并点缀以几座9米高的塔楼的一段纵深的泥土墙继续通过安西(38)并呈保护姿态环绕着敦煌。

在兰州(27)附近长城有一段令人迷惑的延伸并以"青海环"的形式存在着。它源起兰州周围环形城墙,与外长城的西部接口,向西南方向呈弧形围绕着西宁(115),再穿过黄河并返回兰州,不过有一小段却向南而去。这段似乎可追溯到4世纪,当时在西藏山区的吐谷浑部落对西部的威胁很大。

因此,总的说来长城几经兴衰。在3世纪几乎没有维修过,但6、7世纪有很大的重建。然而从那时起,在唐宋的七个世纪,长城既无维护又无续建。元朝时,长城失去了它的重要性,而明朝以后的清朝也觉得它无关紧要,因而目前的长城主要是明长城。

沿河北及山西边界的长城东段墙体及塔楼大致轮廓如图401所示。石头基础的花岗岩岩块尺寸多为4.3 m×0.9/1.2 m,而碎石内衬的石质饰面约1.5 m×0.6 m×0.45 m,如果该面(约1.5米厚)是砖的话,约有七到八块砖的厚度。每公里有5到7或8个塔楼,间距90—120 m。若把古代的施工方法与现代的加以比较,将会让我们十分费解,人们只能说当时肯定使用了巨大的人力在斜坡上移动石块,并用滑轮把石块放在合适的位置。

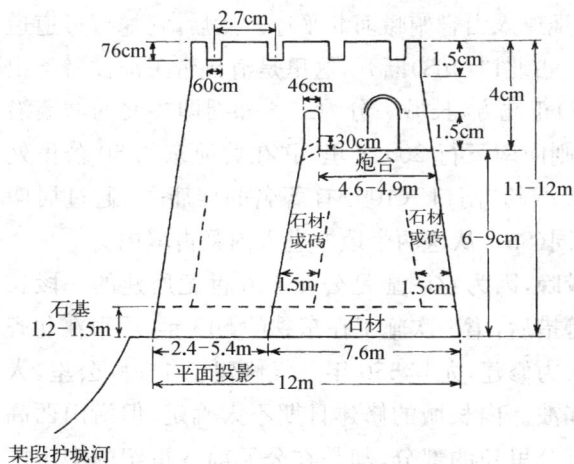

图401 长城东段城墙及塔楼的大致尺寸

木质加固物,甚至铁质的,似乎偶尔也会在城墙的一些部位使用。木材非常坚硬,在13世纪,当大雨过后若城墙的一部分倒塌,就可以用木材做杆形支撑物。木材可能还被用作模板,也可能用来加固墙体,因为汉代在塔里木盆地的要塞总是由一捆捆长柱形的矮灌木及野外丛生的树干与夯土分层修筑而成的。另一方面,木材还可能用于打桩,在17世纪《方舆志》中写道,如果"千年木"桩被夯下去,"大量的活力得以存储,松柏就可以用几百年而不烂"。

有证据表明,最早的长城即秦始皇时期的长城,其路线与目前的主线差异很大。它向兰州西北向延伸多远并不清楚,但它肯定经过宁夏(114)并经黄河"几"字弯北部到九原(5),在那里的高阙(117)曾有一道城门,不过已被长期湮没了。推测长城继续又向东穿过内蒙古大草原,沿着距现今长城北部不远处的路线再次入海,即进入距山海关(101)不远处的渤海。也有证据表明秦时的防御工事,可能是土质的,延伸到当前中朝边境鸭绿江江口的海里。另外一些信息源自秦朝将军蒙恬的传记:

> 秦已并天下(公元前 221 年),乃使蒙恬将三十万众北逐戎狄,收河南,筑长城,因地形,用制险塞,起临洮(119),至辽东,延袤万余里,于是渡河,据阳山,逶蛇而北。

但是,该工程涉及的大量组织工作、后备供给、测量以及规划工作并无任何文字流传下来。

规划如此大规模的工程似乎引起对是否打破了大自然既定形式的迷信恐慌。一些人暗示,长城在许多地方"切断了土地的经脉",甚至一个故事说蒙恬被命令自杀。我们有充足的理由相信这只是文学创作,但这也有内在的利害关系,因为这很可能与古代关于正确处理河道的工程争议有关,这一主题将在后面谈到。

修建长城的目的并非仅仅是连接零散的墙使之成为连续的整体工程,它连接曾在战国各阶段修建的城墙的目的,是为了打败采取骑马射箭的特殊战术的游牧民族或者采用该战术的封建割据势力的骑兵部队,只有意识到这一点,才能从正确的历史角度看待长城的修建。

秦国城墙示于图 402。公元前4 世纪末,秦国建了许多防御工事以防止游牧民族从大草原入侵。约公元前 300 年,秦国建了一段长城,始于甘肃东北方向的洮河,并止于山西北部长城向北转弯的地区附近,与更早的建于公元前 353 年的魏长城连接起来,沿着鄂尔多斯沙漠边界进一步向西北朝着黄河下行的路线蜿蜒,成为 9 个世纪后隋长城的雏形。约公元前 300 年左右,赵国建了另一段从高阙(117)沿黄河北岸向东,直到现今邯郸与北京之间某处的一段长城。在公元前 290 年,燕国建了第三段长城,从赵长城东端延伸到蒙古境内的辽河低谷。这些城墙的距离很近,否则万里长城的出现还要晚半个多世纪。但是,长城不仅仅是用来防止野蛮民族或少数民族入主中原的,因为长

42

43

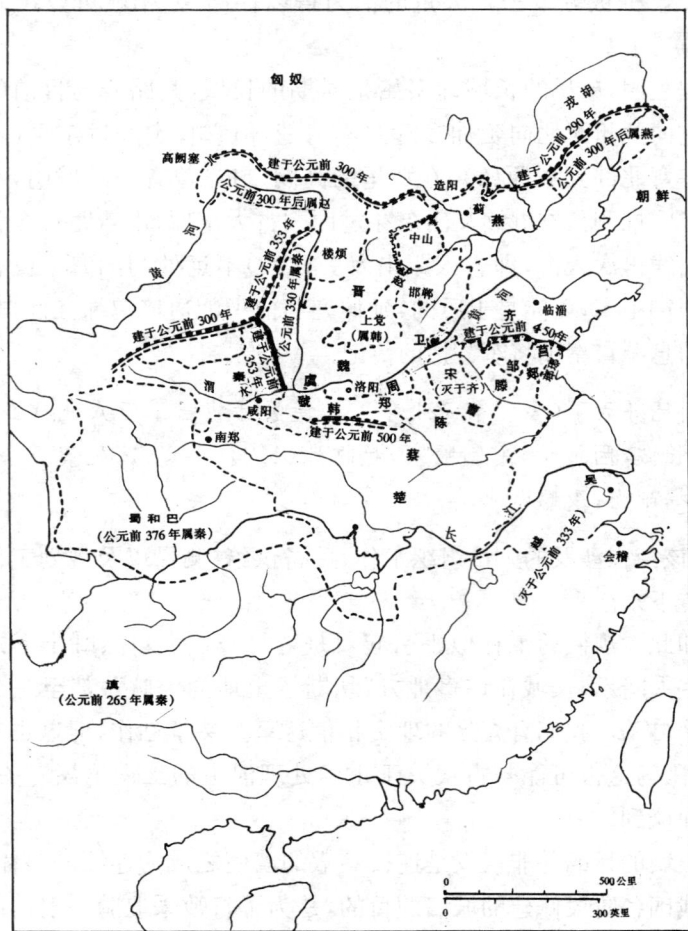

图 402 约公元前 3 世纪初各诸侯国的大致边界及长城的分布［经赫尔曼（Herrmann）授权（1935 年）］

城的一些城墙修筑在独立诸侯国的边界上，人们无法知道，这些诸侯国为何要修建比防护堤的规模还要大得多的长城，可能这些早期的城墙正像东英格兰的一座座穿越古代沼泽和森林的从罗马诺到英国的"魔鬼大堤"。人们依旧无法想象，古人是如何利用这些巨大无比的砖石垒筑起这样一座雄伟壮丽的万里长城的。

对长城长度的最佳估计约为 6 325 公里，这包括所有分支，若只考虑主城墙则只有 3 460 公里。当考虑到秦汉时期相对原始的运输状况时，表 54 所示数字的确让人惊讶。

表 54　长城不同区段的长度

主　线	公　里
山海关到长城东支	483
长城东支到黄河（外长城）	805
山西北界的长城	563
宁夏到兰州（直线）	402
从甘肃沿"古丝绸之路"到嘉峪关	724
嘉峪关到玉门关及阳关	483
	3 460
环线	
满洲延伸段（柳栏）	644
长城东支到黄河（内长城）	644
南支长城（山西边界）	370
兰州环	402
青海环	644
混合分支	161
	2 865
总长	6 325

　　长城在驱逐游牧民族骑兵时的作用是很明显的，每次对长城的拆除或增补都离不开中华民族的强盛。事实上万里长城的牢不可破已引起了各部落的震惊，并因此导致了他们一系列的对西欧游牧民族边境的骚扰和入侵。因此中国的工程技术以及当时人们组织巨大的劳动工程的聪明才智据说远远超过了罗马帝国的防卫能力。因为尽管罗马人可以在 2 世纪穿越北英格兰的狭窄地带修建厚 2.5 米长 118 公里的哈德连墙，但他们从未试图修建能与秦始皇的长城对等的建筑物，比如从莱茵河口到达多瑙河口。500 多年来，长城一直履行其责，仅仅在 3 世纪后，罗马帝国正相当"野蛮"的时期，中华民族力量的衰减才使得北方少数民族占据长江以北、长城以南的地区。

　　有趣的是，中世纪的欧洲人（及阿拉伯人）强烈认为是他们的祖先修筑了长城。关于亚历山大大帝各版本的传说中说，亚历山大曾把《圣经》上谈到的人物高格（Gog）和玛高葛（Magog）向东驱逐，并把他们和 22 个国家的邪恶的人们围困在神助他修筑的铁墙后面。后来，这些人突破了他的防线并肆虐全世界。1693 年 10 月，西方的使臣到中国来的路上，与商队骑马经过居庸关，从那一刻起，欧洲人就应该清楚地知道这一荣誉应该归谁所有。

第三章 建筑技术

第一节 绪 言

尽管由于建筑与美术如此相近而几乎不应归于本书的范畴,但其技术基础却不可忽略。制陶业恰是这种情况的另一特例。因此,我们只是大致浏览一下与中华民族文明相关的美学方面的大量文学著作。

对16世纪和17世纪的第一批欧洲旅行者而言,中国建筑看起来一定非常奇怪。在18世纪欧洲中国艺术风格盛行时期,欧洲人对它们有了更明确的兴趣。但即使这样,当1757年威廉·查伯斯(William Chambers)先生所著《中国建筑设计》一书出版时,他们对中国建筑施工的主要原则还是一知半解。19世纪时仅有两本英文版的相关书籍出现,情况并未有很大改观,但更近一段时期的研究工作部分地弥补了以前的疏忽。像通常的情况一样,一段时间后部分读者开始感到漂亮图片和考古学及宗教知识的过多和繁琐,更希望看到一些关于中国建筑结构原理的详细有用的基础信息。也有一种观点认为,应该更多地研究那些虽然普通但有地方特色的吸引人的城镇及农户住宅,而且,看到如此多精致的曲线形屋顶,渴望能很好地了解产生这种伟大风格的历史根源。对于这些需要,西方仅能做出并不完全的回应。

第二节　中国建筑的精神

　　没有其他领域能使中国人如此忠实地表达出他们伟大的理念：首先，人 46
类不能视为是独立于自然的；其次，人不能与社会分离。不论是在那些壮观
的神庙和宫殿建筑中，还是在那些或如农宅一样分散或如城市一样聚集的民
间建筑中，都存在着一种始终如一的秩序图式和有关方位、季节、风向和星象
的象征意义。中国人喜欢运用相对来讲并不持久的木、瓦、竹子和泥等材料
来建造所有具有灵活功能的建筑，他们喜欢横向划分建筑与建筑群的空间间
隔。虽然有些建筑会高出单层的房屋两到三层，但它们的高度会严格服从总
体建筑群在平面布局上的轻重主次。值得注意的是：塔，中国特色的垂直式
尖锥体，将与其外来起源不同的形式一直保持到现在，并继续装饰着城市外
孤耸的山峰。虽然它远离了完整的建筑群体，它依然与景观是联系在一起
的，这一点中国人从来没有忘记过，因为中国建筑中任何一部分的规划都讲
求与自然协调，而不是与自然对立。中国的建筑不会突兀地蹿出地面直穿云
霄，譬如欧洲的哥特式建筑那样，也不会强行将树木或一些植物排成文艺复
兴式的直线、菱形或三角形。它利用地形、树木和群山中的每一处自然美景，
这一点不仅真实地体
现在北京城边颐和园 47
这样美妙非凡的建筑
中，也同样体现在普
普通通的四川民居
中，民居通常是周围
环绕着打谷场，背倚
一片竹林，在它所在
的山谷上方是层层的
梯形稻田（如图 403）。
　　中国建筑的基本
概念在于一个或多个
院落的组合与安排，

图 403　湖南韶山附近一座典型的农宅（李约瑟摄于 1964 年）

有时这种安排方式颇为复杂，通常形成一个用墙围起的建筑群落（图 404）。
主要的纵轴总是（或最理想的是）南北向的，并且主要房屋或厅堂总是沿与纵

48

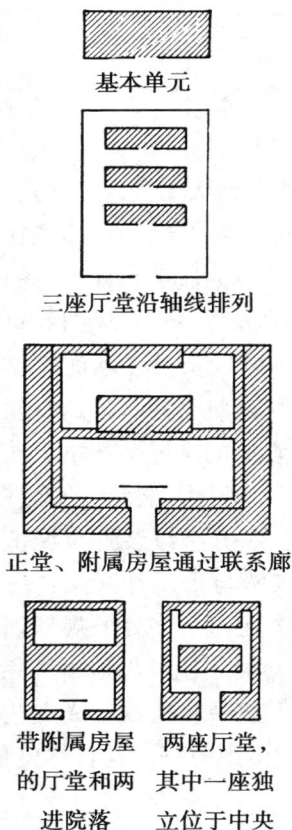

图 404　中国建筑的典型平面

轴垂直的方向坐落。它们一座排在另一座的后面，而每一座建筑的主入口都在朝南一面的中央。这些长方形的房屋有时通过各种平面的敞廊被连接起来，一些较小的建筑则排列在院落的两侧。

这样一种体系中，扩建绝对不可以通过增加高度的形式来实现，但可以继续延伸已有的建筑单元，增加它的宽度和进深，大型建筑群的入口一般先通过一座门，这可能类似于一座下有拱形门洞，上面是楼阁的城门，或者给中间并行的人行通道上加一个沉重的屋顶。建筑群落中的主要房屋多为单层，偶尔也有建成双层的，还有一些两层以上的楼阁和亭子也可能在群落中出现，出现处通常远离中轴线，这也是求变化的考虑（图 405）。在中国传统建筑中，院落体系的最大优点是院子和花园都是建筑整体的一部分，而不是什么附加物或独立物。由于建筑不高，建筑之间的空间便有了充足的空气，从任何一扇窗户望出去都能看到花园中树木与花草的景色，因此人们并没有觉得与自然隔绝。

图 405　四川成都青羊宫中位于主轴线上的八角亭

在长长的后墙上几乎是不开门窗的,整个建筑群的平面在这里到达终点。建筑群中最大的主体建筑被安置在轴线中心点北面的某处,而主体建筑之后(即再向北),便如音乐的高潮突然减弱,到了结束的时候。这里有一幅用中国式表现手法所画的建筑图,录自 1629 年的《圣贤道通图赞》一书(图406),图中可以看到大门,一系列厅堂和主干道都位于主轴线上,两条平行的辅轴线被安排在主轴线两侧,围合的院墙和一些有各自用途的楼阁,进一步说即使是民间建筑,也有一种明显的仪式特征,这种仪式特征是中国古代礼仪典籍中所规定的各种原则和行为的反映。图 407,一座北京传统四合院民居的鸟瞰图,很好地表现了这一点。

49
50

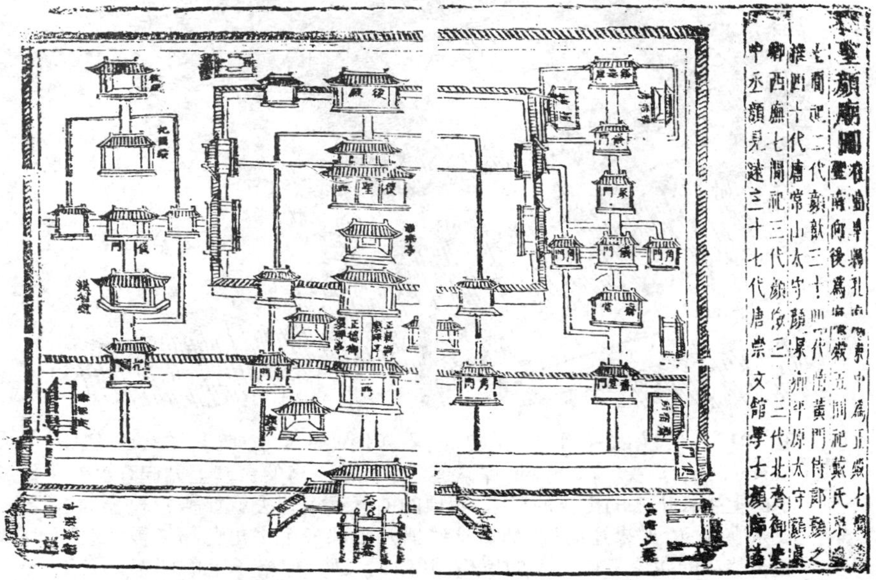

图 406　颜回庙平面图(选自一本 1629 年印刷潦草的大众化小册子《圣贤道通图赞》,书中用图画赞美了圣贤先哲和道士们。颜回是孔子的"四大弟子"之一,也是他最喜欢的学生,颜回庙位于曲阜孔庙的东侧,庙中两条辅轴线上建筑的布置遵守着对称的美学法则,主要建筑祠堂中排列着先哲们后代的牌位,进入庙中先要通过一座大门,然后再通过后面的二门)

中国古代房屋的另外一个特征是它们都有一个平台基,这个特点从它脱离了简陋的茅草棚时代起就已经具有了。最早这也许是一种出于实用的权宜之计,因为这样可以抬高居住地以及与之相连的通道使之建构在满院的泥泞之上。随着时间的推移,这一特点成为整个中国建筑风格中最主要的构成元素之一,另外的特点还有对屋顶的竭力强调以及建筑地坪的高度变化。地坪的高度变化体现在一些大的建筑群中,它们的主要入口设在最低点,来访

51

图 407 北京的一座四合院民居草图［摹自拉斯玛森（S. E. Rasmussen）。塞尔林（Siren）评论道："木柱从高高的台基上升起，就像小山上生长出来的挺拔的树木，屋顶的曲线远远望去就如柳树长长的枝条在舞动，如果还有墙，那么这些墙几乎像一个小角色那样被忽略了。整体的印象来自宽广的屋檐、开敞的长廊、窗格子上的图案以及栏杆扶手。"这一点是重要的，中国建筑中的墙的确处在一个不甚重要的地位上。确定建筑外观的是悬垂的屋顶，正如我们将要看到的，中国建筑中的墙是一种围护结构，它们对建筑结构并没有承重墙那样的支撑作用］

者通过一系列的院落和厅堂的同时，就走过了不断升高的地坪。的确，在每一组重要的建筑物中，建筑地坪升高的幅度都不会小于 5 米，表现在从前向后建筑的台基阶梯形依次抬高上。这些台基可能是用白色的大理石修建的，要走到上面需通过位于台基正中的两组平行对称的踏道，踏道之间是一条刻满高浮雕的斜坡，称为"御路"或"灵道"。院子四周另外还有踏步可以登上台基。

52

那么，中国建筑的主要特征可以概括如下：（1）强调屋顶，屋顶形状呈现和缓的曲线；（2）正式的建筑群围绕中心庭院布置，将重点建筑放在轴线上；

（3）结构暴露，支撑大屋顶的柱子和梁架清晰可见，即使墙中的梁柱也是如此；（4）丰富的色彩。这一点不仅仅体现在屋顶用瓦的颜色上，还表现在布满彩画的柱子和梁枋上，密密排布的檐下斗拱上以及长长伸展的粉墙上。但是正如西方建筑师安德鲁·伯亚德（Andrew Boyd）说过的，中国建筑中最让人感兴趣的地方也许在于它的功能和结构相互简洁而又忠实地反映对方。结构构架清楚确定，全部装饰都以结构为根据展开。清晰理性的特点显现在建筑的平面、立面和剖面中，并使三者达到高度的协调统一。中国建筑有一副被技术高超的艺人和工匠们所打造出来的外观，像所有成熟的美学一样，它们也需要调控好整体中的每一个部分，事实上，它们做到了这一点。

这些都与中国建筑所用的材料——木头有关。其实中国很早就掌握了用石料和砖砌成拱或穹隆顶的技术，这项技术多用在高台、防御工事、墙体、陵墓以及塔的建造中。对于中国人来讲，合适的居住房屋或祠庙都只能用木质的材料来建造并且要有一个铺瓦的屋顶，这就带来了一系列的梁架结构和围护墙的使用并发展出大跨度的空间，同时伴随着对空间的灵活分割和平面柱网尺寸的标准化。木结构还形成了如此精妙的屋顶，以至于它成为中国建筑的特征之一。建筑那巨大的高度以及庄重的纪念性也偶尔被提及，但都比不过屋顶所显示的感染力。我们看到，中国最典型的建筑是一座建于台基之上的长方形殿堂，由木柱定出它的位置和平面，再由纵横交错的梁枋将柱子联系起来加以固定。沉重的屋顶由向上不断收缩的梁架支撑，梁上放蜀柱以承托上面一层梁的重量，蜀柱是一种矮矮的短柱，垂直放置于梁上，作为上面一层梁的承重点。架在各层梁之上的横向构件叫做桁或檩，起到横向联系梁架的作用，屋顶曲线正是由桁的截面连线形成的。另一条曲线是檐口曲线，即我们平时所说的飞檐，是建筑四角的梁头向外伸出使檐口在转角处升高而形成的。

随着时间的推移，中国建筑在檐下发展出了极其巧妙的悬挑结构——斗拱，它们一攒攒排在檐下，在唐宋时已经使屋顶形成了深远的出檐。制作这些斗拱构件需要精巧的木工，它们使建筑增加了向各个方向伸展的灵活性。这些构件同时要求细致的彩画来装饰，通常由专门的画匠来完成这项工作。

就"设计的标准化"这个特点而言，值得指出：古代中国（和日本）的建筑思想对现代建筑的影响比我们通常猜测的程度更大。中国建筑的一个基本特征在于依照人的尺度和范围可以任意增加重复的建筑单元，比如开间、进深、开敞的院落等，这样的模数体系在现代建筑的理论和实践中得到应用，典型的如勒·柯布西耶（Le Corbusier）的作品。另一位建筑大师弗兰克·劳埃

53

德·赖特(Frank Lloyd Wright)刚好在日本工作过,同一时期,建筑师莫菲
(H. K. Murphy)正在中国忙于他的设计任务。

在中国,传统的建筑师和工匠都极其注意符合建筑的尺度标准和各部分
之间正确的比值关系。的确,在公元1097年写成的《营造法式》一书中,给出
了一套详细的比例数值。在图412中我们可以看到一幅卧式斗拱的仰视图,
图中的斗拱出二跳,每一跳斗拱的高度称为"材"。这里的用"材"为2×1斗
口,斗口即一攒斗拱最下面坐斗正面开口的宽度,整个建筑上的所有尺寸都
可以依据与斗口的比例而计算出来。到10世纪时,已经有十二种不同等级的
斗口尺寸,从15厘米到2.5厘米依次递减,宋代时,斗口尺寸略微大一些。

"材"有它特殊的技术重要性,因为建筑中的梁柱在被使用之前一定要预
先定好尺寸,而尺寸则由建筑的用"材"等级决定,也称为"才"。"凡构屋之
制,皆以材为祖。"《营造法式》中这样写道:

> 拱之广厚并如材。材有八等,度屋之大小,因而用之。各以其材之
> 广,分为十五分,以十分为其厚。凡屋宇之高深,名物之短长,曲直举折
> 之势,规矩绳墨之宜,皆以所用材之分,以为制度焉。栔(音至)广六八、
> 厚四分,材上加栔者,谓之足材。

54 这套体系无疑是从唐代的实践中继承下来的,并且可能在唐代已不算新
鲜了。这样,所有的中国建筑都是以一种标准或几种确定尺寸的模数为依据
设计建造的,无一例外地遵循着人类的尺度。无论建筑的构架有多大,总是
能保持合适的比例和各部分之间的协调。

中国建筑的格局反映了不同时期里各种不同社会阶层的需要。那么它
是如何反映的呢?对此我们只能做简单的回答,例如,在那些子孙们对自己
的婚姻问题都要听命于家庭安排的庞大的家庭体系中,被一堵大院墙所包围
着的众多房屋以及庭院的差别就必须给予高度的区分。汉代的大家族居住
地几乎就像一座工厂,唐代以后,那些富有的家庭不再总是把自己的宅邸当
成产品制造中心,但是那些技工世家的产品对城市建筑的影响却日益明显
了,尤其是在长安和杭州,在后来的大城市中也是如此。

乡村的建筑总是建造在农场周围,成为一个农业生产的单位。建筑的兴
衰与这一地区的繁荣程度以及主人的富裕程度(贫农、富农,还是乡绅)相关。
至于由中国的封建制度所形成的对公共建筑的影响,可能在于一开始就显现
出来的建筑的大规模的尺度,并且这一壮观的工程包含了世俗的精神。儒家
学说强调建筑中道德的、阶级的、轴线的、对称的本质,当然也包括现实的人

性,道家学说附和了对人性的强调,但它通常更提倡柔和些的,不那么严肃的、优雅的,以及风景优美的基地所带来的浪漫的总体效果,并更注重对人工景观和花园的建造。佛教的主张与道家一致,需要补充的是,佛教建筑中的塔起源于印度的"窣堵坡"或是纪念圣堂,入口做三开间或五开间的大门同样也是源于印度,围绕窣堵坡或圣堂的墙在中国被转化成了面向内部的长长的回廊,而塔则在回廊围成的院落中央。随后,塔的位置退出了中心。在大门的位置确定之后,由大门延伸出中轴线,两座塔对称地分布于中轴线两侧,或者只有中轴线的一侧有塔,而另一侧没有,再发展下去则是塔离开了寺院中心区域,分布在外围了。在早先设置塔的中心位置,被安置了佛殿,佛殿后面是法堂,法堂之后则为僧人的生活区。

但是,在东亚的建筑中基本没有世俗用途和宗教用途的分界,事实上,宫殿有时被用作庙宇,而庙宇也可以被用来作为学校和医院。也许所有这些都是中国的思想和感觉中基本的有机整体观的反映。

无论是什么力量形成了中国建筑的传统,它的贡献的确是惊人的。它在那些复杂的结构材料中映射出这些人们结合理性与浪漫的杰出的天赋。它协调了智慧与情感,把建筑技术、建筑布局与景观设计艺术相结合,在这种结合中,自然仍然占据着主导地位,没有被既成的建筑格局所约束,反而与人类的建筑作品结合而成为一个更大的有机整体。

第三节　城镇与城市的规划

如果单独的家庭住宅、庙宇或宫殿都曾被精心而细致地设计过,那么我们会很自然地期望城镇规划也显示出相当高的组织程度。但是,这个问题不是如此简单的,因为在中国,从一开始,自发形成的村落或乡村定居点与规划而成的城镇间就有相当显著的区别了。正如世界上其他地方一样,村落趋向于沿道路、小径或其他交通线路发展;它们出现在十字路口或三岔路口,一直以来,它们有相当程度的非官方的自治机构,群居的感觉非常真实。尤其是当一个村庄远离交通要道以方便地在被丘陵或森林围绕的地方开垦田地时,这种感觉更为深刻。

另一方面,中国的城镇并不是一个自发的人口聚居处、生产中心、集散中心,或市场中心。它首先是一个政治中心,一个行政区域中心和一个与封建主地位相当的官僚的基地。在公元前 1 世纪以前,人们在一些地方交换商品

55

并在季节性的节日里聚会,统治者占有了这些地方,把它们作为自己的城。因此,在中国历史上封建城堡和城镇之间并没有区别;城镇就是城堡,被修筑的目的是用来作为堡垒或避难所,同时也作为周边农村地区的行政中心。中国的城镇和城市不是市民的作品,出于对国家的敬畏也从来没有获得过独立。它们的存在是为了国家的利益,被造在精心选定的地区,被规划成合理的防御形式。它们不一定会被扩张,实际上,它们越扩张就越衰弱。如果后继的王朝仍然需要这个城市的话,会继续使用它的城墙。而城市的人口数仅仅是个体的数字和,他们与村落有着密切联系,因为他们的家族起源于那里,祖先的宗庙也在那里。欧洲的城市以市场、教堂、法庭等建筑为中心,呈外向型发展,相比之下,中国城市的基本功能便是对外防御,钟鼓楼、衙门和军队、市民住所等建筑占据了城中的黄金地段。

大概从周朝开始,所有的中国城市都被规划成矩形形状,与罗马的城堡相似,城内东西向和南北向的大街成直角相交。的确,有些人认为这种矩形的城的形式与较早的出现于青铜器上的圆形城墙不符,但有人争辩说商周时期在铜器上刻画图案是一种十分困难的事,谁又能担保刻画的人真的把圆和方分清楚了呢。这种观点似乎站不住脚。

56

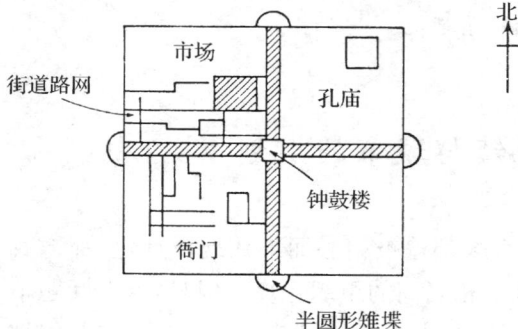

图 408 典型的中国城市规划

无论如何,大多数典型的中国城市形式乃如图 408 所示。地方长官的居所一般在城的前部,也就是南部,市场在北部,以主要的十字形大街为基准划分,官宅后面是衙门或官署。城中有一系列矩形路网,把城市分为不同的街区。这些街区常通过墙和大门被隔离开来,以方便官员们派人进行管理。后来隋唐时期这种布局使得城市发展出集中的围墙系列,先是内城,然后是外城,最后整个城市都被墙围合起来。

直到今天,中国城市的主要形状还是方形或矩形,当然也含有许多例外。南京的长长的城墙就是随地势变化形成的。一些大的城市,如福州,形状非常不规则,偶尔还有圆形和椭圆形的城市,比如宋代时的上海城。几乎所有的城市在城墙内都留下了充足的空间,用来作为后花园甚至农场的用地。有时,城门外会沿着大路发展出一个带形区域,把它用墙围起,形成了一片主城的狭长扩展带,就像我们在兰州看到的那样。另外一个甘肃的城市——天水,是由五个被墙环绕着的城镇,排成一排组合而成的。

在中国城市中,有时会有大量人口密集地聚居在一小块区域的情况。通常,建造者们不采取多层建筑的方案,而是不断用墙将不同家庭的居所分隔开来,这样一来,甚至连富裕家庭的空间都显得十分局促。但是在每一家的庭院中,虽然小,却都摆了盆栽的花木或小树,使之成为花园式的庭院。这说明在城市人口密度相当高时,仍然保留着一种属于私人的隔离的感觉。在北京,居住区的人口数量超过了每平方公里 20 000 人;在作坊区,几乎接近每平方公里 33 000 人,但是城市中遍地的树荫使之仍然保留着花园一般的氛围,这种氛围在那些院墙里面比外面还要浓厚得多。

总的说来,我们发现了一系列特别的空间,每个空间都对外开放,但是有墙、大门或架空的建筑作为它的屏障。在特定的点上,也会有一些"异常"景观,比如,岸边带有大理石栏杆扶手的河流等。在空间各组成部分之间,有着一种令人赞叹的平衡和联系。

中国城市与西方文艺复兴时期的城市之间的差别是显著的,后者以一座重要的单体建筑为中心,向外发散,如法国的凡尔赛城。而这座重要的建筑有时会显得与城市格格不入。中国的理念要整体化得多,也更复杂,因为在一个建筑群中会有几百幢建筑物,连宫殿自身也是带有街道和防卫墙的整个城市的更大组织的一部分。中国城市虽然很强调轴线,但并没形成一个具有统治地位的中心,而更像是由一系列建筑所形成的总的体验。中国的建筑思想使人们产生更多的兴趣,它的建筑轴线不是一眼便可望见的,而是要在行进的过程中慢慢发现。没有哪个单体在规模上强烈地凸显出来,因而中国建筑形成了一个大的整体,它的建造水平以北京的天坛为代表,在公元 15 世纪早期达到了顶峰。中国人在建筑中以一种诗一般的壮美融合了人与自然,形成了为任何其他文化所不及的整体和谐的建筑形式。

第四节　文献中的中国建筑

大概由于建筑承建者这一角色并不适合由读书人来担当的缘故,中国文献中关于这方面的记载少得可怜。然而,最早的写于周或汉代早期的《尔雅》却有一章特别描写了与建筑有关的事情。从书中我们发现有大量的技术用语在后来的岁月中一直保持着它们的原意,没有任何改变。后来的百科全书

图 409 从南面俯瞰北京天坛和祈年殿（在图的下方是天坛的圜丘,再后面是皇穹宇。在北端尽头,登上三层圆形台基,就是祈年殿。图上方右侧是一组复杂的附属建筑群,是用来守卫并为皇帝祭天大典准备牺牲的地方）

58　　中也常有相似的解释。在清代,许多学者对古代建筑用语的含义及表达法作了有效的研究。提到建筑规划实际作法的主要文献是《三礼图》。汉代它们被写出来时是两本书,后来被合并成一本。公元 600 年,人们又在里面加进了一系列重要的图片,约 770 年,更多的图释被加入进去,可这些资料后来都遗失了。在遗失之前的 956 年,书中的某些内容被聂崇义用在了另一本书中。虽然一个多世纪以后的天文学家、工程师同时也是高级官员的沈括怀疑聂书中的图片来源不可靠,但聂书还是流传了下来,并且在 1676 年被清朝的纳兰成德最后一次编撰。

59　　　这本书为何能流传下来,为何引起学者们的关注,原因在于它阐释了古代的礼仪。书中有趣的建筑平面包括明堂、宫寝以及王城（图 389）。一直以来,人们都在努力弄清楚《三礼图》的作者当时看到的这些建筑到底是什么样的,对供奉帝王祖先的太庙的研究就是有关的一部分。然而所有这些,都仅仅停留在学术研究的层面,对平面布局的关心远甚于对建筑的建造技术的关心,多少远离了建筑实践和建筑工人的世界。

　　　不过建筑实践也有自己的文献传承。很早开始,在皇家作坊里工作的各个工种就有工艺操作过程的说明书。梁朝萧氏皇帝说过在 3 世纪,就有了建造各种建筑类型的明确而成熟的法则抄本,但是这种说明书或小册子在官方的文献中甚至连标题都没有被记录下来,连最重要的内容也没能幸存下来,只是因为它们没有被指定的"颂"歌作者注意到。这里有一本《木经》,作者是宋代著名的建筑匠人——喻皓,他在965年到995年的宋朝初建的30年时间非常活跃。他建造了开封的开宝塔,这座塔被普遍认为是一件绝妙的艺术品,但是在大约1040年的一次大火中,塔被烧毁了。他的书没有被列入官方的书录,这表明建筑技术被认为是过于机械性的而不被注重思想的学者们所接受,同时也因为有一道社会的藩篱:喻皓是高级木匠,而这个根据自己的实践写出了中国历史上最伟大的建筑书籍的人只是建筑工程指挥的"白领"助手。

沈括在一段话中对喻皓的描述在这里值得全文引用。他说:

> 营舍之法,谓之《木经》,或云喻皓所撰。凡屋有三分:自梁以上"上 60
> 分",地以上为"中分",阶为"下分"。凡梁长几何,则配极几何,以为桡
> 等。如梁长八尺,配极三尺五寸,则厅法堂也,此谓之"上分"。楹若干
> 尺,则配堂基若干尺,以为桡等。若楹一丈一尺,则阶基四尺五寸之类,
> 以至承栱桡桷,皆有定法,谓之"中分"。阶级有峻、平、慢三等。宫中则
> 以御辇为法,凡自下而登,前竿尽垂臂,后竿尽展臂为"峻道";前竿平肘,
> 后竿平肩为"慢道";前竿垂手,后竿平肩为"平道",此之为"下分"。
>
> 其书三卷。近岁土木之工,益为严善,旧《木经》多不用,未有人重为
> 之,亦良工之一业也。

这段话大概写于1080年,在其后的20年时间里,有人把沈括认为有必要去做的重修建筑书籍的事情做起来并完成了,他就是《营造法式》的作者李诫。

李诫的生辰年月不详,但他在1086年沈括写《梦溪笔谈》时已经是礼部的一名小官了。在1092年担当建造工程的总指挥后,他立即显示出一名建筑师的才华和潜力,并于1097年接受修订《营造法式》的任务,此书完成于1100年,三年后印刷出版。他不仅是书的作者,同时也是一位杰出的工程实践者,他建造过官署、宫殿、大门和门楼,还有宋朝的太庙,以及一些佛寺。李诫在书的前言中说,他从长时间传承下来的建筑实践中学习,也吸取高级木工以及其他工种负责人的口头传授。然而让人奇怪的是,他从没有试图把文学与技术传统做更进一步的融合。

李诫给出了规矩和法则,这些形成了《营造法式》的主要框架。它们被依 61
次分类罗列,包括:

壕寨制度	旋作制度	彩画作制度
石作制度	锯作制度	砖作制度
大木作制度	竹作制度	窑作制度
小木作制度	瓦作制度	
雕作制度	泥作制度	

李书的最后一章中介绍了计算法、材料(包括一些有趣的图案组合)和工种的分类。从一开始,书中就提供了精彩的插图(见图 410,图 413 和 414)。我们把注意力给予中国建筑基本的建筑结构和木构架的形式是重要的,因为直到 18 世纪末在欧洲的教科书中它们还是空白。

除了李诫的《营造法式》,明代又出了一本《营造正式》,后来又或多或少出了一些官方的技术汇编,但是没有什么作品曾经取代过《营造法式》的地位。

另外一支不同但相关的文献传承系统是诗歌和民谣中对城市、宫殿和庙宇的描绘。自汉以降,骈文和诗歌成为突出的文学形式。在 530 年,梁朝太子搜集了大量作品编成一部《文选》,里面包括描写西安和洛阳的诗赋,但赋中的语言极其晦涩难懂,而技术术语对建筑及其布局的描述也相当模糊。虽然如此,它们还是值得研究。还有毛长延所作的《三辅黄图》,这本书大约作于140 年,更有可能是作于 3 世纪。书中包含了图画和列表,被认为是研究后汉都城西安的较可靠的资料。

传承在继续。12 世纪以来由于少数民族入主中原,有力刺激了对战争破坏之前的城市和建筑的回忆及描写。在 1127 年开封陷落 20 年时,出现了描写开封城的《东京梦华录》,蒙古人对南宋首都杭州的入侵至少促使四本书出现,其中有《都城纪胜》和《梦粱录》。在读这些基于大城市的景象和生活所做的描述时,很有可能会从中得到许多关于它们的建筑和城市的信息。

62　　第三种文献有更多的机会应用在古建筑复原及中古城市及其建筑的展示中,也就是说,它记录了考古学家和当地文物收藏家的工作,几乎每个城市都有自己的地方志,这是一项记录地方历史和地理的工作,经常记载有建筑以及城市规划的传统。当然,最多的注意要被放在都城,典型的如魏书写于公元 705 年的《两京新记》。1075 年,有人根据这本书画了一幅西安地图,地图以 100：3 的比例画成,上面还标定了重要建筑的位置。

最近的研究显示,任何依照古代文献所进行的古代建筑的重建工作都是极端困难的,因为文献中缺少对重建工作来讲是必不可少的图画。幸运的是,我们并不是什么图像也没有,我们有在战国和秦汉时期的雕刻器皿,烧结砖以及明器,它们都提供了大量图像资料。涉及唐代的资料时,我们的处境更好了,因为我们有表现了许多建筑细节的敦煌壁画。这些壁画可以被分为两类:人间的城市、庙宇以及佛教西天乐土中的景象,画中出现了各式各样描绘细致的大型楼阁、亭、廊、台基、池塘、平台、桥梁等,所有这些建筑都能被分解出精确的平面和立面。

关于建筑行当在不同历史时期的地位,我们还可以找出更多的信息源,这就是官方修订的一些典籍。《周礼图》在有关技艺和工程的这一章中提到了"必须建造都城和房屋";北齐(550—557 年)时期,出现了关于一位建筑工程管理者的记载;隋(581—618 年)以前,在需要修建宫殿或官署时指派建筑官员,而其他时期,这个职位一直是个空白。渐渐地,情况发生了变化。元朝(1271—1368 年)时,建筑工程部门除了负责房屋建设事宜,还管理其他多种工程事务。

第五节　结　构　原　理

现在我们来看一下中国建筑基本的结构原理,把问题向更深的内核推进。在某些地方我们可以找到明显的答案,但是在另一些方面,回答仍然不那么让人满意。

首先有一个关于基本材料的难题,为什么在整个历史发展过程中中国建筑一直用木头、瓦、竹子和泥,而不像希腊、印度和埃及那样,利用石头作建筑材料从而留下大量的遗迹呢?当然不能说中国没有用来建造大型建筑的石头,但这些石头仅仅用在墓室、石柱、石碑的形式中(还要在石质的材料上刻出仿木结构的细部),以及主路两侧的人行道、庭院和小径的地面铺设上。也许答案在于中国和西方的文化差异上。社会结构和经济制度也是影响它的一个方面。西方的奴隶制可以驱使成千上万的奴隶同时修筑一项统治者要求的艰苦的工程,而中国的奴隶制在任何一个时期都无法做到这一点。在埃及和亚述古建筑的门楣上,常雕刻有大量劳工运送供建筑和雕刻用巨石的图案,在中国的文化遗迹中则没有与之相似的东西。中国历史上法度最强硬的秦始皇——最早的长城修建者,大概是动用奴隶数目最多的了,但我们同时还要把犯人劳工考虑在内,因为犯人在远古和中古时代的中国一直被用来充当繁重工作的劳动力。我们要注意到问题的关键在于中国建筑在早期形成时所处的社会状态,是这一点决定了中国建筑的形式特征,而中国木构架的建筑形式与当时大量奴隶的缺乏之间很可能有某种必然的联系。另一方面,

64

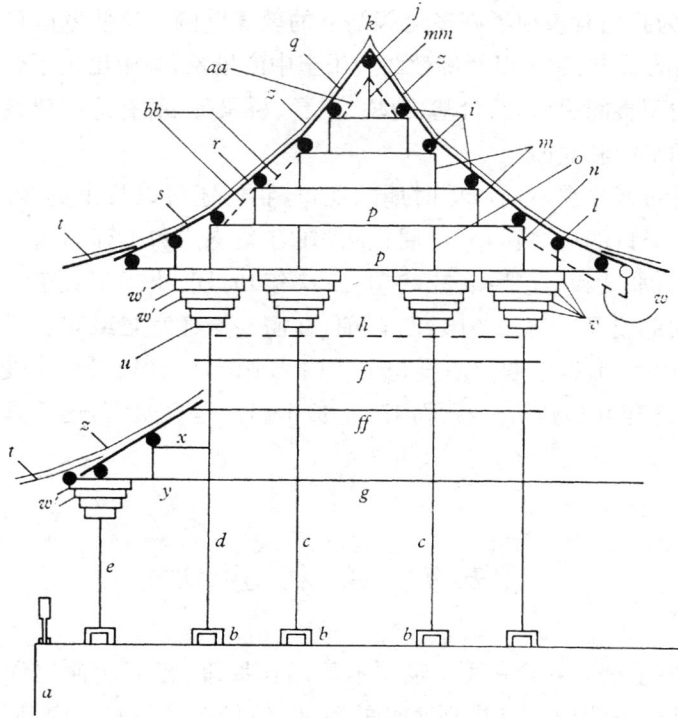

图 410 厅堂的大木作结构图(采自公元 1079 年的《营造法式》)

a. 台,阶基(带勾栏) *b.* 支撑柱(注 *a*)的柱础 *c.* 主要的柱(注 *b*):檐柱,金柱 *d.* 外层主要柱:支承屋檐(注 *b*)的老檐柱、檐柱 *e.* 外层支撑廊檐的短柱(注 *b*):小檐柱 *f.* 主要的联系枋(注 *c*):大额枋 *ff.* 其他一些枋 *g.* 位置最低的主要联系枋:跨空枋 *h.* 扁平的支撑天花板龙骨的平板枋 *i.* 平行的桁、檩、檩条子 *j.* 位置最高的桁:脊桁,栋,桴 *k.* 屋顶正脊 *l.* 檐柱支撑的正心桁

65

m. 上部外侧承梁短柱:柁墩 *mm.* 最高一层承脊短柱:侏儒柱,或称栜。同样形象化的称谓给了屋架中所有垂直放置的柱墩:山柱(译者注:作者在这里弄错了,山柱的意思是山墙位置的长柱) *n.* 最低的外侧承梁短柱:瓜柱、童柱 *o.* 中间承梁短柱:衬料木 *p.* 主要承重梁(注 *d*):架梁,也称梁 *q.* 较高层的椽:脑椽(所有椽条都可称为椽或桷) *r.* 中间层的椽条:花架椽 *s.* 较低层或檐部的椽条:檐椽 *t.* 架于檐椽之上(注 *e*)的飞檐椽,或称榱 *u.* 最低的斗拱单位:头翘斗拱 *v.* 双向叠加的悬臂构件单位(注 *f*):斗拱 *y.* 主要廊檐梁:挑尖抱头梁,也叫乳栿 *w.* 有支撑作用的构件——昂 *w'.* 没有支撑作用的假昂 *x.* 向外伸出的支撑廊檐的梁:单步梁,也叫乳栿 *y.* 主要廊檐梁:挑尖抱头梁,也叫乳栿 *z.* 屋顶表面呈直线排列的瓦,下有望板 *aa.* 在宋和宋代以前应用的叉手构件,用来支撑脊檩,从古代人字拱演变而来 *bb.* 宋和宋代以前用在前后坡下联系上梁与下梁或梁与柱的构件,叫叉手或托脚

  a. 注意这里没有中世纪欧洲木建筑那样的地梁或贴地面的联系枋。但中国的门槛是非常有名的,在主要的门扇和大门处都不可或缺,而贴地梁枋仅仅与木作的墙壁相关。

  b. 所有这些都被联系枋沿建筑的长边联系起来。

  c. 严格地说,它们只能在最低一层的斗拱以下架设。

  d. 最高一层的被称为"风梁"。

  e. 类似于欧洲中世纪木构建筑中的楔形木板条。

  f. 横向跳出的拱称为华拱,标准华拱的高度在《营造法式》中有记载。纵向出跳的拱,在图中没有显示出来,有几个名称,在檐柱与檐桁之间的纵向伸出的托臂叫瓜子拱;慢拱在瓜子拱之上,更长一些,以便伸得更远;令拱是承托檐桁的纵向托臂,均被称为枋。纵向的联系枋在图中也看不到,它们都在构架中起着辅助加固的作用,均被称为枋。

  注意:图示只是单纯的结构示意,没有标注尺寸与结构各部分构件的强度。图中所显示的建筑各部分的比例也十分不恰当,但是因为这张图相对于书页的大小比例较合适,故我们将之摘录下来。同时,中国的纪念性的建筑物的长度总是比它的深度要大得多,比如这里所示的梁架断面与著名的建于670 年的日本奈良法隆(Horyu)寺金堂的断面就不尽相同。

木质材料的使用也与古代的机体论自然观有关(见第一卷第153—157页),在这样一种自然哲学中,石头被认为是属于土的元素,对它的正确使用方式应该是在地下或者在地表面,而木材是属于"木"的元素,在天地间居于沟通的中介位置,因此是唯一适合用来建构房屋的材料。但是这些仅仅是推测,问题依旧存在着。

更饶有趣味的问题是中国建筑的屋顶曲线有什么含义?是如何起源的?许多来到中国的外国人都会不由自主地问自己这个问题,因为屋顶曲线是中国建筑最特殊而且最美的特征。几个世纪以来的游客们都普遍认为这是一种模仿天穹形式或沿袭简陋的苇草屋顶形状的结果。然而这种看法没有权威方面的支持,包括文献记载或考古学家的认同,所以这是一种错误的认识。我们首先需要了解的是中国的屋顶结构是通过哪种结构形式形成了它的曲线。这个问题可以通过图410或411的例子来说明。

如图410所示,在台基(a)上有柱础(b),柱子直接立于柱础之上。柱与柱之间通过一根根的枋(f,ff,g)进行联系和加固,枋有几层,高度不同。

在这些枋的上面是支撑屋顶的一列列梁架(P)。两层梁架之间有桁墩(m)做承重构件,最高的一根托起脊桁(j)的桁墩被称为侏儒柱(mm)。在各层梁(p)的尽端,成直角搁放着桁(i),椽子(g,r,s)就固定在桁上。回廊的构造与之极其相似,以一种附加的方式与主体相连。 66

因此,中国建筑是二维向度的木构框架,它的特点是能够有无穷尽的变化和适应能力。正如考古学家所展示的,它坐落在夯土的台基上,基本特征能被追溯到商代(公元前两千年)。在远古时代,只有大梁(P)被使用,随着时间的推移,人们发现在柱与梁相搭接的地方常常有过度的变形,而损坏也容易在这里发生。为了避免这种情况,便在柱顶与梁之间增加了许多托臂,从柱顶向上,托臂一层比一层更长,最后形成了支撑梁架的斗拱体系。这些拱向前方不断分出新枝,不仅仅沿一个方向,而是呈直角的两个方向,因此它可以支撑横纵两个方向的梁枋[如图411(a),(b)和图412],《营造法式》中也有许多关于斗拱的插图可以说明这一点(图413),同时插图也解释了这些斗拱是如何通过榫卯或木销被固定在一起的(图414)。但是这些构造在建筑中有可能被遮挡在天花板后面而看不见。

这些屋顶和它附属的外廊的顶部的典型构造如图411(c)所示,但在唐和唐代之前,通常是通过把檐椽或飞檐椽[图410(t)]架在檐桁或斗拱上[图411(d)]形成檐口的,以后发展了另一套体系,即把檐桁置于一根起杠杆作用的昂上,这根昂的后部向上翘起,被压在内檐的斗拱结构中,斜度与屋顶坡度相

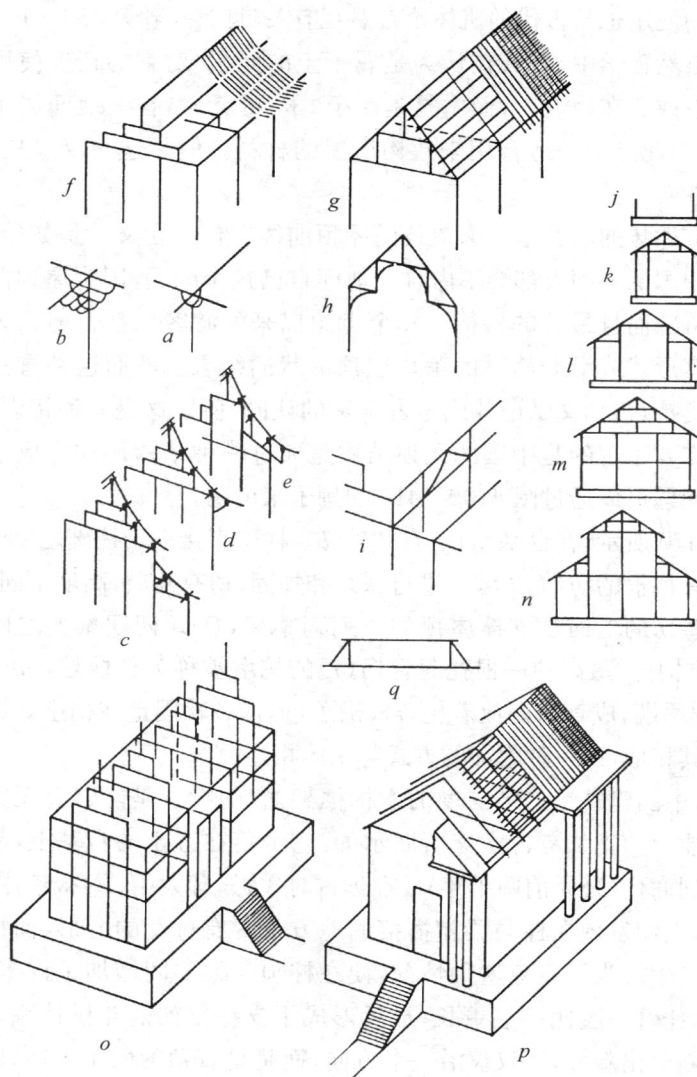

图 411 中国和西方建筑的图解

(a) 斗拱原理示意。(b) 更复杂些的斗拱。(c) 中国建筑中主要屋顶和附属屋顶的典型作法。这里没有起杠杆作用的昂承托檐桁,纵向的桁在不同的高度上被横向梁架托起。(d) 檐椽和飞檐椽搭在被斗拱支撑的檐桁上。(e) 檐桁落在起杠杆作用的昂的前端。(f) 中国建筑的结构原理示意。(g) 欧洲建筑的结构原理示意。(h) 英国的托臂梁拱形承重屋顶结构。(i) 中古早期中国建筑中应用的倒"V"字形人字拱。(j)、(k)、(l)、(m)、(n),中国建筑中典型的柱、枋、梁构架体系的横截面。(o)、(p),中国建筑基础与希腊及哥特建筑的基础比较。希腊山墙一般覆盖着柱廊的外缘。(q)"叉手"支柱形成的四边形桁架。

图 412 最简单的斗拱形式之一（位于山西五台山山脚下的南禅寺大殿，部分构架作于公元八世纪。李约瑟摄于 1964 年）

近，这样它的前端便获得了向上的力，得以支撑檐桁［图 411(e)］。这个体系在元代逐渐被废弃了，昂的结构作用消失了，仅仅遗留下一点点形式的影子，见于后代斗拱中鸟喙样的昂头，图 410(w)便是。在大多数地区，屋顶的四角要比檐口中央底线高出（图 410），而在南方，屋檐更以一条优雅的曲线形式在四角高高翘起。山面或侧面的屋顶并不是主要的，但是在重要的建筑物中，山墙的三角形部分很少延伸到屋檐以下，它们在正脊的一半或更低的高度上就被截断，而屋顶的斜面继续向下并覆盖着它，赋予建筑一种整体和谐的观感。

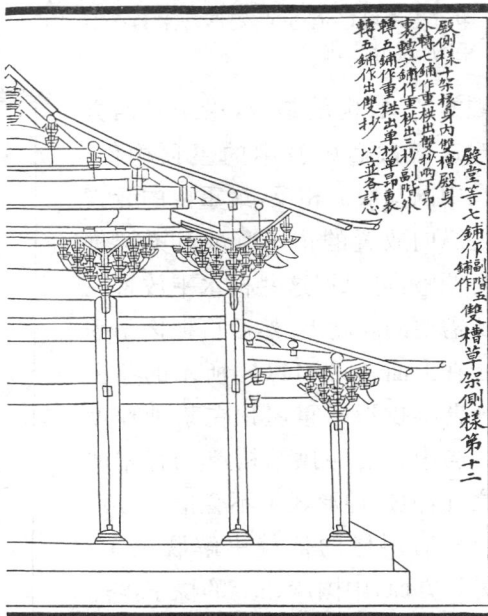

69

68

图 413 一座厅堂横断面所示的三层斗拱结构图（各条桁所连成的曲线轮廓和最终制成的屋顶曲线都表现得很清楚。昂在这里发挥着结构作用。采自公元 1079 年的《营造法式》）

70

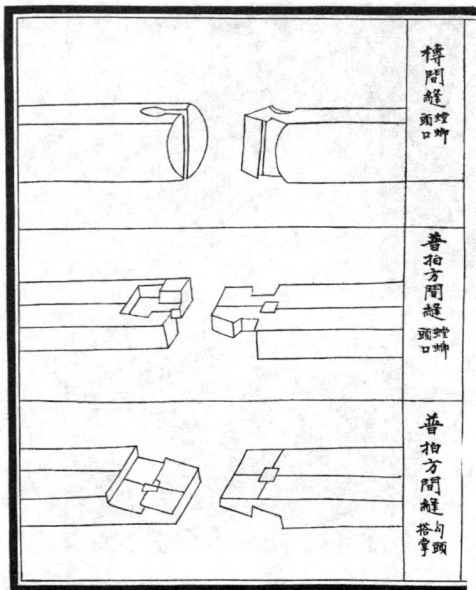

图414 连接梁和枋的几种形式的榫卯（复印过程中可能有一点变形。采自公元1079年的《营造法式》）

71 硬的斜椽，也就是说，椽子是西方建筑横截面中基本的屋顶构件。在中国却恰恰相反，最重要的元素是纵向放置的桁。通过对梁架进行调整，可以把这些桁水平放置在所需的高度上，然后再把椽子固定在上面。图411(h)所示的英国托臂梁拱形承重屋顶在某种程度上与中国的斗拱结构单元有相似之处，但这种形式绝不会把西方建筑从对斜椽的依赖中解脱出来。另一方面，中国屋顶上的椽子虽然单个看来是直的，但它们数量众多，通常每隔三、四根桁便搭一排椽子。因此屋顶的瓦便以一种光滑的曲线轨迹排列下来。令人奇

不论屋顶的支撑构架细节如何，它能够脱离基础、墙和屋顶独立存在，且自成一个整体，这一点是重要的。在长、宽方向上延展的梁和枋，下面有纵向的联系枋对之进行固定，上面则有更高一层的纵向联系枋以及桁加固其结构，最后形成了一个长、宽、高三向度的构架体系。它与古代以及中世纪欧洲建筑的框架墙不同，堪称现代建筑中钢框架结构的真正祖先。

我们现在要来了解中国建筑与西方建筑的另外一个基本不同之处。弯曲的屋顶和所有它所蕴藏的含义都是不可能在西方生长出来的，在那里只能出现直线的僵

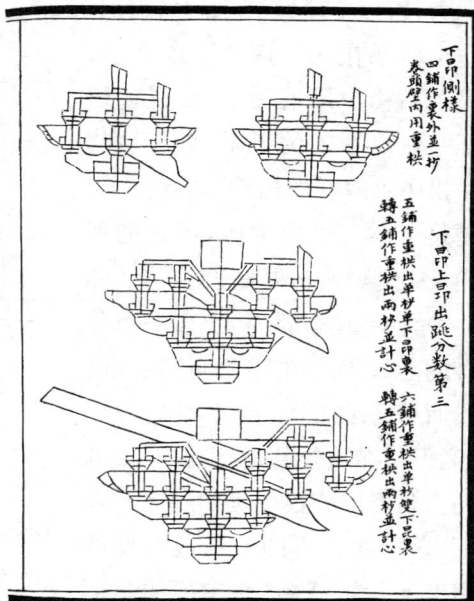

图415 含有起杠杆作用的昂的一攒斗拱（采自公元1079年编撰的《营造法式》）

怪的是,欧洲建筑的屋
顶中也采用曲线,但却
是凸曲线,而不是凹曲
线,就如下部坡度比上
部坡度陡的曼萨德屋
顶那样,梁架中的短柱
位置相当靠近结构的
边缘。我们将看到中
国建筑中没有任何起
结构作用的椽子,但有
一个例外,那就是我们
在上文中提到的昂[图
411(e)]。

图 416 位于长城西端、明代要塞嘉峪关的一座戏台(用来在新年时唱戏或举办其他活动。四角的屋檐在各个方向向上优美地翘起。李约瑟摄于 1943 年)

"昂"是如何起源的呢? 它们插进特征性的方形中国建筑横断面[图 411 (j)—(n)]中形成了三角形结构。回答这个问题,我们需要回顾一下历史。在远古时代,中国建筑技术中就普遍使用了把两根木柱斜向相交于一点的构件,这种构件在欧洲屋顶桁架[图 411(i)]中也有,但当时对这种倒"V"字形构件的使用主要出于装饰的目的,使梁架从前面看上去显得富有变化。它们肯定在公元 1 世纪时就已经有所应用了,因为在公元 100 年编写《释名》一书中有"斜撑"的词条。

图 417 佛光寺大殿中的"V"字形承重构件(大殿建于唐代公元 857 年。梁思成摄于 1952 年)

当它们被用在脊桁与三架梁(最高一层横梁)之间即侏儒柱(图417)的位置上时,就不仅仅是一件装饰物而是维持结构稳定所需的重要构件了。这样的用法在现存的古建筑中已经极少能看见,因为到唐代末年时,侏儒柱被广泛地使用而最终取代了它。然而,这并不意味着这种"叉手"完全消失了,它们又作为侏儒柱的辅助支撑物存在了些时间,同时,它们能够被应用在每一层梁架的两端,有时是支撑梁,有时是支撑桁,并形成了一种带支撑的四边形桁架[图411(q)]。

74 正是由于它们多重不定的用途,它们从没有在屋顶的侧曲线形成中起到决定性的作用,侧曲线仅仅由梁和桁的铺排所决定。

我们可以看到昂的概念是如何容易地产生了,它们只不过是为了解决屋檐悬挑问题而对叉手应用原理的延伸。关于屋顶曲线的最后一点看法基于这样一个事实:古代中国建筑的"正"面是它较长的那一面,而不是像埃及、希腊或中世纪欧洲那样短的一面[图411(o)和(p)],这样在横向就可以用复杂的结构单位,因为它们不会破坏透视的画面。

不管现在我们怎样看待"天穹理论",有一点是清楚的,即中国建筑向上翻起的屋檐使房屋能够在冬天获得最大范围的光照面积,而在夏天得到最大限度的荫凉。在既要保证顶部有一定坡度又要在檐下获得更大进深条件下,这屋顶能够降低房屋的高度,同时也减少了风对两侧的压力。这个特性对于减少柱子的风位移是非常重要的,因为柱子是直接放在石柱础上而不是插在土里。凹曲线屋顶的另外一个实际功能也许在于雨水和积雪能够沿屋面快速地滑下飞落到庭院中,而不致侵蚀台基。当然,它还最大限度地满足了美学的要求,正如19世纪晚期的一位军医——约翰·拉普瑞(John Lamprey)所说的,它们来自一种具有内在反应能力的结构,是一种特别的趣味和智慧的印记,正如所有的图中所显示、我们的叙述所强调的那样,中国建筑的墙没有在屋顶和梁架的结构中占有一丝比重。建筑中的门和窗是完全自由的,可以在上面展示高超的木工技巧,做出精美的窗格和图案。建筑可以被随意雕琢而没有倾倒之虞,可以把墙打开到你乐意的最大限度,事实上,在南方闷热的气候中,整面墙都被经常性地保持开敞。

铁柱和铁梁回归历史的程度,比我们想象的还要深。我们在中国的桥梁中会看到一些出乎意料的例子(第117页)。950年,广东有人建了一座有十二根铸铁柱子的大厅,每根柱长3.6米。铁的联系构件在西方中世纪晚期和文艺复兴时期建筑的拱顶中已经有相当高的使用率了,但是西方真正的突破要算 1797 年查尔斯·巴治（Charles Bage）在英格兰西部舒兹伯利建造的一座五层的亚麻工厂，这座工厂依然还在，并且在 20世纪 70 年代被重修得很好。但它的铸铁梁柱结构中混有砖拱，所以即使它是第一座多层铁框架结构的建筑，长时期的稳定仍然有赖于承重的外墙来维持，40 年以后，一座三维向度的铁框架结构依靠自身的力量站立起来，这就是伦敦附近的水晶宫。在 1884 年芝加哥建造的第一幢摩天楼类型的建筑——芝加哥家庭保险大楼中铸铁、锻铁以及锻钢都被派了用场，之后，纯粹的钢结构建筑开始出现，几乎全部用透明的整片玻璃代替整座建筑墙壁也变得可能。但是可能只有极少数的卷进这场伟大运动的建筑师或工程师意识到对承重墙的摆脱是他们的中国前辈早在 2000 或 3000 年以前就已经做到的了。 75

第六节　绘画、模型与计算

虽然中国建筑技术的历史是简缩的，但我们仍然要分出一部分注意力给那些关于旧时建筑师和修建者们在建造活动之前所做的准备工作的记录。这里我们可以给出几个在文献和绘画材料中找出的例子。

在公元 5 世纪，《世说新语》中记载了一个魏文帝（220—226 年）修建凌云台的故事：

> 凌云台楼观精巧。先称平众木轻重，然后造构，乃无锱铢相负揭。台虽高峻，常随风摇动，而终无倾倒之理。魏明帝登台，惧其势危。别以木材扶持之，楼即颓坏。论者谓轻重力偏故也。

实验的形式也被用在准备工作中，大约 1197 年，新儒学派的哲学家黄榦带领手下要为他所掌管的安庆城重建一道城墙，他先根据城中所有的人力物力拟定了城墙的长度和范围，然后一声令下全速投入修建工作，终于抢在金兵入侵之前建成了城墙。

在北朝时期，绘画和模型出现了。大约在 491 年，崔延祖对北齐皇帝说：他的外甥崔少禹要到京城来，他在建筑绘画用色方面有高超的技巧，崔建议皇帝下旨让他做一套宫殿的模型并留住他，但是皇帝并没有接受这个建议，于是崔少禹在画完了宫殿的彩图之后，便回家了。

现在这些 5 世纪后期的绘画和模型非常珍贵，我们从中看到对比战国和

76

图 418　图中所示为广东出土的东汉明器邬堡（四角的塔楼和中央轴线上的两座楼阁，围合成一个封闭院落，院落中有两座两个房间的房屋模型，还有一些忙于农活和家务的人物。安南摄于 1902 年）

汉朝那些设计简单的明器（图 418），这些画和模型已经有了很大的发展，小型化成为一种明显的潮流。模型在宋代（10—13 世纪）做得比较多，例如，写于 950 年的《清异录》中讲到：有工匠为孙承煜将军制作了一个骊山的小模型，上面有溪流、小桥、房舍、亭台楼阁以及小径，用混有樟脑的小木板做成，后来人们又发明了蜡制模型。这只是那些景观设计中的一个，类似于我们今天参观到的离宫的前期模型。同一段记载中还提到了一个工匠同时正准备制作一座覆盖在岩洞入口的小亭子。

77　　　这个时期，小型的建筑被大量用于室内作为装饰。公元 1072 年，日本和尚圆仁参观都城开封时，注意到禅院主要法堂的大厅天花板上"布满了辉煌的模型殿堂"。藏经阁也被如此装饰，书柜上雕刻着凸出的庙宇模型。我们可以对圆仁所看到的景象有一个鲜明生动的印象，因为在 1038 年修建的北方大同的下华严寺藏经阁中依然存在着这样的建筑模型。这里，在一个中央门洞上方，可看到一神奇的楼阁模型，它的底部是一座向前悬出的虹桥（图 419），如此精美的建筑模型被用来收藏经书。

　　在 7 世纪，文学家江绍树注意到了那些精于建筑绘画和着色的专门人才。即使没有预先计划，他们也无疑会帮助客人或建造者画出边界清晰工整的图画，我们称之为"界画"，这些画与过去那些从大体上含糊表示景观的画有很大区别。江还宣称这些精通建筑计算的艺术家们希望在这个领域不断进步。在中国这是一门可以附着许多重要意义的艺术。

　　这就是为什么《营造法式》会成为一座里程碑。的确，它的出色结构图引出了一些重要的问题。到现在为止我们还没有提到任何形成我们今天所称的"工程图"的材料，但是《法式》中木构架的各组成部分的形状被描画得如此清楚（见图 420），以至于我们几乎是以一种对待现代工程图的感觉在提起它——也许这在各个文明中首次出现。当代的工程师常常想知道为什么远古和中古时代的技术制图极其糟糕，从希腊世界中保留下来的文化被如此歪

图 419　作为内部装饰的微缩建筑(山西大同下华严寺藏经阁内的虹桥及楼阁,模型中可看到极其丰富的斗拱丛。模型作于公元 1038 年,值得注意的是屋顶上有两排伸出的昂。李约瑟摄于 1964 年)

曲以至于需要许多的注释,阿拉伯的机械制图有着含糊不清的名声,中世纪欧洲教堂的修建者仅仅是手工匠人,即使列奥纳多·达·芬奇(Leonardo)自己也几乎没留下比瞬间灵感带来的草图更清楚的资料,我们必须面对这样的事实:欧几里得几何并没有使欧洲早于中国出现高水平的工程图画,至少是建筑绘图方面。的确,这里的顺序变换是真实地发生的。

在任何建造活动开始之前,都需要一定的计算工作,在 11 世纪的建筑师李诫的书中有许多这方面的线索,但是在离开这个问题之前,我们必须注意到中

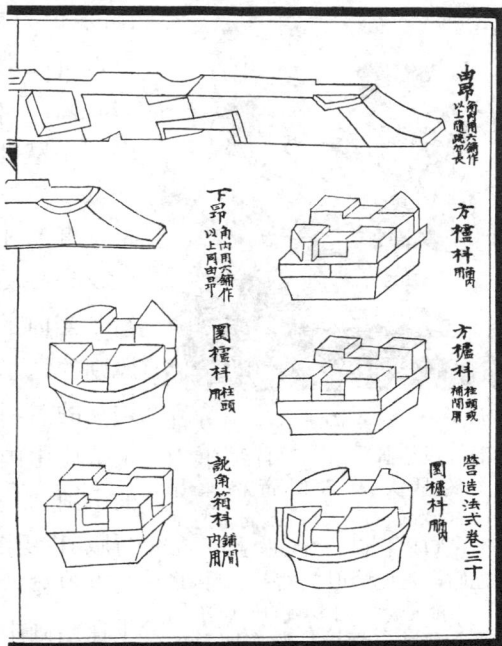

图 420　1079 年印刷出版的《营造法式》一书中的工程图图例(五只斗及两条昂)

国技术中有关立体几何的术语大部分都来自工匠们的专注精神,有时甚至来自于手中所用的工具。这再一次映射出中国人来自实践和经验的智慧。

图 421 结合中西透视画法的混合风格画作[作者可能为传教士约瑟夫·卡斯帝格莱昂(Joseph Castiglione)或简·丹尼斯·阿岁特(Jean Denis Attiret),他们都是乾隆时的宫廷画师,也有可能是被他们影响的一位中国画师所作。画中柱廊有明显的灭点,而室内用中国的平行透视法。劳弗摄于 1910 年]

第七节 透 视

建筑上的制图技术提出了中国人怎样对待透视的问题。文艺复兴之后,欧洲的绘画谨慎地遵循着基于光学的透视原则。观察者所看到的物体的每一个面,尽管事实上物体的边是平行的,但根据透视原则,它们应该相交于地平线上的某一灭点。而且,欧洲人一直认为这是唯一的一种透视方法。但在 17 世纪早期具有科学意识的传教士将这种透视介绍到中国之前,中国人对此一无所知也从未使用过。说中国人没有用过这种透视法毫无疑问是正确的,但如果更广义地来看透视,也不能说欧洲人所使用的就是唯一的透视法。中国人认为有必要在绘画中表现距离感,并以一种完全不同于欧洲透视的传统方法成功地做到了这一点。

事实上,在传教士路易斯·巴格里奥(Louis Buglio)将西方的透视法引入中国时,给了当时的中国皇帝三幅严格遵循西方透视原则的画。此后,中国绘画中逐渐出现了两种透视的混用。图 421 就是一幅混用两种画法来适应中国趣味的画,但其中的透视法与传统的中国画法并没有很好地结合。直到著名的清版《耕织图》问世,这一问题才得到解决。

很显然,自汉代以来,中国的画师都很注重在绘画中表现距离,他们当然也意识到了怎样在二维平面中表现三维空间的问题。5 世纪杰出的绘画理论家谢赫提出的一个重要原则

就是恰当的空间布局,这也应该是某种透视法的表述。像李成(卒于 985 年)
等宋代画家就以其处理距离的技巧而著称;而在元代,初学绘画者所犯的一
大错误就是所谓远近不分。

一般而言,中国画中的距离是以高度来表达的,通常位于后面的物体比
前面的要画得高,但不一定小,这使得很多中国画带上了鸟瞰图的特征,所有

82

的物体都像是从某一高度上来看的,这种画法在现
存最古的中国风景画(公元前 1 世纪)中都能看到。
结果很有些奇怪,对一幅欧洲的绘画,观者感到画
面中的所有景物都在他的控制之下。而在中国画
中,地面始于远处,并滑过观者的脚下直至无穷远
的地方,可能低于观者,也可能在观者身后;在有些
中国画中,这使人产生一种不确定感,似乎掉进了
画中;也有时画中似乎有好多个平面,每个都有其
消失点,当然这种情形并不常见。

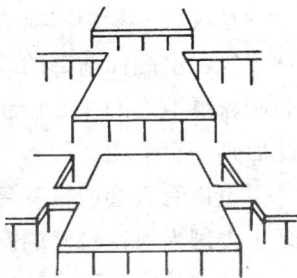

图 422 敦煌千佛洞壁画
中所见的透视形式——一
系列叠加的灭点

总的说来,中国画中本没有真正的消失点,也
没有按透视缩小的原则。地平界限并不重要,观者也不一定要在实际的位置
参与画中。那么,中国人是如何刻画建筑物的边的呢?他们采用被称为"平
行透视"的方法,在平行透视中,现实中相互平行的线在画面上也是平行的。
如图 395 所示的就是这样的一种画法。图 423 表示了精简到最少的元素时,
这种平行透视与灭点透视或者说光学透视的比较。但是,传统的中国画在画
室内时,最多只能表现三个面,也就是说,只能表现出平行六面体六个面中的

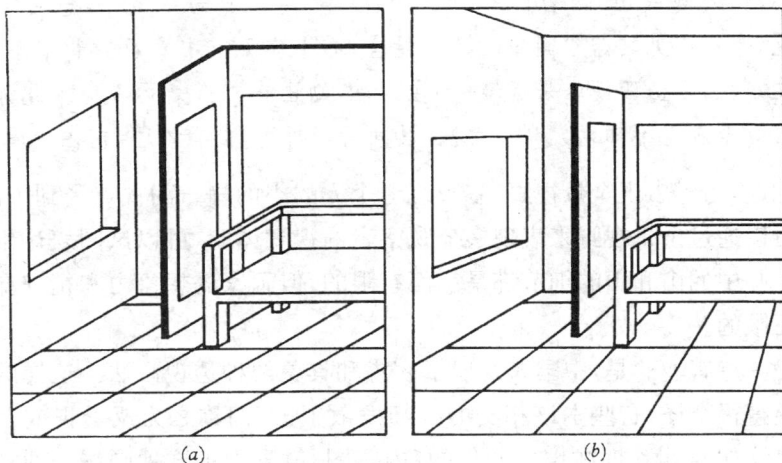

(a) (b)

图 423 对比(a)中国式平行透视画法与(b)西方灭点透视画法

三个面,而文艺复兴之后的欧洲绘画则可以表现出五个面,即地面、天花和三个侧面。由于缺乏几何光学的知识,中国人一直没有尝试解决画中表现五个面的问题。还有一个疑题就是他们所采用的投影方法与今天的建筑师和工程师在机械和工程制图中所采用的方法非常相似。因此,中国没有灭点透视法是中国早期机械发明的限制因素的说法是不成立的。

在汉代石墓中浮雕表现的场景中也能看到平行透视的画法,其中,人物和建筑物沿画面前部的线进行组织,而取消了对角线。在公元 4 世纪中国著名画家顾恺之的作品中仍然可以看到这种传统的画法,只稍微做了些调整。此后则一直沿用。

83 也许有人会说带有鸟瞰意味的平行透视和以高度来表达深度的画法表现了中国人对待自然的态度比西方人更为谦卑和更社会化。诚然,中国画的平行透视是表现了距离,但是,画中并没有表达出某一部分比另一部分距离观者更远的概念。

幸运的是,我们可以读到为扩散视野原则作有力的辩护的文字,那就是常被引用的宋代政治家和科学家沈括的论述。李成在其绘画中曾尝试朝光学透视迈进,后来张择端也做过同样的尝试。这也是他在公元 1120 年所作的《清明上河图》对现代人颇具吸引力的原因之一。在 1080 年,沈括写道:

> 又李成画山上亭馆及楼塔之类,皆仰画飞檐。其说以谓“自上望下,如人平地望塔檐间,见其榱桷”。此论非也。大都山水之法,盖以大观小,如人观假山耳,若同真山之法,以下望上,只合一重山,岂可重重悉见,兼不应见其溪谷间事。又如屋舍,亦不应见其中庭及后巷中事,若人在东立,则山西便合是远境;人在西立,则山东却合是远境。似此如何成画?李君盖不知以大观小之法,其间折高折远,自有妙理,岂在掀屋角也?

84 如此,为了表现全景视野,基于观者个人的小的静止的视点受到了谴责,画家可以通过全景视野来表现多个观察者的视觉体验,可以试图表达景物的整体。画中的山和山的细节都是小而有限的,但画家的想象力和精神却是博大而无限的。

另一点有趣的是,中国人发展了表意和具象两种透视画法。这样的画乍一看显得很奇怪,有些本该相交的线却发散了,人们称之为反透视或者散点透视。比如,4 世纪时顾恺之所作的《内寝图》就采用了这种画法。画家将床的前部和侧边圆化,使它们看起来更近,这样画面提供给了观者一些实际中不可能看到的信息。类似的例子还可以上溯到不那么著名的汉代浮雕，在北魏到宋朝敦煌石窟的壁画的几何饰带中也有类似画法的图案。最后，十分有趣的一点是缘起于中国内地的平行透视和散点透视都传到了西藏及亚洲的其他地方，还有南海国家，如爪哇和斯里兰卡等国。

李约瑟博士推测说，透视问题可能应该从不同于比较艺术史的角度，如实验心理学的角度来看。他提出这一点是因为考虑到不同的民族对距离也可能有不同的感知。

第八节　文字和传统

建筑技术的出现可以追溯到人类历史的蒙昧时期。人们自然会想去看看那些代表人类意识形态的古文字在当时包含哪些与营造技术相关的东西，这对于了解上古时期人类的营造活动会是十分有益的。

汉字中有三个主要与房屋有关的部首："广"、"穴"、"宀"。"广"最初一定是用来描绘一个紧靠峭壁建造的带坡顶的庇护所。"穴"则可能描绘了一个岩洞或黄土中穴居、半穴居的房屋形象。而"宀"则表达了一个屋顶的形象。由这三个部首派生出了大量表达房屋或房屋细部之义的汉字。例如由"广"——派生的汉字有：庭（院落）、宇（屋檐下的空间）和库（车库、宝库、军火库等意思）。该部首构成的汉字有许多，这些仅仅是其中的几个例子。由"穴"构成的汉字不如"广"那样多，但也有一些：窗（窗户）和窦（管孔）。汉字中有许多是由部首"宀"构成的，比如宫（宫殿）、室（私人住房），还有堂（接待厅）。而且在许多时候由"宀"构成的汉字字义的外延已超出房屋本身。比如家这个字，从其甲骨文的形象表明，那时所有的家宅都是农场或畜牧场，因为该字显现了屋顶下有一头猪的形象。而安这个字则表明屋顶下是一名妇女。中国的汉字中与营造技术有关的文字几乎全部有代表"树"形的"木"这个部首。最后我们看看"宗"（祖先的）这个在中国文化中意义深远的汉字：它象征性地表明房屋内竖立了一个标志或告示，这说明实质上该汉字的形象是象征了一座祖先的神祠或庙宇。庙这个字的雏形是 𦧟，其中的 𦥑，李约瑟博士认为似乎是与"早晨"这个词有着相当密切的关系，并可能与早晨在院子里进行的某种仪式有关，因而它应该是与早晨崇拜相关的一个汉字形象。"寝"（卧室）这个字看起来像是在屋子里有一把扫帚，也许最初的卧室兼有储藏的功能。

中国人对于他们上古时人们的居住情况似乎十分清楚。《礼记》中有这样的记述：

> 昔者先王未有宫室，冬则居营窟，夏则居橧巢。

毫无疑问，这些冬天的住房应该是地里的洞穴。在对新石器黑陶文化期龙山文化的考古发掘中，发现了一些深1—1.2米，直径2.7—4.6米的浅穴；还有些地下深穴比这些浅穴稍大，但都覆盖有茅草屋顶。用作储藏的地下深穴通常是蜂房状的：约1.8米深，底径达1.8米，顶径只有0.6—0.9米左右，李约瑟博士认为这一古老的建筑造型逐渐走出地面，至迟在唐代已为最贫穷的人们所广泛使用，这是因为人们在敦煌壁画栩栩如生的风俗画中可以看到大量蜂房状、以茅草或芦苇搭建的这类房屋的形象（图424）。

图 424 敦煌千佛洞唐代壁画中蜂房状的小屋

在西安市附近的半坡村曾完整挖掘出了一个新石器时期的村寨。这个村寨的规模和细部令人吃惊，它的人口远较同时代（约公元前2500年）欧洲的聚落要稠密得多，与同期的埃及和美索不达米亚相仿。半坡遗址中大部分房屋的地面为直径约5米的圆形，也有一些椭圆形的，并且都低于地平约1米或1米以上，地面中间有个火塘，房屋为高约半米的墙所围绕。房屋内部四方都有些支柱用以支撑上部屋顶——屋顶中央为一洞口，墙外侧亦有一排柱子用以支撑屋檐。这类村寨除了这些小住房之外还有许多用作储藏的房屋。

地面以上住房的部分"阳"，通过屋顶上的洞逸出烟气，纳入光线和雨水，居民可通过它爬进爬出。住房的地下部分"阴"包含了火塘和用来接雨水的水槽。中国有个叫"中霤"的家神，其名字即取"中部滴水"之意，即指接雨水的水槽。而且中国人称后来出现的风格化的穹隆形天花——藻井为"天井"或"天窗"，"窗"即指窗户；正如我们所见，"囱"指一缕气流或烟。

至于那上古时圣人夏天所住的"巢居"，李约瑟博士认为它起源于特有的中华文明。这些"巢"今天已经看不到了，它很可能就是那些建造在木桩上的简陋避难所或房子的雏形，它们的木桩即模拟了那些架设"巢"的灌木。如果真是如此的话，"巢居"可以说是孕育了中国古代伟大的以木柱为基础的木结构建筑。甚至，在中国乡村的某个季节，随处可见收割庄稼的人们临时居住的干栏式小屋，这种小屋几乎是原样保留了其远古的房屋形式。无论如何，"在夯土台上置础石，再于础石上立木柱，而后在房屋结构层外立土坯墙"这种营造方式，早在中国商代（公元前2000年）已发展到一个很高的阶段，这是

86

毫无疑问的。在安阳的考古发掘中我们可以看到这一点。图 425 展示的是这样一个有 30 个柱子的长方形房屋的平面和复原的样子。主入口看起来是在房子 24 米长的一侧的正中，但房屋的主轴线却是正东西向的，而不是后来正南北向的传统。

中国古代民歌总集《诗经》所辑录的民歌，可上溯至公元前 8 世纪，其中有些是关于建筑的，虽然所包含的信息量不大，但仍值得我们在此引述其中的某些片段，例如：

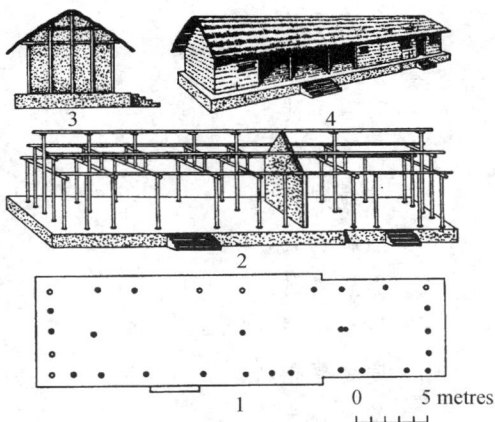

图 425　位于商都安阳地界内小屯村一座商代礼制建筑的基础（约公元前 2500 年）

(1) 一侧有台阶的夯土基座：长 24 米，宽 8 米，高 1 米；(2) 木结构复原图；(3) 侧立面假想图；(4) 假想透视。估计为一座宗庙。

> 绵绵瓜瓞。
> 民之初生，
> 自土沮漆。
> 古公亶父，
> 陶复陶穴，
> 未有家室。
> 古公亶父，
> 来朝走马，
> 率西水浒，
> 至于岐下。
> 爰及姜女，
> 聿来胥宇。
> 周原膴膴，
> 堇荼如饴。
> 爰始爰谋，
> 爰契我龟。①
> 曰止曰时，

---

① 这是指用龟甲来占卜，即指人们所说的"甲骨"（略语见第一卷第 191—194 页）。

筑室于兹。

乃召司空，①

乃召司徒，

俾立室家。

其绳则直，

缩版以载，

作庙翼翼。

捄之陾陾，

度之薨薨，

筑之登登，

削屡冯冯。

百堵皆兴，②

鼛鼓弗胜。③

从这首诗中我们可以看到关于夯筑夯土基座和夯土墙的施工技术。另外的一首民歌则描述了建造一座诸侯宫殿的情景：

似续妣祖，

筑室百堵，④

西南其户。

爰居爰处；

爰笑爰语。

约之阁阁，

椓之橐橐。

风雨攸除；

鸟鼠攸去，

君子攸芋。

我们还可以看到与夯土的模具和屋檐相关的词句。

其他值得关注的有关房屋及其传统的典籍还有公元前 3 世纪的《易经》和公元前 4 世纪的《墨子》。《易经》(约战国或西汉初年)的《系辞》曾提到从原始

---

① 表明了这些标题的时间。
② 约合 152 米。
③ 这项工作是如此热烈地进行，以至于鼓点的节拍都被盖过了。
④ 约合 152 米。

住居到后来的房屋的转变,而墨翟也讨论了同样的问题,并有力地抨击了他认为不恰当的奢华和精致:

> 古者人之始生,未有宫室之时,因陵丘堀穴而处焉。圣王虑之,以为堀穴。曰:冬可以辟风寒。逮夏,下润湿,上熏烝,恐伤民之气,于是作为宫室而利。然则为宫室之法将奈何哉?子墨子言曰:其旁可以围风寒,上可以围雪霜雨露,其中蠲洁,可以祭祀,宫墙足以为男女之别则止。诸加费不加民利者,圣王弗为。

总而言之,这些古代的书籍并不能提供给我们更多的关于营造技术的信息。但翻阅一下中国最古老的字典《说文解字》,里面对和建筑相关的 20 个左右的字做出了充分的解释,今天这些字我们已相当熟悉,如"栌"、"轴"等。当然还有些字,如今已很少见或早已废弃了。然而至少我们可以知道,有相当一部分今天为人们所知的关于营造技术的文字早在秦和西汉时期(公元前 3世纪)已为当时的建筑师所使用了。

第九节　时代与风格

我们知道,使用夯土台基、立于础石上的木柱和简单合适的屋顶来营造的殿堂,至少从公元前 3 世纪以前就在中国广泛地被建造起来,而斗拱是所有汉代建筑共有的特征。虽然这些木构建筑无一幸存,但幸运的是,在汉代人们喜欢用陶制模型、石制墓室及墓表来模仿他们平日所居的木构房屋。保存下来的不仅仅有画像砖,还有组装式高达 3.5 米的、带有精心制作的屋顶的墓阙,这个墓阙忠实地用石材记录了当时木构建筑的形象(如图 426 所示),从四川冯焕汉墓(121 年)墓阙(图 426)中我们还可以看到石质斗拱的形象。另外,从四川小汤山汉墓(125 年)出土的画像砖的拓本中,我们可以看到柱头处层层伸出的拱的形象(图 427)。还有一些展现更多屋顶及其他建筑细部形象的画像砖,这块画像砖(图 428)同时也表明了在汉代房屋中,屋顶是不存在任何曲线的。这之后不久,可能至迟不超过 6 世纪,横向框架产生了由直线向凹曲的转变。

汉代建筑的另一个特点是雕像的应用——用着衣裙的女子雕像作柱子,今天我们称之为女像柱。但这个特点对后代影响甚微,除非是重要的建筑,柱子才会被以高浮雕的形式进行雕饰。例如,山西省晋祠圣母殿前的十根盘龙柱(图 429)。

91

图 426 从四川发现的冯焕汉墓(121 年)的墓阙上可以看到石质斗拱的形象[照片来自斯克曼和叟坡(Sickman and Soper),1956 年。在大门的望楼上也可看到类似的斗拱形象]

92

图 427 拓于四川小汤山汉墓的线刻(公元 125 年。描绘了一个两层的殿堂。在这座用作接待厅的东汉建筑中,柱头上斗拱的形象是值得注意的,同样,毫无曲线可言、平直的屋顶也值得我们留意。照片由无名氏摄于 1848 年)

93

图 428　四川汉画像砖上一个庄园房屋庭院的形象（这块画像砖大概是用来装饰墓龛用的。画面中左下角有个入口，右下侧是带有墙和火炉的厨房。厨房后面是座带楼梯间的望楼，在院子里有只看家狗和一个拿笤帚的仆人。后面左侧，主人正在款待一名客人，而两只鹤正在院子里起舞。瞭望楼上的斗拱和接待厅的横向框架都值得我们注意，夯土墙上的屋顶亦表达了汉代建筑的一个特征。照片由无名氏摄于 1848 年）

图 429　山西省宏伟的道教庙宇——晋祠的主殿圣母殿之龙柱（圣母殿始建于公元 1030 年，现存遗构为公元 1102 年所建。李约瑟摄于 1964 年）

95

图 430 塔的原型——汉代陶望楼模型（我们可以看到，每个楼屋均有木构斗拱支撑上部屋架及平座。该望楼出土于湖北王杜公元 1 至 2 世纪的汉墓。照片由无名氏摄于 1849 年）

自汉至隋的这一时期，建筑逐渐变得复杂起来，斗拱也变得越来越复杂，屋顶也逐渐凹曲起来。在唐代初期（618 年以前）这些被严格地规定下来，因为无论是在中国现存最古的唐代建筑中，还是在日本保存下来的更古老的建筑中我们都可以看到这些特征。

在国家分裂的南北朝时期（479—581 年），也称六朝时期，建筑上最主要的新发展是塔的建造。正如塔的最终发展所见到的样式，中国塔实质上是汉代多层望楼（如图 430 陶明器所示）和来自印度的纪念性建筑窣堵坡（它最终衍变成为塔上各种曲线形的轮廓）相结合的产物。当然古代的中国人也有建造有上升趋势的建筑物的愿望。周代和汉代的高台式建筑——比起后来的佛塔相形见绌，就是通过用夯土筑高台，其外包砌砖块或石块，而后在高台之上建造建筑来实现人们追求高大建筑的愿望的。这种建筑被广泛地用于诸侯会面、帝王召见、盛宴、监禁、作为与敌决战据点，以及瞭望台等用途，而不仅仅只用于占星或气象观测——它的标准名称为"灵台"。再者，在《诗经》中也歌颂了人们期望为公元前 11 世纪周朝的缔造者周文王营造祭天坛的愿望。此后汉代的班固在其《西都赋》（87 年）中，也记述了汉武帝受道教思想影响而建造的一座高楼，汉武帝期望通过这高楼来方便他与神仙们沟通。

很可能那时的人们在以石材为面层的夯土高台上建造木构房屋，据说这样建造出来的房屋的最大高度可达 114 米多。虽然这类高台建筑无一留存至今，但从中国城市中令人印象深刻的城门楼的外观上，我们可以感受到类似的惊奇。所有的证据都表明,至迟于 959 年,即五代十国末年,中国古代建筑的凹曲屋面和中国的塔式建筑已基本定型。唐代(618—907年)似乎是个建筑创作的实践期,中国现存最古老的木构建筑即建于这个时期,而第二古老的木构建筑佛光寺大殿,位于山西省境内的五台山脚下,建于一个高大的平台之上以适应山体的斜坡

96

图 431　佛光寺东大殿前檐(摄于薄雾轻起的五台山脚下。佛光寺东大殿建于公元 857 年,是中国现存第二古老的木结构建筑。在朴实无华的立面上,两或三层挑出的昂显得格外引人注目)

图 432　河北省蓟县建于 10 世纪的辽代木构建筑——独乐寺观音阁(该建筑用了至少 12 种不同的斗拱,并营造了一个高耸的容纳有一尊穿透二层楼板高达 18 米的观音泥塑像的殿堂空间。在照片中我们可以看到一些斜向支撑用以加强该建筑物的整体稳定性。由无名氏摄于 1954 年)

(图 431)。如照片所示,这个殿堂巨大的柱子、梁架和斗拱已历经了自857 年以来的时间流逝而巍然耸立。

98

唐以后建造的现存最古老的木构建筑,建于 963 年,五代十国时存在时间很短的后汉时期——现位于山西省平遥的镇国寺大殿。比镇国寺大殿稍晚的是更加著名的独乐寺。该寺的山门和观音阁建于辽代的 984年。这是一项非常巨大的工程,三层的楼阁内容纳着一尊高达 18 米的泥塑观音像,而这个塑像贯穿了观音阁的所有楼板。至少有 12 种不同的斗拱应用于这座建筑以便满足不同位置的需要(图 432)。还有一些其他的建筑始建于北宋初年,特别是位于山西省应县境内一座巨大的木构八角形佛塔——它建于 1056 年(图 433)。这座佛塔共计 9 层,有超过 60 米高,并且使用了 60 多种不同样式的斗拱。

97

99

图 433 山西省应县释迦寺高达六十余米的八角形木构佛塔（建于 1056 年，该塔共计使用了 60 多种不同的斗拱。照片由无名氏摄于 1954 年）

如此看来 10 世纪保留至今的中国古代木构建筑只有 6 座左右，而 14 世纪之后保存下来并经仔细调查的则至少有 50 座，建于明代（15 世纪）的建筑则相当普遍。

人们很自然地关注最古老和最辉煌的建筑，部分原因是因为它们精湛的结构，以及从结构中反映出来的历史发展。但我们还有另外一些必须要谈的内容，即中国的民居，它们以千变万化的精美样式实现了住家的功能需要，我们讨论的分布范围大约在纬度 35°和经度 60°一带。

1954 年英国建筑师弗朗考斯·斯汀纳（Francos Skinner）考察中国，作了些中国民居的速写，图 434 展示了其中的一小部分。他记录了分布于甘肃、湖北等地，以麦秆和黄土建造的带游廊和格子门窗的平屋顶民居；分布于湖南、江西和贵州境内带阶梯状山墙的民居；湖北带尖形山墙的土地神庙；以及广东省境内的乡村民居，这些民居普遍带有脊饰，民居入口处有凹入空间及极富装饰性的入口拱券等。辽宁境内囤顶（类似于火车车厢厢顶）的民居，到了甘肃境内，大概由于位处强烈地震地带的缘故，这种囤顶变成了砖构圆筒形的拱顶，其形象类似于尼森小屋（Nissen huts）。圆筒形拱顶同样见于陕北黄土高原上开挖的窑洞式民居，以及该地区及其附近地区内模仿生土窑洞的砖构窑洞式民居。

在四川和云南等西南省份，城市中的民居往往形成这样一种景观：长长的白色或灰色带有彩色瓦脊的院墙，间或点缀以色彩绚烂、极富装饰性的院门或门廊，这使得那里的城市风貌颇有点西班牙或墨西哥的味道。四川境内的庄园房屋一半是木构一半为白色土坯墙，在竹林的映衬下显得格外醒目。而再往东，不同于四川，安徽省境内的大宅则以梁架及阳台上精美华丽的木雕艺术以及一系列巨大的宅院而闻名，那些地主和乡绅的家宅院落体系一直延续到今天。

图 434 英国建筑师弗朗考斯·斯汀纳（Francos Skinner）于 20 世纪 50 年代在中国完成的速写本中的几页。

（a）展示的是广东独立式农村民居。这些民居是以红色黏土砖砌墙，屋面铺瓦，正脊的中间和两端均有精美的装饰和小吻，入口一侧有凹入式的门廊，门是高装饰性的，其上有精美的拱券。

（b）上、中：入口处有圆柱门廊、带阶梯状山墙的硬山式民居。下：带门洞式入口的典型民居，入口门洞的门楣过梁架于精雕细刻的雀替之上。以上是河南民居。

（c）上：联排式民居片断：白墙与凹入的入口空间相间。凹入的入口空间处的屋檐由入口处的圆柱支撑，拱形的入口外侧有透雕的拱券。主要的横墙由特定造型的山墙而间断。中：带凹入式入口空间的民居。下：阶梯状高装饰性山墙的轮廓通过白色的饰边而得以加强。虽然以上民居均在河南，而后者亦常见于四川和云南等省份。

102   最特别的中国民居应当是位于福建省境内的客家民居。最初，客家人来到福建，当地原住民对他们有一定的抵触情绪，出于安全的需要，客家人发展出了这种防御性极强的宗族式民居。最初这种民居采用的是常见的矩形平面形式，最高和最北的位置往往是一个巨大的三、四层楼高的庙堂，而东西两侧长翼则是呈阶梯状跌落的楼宇，院落之中通常设有宗祠。不过，大部分客家民居的平面是圆环状的（图435），圆环的外围是面向内院的住房，其三楼、四楼带阳台的房间是给一户户的小家庭居住的。从外围的阳台内望，又是个环状的中心院落，在院落的周边布置有客人房、洗涤间和圈养猪和家禽的小院子。用作宗祠或家庙的建筑位于中心院落内正对围楼主入口的位置，而厕所、磨坊和舂米房亦用砖砌筑于中心围子的外围。客家围楼的典型特征是在其发展的不同时期逐步形成的。毫无疑问，早期围楼的屋顶，是以沿长度方向剖开的成年的竹子来做建筑材料的，被劈开的竹子顺向排列，竹子的空筒则向内、向外交替放置。这种波浪形的排列方式，最终也应用于用半烧制的灰瓦覆盖的屋顶上，这些灰瓦则因长年的风吹日晒、严寒酷暑而呈现诱人的色彩。许多汉代明器亦为我们展示了这种样式的屋顶形式。这些建筑用瓦，后来用陶土烧制再涂以熠熠生辉的釉面材料使其达到艺术的巅峰，例如北京故宫主体建筑上那橙黄色的琉璃屋面，故宫庙宇中的绿色琉璃屋面，及北京天坛主体及其附属建筑上那深蓝色的琉璃屋面等等。

103

图435   位于福建的客家民居——中国最特别的民居类型（由内院所见四层楼高的宗族式房屋。人们认为客家人在充满敌意的当地原住民的包围下求生存，安全防卫的考虑是导致这种巨型社区性围楼出现的主要原因。这种围楼从外面看来，主要是由实墙体围合而成，中心院落中设有用作公众服务的公众设施。这个实例位于福建省永定附近）

在中国的西北和北方,许多平屋顶房屋的屋面是以茅草秆和芦苇铺就再涂以黄泥的。如果当地石材丰富的话,也有用石板作屋面建筑材料的。汉代许多墓祠就是以厚石板为屋面材料的,而只有藏区和沿山西与河北交界的太行山脉的狭长地区的建筑,除柱础之外的建筑各个部位上,都大量使用石材作建筑材料。

在中国古代,地面除稍事夯实之外,几乎不做任何处理;如今,许多乡村仍然广泛地使用夯土地面。今天的中国南方,石灰水泥地面很受人们欢迎;而在中国的北方,人们相对更喜爱砖石地面,这两种地面作法均已有几百年的历史了。对于体量巨大的重要建筑物——无论它是私人的,还是公众性的,其地面几百年来都是由宽大的木板条铺设而成。

西方通过大量关于中国的游记,对中国民居中使用的一种被称为"炕"的、简易集中供热的取暖装置已非常熟悉。"炕"是在房屋内,沿房门一边用土坯砖或夯土砌筑的一个抬高的床榻,在这个床榻的下边是个从房屋外面填入燃料的炉膛。然而鲜为人知的是,这种装置早在汉代已很普遍地为中国人所使用,正如汉明器中所见的那样。这令人不由得联想到了罗马的火炉供暖装置,虽然罗马工程师维特鲁威早在公元前 1 世纪就提到了它对热水浴的重要性,但文献中关于这个装置的记录则相对中国较晚(约 1 世纪)。两大文明是恰好同时各自产生了这项发明,还是其中一个影响了另外一个,如今不得而知。无论如何,中国的这种集中式供暖装置却给天主教耶稣会的传教士们留下了深刻的印象。如加布里埃尔·德·麦格汉斯(Gabriel de Magalheens)在 1660 年曾这样描述道:

104

> 燃煤采自远距北京城两里格(里格,长度单位,在英美约为三英里,约合 4827 米,两里格则相当于六英里、9654 米)之外的某些山区。这些矿脉从未枯竭,真是令人惊叹!因为四千多年以来,这里不仅为北京这座巨大而且人口稠密的城市提供燃料,而且还维持了该行省内大部分地区的燃煤需求,要知道这些地区内不曾有一个家庭贫穷到家里连一只火炉都不具备,相反人们乐于使用这种比木炭蓄热大,并可以完全燃烧更久的燃料。可想而知,供应一个如此巨大的燃料消耗群体四千年以上的时间,是一件多么令人瞠目结舌的事情!这些地方的火炉(即炕)也十分有趣,它是由砖砌的,状似床榻或者长沙发,一般高达四拃,而宽度则取决于家庭成员的数目。人们在上面铺上褥子或毯子用来睡觉或休息,白天则围坐于其上,如果没有它,人们将无法忍受冬季的严寒。炕的一侧往往有一个小的炉灶,平时人们往其中填入燃煤,而烧煤产生的火焰,烟

气和热量通过有意布置的、通有通风口的烟道而充斥炕膛的角角落落，使得炕的表面得以被加热，而这个小炉灶又可用来烧烤食物、温酒和煮茶——因为中国人总是喜欢热饮他们的饮品。……达官贵人的厨子，以及做与烧火相关的营生的生意人——比如铁匠、卖烧饼的、染布的等等，无论春夏秋冬都要用煤；烧煤产生的热量和烟气是如此浓烈，甚至有些人曾因之窒息而死，有些时候炕失火了，熟睡其上的人便被活活烧死在炕上……每一项发明都有其不足。

所有的住房都要以家具来营造其舒适性，在家具制作领域，中国也发展了其独特的风格，并于18世纪对欧洲产生了巨大的影响。我们不能在此将这个话题展开，仅仅提醒大家留意中国古代两本关于家具的书籍：一本是宋人黄伯思早在1090年写成的《燕几图》（关于北京几案家具样式的图集），以及明人戈汕在1617年完成的《蝶几谱》（关于蝴蝶样式的几案的论著）。可以上溯至公元前4世纪的漆制桌椅床榻，一直为中国人所使用，正如楚国王侯墓的考古发现所见。不过古代中国的家具（译者注：唐以前）都较低矮，以满足席地而居的生活方式，那时家具亦有许多不同的样式和尺寸，比如低矮的几案或用来托手的架子等等。

然而关于中国古代的椅子却有一个非常有趣的问题，可以说是中华文明的一个普遍特征，正如古埃及文明、古希腊文明和古罗马文明中的椅子一样，它们亦反映了中华文明的本质特色。横贯整个亚洲大陆（包括日本列岛），人们都是席地而居的，人们习惯了或跪或卧于有褥垫或没有褥垫的地上来生活起居。看起来人们席地而居，好像是因为西汉（公元前202年至公元9年）初年椅子还不为中国人所知晓，也不为中国人所使用，并且到东汉末年（220年）甚至更迟，椅子还没有被中国人普遍接受。在3世纪初期之前，没有人会制作活动坐椅，直至9世纪，即几乎唐代末年，木椅也未得到广泛的使用。李约瑟博士推测，中国的家具发展有两条主线：一个是起源于中国的案几式低矮家具发展演变形成一系列带靠背和扶手的家具，一个是源自中亚某地发展形成的带织物和毛皮坐垫的活动椅之类的家具。在东汉灵帝年间（168—187年），这种来自中亚的活动椅，被中国人称为"野蛮人的床"——"胡床"，而第一个将这种家具按放大尺寸生产的人名叫景世。

第十节　塔、牌坊和帝王陵墓

塔是中国景观中的一大特色。使用"景观"这个词是比较恰当的，这是因为,"塔"这种建筑源自印度的佛教,我们可以看到这半外来的"身世"使之在中国古代城市的城墙之内,不允许与象征至高无上帝王权威的钟鼓楼和城门楼相比肩。塔的原型,印度的"窣堵坡",是一种人造圆丘,其本身亦被赋予宇宙和微观世界的意念,这是因为它本身即是一种宇宙图式,或至少象征了中心圣山。窣堵坡中藏有佛教的圣物,在窣堵坡的上部加有多重相轮,中国的多层塔大概最终是源自这多重的相轮。起初,塔多建于远离城镇的佛教寺院之内或附近,后来塔在设计意念上也逐渐产生了融合道教风水相地思想(略语见第一卷第 198 页),直至后来,每座带城墙的城市附近最恰当的孤山顶上都立有塔,以附庸中国人世俗的偏好。

这种塔可以达到十二层高,可以有外挑的平座,也可以没有平座,有时是正方形的,有时又可以是多边形的,但却极少平面为圆形的;这些塔可以是木构,更多则是砖构,而很少石构的。事实上它们成为附加的拜谒场所,但从来不会用来住人,即使僧侣们也不居住在里面。有一种特别的塔的类型:天宁寺式塔,该类型的塔得名于北京附近一座著名的寺院——天宁寺。寺中的塔从地面向上到其1/3 高处是一座完整的单层塔,而后斗拱层和腰檐在上层层叠砌。与此相仿的是中国现存最古的塔嵩岳寺塔,位于河南省境内神圣的嵩山之上。该塔为砖构,建于 523 年(图 436)的北魏时期,该塔的塔刹表明其正处于佛塔建筑由简变繁的发展阶段,由此可以设想,早期的塔更为简洁。由于中国建筑将组成单元的复制而构成整体的特点,许多方形平面的单层塔在佛塔中作为相对独立的基础部分或底层存在。在下一

107

106

图 436 河南嵩山上的嵩岳寺十五层砖塔(建于北魏时的公元 523 年。该塔以十二边形的优雅造型,成为中国塔式建筑发展史上的重要例证:它表明,一座中国式的佛塔,就是在中国传统的楼阁式建筑上组装一些印度佛教的法物而形成的。由无名氏摄于 1954 年)

章我们讨论中国的桥梁时,将会发现拱——圆拱形的券,大概早在中国周代或更确切地说是在汉代,已为人们所了解和使用。但是带拱顶石的真正意义上的拱,在塔的建造中并未得到广泛的应用;常见的作法是用叠涩出檐承托屋顶曲面。在一些小的单层庙宇中我们很容易看到这一点。例如,建于西安西南周至附近的大道观中的一座小建筑,该建筑位于道观之后绿树成荫的小山之上(图 437)。这是一座单层只有一开间的砖构小屋,开有一门,屋顶是叠涩出檐,屋内角部砖从一定的角度叠砌至上部,形成一组屋顶支托[图 437 (c)]。砖是烧制的红褐色,不同于附近今天常见的那种颜色,并且外观以错齿的方式叠砌[图 437(b)]。这座建筑可能是唐代的,但视其屋角的起翘,也有可能是北宋初年的遗构,最初大概是用作道士们的炼丹房。

108

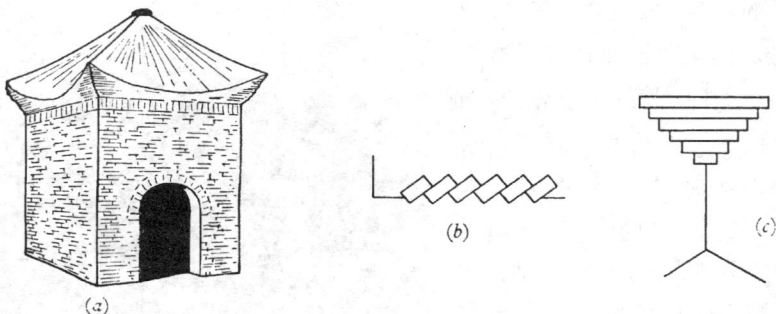

图 437 陕西省西安市西南周至附近楼观台(道观)中的炼丹楼

(a) 外观;(b) 外部错齿状砌法(平面);和(c) 室内角部的叠涩拱券,上呈藻井,藻井底部是八边形的,中间为圆环状,最上为一个小的正方形。

    古印度的"窣堵坡"并没有完全被融入进中国塔式建筑的造型之中,它们仍然延续了其早期的功能——用作坟墓或圣祠,散布于中国各地。在敦煌千佛洞附近的沙漠中就有一些造型优美的"中国窣堵坡",它们是纪念那些宋元的高僧们的。

    至于营造塔的技术法则,则不过是营造技术向这样一个专门领域的延伸。砖石构的塔依然以木材构筑的样式建造,另一个问题是砖或石材间的黏结方法。人们大概会猜想,在多层木塔中用倾斜的柱子代替梁架支撑上部结构应该是可能的。关于这个设想,我们要谈到喻皓,读者应该记得(见本卷第59页),他曾于 989 年在开封主持建造了开宝塔,还有其他许多著名的建筑,同时又是《木经》的作者。沈括在他的《梦溪笔谈》中记录了 999 年喻皓给另外一名工匠提建议的有趣的故事:

109

    钱氏据两浙时,于杭州梵天寺建一木塔,方两三级,钱帅登之,患其

图 438 敦煌千佛洞石窟寺附近(干涸的河床边沿沙漠中残破的"窣堵坡"式塔,还有一些则在远山的悬崖峭壁上,依稀可见。在相片的左侧,可以看到绿洲的北缘,而发现举世闻名的敦煌藏经洞的王道士的墓亦在附近。这些用来纪念唐宋元等各代高僧的墓塔,由于当地干燥的气候而以极慢的速度被风沙侵蚀,岁月的风沙剥蚀了它们彩色的灰泥面层,而将塔的表面打磨得光洁平滑。它们绵延于数公里的沙漠之中,每一个都不同,但每个都很精美。李约瑟摄于 1943 年某个清晨)

塔动。匠师云:未布瓦,上轻,故如此。乃以瓦布之,而动如初,无可奈何。密使其妻见喻皓之妻,赂以金钗。问塔动之因,皓笑曰:此易耳,但逐层布板讫,使实钉之,则不动矣。匠师如其言,塔遂定。盖钉板上下弥束,六幕相联如胠箧。人履其板,六幕相持,自不能动,人皆伏其精练。

我们需要注意这里提到的,在纯矩形的结构体系中加入斜撑形成斜向抗风框架的问题。

在中国还有一些值得注意的塔的类型,那就是铸铁塔,或更常见的青铜塔。这些杰作曾令从 9 世纪到访中国的日本僧人圆仁到 19 世纪访问中国的 W. D. 伯讷德(W. D. Bernard),所有这些外国游客叹为观止和由衷钦佩。现存最古老的铁塔,是位于湖北省当阳县玉泉寺的如来舍利塔,始建于公元 1061 年。该塔体量巨大,高度差不多刚好超过 21 米,共 13 层,重达 54 吨。另一座稍小些的九层铁塔,则位于江苏省的镇江甘露寺内,可能是裴璩所建(活跃于公元 1078—1086 年)。另有一些铁塔,实际上是石构塔身再外包以铸铁面层而建造的,如位于西安市西北北杜村的千佛铁塔。

从古印度传入中国的另一种建筑形式便是庆功或表彰用的门式建筑,中国人称之为牌楼。这是一种独立的带门楣过梁的木构或者石构的门式建筑，往往建于通向坟墓、寺庙、宫殿，甚至村落的道路上。它本身象征着高挂的箴言或警语。漫步于四川境内的一些小石径上，人们时不时可以看到一些相对简单些的牌坊，它们是用来表彰那些贞女节妇或当地贤明的父母官的。稍大些的牌楼则有三间、五间或者七间的（图439）。17世纪耶稣会的传教士路易斯·拉考特曾写道：

110

图439 山东曲阜即孔庙与孔坟所在地的一条街上的石牌坊（福曼和福曼摄于1960年。这种较简单的形式，在它的顶部和斗拱处模仿木建筑，各地用得较多）

在这个小镇（宁波）仍然有许多被中国人称之为牌坊或牌楼的纪念物，类似于我们的凯旋门，这种建筑在中国非常普遍。

它们常常是由三个并列的门道组成，并用长长的大理石建造……人们用雕刻、雕像或高浮雕来装饰这些建筑，这些雕刻精美的装饰中弥漫着互相缠绕着的绳结，雕琢精美的花朵，呼之欲出的飞鸟，它们在我看来简直就是艺术精品。

帝王陵墓可以说是中国古代大尺度建筑的伟大成就之一。它是将无比宽广的自然景观作为整个建筑群的一部分进行设计的典范。今天它们被看作设计和营造它们的建筑师和工匠们的丰碑，同时也是命令这些人去营造陵墓以埋葬自己的帝王们的丰碑。自秦至隋(公元前221年至公元618年)的帝王陵墓留存至今的只有一座座的冢山，唐之后的帝王陵墓除了剩下冢山，还有一些残缺不全的石象生。在一些地方，如沈阳则完整地保留有清代早期帝王陵，而最伟大的杰作当数位于北京北面山区内的明代帝王陵墓群，人们今天称之为"十三陵"。

这些帝王陵墓散布于范围广阔的山区之内，而每座陵墓中，由围墙环绕的墓穴宝顶都位于两个山谷夹着的山脊的斜坡之上。每座宝顶前方绿树成荫的院落内都置有殿堂和庙宇。从京城方向进入十三陵的陵区，人们首先会看到一座宏伟雄壮、五开间的石牌坊(建于1540年)，其后是一座带有三个拱门的城门楼(大宫门)。走过一段可以望见云雾缭绕的远山的山路，旷野中一座巨大的四面均辟有巨型拱门的亭子——碑亭便渐入眼帘，碑亭内是一座立于石赑屃之上的中国最大的阴刻石碑(立于1420年)，这座建筑由四个带云板的华表柱所拱卫。随着神道逐渐转右，路两侧便出现了一些石雕像——石象生，这些石象生有些是骆驼、大象、骏马和瑞兽的形象，还

111

112

图440 明代帝王陵墓(1404—1424年在位的明永乐皇帝陵墓——长陵中的方城明楼。它位于长陵的主要祭殿——祾恩殿之后，又在巨大的墓穴宝顶之前——宝顶内部设有墓室，四周围以挡土墙。方城明楼的内部有一块由石赑屃驮着的大石碑。楼上站立的人们的身影可以让我们感受到这座建筑的高度。方城明楼前面的庭院中布置有一个露天的祭台——五供石台。照片由李约瑟摄于1952年)。

有些则是文武百官的形象，而这段带石象生的神道则终止于另外一座石牌坊(棂星门)。再走过一些桥梁，便可看到陵墓建筑群那雄伟的屋顶了。沿着铺有大石板蜿蜒的神道前行，是"十三陵"中最宏伟的那座陵墓——埋葬永乐皇帝的长陵(1424年。图440)。长陵由围墙和门楼所包绕。其中另有一座碑亭，其中的御碑记载了清代第一个皇帝对主管陵区附近城市的父母官降下的

圣旨,圣旨要求这些官员们永久保护好这些被征服朝代的帝王的陵寝。穿过几进院落和一个五供石台,便是方形宝城(方城)和其上的明楼,明楼内有碑,它的前面是主要的祭殿——祾恩殿,殿内有二十四根巨大的楠木柱,每根柱都至少有 18 米高,底部周长也都超过了 3.5 米。登临明楼远眺,整个陵区的壮丽景观便尽入眼帘,令人由衷地感到这个伟大的将自然景观与建筑相结合的规划营造出的庄严气氛。

113

第四章 桥 梁

建筑师弗兰蒂诺(Frontinus)在对建于1世纪的罗马水道桥进行描述后，加上了下述评论："如果将之与浪费空间的金字塔或虚有其表的希腊建筑相比，你会发现，这是一系列不可或缺的结构并且承担如许重要的功能。"他的中国同行会对此评论所包含之看法表示赞同，因为中华文明中处处体现着这种理性与浪漫的美妙结合。其在桥梁建筑中亦是如此，在中国没有一座桥梁缺乏美感，而且其中许多将美感发挥到了极致。

描述中国桥梁建筑的成就之前，最好先将其进行逻辑分类，首先看最简单的桥梁类型——梁式桥，由直接跨越溪流或其他障碍物的木质或者其他刚性材料制成。对此类型的桥梁，限制性的因素较多：通常梁式桥在还没有达到其预定的跨度前，材料已经达到了其承重极限。正如我们将要看到的那样，中国的建筑师们，通过建造了一系列的著名石桥，探究了用石材建造简单梁式桥的各种可能性，使得这种可利用的强度最大的天然材料，能发挥其承重优势。

桁架的发展，使建筑方式突破了简单梁或块体的局限，桁架是指由众多的杆件铰接在一起形成的网状几何体系，每一杆件只承受拉力或者压力。这种梁式桥在文艺复兴期间得到全面发展，这可能是源于对栋木重心的研究，它常被用于拱形建筑中（中国亦然）。文艺复兴时期的工程师们从几何学中知悉，如果不改变边长的长度，三角形是唯一能够不变形或扭曲的图形，因此，他们所修建的桁架体系是三角形的精妙组合。吊桥也应归于梁式桥一
类。在此，有必要对多跨桥梁所使用的桥墩类型进行一下说明：可能是木桩；

偶尔也有木质排架;还有各式各样的石质桥墩;用小船作为浮桥的桥墩也较为常见,实际上这种用法自古就有。

桥梁的另一种类型是伸臂梁式桥。这种梁一端固定,另一端自由,因此它可以根据其伸缩性稍作变位。伸臂梁式桥,是由一系列的伸臂梁从沟壑的两端伸出,并在中间由梁或者桁架链接到一起构成。这种桥好像起源于喜马拉雅地区,在中国很早就被熟知并广泛使用。

还有一种类型为拱桥,它可能是最经常和最广泛使用的桥梁类型。拱桥最初呈半圆形,并长期保持不变。在欧洲,工程界一直都坚信罗马和诺曼德半圆拱是不可更改的,因为它的推力线是垂直作用在桥墩或桥台上,而且这种理论没有受到中世纪哥特式拱(由两个相当大的圆弧或其他曲线在冠顶处相交形成的拱)应用的影响。拱桥的重大的演变起于14世纪,从那时,拱桥的半圆拱底座的连线如同被下放至水中,好像拱桥沉到水中一样,因此,拱桥呈弓形,从桥台处向前倾斜,如有艺术作品中向前飞驰的神韵,所以这种拱桥的桥台要更为坚实。早在欧洲应用这种拱桥的700年前,中国就有一位天才的工程师已经修建了这种拱桥。还有其他类型的曲线,如椭圆,也被应用。

最后一种重要的类型为索桥。索桥由桥面上部的绳索或链条来承重,该绳索锚固在桥两端的立柱上并向下环成悬链线的形状。在其较早的形态中,行人和动物过桥时,是沿着曲线向前滑行的,但是,随着桥梁的发展,人们在桥面板上每隔不远处安装了扶手,于是渐渐形成了现代意义上的平板式索桥。不管是旧大陆还是新大陆,索桥在世界的许多地方都是天然的,早期工程师所做改变就是,将绳索换成了铁链。索桥很早就在邻近西藏、阿萨姆邦和缅甸的中国西南山区中得以应用。而后来欧洲索桥的发展,得益于铁链工艺的显著进步。

现对以上分类进行一下概括,并列举一些中国古代建筑师所修建的桥梁的设计参数。

桥梁类型	建筑结构与材料		最大跨度(m)
梁式桥	铁 质		3
	木 材		6
	石 材		21
伸臂梁式桥	木 材		40
拱桥	石材	半圆形	27

桥梁类型	建筑结构与材料		最大跨度(m)
		尖拱或哥特式拱	21
		弓形拱	61
索桥	悬链线形	单索	137(下同)
		V形索	
		管状索网	
	桥面	竹质绳索	
		铁链	
	平板型	竹质绳索	
		铁链	

　　桥梁的某些建筑特征好像并不与其类型相吻合，这一点值得人们关注。据考证，最早表示梁的图形（ ），就是一幅横跨在溪流上的木板的图案。有关"梁"字书写，从古至今没有太多变化，从字形上看，它包含水和谷物，而第三部分好像是人在劳作的图形，可能是在修筑人可沿其上行走的灌溉堤坝。在《诗经》中，该图形表示由围篱制成的固定的渔网，而这自然而然地就形成了一座桥。桥的最通用的写法为"桥"，就是给"乔"添加了"木"字偏旁，"乔"意味着高耸和呈弧形，具有古代文字中明显的象形特征（ ）。

　　国外的仰慕者几乎可以援引中国历朝的桥梁文化。838—847年间，日本僧人圆仁在中国没有看到一座废桥。在从山东到长安的途中，他惊奇地看到在黄河的某条支流上有座长达305米的浮桥，而其前毗连一座多孔桥。在13世纪90年代，马可·波罗（Marco Polo）也有类似的经历，他对中国的桥梁进行了长篇描绘，而关于其他世界各地的桥梁却绝口不提。由于马可·波罗的夸大之词，杭州以12 000座桥梁而闻名于世，这可能是因为原手稿中的疏忽和作者混淆了城门与桥梁的缘故。实际上在当时确切的数字是347座，而其中至少有117座在城内。

116

　　首批文艺复兴时期的来访者，也对所到之处的桥梁极尽赞美之誉，格雷奥特·佩雷拉（Galeote Pereira），早期的来访者之一，约在1577年写道："无论你到了哪座城市（在福建漳州附近），都会见到如此坚实雄伟的建筑和桥梁，那是我在葡萄牙及其他任何地方所没有见到过的。我的一个同伴讲他还见到过长达40孔的桥梁。"类似的传闻在绝大多数的16世纪和17世纪的作家中风靡一时。1675 年 5 月，当彼得大帝派遣使团到中国时，公使尼古拉·米列斯库·斯巴特罗（Nikolaie Milescu Spatarul）提出的请求之一就是希望能邀请中国的桥梁专家西行，教授俄国人筑桥技术。

16 世纪，早期的葡萄牙的来访者发现了其中一件有趣的事情：有些桥梁是超乎寻常的顺路而建，并常远离人们的居住区。"令人惊奇的是，"1556 年，在中国居住的神甫加斯帕·得·克鲁兹（Gaspar da Cruz）写道，"在各地的非居民区也同样修建了许多桥梁，这些桥梁并不比城市中的那些显得工艺粗糙和造价低廉，而实际上它们同样造价昂贵，做工精美。"遍及全国的帝国政权，以这种方式给城邦文明的参观者留下深刻的印象。

第一节　梁式桥

在中国的大部分地区都能见到简单的木梁墩桥。最值得关注的是，这种梁式桥从远古沿用至今而未改变。在"武梁"墓室雕刻中，有一幅反映始于 150 年的"桥上之战"的壮观场面，清楚地展现了倾斜的引桥和桥的中央主跨。公元前 4 世纪，孟子提到的需要季节性修缮的行人桥与行车桥所指的可能就是这种桥。其桥墩间的跨度可能不超过 4.6—6.0 米，因此需要多跨方能跨越整条河流。

当河流较宽时，修桥就很有必要，正是如此，人们很早就造桥跨河。当号称"必经之地"的关中地区（其中包括西安和洛阳）——中国文化的发源地开始繁荣之时，横跨渭河就显得尤为重要。公元前 305 年，秦昭襄王继位后，修造了多跨梁式桥——横桥，连接都城咸阳与南岸。至汉朝，南岸的长安成为都城，横桥依然发挥着极其重要的作用。横桥共有 68 跨，总长达 610 米，单跨接近 8.8 米，桥面为木质，宽度为 8 米，北部的桥墩为石质。我们可以从以下两个方面勾勒这座看似粗糙其实宏伟的桥梁：一是研究一下保存在四川博物馆中的汉砖（图 441）上的绘画，这和"武梁"浮雕一样的悠久；另一是观摩一下现存同种类型的桥梁。在长安附近，有三条河流汇入渭河，灞水和浐水向东流汇入，而沣水向西流汇入。840 年，当圆仁和尚途经此地时，多达 67 跨的汉代古桥依然耸立（图 442）。所有这些桥都非常接近水面，在洪水期间，它们会没于水中。

梁墩桥长期沿用下来。据说，1158 年，张中彦曾修建了长达 10 里（约 5 公里）的木梁墩桥。在宋朝画家，如夏珪的作品中，可以见到许多雅致的木梁墩桥，在其中央主跨上还建有亭台楼阁（图 443）。

图 441　四川成都汉砖上绘制的战车与骑兵通过带有护栏的木梁墩桥场景（安南摄于 1948 年）

图 442　西安西北的沣水桥——汉朝风格的梁墩桥（每个桥墩由三对状如滚碾的圆柱形的石柱组成，桥墩安放在圆盘状的磨盘基座上。照片中由于后加混凝土掩盖住了而看不见。这些分别由柏油排桩支撑。李约瑟摄于 1964 年）

120

图 443 中央主跨盖有亭阁的木梁墩桥[这种桥梁在中国常年流行,其中中央主跨稍向上弓起,以利其下船只通行。上图取自宋朝著名画家夏珪 (1180—1230)的作品。安南摄于 1953 年]

121

图 444 古丝绸之路上正在使用中的传统悬绳打桩机(李约瑟摄于 1943 年)

在中国的建筑史中,梁式桥的支撑结构有许多种,除了木质排架,还有木桩、石柱等等。在涯州附近地区,长期以来使用木梁式桥跨越青衣江,该种桥的支撑结构为"石笼",所谓石笼是指填满石块的竹篮子。有的梁式桥还使用铁柱作桥墩。宋朝年间,有一个名叫臧洪的江西人在四川否良(音译。疑为古地名,难考)修建了一座桥,就是使用了 12 根铁柱作桥墩。至宋朝末年,这些铁柱被石柱取而代之。文献记载中还发现了另外 5 座这类桥,其中一座在云南,该桥共 7 跨,平均跨度为 14 米,桥面安放在 12 米长的铁柱上,该铁柱可能是合成物。其余 4 座,明确记载使用的是铸铁,很可能所有的部分都是使用的铸铁。

即使修建的是最简单的桥梁,也必须使用有效的打桩设备。直到近代,中国人一直使用的器械和公元前 30 年维特鲁威使用的器械基本类似,见图 444 所示在古丝绸之路上使用的设备,夯锤可由缆绳牵引上升至顶端,而缆绳又分成多股粗绳,故可由多名工人合力操纵。对于小型工程,4—8 个工人就可以操作一组夯锤——一个带有竹制把手的石柱——工人站在一个小工作平台上,这个平台紧缚于桩顶,可利用他们的体重增加夯击的力度。

122

图 445　杭州附近的石梁式桥[米拉姆(Mirams)摄于 1940 年]

由于英国西南部有众多的"铃舌"形小桥,因此英国人对石梁式桥并不感到陌生。但在中国石梁式桥的规模要大得多,即使是标准型的小石桥(图 445)也比英国的"铃舌"形小桥要大许多。最常用的小石桥的跨度不超过 5 米,桥面距水面 1.8—3 米。

这种桥的修建必须有干燥的施工场地,因此通常需要修筑围堰拦截水流。围堰由双排竹竿绑系在一起制成,其上盖上苇席,并在其间用黏土填充。然后用方板链泵向外抽水,直到河床干涸适合作业为止。为抵抗外部水压力,围堰常向外凸出。

该种桥的桥墩类型主要有三种。第一种,也是最简单的一种:状如厚板的长而扁的石材,垂直立于水中,并与水流方向平行,下端与长条形石基接

1093

牢；而上部同另一卧式长条石榫接牢固，该条石的长度比桥面宽度略长。这种结构能尽可能地减少桥墩对水流的阻力，并能抵御船舶的撞击。这种桥墩看似厚重，实际上非常经济，其建造费用不会超过薄黏土碎石围护墙。第二种也是由石材建成，只是桥墩修成锥形。同样，它也是最窄的轴向平行于水流方向。第三种是以上两种方式的组合，当希望桥面距水面较高时，常采用这种桥墩。这种桥墩有时也用于多跨桥梁。

尽管石梁式桥的单跨不宜超过 6 米，但石梁式桥建筑在水道中还是随处可见，包括在京杭大运河中，但在这种情形下，桥墩常需向水流中延伸很远。中国历史上第一座全石桥出现在洛阳的一条运河之上，建于 135 年，虽然其桥身拥有拱门，但其建筑风格同上述类似。这样的桥梁在东部诸省的城镇中数量众多，其中在绍兴就有两座这样的宋朝古桥，其中之一始建于 1256 年。

宋朝年间，石梁式桥的建筑技术取得了惊人的进展，修建了一系列的大型石梁式桥，以福建省尤为突出，在中国乃至世界各地的其他地方，都没有发现类似的桥梁。这些石梁式桥很长，有的甚至超过了 1 公里，其跨度也相当大，有的达到了 21 米，而且筑桥所用的石块有的重达 200 吨。可惜，这种桥的建筑技术后来失传，找不到任何关于它们的记载，包括石料采自何处，它们是如何被运到现场，又是如何吊装的。

在地方官员的支持下，这些桥梁得以建筑和修葺，负责修建这些巨型石桥的大部分建筑师们仅仅是帮助官员们把名字留在了功劳簿上，自己的名字却早已湮没，但他们高超的技艺以及他们创立的建筑传统，我们却可以深深地体会到。

123   然而，福建省的石桥、海堤以及其他公共设施都与僧人的名字紧密地联系在一起，对他们而言，造桥是广积功德之门，且他们自身就可能是高超的建筑师。他们中最有名的当属道询和尚（卒于公元 1278 年），他在该省造大小石桥共计 200 余座，还修建了不少堰坝、海堤等。据传，蔡襄未竟之桥也是由他完成的，而他的最好的作品在泉州附近。接下来的一个世纪中又有一位柏福（音译）和尚（卒于 1330 年），我们饶有兴趣地知道，无论环境多么恶劣，他都能和工人一道在施工现场鼾然入睡。

从图 446 和图 447 中可以了解这些桥的概貌，图 446 中所描绘的是江东桥，它位于宋代泉州府通往广东的驿道上；图 447 描绘的是万安（洛阳）桥，它位于泉州东北，有关此两桥和该地区其他桥梁的详细资料都列举在附表中（表 55）。马可·波罗和来自曼地卡维诺（Monte Corvino）的约翰都曾参观过这些桥梁。

图 446　中国东南部的一座巨石桥——江东桥[横跨于福建厦门上游的河流——九龙江上。(a) 桥东北部第六桥墩处的石梁;(b) 上游另一桥墩(西北)。艾克(Ecke)摄于 1929 年]

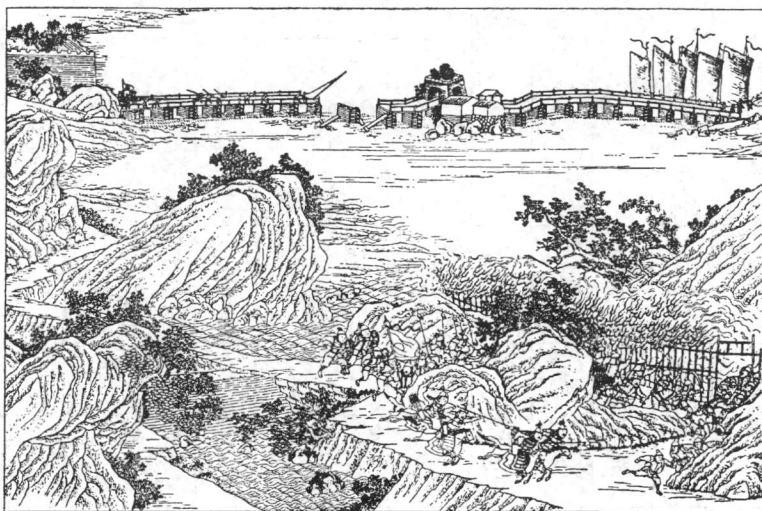

图 447　位于福建泉州东北的洛阳江上的巨石桥——万安桥[始建于1053 年,耗时六年,1059 年建成,桥全长 1 097 米。一幅取自《吴将军图说》的中国画(为描述吴将军的功绩所作。作于 1690 年),作者为吴应(音译)。在这些战役中,这座桥具有极其重要的战略意义。画的前半部描绘的是吴在 1678 年大胜的一幕,而后半部描绘的是桥的修复工作正在进行]

表 55　福建石梁式桥统计

桥　　名	地理位置	所跨河流	修建时间	总长（米）	宽度（米）	跨数	最大跨度（米）	最大石梁重量（吨）	修建者
万寿桥或文昌桥[a]	福州（闽侯）	闽江	1297—1322	625	4.4	36	14	81	王法助
	包括南台岛南部部分陆地								
洪山桥	河流上游	闽江	1476	799	4.4	46			
福清桥	福清	当地潮汐河口	宋末至明初	244		28	8		
洛阳桥或万安桥	泉州东北	洛阳江	1023 或 1053—1059	1 097	4.6	17	20	152	蔡　襄
盘光桥或五里桥	泉州东北	洛阳江	1255	>1 220	4.9	47（现为121）			道　询
顺治桥	泉州西南	晋江	1190—1211（1341, 1472 和 1650 年修整）	457					
浮　桥	泉州西南	晋江	1050 年为浮桥；1160 年改为石桥	244	5	130	8		法　朝（音译）

现在加固成为主要通道

（续表）

桥　名	地理位置	所跨河流	修建时间	总长（米）	宽度（米）	跨数	最大跨度（米）	最大石梁重量（吨）	修建者
安平桥或五里桥	安海	当地潮汐河口	12世纪	1524		360	4.6		
同安桥	同安	当地潮汐河口	1094；1294 年修整	305		18	18		
江东桥或虎渡桥（即伯拉姆桥）	漳州东，厦门上游 32 公里	九龙江	1190 年为浮桥；1214 改石质桥墩；1237 年改梁式桥	335	5.5	19	>21	>203	李 绍
通津桥或老桥头桥	漳州以南	龙江	12 世纪末	274		28	12		
广济桥或湘子桥	广东潮州	韩江	宋代 1170—1192	497	6	21			丁久远、沈宗禹等

a：这座壮观桥梁的元代修建者是幸运的，因为这是众多名桥中唯一一座李约瑟博士亲眼目睹的桥，他仍清晰地记得那是 1944 年 5 月的一个阳光灿烂的上午。在福州停留的几天，正是闷热的春季，他和黄兴中博士乘着黄包车，沿着花岗岩的石板路，跑遍了城市中的书店，有关算数方面的典籍大部分都是在那里买到的。

为使得大船能够通过，该桥含有 82 米的浮桥部分

125   在福建的这些桥梁中,桥的长度和桥的总跨数之间没有必然的联系,因为当作为桥面板的巨石塌落后,后人无法用同样的巨石代替它,而只能在旧的桥墩之间添加新的桥墩。通常情况下,桥墩是安装在桥基之上的托臂或悬臂,以期给上部的桁架以更大的支撑力,因此桥墩通常是船形的。帕瑞亚特(Perieta)所惊叹的重达 200 吨的石梁,其横断面即有 1.5 米高,1.8 米宽。对于这种类型的桥梁而言,建造最大的困难来自基础。多数情况下,地基的承载力不能满足要求,因此,在福建的许多地方可以找到为数不少的石梁式桥的废墟。

128   无论是谁主持修建桥梁,很显然,建筑的高峰期是在 11—13 世纪之间。

现代,人们在研究同中古时期中国所使用的石柱类似的材料,对其强度进行测定。石柱的长度从 1.5—3 米不等,断面直径为 15—46 厘米,通过测定,可以得到石柱的抗拉或者破坏强度;试验证明,灰色花岗岩的强度几乎是红色花岗岩的 2.3 倍。测得岩石的密度及桥面可能承受的最大荷载,就可以计算出单梁的极限长度;根据试验,其最大长度为 22.5 米,恰恰与福建梁式桥的最大长度相吻合。如果再长的话,石梁可能会在自重作用下断裂,因此宋代的建筑师已经知悉发挥石梁的极限承载力的方法。他们是如何知悉的,我们无从所知;可能来自桥梁倒塌的经验,也可能在采石场就进行了强度测试。

福建一带的桥梁,给人的印象笨拙厚实,浪费惊人,如同体积庞大的罗马砖石建筑一样,在建筑中丝毫不计成本。然而,这纯属一种地方建筑风格,因为早在六七个世纪以前,中国北方的建筑师们已能修造拱桥,不仅节省材料,还能美化造型,而在欧洲,类似设计直到文艺复兴前期才开始兴起。尽管如此,巨石桥仍然不应被轻视,直到今天它仍具有现实的价值。

在结束梁式桥的话题前,有必要对浮桥和吊桥稍作讨论。在清代(1644—1911 年),对吊桥并没有因其纳入防御工事而详加描述,因为吊桥便于拆卸,故在护城河上修建。但关于可拆卸的桥梁,在中国很早以前就已经被广泛应用。1575 年,西班牙特使密古尔·德·罗尔卡(Miguel de Loarca)在从厦门到福州的途中,曾对泉州城外一座多跨桥梁大加描绘,该桥的一端就连着一座吊桥。大约在此 1 000 年前,即 759 年,有一本军事百科全书《太白阴经》,其中部分章节介绍了吊桥护城的作用。

129   古代小说传记《燕丹子》(燕国太子丹生平)写于 2 世纪末,其中记载了燕太子丹的故事。燕太子丹在秦国做人质而备受虐待。公元前 232 年,太子丹从秦统治者的手中逃脱,逃跑途经一座设有机关的桥梁,而秦王正想借此来谋害他。可是,太子丹经过时,机关却没有发动,让他得以逃生。遗憾的是,作者李荃并没有对此古吊桥的机制详加描述。可以肯定的是,这种吊桥不同于中世纪欧洲悬在空中的吊桥,它或者可以侧向翻转(而且可能相当灵活),或者可以绕枢纽旋转,使得敌人在靠近城门和城墙的地方跌进护城河。可以参照后面(本卷第 153 页)15 世纪的索桥,它可以没入水中,作用类似吊桥。

浮桥在欧洲有悠久的历史,早在公元前 514 年,为了满足大流士一世远征西思(scyths)的要求,希腊萨莫斯的曼得罗考斯(Mandrocles)就修建了一座横跨波斯普鲁士海峡的浮桥。但相对而言,中国建造浮桥的历史要更早,一直可以追溯到公元前 8 世纪。1085 年,高承在《事物纪原》中对浮桥的历史做了记载。据史书记载,秦代已建造了跨越黄河的浮桥,司马迁记录了秦昭襄王造桥以及造桥的时间。这座蒲津桥——黄河上最负盛名的三大浮桥之一,由于定期修复保养,一直延续了几个世纪而保持畅通。蒲津桥由于其靠近陕西北部边界潼关的黄河大转弯处而得名。700 年的百科全书《初学记》曾对其有所提及,而 840 年,日本僧人圆仁也曾对其赞叹不已,他估计桥全长约为305 米。

从 8 世纪始,关于重要桥梁维修的历史记载逐渐增多,唐代航道部门(737年)的政府法令的手写稿残卷特别值得一提。从中可以知悉,守桥人、船夫和维修工匠长期执勤,并可以免除兵役和其他杂役。他们在洪水期间要使桥免受浮木冲击,在结冰期解开所有系结物以确保桥体安全。备用浮桥在特定的造船所制造,即使是在为制造、存储和对必需的竹制缆绳定期测试做准备时,也要保证其总数的一半是可用的。蒲津桥始终是一座具有战略意义的渡桥。

杜预是晋代(224—284 年)的一位杰出的工程师,他在洛阳东北修建了第二座跨越黄河的浮桥——孟津桥。从当时众说纷纭,没有人相信能在黄河上架设浮桥来看,孟津桥的架设必是当时的一项壮举。

关于浮桥的记载在唐朝和其他朝代并不少见。例如,在金代(鞑靼)统治时期,张中彦于 1158 年,架设了一座浮桥,唐中寓(音译)在 1180 年使用铁链对其进行了加固;元朝的世莫安哲(音译)利用充气皮筏也架设了一座浮桥。约在 1221 年,邱长春真人的游历中也曾经提到了许多浮桥,其中有名的一座是为成吉思汗次子架设在阿米·大亚(amy darya)河上的浮桥,仅耗时一个月就建成。15 世纪,在兰州也架设了一座令外国游览者为之惊叹的浮桥。

李约瑟博士在四川西部边界靠近涯州的地方发现了一种独特的浮桥,在一年中的某些时间段内,竹筏可从一岸漂到另一岸,至少对行人来讲,这成为一个过河通道。浮桥在明代的科技文献中也有记载。

然而,这一切都不能阐明最早使用浮桥的确切年代。虽然《诗经》中曾提

130

及,在公元前 11 世纪周朝创立者——文王曾使用过这种桥,但凭此就坚持认为它始于周朝,可能并不明智,合理的时间应该是公元前七八世纪。如班固于 87 年在《东都赋》中写到的那样,关于桥的短语传到汉代,历经整个汉朝而不息,并流传千古。因此毫无疑问的是,浮桥在中国是一项有着悠久历史的建筑设施,若从《诗经》中的诗歌"造舟为梁,不显其光"算起,它的起源就是在公元前 1050 年了,无论这些工匠是谁,都比萨莫斯的曼得罗考斯(Mandrocles)要早。但不要为后来巴比伦的技术超越了这两者而感到惊奇。

131

第二节　伸臂梁式桥

在中国的西南部,尤其在靠近喜马拉雅和西藏的地区,人们为跨越宽达 46 米的峡谷急流修建了伸臂梁式桥。伸臂由木材从两侧以各种方式叠加而
132
成(见图 448),然后以长的木梁将两个伸臂相连形成桥梁。附加支撑(斜撑)

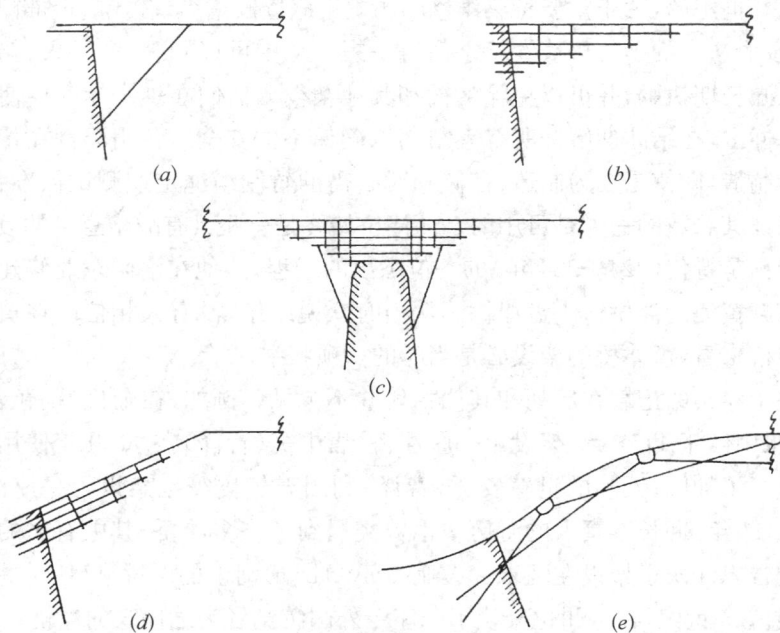

图 448　伸臂梁式桥类型

(a) 斜撑伸臂梁是最简单的类型,用于小桥。(b) 水平伸臂梁,用于跨越河谷。(c) 上述两种的组合体,湖南的多跨连续梁式桥中常见。(d) 挑梁伸臂梁,用于跨越河谷或渡槽,西藏也常见。(e) 多角度挑梁伸臂梁,主梁方向变化和桥台成两个或更多的角度(也可见图 450)。

可有可无。桥面通常是由梁木填塞，然后以石头压重，但也可把梁木嵌进砖石砌体中，有时是挑出悬臂的石墩直接充作桥面。当桥梁较长时，就需要更多的桥墩，伸臂从每个桥墩向两侧伸展。简单的单跨桥在中国的西部如甘肃、云南及西藏等地极为普遍，伸臂有时是水平的，但通常是从桥台以 25°的角度向上斜挑，并同水平桥面横梁连接到一起。多跨水平伸臂梁式桥主要位于湖南。它们本身已经足够使人惊奇，但如果在每座桥台上再修建亭台楼阁，正如在湖南西南和广西交界地区修建的那样，这些桥梁成为中国传统桥梁建筑中最为壮丽的景观（图 449）。

133

图 449　广西北部三江以北林溪河上的四跨水平伸臂梁式桥（它的桥台顶部建有重重亭阁，桥面盖以长廊，以造型独具匠心而举世闻名。安南摄于1849 年）

尽管伸臂有木板的保护可以使之少受风雨的侵蚀，但木质品极易腐烂，因此这些桥都不会历时很久。在 11 世纪晚期的《渑水燕谈录》中，有一伸臂梁式桥的详细记载。

伸臂原理的出现，使得筑桥不需要在水中修筑桥墩，这样既可消除洪水导致的破坏，又不会阻塞河道影响航运，因此大受欢迎。北宋画家张择端的《清明上河图》中有对开封城外一座大桥的描绘，这幅画约作于 1125 年，不久之后开封城便被金（鞑靼）兵攻陷。其对于日常生活的精彩描绘，已使我们获益匪浅（本卷第三章第 83 页），这里（图 450）它展示了一座角度连续转换的多角

134

135

图 450　开封虹桥(取自宋代画家张择端于 1125 年所绘的《清明上河图》。郑振铎摄于 1929 年。众所周知,中国的多角度挑梁伸臂梁式桥现在已无存,虽然在明朝以前,看起来还比比皆是。图中沿着远处的桥台,还可以见到一艘拖船的顶篷,一艘大的驳船也刚过桥下,出现在河的近端)

度挑梁伸臂梁式桥,从桥台以 40°挑出的 10 根巨梁和一系列的水平横梁,与另一组巨梁交错布置,该组梁以 55°斜挑并支持其上的另一组斜梁,最后在顶部对接到一起。同平行伸臂梁的连接类似,它们也是通过横木和系梁缚系到一起。

　　寻根溯源,来解释伸臂梁式桥优美的建筑风格的形成,并不是一件容易的事情。四或五世纪的《沙州记》中,有一则关于木质伸臂梁式桥及其石质桥台的详细描述,其中提到吐谷浑人(一个鲜卑部落)在敦煌绿洲的一条河流修建了一座伸臂梁式桥,这可能就是伸臂梁式桥最早的文字记录。在唐代(618—907 年),还有关于伸臂梁式桥的传记,但到了明朝(16 世纪),关于开封桥的建筑技术就已经失传(或者说不被知名学者所知),因为在《清明上河图》的明代临摹本中,已经用单拱桥取代了原来的伸臂梁式桥。但几乎就在同时,这种简单的网状几何结构传到了欧洲,列奥纳多·达·芬奇(1480 年)设计的一座军事桥梁中采用了几乎同样的结构。回溯中国的文献记载,正如先前引文中提到的那样,"虹桥"在很大程度上作为一项技术用语而不是描绘用语。例如,13 世纪晚期,周处在其《风土记》中写道:"在阳县有座大桥长达 219 米,横跨南北两岸。桥中央高起,使它看起来像一座虹桥。"它究竟是一座什么类型的桥梁? 是一系列短跨水平伸臂梁和挑梁的组

136

合桥,是方便下方通船的多角度挑梁伸臂梁式桥,还是具有中央主拱的多拱桥,我们无从知晓。

关于伸臂梁式桥的起源可能与下面事实有关,在中国汉代,为修建湖上亭阁,常需将亭阁置于托臂之上,而这和伸臂非常相似,这种结构被称为"梯桥",1958年,李约瑟博士在山东曲阜孔庙拍摄到了一幅梯桥的石浮雕(图451)。1971年,在越南河内发现了一座建于1049年的与之相似的楼阁——烟雨寺(即现独柱寺),此阁坐落在立于水中的石柱之上,顶部由木质悬臂梁托和横梁支撑。中国建筑的屋顶支撑体系有如此多的托臂,这可能就是中国伸臂梁式桥的起源吧。

图451　一座亭上的汉代石浮雕(亭阁由利用伸臂梁原则的托臂支撑。现存于山东曲阜孔庙。李约瑟摄于1958年)

这种桥也传到了国外,104年,图拉真架设了一座跨越多瑙河的桥梁,桥梁的图形被刻在113年所建的他的著名纪功柱上。该桥像是一座石质桥台上伸出的多跨伸臂梁式桥,单跨的估计跨度为52米,这在当时不是不可能的。如果的确如此,应该算是西方古代建筑史上一项辉煌的成就。因此,人们很有兴趣知道其完整的原始设计资料和它的建筑步骤,但时隔已久,恐怕已无迹可寻。如果喜马拉雅地区同是伸臂梁式桥和索桥的发源地,我们猜想二者或许是同时起源的。在中国有可能也修建过石质伸臂梁式桥,尽管并不常见——浙江省就有这样一个例子。这个话题带我们来到了拱桥。

137

第三节　拱　　桥

世人认为,伊特鲁里亚人在公元前 15 世纪就发明了拱;而且意大利血统的人争论道,当罗马人广泛修建拱形建筑之时,希腊人还只是处于摸索的阶段,争论中还涉及了印度人对拱的利用。随着人们发现苏美尔的美索不达米亚人也会熟练地应用拱、拱顶和穹隆结构,争论进入了不同的阶段。这些争论可以帮助我们更好理解拱和桶形穹隆在秦汉墓室中的出现,并可以推测:人们如果不是在商朝学会使用拱的话,那么就是在周朝,人们很好地掌握了这种结构的用法,并利用它来修筑城门和拱桥。

在古代,东西方的拱都为半圆拱。这种类型拱的跨度一般不超过 46 米,罗马半圆拱的平均跨度在 18—24 米,而水道桥拱的跨度就更小,约 6 米。现存最大罗马拱的跨度为 36 米。

罗马拱和中国拱,其在本质上是一致的,即通过楔形石的相互挤压形成环状结构,围合在拱顶锁石两旁。然而,桥梁工程师福格-迈耶(H. Fugl-Meyer)在察看了中国的建筑方法后发现,中国拱和罗马拱的建筑工艺大相径庭,因此他确信,罗马和中国的桥梁建造者之间并没有发生过任何交流。罗马拱桥属于巨大的砖石结构建筑,它的体积如此庞大,以至于建筑中央部分的某些石灰直到今天依然保持着塑性,当暴露在空气中时仍然会硬化。它的尺寸也过于巨大,经常造成对材料的浪费。而独特的中国拱桥是一种薄石壳体,两侧砌有石墙,在其中间填以松散的填料,最上面铺上石板形成桥面和引桥。这种工艺可以最大限度地节省材料,但也容易因基础升降而导致桥体变形。因此,中国的工程师又发明了一系列附属设施,如将石块榫接使之成为一体,设置贯穿结构的剪力墙以抵抗变形引起的剪力等。福格-迈耶评论道:"中国拱桥建筑最省材料,是理想的工程作品,满足了技术和工程双方面的需要。"

放置在木质拱架之上的石块有多种不同的砌法(图 452):并列方式是指用石块砌成一根根独立拱券栅比并列直到桥的宽度满足要求为止[图 452

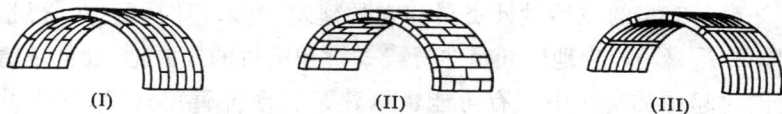

(I)　　　　　　　　(II)　　　　　　　　(III)

图 452　拱桥的拱圈连接方式(摹自茅以升和罗英之绘图)

138

138

（Ⅰ）。这种拱券经常呈狭长的圆弧状,拱券间常用凸凹榫接。这就是曾经提到的圆弧拱桥的施工工艺,它的优点是,一两条拱圈的倒塌不会立即影响整个桥的功能,并且在修造拱圈时只需要一条拱架,一条拱圈完工后,拱架可以立刻移走,这样就可大量节省木材。纵联方式与并列不同[图452（Ⅱ）],它是在整个宽度上,逐行垒砌,或同时从两侧脚向上砌起,砌法类似于"错缝"方式;第三种是以上两种方式的组合[图452（Ⅲ）],称之为链锁方式,先根据拱桥的弧度要求准备长长的弯拱石,再在其间插入与桥同宽的行条石做为横向联系、加固构件,这种方式对小型拱桥比较适用。中国旧桥的拱圈的承载力比现在对拱圈做应力分析得到的承载力数据要高,这可以从以下方面进行解释:拱上墙体、拱肩填料和桥台对拱圈施加了一个被动压力,提高了拱圈的强度和刚度;而且建造时,木质拱架会为拱圈提供一个支撑反力,当拱架移走后,拱圈在自重作用下下沉,使得拱圈压紧密实。拱圈的构造通过以上三种方式还可派生出其他方式。

在修造拱圈和边墙时,很少用到砂浆,在基础中更是从来不用,因此,水硬砂浆并不为人们熟知,石块是通过榫卯相互榫接到一起,或者把石块上带有双燕尾形榫头的铁搭插进另一石块上同样形状的凹槽内进行连接的。

在桥拱的两面侧墙上,常可见到方形截面石条的出露点,这些是系梁,即贯穿在两侧墙体之间以阻止墙体外倾的长条石。在中国的大部分地区,如长江三角洲地区,土质很差,对建筑工匠而言,要想不采取任何措施而使得基础安全承载是不可能的,因此,他们发明了内置剪力墙。剪力墙是指埋置在桥体内部的垂直石墙,横贯整个桥体,且拱圈的两侧都要布置,见图453。剪力墙的修筑工艺如下:取长石板垂直安放,板与板间靠紧,并将之与基础榫接,石板顶部与另一和石墙相连的水平石条连接。本质上,这一排石板如同形成了一座小型石梁式桥的桥台,剪力墙和拱桥的结合的确是高明的主意。因为拱圈为松散链系,不能抵抗任何挠曲力,那些可能使拱圈变形的力就通过地基传递到剪力墙上。而实际上,拱圈可以变形到椭圆形状,且仍能承受荷载。

特别是当地基难以满足要求时,这种环形砖石结构可以提供较高的稳定性。中国历史上第一座圆拱桥诞生于江苏吴县,建于1465—1487年间,而且直到1971年仍在使用。

到过中国的参观者,总是对如此经常的使用弓形的桥面和引桥频频置疑,其实对于一个对贸易深深依赖的文明而言,这是其自然特性,这种情形在

139

140

139

图 453 江苏昆山的拱桥[可以看到拱脚落在了石基座上。密拉姆（Milams）摄于 1940 年]

中世纪欧洲的桥梁建筑中也出现过。马可·波罗曾特别地提及过，这样做的原因是不用降低桅杆和船篷就能方便船只通行。

现难以见到自汉代、三国时期保存至今的拱桥，只是著于 5 世纪末或 6 世纪初的《水经注》中有一则关于洛阳巨石桥的记载，该桥建于 3 世纪末，为单跨石拱桥。其作者郦道元在文中写道：

> 凡是数桥，皆累石为之，亦高壮矣，制作甚佳，虽以时往损功，而不废行旅。朱超石与史书云：桥去洛阳六、七里，悉用大石，下圆以通水，可受大舫走过也。题其上云：太康三年十一月初就功，日用七万五千人，至四月末止。此桥经破落，复更修补，今无复文字。

这就是关于旅人桥的描述。关于拱桥的文字记载，在中国没有比之更早的。但如果像记述的那样，该桥为类似庞斯·法伯里库斯（Pons Fabricius）桥，单跨达 24 米，上可行人，下可行船，那么这不可能是第一座石拱桥，我们可以合理推测，中国至迟在汉代晚期已能建造小型拱桥。

7 世纪末，声誉卓著的工程师李肇德（音译）对洛阳天津桥进行改建，将桥墩改为流线型，他在洛阳还修建了许多桥梁。

141 　　7 世纪是一个转折点，此前的桥梁建筑多已不可考证，而中国最雄伟、最引人入胜的桥梁中的一部分无疑来自其中最初的十年。虽然很少有古桥能从那时保存至今，但从马献（音译。135 年）到李春（610 年）拱桥建筑工艺能代代积累并发扬光大，这无疑令后人备受鼓舞。

在中国，拱桥多为多孔连拱桥。几乎每座城市中都可以见到别致的 3—4 孔连拱桥，但其中最为卓越的当属江西南城的连拱桥——万年桥，万年桥之

所以如此有名,可能还与其有专书——《万年桥志》(写于 1896 年)详述有关
(见图 454)。万年桥横跨盱水,共有 24 孔,全长 550 米。据文献记载,1271 —
1633 年,过江一直依靠浮桥。1634 年,有 30 人溺水身亡,于是改浮桥为多孔
连拱桥,至 1647 年完工。从那时起,万年桥成为江西和福建之间重要的联系
通道。

142

庀沙圖

架以順水
為橛麻繩
約九丈餘
每晚蒸過
以免黴爛

(a)

143

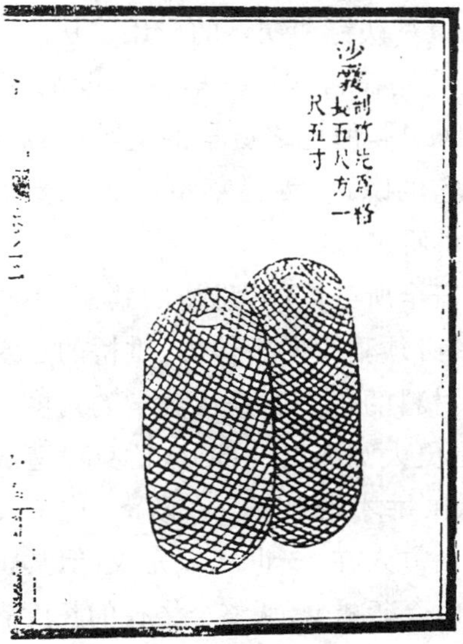

沙靈
削竹笼為高一柈
女五尺方一
尺五寸

(b)

水櫃此次安櫃不邊舊式未用戾折以致漏孔難塞以

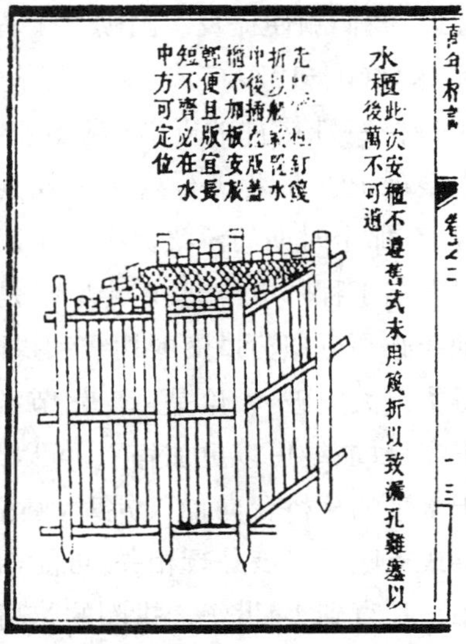

(c)

144

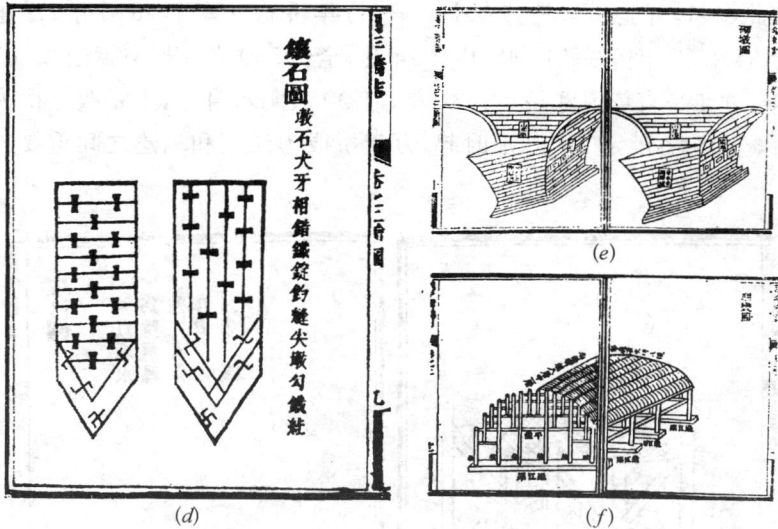

图 454 谢甘棠于 1887 年所著的《万年桥志》中的插图

（a）挖沙（爬沙）。"这套辘轳设备应该顺着水流方向放置。麻绳总长超过 90 英尺，为防止麻绳腐烂，每晚将其蒸一遍。（架以顺水，为稳麻绳，约九丈余，每晚蒸过，以免湿烂。）"（b）石筐（沙囊）。"制竹片为格，长五尺，方一尺五寸。"（c）围堰（水柜）。"此次安柜不遵旧式，未用篾折以致漏孔难塞，以后万不可遵。""水中后插直板盖柜，不加板安放轻便且板宜长短不齐，必在水中方可定位。"（d）桥墩的夹压榫接（镶石）。"墩石犬牙交错铁锭钓缝尖 嵌勾铁丝"（e）桥墩，参见文中。（f）半临时拱架（pian weng）可以清楚地看到，在横向框架结构中使用了柱、交叉梁、系梁、桁架中柱和边柱等构件，但其檩条横截面是外凸而非内凹（最后两幅图应该同图（a）一样大小，在此缩小一半）。

在此，我们顺便提及中国砌石工程中对铁钉和铁箍的应用。从唐（618—906 年）宋（960—1279 年）时起，"互嵌"应用非常普遍。早在 7 世纪，铁箍就被用于拱桥特殊构件的安装［见图 454（d）］，但比之更早的文献记载现已难寻。也很难企盼在汉代石墓室中找到它的踪迹，因为墓室不需承受很大应力，更没有那个时期的桥梁保存至今以供研究。

只有当工程师敢于突破"半圆拱是安全所必需的"思想的禁锢，不再认为桥台轴线必须近似为拱圈的切线和拱圈必须垂直向下传力，拱桥的建筑工艺才获得了重大突破，不论是从工程节省材料的角度还是从美学的角度。当人们意识到，拱曲线可以更加扁平，可以是更大圆弧的一部分，桥身可造成好像倾向于水平的从桥台向前飞挑时，圆弧拱桥才始诞生。在欧洲，这个发现可能与拱式支墩的发展并行相关，可能由西方人在 13 世纪末完成，但真正的广泛应用却是直到 14 世纪。拱圈的弦高也逐渐减少，从整个半径的长度一直减到不足半径的一半（表 56）。

在西方,圆弧拱桥都被看作伟大的杰作,而中国的杰出工匠——李春,约在610年修筑了可以与之辉映甚至技艺更加超群的拱桥,除此之外,他还修筑了为数不少的跨度较小的拱桥。李春创建了自己的建桥风格和流派,历久不衰,他与其后继人所修的桥梁大都分布在河北和山西省境内,其中最精美的一座就是赵县附近的大石桥,又称安济桥。该地区位于华北平原北部,山西群山脚下。安济桥横跨在洨河之上,桥的结构可参见图455,中国的工程师们将之视为其先辈最伟大的杰作之一。安济桥是单孔桥,主孔净跨为37.4米,净矢高为7.1米,其拱肩两侧还各伏有两个小拱,其建筑艺术甚至超越了14世纪欧洲桥梁的杰出作品。安济桥的设计和建筑,不仅有助于增强其对洪水的抵御能力,而且可以有效节省材料,减轻结构自重。

145

图 455 世界上最古老的圆弧拱桥——安济桥(坐落在河北省赵县附近的洨河之上,由隋朝著名工匠李春于610年建造。茅以升摄于1961年)

唐代的官员及后来的参观者都为安济桥著书立说,大加赞赏,称之为"近岸四孔体系"。

明代作家王志坚在其《表异录》中记载道,安济桥如同烟云中升起的一弯新月,又如山中瀑布上空悬挂的彩虹。外国的大使或政要常会绕道去参观一下安济桥,这种情形直到现在还时有发生。继李春之后,敞肩圆弧拱在12世纪的桥梁建筑中应用极为广泛,而欧洲直到14世纪才出现这种形式。在现代钢筋混凝土桥梁建筑中,有的拱桥只在拱圈和桥面板之间使用立柱或隔栅相连,这种设计思想恐怕就是来自李春的敞肩圆弧拱桥。

146

通过查阅相关文献记载,可知李春确是敞肩圆弧拱桥设计者的鼻祖,因为欧洲圆弧拱桥的出现不早于 14 世纪。但如果仅指自立式的梁,在建筑中融入圆弧拱的风格却可以追溯到古希腊时期。其中建于古埃及托勒密王朝(公元前 2 世纪初)时期的戴尔·迈地那(Dier al-Medineh)神庙最具代表性。无独有偶,这也是古代中国砖砌工程的特征,因为在中山王刘焉(卒于 88—90 年间)的墓中,发现了嵌入式圆弧拱或穹顶的建筑遗迹,而在营城子发现的穹顶墓室要比之更大,年代相近或更早。由于桥梁要悬空架设,因此用于建筑的技术要应用在桥梁建筑中,也并非轻而易举的事情。

中世纪的许多桥梁已经进行了使用圆弧拱的尝试,因此 14 世纪的变革,也并非如此便于与之区分。幸运的是,我们找到了一个快捷的辨别方法——拱的扁平率,其有一种简单的计算方法:即计算矢高与半弦长的比值,$s/(0.5l)$,s 为矢高(在半圆拱中为半径),l 为弦长(在半圆拱中为直径),参见表 56 下的附图。表 56 列举了东西方一些桥梁的实际参数,图 456 给出了不同时期的矢跨比的分布情况。

表 56　东西方拱桥资料

建造时间	所在省	所在地	桥　名	跨度(m)	矢高(m)	$s/(0.5l)$	l^2/s
			半圆拱	6	3	1.0	12
			半圆拱	15	7.5	1.0	30
			半圆拱	30	15	1.0	60
公元前 62 年		罗马	Pons Fabriccius	24.8	10.3	0.83	60
1187 年		阿维尼翁	Pont d'Avignon	33.7	14.0	0.83	81
14 世纪(主体,1245 年)		里昂	Pont de la Guillotiere	33.2	11.6	0.70	95
1285 年,(完工于1305年)		近 bollene	Pont St Esprit	34	8.7	0.51	132
1345 年		佛罗伦萨	Ponte Vecchio	29.9	5.6	0.37	160
1351 年		帕维亚	Ponte Coperto	c. 30	c. 6.1	0.41	147
1354 年		维罗纳	Castelvecchio	48.5	13.7	0.57	172
1375 年(毁于 1417 年)		Trezzo	Visconti 桥	74.0	20.7	0.56	264
1404 年		Sisteron	Pont de castellance	28.0	7.1	0.51	110.4
1569 年		佛罗伦萨	Santa Trinita	32.3	5.8	0.48	118

建造时间	所在省	所在地	桥 名	跨度（m）	矢高（m）	$s/(0.5l)$	l^2/s
610 年	河北	赵县	安济桥	37.5	7.2	0.38	195
1130 年	河北	赵县	永通桥	25.9	3.0	0.23	224
大约在 12 世纪	河北	赵县	济美桥（双孔）	c. 8	c. 11.7	0.42	224
隋（615 年）	河北	井陉	楼殿桥	c. 18	c. 3	0.32	108
金（1175 年）	河北	滦县	凌空桥	c. 20	c. 3	0.30	133
大约在 12 世纪	河北	滦县	古丁桥	c. 7	c. 2	0.57	24
大约在 12 世纪	山西	崞县	普济桥	9.4	3.6	0.77	24.5
大约在 12 世纪	山西	晋城	景德桥	c. 18	c. 4.2	0.46	77
大约在 12 世纪	山西	晋城	周村桥	c. 8.5	c. 4	0.94	34
清，18 世纪	贵州	兴义	木卡桥	c. 20.5	c. 5.7	0.56	74
1191 年	河北	近北京	卢沟桥（11 孔）	11	c. 3.8	0.69	32

149

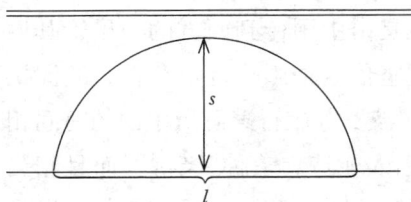

双肩拱部分被陡崖侧所遮蔽，从照片中难以准确估计，因此桥的尺寸可能被少计。

s，矢高（拱高，半径）；l，跨度（直径或弦长）。

上表中的许多数字，由公开出版书籍插图中按比例量取，因此可能有误差；当各版本间有差异时，取其平均值；但图的主线是正确无误的。

从图表中可以看出，从罗马帝国时代起，西方在拱桥建筑技艺上可以说是几无进展，欧洲在 14 世纪以前只有一座拱桥还可一提，即建于 1285 年的庞特·圣·艾思普日特（Pont St Esprit）（见表 56）。但其扁平率也只有 0.51，同 1340 年后佛罗伦萨的拱桥的扁平率只有 0.36—0.37 相比，仍有很大差距。然而，7 世纪隋朝的桥梁和 12 世纪宋代的桥梁就已经达到了这个水平，其中包括李春的杰作——安济桥，其扁平率为 0.38，而宋代的永通桥则仅有 0.23，位居表中之末。

更值得一提的是，像李春所造如此技艺高超之桥并非个别现象，在中国

150

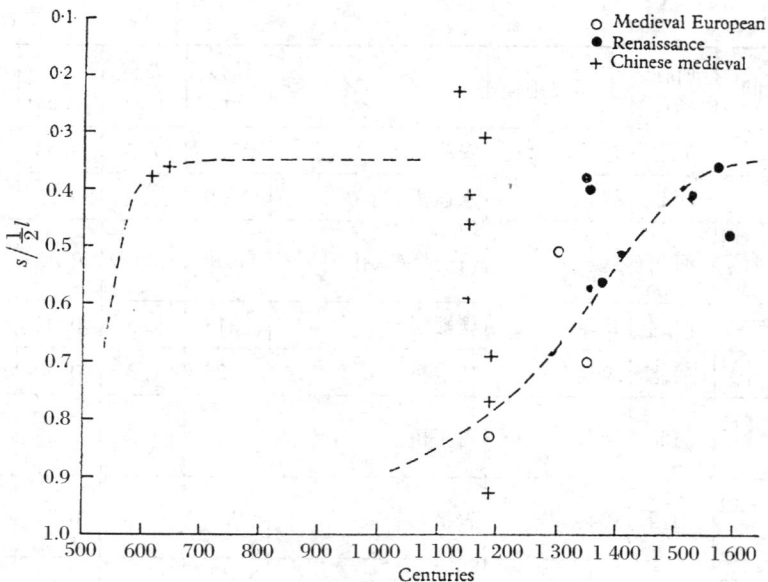

图 456 中国与欧洲的圆弧拱桥的比较图[图中坐标横轴代表时间,坐标纵轴代表扁平率。根据扁平率的分布不难看出,中国在中世纪的中晚期(7—12 世纪),在拱桥的建筑工艺上已经达到了欧洲在文艺复兴时期(14—16 世纪)才达到的水平]

各地(主要集中在北方)坐落着将近 20 座类似的桥梁,虽非独一无二,但也均非凡品。

迄今为止仍有不少人提出,圆弧拱桥也是由中国传到西方的。尽管其中传播的具体细节已无从知晓,但李约瑟博士坚信这种影响肯定存在。欧洲拱桥技术在 14 世纪的突飞猛进,刚好同马可·波罗等旅行家游历中国的时间相吻合,虽然他们可能只带回少量信息,如亚洲人能造出一种"飞桥",而且相当牢固等,但这也能给人以启迪。更有可能的是,早在 12 世纪,即指南针和尾舵定位的时代,类似的信息就已经传到了欧洲。

第四节 索 桥

在两座山的峡谷间挂一条悬空的绳子而不是一座敦实的桥,这种想法一定很早就出现在人类技术发展史上,当然现在已是非常普遍了。定居美洲南部的印第安人早就将这种想法在这个新大陆上付诸了实践,当时他们用的是热带雨林中的藤类植物,我们会很自然的认为这种想法是种独立的发明创造,但考虑到前文已提到过的早期时候中国在这片大陆上的可能的影响(见第三卷第153页节略)我们就有必要谨慎地看待这个问题。在古代的高度文明中,喜马拉雅山区更经常的采用这种索桥形式,云南西部纳西族的索桥具有原始的特征:仅有两条竹索构成,每根都牢固地系在峡谷两边的山峰上;竹索起端高终端低,形成一定的斜度。吊篮挂在涂有牦牛油的竹筒下,人畜缚在吊篮上溜过去,返回时则通过另外一条竹索。一些情况下,这种结构就像一种最早建成的缆索铁路。而西藏山区的东部地区无疑是古时索桥起源的中心,不仅是因为其数量多,还因其形式多样,从最简单到最先进的前现代类型都可以找到。

索桥发展史的下一个阶段则是将绳索系在河两岸高度基本相同的两点上。再布置一些不必借助吊篮就可穿行的装置。其中一个最简单的办法就是在索桥上挂绳子作为扶手栏杆整体形成一个 V 字形断面,每隔一小段距离扶手栏杆与踏绳相连。这种类型的索桥可见于中国、印度、缅甸、婆罗洲、苏门答腊、西伯里斯岛和吉尔吉特。

对这类桥的进一步改进便是在扶手栏杆上加一条高架绳索,将整体编织起来形成一个直径约 0.9—1.5 米长的连续网状结构。在阿萨姆邦和吐蕃交界处距迪伯拉尕(Dibrugarh)北部 160 公里处可发现这种类型的索桥,跨度可达 244 米,摆幅可达 15 米。 151

当我们想到造这类桥的技术时就会立即想起系绳的箭来,最初这样设计是为了使箭能和猎物一起收回。这种方法在中国古代的文献如《诗经》中有描述,甚至可能在公元前 11 世纪商朝青铜器后期的刻文中就有记载。后来距宋代(5 世纪)还很早的周、汉两朝的铜器和瓷器上记载了造桥技术的进一步发展,即开始用六条水平竹索搭建,竹索之间相互分开一小段距离,上面横铺合适的木板或竹竿。沿桥两边加一些绳索拉紧形成扶手,这样桥就适于成群的牲畜和行人通过,只要不是同时承载过多,桥便不会在风中摆动得太厉害。

李约瑟博士发现关于这类桥最早的描述写于 65—100 年的《汉书》(西汉时期:公元前 206—公元 24 年)中。公元前 25 年,杜钦关于从中国出使坎大哈(位于阿富汗境内)途中穿越喜马拉雅所遭遇的极度困难有一段话,这里引用如下:

> 又有三池,盘石阪,道狭者尺六七寸。长者经三十里。临峥嵘不测之深,行者骑步相持,绳索相引……险阻危害,不可胜言。

大多数地理学者认为这条路（如果可以称作路的话）主要指叶尔羌和吉尔吉特间的通道。399 年,最早去印度取经的中国僧人法显在旅途经过波谜罗川即兴都库什东部山区时,也曾描述其路程之艰难：

> ……于此顺岭西南行十五日,其道艰阻,崖岸险境。其山惟石,壁立千仞,临之目眩。欲进则投足无所。下有水名新头河,昔人有凿石通路施倚梯者,凡度七百梯,度已,蹑桓过河。河两岸相去咸八十步。

由此可见,悬索桥实为西藏、阿富汗、克什米尔、尼泊尔、印度、阿萨姆邦、缅甸、泰国等国人民与中国人民相互来往之重要通道,当时在中国的云南和四川地区,索桥仍是普遍的。

到此我们须注意到我们上面所称的绳索桥与我们今天所知索桥的差别。今天的索桥,桥面木板是水平铺于绳索上的,行人可水平行步,而前者则无法水平行步。后者很可能是由于扶手栏杆的重大发展而从前者发展而来的,甚至在竹索桥中,我们也开始发现扶手栏杆发展的趋势,与铺板相比,扶手栏杆在起点高于岸边而在中间则低于河岸。

在中国,竹索桥重要的战略意义使其总是成为战斗的中心,但除此之外,它们有时还有其他的军事用途。《魏书》(北魏史)有一段记载了一种灵巧的可潜入水中的索桥,可被用作筏堰。此桥是 494 年由魏国的一名叫崔延伯的将军主持修建的,他当时守卫着淮河流域的几个地方,他建此桥的目的则是避免淮河水及其河岸不为其敌萧衍所用。

竹索桥的竹索其采制方法与牵挽舟船的竹索一样,只是更长更大一些。将采自竹节内的竹条在绳索中心绞成一个轴,外面缠绕着采自硅石层外部的竹条编成的篾缆。这样可使外部篾缆能把内轴包得更紧以增强抗拉力。这些绳索大约 5 厘米粗,三条或三条以上绞成一根桥缆。现代的检测结果显示总是内部竖直的缆条先断裂,而用竹条绞成的篾缆则非常坚韧,可抵抗每平方厘米 1 828 千克的压力,抗拉程度是普通的厚 5 厘米的麻绳的三倍多。

中国西部的索桥大多只有一个架径,桥两端都有一个建在石基上的桥屋,桥屋内有着垂直敦实的木桩,每根木桩对应桥的一条边缆(如图 457 所示),这些木桩作为旋转锚锭用以拉紧绳索。根根木桩下入石基,上入桥桁。整个结构由于屋顶下安置的石槽的巨大重力而十分稳固。

最著名的竹索桥是四川灌县的安澜桥。此桥有八个主架径,最长的一个有 61 米,全长达 320 多米(如图 458 所示)。桥宽 2.7 米,由十条竹索支持,每

图 457　安澜桥桥头架内的四个栏索绞盘(李约瑟摄于 1958 年)

图 458　从小山向东鸟瞰关县安澜桥全景(八跨总长 320 多米,最长的一跨为 61 米。李约瑟摄于 1958 年)

根直径 16.5 厘米(如图 459 所示)。其中一个桥墩是花岗石砌成,带有一扇装饰性的门和木制顶棚,但其余的桥墩皆为硬木支架(如图 460 所示)。最早的建造时期已不可知,但参照公元前 3 世纪李冰及其手下的工程人员的建造技术,似乎应该是那个时期建造的,当然是在刘宋朝以前。

　　每年都有两个多月的时间灌县桥由于修复而不能使用,所有此类的桥不

155

图459　沿着最东面的一跨向东看安澜桥景（扶手缆索的加固和桥面木板清晰可见。李约瑟摄于 1958 年）

论大小都需要日常的维护，因此一些更耐用的材料被用于修桥中也是很自然的。对索桥具有决定意义的一次完善无疑是铸铁索的使用，好像早在 6 世纪末以前中国西南地区就已出现这种发明，并且很可能是最早出现的。最关键的前提条件是那里具有传统的悬索桥和先进的炼铁技术。为了详细说明此问题，我们颇费周折从文学文献中采摘了一个表格（参见表 57）。为了直观地说明这个问题以及显示出铁索桥的美丽壮观，图 461 展示了古时通往缅甸之路中的澜沧江上的霁虹桥，群山环抱，气势恢宏。

图460　水平近观安澜桥概貌（显示出桥板和加盖顶棚的桥台架的特色。李约瑟摄于 1958 年）

　　铁索桥一般无旋紧装置，问题在于铁索的锚固。为解决这个问题，需要用巨大的石块来锚固铁索两端，就像霁虹桥那样。没有一个已知的中国铁索

156 桥多于一跨，桥墩就建在河中间的天然小岛上，这样两座桥并不能形成一个连续的通道。

　　铁索通常手工锻造，用直径 5—7.5 厘米的焊条焊接连接。由于桥被峡谷间的风吹得不停摇摆，靠近桥墩的连接处容易磨坏，在过去也不容易替换。但是铁索并不是唯一的承重结构，据我们所知至少有三座桥是用铁杆连接起

图 461　霁虹铁索桥坐落于澜沧江上的一个峡谷间［两岸的桥屋俯览着下面的湍流，桥面整洁柔和的曲线和左边的土地庙，这座桥又可以称作中国传统桥梁建筑美观的典范。博朴（Popper）摄］

来承重的。在四川和西康交界的深山中就有一座跨度 91 米的这样的桥，其铁杆直径 5.7 厘米、长 5.5 米，由销栓连接。该桥还有三个中间的石桥墩，铁杆沿着桥形光滑的连接在一起，使桥呈现出柔和的波状曲线。

所有这些桥中如果不论技术上的新奇，也许最著名的就算云南景东附近的兰津桥了。当地人和后人都认为兰津桥建于东汉明帝时期（约 65 年），尽管有人提出质疑，但兰津桥无疑是在 15 世纪时重新修建的，这就已经早于欧洲任何铁索桥了。

但是历史学家们对于东汉时工匠建一座跨越澜沧江的铁索桥的技术水平颇为怀疑，既然存在疑问，那我们就考察一下汉时的钢铁铸炼技术吧，如果当时有可能锻造出铸铁来，这比欧洲早了 1 000 多年，那么生产出 76 米的铁链是毋庸置疑的。既然钢铁铸炼技术的中心是中原而不是吐蕃和干陀罗（巴基斯坦西北部），我们要重新看待一直延续到 6 世纪初的通往印度之路上的早已存在的铁索桥。的确在《洛阳伽蓝记》（对洛阳佛教寺庙的描述）中有段对西去印度的宋云和道生行程的叙述：

　　从钵卢勒国向乌场国，铁锁为桥，悬虚为渡，下不见底，旁无挽捉，倏忽之间，投躯万仞；是以行者望风谢路。

161

1117

表 57 部分铁索桥

省份	地 点	桥 名	河 流	宽度（单位:米）	跨长（单位:米）	索 数	日 期（皆为公元后）
云南	景东西南100里	兰津 T.Q.[a]	澜沧江（湄公河）	—	约76	20	始建于隋时，于1410年重修
云南	元江	元江 T.Q.	元江（红河）	—	约91	—	明时重修
云南	丽江西北350里	塔城关 T.Q.	金沙江（长江）	—	—	—	隋，约595年；曾毁于794年，被占于1252年
云南	丽江西85里	石门关 T.Q.	金沙江（长江）	—	—	—	隋或初唐，曾毁于794年，被占于1382年
云南	丽江东	井里 T.Q. =梓里 T.Q. =金龙 T.Q.	金沙江（长江）	约3	100	18	晚 清
云南	东川北	军民 T.Q.	牛栏江	—	—	—[b]	—
云南	永平和保山山间	霁虹 T.Q. =功果 T.Q.[c]	澜沧江（湄公河）	—	69	12（+2个栏杆），节点长1.9 cm，杆长0.3 m	三国时期[d]，1470年改为铁链
云南	保山和腾越间	惠人 T.Q.	怒 江	—	67[e]（另跨47）	14（+2个栏杆），节点长1.9 cm，杆长0.3 m	—
云南	下关北部	—	漾濞江	—	37	9	—
云南	宾川	钓 T.Q.	—	约2	约20	2-4	—

（续表）

省份	地　点	桥　名	河　流	宽度（单位：米）	跨长（单位：米）	索　数	日　期（皆为公元后）
四川	达州	—	甬江	—	55	6（+4个栏杆）f	—
四川	峨眉山周围	几个较小的桥	—	—	—	一些链杆	—
四川	三峡（嘉定北）	三峡 T.Q.	岷江	—	—	—	1360 年前
四川	荥经（雅安南）	—	荥经河	—	—	4（杆）	—
四川	庐山（雅安北）	庐山 T.Q.	青衣江	—	约 130（+?）e	—	—
四川	小河场	—	涪江	—	—	7（平板）	—
四川	"?"g	—	岷江流向松潘的一条支流h	—	23（+3×23）i	（杆）	—
四川	怀远镇（中经北）j	古 T.Q.	—	—	—	—	唐武唐以前
西康	泸定	泸定 T.Q.	大渡河	2.9	100（原为110）	9（+4个栏杆），节点长 2.2 cm, 杆长长 25 cm	1701—1706 年
西康	雅安和打箭炉间（康定）l	—	—	—	—	（杆）	—
西康k	昌都	吊 T.Q.	吉曲河	3	40	4	—

159

160

（续表）

省份	地点	桥名	河流	宽度（单位：米）	跨长（单位：米）	索数	日期（皆为公元后）
贵州	安顺和安南间	关岭 T. Q.	北盘江	11	50	30或36	1629年
贵州	水城和安磐县间	—	花江	—	61	4（+6个栏杆）	—
贵州	重安（贵阳东）	重安 T. Q.	重安江	—	—	—	—
贵州	遵义和贵阳间	—	乌江	—	约60	—	—
山西	马道驿（宝城北）	马道驿 T. Q.	白河	—	15	6	—
山西	普济（大同北）	普济 T. Q.	—	—	—	8	1541年

a　T. Q. = Tie Qiao = 铁索桥。

b　这可能只是一个竹索桥。

c　在现代的地图上如果也许指仅这条路上的这条现代索桥，在原来的地图上再顺河向上走有一座飞龙铁桥很可能距此很远，因为它与荦虹桥很相像；如果这是样的话，这很可能是座竹索桥。

d　当地流传与诸葛亮有关。

e　两跨。

f　在隋唐亭赋中描述了此桥桥面木板的连接方式，即用铁扣固定的阴阳结来连接，并且加上了木制边栏。其中还提到了校正铁链拉力的铰盘，并且用石柱将铁链固定到位。这座桥的建造和使用都是为了车辆的通行。

g　地名已无可考证。唐欢城（古代中国的桥梁）中有老君溪，也许是同种类型的另一座桥。

h　隋唐亭赋认为这一地区的桥是最古老的类型。

i　四跨。

j　地名不确定；广西有一个地方与此同名。

k　吐蕃原南部省份失去了与四川毗邻的地方，已经成为昌都领地。

l　这个地区另外一座铁索桥是由埃德加（J. H. Edgar）描述的。

m　据说洛洛佛山（音译）的一个道士修建的一座浮桥先于此桥。

　　铁索桥从冶铁术最先进的地区向外辐射似乎非常合乎情理,兰津桥也确是印度河上游的一些索桥的早期代表。

　　早期索桥建筑更具体确凿的证据是在宋云(159年)到玄奘(7世纪)之间的时期。长江北部大拐弯处形成了一个长约96公里的山国,位于其咽喉处的云南西北部城市丽江有许多此类的索桥。在河道突然转向也就是大拐弯的起点,长江上横跨着两座著名的铁索桥,第一座位于南诏国的纳西部落和吐蕃交界处,这里有一个铁桥城,即现在的塔城村,这里无疑是进入吐蕃的交通要道,有一段时期有专门的官员管理此桥。1252年忽必烈时期,此桥为蒙古人所占,但桥身已旧,显然距上次修复已年深日久,因为我们知道在794年此桥曾遭破坏。

　　关于此桥的最初建造者似乎应为隋朝(581—618年)的一位将军兼军事建筑师。在开皇(581—600年)年间的一些资料也有此桥的一些记载,我们知道594—597年间,史万岁曾派军队远征云南的蛮部落,因此他极有可能改善交通条件,而朝代史中也确实具体提到了他在这次战役中的过河行动。 . 162

　　再顺河向下就到靠近石门关的金沙江上的另一座铁索桥了。如果它不是史万岁和军事工程师苏荣于6世纪90年代修建的,那么真正的修建日期也距此不久,因为在794年同样的一次吐蕃运动中此桥也遭破坏;现在此桥已不复存在。最后,另一座铁索桥金龙桥(如图462)现在仍是一条繁忙的通道;它东接丽江与甬北山城相连。

　　自大约1470年后,功果桥峡谷上已有了一座铁索桥,取名为金龙桥或"晴空中的彩虹"。地方通志记载用于穿引缆绳或铁链的石孔是蜀国著名的军师诸葛亮命人穿凿的,他当时于225—227年曾占据云南地区。这种说法尽管缺乏确凿的证据,也并非没有一点历史依据。当然,历史地理学者郭祖舆(1667年)记录了工程师王怀(1488年)改建了这座桥,将铁锁链连在一起,上面加铺了横板,使行人如走平地。但是这段时期正是许多桥改革的时间,我们所知的另一个工程师,赵琼在大约同时期将云南北部的龙川河上的至少一座缆桥改建成了铁索桥。

　　大量的军事活动显示了索桥、浮桥和防御性的筏堰之间密切关系;三者都具有单独的技术复杂性。关于铁索应用的有趣的例子现在可能是将其用于已提到过的15世纪后期可潜水的竹索筏堰(见本卷第153页)。使用悬索不仅可以夺取已有的桥梁或使桥不为敌军所用,还有许多其他用途。11世纪,《五代史》(五个朝代的历史记录)中讲述了一个发生在928年的战争:

163

图 462 金龙桥(位于云南,是一座传统的清代铁索桥,跨越长江连接着丽江和甬北,18 条铁链组成桥面,单跨 100 米。图中大河海拔 1 402 米。图上可见桥头已经有砖石结构的护堤,河水水位每年落差 18—21 米甚至更多)

　　四年,楚人以舟师攻封州,封州兵败于贺江,惧……遣将苏章以神弩军三千救封州,章以两铁索沉贺江中,为巨轮于岸上,筑堤以隐之,因轻舟迎战,佯败而奔,楚人逐之,章举巨轮挽索锁楚舟,以强弩夹江射之,尽杀楚人。

164　　中国的工程师们在几个世纪中一定多次使用了这些技术。1371 年,技师们大胆地在其中一个长江最大的峡谷上建了三座索桥,使用了许多铁索帆杆。并安装了投掷炮弹的抛石机,和各种各样的炮火。

　　正像在谢乾塘拱桥发现了它的写作者一样,铁索桥由于一个事件,也被荣幸地编入一本书中。这就要谈到贵州西部在盘江北的关林县内的一座桥。朱潮运编写了《铁桥志书》,于 1665 年出版。这本书讲述了 1629 年的建桥事件。由于作者的父亲朱家民主持修建了这座桥,因此朱本人得以接触到所有的官方文献。他的书附有全景结构及方法图,其部分可参见图 463。著名的探险家徐霞客曾于 1638 年到过此桥,当时此桥才刚刚修建完成不久,据他记录桥跨度 45 米,有一个木板铺成的桥面,每块板 20 厘米厚,2. 4 米多长,在他的记录中还提到在桥建成之前一直靠渡船来引渡行人,但极具风险,而且曾试图在此修建一座石桥而未成功。关于桥的坚固性他描述说:"日过牛马千百群,皆负重而趋。"两边"桥两旁又高为铁链为栏,复以细链经纬为纹"。两岸之端各有石狮二座,高三四尺,栏链俱自狮口出。

图 463 朱潮运于 1629 年编的《铁桥志书》中的一幅插图(显示了位于贵州西南安顺和安南之间的北盘江峡谷上的关林桥。由 30—36 条铁索构成,跨长约 50 米 。始建于 1629 年,后于 1943 年在此桥下游约 1 公里更宽阔更容易之处又建了一座钢索桥取代了此桥。朱的这幅图有许多有趣的地方。桥下写着:"水深无底"。在右面有几个寺庙,还有一座宝塔和一个藏经阁。左面则是一个拦截"百尺涛"的护堤。前景右边是一尊佛像,左边是一块"坠泪碑",此碑是用于纪念那些在桥建成以前为过河而溺死其中的人们)

朱对扶栏的叙述是出于技术上的改进,因为扶栏也采用了铁链,可承担一定的重量,这样完全由悬索支持的平板上的一部分负重就可转移过来。尽管在 1644 年此桥遭部分破坏,但在 1660 年得以修复,其后又过了很长时间,直到 1939 年,才用现代的钢结构重建了此桥。

徐霞客描述贵州桥仅仅几十年后,欧洲人就注意到了贵州建桥专家们的杰作。在《蒲拉大地图集》中关于贵州的一幅地图(名为《诺福斯中国地图集》)中,葡萄牙人马丁·马蒂尼也标出了可能位于关林县附近某处的一座铁索桥,现已无法查证。当然,马蒂尼在旅居中国时也许没有亲自见到这座桥,但他可以很容易地从同行者中得到这个信息。生活于 14 世纪的王桢鹏对图 463 中所绘之桥作了更早的描述。在他于 1312—1320 年间对 一个唐朝宫殿带有想象性的建筑图中,可见一个巨大的洞穴口上悬吊着一座铁索桥。

由传统的铁索桥过渡为平板桥面型桥仍是一个有待商榷的问题。19 世纪 80 年代,吉尔(W. Gill)旅行中国,在四川北部发现了一座平面桥;福格-迈耶(Fugl-Meyer)尽管本人对这一地区并不熟悉,但他坚持说吐蕃和喜马拉雅地区的桥,其负重都是由吊垂着平板的两根主铁索支撑的。另一座穿越雅鲁藏布江的索桥跨度 137 米,从 1878 年绘制的一幅草图中可以得知此桥有一个平板。桥两端各有一塔,但桥面宽度只够行人通行。上说建桥日期为 1420 年,建筑师为塞斯顿(Thanston-rgyal-po),生活于 1361—1485 年间,他的藏族称谓为"铁桥建造师"。

166 　　了解第一座铁索桥的建造日期是很有用的。似乎在敦煌发现的西藏编年史中有处提到。这只是黑暗中的一线光明,因为我们既不知道第一座桥距当时已有多久的历史,也不知道它是藏人还是中原人建造的。我们对它的确切位置也不了解,尽管从上下文可以看出它可能位于西宁南部黄河上游的某处,而且接近甘肃。

　　说到欧洲的索桥历史,直到 16 世纪而不是 6 世纪才有了第一个索桥工程。在 1595 年,法斯特·佛兰蒂诺(Faustus Verantius)提出了两座塔柱、一个平板和链杆或者反拱组成的结构体系,链杆由一系列两端都有孔的铁杆铰接形成。

170 　　中国采用这种斜拉式的链杆桥则更具规模。但佛兰蒂诺未能从 17 世纪早期葡萄牙旅行者带回的信息中收集到任何证明;我们所有的疑点都要依赖日期的相对确切性。无论如何,佛兰提纽斯并未真的建造了这样一座桥。马丁·马蒂尼在 1665 年谈到景东索桥,后由 1667 年、1725 年和 1735 年复提此桥。据工程师罗伯特·斯蒂文森说,欧洲最早的铁索桥是英格兰北部 Tees 河上的 Winch 桥(1741 年),也许具有意义的是这是座悬索桥而不是平面桥。第一座可过车辆的索桥于 1809 年建于马萨诸塞州,跨度 74 米。紧接着在 1819—1826 年间,又修建了泰尔福特路面的莫奈(Menai)海峡桥,跨度几乎达 177 米。此后,这类桥就很普遍了。李约瑟博士认为有必要作一总结,在整个桥的发展过程中,尽管并未阐明所有的发展阶段,但中国的铁索桥一定激发了文艺复兴时期和后来的欧洲建筑师们的一系列灵感。

第五节　各种类型桥的地理分布

　　观察一下图 464,我们所讨论的许多桥都已在上面标注出来,我们可以看出从桥的结构的角度恰好可将中国分为三大地带。北部地带即浙江北部、江西和河南一带,大多为拱桥建筑,梁式桥则多为小型或装饰性的结构。北部地带主要是片拱桥和长的多拱桥。而西部地带包括云南、四川、贵州、吐蕃沼泽区的前两个省(西康和青海)、甘肃和山西的一部分。这一地带主要的桥都

167

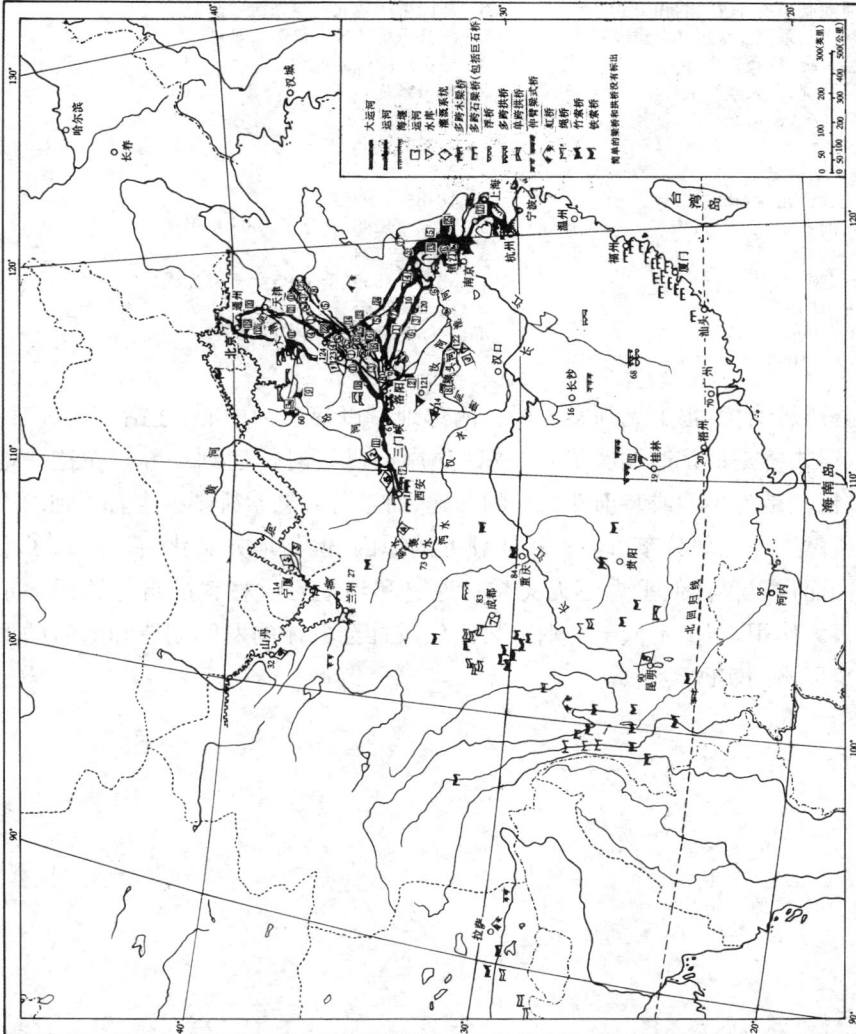

图 464 古代及中世纪时期中国的建筑设施地图

168

169　图 464 注解：

水库和堤坝

1	邵陂；牡丹水坝（孙叔敖）	5 莲湖（陈民）
2	舍宫陂（沈诸亮）	6 木兰陂（钱四娘）
3	钱炉陂（邵新陈）	7 钱塘海堰（华辛，钱柳和张夏）
4	新通河（张开）	

水坝和改向工程

1	漳河灌溉系统（西门豹和史其）	6 郑国渠和魏北灌溉系统（郑国）
2	汾河灌溉系统（盘西）（未建成）	7 灌县系统（李冰和李二郎）
3	寿县系统(陈登)（现存）	8 昆明系统（汕四丁）
4	湄县系统（孔天建）	9 山丹系统
5	宁夏系统（蒙恬）	

运河

黄河建桥工程史

0	古代—公元前 602	4 1048—1194
1	公元前 602—公元 11 年	5 1194—1288（部分于 1595 年仍在使用）
2	11—1048	6 1288—1324
2a	11—70	7 1324—1855（于 1495 年全部完成）
2b	70—1048	8 1855—至今
3	893—1099	8a 1887—1889 和 1938—1947
3a	1060—1099	

是悬臂或悬索桥，很少见到梁式桥。南部地带以福建为中心，包括广东、广西两省，梁式桥是最普遍的类型，在福建海岸的巨石时代达到顶峰。在这一地带，拱桥只是为小型或装饰性的目的而建，而悬臂或悬索桥则根本看不到。

虽然这种地理分布可能有其地理上的原因，但与地方文化由于融入了中国社会而得以存在似乎也不无关系。地势和当地可供材料的自然原因一定起了很大作用，至少不低于个别少数民族或社会群体的发明创造和随后的形成一定风格的实践类型。

第五章　水利工程（Ⅰ）——河道的控制、建设和维护

　　如果说中国曾有一个特征比其他方面更能给早期的现代欧洲旅行家留下印象的话，那就是为数众多的航道和运河。1696年，路易斯·拉考特曾这样写道：

　　　　尽管中国本身并不像我描写的那样富饶，但仅就穿行其中的众多运河而言却是名副其实的。运河除了具有巨大的用处和作为贸易通道外，它们还增添了很多景观。运河通常是清澈、幽深、流动的水道。船平缓地滑行其上，以至很少能被察觉。通常，每个省都有一条运河。这条运河代替一条大道的功能，在两岸之间运行。河岸用平整的大理石块垒筑，这些大理石块相互镶嵌连为一体，就像我们加固木箱角的方法一样。

　　　　战争期间（半个世纪前满族发动的征服战），很少顾及维持用于民众的工程。于是，尽管是一个最尊贵的帝国，很多地方也遭到了破坏，不失为一大憾事；因为不论对于保存运河里的水，还是对于很多沿河拉船的纤夫，运河均有用处。除了这些原因，运河因为有了用于两岸交流的众多桥梁而变得便利；有些桥梁具有三个拱，有些五个拱，有些七个拱。在桥的中部总是有一个特别高的拱，以便船穿过桥的时候不用放下桅杆。这些拱用很大的大理石块构筑，有很好的构架，支座也很牢。桩很小，以至于从远处看，桥会被认为是悬在空中的。经常能遇到这样的桥，间隔不远，而且运河河面一般情况下较窄，这样立刻就使得景象变得宏伟而

宜人。

173 　大运河从两岸连着更小的运河,而小运河又和小溪相连,小溪的尽头是重镇或村落。有时它们流入某个湖泊或大的水塘,这个湖泊或水塘为相邻的郡县提供水源。于是,在这些清澈、众多的溪流上,点缀着那么多精致的桥梁,河岸是那么整洁。这些溪流均匀地分布在偌大一个平原上,数不清的小船和驳船穿行其上,数量惊人的城镇拥挤(如果我可以这样表达的话)在那里。这些溪流填满了城镇的沟渠,形成了城镇的街道。这样一下子就使得这个郡县成为世界上最富饶、最美丽的地方。

因此,拉考特对中国的水利工程充满了羡慕。他意识到他们的水利工程甚至可以追溯到传说中的时代,因为他曾继续写道:

> 中国人说他们的国家早先到处河水溢流,他们凭借体力劳动在这些有用的运河上开挖出了河道。如果确系如此,我不得不敬慕这些工人的勇气和勤奋。这些工人造就了伟大的人工河流和海洋,同时创造了世界上最肥沃的平原。

拉考特对运河的双重功能——运输和灌溉——也很清楚。因此,他说大运河:

> 对谷物和原料的运输非常必要,这些谷物和原料从南方省份被运往北京。假设我们相信中国人的说法,有一千艘三桅船,容量在八十到一百桶之间,一年航行一次,全部为皇帝一人运送物资,更不用说那些不计其数的个人。当这个规模庞大的舰队出发的时候,有人会认为他们运送的是东方所有王国的贡物,而且一次航行就足以供养鞑靼人维持几年的生活;然而这些物资是为北京人独享的;除了维持这个大都市居民,各省的贡物所剩无几。

174 　中国人并不只满足于为旅行的方便而开凿河道,他们也开挖很多其他的河道用来积聚雨水,以便在旱季的时候浇灌田地,特别是在北方诸省。在整个夏季,你可以看到他们国家的人们忙于把雨水导向他们在田间开挖的小沟。在别的地方,他们开挖出大型的泥炭水库,这些水库的底面高于周围地面,以便在必要的时候使用它们。除此之外,因为缺少雨水,在陕西和山西到处可见深度从二十英尺到一百英尺不等的井,他们从井里提水,其艰辛令人难以想象。如果他们偶然遇到一眼泉水,那就很值得观察他们会多么巧妙地保护它;他们用堤岸在最高的地方把它保存下来;他们会用一百种方法精心地盘算,以至全县的人都能从中受益；他们对水进行分配，根据人人有份的原则，一点一点地提水，以至于一条得到妥善管理的河流有时能造就整整一个省的肥沃。

虽然拉考特有一点夸张，但有一点他却是完全正确的：在世界范围内，中国人在水的控制和利用方面已经很杰出了。

175

本章的目的就是更仔细地研究他们所获得的成就以及他们在这个过程中所发展的工程技术。但开始之前，我们必须给出关于一个中国人不得不面对的问题和他们所采取的解决方法的大体轮廓。这里有气候条件，包括降雨的特点；有地形地貌和大水系的特别之处，这些大水系为人类生活提供了框架，包括第一大任务——防洪。第二大用处就是灌溉系统，部分通过黄河上游的黄土地区来说明，部分通过被广泛采用的水稻农业（图 465）来说明。中国人口可能占世界的五分之一，但他们的灌溉耕地占世界总量的三分之一，超过四千万公顷，而世界总量为大约 1.2 亿公顷。用处之三，封建专制政权越集中，用于运送税粮的

图 465　晚清描绘大禹劝告农民灌溉的图画［引自《历史经典》(插图，1905)。标题引用："我使河渠得到开挖和加深……"］

航道的建设越有必要；并且，这就自然地引出第四点作用，即国防。集中的粮仓和军械库能根据需要供应军队，而同时，运河是游牧文明对中国农耕文明渗透的一个重要障碍。所有这些都包含在一直沿用至今的为水利工程所起的经典中文术语中：水利，"水的利处"。

为使介绍完整，很有必要讨论一下这些世纪里的水利工程是如何利用水的。当然，最基本的单位就是河谷。河流的利用可以有以下一个或多个方式产生：

176 　　（a）拦截河谷筑坝，形成一个水库或蓄水池，修建一个或多个溢洪道来排泄多余的水，修建派生灌溉河道以引水灌溉。这种方法在全亚洲都很古老，特别适用于流量有明显季节变化的河流。

　　（b）安排蓄留地，即在洪水季节用上游来水在一定的时间里淹没农业或其他土地，利用沉淀下来的土保留肥力。这种方法在古埃及特别典型。

　　（c）分流干流。先修堰（水下河堤，通常和河流主轴线成一个角度）来找平延伸河道；这些设施可以把河水引向两岸灌溉沟渠。但，一旦要同时用于航运，就必须用双滑道或单闸门（闸板或堰闸锁，之所以这样说是因为当它打开时水会"溢出"）把每个堰连接起来。这些过船河道并不是总是和堰连在一起，也可以在 1 公里远的地方或沿河道单独修建。最后，中国人发明的拦水闸门可以确保船只平静而有效的从一个水平面过渡到另一个水平面，拦水闸门的两个门离得很近并可交替开关。

　　（d）另外的情形下，比如当河床和河岸不适合航运的情况下，要开挖一条横向运输河道，与干流在同一水平或在比干流更低的水平。虽然在相同的平均坡度下干流与运输河道的水平最终到达同样的位置，但运输河道被堰闸锁，后来被拦水闸门分割为很多水平的河段。这样的好处常常体现在能提供干流的水供应运输河道。

　　（e）可以反复依照更高的等高线和支流，在有终年流水的河谷上引横向灌溉河道，并比干流下降平缓。这样，长长的弯曲延伸河道可以几乎水平，并且，如（d）所述，干流的水也可以用于横向河道。其中水的流动和利用支流进行的水的分配可以方便地用可调门（闸门）来控制。

　　（f）如果一条横向河道终结于另一个不是其发源的水道，那么这条横向河道就叫盘山运河（等高线运河）。如果横向河道派生于更高处的某一条河流，那么它就可以绕较高的等高线和山鞍蜿蜒流到第二个河谷，在那里与这条河相汇。如果这两条河已经都能通航，那么这条横向河道就能把这两个河运系统联系起来。这一方法在古代中国第一次完成。相似的，盘山运河能灌

177 溉它发源的河流之外的不能用的土地。它也可以供应一个位于其他河谷的水库，并且可以把有终年流水的水系的水连为一体，包括洪水泛滥区域。

　　（g）两个水系之间的联系也可以通过越岭运河实现，越岭运河直接沿等高线阶梯在山脉两侧分布。如果分水岭很低，那么双下水滑道足够可以解决交通问题。但，在坡度更陡的时候不要尝试采用越岭运河，除非能成功的修建堰闸锁门；这一方式直到拦水闸门的发明之后才完全切实可行。这样的一个锁能同时把一艘或两艘船只升降大约 3—6 米，这样就避免了沿坡度的拖拉

或相反方向的急速下降。当然,在保证越岭运河有足够的水供应时存在一定的困难,但很多聪明的方法为此得到了发明。所有这些又是由中国人第一次完成。

500年之前,中国的统治者和工程师就清楚意识到水运在原理上效率是非常高的。在铁路和汽车出现之前,对运送重物而言没有其他更好的方法。比较1马力所能运载或拉动的荷载(单位：吨)就能很清楚地得出结论：

马驮	0.127
用于拉车 ——"土路"	0.635
——碎石路	2.0
——铁轨	8.0
用于拉驳船——河	30.0
——运河	50.0

以下我们将追溯运河在中国的史诗般的发展过程,有时是由军事供应的需求所引起的,但更多的时候是由于国库系统的需要所引起的,而这个国库系统要求把人民的劳动成果集中到一个幅员辽阔的帝国的政权中心。

对于要控制航道的人而言,他们要对付的最基本的因素就是中国的气候。与此有关的一些问题在这个摘要的第二卷(第222页)讲述,但这里我们只关心决定自然河流的规模和特点的降雨量。

降雨量(图466)有很强季节分布,80%的降雨量出现在夏季的三个月里。

同时,盛行风要改变风向;这种现象就是季风。在冬季,亚洲内陆上空的气团是冷气流,向下沉降,把湿润的海洋气流赶出中国,于是就产生了干燥寒冷的西北风。夏季情况相反;中心气团温暖,呈上升趋势,于是大陆循环出现,导致了带着东南沿海潮湿气流的东南风。例如,位于南部省份广西的柳州市,夏季四个月明显比其他月份要湿润得多。通过对降雨量的分析表明,水道在一年的大部分时间里几乎是干的,而洪水来时却很突然。于是,就很有必要修建工事来抵抗比冬季水流强得多的洪流。并且,虽然在总体上中国的降雨总量比欧洲的要大,但,它很强的季节性就产生了一个很大的问题——需要修建足够的水库以防止水白白地流掉。

因为这里的季风气候所引起的降水量的起伏性比世界其他地区表现得更强,就引起了更大的困难。因此,工事必须有足够的规模来对付最不利的年份,这自然是要一个较长的时间才能实现的理想。在欧洲的任何地方,多雨年份和干旱年份的比率几乎不会超过2;在上海这一比率在50年的周期里为2.24。就个别月而言,这一比率会更高;例如,1886年七月的降雨量仅为3

178

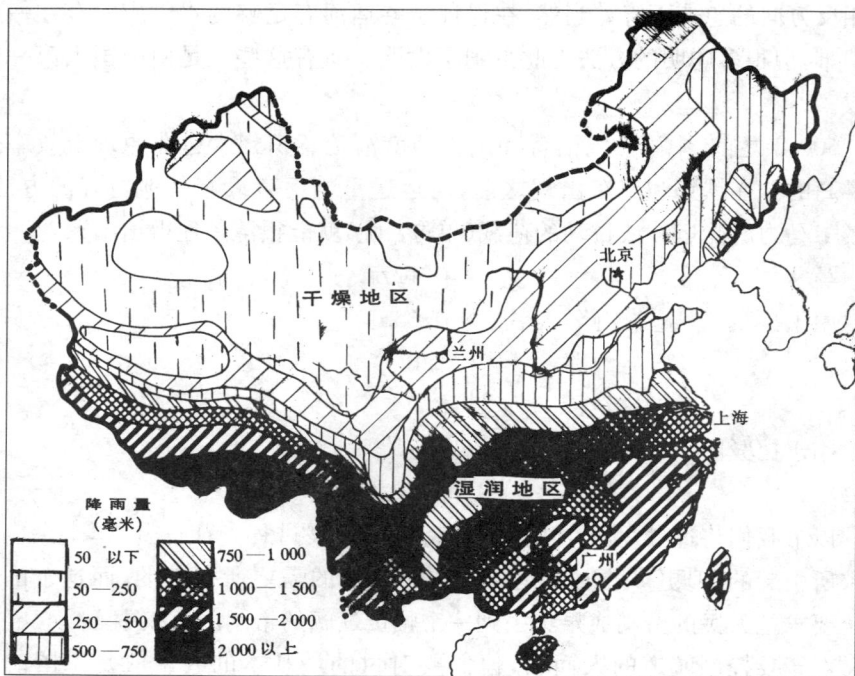

图 466 中国降雨量图[罗盖复（Luo Gaifu）作，塞德里克·德弗（Cedric Dover）修订。分隔两个大区域的黑线近似地表示北方能生产水稻的有效界限。由于水稻在中国的所有地方都能成熟，所以从某种程度上这只是一个习惯的分法。西藏地区西部（左边）对这种作物而言海拔太高。这里显示年降雨量的最大值从 50 毫米到 2 000 毫米不等]

毫米，而 1903 年 7 月的降雨量为 306 毫米。

　　降雨要流入中国的大河里，它们的物理特征自然就决定了人民的生活条件和那些最大的水利工程设施的保护和控制。在这四个大水系中，黄河是最难以驾驭的也是在中国早期历史中最重要的；接下来是淮河和长江，它们各自有严重问题；最后是广东水系。尽管中部和南部河流流过肥沃的水稻产区，但中国的水利工程却是黄河这所严酷学校里的学徒，要解决甚至连现代技术都不能解决的问题。

　　黄河发源于相对干旱的西藏北部高原，经过一个覆盖着易受侵蚀的黄土的广大地区快速向东流去。它的一半历程是沿着陕西丘陵流淌，然后向南流淌直到在潼关陡然向东流去。然后它流出山脉，流向开封，并注入华北沉积平原。作为中华文化的摇篮，黄河上游盆地除了鄂尔多斯沙漠外都覆盖着黄土，黄河在这里是它最弯曲的一段。

180　　类似的，山脉东部低洼的平原都覆盖着沉积的黄土。黄河来自山脉，它在山东半岛流到另一个山脉，并且它必须要通过山东半岛的南麓或北麓流向黄海。事实上，在不同的时期，这两条途径都曾选择过。

从发源到入海口，黄河全长 4 650 公里，流域面积差不多 770 000 平方公里。但，这一面积现在不包括它流出山脉之后所流过的冲积平原，超过 155 000 平方公里的面积不能包括在流域面积里，因为这段河流已高于周围的平原，被堤坝切断了彼此的联系。实际上，这个"地上河"的河床已相当于一个山脊，分隔了两个流域盆地，而在早期，黄河一定曾经流淌于整个平原，并汇聚平原上的降雨。因为降雨量的巨大波动，黄河的流量存在着巨大的差异。在干旱季节，其流量和泰晤士河流量差不多，但在其流量最大的时候，可以达到每秒 28 000 立方米，这一数字只有长江能比得上。虽然长江要遭受毁灭性的洪水，但黄河的问题要严重得多，因为在长江的全部流程里至少有更高的地面包围着它，形成了一个更窄的通道。但，使得黄河成为世界独一无二的河流的原因是它携带的数量惊人的泥沙，每年至少一百万吨。根据这些数据，就不难理解，从国家政权能集中大量的人力用于防洪工程建设的秦汉以来直到现在，水利工程所要面对的问题的难度。

长江比黄河长得多，大约 5 500 公里，并且流域面积也大得多，大约 3 160 000 平方公里。尽管河水的颜色基本上是咖啡色，但它的泥沙携带量仅为 0.2%，相比之下黄河干流的泥沙携带量为 10%—11%，黄土地区的支流为 30% 左右。长江流出西藏高原，流经四川，以每公里 19 厘米的梯度奔流过著名的三峡。由于岩石堤坝造成水流湍急，使得在低水位时的航行非常危险。在同一点，高低水位之间的差距达到 60 米，即使在重庆也平均达到 30 米；在三峡有些河段的水深为 60 米。在宜昌和南京之间江岸两旁有很大的地区易于遭受洪水的袭击。过了镇江在入海之前，不再有安全的高岸，但长江所能泛滥的总面积与黄河所能造成的相比要小得多。

这是很有利的，因为长江流域是世界上人口最稠密的地区，占中国总人口的三分之一，水稻的生产量占中国总产量的 70%。

淮河的流域面积（超过 274 000 平方公里）已经包括在长江的流域面积里，因为从它失去在山东海岸线上自己的入海口以后的很多世纪里，它的水是汇入长江的；它的南北向流段因此成为京杭大运河的一部分。与长江和黄河两个大水系相比，淮河和广东的西江（长约 1 930 公里；流域面积大约 696 700 平方公里）不算什么，但也产生了很多难以解决的问题，并且，只是到了现代淮河的问题才得到了根本的解决。

对于洪水和它的防治成为最重要的社会问题这一点，可以从公元前 3 世

181

纪或 2 世纪早期的著作《管子》的一些章节里得到清楚的理解。齐桓公问管仲首都最好选在哪里,这个首相就提到了"五个不好的影响",洪水、干旱、风、雾、冰雹和霜——但洪水是最不利的影响。因此,他建议在每个地区都要建立水利工程管理机构,并且要任用"在水文方面有经验的人"。在河两岸的区域里要在管理人员中选出一个男人作为首席水利工程师,并让他负责检查水道、城郭、堤坝、河川、官府和官署,并且要提供给实施维修的人员以足够的劳力。实际上,他详细地谈了为维修堤岸不仅要征召足够的劳役(男女都包括),还需要适量的配备武器的士兵,更不用说关于分给每个工作组的铲、篮子、土夯、厚木板和手推车的数量的规定。而且,条例中规定时值锄地和收获季节的夏秋两季不能用于公共建设,而冬季适合于检查和材料的准备,大量的工作要在冬季农闲同时水位低的时候完成。

中国农耕社会发源时就以集约耕作为基础,为此,灌溉工程不论大小在他们的文化里都和后来的采煤和炼铁一样必要。在西北黄土地区,首要的问题就是从自然河道里引出盘山运河,使它们沿更缓的坡度流下来,并把水分配到田里。对长江河谷和广东河谷而言,问题是河水对湿地附近肥力的排放,以及对为此修建的河渠系统的维护。

182　　在淮河和黄河盆地,主要的需要就是建设足够牢固的工事以抵抗或延迟洪峰并建设大坝或水库来保存雨季的水而后逐渐释放它。

现代对黄土的研究表明,多孔的土有很高的空隙比,并且土内的毛细作用能帮助矿物元素从土内上升到植物的根部。由于富含钾、磷和氧化钙,黄土只要有足够的水和有机肥料就能产生很强的肥力。而没有移动前的黄土有什么样的性质,经大河以泥沙的形式搬运到海里的黄土也有什么样的性质。早在公元前第一个千年,中国的人们和政府任命的官员就已经认识到这种淤泥作为肥料的重要性了,并很有意识地面对与控制它相关的一些复杂问题。他们用更高的堤坝来防止淤泥堵塞河道,并用闸门或别的装置来分配或保留它。也是在很早的时候,人们就认识到这种泥沙流失与采伐森林和山体剥蚀之间的关系。当然,这些问题是和社会问题相联系的。在北方,要劝阻农民在仅仅偶尔遇到洪水的大坝内的肥沃土地上定居不是一件容易的事。在南方,地主和富有的农民往往侵占湿地和湖底恢复的土地——这些土地名义上属于国家,而非任何个人所有——结果在洪水期间能够利用的库容会大大地减少。不过,灌溉和淤泥的肥效特征为中国在过去的世纪里保持"持久农业"提供了可能。

在中国,水利工程是非常需要的。在北方,灌溉工程是黄土的特性引起的,尽管那里主要的作物是生长在旱地的麦子和粟等。在南方,充沛的水对水稻的耕作而言是必需的。所有中国人的农业专著都强调农民需要引水浇地的利益。事实上,水的管理对水稻的耕作而言是最最必需的先决条件。很多中国的绘画都表现了在堤坝和河道上的耕作,这是农民在旱季不断的侵占行为。

纵观中国历史,统一的国家权力所必需的税收是以实物的方式来收集的,并且绝大部分的支付方式是谷物。这一谷物贡赋是封建贵族、中央官僚和军队基本的供应源泉,他们的总部在首都。实际上,在整个封建专制时期,政府普遍把谷物运输的重要性优于灌溉和洪水的控制的重要性。从以直角横过淮河河谷,并干扰淮河的合理运行的大运河的例子中可以非常清楚地看到这一点。

水运的重要性决不仅限于和平时期;在战乱时代更为重要,无论是对内还是对外的战争,河道作为供给线的需要有不可估量的价值。例如,在秦朝衰败之后,汉朝的建立者刘邦把击败他的对手项羽的很大原因归结于他控制了渭河流域。因为这使得他能利用水运从其稳固的根据地给汉军供应粮食。 183

然而,运河的军事意义并不局限于解决供应问题。河道和沟渠网形成了纵深方向的防御系统,给主要由骑兵组成的游牧部队造成了几乎不可逾越的障碍。这一点在宋辽之间的战争中表现得尤为突出。辽军往往在填沟或修桥的时候,或在造渡船的时候浪费了时间。中国的城市修有城墙并有护城河,城市由很好的运河连接,但道路很差,有力地形成了分散于全国的战略要点,很难冲破。这与适于骑兵部队的草原国家截然不同。

第一节　淤泥和冲刷

现在,我们讨论更详细的问题。盐碱地上淤泥的增肥效果早在公元前246年就得到了认识,当时完成了郑国渠的修建,郑国渠是渭河流域上一系列灌溉工程中的第一个。早期,淤泥被认为是完全有益的,但随着时间的推移,人们认识到淤泥如果太多将是一个灾难。如果淤泥来自上层土并且沉积不太厚是有益的,但淤泥如果来自被侵蚀的下层土,将会严重地损害耕地。

淤泥的害处在很多记载里得到了证实,例如来自公元十世纪的记载。在王莽时代(公元前1年—公元22年)关于淤泥问题就已经有了清楚的论述。活跃于公元前1年的水利工程师张龙第一个给出携带黄土的水中泥沙含量的数值评价,并且指出沉积率和水流速度成比例。他的数据很合理,并启发了很多后来的工程师。

当我们着眼于现代研究时,我们会为古代中国工程师的认识水平感到惊奇,因为其部分杰出成果的严谨结论直到文艺复兴三世纪后才通过实际观测和推理得到。对其中的一些规律,中国人很早就知道,例如河流的最深处与河的凹岸靠近,凹岸的对面形成沙洲,并且水深随着凹岸曲率的增加而增加;他们还认识到,一般来说,水流速度越慢,淤泥越易淤积。而且,他们有意识地寻找条件使得淤泥的淤积处于平衡,以求河道不会堵塞或因为侵蚀而改变河道。他们还清楚,筑堤的方法不如疏导,而且要改变水流的方向以利于冲刷沙洲。

第二节 河流和森林

最大的问题集中在黄河华北平原段的治理。最早见之于史的控制黄河的尝试是在韩国公的监督下沿低河段修堤。这是在公元前 7 世纪,虽然只停留在韩国的传说中而没有文字记载,却很值得相信。他修的堤岸把以前三角洲的九条溪流连接起来,直到汉朝依然存在。

秦汉以来,最大可能的努力就是在洪水期防止河水淹没平原。必须注意到的是,在不被控制的状态下,在冬季河道的两岸每年要修建一段低河岸,于是大约两千年前黄河已被堤岸围起,其尺寸不断地增加(图 467)。每隔几年河水位就会上升,可能溢流出堤岸,或者低水位的水会使河堤坍塌。黄河曾约 50 次或更多次摆脱控制淹没平原,并形成一条新的河道。这就破坏了大量的耕地和房屋,过量沉积的淤泥埋没了一些耕地。因此,《史记》(历史记载)把我们带到公元前 99 年,司马迁写道:

> 汉兴三十九年,孝文时河决酸枣,东溃金堤(公元前 168 年)……
>
> 其后四十有余年,今天子元光之中,而河决于瓠子,东南注巨野,通于淮、泗。于是天子使汲黯、郑当时兴人徒塞之,辄复坏。

武安侯的土地位于黄河的北面,他就提出这样大的洪水是出于天意,进行干涉是不明智的。所以,有二十年没有进行修复,但最后这个省的情况变得如此之糟,以至于汉武帝要亲自察看。结果,宣房的溃口于公元前 109 年被成功填住,并建了一个记功亭。但一次的胜利必须不断地重新维修加以保持。

尽管汉朝是中央集权,但对于这些工程的设计和控制水平仍然不足。50

年以后，伟大的汉代工程师贾让——一个道家水利工程师——认为必须给黄河充分的流泻空间，无论它需要多少。他说，黄河就像婴儿的嘴——要不让他们哭，他们会喊得更响，要么他们被闷死。"善于控制水的人就给河流足够的流淌空间，善于管理人的人会给人足够的机会说话"。于是，他主张把黄河两岸的居民都迁走，如果皇上不愿意这样做，他建议修建一个很大的灌溉运河网来减缓洪水的压力。这就需要建设比以前牢固的拦水闸门。他所能知道的别的替代方法只能是不断地修筑堤坝。无论如何，在公元 11 年，历史性的洪水泛滥和河流改道发生了。

　　如果说有道家倾向的工程师，那么也有儒家倾向的工程

图 467　晚清描绘维修河道的图画[引自《历史经典》（插图，公元 1905 年）。一段河堤得到了加固，沙洲被移走；可以看到篮子和夯具得到了运用]

师。这些主张远距离建立堤岸的人遭到了那些主张就近修建高、厚堤的人的反对。同样的，那些主张给低河段以最大限度的人遭到了那些主张收缩河道以使河流冲刷自己领地上沙洲的人的反对。前者认为，宽宽的河道能给夏季洪流提供足够的空间。后者坚持，窄一点的河道可以使河水流得更快，实现冲刷沙洲的效果。收缩主义者的主张比扩张主义者的主张更有优势，因为，虽然成本更高，但不会引起像搬迁人口这样难以解决的社会问题。但，今天的黄河控制仍然需要沿着干流发展贮水区的建设和排泄功能，扩张主义者的主张并没有完全被现代技术证明是不可行的。

　　然而，两派相互争论了 20 个世纪，却没有一方能证明自己是完全正确的。深河道的堤岸容易在弯处被侵蚀，而且水位的上升会引起不利的流速的增加。中国人显然意识到了这种弯处的侵蚀，并用一个术语（龛）来表示这个淘出的弯道。另一方面，无论如何，在一点上可以达成一致，那就是黄河河床每

187 世纪要抬高几乎 1 米,并且,在一些地方,每年必须增修延长为 30—50 公里高差不多 2 米的堤坝来抵抗巨大的泥沙淤积。现在,河床的海拔只比平原的海拔低 1 或 2 米,并且在一些地方,两者几乎在一个水平线上,更有甚者,河床要比平原高 3.7 米。但在横剖面图中,我们可以看到,中央河道于两边的沉积区相比是非常的小,如图 468 所示。很自然,当高洪水位的河水冲出堤坝时,残流就会淤积填满旧河道,并且堵塞以后明流流过旧河道。因此,在一次决堤之后很难恢复旧河道。没有一种古老的方法能解决这个问题,因为堤坝不可能无限地加高,并且清理长 1 600 公里,宽 8 公里,高 7.5 米或更高的淤泥是不现实的。解决的方法似乎还在于贮水区。贮水区是一个与河道平行与平原水平的长的"预留冲刷盆地"。在贮水区两边是高大的足以对付任何可能的暂时洪流的堤坝。

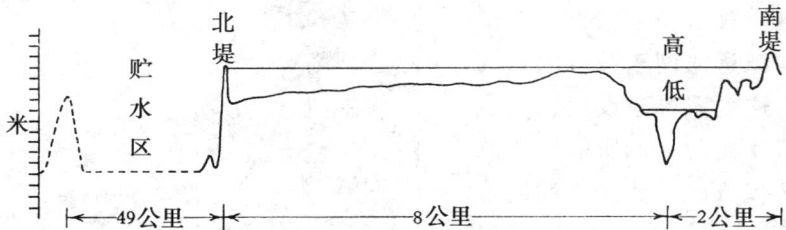

图 468　连接今天郑州和新乡的铁路桥处的黄河河床的横剖面(就在古汴河以西。间隔较宽的堤岸使沉积很厉害,以至容量减少得很快。于是,要占用新的耕地,并且要建小的平行堤坝来抵御普通的洪水,但,这当然使原来的目的变得毫无疑义)

这些泥沙的源头在黄土的摇篮,它们覆盖黄河流域约 388 500 平方公里,平均厚度 30 米,但从几厘米到 300 米或更厚不等。由于那里曾经覆盖着乔木、灌木和野草组成的森林,软土没有被大的季风雨冲蚀。但,随着日益增长的人口的压力,逐渐的滥伐森林,洪涝和水土流失开始出现。今天,在陕西和甘肃高地很少能看到树木。

188 在陕北,现在侵蚀沟占其地面总面积的比例不少于 50％,并且沟壑常常使它们的路沿被侵蚀得离黄土山脊只有 1 米宽。

古代中国人民到底在什么程度上意识到了滥伐森林的危险,这是个很难回答的问题,因为很容易用我们的观点理解他们的表述。但不容怀疑,出现在《孟子》(公元前约 120 年)一书中的格言已经提到了环保的意义:

　　不违农时,谷不可胜食也;数罟不入洿池,鱼鳖不可胜食也;斧斤以
　　时入山林,材木不可胜用也。

在别处,孟子把滥伐森林比作人类对与自己息息相关的自然恩赐的糟蹋。实际上,有一点很清楚,他把这种剥蚀状态看作是人为的和不祥的,并且他还意识到了过度放牧的危险。

对森林的破坏在古代一定非常严重,因为他们在耕种之前要把树木烧光。对于这一点,在公元前 120 年的《淮南子》一书中,其中一段是对与原始社会时氏族部落自我管理制度相对的封建分封制度的奢侈与腐朽的鞭挞,把滥伐森林满足炼金的需要视为一大罪恶。

到了 16 世纪,荒漠化、土壤侵蚀和洪水问题之间的直接关系已得到了清楚的认识。1773 年由罗石嶙编纂的《山西通志》中引用明朝学者阎绳芳的话对此作了阐述。

即便如此,在连续的几个世纪里,对自然资源的利用在节约和浪费的平衡之间摆动,尽管农民无论如何总能意识到对土壤湿度熟练利用的需要。用于保持工地土壤中的水并因此帮助解决低河谷水的保持的梯田和其他方法是必要的。

中国北方的气候,春天干旱多;夏季炎热干燥并有一个很长的阵雨;晚秋很潮湿,降雨量占全年的三分之二,引起严重的洪涝或严重的土壤侵蚀;冬季非常干燥并有风雪。在这样的条件下发展农业只有尽一切可能保持土中水分才能成功。实际上,最古老的农业著作例如写于公元前 10 年的《氾胜之书》(氾胜之所著关于农业的书)和写于 540 年的《齐民要术》都极力推荐积聚和保持土壤湿度的方法。适合犁、锄和耙地的时节,保持雪水甚至露水的方法,"细土覆盖层"(用于耕作的表面松土层)和叶覆层都是被认识到的减少蒸发保持水分的方法。

与此相应的,在坡地上耕作的最古老的方法是区田,就是在浅坑和沟里种植作物。就如《氾胜之书》所指出的,这主要依赖区里土的肥力,所以良田不是必需的;"诸山陵近邑高危倾阪及丘城上,皆可为区田"。区种可以在荒地上进行,而且书中给出了详细的耕作方法。很显然,这种方法利用了小阶地的特点,并一定可以对减少水土流失产生很大的作用。

第三节　水利工程在传说中的社会影响

大禹治水——这句话已成为了成语,可以在中国的每一个地方听到。或许世界的其他人民没有像中国人这样保留着可以清楚地追溯到远古时代工程问题的大量传奇资料。

190　　　故事的大概是,两个土木工程方面的文化人物先后被传说中的帝王指派来规划和治理洪水与河流;第一个是鲧,失败了,第二个是禹,成功了。接下来的很多与这个故事伴随的传说将告诉我们他们是经得起考验的。

　　　　在传说中的帝王尧的时代,曾有很大的洪水,并且鲧被派遣来主管洪水的防治。但是,九年后他的努力以失败而告终;洪水的水位的上升与他筑堤的速度一样快。他的失利被认为是彻底的失败,然后他被放逐,被尧杀死,并且被碎尸。后来,鲧被认为是堤坝、堤岸和墙的守护神和发明者。

　　　　后来,鲧的儿子禹被舜(尧的继承者)指派,在十三年内,经过巨大的努力,他开凿了九条河道,并把它们导向四海,而且他还挖深了运河。疏导河道的思想总是和禹相关,因为他被认为曾成功地运用了这种方法。于是,他占据了灌溉文化人物的永久位置,这是鲧没有得到的。除了这两位主要人物,还有一个次要人物,即共工(字面意即"共同劳动"),他的另外一个名字是蚩。他被推荐给尧作河的控制者,后来遭舜拒绝,最后被放逐、杀害。

　　　　如果解释是恰当的,这里存在着方法的问题。已经表明了,把鲧和禹进行对比,代表了存在于古代中国的两种在水利工程治理方面相反的两个流派。在整个中国历史中,筑高堤坝的支持者和挖深河道的推崇者之间就存在着矛盾,这是矛盾的一部分。另外,这还表现为两个道德体系的冲突,一个主张限制和压抑人性,另一个主张顺其自然,或者甚至必要的时候回归人性。

　　　　并不是每一个工程思想流派都能产生深远影响,并在多少个世纪以来得到尊重。然而,禹的治河思想做到了,这里就有一个禹的追随者的例子。在灌县县城,位于四川省省会成都市西北一段距离,坐落着或许是世界上最著名的灌溉工程。一条大江——岷江,从西藏边境多山的地区奔流而来,一年之中几次被可变堤坝和溢洪道改变方向,因此形成一个人工河流,用差不多1 183公里长的灌溉渠道肥沃了超过2 000平方公里的一流农田。这一工程早在公元前三世纪中叶就由当时的郡守李冰开始,并由他的儿子李二郎完成。

191　　　在供奉后者的庙里,有一系列石刻碑铭,它们本身或许年代并不久远,但留下了某些古老的关键词句,其中一些属于秦代,例如"深淘滩,低作堰"和"逢弯截角,逢正抽心"。

　　　　在传说中,与造林的关系也得到了认识。古代使山上覆盖植被的思想已经被提及(见188页)。但传统上把禹作为森林的"侵害者",并且森林的破坏或许曾经减少降雨,以降低工程师的难度,这一点令人信服,因为如果上风处的蒸发是降雨的主要原因,森林的消失从某种程度上或许可以减少降雨。然而，可怕的侵蚀引起的恶果远远超过它所能引起的小小的降雨减少的效果，对此似乎也有意见冲突。例如，公元前525年的干旱时节，当特使被派去祭祀时，许多树木被砍掉，但理性主义政治家公孙乔说那是很大的罪恶并会得到报应。而后来，在公元前219年，第一个皇帝秦始皇认为象山不祥，就把它夷为秃山。

第四节　水利工程的格式用语

在《周礼》中有关于灌溉运河的分类，尽管文字传统似乎相当的格式化，但它给出了运河的尺寸。由于数字在每一阶都要翻倍，因此得到的横截面会不可思议的深。值得称道的是，《周礼》还提到了"井田"系统。"井田"确实是早期中国土地分配的特点，"井田"更准确地说属于赋税制度的问题；然而，它和灌溉的起源有一定的关系。

在公元前6世纪，尽管孔子（公元前551年—公元前479年）没有提到大的灌溉工程，但他确实提到了"沟和洫"。而直到公元前约300年，孟子才给井田系统下一个经典的定义。可是，它从来都没有远离水供应的含义，因为"井"字有两个截然不同的含义——一个是普通意思"一口井"，一个是把土地划为九区用的术语。因此它就与"田"字紧密相连了。而公元前19世纪，"井"字的青铜形状实际上用一个"井"字或一个水源中间加一点来表示，这样的一个点也出现在"田"字里。

所有这些使得我们很容易理解，从"九块井"或井田出发建立起一系列灌溉术语时，《周礼》的著者在讨论什么。

现在，"井"字本身已发展为一个单纯的符号，尽管汉朝水利方法的传说甚至井田系统的提炼归功于大禹的亲自教导，但田地的供水已相应的按照更中央或更南方的系统进行，而不是北方。

可是无论土地如何分配，都有这样一个事实，大规模河流控制工程需要大规模的社会劳动力，古代农民在地主的田地上劳动的劳役制度使之成为可能。而只要农民与井田联在一起，就不会有很大数量的剩余孤立劳动力。井田制在公元前6世纪之初开始崩溃，因为在公元前539年，鲁国开始根据人们所占有的土地面积征税，不论他的身份如何。这种税会取代直接在土地上抽取劳力和兵役的做法。并且，随着劳动生产力的增加，就出现了大量农闲时可以从农业生产中被抽出用于大的工程建设的劳动人口。

换句话说，这是土地私有制的到来，同时伴随着在新铁时代农业产量的增

192

加,后者"解放"了大工程所需要的劳动力。第一个认识到井田制的落后并废除它的是秦国,它在公元前 350 年废除了井田制。土地大规模的转移和买卖成为合法,特别是为了建立了战功的平民的利益。众多土地不论规模大小可能会被或大或小的家族占有。当时,在公元前 380 年,土地税被建立。这就开始了长期的封建官僚统治,并且其他所有地方也随之采用了。而这一变化伴随着成功的灌溉和运输项目(简单描述)的巨大发展,这很难说只是一个偶然的巧合。

怎样强调古代人力的作用和封建时代中国土木工程方面的成就都是不过分的。在那些"低技术"时代,完成工程的基础是"用铁锨的百万劳力"。这

194

图 469 中国人的创举——组织数量庞大的工人进行土木工程施工[引自高级官员和水利工程师麟庆的自传《鸿雪因缘图记》中的插图。插图可能是由他的朋友陈建所作。这个有点神秘的标题"水渠建造时挂红"在附文中有解释。当工作完成了超过一半时监工就开始"挂红",例如以酒肉、鞋帽为奖品组织比赛工作速度。当工作完成 9/10 的时候,他们就会挂起一个巨大的伞状红绸灯笼作为对地方神圣保佑平安的感谢供品,而且把获奖者的名字刻于灯笼之上。麟庆说,这是个古老的传统,比一些官员的威胁和鼓励要好得多,那样只会引起罢工。图中表现的实际工作是正在开挖中牟的一段运河,位于河南省黄河南岸开封和郑州之间,时间毫无疑问是在麟庆担任黄河水利总指挥的 1833 年和 1842 年之间。除了许多独轮车,还可以看到方形串联泵的数量超过一打(参考第 263 页),很显然工作都是用手做的。另一些人在用手摆铲斗排水和开挖。左边最上面是一个"经纬仪",水准标尺和皮尺。再左边是主管工程师在视察,他骑着马站在运河开通之后会被冲掉的颈岸上。在前面,是一个供给当地神灵的祭桌,有几个士兵在一边护卫,另一边是一群老人]

在图 469 有描述，该图选自《鸿雪因缘图记》（1849 年），作者麟庆自己就是工程的杰出指挥。中国的地理气候条件对中国社会加强中央集权产生了毋庸置疑的影响。一个简单的理由就是要有效地处理由河流引起的工程问题，以及要实现河流之间的联系，在每个阶段都要跨越小封建领地边界。但要跨越边界并不是唯一的因素。在战国早期，人们认识到水可以当武器用。屋顶在洪水中打转，人们紧靠着它们，周围漂浮着树木和动物的尸体，这样的景象会向封建诸侯国表明堤坝和河道的战略性的建设或破坏会产生他们想要得到的结果。另外，诸侯国在灌溉河道以及在种植作物的土地方面进行激烈的争夺。 193

当时，所有的政权都把对河流和运河的控制作为中央集权的一部分是毫不奇怪的，他们的控制能力随着政治权力更迭、疆土的拓展及自然环境的影响而变化。但，在战争时期，无论内战还是对外战争，总是存在破坏付出艰苦劳动得来的工程的事件。例如，在 923 年，与后唐在战场上相对的后梁就故意使黄河决堤，这一洪水武器在 1128 年再次被利用。当然，更不用说通过建设大的运河来运送军事供应品了。

第五节　具体工程建设的历史梗概

《诗经》中的一首歌这样写道"洪水从保池涨起，流向北方，冲向稻田"。由于它的实际时间是公元前 8 世纪，所以，这或许在中国历史上是最早提到的灌溉设施，但它只是相当小的一个水库。而两个世纪以后，更完善的工程就出现了。

其中最大的，至少是最长的中国水利工程——它拥有如此古老的声誉，以至于它的起源已消失在了时间的深渊里——就是鸿沟，在开封附近把黄河与汴河和泗水连接起来，最后成为隋代大运河的一部分前身。

尽管这条渠开始修建的目的是为淮河上游带来灌溉水源而不是为了运输，但在它连接淮河和黄河的早期，是可以让驳船穿过东中部和北部的经济核心地带的。黄河和淮河之间的分水岭非常的低，而且平坦。由于黄河河床增加使两者之间的水位差减少，几近没有水位差，这一点在司马迁时代（约公元前 90 年）已被提出。

严格地讲，鸿沟是一个复杂的人工河道，而不单单是一个运河。它在发源于洛阳的洛水的河口的下游一点上从黄河分出向东流去，起点就在荥阳的边上。荥阳在汉代曾有一个很大的粮仓,而且曾是税粮运输体系的枢纽。它以差不多 420 公里的弧向南摆动,以便连接平行向东南流去从北面注入淮河的河流——菏、泗、濉、涡和颍水等。

195 　　这条被称为狼汤渠的运河与上面河流中的后三条相交在它们的上游,这部分不常用于交通。交通功能主要依靠它北面的流段,即汴渠。汴渠大约 800 公里长,与菏河的河头相交,然后流经徐州附近,流入淮河。

　　从 70 年开始,黄河上的运河河口由牢固的大堤得到了保护,这些大堤是在王坚(逝于 83 年)的监督下修建的。600 年以前,这就是鸿渠(野鹅渠)或汴渠。然而,它的建设时间还不能确定。它被认为是如此的古老,司马迁给了它最重要位置,认为它是大禹亲自修建的,但没有明确的证据。外交家苏秦在公元前 330 年提到过它,并且一些历史学家认为它被建于公元前 365 年和公元前 361 年之间,果真如此的话,它应建于魏惠王时期,可是很明显司马迁并不知道它和魏惠王的关系,因为司马迁没有提到魏国。和运河相关的魏国直到公元前 403 年还没有建立,只是一个更小和更古老的诸侯国。或者是它建于公元前 6 世纪或公元前 5 世纪早期——孔子所在的时代——更合理,可这种说法的正确性也被排除了。

196 　　已知最早的灌溉河流的时间先于汴渠,这一点我们差不多可以确信。在安徽的北部,寿县县城南面,现在依然存在着一个大塘,方圆差不多 100 公里,古代被称为芍陂。司马迁和公元前 120 年的《淮南子》都表明芍陂是在孙叔敖的主持下修建的,他是公元前 608 年和公元前 586 年之间楚庄公时期的丞相。堤坝拦水淹没了一个面积超过 24 000 平方公里的相当平坦的河谷,水从长江过来。芍陂在汉朝和唐朝多次被修缮。

　　在公元前 5 世纪出现了一大批水利工程;其中两个非常重要。第一个是由西门豹(他是一个理性主义政治家,废除了祭人给河神的传统)组织引漳河水灌溉河北大面积的土地,工程直到公元前 318 年前后才完成。第二个就是邗沟,它连通了邗江和长江,后来邗沟成为大运河第二段最古老的部分。

　　秦代,公元前约 270 年在四川修建了一个著名的水利系统,还有郑国渠(约公元前 246 年,后面将会描述到),第三个建于秦的项目不太有名,在宁夏附近。在那儿,黄河横穿一片广大的地区,两岸都可通过灌溉使土地肥沃。那是抵御匈奴入侵的前哨,公元前 215 年秦始皇派大将蒙恬接管这一地区,并于次年修建了横灌渠;今天,灌区覆盖着大约长 160 公里、宽 30 公里的面积。到了汉代,在汉武帝统治时期进行了许多土木工程活动。当时,来自东方的税粮大量地增加,公元前 133 年,水利工程师郑当时提出修建一条长约

160 公里的新运河。他说：

> 时,郑当时为大司农,言:异时关东漕粟从渭上,度六月罢,而渭水道九百余里,时有难处。引渭穿渠起长安,并南山下,至河三百余里(在一条直线),径,易漕,渡可令三月罢;而渠下民田万余顷(约 672 平方公里),又可得灌田:此损漕省卒,而益肥关中之地,得谷。

　　皇帝同意了这个项目,并且三年之内完成了这个项目。7 世纪以后,隋代　197
的工程师重修了这条运河,并且把它作为大运河的一部分,因此长安和杭州
通过水路可以直接相连。尽管我们不能确定他们是否是用相同的通道。无
论如何,隋的漕渠(运谷物的水道)是中国横向运河的古典模式。

　　然而,西汉早期的工程并不都是同样的成功,但到了西汉晚期,公元前 38
年和公元前 34 年间,南阳太守召信臣在河南南部完成了一个很成功的工程。
这就是钱陆坝(水库),它筑坝拦起了汉江北面大支流的一支,灌溉面积 30 000
顷(超过 2 000 平方公里)。有几个因素使它非常有趣。第一,召信臣用了六
个嵌在石头里的水门来帮助分流河水。他还用互相限制的方法来实现平均
分配用水给农民,实际上,他如此受欢迎,以至人们称他为"召父"。第二,他
的一个继任者,杜诗,同样受到爱戴,正是他在 31 年提出用水轮用于冶金吹风
机;因此,大坝被称为钳炉坝决非偶然。南阳在很长一段时间里是冶铁的中
心,因为冶铁要用到水力。

　　尽管东汉在水利建设方面相对而言积极性较小,但也做了有价值的工
作。道路建设者王景在 78 年和 83 年之间重修了芍陂坝,更大的贡献是这之
前十年由王吴实施,用大量堰闸锁门彻底重修了汴河。一个世纪以后,陈登
从寿县县城往西修建了一系列围堰,汇聚了直径 30 公里范围内 36 条溪流里
的水,灌溉面积 10 000 顷(400 平方公里)。它的结构于 1959 年被发现,它是
建立在碎石基础上由稻秧层和黏土层交替构筑。稻秧与水流方向平行,整体
由木桩和衬砌支持,并且木桩的分布中央比两头密。在这一时期也修建了军
事用途的运河。

　　完整的大运河在隋代(581—618 年)第一次出现了,当时通到洛阳。到了
元代(1271—1368 年)大运河通到北京。但在详细论述(第 218 页)之前,由于
空间有限,这里总结一下从公元前 7 世纪的周代到公元前 3 世纪的秦代,一直
到终结于 1911 年的清朝所做的工作是很有益的。

　　这或许可以用图简略地来表示,必须指出的是垂直坐标用对数曲线表　198
示。图中表明,在最早的时期,记录很少,但毫无疑问是开始阶段,尽管集中

的水利工程建设到西汉才出现。三国时期(220—280年)的工程量很大,显然是战略的需要。从4—7世纪是连续的动乱,当时小王朝进行的工程建设很少,但在隋代有一个飞跃,特别是考虑到大运河的因素,这一趋势保持到唐宋。有一点也很明显,在12世纪把首都从北方迁到南方之后工程活动比以前更多,因为游牧民族的入侵好像刺激了长江以南的集约耕作,尽管"游牧"帝国不像中国的王朝,他们从不理解水利工程的至关重要。从明清的大数字中可以看到15世纪以来技术力量的增强。有了这些,我们就可以开始对过去杰出工程的检阅之旅。

第六节　大　工　程

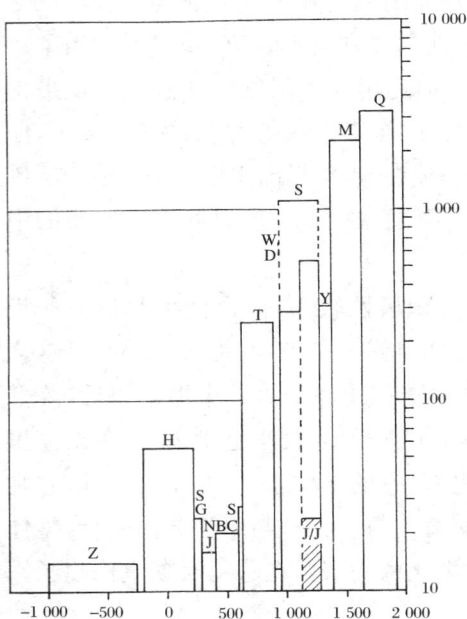

图470 各个朝代完成的水利工程的数量图(Z＝周;H＝汉;S＝三国;J＝晋;NBC＝南北朝;S＝隋;T＝唐;WD＝五代;S＝宋;J/J＝金;Y＝元;M＝明;Q＝清。水平坐标表示年代,带有负号的表示公元前,带有正号的表示公元。宋代的总数量比南、北宋两个时期的和要大,那是因为有一定数量的工作不能肯定划给其中的任一个)

在最著名的中国水利工程中,有三个属于秦代(公元前221年到公元前206年)。它们是郑国渠、灌县水利枢纽和灵渠。前两个是重要经济地区(西南和西部)的有机组成部分。第三个的辉煌在于把中国北部和中原腹地与中国最南方连接起来了。如果不比较长度,它们的意义可以与大运河——主要是隋代和元代(7世纪和13世纪)——相提并论。

郑国渠(秦)

郑国渠的故事在约公元前90年司马迁和他的父亲司马谈所写的《史记》和约100年的《汉书》里都有详细的记录。

韩闻秦之好兴事,欲疲之,毋令东伐,乃使水工郑国说秦,令凿泾水自中山西邸瓠口为渠,并北山东注洛三百余里(150 公里),欲以灌田。

中作而觉,秦欲杀郑国。郑国曰:"始臣为间,然渠成亦秦之利也。"秦以为然,卒使就渠。渠就,用注填阏之水,溉泽卤之地四万余顷,收皆亩一钟。于是关中为沃野,无凶年,秦以富贵,卒并诸侯,因命曰郑国渠。

在对像灌溉这样典型的中国技术的记录中,很难找到比这更有趣的记载 **200** 了。韩国人认为秦国人会被欺骗过去,这个事实表明封建统治者并不明确到底是赞成还是反对水利工程,还有,法家思想——认为国王颁布的法律给国家以权力和威严,并且高于道德和大众的意愿(见第一卷第 273 页)——当时占主导地位。秦国接受了这个建议结果导致了秦国的强大。或许韩国人产生了这样的想法,认为秦的统治者很容易接受一个新的规模宏大的水利工程,尽管这个工程成功与否很值得怀疑。但没有理由认为郑国会故意把它弄糟;他好像很有职业道德,而且他在修建郑国渠的过程中可能已经意识到了,一旦工程完成对秦国会意味着什么。司马迁十分清楚对秦国最后的政治胜利而言,粮食产量的增加和后勤供应能力的提高是不可或缺的。事实上,他肯定是第一个认识到在战争中后勤供应能力和军事力量至少同样重要的历 **201** 史学家。

另外,在时间上他和正在讨论的事件非常接近,因为他落笔的时间是公元前 90 年,而郑国渠的完成仅在其约 150 年前,即公元前 246 年,这一年见证了未来的始皇帝加冕成为秦王的仪式。

在司马迁写《史记》之前仅仅若干年,公元前 111 年,郑国渠得到了广泛的增修,增修了横向支流用来灌溉比主河道地势高的田地。当时,公元前 95 年,大夫白公指出,渠内泥沙淤积太厉害以至大大降低了利用价值,于是他提出从泾河地势更高处引水,并沿比原渠道等高线高的等高线形成一条约 96 公里的新河道。这一提议得到了成功实现。

重挖河道和从泾河地势更高的地方引水在其后的 20 个世纪中一直延续着。从这一点上讲,整个渭北灌区(如图 471)是不同寻常的,尽管它是中国第一个真正大型的水利项目,但它一直使用到今天。不断的重挖河道是为了不断的与淤泥作斗争;之所以要不断把引水口往泾河越来越高的地方移,是因为泾河不断地侵蚀其河床。在过去的岁月里,曾做过各种各样的修改,到了今天,引水口已远在河床为岩石的泾峡谷。原来秦代或汉代的引水口一眼可以确认,但这一点已至少在今天的河水位以上 15 米。

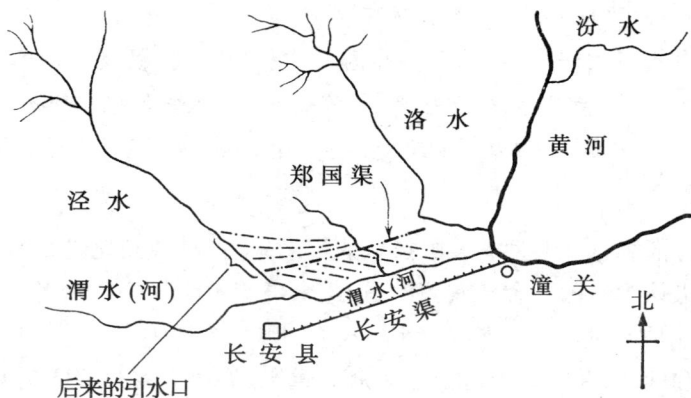

图 471 郑国渠灌溉系统轮廓图（郑国渠第一次完成于公元前 246 年，今天仍在使用中，名为渭北渠或泾惠渠、灌区。灌区内向南流的河流叫四川河。今天的洛河流向渭河的西部，而不是直接流向黄河）

202 灌县分水工程和引水工程

于蜀（四川），司马迁写道："蜀守（李）冰凿离碓，辟沫水之害，穿二江于成都之中。"

这个历史学家用寥寥数语记载了这个中国最伟大的水利工程之一，尽管今天它已存在 2 200 年之久，但仍然在使用中，并且给今天的参观者留下深刻的印象。这并不奇怪，因为灌县灌溉系统（图 472）使约 64 公里宽、80 公里长的面积能够供养大约 500 万的农业人口，使他们能免于旱涝之灾。只有古代尼罗河水利工程能与之媲美。

公元前 316 年秦国征服了四川，并且李冰可能在公元前 309 年帮助修筑了城市防御工事。公元前 250 年，孝文王任命他为蜀守，但由于他不太可能活得很长，所以灌县工程很可能是约公元前 230 年在他儿子李二郎的主持下完成的，而且毫无疑问他们实施的工程，就像郑国渠一样，是秦国和秦帝国的主要力量源泉之一。

在灌县，岷江从四川最北部松盘周围的山上发源，然后流入成都平原。李冰决定用石砌鱼嘴即都江鱼嘴（图 473）把岷江分成内江和外江，在那儿著名的悬索桥（图 458 和图 460）跨江而设。图 472 给出了它的总体设计，图 474 的模型表现的是一个全景，图 475 表现了桥和鱼嘴工事的概貌。近代一直到 1958 年，修建了如此众多的新分水河道以至于大约 3 764 平方公里的土地得到了灌溉。根据官方的估算，如果李冰系统的所有可能的扩建工程都完成的话，得到灌溉的土地不少于 17 800 平方公里。

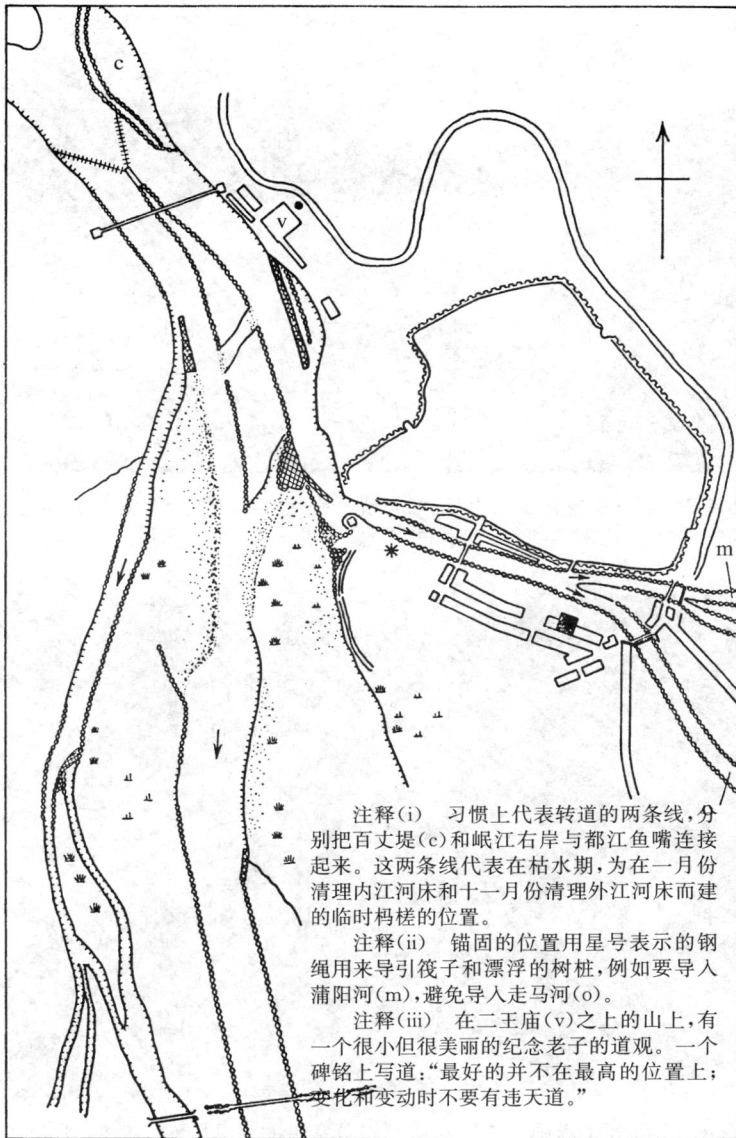

注释（ⅰ）　习惯上代表转道的两条线，分别把百丈堤（c）和岷江右岸与都江鱼嘴连接起来。这两条线代表在枯水期，为在一月份清理内江河床和十一月份清理外江河床而建的临时杩槎的位置。

注释（ⅱ）　锚固的位置用星号表示的钢绳用来导引筏子和漂浮的树桩，例如要导入蒲阳河（m），避免导入走马河（o）。

注释（ⅲ）　在二王庙（v）之上的山上，有一个很小但很美丽的纪念老子的道观。一个碑铭上写道："最好的并不在最高的位置上；变化和变动时不要有违天道。"

图 472　灌县灌溉系统分水工程（绘于都江堰。这里显示的是在灌县县城和庙宇旁的引水工程，在四川省成都平原上衍生出众多分水河道）

灌溉工程、堤坝和溢洪道被称为都江堰，或都江上的堰。它的最大特点就是石砌鱼嘴把岷江分成两条江。内江全部用于灌溉，而外江沿着故道，泄洪的同时也承担一部分船只运输。为了建造内江，李冰不得不在山脉的尾部开凿出一个很大的口子，灌县县城就建在这座山上。

206

图 473 灌县主要分水工程(都江鱼嘴或鱼嘴,从横跨金刚堤人工半岛或岛的索桥上拍摄。河的纵向有百丈堤。李约瑟摄于 1958 年)

207

图 474 陈列于离碓上李冰庙后面展览室里的灌县分水工程模型(可以看到岷江在索桥附近被分流,右边是内江,左边是外江。如图所示,宝瓶口的右边是老城墙,左边是李冰庙。二王庙在索桥的右边。最左边表示的是沙沟河和黑石河新引水口,而在最右边的底部,我们可以看到走马河上新的水门。李约瑟摄于 1958 年)

203 这个口子就是"宝瓶口",而建造着纪念李冰的寺庙的"离碓"(图 476)的高度在河床以上约 27 米,以至于这个 27 米宽的切口的总高度差不多达到 40 米(图 477)。都江鱼嘴和分开两条水道的岩石就是金刚堤(图 472f)和飞沙堰

208

图475　岷江和灌县灌溉系统分水工程［从玉垒山向上游看的景观。背景是巴郎山。中间是韩家坝，右边是百丈堤；然后是都江鱼嘴和索桥。从前景我们可以看到，金刚堤把右边的内江河左边的外江分开，金刚堤又被"平水槽"隔断。在图的右边，可以看到二王庙和老子观的屋顶掩映在树丛中。波尔斯曼恩（E. Boerschmann）拍摄于1911年］

图476　从离碓上李冰庙的平台上向上游看到的宝瓶口（右边是凤楼窝，左边是飞沙堰，江水正迅速地溢流。李约瑟拍摄于1958年）

（图 472h）。金刚堤的顶部高于岷江水位，以便于实施分流；飞沙堰的水位根据内江灌溉用水的最佳需求来调整。当洪水水位高于飞沙堰，它们就会溢出而自动调节内江的流量。

一旦流出灌县县城，内江就被分成它的旁流和支流，其中一些流经或绕过成都市，最后它们汇入岷江，并在过去的嘉陵江流入长江。

每年根据流量都有一个循环控制。从 12 月到次年 3 月是枯水期，平均流量 200 立方米每秒，有时会降到 130 立方米每秒。从四月开始种植作物的时候，流量增加，直到 585 立方米每秒，满足内江（280 立方米每秒）和外江（305 立方米每秒）。在夏季，例如六月和七月，达到峰值，总流量最大值达到 7 500 立方米每秒，然后直到 11 月份会慢慢地下降，11 月份以后下降会加快。

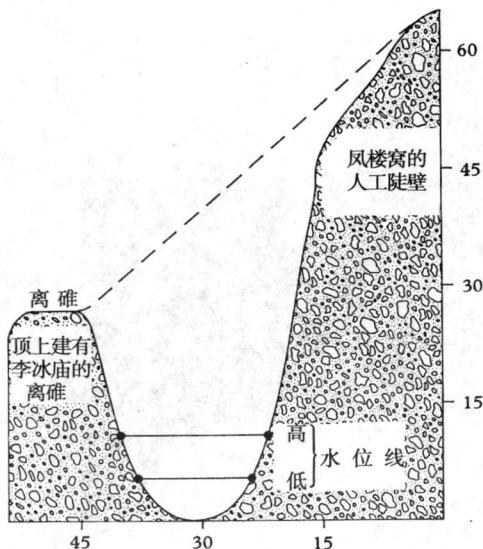

图 477　宝瓶口横截面示意图（数据搜集于 1958 年，单位为米）

在过去的岁月中，李冰的建议——挖清河床，保持堤坝和溢流道在较低的位置——得到了忠实的贯彻。如果说现在的灌溉体系与他留下的没什么改变的话，一部分是因为河道泥沙淤积不是特别严重，一部分是因为每年流量的起伏允许对它不断和有效地维修。每年的十月中旬岁修开始。一长排沉重的三根巨木被横放在外江入口，上结填入黏泥的竹篾就形成了截水杩槎，这样就把江水导入内江。然后就可以方便地开挖外江河床到预定的深度，而且可以对之实施任何必要的维修。大约在二月中旬，截水杩槎就被转移和重设在内江入口，而且可以对内江实施相同的维护。每年的五月初五，移开截水杩槎的庆典标志着灌溉系统的开始，并为庆祝提供一个理由。

唯一一个尚未提到的技术细节是，在不同的时节，要在适当的位置采用"水位计"或水位尺。其中的一个是刻有"干毋及足，涨毋没肩"人身塑像。

这是用来测量溢流道的合适水位。古时候在内河设的铁棒就是为了达到相同的目的，并且在不同的位置设有测量尺，通过这些尺子每天都可以观察到不同河道的水位。

谈到水位计就会提到在二王庙里的一块石刻——至今仍然可以看到。

石碑的标题是"治河三字经",它提到了"六字诀"和"八字格言",还有在前面(本卷第191页)提到的其他灌县的碑铭,这些石刻不会早于13世纪,但具体年月不得而知。当时,王英林(Wang Yinglin)写了一个"三字经",是典型的适合学生的儒家初级读本,为了便于记忆写得很押韵,一直沿用到现代。铭文是:

> 深淘滩,低作堰,六字训,永不变,挖河沙,堆堤岸,砌鱼嘴,安羊圈,立湃阙,留漏罐,笼编密,石装建,分四六,平潦晓,水画符,铁椿见,岁勤修,预防患,尊旧制,毋擅变。

它们就是用3到6米长的平行木条制成的柱形"篾筐",里面填入鹅卵石沉入水中。

真是水利艺术的化身。或许很有必要说四川人民从灌县工程中的获益不局限于灌溉和防洪。

元代的一块石碑记载道:成千上万的水轮沿着河道(成都平原)被建造,用来给稻米去壳和碾压稻米,以及用于纺织机,并且四季不停。因此,在维德拉·德·汉恩考特(Villard de Honencourt)和罗杰·培根(Roger Bacon)时代,在这个中国省份中,整个省的经济生活都要依靠这个坐落在四川西部多雾地区的伟大水利工程。

在我们离开灌县之前,还有一点想法,尽管从某种程度上超出了工程的范畴。中国人从不满足于仅仅从实用的角度来看待给大众带来巨大利益的伟大工程。他们有独特的本领可以把这从最世俗的层面上升到精神境界,他们在离碓山顶修建了庙宇来纪念李冰的英雄精神。再往回看,在一个罕见的风景优美的所在,在索桥下游绿树成荫的山脚下,建造了另一座庙宇来纪念他的儿子李二郎;这也包括了给工程师的住所,它并没有使周围的美丽减少,而纪念大禹的一个更小的庙宇里面是水利管理局。

尽管这一切以前或许被存在于人民大众中的迷信和无知掩盖了,但灌县的祭祀好像表现了中国文化里最吸引人的一面,即儒家和道家的融合,在其中,无论如何看待神和精神,神圣的荣誉一定会归于和给予人类伟大的恩赐者。

作为灌县故事的后记,有必要提到另外两个工程:昆明水库(元)和山丹系统(明),尽管它们不那么引人注目,但也极大地使相对较小的一块区域受惠。一个是水库系统;另一个是从山脉鞍部的山谷引出的一个灌溉系统。

先让我们来看看处在云南昆明平原上的灌溉工程。这块被起伏的高地包围着的平原和盆地的中心在云南省会和昆明湖一带,它西部的山上遍布树

211

林和寺院。这里首要的问题就是要保证湖水自由的通道,否则就会引起大面积的洪水。第二个问题就是要形成水库和人工河道,以便尽可能广泛地分配汇于昆明湖的六条小河的水。所有这些都是由元代的云南行政长官萨迪(Sa'id Ajall Shams-al Din)与当地的工程师张李道合作组织完成的,他是一个波斯人或阿拉伯人。这些工程是在以前当地独立的南诏藏缅王朝修建的小工程的基础上扩建的,这个王朝在 1253 年被蒙古人征服。

萨迪在蒙古西征的时候是成吉思汗的手下,并且在元建立之后迅速升迁到很多重要职位,于 1274 年成为云南地方长官。在那里,他积极投身于提高落后人口的文化水平,建立了孔庙和穆斯林清真寺,并且他的政绩得到了立碑记载。他在山上修建了 12 个筑堤水库,并建造了 40 多个水闸,还有一个沿用于今的运河网,并且河道两旁绿树成荫。

第二个系统是白石崖灌溉工程,它以前是一个灌溉山脉和靠近甘肃省山丹沙漠之间的大片沃土(超过 100 个农场)的盘山运河。如果从兰州沿着丝绸之路向西北旅行,就会发现右边是沙漠,而左边是白雪皑皑的祁连山脉。从山丹沿各个方向行走 329 公里或更多,所到之处都是草原或沙漠灌木丛,为数众多的河道贯穿其中。这些河道发源于山上,并在流淌的过程中消失在大漠戈壁。多少世纪以来,水及其保持一定成为其重大的问题。

我们所知的关于白石崖的很多事情被总结在一块纪念碑上,这块碑是道家隐士王勤太于 1503 年所立。这个工程是个勇敢的项目,因为它在陡峭的地方(白石崖)从大通河引水,而那里离山丹平原的西南部超过 100 公里。要理解这一点,必须认识到,大通河流入祁连山脉后的一个深渊,然后与丝绸之路平行流向东南,最后在兰州上面与黄河相会。分水工程不得不在海拔 3 800 米处建设,在把水引到山丹平原(大部分海拔在 1 800 米)之前,必须修建河道来过渡这一高度差。并且河道在开始下降之前,要在一个较高的等高线上流淌很长一段距离。

我们不知道这个工程建于何时,但到了 15 世纪末期,河道因为淤积而停止了使用;维修时用了三年的时间才完全恢复。这个道士王先生用一首诗结束了他的碑文。但几年之后,工程失修,并且今天在山丹附近已经很少见其遗址了。

灵渠(秦代和唐代)

灵渠是一个很与众不同的工程,它最重要的意义不是用于灌溉,而是贯通高山地区的一个主要山脉进行运输的需要,这条山脉把中国的南部和中北部隔开。它连接了广西省的两条河流,一条向北流,一条向南流,所以就有可能把长江、洞庭湖与流入广东省的西江联系起来。

尽管历史记载没有提到它的名字，但却记录了它的建设过程。资料显 213
示，其最初的目的是为公元前 219 年派往南越的征服军保持一个水上运输线。
记载中说，秦始皇派遣指挥官来领导在武装舰船上的战士向南征服百越。他
还命史禄开凿一条运河，以便把粮食运到越的境内。但这或许不是最早提到
这条运河的文献，因为《淮南子》一书中有一到两页关于秦始皇活动的内容，
并且有与上面几乎一样的关于史禄的记载。当时是公元前 120 年，距工程的
建造仅一个世纪。另外，约公元前 135 年在一个官员的传记中，涉及粮食运输
的内容中提到，"老前辈讲"灵渠是在秦始皇时代由史禄主持开凿的。因此，
这个工程的时间是可以确定的。

为便于理解这个工程是什么样的（至今仍是），我们有必要看一下图 478。
向北流的河流是湘江；向南流的是漓江；而两者之间是山脉的一个鞍部，正是
它给史禄提供了机会来修建盘山运河。灵渠的这一段叫南渠，它发源于湘
江，并且它沿着一个合适的水平或较小的等高线落差流过 5 公里直到与漓江
的上游相会。然后不得不再向下游流过 28 公里，直到与桂江相会。

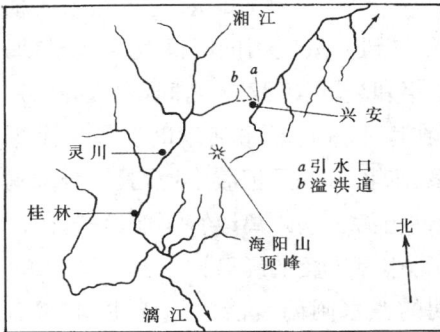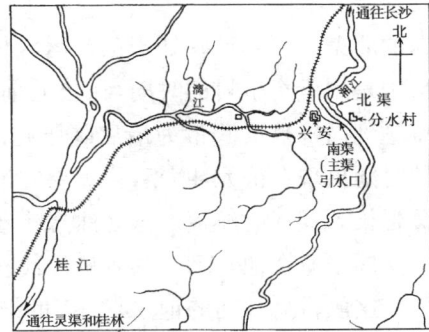

214

图 478　位于广西省东北部的灵渠的两张地理示意图［始建于公元前 215 年。这是在所
有等高线运河中最古老的；它用一段开凿的河道把向北流的湘江和向南流的漓江（下游
叫桂江）连接起来，通过一个高山的鞍部修建了大约 32 公里。(i) 这段运河起于(a)兴安
城附近，并向西(b)流 5 公里于漓江最上游相交，在漓江又整理开凿了 28 公里。(ii) 以
更大的比例尺表现了横向河道，开挖这段河道是为了在湘江的东岸形成一个更平缓的坡
度。上面塘中的分水工程使得村名叫分水村。现代铁路横过这条古老的运河，然后沿着
漓江的南岸运行］

为了理解建设过程是如何进行的，可以看图 479。鱼嘴建在湘江的中间
叫做"铧嘴"，可以记起在灌县的工程里也用到了鱼嘴。"铧嘴"背后是两个溢
洪道，导向旧河床。在河道蜿蜒穿过兴安县城的过程中，堤岸或挡墙被配有

215

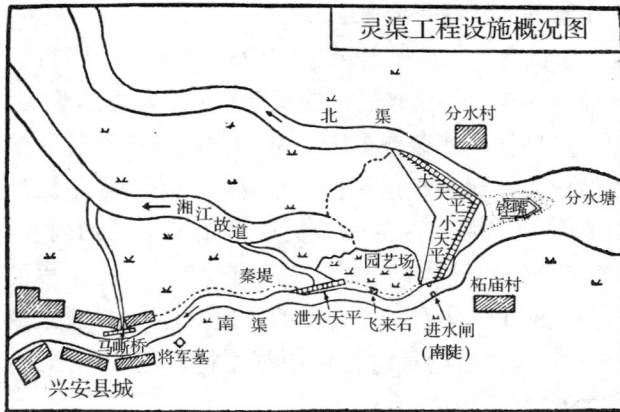

图 479 灵渠分水工程的设计图(北向是左上角。北面的运河把驳船带到分水塘,而就在分水塘下方,湘江水被鱼嘴或"铧嘴"分开向两个方向流。两个溢水道分列两侧,以便把过量的水排到湘江故道。船只沿南边河道即主河道就进入了水闸门,向西通过兴安小镇。整段河道是用漂石修的巨大堤岸和挡墙来修建和保护的。水位还由位于东北边的一系列溢洪道来控制,首推飞来石,然后是泄水天平,等等)

另外几条溢洪道,并且有几座桥梁横跨河上。用同样的方式,为便于连接河道本身,在同样的水平上修建了一个塘,驳船能逐渐通过。因为鱼嘴坐落于湘江,分出的两渠中相当大的一条(接近 1 米深和大约 4.5 米宽)大部分水源都来自它。按当地的说法,湘江十分之三的水量向南流或连接南渠,而十分之七的水量向北流向横向的北渠。所有这些处于正常运转状态并得到大量使用的时间是汉代早期,特别是用于军事目的时期,在公元前 140 年和公元前 87 年之间(公元前 111 年达到高峰),汉武帝为最后降服越国而在南方进行军事活动时。另一个繁忙时期出现在公元 40 年,与重要的远征安南有关,并且记载中说,其间统帅马援延长了湘江的航道。这必然意味着,他向下游一些距离改善了航运条件。

周去非在他 1178 年的《岭外代答》一书中有广泛的经典记录。

这段目见耳闻的记录对 12 世纪晚期的拦水闸门有清楚的描述,非常有趣,并且必然地提到了把闸门运用到灵渠的时间问题。周去非说尽管某种闸门自秦代开始在那儿就已得到运用,但并不确定。人们很容易把溢洪道的发明归功于像史禄这样有创造力的工程师,或许是和他同时代但年轻一些的李冰,当然还有他的儿子——把它们卓有成效地运用于灌县;这两个例子中的分水鱼嘴也有很大的相似性。但史禄是否安装了闸门仍不能确定。后面(第 246 页)给出的证据显示围堰闸门是公元前 1 世纪的常见技术,并且那时的资料清楚地说明汉代的鸿渠(见第 193 页)有拦水闸门,特别是其在荥阳附近与黄河的连接处。如果是这样,在战国和秦代也许已经有了闸门,或许在实际上,没有它们就不能正常地工作,并且这个例子一定为史禄所知。然而,在书本或其他地方没有确凿的证据表明他在灵渠安装了它们。

如果他没有安装闸门，那么不得不设想一下往南的驳船被一帮纤夫沿着湘江逆流拉进北渠，并用同样方法从大溢洪道被拖进塘子。

过了分水鱼嘴，驳船就转向了运河，那里没有激流，河道已被修建得尽可能精确的弯曲以便使水的流速慢下来。在另一端船不需要掉转头，可以沿漓江相当快速地滑行。 217

关于闸门的第一次记载出现在仍然相当早的时期——唐代，是在关于这条运河的重要修复工作中，由李渤在 825 年实施。

首先，就最新的改进来说，最明显的是李渤用码头的形式隔离了分水鱼嘴，而在其后沿着堤坝的顶部形成一个河道，这样船只就没必要再转头了。但闸门非常重要。从另外的渠道我们得知，那时已有了 18 个闸门，第一次建造的时候用的是木头，但随后余孟尉于 868 年实施进一步的修缮时加固了它们。它们的具体位置我们不得而知，但根据书本我们似乎可以确定其中至少有一个在漓江尾，并且至少有一个在湘江尾。然而，在有坡度的河段比平坦河段需要更多的闸门，所以很有可能大多数建造在漓江河段，北渠与湘江平行的河段，以及湘江的低河段。从 9 世纪以来，沿两岸爬升的驳船在相对平坦的中间河段通过闸门被牵引，或许用绞绳，并且拖拉的纤夫大大减少。资料进一步表明闸门的数量不是 18 而是 36，这与今天的数目相近。

从全部的证据来看，把拦水闸门引入灵渠的时间极有可能出现于 10 或 11 世纪；后面我们将看到，这和中国其余的资料吻合得非常好。 218

灵渠作为交通链上的一个环节的意义不能忽略。沿黄河下游、野鹅渠和韩渠、长江，并从湘江往南沿洞庭湖、灵渠和西江都可以通航，公元前 200 年，汉朝的第一个皇帝发现他拥有一个从北纬 20 度到北纬 40 度的单线内河干道，这就是说其直线距离超过了 2 000 公里，而毫无疑问船只的实际航程是其两倍多。最后要说的是，灵渠有一点很像灌县工程，那就是尽管它是公元前 3 世纪的工程，但在我们的时代已几经修缮，并继续承担着繁重的任务。很少有其他文明能拥有一个持续使用 2 000 多年的水利工程。

大运河（隋代和元代）

我把大运河作为整体的话题可以简单一点，因为我们已经提到了它的几个前身或组成段落。而把它们连为一体的工作完成于隋代（581 年到 618 年），当时把首都洛阳与地处长江下游的重要经济区连起来的需要很紧迫。在 13 世纪最后几十年里，在元统治期间，同样的需要再次继续，但由于当时的首都是北京，所以实施了规模庞大的改造工程。最后，它沿着子午线 118 度形成了一条连续的航道,从杭州南面一直到华北平原的最北部呈"S"形。它在经度上跨越了 10 度。就好比从纽约延伸到佛罗里达的一条宽阔的运河,其总长达到约 1 770 公里。当其绕过山东山地时达到最高海拔,大约海拔 42 米。

最古老的前身河段是鸿沟,后来所称的汴渠,它把黄河流域和淮河流域联系起来。就我们知道的而言,它最早至少出现于公元前 4 世纪,曾被用于军事和民间运输。到了公元 600 年,它的泥沙淤积已很严重,以至于当时的隋朝首席工程师宇文恺决定采用一条完全不同的线路与鸿沟平行但位于鸿沟的西南部。从陈留[图 464 中的(9)]分流之后,经过苏州(120)而不是徐州(10),并在洪泽湖西直接与淮河相交,并且没有用到泗水。它的长度大约 1 000 公里。在西北部,从开封附近黄河与泗水(就是洛水在洛阳入河口处的下游)的结合处开始,这段河道与鸿沟一样,但建立了特别的工程来保护它的决口。

219 　　587 年,另一个隋代杰出的工程师梁瑞把黄河南岸的金堤向西面进行了大幅度的延伸;这里包括了用于调控水位的闸门,以及当水位差太大不能用闸门时而供拉船只用的双溢水道。主要工程新汴渠完工于 605 年,使用的男女劳工超过 500 万。在整个唐宋(7—13 世纪),新汴渠,隋代大运河,一直被有效而繁重地使用。

这期间关于大运河实际情况我们可以从外国人的日记和论文集中找到,就像我们前面遇到的日本和尚圆仁。838 年,他在扬州沿岸旅行,那里是从无数盐场引出的横向引水渠中的一条,这些盐场在三国和隋代之间被兴建或维修。在一段笔直的远极目力的引水渠上,一列船只有四十艘,许多船上摇着两或三条桨,被两或三头水牛缓慢而有效地拖拉着。一次,遇到了堤岸坍塌,但圆仁所在的团体在挖掘之后通过了,并且当他们靠近大运河的时候,只见盐船,三五条桨一齐划动,一公里接一公里,一艘接一艘连绵不断。

唐代的工程师对大运河进行了一些修改,但没有本质的变化。在 689 年,修建了一条支流,从陈留的东北部到山东兖州。当时,在 734—737 年间,齐欢修建了一段新的运河,它绕着洪泽湖北岸,并使汴渠与淮阴的交通直接相连,因此就缩短了要通过的淮河危险急流段的航程。与此同时,他还在杭州附近修了捷径,节省了大约 20 公里航程。

大运河在长江以南的部分并不全是隋代的新成就,因为在这一地区很早就有人工河道(见本卷第 196 页),但它建造了一段新河道,完工于 610 年。它长约 400 公里,绕过太湖的东面,并使杭州与北方直接相连,也使得东南沿海的物产能运进首都。为了确保黄河和长安的交通,宇文恺在陕西修复了修于公元前 133 年的故道。

我们在这里也需要稍作停顿，来介绍一下在这些城市里威尼斯式城市水道的相当完善的发展，它们是城市交通系统非常有用的一部分。其中很多可以在今天的苏州看到，苏州被大运河所包围（见图 480），并且可以见到保存在杭州的精致的交通网。

220

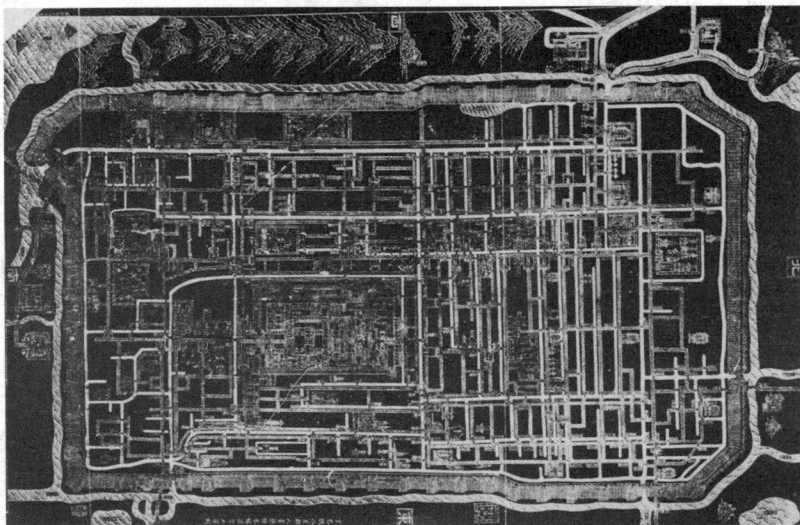

图 480　苏州城地图〔于 1229 年由鲁彦和其他两位地图制作者雕刻在石头上。上为北向。石碑现在保存在旧书院（现在是一所中学），它隶属于城市左下（东南）角的孔庙。大运河从图上左上角的第三条河道进来，然后流过西边城墙，并从下面出来（南）。其他水道环绕城市，河道在其内就如众多的街道，有 272 座桥梁横跨其上。很可能也看到了这块石碑的马可·波罗说有 6 000 座桥梁，但他的记录可能夸张了 20 倍。在最左下角可以看到太湖的一部分；上面是保护着城市的山地，使其免于受太湖的影响，并且在图的左上角就是著名的虎丘山。在城市的最北面被围起来的是佛寺报恩寺，而在市中心附近，位于标有平江（苏州的旧名）的衙门综合体的内墙上面是很大的道观玄妙观。照片来源于查万尼斯（Chanvannes），1913 年〕

至于大运河在黄河以北的部分，长约 997 公里，确实是隋代的新成就。它利用了一条短河沁水，沁水从山西山地向南流，并在泗水稍东流入黄河的左岸，因此就使其下游适于航运，然后，它用一小段支流与整治后的渭河河头相连，渭河向东北流入它的近邻天津。

221

在唐宋时代，国家的最高级官员致力于工程问题，以维持汴渠作为把税粮从南方运往北方的大动脉的功能。幸运的是，在唐朝瓦解而宋朝再次统一之前的五代过渡期间，虽然这些经济区被分割为不同的政治单元，但是大运河工程很少或没有遭到破坏。960 年之后，宋朝加强了河道的管理，作为其水利管理的扩展部分,在这一点上宋超越了它之前的任何朝代。宋的首都在开封,但到了 12 世纪,局面开始变得不稳定,并且在 1126 年,宋对金的防御崩溃之后,宋的将领故意掘开了黄河南岸的河堤,因此破坏了汴渠。实际上,当元(蒙古)征服金和宋的时候大运河必然处于严重的破坏状况,并迫使历史学家从 1280 年起算它的政权。

由于元朝在北方拥有如此众多的领土——超过今天中国的边境,北京是首都的当然选择。尽管如此,长期以来建立的中国社会和经济生活的特征并没有变化,只不过蒙古人(和其他外国人)在社会的顶层,但这就意味着没有通畅的税粮运输体系北京就不能成为真正的管理中心。

222　　为了达到这一目的,一件必须做的事情是建立一个方便的通道以便把中东部经济区与北方联系得更直接,但是在淮河以北有必要放弃向西延伸到开封附近古老的中枢荥阳的河段,并要设计一条更直接的路线。于是,原来的汴渠就被一条更向东的运河完全替代,它一路沿着山东山地的山肩,并在远离原来的交汇口的地方跨过黄河。

这条新路线实际上是一条越岭运河,这在原来的汴渠中从没用到过,并且毫无疑问它的设计从灵渠的成功中获取了一些灵感。尽管海运开始产生很大的竞争力,但元朝相当大程度上要依赖这条河道,并且这也使大运河重修工作从明清一直延续到今天。谁能不意识到如此大胆的一个概念的政治经济效果——在一个大部分河流自西向东流的国度里有这么一条南北流向的人工河道?

大运河最北的部分,通惠河相对较短,从北京到通州流程 82 公里,并且于 1293 年由天文学家郭守敬完成,他也是一位非常出色的工程师。这一部分需要约 20 个水门,马可·波罗很热情地记录下这一点。1307 年,拉士德·哈马德尼(Rashid al din al Hamadani)的描述不仅是它的完工,而且还包括整个大运河系统的完成,他特别提到了它的围堰闸门或拦水闸门,它的起锚溢水道和沿河所植树木的保护。后来,在 1558 年,吴中写了一本专论《通惠河志》,并在 12 年内被翻译给波斯人。因此,那些知道所发生的事情的人们会对中国的工程师的所作所为留下深刻的印象。

第二部分是表 58 中的(b),从通州到今天天津附近的一点,它原来属于隋代大运河体系,但在郭的时代有了很大的改善,并被称为白河。第三段(c)也沿袭了隋代的路线,但只有大约一半沿着原路线,在临清,一条全新的河段——惠通河向南流去,以直角横过黄河北部的河道。在大约 125 公里的距离上有 31 个水门。

表 58　定型后的大运河的详细情况（晚清）

高于长江的水位

河　　段	公里（总计）	间断（公里）	周围土地（米）	水位（米）	河深（米）
北京（通惠河）	0		36	34	
		29			3
通州（白河）	29		28	26	
		124			3—8
天津（沟河）	153		8	7	
		386			3—10
临清（惠通河）	539		36	35	
		113			3
黄河，北岸	652		38[b]	35	
		—			c. 9[c]
黄河，南岸（惠通河、清济都河和济州河）	52		38[b]	42[d]	
		69			4—4.3
南王镇（济州河）	721		52	42[c]	
		21			4—7
济宁（桓公沟）	742		40	35	
		143			3
蔺家坝（在今天湖的最南端）（桓公沟）	885		36	35	
		250			3—10
淮阴（山阳运道）	1 135		18	16	
		186			4—8
长江，北岸	1 321		5	0	
		—			12—15
长江，南岸（江南河）	1 361		5	0	
		47			4
丹阳（江南河）	1 408		17	2[e]	
		298			4
杭州	1 706		4	0	
		—
1 666			

a　与斯凯姆顿（A. W. Skempton）衔接。

b　地面标高，不是堤坝的顶面标高。

c　变化非常大。

d　在堤岸上流淌的运河，在图 481 中没有显示。

e　开挖中的河道。

223 　重要的越岭段(f,g)是蒙古工程师奥克拉齐(Oqruqci)在1238年的工作，其后的时间里工程所使用的是郭守敬设计的图纸。这一段称作济州河，它用一条延伸超过70公里东北流向的河流把济宁与清济都运河连起来，并以此与大海相连。另一方面，它在金时与另外一个工程有联系，就是始建于369年的桓公沟。

在越岭段，水位比与其相会之处的长江的平均水位高42米。在奥克拉齐的时候，在为最高处供水(通常是越岭运河的最大问题)时，效果不理想——事实上，在整个元代，运河总是不能与可供选择的海运相竞争。1411年明代工程师宋礼为了克服这一弊端对(d)和(i)两段进行了必要的重修；这使得大运河从困难时期达到一个高效期。在白英的帮助下，宋更有效地利用汶河与灌河而解决了他的问题；这涉及要在宁阳以北建设一个长1.6公里的大坝，以形成一个大水库，这个水库将在从汶河来的横向分支的帮助下使河道保持水满状态。这些主要工程是由165 000个劳力用了200天完成的。宋在运河附近还插入了四个小水库，名为"水箱"，以便用水闸分走多余的水。这些水箱似乎类似于现代拦河闸边上的水塘(见246页)。

然而，到了1327年，大运河已定型，总共延伸近2 575公里(见表58)，图481给出了其概略的剖面。的确可以这么说，郭守敬和奥克拉齐在1238年的越岭运河工作是所有文明里最古老而又成功的。然而，我们一定记得大约在900年和1170年之间在灵渠已经安装了拦河闸，从某种意义上，这已经把灵渠转化为了越岭运河。然而，组成大运河(图482)的伟大工程更加不同寻常，因为，它把世界上最大的河流中的两条连起来了，而且其中的一条是最变化无常的。

226

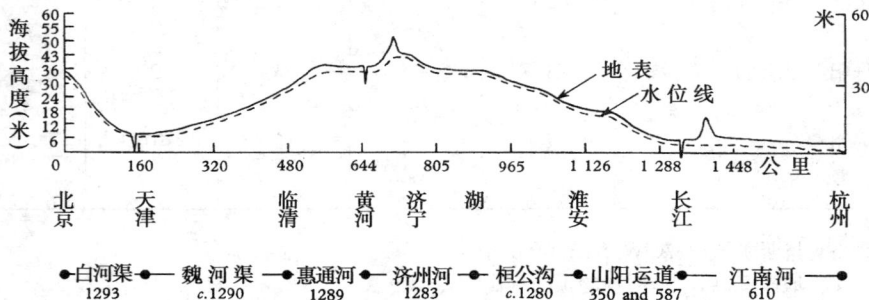

图 481　大运河的概略剖面图(所有的年代都是公元)

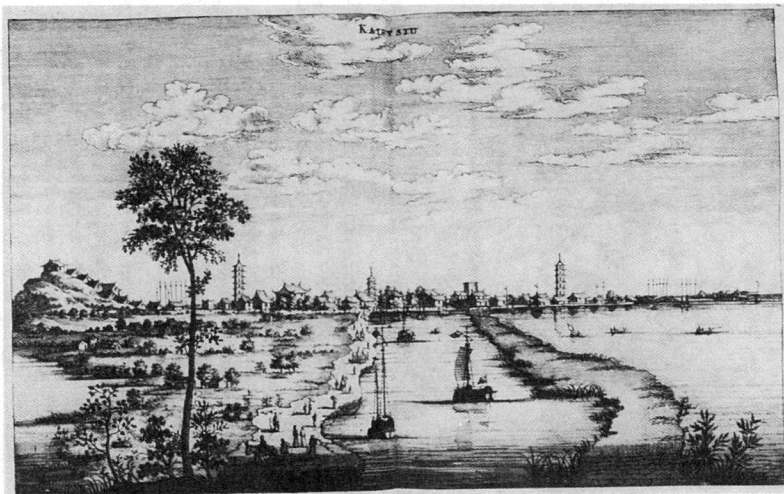

227

图 482 沿高颐湖边的大运河的雕版图［用一段堤岸使两者隔离开来了，以便在恶劣天气时帮助交通。这里显示的是 1655 年到 1657 年纽霍夫（J. Nieuhoff）往中国的使团在 1656 年所看到的。"上几次，"他写道，"在有风暴或多雾的天气里，所有来自南京和长江，而发往北京的船只都被迫在这座高颐城的墙下等待。但是，因为这些延迟对贸易而言是非常伤脑筋的，所以为了躲避湖里的风险，认为在湖的东边修一条 60 视距长的河段是很合适的；并且所使用的材料是如此大的白色方形漂白石块，考虑到邻近省份没有大的石山或采石场，不能想象他们是从那里得到的。"注意前景中艺术家指出的堤岸的横截面。纽霍夫（J. Nieuhoff）画于 1665 年］

钱塘海堰（汉、五代、宋）

最后，有一些文字是关于一种和我们目前已经提到的相当不同的工程，即海塘，它的名字被赋予了钱塘江口（图 483）。沿着钱塘江 80 公里长的入口，正是大运河的最南端杭州的所在，并且富春江正是从这里流入大海。在某种意义上，海塘和其他堤岸一样是一种堤岸，只不过它不得不面对特别猛烈的冲击，这种冲击是由钱塘江著名的强烈的风暴和众所周知的潮涌引起的。

海塘的开始修建与华新有关，当时或许仅仅是为了保护定居点，这一定居点后来发展为杭州市。华新在 84 和 87 年间是这一地区的太守。随着岁月的流逝，海塘不断地发展，并在 822 年，当时的杭州刺史白居易延长了海塘，以保护这一地区的灌溉系统。 228

开始的时候，海塘是由中间填有石头并在其中设以大木的篾筐组成，但在 1014 年，部分海塘由稻草泥构筑。而在大约 20 年后，石堆用于海塘面。把所有的海塘都用石头铺面工作量很大，人们似乎不太愿意这样做，并且很显

228

229

图 483　海宁附近的钱塘海塘［现场附近立着一座建于乾隆年间（1711—1799 年）的六层的六角形宝塔和一个观察潮涌的平台。在前景，可以看到一个保存下来的风水铁牛，这个铁牛沿着海塘而立，建于 1730 年。李约瑟摄于 1964 年］

然的有三个可以替代的选择。第一个就是模仿灌县，填篾筐，篾筐用木桩锚固并用铁链连接。第二个就是，修建夯实加筋土堤，就像用于堤坝和围堰岛的情况；但是，尽管便宜得多，可是不会长久。最后一个就是在 1368 年修建的碎石海塘，但在很长一段时间内是失败的，因为其后没有较大规模的填土堤坝的支撑；这一缺陷在 1448 年得到了弥补，当时杨宣引入了阶梯状的砌体结构，能更好地抵挡海浪的冲击力。再晚，于 1542 年，黄光声在他的《塘说》中对材料连接进行了专门的研究，而且直到今天仍然被证明是很有效的。另外，用于固定石块的铁夹的使用，伸向海中的防浪堤和码头的修建，以及排涝渠的修建极大地促进了海塘建设的成功。今天，海塘在钱塘江口两岸绵延超过 300 公里，砌体的高度平均超过水面差不多 10 米，并卓有成效地继续担当着它古老的角色。

第七节　水利工程建设和管理的文字资料

从我们所有谈到的可以发现，关于中国古代和封建社会早期水利工程的主要信息来源是动态的历史。约公元前 90 年的《史记》和约公元 100 年的《汉书》都有河渠方面的长篇记载，而其后的记载，例如 1345 年的《宋史》包含了大量的信息，可供详细的分析。但汉代左右的记录，如在水利管理方面，保存下来的很少，而我们对他们思想和实践的认识来源于记录下来的对话和纪念物。绝大多数的技术文字资料是从 14 世纪和稍后开始的。

在"水文"论文和专门讨论水利工程技术的书之间很难进行严格的区分。

它们通常相互重叠,尽管后者在后来更为普遍。保存下来的最早的水文调查是《水经》,作者是西汉的桑秦,但更可能汇编于 3 世纪。在 5 世纪末或 6 世纪初,地理学家郦道元在他的《水经注》一书中对其进行了大量的扩充。但它主要是地理方面的,只是告诉我们河流的情况,尽管后来的学者对其进行了大量的注解。

从 10 世纪到 13 世纪,即宋代,出现了相当多的相关书籍,确有很多都保存下来了。其中比较重要的两个是,成书于 1059 年的《吴中水利书》——对江西河渠多年研究的结果,和成书于 1242 年的《四明它山备览》——宁波附近水利发展的历史记录。这些和其他的著作标志着一个土木工程师异常多的时期。

从明代以来的第一个重要治水时期是潘季驯等在 1522 年到 1620 年期间四次出任黄河和大运河的河道总督,他在当时成为水利工程方面的权威。

他的《河防一览》成书于 1590 年,包括了很多地图、壮观工程的图画、法令 230
和其他一些官方文件,还有作者自己的一些有趣的评论。该书以想象中的对话形式写成。尽管变化的情况要求变化的方法相适应,但这本书在 18 世纪末仍被认为是权威的著作。

在 17 世纪,最伟大的水利工程师是薪辅,他主要工作在黄河与大运河。他主持了广泛的疏浚工作,改善堤岸的外形,加固堤岸,参与了淮河下游地区排涝工程的建设,并主持建设了一条非常成功的长为 153 公里的运河,绕过了黄河航运不佳的一段。他于 1689 年写了《治河方略》一书,尽管直到 1767 年才出版,但被认为比潘季驯的论著重要。

18 世纪有非常多的书,1725 年傅泽洪写出了里程碑式的《行水金鉴》,这是对中国所有河道最全面的论述,包括天然和人工河道。至于专门论述工程技术而不是历史描述的书,突出的是康济天的《河渠记闻》,成书于 1804 年,作者在野外工程实践和行政管理两方面都有很多的经验。这本书被认为是所有有关这一方面中国文字资料中最好的一本。

第八节 水利工程的技术

设计,计算和勘测

很显然,像书中所描述的那样规模的工程,如果没有相当多的聪明的设计者是不可能得以实施的。不幸的是,很少资料提到这些设计问题到底如何进入到设计者的视野的,以及如果不求助于臆测他们在解决问题时能走多远。然而,在《汉书》里有一页,披露了幕后的一些情况。在公元前30年,朝廷试图修建河道以缓解黄河下游的压力,而这一问题的原因是这片三角洲上的一条河流——吞石河的泥沙淤积。结果是意识到了把优秀的数学家和工程师与河道管理和控制的官员结合起来的必要性。所以出现这种现象是因为管理者自己会误算并产生很大的损失。

231   它的重要还在于它给出了关于填石篾筐的最古老的记载,而填石篾筐在整个中国水利工程中起了很重要的作用。在公元前28年左右,它们还是新奇的东西,当两个人主张他们的发明时,意味着它们在那时确实被提出了。

人们自然地期望关于河道和堤坝的计算范例会出现在数学资料里,而他们正是这样做的。例如,在1世纪的《九章算术》里就有很多堤坝建设的问题,给出了材料、劳力、时间等方面的结果。

而且,在讨论中国地理时(本书的第二卷),提到了在绘制地图时用到的三角网格系统。铅垂线和直角器(一种具有四条悬挂于木十字架的铅垂线以确定直角的装置),链条,绳索,刻度杆和有浮动视点的水平仪,这些很早就被使用了。而以不同方式设置的观测管就形成了原始的经纬仪。被认为是14世纪的欧洲发明的十字杆在中国11世纪就得到了应用,罗盘方位在同一时期也得到了运用。另外,早在263年,刘徽在他的《海岛算经》一书中就给出了很多应用相似直角三角形的例子。而汉代以来可以运用的车程计是否确实用在实际中来测量距离,不得而知。

河道的线路被暂定之后,就要沿着它进行勘探并确定土质,正如罗遥于1169年关于宋渠的记录中记载的那样。然后,为了确保与原来的路线相一致,石头形或铁板形或者雕像形的参考标记被固定在河道边和河床上,以作为定期加深河道以及清淤的导向,就像灌县的分水工程。严格意义上讲,在四川涪陵自763年以来就测量着长江水位的"白鹤梁鱼"、石鱼就是一个"水位计"。

排水和开挖隧道

有时,工程师要面对由泉水、地下河道和易引起滑坡的松土或页岩质土造成的困难。我们有一个在很早的时候就做出努力以适应这种情况的例子,即汉武帝。司马迁在他的《史记》里描述了一条渠的修建,这条渠可以灌溉重泉以东的土地:

> 岸善崩,乃凿井,深者四十余丈。往往为井,井下相通行水。水颓以 232
> 绝商彦,东至山岭十余里间。井渠之生自此始。
>
> 作之十余岁,渠颇通。犹未得其饶。

尽管庄熊罴(如果事实上他是工程师)的工程好像只得到了有限的成功,但必须承认在技术上相当有趣。它让我们想到了伊朗传统的坎儿井。它们是利用山上水源的设施,当这些水到达山脚的时候通常会渗透到多孔的山谷土壤里。水流被汇集在山脚附近,并让其沿着置于不透水的黏土之上的地下河道流淌,河道配有一连串的通风和开挖竖井。水可以流到一个水库,而农田以及居民可以不断地得到供给。坎儿井的早期历史是模糊的,但马可·波罗提到了这种构筑物。然而,庄的工作是在 3 世纪到 7 世纪中进行的。当时,一条衍生渠从大雅拉河引出,沿着一条长隧道通过哈姆林山脊,以便把水送到下面平原边缘的土地。但坎儿井系统在中国没有得到广泛的运用,或许是因为环境不需要它。也许,如果技术史全被知晓的话,可能会发现中国在这方面已经作出过贡献。

疏　浚

考虑河渠的冲刷时,很自然的是中国的工程师应该尝试过机械方法和利用流水的方法。在 1073 年,宋代,在湖北省发生灾难性洪水之后,黄河疏浚机构成立了。一个候补官员李公一,建议使用铁龙爪抓泥装置,即一个很重的有齿的耙子。它是被两条船只上下拖动以使下面松软的河底被搅动。后用更重的材料对设计进行了改善,结果河水深挖耙是个 2.4 米的梁,其上设有0.3 米长的尖子,并用两条船上的绞盘使其沉入河中进行工作。好几千个这样的设备被制作和使用,却没有资料对它们的成功与否进行评价。

5 个世纪以后,在 1595 年,明朝末期,一位钦差大臣就使河道保持通畅的 233
最好办法提出了自己的观点,特别对大运河。他推荐了三个方法。第一个方法就是在枯水期尽可能地开挖河床的传统方法。第二个方法是所有的官船和私船都来回拖动河床搅动犁,随风航行,在它们行走的时候刮擦底面,以使沙不能静止下来沉淀。这就是李公一的方案。

第三个方法就是模仿水磨和水杵锤,并制造利用水流来转动和振动的机器,以使沙不断地被搅动,而不能沉积。更难想象的是,建议使用像船磨一样带锚的轮船,船尾有吊杆以转动利用偏心轮原理工作的耙机,两边没有连杆。不幸的是,我们也不知道这些是否被使用了,如果被使用了,它们的效率如

234

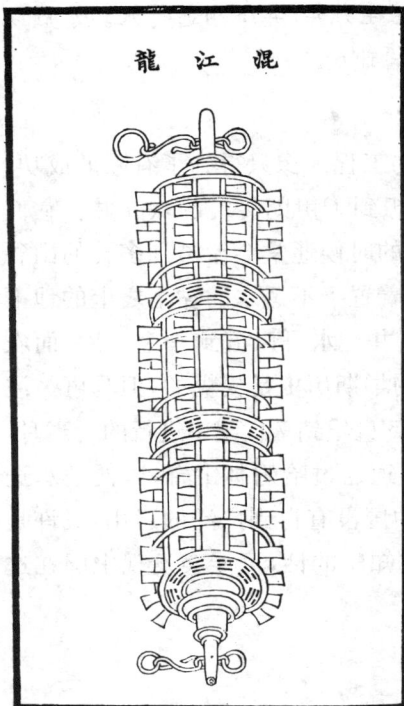

233

图 484 混江龙〔引自 1836 年《水利管理和土木工程的技术插图与解说》。由逆流行驶的船只从底部拉它，它就会从河床翻起大量的泥沙（名字就由此而来），并因此提高悬浮清晰度〕

何。然而，第二种方法直到我们的时代仍在使用，如图 484 可证。

今天，所见到的疏浚机主要在港口，这由一幅简图（图 485）来显示，该图由卡莫那（A. K. Carmona）于 20 世纪 50 年代绘制；尽管中国资料中的描述很少。如我们将要看到的，一个巨大的长方体挖泥篮被放在一个长圆木的尾部，这个圆木被加固了，并且用铁皮进行了包扎，这个挖泥篮沿着一个带有巨大船舱的驳船被放到了水里。挖泥篮的前面被用绳索与船尾舵手所在的甲板室里的脚踏绞盘相连，并且当它装满的时候可以把它拉到水面。然后就可以用挂在杠杆上的一段铁链把它钩牢。当杠杆的另一端被拉下的时候，挖泥篮就会被拉进船里，并在船舱里把它清空。到了 18 世纪中期，伯纳德·德·伯里德尔（Bernard de Belidor）在他的《水利建筑》中画出了带有脚踏磨和这样一个长柄铲斗的疏浚船，但是它是来源于中国还是欧洲自己的创造就不得而知了。

235 **加固和维修**

结构中中间连接的需要——这一需要最终导致了钢筋混合土和预应力混凝土的出现——当然被古代和中世纪的中国工程师感觉到了，并且我们已经见到了他们方法的范例，例如在长城和钱塘江海塘中。

毫无例外的，在中国用

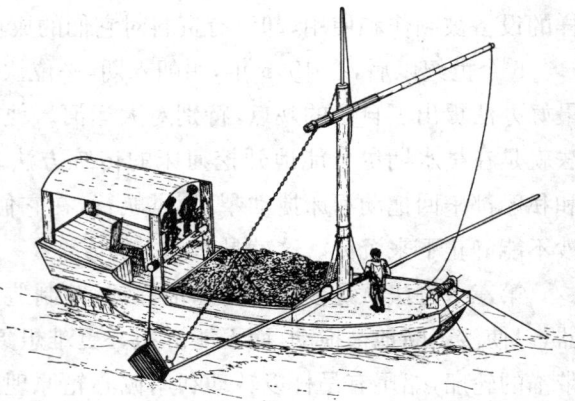

图 485 中国传统的疏浚设备

到的最重要的连接材料是竹子，因为它有出色的抗拉强度。由于竹子可以无限量地使用，所以最早的技术可能就在篮子和箕斗里，用它们可以把石头和土运到现场。

然后随着时间的流逝，加长的篾筐——填有石头的香肠形透明竹篾编织物——得到了发展。这一发明（图486）的优点在与灌县工程（见202页）联系后得到了强化；篾筐相对较轻，允许用于冲积下层土而不需要很深的基础，并且它们多孔的特性使它们有非常好的吸收震动的功能，所

图486　四川成都附近的篾筐围堰（填有石头的竹编的圆柱能建成任何想要的形状；像这种结构，连续层上覆有竹垫。李约瑟摄于1943年）

以，突然产生的压力不会对防护造成损坏，加长的木板筐也同样得到了应用。

有趣的是发现同样的装置也用于欧洲，至少从14世纪开始，尤其是用在荷兰的海堰建设。那里，成捆的压缩海藻，或一个压缩成一堆的海藻屏栅，或甚至成捆的固定的根部指向海藻的芦苇，这些都被用于荷兰黏土开拓地的建设。这种吸震物没有竹篮工程耐腐蚀，每5年要更新一次。

除了篾筐，由大捆的高粱秆组成并用竹绳扎牢的柴捆也被设计使用了。

当泥沙沉降很严重时，这些设施很方便，因为固体物质会很快沉积在过滤水的沟缝里，并且整个结构迟早会变得很密实。这种矮木丛填料是宋代的发明，并且从大约1775年清朝的《修防琐志》一书中摘录的图487是一幅中国风格的绘画，画中他们在捆扎材料。一个多世纪以后，旅行家伊斯特尔（M. Esterer）于1904年到过黄河一处堤坝缺口合龙的现场。这个堤坝底宽9米，顶宽3.3米，其高度10米。这个要填的缺口底宽11米，顶宽超过16米，水从这里倾泻而出。这里用到了竹篾和柴捆，它们是由20 000个劳力拿30米长的绳子捆扎而成的；图488给出了一个相似的巨大的柴捆，这个例子中大约6米×15米，要堵住一个裂口，也是在黄河，但时间是1935年。

在中国的文字资料里有关堵裂口的图解描绘。其中一个成功的例子被记载在沈括写的《梦溪笔谈》一书中，讲的是宋代时（1086年）合龙位于北部首

237

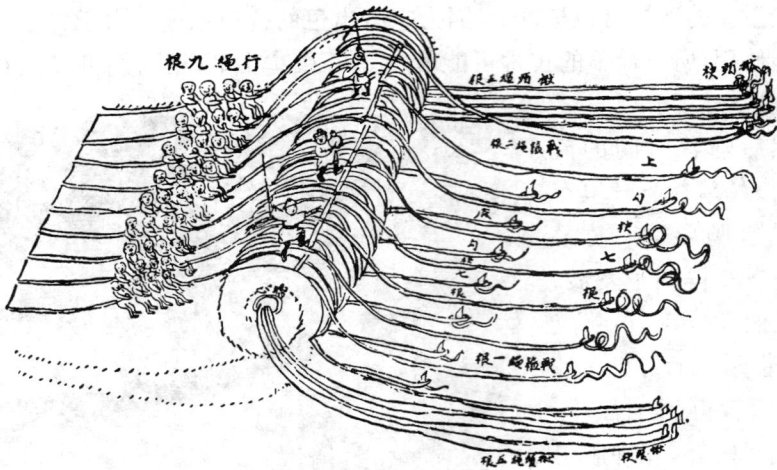

图 487 人工使一个巨大的柴捆就位(行绳 9 根及其拖拉者在左边,这一边面向水。5 根尾头绳通过柴捆的中间,而且被慢慢地释放,类似刹车的作用。7 根上钩绳和 7 根底钩绳从柴捆能滚动的安全笼里引出;他们有时不得不反复移动)

府商胡附近的黄河龙门口的实例,用大约 91 米长的柴捆做成堵水材料:

> 有水工高超者,献议以谓:"埽身太长,人力不能压。埽不至水底,故河流不断,而绳缆多绝。今当以六十步为三节,每节埽长二十步,中间以索连属之。先下第一节,待其至底,方压第二、第三。"旧工争之,以为不可,云:"二十步埽不能断漏,徒用三节,所费当倍,而绝不塞。"超谓之曰:"第一埽水信未断,然势必杀半压第二埽,止用半力,水纵未断,不过小漏耳。第三节乃平地施工,足以尽人力。处置三节既定,即上两节自为浊泥所淤,不烦人功。"申锡主前议,不听超说。是时贾魏公帅北门,独以超之言为然,阴遣数千人于下流收滤流埽。既定而埽果流,而河决愈甚,申锡坐谪。率用超计,商胡方定。

239   这段话使我们能够更深入地了解在那些关心治水工程的人们中间发生的、持续了许多世纪的有关争论。给郭申锡建议的人可能不是一个实际参加工程的人,但高超显然是具有经验的,因为当时的中国群众中正掀起着一场发明与技术革新的高潮。

从公元前 20 世纪以后,治理黄河的工程师们取得了很大的成功,而且创造性地发明了堤坝合龙的巧妙方法。箕筐和柴捆由船运输,必要的话船中装满了石头和沙子,还建造了移动的刮沙船(如前述)。目前,就他们的技艺能

图 488　在黄河靠近辽城和东阿的地方人们正将一大垛高粱秆置入堤坝的缺口之中［所用的绳索和销栓就像在图 487 中描画的，使这一大捆高粱秆就位后，在上面覆土 30 厘米左右，这样，高粱秆垛可以牢固地填入堤坝底部的淤泥和沙石中。托德（E. Todd）摄于 1935 年］

进行多长的河流疏导工程还不确定，但是有人估计他们这方面的经验一定相当可观。例如，在 1015 年，一项赦令规定在一定的地区内汴渠水深不得小于 2.3 米，但是，马远方时任工程副指挥，主张只要保证平均宽度达到 15 米，深度 1.5 米就足够了。沿着纤道他设计了凸起、梳流坝和丁坝等等，所有的设计都是为了避免水流的冲刷力侵蚀凹陷的一边的堤岸而掏刷凸起的一边。结果，堤岸得到安全，同时船运的航道也发展了。所有的这些在明、清时期形成了确定的标准惯例。 240

泄水闸、船闸、双下水滑道

当河水被一些永久的堰分流，水流被导向这些永久性的堰之间的渠，水势被减弱了，甚至是大规模的减弱。但是在交通方面又要求这些障碍可以随意地移动，这样，船闸出现了。泄水闸是为了灌溉和控制洪水设计的，当考虑到交通的用途时，就是船闸。这两者的不同只在于，船闸的设计可以让船只通过。

船闸的发明经历了很多阶段，起先，大量地采用沿河流或运河设置堰闸式闸门（见 176 页）。然后，为适应驳船和一般船对水位升高或降低的不同需要，出现了塘坝，这是大大节省时间的安排方式，因为船只不再需要等待完成水位调节后再通过。最后,对塘闸进行了许多改进,比如,构筑一种斜面结构,关闭时可以用来抵御最大的洪水;又如,接地的泄流槽(在石砌的船闸中通航时进水或者排水都不需要移动闸门本身,甚至不用移动闸门上的小闸门),以及船闸旁池(在船闸两侧的每次操作中都能储藏一半水的贮水池)等。

　　虽然在《史记》之中没有记载闸门,但是它们的确在《汉书》中出现。事实上,大约在公元前36年,邵新城在他的钱陆封地用大量的泄水闸将钱陆水库和南阳附近的水渠连接起来(见197页)。而在贾让公元前6年做的一篇奏章中显示这次泄水闸的使用已经不是新的创意了。贾让为我们提供了一份治理黄河的备忘录,在这份备忘录中他提到了汴渠,在那里他预设了很多大大小小的泄水闸,这些泄水闸设置在石头墩之间。这种技术已经不是新的创意了,而是对原来的木材和泥土结构的一种改进,以使其更坚固耐用(见197页)。事实上,在公元前1世纪到公元2世纪于汴渠的入口处就已经设置了一些水闸,并且很可能沿河很多的地方均有设置,而且,更早在公元前3世纪史禄就很可能在灵渠的项目中建议使用泄水闸了。

241　　所有这些清楚地表明至少在公元前1世纪在汴渠上就设有堰闸了,在公元1世纪王经又重建了它们,七个世纪后唐朝的水利部门的法令中包括了很多的有关泄水闸和堰闸的条款。

　　这些发生在737年,而在欧洲,到16至17世纪小水堰还伴随着可以让船只上下通航的密封闸或堰闸,这种堰闸为了使驳船能驶过下游的低水位,必须打开闸门泄水,而打开了闸门后为了使下游的驳船行驶到上游,又必须等两个小时以便"减小落差"。此后,在中国文学中还有大量涉及堰闸的诗歌,如大约1200年时的诗人张自在灵隐寺附近的运河边写下的一首诗中就提到了堰闸。

242

图489　1793年的大运河上的堰闸[马卡尼(Macartney)大使馆斯坦顿(Staundon)画于1797年]

17世纪,外国的旅行者开始注意到中国的大运河和其他的水路上的堰闸的使用。他们发现船只被人工的绞盘和纤索拖着逆着流速达到九到十节的水流拖向上游,而反方向行驶的船只更是速度如飞。图489中显示了这个景象,上面带有不列颠的首位到北京的使节马卡尼(Macartney)的说明。

毫无疑问,中国历史上最有代表性的泄水船闸就是叠梁闸门。图 490 所示是一个小型的示例,图 491 所示是一个大一些的用于运河或者运河开凿的堰闸例子。在水路两岸的木头或石头表面各开出一个垂直的槽,中间放入一排排的圆木或者木材捆,按照设计这些圆木或者木材捆的两端被绳索捆住,可以被拉出来和放回去。木制的或者石碓的绞车和滑轮就像起重机一样,用来移动闸门板材。有时这一系统可以将所有的木材捆固定在一起,形成一个连续的表面,而靠绳索末端的配件拉动整个闸门上下(图 489)。1725 年的《行

243

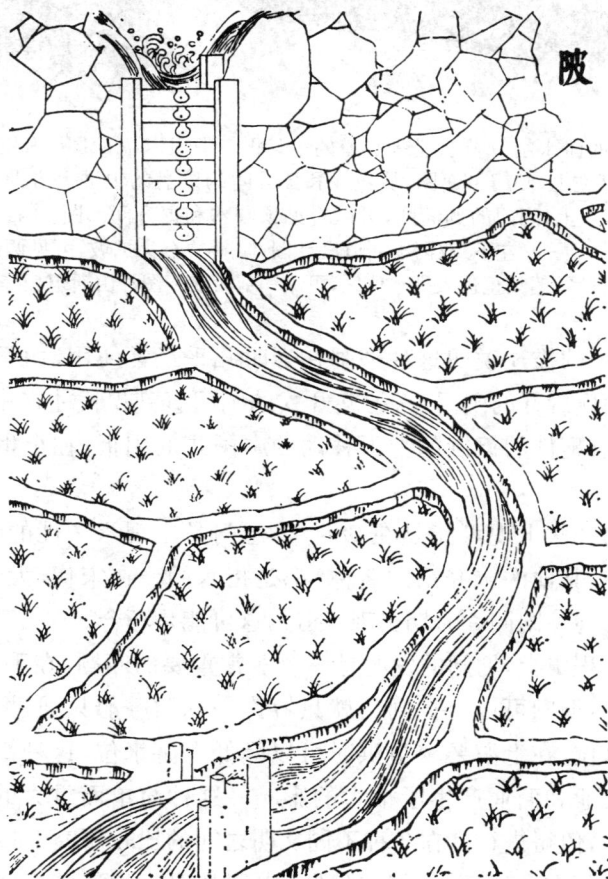

图 490　叠梁闸门(堤坝上的小型的叠梁闸构成了一个小型灌溉系统,因此图右上角冠以标题陂。在中国文学中水闸的最简单的名称只是水门。随着时间的推移,出现了其他名称,比如:斗门,然而这些名称自 14 世纪后就不再使用了。我们发现水闸总称闸,而用板材等构筑的叠梁闸称为板闸)

244

图 491　中国的泄水闸以及双泄水滑道的设计图、剖面图、立面图[马卡尼大使馆藏，1793 年。图 1(左上)闸门平面图，从板垛和提升间的绞盘的辊轴上方向下看，过桥正被吊起。图 2(中上)闸门的剖面图，可以看见顶圆木和提升间。图 3(右上)横向侧面图，过桥已就位。图 4(左下)双泻水划道设计图，倾斜的石头护坡，可见两部绞盘。图 5(右下)轴向俯视图，船只正进入高水位区，可见一部绞盘。图片由斯坦顿提供，1797 年]

水金鉴》一书中的描述说明这种槽闸在当时几乎经常使用，而不是那种欧洲人熟悉的向两侧旋开的闸门，这种旋开式的闸门直到现代才在中国出现。然而，今天这类有配件的钢制的上下移动的中国式的闸板，在全世界得到普遍应用。

246　　　　悬门的第一次出现可能是在 984 年，悬门是出现永久性的绞盘的标志。所有这些(包括其他的未介绍的名称)都是指水闸。在宋代，大约 11 世纪早期，出现了牐，与塘闸同一时期出现，不过，这可能是巧合。

　　在市政工程史上，塘闸的发明是一个非常重要的问题，在手工艺、手工工具为主的时代，塘闸可以合拢闸门就只容许一到两艘船只通过，很短时间内就可以改变水位，在上游要求泄洪时可以降低上游水位，这种简单方便的设备对欧洲的工业和商业产生了很大的影响。这种简单而重大的发明大大加强了水路运输，值得进行其在各种不同文明之间的比较研究。17 世纪以前的外国旅行者航行在大运河上时只谈到了水闸和泄水滑道的事实似乎足以证明塘闸在中国并没有得到发展。但是这种假设会导出在中国文化中一项发明产生后无论是否有用都必须得到应用下去的错误结论。事实上，塘闸很可能起源于中国，后来因为条件的改变，不再需要了，所以后来应用很少。李约瑟博士相信他可以证明这些。

中国最早的有关塘闸的记载可以追溯到宋代之初，983 年乔维岳时任淮南转运副使，当时他在集中考虑长江和淮阴之间的大运河山阳运道段的北端的船运问题，有意思的是，他的这项发明可能来自他对运粮船通过双泄水滑道时容易损坏而使粮食丢失的问题的愤怒。据《宋史》记载，984 年：

> 乔维岳又建安北至淮澨，总五堰，运舟所至，十经上下，其重载者皆卸粮而过，舟时坏失粮，纲卒缘此为奸，潜有侵盗。维岳始命创二斗门于西河第三堰，二门相距逾五十步，覆以厦屋，设县门积水，俟潮平乃泄之。建横桥岸上，筑土累石，以牢其址。自是弊尽革，而轻舟往来无滞矣。

图 492　北京附近的高碑店的清风闸（可见砌石表面的用于放置闸板的槽。照片由王璧文提供，1935 年）

这就是世界历史上第一个塘闸。其大小足以使许多船同时通过。这一定在某种程度上与维特罗（Vittorio Zonca）所绘的将帕多瓦与布兰塔河连接起来的运河的闸室的插图内容很相似。

图 493　清风闸的石雕起重机的一只起重臂（用来提升或放低闸门。背景中的运河已经几乎干涸了。照片由王璧文提供，1935 年）

与一些曾经盛行一时的说法相反，乔维岳的首创引发了一场对新技术的兴趣热潮。我们可以从一位见闻广博的科学家——沈括晚年完成的《梦溪笔谈》中了解到。其中提到，塘闸使船运的吨位由 21 吨提高到了 28.5 吨，最大达到 50 吨。他还提到，胡素的 1027 年的一份记载中间说镇州的工程可能是

245

247

245

1025 年就完工了。

另一项证据显示得同样清楚甚至更详细，是日本的僧人圆仁写的，他在 1072 年 8 月游历了汴州北部的大运河，通过他的描述我们知道有两种三门闸，门与门之间设置得非常近，使圆仁的三桅帆船只能独自或和很少的其他船只一起通过。他在其后的一个月的日记中记录了三个较一般的塘闸。

圆仁还清楚地描写了一个在开挖的运河的塘闸工程。在这以后的三到四个世纪中的中国的文献中还可以找到有关塘闸的陈述，但是不如圆仁甚至沈括描写得详细。

我们上面所描写的事实说明，很明显欧洲人不能取代中国人在发明塘闸方面的先驱地位。然而，泄水闸却很可能在公元前一千年中起源于肥沃的美索不达米亚新月形地区，虽然还没有确证，但是没有什么理由不相信在公元前 690 年塞纳查瑞伯（Sennacherib）为尼尼微建立的令人佩服的饮用水系统工程中确实存在泄水闸，然而，在更久远的公元前二千年，却有确切的证据：至今依然存在于西顿的腓尼基人港口工程遗迹中有被刻槽的岩石遗存（现仅存一块），显示出先民们是用它来作为泄水闸用的。就埃及来说，从公元前 610 年到公元前 595 年间开工到公元前 280 年才完工的连接尼罗河与红海的运河也可能存在泄洪闸。

此后，西方国家就没有关于泄水道或水闸的记载了，直到 11 世纪荷兰的档案中才出现有关信息。自然，防潮闸和水闸出现最早，如 1065 年荷兰的防洪闸，1116 年在佛兰德斯的斯卡伯（Scarpe）河的防洪闸，虽然，人们修建这些工程可能想用来帮助发展航海，就像意大利在 1198 年于曼图亚附近的曼曳河上修建的水闸一样，但是不能确定它们起到了作用。防潮闸和泄流闸因为可以使船只在运河或者受潮汐影响的河流中通航，所以在低地国家较早地发展起来。例如：1168 年在布鲁日附近的达美，1285 年后不久的塞得寨，还有非常有名的 1184 年的在纽波得的迈格纳斯路撒。一般说来，在 13 世纪的欧洲，泄流闸在河流中的应用是很普遍的。

下面，我们来精确一些地调查一下塘闸的发展。

最早出现塘闸的地方是有水位变化问题的地方，比如受潮汐影响的北海河口地区。确切的最早的出现时间是 1373 年，在荷兰的瑞斯维加一条从乌得勒支流过来的运河注入勒克（Lek）河的地方修建了一座塘闸。可能在 1315 年在斯巴达（Spaarndam）的相似流域也建了一座塘闸，但是确切的记载是在 1375 年。这些地方都有很大的船坞，可以容纳 20 到 30 艘船。小船坞是塘闸的原型，欧洲最早的小船坞在布鲁日附近的达美，在那里重建了长 30 米的防潮闸。

就在同一时代,欧洲首次成功地尝试解决了地面海拔高度的变化问题,就是说建设真正的越岭运河。而这也是发生在北欧低地国家。1398 年完工的斯台克乃兹运河通过设置了两座相当大的塘闸从而跨越了落差 17 米左右的整个分水岭。直到这以后才迎来了意大利的市政建设的高潮。伯拉特·得·纳瓦特（Bertola da Novate）就是当时一位伟大的塘闸建筑者,在1452—1459 年之间,他在米兰运河系统工程中的一部分内修建了 23 座塘闸。他建议闸门应该水平移动而不是垂直移动,这项建议后来被列奥纳多·达·芬奇采纳,发明了斜面闸,并在 1497 年前建造了很多示范工程。达·芬奇也采用了导页闸门,就像中国的导向板（见简本第三卷第 233 页）一样可以在一定程度上使水量保持平衡。也是达·芬奇在 1497—1503 年间建议设置一系列的闸门以便使船只能通过越岭运河翻过分水岭。

由此,认为后文艺复兴时期的旅行家们在航行于中国的大运河上时只看到水闸和双滑道的看法是荒谬的。原因在第 247 页引用沈括的文章时好像提过,他在讨论使用汴水运粮的粮税船的吨位时,提到当使用塘闸代替水闸和双滑道后,船只的吨位是如何得到快速的增长的。事实上,塘闸的出现是为了解决运河上的船只的满负荷运输的困难,当这种外界的刺激减弱后,他们就不会再去重建这些塘闸了。

这就是所发生的事情,在 13 世纪末,元朝定都北京,一开始运河系统不足以承受北行的船只的重负,事实上,整个元朝时期运河运力都很不足,所以,一大部分船改走海路（见 222 页）。每年,海路运输的数额经常等于内陆的运输量,很多时候甚至超过内陆运输量。在 1450 年后,明朝的法令削弱了南宋和元朝致力建立起来的海路运输能力,但是,这是因为,在此之前的三个世纪中像南宋那样的惊人巨大的运河运输量不再有了。

结果,大量的小型货船被实际应用,当这种方式形成传统后,那些塘闸就被一个接一个地弃置了,不再重建。 250

尽管中国的塘闸没落了,但是中国的水利技术对欧洲有什么样的影响呢？只是建立年代的测定？可以想象,12 世纪的荷兰人和意大利人通过十字军的闲谈了解到中国 1 世纪的王经和李渤的水闸和数不清的其他水闸,可这些设施很自然很简单,他们自己也可以发明的。但是,也许塘闸就是另外一回事了。

在西方 14 世纪塘闸和越岭运河的出现,恰恰在"蒙古统治下的和平"允许马可·波罗式的自由通商和交流之后,这大概不只是巧合。而且,在蒙古征服伊朗和伊拉克之后,中国人是第一批移民,一位中国将军郭侃就是在 1258 年巴格达被征服后的第一位执政官。因为蒙古人的摧毁灌溉设施和一切水利工程的习惯,使他们惹怒了比他们更农业化的敌人。于是他们转而让更有技巧的中国伙伴—结束军管就进行对当地人的执政。

在相当早的时期,人们就一定认识到,如果使滑道按一定的缓坡倾斜的话,就可以将船从低水位拖至高水位,同时还可以避免对水的浪费。这样在滑道上铺石砌护坦就可以将船拖向上游,而在中国,大多是用绞盘把船从一个水位放到另一个水位。用祖先留下来的原始的方法就可以避免在急流中行船,这无疑是惊人的事。在中文中双滑道的最简单的称谓是"埭",但是这个字也用来表示水坝或者堤坝,所以翻译时会有些困难。然而,384 年有哲学家思想的晋朝将军谢玄在汧渠上靠近今天的童山附近的地方修建了 7 座埭,以便"促进交通",所以这一定是指双滑道。在欧洲的旅行者开始写下他们的中国之行的故事时,这种滑道仍然被广泛使用。1696 年,拉考特写下了美妙的描述:

> 在中国,我曾观察了一些地方,在那里两条河或渠没有连在一起;尽管那样他们仍然可以让船从一条河通向另一条河,虽然其水位差可能超过 15 英尺(4.5 米);并且他们是用这种方法工作的:在河段的末端,他们修建了一个双斜坡,或石灰石斜岸,它们连接于一点并在两边延伸至水面。如果驳船在较低的河段,那么它就会在几个绞盘的帮助下被上拉到第一个斜坡的面上,直到上升到两斜面相交之处,然后沿着第二个斜面凭借自重下落,直到水位较高的河道;并且他们使其以相同的方式成比例地滑行。我不能想象,当这些通常是很长又负有很重的载荷的驳船以锐角悬在空中的时候,是如何避免裂为两半的;因为,考虑到它的长度,抬杆一定会对其产生奇特的作用力;然而我从未听说过在那里有任何事故发生。

251 **比较和结论**

前面诸篇的比照广泛地介绍了中国水利工程方面的成就,以及与其他时代其他地方,美索不达米亚或埃及,希腊和罗马,文艺复兴时代等等,以及本书无法述及的地方和时代的成就之间的关系。但是,一些学者的研究显示,就可能的技术方法来说,只有巴比伦和古埃及的运河系统,以及后来的印度和斯里兰卡的运河系统可以同中国的成就相媲美。

灌溉系统和运河在四季不断和防洪方面有所不同。前者一年四季向田野里抽水，而后者只在洪水季节是满水的。而这一点在古代美索不达米亚和古代埃及又有不同。前者底格里斯河和幼发拉底河流域的平原一年四季有水，但是在埃及有一大片由泥沙淤积形成的滞留盆地，而且一年中只有 45 天满水（现今依然）。这是因为尼罗河——最有绅士风度的河，在涨水和枯水前都会发出明显的信息，没有突然的变化，而且每年携带足够的泥沙肥沃土壤，又不足以淤塞河床。它也没有盐害，因为流经那些可以作为取之不尽的建筑石材的砂岩和石灰岩山脉。底格里斯河和幼发拉底河拥有少数这些优点，但是黄河几乎一件也没有。

大胆地讲，如果东南亚的伟大文明中的水利工程方面能够在某种程度上结合埃及和巴比伦的部分成就，将会创造出更有可塑性的系统。

在印度治水工程的命运远不如在中国那么令人欣慰，一方面是因为缺少政策上、语言上的连续集中和统一，另一方面是因为国家被外族入侵造成反复的中断所引起的。但是毫无疑问，在印度运河的修建是在非常古老的年代，公元前 15 世纪的水道的修建可能就已经不是第一个水利工程了。但是像埃及和巴比伦那样达到最完整和巧妙的事在印度却没有发生。

同样的事情也发生在斯里兰卡的两种文明——僧伽罗（Sinhalese）和泰米尔（Tamil）中，特别是前者。这是因为这个岛的气候和地理环境的原因。中央的罗哈努（Ruhunu）山脉和玛雅·罗塔（Maya Ratta）山脉几乎被干燥的丛林从三面包围，只有西南季风和东北季风分别带来季节性的降水。但是山脉本身和构成岛的西南角的平原得到大量的降水，有时甚至是终年降水。正是由于这个原因，需要美索不达米亚和埃及的技术。

当时的情况可能是农民们利用农闲时间在他们的土地或梯田附近挖出很多池塘，用来收集径流水。然后，一般是在大河的上游支流由数不清的小水坝组成了一系列水库用来储蓄一年一度的洪水，并且可以通过沿着山谷的运河合理地泄流较多的洪水。随着时间的推移，修建了较大的水库，而那些小水库或者淹没或者让位给大水库了。接下来的变化是革命性的，建设了一座比主河道高得多的堰，形成了很大范围的支流运河的渠首工程。这样就可以引常年降雨汇入季风带来的降雨通过运河储存在大水库中。这种运河或者其他的像这种运河的河流通常要穿越一道或者几道分水岭。通常只有一侧有堤坝，或者分流到一些小的湖泊，然而有的地方双侧的堤坝是必要的。小的支流和沟壑用有翼墙的溢流坝拦起来，就能抵御最大的洪水，但是为了使干旱季节时运河也能提供水，有时要把合适的支流改成四季河。这样也节

252

省了单纯开挖分流运河的人力。另外,支流运河对平原的影响范围可以达到几公里远。所有的这些工程都有遗存,有的还在发挥作用。

僧伽罗的水利工程并非与僧伽罗的佛教同时诞生,却也非常接近。印度孔雀王朝的最后一位皇帝阿育王(Asoka),他有一个弟弟名叫马申都(Mahinda),是一位使徒。在公元前 250 年,他接受了一项建造水利工程的任务,与秦国、郑国、灌县的灌溉系统,以及灵渠都在同一时代。

253　斯里兰卡的大多数其他水利工程在其后的 1 000 年里修建,而在 12 世纪后很少修建了。

僧伽罗的工程师们还建设了干渠,但是这些干渠并不是直接注入蓄水池的,而是沿河修建侧道,沿着这些侧道提供灌溉用水。1 世纪以前他们就明白利用斜堰可以防止能冲走砖石的水击力。而且他们将水库的堤坝内侧砌筑成波浪形的铺面(石质的铺面可以防止水波侵蚀)。可是在 2 世纪,也许是公元前 2 世纪,他们发明了一项更令人震惊的东西——适合水库的入口河浮阀塔。这种设备可以使水溢出蓄水池,沿着堤坝的底部的一对滑道或管道流出来。这样就可以提供没有泥沙和浮渣的清水,而且,通过减小压力使水的溢出得到控制。

这是古代和中世纪南亚水利工程的顶峰。当我们转向东亚方面,以及回顾中国所产生的成就,他们的注意的重点是如此明显的不同实在令人吃惊。虽然灌溉是重要的但是不再是第一位的了,同时还必须重视持续不断的河流治理和对内陆地区的供水问题。

依然还有两个问题存在着。如果有人问最早的水利工程在哪里,那么他应该首先看一看西周(公元前 1030—公元前 722 年)时期的长江下游和黄河下游这片广阔的地区。到了秦时代(公元前 221—公元前 207 年)还要看一看西北(关中渭河流域)和西部(四川)地区。到秦代(公元前 3 世纪)全中国,也许不包括福建和云南,都在进行水利建设。如果有人问最早的水利工程是什么,最早应该是修建一些水坝和小水库拦洪蓄水,然后很快是河流治理用的防洪堤,之后不久就开始在全国兴建航行用的大运河,也许还有在河流上开支流形成的灌溉系统。所以,很明显虽然受到地理因素和政治因素的影响,但是中国的水利成就是原发的久远的,是"非凡的设计,利用水的标志"。

最后,如果有人要问,为什么中国的情况适合于一年——长年概念框架,这个问题不是很容易回答。在中国到处都没有两个与我们在斯里兰卡发现的有高度可比性的地区。主要由于季风的特点,全中国的河流有明显的涨254　落,例如,在长江的重庆段就有 30 米的偏离。因此,从这个意义上说他们是一年性的，但是长年的意义在于低水位本身是很可怕的；西藏的雪山融水也是那样。在大峡谷，当每年的洪水高峰过去的时候，总是有分水用于灌溉的趋势，尽管这是工程师们所反对的，他们想让强大的水流来冲刷河床。至于中国最有意义的水利系统——灌县工程（见 202 页），则是两种情况都兼顾到了。它不是纯粹依靠洪水；在内江总是有着一个较小的流量，即使在旱季（除了封闭河道以清理河床的时候）。然而，也没有严格的长年概念，因为旱季与洪水季节的差异是如此的大。一句话，所有可能的变化都能在中国发现，并且或许就是这个原因导致了闸门和板闸如此早的发明及其广泛的应用。

事实上，关于中国水利工程的故事绝不亚于一部史诗。可以说气候和土壤特征支配了它们，可以说中国社会不可避免采取的形式使其成为必然，并孕育了它们，但如果没有无数男女更多出于自愿的辛勤的劳动它们就不可能得以实现，如果没有历代可与其他任何人相比的土木工程师们的奉献、技能和聪明才智，也不能得以实现。司马迁在约 2 000 年前的《史记》中写道：

> 余南登庐山，观禹疏九江，遂至于会稽太湟，上姑苏，望五湖；东窥洛汭、大邳、迎河，行淮、泗、济、漯、洛渠；西瞻蜀之岷山及离碓；北自龙门至于朔方。曰：甚哉，水之为利害也！余从负薪塞宣房，悲《瓠子》之诗而作《河渠书》。

255

第六章　水利工程(Ⅱ)——水利提升机械和利用水力作动力源

在古代,尤其是对那些以灌溉业和农业为生的地区来说,水利提升机构具有举足轻重的地位。所以我们将首先介绍水利提升机构,然后介绍各种利用水力作为动力源的机械,最后介绍那些通过机构的转动对水产生力的作用而前进的船只。

第一节　水利提升机构

对于各种各样的水利提升机构,我们将按以下的顺序进行介绍:(a)运用杠杆平衡原理的提升机构——桔槔,(b)井水的提升机构——辘轳,(c)扬水轮——刮车,(d)方形棘爪链泵——翻车,(e)垂直罐式链泵——高转筒车,以及(f)外围或边缘装有罐的转轮——戽水车。虽然以上所举的例子并未涵盖所有已知的或用过的中国古代和中世纪水利提升机械,它们也不是一直在被使用,但它们已满足了中国古代人民的需要。至于其他类型的水利提升机械,我们将在后面的文章中顺带提及。

运用杠杆平衡原理的舀水吊桶——桔槔

运用杠杆平衡原理的舀水吊桶是最古老最简单的水利提升机械,它减轻了人们汲水、搬运、清空水桶时的劳力。它也常常被称为桔槔,或井摇杆,而阿拉伯人则称之为沙杜夫(shaduf)。早在古巴比伦和古埃及时代人们就开始使用桔槔，一直到现在人们还在使用，但仅限于那些没有旋转运动的场合，且仅利用其中的杠杆部分。桔槔是这样一个机构：一根很长的杆悬挂或支撑在桔槔的中心或中心的周围，如同一根平衡梁一样。杆的一端放置了类似石头的秤锤，而另一端则是与绳子或竹子相连的水桶。在古代，这样的机械得以广泛使用。根据我们已有的资料显示，中国人关于桔槔的记载最早可追述到 2 世纪的响堂山和武梁祠的墓碑浮雕。此浮雕常常被翻印（参见图 494）。

256

图 494　运用杠杆力平衡原理的水桶提升机构——桔槔[用于从井中提水。出自 125 年响堂山墓碑浮雕。图中还描绘了一个杀猪铺和一个厨房。照片来源：查文尼斯(Chavannes)，1893 年]

257

258

图 495　桔槔(或被称为井摇杆。在图的左侧，靠近树的地方我们可以看见秤锤。该图出自 1637 年的《天工开物》)

千佛洞石窟寺的墙壁、写于 1210 年的"耕织图"和其他一些书籍上都有关于桔槔的介绍(参见图 495)。但中国关于桔槔的最早描述是公元前 4 世纪一本饶有趣味的名为《庄子》的书，书中记载了孔子的学生子贡向一个农民介绍如何使用桔槔但遭到农夫拒绝的故事：

> 子贡南游于楚，反于晋，过汉阴，见一丈人，方将为圃畦，凿隧而入井，抱瓮而出灌。搰搰然用力甚多而见功寡。子贡曰："有械于此，一日浸百畦，用力甚寡而见功多，夫子不欲乎？"为圃者仰而视之，曰："奈何？"曰："凿木为机，后重前轻，挈水若抽，数如泆汤，其名为槔。"为圃者忿然作色而笑曰："吾闻之吾师：有机械者必有机事，有机事者必有机心。机心存于胸中则纯白不备，纯白不备则神生不定，神生不定者，道之所不载也。吾非不知，羞而不为也。"

这个故事足以证明早在公元前 500 年，中国人就有桔槔了。而古巴比伦和古埃及的书中描述了一种串联式的桔槔，它是将几个桔槔连接在一起，共同完成提水的工作。在阿拉伯的手稿中也有关于串联式桔槔的描述，甚至直到现在还有人在某些地区拍到了串联式的桔槔。有一种改进型的桔槔，这种桔槔的舀水桶有斜槽，且被加长，可直接将水引到沟渠内，斜槽通常是用挖空的棕榈树干制成的，该斜槽同时还与位于其上的秤锤并行连接着。这样水桶可利用其自身的重力，在其上升过程中，自动地将水倒入接水沟槽内。这种改进型的桔槔被称为孟加拉"担"(Benggalidun)。印度的桔槔也是由水桶、引水槽和秤锤等组成的。但其秤锤是"活动"的，即由人在悬挂秤锤的梁上来回走动,或者是通过手动操作绳索或其他传动装置来代替固定的秤锤。

人们常常认为是穆斯林发明了活动式的桔槔,因为此类桔槔经常出现在阿拉伯人的书籍中,最著名的是 1206 年的加扎里(al-Jazari)写的一本书。

但从活动式桔槔在印度广泛高效的使用情况来看,我们有理由相信它起源于印度。更重要的是,各种形式的桔槔是在南亚地区和中国被发现的,而在其以北地区则几乎没有使用桔槔的迹象。至于桔槔在中世纪伊斯兰地区的使用情况,我们就不得而知了。但有一点是可以肯定的,直到 16 世纪欧洲的工程技术人员才对带有斜槽的桔槔发生兴趣,并且直到那时,它才被耶稣会的传教士介绍到中国。而在此之前,中国人或许从未看到过此类桔槔。

259

桔槔给人的第一印象并不是件简单而不成熟的机械,恰恰相反,它对后面的水利机械产生了很大的影响,日后水轮的发明,人们正是用水的平衡力来代替桔槔中秤锤的移动。

260

井辘轳

旋转运动的产生是从滑轮和鼓轮在井边出现开始的。起初,绳子的作用仅仅只是用来与水桶相连并拉动水桶,起到力平衡的作用;而鼓轮的转动是通过旋转曲柄来实现的。出土的汉朝陪葬物上描绘了辘轳的早期形式(参见图 496);由图可见,在一根横梁下面的顶部,有一个与轴承相连的滑轮,它的表面刻有龙的图案。图 497 关于鼓轮和曲柄机构的图画出自 17 世纪的《天工开物》,图中描绘了一个十分有趣,但有些简陋的辘轳,但它起到的实际作用并不像它的外形那样糟糕。因为它与霍梅尔(Hommel)拍摄到的一张关于井辘轳的照片有如此多的相似之处:它们的鼓轮都与两根绳子相连,这样的缠绕使得当装满水的水桶升起的时候,秤锤或空的水桶可以同时下降到井的底部,这使得机械效率大大提高,或许正是因为这个原因,人们常称之为"中国辘轳"。

图 496 汉朝的陶瓷罐[其上绘有带有滑轮和水桶的井口装置。劳弗(Laufer)摄于 1909 年]

261

图 497　带有曲柄的井辘轳（图片的左侧描绘的是被灌溉的土地示意图。该图出自 1637 年的《天工开物》）

当然,不止是霍梅尔一人发现了"中国辘轳"（关于"中国辘轳"的描述可以参考第四卷的第 59—61 页）。

《淮南子》一书中已有大量介绍井辘轳的文章,足以证明在中国汉朝时期井辘轳的使用已相当普遍了。《淮南子》中还建议不要在井的周围种植梓属植物,因为梓属植物庞大且圆形的根系和树干会阻碍绳子和滑轮的运动。或许也是因为当时从盐水井中提升长竹桶是由牲畜拖动大型绞盘来实现的,而梓属植物却妨碍了牲畜的移动。有一点可以肯定的是,在汉朝许多著作中都有滑轮被安装在挖盐井口铁架塔上的记载。

扬水轮——刮车

我们下面要介绍的简单提升机械是刮车,用手来操作的扬水轮,它可将水抽取到水槽或沟渠中。图 498 是刮车的图例,出自 1742 年的《授时通考》。

263　　　1313 年一本关于农业的论著《农书》中称其为刮车。它只适用于小规模的水力提升。刮车的结构是十分的简单,甚至可以说是简陋,但我们却不能肯定它是在水轮和桨轮之前出现的。它的工作方式与桨轮相似,都不是让水产生运动,而是将运动作用到水上。而在日本,被普遍使用的是那种需要靠踩踏轮的边缘而运动的扬水轮。据说这种扬水轮是由两个大阪的市民发明的,时间大约在 1661—1662 年之间。但李约瑟教授从未在中国古代书籍中发现任何关于此类扬水轮的记载,尽管脚踏式的扬水轮至今还在中国东部地区被广泛地使用着。17 世纪末和 18 世纪这种脚踏式的扬水轮开始在朝鲜流行起来。16 世纪前,在荷兰和英国的沼泽地区,与扬水轮有同样原理的汲水机械也被广泛地使用着,它们通常被安装在风车的附近。据李约瑟教授估计,扬水轮车和桨轮的发明时间是中国的汉朝和唐朝,大约在前 206 年到 907 年间。而欧洲、日本和朝鲜的扬水轮和桨轮都是从中国流传过去的。

翻车和念珠式泵

　　下面我们将介绍最具中国特色的水利提升机构——翻车。1943 年人们发现了此种汲水机构——翻车,参见图 499。它是由一头尾相连的链条与一系列的平板或棘轮组成的。当它转过下面的水槽时,可将水从中抽取上来,并释放到上面的田地或灌溉槽中。它有很多的别名,如踏车、龙骨车等。

　　根据水槽的长度,翻车最

262

图 498　刮车(或称为手动桨轮,其可将水抽取到沟渠、水槽等中。此类装置仅适用于小规模的水利提升。该图出自 1742 年的《授时通考》)

高可将水提升到离水槽 5.5 米的高度。提升的极限高度与制造它的木工手艺和由此决定的泄漏量有关。理论上水轮的最佳倾角是 24 度,而在实际应用中,倾角往往较小一些。链条有四种驱动方法:用手驱动;用脚驱动;用牲畜驱动;由水力驱动。当然,最古老的驱动方法是通过人脚的踩动实现的,这是因为上面的链轮齿可通过辐射状的踏板与轴线安装。自 1210 年的《耕织图》开始,所有的有关

264

图 499　典型的中国翻车(可实现从水槽中提水。由两个或更多的人踩踏辐射状的踏板,从而使方形的链条随链轮齿转动。1943 年李约瑟摄于中国四川)

265

图 500 翻车的详细图例（该实物在中国安徽省）

农业的文章中都有关于它的描述。图 500 描绘的是离现在较近的一种水轮，从中我们可以清晰地看到链轮齿、链条、棘爪和踏板等构件。中国关于水轮最详细的描述是《天工开物》（参见图 501）。17 世纪出现了一种小型水轮，它的链轮与一根连杆和一个偏心的突起物或曲柄相连，用手来使之转动（参见图 502）。

如果链条是由畜力来驱动的，那么牲畜被拴在横木、栅栏或齿轮状的驱动轮上。而这些横木、栅栏或齿轮状的驱动轮与

266 链轮轴上的齿轮以直角啮合（参见图 503）。用牲畜驱动水轮最早出现在 965 年的一幅图画上。与用手驱动的，或通过脚踩的，或由牲畜拖动的水轮相比，最后那种用卧式转轮来驱动的水轮很少被人们使用。人们倒是对它的传动机构进行改进，让畜力来驱动（参见图 504），此类水轮图片最早见于 1313 年。

中国古代综合性的书籍很少对某种特殊的机构进行介绍，但翻车是个例外，这是因为水轮在中国水利提升机构中具有如此特殊的地位。公元前 400 年的一篇文章就有翻车的记载，或许从那时开始翻车就出现在中国人的生活中了。

图 501 翻车（该图出自 1637 年的《天工开物》）

《孟子》中讲述了这么一个故事：

> 今夫水，搏而跃之，可使过颡；激而行之，可使在山。是其水之性哉？其势则然也。人之可使为不善，其性亦犹是也。

如果《孟子》的这则故事的确描述了一种水利提升机构的话（尽管人们从来都不这样认为），那描述的肯定是翻车，而不是桔槔或其他什么东西，至少在孟子心中一定是这样认为的。而另一方面，公元前200年写作《淮南子》的刘安似乎对翻车却一无所知。

毫无疑问中国人在2世纪时已经开始使用翻车。而王充的记载也证明了这一点。他的书中是这样描述的："由于洛阳城内的大街上没有水，因此水都是由水工从洛河中提取出来的。就像从蓄水库提水一样，水被源源不断地提取出来。翻车工作起来就是这样的神奇。"

图 502　由曲柄和连杆控制的翻车（该图出自1637年的《天工开物》）

可以完成连绵不断传输水的装置除了翻车外，只有戽水车。但吻合王充所描述的具有一系列链条的装置，恐怕只有最具中国特色的翻车了。这段描述大概发生在80年，大约又过了一个世纪，在《后汉书》一篇关于宦官张让（卒于189年）的个人传记中提到了中国古代伟大的工匠——毕岚时，才有了翻车的正式记载。而它的诞生：

> 张让又使掖庭令毕岚铸铜人四……又铸四钟……又铸天禄、虾蟆，吐水于平门外桥东，转水入宫。又作翻车、渴乌，施于桥西，用洒南北郊路，以省百姓洒道之费。又铸四出文钱……

这件事对汉灵帝（186年）而言，可说是件流芳百世的事情了。以后介绍到戽水车时，我们还将引用这段文字。但这里对链式水轮的描绘是明白无误的。至于这里提到的虹吸管（渴乌），恐怕有些问题。因为没有一种虹吸管可

268

271

图 503　翻车（通过牛拖动轱辘使成直角相交的传动机构转动。该图出自 1637 年的《天工开物》。其驱动轴被称为中柱。图左侧的文字"牛转盘外"说明了牛活动的圆圈的直径比卧式齿轮的直径要大上许多）

以将水提到文章中所指的高度。尼达姆教授认为毕岚建造的虹吸管仅仅是抽水泵，或许就是在水桶的底部装上阀体，这在当时挖盐水井地洞时被广泛地使用。翻车和虹吸管都是在桥的西侧，但桥的东侧可能也有链式水轮，只不过它们被一概归到"虾蟆"之中带过了。下面我们再对这一装置说几句。

毕岚发明的水利提升机构究竟是什么样子，我们以前一直不得而知。直到最近我们发现了大约在 2 世纪末的一套十分先进的城市水利供应系统的记载，以及最近出土的秦朝和汉朝时期的瓷器管道设备，才使我们对其有了全面而深入的了解。同时，从这些城市水利供应系统的记载和出土的管道系统中，我们也了解到大量关于中国城市的信息，

尤其在城市的卫生与医疗方面。可以肯定的是，毕岚是在洛阳建造了所有这一切，以后的 530 年的《洛阳伽蓝记》也证明了洛阳是他的工程所在地。洛阳城的护城河阳渠，是谷水的分支，洛阳城的西面和南面都被其环绕，河上仅有的桥就是建于 37 年的平门外的那座桥，桥东的水利提升设备是专为城内的皇宫服务的，而桥西的水利设备则是用来为城市街道的水管供水。从记载来看，所有的河流都是绕过城北，最后汇入鸿池湖，而南面护城河的流势则有可能是最为缓慢的，这可以用来证明为什么毕岚的设备几乎不能实现连贯的抽水。

另一个对翻车的常见引用是 290 年的《三国志》。其中介绍了著名的工匠马钧。他在魏明帝时期得到朝廷的重用。

　　　　时有扶风马钧，巧思绝世。傅玄序之曰，……居京都，城内有地，可

以为园,患无水以溉之,乃作翻车,令童儿转之,而溉水自覆,更入更出。其巧百倍于常。

这段文章描述的事情发生在 227 年到 239 年的洛阳。后来的历史学家,如宋朝《事物纪原》的作者,将毕岚和马钧并称为翻车的发明者。除了根据确凿的证据推测外,也可能水轮在汉朝就被发明了,只是当时它被称为"龙骨车"。而关于"龙骨车"的记载,早在公元前 1 世纪末的几十年左右就有了,只是当时仅作了构思,没有制成实物。这一观点是由唐朝的一些评论家提出的。

若要仔细探究翻车也就是翻车的起源,我们必须首先介绍

图 504　由卧式齿轮和直角相交的传动装置组成的翻车(该图出自 1637 年的《天工开物》)

一种与水轮有密切联系的机构——覆车。根据中国最古老的字典《尔雅》记载,覆被称为"不停反转的机器",其与"罿"和"罬"的字义很相似。《尔雅》从战国时期开始撰写,直到秦汉时期才编著完成。根据这种说法,4 世纪初的郭璞认为覆车又被人们称为翻车,是一种捕鸟机,它由两根平行的木杆组成,木杆的远端有一个网。翻车的杠杆和这里的弹射装置很容易被联系起来。一旦有鸟飞过,猎手就迅速拉下系在杠杆短臂上的绳索,杠杆的长臂以及其上的网就迅速地升起,就如同投石机一般。关于这种机器的最早描述可追溯到周朝的《诗经》。翻车的发明是否与覆车有关我们不得而知,但毕岚确实从中得到了一定的启发:覆车的两个踏板以及带有网的弹射器和水轮的水槽相似,覆车不停地转动与其头尾相连的链轮运动相仿。舀水过程中链轮的运动与周朝时期奇特的压车有着某种联系。无论如何,"翻车"一词的两种概念都值得记录下来。

到了唐朝和宋朝,翻车的使用已很普及了,且乡村的工匠们也能大批量

地生产了。828年,翻车的标准也被确定下来了。945年的《旧唐书》中有如下的记载:

> 太和二年闰三月丙戌朔,内出水轮样,令京兆府造水轮,散给缘郑白渠百姓,以溉水田。

中国古代文学作品中也有关于这种水轮的描述,如宋朝范仲淹(989—1052年)的诗集。到14世纪,水轮大多由姑娘们来操作。大约在1145年,中国古代画家、诗人及政治家楼璹专门为其写了一首诗:

> 揠苗鄙宋人,
> 抱瓮惭蒙庄。
> 何如衔尾鸦,
> 倒流竭池塘。
> 稇稇舞翠浪,
> 簌簌生晨凉。
> 斜阳耿疏柳,
> 笑歌问女郎。

273　　用牲畜来驱动链式水轮的文字记载最早出现于1170年陆游到四川所做的游记中,但大约在965年,就有人用绘画表现过这样的景象了。需注意的是,水轮不仅用在农田灌溉上,还被用在土木工程中。在1836年麟庆所编的一本清代水利和土木工程技术的图书《河工器具图说》中就包括了对翻车的描述。

著名的道士邱长春也在其游记中对翻车进行了介绍。那是1221年,他到突厥斯坦(Turkestan)去拜见成吉思汗,途中他第一次见到了棉花,并发现当地的农民是这样工作的:

> 农者亦决渠灌田,土人惟以瓶取水,载而归。及见中原汲器喜。曰:"桃花石诸事皆巧!"桃花石谓汉人也。连日所供胜前。

在元朝,翻车的传播更广。大约在1362年,一个朝鲜的官员白文宝(Paek Munbo)急切地主张在朝鲜国内应用这种水轮。世宗(Sejong)时(1419—1450年),朝鲜国人对翻车和戽水车的优缺点作了广泛的讨论,但很明显,从1400年起朝鲜国的朝廷一直是支持前者的,到了18世纪,大学者朴趾源(Pak Chiwon)仍大力要更广泛提倡使用中国的水利提升机械。19世纪时,这种水轮在印度支那地区的使用已经非常广泛了。

翻车的贡献远远超出了中国文化圈的范围。如果你去参观英国伦敦附近的汉普顿宫,你会看见一个巨大的完全按中国式样建造的水轮,据说是在1516年建造的,但有关资料显示应是在1700年左右,它主要被用于污水处理。尽管这部水轮的尺寸与中国水轮的尺寸很相似,但还是忽略了某些细节,比如说中国水轮刮板的高度应比宽度大,木材纹理的方向应与磨损面成直角等。

274

有一点毋庸置疑,那就是链式水轮由中国人发明后,在17世纪传播到世界各地。1597年,西方学者洛里尼(Buonaiuto Lorini)描述了一种类似翻车的机械。1671年之前不久一位游客随荷兰使团的一位成员到中国访问,看到了这样的景象:"……通过一个装有四个方形木板的机械,水被从低处引到了高处。此机械一次可装很多的水,被铁链拖动,将水拉上来,如同铲斗一般。"他的描述基本正确,唯一的错误在于中国水轮用的不是铁链,而是木链。有资料表明,17世纪末这种链轮式的提水系统被用在了英国军舰上,而它的雏形也是中国船只上的设备。到了18世纪,许多西方工程文献中都提及了水轮。1797年一个名叫巴兰·霍克盖斯特(Braam Houckgeest)的人将水轮介绍到了美国,"……它的作用是如此的大,操作又是如此的简便"。

当西方还在赞叹水轮汲水能力的时候,早在宋朝也就是960—1279年,中国人已将其进行改装成配有容器的传送带了,用其来提升开挖后的沙子和泥土。而直到文艺复兴时期,西方国家才制造出同类型的装置并广为使用。更有趣的是,有个犹太人还将其作为献礼带到了中国。

水轮链轮的另一重要应用是在土地挖掘上,欧洲16世纪前多数的工程设计书籍中都有这方面的介绍。但它使用的是挖斗,而不是平板,因此它的前身很有可能是浮筒轮而不是龙骨车或翻车,这与它们应用的技术相关。西方的土地挖掘设备像翻车一样具有一定的倾斜度,但它的抓斗却与浮筒轮相同;其反转机构由平板组成,这与水轮相同,但水轮的平板是垂直建造的。实际上类似的机构早就有了,只不过它们是被称为"念珠式泵"或"单片链式泵"。"念珠式泵"的水槽需有四条边,在其垂直的管道中,链条将带动许多金属小球或小的皮革块,以代替平板的作用,将水提升上来并在高处释放。因为它的链式机构像念珠,因此它的名字充满宗教色彩。这种抽水机构在16世纪的欧洲主要被用于矿井排水,但关于它的文字记载在此之前就有了。

"念珠式泵"或"单片链式泵"与传统的中国水轮是如此的不同,但我们不能武断地判断它们的发明没有受到中国翻车的影响,它们的不同或许只是因

275

为流传中的误解而已。此类抽水机构在 16 世纪欧洲起到的作用是无人能比的,在喀尔巴阡山脉的谢姆尼兹(Schemnitz)矿,有一台由九十六匹马驱动的念珠式泵,将水提升了二百米。这或许会使人联想到汽缸中的活塞,但活塞泵在 16 世纪的希腊和阿拉伯已经被人们所熟知,所以只可能是它借鉴了翻车的原理而不是翻车借鉴了它的原理。有人会想,念珠式泵是不是欧洲活塞泵和中国水轮变异的混合物呢?不管答案如何,念珠式泵在中国的土地上直到今天还随处可见。

浮筒轮(罐式泵)

浮筒轮(罐式泵),也就是那种许多罐子被串联起来,按一定的斜度绕轴旋转的汲水设备,与传统的使用平板的水轮相比,有两个不同之处。首先是它带的罐或斗在低处接水,在高处释放;另外它的链条是垂直向下的。一幅公元前 700 年的古巴比伦浮雕描绘了这么一个场景,一队队的人背着装满土的篮子登山,而下来时篮子却是空的。因此这种用罐子排成队列来取水的方式也就不足为奇了。公元前 210 年,拜占庭的菲隆(Philon)描述了浮筒轮的原型;公元前 30 年,罗马建筑师维特鲁威则详细描述了浮筒轮。更重要的是,44 年到 54 年间建造的用来抽空内米(Nemi)湖上巨大船只舱底积水的浮筒轮的残体依然存在。无论如何,在希腊化时期,也就是公元前 323 年到公元前 30 年,浮筒轮在中东地区已被广泛传播。因此,浮筒轮对伊斯兰人的意义就相当于翻车对中国人的意义。

浮筒轮进入中国是后来的事情了,中国人称之为高转筒车,也就是向上输水的戽水车。早在 1313 年中国就有关于高转筒车的记载了,但图 505 是出自 1637 年的《天工开物》。中国人之所以将其命名为高转筒车是因为那些罐子或竹筒是被系在了戽水车转轮的边缘(参见图 277),沿着轮的切线方向运动,并在高处转过另一个轮子,然后再转回来。而戽水车对中国人而言是再熟悉不过的了。我们现有的所有关于中国高转筒车的资料显示,在其低处有一个轮子,它看起来如同被水流驱动桨轮(如图 505 所示),但文献却指出高转筒车的操作是由上面的轮子完成的。人们用牛辘轳或者多板踏机做动力,从而驱动上面的轮子。此外,整个高转筒车有一定的倾斜,且有一个木制的指引槽引导串链的木筒,这点和翻车很相似。而阿拉伯人的浮筒轮是垂直的,且链条的下端没有轮子。中国古代农学家王祯是这样描述高转筒车的,"高转筒车每次可将水提高 30 米,且可以连续阶梯式地安置,所以尤其适用于那些需要将水提高到相当高度的场合"。王祯描绘的阶梯式的高转筒车确实存

276

在,它位于虎丘寺,也就是现在的
吴县。它的形状是如此的奇怪,以
至于古人将其奉为神庙。但驱动
此类高转筒车需要巨大的能量,所
以使用起来显得很不经济。我们
也不知道在中国它的使用是否普
及,因为除了中国古代农业百科全
书中的几篇文章和少数的游记以
外,很少有文献提到过此类阶梯式
的高转筒车。更何况,整个第二次
世界大战期间都在中国的尼达姆
教授也从未看到过此类机械。虽
然在 1958 年尼达姆教授看到了此
类高转筒车的一些零部件,但它们
是从现代制造的此类机械上废弃
下来的。然而,中国四川自流井的
一个盐区的确用过此类阶梯式的
高转筒车,但具体的时间我们不得
而知。

图 505　中国式的浮筒轮[它有一个并不十分
合适的别名——高转筒车或(向上传输的)戽
水车。它的特殊之处在于,在其低处还有一个
转轮。人们常误以为中国人是通过低处的桨
叶来驱动高转筒车,但资料显示动力源是上面
的轮子。该图出自 1637 年的《天工开物》]

戽水车(垂直的罐式转轮)

　　“戽水车”一词来源于阿拉伯语,意思为“鼻息粗的人”。的确,戽水车是
所有水轮中最难追溯其由来的。与翻车、浮筒轮等前面介绍过的所有水利提
升机械最大的不同之处在于,戽水车没有链条,它的木桶、罐子和竹筒都是直
接与单转轮的边缘相连,当其处在低处时取水,转到高处时释放。因此中国
人又称之为筒车,通俗地说就是“管状机械”。当戽水车装有叶片的时候,可
通过水流的力量驱动它;但当水是静止的时候,就需要靠人力或牲畜来驱动
了。中国关于戽水车的文字记载最早出现在 1313 年的《农书》中,但图 506 这
幅不完整的图片是出自 1639 年的《农政全书》。尽管中国的戽水车多是用木
头或竹子做成的,但它的直径依然可达 13 米或更大,这对一般的溪流来说已
足够了。有时,好几辆戽水车被排成一行(如图 507 所示)。而闻名于世的位
于中国甘肃省兰州市附近的直径达 15 米的黄河戽水车却是按其中心轴被排
成了一列(如图 508 所示)。这就要求它有非常坚固的结构,以承受雨季时河

278

280

图 506　戽水车(或被称为垂直的罐式转轮。与所有戽水车的传统描绘一样,此图的作者对戽水车高度的描绘是错误的,对输水槽也只画出平面位置而没有立面位置。该图出自 1639 年的《农政全书》)

水的冲击。其实,无论是中国还是南亚,戽水车通常都是这样按其中心轴成组排放的。

说到戽水车,我们产生了一种把中国古代《道德经》中的一句成语"或挫或隳"(一些东西在被倒空的同时另外一些东西正被装载)与之联系起来的兴趣。但《道德经》是公元前 4 世纪的书籍,它所指的肯定不会是戽水车,而可能是当时排列成行携篮行走的人。而另一方面,186 年一些关于毕岚的水利机械的模糊记载(见本书 270 页),仿佛说的就是戽水车。

无论那些记录描述的实物究竟是什么东西,我们前面提到过的洛阳平门桥东的设备与桥西的翻车和虹吸管显然是不同的。有一点是可以肯定的,那个被称为"虾蟆"的设备一定是某种带有轮齿的轮子;另外一个被中国古代的学者称之为"天禄"的东西——李约瑟教授将其翻译为"天上的神物"——则来源于该

279
装置上雕饰的某种动物。李约瑟教授之所以用这个名字,或许是语涉双关的,所谓"天上"指的就是该机械的顶部,因为水被抽到那里,然后被倾倒进接水沟槽。该装置配有带轮齿的轮子,表明被提升的水流或者是静止的,或者它的流速很慢。而事实如我们知道的确实

图 507　三个排成一行的戽水车(位于中国四川成都。李约瑟摄于 1943 年)

如此,平门位于洛阳护城河的东南部,在那里阳渠的水流是最慢的。因此,毕岚在桥东建造的水利设备很有可能是一组由人力或牲畜驱动的戽水车,或者包括某些和桥西翻车很相似的机构。

在此之后,很少有文献提到过戽水车,但戽水车在洛阳被广泛使用是个不争的事实。在一篇描写名叫智晖的僧侣的文章中,提到了当时(914

图 508 一组直径为 15 米的戽水车(按其轴线排成一列,位于兰州下游黄河的支流处。这种结构要求其有非常坚固的结构,以承受雨季时河水的冲击。李约瑟摄于 1958 年)

年)人们使用的戽水车。这些戽水车由许多巨大的轮子组成,为洛阳的公共浴池供水,所提供的水一次可同时供上千人使用。几十年后,一个名叫伊本·穆哈德(Ibn Muhalhild)的阿拉伯人描述了他在山丹城看见的供水机构(见本书第301 页)。根据他的叙述,这个供水机构有几个戽水车那样大才能满足要求,而事实上这是不可能的。另一篇生动描写戽水车的文章出自 1601 年王临亨写的广东游记《粤涧边》。游记中,他是这样描述中国南部乡村生活的:

> 水轮每辐用筒一枚,前仰后颓,转轮而上,恰注水槽中。以田之高下为轮之大小,即三四丈以上田亦能灌之,了不用人力。与浙之水碓水磨相似。其设机激水,即远愧汉阴文人。要之人巧极天工错。始制者不知何人,要当尸而祝之,社而稷之者也。

戽水车的发展史大致如下:公元前 30 年古罗马维特鲁威时期出现了戽水车;2 世纪,也就是古罗马维特鲁威时期之后和中国毕岚之前,戽水车风靡伊斯兰国家。古罗马维特鲁威时期,人们有时把戽水车外围的东西称为桶,但实际是一系列呈放射状排列的盒子,而且戽水车轮缘是镂空或是用洞打通的。在中东地区这种形式的戽水车曾长期被使用。我们不难发现,这种形式的戽水车与一种名为"鼓形水轮"的水利提升机构极为相似。鼓形水轮是一种整体封装,且内部被分为若干间隔的机构。它的不足之处在于水只能被提升到机构轴线的高度,而不是轮的最高处。但用它来完成那些小幅的提升,是绰绰有余的。然而,世界上最著名的戽水车位于奥伦特斯河(Orontes)上的叙利亚城市哈马(Hama)。它的直径达到二十一米,且将水同时引到高大的

281

弓形沟渠和普通的支架上。这个戽水车是由阿拉伯人伊本·阿布杜勒·哈纳菲（Adb al-Ghani alHanafi，1168—1251）建造完成的。而阿拉伯人关于戽水车的文献最早出现于884年。

随着时间的推移，戽水车由伊斯兰国家流传到了欧洲。戽水车首先在西班牙流行开来；11世纪法国人开始使用戽水车；15世纪德国的有关手稿中出现了戽水车。直到现在，欧洲的某些地区还在使用戽水车，如保加利亚，很有趣的是，它们是很中国化的戽水车。更重要的是，戽水车曾在1890年被用来将铜渣排入北美洲苏必利尔（Superior）湖中。那架戽水车是由蒸汽驱动的，一次可提升九千升的水。

在研究戽水车和水轮的过程中，我们都遇到了同样的一个问题，那就是在很短的间隔时间内，在相隔甚远的两个古老文明国家中都出现了此类机构。显然，这两者之间是有关联的。戽水车是利用水流推动叶片从而完成驱动，这与磨坊水轮的设计极为相似。我们可以肯定的是，既不是波斯人也不是希腊人发明了戽水车，剩下的问题就是会是印度人发明了戽水车吗？的确，在近代的印度，戽水车是被广泛使用着，但问题是从什么时候它开始在印度出现呢？我们很难在印度的书籍中找到任何确切的记载。然而，佛教宗教语言巴利语中却描写了一个带有罐子的转轮。使用巴利语的地区主要为印度北部。如果巴利语中描述的确实是戽水车而不是浮筒轮的话，戽水车应早在公元前350年就被发明了，这点倒令我们很感兴趣。而在其他印度早期语言中也有相类似的描述，如梵语和其他一些宗教语言。或许通过比较戽水车和佛教经文中关于"转轮"的记载，我们可以得出戽水车早已为人们所使用这样一个结论。

最后，我们对水利提升机构做一总结：中国最经典的水利提升设备是翻车，它起源于1世纪，16世纪后流传到世界各地。浮筒轮是古希腊和古代阿拉伯典型的水利提升设备，很有可能是早期亚历山大人发明的，它的特点是舀水容器为串联在一起的罐子。14世纪浮筒轮从阿拉伯国家流传到了中国。很难确定戽水车究竟是谁发明的，但根据我们的推断，很有可能是印度人。公元前100年戽水车进入古希腊文化地区，2世纪，传入中国。

第二节　利用水流及其落差作为动力源

在此之前我们讲述的都是人们如何使用其他能源使水发生流动，现在我们将涉及一个更令人振奋的话题，人们是如何让水为其工作的。前面提及的戽水车已做到了这一点，它是用水流来驱动的，只是它目的比较简单，仅仅是将水提高一个高度而已。现在我们都知道，戽水车转轴提供的扭矩比没有任何辅助设备的人可产生的力要大得多，而且它的效率和持续工作的能力也比人和牲畜要高上几倍。但是谁第一个发现这个道理呢？提供水力的转轮是否来自水平转动的磨石呢？在这里我们无需对所有这些问题都刨根问底，我们关心的只是水轮在东亚地区发明和使用的大量相关事实。

这里"磨"的含义很广泛，并不单指旋转的手推磨（参见第四卷第 114 页）。在后面的文章中，我们将依次介绍以下依靠水力来驱动的机械：倾斜锤——槽碓（勺碓）、轮磨、锯机、鼓风机、纺织机，和当时遥遥领先的水排。

勺状的倾斜锤——槽碓

我们以一个问题开始我们的介绍。没有旋转运动如何得到由水流落差带来的能量呢？的确有这样的机械，而它的原理恰恰和桔槔相反（图 510）。

桔槔的平衡物是用来帮助球状的木桶提水的，而槽碓的平衡物却变成了锤子或槌子。当水被倒进位于横梁另一端的桶里，这一端的锤子或槌子就被放下，当没有水时，它们便升起，如此交替，完成动作。这就是 1313 年《农书》里所描述的"勺状的倾斜锤"或"槽碓"（图 509）。但不幸的是，在后来的著作中很少有关于它们的介绍。《农书》在介绍槽碓时还引用了一首作者不详的诗歌，另外在明朝张自烈著的《正字通》中也有对槽碓的描写：

> 山居者刳木为勺，承涧流为水碓。水满勺，碓首邛起，就白自舂。迟疾小异，功倍杵舂。俗谓之勺碓。

这段文字大约写于 1600 年，

图 509　最简单的利用水力来驱动的机械——槽碓（它用倾斜的木桶作为间歇的平衡物。该图出自 1313 年的《农书》）

284

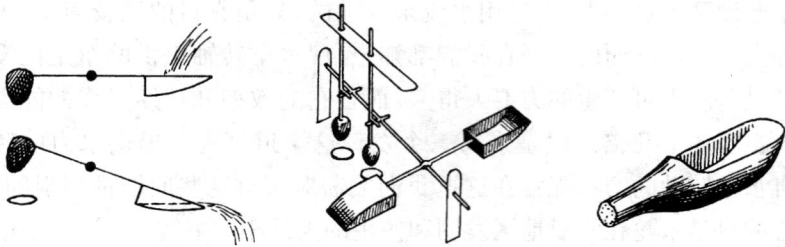

图 510　这或许是水轮的原型[左图是最简单的槽碓,常用于舂米。右图是它最古老的一种形式——挖空的原木。中间图给出了一个带有两个勺槽的立式槽碓,与冲压用的杵一同作用——出自日本的摄津(Settsu)县,因为它通常是由四根或六根或八根辐杆,以及木板和勺槽组成的,所以可能与水轮有一定的关系]

而直到三十多年后才被摘入到书中。但可以肯定的是,1145 年以前,此机械已为人熟知。因为楼璹(参见图 294)在他的诗歌中曾提到过一个水可以自动流进和流出的倾斜勺。而在此之前,就没有任何关于它的记载了。

　　槽碓从未被任何一个到中国旅行的人所提及。但在最后一个世纪,有个叫特鲁普的日本人却在仔细地研究槽碓。在日本,槽碓被称为巴特里(battari)。它木钵的底部是倾斜的,这样当平衡物发挥作用时,水就可以很容易地从木钵中流出。而最老式的槽碓仅是一个被挖空的原木,就像楼璹诗歌中所描述的那样。在摄津县,特鲁普发现了一个带有两个木钵的槽碓。当木钵是空的时候,它们就围绕轴线自由旋转并带动轴转动,轴上的凸耳又带动与之相连的冲压槌工作(参见图 510)。这与以往的槽碓不同,它利用的是旋转的特性而非杠杆的特性。在上州(Joshu)县的利根川(Tonegawa)山谷里,特鲁普还发现了带有四个木钵的槽碓。那两个附加的木钵很轻,只用于装一些带有凸缘的平板。它的作用是帮助另两个主木钵翻转,使之能容易接到水流。特鲁普还看见过用平的踏板来代替木钵的槽碓,踏板有四个、六个甚至八个之多。所有这些机械都是用来操纵冲压石磨的。至于它们和水轮由来的关系,我们将在后面的文章中介绍。这里先简略介绍一下水轮在西方的兴起以及普及。

　　公元前 24 年斯特拉波(Strabo)描述了西方最古老的水磨(也就是由水轮驱动磨石转动,碾碎谷物的装置),位于黑海南岸古王国本都的卡比拉(Caberia),卡比拉是具有古希腊风格的罗马统治区。最早关于水磨的文字记载出现在公元前 30 年古希腊的一段诗歌中。公元前 27 年,古罗马的维特鲁威给出了水磨的具体图例,参见图 511。74 年,罗马学者老普林尼描述了一个类似冲压锤或旋转手推磨的东西。3 世纪,罗马哈德连长城沿线和摩泽尔河支流的沿岸上显然有水磨坊。到 4 世纪,关于水磨的资料大量出现,东罗马帝国皇帝还为水磨专门立法。770 年德国出现了水磨,而直到 838 年,英国才有了水磨。

无论如何,古罗马维特鲁威风格的水磨的的确确是个垂直式的下射水轮(即水流是由下向上冲击从而推动水轮)。水轮通过与轴成直角的齿轮来带动石磨。但这并不是它唯一的放置方式。因为无论是从历史书籍上了解到的欧洲,还是现代的欧洲,我们所见到的水磨都是卧式。水轮被水平地放入河流中,且不通过齿轮直接与上面的磨

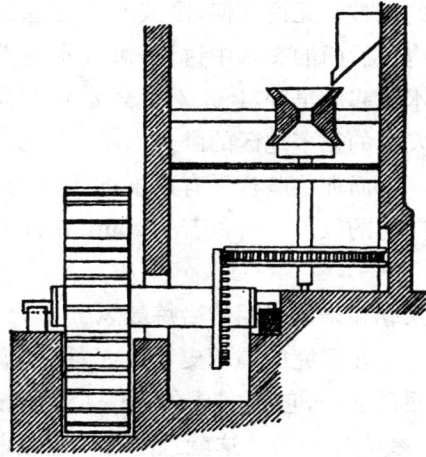

图 511 古罗马维特鲁威风格的水磨(立式水轮通过与轴直角相交的齿轮驱动磨石)

相连(参见图 512),或许本都王国的水磨是这种形式的。公元 5 世纪前的图画和地砖上描绘的都是下射式的水轮,而上射式的水轮(即水流是由上向下冲击从而推动水轮)直到 5 世纪后才出现。

立式水轮的传播主要是由欧洲的南部向北部地区发展,顺序是法国、德国、英国和威尔士;而在其周围地区,卧式水轮则比较受欢迎,如黎巴嫩、叙利亚、斯洛文尼亚、南斯拉夫、俄国、希腊、丹麦、挪威和瑞典;更为有趣的现象是,在叙利亚以东的国家,卧式水轮占主导地位,这包括波斯、突厥斯坦和喜马拉雅山脉罕萨地区以及中国。关于卧式水轮的记载在中国的文献中最多。无论本都王国的水磨是不是卧式的,它的发明者既不是希腊人,也不是罗马人,根据卧式水轮机构的发展史我们可以判断它的发明者应在更远

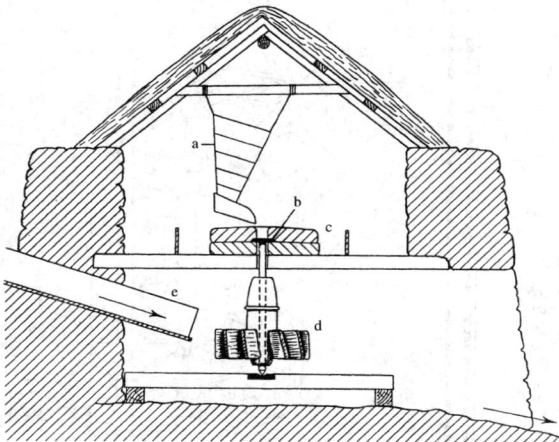

图 512 卧式水轮[出自刘易斯岛(Isle of Lewis)。它由以下几个部分组成: a. 犀斗; b. 轴心铁; c. 磨石; d. 轮子,在粗轴上装有倾斜的叶片; e. 水槽——用于输水的斜道,水由此被输送到轴后轮侧,如图所示]

285

286

286

的东方。无论如何,卧式水轮比立式水轮简单,因为它无需传动机构。我们将在后面的文章中讨论,卧式水轮没有传动机构这一现象,是表明其比立式水轮起源早呢,还是对立式水轮的简化呢。现在我们需补充说明的是,至今发现的很多地区的卧式水轮的踏板都是倾斜的(角度约为 70°)。

287 　　而那些踏板没有角度的水轮,其叶片通常为勺形或杯形的,这也可达到同样的效果。特鲁普(Troup)在日本看见过这种类型的水轮。

汉朝和宋朝时期的冶炼鼓风机

　　在研究中国历史上最古老的水轮时,我们惊奇地发现该水轮并不是用来驱动磨的,它所完成的是一个更复杂的工作——用于驱动冶金用的鼓风机(参见图 513)。这就意味着在此之前相当长的一段时间里,中国就有了制造水轮的技术,只是我们不能追溯到它的由来。这里是几段书籍上的记载。第一段出自 450 年的《后汉书》,其中是这样描写的:

> 建武七年,杜诗迁南阳太守。性节俭而政治清平,以诛暴立威,善于计略,省爱民役。造作水排,铸为农器,用力少,见功多,百姓便之。
>
> 冶铸者为排以吹炭,令激水以鼓之也……

288 　　杜诗铲除了那些地方豪强,树立起正直清廉的形象。他还善于统筹规

287

图 513　水力驱动的冶金用的鼓风机(这是现存最古老的图片记载。该图出自 1313 年的《农书》)

划。杜诗是如此地爱护自己的百姓，所以他想尽一切方法去减轻他们的劳动量。为此他发明了一种以水为动力源的往复运动的机构，人们可用其来铸造各种农业中使用的铁器。那时的熔炼工和铸工都有一种可通过手推来维持火焰大小的装置，而现在他们被教授依靠水流的冲力来控制火焰的大小。这样一来人们只需付出很少的劳力就可完成大量的工作。他们觉得这种用水驱动的鼓风机使用起来很方便，因此将其应用到各个领域。

这种先进的机械出现于古罗马维特鲁威时期与老普林尼时期之间。杜诗和他的后人及学徒们一定是在南阳工作的，这是因为两百年后，一个南阳人到其他的地方去任职，此机械及其他的使用技巧才被流传开来。这可由290年的《三国志》得证：

> 韩暨……后迁乐陵太守，徙监冶谒者。旧时冶，作马排，每一熟石用马百匹；更作人排，又费功力，暨乃因长流为水排，计其利益，三倍于前。在职七年，器用充实。制书褒叹，就加司金都尉。

这段文字记载的事情一定是在238年以前。大约二十年后，心灵手巧的杜预似乎又发明了一种新的机械。关于他的故事从5世纪到9世纪一直被人们流传着。

从1313年起，也就是王祯写《农书》之后，几乎所有的书籍中都有关于水力鼓风机的记载。而从那时开始，除了冶金业，面粉筛以及所有包含直线往复运动的机械的操作都是通过水力驱动来完成的。水力鼓风机的意义在于，在1000年的时候，人们就通过水利鼓风机在重型机械上完成了旋转运动到直线运动的转换。所以尽管对它的介绍影响了我们介绍水轮在磨坊中的应用，但我们认为这还是值得的。现在让我们回到前面对磨的介绍吧。

从最早的图片说明我们可以看出(图513)，该机械完成了旋转运动到直线运动的转换。初看这幅图画，由于画家的几处错误，我们无法推出它的工作原理。但以后的书籍中也引用了此图，且附有相关的文字说明，使我们知道了它的工作原理。图514还画出了此机械的偏心结构。

就我们所知，中国宋朝的鼓风的设备都是大型的风箱或活塞风箱。但人们发现若将偏心轮安装在小轮而不是大轮上，速度可提高许多，这也正是人们所希望的。而将主驱动与上面的轴承相连，不是像以往那样与下面轴承相连，整个机构无疑是经过特意设计的。下面我们拿王祯的一篇文章来作一下比较吧，这是一个很有趣的故事：

> 以今稽之，此排古用韦囊，今用木扇。其制当选湍流之侧，架木立

289

289

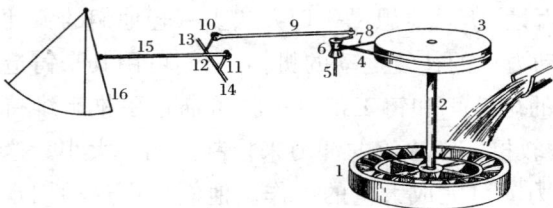

图 514 王祯的卧式水力往复运动机构[可用于炼铁（用来保持火炉的旺盛以及铸造）和其他冶金工作（公元 1313 年）]

图中的数字分别代表：1. 卧式水轮的机构；2. 转动轴；3. 驱动轮；4. 驱动带；5. 副转动轴；6. 小的轮子或滑轮；7. 偏心的拉杆或曲柄；8. 曲柄的接头或栓；9. 连接杆；10. 11. 摇臂曲柄；12. 摆臂辊；13. 14. 轴承；15. 活塞杆；16. 风箱。图中的机械实现了在重型机械中旋转运动到直线运动（往复运动）的转换，这也是日后蒸汽机的特性之一，只不过它们的过程恰好相反。因此鼓风机的重要意义在于它是蒸汽机的起始形态。在这个装置中鼓风机的往复行程完全是机械化的。

轴，作二卧轮，用水激转下轮，则上轮所周弦索，通缴轮前旋鼓掉枝，一例随转，其掉枝所贯，行栿因而推挽卧轴左右攀耳，以及排前直木，则排随来去，扇冶其速，过于人力。

又有一法。先于排前，直出木簨，约长三尺，簨头竖置偃木，形如初月，上用秋千索悬之。复于排前置一劲竹，上带棒索，以拨排扇。然后却假水轮卧轴所列拐木，自上打动排前偃门，排即随入。其拐木既落，棒竹引排复回。

如此间打一轴，可供数排，宛若水碓之制，亦甚便捷，故并录此。

290

291

这段话的第一段无需作过多的说明，参考图 514，我们就可以明白了。第二段话中描述的方法，尽管没有任何书籍有图片说明，但我们可以得知它是一种利用凸轮，将旋转运动转化为直线运动的。它的基础是立式水轮，而不是卧式水轮。1959 年杨宽按其描述，重建了这样的一个机构。如图 515 所示，这与我们后面要介绍的水碓很相似（参见图 517）。水碓也是通过插销或突起物绕主轴的转动，使一系列的锤交替地升起和落下。这种装置在汉朝时期很流行，杜诗和韩暨的鼓风机也一定是这种形式的。但人们总以为卧式水轮是中国人特有的，而立式水轮属于古罗马维特鲁威风格，这种错误的观点很难被纠正过来。

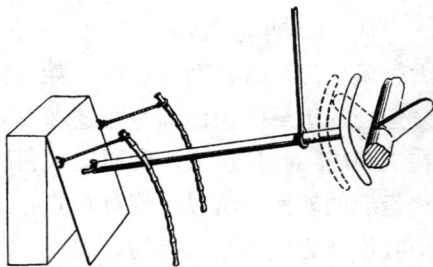

图 515 王祯的立式水力鼓风机示意图[可用于炼铁（用来保持火炉的旺盛以及铸造）和其他冶金工作（1959 年，杨宽绘）。图的右边是一个带有许多凸耳的轴（图中只表示了一个），水轮绕该轴旋转，这与常见的水利驱动的水碓很相似（参见图 517）。在每次旋转过程中，凸耳推动一个挂月牙形的木板，该木板安装在风箱悬空的活塞杆上。其回程是由竹片弹簧实现的。因此我们只能说仅有一个运动被主动力自动化了]

我们无需强调动力鼓风机对锻造及炼铁业的重要性，而中国早期的冶炼成就是与我们上面所提及的机械分不开的。杜诗以及后人使用的水力鼓风机是希腊罗马世界中所使用的鼓风机无法比拟的。现在我们已经知道，欧洲国家如德国、丹麦和法国将水力机械用于冶金业要比中国晚得多。锻造用的锤首先被机械化，那是在 12 世纪初，而用水力来驱动风箱的鼓风是在 13 世纪了。

欧洲的机械到底起源自哪里，我们不得而知。但如果有什么技术经陆路传到西方的话，那一定首先是水碓的凸耳，然后才是偏心传动机构。1588 年工程师拉梅利（Agostino Ramelli）发明的机械与中国宋朝和元朝的形式极其相似，因为在他的机器中也大量使用了直角曲柄的摆臂辊。而在此之前与之后的文献记载中，也都有类似的设计，如 1462 年安东尼奥·费拉雷特（Antonio Filarete）的草图中就描绘了类似的机械，而 1662 年在伯克勒（G. A. Bockler）的《机械发明观览》一书中也有相应的图片。人们不禁会想，它们之间必然存在着某种联系。但无论如何，中国人发明水碓比我们西方人早了十多个世纪，中国人对偏心机构、连接杆和活塞杆的综合利用比我们要早三四个世纪。要是没有这些，也许就没有我们蒸汽机中的往复机构了。尽管蒸汽机的精度比他们要高得多，对原理的应用也是反向的。

往复运动和蒸汽机的前身

这里将确定人们何时实现了旋转运动到直线运动的转换。弓钻和泵式钻机是最早的例子，但它们都没有实现传动，而且并没有领先很久。再下来人们发明了带有凸耳的旋转轴。此机构还并配有弹簧，以保证它的回程。而西方中世纪垂直式的冲压磨和中国古代的水碓都是依靠机构自身的重力来保证其回程。中国鼓风机中的连接杆系统，和阿拉伯人加扎里（al-Jazari）发明的由槽形杆件组成的压水泵，在此类机械发展的历史中也起到了重要的作用。尽管阿拉伯人是在 1206 年发明那种机械的，比中国王祯的《农书》（1313年）要早了一百多年，并且阿拉伯人的机械（参见图 516）在 13 世纪前期很受好评，但它并不是王祯所描述系统的前身。

另一个与水力鼓风机有密切联系的机械是 11 世纪的缲车。这是因为主丝筒是由一个曲柄和踏板来驱动的，其滑臂由传动带来操作，该传动带将围绕主轴和构架另一端的滑轮联系起来。此滑轮起辅助作用，也就是说滑臂偏心安装的凸耳来推动做往复移动的。这种装置中的传动带，与王祯的水力鼓风机很相似，也有偏心放置的辅助轮，滑臂的作用与连接杆很相似。但是它

291

292

292

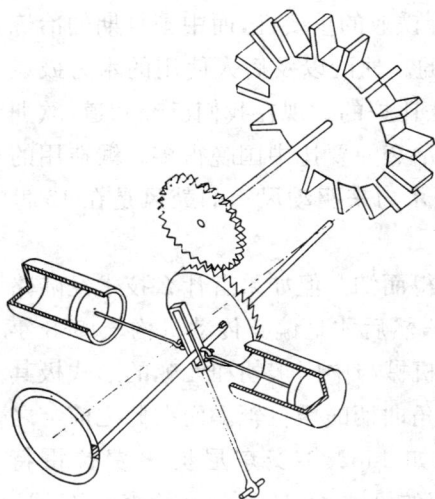

图 516 伯斯塔尔（Aubrey Burstall）发明的带槽形杆的压水泵［一个带齿轮绕立式水轮转动，且带动其下另一个齿轮。下齿轮安装在另一根轴上，轴的支点在其自身的右边，并且可以在自身左边的环形凹槽内自由转动。这样一来，当轮子按其几何中心转动时，此轴的轨迹是圆锥形的，其作用就像一个偏心的凸耳。与其他机械不同之处在于，它不与任何连杆相连，它只是在支点固定且与两个活塞杆相连的槽形杆中来回滑动。槽形杆的下端支承在一固定枢轴上，两边各连接一个活塞杆。这样水就可连续不断地向上流过管道（图中并未画出）］

293

却没有可将旋转运动转换为直线运动的活塞杆。所以缫车与水力鼓风机也不尽相同。但值得注意的是，11 世纪末，它已是一种标准机械了。纺织业的历史如此悠久，说不定此种缫车早就被人们所熟悉并使用了。这无疑增加了这样一种可能性，那就是在王祯对其进行描述之前的四五百年，也就是在中国的唐朝和宋朝年间，这种将旋转运动转换为直线往复运动的机械已经出现了，而它内部的结构与蒸汽机是如此的相似。它的历史比阿拉伯人加扎里（al-Jazari）的摇摆的槽形杆还要悠久。

该机构的三个部件需着重说明——偏心轮，连接杆件和活塞杆。这三种部件从未在 14 世纪欧洲的相关书籍中出现过。欧洲出现此三种部件是 15 世纪的事情了。事实上，直到 15 世纪末期，也就是在王祯后的二百年，西方学者列奥纳多·达·芬奇（Leonardo da Vinci）才开始思考如何将旋转运动转化为直线运动。他极不情愿地用了一种集偏心机构、连接杆件和活塞杆为一体的装置，而且仅是用于锯木机。

整个故事最不同寻常之处在于或许詹姆斯·瓦特发明"太阳—行星"齿轮（行星轮系）并非出自他的本意。那是因为詹姆士·皮卡德（James Pickard）已于 1780 年申请了可将旋转运动转换为直线运动的偏心轮和活塞杆的专利，而瓦特并没有为自己早已发明的偏心轮和活塞杆机构申请专利，这是因为他知道这已不是什么新鲜的东西了。所以詹姆士·皮卡德（James Pickard）为偏心轮和活塞杆申请专利，一方面是因为当时的人们对 15 世纪的德国机械并不熟悉，另一方面是因为他们并没有想到中国宋朝的人们对此类机械已经了如指掌了。实际上，根据我们现有的资料，中国人才真正有资格对此类偏心轮和活塞杆机构申请专利。

这里我们还要简要地提一下 19 世纪蒸汽机进入中国的事情。是蒸汽船将蒸汽机带入了中国。通常人们都认为是东印度公司的蒸汽船福布斯（Forbes）号于 1830 年第一次将蒸汽机引入了中国。但有趣的是，1844 年的《海国图志》中有篇文章却记载着蒸汽机第一次在中国出现是 1828 年的 4 月，其是这样描述的，"突然出现了一艘来自孟加拉的'火轮船'……"，之后便是中国最早的关于蒸汽机的描述。

秦汉时期的水力杵锤（水碓）

在中国早期所有各种不同的水力机械中，被文献提及最多的是杵锤，中国人称之为水碓。杵锤是最简单的踩踏式斜锤。人们对它的操纵是通过一系列围绕转轴的锁扣或凸耳实现的。

1300 年以后所有的书籍都有关于杵锤的介绍，我们这里引用的图是出自 1637 年的《天工开物》（参见图 517）。

294

295

值得特别注意的是，卧式水轮使旋转磨的布置特别简单，而立式水轮则最适用于杵锤，这一点是当时人们的共识。或许有人会问，为什么前面提到的很多机械都不是用带有正交齿轮的卧式水轮呢？还有人会问，为什么中国式的锤都是横卧的，而不是像中世纪欧洲的石磨槌那样竖立在那里工作呢？或许因为卧式水轮可以使用更重的设备。

最早关于杵锤的记载是公元 20 年桓谭的《新论》，其中是这样描述的：

宓牺之制杵臼，万民以济，及后世加巧，因延力借身重以践碓，而利十倍杵春。又复设机关，用驴骡牛马及役水而春，其利乃且

图 517　由下射式立式水轮驱动的串联水碓组（该图出自 1637 年的《天工开物》）

百倍。

这段文字简单而明了地证明了早在王莽年代（公元 9—23 年）或更早，水轮已被广泛地用在捣实捣碎机械中了。汉朝其他的文献也证明了这一点，而三、四世纪关于它的介绍更是数不胜数。大约在 270 年，朝廷的大官杜预和工匠发明了一种联合式杵锤，也就是使多根轴共同作用，从而操纵一个巨大的水轮。其实在中国古代，有许多人都因发明了各种形式的杵锤而闻名于世，其中更有人以拥有数以百计的水碓而闻名，如石崇（卒于 300 年）拥有三十多处水碓。甚至在一段时期内，水碓出现了过剩的情况，政府不得不下令在都城方圆五十公里内，不得再建造此类设备。

中国唐朝和宋朝的许多诗歌中也有关于水碓的描写，下面的这首诗就是其中之一，是由诗人、官员楼琦于公元 1145 年写的：

> 娟娟月过墙，萧萧风吹叶。田家当此时，村舂响相答。行闻炊玉香，会见流匙滑。更须水转轮，地碓劳蹴踏。

在那个时候，水力驱动的杵锤不是仅仅被用于舂米，正如我们所熟知的，它还被用于锻造业，更有趣的是一位道家炼丹术士用其来碾压云母和其他矿石来做药。而在明朝，福建地区的百姓用杵锤来造纸；到了清朝，也就是 1650 年左右，广东的百姓将它用于造酒，据说从磨坊中飘出的酒的芬芳，方圆几千米都可以闻得到。

我们再次强调，杵锤是所有重型机械锤的鼻祖。这里的重型机械锤指的是 1842 年蒸汽机发明前的那些。其实，18 世纪西方用于锻造用的锤都是中国锤的翻版，并且几乎没有做任何的改进。欧洲人知道杵锤始于 1565 年乌劳斯·芝努斯（Olaus Magnus）一本介绍其在伐木中使用的书，其实在此之前，列奥纳多·达·芬奇（Leonardo da Vinci）已经对杵锤作过了介绍。锻造用的锤在欧洲的出现更早，可追溯到 1190 年中世纪的欧洲，那时它被用于轻型立式磨中。水力驱动杵锤的另一个重要应用是被用来漂布，这是因为中国大量的纺织机械设计随着马可·波罗进入欧洲，那是在 13 世纪的末期。

汉朝以后的水磨

有一点非常的奇怪，中国早期文献对磨坊里水力驱动磨的介绍，比对水力驱动杵锤的介绍要少得多。这或许是因为当时它的专业名词流通性不强的缘故，尤其是在那些不负责技术工作的学者之间流通性不强。要正确区别磨谷物的磑或硙和杵锤的碓或碅并不是件很难的事情，但在前面提到过的文

296

献中,我们发现中国有些学者索性将碓写成了硙或磨。因而认为用水轮通过齿轮传动来驱动多台磨是杜预(222—282年)创造的,而把水磨而不是水碓归 298 功于褚陶(240—280年)和王戎。因此,可以确定的是,早在1世纪或更早,水力驱动的手推磨和水力驱动的鼓风机就已经在中国出现了。

水力驱动磨的最早图解出现在1313年,而《农书》则给出了卧式水轮,参见图518。图519是一个上射式立式水轮,它是由六到九个磨组成的,而这些磨是由水轮带动齿轮啮合在一起而成。王祯说在他那个年代,有些水碓,边缘磨和石磨联结成一个很大的装置,人们用一个巨大的水轮来驱动它们的转轴和传动装置。如果条件允许,主水轮还可起到戽水车的作用,在干旱时期汲水。一些综合性的磨坊,每天磨的粮食可供一千户人家食用。王祯还说,他在江西旅行的时候,此类机械还被当地的百姓称为"茶磨",广泛地用于茶叶的捣烂。从其他的资料我们得知,108年有一百多家磨坊使用这种机械,到了1079年这样的磨坊达到260家以上。

297

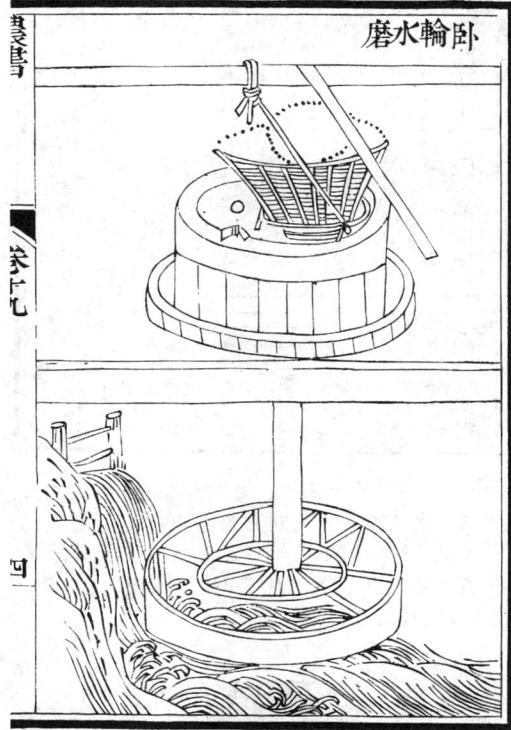

299

图518　最典型的中国式水磨(中国人称之为卧式水磨,一种由卧式水轮来驱动的石磨。该图出自1313年的《农书》)

就像西方一样,中国造水磨的匠人对此一定有过他们自己的专业名词。而且中国至今都还有两件此类型的水轮,1958年尼达姆教授曾拍摄过它们的照片(参见图520和图521)。李约瑟教授在中国的甘肃省还发现过带有正交轴式水磨。

488年数学家和工程师祖冲之建造了一个著名的水磨,当时的皇上也亲 297 自去视察。到大约600年,隋朝技术官员杨素管理的此类水轮已多达几千件。而随着时间推移,控制灌溉的管理者和水力机械使用者之间的利益冲突日益加剧。到了隋朝,官僚之间关于造船的冲突也牵连了进来。最后隋朝决定水

图519 啮合在一起的由水力驱动的磨（中国人称之为水转连磨。它的九个磨由一个上射式的立式水轮和正交轴齿轮传动装置。关于其最早的描述见于1313年的《农书》。该图出自1742年的《授时通考》）

300

磨的建造与利用不能影响水资源的保护与管理。到737年，唐朝将此项决定以法律的形式确定下来。从那以后，常听说有一些官员以水力磨的迫害者而闻名。历史上最严重的一次破坏磨坊的行动发生在778年，全国共有八十家利用水力机械的磨坊被拆毁，连属于朝廷大官郭子仪的两家磨坊也未能幸免。其实，磨坊的所有者都是那些皇亲国戚、达官贵族和富商，且又是僧侣寺庙经济的主要来源，因此儒家官僚的反对只是派系对抗的一个方面而已。

在唐朝的时候，随着中国文化对外的传播与影响，水磨开始影响周边地区。610年和670年日本出现了水磨（经朝鲜传播）。

图520 未完工的卧式水轮（位于中国成都。李约瑟摄于1958年）

图521 卧式水轮（其上为一个水力磨，位于中国甘肃省天水。当时没有运转。李约瑟摄于1958年）

641年,水磨在边远的西藏出现。再后来,契丹鞑靼人也会熟练地使用水磨了。到10世纪初,遍布中国大地的水磨引起了阿拉伯旅游者阿布·杜拉夫·米萨尔·伊本·穆哈勒希勒(Abu Dulaf Mis'ar ibn al-Vualhil)的注意。他描述说在萨达比尔(Sandabi)都城运河的沿岸和运河中,有不下六十座的磨坊。301根据我们有的资料,他所说的萨达比尔(Sandabi)的都城很可能是中国甘肃省古丝绸之路上的城市山丹,这座城市许多著名的水利工程直到清朝末期都完好地保存着。或许穆斯林宗教仪式中卫生设备对这些边远城市和中国其他一些城市的水利设备的影响在伊本·穆哈勒希勒时期以前就已经存在了。

还有些情况是值得注意的。从唐朝的文献中我们知道,当时风靡的边轮碾很久以前就是用水力来驱动的了。虽不能确定发明它的确切时间,但肯定是在390—410年之间,因为当时关于一个名叫崔亮的人的传记中是这样描述的:

> 亮在雍州,读杜预传,见为八磨,嘉其有济时用,遂教民为碾,及为仆射,奏于张方桥东堰谷水,造水碾磨数十区,其利十倍,国用便之。

550年,北朝北齐的第一代皇帝送给魏废君一套轮碾。这种形式的水磨虽然在唐朝受政府法规变更的影响,但直到近代还很少变化。实际上,李约瑟教授还在中国的四川省亲眼看见过类似的轮碾在工作,其通常是被用来驱动一立式的磨石。轮碾流传到了欧洲,是"火药磨"的前身,也一直被人们所使用,直到蒸汽和电力能源的使用。

最后,我们再来看看水力机构的其他应用。欧洲最早是将其应用于锯木厂。关于此的最早记载可追溯到369年,而人们最熟悉的是1237年的记载。此类机械的使用说明书出现在1627年的《奇器图说》中。但我们不能说在此之前就没有中国人已有了此类想法,只是没有资料可以证明而已。水轮在中国的应用很广泛,如有人就将其用于建筑物支柱的磨光抛光,另一出色应用是在747年的唐朝,水轮被用来驱动风扇。

水力机械最重要的贡献是其在纺织业上的应用。早在1313年中国的纺织业就开始应用水轮了。《农书》中就有这么一幅图例,一个立式下射式的水轮通过一根皮带和一个同轴驱动轮相连,通过传动带带动一个有多个绕线筒的纺纱车,从而完成大麻和苘麻,甚至是棉纱的纺织工作。这足以使经济历史学家惊异了,特别是当他们从王祯的描述中得知,这样的机械(即缫车)在中国当时那些纺织品原料丰富的地区已相当地普遍。事实上,中国古代文明对水力装置的利用是相当广泛的,以至于1780年朝鲜的访问学者朴趾源(Pak Chiwon)在看到中国人在冶金业的鼓风、纺织业的抽丝、食品加工业的302

碾磨中都利用水力设备时,感叹说:"似乎所有的工作都可由依靠水的冲击而转动的轮子来完成。"

发明中的问题及发明的传播

在仔细研究了以上所有资料后,我们不禁会想是否立式水轮和卧式水轮根本就不是两种毫不相关的发明呢? 根据这种假设,立式水轮的原型应是戽水车(起源于印度?),而卧式水轮的原型则是手推磨的转动部分。而古罗马维特鲁威风格水轮需要的正交轴齿轮传动装置最早有可能是由亚历山大人发明的,尽管我们知道汉朝的工匠很精通齿轮,但或许亚历山大人比他们还是要早上一点。根据这种假设,中国卧式水轮最早出现于公元前 123 年到公元前 63 年黑海南岸古王国的本都,然后在欧洲沿岸流传开来,直到北欧地区的斯堪纳维亚人发明了"挪威磨",其间古罗马维特鲁威对它的改进设计并未影响它的传播。卧式水轮的向西和向北的传播一定是在 1 世纪。

若要比较水力机构在中国和西方的出现时间,它们仿佛是同时出现的。这就如同前文比较卧式水轮和立式水轮一样,是件令人迷惑的事情。我们可以通过同世纪后来的文献证明大约公元前 70 年,小亚细亚开始水力利用,而公元 20 年桓谭的著作中清楚地指出中国是公元前 1 世纪开始水力利用的,但桓谭对水轮第一次被用于杵碓的时间记述并不是很清楚,而另一份特殊的文献却显示当时中国人已利用水轮来驱动冶金中的鼓风机了,这比用其来磨碎谷物的原理要复杂得多,这就表明水轮在中国已发展了很长的时间。

立式水轮初看起来会有很大的发展前途,但事实恰恰相反,卧式水轮才是文艺复兴后期新技术时代动力机构的直系鼻祖,如水力和蒸汽涡轮机。这是因为水轮被水平放置,机构的运动完全来源于水对叶轮的冲击,涡轮利用的就是这个原理(只不过它是用蒸汽来代替水)。而当水轮被垂直放置时,机构的运动主要是依靠水的重力而不是水的动力。当然,亚历山大大帝的里亚气转球是依靠喷射出水的反作用力而工作的。因此涡轮实际上是中国古代水轮和亚历山大大帝里亚气转球的结合体。

至此,读者也许认为磨已经谈得足够了,其另外两种应用我们一直没有介绍。一种是用水轮来驱动一个钟(见简缩本的第四卷第六章对其进行的讨论),另一种是将水磨安装在船上。换句话说,所有轮船都是水磨的后代,而中国则是它们的诞生地。下面我们就介绍关于此方面的内容。

303

第三节 水激轮和激水轮：东西方的船磨和轮船

与本书叙述的其他故事不同，这里的第一个故事发生在罗马，而不是中国。536 年，哥特人包围了东罗马帝国的一座城市，并切断雅尼枯卢谟（Janiculum）的水源。雅尼枯卢谟水磨位于台伯河以东。又因为城中缺乏粮草供应，驱动水轮的牲畜吃不到粮食，也就根本无法驱动水轮，守城的士兵就要饿死了。幸好东罗马帝国卫戍部队的首领贝利萨留（Belisarius）想出了办法，他命令将带有水轮的磨安装到停靠在台伯河上的船上，以此化解了危机。

资料显示，这种带有转动轮系的船只日后被广泛应用。公元 11 世纪在威尼斯出现，12 世纪到 18 世纪风靡于法国，而英国对它的使用，只是在 16 世纪。在 15 世纪的末期，这种浮动的水力驱动转动轮系的图例出现在罗马的一部手稿中，而依此建造的两件大型水轮，至今还屹立在德涅斯特河和多瑙河上。

不仅欧洲有带有转动轮系的船只，中国也有。尽管中国关于它的最早记载要在拜占庭之后，但对它的使用有可能是在此之前。737 年唐朝颁布的法令可以证明这一点，其规定带有转动轮系的船只不得在洛阳附近的河流上行驶，好像人们当时对其已相对熟悉了。其他较早的参考资料还是很少，但1170 年诗人陆游在四川写的一首诗中曾提到过此类船只。大约在 1570 年，王世懋在他的《闽部疏》中介绍了造纸工人如何将杵碓安装在装有两个大水轮的船上，依靠湍急水流对水轮的冲击完成杵碓的驱动。而王士禛在清朝初期（17 世纪初期）到四川的游记中也说在两江的沿岸，有许多船磨、依靠水力来完成碾磨、捶打和筛选等工作。他描述得还很具体，称这种船不停地发出"呀—呀，呀—呀"的声音。

另一个旅行者是罗伯特·福钧（Robert Fortune），他于 1848 年在福建北部游玩，那里是著名的产茶地。在严州他发现了大量的船磨：

> 离开严州，我们继续向北前进。好几处的水流都很湍急，因此人们用它来驱动水轮，以此碾磨大米及其他谷物。我看到的第一部这类机械是在严州的上游。看到它的第一眼，我很惊奇，因为我以为它是蒸汽船。我当时想，看来中国人对我那些在南方同胞所说的蒸汽船在内陆是很常见的事情是真的了。但当我走近时才发现中国的"蒸汽船"是这样的：一

304

305 艘很大的船或游艇被牢牢地固定在了水流很湍急的河边,主要是通过固定船头和船尾。两个轮子被安装在船边,并且通过同一根转轴,这两个轮子与蒸汽船的叶片不同。在这根转轴上,安装了许多轮齿,当轮齿转动时,它们将一根很重的槌棒压到一定的高度,然后让槌棒下落,捶打放在其下盆中的谷物。因此,水流冲击转轴外侧的轮子使转轴转动,转轴的转动带动上面的轮齿,使槌棒不停地上下运动捶击谷物。为防止雨水,此船有顶棚。当我们顺流而下时,发现沿岸都是此类船只。

如果罗伯特·福钧(Robert Fortune)的描述属实,那么在浙江省被广泛应用的就是此类用水力驱动的杵碓。陆游和王士祯所描述的景象都是四川东部长江沿岸。尽管这些记载与今相隔很远,但它们对海事历史是很好的补充。至今中国福州市附近,也就是在重庆下游 96 米处,仍有工程师 G. R. G. 伍斯特所描绘的此种带有转动轮系的船只(参见图 522)。这艘船有两根转轴,其上各有两个转轮。伍斯特看到它时,它还带有用踏板控制的筛子;而在古代或其他地区,它们是直接与动力源相连的,这可参考《农书》。

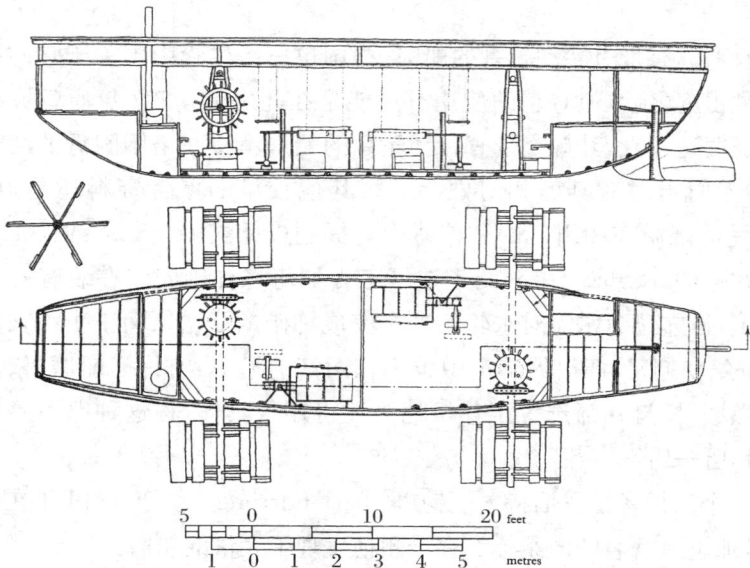

5 0 10 20 feet
1 0 1 2 3 4 5 metres

图 522 船磨之一的比例图(位于中国四川涪陵。每个系统都是由两个坚固的踏轮和正交轴齿轮装置。而船体中还装有两个踏板控制的筛子。摹自伍斯特,1940 年)

306 伍斯特描绘的一处细节值得我们注意,其动力轴的齿轮有 18 个齿,而手动磨的齿轮只有 16 个齿。因此这个系统有可能采取了类似现代"追逐齿"的措施,以保证齿轮间的啮合。而这项原理直到近代啮合式涡轮的发明才被海事工程确定下。

第四节　中国的轮船

我们知道,在水的冲击下水轮可以被转动,而反过来,利用水轮的转动也可对水产生作用。所以带有转轮系统的船只与普通的水轮并没有什么差别,它们都是在水的作用下使物体运动。然而当转轮被安装在船上,并通过对转轮施加外力,使船运动的话,则情况就完全相反了,是转轮对水作用而使物体运动了。而这正是我们下面要介绍的通过对水作用而运动的轮船。

毫无疑问,这种利用人或牲畜对明轮施加力而使船运动的想法起源于14世纪的欧洲。至于它确切的产生时间,我们将在后面讨论(参见本书第319页)。实际上,直到1543年,欧洲才有了可真正使用的轮船,那是由布拉斯科·德·加雷(Blasco de Garay)发明的,用于港口城市巴塞罗纳和马拉加拖拉其他的船只。它们是由四十个人转动绞盘和踩踏单车来驱动的。接下来出现了踩踏式的轮船。直到1807年,蒸汽式轮船才成为哈得孙河上的专用设备。蒸汽式轮船是由罗博特·富尔顿发明的。

当中国沿海城市的人们首次看到西方的蒸汽轮船时,他们称之为轮船。而这个名称也一直被沿用到今天,用以称呼所有蒸汽式的船只。除了一些老学者,中国沿海城市里的市民对他们自己曾有过的机械了解甚少,或者说一点也不知道。而对于那些老学者来说,他们所知道的也并非都是事实,往往都已经过前人的加工;并且他们说的也不受人们的重视。而西方研究技术发展史的学者首次看到中国《图书集成》(写于1726年)上轮船的图片时(参见图523),他们毫不犹豫地把它贬低,认为是耶稣会士带去的想法经过篡改的复制品,但事实与此相反,中国轮船的历史最早可追溯到8世纪,可能的话,5世纪中国就有轮船了。

一般说来间隔越久的记载越不清楚。但似乎我们可以肯定,轮船的发明者是中国古代最著名的数学家祖冲之。因为在他的传记中提到了一种“千里船”。这种船曾在现在南京以南的新亭江上航行过,也就是现在的南京,在没有任何风力驱动的情况下,它一天还能走几百里。这是祖冲之逝世前(501年)不久的494—497年之间发明的。根据这一记载,我们可以推断在5世纪初期就有踩踏式的轮船用于水战了。那些轮船是由一个名叫王镇恶的人指 308

307

图 523 这是 1726 年《钦定书经》中的轮船（其实它是拷贝了 1628 年的《农书》）。从图中我们可以看到，四个明轮是由船体中四个踩踏装置驱动的）

挥的，他是刘宋朝的旗舰将领。在他的传记中有这么一段描写：

镇恶所乘皆蒙冲小舰。行船者悉在舰内。羌见舰溯渭而进，舰外不见有乘行船人。北土素无舟楫，莫不惊愕，咸谓为神。

随即描述了船停泊后起程，下令解缆，自行行驶离开。肯定有其他装置存在。无论如何，这些事发生的时间是肯定的，那是发生在 418 年。

后来的几个世纪中又有很多关于轮船的记载。552 年，梁朝的水军将领徐世谱为抗击侯景，建造了许多不同类型的船只来提高自己舰队的实力，其中就包括水轮。水轮原本指的都是那些汲水设备，但这里指的是一种特殊的船，或许就是轮船。后来在宗懔的《荆楚岁时记》中也提到了这种船只。根据宗懔的描述，每年的五月五日，渔夫们都会举行一场驾驶此类船只的比赛。通常人们认为《荆楚岁时记》是写于 550 年的南北朝，而最晚不会超过唐朝初期，也就是 620 年。此类船只还被人称为水马。还有另一种可信的说法，那就是将前面的水轮称为"水上战车"，而宗懔书中描写的每年节日比赛的船只只不过是普通的用桨的龙船而已。至于这里的"车"究竟是指"战车"还是指"机器"这个问题，因为缺乏有力的证据，我们到现在还没有弄清楚。然而，另一位抗击侯景的将领王僧辩也描述过"他舰队船只的两侧也都有两条龙，行驶起来如离弦的弓箭"。这里的"两条龙"（水龙）也就是我们通常所指的水轮。它之所以被制造成龙的形状，是因为在中国古代人们认为龙能带来好的征兆，帮助军队取得战斗

309 胜利。二十多年以后，也就是 573 年，陈朝攻打北齐并包围了北齐的城市黎阳，北齐的第四大将军黄法㲰，不仅擅长指挥作战，而且对军事机械也颇有研究。他发明了一种名叫"脚船"的东西，在战争中被广泛地使用。其实"脚船"

就是踩踏式的轮船。

所有的资料都表明,轮船是由祖冲之于 5 世纪末发明的,除非有其他新的资料可证明它发生在更早的年代。而有关唐朝李皋的记载进一步证实了这点。782—785 年李皋在杭州做知府,在那里他见到了轮船。相关的文章是这样描述的:

> 常运心巧思,为战舰,挟二轮,蹈之翔风鼓,疾若挂帆席,所造省易而久固。

根据 945 年《旧唐书》和 1061 年《新唐书》的记载,日后李皋将此船的建造技术教授给了他的工匠,而轮船的速度比疾驰的好马还要快。

而在此之后,出现了很多关于轮船的文章,但所有的文章都只是记载或描述了前人用过或见过的轮船。直到 12 世纪初期,也就是中国南宋初期,人们才重新建造了轮船。这也是因为 1126 年首都开封被金国占领,宋朝不得不迁都杭州建立南宋。由于南方的地理气候环境,宋朝建立了中国历史上第一支专业的水军。南宋将长江作为抵御外来侵犯的天然屏障,就像长城一样。这样一来,战船就成为了烽火台,轮船也就马上派上了用场。1130 年南宋将领韩世忠利用"八个叶片的轮船"给金国的军队以重创,当时金国的军队正朝长江以北撤退。而这场胜利也决定了轮船日后的命运。事实也是如此,取得胜利的第三年,工匠王彦恢向当时南宋的皇帝进谏:

> 大江以前欲控扼,非战舰,不可,制飞虎战舰,旁设四轮,每轮八楫,四人旋斡,日行千里。

我们对 1267 年的这段描述很感兴趣,因为这是我们发现的最早的具有四 310 个轮子轮船的记载。和 1628 年的《武备志》和 1726 年的《图书集成》中的记载完全相同。

事实上,促使南宋开发轮船的真正原因并不是抵抗北方金国的侵略,而是平息其内部的争斗。在金国侵略的同时,南宋还爆发了一场农民起义,为首的是两个叫杨么和杨钦的人。他们在洞庭湖占山为王,不断袭击洞庭湖沿岸城市。为此,在接下来的几年,锭州的知府亲自带领军队对其进行围剿,有出色的工匠制造的具有桨轮的大船。一个同时代的锭州文人是这样描述的:

> 偶得一随军人,元是都水监白波辇运司黄河塌岸水手木匠都料高宣者,献车船样,可以制贼……打造八车船样一只,数日併工而成,令人夫踏车于江流上下,往来极为快利。船两边有护车板,不见其车,但见船行

如龙,观者以为神异。

乃渐增广车数至造二十至二十三车大船,能载战士二三百人。凡贼之櫂艫小舟皆莫能当。

这真的是一项很了不起的技术,图524是一艘船的示意图,我们从中可以看到对文中所描绘船的特点的模仿。我们奇怪它竟然没有被称为"蜈蚣船"。其他文明国家肯定没有人建造这么一艘船。不过,这样的设计是非常合理的,因为当时并没有蒸汽机和铁铸的轮子,必须把力分散到更多的桨轮上去。另一篇文章中记载了鼎州建造的最大的轮船,它有六十到九十米长,一次可搭乘七百到八百人。

311

图524 带有多个转轮的轮船的示意图(1135年宋朝高宣建造。其中最大的轮船带有二十二个转轮,每侧十一个,船尾还有一个转轮。李约瑟博士是这样评价的:"我们来设想一下船上的情景吧,船上增加了辅助的风帆,一个甲板堡垒和一些甲板,用于投掷火药和毒气包等等的人力炮的投石机整齐地排列在船的两侧。将军的三角旗在船尾迎风飘扬,船中升起一面写有'扶宋灭金'的旗帜。"这么一艘船可承载二百到三百个水兵。图中没有画出顶棚,使我们可以看到左舷前部的六个转轮)

很快,这些船被用于作战中。但在一次战斗中,因为碰上河水退潮,官府二十八艘小帆船和两艘带有八个转轮的轮船无法移动,所有的官兵都被抓,其中还包括轮船的制造者高宣。1150年的《鼎澧逸民》中是这样描写的:

312

自此水贼得车船之样,又获都料匠手。于是杨幺打造和州载二十四车大楼船。杨钦打大德山二十二车船……两月之间,水寨大小楼船十余,制样愈益雄壮。

当时另一篇文章解释了为何称杨钦的那艘船为"大德山":

> 车船者,置人于前后,踏车进退皆可。其名大德山、小德山、望山州及浑江龙之类。皆两重或三重,载千余人。又设柏竿,其制如大桅,长十余丈,上置巨石,下作辘轳,贯其颠。遇官军船近,即倒柏竿击碎之。浑江龙则为龙首,每水面,杨么自乘此。

草寇①的船队最多时由几百艘大小不同的轮船组成,他们有时也用撞角,用撞击的方法去破坏朝廷的船只。

昏庸的朝廷官员对此束手无策。1135 年,由于不听同僚们的建议而使用轮船,草寇被击溃了一次。双方的对峙在继续,朝廷后来从起义军手里得到了几艘 18 和 22 个转轮的轮船。由于朝廷的资金雄厚,因此最大的轮船还是由朝廷建造的。1190 年的《老学庵笔记》记载了朝廷和起义军是如何展开竞争,争先发展各自舰船技术的。书中还介绍了各种各样的"钩锚"以及用来装有害化学物质的薄壁瓷器,这些都可使对方遭到重创。书中是这样描写的:

> 官军战船亦仿贼车船而增大。有长三十六丈,广四丈一尺,高七丈二尺五寸。未及用而岳飞以步兵平贼。至完颜亮入寇,车船犹在,颇有动云。

这里有两点需要作一下解释。草寇是被宋朝著名的将领岳飞打败的,岳飞采用了很巧妙的埋伏策略大败草寇的轮船。岳飞命人在湖的港湾处放置了许多浮草和腐烂的原木,并让人将草寇的舰船引入其中。由于浮草和腐烂原木的缘故,这些轮船的转轮都被卡住,无法行动了。岳飞再命人将木板架到船上,这样就像在陆地上作战一般,朝廷的军队大获全胜。草寇的首领杨么也在战斗中被杀死了,这是在 1135 年。大约 30 年后,也就是 1161 年,少数民族女真人再次入侵南宋,并企图打到长江以南,这导致了著名的采石之战。经过几次反复,南宋最终获得了战役的胜利,轮船在这里起到了很大的作用。宋军利用女真人不熟悉水战的弱点,南宋的轮船飞速地驶向金山岛,并用其上的投石车连续不断地攻击女真人,打得他们胆战心惊,觉得这些轮船几乎是神极了。

整个南宋都在不停地建造和发展轮船。1134 年有人提议在沿海城市建造 9 个转轮和 13 个转轮的战舰。1183 年,南京的水军统帅因建造了九十艘轮船和其他一些船只而受到朝廷的嘉奖。而南宋朝廷本身对自动的船舶也

313

---

① 农民起义军。——译者

很有兴趣,这是当时所有其他的文明都不曾采用过的。此外,1168年,长江水师将军史正志声称他制造了一艘排水量为102吨位的舰船,它只需一个有12个叶片的轮子驱动即可。

这艘船回答了读者对于轮船动力的疑惑。我们可以肯定地说,史正志建造的轮船必定是船尾明轮推进的。这是因为有单数个转轮的轮船,其船尾必定安装一个明轮,以保证其两侧的转轮是双数。我们对这个机构并不是很了解,但如果将一侧向前的运动与另一侧向后的运动结合起来,操纵起来会更灵活,一些文献也着重介绍了这点。这样的安排会使舵变得多余,但如果将船尾的转轮固定下来,就会变得很方便了。

314

图 525 维也纳民族学博物馆(Museun Volkerkunde Vienna)展示的一艘广东带尾轮的脚踏船模型的船尾图(后船舷墙已被去掉,因此我们可以看到三个偏心轮和连杆装置,与蒸汽机车相似。它们被分别安置在船的左右舷,成90°的夹角以防死点)

有时需要很大的力才能驱动轮船。如1203年建成的两艘带有四个转轮的"海鹘"号舰船。上有顶盖,两侧用铁板封钉,并装有铲状的撞角。那些小型的一百吨位的轮船需要28个水手才能推动,大型的250吨位的轮船则需要42名水手。资料中提到最大的轮船需要200个人才能驱动,但不知道这是否包括了替换的人。然而从图525我们可以得知,19世纪中国用脚踏机样的轮船装有连杆和偏心装置,使有可能把三个分开的幅状踏板轴的动力施加于船尾轮,这样可以使同时工作。回想一下我们曾提到过的19世纪末期的鼓风机(参见第287页),11世纪的冶金机械和纺织机械,足以说明南宋时期的工匠可能已经利用了这种装置。

至此我们介绍的轮船都被用于水军,其实在12和13世纪,那些小型的轮船在中国还被用于各个港口,完成牵引工作。这有1275年的《梦粱录》为证,其中有这样的记录:

更有贾秋壑府车船,船棚上无人撑架,但用车轮脚踏而行,其速如飞。

阅读了所有的资料,人们将从事实上说明中国古代轮船的发展与水战有着密切的关系。1726年的《图书集成》的叙述中,特别提及了用于水军的轮船。图 523 是出自 1628 年的茅元仪所著的《武备志》，它比《图书集成》要早了约一百年，而此图附带的说明文字也肯定比 18 世纪早很多，因为《图书集成》几乎一字不改地从一本 8 世纪的书中引用某些以往轮船的插图，而这个插图的确没有这样古老。我们看能否从真正的证据中说明时代。此节文字中介绍了一艘长 12.8 米，宽 4 米，带有四个转轮的轮船，它的吃水深度为 30 厘米。那时，人们开始考虑在其上配备各种武器，例如神炮（可发射类似炮弹或手榴弹的石块），神箭（燃烧的箭，即火箭），和神火（其内部有火箭，发射后可向四处飞溅，或像"希腊火"一样是燃烧石油的）。

　　此类武器在唐朝李皋时期之前还未出现，而最早关于它们的记载是在宋朝。1044 年出现了内藏火药的毒性炮弹，并且同时期的文献中有许多关于这种武器的记录。在此之后，人们一直用着这种武器。到了明朝，相关的书籍中还在它的前面加上了"神"字，以至于同时期所有相关发明的名字中都有一个神字。这种命名方法一直延续到 1385 年。由此我们可以得出这样一个结论，轮船在 15 世纪就已经出现了。这是因为如果这篇文章是写于 1628 年的，则它介绍的重点应是步枪和炮了，而不是那些落后的装火药的武器了。

　　明朝能对轮船继续使用是件特有意思的事，这是因为其前的元朝对它并不重视。

　　尽管蒙古王朝对海上武力绝对没有忽略，相反非常重视。对轮船那样特别适用于湖河战斗的船只就衰落下来。在发现一种合适的动力源之前，它们是明显不适合于海上的。

　　与中国其他中古时代的发明不同，踩踏式轮船直到我们现在的时代还在实际应用，特别是在广州的珠江上（图 526）。当然，这里已没有偏心轮和连杆机构了，而是用一链传动来代替（图 525）。踏轮与以前介绍的方形棘轮链式水轮很相像（参见图 500）。1890 年，从上海到苏州的航线上就有 14 艘这种由船尾明轮推进的轮船，其宽敞的客舱一次可容纳 70 多名旅客。这些轮船

图 526　广州珠江流域上的踩踏轮船［图中掌舵人的下面的船尾舱台内，就是用于驱动船的船尾明轮，其直径有 2.7 米；而在它的前面，船篷的下面是三套踩踏者使用的手把，从图中我们可以看到有两排人在那里工作，就像在操纵方板链式水轮一样（参见图 501）。烟囱属于后面的白色日本汽艇］

是由 6—20 个工人驱动的,他们用一天一夜的时间完成 160 公里的行程,大约每小时 3.5 海里。从中我们知道,这种和密西西比式船只很相似的船到 20 世纪还在中国存在着,而它既不和欧洲的蒸汽船相关,也不与密西西比式的船只有联系,它们直接从 1168 年史正志的带尾轮的站船继承下来的。

这是一个奇特的事实,欧洲人第一次在中国的河流上看见轮船的时候,都觉得这东西一定是抄袭了他们的蒸汽船。而在西方踩踏式蒸汽船出现在中国沿海很久以前,中国的学者就为这个发明的历史费了心思。中国著名的数学家、科学家和佛教徒方以智在其 1664 年的《物理小识》中就写道:

> 洋舫下有直木,皆重底也。其用轮者古有之矣。袁聚曰:韩蕲王黄天荡用飞轮八橇踏车,櫂回江面。

还有一些前面介绍的例子。其对西方轮船的描述倒是令我们很感兴趣,因为欧洲轮船在中国的首次出现是在两百年后了。或许是方以智误将用于抽取舱底水的水轮的例子当作了推进的桨轮。但更有可能是他已从西方的水手或传教士那里知道欧洲国家已开始试验踩踏式的轮船了。事实上,从布拉斯科·德·加雷(Blasco de Garay)时期开始,这样的试验在欧洲已进行一百多年了。这件事也是文化交流的有趣的例子。

318　　　　现在,我们把所有的资料进行一下对照。首先我们肯定贝利萨留的船磨(参见图 303)是古罗马维特鲁威立式下射式水轮的直接发展结果。一旦其样式在 6 世纪被确定下来,就一直被发展应用直到现在。而轮船的想法(使船筏行动的激水轮)的起源在欧洲,事实上使船筏行动的水激轮的想法要晚得多(15 世纪)。而在世界的另一端——中国,轮船早就出现了。如果我们古老的资料是假的,而李皋是轮船真正的发明者,这也就意味着西方在中国之前发明了轮船,所以这样的假设就一点也不奇怪了,即:唐朝人从波斯商人嘴里得知西方已有带转轮的船只后,错误地认为这种向水施加作用的激水轮很普通,接着就去制造它们,使轮船在中国产生。而另一方面,若真正的发明者是5 世纪的祖冲之或王镇恶,他们就不可能受到贝利萨留的启发,则他们的工作可能是戽水车(印度人发明的?)的一个自然发展,并且那时中国已出现戽水车了。如果这是事实的话,我们就可以知道各种立式水轮第一次引进中国的时间。我们可依靠的最后的一项证据就是刮车,它是被用来汲水的,通常是那些需要小幅提升的场合(一般为 15 厘米左右),本书第 259 页已对此做过介绍。这是最早对水施加作用的轮子(激水轮),假设这确实是中国人第一次对被水驱动的戽水车进行改造,使其不再是提水而是去推动水,那么在此基础上,中国人开始考虑是否可以通过对桨轮施加力。很遗憾的是,除了一些农业技术书籍外,没有关于刮车的记载。至于船磨在中国的起源,我们无法得出确切的结论,它有可能是一项独立的发明,也有可能是在与阿拉伯人的交流中一个单独的引进,甚至可能是水军轮船的二次开发。我们没有任何宋朝之前关于船磨的资料。

　　有人会问,中古时代的轮船是否与记载中的"魔船"有关联呢,它们都是自己在那里移动,都看不到它们的驾驶者。在亚瑟王时代和 1100 年爱尔兰的传说中经常可以看到这种神奇的船,但向前还可追溯到 690 年的圣徒传记中,那时的自动移动是因为圣徒或他的遗体的存在。三个埃及科普特人的例子还要更早,直到 7 世纪的最初期。或许我们可以认为,没有摆渡者和水手的船是对祖冲之和王镇恶的掩藏脚踏的轮船的仿效。以证明中国技术在 5 世纪的优越,并对比它在 19 世纪的落后地位。

319

　　但我们还没有说到这么一份匿名手稿《战争谜画》。有的学者认为它是被人在 14 世纪伪造的,而并非像某些学者所认为的是 6 世纪的产物。然而,1960 年科学家证实了这份手稿是真的,并且其年代比猜测的还要早,大约是在 370 年。在后来的某个时候,或许是 7 世纪的初期,它与另外几本拜占庭的小册子合起来组成一种文集,到了 9 世纪或者 10 世纪,它在《施派尔抄本》(Speyer Coder)中被确定下来,这本书仅残存一页,为古抄本研究者提供了一个日期。《战争谜画》的重要意义在于它描绘了一种古罗马的船只——利布尔尼(liburna),由甲板上的六头公牛驱动其三对转轮(参见图 527)。这本书

319

图 527　轮船[甲板上的六头公牛驱动三对转轮。该图出自 370 年《战争谜画》(*De Rebus Bellicis*)的草稿]

在 14 世纪出现了它的第一本复制品,但这幅图完全不像是伪造的。

至于无名作者想法的源起,毫无疑问是受到了古罗马维特鲁威立式水轮和后来贝利萨留水轮的启发。但就其影响而言,所有的学者都认为当时根本就没有人了解它,它只不过是纸上的一幅草图而已。尽管这本书是皇帝命人撰写的,但完整的《战争谜画》还没交到皇帝手里就被臣仆或卫士截取了,被放在一大堆稿件中无人问津,封存了 500 年。因此 100 年后在古老的东方,祖冲之和王镇恶根本不可能从中得到任何的启发。而 8 世纪唐朝李皋轮船的出现也仅仅比此手稿的再现晚了 50 年左右,根据当时东西方之间的交流情况来看,向其借鉴的可能性也非常的小。

所有的证据都明白无误地表明,同样的一个东西在两个不同的地点在两个不同的时间被发明了两次。或许我们可以这样说,是古罗马拜占庭人第一次构想了轮船,而中国人则第一次将其实现。

320

索引（第三卷、第四卷、第五卷）[*]

---

* 索引中的页码均为英文版原书页码。

第 四 卷

第 五 卷

图书在版编目(CIP)数据

中华科学文明史 /(英)李约瑟(Needham, J.)原著;
(英)罗南(Ronan, C.)改编;上海交通大学科学史系译.
—3版. —上海:上海人民出版社,2014
书名原文:The Shorter Science and Civilisation in China
ISBN 978-7-208-12033-4

Ⅰ.①中… Ⅱ.①李… ②罗… ③上… Ⅲ.①自然科
学史—中国—普及读物 Ⅳ.①N092-49

中国版本图书馆 CIP 数据核字(2014)第 001846 号

特约编辑　孙　瑜
责任编辑　邱　迪
封面设计　范昊如

中华科学文明史

[英] 李约瑟　　原著
[英] 柯林·罗南　改编
江晓原　主持
上海交通大学科学史系　译

出　　版　上海人民出版社
　　　　　(201101　上海市闵行区号景路 159 弄 C 座)
发　　行　上海人民出版社发行中心
印　　刷　启东市人民印刷有限公司
开　　本　720×1000　1/16
印　　张　80.75
插　　页　6
字　　数　1,300,000
版　　次　2014 年 3 月第 3 版
印　　次　2025 年 3 月第 6 次印刷
ISBN 978-7-208-12033-4/K·2151
定　　价　198.00 元(全二册)